Vorwort zur 27. Auflage

Nicht nur die Medizin, sondern auch fast alle anderen Bereiche wurden in den letzten Monaten von einem Thema beherrscht, der Corona-Pandemie. Bis Mitte Mai 2021 waren knapp 3,4 Millionen Corona-Tote zu beklagen.
Die Corona-Krise hat uns vor Augen geführt, wie verletzlich wir trotz einer High-Tech-Medizin sind. Allerdings konnte durch eine hochentwickelte Gentechnologie schnell reagiert werden. In Rekordzeit wurden mehrere Impstoffe entwickelt, zugelassen und verimpft. Mit Hochdruck wird an wirksamen antiviralen Substanzen geforscht, die einen schweren Verlauf der Infektion verhindern sollen.
In diesem Kontext hat eine zuverlässige Pharmakotherapie einen hohen Stellenwert.

Das Arzneimittel pocket soll Ihnen als Anwender mit über 1400 Wirkstoffen und fast 4000 Handelsnamen Übersicht und Sicherheit für eine verantwortungsvolle Pharmakotherapie liefern. Vielen Dank für Ihre Treue, Kommentare und Verbesserungsvorschläge!

Andreas Ruß

Hausham, Juli 2021

Arzneimittel pocket 2022

Autor:
Dr. med. Andreas Ruß
Haushamer Internisten PartGmbB
Kirchplatz 1
83734 Hausham
andreas.russ@media4u.com

Mitarbeit:
Opioid-Analgetika-Tabelle: Dr. med. Marek Humpich
Geriatrie: PD Dr. Michael Drey

Lektorat: Andrea Rauneker
Herstellung: Tobias Angermann
Umschlaggestaltung: Mariona Dieguez

Wichtiger Hinweis
Der Stand der medizinischen Wissenschaft ist durch Forschung und klinische Erfahrung ständig im Wandel. Autor und Verlag haben größte Mühe darauf verwandt, dass die Angaben in diesem Werk korrekt sind und dem derzeitigen Wissensstand entsprechen. Für die Angaben kann von Autor und Verlag jedoch keine Gewähr übernommen werden. Jeder Benutzer ist dazu aufgefordert, Angaben dieses Werkes gegebenenfalls zu überprüfen und in eigener Verantwortung am Patienten zu handeln.
Geschützte Warennamen (Warenzeichen) werden nicht besonders kenntlich gemacht. Aus dem Fehlen eines solchen Hinweises kann also nicht geschlossen werden, dass es sich um einen freien Handelsnamen handelt.

Die Deutsche Bibliothek verzeichnet diese Publikation in der Deutschen Nationalbibliografie; detaillierte bibliografische Daten sind im Internet über <http://dnb.ddb.de> abrufbar.

Emil-Geis-Str. 4, 82031 Grünwald, www.media4u.com

27. Auflage, August 2021
ISBN 978-3-89862-837-2
Druck: Eberl & Koesel GmbH & Co. KG

7 Hämatologie, Onkologie 158

Neuzulassungen 2020

Kapitel	Wirkstoff	Handelsname	Klasse; Indikation	Seite
Pneumologie	Indacaterol + Mometason	**Atectura**	Asthma bronchiale	→ 93
	Indacaterol + Mometason + Glycopyrronium	**Enerzair**	Asthma bronchiale	→ 93
Gastro-enterologie	Naldemedin	**Rizmoic**	Motilitätssteigerndes Mittel; Opiod-induzierte Obstipation	→ 110
Endokrinologie	Bempedoin-säure	**Nilemdo**	Hypercholesterinämie, gemischte Dyslipidämie	→ 138
	Dapagliflozin	**Forxiga**	Neu: Herzinsuffizienz	→ 129
	Givosiran	**Givlaari**	Akute hepatische Porphyrie	→ 151
	Ivacaftor + Tezacaftor + Elaxacaftor	**Kaftrio**	Mukoviszidose mit F508del-Mutation	→ 152
	Osilodrostat	**Isturisa**	Steroidgenesehemmer; Endogenes Cushing-Syndrom	→ 154
	Romosozumab	**Evenity**	Antikörper; postmenopausale Osteoporose	→ 146
Hämatologie, Onkologie	Acalabrutinib	**Calquence**	Proteinkinaseinhibitor; CLL	→ 186
	Alpelisib	**Piqray**	Mamma-Ca	→ 209
	Avapritinib	**Ayvakyt**	Proteinkinaseinhibitor; inoperabler/metastasierter GIST	→ 186
	Belantamab-Mafodotin	**Blenrep**	Antikörper; therapierefraktäres multiples Myelom	→ 199
	Betaglobin-stammzellen	**Zynteglo**	Beta-Thalassämie	→ 210
	Crizanlizumab	**Adakveo**	Antikörper; Sichelzellkrankheit	→ 200
	Entrectinib	**Rozlytrek**	Proteinkinaseinhibitor; solide Tumore	→ 189
	Glasdegib	**Daurismo**	Akute myeloische Leukämie de novo oder sekundär	→ 211
	Isatuximab	**Sarclisa**	Antikörper; rezidiviertes multiples Myelom	→ 201
	Luspatercept	**Reblozyl**	Anämie bei myelodysplastischen Syndromen, Beta-Thalassämie	→ 212

Neuzulassungen 2020 (Fortsetzung)

Kapitel	Wirkstoff	Handelsname	Klasse; Indikation	Seite
Hämatologie, Onkologie (Fortsetzung)	Mogamulizumab	**Poteligeo**	Antikörper; Mycosis fungoides, Sézary-Syndrom	→ 201
	Polatuzumab Vedotin	**Polivy**	Antikörper; B-Zell-Lymphom	→ 202
	Talazoparib	**Talzenna**	Fortgeschrittenes oder metastasiertes Mamma-Ca	→ 213
Rheumatologie	Filgotinib	**Jyseleca**	Selektives Immunsuppressivum; rheumatoide Arhritis	→ 231
	Upadacitinib	**Rinvoq**	Selektives Immunsuppressivum; rheumatoide Arhritis	→ 232
Infektiologie	Bulevirtid	**Hepcludex**	Chronische HDV-Infektion	→ 279
	Cefiderocol	**Fetcroja**	Parenterales Cephalosporin; Infektionen durch gramnegative Erreger	→ 243
Immunologie	Ibalizumab	**Trogarzo**	Spezifisches Immunglobulin; multiresistente HIV-Infektion	→ 293
Neurologie	Ozanimod	**Zeposia**	Selektives Immunsuppressivum; schubförmige remittierende MS	→ 351
	Siponimod	**Mayzent**	Selektives Immunsuppressivum; sekundär progrediente MS	→ 351
Psychiatrie	Solriamfetol	**Sunosi**	Psychoanaleptikum; Narkolepsie, obstruktive Schlafapnoe	→ 383
Dermatologie	Trifaroten	**Selgamis**	Retinoid; Akne vulgaris	→ 394
Ophthalmologie	Brolucizumab	**Beovu**	Antikörper; Makuladegeneration	→ 413
Urologie	Darolutamid	**Nubeqa**	Antiandrogen; Prostata-Ca	→ 426

Neuzulassungen 2021

Kapitel	Wirkstoff	Handelsname	Klasse; Indikation	Seite
Pneumologie	Glycopyrroniumbromid + Formoterol + Budesonid	**Trixeo Aerosphere**	COPD	→ 89
Endokrinologie	Empiglaflozin	**Jardiance**	Neu: Herzinsuffizienz	→ 129
	Icosapent-Ethyl	**Vazkepa**	Ethylester einer Omega-3-Fettsäure; Pro. kardiovaskulärer Ereignisse bei KHK oder D.m.	→ 137
	Inclisiran	**Leqvio**	Hypercholesterinämie, gemischte Dyslipidämie	→ 138
	Insulin glargin + Lixisenatid	**Suliqua**	Insulin-GLP1-Agonist-Kombination; Diabetes mellitus Typ 2	→ 131
	Lumasiran	**Oxlumo**	Primäre Hyperoxalurie Typ1	→ 152
Hämatologie, Onkologie	Avatrombopag	**Doptelet**	Wachstumsfaktor; Thrombopenie bei chronischer Lebererkrankung; chronische Immunthrombopenie	→ 164
	Brexucaptagen autoleucel	**Tecartus**	Mantelzell-Lymphom	→ 210
	Fedratinib	**Inrebic**	Proteinkinaseinhib.; Splenomegalie, bei myeloprolif. Erkrankungen	→ 189
	Pemigatinib	**Pemazyre**	Proteinkinaseinhib.; Cholangio-Ca	→ 191
	Pertuzumab + Trastuzumab	**Phesgo**	Antikörper; Mamma-Ca (HER2-pos.)	→ 202
	Selpercatinib	**Retsevmo**	Proteinkinaseinhibitor; NSCLC, Schilddrüsen-Ca	→ 192
	Tucatinib	**Tukysa**	Proteinkinaseinhib.; Mamma-Ca	→ 193
Rheumatologie	Naproxen + Esomeprazol	**Vimovo**	Arthrose, rheumatoide Arthritis, ankylosierende Spondylitis	→ 222
Infektiologie	Baloxavir	**Xofluza**	Unkomplizierte Influenza	→ 268
	Fostemsavir	**Rukobia**	Attachement-Inhibitor; HIV-Infektion	→ 275
Immunologie	Imlifidase	**Idefirix**	Immunsuppressivum: Nieren-Tx	→ 291
	Covid-19-Impfstoffe	**Comirnaty, Covid-19 Vaccine Moderna, Vaxzevria, Covid-19 Vaccine Janssen**		→ 297
Neurologie	Fenfluramin	**Fintepla**	Antiepileptikum; Dravet-Syndrom	→ 328
	Onasemnogen-Abeparvovec	**Zolgensma**	Gentherapeutikum, 5q-assoziierte spinale Muskeatrophie	→ 353

Wichtige Rufnummern

	Telefonnummer/Funk	
Herzalarm/Notruf		
Stationen		
–		
–		
–		
–		
–		
–		
–		
–		
–		
–		
Ärzte		
–		Funk
–		Funk
–		Funk
–		Funk
–		Funk
–		Funk
–		Funk
–		Funk
–		Funk
–		Funk

	Telefonnummer/Funk	
Diensthabender Arzt (Fachbereich)		
–		
–		
–		
–		
–		
Funktionsbereiche		
– Röntgen		
– Röntgen		
– CT		
– CT		
– EKG		
– Lungenfunktion		
– Labor		
– Labor		
– Blutbank		
– Endoskopie		
– Endoskopie		
– Herzkatheter		
– Ultraschall		
– Ultraschall		
– UKG		
– Ambulanz		
– Ambulanz		

	Telefonnummer/Funk	
– Notaufnahme		
– OP		
– OP		
– OP		
– OP		
– OP		
– Kreißsaal		
– Mikrobiologie		
– Pathologie		
–		
Sonstiges		
– Sekretariat		
– Telefonzentrale		
– Patientenaufnahme		
– Verwaltung		
– Personalabteilung		
– Hol-/Bring-Dienst		
– Cafeteria		
– Hausmeister		
–		
Externe Nummern		
– Polizei		
– Taxi		
–		

September 2021

Mi	1	
Do	2	
Fr	3	
Sa	4	
So	5	
Mo	6	36. Woche
Di	7	
Mi	8	
Do	9	
Fr	10	
Sa	11	
So	12	
Mo	13	37. Woche
Di	14	
Mi	15	
Do	16	
Fr	17	
Sa	18	
So	19	
Mo	20	Weltkindertag (TH) 38. Woche
Di	21	
Mi	22	Herbstanfang
Do	23	
Fr	24	
Sa	25	
So	26	
Mo	27	39. Woche
Di	28	
Mi	29	
Do	30	

Oktober 2021

Fr	1	
Sa	2	
So	3	Tag der Deutschen Einheit
Mo	4	40. Woche
Di	5	
Mi	6	
Do	7	
Fr	8	
Sa	9	
So	10	
Mo	11	41. Woche
Di	12	
Mi	13	
Do	14	
Fr	15	
Sa	16	
So	17	
Mo	18	42. Woche
Di	19	
Mi	20	
Do	21	
Fr	22	
Sa	23	
So	24	
Mo	25	43. Woche
Di	26	
Mi	27	
Do	28	
Fr	29	
Sa	30	
So	31	Reformationstag (BB, HB, HH, MV, NI, SN, ST, SH, TH)

November 2021

Mo	1	Allerheiligen (BW, BY, NW, RP, SL)	44. Woche
Di	2	Allerseelen	
Mi	3		
Do	4		
Fr	5		
Sa	6		
So	7		
Mo	8		45. Woche
Di	9		
Mi	10		
Do	11	Martinstag	
Fr	12		
Sa	13		
So	14	Volkstrauertag	
Mo	15		46. Woche
Di	16		
Mi	17	Buß- und Bettag (SN)	
Do	18		
Fr	19		
Sa	20		
So	21	Totensonntag	
Mo	22		47. Woche
Di	23		
Mi	24		
Do	25		
Fr	26		
Sa	27		
So	28	1. Advent	
Mo	29		48. Woche
Di	30		

Dezember 2021

Mi	1		
Do	2		
Fr	3		
Sa	4		
So	5	2. Advent	
Mo	6	Nikolaus	49. Woche
Di	7		
Mi	8		
Do	9		
Fr	10		
Sa	11		
So	12	3. Advent	
Mo	13		50. Woche
Di	14		
Mi	15		
Do	16		
Fr	17		
Sa	18		
So	19	4. Advent	
Mo	20		51. Woche
Di	21	Winteranfang	
Mi	22		
Do	23		
Fr	24	Heiligabend	
Sa	25	1. Weihnachtstag	
So	26	2. Weihnachtstag	
Mo	27		52. Woche
Di	28		
Mi	29		
Do	30		
Fr	31	Silvester	

Januar 2022

Sa	1	Neujahrstag
So	2	
Mo	3	1. Woche
Di	4	
Mi	5	
Do	6	Heilige Drei Könige (BW, BY, ST)
Fr	7	
Sa	8	
So	9	
Mo	10	2. Woche
Di	11	
Mi	12	
Do	13	
Fr	14	
Sa	15	
So	16	
Mo	17	3. Woche
Di	18	
Mi	19	
Do	20	
Fr	21	
Sa	22	
So	23	
Mo	24	4. Woche
Di	25	
Mi	26	
Do	27	
Fr	28	
Sa	29	
So	30	
Mo	31	5. Woche

Februar 2022

Di	1	
Mi	2	
Do	3	
Fr	4	
Sa	5	
So	6	
Mo	7	6. Woche
Di	8	
Mi	9	
Do	10	
Fr	11	
Sa	12	
So	13	
Mo	14	Valentinstag 7. Woche
Di	15	
Mi	16	
Do	17	
Fr	18	
Sa	19	
So	20	
Mo	21	8. Woche
Di	22	
Mi	23	
Do	24	
Fr	25	
Sa	26	
So	27	
Mo	28	Rosenmontag 9. Woche

März 2022

Di	1	Fastnacht
Mi	2	Aschermittwoch
Do	3	
Fr	4	
Sa	5	
So	6	
Mo	7	10. Woche
Di	8	Internat. Frauentag (BE)
Mi	9	
Do	10	
Fr	11	
Sa	12	
So	13	
Mo	14	11. Woche
Di	15	
Mi	16	
Do	17	
Fr	18	
Sa	19	
So	20	Frühlingsanfang
Mo	21	12. Woche
Di	22	
Mi	23	
Do	24	
Fr	25	
Sa	26	
So	27	
Mo	28	13. Woche
Di	29	
Mi	30	
Do	31	

April 2022

Fr	1	
Sa	2	
So	3	
Mo	4	14. Woche
Di	5	
Mi	6	
Do	7	
Fr	8	
Sa	9	
So	10	Palmsonntag
Mo	11	15. Woche
Di	12	
Mi	13	
Do	14	Gründonnerstag
Fr	15	Karfreitag
Sa	16	
So	17	Ostersonntag (BB)
Mo	18	Ostermontag 16. Woche
Di	19	
Mi	20	
Do	21	
Fr	22	
Sa	23	
So	24	
Mo	25	17. Woche
Di	26	
Mi	27	
Do	28	
Fr	29	
Sa	30	

Mai 2022

So	1	Tag der Arbeit
Mo	2	18. Woche
Di	3	
Mi	4	
Do	5	
Fr	6	
Sa	7	
So	8	Muttertag
Mo	9	19. Woche
Di	10	
Mi	11	
Do	12	
Fr	13	
Sa	14	
So	15	
Mo	16	20. Woche
Di	17	
Mi	18	
Do	19	
Fr	20	
Sa	21	
So	22	
Mo	23	21. Woche
Di	24	
Mi	25	
Do	26	Christi Himmelfahrt, Vatertag
Fr	27	
Sa	28	
So	29	
Mo	30	22. Woche
Di	31	

Juni 2022

Mi	1	
Do	2	
Fr	3	
Sa	4	
So	5	Pfingstsonntag (BB)
Mo	6	Pfingstmontag 23. Woche
Di	7	
Mi	8	
Do	9	
Fr	10	
Sa	11	
So	12	
Mo	13	24. Woche
Di	14	
Mi	15	
Do	16	Fronleichnam (BW, BY, HE, NW, RP, SL)
Fr	17	
Sa	18	
So	19	
Mo	20	25. Woche
Di	21	Sommeranfang
Mi	22	
Do	23	
Fr	24	
Sa	25	
So	26	
Mo	27	26. Woche
Di	28	
Mi	29	
Do	30	

Juli 2022

Fr	1	
Sa	2	
So	3	
Mo	4	27. Woche
Di	5	
Mi	6	
Do	7	
Fr	8	
Sa	9	
So	10	
Mo	11	28. Woche
Di	12	
Mi	13	
Do	14	
Fr	15	
Sa	16	
So	17	
Mo	18	29. Woche
Di	19	
Mi	20	
Do	21	
Fr	22	
Sa	23	
So	24	
Mo	25	30. Woche
Di	26	
Mi	27	
Do	28	
Fr	29	
Sa	30	
So	31	

August 2022

Mo	1		31. Woche
Di	2		
Mi	3		
Do	4		
Fr	5		
Sa	6		
So	7		
Mo	8	Friedensfest (Augsburg)	32. Woche
Di	9		
Mi	10		
Do	11		
Fr	12		
Sa	13		
So	14		
Mo	15	Mariä Himmelfahrt (BY, SL)	33. Woche
Di	16		
Mi	17		
Do	18		
Fr	19		
Sa	20		
So	21		
Mo	22		34. Woche
Di	23		
Mi	24		
Do	25		
Fr	26		
Sa	27		
So	28		
Mo	29		35. Woche
Di	30		
Mi	31		

September 2022

Do	1	
Fr	2	
Sa	3	
So	4	
Mo	5	36. Woche
Di	6	
Mi	7	
Do	8	
Fr	9	
Sa	10	
So	11	
Mo	12	37. Woche
Di	13	
Mi	14	
Do	15	
Fr	16	
Sa	17	
So	18	
Mo	19	38. Woche
Di	20	Weltkindertag (TH)
Mi	21	
Do	22	
Fr	23	Herbstanfang
Sa	24	
So	25	
Mo	26	39. Woche
Di	27	
Mi	28	
Do	29	
Fr	30	

Oktober 2022

Sa	1	
So	2	
Mo	3	Tag der Deutschen Einheit 40. Woche
Di	4	
Mi	5	
Do	6	
Fr	7	
Sa	8	
So	9	
Mo	10	41. Woche
Di	11	
Mi	12	
Do	13	
Fr	14	
Sa	15	
So	16	
Mo	17	42. Woche
Di	18	
Mi	19	
Do	20	
Fr	21	
Sa	22	
So	23	
Mo	24	43. Woche
Di	25	
Mi	26	
Do	27	
Fr	28	
Sa	29	
So	30	
Mo	31	Reformationstag (BB, HB, HH, MV, NI, SN, ST, SH, TH)

November 2022

Di	1	Allerheiligen (BW, BY, NW, RP, SL)	
Mi	2	Allerseelen	
Do	3		
Fr	4		
Sa	5		
So	6		
Mo	7		45. Woche
Di	8		
Mi	9		
Do	10		
Fr	11	Martinstag	
Sa	12		
So	13	Volkstrauertag	
Mo	14		46. Woche
Di	15		
Mi	16	Buß- und Bettag (SN)	
Do	17		
Fr	18		
Sa	19		
So	20	Totensonntag	
Mo	21		47. Woche
Di	22		
Mi	23		
Do	24		
Fr	25		
Sa	26		
So	27	1. Advent	
Mo	28		48. Woche
Di	29		
Mi	30		

Dezember 2022

Do	1		
Fr	2		
Sa	3		
So	4	2. Advent	
Mo	5		49. Woche
Di	6	Nikolaus	
Mi	7		
Do	8		
Fr	9		
Sa	10		
So	11	3. Advent	
Mo	12		50. Woche
Di	13		
Mi	14		
Do	15		
Fr	16		
Sa	17		
So	18	4. Advent	
Mo	19		51. Woche
Di	20		
Mi	21	Winteranfang	
Do	22		
Fr	23		
Sa	24	Heiligabend	
So	25	1. Weihnachtstag	
Mo	26	2. Weihnachtstag	52. Woche
Di	27		
Mi	28		
Do	29		
Fr	30		
Sa	31	Silvester	

Schulferien 2022

Land	Weihnacht 2021/22	Winter 2022	Ostern 2022	Pfingsten 2022	Sommer 2022	Herbst 2022	Weihnacht 2022/23
Baden-Württemberg (BW)	23.12.–08.01.	–	14.04., 19.04.–23.04.	07.06.–18.06.	28.07.–10.09.	31.10., 02.11.-04.11.	21.12.–07.01.
Bayern (BY)	24.12.–08.01.	28.02.–04.03.	11.04.–23.04.	07.06.–18.06.	01.08.–12.09.	31.10.–04.11., 16.11.	24.12.–07.01.
Berlin (BE)	24.12.–31.12.	29.01.–05.02.	07.03., 11.04.–23.04.	27.05., 07.06.	07.07.–19.08.	24.10.–05.11.	22.12.–02.01.
Brandenburg (BB)	23.12.–31.12.	31.01.–05.02.	11.04.–23.04.	–	07.07.–20.08.	24.10.-05.11.	22.12.–03.01.
Bremen (HB)	23.12.–08.01.	31.01.–01.02.	04.04.–19.04.	27.05., 07.06.	14.07.–24.08.	17.10.-29.10.	23.12.–06.01.
Hamburg (HH)	23.12.–04.01.	28.01.	07.03.–18.03.	23.05.-27.05.	07.07.–17.08.	10.10.-21.10.	23.12.–06.01.
Hessen (HE)	23.12.–08.01.	–	11.04.–23.04.	–	25.07.–02.09.	24.10.–29.10.	22.12.–07.01.
Mecklenburg-Vorpommern (MV)	22.12.–31.12.	05.02.–17.02.	11.04.–20.04.	27.05., 03.06.-07.06.	04.07.–13.08.	10.10.-14.10., 01.11., 02.11.	22.12.–02.01.
Niedersachsen (NI)	23.12.–07.01.	31.01.–01.02.	04.04.–19.04.	27.05., 07.06.	14.07.–24.08.	17.10.-28.10.	23.12.–06.01.
Nordrhein-Westfalen (NRW)	24.12.–08.01.	–	11.04.–23.04.	–	27.06.–09.08.	04.10.–15.10.	23.12.–06.01.
Rheinland-Pfalz (RP)	23.12.–31.12.	21.02.–25.02.	13.04.–22.04.	–	25.07.–02.09.	17.10.–31.10.	23.12.–02.01.
Saarland (SL)	23.12.–03.01.	21.02.–01.03.	14.04.–22.04.	07.06.-10.06.	25.07.–02.09.	24.10.–04.11.	22.12.–04.01.
Sachsen (SN)	23.12.–01.01.	12.02.–26.02.	15.04.–23.04.	27.05.	18.07.–26.08.	17.10.–29.10.	22.12.–02.01.
Sachsen-Anhalt (ST)	22.12.–08.01.	12.02.–19.02.	11.04.-16.04.	23.05.-28.05.	14.07.–24.08.	24.10.–04.11.	21.12.–05.01.
Schleswig-Holstein (SH)	23.12.–08.01.	–	04.04.–16.04.	27.05.–28.05.	04.07.–13.08.	10.10.–21.10.	23.12.–07.01.
Thüringen (TH)	23.12.–31.12.	12.02.–19.02.	11.04.–23.04.	27.05.	18.07.–27.08.	17.10.–29.10.	22.12.–03.01.

1 Notfall

1.1 Notfallmedikamente

Acetylsalicylsäure	HWZ 15min (3-22h), dosisabhängig → 215
Aspirin i.v. *Inj.Lsg. 0.5g/5ml*	**Akutes Koronarsyndrom:** 500mg i.v.; **akuter Migräneanfall:** 1g i.v.; **akute Schmerzen:** 0.5-1g i.v., max. 5g/d
Adenosin	HWZ < 10s → 63
Adrekar *Inj.Lsg. 6mg/2ml*	**Paroxysmale AV-junktionale Tachykardien:** 3-6-9-12mg jeweils als Bolus i.v. je nach Wi
Adrenalin (Epinephrin)	HWZ 1-3min → 66
Adrenalin 1:10.000 Aguettant *Fertigspr. 1mg/10ml* **Suprarenin** *Amp. 1mg/1ml; Inj.Fl. 25mg/25ml*	**Kardiopulmonale Reanimation:** alle 3-5min 1mg i.v. (ggf. intraossär); **schwere Anaphylaxie:** , 0.1mg langsam i.v., je nach Wi. initial alle 1-2min, später alle 5min wiederholen; Suprarenin 1 : 10 verdünnen!
Ajmalin	HWZ 1.6h → 60
Gilurytmal *Amp. 50mg/10ml*	**Supraventrikuläre Tachykardie bei WPW-Syndrom:** 50mg über 5min i.v.; ggf. Wdh. n. 30min; ggf. Dauerinf. 20-50mg/h; Perf. (250mg) = 5mg/ml ⇒ 4-10ml/h; max. 1200mg/24h
Amiodaron	HWZ 20h-100d → 62
Cordarex *Amp. 150mg/3ml*	**Reanimation mit rezidiv. Kammerflimmern oder pulsloser ventrikulärer Tachykardie:** 300mg i.v.
Atropin	HWZ 2h → 67
Atropinsulfat *Amp. 0.5mg/1ml, 100mg/10ml*	**Bradykardie:** 0.5-1.5mg i.v. alle 4-6h; **Alkylphosphatintoxikation:** 2-5mg alle 10-15min i.v. bis zum Rückgang der Bronchialsekretion, bis 50mg
Biperiden	HWZ 11-36h → 336
Akineton *Amp. 5mg/1ml*	**Dyskinesien durch Neuroleptika:** 2.5-5mg i.m./ i.v.
Butylscopolamin	HWZ 5h → 110
Buscopan *Amp. 20mg/1ml*	**Koliken:** 20-40mg i.v./i.m./s.c., max. 100mg/d
Clemastin	HWZ 8h → 97
Tavegil *Amp. 2mg/2ml*	**Allergische Reaktion, Anaphylaxie:** 2mg langsam i.v.
Diazepam	HWZ 24-48h → 377
Diazepam Desitin rectal tube *Rektallsg. 5, 10mg* **Stesolid** *Amp. 10mg/2ml; Rectiole 5, 10mg*	**Erregungszustände:** 2-10mg i.v./rekt.; **Status epilepticus:** 5-10mg i.v./rekt.

Digoxin	HWZ 30-50h → 64
Lanicor *Amp. 0.25mg/1ml*	**Tachyarrhythmie bei Vorhofflimmern:** ini 0.25mg i.v., bis 0.75mg an d1 in 3ED
Esketamin	HWZ 2-4h → 309
Ketanest S *Amp. 25mg/5ml, 50mg/2ml; Inj.Lsg. 100mg/20ml, 250mg/10ml*	**Narkoseeinleitung, Narkoseerhaltung:** 0.5-1mg/kg i.v.; 2-4mg/kg i.m., dann 50% der Initialdosis alle 10-15min; **Analgesie:** 0.125-0.25mg/kg i.v.; 0.25-0.5mg/kg i.m.; **Intubation im Status asthmaticus:** 0.5-1mg i.v., max. 2.5mg/kg
Esmolol	HWZ 9min → 40
Brevibloc *Amp. 100mg/10ml, 2.5g/250ml*	**Supraventrikuläre Tachykardie:** ini 0.5mg/kg über 1min i.v., dann 50µg/kg/min, max. 200µg/kg/min
Etomidat	HWZ 3-5h → 310
Hypnomidate *Amp. 20mg/10ml*	**Kurznarkose, Narkoseeinleitung:** 0.15-0.30mg/kg i.v.
Fenoterol	HWZ 3.2h → 85
Berotec N *DA 0.1mg/Hub* **Partusisten** *Amp. 0.5mg/10ml*	**Asthma bronchiale:** 1 Hub, ggf. Wdh. nach 5min; **vorzeitige Wehentätigkeit:** 0.5-3µg/min i.v., Perf. (0.5mg) = 10µg/ml ⇒ 3-18ml/h
Fentanyl	HWZ 3-12h → 301
Fentanyl-Janssen *Amp. 0.1mg/2ml, 0.5mg/10ml*	**Analgesie:** 1.5-3µg/kg i.v.; **Narkose:** 2-50µg/kg i.v.
Flumazenil	HWZ 53min → 452
Anexate *Amp. 0.5mg/5ml, 1mg/10ml*	**Benzodiazepinintoxikation:** ini 0.2mg i.v., ggf. minütlich Nachinjektion von 0.1mg bis max. 1mg Gesamtdosis
Furosemid	HWZ 1h → 53
Lasix *Amp. 20mg/2ml, 40mg/4ml*	**Lungenödem:** 20-40mg i.v.
Glucose 40%	HWZ 15 min → 319
Glucose 40 Braun *Amp. 10ml*	**Hypoglykämie:** 20-100ml i.v.
Haloperidol	HWZ 13-30h → 370
Haldol *Amp. 5mg/1ml*	**Akute Psychose:** ini 5mg i.m., bei Bedarf stündlich 5mg i.m. bis ausreichende Symptomkontrolle erreicht ist, max. 20mg/d
Heparin	HWZ 1.5-2h → 69
Heparin-Natrium-ratioph. *Amp. 25.000IE/5ml*	**Akutes Koronarsyndrom, Lungenembolie, Gefäßverschluss:** 5000IE i.v.

Ketamin	HWZ 2-4h → 310
Ketamin Rotexmedica *Amp. 50mg/5ml, 100mg/2ml, 500mg/10ml*	**Narkoseeinleitung, Narkoseerhaltung:** 1-2mg/kg i.v.; 4-8mg/kg i.m., dann 50% der Initialdosis alle 10-15min; **Analgesie:** 0.25-0.5mg/kg i.v., 0.5-1mg/kg i.m.; **Status asthmaticus:** 1-2mg/kg i.v., max. 5mg/kg
Mepivacain	HWZ 3h → 314
Scandicain 1% *Amp. 50mg/5ml*	**Lokalanästhesie:** max. 30ml infiltrieren
Metamizol	HWZ 1.8-4.6h → 220
Novalgin *Amp. 1g/2ml, 2.5g/5ml*	**Starke Schmerzen:** 1-2.5g i.v., max. 5g/d
Metoclopramid	HWZ 2.6-4.6h → 109
Paspertin *Amp. 10mg/2ml*	**Übelkeit:** 10mg i.v., bis 3x/d
Metoprololtartrat	HWZ 3-5h → 40
Beloc *Amp. 5mg/5ml*	**Tachykarde Herzrhythmusstörungen:** 5mg langsam i.v., ggf. Wdh. alle 5-10min bis max 15mg; **akuter MI:** 5mg langsam i.v., ggf. Wdh. in Abständen v. 2min bis max 15mg
Morphin	HWZ 2.5h → 303
Morphin, MSI *Amp.10mg/1ml, 20mg/1ml*	**Stärkste Schmerzen, Lungenödem:** 2.5–10mg i.v.; 5–30 mg s.c./i.m.
Naloxon	HWZ 3-4h → 306
Naloxon-ratioph. *Amp. 0.4mg/1ml*	**Opiatintoxikation**: 0.4-2mg i.v./i.m./s.c., ggf. Wdh.; **Opiatüberhang nach Narkose:** 0.1-0.2mg i.v., Wdh. alle 2-3min bis Spontanatmung einsetzt
Natriumhydrogencarbonat 8.4%	→ 321
Natriumhydrogencarbonat 8.4% *Inf.Lsg. 100ml (100ml = 100mmol HCO_3^-)*	**Metabolische Azidose:** Base excess (-) x 0.3 x kgKG=mmol; max. 1.5mmol/kgKG/h i.v.
Nifedipin	HWZ 2.5-5h → 43
Adalat *Weichkps. 10mg*	**Hypertensiver Notfall:** 10-mg-Kapsel zerbeißen und schlucken, ggf. Wdh. nach 30 min
Nitroglycerin (Glyceroltrinitrat)	HWZ 2-4.4min → 58
Nitrolingual *Spray 0.4mg/Hub; Amp. 5mg/5ml, 25mg/25ml, 50mg/50ml*	**AP, Linksherzinsuffizienz, hypertensiver Notfall, akuter Herzinfarkt**: 0.4-1.2mg s.l., ggf. nach 10min wiederholen; ini 0.5-1mg/h i.v., je nach Wi und RR 2-8mg/h, Perfusor 50mg/50ml (1mg/ml): 0.5-8ml/h

Oxytocin	HWZ 1-12min → 444
Oxytocin HEXAL *Amp. 3IE/1ml, 5IE/1ml, 10IE/1ml*	**Postpartale Nachblutung:** 5-6IE langsam i.v.; 5-10IE i.m.
Phenytoin	HWZ 20-60h → 324
Phenhydan *Amp. 250mg/5ml, 750mg/50ml*	**Status epilepticus:** 750mg über 20-30min i.v. (bis 50mg/min), ggf. Wdh., max. 17mg/kg/d bzw. 1500mg/d
Prednisolon	HWZ 1.7-2.7h → 226
Infectocortikrupp *Supp. 100mg* **Klismacort** *Rektalkps. 100mg* **Solu-Decortin H** *Amp. 50mg/1ml, 250mg/5ml, 1000mg/10ml*	**Anaphylaktischer Schock:** 1g i.v.; **toxisches Lungenödem:** 1g i.v., evtl. Wdh. nach 6, 12 u. 24h; **Status asthmaticus:** 100-500mg i.v.; **Pseudokrupp:** 100mg rekt., bei Bedarf nach 1h (Infectocortikrupp) bzw. 2-4h (Klismacort) erneut 100mg; 3-5mg/kg i.v., evtl. Wdh. nach 2-3h; **Addison-Krise:** 25-50mg i.v.
Promethazin	HWZ 8-15h → 366
Atosil N *Amp. 50mg/2ml*	**Unruhezustände:** 25mg i.v., ggf. Wdh. nach 2h, max. 100mg/d, schw. Fälle 200mg/d; **Ki.: 2-18J:** 12.5-25mg i.v., max. 0.5mg/kg/d
Propofol 1%	HWZ 40-200min → 310
Disoprivan *Amp. 200mg/20ml, 500mg/50ml; Fertigspritze 500mg/50ml* **Propofol lipuro** *Amp. 200mg/20ml, 500mg/50ml, 1g/100ml*	**Narkoseeinleitung:** 1.5-2.5mg/kg langsam i.v.; Patient > 55J oder Risikopatient 1mg/kg; **Narkoseaufrechterhaltung:** 4-12mg/kg/h i.v.; **Sedierung bei chirurgischen oder diagnost. Eingriffen:** ini 0.5-1mg/kg über 1-5min i.v., dann 1.5-4.5mg/kg/h
Terbutalin	HWZ 16h → 85
Bricanyl *Amp. 0.5mg/1ml*	**Status asthmaticus:** 0.25-0.5mg s.c., ggf. Wdh. nach 15-20min, max. 4x/d
Urapidil	HWZ 2-3h → 45
Ebrantil *Amp. 25mg/5ml, 50mg/10ml*	**Hypertensiver Notfall:** 10-50mg langsam i.v., ggf. Wdh. nach 5min; Dauerinfusion: ini 2mg/min, mittlere Erh.Dos. 9mg/h; Perfusor 100mg/50ml (2mg/ml): 4.5-60ml/h
Verapamil	HWZ 3-7(12)h → 42
Isoptin *Amp. 5mg/2ml* **VeraHEXAL** *Amp. 5mg/2ml*	**Supraventrikuläre Tachykardie, absolute Arrhythmie mit schneller Überleitung:** 5mg langsam i.v., ggf. Wdh. nach 5-10min; Perf. (100mg) = 2mg/ml ⇒ 2-5ml/h

1.2 Adult Advanced Life Support (ALS)[1]

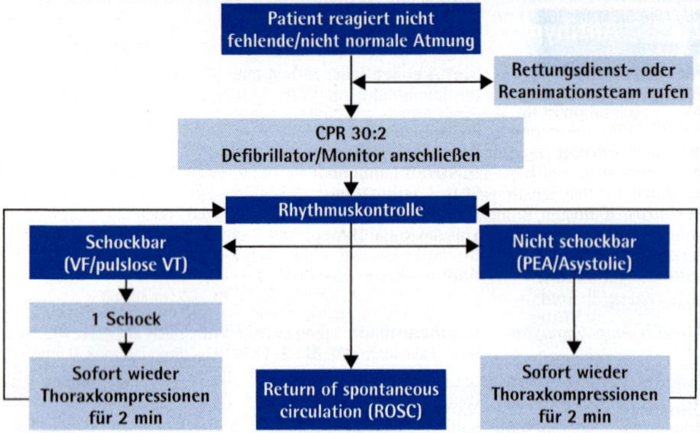

Qualitativ hochwertige Thoraxkompressionen und
- Sauerstoffgabe
- Kapnografie
- Kontinuierl. Thoraxkompressionen bei gesichertem Atemweg
- Minimale Unterbrechungen der Thoraxkompressionen
- IV- oder IO-Zugang
- Adrenalin alle 3–5 min
- Amiodaron nach 3 Defibrillationsversuchen
- Reversible Ursachen erkennen und behandeln

Reversible Ursachen erkennen und behandeln
- Hypoxie
- Hypovolämie
- Hypo-/Hyperkaliämie
- Hypo-/Hyperthermie metabolisch
- Thrombose, koronar oder pulmonal
- Spannungspneumothorax
- Herzbeuteltamponade
- Intoxikation

Evtl. Sonografie/Bildgebung einsetzen

Eventuell
- Koronarangiografie und PCI
- Mechanische Reanimation für Patiententransport/Therapie
- Extrakorporale CPR

Nach ROSC
- Nach ABCDE vorgehen
- Zielwert SpO_2: 94–98% und normaler $PACO_2$
- 12-Kanal-EKG
- Ursache erkennen, behandeln
- Targeted temperature management

[1] Soar J, Böttiger BW et al. Erweiterte lebensrettende Maßnahmen für Erwachsene. Leitlinien des European Resuscitation Council 2021. Notfall Rettungsmed 2021, 24:406-446. © European Resuscitation Council (ERC), German Resuscitation Council (GRC), Austrian Resuscitation Council (ARC). Mit Genehmigung von Springer im Namen der GRC.

2 Kardiologie, Angiologie

2.1 Antihypertensiva

2.1.1 ACE-Hemmer

Wm: kompet. Hemmung des Angiotensin-Konversions-Enzyms ⇒ Angiotensin II ↓, Bradykinin ↑;
Wi: Vasodilatation ⇒ RR ↓, Nierendurchblutung ↑, Aldosteronfreisetzung ↓, Katecholaminfreisetzung ↓, Rückbildung von Herz- u. Gefäßwandhypertrophie, protektive Wi bei diabetischer Nephropathie;
UW (Benazepril): Hb/Hkt/Leukozyten/Thrombozyten ↓, Kopfschmerzen, Gleichgewichtsstrg., Müdigkeit, Apathie, Schläfrigkeit, Hypotonie, Orthostase, Schwindel, Ohnmacht, Sehvermögen ↓, Palpitationen, Husten, Bronchitis, Übelkeit, Bauchschmerzen, gastrointestinale Beschwerden, Verdauungsstrg., Nierenfktstrg., Pollakisurie; **UW** (Captopril): Schlafstrg., Geschmacksstrg., Schwindel, Reizhusten, Dyspnoe, Übelköleit, Erbrechen, Obstipation, Diarrhoe, Bauchschmerzen, Mundtrockenheit, Magenverstimmung, Pruritus, Ausschlag, Alopezie;
UW (Cilazapril): Kopfschmerz, Schwindel, Husten, Übelkeit, Müdigkeit;
UW (Enalapril): Husten, Verschwommensehen, Schwindel, Übelkeit, Asthenie, Kopfschmerzen, Depression, Hypotonie, orthostatische Hypotonie, Synkope, Brustschmerzen, Herzrhythmusstrg., Angina pectoris, Tachykardie, Dyspnoe, Diarrhö, Bauchschmerzen, Geschmacksveränderungen, Hautausschlag, Überempfindlichkeit, angioneurotisches Ödem, Müdigkeit;
UW (Fosinopril): Schwindel, Kopfschmerzen, Tachykardie, Hypotonie, Orthostase, Husten, Übelkeit, Erbrechen, Diarrhoe, Hautausschlag, Angioödem, Dermatitis, Brustschmerz, Schwächegefühl, aP/LDH/Bili/Transaminasen ↑; **UW** (Lisinopril): Benommenheit, Kopfschmerz, orthostatische Wirkungen, Husten, Durchfall, Erbrechen, Nierenfktsstrg.;
UW (Moexipril): übermäßige initiale RR-Senkung, Schwindel, Schwäche, Sehstrg., Synkope, Nierenfktstrg., Bronchitis, trockener Reizhusten, dyspeptische Beschwerden, Kopfschmerzen, Müdigkeit, Hb-Abfall, Leuko-/Thromobopenie;
UW (Perindopril): Kopfschmerzen, Schwindel, Parästhesie, Benommenheit, Sehstörung, Tinnitus, Hypotonie und Folgeerscheinungen, Husten, Dyspnoe, Übelkeit, Erbrechen, Bauchschmerzen, Geschmacksstrg., Dyspepsie, Diarrhoe, Obstipation, Ausschlag, Pruritus, Muskelkrämpfe, Asthenie;
UW (Quinapril): Nervosität, Benommenheit, Müdigkeit, Schlaflosigkeit, Niedergeschlagenheit, Schwindel, Gleichgewichtsstrg., Schlafstrg., Somnolenz, Hypotonie, Husten, Übelkeit, Erbrechen, Diarrhoe, Exanthem, Kopfschmerz, Thoraxschmerz;
UW (Ramipril): Kopfschmerzen, Schwindel, Reizhusten, Bronchitis, Sinusitis, Dyspnoe, Entzündungen des Magen-Darm-Trakts, Verdauungsstrg., abdominelle Schmerzen, Dyspepsie, Übelkeit, Erbrechen, Diarrhoe, Exanthem, Muskelkrämpfe, Myalgie, Kalium ↑, Hypotonie, Orthostase, Synkope, Brustschmerz, Müdigkeit;
UW (Trandolapril): Kopfschmerzen, Schwindel, Husten, Abgeschlagenheit, Asthenie, Hypotonie;
UW (Zofenopril): Schwindel, Kopfschmerzen, Übelkeit, Erbrechen, Husten, Müdigkeit;
KI (Benazepril): bek. Überempfindlichkeit, anamnestisch bekanntes, durch vorhergehende Therapie mit einem ACE-Hemmer ausgelöstes angioneurotisches Ödem, hereditäres oder idiopathisches Angioödem, bds. Nierenarterienstenose, Nierentransplantation, hämodynamisch relevante Aorten-/Mitralklappenstenose, HCMP, primärer Hyperaldosteronismus, Grav. (2. u. 3. Trimenon);

KI (Captopril, Cilazapril, Enalapril, Fosinopril, Lisinopril, Perindopril, Quinapril): bekannte Überempfindlichkeit, anamnestisch bekanntes, durch vorhergehende Therapie mit einem ACE-Hemmer ausgelöstes angioneurotisches Ödem, hereditäres oder idiopathisches Angioödem, Grav. (2. u. 3. Trimenon); **KI** (Moexipril): bekannte Überempfindlichkeit, anamnestisch bekanntes, durch vorhergehende Therapie mit einem ACE-Hemmer ausgelöstes angioneurotisches Ödem, hereditäres oder idiopathisches Angioödem, Grav. (2. und 3. Trimenon), CrCl < 40, keine ausreichende Therapieerfahrung, Dialyse, primäre Lebererkrankung/Leberfunktionsstrg., unbehandelte, dekompensierte Herzinsuffizienz, Kinder;
KI (Ramipril): bekannte Überempfindlichkeit, anamnestisch bekanntes, durch vorhergehende Therapie mit einem ACE-Hemmer ausgelöstes angioneurotisches Ödem, hereditäres oder idiopathisches Angioödem, Grav. (2. und 3. Trimenon), bds. Nierenarterienstenose oder Nierenarterienstenose bei Einzelniere, extrakorporale Behandlungen mit Kontakt zwischen Blut und negativ geladenen Oberflächen, hypotensive/hämodynamisch instabile Patienten;
KI (Trandolapril): bek. Überempfindlichkeit, anamnestisch bekanntes, durch vorhergehende Therapie mit einem ACE-Hemmer ausgelöstes angioneurotisches Ödem, hereditäres oder idiopathisches Angioödem, Grav./Lakt., Nierenarterienstenose (bds. oder bei Einzelniere), Z.n. Nierentransplantation, hämodynamisch relevante Mitral-/Aortenklappenstenose, HCM, Hypotonie systolisch < 100mmHg, Schock, primärer Hyperaldosteronismus;
KI (Zofenopril): bek. Überempfindlichkeit gegen Z. bzw. andere ACE-Hemmer; angioneurotisches Ödem durch ACE-Hemmern in der Vorgeschichte; angeborenes/idiopathisches angioneurotisches Ödem; schwere Leberfunktionsstörung; Frauen im gebärfähigen Alter ohne ausreichenden Konzeptionsschutz; Nierenarterienstenose (beidseitig oder einseitig bei Einzelniere), Grav. (2. und 3. Trimenon)

Benazepril Rp	HWZ 6h, Qo 0.05, PPB 95%, PRC C (1.), D (2., 3. Trim.), Lact +
Benazepril AL *Tbl. 5, 10, 20mg* **Benazepril 1A** *Tbl. 5, 10, 20mg* **Cibacen** *Tbl. 5, 10, 20mg*	**Art. Hypertonie:** 1 x 10-20mg p.o.; max. 40mg/d; **Herzinsuffizienz:** ini 1 x 2.5mg p.o., Erh.Dos. 1 x 5-10mg p.o., max. 20mg/d p.o.; **DANI** CrCl < 30: max. 10mg/d; **DALI** KI
Captopril Rp	HWZ 2(12) h, Qo 0.15, PPB 30%, PRC C (1.), D (2., 3.Trim.), Lact +
ACE-Hemmer-ratioph. *Tbl. 12.5, 25mg* **Captogamma** *Tbl. 25, 50mg* **CaptoHEXAL** *Tbl. 25, 50, 100mg*	**Art. Hypertonie:** ini 2 x 12.5-25mg p.o., nach Wi steigern bis 2 x 50-75mg, max. 150mg/d; **Ki.** 0.3mg/kg, s. FachInfo; **Herzinsuff.:** ini 2-3 x 6.25-12.5mg p.o., langsam steigern auf 75-150mg/d p.o., max. 150mg/d; **post Herzinfarkt:** ini 1 x 6.25mg p.o., nach 2h 1 x 12.5mg, nach 12h 1 x 25mg, ab d2 2 x 50mg; **diabet. Nephropathie bei D.m. Typ 1:** 75-100mg/d; **DANI (Ki.)** 0.15mg/kg; **DANI** CrCl > 40: ini 25-50mg, max. 150mg/d; 21-40: ini 25mg, max. 100mg/d; 10-20: ini 12.5, max. 75mg/d; < 10: ini 6.25mg, max. 37.5mg/d

Cilazapril Rp	HWZ (9)h, Q0 0.2, PPB 25-30%
Dynorm *Tbl. 0.5, 1, 2.5, 5mg*	**Art. Hypertonie:** ini 1 x 1.25mg p.o., je nach Wi steigern auf 1 x 2.5mg, max. 5mg/d; **Herzinsuffizienz:** ini 0.5mg, wöchentl. setigern auf 1-2.5mg, max. 5mg/d; **DANI** CrCl 40-60: 1 x 0.5-1mg, max. 2.5mg/d; < 40: KI; **DALI** KI
Enalapril Rp	HWZ (11)h, Q0 0.1, PPB < 50%, PRC C (1.), D (2., 3. Trim.), Lact +
Benalapril *Tbl. 5, 10, 20mg* **Corvo** *Tbl. 2.5, 5, 10, 20mg* **Enalapril 1A** *Tbl. 5, 10, 20, 30, 40mg* **Enalapril-ratioph.** *Tbl. 2.5, 5, 10, 20mg* **Jutaxan** *Tbl. 5, 10, 20mg* **Xanef** *Tbl. 5, 10, 20mg*	**Art. Hypertonie:** ini 1 x 20mg p.o., Erh.Dos. 20mg/d, max. 2 x 20mg/d; **Herzinsuff., asympt. linksventr. Dysfunktion:** d1-3: 2.5mg, d4-7: 2 x 2.5mg, d8-14: 10mg, d15-28: 20mg/d, max. 40mg/d; **DANI** CrCl 30-80: 5-10mg/d; 10-30: 2.5mg/d p.o.; HD: 2.5mg/d
Fosinopril Rp	HWZ 11.5 h, Q0 0.5, PPB > 95%, PRC C (1.), D (2., 3. Trim.), Lact +
Fosinorm *Tbl. 10, 20mg* **Fosino Teva** *Tbl. 10, 20mg*	**Art. Hypertonie, Herzinsuff.:** ini 1 x 10mg p.o.; je n. Wi steigern auf 1 x 20mg, max. 40mg/d; **DANI, DALI** nicht erforderlich
Lisinopril Rp	HWZ 12h, Q0 0.3, PPB 3-10%, PRC C (1.), D (2., 3. Trim.), Lact +
Lisinopril 1A *Tbl. 5, 10, 20, 30mg* **Lisinopril AL** *Tbl. 2.5, 5, 10, 20mg* **LisiHEXAL** *Tbl. 2.5, 5, 10, 20mg* **Lisi Lich** *Tbl. 5, 10, 20mg*	**Art. Hypertonie:** ini 1 x 10mg p.o., Erh.Dos. 1 x 20mg, max. 80mg/d; **Herzinsuffizienz:** ini 1 x 2.5mg p.o., langs. steigern bis 1 x 10mg, max. 35mg/d; **post Herzinfarkt:** ini 1 x 5mg p.o., nach 24h 1 x 5mg, nach 48h 1 x 10mg, Dosisanpassung je nach RR; **diab. Nephropathie bei D.m. Typ 2:** 1 x 10-20mg; **DANI** CrCl 30-80: ini 5-10mg/d; 10-30: ini 2.5-5mg; < 10: ini 2.5mg; jeweils langsam steigern bis max. 40mg/d
Perindopril-Arginin Rp	HWZ (17)h, Q0 (0.56), PPB 20%, PRC C (1.), D (2., 3. Trim.), Lact +
Coversum Arginin *Tbl. 2.5, 5, 10mg*	**Art. Hypertonie:** ini 1 x 2.5-5mg p.o., ggf. nach 4W 1 x 10mg; **Herzinsuff.:** ini 1 x 2.5mg, ggf. n. 2 W. 1 x 5mg; **stab. KHK:** ini 1 x 5mg, n. 2W. 1 x 10mg; **DANI** CrCl > 60: 5mg/d; 30-60: 2.5mg/d; 15-< 30: 2.5mg alle 2d; HD: 2.5mg jeweils nach HD; **DALI** nicht erforderlich

Quinapril Rp	HWZ (3)h, Qo 0.2, PPB ca. 97%, PRC C (1.), D (2., 3. Trim.), Lact +
Accupro *Tbl. 5, 10, 20mg*	**Art. Hypertonie:** ini 1 x 10mg p.o., je nach Wi steigern bis 1-2 x 10mg, max. 40mg/d; **Herzinsuffizienz:** ini 2 x 2.5mg p.o., langs. steigern bis 10-20mg/d, max. 2 x 20mg/d; **DANI** CrCl 30-60: ini 1 x 5mg p.o., dann 5-10mg/d, max. 20mg/d; 10-29: 1 x 2.5mg/d, max. 5mg/d; < 10: KI; **DALI** KI
Ramipril Rp	HWZ 3 (13-17)h, Qo 0.15, PPB 73%, PRC C (1.), D (2., 3. Trim.), Lact +
Delix *Tbl. 2.5, 5, 10mg* **Ramilich** *Tbl. 2.5, 5, 10mg* **Ramipril-CT** *Tbl. 2.5, 5, 10mg* **Ramipril HEXAL** *Tbl. 1.25, 2.5, 5, 7.5, 10mg* **Ramipril-ratioph.** *Tbl. 2.5, 5, 10mg*	**Art. Hypertonie:** ini 1 x 2.5mg p.o., je nach Wi steigern bis 1 x 5mg, max. 10mg/d; **Herzinsuff., post Herzinfarkt:** ini 2 x 1.25-2.5mg p.o., langsam steigern bis max. 2 x 5mg; **kardiovask. Prävention:** ini 1 x 2.5mg, alle 1-2W. Dosisverdoppelung auf Erh.Dos. 1 x 10mg; **diabet. Nephropathie:** ini 1 x 1.25mg, n. 2W. 2.5mg, n. 4W. 5mg; **DANI** CrCl 30-60: ini 1 x 2.5mg/d, max. 5mg/d; 10-30, HD: ini 1.25mg/d, max. 5mg/d; **DALI** KI
Trandolapril Rp	HWZ 1 (16-24)h, Q0 0.44, PPB > 80%, PRC C (1.), D (2., 3. Trim.), Lact +
Udrik *Kps. 0.5, 1, 2mg*	**Art. Hypertonie:** ini 1 x 1mg p.o., je nach Wi steigern bis 1 x 2mg, max. 4mg/d; **post Herzinfarkt:** ini 1 x 0.5mg p.o., nach 24h 1 x 1mg, dann langsam steigern bis 1 x 4mg; **DANI** CrCl 30-60: 100%; < 30: KI; **DALI** ini 0.5mg/d, max. 2mg/d; KI bei schwerer LI
Zofenopril Rp	HWZ 5h, PPB 88%, PRC C (1.), D (2., 3. Trim.), Lact ?
Zofenil *Tbl. 7.5, 30mg*	**Art. Hypertonie:** ini 1 x 15mg p.o., je nach Wi steigern auf 30mg/d, max. 60mg/d; **akuter Myokardinfarkt:** d1-2: 2 x 7.5mg; d3-4: 2 x 15mg; ab d5: 2 x 30mg; Dosis ggf. an RR anpassen, s. FachInfo; **DANI** CrCl < 45: 50% 1-x-Gabe; HD: 25% **DALI** leichte bis mittelschwere LI: 50%; schwere LI: KI

2.1.2 Angiotensin-II-Blocker (Sartane)

Wm: Blockade des Angiotensin-II-Typ-1-Rezeptors;
Wi: spezifische Hemmung der Angiotensin-II-Wi, ohne Wi auf Bradykinin;
UW (Azilsartan): Schwindel, Diarrhoe, Kreatinphosphokinasespiegel ↑; **UW** (Candesartan): Atemwegsinfektionen, Kopfschmerzen, (Dreh-)Schwindel, Hyperkaliämie, Hypotonie, Einschränkung der Nierenfkt.; **UW** (Eprosartan): Kopfschmerzen, Schwindel, Rhinitis, allergische Hautreaktionen, unspezifische gastrointestinale Beschwerden, Asthenie;
UW (Irbesartan): (orthostatischer) Schwindel, orthostatische Hypotonie, Übelkeit, Erbrechen, muskuloskelettale Schmerzen, Erschöpfung, Hyperkaliämie, Kreatinkinase ↑, Hb ↓;
UW (Losartan): Schwindel, Asthenie, Müdigkeit, Hypotonie, Hyperkaliämie, Hypoglykämie;
UW (Olmesartan): Schwindel, Bronchitis, Husten, Pharnygitis, Rhinitis, Diarrhoe, Übelkeit, Dyspepsie, Gastroenteritis, Arthritis, Abdominal-/Rücken-/Knochenschmerzen, Hämaturie, Infektion der Harnwege, Brustschmerz, Müdigkeit, periphere Ödeme, grippeähnliche Symptome, Kreatinphosphokinase/Harnsäure/Triglyceride/Leberenzyme ↑; **UW** (Telmisartan): keine sehr häufigen/häufigen UW; **UW** (Valsartan): Schwindel, Hypotonie, Nierenfktstörung;
KI (Azilsartan, Irbesartan): bek. Überempf., Grav. (2., 3. Trim.); **KI** (Candesartan): bek. Überempf., schwere LI, Cholestase, Grav. (2., 3. Trim.); **KI** (Eprosartan): bek. Überempf., schwere LI, Grav. (2., 3. Trim.), Nierenarterienstenose (bds. o. bei Einzelniere); **KI** (Losartan): bek. Überempf., schwere LI, Grav. (2., 3. Trim.); **KI** (Olmesartan): bek. Überempf., Grav. (2., 3. Trim.), Gallenwegobstruktion; **KI** (Telmisartan): bek. Überempf., Grav. (2., 3. Trim.), obstruktive Gallenfunktionstörung, stark eingeschränkte Leberfunktion;
KI (Valsartan): bek. Überempf., schwere LI, Cholestase, biliäre Zirrhose, Grav. (2., 3. Trim.)

Azilsartanmedoxomil Rp	HWZ 11 h, PPB >99%, PRC D (1.), X (2., 3. Trim.), Lact -
Edarbi *Tbl. 20, 40, 80mg*	**Art. Hypertonie:** ini 1 x 40mg p.o., je nach Wi steigern bis max. 1 x 80mg/d; **DANI** bei schwerer Nierenfktstrg. keine Erfahrungen; **DALI** bei schwerer Funktionsstörung Anw. nicht empfohlen, bei leichter bis mäßiger Funktionsstrg. ini 1 x 20mg/d
Candesartan Rp	HWZ 9 h, Q0 0.4, PPB 99%, PRC C (1.), D (2., 3. Trim.), Lact ?
Atacand *Tbl. 4, 8, 16, 32mg* **Blopress** *Tbl. 4, 8, 16, 32mg* **Candecor** *Tbl. 4, 8, 16, 32mg* **Candesartan HEXAL** *Tbl. 4, 8, 16, 32mg* **Candesartan Stada** *Tbl. 4, 8, 16, 32mg* **Candesartan Q-Pharm** *Tbl. 8, 16, 32mg*	**Art. Hypertonie:** ini 1 x 8mg p.o., je nach Wi steigern bis 1 x 16mg, max. 32mg/d; **Ki. ab 6J:** ini 1 x 4mg, ggf. steigern; < 50kg: max. 8mg/d; > 50kg: 8-16mg; **Herzinsuffizienz:** ini 1 x 4mg, alle 2W Dosis verdoppeln je nach Verträgl. bis 32mg/d; **DANI** ini 4mg; CrCl < 15: Anw. nicht empf.; **DALI** leichte-mittelgradige LI: ini 4mg; schwere LI: KI
Eprosartan Rp	HWZ 5-9 h, Q0 0.9, PPB 98%, PRC C (1.), D (2., 3. Trim.), Lact -
Eprosartan-ratioph. *Tbl. 600mg* **Teveten Mono** *Tbl. 600mg*	**Art. Hypertonie:** 1 x 600mg p.o.; **DANI** CrCl > 30: 100%; < 30: sorgfältige Dosiseinstellung; **DALI** KI bei schwerer LI

Irbesartan Rp	HWZ 11-15h, Qo 1.0, PPB 96%, PRC C (1.), D (2., 3. Trim.), Lact ?
Aprovel *Tbl. 75, 150, 300mg* **Ifirmasta** *Tbl. 75, 150, 300mg* **Irbesartan 1A** *Tbl. 75, 150, 300mg* **Irbesartan AL** *Tbl. 75, 150, 300mg* **Karvea** *Tbl. 75, 150, 300mg*	**Art. Hypertonie, diabet. Nephropathie bei D.m. Typ 2:** ini 1 x 150mg p.o., je nach Wi steigern bis max. 300mg/d; **DANI** Dialyse: ini 75mg; **DALI** leichte-mittelgradige LI: nicht erforderlich; schwere LI: keine Daten

Losartan Rp	HWZ 2 (6-9)h, Qo 0.95, PPB 99%, PRC C (1.), D (2., 3. Trim.), Lact ?
Cozaar Protect *Tbl. 50mg* **Lorzaar** *Tbl. 12.5, 50, 100mg* **Losar-Q** *Tbl. 50, 100mg* **Losartan HEXAL** *Tbl. 12.5, 25, 50, 75, 100mg* **Losar Teva** *Tbl. 25, 50, 100mg*	**Art. Hypertonie**: 1 x 50mg p.o., je nach Wi steigern bis max. 100mg/d; **Herzinsuffizienz**: ini 1 x 12.5mg p.o., langsam steigern bis 1 x 25-50mg; **Hypertonie + D.m. + Proteinurie:** (> 0.5g/d): ini 1 x 50mg, ggf. nach 1 Monat 1 x 100mg; **Hypertonie + LVH zur Risikoreduktion zerebr. Insult:** 1 x 50mg; ggf. 1 x 100mg; **DANI** nicht erforderlich; **DALI** Dosisreduktion., KI bei schwerer LI

Olmesartan Rp	HWZ 10-15h, PPB 99%, PRC C (1.), D (2., 3. Trim.), Lact ?
Belsar *Tbl. 40mg* **Olmecor** *Tbl. 10, 20, 40mg* **Olmesartan AbZ** *Tbl. 10, 20, 40mg* **Olmetec** *Tbl. 10, 20, 40mg* **Votum** *Tbl. 10, 20, 40mg*	**Art. Hypertonie**: 1 x 10mg p.o., je nach Wi steigern bis max. 40mg/d; **DANI** CrCl > 20: max. 20mg; < 20: nicht empf.; **DALI** leichte Funktionsstrg.: 100%; mäßige: ini 10mg, max. 20mg/d; schwere LI: Anw. nicht empfohlen

Telmisartan Rp	HWZ > 20h, Q0 1.0, PPB 99%, PRC C (1.), D (2., 3. Trim.), Lact ?
Kinzal mono *Tbl. 40, 80mg* **Micardis** *Tbl. 20, 40, 80mg* **Telmisartan HEXAL** *20, 40, 80mg* **Tolura** *20, 40, 80mg*	**Art. Hypertonie**: 1 x 20-40mg p.o., max. 80mg/d; **kardiovask. Präv.:** 1 x 80mg p.o.; **DANI** leichte-mäßige NI: 100%; schwere NI, HD: ini 20mg/d; **DALI** max. 40mg/d, KI bei schwerer Leberfktstrg.

Valsartan Rp	HWZ 6h, Qo 0.7, PPB 94-97%, PRC C (1.), D (2., 3. Trim.), Lact ?
Diovan *Tbl. 40, 80, 160, 320mg; Lsg. 3mg/ml* **Provas** *Tbl. 40, 80, 160, 320mg* **Valsacor** *Tbl. 40, 80, 160, 320mg* **Valsartan Henning** *Tbl. 40, 80, 160, 320mg* **Valsartan HEXAL** *Tbl. 40, 80, 160, 320mg* **Valsartan Stada** *Tbl. 40, 80, 160, 320mg*	**Art. Hypertonie**: 1 x 80mg p.o.; ggf. ↑ auf max. 320mg/d; **Ki. 6-18J.:** < 35kg: ini 1 x 40mg p.o., max. 80mg/d; > 35kg: ini 1 x 80mg, 35-80kg: max. 160mg/d; 80-160kg: max. 320mg/d; **Herzinsuff.:** ini 2 x 40mg p.o., steigern auf max. 2 x 160mg; **post Herzinfarkt**: ini 2 x 20mg p.o., steigern auf max. 2 x 160mg; **DANI** CrCl > 10: 100%; < 10, HD: nicht empfohlen; **DALI** leichte bis mittelschwere LI: max. 80mg/d, KI bei schwerer LI

2.1.3 Betablocker

Wm/Wi: kompet. Betarez.-Hemmung ⇒ neg. ino-/chronotrop ⇒ HZV ↓, kard. O_2-Verbrauch ↓, Reninsekretion ↓; hochdosiert: unspez., membranstabilisierende, chinidinartige Wi; **UW** (Atenolol): Bradykardie, Kältegefühl an Extremitäten, Schwindel, Schwitzen, Magen-Darm-Beschwerden, Müdigkeit; **UW** (Betaxolol): Schlaflosigkeit, Schwindel, Müdigkeit, Kopfschmerz, Schwitzen, Bradykardie, Kältegefühl an Extremitäten, Magen-Darm-Beschwerden, allerg. Hautreaktionen, Haarausfall, Schwäche; **UW** (Bisoprolol): Bradykardie (bei chron. Herzinsuff.), Verschlechterung der Herzinsuff., Schwindel, Kopfschmerzen, Übelkeit, Erbrechen, Diarrhö, Obstipation, Kälte- oder Taubheitsgefühl in den Extremitäten, Hypotonie, Asthenie, Müdigkeit; **UW** (Esmolol): Hypotonie, Diaphorese, Anorexie, Depression, Angstzustände, Schwindelgefühl, Somnolenz, Kopfschmerzen, Parästhesie, Aufmerksamkeitsstrg., Verwirrtheitszustand, Unruhe, Übelkeit, Erbrechen, Asthenie, Reakt. an Injektionsstelle; **UW** (Landiolol): Hypotonie, Bradykardie; **KI** (Atenolol): Überempf., manifeste Herzinsuffizienz, Schock, AV-Block II-III°, Sick-Sinus-Syndrom, sinuatrialer Block, Bradykardie, Hypotonie, Azidose, bronchiale Hyperreagibilität, Spätstadium pAVK, gleichzeitige MAO-Hemmer-Therapie; **KI** (Betaxolol): manif. Herzinsuff., kardiogener Schock, anamn. anaphylakt. Reakt., AV-Block II-III°, Sick-Sinus-Syndrom, sinuatrialer Block, Bradykardie, Hypotonie, Prinzmetal-Angina, Raynaud-Syndrom, Spätstadium pAVK, gleichzeit. MAO-Hemmer-Ther., schwere Formen von Asthma/COPD, unbeh. Phäochromozytom, Komb. mit Floctafenin, Sultoprid; **KI** (Bisoprolol): akute Herzinsuff., dekomp. Herzinsuff. mit erford. inotroper i.v.-Ther., kardiogener Schock, AV-Block II°/III°, Sinusknotensyndrom, SA-Block, Bradykardie < 60/min, Hypotonie, schwere Formen von Asthma bronchiale, schwere COPD, Spätstadium pAVK, Raynaud-Syndrom, unbehand. Phäochromozytom, metabol. Azidose; **KI** (Esmolol): bek. Überempf. gegen E. oder and. Betablocker, schwere Sinusbradykardie (< 50/min); Sinusknotensyndrom, schw. Strg. der AV-Knotenleitung (ohne Herzschrittmacher), AV-Block II-III°, kardiogener Schock, schw. Hypotonie, dekompensierte Herzinsuff., gleichzeitige oder kürzlich (bis 48h) erfolgte i.v. Verapamil-Verabreichung; unbehand. Phäochromozytom, pulmonale Hypertonie, akuter Asthmaanfall, metabolische Azidose; **KI** (Landiolol): Bradykardie < 50/Min, Sinusknotensyndrom, AV-Block II-III (ohne Schrittmacher), kardiogener Schock, schwere Hypotonie, dekompensierte Herzinsuffizienz, pulmonale Hypertonie, unbehandeltes Phäochromozytom, akuter Asthmaanfall, schwere, nicht korrigierbare metabol. Azidose

		β_1	ISA
Atenolol Rp	HWZ 6h, Qo 0.12, PPB 3%, PRC D, Lact ?		
Atenolol-ratioph. *Tbl. 25, 50, 100mg* **AteHEXAL** *Tbl. 25, 50, 100mg* **Tenormin** *Tbl. 50mg*	**Hyperkin. Herzsyndrom:** 1 x 25mg p.o.; **art. Hypertonie, KHK, supraventrik. und ventrik. HRST:** 1 x 50-100mg p.o.; **DANI** CrCl 10-30: 50%; < 10: 25%	+	0
Betaxolol Rp	HWZ 18h, Qo 0.8, PPB 50%, PRC C, Lact ?	+	0
Kerlone *Tbl. 20mg*	**Art. Hypertonie:** 1 x 10-20mg p.o.; **DANI** CrCl > 30: 100%; < 30, HD: max. 10mg/d		
Bisoprolol Rp	HWZ 11h, Qo 0.48, PPB 30%, PRC C, Lact ?	+	0
Bisobeta *Tbl. 5, 10mg* **BisoHEXAL** *Tbl. 1.25, 2.5, 3.75, 5, 7.5, 10mg* **Bisoprolol Accord** *Tbl. 2.5, 5, 10mg* **Bisoprolol-ratioph.** *Tbl. 1.25, 2.5, 3.75, 5, 10mg* **Concor, Jutabis** *Tbl. 5, 10mg* **Concor Cor** *Tbl. 1.25, 2.5, 3.75, 5, 7.5, 10mg*	**Art. Hypertonie, KHK:** 1 x 2.5-10mg p.o.; **Herzinsuff.:** ini 1 x 1.25mg p.o., je nach Verträglichkeit steigern um 1.25-2.5mg/W bis 10mg/d; **DANI** CrCl < 20: max. 10mg/d; **DALI** max. 10mg/d		

Carvedilol Rp	HWZ 6-10h, Q0 1.0, PPB 99%, PRC C, Lact ?	β_1	ISA
Carvedilol HEXAL *Tbl. 3.125, 6.25, 12.5, 25, 50mg* **Carvedilol-ratioph.** *Tbl. 6.25, 12.5, 25mg* **Dilatrend** *Tbl. 6.25, 12.5, 25mg* **Querto** *Tbl. 6.25, 12.5, 25mg*	**Art. Hypertonie**: ini 1 x 12.5mg, n. 2d 1 x 25mg, ggf. n. 14d 2 x 25mg p.o.; **chron. stab. AP:** ini 2 x 12.5mg, n. 2d 2 x 25mg, ggf. nach 14d 2 x 50mg; **Herzinsuff.**: ini 2 x 3.125mg, je nach Verträglichkeit alle 2W steigern um 3.125-12.5mg; bis 85kg: max. 2 x 25mg; > 85kg: max. 2 x 50mg; **DANI** nicht erforderlich	0	0
Celiprolol Rp	HWZ 5-7h, Q0 0.6	+	+
Celipro Lich *Tbl. 200mg* **Celitin** *Tbl. 200mg*	**Art. Hypertonie, KHK**: 1 x 200-400mg p.o.; **DANI** CrCl < 10: 1 x 100mg		
Esmolol Rp	HWZ 9min, Q0 1.0, PPB 55%, PRC C, Lact ?	+	0
Brevibloc *Amp. 100mg/10ml, 2500mg/250ml* **Esmocard** *Amp. 100mg/10ml, 2500mg/10ml*	**Supraventrik. Tachykardie**: ini 500µg/kg i.v. über 1min, dann 50µg/kg/min, max. 200µg/kg/min; **DANI** CrCl 30-60: Anw. max. 4h; < 30: KI; **DALI** KI bei schw. Leberfktsstrg.		
Landiolol Rp	HWZ 3-4min	+	0
Rapibloc *Inf.Lsg. 20mg/2ml, 300mg*	**Supraventr. Tachykardie, nicht kompensator. Sinustachykardie:** ini 100µg/kg i.v. über 1min, dann 10-40µg/kg/min, max. 80µg/kg/min; **DANI** nicht erf.; **DALI** vorsicht. Anw.		
Metoprololsuccinat Rp	HWZ 3-4h, PPB 10%	+	0
Beloc-Zok *Tbl. 23.75(ret.), 47.5(ret.), 95(ret.), 190(ret.)mg* **MetoHEXAL-Succ** *Tbl. 23.75(ret.), 47.5(ret.), 95(ret.), 142.5(ret.), 190(ret.)mg* **Metoprololsuccinat AL** *Tbl. 23.75(ret.), 47.5(ret.), 95(ret.), 190(ret.)mg*	**Art. Hypertonie, KHK, tachyk. HRST, hyperkin. Herzsyndr.:** 1 x 47.5-190mg p.o.; **Herzinsuff.:** ini 1 x 23.75mg, nach Verträglichkeit Dosis alle 2W verdoppeln bis max. 1 x 190mg; **Migräne-Pro.:** 1 x 95mg p.o.		
Metoprololtartrat Rp	HWZ 3-5(8)h, Q0 > 0.8, PPB 12%	+	0
Beloc *Amp. 5mg/5ml* **Jutabloc** *Tbl. 100, 200(ret.)mg* **MetoHEXAL** *Tbl. 50, 100, 100(ret.), 200(ret.)mg* **Metoprolol AL** *Tbl. 50, 100, 200(ret.)mg* **Metoprolol-ratioph.** *Tbl. 50, 50(ret.), 100, 100(ret.), 200(ret.)mg*	**Art. Hypertonie, KHK, tachykarde HRST, hyperkinet. Herzsyndrom:** 1-2 x 50-100mg p.o.; 1 x 100-200mg (ret.); 5-10mg langs. i.v., max. 20mg i.v.; **Migräne-Pro.:** 1-2 x 50-100mg p.o.; 1 x 100-200mg (ret.); **DANI** nicht erforderlich		

		β_1	ISA
Nebivolol Rp	HWZ 10-50h, Q0 0.95, PPB 98%		
Nebilet *Tbl. 5mg* **Nebivolol AL** *Tbl. 5mg* **Nebivolol Stada** *Tbl. 5mg*	**Art. Hypertonie:** 1 x 5mg p.o.; **chron. Herzinsuffizienz bei > 70J:** ini 1.25mg, max. 10mg/d; **DANI** ini 2.5mg; **DALI** KI	+	0
Pindolol Rp	HWZ 3-4h, Q0 0.5, PPB 40%, PRC B, Lact ?	0	+
Visken *Tbl. 5mg*	**Art. Hypertonie:** 3 x 5-10mg p.o.; **KHK:** 3 x 5mg p.o.; 1 x 15mg; **tachyk. HRST:** 3 x 5-10mg p.o.; **hyperkinet. Herzsyndrom:** 2-3 x 2.5mg; **DALI** Dosisreduktion		
Propranolol Rp	HWZ 3-4h, Q0 1.0, PPB 90%, PRC C, Lact ?	0	0
Dociton *Tbl. 10, 40, 80mg; Kps. 80(ret.), 160(ret.)mg; Amp. 1mg/1ml* **Hemangiol** *Lsg. (1ml = 3.75mg)* **Inderal** *Tbl. 40mg* **Obsidan** *Tbl. 25, 40, 100mg* **Propra-ratioph.** *Tbl. 10, 40, 80mg* **Propranolol Stada** *Tbl. 40, 80mg*	**Art. Hypertonie:** 2-3 x 40-80mg p.o.; 2 x 160mg; 1 x 160-320mg (ret.); **KHK, tachykarde HRST:** 2-3 x 40-80mg; 1 x 1mg langsam i.v., max. 10mg i.v.; **Arrhythmien Ki.:** 3-4 x 0.25-0.5mg/kg, max. 4 x 1mg/kg bzw. 160mg/d; **hyperkin. Herzsyndrom:** 3 x 10-40mg; **prim. Angstsyndrom, essentieller Tremor, Migräne-Pro.:** 2-3 x 40mg; **Hyperthyreose:** 3-4 x 10-40mg; **proliferative infantile Hämangiome:** (Hemangiol) Ki. 5W-5M: ini 1mg/kg/d p.o. in 2ED, nach 1W 2mg/kg/d, nach 2W 3mg/kg/d; Ther.-Dauer 6M; **DANI** nicht erforderlich		
Sotalol Rp	HWZ 15h, Q0 0.15, keine PPB, PRC B, Lact ?	0	0
SotaHEXAL *Tbl. 40, 80, 160mg* **Sotalex** *Tbl. 80, 160mg* **Sotalol Carinoph.** *Tbl. 40mg/4ml* **Sotalol-ratioph.** *Tbl. 40, 80, 160mg*	**Ventrikuläre HRST**: ini 2 x 80mg p.o., ggf. steigern bis 3 x 80 od. 2 x 160mg; max. 640mg/d in 2-3 ED; **PRO chron. VHF nach DC-Kardioversion**: 2-3 x 80mg p.o., max. 2 x 160mg/d; **PRO paroxysmales VHF**: 2-3 x 80mg p.o.; **schwerwiegende ventrikuläre oder supraventrikuläre HRST:** ini 20mg über 5 min i.v., ggf. nach 20 min wdh., max. 1.5mg/kg; **DANI** CrCl 30-60: 50%; 10-30: 25%; <10: keine oder vorsichtige Anw.		

β_1: selektive Hemmung von Beta-1-Rezeptoren; **ISA:** intrinsische sympathomimetische Aktivität = partieller Agonismus und partieller Antagonismus

2.1.4 Direkte Reninhibitoren

Wm/Wi: selektive direkte Hemmung des humanen Renins ⇒ Blockade der Umwandlung von Angiotensinogen zu Angiotensin I ⇒ Plasmareninaktivität ↓; AT-I- und II-Spiegel ↓⇒ RR ↓;
UW: Schwindel, Diarrhoe, Arthralgie, Hyperkaliämie, Hautausschlag, Hypotonie, Einschränkung der Nierenfunktion, periphere Ödeme;
KI: angeborenes/idiopathisches Angioödem, Angioödem unter Aliskiren in Vorgeschichte, gleichzeitige Anwendung mit Ciclosporin, Itraconazol u. anderen potenten P-gp-Inhibitoren (z.B. Chinidin), gleichzeitige Anwendung mit Angiotensin-II-Rezeptor-Blockern oder ACE-Hemmern bei Patienten mit Diabetes mellitus oder eingeschränkter Nierenfkt. (CrCl < 60), Grav. (2./3. Trim.), bek. Überempfindlichkeit gegen Wirkstoff oder sonstige Bestandteile

Aliskiren Rp	HWZ 40h, PPB 49%, PRC C (1.), D (2., 3. Trim.), Lact ?
Rasilez *Tbl. 150, 300mg*	**Art. Hypertonie:** ini 1 x 150mg p.o., ggf. nach 2W steigern auf 1 x 300mg; **DANI** CrCl < 30: vorsichtige Anw.; < 60: KI bei gleichzeitiger Einnahme v. ACE-Hemmern oder AT-II-Blockern; **DALI** nicht erforderlich

2.1.5 Kalziumantagonisten (Non-Dihydropyridine)

Wm: Hemmung des Ca^{2+}-Einstroms; **Wi:** negativ inotrop, kardialer O_2-Verbrauch ↓, Vasodilatation (v.a. Arteriolen ⇒ Nachlast ↓, Vorlast unbeeinflusst!), negativ chronotrop, AV-Überleitungszeit ↑, AV-Refraktärzeit ↑;
UW (Verapamil): Übelkeit, Brechreiz, Völlegefühl, Obstipation, Müdigkeit, Nervosität, Schwindel, Benommenheit, Schläfrigkeit, Parästhesie, Neuropathie, Tremor, Entwicklung/Verschlechterung einer Herzinsuffizienz, Hypotonie, Orthostase, Sinusbradykardie, AV-Block I°, Knöchelödeme, Flush, Hautrötung, Wärmegefühl, allergische Reaktionen, Erythem, Pruritus, Urtikaria, makulopapulöses Exanthem, Erythromelalgie, Schwitzen, Kopfschmerzen;
KI (Verapamil): Herz-Kreislauf-Schock, akuter MI mit Komplik., ausgeprägte Reizleitungsstrg. (z.B. SA- bzw. AV-Block II° u. III°), Sinusknotensyndr., manifeste Herzinsuff., Vorhofflimmern/-flattern u. gleichzeit. WPW-Syndrom, i.v.-Appl. von Betablockern (Ausnahme Intensivmedizin)

Diltiazem Rp	HWZ 6h, Q0 > 0.9, PPB 70-85%, PRC C, Lact -
Diltiazem AL *Tbl. 60mg; Kps. 90(ret.), 120(ret.)mg* **DiltaHEXAL** *Tbl. 60, 90(ret.)mg* **Diltiazem-ratioph.** *Tbl. 60mg* **Dilzem** *Tbl. 90(ret.), 120(ret.), 180(ret.)mg*	**Art. Hypertonie, KHK:** 3 x 60mg; 2 x 90-180mg (ret.); **DANI, DALI** vorsichtige Anw.

Verapamil Rp	HWZ 3-7h, Q0 > 0.8, PPB 90%, PRC C, Lact +
Isoptin *Tbl. 40, 80, 120, 120(ret.), 240(ret.)mg; Inj.Lsg. 5mg/2ml* **VeraHEXAL** *Tbl. 40, 80, 120, 120(ret.), 240(ret.)mg; Inj.Lsg. 5mg/2ml* **Veramex** *Tbl. 120mg* **Verapamil-ratioph.** *Tbl. 40, 80, 120, 240(ret.)mg; Inj.Lsg. 5mg/2ml*	**Art. Hypertonie, KHK, supraventr. Tachyk.:** 3 x 80-120mg; 2 x 120-240mg (ret.) p.o.; 5mg langs. i.v., dann 5-10mg/h, max. 100mg/d; Perf. (100mg) = 2mg/ml ⇒ 2-5ml/h; **Ki. 6-14J:** 80-360mg/d, 2.5-5mg i.v.; **< 6J:** 80-120mg/d, 2-3mg i.v.; **Sgl.:** 0.75-2mg i.v.; **NG:** 0.75-1mg i.v.; **DANI** nicht erforderlich; **DALI** 2-3 x 40mg

2.1.6 Kalziumantagonisten (Dihydropyridine)

Wm/Wi: Hemmung des Ca^{2+}-Einstroms ⇒ negativ inotrop, kardialer O_2-Verbrauch ↓, Vasodilatation v.a. der Arteriolen ⇒ Nachlast ↓, Vorlast unbeeinflusst!;
UW (Amlodipin): Knöchelschwellung, Kopfschmerzen, Schläfrigkeit, Schwindel, Schwäche, Palpitationen, Übelkeit, Dyspepsie, Bauchschmerzen, Gesichtsrötung mit Hitzeempfindung;
KI (Amlodipin): Überempfindlichkeit gegen Amlodipin oder andere Dihydropyridine, schwere Hypotonie, Schock, kardiogener Schock, Herzinsuffizienz nach akutem Herzinfarkt (erste 4W), hochgradige Aortenstenose, instabile Angina pectoris

Amlodipin Rp	HWZ 40h, Qo 0.85, PPB 93%, PRC C, Lact ?
Amlodipin besilat Dexcel *Tbl. 5, 10mg* **Amlodipin HEXAL** *Tbl. 5, 7.5, 10mg* **Amlodipin-ratioph.** *Tbl. 5, 10mg* **Norvasc** *Tbl. 5mg*	**Art. Hypertonie,** **chron. stabile AP:** 1 x 5-10mg p.o.; **DANI** nicht erforderlich; **DALI** KI b. schwerer LI
Felodipin Rp	HWZ 10-16h, Qo 1.0, PPB 99%, PRC C, Lact ?
Felocor *Tbl. 2.5(ret.), 5(ret.), 10(ret.)mg* **Felodipin-CT** *Tbl. 5(ret.), 10(ret.)mg* **Felodipin Stada** *Tbl. 2.5(ret.), 5(ret.), 10(ret.)mg* **Modip** *Tbl. 5(ret.), 10(ret.)mg*	**Art. Hypertonie:** ini 1 x 2.5-5mg; Erh.Dos. 1 x 5-10mg (ret.) p.o.; **DANI** CrCl < 30: KI; **DALI** sorgf. Dosiseinstellg., KI bei Child C
Isradipin Rp	HWZ 8.4h, Qo 1.0, PPB 95%, PRC C, Lact ?
Vascal uno *Kps. 2.5(ret.), 5(ret.)mg*	**Art. Hypertonie:** 2 x 2.5-5mg; 1 x 5-10mg (ret.) p.o.; **DANI** CrCl > 30: ini 50%; < 30: nicht empfohlen; **DALI** KI
Lercanidipin Rp	HWZ 8-10h, PPB > 98%
Carmen, Corifeo *Tbl. 10, 20mg* **Lercanidipin Heumann** *Tbl. 10, 20mg* **Lercanidipin Stada** *Tbl. 10, 20mg*	**Art. Hypertonie:** 1 x 10-20mg p.o.; **DANI** CrCl > 30: 100%; < 30: nicht empf.; **DALI** KI bei schwerer Leberfktstrg.
Manidipin Rp	PPB 99%
Manyper *Tbl. 10, 20mg*	**Art. Hypertonie:** ini 1 x 10mg p.o., nach 4W je nach Wi 1 x 20mg; **DANI** CrCl < 10: KI; **DALI** max. 10mg/d
Nifedipin Rp	HWZ 2.5-5h, Qo 1.0, PPB 98%, PRC C, Lact +
Adalat *Kps. 10mg; Tbl. 20(ret.)mg; Inf.Lsg. 5mg/50ml* **Nifedipin-ratioph.** *Tbl. 20(ret.)mg; Gtt. (1ml = 20mg)* **Nifedipin Stada** *Tbl. 20(ret.), 40(ret)mg*	**Art. Hypertonie, KHK:** 3 x 10-20mg p.o.; 1 x 30-60mg (ret.), 2 x 20mg (ret.); max. 60mg/d p.o.; 0.63-1.25mg/h i.v.; Perf. (5mg) = 0.1mg/ml ⇒ min1-5: 60-120ml/h, dann 6-12ml/h; **hypertensive Krise:** 10mg p.o. (Kps. zerbeißen), evtl. nach 30min wdh.; **Raynaud-Syndrom:** 3 x 10-20mg p.o.; **DANI** nicht erforderlich; **DALI** sorgfältige Dosiseinstellung

Nitrendipin Rp	HWZ 8-12h, Qo 1.0, PPB 99%, PRC C
Bayotensin *Tbl. 10, 20mg; Phiole 5mg* **Nitrendipin Aristo** *Tbl. 10, 20mg* **Nitrendipin-ratioph.** *Tbl. 10, 20mg*	**Art. Hypertonie:** 1-2 x 10-20mg p.o.; **hypertensive Krise:** 5mg s.l., evtl. nach 30 min wWdh.; **DANI** nicht erforderlich; **DALI** ini 10mg/d, häufige RR-Kontrolle

2.1.7 Zentral angreifende Alpha-2-Rezeptoragonisten

Wm: Stimulation zentraler Alpha-2-Rez. ⇒ präsynaptisch ⇒ Noradrenalinfreisetzung ↓ ⇒ postsynaptisch ⇒ peripherer Sympathikotonus ↓, Reninfreisetzung ↓ ⇒ Hemmung des RAAS;
Wm (Alpha-Methyldopa): bildet zusätzl. „falschen" Transmitter Alpha-Methylnoradrenalin;
Wm (Moxonidin): Stimulation von zentralen Imidazolinrezeptoren; relativ schwache Stimulation zentraler Alpha-2-Rez.; **Wi:** peripherer Widerstand ↓, HF ↓, HZV ↓ ⇒ RR ↓;
UW (Alpha-Methyldopa): Sedierung, Schwindel, orthostatische Strg., Benommenheit, Kopfschmerzen, HF ↓, Mundtrockenheit, Ödeme, Schlafstrg., Depression, Halluzinationen, Libidostrg., Gynäkomastie, Amenorrhoe;
UW (Clonidin): Schlafstrg., Depression, Kopfschmerzen, AV-Block, HF ↓, Sedierung, Mundtrockenheit, Potenz- u. Libidostrg.;
UW (Moxonidin): Benommenheit, Mundtrockenheit, Schläfrigkeit, Schwäche, Schwindel, Kopfschmerzen, gestörte Denkprozesse, Schlafstrg., Übelkeit, Obstipation, Vasodilatation;
KI (Alpha-Methyldopa): akute u. chronische Lebererkrankungen, schwere Nierenfktstrg., Phäochromozytom, Depression, schwere Herzinsuffizienz, hämolytische Anämie;
KI (Clonidin): Depressionen, HF ↓ < 50/min, AV-Block II°-III°, Sick Sinus; Grav./Lakt.
KI (Moxonidin): Sick Sinus, sinuatrialer Block, AV-Block II°-III°, HF ↓ < 50, maligne Arrhythmien, Herzinsuffizienz, schwere Koronarinsuffizienz, instabile AP, schwere Nierenfunktionsstörung, Angioödem, schwere Lebererkrankung

Alpha-Methyldopa Rp	HWZ 2h, Qo 0.4, PPB 10-15%, PRC B, Lact +
Dopegyt *Tbl. 250mg* **Methyldopa Stada** *Tbl. 250mg* **Presinol** *Tbl. 125, 250, 500mg*	**Art. Hypertonie:** ini 1-3 x 125mg p.o., je nach Wi steigern bis 2-3 x 250mg; **Schwangerschaftshypertonie:** 250-2000mg/d; **DANI** sorgf. Dosiseinst., Erh.Dos. max. 50%

Clonidin Rp	HWZ 10-20h, Qo 0.4, PPB 30-40%, PRC C, Lact ?
Catapresan *Tbl. 0.075, 0.15, 0.3mg* **Clonidin-ratioph.** *Tbl. 0.075, 0.15, 0.3mg; Kps. 0.25mg; Amp. 0.15mg/1ml* **Clonistada** *Tbl. 0.15, 0.3, 0.25 (ret.)mg*	**Art. Hypertonie:** 2 x 0.075-0.3mg; 1-2 x 0.25mg (ret.), max. 0.9mg/d p.o.; **hypertensive Krise:** 1-4 x 0.075-0.15mg i.m./s.c./i.v.; Perf. (0.45mg) = 9µg/ml ⇒1-5ml/h; s. a. Alkoholentwöhnungsmittel → 384; **DANI** max. 0.3mg/d p.o./i.v.

Moxonidin Rp	HWZ 2-3h, Qo 0.4, PPB 7%
Moxobeta *Tbl. 0.2, 0.3, 0.4mg* **Moxonidin HEXAL** *Tbl. 0.2, 0.3, 0.4mg* **Physiotens** *Tbl. 0.2, 0.3, 0.4mg*	**Art. Hypertonie:** 1-2 x 0.2-0.4mg p.o., max. 0.6mg/d; **DANI** CrCl: 30-60: max. 0.4mg/d; < 30: KI; **DALI** KI bei schwerer LI

2.1.8 Alphablocker

Wm: revers. Alpha-1-Rezeptorblock.; (Phenoxybenzamin) irrev. Alpha-1-/Alpha-2-Rez.-Block.;
Wi: Vasodilatation, Pre- und Afterload ↓; Urapidil: zusätzlich Agonist am 5-HT1A-Rezeptor;
UW (Doxazosin): Atemwegsinfekte, Harnwegsinfekt, Benommenheit, Kopfschmerzen, Somnolenz, Schwindel, Hypotonie, othostat. Hypotonie, Palpitationen, Tachykardie, Bronchitis, Dyspnoe, Rhinitis, Bauchschmerzen, Dyspepsie, Mundtrockenheit, Übelkeit, Pruritus, Rückenschmerzen, Myalgien, Zystitis, Harninkontinenz, Schwächegefühl, Brustschmerz, Grippesymptome, periph. Ödeme;
KI (Doxazosin): bekannte Überempfindlichkeit, orthostatische Hypotonie, Pat. mit benigner Prostatahyperplasie, die gleichzeitig eine Stauung der oberen Harnwege, einen chronischen; Harnwegsinfekt oder Blasensteine aufweisen, Pat. mit gastrointest. Obstruktion, ösophagealer Obstruktion oder verringertem Lumendurchmesser des GI-Trakts in der Anamnese, Lakt., benigne Prostatahyperplasie mit Überlaufblase, Anurie oder progressiver Niereninsuffizienz als Monotherapie

Doxazosin Rp	HWZ 8.8-22h, Q0 0.95, PPB 98%, PRC C, Lact ?
Cardular PP *Tbl. 4(ret.), 8(ret.)mg* **Diblocin PP** *Tbl. 4(ret.)mg* **Doxacor** *Tbl. 1, 2, 4, 8mg* **Doxazosin-ratioph.** *Tbl. 2, 4, 4(ret.), 8(ret.)mg* **Doxazosin Stada** *Tbl. 1, 2, 4, 4(ret.), 8mg*	**Art. Hypertonie:** ini 1 x 1mg/d, bei Bedarf um 1mg/W steigern bis 1 x 8mg/d p.o., max. 16mg/d; **DANI** nicht erf.; **DALI** leichte LI: sorgfältige Dosiseinst.; schwere LI: Anw. nicht empf.
Phenoxybenzamin Rp	HWZ 24h, PRC C, Lact ?
Dibenzyran *Kps. 10mg*	**Phäochromozytom:** 1-3W präop.: ini 1 x 10mg p.o., je nach Wi steigern bis 100mg/d; inop.: ini 10mg/d, Erh.Dos. 2-3 x 20-40mg; **Ki.:** ini 0.2-0.4mg/kg/d; **DANI** KI
Terazosin Rp	HWZ 8-14h, Q0 0.95, PPB 90-94%, PRC C, Lact ?
Heitrin *Tbl. 1, 2, 5mg* **Terazosin AL** *Tbl. 2, 5mg* **Terazosin Stada** *Tbl. 2, 5mg*	**Art. Hypertonie:** ini 1 x 1mg p.o., je nach Wi steigern bis max. 20mg/d; **DANI** nicht erford.; **DALI** Dosisreduktion
Urapidil Rp	HWZ 4.7 (10)h, Q0 1.0, PPB 80%
Ebrantil *Kps. 30(ret.), 60(ret.), 90(ret.)mg; Amp. 25mg/5ml, 50mg/10ml* **Urapidil Carino** *Amp. 25mg/5ml, 50mg/10ml, 100mg/20ml* **Urapidil Stragen** *Kps. 30(ret.), 60(ret.), 90(ret.)mg; Amp. 25mg/5ml, 50mg/10ml, 100mg/20ml*	**Art. Hypertonie:** 2x30-90mg (ret.) p.o.; **hypertensiver Notfall:** 10-50mg langs. i.v., ggf. Wdh. nach 5min; Dauerinf. ini 2mg/min, mittlere Erh.Dos. 9mg/h; Perfusor 100mg/50ml (2mg/ml): 4.5-60ml/h; **DANI, DALI** sorgfältige Dosiseinstellung

2.1.9 Direkte Vasodilatatoren

Wm: direkter Angriff an der glatten Muskulatur kleinerer Arterien und Arteriolen ⇒ peripherer Widerstand ↓ (Afterload) ⇒ RR ↓;
UW (Dihydralazin): orthostat. Hypotonie, Schwindel, Appetit ↓, Übelkeit, Erbrechen, Durchfall, Verstopfung, paralytischer Ileus, migräneartige Kopfschmerzen, Nasenverstopfung, Hautrötung, Ödeme, periphere Neuropathie, Parästhesien, Tremor, Muskelkrämpfe; **UW** (Minoxidil): Salz- u. Wasserretention, Tachykardie, Perikarditis, Perikarderguss u. -tamponade, Magen-Darm-Unverträglichkeit, Hypertrichose, Veränderung der Haarfarbe, EKG-Veränderungen;
KI (Dihdralazin): bek. Überempf. (auch gegen Hydralazin); idiopathisch u. medikamentös induzierter Lupus erythem., Aortenaneurysmen, Herzklappenstenosen, hypertrophe Kardiomyopathie, isolierte Rechtsherzinsuff. infolge pulmonaler Hypertonie, Grav. (1. Trimenon);
KI (Minoxidil): bek. Überempf., pulm. Hypertonie wegen Mitralstenose, Phäochromozytom

Dihydralazin Rp	HWZ 4-5h, PPB 84-90%, PRC B
Nepresol *Tbl. 25, 50mg; Amp. 25mg/2ml*	**Art. Hypertonie:** ini 2 x 12.5mg p.o., je nach Wi steigern bis 2 x 25mg; max. 100mg/d; **hypertensive Krise, Eklampsie:** 12.5-25mg i.m.; 6.25-12.5mg langs. i.v., evtl. nach 20min wdh.; Perf. (75mg) = 1.5mg/ml ⇒ 1-5ml/h; max. 100mg/24h; **DANI, DALI** sorgfält. Dosiseinst.

Minoxidil Rp	HWZ 4h, Q_0 0.9, keine PPB, PRC C, Lact +
Loniten *Tbl. 2.5, 10mg* **Lonoten** *Tbl. 10mg* **Lonolox** *Tbl. 2.5, 10mg*	**Therapieresistente art. Hypertonie:** ini 2 x 2.5mg p.o., alle 3d um 5-10mg steigern, ab 50mg um 25mg/d steigern bis max. 100mg/d; Komb. mit Diuretikum u. Betablocker; **Ki. bis 12J:** ini 0.1mg/kg, alle 3d steigern um 0.1-0.2mg/kg, max. 1mg/kg bzw. 50mg/d; **DANI** CrCl < 30, HD: sorgfältige Dosiseinst.

2.1.10 ACE-Hemmer-Kombinationen

Benazepril + Hydrochlorothiazid Rp	PPB (H) 64%, PRC C (1.), D (2., 3. Trim.), Lact -
Benazeplus AL *Tbl. 10+12.5, 20+25mg* **Benazeplus Stada** *Tbl. 10+12.5, 20+25mg* **Benazepril 1A comp.** *Tbl. 10+12.5, 20+25mg* **Cibadrex** *Tbl. 10+12.5, 20+25mg*	**Art. Hypertonie:** 1 x 10-20 + 12.5-25mg p.o., max. 2 x 20+25mg; **DANI** CrCl 30-60: sorgfältige Dosiseinstellung; < 30: KI; **DALI** KI

Captopril + Hydrochlorothiazid Rp	PRC C (1.), D (2., 3. Trim.), Lact -
ACE-Hemmer-ratioph. comp. *Tbl. 50+25mg* **CaptoHEXAL comp.** *Tbl. 25 +12.5, 25+25, 50+25mg*	**Art. Hypertonie:** 1 x 25-50+12.5-25mg p.o.; **DANI** CrCl 30-80: ini 1 x 25+12.5mg; 30: KI; **DALI** sorgfält. Dosiseinst., KI bei schwerer LI

Cilazapril + Hydrochlorothiazid Rp	
Dynorm Plus *Tbl. 5+12.5mg*	**Art. Hypertonie:** 1 x 5+12.5mg p.o.; **DANI** CrCl 30-60: sorgfältige Dosiseinstellung; < 30: KI; **DALI** KI bei schwerer LI

Enalapril + Hydrochlorothiazid Rp	PPB (E) < 50%, PRC C (1.), D (2., 3. Trim.), Lact -
Corvo HCT *Tbl. 10+25mg* **EnaHEXAL comp.** *Tbl. 10+25mg, 20+6mg, 20+12.5mg* **Enalagamma HCT** *Tbl. 10+25, 20+12.5mg* **Enaplus Al** *Tbl. 10+25, 20+6, 20+12.5mg* **Renacor** *Tbl. 10+25mg*	**Art. Hypertonie:** 1 x 10-20+6-25mg p.o.; **DANI** CrCl 30-60: sorgfältige Dosiseinstellung; < 30: KI; **DALI** KI bei schwerer LI

Lisinopril + Hydrochlorothiazid Rp	PRC C (1.), D (2., 3. Trim.), Lact -
Acercomp *Tbl. 10+12.5, 20+12.5mg* **Lisinopril 1A plus** *Tbl. 10+12.5, 20+12.5mg* **Lisiplus Stada** *Tbl. 10+12.5, 20+12.5mg*	**Art. Hypertonie:** 1 x 10-20+12.5mg p.o.; **DANI** CrCl 30-60: sorgf. Dosiseinstellung; < 30: KI; **DALI** KI bei schwerer LI

Moexipril + Hydrochlorothiazid Rp	PRC C (1.), D (2., 3. Trim.), Lact -
Fempress Plus *Tbl. 15+25mg*	**Art. Hypertonie:** 1 x 15+25mg p.o.; **DANI** CrCl 40-60: 50%; < 40: KI; **DALI** KI

Perindopril + Indapamid Rp	
BiPreterax N *Tbl. 5+1.25mg* **Perindo In 1A** *Tbl. 2+0,625mg, 4+1.25mg* **Preterax N** *Tbl. 2.5+0.625mg*	**Art. Hypertonie:** 1 x 2.5-5+0.625-1.25mg p.o.; **DANI** CrCl 30-60: max. 1 x 2.5+0.625mg; < 30: KI; **DALI** KI

Perindopril + Amlodipin + Indapamid Rp	
Viacorind *Tbl. 7+5+2.5mg*	**Art. Hypertonie:** 1 x 7+5+2.5mg p.o.; **DANI** CrCl < 30: KI; **DALI** schwere LI: KI

Quinapril + Hydrochlorothiazid Rp	PRC C (1.), D (2., 3. Trim.), Lact -
Accuzide *Tbl. 10+12.5, 20+12.5mg* **Accuzide diuplus** *Tbl. 20+25mg* **Quinaplus Stada** *Tbl. 10+12.5, 20+12.5, 20+25mg* **Quinapril HCT** *Tbl. 10+12.5, 20+12.5, 20+25mg*	**Art. Hypertonie:** 1 x 10-20+12.5-25mg p.o.; **DANI** CrCl 30-60: sorgfältige Dosiseinstellung; < 30: KI; **DALI** KI bei schwerer LI

Ramipril + Amlodipin + Hydrochlorothiazid Rp	
Appunto *Tbl. 5+5+12.5, 5+5+25, 10+5+25, 10+10+25mg*	**Art. Hypertonie:** 1 x 5–10 + 5–10 + 12.5–25mg p.o.; **DANI** CrCl ≥ 60: 100%; 30–60: max. 5+10+25mg; < 30: KI; HD: max. 5+10+25mg; **DALI** KI

Ramipril + Piretanid Rp	
Arelix ACE *Tbl. 5+6mg* **Ramipril Piretanid Winthrop** *Tbl. 5+6mg* **Ramitanid AL** *Tbl. 5+6mg*	**Art. Hypertonie:** 1 x 5-10+6-12mg p.o.; **DANI** CrCl 30-60: sorgfältige Dosiseinstellung, max. 1 x 5+6mg; < 30: KI; **DALI** schwere LI: KI

Ramipril + Hydrochlorothiazid Rp	
Delix plus *Tbl. 2.5+12.5, 5+25mg* **Ramiplus AL** *Tbl. 2.5+12.5, 5+12.5, 5+25mg* **Ramipril Abz** *Tbl. 2.5+12.5, 5+12.5, 5+25mg* **Ramipril-ratioph. comp.** *Tbl. 2.5+12.5, 5+12.5, 5+25mg*	**Art. Hypertonie:** 1 x 2.5-5+12.5-25mg p.o.; **DANI** CrCl 30-60: sorgfältige Dosiseinstellung; < 30: KI; **DALI** KI bei schwerer LI

2.1.11 Angiotensin-II-Blocker + Diuretikum

Candesartan + Hydrochlorothiazid Rp	
Atacand plus *Tbl. 8+12.5, 16+12.5, 32+12.5, 32+25mg* **Blopresid plus** *Tbl. 16+12.5, 32+12.5, 32+25mg* **Blopress plus** *Tbl. 8+12.5; 16+12.5, 32+12.5, 32+25mg* **Candesartan-ratioph. comp.** *Tbl. 8+12.5, 16+12.5, 32+12.5, 32+25mg*	**Art. Hypertonie:** 1 x 8-16+12.5mg p.o.; **DANI** CrCl > 30: 100%; < 30: KI; **DALI** KI bei schwerer LI

Eprosartan + Hydrochlorothiazid Rp	PRC C (1.), D (2., 3. Trim.), Lact -
Eprosartan-ratioph. comp. *Tbl. 600+ 12.5mg* **Teveten plus** *Tbl. 600+12.5mg*	**Art. Hypertonie:** 1 x 600+12.5mg p.o.; **DANI** CrCl > 30: 100%; < 30: KI; **DALI** leichte bis mittelschwere Leberfktstrg.: nicht empfohlen, schwere LI: KI

Irbesartan + Hydrochlorothiazid Rp	PRC C (1.), D (2., 3. Trim.), Lact -
CoAprovel *Tbl. 150+12.5, 300+12.5, 300+25mg* **Irbecor comp.** *Tbl. 150+12.5, 300+12.5, 300+25mg* **Irbesartan comp. HEXAL** *Tbl. 150+12.5, 300+12.5, 300+25mg* **Karvezide** *Tbl. 150+12.5, 300+12.5, 300+25mg*	**Art. Hypertonie:** 1 x 150-300+12.5-25mg p.o.; **DANI** CrCl > 30: 100%; < 30: KI; **DALI** KI bei schwerer LI

Losartan + Hydrochlorothiazid Rp	PRC C (1.), D (2., 3. Trim.), Lact -
Cozaar comp. *Tbl. 50+12.5mg* **Fortzaar** *Tbl. 100+25mg* **Lorzaar plus** *Tbl. 50+12.5, 100+12.5mg* **Losar-Q comp.** *Tbl. 50+12.5, 100+25mg* **Losartan HEXAL comp.** *Tbl. 50+12.5, 100+25mg*	**Art. Hypertonie:** 1 x 50+12.5-25mg p.o.; ggf. steigern bis max. 1 x 100+25mg; **DANI** CrCl > 30: 100%; < 30: KI; **DALI** KI bei schwerer LI

Olmesartan + Hydrochlorothiazid Rp	PRC C (1.), D (2., 3. Trim.), Lact -
Belsar plus *Tbl. 20+12.5mg, 20+25mg* **Olmetec plus** *Tbl. 20+12.5mg, 20+25mg, 40+12.5mg, 40+25mg* **Votum plus** *Tbl. 20+12.5mg, 20+25mg, 40+12.5mg, 40+25mg*	**Art. Hypertonie:** 1 x 20-40+12.5-25mg p.o.; **DANI** CrCl 30-60: max. 1 x 20+12.5-25 mg/d; < 30: KI; **DALI** leichte bis mäßige LI: vorsichtige Anwendung bzw. max. 20+12.5-25 mg/d; starke Leberfktstrg.: KI

Telmisartan + Hydrochlorothiazid Rp	PRC C (1.), D (2., 3. Trim.), Lact -
Kinzalkomb *Tbl. 40+12.5, 80+12.5, 80+25mg* **Micardis plus** *Tbl. 40+12.5, 80+12.5, 80+25mg* **Tolucombi** *Tbl. 40+12.5, 80+12.5, 80+25mg*	**Art. Hypertonie:** 1 x 40-80+12.5-25mg p.o.; **DANI** CrCl > 30: 100%; < 30: KI; **DALI** max. 40+12.5mg, KI bei schwerer Leberfktstrg.

Valsartan + Hydrochlorothiazid Rp	PRC C (1.), D (2., 3. Trim.), Lact -
CoDiovan *Tbl. 80+12.5, 160+12.5, 160+25, 320+12.5, 320+25mg* **Cotareg** Tbl. 80+12.5, 160+12.5, 160+25 320+12.5, 320+25mg **Provas comp.** *Tbl. 80+12.5, 160+12.5, 320+12.5mg* **Provas maxx** *Tbl. 160+25mg, 320+25mg* **Valsacor comp.** *Tbl. 80+12.5, 160+12.5, 160+25, 320+12.5, 320+25mg* **Valsartan-ratioph. comp.** *Tbl. 80+12.5, 120+12.5, 160+12.5, 160+25, 320+12.5, 320+25mg*	**Art. Hypertonie:** 1 x 80-320+12.5-25mg p.o.; ggf. steigern auf max. 320+25mg/d; **DANI** CrCl > 30: 100%; < 30: KI; **DALI** Anwendung nicht empfohlen

2.1.12 Angiotensin-II-Blocker + Kalziumantagonist

Candesartan + Amlodipin Rp	
Camlostar *Tbl. 8+5, 8+10, 16+5, 16+10mg* **Candeamlo HEXAL** *Tbl. 8+5, 8+10, 16+5, 16+10mg* **Candecor-Amlo** *Tbl. 8+5, 16+5, 16+10mg* **Caramlo** *Tbl. 8+5, 16+5, 16+10mg*	**Art. Hypertonie**: 1 x 8-16 + 5-10mg p.o.; max. 32+10mg; **DANI** bei mäßiger NI: Ka^+ u. Krea kontrollieren; **DALI** schw. LI und/oder Cholestase: KI

Losartan + Amlodipin Rp	
LosAmlo *Tbl. 50+5, 50+10, 100+5, 100+10mg*	**Art. Hypertonie**: 1 x 50-100 + 5-10mg p.o.; max. 100+10mg; **DANI** nicht erf.; **DALI** vors. Anw.; schwere LI: KI

Olmesartan + Amlodipin Rp	
Olmeamlo *Tbl. 20+5, 40+5, 40+10mg* **Olmedipin** *Tbl. 20+5, 40+5, 40+10mg* **Sevikar** *Tbl. 20+5, 40+5, 40+10mg* **Vocado** *Tbl. 20+5, 40+5, 40+10mg*	**Art. Hypertonie:** 1 x 20-40 + 5-10mg p.o.; DANI CrCl 20-60: max. 20+5mg; < 20: Anw. nicht empf.; **DALI** leicht bis mäßig eingeschr. Leberfkt: vorsichtige Anw.; KI bei schwerer LI, Gallenwegsobstruktion

Telmisartan + Amlodipin Rp	
Twynsta *Tbl. 40+5, 40+10, 80+5, 80+10mg*	**Art. Hypertonie:** 1 x 40-80 + 5-10mg p.o.; **DANI** leicht bis mäßig eingeschr. Nierenfkt.: 100%, vorsichtige Anw. bei schwerer NI; **DALI** leicht bis mäßig eingeschr. Leberfkt: vorsichtige Anwendung; KI bei schwerer LI, Gallenwegsobstruktion

Valsartan + Amlodipin Rp	
Copalia *Tbl. 80+5, 160+5, 160+10mg* **Dafiro** *Tbl. 80+5, 160+5, 160+10mg* **Exforge** *Tbl. 80+5, 160+5, 160+10mg*	**Art. Hypertonie:** 1 x 5-10+80-160mg p.o.; **DANI** CrCl < 30, HD: KI; **DALI** schwere LI, biliäre Leberzirrhose, Cholestase: KI

2.1.13 Angiotensin-II-Blocker + Kalziumantagonist + Diuretikum

Amlodipin + Valsartan + Hydrochlorothiazid Rp	
Copalia HCT *Tbl. 10+160+25mg* **Dafiro HCT** *Tbl. 5+160+12.5, 5+160+25, 10+160+12.5, 10+160+25, 10+320+25mg* **Exforge HCT** *Tbl. 5+160+12.5, 5+160+25, 10+160+12.5, 10+160+25, 10+320+25mg*	**Art. Hypertonie:** 1 x 5-10+160-320+12.5-25 mg p.o.; **DANI** leichte bis mittelschwere Nierenfktstrg.: 100%; CrCl < 30, Anurie, HD: KI; **DALI** KI bei Leberfktstrg., Cholestase, biliärer Zirrhose

Olmesartan + Amlodipin + Hydrochlorothiazid Rp	
Sevikar HCT *Tbl. 20+5+12.5, 40+5+12.5, 40+5+25, 40+10+12,5, 40+10+25mg* **Vocado HCT** *Tbl. 20+5+12.5, 40+5+12.5, 40+5+25, 40+10+12.5, 40+10+25mg* **Olmesartan/Amlodipin/HCT Accord** *Tbl. 20+5+12.5, 40+5+12.5, 40+5+25, 40+10+12,5, 40+10+25mg*	**Art. Hypertonie:** 1 x 20-40+5-10+12.5-25 mg p.o.; **DANI** CrCl 30-60: max. 1 x 20+5+12.5mg, < 30: KI; **DALI** Child A: vorsichtige Anw., Child B: max. 1 x 20+5+12.5mg, Child C/Cholestase/Gallenwegsobstruktion: KI

2.1.14 Neprilysinhemmer + Angiotensin-II-Blocker

Wm/Wi (Sacubitril): Hemmung von Neprilysin ⇒ Anreicherung natriuretischer Peptide ⇒ Diurese u. Natriurese ↑, Sympathikolyse, Vasodilatation, antiproliferative Wi;
UW (Sacubitril + Valsartan): Anämie, Hyperkaliämie, Hypokaliämie, Hypoglykämie, Schwindel, Kopfschmerzen, Synkope, Hypotonie, Husten, Diarrhoe, Übelkeit, Gastritis, Nierenfktstrg., Nierenversagen, Asthenie, Ermüdung;
KI (Sacubitril + Valsartan): bek. Überempf., gleichz. Anw. von ACE-Hemmern, anamnest. bek. Angioödem im Zusammenhang mit einer früheren ACE-Hemmer- oder ARB-Therapie; hereditäres oder idiopathisches Angioödem; gleichz. Anw. mit aliskirenhaltigen Arzneimitteln bei Pat. mit D.m. oder bei Pat. mit Nierenfktstrg. (CrCl < 60); schwere LI, biliäre Zirrhose, Cholestase, Grav. (2. u. 3 Trim.)

Sacubitril + Valsartan Rp	
Entresto *Tbl. 24+26, 49+51, 97+103mg*	**Herzinsuffizienz mit reduzierter EF:** ini 2 x 49 + 51mg p.o., bei guter Verträglichkeit nach 2-4W steigern auf 2 x 97 + 103mg; **DANI** CrCl 30-60: evtl. ini 2 x 24 + 26mg; < 30: ini 2 x 24 + 26mg; chron. Nierenversagen: Anw. nicht empf.; **DALI** Child A: 100%; B: vors. Anw.; C, biliäre Zirrhose, Cholestase: KI

2.1.15 Betablocker + Diuretikum

Atenolol + Chlortalidon Rp	PRC D, Lact -
Atenolol AL Comp. *Tbl. 50+12.5, 100+25mg* **Atenolol comp. Stada** *Tbl. 50+12.5, 100+25mg* **Teneretic** *Tbl. 100+25mg*	**Art. Hypertonie:** 1 x 50-100+12.5-25mg p.o.; **DANI** sorgfältige Dosiseinst.; CrCl < 30: KI; **DALI** KI bei schwerer LI

Bisoprolol + Hydrochlorothiazid Rp	PRC C, Lact ?
Bisolich comp. *Tbl. 5+12.5, 10+25mg* **Bisoplus AL** *Tbl. 5+12.5mg, 10+25mg* **Bisoplus Stada** *Tbl. 5+12.5mg, 10+25mg* **Concor plus** *Tbl. 5+12.5mg, 10+25mg*	**Art. Hypertonie:** 1 x 5-10+12.5-25mg p.o.; **DANI** sorgfältige Dosiseinstellung; CrCl < 30: KI

Metoprololtartrat + Hydrochlorothiazid Rp	
MetoHEXAL comp. *Tbl. 100+12.5mg* **Metoprolol-ratioph. comp.** *Tbl. 100+ 12.5mg*	**Art. Hypertonie:** 1 x 100+12.5mg p.o.; **DANI** sorgfältige Dosiseinst.; CrCl < 30: KI; **DALI** KI bei Coma/Praecoma hepaticum

Metoprololsuccinat + Hydrochlorothiazid Rp	
Beloc-Zok comp *Tbl. 95(ret.)+12.5mg* **MetoHEXAL Succ comp.** *Tbl. 95(ret.) +12.5mg* **Metoprololsuccinat plus 1A** *Tbl. 95(ret.) +12.5mg*	**Art. Hypertonie:** 1 x 95-190+12.5-25mg p.o.; **DANI** sorgfältige Dosiseinstellung; CrCl < 30: KI; **DALI** KI bei Coma/Praecoma hepaticum

Propranolol + Triamteren + Hydrochlorothiazid Rp	
Dociteren *Tbl. 80+25+12.5mg* **Propra comp.-ratioph.** *Tbl. 80+25+12.5mg*	**Art. Hypertonie:** 1-2 x 80-160+25-50+12.5-25mg p.o.; **DANI** sorgfältige Dosiseinst.; CrCl < 30: KI; **DALI** Dosisreduktion, KI bei schwerer LI

2.1.16 Direkte Renininhibitoren + Diuretikum

Aliskiren + Hydrochlorothiazid Rp	
Rasilez HCT *Tbl. 150+12.5, 150+25, 300+12.5, 300+25mg*	**Art. Hypertonie:** 1 x 150–300+12.5–25mg p.o.; DANI CrCl < 30: KI; < 60: KI in Komb. mit ACE-Hemmern oder AT-II-Blockern; DALI KI bei schw. LI

2.1.17 Kalziumantagonisten + Diuretikum

Verapamil + Hydrochlorothiazid Rp	
Isoptin RR plus *Kps. (ret.) 240+12.5mg*	**Art. Hypertonie:** 1 x 240+12.5mg p.o.; **DANI** CrCl < 30: KI; **DALI** KI bei (Prae-)Coma hepat.

Verapamil + Hydrochlorothiazid + Triamteren Rp	
Veratide *Tbl. 160+25+50mg*	**Art. Hypertonie:** 1-2 x 160+25+50mg p.o.; **DANI** CrCl 50-75: max. 50mg Triamteren; 30-50: max. 25mg Triamteren; < 30: KI; **DALI** sorgfältige Dosiseinstellung

2.1.18 Kalziumantagonisten + Betablocker

Amlodipin + Bisoprolol Rp	
Biramlo *Tbl. 5+5, 5+10, 10+5, 10+10mg* **Bisodipin** *Tbl. 5+5, 5+10, 10+5, 10+10mg*	**Art. Hypertonie:** 1 x 5-10+5-10mg p.o.; **DANI** CrCl < 20: max. 10mg Bisoprolol/d; HD: vorsicht. Anw.; **DALI** leichte bis mäßige LI: vorsicht. Anw.; schwere LI: max.10mg Bisoprolol/d
Felodipin + Metoprololsuccinat Rp	
Logimat *Tbl. (ret.) 5+47.5mg* **Logimax** *Tbl. (ret.) 5+47.5mg* **Mobloc** *Tbl. (ret.) 5+47.5mg*	**Art. Hypertonie:** 1 x 5-10+47.5-95mg p.o.; **DANI** CrCl > 30: nicht erf., < 30: KI; **DALI** KI bei schwerer Leberfunktionsstörung
Nifedipin + Atenolol Rp	
Nif Ten *Kps. 20(ret.)+50mg*	**Art. Hypertonie:** 1 x 20(ret.)+50mg p.o.; **DANI** CrCl > 30: 100%; < 30: nicht empf.
Nifedipin + Metoprololtartrat Rp	
Belnif *Kps. (ret.) 15+50mg*	**Art. Hypertonie:** 1-2 x 15+50mg p.o.; **chron. stabile AP:** 2 x 15+50mg; **DANI** CrCl < 30: nicht empf.; **DALI** KI bei schwerer LI

2.1.19 Kalziumantagonisten + ACE-Hemmer

Amlodipin + Perindopril-Arginin Rp	
Viacoram *Tbl. 2.5+3.5mg, 5+7mg*	**Art. Hypertonie:** ini 1 x 2.5+3.5mg p.o., ggf. nach 4W steigern auf 1 x 5+7mg; **DANI** CrCl 30-60: ini 2.5+3.5mg alle 2d, ggf. steigern auf 2.5+3.5mg/d; < 30: KI; **DALI** schwere LI: vorsichtige Anw.
Amlodipin + Ramipril Rp	
Ramidipin *Tbl. 5+5, 5+10, 10+5, 10+10mg* **Ramipril HEXAL plus Amlodipin** *Tbl. 5+5, 5+10, 10+5, 10+10mg* **Tonotec** *Tbl. 5+5, 5+10, 10+5, 10+10mg*	**Art. Hypertonie:** 1 x 5-10+5-10mg p.o.; **DANI** CrCl < 60: max. 5mg Ramipril; HD: vorsichtige Anw.; **DALI** Anw. nicht empf.
Felodipin + Ramipril Rp	
Delmuno *Tbl. (ret.) 2.5+2.5mg, 5+5mg* **Triapin** *Tbl. (ret.) 5+5mg*	**Art. Hypertonie:** 1 x 2.5-5+2.5-5mg p.o.; **DANI** CrCl 20-60: s. Einzelsubstanz; < 20: KI; **DALI** s. Einzelsubstanz
Lercanidipin + Enalapril Rp	
Carmen ACE *Tbl. 10+10mg, 10+20mg* **Enacanpin** *Tbl. 10+10mg, 10+20mg* **Lercaprel** *Tbl. 10+10mg, 10+20mg* **Zaneril** *Tbl. 10+10mg, 10+20mg* **Zanipress** *Tbl. 10+10mg, 10+20mg*	**Art. Hypertonie:** 1 x 10 +10-20mg p.o.; **DANI** CrCl < 30, HD: KI; **DALI** KI bei schwerer Leberfunktionsstörung

Nitrendipin + Enalapril Rp	
Eneas *Tbl. 20+10mg*	**Art. Hypertonie:** 1 x 20+10mg p.o.; **DANI** CrCl < 10, HD: KI; **DALI** schwere LI: KI

Verapamil + Trandolapril Rp	PRC D, Lact -
Tarka *Tbl. (ret.) 180+2, 240+2, 240+4mg*	**Art. Hypertonie:** 1 x 180-240+2-4mg p.o.; DANI CrCl < 10: KI; **DALI** bei schwerer LI nicht empfohlen, KI bei Leberzirrhose mit Aszites

2.1.20 Statin + ACE-Hemmer + Kalziumantagonist

Atorvastatin + Perindopril + Amlodipin Rp (UW, KI → 136)	
Stapressial *Tbl. 10+5+5, 20+5+5, 20+10+5, 20+10+10, 40+10+10mg* **Triveram** *Tbl. 10+5+5, 20+5+5, 20+10+5, 20+10+10, 40+10+10mg*	**Hypertonie und/oder stabile KHK + primäre Hypercholesterinämie oder gemischte Hyperlipidämie:** 1 x 10–40 + 5–10 + 5–10mg p.o.; **DANI** CrCl ≥ 60: 100%; < 60: Anw. nicht empfohlen; **DALI** KI bei aktiver Lebererkr.

2.2 Diuretika

2.2.1 Schleifendiuretika

Wm: Rückresorption ↓von Na^+, Cl^-, K^+, H_2O, v.a. im aufsteigenden Teil der Henle-Schleife;
Wi: Exkretion von Na^+, Cl^-, K^+, H_2O, Ca^{2+}, Mg^{2+} ↑;
UW (Furosemid): Hämokonzentration, Dehydratation, Hypotonie, Orthostasesyndrom, Hyponatriämie, Hypochlorämie, Hypokaliämie, Hyperurikämie, Hypercholesterinämie, Hypertriglyzeridämie, hepat. Enzephalopathie bei Pat. mit LI, Kreatinin ↑, Urinvolumen ↑;
KI (Furosemid): bek. Überempf. gegen Furosemid/Sulfonamide, Nierenversagen mit Anurie (spricht auf Furosemid nicht an), hepat. Enzephalopathie mit (Prae-)Coma hepaticum, schwere Hypokaliämie, schwere Hyponatriämie, Hypovolämie, Dehydratation, Lakt.; bei Tbl. 500mg, Inf.Lsg. 250mg: normale Nierenfkt. bzw. CrCl > 20 wegen Gefahr des zu starken Flüssigkeits-/Elektrolyt-Verlusts

Furosemid Rp	HWZ 30-120min, Qo 0.3, PPB 95%, PRC C, Lact ?
Furanthril *Tbl. 40, 500mg* **Furorese** *Tbl. 40, 80, 125, 250, 500mg; Kps. 30(ret.), 60(ret.), 120(ret.)mg; Amp. 20mg/2ml, 40mg/4ml* **Furosemid-ratioph.** *Tbl. 20, 40, 125, 250, 500mg; Kps. 30(ret.)mg; Amp. 20mg/2ml, 40mg/4ml, 250mg/25ml* **Jufurix** *Tbl. 40mg* **Lasix** *Tbl. 40, 500mg; Kps. 30(ret.)mg; Gtt. (1ml = 10mg); Amp. 20mg/2ml, 40mg/4ml, 250mg/25ml*	**Ödeme, Aszites, arterielle Hypertonie:** 1-2 x 20-40mg p.o.; 1 x 60mg (ret.) p.o.; 20-40mg i.v., Wdh. je nach Diurese; **Ki.:** 1-2mg/kg/d, max. 40mg/d p.o., 0.5mg/kg/d i.v.; **Oligurie bei terminaler NI:** 250-1000mg/d p.o.; ini 100-200mg i.v., je nach Diurese bis 1000mg/d; **akutes Nierenversagen:** ini 40mg i.v., je nach Diurese 50-100mg/h, max. 1500mg/d; **DANI** nicht erforderlich, s. auch FachInfo; **DALI** KI bei Praecoma/Coma hepaticum

Piretanid Rp	HWZ 1-1.7h, Qo 0.5, PPB 90%
Arelix *Tbl. 3, 6mg; Kps. 6(ret.)mg* **Piretanid 1A** *Tbl. 3, 6mg* **Piretanid HEXAL** *Tbl. 3, 6mg* **Piretanid Stada** *Tbl. 6mg*	**Ödeme:** ini 1 x 6mg p.o., Erh.Dos. 1 x 3-6mg; **arterielle Hypertonie:** ini 2 x 6mg (ret.), nach 2-4W 1 x 6mg (ret.) p.o.; **DANI** Dosisreduktion; **DALI** KI bei Coma hepaticum
Torasemid Rp	HWZ 3-4h, Qo 0.75, PPB 99%
Toragamma *Tbl. 2.5, 5, 10, 20, 200mg* **Torasemid HEXAL** *Tbl. 2.5, 5, 10, 20, 50, 100, 200mg* **Torem** *Tbl. 2.5, 5, 10, 200mg; Amp. 10mg/2ml, 20mg/4ml; Inf.Lsg. 200mg/20ml* **Unat** *Tbl. 5, 10mg*	**Art. Hypertonie:** 1 x 2.5-5mg p.o.; **kardiale Ödeme:** 1 x 5mg p.o., je nach Wi bis 20mg/d steigern; 10mg i.v., max. 40mg/d; **Oligurie bei terminaler Niereninsuffizienz:** ini 50mg, je nach Diurese bis 200mg/d p.o./i.v.; **DANI** nicht erforderlich, s. auch FachInfo

2.2.2 Benzothiadiazine und Analoga

Wm: Hemmung der Rückresorpt. von Na^+, Cl^- und H_2O im dist. Tubulus, K^+-Sekretion ↑;
Wi: Ausscheidung von Na^+, Cl^-, H_2O und K^+ ↑; Exkretion von Ca^{2+} und PO_4^{3-} ↓;
UW (Chlortalidon): Hypokaliämie, Hyperurikämie, Gichtanfälle, Cholesterin-/Triglyzeridspiegel ↑, Hyponatriämie, Hypomagnesiämie, Hyperglykämie, Glukosurie, diabetische Stoffwechsellage ↓; Krea/Harnstoff ↑; Kopfschmerzen, Schwindel, Schwächegefühl, Hypotonie, Orthostase, Palpitationen, Appetit ↓, Mundtrockenheit, Übelkeit, Erbrechen, Oberbauchschmerzen, Bauchkrämpfe, Obstipation, Diarrhoe, allerg. Reakt., Pruritus, Hypotonie der Skelettmuskulatur, Muskelkrämpfe, Impotenz;
UW (Hydrochlorothiazid): Hypokaliämie, Serumlipide ↑, Hyponatriämie, Hypomagnesiämie, Hyperurikämie, Urtikaria, Exanthem, Appetitlosigtkeit, Übelkeit, Erbrechen; orthostatische Hypotonie, die durch Alkohol, Anästhetika od. Sedativa verstärkt werden kann;
UW (Xipamid): Hypokaliämie, Störungen des Elektrolyt- und Flüssigkeitshaushalts, Hypermagnesiurie, Kopfschmerzen, Schwindel, Mundtrockenheit, Müdigkeit, orthostat. Hypotonie, Antriebsarmut, Lethargie, Muskelspasmen/-krämpfe, Herzklopfen, Schwitzen, Angst, Agitiertheit, Oberbauchbeschwerden, Bauchkrämpfe, Diarrhoe oder Obstipation, reversibler Anstieg von Harnstoff, Kreatinin;
KI (Chlortalidon): bek. Überempf. gegen C., andere Thiazide und Sulfonamide; Anurie, schwere Nierenfktsstrg., CrCl < 30, Serum-Krea >1,8mg/100ml, GN, schwere Leberfktsstrg., Hyperkalzämie, therapieresist. Hypokaliämie oder Zustände mit erhöhten Kaliumverlusten, schwere Hyponatriämie, symptomatische Hyperurikämie;
KI (Hydrochlorothiazid): bek. Überempf. gegen H., andere Thiazide und Sulfonamide, Weizenstärke, Anurie, schwere Nierenfktsstrg., CrCl < 30, Serum-Krea > 1,8mg/100ml, Glomerulonephritis, Coma und Praecoma hepaticum, therapieresist. Hypokaliämie oder Hyperkalzämie, therapierefrakt. Hyponatriämie, Hypovolämie, symptomatische Hyperurikämie/Gicht, Grav./Lakt.;
KI (Xipamid): bek. Überempf. gegen X., and. Thiazide u. Sulfonamide, schwere Leberfktsstrg., therapieres. Hypokaliämie, schw. Hyponatriämie, Hyperkalzämie, Hypovolämie, Gicht, Grav./Lakt.

Bemetizid nur in Komb. mit anderen Diuretika	HWZ 6h, Qo 0.8
Bendroflumethiazid nur in Komb. mit anderen Diuretika	HWZ 3.5h, Qo 0.7

Chlortalidon Rp	HWZ 50h, Qo 0.5, PPB 76%
Hygroton *Tbl. 25, 50mg*	**Ödeme, Herzinsuffizienz:** ini 1 x 50-100mg, max. 200mg p.o., Erh.Dos. 1 x 25-50mg; **art. Hypertonie:** ini 1 x 12.5-50mg, Erh.Dos. alle 2d 25-50mg; **renaler Diabetes insipidus:** ini 2 x 100mg, Erh.Dos. 1 x 50mg; **DANI** CrCl > 30: 100%; < 30: KI; **DALI** KI bei schwerer LI
Clopamid nur in Komb. mit anderen Diuretika	HWZ 4-5h, Qo 0.6
Hydrochlorothiazid Rp	HWZ 6-8h, Qo 0.05, PPB 64%, PRC B, Lact +
Esidrix *Tbl. 25mg* **HCT Beta** *Tbl. 12.5, 25mg* **HCT HEXAL** *Tbl. 12.5, 25mg* **HCTad** *Tbl. 25mg*	**Ödeme:** ini 1 x 25-50mg p.o., Erh.Dos. 1 x 25-100mg; **art. Hypertonie:** 1 x 12.5-25mg; **DANI** CrCl > 30: 100%; < 30: KI; **DALI** KI bei Coma hepaticum
Indapamid Rp	HWZ 15-18h, Qo 0.95, PPB 76-79%, PRC B, Lact ?
Indapamid AL *Tbl. 1.5(ret.)mg* **Indapamid Heumann** *Tbl. 1.5(ret.)mg, 2.5mg* **Natrilix** *Tbl. 2.5mg* **Natrilix SR** *Tbl. 1.5(ret.)mg*	**Art. Hypertonie:** 1 x 2.5mg p.o.; 1 x 1.5mg(ret.); **DANI** CrCl > 30: 100%; < 30: KI; **DALI** KI bei Coma hepaticum
Mefrusid nur in Komb. mit anderen Diuretika	HWZ 3-12(10-14)h
Xipamid Rp	HWZ 7h, Qo 0.6, PPB 99%
Xipamid AL *Tbl. 10, 20, 40mg* **Xipamid-ratioph.** *Tbl. 10, 20, 40mg* **Xipamid Stada** *Tbl. 10, 20, 40mg*	**Ödeme:** 1 x 10-40mg p.o., max. 2 x 40mg; **art. Hypertonie:** 1 x 10-20mg; **DANI** vors. Anw., Wirkungsverlust bei mittlerer-schwerer NI; **DALI** Dosis anpassen, KI bei schwerer Leberfunktionsstörung

2.2.3 Kaliumsparende Diuretika

Wm: Hemmung der Rückresorption von Na^+, Cl^- und H_2O, Hemmung der K^+-Sekretion im distalen Tubulus; **Wi:** vermehrte Ausscheidung von Na^+, Cl^- und H_2O, K^+-Ausscheidung ↓

Amilorid nur in Komb. mit anderen Diuretika	HWZ 9.6h, Qo 0.25, PPB 40%, PRC B, Lact ?
Triamteren nur in Komb. mit and. Diuretika	HWZ 1.5-2.5h, Q0 0.8, PPB 60%, PRC D, Lact -

2.2.4 Aldosteronantagonisten

Wm: kompetitive Blockade des Aldosteronrezeptors im spätdistalen Tubulus;
Wi: Ausscheidung von Na^+, Cl^- und H_2O ↑; K^+-Ausscheidung ↓;
UW (Eplerenon): Eosinophilie, Hyperkaliämie, Dehydrierung, Hypercholesterinämie, Hypertriglyzeridämie, Hyponatriämie, Schlaflosigkeit, Benommenheit, Kopfschmerz, Vorhofflimmern, MI, Linksherzinsuff., Hypotonie, Beinarterienthrombose, Pharyngitis, Durchfall, Übelkeit, Erbrechen, Blähungen, Juckreiz, Schwitzen ↑, Rückenschmerzen, Beinkrämpfe, Nierenfktsstrg., Kreatinin ↑, Harnsäure ↑, Kraftlosigkeit, Unwohlsein, Pyelonephritis; **UW** (Spironolacton): Hyperkaliämie, Gynäkomastie, Kopfschmerzen, Schläfrigkeit, Ataxie, Verwirrtheit, Impotenz, Amenorrhoe, Hirsutismus, Stimm-, Hautveränderungen, Harnsäure ↑;

KI (Eplerenon): Kalium > 5 mmol/l bei Behandlungsbeginn, NI CrCl < 50, LI Child C, Kombination mit kaliumsparenden Diuretika/starken CYP3A4-Hemmern (Itraconazol, Ketoconazol, Ritonavir, Nelfinavir, Clarithromycin, Telithromycin);
KI (Spironolacton): bek. Überempf., NI CrCl < 30 oder Krea > 1,8mg/dl, Anurie, akutes Nierenversagen, Hyperkaliämie, Hyponatriämie, Hypovolämie, Dehydratation, Grav./Lakt.

Eplerenon Rp	HWZ 3-5h, PPB 50%
Eplerenon Accord *Tbl. 25, 50mg* **EplerenHEXAL** *Tbl. 25, 50mg* **Eplerenon Stada** *Tbl. 25, 50mg* **Inspra** *Tbl. 25, 50mg*	**Herzinsuffizienz mit linksventrikulärer Dysfunktion nach MI:** ini 1 x 25mg p.o., innerhalb von 4W auf 1 x 50mg steigern; **DANI** CrCl < 50: KI; **DALI** Child C: KI

Kaliumcanrenoat Rp	HWZ 23h, PPB > 98%
Aldactone *Amp. 200mg/10ml*	**Primärer/sekundärer Hyperaldosteronismus:** 1-2 x 200mg i.v., max. 800mg/d; **Ki.:** ini 4-5mg/kg i.v., dann max. 2-3mg/kg; **Sgl.:** ini 2-3mg/kg i.v., dann max. 1.5-2mg/kg/d; **DANI** CrCl 30-60: sorgf. Dosiseinstellung; < 30: KI

Spironolacton Rp	HWZ 1-2(13-15)h, Q0 1.0, PPB 98%, PRC D, Lact +
Aldactone *Tbl. 25, 50mg; Kps. 100mg* **Spirobeta** *Tbl. 50, 100mg* **Spironolacton-ratioph.** *Tbl. 50, 100mg*	**Primärer/sekundärer Hyperaldosteronismus:** ini 100-200mg, max. 400mg/d p.o., nach 3-6d 50-100mg, max. 200mg/d; **Ki.:** ini 3mg/kg/d, nach 3-5d 2-3mg/kg/d; **Sgl.:** ini 2-3mg/kg/d, nach 3-4d 1.5-2mg/kg/d; **DANI** CrCl 30-60: sorgf. Dosiseinstellung; < 30: KI

2.2.5 Osmotische Diuretika

Wm: osmotische Bindung von Wasser im Tubuluslumen der Niere;
Wi: vermehrte Wasserausscheidung bei geringer Mehrausscheidung von Elektrolyten;
UW: Exsikkose, Hypernatriämie, Volumenbelastung;
KI: Herzinsuffizienz, Lungenödeme

Mannitol OTC	HWZ 71-100min, Q0 0.05, PRC C, Lact ?
Mannit, Mannitol, Osmofundin, Osmosteril *Inf.Lsg. 10, 15, 20%*	**Beginnendes akutes Nierenversagen nach Trauma, Schock:** bis 1.5g/kg/d, max. 0.3g/kg/h i.v.; **Hirnödem:** 1.5-2g über 30-60min i.v.; **Ki.:** ini 1ml/kg über 3-5min, dann 2.5-7.5ml/kg

2.2.6 Diuretika-Kombinationen

Amilorid + Bendroflumethiazid Rp	
Tensoflux *Tbl. 5+2.5mg*	**Ödeme, art. Hypertonie:** 1-2 x 1 Tbl. p.o.; **Aszites:** 1 x 1 Tbl.; **DANI** CrCl < 30: KI; **DALI** KI bei Coma hepat.

Amilorid + Hydrochlorothiazid Rp	PRC B, Lact - ✋
Amiloretik *Tbl. 2.5+25mg; 5+50mg* **Amilorid comp.-ratioph.** *Tbl. 5+50mg*	**Art. Hypertonie:** ini 1 x 2.5+25mg p.o., Erh.Dos. 1 x 1.25+12.5mg; **Ödeme:** 1 x 2.5-5+25-50mg, max. 10+100mg/d; **DANI** CrCl < 60: KI; **DALI** KI bei Coma hepat.
Triamteren + Hydrochlorothiazid Rp	PRC D, Lact - ✋
Dytide H *Tbl. 50+25mg* **Nephral** *Tbl. 50+25mg* **Triampur comp.** *Tbl. 25+12.5mg* **Triamteren comp.-ratioph.** *Tbl. 50+25mg* **Tri Thiazid** *Tbl. 50+25mg* **Turfa Gamma** *Tbl. 50+25mg*	**Art. Hypertonie:** ini 1-2 x 50+25mg, Erh.Dos. 1 x 25-50+12.5-25mg p.o.; **Ödeme:** ini 2 x 50-100+25-50mg, Erh.Dos. 1 x 25+12.5mg oder 50+25mg alle 2d; **Herzinsuffizienz:** 1-2 x 50+25mg; **DANI** CrCl 75-100: max. 100mg Triamteren/d; 50-74: max. 50mg Triamteren/d; 30-49: max. 25mg Triamteren/d; < 30: KI; **DALI** KI bei Praecoma/Coma hepaticum
Triamteren + Furosemid Rp	✋
Furesis comp. *Tbl. 50+40mg*	**Ödeme, art. Hypertonie, Herzinsuff.:** 1-2 x 50+40mg p.o.; **DANI** CrCl 30-60: sorgfältige Dosiseinstellung; < 30: KI; **DALI** KI bei Coma hepaticum
Triamteren + Xipamid Rp	✋
Neotri *30+10mg*	**Art. Hypertonie:** 1 x 30+10mg p.o.; **Ödeme:** 1 x 30-60 + 10-20mg; **DANI** CrCl 30-60: sorgfältige Dosiseinstellung; < 30: KI; **DALI** KI bei Coma hepaticum
Triamteren + Bemetizid Rp	✋
Diucomb *Tbl. 20+10, 50+25mg* **Dehydro sanol tri** *Tbl. 20+10mg*	**Ödeme, art. Hypertonie:** 1 x 10-50+5-25mg p.o.; **DANI** CrCl 30-60: sorgf. Dosiseinst.; < 30: KI; **DALI** KI bei Coma hepaticum
Spironolacton + Furosemid Rp	✋
Osyrol-Lasix *Kps. 50+20, 100+20mg* **Spiro comp.** *Tbl. 50+20, 100+20mg* **Spiro D** *Tbl. 100+20mg*	**Hyperaldosteronismus mit Ödemen, Aszites:** ini 1-4 x 50-100 + 20mg p.o., nach 3-6d Erh.Dos. 50-300 + 20-60mg/d, evtl. nur alle 2-3d; **DANI** CrCl 30-60: sorgfältige Dosiseinst.; < 30: KI; **DALI** KI bei Coma hepaticum
Spironolacton + Hydrochlorothiazid Rp	✋
Spironothiazid *KTbl.. 50+50, 100+50mg*	**Hyperaldosteronismus mit Ödemen, Aszites:** ini 2 x 50-100 + 50mg p.o., Erh.Dos. 1-2 x 50-100 + 50mg; **art. Hypertonie:** 1 x 25-50 + 25mg; **DANI** CrCl < 30: KI; **DALI** KI bei Coma/Praecoma hepaticum

2.3 Antianginosa

2.3.1 Nitrate

Wm (Nitrate): Metabolit NO relaxiert glatte Gefäßmuskulatur; **Wi** (Nitrate): Vorlast ↓ durch venöses Pooling, Koronarspasmolyse, Nachlast ↓; **Wm/Wi** (Trapidil): Hemmung der Phosphodiesterase ⇒ Hemmung der intrazellulären cAMP- und cGMP-Degradation ⇒ Vasorelaxation; Thromboxan-A_2-Bildung ↓ ⇒ Thrombozytenaggregation ↓;
UW (ISDN): Tachykardie, Schwächegefühl, Kopfschmerzen, Benommenheit, Schwindelgefühl, Schläfrigkeit, Hypotonie; **UW** (Molsdomin): Kopfschmerzen, reflektorische Tachykardie, orthostat. Dysregulation; **UW** (Trapidil): keine sehr häufigen bzw. häufigen UW;
KI (Glyceroltrinitrat): bek. Überempf. ggü. Nitraten, akutes Kreislaufversagen, kardiogener Schock, ausgeprägte Hypotonie (RR < 90 mmHg), tox. Lungenödem; Erkr., die mit erhöhtem intrakraniellem Druck einhergehen; gleichz. Anw. von Sildenafil, Vardenafil, Tadalafil;
KI (ISDN): bek. Überempf. gegen ISDN bzw. andere Nitrate; akutes Kreislaufversagen, nicht ausreichend behandelter kardiogener Schock, HOCM, konstriktive Perikarditis, Hypotonie mit RR < 90 mmHg, gleichzeitige Anwendung von Sildenafil, Vardenafil, Tadalafil;
KI (Molsidomin): bek. Überempf., akutes Kreislaufversagen, schwere Hypotonie, Lakt., gleichz. Anw. von Sildenafil, Vardenafil, Tadalafil; **KI** (Trapidil): bek. Überempf., Schock, Hypotonie, Grav./Lakt.

Glyceroltrinitrat (Nitroglycerin) Rp	HWZ 2-4.4min, Qo 1.0, PPB 60%, PRC C, Lact ?
Corangin Nitrospray *Spray 0.4mg/Hub* **Minitrans** *TTS 5, 10mg/d* **Nitro Carino** *Inf.Lsg. 50mg/50ml* **Nitroderm** *TTS 5, 10mg/d* **Nitrolingual** *Spray 0.4mg/Hub* **Nitronal** *Kps. 0.8mg*	**AP, Ther. und Pro.:** 0.4-1.2mg s.l.; TTS 1 Pfl. (5-10mg)/d; **akute Linksherzinsuff., akuter MI** (RR syst. >100): 0.4-1.2mg s.l., ggf. Wdh. n. 10min; 2-8mg/h i.v.; Perf. (50mg) = 1mg/ml ⇒ 2-8ml/h; **Pro. katheterinduzierte koron. Spasmen:** 0.4-0.8mg vor Koronarangio; **DANI** nicht erf.

Isosorbidmononitrat Rp	HWZ 4-5h, Qo 0.8, PRC C, Lact ?
IS 5 mono-ratioph. *Tbl. 20, 40, 40(ret.), 60(ret.), 100(ret.)mg; Kps. 50(ret.)mg* **ISMN AL** *Tbl. 20, 40mg; Kps. 40(ret.), 50(ret.), 60(ret.), 100(ret.)mg* **Ismo** *Tbl. 20, 40(ret.)mg*	**Pro., Langzeit-Therapie der AP:** 2 x 20-40mg; 1 x 40-100mg (ret.) p.o.; **DANI** nicht erforderlich

Isosorbiddinitrat Rp	HWZ 0.5(5)h, Qo 1.0, PPB 16-40%, PRC C, Lact ?
ISDN AL *Kps. 20(ret.), 40(ret.), 60(ret.),80(ret.)mg* **ISDN-ratioph.** *Tbl. 5mg; Kps. 20(ret.), 40(ret.), 60(ret.)mg* **Isoket** *Subling.Tbl. 5mg; Tbl. 10, 20, 40, 20(ret.), 40(ret.), 60(ret.)mg; Kps. 80(ret.), 120(ret.)mg*	**Akute AP:** 5mg s.l.; 1-3 Hübe, evtl. Wdh. nach 10min; **Pro., Langzeit-Therapie der AP:** 2 x 10-40mg p.o.; 2 x 20mg (ret.); 1-2 x 40-60mg (ret.); 1 x 80-120mg (ret.); **DANI** nicht erforderlich

Molsidomin Rp	HWZ 0.25(1-2)h, Qo 0.9, PPB 3-11%
Corvaton *Tbl. 2, 4, 8(ret.)mg; Amp. 2mg/1ml* **Molsidomin Heumann** *Tbl. 2, 4, 8(ret.)mg* **Molsidomin Stada** *Tbl. 8(ret.)mg*	**Pro., Langzeit-Therapie der AP:** 2 x 2-4mg, max. 3-4 x 4mg p.o.; 1-2 x 8mg (ret.), max. 3 x 8mg (ret.); **instabile AP:** ini 2-4mg i.v., dann 4mg/h; **DANI/DALI** niedrigere Initialdosis i.v.

Pentaerithrityltetranitrat Rp	HWZ 0.1 h
Pentalong *Tbl. 50mg*	**Pro., Langzeit-Therapie der AP:** 2-3 x 50mg p.o.
Trapidil Rp	HWZ 2-4h, PPB 80%
Rocornal *Kps. 200mg*	**Chronisch stabile AP:** 2-3 x 200mg p.o.

2.3.2 I_f-Kanal-Hemmer

Wm/Wi: selektive Hemmung des I_f-Kanals, der die spontane Depolarisation am Sinusknoten kontrolliert ⇒ negativ chronotrop, myokardialer O_2-Verbrauch ↓, O_2-Versorgung ↑;
UW: lichtbed. visuelle Symptome, Verschwommensehen, HF ↓, AV-Block I°, VES, SVES, Vorhofflimmern, Palpitationen, Kopfschmerzen, Schwindel, Übelkeit;
KI: bek. Überempf. gegen I_f-Kanal-Hemmer, HF in Ruhe < 70/min, kardiogener Schock, akuter MI, schwere Hypotonie, schwere LI, Sick Sinus, SA-Block, AV-Block III°, instabile oder akute Herzinsuff., Herzschrittmacherabhängigkeit, instabile AP, gleichzeitige Anw. starker CYP 3A4-Hemmer (Ketoconazol, Itraconazol, Clarithromycin, Erythromycin p.o., Josamycin, Telithromycin, Nelfinavir, Ritonavir, Nefazodon), Kombination mit Verpamil oder Diltiazem, Grav./Lakt.

Ivabradin Rp	HWZ 2h, PPB 70%
Ivabalan *Tbl. 5, 7.5mg* **Ivabradin 1A** *Tbl. 5, 7.5mg* **Ivabradine Anpharm** *Tbl. 5, 7.5mg* **Procoralan** *Tbl. 5, 7.5mg*	**Symptomat. KHK:** ini 2 x 5mg p.o., je nach Ansprechen auf Ther. n. 3-4W ↑ auf 2 x 7.5mg; **chron. stabile Herzinsuff. NYHA II-IV:** ini 2 x 5mg p.o., bei HF > 60 nach 2W ↑ auf 2 x 7.5mg; **DANI** CrCl > 15: 100%; CrCl < 15: vorsichtige Anw.; **DALI** KI bei schwerer LI
Metoprololtratrat + Ivabradin Rp	
Implicor *Tbl. 25+5, 25+7.5, 50+5, 50+7.5mg*	**Chron. stabile AP:** 2 x 5-7.5+25-50mg p.o.; **DANI** CrCl > 15: 100%; CrCl < 15: vorsicht. Anw.; **DALI** KI bei schwerer LI

2.3.3 I_{Na}-late Inhibitor

Wm/Wi: weitestgehend unbekannt; Hemmung des späten Natriumeinstroms in die kardialen Myozyten, dadurch Reduktion der intrazellulären Kalziumüberladung ⇒ O_2- Bedarf ↓, O_2-Angebot ↑, Verbesserung der myokardialen Relaxation und Mikrozirkulation; hämodynamisch neutral, nur minimale Beeinflussung von RR und HF;
UW: Schwindel, Kopfschmerzen, Obstipation, Erbrechen, Übelkeit, Asthenie;
KI: bek. Überempf.; schwere NI und/oder mäßige bis schwere LI; gleichz. Anw. von starken CYP3A4-Inhibitoren (z.B. Itraconazol, Ketoconazol, Voriconazol, Posaconazol, HIV-Proteasehemmer, Clarithromycin, Telithromycin, Nefazodon); gleichz. Anw. von Antiarrhythmika der Klasse Ia (Chinidin) oder Klasse III (z.B. Dofetilid, Sotalol) mit Ausnahme von Amiodaron

Ranolazin Rp	HWZ 7h, PPB 62% PRC C, Lact -
Ranexa *Tbl. 375(ret.), 500(ret.), 750(ret.)mg*	**Stabile AP:** ini 2 x 375 mg p.o., nach 2-4W 2 x 500mg, dann je nach Anspr. auf max. 2 x 750mg steigern; **DANI** CrCl < 30: KI; **DALI** KI bei mäßiger oder schwerer LI

2.4 Antiarrhythmika

2.4.1 Klasse-Ia-Antiarrhythmika

Wm/Wi: Na^+-Einstrom ↓ ⇒ Depolarisation ↓, Leitungsgeschwindigkeit ↓ (neg. dromotrop), Schwellenpot. AP ↑ (Erregbark. ↓), neg. inotrop, K^+-Ausstrom ↓ ⇒ AP-Dauer ↑, Refraktärzeit ↑;
UW (Ajmalin): Transaminasen ↑, Cholestase, BB-Veränd., Proarrhythmien, Reizleitungsstrg., Kammerfrequenz ↑ bei Vorhofflimmern, Flush-, GI-Sympt.;
UW (Prajmaliumbitartrat): Übelkeit, Appetitlosigkeit, Erbrechen, Durchfall, Verstopfung, intrahepatische Cholestase;
KI (Ajmalin): bek. Überempf., AV-Block II° und III°, vorbestehende intraventr. Erregungsleitungsstrg., Adam-Stokes-Anfälle, manifeste Herzinsuff., erhebliche Verbreiterung des QRS-Komplexes bzw. Verlängerung der QT-Zeit, Intox. mit herzwirksamen Glykosiden, hypertrophe Kardiomyopathie, Bradykardien < 50/min; Tachykardien aufgrund v. Herzdekompensation, Myasthenia gravis, innerhalb der ersten drei Monate nach MI oder bei Pat. mit einer linksventrikulären Auswurffraktion von < 35% (Ausnahme: Pat. mit lebensbedrohl. ventrikulären Herzrhythmusstörungen);
KI (Prajmaliumbitartrat): s. Ajmalin, Z.n. medikamentös induzierter Cholestase

Ajmalin Rp	HWZ 1.6h, Qo 0.85, PPB 75%
Gilurytmal *Amp. 50mg/10ml*	**(Supra-)ventrikuläre Tachykardie:** 50mg langsam i.v., ggf. Wdh. nach 30min; ggf. Dauerinf. 20-50mg/h, max. 1200mg/24h; **DANI** sorgfält. Dosiseinst.; **DALI** 10-30mg/h

Prajmaliumbitartrat Rp	HWZ 4-7h, Qo 0.95, PPB 60%
Neo-Gilurytmal *Tbl. 20mg*	**(Supra-)ventrikuläre Tachykardie:** ini 3-4 x 20mg p.o., nach 2-3d 2-4 x 10mg; **DANI** CrCl 30-60: 50%; < 30: KI; **DALI** nicht erforderlich

2.4.2 Klasse-Ib-Antiarrhythmika

Wm: Na^+-Einstrom ↓, K^+-Ausstrom ↑, Phase-4-Depolarisation verlangsamt;
Wi: Erregbarkeit ↓, v.a. am Ventrikel (s. Kl. Ia), AP-Dauer + Refraktärzeit (Purkinje-System) ↓, an Vorhof/Ventrikel ↑; Ausfilterung hochfrequenter Erregungen (Extrasystolen), AV-Überleitung evtl. ↑, negative Inotropie geringer als Klasse Ia; in hohen Konz. negativ dromo-, inotrop;
UW (Lidocain): Benommenheit, Schwindel, Sprachstrg., Parästhesien bis hin zu generalisierten Krämpfen, kardiovaskuläre Strg., Blutdruckabfall, Bradykardie, AV-Blockierungen, Asystolie, proarrhythmische Wirkungen mit der möglichen Folge eines Herzstillstandes, Erhöhung der Defibrillationsschwelle bei Herz-Kreislauf-Stillstand, respiratorische Strg.;
KI (Lidocain): bek. Überempf. gegen Lidocain bzw. gegen Lokalanästhetika vom Säureamid-Typ; bei AV-Block II. und III. Grades ohne verfügbaren Herzschrittmacher, innerhalb der ersten drei Monate nach Myokardinfarkt oder bei eingeschränkter Herzleistung (linksventrikuläres Auswurfvolumen < 35%) außer bei Pat. mit lebensbedrohenden ventrikulären HRST

Lidocain Rp	HWZ 1.5-2(3.5)h, Qo 0.9, PPB 60%, PRC B, Lact +
Xylocain 2% *Amp. 100mg/5ml, 1000mg/50ml* **Xylocitin Cor 1%, 2%** *Amp. 100mg/10ml, 100mg/5ml, 200mg/10ml*	**Ventrikuläre HRST:** ini 50-100mg bzw. 1-1,5mg/kg langsam über 2-3min. i.v.; ggf. Wdh. in Abständen von 5-10min, dann Dauerinfusion: 1mg/min.; max. 4 mg/min. bzw. 200-300mg/h; alternativ: Erh.Dos. 30µg/kg/min. über 24-30h; **endotracheopulmonale Anwendung:** 2- bis 2,5-fache der i.v. initialen Bolusgabe; **DANI, DALI** sorgfältige Dosiseinstellung, 50% bei ausgeprägter NI, LI

2.4.3 Klasse-Ic-Antiarrhythmika

Wm/Wi (Flecainid): bindet an schnelle Natriumkanäle und verlangsamt die Depolarisationsgeschwindigkeit; Überleitung in Vorhof, AV-Knoten, Ventrikel und Purkinje-Fasern ↓; **Wm/Wi** (Propafenon): Blockade von Natriumkanälen ⇒ neg. dromotrop; Refraktärzeiten ↑ in Vorhof, AV-Knoten, akzessorischen Bahnen (WPW-Syndrom) und Kammern; **UW** (Flecainid): Schwindel, Depression, Angstzustände, Schlaflosigkeit, Kopfschmerzen, Parästhesien, Hypästhesien, Ataxien, Synkope, Hautrötung, Schwitzen ↑, Zittern, Sehstrg., Tinnitus, proarrhythm. Wi., Atemnot, Übelkeit, Erbrechen, Durchfall, Verdauungsstrg., Verstopfung, Exanthem, Schwäche, Müdigkeit, Ödeme; **UW** (Propafenon): Schwindel, Benommenheit, Überleitungsstrg. (SA-Block, AV-Block, intraventr. Block), Angst, Schlafstörungen, Kopfschmerzen, Geschmacksstrg., Sehstrg., Sinusbradykardie, Bradykardie, Tachykardie, Vorhofflattern, Dyspnoe, Bauchschmerzen, Erbrechen, Übelkeit, Durchfall, Verstopfung, Mundtrockenheit, Anomalien der Leberfkt., Brustschmerzen, Asthenie, Müdigkeit, Pyrexie; **KI** (Flecainid): bek. Überempf., strukturelle Herzerkr. und/oder eingeschränkte linksventr. Fkt. (EF < 35 %); nach MI (außer bei Pat. mit lebensbedrohenden ventrik. Herzrhythmusstörungen); kardiogener Schock, schwere Bradykardie, SA-Blockierungen, AV-Block II-III u. intraventrik. Leitungsstrg. bei Pat. ohne Herzschrittmacher; Sinusknotensyndrom oder Bradykardie-Tachykardie-Syndrom bei Pat. ohne Herzschrittmacher; permanentes Vorhofflimmern, hämodynamisch wirksame Herzklappenfehler, gleichz. Anw. von Antiarrhythmika der Klasse I; **KI** (Propafenon): bek. Überempf., Brugada-Syndrom, manifeste Herzinsuff., kardiogener Schock (außer wenn dieser durch eine Störung der Herzschlagfolge bedingt ist); schwere symptomatische Bradykardie, innerhalb der ersten drei Monate nach MI oder bei eingeschränkter Herzleistung (EF < 35%), außer bei Pat. mit lebensbedrohenden ventrik. Herzrhythmusstörungen; ausgeprägte Reizleitungsstrg. wie SA- bzw. AV-Block II-III°, Schenkelblock ohne Schrittmacherimplant., bei Sinusknotensyndrom (ohne Schrittmacherimplant.); ausgeprägte Hypotonie, manifeste Strg. des Elektrolythaushalts, schwere obstruktive Atemwegerkr., Myasthenia gravis, gleichz. Anw. von Ritonavir

Flecainid Rp	HWZ 20h, Qo 0.7, PPB 40%, PRC C, Lact +
Flecadura *Tbl. 50, 100mg* **Flecainid HEXAL** *Tbl. 50, 100mg* **Tambocor** *Tbl. 50, 100mg; Inj.Lsg. 150mg/15ml*	**(Supra-)ventrikuläre Tachykardie:** 2 x 50-150mg p.o.; 1mg/kg langsam i.v., evtl. nach 15-20min 0.5mg/kg; Dauerinfusion: 200-400mg/d; **DANI, DALI** CrCl < 50: ini max. 2 x 50mg p.o., Erh.Dos. max. 2 x 150mg oder 200-300mg i.v.

Propafenon Rp	HWZ 5-8h, Qo 1.0, PPB 85-95%, PRC C, Lact ?
Propafenon-ratioph. *Tbl. 150, 300mg* **Rytmonorm** *Tbl. 150, 300mg; Amp. 70mg/20ml* **Rytmonorm SR** *Kps. 225(ret.), 325(ret.), 425(ret.)mg*	**(Supra-)ventrikuläre Tachykardien:** 3 x 150 oder 2 x 300mg, max. 3 x 300mg p.o.; **Ki.:** 10-20mg/kg p.o. in 3-4ED; 0.5-1mg/kg i.v., ggf. 2mg/kg Kurzzeitinf. über 1-3h mit 0.5-1mg/min; Langzeitinf. max. 560mg/d **Rezidiv-Pro. VHF:** ini 2 x 225mg p.o., ggf. nach 5d 2 x 325mg bzw. nach 10d 2 x 425mg; **DANI** sorgf. Dosiseinst.; **DALI** ggf. Dosisred.

2.4.4 Klasse-II-Antiarrhythmika = Betablocker → 39

2.4.5 Klasse-III-Antiarrhythmika

Wm/Wi: Blockade von K⁺Kanälen ⇒ AP-Dauer ↑; **UW** (Amiodaron): Korneaablagerung, Lungenfibrose, Photosensibilität, Leberschäden, Sehstrg., Erythema nodosum, Hypo-, Hyperthyreose; **UW** (Sotalol): AV-Block, HF yx↓, Hypotonie, Herzinsuffizienz ↑, QT-Verlängerung, ventrikuläre Tachyarrhythmien, Torsade de pointes, Broncho-, periphere Vasokonstriktion, Insulinsekretion ↓, Glykogenolyse ↓, Hypoglykämiesymptome maskiert, Potenzstörung; **KI** (Amiodaron): bek. Überempfindlichkeit, Sinusbradykardie (< 55/min), alle Formen einer Leitungsverzögerung (sinuaurikuläre und nodale Leitungsverzögerung, einschließlich Sick-Sinus, AV-Block II und III sowie bi- und trifaszikuläre Blöcke, sofern kein Herzschrittmacher eingesetzt ist); Schilddrüsenerkrankungen, vorbestehende QT-Verlängerung, Hypokaliämie, Jodallergie, gleichzeitige Ther. mit MAO-Hemmern, gleichzeitige Ther. mit Arzneimitteln, die Torsade de pointes auslösen können; Kreislaufkollaps, Hypotonie, schwere Ateminsuffizienz, Kardiomyopathie, Herzinsuffizienz, Kinder bis 3J., Grav./Lakt.;
KI (Sotalol): Herzinsuff. NYHA IV, akuter Herzinfarkt, AV-Block II°-III°, SA-Block, Sick Sinus, HF↓ < 50/min, vorbestehende QT-Verlängerung, COPD, schwere pAVK s. Betablocker → 39

Amiodaron Rp	HWZ 64d, Qo 1.0, PPB 95%, PRC D, Lact -
Amiodaron-ratioph. *Tbl. 100, 200mg; Amp. 150mg/3ml* **AmioHEXAL** *Tbl. 200mg* **Cordarex** *Tbl. 200mg; Amp. 150mg/3ml* **Cordarone** *Tbl. 200mg; Amp. 150mg/3ml*	**(Supra-)ventrik HRST:** d1-10: 3-6 x 200mg, Erh.Dos. 1 x 200mg an 5d/W p.o.; 5mg/kg über 3min i.v.; Dauerinfusion: 10-20mg/kg in 250-500ml Glucose 5% für max. 7d; **DANI** nicht erforderlich
Sotalol (s. auch Betablocker → 41) Rp	HWZ 7-18h, Qo 0.015, keine PPB, PRC B, Lact ?

2.4.6 Klasse-IV-Antiarrhythmika = Ca-Antagonisten mit antiarrhythmischer Wi → 42

2.4.7 Mehrkanalblocker

Wm/Wi (Dronedaron): Hemmung des Kalium-, Natrium- u. Kalziumstroms, AP und Refraktärzeit verlängert, nicht kompetitiver Antagonist adrenerger Aktivität ⇒ effektive Refraktärzeit von Vorhof, AV-Knoten und Ventrikel verlängert ⇒ Verhinderung von Vorhofflimmern oder Wiederherstellung eines Sinusrhythmus, Reduktion der Herzfrequenz;
Wm/Wi (Vernakalant): Blockade von elektrischen Strömen in allen Phasen des atrialen Aktionspotentials ⇒ antiarrhythmische Wi v.a. im Vorhof, atriale Refraktärzeit ↑, Überleitungsgeschwindigkeit ↓ ⇒ Konversion in Sinusrhythmus;

UW (Dronedaron): Kreatininanstieg, QTc-Verlängerung, Bradykardie, Diarrhoe, Erbrechen, Übelkeit, Bauchschmerzen, Dyspepsie, Exanthem, Juckreiz, Müdigkeit, Asthenie; **UW** (Vernakalant): Dysgeusie, Parästhesie/Hypoästhesie, Schwindel, Kopfschmerz, Bradykardie, Vorhofflattern, Hypotonie, Niesen, Husten, nasale Beschwerden, Übelkeit, Erbrechen, Mundtrockenheit, Pruritus, Hyperhidrose, Schmerzen/Parästhesien an Inf.Stelle, Hitzegefühl; **KI** (Dronedaron): bek. Überempf., AV-Block II°/III° oder Sick-Sinus-Syndrom (außer bei gleichzeitigem Schrittmacher), Bradykardie < 50/min; Herzinsuff. NYHA IV oder instabile NHYA III, hämodyn. instabile Pat.; gleichz. Anw. starker CYP-3A4-Inhibitoren (z.B. Ketoconazol, Itraconazol, Voriconazol, Posaconazol, Telithromycin, Clarithromycin, Nefazodon, Ritonavir); gleichz. Anw. von Arzneimitteln, die Torsade de pointes verursachen können (z.B. Phenothiazine, Cisaprid, Bepridil, trizyklische Antidepressiva; Terfenadin, bestimmte orale Makrolid-Antibiotika, Klasse-I- und-III-Antiarrhythmika), QTc-Verlängerung ≥ 500 ms, schwere Leberfktsstrg., stark eingeschränkte Nierenfunktion (CrCl < 30ml/min); **KI** (Vernakalant): Überempf., schwere Aortenklappenstenose, RR < 100mmHg (systolisch), NYHA III/IV, QT-Verlängerung, schwere Bradykardie, AV-Block II°/III°/Sinusknotenerkr. (ohne Schrittmacher), i.v.-Anw. von Antiarrhythmika in letzten 4h, ACS innerhalb der letzten 30d

Dronedaron Rp	HWZ 25-30h, PRC X, Lact ?
Dronedaron Aristo *Tbl. 400mg* **Dronedaron beta** *Tbl. 400mg* **Multaq** *Tbl. 400mg*	**Nichtpermanentes Vorhofflimmern:** 2 x 400mg p.o.; **DANI** CrCl ≥ 30: 100%; < 30: KI; **DALI** KI bei schwerer LI

Vernakalanthydrochlorid Rp	HWZ 3-5,5h , PRC X, Lact ?
Brinavess *Inf.Lsg. 20mg/ml*	**Kürzlich aufgetret. Vorhofflimmern:** (ohne herzchir. Eingriff < 7d, mit herzchir. Eingriff < 3d): ini 3mg/kg über 10min i.v. (max. 339mg), nach 15min ggf. Wdh. mit 2mg/kg über 10min. (max. 226mg); max. 5mg/kg/24h; **DANI, DALI** nicht erforderlich

2.4.8 Weitere Antiarrhythmika

Wm/Wi (Adenosin): über Purin-1-Rezeptoren vermittelte Verlangsamung der Überleitungszeit am AV-Knoten und Sinusknoten ⇒ Terminierung von Reentry-Tachykardien; Relaxierung von Gefäßmuskelzellen; **UW** (Adenosin): Flush, thorakale Schmerzen, HF ↓, Asystolie (meist transient), Sinuspause, ventrikuläre und supraventrikuläre Extrasystolen, AV-Block, ventrikuläre Tachykardien, Vorhofflimmern, Dyspnoe, Kopfschmerzen, Schwindel, innere Unruhe, Verschwommensehen, metallischer Geschmack, Bronchospasmus, RR ↓; **KI** (Adenosin): bek. Überempfindlichkeit, AV-Block II°-III°, Sick-Sinus-Syndrom, Vorhofflimmern/-flattern, chronisch obstruktive Lungenerkrankungen, verlängertes QT-Intervall, schwere Hypotonie, dekomp. Herzinsuffizienz, gleichzeitige Anw. v. Dipyridamol

Adenosin Rp	HWZ < 10s, Qo 1.0, PRC C, Lact ?
Adenosin Accord *Inj.Lsg. 6mg/2ml, 30mg/10ml* **Adenoscan** *Inj.Lsg. 30mg/10ml* **Adenosin Life Medical** *Inj.Lsg. 10mg/2ml, 50mg/10ml, 250mg/50ml* **Adrekar** *Inj.Lsg. 6mg/2ml* **Rotop Adenosin** *Inj.Lsg. 50mg/10ml, 75mg/15ml, 250mg/50ml*	**Paroxysmale AV-junktionale Tachykardien:** 3-6-9-12mg jeweils als Bolus je nach Wi; **Ki.:** ini 100µg/kg i.v., je nach Wi steigern um 50µg/kg alle 2min bis 250µg/kg; **pharmakologische Provokation einer Myokardischämie:** 140µg/kg/min über 4-6min i.v.; **DANI** nicht erforderlich

2.5 Digitalisglykoside

Wm: Hemmung des aktiven Na^+-K^+-Transports an der Muskelzelle ⇒ intrazelluläres Na^+ ↑ ⇒ Na^+-Ca^{2+}-Austausch ↓ ⇒ intrazelluläres Ca^{2+} ↑; Vagusaktivität ↑, Sympathikusaktivität ↓;
Wi: positiv inotrop, Schlagvolumen ↑ ⇒ Wirkungsgrad des insuffizienten Herzens ↑, Gewebs- und Koronarperfusion ↑, negativ chrono-, dromotrop, Refraktärzeit am AV-Knoten ↑, am Myokard ↓⇒ Aktivierung ektoper Schrittmacher, positiv bathmotrop;
UW: AV-Block, Arrhythmie, Extrasystolie, Nausea, Erbrechen, Diarrhoe, Farbsehstörung, Verwirrtheit;
KI: AV-Block II°-III°, WPW-Syndrom, ventrikuläre Tachykardie, Carotissinussyndrom, HOCM, Hyperkalzämie, Hypokaliämie, thorakales Aortenaneurysma

Digitoxin Rp	HWZ 7-8d, Q_0 > 0.7, PPB 90-97%, PRC C, Lact + therap. Serumspiegel (ng/ml): 10-30
Digimerck *Tbl. 0.05, 0.07, 0.1mg; Amp. 0.1mg/1ml, 0.25mg/2.5ml* **Digitoxin Philo** *Amp. 0.25mg/1ml* **Digitoxin AWD** *Tbl. 0.07mg*	**Herzinsuff., tachykardes Vorhofflimmern:** d1-3: 3 x 0.07-0.1mg p.o., dann 1 x 0.07-0.1mg; d1: 0.5mg i.v., d2, 3: 0.25mg i.v., dann 0.07-0.1mg/d p.o./i.v.; **Ki.:** bis zur Sättigung 0.03mg/kg/d, dann 0.003mg/kg/d p.o.; **DANI** CrCl < 10: Dosisreduktion
Digoxin Rp	HWZ 30-50h, Q_0 0.3, PPB 20%, PRC C, Lact +; therap. Serumspiegel (ng/ml): 0.8-2.0
Lanicor *Tbl. 0.25mg; Amp. 0.25mg/1ml* **Lenoxin** *Tbl. 0.125, 0.25mg; Gtt. (1ml = 0.05mg)*	**Herzinsuff., tachyk. Vorhofflimmern:** d1-3: 1 x 0.25-0.5mg p.o.; 2-3 x 0.25mg i.v., dann 1 x 0.25-0.375mg p.o.; 1 x 0.25mg i.v.; **Ki.:** s. FachInfo; **DANI** CrCl 50-100: 50%; 20-49: 33-50%; < 20: 33%; **DALI** nicht erf.
Beta-Acetyldigoxin Rp	HWZ (36)h, Q_0 0.3, PPB 30%; therap. Serumsp. (ng/ml): 0.8-2.0
Novodigal *Tbl. 0.1, 0.2mg*	**Herzinsuff., tachykardes Vorhofflimmern:** d1-2: 3 x 0.2mg p.o., dann: 1 x 0.2-0.3mg; **Ki. 1-3J:** d1 40µg/kg in 3ED, dann 10µg/kg; **4-12J:** d1: 25-30µg/kg in 3ED, dann 5µg/kg; **DANI** CrCl 50-100: 50%; 20-49: 33-50%; < 20: 33%; **DALI** nicht erforderl.
Metildigoxin Rp	HWZ 48h, Q_0 0.35, PPB 20-30%; therap. Serumspiegel (ng/ml): 0.8-2.0
Lanitop *Tbl. 0.05, 0.1, 0.15mg*	**Herzinsuff., tachykardes Vorhofflimmern:** d1-2: 1 x 0.3-0.4mg p.o., dann 1 x 0.1-0.3mg; **Ki.:** s. Packungsbeilage; **DANI** CrCl 50-100: 50%; 20-49: 33-50%; < 20: 33%

2.6 Sympathomimetika

Wm/Wi (Dobutamin): v.a. beta-1- u. alpha-1-, geringer auch beta-2- u. alpha-2-agonistisch, Kontraktilität ↑, Schlagvolumen ↑, linksventrikulärer Füllungsdruck ↓, systemischer Gefäßwiderstand ↓; **Wm/Wi** (Dopamin): dosisabhängig dopaminerg, alpha-/beta-agonistisch, renale Vasodil., HZV ↑, Vasokonstriktion, RR ↑; **Wm/Wi** (Ephedrin): sympathomimet. Amin, das direkt an Alpha- und Betarez. wirkt; indirekte Wi über ↑ Freisetzung von Noradrenalin, Wi als MAO-Hemmer; **Wm/Wi** (Epinephrin): beta- > alphaagonistisch, pos. ino-, chrono-, bathmotrop, syst. RR ↑, diast. RR ↓, Bronchodilatation; **Wm/Wi** (Etilefrin): alpha-/betaagonistisch, RR ↑ durch Vasokonstriktion, positiv ino- und chronotrop; **Wm/Wi** (Midodrin): alpha-1-agonistisch, syst. u. diast. RR ↑; **Wm/Wi** (Norepinephrin): alpha-/beta-1-agonistisch, Vasokonstriktion, syst. und diast. RR ↑; **Wm/Wi** (Theodreanlin + Cafedrin): betaagonistisch, Kontraktilität ↑, Schlagvolumen ↑, peripherer Gefäßwiderstand ↑;
UW (Cafedrin + Theodrenalin): Herzklopfen, pektanginöse Beschwerden, ventrikuläre Herzrhythmusstörungen, Miktionsbeschwerden, Muskeltremor, Gewöhnung, Abhängigkeit; **UW** (Dobutamin): HRST, Palpitationen, AP, RR ↑ u. RR ↓, Kopfschmerzen, Übelkeit, Exanthem, Fieber, Bronchospasmus, Hemmung d. Thrombozytenfkt.; **UW** (Dopamin): HRST, AP, Dyspnoe, Übelkeit, Erbrechen, Angstgefühl, Kopfschmerzen, RR ↑ und RR ↓; **UW** (Ephedrin): Verwirrtheit, Angstzustände, Depressionen, Nervosität, Reizbarkeit, Unruhe, Schwäche, Schlaflosigkeit, Kopfschmerz, Schwitzen, Palpitationen, Hypertonie, Tachykardie, Dyspnoe, Übelkeit, Erbrechen; **UW** (Epinephrin): tachykarde HRST, Kammerflimmern, AP, hypertone Rkt., Vasokonstriktion, Hyperglykämie, metabol. Azidose, Übelkeit, Tremor, Angst, Halluzinationen; **UW** (Etilefrin): Palpitationen, HRST, RR ↑, AP, Unruhe, Angstzustände, Schwitzen, Tremor, Kopfschmerzen, Schwindel; **UW** (Midodrin): Liegendhypertonie, Reflexbradykardie, Palpitationen, Tachykardie, Parästhesien, Pruritus, Piloarrektion, Kältegefühl, Nausea, Dyspepsie, Harnverhalt; **UW** (Norepinephrin): Herzklopfen, AP, Myokardischämie, starker RR ↑, Lungenödem, Vasokonstriktion, ischämische Nekrosen, Oligurie, Anurie;
KI (Cafedrin + Theodrenalin): bek. Überempf., Hypertonie, Mitralstenose, Hyperthyreose, Engwinkelglaukom, Phäochromozytom, Prostataadenom mit Restharnbildung, Bronchialasthmatiker mit Sulfitüberempf.; **KI** (Dobutamin): mechan. Behinderung der ventrik. Füllung u./o. des Ausflusses, Hypovolämie; **KI** (Dopamin): Thyreotoxikose, Phäochromozytom, Glaukom, Blasenentl.-Strg., hochfrequ. absol. Arrhythmie, Hypovolämie, Kammerflimmern, Grav.; **KI** (Ephedrin): bek. Überempf., Behandlung mit MAO-Hemmern, Koronarthrombose, Diabetes mellitus, ischämische Herzerkrankung, Hypotonie, Thyreotoxikose, Winkelblockglaukom, ältere Patienten, Prostathypertrophie; **KI** (Epinephrin): system. Anw.: bek. Überempf., Hypertonie, Hyperthyreose, Phäochromozytom, Engwinkelglaukom, Prostataadenom mit Restharnbildung, paroxysmale Tachykardie, hochfrequente absolute Arrhythmie, schwere Nierenfktsstrg., Koronar- und Herzmuskelerkrankungen, sklerotische Gefäßveränderungen, Cor pulmonale, Sulfitüberempfindlichkeit, intraarterielle Anwendung; lokale Anw.: bek. Überempfindlichkeit, Engwinkelglaukom, paroxysmale Tachykardie, hochfrequente absolute Arrhythmie; Anästhesien im Endstrombereich (insbes. Finger, Zehen, Penis, Nasenspitze); Sulfitüberempfindlichkeit; **KI** (Etilefrin, Midodrin): Thyreotoxikose, Phäochromozytom, Glaukom, Blasenentleerungsstrg., RR ↑, KHK, tachykarde HRST, Herzklappenstenose, HOCM; **KI** (Norepinephrin): Hypertonie, Hyperthyreose, Phäochromozytom, Engwinkelglaukom, Prostataadenom mit Restharnbildung, paroxysmale Tachykardie, hochfrequente absol. Arrhythmie, schwere Nierenfunktionsstörungen, Koronar- und Herzmuskelerkrankungen, Arteriosklerose, Cor pulmonale, bek. Überempf., Sulfit-Überempf., intraarterielle Anw.

Adrenalin (Epinephrin) Rp	HWZ 1-3min, Q_0 > 0.7, PRC C, Lact ?
Adrenalin Infectopharm *Amp. 1mg/1ml* **Adrenalin 1:10.000 Aguettant** *Fertigspr. 1mg/10ml* **Emerade** *Pen 0.15/0.15ml, 0.3/0.3ml, 0.5mg/0.5ml* **Epipen** *Autoinjektor 0.15mg/0.3ml, 0.3mg/0.3ml* **Fastjekt** *Autoinjektor 0.15, 0.3mg/ED* **Jext** *Autoinjektor 0.15mg/0.3ml, 0.3mg/0.3ml* **Suprarenin** *Amp. 1mg/1ml; Inj.Lsg. 25mg/25ml*	**Kardiopulmonale Reanimation** → 28: 1mg i.v. alle 3-5min; **Ki.:** 0.01mg/kg i.v./i.o., ggf. Wdh. nach 3-5min; bei persist. Erfolglosigkeit 0.1mg/kg i.v./i.o., max. 1mg; **Anaphylaxie:** 1 : 10 verdünn., 0.1mg i.v.; Wdh. nach Wi; **Ki.:** 0.01mg/kg über 1-2min i.v.; ggf. Perfusor mit 0.05-0.5µg/kg/min i.v.; Autoinj. Pen: Selbstmedikation 0.3mg i.m., 15-30kg: 0.15-0.3mg i.m., > 30kg: 0.3mg i.m.; **Septischer Schock:** 0.014-0.28µg/kg/min als Dauerinf. i.v.; **lokale Blutstillung:** 1: 10 verdünnen, davon 10 Gtt. auf Tupfer bzw. einige ml in Harnröhre instillieren; **Blasenblutung:** 1:10-50 verdünnen, davon 100-150ml zur Spülung
Dobutamin Rp	HWZ 2-3min, Q_0 0.7, PRC B, Lact ?
Dobutamin Carino, Dobutamin Fresenius *Inf.Lsg. 250mg/50ml, 500mg/50ml* **Dobutamin Hameln** *Inf.Lsg. 250mg/50ml*	**Akute Herzinsuffizienz:** 2.5-10µg/kg/min i.v.; Perf. (250mg) = 5mg/ml ⇒ 2-10ml/h; **Ki.:** 1-15µg/kg/min i.v.
Dopamin Rp	HWZ 5-10min, Q0 0.95, PRC C, Lact ?
Dopamin Fresenius *Amp. 50mg/5ml, 200mg/5ml; Inf.Lsg. 250mg/50ml*	**Kardiale und andere Schockzustände:** 2-20µg/kg/min i.v.; Perf. (250mg) = 5mg/ml ⇒ 2-18ml/h; max. 50µg/kg/min i.v.; **Ki.:** 5-10µg/kg/min i.v.
Ephedrin Rp	HWZ 3-6h
Ephedrin Carino *Inj.Lsg. 30mg/ml* **Ephedrin Meduna** *Inj.Lsg. 50mg/5ml*	**Verringerung RR-Abfall unter Spinalanästh.:** bis zu 30mg in Teildosen von 3-7.5mg i.v.
Etilefrin OTC	HWZ 2.5h, Q_0 0.7, PPB 23%, PRC C
Bioflutin *Gtt. (1ml = 5mg)* **Effortil** *Tbl. 5mg, Gtt. (1ml = 7.5mg)*	**Hypotone Kreislaufregulationsstörung:** 3 x 5-10mg p.o.; 1-2 x 25mg (ret.) p.o.; **Ki. 2-6J:** 3 x 2.5-5mg p.o.; **< 2J:** 3 x 2-5Gtt. (1-2.5mg)
Midodrin OTC	HWZ 0.5h, Q_0 0.4, PRC C, Lact ?
Gutron *Tbl. 2.5mg; Gtt. (1ml = 10mg)*	**Orthostat. Hypotonie:** 2-3 x 2.5mg (= 7Gtt.) p.o.; ggf. ↑, max. 30mg/d
Norepinephrin (Noradrenalin) Rp	HWZ 1-3min, Q_0 > 0.8, PPB 50%, PRC C, Lact ?
Arterenol *Amp. 1mg/1ml; Inj.Lsg. 25mg/25ml* **Sinora** *Inf.Lsg. 1mg/1ml, 10mg/10ml* **Noradrenalin Aguettant** *Inf.Lsg. 2.5mg/50ml*	**Sept. Schock:** 0.014-0.28µg/kg/min i.v.; Perf. (5mg) = 0.1mg/ml ⇒ 0.6-12ml/h; **akute Hypotonie:** Sinora 0.4-0.8mg/h; Perf. (2mg) = 0.04mg/ml ⇒ 10-20ml/h

Theodrenalin + Cafedrin OTC	HWZ 1h (Cafedrin)
Akrinor *Amp. 10+200mg/2ml*	**Anästhesie-bedingte, klinisch relevante Blutdruckabfälle; klinisch relevante Hypotonien i.d. Notfallmedizin:** 1 Amp. mit 8ml NaCL 0.9% verdünnen (1ml = 1 + 20mg); nach Wi. Einzelgaben von 1 + 20mg i.v./i.m., max. 30 + 600mg/d

2.7 Parasympatholytika

Wm: kompetitiver Antagonismus an muscarinartigen Cholinozeptoren; **Wi:** HF ↑, Spasmolyse, Tränen-/Speichel-/Schweiß-/Bronchialsekretion ↓, Mydriasis; **UW** (Atropin) ohne Häufigkeitsangabe: Mundtrockenheit, Schweißsekretion ↓, Tachykardie, Sehstrg. infolge Mydriasis und Störung der Akkomodation, supraventrik. und ventrik.Arrhythmien, Verkürzung der AV-Überleitung, Muskelschwäche, muskuläre Koordinationsstrg., Miktionsstrg., Strg. der Darmperistaltik, Schluckstrg., gastroösophagealer Reflux, Sprachstrg., Unruhe- und Erregungszustände, Halluzinationen, Verwirrtheitszustände, Krämpfe, Delirien, komatöse Zustände, Glaukomanfall; **KI** (Atropin): bek. Überempf. gegen A./and. Anticholinergika, Engwinkelglaukom, Tachykardie bei Herzinsuff. u. Thyreotoxikose, tachykarde Herzrhythmusstrg., Koronarstenose, mech. Verschlüsse des Magen-Darm-Trakts, paralyt. Ileus, Megakolon, obstrukt. Harnwegerkr., Prostatahypertrophie mit Restharnbildung, Myasthenia gravis, akutes Lungenödem, Schwangerschaftstoxikose

Atropin Rp	HWZ 2h, Qo 0.45, PPB 2-40%, PRC C, Lact ?
Atropinsulfat *Amp. 0.5mg/1ml; Inj.Lsg. 100mg/10ml* **Atropinum sulfuricum** *Amp. 0.25mg/1ml, 0.5mg/1ml, 1mg/1ml*	**Bradykarde HRST:** 0.5-1.5mg i.v./i.m. alle 4-6h; **Ki.:** 0.01mg/kg i.v. (min. 0.1, max. 0.5mg); **Narkoseprämed.:** 0.01mg/kg i.v.; **Alkylphosphatintoxikation:** 2-5mg alle 10-15min i.v. bis zum Rückgang der Bronchialsekretion, max. 50mg in Einzelfällen; Erh.Dos. 0.5-1mg alle 1-4h; **Ki.:** 0.5-2mg i.v., Erh.Dos. nach Klinik; **Neostigmin-/Pyridostigminintox.:** 1-2mg i.v.

2.8 Kardiostimulanzien

Wm: Hemmung der Phosphodiesterase ⇒ intrazelluläre cAMP-Konzentration ↑ und Ca^{2+} ↑ ⇒ Kontraktion ↑; **Wi:** positiv chrono- und inotrop (Schlagvolumen und HZV ↑), Broncho-/Vasodilatation (Vor-/Nachlast ↓); **Wm** (Levosimendan): ↑ Kalziumsensitivität der kontraktilen Proteine durch Bindung an kardiales Troponin C; Öffnung der ATP-sensitiven Kaliumkanäle ⇒ Vasodilatation systemischer und koronarer art. Widerstandsgefäße und systemischer ven. Kapazitätsgefäße; **Wi** (Levosimendan): positiv ino- u. chronotrop, Vasodilatation, Vor- und Nachlast ↓, aktiviert "stunned" Myokard, myokardiale Durchblutung ↑, Endothelin-1-Spiegels ↓; **UW** (Enoximon): Hb-Wert/Hämatokrit ↓ um mind. 5 %, ventrik. Tachykardie, andere Arrhythmien, Hypotonie, Schlaflosigkeit, Gedächtnisstrg., Somnolenz, Angst, Unruhe, Kopfschmerzen, Übelkeit, Erbrechen, Muskelschmerzen, Thrombopenie, petechiale Blutungen, Purpura, and. Blutungskomplik., GOT ↑, Bilirubin ↑, bei schwerer Herzinsuff. bedrohliche ventrik. Arrhythmien;

UW (Levosimendan): Hypokaliämie, Schlaflosigkeit, Kopfschmerzen, Schwindel, ventrik. Tachykardie, VHF, Tachykardie, ventrik. Extrasys., Herzversagen, Myokardischämie, Eytrasystolen, Hypotonie, Übelkeit, Obstipation, Diarrhoe, Erbrechen, Hämoglobinwerte ↓; **UW** (Milrinon): ventrik. Ektopien, ventrik. Tachykardie, supraventrik. Arrhythmien, Hypotonie, Kopfschmerzen; **KI** (Enoximon): bek. Überempf., extravasale Injektion, Gabe der Erh.Dos. als Inf. bei Kreatinin-Clearance < 40ml/min, Grav.; **KI** (Levosimendan): bek. Überempf., schwere Hypotonie und Tachykardie; signif. mech. Behinderung, die die ventrikuläre Füllung und/oder den Ausstrom beeinflussen; CrCl < 30ml/min, schwer beeinträchtigte Leberfkt., Torsades de Pointes in der Anamnese; **KI** (Milrinon): bek. Überempfindlichkeit, schwere Hypovolämie

Enoximon Rp	HWZ 4.2-6.2h, Qo 1.0 (0), PPB ca. 85%
Perfan *Inj.Lsg. 100mg/20ml*	**Akute Herzinsuff.:** ini 90µg/kg/min i.v., nach 10-30 min 2.5-10µg/kg/min; 0.5mg/kg (max. 12.5mg/min, max. 8 x/d); **DANI** CrCl 0-5: 33%, 6-15: 50%, 16-30: 67%, 31-40: 80%, > 40: 100%; **DALI** s. FachInfo
Levosimendan Rp	HWZ 1h, PPB ca. 97%
Levosimendan Carino *Inf.Lsg. 12.5mg/5ml* **Simdax** *Inf.Lsg. 12.5mg/5ml, 25mg/10ml*	**Akut dekompensierte schwere chronische Herzinsuffizienz:** ini 6-12µg/kg i.v. über 10min, dann 0.1µg/kg/min über 24h i.v., ggf. Dosisanpassung auf 0.05-0.2µg/kg/min; **DANI** CrCl < 30: KI; **DALI** KI bei schwerer LI
Milrinon Rp	HWZ 2.3h, Qo 0.2, PPB 70-91%
Milrinon Carino *Amp. 10mg/10ml* **Milrinon Hikma** *Amp. 10mg/10ml* **Milrinon Stragen** *Amp. 10mg/10ml*	**Schwere Herzinsuff.:** ini 50µg/kg i.v. langsam über 10min, anschließend Erh.Dos. 0.375-0.75µg/kg/min; max. 1.13mg/kg/d; **DANI** CrCl 0-5: 0.2µg/kg/min, 6-10: 0.23µg/kg/min, 11-20: 0.28µg/kg/min, 21-30: 0.33µg/kg/min, 31-40: 0.38µg/kg/min, 41-50: 0.43µg/kg/min

2.9 Gerinnung

2.9.1 Unfraktioniertes Heparin

Wm/Wi: Komplexbildung mit AT-III ⇒ beschleunigt inhibierende Wi von AT-III um Faktor 1000 ⇒ v.a. Hemmung von Thrombin, Xa, XIa, XIIa und Kallikrein, Aktivierung der Lipoproteinlipase; **UW** (Heparin): Heparininduzierte Thrombopenie Typ 1, Blutungen, Reakt. an Injektionsstelle, Transaminasen/gGT/Lipase/LDH ↑; **KI** (Heparin): bek. Überempf., aktive Blutungen, Heparin-induzierte Thrombopenie Typ II (HIT-II), mit hämorrhagischer Diathese verbundene Erkrankungen und Organschäden wie Koagulopathien, Thrombozytopenie, schwere Erkrankungen von Leber und Pankreas; Krankheiten, bei denen der Verdacht von Gefäßschäden besteht, z.B. Blutungen im Magen-Darm-Trakt; nicht eingestellte und schwere arterielle Hypertonie mit einem diastolischen Blutdruck von mehr als 110 mmHg, intrakranielle Blutungen, Hirnarterienaneurysma, Retinopathien, Glaskörperblutungen, ophthalmologische Eingriffe oder Verletzung, aktive Tuberkulose, infektiöse Endokarditis, Abortus imminens

Heparin Rp	HWZ 90-120 min, Qo 0.8, PPB 90%, PRC C, Lact +
Heparin-Natrium-ratioph. *Amp. 5000IE/0.2ml, 25000IE/5ml; Fertigspr. 5000IE/0.2ml, 7500IE/0.3mg* **Heparin Rotexmedia** *Amp. 2500IE/5ml*	**Thrombose-Pro.:** 3 x 5000IE od. 2 x 7500IE s.c.; **Ther. Thromboemb.:** 5000IE als Bolus i.v., dann 300-600IE/kg/d; Perf. (25000IE) = 500IE/ml: 1.7-3.3ml/h; Dosisanp. nach PTT (1.5-2.5 x Normwert); **Ki.:** ini 50IE/kg i.v., dann 20IE/kg/h; **DANI** nicht erforderlich

2.9.2 Niedermolekulare Heparine

Wm/Wi: Molekulargewicht ↓ ⇒ Thrombinhemmung ↓, während Faktor-Xa-Hemmung ↑; Wi auf Thrombozytenfkt. ↓, Thrombolyse ↑⇒ antithrombotische Wi ↑, Blutungsgefahr ↓; geringere Neutralisation durch Plättchenfaktor 4; bei s.c.-Anw. Bioverfügbarkeit deutlich ↑; längere HWZ; **UW** (Enoxaparin): Blutung, Thrombozytose, Thrombopenie, Transaminasen ↑, allergische Reaktion, Urtikaria, Pruritus, Erythem, Hämatom/Schmerzen an Injektionsstelle; **KI** (Enoxaparin): bek. Überempf., < 6W zurückliegende OP an ZNS, Auge, Ohr, < 30d zurückliegende, klin. relevante Blutung, < 6M zurückliegender hämorrhagischer Schlaganfall oder andere intrakranielle Blutungen, akute oder anamnestisch bek. intrakranielle Erkrankung (Neoplasma, arteriovenöse Malformation, Aneurysma), klinisch relevante Gerinnungsstrg., Magen- od. Darmulzera, Abortus imminens, schwere Leber- oder Pankreaserkr., unkontrollierbare schwere Hypertonie, Endokarditis, allergisch bed. Thrombozytopenie (HIT-Typ II) auf Heparin, V. a. vaskuläre Retinopathie, Glaskörperblutungen oder andere intraokuläre Blutungen, gleichzeitige Lumbalpunktion, Epidural- oder Periduralanaesthesie

Certoparin Rp	HWZ 4.3h
Mono-Embolex *Fertigspr. 3000IE/0.3ml, 8000IE/0.8ml* **Mono-Embolex multi** *Inj.Lsg. 90000IE/15ml (3000 IE/0.5ml)*	**Postop. Thromb.-Pro.:** ini 3000IE s.c. 1–2h vor OP-Beginn, dann 1 x tgl. 3000IE; **Thromb.-Pro. internist. Pat. u. bei ischäm. Schlaganfall:** 1 x 3000IE s.c.; **Ther. tiefe VT:** 2 x 8000IE s.c.; **Antikoagulation bei Dialyse:** ini 3000IE i.v., dann 600IE/h, individ. Dosisanp.; **DANI** vorsichtige Anw. bei schwerer NI (CrCl < 30); **DALI** KI bei schwerer LI

Dalteparin Rp	HWZ 2-5h, PRC B, Lact ?
Fragmin P *Fertigspr. 2500IE/0.2ml* **Fragmin P forte** *Fertigspr. 5000IE/0.2ml* **Fragmin** *Amp. 10000IE/1ml; Fertigspr. 10000IE/0.4ml, 12.500IE/0.5ml, 15000IE/0.6ml, 18000/0.72ml* **Fragmin D** *Amp. 10000IE/4ml* **Fragmin Multidose** *Inj.Lsg. 100000IE/4ml, 100000IE/10ml*	**Postop. Thrombose-Pro.:** ini 2500IE s.c. 2h vor OP-Beginn, dann 1 x 2500IE; bei hohem Risiko: 5000IE am Abend vor OP, dann 1 x 5000IE; **Thrombose-Pro. internist. Pat.:** 1 x 5000IE; **Ther. tiefe Venenthrombose:** 1 x 200IE/kg s.c. oder 2 x 100IE/kg s.c., max. 18000IE/d; **Rezidiv-Pro. Thromboembolie bei onkologischen Pat.:** 1 x 150IE/kg s.c., Dosisred. bei Thrombopenie (s. FachInfo) **Antikoag. bei Dialyse:** Bolus 85IE/kg i.v.; **kontinuierliche Antikoagulation:** ini 30–35IE/kg, dann 10-15IE/kg/h, bei hohem Blutungsrisiko ini 5–10IE/kg, dann 4–5IE/kg/h; **DANI, DALI** vorsichtige Anwendung

Enoxaparin Rp	HWZ 4.5h
Clexane *Fertigspr. 20mg/0.2ml, 40mg/0.4ml, 60mg/0.6ml, 80mg/0.8ml, 100mg/1ml* **Clexane multidose** *Inj.lsg. 1000mg/10ml* **Crusia** *Fertigspr. 40mg/0.4ml, 60mg/0.6ml, 80mg/0.8ml, 100mg/1ml* **Enoxaparin Becat** *Fertigspr. 20mg/0.2ml, 40mg/0.4ml, 60mg/0.6ml, 80mg/0.8ml, 100mg/1ml* **Hepaxane** *Fertigspr. 20mg/0.2ml, 40mg/0.4ml, 60mg/0.6ml, 80mg/0.8ml, 100mg/1ml* **Inhixa** *Fertigspr. 20mg/0.2ml, 40mg/0.4ml, 60mg/0.6ml, 80mg/0.8ml, 100mg/1ml* **Lovenox** *Fertigspr. 20mg/0.2ml, 40mg/0.4ml, 60mg/0.6ml, 80mg/0.8ml, 100mg/1ml*	**Postop. Thrombose-Pro.:** 1 x 20mg s.c., Beginn 2h präop.; hohes Risiko: 1 x 40mg s.c., Beginn 12h präop.; **Thrombose-Pro. nicht-chirurg. Pat.:** 1 x 40mg s.c.; **Ther. TVT:** 2 x 1mg/kg s.c.; **Antikoagulation bei Dialyse:** 0.01ml/kg (Lsg. multidose) i.v. bzw. individ. Dosis; **NSTEMI, instabile AP:** 2 x 1mg/kg s.c.; **STEMI:** Pat. < 75J: Bolus 30mg i.v., 2 x 1mg/kg s.c.; Pat. > 75J: kein Bolus, 2 x 0.75mg/kg s.c.; **DANI** CrCl > 30: 100%; < 30: s. FachInfo; **DALI** KI bei schwerer LI

Nadroparin Rp	HWZ 3.3h
Fraxiparin *Fertigspr. 1900IE/0.2ml, 2850IE/0.3ml, 3800IE/0.4ml, 5700IE/0.6ml, 7600IE/0.8ml, 9500IE/1ml* **Fraxiparin Multi** *Amp. 47.500IE/5ml, 142.500IE/15ml (1ml = 9500IE)* **Fraxodi** *Fertigspr. 11400IE/0.6ml, 15200IE/0.8ml, 19000IE/1.0ml*	**Postop. Thromb.-Pro.:** 2850IE 2h vor OP, dann 1 x tgl. 2850IE s.c. für 7d; Hüft-OP: s. Packungsbeil.; **Antikoag. bei Dialyse:** 2850-5700IE i.v.; **Therapie TVT:** Fraxiparin: < 50kg: 2 x 0.4ml; 50-59kg: 2 x 0.5ml; 60-69kg: 2 x 0.6ml; 70-79kg: 2 x 0.7ml; 80-89kg: 2 x 0.8ml; > 90kg: 2 x 0.9ml s.c.; Fraxodi: 1 x tgl. s.c. ml/kg s.o.; **DANI** KI bei schw. NI (CrCl < 30), vorsichtige Anw. bei CrCl 30-60; **DALI** KI bei schwerer LI

Reviparin Rp	HWZ 3.3h
Clivarin 1750 *Fertigspr. 1750IE/0.25ml* **Clivarin 5726IE/ml** *Fertigspr. 3436IE/0.6ml* **Clivarodi** *Fertigspr. 17178IE/ml*	**Thrombose-Pro. perioperativ bzw. bei Immobilisation:** ini 1750IE s.c. 2h vor OP-Beginn, dann 1 x tgl. 1750IE s.c.; **Pro. bei hohem Thromboserisiko:** ini 3436IE/0.6ml s.c. 12 h vor OP-Beginn, dann 1 x tgl. 3436IE/0.6ml s.c.; **Therapie TVT:** 35-45kg: 2 x 2863IE s.c.; 46-60kg: 2 x 3436IE; >60kg: 2 x 5153IE oder 1 x tgl. 10307IE/0.6ml s.c. (Clivarodi); **DANI, DALI:** KI bei schwerer NI/LI

Tinzaparin Rp	HWZ 3-4h, PRC B, Lact ?
innohep *Fertigspr. 3500IE/0.3ml* **innohep multi** *20000IE/2ml, 50000IE/5ml* **innohep 20000** *Fertigspr. 8000IE/0.4ml, 10000IE/0.5ml, 12000IE/0.6ml, 14000IE/0.7ml, 16000IE/0.8ml, 18000IE/0.9ml; Amp. 40000IE/2ml*	**Thrombose-Pro. perioperativ,** mittleres Risiko: ini 3500IE s.c. 2h vor OP-Beginn, dann 1 x 3500IE s.c.; hohes Risiko: ini 4.500IE s.c. 12h vor Op-Beginn, dann 1 x 4.500IE s.c.; **Thrombose-Pro. bei Immobilisierung,** hohes Risiko: 1 x 4.500IE s.c.; mittl. Risiko: 1 x 3500IE s.c.; **Ther. TVT:** 1 x tgl. 175IE/kg s.c.; **Thromboembolie-Ther./Rezidiv-Pro. bei aktiver Tumorerkr.:** 1 x tgl. 175IE/kg s.c. für 3-6M; **Antikoag. bei Dialyse:** < 4h: 2.000-2.500IE Bolus i.v.; > 4h: ini 2.500IE i.v., dann 750IE/h i.v.; **DANI** CrCl < 30 Anw. nicht empf.; **DALI** keine Daten

2.9.3 Heparinoide, andere Faktor-Xa-Hemmer

Wm/Wi (Danaparoid; Fondaparinux): Faktor-Xa-Hemmung;
UW (Danaparoid): Blutungskomplikationen, allergische Reaktionen, Thrombopenie;
UW (Fondaparinux): Blutungskomplik., Anämie, Thrombopenie, Ödeme, veränderte Leberfunktionstests;
KI (Danaparoid): hämorrhagische Diathese, kurz zuvor Schlaganfall/OP am Gehirn, bakterielle Endokarditis, diabetische Retinopathie, fortgeschrittene NI und LI, Überempfindlichkeit gegen Wirkstoff bzw. Sulfit, Grav./Lakt.;
KI (Fondaparinux): bek. Überempf., aktive Blutung, bakt. Endokarditis, CrCl < 20 (1.5–2.5mg); < 30 (5–10mg);

Danaparoid Rp	HWZ 7-14h, Q0 0.58, PRC B, Lact ?
Orgaran *Amp. 750E/0.6ml*	**Thrombose-Pro.:** 2 x 750E s.c.; **Ki.:** 2 x 10E/kg s.c.; **Thromboembolie bei HIT-2:** ini 2500E (< 55kg: 1250E; > 90kg: 3750E) i.v., dann 400E/h für 4h, dann 300E/h für 3h, Erh.Dos. 150-200E/h; **Ki.:** ini 30E/kg, dann 1.2-4E/kg/h i.v.; **DANI, DALI** KI bei schwerer NI/LI

Fondaparinux Rp	HWZ 17-21h, PRC B, Lact ?
Arixtra *Fertigspr. 1.5mg/0.3ml, 2.5mg/0.5ml, 5mg/0.4ml, 7.5mg/0.6ml, 10mg/0.8ml* **Fondaparinux-Natrium beta** *Fertigspr. 2.5mg/0.5ml, 5mg/0.4ml, 7.5mg/0.6ml, 10mg/0.8ml*	**Thrombose-Pro.:** ini 6h post-OP 2.5mg s.c., dann 1 x 2.5mg für 5-9d; **DANI** CrCl > 50: 100%; 20-50: 1.5mg/d; < 20: KI; **Ther. oberfl. VT unt. Extr.:** 1 x 2.5mg s.c. für 30–45d; **Ther. tiefe VT, LE:** < 50kg: 1 x 5mg s.c.; 50-100kg: 1 x 7.5mg; > 100kg: 1 x 10mg; **NSTEMI, instab. AP:** 1 x 2.5mg s.c. für max. 8d; **STEMI:** 1 x 2.5 mg, 1. Dosis i.v., dann s.c. max. 8d; **DANI** untersch. je nach Ind/Dos. s. FachInfo; KI s.o.; **DALI** schwere LI: vors. Anw.

2.9.4 Direkte orale Antikoagulantien

Wm/Wi (Apixaban, Edoxaban, Rivaroxaban): selektiver, direkter Inhibitor von Faktor Xa ⇒ Hemmung der Thrombinbildung; **Wm/Wi** (Dabigatran): direkter spezif. Thrombininhibitor; **UW** (Apixaban): Anämie, Blutungen, Übelkeit, Hämatome, Hämaturie, Kontusion; **UW** (Dabigatran): Anämie, Nasenbluten, GI-Blutung, Bauchschmerzen, Diarrhoe, Übelkeit, Dyspepsie, abnorme Leberfkt. bzw. Leberfunktionstests, urogenitale Blutung; **UW** (Edoxaban): Anämie, Epistaxis, GI-Blutungen, Mund-/Pharynx-Blutungen, Hämaturie, vaginale Blutung, Blutung an Punktionsstelle, Übelkeit, Erhöhung von gGT, Bilirubin, anomaler Leberfunktionstest, kutane Weichteilgewebsblutung, Exanthem, Juckreiz; **UW** (Rivaroxaban): postop. Blutungen, Anämie, Schwindel, Kopfschmerzen, Augeneinblutungen, Hypotonie, Hämatome, Epistaxis, Hämoptyse, Zahnfleischbluten, GI- Blutungen, GI-Schmerzen, Dyspepsie, Verstopfung, Durchfall, Erbrechen, Übelkeit, Transaminasen ↑, Pruritus, Hautrötung, Ekchymose, kutane und subkutane Blutung, Extremitätenschmerzen, Blutung im Urogenitaltrakt, Nierenfunktion ↓, Fieber, Ödeme, Leistungsfähigkeit ↓; **KI** (Apixaban): bek. Überempf., klinisch relevante aktive Blutung, Lebererkrankung mit Koagulopathie, Läsionen oder klinische Situationen mit hohem Blutungsrisiko; **KI** (Dabigatran): bek. Überempf., schwere NI (CrCl < 30), akute klin. relev. Blutung, Läsionen od. klin. Situationen mit signif. Risiko einer schweren Blutung; Beeinträchtigung der Leberfkt. oder Lebererkr. mit evtl. Auswirkungen auf das Überleben; gleichzeit. Anw. anderer Antikoagulanzien außer bei Umstellung der Antikoagulationsther.; gleichzeit. Anw. von Ketoconazol, Ciclosporin, Itraconazol, Tacrolimus und Dronedaron; Pat. mit künstlichen Herzklappen, die eine gerinnungshemmende Therapie benötigen; **KI** (Edoxaban): bek. Überempf., klinisch relevante akute Blutung; Lebererkrankungen, die mit Koagulopathie und klinisch relevantem Blutungsrisiko einhergehen; Läsionen oder signif. Risiko für eine schwere Blutung (z.B. gastrointestinale Ulzerationen, maligne Neoplasien mit hohem Blutungsrisiko, kürzlich aufgetretene Hirn- oder Rückenmarksverletzungen, kürzlich durchgeführte chirurgische Eingriffe an Gehirn, Rückenmark oder Augen, kürzlich aufgetretene intrakranielle Blutungen, Ösophagusvarizen, arteriovenöse Fehlbildungen, vaskuläre Aneurysmen, größere intraspinale oder intrazerebrale vaskuläre Anomalien); nicht eingestellte schwere Hypertonie, gleichzeitige Anw. anderer Antikoagulanzien, Grav./Lakt.; **KI** (Rivaroxaban): aktive Blutungen, Läsionen od. signif. Risiko einer schweren Blutung, bek. Überempf., Lebererkr. mit Koagulopathie oder klin. relevantem Blutungsrisiko, gleichz. Anw. anderer Antikoagulanzien außer bei Umstellung der antikoag. Ther., Grav./Lakt.

Apixaban Rp	HWZ 12h, PPB 87%
Eliquis *Tbl. 2.5, 5mg*	**Pro. venöser Thromboembolien b. Hüft-/Kniegelenkersatz:** 2 x 2.5mg p.o., Beginn 12-24h post OP, f. 32-38d (Hüfte) bzw. 10-14d (Knie); **Ther. tiefer Venenthrombosen und Lungenembolien:** 2 x 10mg, nach 7d 2 x 5mg; **Pro. rezidiv. TVT/LE:** 2 x 2.5mg; **Pro. Schlaganfall/system. Embolien bei VHF:** 2 x 5mg p.o.; Pat. mit mind. 2 Krit. (≥ 80J, ≤ 60kg oder Krea ≥ 1.5mg/dl): 2 x 2.5 mg; **DANI:** CrCl > 30: 100%, 15-29: vors. Anw., < 15: Anw. nicht empf.; **DALI:** Child A/B: vors. Anw., Child C: Anw. nicht empfohlen

Dabigatran Rp	HWZ 12–14 h PPB 35%
Pradaxa *Kps. 75, 110, 150mg*	**Pro. Thromboembolie bei elektivem Knie-/Hüftgelenkersatz:** 110mg p.o. 1-4h post-OP, dann 1 x 220mg für 10d (Knie) bzw. 28-35d (Hüfte); > 75J. oder Pat., die Verapamil, Amiodaron od. Chinidin einnehmen: 1 x 150mg; **Pro. von Schlaganfällen/system. Embolien bei Vorhofflimmern:** 2 x 150mg p.o., > 80J. oder Pat., die Verapamil, Amiodoran oder Chinidin einnehmen: 2 x 110mg; **Ther./Pro. rez. tiefer VT und LE:** 2 x 150mg; > 80J. oder Pat., die Verapamil, Amiodoran oder Chinidin einnehmen: 2 x 110mg; **DANI:** CrCl < 30: KI; 30-50: s. FI; > 50: 100%; **DALI:** GPT > 2 x ob. Grenzwert: Anw. nicht empf.
Edoxaban Rp	HWZ 10-14h, PPB 55% , PRC C, Lact ?
Lixiana *Tbl. 15, 30, 60mg*	**Pro. Schlaganfall/system. Embolien bei VHF:** 1 x 60mg p.o.; **Ther. tiefe VT, LE, Pro. rezidiv. TVT, LE:** ini parent. Antikoagulans über 5d, dann 1 x 60mg p.o; Pat. ≤ 60kg od. gleichz. Anw. von Ciclosporin, Erythromycin, Ketoconazol, Dronedaron: 1 x 30 mg p.o.; **DANI** CrCl > 50: 100%; 15-50: 1 x 30mg; < 15: Anw. nicht empfohlen; **DALI** leichte bis mäßige LI: 100%; schwere LI: Anw. nicht empfohlen; Lebererkr. mit Koagulopathie: KI
Rivaroxaban Rp	HWZ 7-11 h, PPB 94%
Xarelto *Tbl. 2,5, 10, 15, 20 mg*	**Pro. Thromboembolie bei elekt. Knie-/Hüftgelenkersatz:** 1 x 10mg p.o. 6-10h post-OP, dann 10mg/d für 35d (Hüfte) bzw. 14d (Knie); **Ther./Pro. rez. tiefer VT:** d1-21 2 x 15mg p.o., ab d22 1 x 20mg; **Ther./Pro. rez. LE bei hämodyn. stabilen Pat.:** d1-21 2 x 15mg p.o., ab d22 1 x 20mg; **Sek.-Pro. nach ACS mit ↑ kard. Biomarkern:** 2 x 2.5 mg in Komb. mit ASS oder mit ASS + Clopidogrel/Ticlopidin; **Pro. von Schlaganfällen/system. Embolien bei Vorhofflimmern:** 1 x 20mg p.o.; **Pro. atherothrombot. Ereignisse bei KHK/AVK:** 2 x 2.5mg, Komb. mit 75-100mg ASS; **DANI** CrCl > 50: 100%; 15-49: s. Fachinfo; < 15: Anw. nicht empf.; **DALI** KI bei Lebererkr. mit Koagulopathie und ↑ Blutungsrisiko

2.9.5 Sonstige antithrombotische Mittel

Wm/Wi (Argatroban, Bivalirudin): direkter spezif. Thrombininhibitor;
Wm/Wi (Defibrotid): schützt Endothelzellen vor Fludarabin-induz. Apoptose, Funktion des Gewebeplasminogenaktivators (t-PA) ↑, Aktivität des Plasminogenaktivator-Inhibitors (PAI-1) ↓;
UW (Argatroban): Blutungskomplik., Anämie, Leukopenie, Thrombopenie, Thrombose, Thrombophlebitis, Purpura, Übelkeit, Erbrechen, Kopfschmerzen; **UW** (Bivalirudin): Blutungskomplik., allerg. Rkt., Fieber, Anämie, Thrombopenie, Kopfschmerz, HRST, Exanthem, Rückenschmerz;
UW (Defibrotid): Koagulopathie, Blutungen, Hypotonie, Erbrechen, Hämaturie;
KI (Argatroban): unkontrollierbare Blut., bek. Überempf., schwere Leberfktsstrg.; **KI** (Bivalirudin): aktive Blutungen, Gerinnungsstrg., unkontroll. Hypertonie, subakute bakt. Endokarditis, NI mit CrCl < 30, Hämodial.; **KI** (Defibrotid): bek. Überempf., gleichz. Anw. einer thrombolyt. Ther.

Argatroban Rp	HWZ 1 h PPB 54% PRC B, Lact ?
Argatra *Inj.Lsg. 250mg/2.5ml; Inf.Lsg. 50mg/50ml* **Argatroban Accord** *Inf.Lsg. 50mg/50ml*	**Antikoagulation bei HIT-2:** 2µg/kg/min i.v., Dosisanp. n. PTT (Ziel: 1.5-3 x Ausgangswert), max. 10µg/kg/min, Ther.-Dauer max. 14d; **DANI** nicht erforderlich; **DALI** Child B: ini 0.5µg/kg/min; Child C: KI

Bivalirudin Rp	HWZ 13-37 min
Bivalirudin Accord *Inj.Lsg. 250mg* **Bivalirudin Cipla** *Inj.Lsg. 250mg*	**Instabile AP, NSTEMI:** ini 0.1mg/kg i.v., dann 0.25mg/kg/h bis zu 72h; s. FachInfo für Dosierung bei nachfolgenden Interventionen; **perkutane Koronarintervention:** ini 0.75mg/kg i.v.-Bolus, dann 1.75mg/kg/h für Dauer des Eingriffs, ggf. weitere 4h; **DANI** CrCl 30–59: 1.4mg/kg/h, akt. Gerinnung (ACT) kontr.; < 30, HD: KI; **DALI** nicht erf.

Defibrotid Rp	HWZ 1h
Defitelio *Inf.Lsg. 200mg/2.5ml*	**Schwere hepatische venookklusive Erkrankung bei Stammzell-Tx.:** 6.25mg/kg alle 6h i.v., Anw. f. mindestens 21d; **DANI, DALI** vorsichtige Anwendung

2.9.6 Antidota für Antikoagulantien

Wm/Wi (Andexanet alfa): abgewandelte Form des Faktor-Xa-Proteins ⇒ hebt Wirkung von Faktor-Xa-Inhibitoren auf; **Wm/Wi** (Idarucizumab): monoklonales Fab-AK-Fragment ⇒ bindet an Dabigatran und neutralisiert dessen antikoagulatorische Wi.;
Wm/Wi (Protamin): bildet salzartige Heparinverbindung ⇒ Inaktivierung von Heparin;
UW (Idarucizumab): keine; **UW** (Protamin): Wärmegefühl, Flush, Hypotonie;
UW (Andexanet alfa): Urtikaria, Schwindel, Kopfschmerz, ischäm. Schlaganfall, Palpitationen, Husten, Dyspnoe, Bauchschmerzen, Mundtrockenheit, Geschmacksstrg., Übelkeit, Pruritus, Rückenschmerzen, Muskelspasmen, Hitzewallungen, Wärmegefühl, Thoraxbeschwerden, Hyperhidrose, periph. Kältegefühl, Fieber, Anstieg von D-Dimer und Prothrombinfragmenten F1+2;
KI (Andexanet alfa): bek. Überempf., bek. allerg. Reaktion gegen Hamsterproteine;
KI (Idarucizumab): keine; **KI** (Protamin): bek. Überempf.

Andexanet alfa Rp	HWZ 1h
Praxbind *Inj.Lsg. 2.5g/50ml*	**Antagonisierung der Apixaban- oder Rivaroxaban-Wi:** ini 30mg/min über 15-30min, dann 4-8mg über 120min; s.a. FachInfo; **DANI, DALI** nicht erforderlich
Idarucizumab Rp	HWZ 10h
Praxbind *Inj.Lsg. 2.5g/50ml*	**Antagonisierung der Dabigatran-Wi:** 5g i.v., ggf. Wh innerhalb von 24h; **DANI, DALI** nicht erforderlich
Protamin OTC	HWZ (24min) PRC C, Lact ?
Protaminsulfat Leo *Amp. 7000IE/5ml*	**Antagonisierung der Heparin-Wi:** 1000IE inaktivieren 1000IE Heparin, langsam i.v.; **Antagonisierung von niedermolekularen Heparinen:** s. FI

2.9.7 Cumarinderivate

Wm/Wi: Hemmung der Vit.-K-vermittelten Carboxylierung Ca^{2+}-abhäng. Gerinnungsfakt. (II, VII, IX, X) in der Leber;
UW (Phenprocoumon): Hämaturie, Epistaxis, Zahnfleischbluten, Hämatome nach Verletzungen, Hepatitis, Ikterus;
KI (Phenprocoumon): bek. Überempf., Erkrankungen mit erhöhter Blutungsbereitschaft, frischer Apoplex, Endocarditis lenta, Perikarditis, Hirnarterienaneurysma, dissezierendes Aortenaneurysma, Magen-Darm-Ulzera, OPs am Auge, OPs od. Traumen am ZNS, Retinopathien ↑, Blutungsrisiko, fixierte u. behandlungsrefraktäre Hypertonie (> 200/105 mmHg), kavernöse Lungen-Tbc, nach Uro-OP mit Makrohämaturie, ausgedehnte offene Wunden, schwere Leberparenchymschäden, Grav. (Ausnahme: absolute Ind. zur Antikoagulation bei lebensbedrohlicher Heparinunverträglichkeit)

Phenprocoumon Rp	HWZ 150h, Qo 1.0, PPB 99%
Falithrom *Tbl. 1.5, 3mg* **Marcumar** *Tbl. 3mg* **Phenprocoumon Acis** *Tbl. 3mg* **Phenpro-ratioph.** *Tbl. 3mg* **Phenprogamma** *Tbl. 3mg*	**Langzeitantikoagulation, Pro. arterieller und venöser Thrombosen und Embolien:** d1: 6-9mg p.o., d2: 6mg; Erh.Dos. je nach INR-Wert 1 x 1.5-4.5mg (abends); **DANI** nicht erforderlich; **DALI** schwere Leberparenchymschäden: KI
Warfarin Rp	HWZ 35-45h, Qo 1.0, PPB 99%, PRC X, Lact +
Coumadin *Tbl. 5mg*	**Langzeitantikoagulation, Pro. arterieller und venöser Thrombosen und Embolien:** ini 2.5-10mg, Erh.Dos. je nach INR-Wert 2.5-10mg (abends); **DANI** nicht erf.

2.9.8 Thromboembolische Risiken und Ziel-INR bei oraler Antikoagulation

Indikation	Risiko ohne OAK	RR durch OAK	Ziel-INR
Akute venöse Thromboembolie, 1. M	40%	80%	2.0-3.0
Akute venöse Thromboembolie 2. + 3. M	10%	80%	2.0-3.0
Rezidiv venöse Thromboembolie	15%	80%	2.0-3.0
Arterielle Embolie	15%	66%	2.0-3.0
Absolute Arrhythmie + Z.n. Embolie	12%	66%	2.0-3.0
Absolute Arrhythmie ohne Klappenbeteiligung	4.5%	66%	2.0-3.0
Aortenklappenersatz*	12%	80%	2.0-3.0
Mitralklappenersatz*	22%	85%	2.5-3.5
Doppelklappenersatz*	90%	95%	2.5-3.5

* Bei Bioklappen OAK nur in den ersten 3M postop., INR 2.0-3.0; OAK: orale Antikoagulation; RR: Risikoreduktion; INR: International Normalized Ratio; Bauersachs R.: Moderne Antikoagulation; Internist 2004, 45 Heft 6: 717-726, Springer Verlag

2.9.9 Fibrinolytika

Wm (Urokinase, rtPA): proteolytische Umwandlung von Plasminogen in Plasmin;
Wi: Auflösung noch nicht organisierter Thromben;
UW: Blutungskomplik., Kopf-/Rückenschmerzen, anaphylaktische Reaktionen;
KI: schwere Hypertonie, Aortenaneurysma, Endokarditis, Ulzera, Pankreatitis, fortgeschrittenes Malignom, pathol. Hämostase, OP/Punktion < 10d, i.m.-Injektion < 7d, Ösophagusvarizen, Grav.: 1. Trimenon

Alteplase (rt-PA) Rp	HWZ 26-46min, Q0 1.0, PPB 0%, PRC C, Lact ?
Actilyse *Inj.Lsg. 10mg/10ml, 20mg/20ml, 50mg/50ml* **Actilyse Cathflo** *Inj.Lsg. 2mg/2ml*	**Herzinfarkt, akut:** 15mg über 2min i.v., dann 50mg über 0.5h, dann 35mg über 1h; < 65kg: 15mg über 2min i.v. , dann 0.75mg/kg, dann 0.5mg/kg; **Lungenembolie:** 10mg i.v. über 2min, dann 90mg über 2h; < 65kg: Gesamtdosis max. 1.5mg/kg; **zerebr. Ischämie:** 0.9mg/kg, max. 90mg über 1h, davon 10% als Initialbolus, kein Heparin! **DALI** KI bei schwerer Lebererkrankung; **Thrombolyse verschlossener ZVK, Port-Hämodialysekatheter:** ≥ 30kg: 2mg in den dysfunktionalen Venenkatheter instillieren, ggf. Wdh. nach 2h; < 30kg: s. FachInfo

Tenecteplase Rp	HWZ 17-20min, PRC C, Lact
Metalyse *Inj.Lsg. 10000U (50mg)/10ml*	**Herzinfarkt, akut:** < 60kg: 30mg; 60-69kg: 35mg; 70-79kg: 40mg; 80-89kg: 45mg; > 90kg: 50mg als Bolus i.v.; **DALI** KI bei schwerer Leberfunktionsstrg.

Urokinase Rp	HWZ 20min od. weniger, PRC B, Lact ?
Urokinase medac *Inf.Lsg. 10000IE, 50000IE, 100000IE, 250000IE, 500000IE*	**Art. Thrombose:** 0.25-0.6 Mio IE über 10-20 min i.v., dann 80000-150000IE/h über 4-5d; **Lungenembolie:** 2000-4400IE/kg über 10-20min i.v., dann 2000IE/kg/h; **ven. Thrombose:** 0.25-0.6 Mio IE über 10-20min i.v., 40000-100000IE/h über 7-14d; **DANI, DALI** KI bei schwerer NI, LI

2.9.10 Protein C

Protein C Rp	
Ceprotin *Inj.Lsg. 500, 1000IE*	**Purpura fulm., cumarininduz. Hautnekrosen, schwerer angeborener Protein-C-Mangel:** ini 60-80IE/kg i.v., dann n. Protein-C-Spiegel; **DANI, DALI** engmaschige Kontrolle

2.9.11 Antifibrinolytika

Wm/Wi (Aminomethylbenzoesäure, Aprotinin): Hemmung der Plasminbildung/-wirkung ⇒ sofortige Fibrinolysehemmung; **Wm/Wi** (Aprotinin): Hemmung von Trypsin, Plasmin, Plasma- u. Gewebekallikrein ⇒ Fibrinolysehemmung;
Wm/Wi (Tranexamsäure): Plasminogenaktivatorhemmung ⇒ verzögerte Fibrinolysehemmung;
UW (Aminomethylbenzoes., Aprotinin): keine sehr häufigen bzw. häufigen UW;
UW (Tranexamsäure): Diarrhoe, Übelkeit, Erbrechen; **KI** (Aminomethylbenzoesäure): bek. Überempf., schwere NI, Glaskörperblutungen, akute Thrombosen oder thromboembolische Erkr., außer als Antidot bei vital bedrohl. Blutungen unter fibrinolyt. Therapie;
KI (Aprotinin): bek. Überempf.; pos. Aprotinin-Antkörpertest; erneute Gabe innerhalb von 12M, wenn zuvor Aprotinin-Antkörpertest nicht durchgeführt werden kann;
KI (Tranexamsäure): bek. Überempf.; akute venöse oder arterielle Thrombosen, hyperfibrinolytische Zustände infolge Verbrauchskoagulopathie, außer vorherrschender Aktivierung des fibrinolytischen Systems mit akuten schw. Blutungen, schwere Nierenfktsstrg., Krampfanfälle in Anamnese, intrathekale und intraventrikuläre Injektion, intrazerebr. Applikation

Aminomethylbenzoesäure Rp	
Pamba *Tbl. 250mg*	**Lokale und generalis. hyperfibrinolytische Blutungen:** 2-3 x 250mg p.o., max. 1000mg/d; **DANI** KI bei schwerer NI

Aprotinin Rp	HWZ 5-10h
Trasylol *Inf.Lsg. 500.000KIE/50ml*	**Pro. eines hohen Blutverlusts bei extrakorporaler Zirkulation:** zunächst Testdosis mit 10.000 KIE; dann 1-2 Mio KIE über 20-30min i.v., weitere 1-2 Mio KIE in das Priming-Volumen der Herz-Lungen-Maschine, dann 250.000-500.000 KIE/h bis OP-Ende, max. 7 Mio KIE Gesamtdosis; **DANI** nicht erforderl.; **DALI** keine Daten

Tranexamsäure Rp	HWZ 1.9-3.3h, Qo 0.03
Cyklokapron *Tbl. 500mg; Inj.Lsg. 500mg/5ml* **Tranexamsäure HEXAL** *Inj.Lsg. 500mg/5ml*	**Pro./Ther. hyperfibrinolytische Blutung:** 6-8 x 500mg p.o.; 2-3 x 500-1000mg i.v./i.m.; **Ki.:** ini 10mg/kg i.v./i.m. in 15min, dann 1mg/kg/h; **DANI** Krea (mg/dl): 1.35-2.82: 2 x 10mg/kg i.v., 2 x 15mg/kg p.o.; 2.82-5.65: 1 x 10mg/kg i.v., 1 x 15mg/kg p.o.; > 5.65: 1 x 5mg/kg i.v., 1 x 7.5mg/kg p.o.; schwere NI: KI; **DALI** nicht erforderlich

2.9.12 Thrombozytenaggregationshemmer

Wm (ASS): Hemmung der Cyclooxygenase ⇒ ↓ Synthese v. Thromboxan A2 (Aggregationsaktivator von Thrombozyten) und von Prostacyclin (Aggregationsinhibitor im Endothel);
Wm (Clopidogrel, Prasugrel, Ticagrelor, Ticlopidin): Blockade des ADP-Rezeptors an Thrombozyten;
Wm (Dipyridamol): Hemmg. der Phosphodiesterase ⇒ aggregationshemm. cAMP in Thromboz. ↑;
Wm (Eptifibatid, Tirofiban): Antagonist des Glykoprotein-IIb/IIIa-Rezeptors;
UW (ASS): Ulkus, allerg. Hautreakt., Schwindel, Tinnitus, Sehstrg., Nausea, Bronchospasmus, Alkalose, Azidose; **UW** (Cangrelor): Blutungen, Hämatom, Ekchymose, Hb-Abfall, Ausfluss aus Punktionsstelle; **UW** (Clopidogrel): Bauchschmerzen, Dyspepsie, Durchfall, Übelkeit, Exanthem, Juckreiz, Kopfschmerzen, Schwindel, Parästhesien, Blutungen, Thrombopenie;
UW (Prasugrel): Anämie, Hämatom, Epistaxis, GI-Blutung, Exanthem, Ekchymose, Hämaturie, Hämatom/Blutung an Punktionsstelle;
UW (Ticagrelor): Dyspnoe, Epistaxis, GI-Blutung, subkutane/dermale Blutungen;
UW (Ticlopidin): Agranulozytose, Panzytopenie, allerg. Hautreakt.;
UW (Tirofiban): Blutung, Thrombopenie, Übelkeit, Fieber, Kopfschmerz;
KI (ASS): Ulzera, hämorrhag. Diathese, Anw.Beschr. Grav./Lakt., Ki.;
KI (Cangrelor): bek. Überempf., aktive Blutungen oder erhöhtes Risiko von Blutungen bei beeinträchtigter Hämostase u./od. irreversiblen Koagulationsstrg. oder kürzlich erfolgten großen chirurgischen Eingriffen, Traumata oder unkontrollierter schwer einstellbarer Hypertonie; Schlaganfall oder TIA i.d. Anamnese;
KI (Clopidogrel): schwere Leberfktsstrg., akute Blutung, Grav./Lakt.; **KI** (Prasugrel): bek. Überempf., Schlaganfall u./od. TIA in Anamnese, aktive pathol. Blutung, Leberfktsstrg. Child C;
KI (Ticagrelor): bek. Überempf., aktive pathol. Blutung, intrazerebrale Blutung in Anamnese, mäßige/schwere Leberfktsstrg.; **KI** (Ticlopidin): BB-Veränderung, Grav./Lakt.;
KI (Tirofiban): zerebrovask. Komplik. in letzten 2J, OP/Trauma in letzten 2M, Thrombopenie, Vaskulitis, Aneurysma, AV-Fehlbildungen, hypertensive/diabet. Retinopathie

Acetylsalicylsäure (ASS) OTC	HWZ 15min (3h), Qo 1.0 (0.8), PRC D, Lact ?
Aspirin *Tbl. 100, 300mg* **ASS Dexcel protect** *Tbl. 75, 100mg* **ASS-ratioph.** *Tbl. 100, 300mg* **Godamed** *Tbl. 50, 100, 300mg* **Herz ASS-ratioph.** *Tbl. 50, 100mg*	**Instabile AP, akuter Herzinfarkt:** 1 x 75-300mg p.o.; **Sekundär-Pro. KHK, AVK, zerebrale Ischämie, TIA:** 1 x 30-300mg p.o.; s. auch → 215

Cangrelor Rp	HWZ 3-6 min, PPB 98% PRC C, Lact ?
Kengrexal *Inf.Lsg. 50mg*	**Pro. thrombotisch-kardiovaskulärer Ereignisse bei PCI:** ini 30µg/kg als Bolus i.v., dann 4µg/kg/min f. die Dauer der Intervention, mindest. 2h, max. 4h; Komb. mit ASS; **DANI, DALI** nicht erforderlich
Cilostazol Rp	HWZ 10h, PPB 98%
Cilostazol AL *Tbl. 50, 100mg* **Cilostazol HEXAL, Pladizol** *Tbl. 100mg* **Pletal** *Tbl. 50, 100mg*	**AVK:** 2 x 100mg p.o.; **DANI:** CrCl > 25: 100%; < 25: KI; **DALI** KI bei mittelschwerer bis schwerer LI
Clopidogrel Rp	HWZ 8h, Q0 > 0.8, PRC B, Lact ?
Clopidogrel HEXAL *Tbl. 75mg* **Clopidogrel-ratioph.** *Tbl. 75mg* **Grepid** *Tbl. 75mg* **Iscover** *Tbl. 75, 300mg* **Plavix** *Tbl. 75, 300mg*	**Sek.-Pro. KHK, AVK, zerebrale Ischämie, TIA:** 1 x 75mg p.o.; **NSTEMI** (inkl. Pat. nach PCI mit Stenting), **STEMI** (für Thrombolyse infrage komm. Pat.): ini 300mg p.o., dann 1 x 75mg, Komb. mit ASS; **Pro. atherothrombotischer und thromboembolischer Ereignisse bei Vorhofflimmern:** 1 x 75mg, Kombination mit ASS; **DANI** vors. Anw.; **DALI** KI bei schwerer LI
Clopidogrel + ASS Rp	
DuoPlavin *Tbl. 75+100mg*	**ACS ohne ST-Hebung** (inkl. Pat. PCI mit Stenting), **STEMI** (für Thrombolyse infrage kommende Pat.): 1 x 75 + 100mg p.o.; **DANI, DALI** KI bei schwerer NI, LI
Dipyridamol + ASS Rp	
Aggrenox *Kps. 200+25(ret.)mg* **Asasantin Retard** *Kps. 200+25(ret.)mg* **Dipyridamol Ass beta** *Kps. 200+25(ret.)mg*	**Sekundär-Pro. nach TIA, zerebraler Ischämie:** 2 x 1Kps. p.o.
Eptifibatid Rp	HWZ 1.13-2.5h, Q0 0.6, PRC B, Lact ?
Eptifibatid Accord *Inj.Lsg. 20mg/10ml; Inf.Lsg. 75mg/100ml* **Integrilin** *Inj.Lsg. 20mg/10ml; Inf.Lsg. 75mg/100ml*	**Instabile AP, Non-Q-wave-Infarkt:** ini 180µg/kg i.v., dann 2µg/kg/min bis 20-24h nach PCI, max. für 72h; **DANI** CrCl 30-50: 1µg/kg/min; < 30: KI
Prasugrel Rp	HWZ 7h, PPB 98%
Efient *Tbl. 5, 10mg* **Prasugrel Accord** *Tbl. 5, 10mg* **Prasugrel beta** *Tbl. 5, 10mg* **Prasugrel Heumann** *Tbl. 5, 10mg* **Prasugrel-ratioph.** *Tbl. 5, 10mg*	**Pro. atherothrombotischer Ereignisse bei akutem Koronarsyndrom (instabile AP, NSTEMI, STEMI) mit prim./verzögerter PCI:** ini 60mg p.o., dann 1 x 10mg, Komb. mit ASS; < 60kg: 1 x 5mg; > 75J: Anw. nur nach sorgfältiger Nutzen-Risiko-Abwägung, 1 x 5mg; **DANI** nicht erford.; **DALI** Child C KI

Ticagrelor Rp	HWZ 7(8.5)h, PPB > 99%, PRC C, Lact ?
Brilique *Tbl. 60, 90mg*	**Akutes Koronarsyndrom:** (komb. mit ASS), ini 1 x 180mg, dann 2 x 90mg p.o. für 12M; **Z.n. MI (> 1J) und hohem atherothrombot. Risiko:** 2 x 60-90mg (Komb. mit ASS); **DANI** nicht erf., HD: Anw. nicht empfohlen; **DALI** mäßige LI: vorsicht. Anw.; schwere LI: KI

Ticlopidin Rp	HWZ 30-50h, Qo 1.0, PPB 98%, PRC B, Lact ?
Tiklid, Tiklyd *Tbl. 250mg* **Ticlopidin AL** *Tbl. 250mg* **Ticlopidin Neuraxph.** *Tbl. 250mg*	**Sekundär-Pro. nach TIA, PRIND, zerebraler Ischämie:** 2 x 250mg p.o.

Tirofiban Rp	HWZ 1.5h, Q0 0.6, PRC B, Lact ?
Aggrastat *Inf.Lsg. 12.5mg/50ml, 12.5mg/250ml* **Tirofiban HEXAL** *Inf.Lsg. 12.5mg/50ml, 12.5mg/250ml* **Tirofiban Ibisqus** *Inf.Lsg. 12.5mg/250ml*	**Instabile AP, Non-Q-wave-Infarkt:** ini 0.4µg/kg/min in 30min i.v., dann 0.1µg/kg/min, Ther.-Dauer mind. 48h, max. 108h bzw. mind. 12h und max. 24h nach PCI, Komb. mit unfraktioniertem Heparin und ASS; **bei vorgesehener PCI innerhalb der ersten 4h:** ini 25µg/kg als Bolus i.v. über 3min, dann 0.15 µg/kg/min über 12-24h, max. 48h, Kombination mit Heparin und oralen Thrombozytenaggregationshemmern; **DANI** CrCl < 30: 50%; **DALI** KI bei schwerer LI

2.9.13 Durchblutungsfördernde Mittel

Wm/Wi (Alprostadil, Iloprost): Prostaglandine ⇒ Vasodilatation, Hemmung der Thrombozytenaggregation;
Wm/Wi (Pentoxifyllin): Vasodilatation, Erythrozytenverformbarkeit ↑, Blutviskosität ↓;
UW (Alprostadil): Temperatur ↑, Verwirrtheit, Krampfanfälle, RR ↓, Tachykardie, Kopfschmerz, Durchfall, Übelkeit, Erbrechen, Flush-Reaktion, Schmerz, Erytheme, Ödeme an infundierter Extremität, Rötungen der infundierten Vene;
UW (Pentoxifyllin): Hautreaktionen, Flush, Kopfschmerzen, Schwindel, GI-Störung, Tachykardie, RR ↓, Stenokardien;
KI (Alprostadil): schwere Herzinsuffizienz, HRST, KHK, Lungenödem, Lungeninfiltrationen, schwere COPD, Lebererkrankung, Magenulkus, Grav./Lakt.;
KI (Pentoxifyllin): frischer MI, Massenblutungen, großflächige Retinablut., Grav., Cave in Lakt.

Alprostadil Rp	HWZ 5-10 (0.5) min, PRC X, Lact -
Pridax *Amp. 20µg/1ml* **Prostavasin** *Amp. 20µg*	**AVK Stadium III-IV:** 2 x 40µg in 250ml NaCl über 2h i.v.; 1 x 10-20µg in 50ml NaCl über 60-120min i.a.; **DANI** Krea (mg/dl) > 1.5: ini 2 x 20µg i.v., nach 2-3d evtl. 2 x 40µg i.v.; **DALI** KI bei Lebererkrankung

Iloprost Rp	HWZ 0.5h, Q0 1.0, PPB 60%
Ilomedin *Amp. 20mg/1ml* **Iloprost Ibisqus** *Amp. 50µg/0.5ml*	**Thrombangitis obliterans:** 0.5-2ng/kg/min üb. 6h i.v.; **DANI** CrCl > 30: 100%; HD: sorgf. Dosiseinst., Dosisinterv. ≥ 3h; **DALI** Dosisred.
Naftidrofuryl Rp	HWZ 1h
Dusodril *Kps. 100mg; Tbl. 100(ret.), 200mg* **Naftilong** *Kps. 100(ret.), 200(ret.)mg* **Nafti-ratioph.** *Kps. 100(ret.), 200(ret.)mg*	**AVK Stadium II:** 3 x 100-200mg p.o.; 3 x 100-200mg (ret.) p.o.; **DALI** KI bei Leberfunktionsstrg.
Pentoxifyllin Rp	HWZ 1.6 h, Q0 1.0, PRC C, Lact ?
Pentoxifyllin 1A *Tbl. 400(ret.), 600(ret.)mg* **Trental** *Tbl. 400(ret.), 600(ret.)mg*	**AVK Stadium IIb:** 2-3 x 400mg (ret.) p.o.; 2 x 600mg (ret.) p.o.; 1-2 x 100-600mg i.v., max. 100mg/h; **DANI** CrCl < 30: 50-70%; **DALI** Dosisred.

2.9.14 Gerinnungsfaktoren

Faktor I (Fibrinogen) Rp	HWZ 72-96h
Fibclot, Fibryga *Inf.Lsg. 1g* **Haemocomplettan P** *Lsg. 1, 2g*	**Hypo-, Dys-, Afibrinogenämie:** 1-2g i.v., weiter nach Bedarf
Faktor VIIa (Eptacog alfa) Rp	HWZ 2.9h
NovoSeven *Inj.Lsg. 50, 100, 250, 400kIE*	**Angeb. Hämophilie, erworb. Hemmkörper gegen Fakt. VIII u. IX:** ini 4.5kIE/kg über 2-5min i.v., dann 3-6kIE/kg pro Inj.
Faktor VIII (antihämophiles Globulin A) Rp	HWZ 8-24h
Beriate P, Haemate HS, Immunate *Inj.Lsg. 250, 500, 1000IE* **Advate, Adynovi, Helixate, Iblias, Kogenate, Kovaltry** *Inj.Lsg. 250, 500, 1000, 2000IE* **Afstyla, Elocta, Esperoct, NovoEight** *Inj.Lsg. 250, 500, 1000, 1500, 2000, 3000 IE* **Jivi** *Inj.Lsg. 250, 500, 1000, 2000, 3000IE* **Nuwiq** *Inj.Lsg. 250, 500, 1000, 2000IE* **Obizur** *Inj.Lsg. 500 IE* **Recombinate** *Inj.Lsg. 250, 500, 1000IE* **Voncento** *Inj.Lsg. 500, 1000IE*	**Hämophilie A:** 1IE/kg erhöht den Faktor-VIII-Spiegel um 2%; **erworbene Hämophilie mit Faktor-VIII-AK:** Obizur: ini 200 IE/kg i.v., weitere Gaben nach Faktor-VIII-Aktivität
Faktor IX (Christmasfaktor, antihämophiles Globulin B) Rp	
Alphanine *Inj.Lsg. 500, 1000IE* **Alprolix** *Inj.Lsg. 250, 500, 1000, 2000, 3000IE* **Benefix** *(rekombinant) Inj.Lsg. 250, 500, 1000, 2000, 3000IE* **Idelvion** *nj.Lsg. 250, 500, 1000, 2000IE* **Immunine** *Inj.Lsg. 600, 1200IE* **Mononine, Octanine** *Inj.Lsg. 500, 1000IE* **Refixia** *Inj.Lsg. 500, 1000, 2000IE* **Rixubis** *Inj.Lsg. 250, 500, 1000, 2000, 3000IE*	**Hämophilie B:** 1IE/kg erhöht den Faktor-X-Spiegel um 0.5-1.5%

Faktor XIII (fibrinstabilisierender Faktor) Rp	HWZ 96-168h
Fibrogammin *Inj.Lsg. 250, 1250IE*	**Angeborener und erworbener Faktor-XIII-Mangel:** 10-35 E/kg i.v.

Prothrombinkomplex (Faktor II, VII, IX, X) Rp	
Beriplex *Inj.Lsg. 250, 500, 1000IE* **Octaplex** *Inj.Lsg. 500IE*	**Angeborener und erworbener Mangel an Faktor II, VII, IX, X, Cumarinüberdosierung:** 1IE/kg hebt Quick-Wert um ca. 1%

Prothrombinkomplex (Faktor II, VII, VIII, IX, X) Rp	
FEIBA *Inj.Lsg. 500E, 1000IE*	**Hämophilie-A und B und erworb. Mangel an Faktor VIII, IX, XI; in Kombination mit Faktor-VIII-Konzentrat für LZ-Ther. mit F VIII:** 50–100E/kgKG (max. 100E/kg, max. 200E/kg/d)

Vonicog alfa (von-Willebrand-Faktor) Rp	
Veyvondi *Inj.Lsg. 650, 1300IE*	**von-Willebrand-Jürgens-Syndrom:** 1 IE/kg erhöht den Plasmaspiegel um 2%; s. FI

2.9.15 Thrombininhibitoren

Antithrombin III Rp	HWZ 36-72h
Anbinex *Inj.Lsg. 500, 1000IE* **AT III Nf** *Inj.Lsg. 500, 1000IE* **Atenativ, Kybernin Hs** *Inj.Lsg. 500, 1000IE*	**Angeborener und erworbener AT-III-Mangel:** 1IE/kg erhöht den AT-III-Spiegel um ca. 1-1.5%

2.9.16 Enzyminhibitoren, Antikörper

Wm/Wi (Alpha-1-Proteinase-Inhibitor): Hemmung der Neutrophilen-Elastase ⇒ Hemmung der Proteolyse des Lungengewebes; **Wm/Wi** (C1-Esterase-Inhibitor): Hemmung des Komplementsystems; **Wm/Wi** (Conestat alfa): rekombin. Analagon des humanen C1-Esterase-Inhibitors; **Wm/Wi** (Icatibant): selektiver kompetitiver Antagonist des Bradykininrezeptors Typ 2; **Wm/Wi** (Lanadelumab): humaner monoklon. AK ⇒ Hemmung der proteolytischen Aktivität von Plasmakallikrein, Limitierung der Bradykininbildung;
UW (Alpha-1-Proteinase-Inhibitor): Schwindel, Kopfschmerzen; **UW** (C1-Esterase-Inhibitor): Hautausschlag; **UW** (Conestat alfa): Kopfschmerzen, allergische Reaktion; **UW** (Icatibant): Erythem, Schwellung, Brennen, Jucken, Hautschmerzen, Wärmegefühl, Übelkeit, Bauchschmerzen, Schwächegefühl, Schwindel, Kopfschmerzen, verstopfte Nase, Exanthem, CK ↑, abnorme Leberfunktionswerte; **UW** (Lanadelumab): Überempf., Schwindel, makulopapulöses Exanthem, Myalgie, Reaktionen a.d. Injektionsstelle, Transaminasenerhöhung;
KI (Alpha-1-Proteinase-Inhibitor): bek. Überempf., IgA-Mangel und bek. AK gegen IgA; **KI** (Conestat alfa): Allergie gegen Kaninchen, bekannte Überempfindlichkeit; **KI** (C1-Esterase-Inhibitor, Icatibant, Lanadelumab): bekannte Überempfindlichkeit

Alpha-1-Proteinase-Inhibitor Rp	HWZ 5d 🖑
Prolastin *Inf.Lsg. 1g* **Respreeza** *Inf.Lsg. 1, 4, 5g*	**Schwerer Alpha-1-Proteinase-Inhibitor-Mangel:** 60mg/kg 1x/W i.v.; **DANI, DALI** keine Daten

C1-Esterase-Inhibitor Rp	HWZ 4.5d
Berinert *Inj.Lsg. 500, 1500, 3000E*	**Erbliches Angioödem:** 500-1000E i.v., ggf. Wdh. je nach Wi; **Ki.:** s. Erw.
Cinryze *Inj.Lsg. 500E*	**Erbliches Angioödem:** 1000E i.v., ggf. Wdh. nach 60 min od. früher; **Pro:** alle 3-4 d 1000E i.v. bzw. 24h vor Eingriff; **Ki.:** s. Erw.; **DANI/DALI** nicht erforderlich
Conestat alfa Rp	HWZ 2h, PRC C, Lact ?
Ruconest *Inj.Lsg. 2100IE (150IE/ml)*	**Attacke eines hereditären Angioödems:** Erw. < 84kg: 50IE/kg i.v. über 5min; > 84kg: 4200IE i.v.; max. 2 Dosen/24h; < 18J: KI; **DANI** nicht erforderlich; **DALI** keine Daten
Icatibant Rp	HWZ 1-2h PPB 44%
Firazyr *Fertigspr. 30mg/3ml*	**Attacke eines hereditären Angioödems:** 30mg s.c., max. 3 x 30mg/24h; **DANI, DALI** nicht erforderlich
Lanadelumab Rp	HWZ 14h
Takhzyro *Inj.Lsg. 300mg/2ml*	**Pro. eines hereditären Angioödems:** Erw., Ki. ab 12J: 300mg alle 2W s.c., ggf. 300mg alle 4W bei Attackenfreiheit unter Ther.; **DANI, DALI** nicht erforderlich

2.9.17 Fusionsproteine

Wm/Wi (Eltrombopag): Aktivierung der Thrombozytenproduktion über Interaktion mit der Transmembrandomäne des Thrombopoetin-Rezeptors;
Wm/Wi (Romiplostim): Fusionsprotein, aktiviert über den Thrombopoetin-Rezeptor die Thrombozytenproduktion;
UW (Eltrombopag): Schlaflosigkeit, Kopfschmerzen, Katarakt, Augentrockenheit, Übelkeit, Diarrhoe, Obstipation, Bauchschmerzen, Transaminasen- u. Bilirubinerhöhung, Exanthem, Juckreiz, Haarausfall, Arthralgie, Myalgie, Knochenschmerzen, Fatigue, peripheres Ödem;
UW (Romiplostim): Kopfschmerzen, Knochenmarkstörung, Thrombopenie, Schlaflosigkeit, Schwindel, Parästhesie, Migräne, Übelkeit, Dyspepsie, Bauchschmerzen, Diarrhoe, Obstipation, Pruritus, Ekchymose, Exanthem, Arthralgie, Myalgie, Knochenschmerzen, Müdigkeit, Ödeme, grippeähnl. Sympt., Schmerzen, Fieber, Asthenie, Reaktion an Injektionsstelle, Kontusion;
KI (Eltrombopag): bek. Überempf.;
KI (Romiplostim): Überempf. gg. Romiplostim, E.-coli-Proteine

Eltrombopag Rp	HWZ 21-32h; PPB 99%
Revolade *Tbl. 25, 50, 75mg*	**Immunthrombozytopenische Purpura mit Splenektomie; Thrombopenie bei chron. Hepatitis C; schwere aplastische Anämie:** ini 1 x 50mg p.o. (Ostasiaten 25mg), dann Dosisanpassung an Thrombozytenzahl (s. FI), max. 75mg/d; **DANI** vorsichtige Anw.; **DALI** mäßige bis schwere LI: Anw. nicht empf.
Romiplostim Rp	HWZ 3.5d
Nplate *Inj.Lsg. 250, 500µg*	**Immunthrombozytopenische Purpura:** ini 1x/W 1µg/kg s.c., weitere Dosis je nach Thrombozytenzahl (s. FachInfo), max. 10µg/kg/W; **DANI, DALI** keine Daten

2.9.18 Sonstige Hämostatika

Wm/Wi (Caplicizumab): humanisierter bivalenter Nanobody, hemmt Wechselwirkung zwischen dem von-Willebrand-Faktor und den Thrombozyten ⇒ Hemmung der gesteigerten Thrombozytenadhäsion; **Wm/Wi** (Emicizumab): verbindet aktivierten Faktor IX und Faktor X, um die Funktion des fehlenden aktivierten Faktor VIII wiederherzustellen, die für eine effektive Hämostase notwendig ist;
UW (Caplicizumab): Kopfschmerzen, Epistaxis, Zahnfleischbluten, Urtikaria, Fieber, Ermüdung, Hirninfarkt, Augenblutung, Hämatom, Dyspnoe, Hämoptoe, Hämatemesis, GI-Blutungen, Myalgie, Hämaturie, Menorrhagie, vaginale Blutung, Reaktion an Injektionsstelle, Subarachnoidalblutung;
UW (Emicizumab): thrombot. Mikroangiopathie, Kopfschmerzen, Diarrhoe, Arthralgie, Myalgie, Fieber, Reaktion an der Injektionsstelle;
KI (Caplicizumab): bek. Überempfindlichkeit; **KI** (Emicizumab): bek. Überempfindlichkeit

Caplicizumab Rp	
Cablivi *Inj.Lsg. 10mg*	**Erworb. thrombotisch-thrombozytopenische Purpura:** ini 10mg i.v. vor Plasmapherese, dann tgl. 10mg s.c. nach Plasmapherese, nach Ende Plasmaph. tgl. 10mg s.c. f. 30d; **DANI, DALI** nicht erford.
Emicizumab Rp	HWZ 4-5W
Helimbra *Inj.Lsg. 30mg/1ml, 60mg/0.4ml, 105mg/0.7ml, 150mg/1ml*	**Pro. von Blutungsereignissen bei Hämophilie A und Faktor-VIII-Hemmkörpern:** 3mg/kg s.c. 1 x/W f. 4W, dann 1.5mg/kg 1 x/W; **DANI, DALI** leichte bis mäßige NI, LI: 100%; schwere NI, LI: keine Daten

3 Pneumologie

3.1 Inhalative Beta-2-Sympathomimetika

3.1.1 SABA (short-acting beta-agonist)

Wm/Wi (alle): Stimulation der Beta-2-Rezeptoren ⇒ Erschlaffung der Bronchialmuskulatur, Anregung der mukoziliären Clearance;
Wi (Fenoterol): pos. ino-/chronotrop, Relaxation der Uterusmuskulatur;
UW (Fenoterol): Tremor, Schwindel, Husten, Übelkeit, Schwitzen;
UW (Salbutamol): Tremor, Übelkeit, Kopfschmerzen, Schwindel, Palpitationen, Tachykardie, Arrhythmie, Urtikaria, Myalgien, Schlafstrg., K^+ ↓;
KI (alle): bekannte Überempfindlichkeit;
KI (Fenoterol): HOCM, tachykarde Arrhythmien;
KI (Terbutalin): Hyperthyreose, Thyreotoxikose, Tachykardie, idiopathische hypertrophe subvalvuläre Aortenstenose, Phäochromozytom

Fenoterol Rp	HWZ 3.2h, Q0 0.85
Berotec N *DA 100µg/Hub*	**Asthma bronchiale, COPD (akute Atemnot): Erw., Ki. ab 6J:** 100µg, evtl. Wdh. nach 5min; **Ki. 4-6J:** 100µg ED; **Dauerther.:** 3-4 x 100-200µg, max. 800µg/d; **4-6J:** 4 x 100µg; **Pro. Anstrengungsasthma:** 100-200µg 10min zuvor; **4-6J:** 100µg

Salbutamol Rp	HWZ 2.7-5h, Q0 0.7, PPB 10%
Apsomol N *DA 0.1mg/Hub* **Bronchospray** *DA u. Autohaler 0.1mg/Hub* **Pentamol** *Fert.Inh.Lsg. 1.25mg/2.5ml* **SalbuHEXAL** *DA 0.1mg/Hub; Fert.Inh.Lsg. 1.25mg/2.5ml; Inh.Lsg. (1ml = 5mg)* **Salbulair N** *Easi-Breathe 0.1mg/Hub* **Salbutamol-ratioph.** *DA 0.1mg/Hub; Fert. Inh.Lsg.1.25mg/2.5ml; Inh.Lsg. (1ml = 5mg)* **Sultanol** *DA 0.12mg/Hub; Fert.Inh.Lsg. 1.25mg/2.5ml; 2.5mg/2.5ml; Inh.Lsg. (1ml = 5mg)* **Ventilastin** *Novolizer 0.1mg/Hub*	**Asthma bronchiale, COPD (akute Atemnot):** 0.1-0.2mg; **Ki. < 12J:** 0.1mg; **Dauerther.:** 3-4 x 0.1-0.2mg, max. 1.0mg/d; **Ki. < 12J:** 3-4 x 0.1mg, max. 0.4mg/d; **Akute Atemnot: Erw., Ki. 4-18J:** 1.25mg über Vernebler inhalieren lassen, ggf. nach 5-10min wiederholen, max. 7.5mg/d; **Pro. Anstrengungsasthma:** 0.1-0.2mg 10min zuvor; **4-11J:** 0.1mg

Terbutalin Rp	HWZ 3-4h, Q0 0.4, PPB 25%, PRC B, Lact +
Aerodur *Turbohaler 0.5mg/Hub* **Bricanyl** *Turbohaler 0.5mg/Hub*	**Asthma bronchiale, COPD (akute Atemnot): Erw., Ki. ab 5J:** 0.5mg, evtl. Wdh. nach 5min; **Dauerther.:** 3 x 0.5mg, max. 6mg/d; **< 12J:** max. 4mg/d; **Pro. Anstrengungsasthma:** 0.5mg 10min zuvor

3.1.2 LABA (long-acting beta-agonist)

Wm/Wi (alle): Stimulation der Beta-2-Rezeptoren ⇒ Erschlaffung der Bronchialmuskulatur, Anregung der mukoziliären Clearance; **Wm/Wi** (Formoterol, Salmeterol): lang wirksame Beta-2-Sympathomimetika, nicht zur Therapie des akuten Asthma-Anfalls geeignet; **UW** (Formoterol): Kopfschmerzen, Tremor, Palpitationen; **UW** (Indacaterol): Nasopharyngitis, Infektion der oberen Atemwege, Sinusitis, Diabetes mellitus, Hyperglykämie, Kopfschmerzen, Schwindel, ischämische Herzerkr., Palpitationen, Husten, pharyngolaryngealer Schmerz, Rhinorrhoe, Atemwegsobstruktion, Muskelspasmus, periphere Ödeme; **UW** (Olodaterol): keine häufigen bzw. sehr häufigen UW; **UW** (Salmeterol): Tremor, Kopfschmerzen, Palpitationen, Muskelkrämpfe; **KI** (alle): bekannte Überempfindlichkeit

Formoterol Rp	HWZ 2-3h, Q0 0.9
Atimos *DA 12μg/Hub* **Foradil P** *Inh.Kps. 12μg/Hub; DA 12μg/Hub* **Forair** *DA 12μg/Hub* **Formoterol-ratioph.** *Inh.Kps. 12μg* **Formatris** *Novolizer 6, 12μg/Hub* **Formotop** *Inh.Kps. 6, 12μg* **Oxis** *Turbohaler 6, 12μg/Hub*	**Asthma bronchiale, COPD:** 1-2 x 6-12μg, max. 48μg/d; Pro. Anstrengungsasthma oder allergisches Asthma: 12-24μg 15min zuvor; **Ki. > 6J: Asthma:** 1-2 x 12μg/d, max. 24μg/d; Pro. Anstrengungsasthma oder allergisches Asthma: 12μg 15min zuvor; **DANI, DALI** nicht erf.
Indacaterol Rp	HWZ 40-52h, PPB 95%
Onbrez *Breezhaler 150, 300μg*	**COPD:** 1 x 150-300μg, max. 300μg/d; **DANI** nicht erf.; **DALI** leichte bis mittelschwere LI: nicht erf.; schwere LI: keine Daten
Olodaterol Rp	HWZ 45h, PPB 60%
Striverdi *Respimat 2.5μg/Hub*	**COPD:** 1 x 5μg; **DANI** nicht erf.; **DALI** leichte bis mittelschwere LI: nicht erf.; schwere LI: keine Daten
Salmeterol Rp	HWZ 5.5h, PRC C, Lact ?
Salmeterol HEXAL *DA 0.025mg/Hub* **Serevent** *DA 0.025mg; Diskus 0.05mg/Hub* **Soltel** *DA 0.025mg*	**Asthma bronchiale, COPD Dauerther.:** 2 x 0.025-0.1mg, max. 0.2mg/d; **Ki. ab 4J:** 2 x 0.05mg

3.2 Systemische Beta-2-Sympathomimetika

Wm: Stimulation der Beta-2-Rezeptoren; **Wi:** Erschlaffung der Bronchialmuskulatur, Anregung der mukoziliären Clearance, antiallergisch;
UW (Bambuterol): Urtikaria, Exanthem, Palpitationen, Überempfindlichkeitsreakt., Verhaltensstrg., Schlafstrg., Tremor, Kopfschmerzen, Muskelkrämpfe; **UW** (Clenbuterol): Tremor, Kopfschmerzen, Unruhegefühl, Übelkeit, Palpitationen; **UW** (Orciprenalin): Nervosität, Kopfschmerzen, Schwindel, Tachykardie, Arrhythmie, Palpitationen, Husten, lokale Irritationen, Hautreaktionen, Muskelkrämpfe, Myalgie; **UW** (Reproterol): Kopfschmerzen, Unruhe, Tremor, Palpitationen, Muskelkrämpfe; **UW** (Terbutalin): Tremor, Palpitationen, Kopfschmerzen, Muskelkrämpfe, Tachykardie, Hypokaliämie, Urtikaria, Exantheme;

KI (Bambuterol): bek. Überempf., frischer MI, Tachykardie, subvalvuläre Aortenstenose; **KI** (Clenbuterol): bek. Überempf., schwere Hyperthyreose, tachykarde Arrhythmien, HOCM; **KI** (Orciprenalin): bek. Überempf., HOCM, Tachyarrhythmien, schwere Hyperthyreose, Phäochromozytom; **KI** (Reproterol): bek. Überempfindlichkeit, schwere Hyperthyreose, HOCM, Phäochromozytom; **KI** (Terbutalin): bekannte Überempfindlichkeit, Tachykardie, Hyperthyreose, Phäochromozytom, idiopathische subvalvuläre Aortenstenose

Bambuterol Rp	HWZ 13(22)h, Q0 0.45
Bambec *Tbl. 10mg*	**Asthma bronchiale, COPD:** ini 1x 10mg p.o. z.N., nach 1-2W evtl. 1 x 20mg; **Ki. 2-6J:** 1 x 10mg p.o.; **6-12J:** s. Erw.; **DANI** CrCl < 60: 50%

Clenbuterol Rp	HWZ 34h, Q0 0.4
Spiropent *Tbl. 0.02mg;*	**Asthma bronchiale, COPD:** 2 x 0.01-0.02mg p.o.; **Ki. 0-8M:** 2 x 2.5µg; **8-24M:** 2 x 5µg, **2-4J:** 2 x 7.5µg; **4-6J:** 2 x 10µg; **6-12J:** 2 x 15µg

Orciprenalin Rp	HWZ 2.6h, PRC C, Lact ?
Alupent *Inj.Lsg. 0.5mg/1ml; Inf.Lsg. 5mg/10ml*	**Akute Zustände bei Asthma bronchiale oder bronchopulmonale Erkr. mit asthmat. Komponente:** 0.5-1mg i.m./s.c.; 0.25mg unter Monitoring langsam i.v.; 5-10µg/min i.v.; **DANI, DALI** keine Daten

Reproterol Rp	HWZ 1.5h
Bronchospasmin *Amp. 0.09mg/1ml*	**Bronchospastischer Anfall, Status asthmaticus:** 0.09mg langsam i.v.; Dauerinfusion: 18-90µg/h i.v.; **Ki.:** 1.2µg/kg langsam i.v.; Dauerinfusion: 0.2µg/kg über 36-48h

Salbutamol Rp	HWZ 2.7-5h, PPB 10%
Salbubronch Elixier *Gtt. (1ml enth. 1mg)* **Salbubronch Forte** *Gtt. (1ml enth. 5mg)* **Volmac** *Tbl. 8mg (ret.)*	**Asthma bronchiale, chronische Bronchitis, Emphysem: Ki. 2-23M:** ini 0.15mg/kg/d p.o. in 3ED, max. 0.6mg/kg/d; **2-13J:** 2-4 x 1-2mg p.o., max. 8mg/d; **ab 14J.**, Erw.: 3-4 x 2-4mg p.o., max. 16mg/d; **DANI, DALI** keine Daten

Terbutalin Rp	HWZ 11-26h, PPB 25% PRC B, Lact +
Bricanyl *Amp. 0.5mg/1ml* **Terbutalin AL** *Tbl. 2.5mg; Kps. 7.5(ret.)mg*	**Asthma bronchiale, COPD:** 2-3 x 2.5-5mg p.o.; 2 x 7.5mg (ret.) p.o., max. 15mg/d p.o.; bis 4 x 0.25mg s.c.; **Ki. < 3J:** 2-3 x 0.75mg p.o.; **3-6J:** 2-3 x 0.75-1.5mg p.o.; **7-14J:** 2-3 x 1.5-3mg p.o.

3.3 Inhalative Alpha- und Beta-Sympathomimetika

Wm: Stimulation von Alpha-/Beta-Rezeptoren;
Wi: Bronchodilatation, Abschwellung der Schleimhäute im Bereich der Luftwege;
UW (Epinephrin inhalativ): Herzklopfen, Rhythmusstörung, Blutzuckeranstieg;
KI (Epinephrin inhalativ): bekannte Überempfindlichkeit, paroxysmale Tachykardie, Engwinkelglaukom, hochfrequente absolute Arrhythmie

Epinephrin (Adrenalin) Rp	HWZ 1-3min
InfectoKrupp Inhal *Inh.Lsg. (4mg/ml = 0.56mg/Hub)*	**Akute stenosierende Laryngotracheitis:** 7-14 Hübe über Vernebler applizieren

3.4 Inhalative Anticholinergika

3.4.1 SAMA (short-acting muscarinergic-antagonist)

Wm/Wi: Hemmung der vagusinduzierten Reflexbronchokonstriktion, Freisetzung bronchospastisch wirksamer Mediatoren ↓;
UW (Ipratropium): Kopfschmerzen, Schwindel, Husten, Rachenreizung, trockener Mund, Übelkeit, Geschmacksstörung, gastrointestinale Mobilitätsstörungen;
KI: bek. Überempfindlichkeit, auch gegen Atropinderivate

Ipratropiumbromid Rp	HWZ 4h, PRC B, Lact ?
Atrovent *DA 20µg/Hub; Fert.Inh.Lsg. 0.25mg/2ml; 0.5mg/2ml* **Atrovent Ls** *Inh.Lsg. (1ml = 0.25mg)* **Iprabronch** *DA 20µg/Hub; Inh.Lsg. 0.25mg/1ml; 0.5mg/2ml* **Ipratropium Teva** *Inh.Lsg. 0.25mg/1ml; 0.5mg/2ml* **Ipratropiumbromid HEXAL** *DA 20mg/Hub*	**Asthma bronchiale, COPD:** DA: 3-6 x 20-40µg, max. 240µg/d; **Ki.:** s. Erw.; Inh.Lsg.: 3-4 x 0.5mg; **Ki. 6-12J:** 3-4 x 0.25mg; < **6J:** 3-4 x 0.1-0.25mg

3.4.2 LAMA (long-acting muscarinergic-antagonist)

Wm/Wi: Hemmung der vagusinduzierten Reflexbronchokonstriktion, Freisetzung bronchospastisch wirksamer Mediatoren ↓;
UW (Aclidinium): Sinusitis, Nasopharyngitis, Kopfschmerz, Husten, Diarrhoe;
UW (Glycopyrronium): trockener Mund, Insomnie, Kopfschmerzen, Gastroenteritis, Harnweginfekt; **UW** (Tiotropium): trockener Mund; **UW** (Umeclidinium): Nasopharyngitis, Infektion der oberen Atemwege, Harnweginfekt, Sinusitis, Kopfschmerzen, Tachykardie, Husten;
KI (alle): bek. Überempfindlichkeit, auch gegen Atropinderivate

Aclidiniumbromid Rp	HWZ 2-3h
Eklira *Genuair 322µg/Hub* **Bretaris** *Genuair 322µg/Hub*	**COPD:** 2 x 322µg/d; **DANI** nicht erf.; **DALI** nicht erf.
Glycopyrroniumbromid Rp	HWZ 33-57h
Seebri *Breezhaler 44µg/Hub* **Tovanor** *Breezhaler 44µg/Hub*	**COPD:** 1 x 44µg/d; **DANI** CrCl > 30: 100%; < 30: vorsichtige Anw.; **DALI** nicht erf.

Tiotropiumbromid Rp — HWZ 5-6d, PRC C, Lact ?

Braltus *Zonda 10µg/Hub* **Spiriva** *HandiHaler 18µg/Hub; Respimat 2.5µg/Hub* **Srivasso** *HandiHaler 18µg/Hub*	**COPD:** Spiriva Handihaler: 1 x 18µg, max. 18µg/d; Spiriva Respimat: 1 x 5µg, max. 5µg/d; Braltus Zonda: 1 x 10µg, max. 10µg/d; **Asthma bronchiale** zusätzlich zu ICS + LABA; Spiriva Respimat: 1 x 5µg; **DANI** CrCl > 50: 100%; < 50: vorsicht. Anw.; **DALI** nicht erf.

Umeclidiniumbromid Rp — HWZ 19h

Incruse *Ellipta 55µg* **Rolufta** *Ellipta 55µg*	**COPD:** 1 x 55µg/d, max. 55µg/d **DANI** nicht erf.; **DALI** schwere LI: vors. Anw.

3.4.3 Kombinationen

Wm/Wi (Vilanterol): selektiver, langwirksamer beta-2-adrenerger Agonist ⇒ zyklisches AMP ↑ ⇒ Relaxation der glatten Bronchialmuskulatur, Hemmung der Freisetzung von Mediatoren der allergischen Sofortreaktion;
UW (Aclidinium + Formoterol): Nasopharyngitis, Sinusitis, Harnwegsinf., Zahnabszesse, Schlafstg., Angstzustände, Kopfschmerzen, Schwindel, Tremor, Husten, Diarrhoe, Übelkeit, Mundtrockenheit, Myalgie, Muskelkrämpfe, Ödeme, CK ↑;
UW (Glycopyrronium + Formoterol): Angstzustände, Kopfschmerzen, Schwindel, Mundtrockenheit, Übelkeit, Muskelspasmen, Brustschmerz;
UW (Glycopyrronium + Formoterol + Budesonid): oropharyngeale Candida-Infektion, Pneumonie, Hyperglykämie, Angstzustände, Schlafstörungen, Kopfschmerzen, Palpitationen, Dysphonie, Husten, Übelkeit, Muskelkrämpfe, Harnwegsinfektion;
UW (Umeclidinium + Vilanterol): Harnwegsinf., Sinusitis, Nasopharyngitis, Pharyngitis, Infektionen der oberen Atemwege, Kopfschmerzen, Husten, Schmerzen im Oropharynx, Obstipation, trockener Mund

Aclidiniumbromid + Formoterol Rp

Brimica *Genuair 340+12µg/Hub* **Duaklir** *Genuair 340+12µg/Hub*	**COPD:** 2 x 340 + 12µg/d; **DANI, DALI:** nicht erforderl.

Glycopyrroniumbromid + Formoterol Rp

Bevespi Aerosphere *DA 7.2+5µg/Hub*	**COPD:** 2 x 14.4 + 10µg/d; **DANI, DALI:** vors. Anw. bei schwerer NI/LI

Glycopyrroniumbromid + Formoterol + Budesonid Rp

Trixeo Aerosphere *DA 9+5+160µg/Hub*	**COPD:** 2 x 18 + 10 + 320µg/d; **DANI, DALI:** vors. Anw. bei schwerer NI/LI

Glycopyrroniumbromid + Indacaterol Rp

Ultibro, Ulunar, Xoterna *Breezhaler 43+85µg/Hub*	**COPD:** 1 x 43 + 85µg/d; **DANI** CrCl > 30: 100%; < 30: vors. Anw.; **DALI** schwere LI: vors. Anw.

Ipratropiumbromid + Fenoterol Rp	
Berodual N *DA 20+50µg/Hub* **Berodual Ls** *Inh.Lsg., Pumpspender (1ml = 0.25+0.5mg; 1Hub = 0.1ml)* **Berodual** *Respimat 20+50µg/Hub* **Duovent**	**Asthma bronchiale, COPD:** DA: **Erw., Ki. ab 6J:** 3-4 x 20-40+50-100µg; **Akut-Ther. plötzlicher Bronchialkrämpfe:** Berodual Ls: **Erw., Ki. ab 12J:** 1-2.5, max. 4ml inhalieren; **Ki. 6-12J.:** 0.5-2ml inhalieren; **Pro. Anstrengungsasthma, allerg. Asthma:** Berodual LS: **Erw., Ki. ab 6J:** 0.1-0.2ml inhal. Berodual Respimat: **Erw. > 18J:** akuter Asthmaanfall: 20+50µg, ggf. Wdh. n. 5min; Asthma bronchiale, COPD, intermittierend und Dauerbehandlung bis zu 4 x 20+50µg

Ipratropiumbromid + Salbutamol Rp	
Combiprasal, Ipramol, SalbuHEXAL plus Ipratropiumbromid *Inh.Lsg. (2.5ml = 0.5+2.5mg)*	**COPD:** Erw., **Ki. ab 12J:** 3-4 x 0.5 +2.5mg inhalieren; **DANI, DALI** keine Daten

Umeclidiniumbromid + Vilanterol Rp	PRC C, Lact ?
Anoro *Ellipta 55+22µg* **Laventair** *Ellipta55+22µg*	**COPD**: 1 x 55+22µg p.i.; **DANI** nicht erf.; **DALI** vorsichtige Anw. bei schwerer LI

Tiotropiumbromid + Olodaterol Rp	
Spiolto *Respimat 2.5+2.5µg/Hub*	**COPD:** 1 x 5+5µg p.i.; **DANI, DALI** nicht erf.

3.5 Inhalative Glukokortikoide (ICS: inhaled corticosteroids)

Wi: Entzündungsreakt. ↓, Empfindlichkeit v. Beta-Rezeptoren ↑, antiallergisch, antiödematös, antiexsudativ; **UW** (Beclometason): Laryngitis, Pharyngitis, Übelkeit, Dyspepsie, Husten; **UW** (Budesonid): oropharnygeale Candida-Inf., Reizungen im Rachenraum, Husten, Heiserkeit; **UW** (Ciclesonid): keine sehr häufigen bzw. häufigen UW; **UW** (Fluticasonpropionat): Heiserkeit, Blutergüsse, Pneumonie bei COPD-Patienten, Candidose der Mund- und Rachenschleimhaut; **UW** (Mometason): Candidose, Pharyngitis, Dysphonie, Kopfschmerzen; **KI** (alle): bek. Überempf.

Beclometason Rp	
BecloHEXAL *DA 0.1mg/Hub* **Beclomet** *Easyhaler 0.1, 0.2, 0.4mg/Hub* **Beclometason-ratioph.** *DA 0.05, 0.1, 0.2, 0.25mg/Hub* **Junik** *DA 0.05, 0.1mg/Hub; Autohaler 0.05, 0.1mg/Hub* **Sanasthmax** *DA 0.05, 0.25mg/Hub; Jetspacer 0.05, 0.25mg; Inh.Susp. 0.4mg/1ml* **Ventolair** *DA 0.05, 0.1, 0.25mg/Hub* **Ventolair Steri-Neb** *Inh.Susp. 0.4mg/1ml*	**Asthma bronchiale, COPD:** **Erw., Ki. ab 12J:** 2 x 0.2-0.5mg, max. 1.5-2mg/d; 2 x 0.8-1.6mg über Vernebler; **Ki. 6-12J:** 2 x 0.25mg, max. 0.5mg/d; 2 x 0.4-0.8mg über Vernebler; **Rauchgasinhalation:** unmittelbar nach Exposition 0.4mg, nach ambulanter Aufnahme erneut 0.4mg, nach weiteren 2h 0.4mg; bei persistierenden Symptomen alle 2h 0.4mg bis zum Abklingen

Budesonid Rp	HWZ 2-3h, PRC C, Lact ?
Budes N *DA 0.2mg/Hub* **Budiair** *DA Jetspacer 0.2mg/Hub* **Cyclocaps Budesonid** *Inh.Kps. 0.1, 0.2, 0.4mg* **Larbex** *Inh.Lsg. 0.5mg/2ml* **Miflonide** *Breezhaler 0.2, 0.4mg/Hub* **Novopulmon** *Novolizer 0.2, 0.4mg/Hub* **Pulmicort** *Turbohaler 0.2, 0.4mg/Hub; Inh.Lsg. 0.5mg/2ml, 1mg/2ml*	**Asthma bronchiale, COPD:** **Erw. Ki. ab 12J:** 2 x 0.2-0.4mg, max. 1.6mg/d; **Ki. < 12J:** 1-2 x 0.1-0.2mg, max. 0.8mg/d; Inh.Lsg.: 2 x 0.5-1mg über Vernebler
Ciclesonid Rp	
Alvesco *DA 80, 160µg/Hub*	**Asthma bronchiale: Erw., Ki. ab 12J:** ini 1 x 160µg, ggf. red. auf 1 x 80µg; **DANI** nicht erf.
Fluticasonpropionat Rp	HWZ 7.8h, PRC C, Lact ?
Fluticason Cipla *DA 0.125, 0.25mg/Hub* **Flutide** *DA 0.05, 0.125, 0.25mg/Hub; Diskus 0.05, 0.1, 0.25, 0.5mg;* **FlutiHEXAL** *DA 0.125, 0.25mg/Hub*	**Asthma bronchiale, COPD:** 2 x 0.25-0.5mg; **Ki. 2-4J:** 2 x 0.1mg, max. 0.2mg/d; **> 4J:** 2 x 0.05-0.1mg, max. 2 x 0.2mg/d
Mometason Rp	HWZ 4.5h
Asmanex *Twisthaler 200, 400µg/Hub*	**Asthma bronchiale: Erw., Ki. ab 12J:** 1-2 x 200µg, 1 x 400µg, max. 2 x 400µg

3.5.1 Kombinationen

Wm/Wi: Stimulation der Beta-2-Rezeptoren ⇒ Erschlaffung der Bronchialmuskulatur ⇒ Bronchodilatation, Anregung der mukoziliären Clearance, Entzündungsreaktion ↓, Empfindlichkeit von Beta-Rez. ↑; **Wm/Wi** (Vilanterol): selektiver, langwirksamer beta-2-adrenerger Agonist ⇒ zyklisches AMP ↑ ⇒ Relaxation der glatten Bronchialmuskulatur, Hemmung der Freisetzung von Mediatoren der allergischen Sofortreaktion;
UW (Formoterol + Beclometason): Pharyngitis, Kopfschmerzen, Dysphonie;
UW (Formoterol + Budesonid): Candidiasis Mund/Rachenraum, Kopfschmerzen, Tremor, Palpitationen, leichte Rachenreizung, Husten, Heiserkeit; **UW** (Salmeterol + Fluticasonpropionat): Kopfschmerzen, Nasopharyngitis, Candidiasis Mund/Rachenraum, Pneumonie, Bronchitis, Hypokaliämie, Heiserkeit, Dysphonie, Sinusitis, Blutergüsse, traumat. Frakturen, Arthralgien, Myalgien; **UW** (Vilanterol + Fluticasonfuroat): Pneumonie, Inf. d. ob. Atemwege, Bronchitis, Influenza, Candidiasis in Mund/Rachen, Kopfschmerzen, Nasopharyngitis, Schmerzen im Oropharynx, Sinusitis, Pharyngitis, Rhinitis, Husten, Dysphonie, Bauchschmerzen, Arthralgie, Rückenschmerzen, Frakturen, Fieber; **UW** (Vilanterol + Fluticasonfuroat + Umeclidinium): Pneumonie, Infektion d. oberen Atemwege, Pharyngitis, Rhinitis, Influenza, Nasopharyngitis, Kopfschmerzen, Husten, Arthralgie, Rückenschmerzen; **UW** (Formoterol + Beclometason + Glycopyrronium): Pneumonie, Pharyngitis, orale Candidose, Harnwegsinfektion, Nasopharyngitis, Kopfschmerzen, Dysphonie; **UW** (Indacaterol + Mometason): Nasopharyngitis, Inf. der oberen Atemwege, Überempf., Kopfschmerz, Asthmaexazerb., Oropharynxschmerzen, Dysphonie, Muskel/Skelettschmerzen; **UW** (Indacaterol + Mometason + Glycopyrronium): Nasopharyngitis, Infektion d. oberen Atemwege, Candidiasis, Harnwegsinfektion, Überempf., Kopfschmerz, Tachkardie, Asthmaexazerbation, Oropharynxschmerzen, Husten, Dysphonie, Gastroenteritis, Muskel/Skelett-Schmerzen, Muskelkrämpfe, Fieber; **KI:** bek. Überempf.

Formoterol + Beclometason Rp	
Inuvair *DA 6+100µg/Hub* **Formodual** *DA 6+100µg/Hub* **Foster** *DA 6+100, 6+200µg/Hub; Nexthaler 6+100, 6+200µg/Hub* **Kantos** *DA 6+100, 6+200µg/Hub; Nexthaler 6+100, 6+200µg/Hub*	**Asthma bronchiale:** Erhaltungsther.: 2 x 6-12 + 100-400µg; Erhaltungs- und Bedarfstherapie: 2 x 6 + 100µg, ggf. 6 zusätzliche Gaben bis max. 48 + 800µg/d; **COPD:** 2 x 12 + 200µg; Pat. < 18J: nicht empf.; **DANI, DALI** keine Daten

Formoterol + Budesonid Rp	
Airbufo *Easyhaler 4.5+160/Hub* **Bufori** *Easyhaler 4.5+80, 4.5+160/Hub* **DuoResp** *Spiromax 4.5+160, 9+320µg/Hub* **Pulmelia** *Elpenhaler 5.5+97, 5.5+194, 11+380µg/Hub* **Symbicort** *Turbohaler 4.5+80, 4.5+160, 9+320µg/Hub*	**Asthma bronchiale:** Erhaltungsther.: 2 x 4.5+80-160mg - 9+320µg; zusätzl. Bedarfsther. möglich mit 4.5+160µg, max. 12 Inh./d mit 4.5+160µg f. begrenzten Zeitraum; DuoResp: nur Erw. ab18J; Symbicort: **Ki. 6-11J:** 2 x 2 Inh.; Erhaltungs- u. Bedarfsther.: 2 x 1 Inh., max. 12 Inh./d; 4.5+160µg: Erhaltungsther.: 2 x 1-2 Inh., max. 8 Inh./d; **12-17J:** 2 x 1-2 Inh.; Erhaltungs- u. Bedarfsther.: 2 x 1-2 Inh., max. 12 Inh./d; 9+320µg: 2 x 1 Inh., max. 4 Inh./d; **COPD:** 4.5+160µg: 2x2 Inh.; 9+320µg: 2x1 Inh

Formoterol + Fluticasonpropionat Rp	
Flutiform *DA 5+50, 5+125, 10+250µg/Hub, K-Haler 5+50, 5+125µg/Hub*	**Asthma bronchiale:** Erw.: 2 x 5-10 + 50-250µg; **Ki ab 12J.:** 2 x 5-10 + 50-125µg; **DANI, DALI** keine Daten

Salmeterol + Fluticasonpropionat Rp	
Aerivio *Spiromax 50+500µg/Hub* **Airflusal** *DA 25+125, 25+250µg/Hub; Forspiro 50+500µg/Hub* **Atmadisc** *DA 25+50, 25+125, 25+250µg/Hub; Diskus 50+100, 50+250, 50+500µg* **Flusarion** *Easyhaler 50+250, 50+500µg* **Rolenium** *Elpenhaler 50+250µg, 50+500µg/Hub* **Seretide** *DA 25+250µg/Hub; Diskus 50+250, 50+500µg/Hub* **Serroflo** *DA 25+125, 25+250µg/Hub* **Viani** *DA 25+50, 25+125, 25+250µg/Hub; Diskus 50+100, 50+250, 50+500µg/Hub*	**Asthma bronchiale:** 2 x 50+100-500µg; **Ki. 4-12J:** 2 x 50+100µg; **COPD:** 2 x 50+500µg; **DANI** nicht erforderlich; **DALI** keine Daten

Vilanterol + Fluticasonfuroat Rp	
Relvar *Ellipta 22+92, 22+184µg/Hub* **Revinty** *Ellipta 22+92, 22+184µg/Hub*	**Asthma bronchiale:** Erw., **Ki. ab 12J:** 1 x 22+92-184µg; **COPD :** Erw. ab 18J: 1 x 22+92µg; **DANI** nicht erf.; **DALI** vorsi. Anw.; Child B, C: max. 22+92µg/d

Formoterol + Beclometason + Glycopyrronium Rp	
Trimbow *DA 5+87+9, 5+172+9µg/Hub*	**Moderate bis schwere COPD, Asthma bronchiale:** Erw. ab 18J: Erhaltungstherapie 2 x 10+174+18µg; **DANI, DALI:** schwere NI, LI: vorsichtige Anw.

Indicaterol + Mometason Rp	
Atectura *Breezhaler 125+62.5, 125+127.5, 125+260µg/Hub*	**Asthma bronchiale:** Erw., **Ki. ab 12J:** Erhaltungstherapie 1 x 125+62.5-260µg; **DANI** nicht erf.; **DALI** schwere LI: vor. Anw.

Indicaterol + Mometason + Glycopyrroniumbromid Rp	
Enerzair *Breezhaler 114+136+46µg/Hub*	**Asthma bronchiale:** Erw. ab 18J: Erhaltungstherapie 1 x 114+136+46µg; **DANI** schwere NI vors. Anw.; **DALI** leichte bis mittelschwere LI: 100%; schwere LI: k. Daten

Vilanterol + Fluticasonfuroat + Umeclidinium Rp	
Elebrato *Ellipta22+92+55µg* **Trelegy** *Ellipta 22+92+55µg*	**Moderate bis schwere COPD:** Erw. ab 18J: Erhaltungstherapie 1 x 22+92+55µg; **DANI:** nicht erf.; **DALI:** leichte LI: 100%; mittelschwere bis schwere LI: vors. Anw.

3.6 Methylxanthine

Wm: Hemmung der intrazell. Phosphodiesterase ⇒ cAMP ↑; **Wi:** Bronchospasmolyse, zentrale Atemstimulation, positiv ino-/chronotrop, Vasodilatation (Ausnahme Hirngefäße), Diurese ↑; **UW** (Theophyllin): Tachykardie, Arrhythmie, Palpitationen, RR ↓, Magen-Darm-Beschwerden, Übelkeit, Erbrechen, Diarrhoe, Hypokaliämie, Hyperkalziämie, Hyperglykämie, Hyperurikämie, Kopfschmerzen, Erregungszust., Tremor, Unruhe, Schlaflosigkeit, Schwindel, Krampfanfälle, Diurese ↑, Krea ↑; **KI** (Theophyllin): bek. Überempf., frischer MI, akute tachyk. Arrhythmien

Theophyllin Rp	HWZ (5-10) h, Q0 0.8, ther. Serumspiegel: 8-20mg/l
Afpred forte Theo *Amp. 200mg/5ml* **Bronchoretard** *Kps. 100(ret.), 200(ret.), 350(ret.), 500(ret.)mg* **Contiphyllin** *Tbl. 300(ret.)mg* **Solosin** *Tbl. 135(ret.), 270(ret.)mg; Gtt. (24Gtt. = 104mg)* **Theophyllin-ratioph.** *Kps. 125(ret.), 250(ret.), 375(ret.), 500(ret.)mg* **Uniphyllin** *300(ret.), 400(ret.), 600(ret.)mg*	**Asthma bronchiale, COPD:** 11-13mg/kg/d p.o. in 2ED; **Ki. 1-8J:** 24mg/kg/d p.o.; **8-12J:** 20mg/kg/d p.o.; **12-16J:** 18mg/kg/d p.o.; Dosisanpassung an Theophyllinserumspiegel; **akute Bronchokonstr.:** ohne Theophyllin-vorbeh.: 4-5mg/kg über 20min i.v.; mit Theophyllinvorbeh.: 2-2.5mg/kg in 20min i.v.; Erh.Dos. 9.5mg/kg/d i.v.; Raucher: 15mg/kg/d i.v.; > **60J:** 5.5mg/kg/d i.v.; **Ki. 6M-9J:** 19mg/kg/d i.v.; **9-16J:** 15mg/kg/d i.v.; Dosisanpassung an Theophyllinserumspiegel; **DANI** nicht erf.

3.7 Leukotrienrezeptorantagonisten

Wm: Blockade der Leukotrienrezeptoren;
Wi: Bronchodilatation, bronchiale Hyperreagibilität ↓;
UW: Infektion der oberen Atemwege, Fieber, Diarrhoe, Nausea, Erbrechen, Erhöhung von GOT/GPT, Ausschlag, Pyrexie;
KI: bekannte Überempfindlichkeit

Montelukast Rp	HWZ 2.7-5h, PRC B, Lact -
Monkasta *Tbl. 10mg* **Montelair HEXAL, Montelubronch** *Tbl. 10mg; Kautbl. 4, 5mg; Gran. 4mg* **Montelukast AL** *Tbl. 10mg; Kautbl. 4, 5mg* **Singulair** *Tbl. 10mg; Kautbl. 4, 5mg; Gran. 4mg*	**Asthma bronchiale:** 1 x 10mg p.o. z.N.; **Ki. 6-14J:** 1 x 5mg p.o. z.N.; **6M-5J:** 1 x 4mg; **Pro. Anstrengungsasthma Ki. 2-5J:** 1 x 4mg p.o.; **DANI** nicht erforderlich; **DALI** Child-Pugh < 9: > 9: keine Daten

3.8 Phosphodiesterase-4-Inhibitor

Wm/Wi: Phosphodiesterase-4-Inhibitor, nicht-steroidale antiinflammatorische Substanz ⇒ cAMP-Spiegel intrazellulär ↑ ⇒ systemische u. pulmonale Entzündung ↓;
UW: Gewicht ↓, Appetit ↓, Schlafstrg., Kopf-/Bauchschmerzen, Diarrhoe, Übelkeit;
KI: Überempfindlichkeit, Child-Pugh B/C

Roflumilast Rp	HWZ 17 (30)h, PPB 99%, PRC C, Lact -
Daxas *Tbl. 500µg*	**Begleitther. bei schwerer COPD/häufiger Exazerbation:** 1 x 1 Tbl.; **DANI** nicht erforderl.; **DALI** Child A: vorsichtige Anw., Child B/C: KI

3.9 Sekreto- und Mukolytika

Wm/Wi (ACC): Spaltung von Disulfidbrücken der Schleimproteine ⇒ Sputumviskosität ↓;
Wm/Wi (Ambroxol, Bromhexin): Schleimproduktion ↑ ⇒ Sputumviskosität ↓;
Wm/Wi (Mannitol): verändert viskoelastische Eigenschaften des Schleims, steigert Hydration der periziliären Solschicht und hat mukoziliäre Aktivität ⇒ verstärkte Sputumclearance;
Wm (Tyloxapol): Oberflächenspannung u. Mucusviskosität ↓;
UW (ACC): keine sehr häufigen bzw. häufigen UW;
UW (Ambroxol): i.v.: Tachykardie, Palpitationen, Übelkeit, Erbrechen; p.o.: Übelkeit;
UW (Bromhexin): keine sehr häufigen bzw. häufigen UW;
UW (Mannitol): Kopfschmerzen, Husten, Hämoptysen, Rachen-/Kehlkopfschmerzen, Thoraxbeschwerden, Giemen, Rachenreizung, (posttussives) Erbrechen, Asthma;
UW (Tyloxapol): Überempfindlichkeitsreaktion, Übelkeit, initialer Hustenreiz;
KI (ACC, Bromhexin): bek. Überempf.;
KI (Mannitol): bek. Überempf., bronchiale Hyperreaktivität gegen inh. Mannitol;
KI (Tyloxapol): Lungenödem, Flüssigkeitsansammlung in der Lunge, Sekretstau durch Strg. des Abtransportes des Schleims aus der Lunge, Grav./Lakt.

Acetylcystein (ACC) OTC/Rp	HWZ 2h, Qo 0.7, PRC B, Lact ?
ACC HEXAL *Tbl. 100, 200, 600mg; Brausetbl. 100, 200, 600mg; Saft (5ml = 100mg); Amp. 300mg/3ml* **Bromuc Akut** *Brausetbl. 200, 600mg* **Fluimucil** *Brausetbl. 200, 600mg; Gran. 200mg; Saft (5ml = 100mg); Amp. 300mg/3ml, 5g/25ml* **NAC-ratioph.** *Trinktbl. 200, 600mg; Brausetbl. 200, 600mg; Gran. 200, 600mg; Amp. 300mg/3ml*	**Erkältungsbedingte Bronchitis:** 600mg/d in 1-3ED; **Ki. 6-14J:** 3-4 x 100mg p.o.; **Akute/chron. bronchopulmonale Erkrankung:** 2-3 x 200-300mg p.o.; 1 x 600mg p.o.; 1-2 x 300mg i.v.; **Ki. < 2J:** 2-3 x 50mg p.o.; **2-5J:** 2-3 x 100mg p.o.; **6-14J:** 3-4 x 100mg p.o.; **Mukoviszidose: Ki. < 2J:** 3 x 50mg p.o.; **2-6J:** 4 x 100mg p.o.; **> 6J:** 3 x 200mg p.o.; **Paracetamolintoxikation**; **DANI** nicht erforderlich
Ambroxol OTC/Rp	HWZ 9h, Qo 0.9, PPB 85%
AmbroHEXAL *Tbl. 30mg; Brausetbl. 60mg; Gtt. (1ml= 7.5mg); Saft (5ml = 15, 30mg);* **Mucosolvan** *Tbl. 60mg; Brausetbl. 60mg; Lutschtbl. 15mg; Kps. 75(ret.)mg; Gtt. (20Gtt. = 15mg); Saft (5ml = 30mg); Inh.Lsg. (1ml = 7.5mg); Amp. 15mg/2ml; Inf.Lsg. 1g/50ml* **Paediamuc** *Saft (5ml = 30mg)*	**Akute/chronische bronchopulmonale Erkrankung:** ini 2-3 x 30mg p.o., nach 3d 2 x 30mg oder 3 x 15mg; 1 x 75mg (ret.) p.o.; 2-3 x 15-30mg i.v.; 1-2 x 2-3ml inhalieren; **Ki. < 2J:** 2 x 7.5mg p.o./i.v.; **2-5J:** 3 x 7.5mg p.o./i.v.; **6-12J:** 3 x 15mg p.o./i.v.; **Atelektasenpro. Intensivpat.:** 1 x 1g über 3-4h i.v.; **Atemnotsyndrom FG- u. NG:** 30mg/kg/d in 4ED i.v.
Bromhexin OTC	HWZ 1h
Bisolvon *Tbl. 8mg; Saft (5ml = 8mg)* **Bromhexin Berlin Chemie** *Tbl. 8mg, Gtt. (1ml = 12mg)* **Bromhexin KM** *Tbl. 12mg; Gtt. (1ml = 8, 12mg)*	**Akute/chronische bronchopulmonale Erkrankung:** 3 x 8-16mg p.o.; **Ki. 3-6J:** 3 x 4mg p.o.; **6-14J:** 3 x 8mg p.o.
Mannitol Rp	HWZ 4-5h, PRC B, Lact ?
Bronchitol *Inh.Kps. 40mg*	**Mukoviszidose:** 2 x 400mg p.i.; nach Initialdosis-Test, s. FI; **DANI, DALI** nicht erf.
Tyloxapol OTC	
Tacholiquin *Inh.Lsg. 1%*	**Entzündungen/akute/chron. Reizzustände d. Atemwege:** 3-5 x 5ml d. 1%-Lsg. inhalieren; bei Dauerinh. 0.1%- od. 1%-Lsg. verwenden

3.10 Antitussiva

Wm/Wi: (Codein): Bindung an supraspinale Opiatrezeptoren (μ) ⇒ zentral analgetisch und antitussiv (dosisabhängig); **Wm/Wi** (Dextromethorphan, Pentoxyverin): Derivat des Levorphanols ⇒ antitussiv, nur schwaches Abhängigkeitspotenzial;
Wm/Wi (Dihydrocodein): opioid-agonistische Wirkung ⇒ antitussiv, zentral analgetisch;
Wm/Wi (Dropropizin): vagale Afferenzen in der Lunge ↓ ⇒ Hustenreflex wird unterbrochen;
Wm/Wi (Noscapin): Hemmung des Hustenzentrums im Gehirn ⇒ Häufigkeit, Intensität von Hustenstößen ↓;

UW (Codein): Kopfschmerzen, Schläfrigkeit, Übelkeit, Erbrechen, Obstipation; **UW** (Dextromethorphan, Pentoxyverin): Müdigkeit, Schwindel, Übelkeit/Erbrechen, Magen-Darm-Beschwerden; **UW** (Dihydrocodein): Sedierung, Kopfschmerzen, Schwindel, Obstipation, Übelkeit, Erbrechen, Abdominalschmerz, Mundtrockenheit; **UW** (Dropropizin): keine sehr häufigen bzw. häufigen UW; **UW** (Noscapin): Kopfschmerzen, Benommenheit; **KI** (Codein): bek. Überempf., Ateminsuffizienz, Atemdepression, Pneumonie, akuter Asthmaanfall, Koma, Ki. < 12J., nahende Geburt, drohende Frühgeburt, tiefe Bewusstlosigkeit; **KI** (Dextromethorphan, Pentoxyverin): bek. Überempf., Ateminsuff./-depression, Pneumonie, Asthma bronchiale, COPD, Lakt.; **KI** (Dihydrocodein): bek. Überempf., Ateminsuffizienz, Asthmaanfall, akute/chron. Pankreatitis; **KI** (Dropropizin): bek. Überempf., eingeschränkte Leber-/Nierenfkt., Ki. < 12J, schwere Herz-/Kreislaufbeschwerden, Grav./Lakt., Asthma bronch.; **KI** (Noscapin): bek. Überempf., produktiver Husten; **KI** (Pentoxyverin): bek. Überempf. gegen P., Methyl(4-hydroxybenzoat), Propyl(4-hydroxybenzoat); Grav./Lakt., Ki. < 2J.

Codein Rp	HWZ 3-5h, PRC C, Lact +
Bronchicum Mono Codein *Gtt. (30Gtt= 24mg)* **Codeintropfen-CT** *Gtt. (20Gtt. = 20mg)* **Codicaps Mono** *Kps. 30mg* **Codicompren** *Tbl. 50(ret.)mg* **Tryasol Codein** *Gtt. (30Gtt. = 30mg); Lsg. (10ml = 25mg)*	**Reizhusten:** 2-4 x 30-50mg p.o.; 2 x 30-50mg (ret.), max. 200mg/d;

Dextromethorphan OTC	HWZ 1.2-2.2h
Dextro Bolder *Pastillen 7.7mg* **Hustenstiller-ratioph. Dmp.** *Kps. 30mg* **Wick Husten** *Pastillen 7.3mg; Saft (15ml = 15mg)*	**Reizhusten:** Kps.: 30mg alle 6h p.o., max. 120mg/d; **Ki. 1-6J:** Saft: 3 x 5ml; **7-12J:** 3 x 7.5ml; **>13J:** 3 x 15ml

Dihydrocodein Rp	HWZ 3.3-5.8h
DHC *Tbl. 60(ret.), 90(ret.), 120(ret.)mg* **Paracodin** *Tbl. 6.7mg; Saft (1ml = 2.43mg); Gtt. (20Gtt. = 10mg)*	**Reizhusten:** 1-3 x 10-30mg p.o.; 1-2 x 40-80mg (ret.); **mäßig starke bis starke Schmerzen:** 2 x 60-120mg (ret.) p.o.

Dropropizin OTC	HWZ 2h
Larylin Hustenstiller *Pastillen 20mg; Saft (10ml = 30mg)*	**Reizhusten:** 1-3 x 20-60mg p.o., max. 180mg/d; **DANI, DALI** KI

Noscapin Rp	HWZ 4.5h
Capval *Tbl. 25mg; Gtt. (30Gtt. = 25mg); Saft (5ml = 25mg)*	**Reizhusten: Tbl.:** 1-3 x 50mg p.o.; **Ki. > 6M:** 2 x 12.5mg p.o.; **3-12J:** 3 x 25mg; **Saft:** 3 x 10ml; **Ki. > 6M:** 2 x 2.5ml; **3-12J:** 3 x 5ml; **Gtt.:** 6 x 30Gtt.; **Ki. > 6M:** 6 x 8Gtt.; **3-12J:** 6 x 15Gtt.

Pentoxyverin OTC	HWZ 2-6h
Sedotussin *Saft (5ml = 6.76mg); Gtt. (1ml = 19mg);* **Silomat Pentoxyverin** *Saft (10ml = 13.5mg); Gtt. (30Gtt. = 30mg)*	**Reizhusten:** 4-6 x 20-30mg, max. 120mg/d p.o.; 2 x 50mg p.o.; **Ki. 2-5J:** 0.5-1mg/kg/d p.o. in 3ED; **6-14J:** 1-2mg/kg/d p.o. in 3ED

3.11 Antihistaminika

Wm/Wi (alle): kompetit. Blockade von H1-Rez. ⇒ antiallergisch; **UW** (Cetirizin): Müdigkeit, Schläfrigkeit, Bauchschmerzen, Kopfschmerzen, Schwindel, Agitiertheit, Mundtrockenheit, Übelkeit, Pharyngitis, Rhinitis; **UW** (Clemastin): Sedierung, Erregungszust. des ZNS, Somnolenz; **UW** (Desloratadin): Diarrhoe, Fieber, Schlaflosigkeit, Kopfschmerzen, Müdigkeit; **UW** (Dimetinden): Erschöpfung, Schläfrigkeit, Nervosität; **UW** (Ebastin, Hydoxyzin): Somnolenz, Kopfschmerzen, Mundtrockenheit; **UW** (Fexofenadin): Kopfschmerzen, Schläfrigkeit, Schwindel, Übelkeit; **UW** (Levocetirizin): Somnolenz, Kopfschmerzen, Schwindel, Pharyngitis, Rhinitis, Bauchschmerzen, Mundtrockenheit, Übelkeit, Müdigkeit; **UW** (Loratadin): Kopfschmerzen, Nervosität, Müdigkeit; **UW** (Mizolastin): Diarrhoe, Übelkeit, Abdominalschmerzen, Mundtrockenheit; **UW** (Rupatadin): Somnolenz, Kopfschmerz, Schwindel, Müdigkeit, Schwäche, Mundtrockenheit; **KI** (Cetirizin): bek. Überempf., schwere NI; **KI** (Clemastin): bek. Überempf., Porphyrie, LI, NI; **KI** (Dimetinden): bek. Überempf., Ki. < 3J.; **KI** (Ebastin): bek. Überempf., schwere LI; **KI** (Hydroxyzin): bek. Überempf., Porphyrie, QT-Zeit-Verlängerung, Engwinkelglaukom, Prostataadenom mit Restharnbildung, Ther. mit MAO-Hemmern, Intox. mit Alkohol/zentral dämpfenden Med., Ki. < 6 J., Grav./Lakt.; **KI** (Levocetirizin): bek. Überempf., schwere NI; **KI** (Mizolastin): bek. Überempf. gleichzeitige Ther. mit Makroliden/Imidazol-Antimykotika/ QT-Zeit-verlängernden Medikamenten, schwere Leberfkt.strg., manifeste Herzerkrankungen/ Arrythmien, QT-Zeit-Verlängerung, Strg. d. Elektrolythaushaltes, relevante Bradykardie

Cetirizin OTC	HWZ 7.4h, Qo 0.3, PRC B, Lact ?
Cetidex, Cetirizin 1A *Tbl. 10mg* **Cetirizin HEXAL** *Tbl. 10mg; Gtt. (20Gtt. = 10mg); Saft (10ml = 10mg)* **Reactine** *Tbl. 10mg* **Zyrtec** *Tbl. 10mg; Gtt. (20Gtt. = 10mg)*	**Allergische Rhinokonjunktivitis, Urtikaria:** 1 x 10mg p.o.; **Ki. 2-6J:** 2 x 2.5mg p.o.; **6-12J:** 2 x 5mg p.o.; **DANI** CrCl >50: 100%; 30-49: 1 x 5mg; 10-29: 5mg alle 2d; < 10: KI; **DALI** nicht erf.
Clemastin OTC	HWZ 8h, Qo 1.0, PRC B, Lact -
Tavegil *Tbl. 1mg; Amp. 2mg/5ml*	**Chron. idiopathische Urtikaria, allergische Rhinitis:** 2 x 1mg, max. 6mg/d p.o.; **Ki. 6-12J:** 2 x 0.5mg p.o., max. 2 x 1mg; **Akute allergische Zustände, anaphylakt. Schock:** 2mg langsam i.v.; **Prophylaxe von Kontrastmittel-Allergien:** 2mg i.v./i.m.; **Ki. ≥ 1J:** 0.03mg/kg langs. i.v.; **DANI** KI; **DALI** KI
Desloratadin Rp	HWZ 27h, PRC C, Lact -
Aerius *Tbl. 5mg; Schmelztbl. 2.5mg, 5mg; Gtt. (1ml = 0.5mg)* **Dasselta, Desloratadine-ratioph.** *Tbl. 5mg* **Desloraderm** *Tbl. 5mg*	**Allergische Rhinitis, chronische Urtikaria:** 1 x 5mg p.o.; **Ki. 1-5J:** 1 x 1.25mg; **6-11J:** 1 x 2.5mg; **> 12J:** s. Erw.
Dimetinden OTC	HWZ 5-7h, Qo 0.9, PRC B
Fenistil *Tbl. 1mg; Gtt. (20Gtt. = 1mg); Amp. 4mg/4ml*	**Allergische Haut-, Schleimhautprozesse:** 3 x 1-2mg p.o.; 1-2 x 4mg i.v.; **Ki. > 3J:** Tbl. 3 x 1mg p.o.; **Ki. 1-8J:** Gtt. 3 x 0.5-0.75mg p.o.; **> 9J:** Gtt. 3 x 1mg p.o.

Ebastin Rp	HWZ (15-19h)
Ebastel *Tbl. 10, 20mg* **Ebastin Aristo** *Schmelztbl. 10mg; Tbl. 10, 20mg*	**Allergische Rhinitis, Urtikaria:** 1 x 10-20mg p.o.; **Ki. ab 12J:** s. Erw.; **DANI** bei Therapie < 6d nicht erforderlich; **DALI** bei Therapie < 8d nicht erforderlich
Fexofenadin Rp	HWZ 11-15h, PRC C, Lact -
Fexofenaderm *Tbl. 120, 180mg* **Fexofenadin Winthrop** *Tbl. 120, 180mg* **Telfast** *Tbl. 30, 120, 180mg*	**Allergische Rhinitis:** 1 x 120-180mg p.o.; **Ki. 6-11J:** 2 x 30mg; **Ki. ab 12J:** s. Erw.; **DANI, DALI** nicht erforderlich
Hydroxyzin Rp	HWZ 5-24h, PRC C, Lact -
AH 3 N *Tbl. 25mg* **Atarax** *Tbl. 25mg* **Hydroxyzin Bluefish** *Tbl. 25mg*	**Allergische Haut-, Schleimhautprozesse, Angst-, Spannungszustände:** 2-3 x 12.5-25mg p.o.; **Ki. 6-10J:** 25-50mg/d; **Schlafstrg.:** 37.5-75mg z.N.
Levocetirizin Rp/OTC	HWZ 6-10h, Q0 0.15
Levocetirizin HEXAL/ Stada *Tbl. 5mg* **Xusal** *Tbl. 5mg, Gtt. (20Gtt. = 1mg), Saft (10ml=5mg)* **Xyzall** *Tbl. 5mg; Gtt. (20Gtt. = 1mg)*	**Allergische Haut-, Schleimhautprozesse:** 1 x 5mg p.o.; **Ki. 2-6J:** 2 x 1.25mg; **6-12J:** 1 x 5mg; **DANI** CrCl 30-49: 5mg alle 2d; < 30: 5mg alle 3d; < 10, Dialyse: KI
Loratadin OTC	HWZ 12-15h, Q0 1.0 (0.5), PRC B, Lact ?
Lorano Akut *Tbl. 10mg* **Loratadin AL** *Tbl. 10mg* **Loratadin Stada** *Tbl. 10mg*	**Allergische Haut-, Schleimhautprozesse:** 1 x 10mg p.o.; **Ki. 2-12J: < 30kg:** 1 x 5mg p.o.; > 30kg: 1 x 10mg; **DALI** Erw., **Ki. > 30kg:** ini 10mg alle 2d; **Ki.** < 30kg: ini 5mg alle 2d
Mizolastin Rp	HWZ 13h, Q0 1.C
Mizollen *Tbl. 10mg* **Zolim** *Tbl. 10mg*	**Allergische Haut-, Schleimhautprozesse:** 1 x 10mg p.o.; **Ki. ab 12J:** s. Erw.
Rupatadin Rp	HWZ 6-9h
Rupafin *Tbl. 10mg* **Rupatadin AL** *Tbl. 10mg* **Urtimed** *Tbl. 10mg; Saft (10ml = 10mg)*	**Allerg. Rhinitis, chron. idiopath. Urtikaria:** **Erw. u. Ki. > 12J:** 1 x 10mg p.o.; **Ki. < 12J:** nicht empf.; **DANI, DALI** nicht empf.

S. auch Rhinologika, Antiallergika → 415

3.12 Mastzellstabilisatoren und Kombinationen

Wm/Wi (Cromoglicinsäure): Stabilisierung der Mastzellmembran ⇒ Mediatorfreisetzung ↓; Permeabilität d. Darmmukosa ↓ ⇒ Durchtritt v. Allergenen, Mediatoren ↓; **Wm/Wi** (Ketotifen): Stabilisierung d. Mastzellmembran, H1-Rez.-Antagonist; **UW** (Cromoglicinsäure): oral/inhalativ Überempf.-Reakt., Irritat. Rachenraum, Husten, Heiserkeit, unangen. Geschmack, Übelkeit, Myalgien, Arthralgien, Dermatitis, Myositis, Gastroenteritis; **UW** (Ketotifen): Müdigk., ini Verschlechterg. d. Asthma br., Kopfschmerzen, Schwindel, Mundtrockenheit, Übelkeit; **KI** (Cromoglicinsäure): oral: bek. Überempf., Sgl. im 1./2. M; inhalativ: bek.Überempf.; **KI** (Cromoglicinsäure + Reproterol): bek. Überempf., eosinophile Pneumonie, Ki. < 2J.; **KI** (Ketotifen): bek. Überempf.

Cromoglicinsäure OTC	HWZ 1.4h, Qo 0.6
Allergoval *Kps. 100mg* **Colimune** *Gran. 200mg* **Intal** *DA 1mg/Hub* **Pentatop** *Kps. 100mg; Gran. 200mg*	**Asthma bronchiale: Erw., Ki. ab 5J:** DA: 4 x 2mg; **Nahrungsmittelallergien:** 4 x 200mg p.o. vor den Mahlzeiten, max. 2g/d; **Ki. 2-14J:** 4 x 100mg p.o., max. 40mg/kg/d; **Sgl., Ki. bis 2J:** 20-40mg/kg/d in 4 ED

Cromoglicinsäure + Reproterol Rp	
Aarane N *DA 1mg+0.5mg/Hub* **Allergospasmin N** *DA 1mg+0.5mg/Hub*	**Asthma bronchiale:** 4 x 2 Hub, max. 16 Hub/d

Ketotifen Rp	HWZ 21h, Qo 1.0
Ketof *Kps. 1mg* **Ketotifen Stada** *Kps. 1mg*	**Allergische Haut-, Schleimhautprozesse; Asthma-Pro.: Erw., Ki. ab 3J:** d1-4: 1mg p.o. z.N., dann 2 x 1mg; **Ki. 6M-3J:** 2 x 0.5mg p.o.

3.13 Monoklonale Antikörper

Wm/Wi (Benralizumab): humanisierter monoklonaler AK, der an den Interleukin-5-Rez. auf Eosinophilen bindet ⇒ Apoptose von Eosinophilen ⇒ Hemmung der eosinophilen Entzündung; **Wm/Wi** (Dupilumab): Humaner monoklonaler IgG4-AK ⇒ Hemmung proinflammatorischer Zytokine durch Blockade des IL-4- und IL-13-Signalwegs; **Wm/Wi** (Mepolizumab, Reslizumab): humanisierter monoklonaler Antikörper, der an Interleukin-5 bindet ⇒ Hemmung von Produktion bzw. Überleben der Eosinophilen; **Wm/Wi** (Omalizumab): rekombin. monoklon. AK, der an IgE bindet ⇒ freies IgE ↓, Hemmung der allergischen Kaskade; **UW** (Benralizumab): Pharyngitis, Überempfindlichkeitsreaktionen, Kopfschmerzen, Pyrexie, Reaktion an Inj.-Stelle; **UW** (Dupilumab): Konjunktivitis, Augenjucken, Blepharitis, oraler Herpes, Eosinophilie, Kopfschmerzen, Reaktionen an Inj.-Stelle; **UW** (Mepolizumab): Kopfschmerzen, Infektion d. unt. Atemwege, Pharyngitis, Harnweginfektion, Überempfindlichkeitsreaktionen, nasale Kongestion, Oberbauchschmerzen, Rückenschmerzen, Ekzem, Fieber, Reaktionen an Injektionsstelle; **UW** (Omalizumab): Kopfschmerzen, Reakt. an der Injektionsstelle, Fieber, Oberbauchschmerzen; **UW** (Reslizumab): CK-Anstieg; **KI** (Benralizumab): bek. Überempf.; **KI** (Dupilumab): bek. Überempf.; **KI** (Mepolizumab): bek. Überempf.; **KI** (Omalizumab): bek. Überempf.

Benralizumab Rp	HWZ 16-22d
Fasenra *Fertigspr. 30mg*	**Schweres refrakt. eosinophiles Asthma:** 30mg W0, 4, 8, dann alle 8W s.c.; **DANI, DALI** nicht erf.

Dupilumab Rp	
Dupixent *Fertigspr., Pen 200mg; Fertigspr. 300mg*	**Schweres refrakt. eosinophiles Asthma: Erw., Ki. ab 12J:** ini 400mg s.c., dann 200mg alle 2W; **schweres Asthma mit oral. Steroiden od. komorbide mittelschwere-schwere atop. Dermatitis:** ini 600mg, dann 300mg alle 2W; **chron. Rhinosinusitis mit Nasenpolypen:** 300mg alle 2 W; **DANI** leichte bis mäßige NI: nicht erf.; schwere NI: k. Daten; **DALI** k. Daten

Mepolizumab Rp	HWZ 16-22d
Nucala *Inj.Lsg. 100mg*	**Schweres refrakt. eosinophiles Asthma:** 100mg alle 4W s.c.; **DANI, DALI** nicht erf.

Omalizumab Rp	HWZ 26d
Xolair *Fertigspr. 75, 150mg; Inj.Lsg. 75, 150mg*	**Schweres persist. allerg. Asthma bronchiale:** je nach Gewicht und IgE-Serumspiegel 75-600mg s.c., s. FachInfo; **Ki. > 6J:** s. Erw.

Reslizumab Rp	HWZ 24d
Cinqaero *Inf.Lsg. 25mg/2.5ml, 100mg/10ml*	**Schweres refrakt. eosinophiles Asthma:** 3mg/kg alle 4W i.v.; **DANI, DALI** nicht erf.

3.14 Immunsuppressiva

Wm/Wi (Pirfenidon): reduziert Akkumulation von Entzündungszellen, dämpft die Fibroblastenproliferation ⇒ antifibrotisch, antiinflammatorisch;
UW (Pirfenidon): Infektion der oberen Atemwege, Harnwegsinfektion, Gewicht ↓, Appetit ↓, Anorexie, Insomnie, Kopfschmerzen, Schwindel, Somnolenz, Dysgeusie, Hitzewallung, Dyspnoe, Husten, Auswurf, Dyspepsie, Übelkeit, Durchfall, Reflux, Erbrechen, abdominelle Beschwerden, Gastritis, Obstipation, Flatulenz, AST/ALT/GGT ↑, Photosensibilitätsreaktion, Hautausschlag, Juckreiz, Erythem, Myalgie, Arthralgie, Müdigkeit, Asthenie, nichtkardialer Thoraxschmerz, Sonnenbrand;
KI (Pirfenidon): Überempf., gleichzeitige Anw. von Fluvoxamin, schwere NI/LI

Pirfenidon Rp	HWZ 2.4h, PPB 50-58%, PRC C, Lact ?
Esbriet *Kps. 267mg, Tbl. 267, 801mg*	**Idiopathische Lungenfibrose:** d1-7: 3 x 267mg p.o., d8-14: 3 x 534mg, ab d15: 3 x 801mg; **DANI** CrCl > 30: nicht erforderlich, < 30: KI; **DALI** Child A, B: nicht erford., Child C: KI

3.15 Proteinkinaseinhibitoren

Wm/Wi (Nintedanib): Tyrosinkinaseinhibitor ⇒ Hemmung des von Blutplättchen abgeleiteten Wachstumsfaktor-Rezeptors α und β, des Fibroblasten-Wachstumsfaktor-Rez. 1-3 und VEGFR 1-3 ⇒ Hemmung der Proliferation, Migration und Differenzierung von Lungenfibroblasten/Myofibroblasten ⇒ antifibrotisch, antiinflammatorisch;
UW (Nintedanib): Gewicht ↓, Appetit ↓, Diarrhoe, Übelkeit, Bauchschmerzen, Erbrechen, GPT/GOT/γGT ↑; **KI** (Nintedanib): bekannte Überempfindlichkeit, Erdnuss-, Sojallergie

Nintedanib Rp	HWZ 10-15h, PPB 98%, PRC C, Lact ?
Ofev *Kps. 100, 150mg*	**Idiopath. Lungenfibrose:** 2 x 150mg p.o., bei schlechter Verträglichkeit ggf. 2 x 100mg p.o. **DANI** CrCl > 30: nicht erf., CrCl < 30: keine Daten; **DALI** Child A: nicht erf.; Child B, C: Anwendung nicht empfohlen

3.16 Mittel zur Therapie der pulmonalen Hypertonie

Wm/Wi (Ambrisentan): selektiver Antagonist am Endothelinrezeptor Typ ET_A ⇒ Hemmung der Vasokonstriktion und Proliferation glatter Muskelzellen;
Wm/Wi (Bosentan, Macitentan): spezifischer und kompetitiver Antagonist am Endothelinrezeptor Typ ET_A und ET_B ⇒ Inh. von Endothelin-1-Wi ⇒ pulmonal arterieller Druck ↓;
Wm/Wi (Iloprost): Prostaglandin ⇒ Vasodilatation; **Wm/Wi** (Riociguat): Stimulator der löslichen Guanylatcyclase, nach Bindung an NO wird die cGMP-Synthese gesteigert ⇒ Verminderung von Tonus, Proliferation, Fibrose und Entzündung in pulmonalarteriellen Gefäßen;
Wm/Wi (Selexipag): Stimulation des IP-Rezeptors ⇒ Vasodilatation, Hemmung von Zellproliferation und Fibrose; **Wm/Wi** (Sildenafil, Tadalafil): Hemmung der Phosphodiesterase Typ 5 ⇒ cGMP-Abbau ↓ ⇒ pulmonal arterieller Druck ↓ (Phosphodiesterase-5-Inhibitor);
UW (Ambrisentan): Kopfschmerzen, periphere Ödeme, Flüssigkeitsretention, Palpitationen, Anämie, Schleimhautschwellungen in oberen Atemwegen, Sinusitis, Rhinitis, abdominelle Schmerzen, Obstipation, Hautrötungen; **UW** (Bosentan): Kopfschmerzen, Nasopharyngitis, Hypotension, Flush, Ödeme, Anämie, Transaminasen ↑, Leberschaden;
UW (Macitentan): Nasopharyngitis, Bronchitis, Influenza, Harnwegsinfekt, Anämie, Kopfschmerzen, Hypotonie; **UW** (Riociguat): Schwindel, Kopfschmerz, Diarrhoe, Übelkeit, Erbrechen, Dyspepsie, Ödeme, Gastroenteritis, Anämie, Palpitationen, Hypotonie, Hämoptoe, Epistaxis, vertsopfte Nase, Gastritis, Reflux, Bauchschmerzen, Dysphagie, Obstipation, Meteorismus;
UW (Selexipag): Kopfschmerzen, Flush, Nasopharyngitis, Diarrhoe, Übelkeit, Erbrechen, Kieferschmerzen, Myalgie, Arthralgie, Extremitätenschmerz, Anämie, Hyperthyreose, Appetit ↓, Gewichtsverlust, Hypotonie, Bauchschmerzen, Exanthem, Urtikaria, Erythem, Schmerzen;
UW (Sildenafil): Kopfschmerzen, Flush, Gliederschmerzen, Myalgie, Dyspepsie, Diarrhoe, Husten, Epistaxis, Schlaflosigkeit, Fieber, Grippe, Sehstörung;
UW (Tadalafil): Kopfschmerzen, Verschwommensehen, Hautrötung, Hypotonie, Epipharyngitis, Epistaxis, Übelkeit, Erbrechen, Muskelschmerzen, vermehrte uterine Blutung;
UW (Treprostinil): Kopfschmerzen, Vasodilatation, Diarrhoe, Übelkeit, Hautausschlag, Kieferschmerzen, Schmerzen an der Infusionsstelle, Reaktionen an der Infusionsstelle, Blutung oder Hämatom, Benommenheit, Hypotonie, Pruritus, Ödem, Blutungen;
KI (Ambrisentan): bekannte Überempfindlichkeit, stark eingeschränkte Leberfunktion, keine Kontrazeption, Grav./Lakt.; **KI** (Bosentan): Grav.;
KI (Macitentan): bek. Überempfindlichkeit, Grav./Lakt., Frauen im gebärfähigen Alter, die keine zuverlässigen Verhütungsmethoden anwenden; schwere Leberfunktionsstörung, vor Behandlungsbeginn bestehende Transaminasenerhöhung (>3 ONW);
KI (Riociguat): bek. Überempfindlichkeit, gleichzeitige Anwendung von PDE-5-Hemmern (wie z. B. Avanafil, Sildenafil, Tadalafil, Vardenafil); schwere Leberfunktionsstörung (Child C); gleichzeitige Anwendung von Nitraten oder Stickstoffmonoxid-Donatoren (wie z. B. Amylnitrit) in jeglicher Form; RR syst. < 95 mmHg bei Behandlungsbeginn; Grav.
KI (Selexipag): bek. Überempfindlichkeit, schwere KHK oder instabile Angina pectoris, Myokardinfarkt innerhalb der letzten 6M, dekomp. Herzinsuffizienz, sofern nicht engmaschig überwacht, schwere Arrhythmien, zerebrovaskuläre Ereignisse innerhalb der letzten 3M, angeborene oder erworbene Klappendefekte mit klinisch relevanten myokardialen Funktionsstörungen, die nicht mit einer pulmonalen Hypertonie in Verbindung stehen;
KI (Tadalafil): bek. Überempfindlichkeit, schw. Hypotonie, Herzinfarkt < 90d, gleichzeitige Anwendung von Nitraten, nichtarteriitische anteriore ischämische Optikusatrophie (NAION);

KI (Treprostinil): Bekannte Überempfindlichkeit, pulmonale arterielle Hypertonie in Verbindung mit einer Venenverschlusserkrankung; kongestive Herzinsuffizienz infolge einer schweren LV-Dysfunktion; schwere Leberinsuffizienz (Child C); aktives Magen-Darm-Geschwür, intrakranielle Blutung, Verletzung oder andere Blutungen; kongenitale oder erworbene Herzklappenfehler mit klinisch relevanter myokardialer Funktionsstörung, die nicht mit pulmonaler Hypertonie zusammenhängt; schwere koronare Herzkrankheit oder instabile Angina; Herzinfarkt innerhalb der letzten sechs Monate; dekompensierte Herzinsuffizienz, wenn diese nicht unter genauer ärztlicher Aufsicht steht; schwere Arrhythmien; zerebrovask. Ereignisse (z. B. transitorischer ischämischer Schlaganfall, Schlaganfall) innerhalb der letzen drei Monate

Ambrisentan Rp	HWZ 14-17h, PPB 99%, PRC X Lact ?
Volibris *Tbl. 5, 10mg*	**Pulmonale Hypertonie** (WHO II-III): 1 x 5mg p.o.; **PAH + Bindegewebserkrankung:** ini 1 x 5mg, evtl. auf 10mg/d steigern; **Ki. < 18J:** Anw. nicht empfohlen; **DANI** CrCl > 30: 100%; < 30: vorsicht. Anw.; **DALI** Transaminasenerhöhung > 3 x ULN: KI
Bosentan Rp	HWZ 5h, PPB 98%, PRC X, Lact -
Bosentan AL *Tbl. 62.5, 125mg* **Bosentan Heumann** *Tbl. 62.5, 125mg* **Bosentan Puren** *Tbl. 62.5, 125mg* **Tracleer** *Tbl. 32, 62.5, 125mg*	**Pulmonale Hypertonie** (WHO III-IV)**:** ini 2 x 62.5mg p.o., nach 4W 2 x 125mg; max. 2 x 250mg; **Ki. > 3J: 10-20kg:** ini 1 x 31.25mg, Erh.Dos. 2 x 31.25mg; **20-40kg:** ini 2 x 31.25mg, Erh.Dos. 2 x 62.5mg; **> 40kg:** ini 2 x 62.5mg, Erh.Dos. 2 x 125mg; **DANI** nicht erforderlich; **DALI** Child B-C: KI
Iloprost Rp	HWZ 0.5h, Q0 1.0, PPB 60%
Ventavis *Amp. 10µg/1ml, 20µg/2ml*	**Primäre pulmonale Hypertonie NYHA III:** 6-9 x 2.5-5µg inhalieren; **DANI** CrCl > 30: 100%; HD: sorgf. Dosiseinst., Dosisintervall mind. 3h; **DALI** Dosisreduktion
Macitentan Rp	HWZ 16 (48)h, PPB 99%
Opsumit *Tbl. 10mg*	**Pulm. Hypertonie NYHA II-III:** 1 x 10mg p.o.; **DANI** nicht erford.; HD: Anw. nicht empfohlen; **DALI** schwere LI: KI

Riociguat Rp	HWZ 7-12h, PPB 95%
Adempas *Tbl. 0.5, 1, 1.5, 2, 2.5mg*	**Pulmonale Hypertonie, chronisch thromboembolische pulm. Hypertonie NYHA II-III:** ini 3 x 1mg p.o. f. 3W, dann alle 2W um 3 x 0.5mg steigern sofern syst. RR ≥ 95mmHg, bis max. 3 x 2.5mg; **DANI** CrCl 30-50: vorsichtige Dosistitration; < 30: Anw. nicht empfohlen; **DALI** Child B: vorsichtige Dosistitration; C: KI
Selexipag Rp	HWZ 0.8-2.5 (6.2-13.5)h, PPB 99%
Uptravi *Tbl. 200, 400, 600, 800, 1000, 1200, 1400, 1600mg*	**Pulmonale Hypertonie WHO II-III:** ini 2 x 200mg p.o., wöchentl. um 2 x 200mg steigern bis zur höchsten individuell verträglichen Dosis, max. 2 x 1600mg; **DANI** CrCl < 30: vorsichtige Dosistitration; **DALI** Child A: 100%; B: ini 1 x 200mg, um 1 x 200mg steigern; C: Anw. nicht empf.
Sildenafil Rp	HWZ 3-5h, PPB 96%, PRC B, Lact ?
Granpidam *Tbl. 20mg* **Mysildecard** *Tbl. 20mg* **SildeHEXAL PAH** *Tbl. 20mg* **Revatio** *Tbl. 20mg; Trockensaft (1ml = 10mg); Inj.Lsg. 10mg/12.5ml*	**Pulmonale Hypertonie** (WHO III): 3 x 20mg p.o.; 3 x 10mg i.v.; **Ki. 1-17J:** < 20kg: 3 x 10mg p.o; > 20kg: 3 x 20mg; **DANI** CrCl < 30: bei schlechter Verträglichkeit 2 x 20mg; **DALI** Child-Pugh A, B: evtl. 2 x 20mg; C: KI
Tadalafil Rp	HWZ 16h, PPB 94%, PRC B, Lact ?
Adcirca *Tbl. 20mg* **TadaHexal PAH** *Tbl. 20mg* **Tadal 1A PAH** *Tbl. 20mg* **Tadalafil Puren PAH** *Tbl. 20mg*	**Pulmonale Hypertonie** (WHO II-III)**:** 1 x 40mg p.o.; **DANI** leichte bis mäßige NI: ini 20mg, ggf. steigern auf 40mg/d; schwere NI: Anw. nicht empfohlen; **DALI** Child-Pugh A, B: evtl. ini 20mg; C: Anwendung nicht empfohlen
Treprostinil Rp	
Remodulin *Inf.Lsg. 20mg/20ml, 50mg/20ml, 100mg/20ml, 200mg/20ml* **Treprostinil beta** *Inf.Lsg. 20mg/20ml, 50mg/20ml, 100mg/20ml, 200mg/20ml*	**Idiopathische oder familiäre pulmonal-arterielle Hypertonie (NYHA III):** ini 1.25ng/kg/min i.v.; in den ersten 4W um 1.25ng/kg/min/W steigern, dann 2.5ng/kg/min; s.a. FachInfo; **DANI, DALI** vorsichtige Anw.

4 Gastroenterologie

4.1 Ulkustherapeutika

4.1.1 H_2-Blocker

Wm: kompetetiver Antagonismus am H_2-Rezeptor der Belegzellen; **Wi:** basale und Histamin-stimulierte Säuresekretion ↓; **UW** (Cimetidin): keine sehr häufigen bzw. häufigen UW; **UW** (Famotidin): Kopfschmerzen, Schwindel, Verstopfung, Durchfall; **KI** (Cimetidin): bek. Überempf., Ki. u. Jug. im Wachstumsalter, Grav., Lakt.; **KI** (Famotidin): bek. Überempf., Kinder;

Cimetidin Rp	HWZ 2h, Qo 0.3, PPB 20%, PRC B, Lact +
Cimetidin Acis *Tbl. 200, 400, 800mg* **H_2-Blocker-ratioph.** *Amp. 200mg/2ml*	**Gastroduodenale Ulzera:** 800–1000mg/d p.o. in 1–2ED; **Stressulkus-Pro.:** 1–2g/d i.v. in 3–5ED oder Dauerinfusion, max. 80mg/h; **Prämed. zur Vermeidg. anaphylaktoider Reaktionen:** 5mg/kgKG i.v.; **Refluxösophagitis:** 2 x 400–800mg p.o.; **Zollinger-Ellison-Syndrom:** 1–2g/d p.o. in 2–3ED; **Ki.:** 15–30mg/kg/d p.o., max. 1600mg/d in 4ED; **DANI** CrCl 0–15: 400mg/d; 15–30: 600mg/d; 30–50: 800mg/d

Famotidin Rp	HWZ 2.6–4h, Qo 0.2, PPB 20% PRC B, Lact ?
Famotidin-ratioph. *Tbl. 20, 40mg* **Famotidin STADA** *Tbl. 20mg* **Pepdul** *Tbl. 20, 40mg*	**Gastroduod. Ulzera:** 1 x 40mg p.o. z.N., Rezidiv-Pro.: 1 x 20mg; **Zollinger-Ellison-Syndrom:** 4 x 20mg p.o., je nach Wi steigern bis 800mg/d; **DANI** CrCl < 30, HD:50%

4.1.2 Protonenpumpenblocker

Wm/Wi: Blockade der H^+/K^+-ATPase ⇒ stärkste Suppression der Säurebildung; **UW** (Dexlansoprazol): Kopfschmerzen, Diarrhoe, Bauchschmerzen, Übelkeit, Flatulenz, Obstipation; **UW** (Esomeprazol): Bauchschmerzen, Verstopfung, Diarrhoe, Blähungen, Übelkeit/Erbrechen, Kopfschmerzen; **UW** (Lansoprazol): Kopfschmerzen, Schwindel, Übelkeit, Diarrhoe, Magenschmerzen, Obstipation, Erbrechen, Flatulenz, trockener Mund/Hals, Anstieg der Leberenzyme ↑, Urtikaria, Juckreiz, Hautausschlag, Müdigkeit; **UW** (Omeprazol): Diarrhoe, Verstopfung, Flatulenz, Bauchschmerzen, Übelkeit, Erbrechen, Müdigkeit, Schläfrigkeit, Schlafstörungen, Schwindel, Kopfschmerzen; **UW** (Pantoprazol): Diarrhoe, Kopfschmerzen; **UW** (Rabeprazol): Infekte, Kopfschmerzen, Schwindel, Schlaflosigkeit, Pharyngitis, Rhinitis, Husten, Diarrhoe, Erbrechen, Übelkeit, Bauchschmerzen, Obstipation, Flatulenz, unspezifische Schmerzen, Rückenschmerzen, Asthenie, Influenza-ähnliche Symptome; **KI** (Dexlansoprazol): bek. Überempf., Kombination mit Atazanavir; **KI** (Esomeprazol): bek. Überempf., Kombination mit Atazanavir, Nelfinavir; **KI** (Lansoparzol): bek. Überempf., Kombination mit Atazanavir; **KI** (Omeprazol): bek. Überempf., Kombination mit Atazanavir; **KI** (Pantoprazol): bek. Überempf., gegen P., Soja, Erdnuss; Kombination mit Atazanavir; **KI** (Rabeprazol): bek. Überempf., Kombination mit Atazanavir, Grav./Lakt.

Dexlansoprazol Rp	HWZ 1-2h, PPB 98%
Dexilant *Kps 30, 60mg*	**Erosive Refluxösophagitis:** 1 x 60mg p.o. für 4W, ggf. f. 8W, dann 1 x 30mg f. bis zu 6M; **nichterosive Refluxkrankheit:** 1 x 30mg für bis zu 4W.; **DANI** nicht erforderlich; **DALI** schwere LI Anw. nicht empfohlen

Esomeprazol Rp/OTC*	HWZ 1.5h, Q_0 > 0.9, PPB 97%, PRC B, Lact ?
Esomep *Tbl. 20, 40mg* **Esomeprazol-CT** *Tbl. 20, 40mg* **Esomeprazol Normon** *Inf.Lsg. 40mg* **Esomeprazol-ratioph.** *Kps. 20, 40mg* **Nexium Mups** *Tbl. 20, 40mg* **Nexium** *Tbl. 20, 40mg; Gran. 10mg; Inf.Lsg. 40mg* ** 20mg Tbl. teils als OTC in kleinen Packungsgrößen verfügbar*	**Refluxösophagitis:** Erw. u. **Ki. ab 12J:** ini 1 x 40mg p.o. für 4-8W, dann 1 x 20mg; 1 x 20-40mg i.v.; **Ki 1-11J:** 10-20kg: 1 x 10mg p.o.; ≥ 20kg: 1 x 10-20mg bis zu 8W; **H.P.-Erad.:** 2 x 20mg p.o. + Antibiose; **Pro. gastroduodenale Ulzera bei NSAR-Therapie:** 1 x 20mg; **Zollinger-Ellison-Syndrom:** 2 x 40mg p.o., ggf. bis 2 x 80mg; **DANI** nicht erforderlich; **DALI** bei schwerer LI max. 20mg/d

Lansoprazol Rp	HWZ 0.9-1.5h, Q_0 1.0 (0.7), PPB 97%, PRC B, Lact ?
Agopton *Kps. 15, 30mg* **Lansoprazol AL** *Kps. 15, 30mg* **Lansoprazol HEXAL** *Kps. 15, 30mg* **Lansoprazol-ratioph.** *Kps. 15, 30mg*	**Gastroduod. Ulzera, Refluxösophagitis:** 1 x 30mg p.o.; Rezidiv-Pro.: 1 x 15mg; **H.P.-Erad.:** 2 x 30mg + Antibiose; **Pro. gastroduodenale Ulzera bei NSAR-Ther.:** 1 x 15mg; **Zollinger-Ellison-Syndrom:** ini 1 x 60mg, je nach Wi bis 180mg/d; **DANI** max. 30mg/d; **DALI** leichte bis mäßige LI: 30 bzw. 15mg/d; schwere LI: Anwendung nicht empfohlen

Omeprazol Rp/OTC*	HWZ 0.5-1.5h, Q_0 1.0, PPB > 90%, PRC C, Lact ?
Antra Mups *Tbl. 10, 20mg* **Omebeta** *Kps. 20mg* **Omep** *Kps. 10, 20, 40mg; Inf.lsg. 40mg* **Omeprazol-ratioph. NT** *Kps. 10, 20, 40mg* **Omeprazol Dexcel** *Kps. 10, 20, 40mg* **Ome Tad** *Kps. 20mg* ** 20mg Tbl. teils als OTC in kleinen Packungsgrößen verfügbar*	**Gastroduodenale Ulzera:** 1 x 20-40mg p.o.; 1 x 10-20mg i.v.; **Refluxösophagitis:** 1 x 20-40mg p.o.; **Ki. > 2J:** < 20kg: 1 x 10mg; > 20kg: 1 x 20mg; **H.P.-Eradikation:** 2 x 20mg; **Pro. gastroduoden. Ulzera bei NSAR-Ther.:** 1 x 20mg; **Zollinger-Ellison-Syndrom:** ini 1 x 60mg p.o., je nach Wi steigern bis 2 x 40-60mg, max. 200mg/d i.v.; **DANI** nicht erforderlich; **DALI** max. 20mg/d

Pantoprazol Rp/OTC*	HWZ 1h, Q0 0.7, PPB 98%, PRC B, Lact ?
Pantoprazol HEXAL *Tbl. 20, 40mg; Inj.Lsg. 40mg* **Pantoprazol NYC** *Tbl. 20, 40 mg* **Pantoprazol Stada** *Tbl. 20, 40mg* **Pantorc** *Tbl. 40mg* **Pantozol** *Tbl. 20, 40mg; Inj.Lsg. 40mg* **Pantozol control** *Tbl. 20mg* **Rifun** *Tbl. 20, 40mg* ** 20mg Tbl. teils als OTC in kleinen Packungsgrößen verfügbar*	**Gastroduodenale Ulzera, Refluxösophagitis:** 1 x 40mg p.o.; 1 x 40mg i.v.; **Langzeittherapie u. Rezidiv-Pro. Refluxösophagitis, Pro. gastroduod. Ulzera bei NSAR-Therapie:** 1 x 20mg; **Zollinger-Ellison-Syndrom:** 1 x 80mg p.o./i.v., ggf. zeitweilig 2 x 80mg; **H.P.-Eradik.:** 2 x 40mg p.o. + Antib.; **DANI** nicht erforderlich; **DALI** schwere LI max. 40mg alle 2d

Rabeprazol Rp	HWZ 1-2h, Q0 0.8, PPB 97%, PRC B, Lact ?
Pariet *Tbl. 10, 20mg* **Rabeprazol Puren** *Tbl. 10, 20mg* **Rabeprazol-ratioph.** *Tbl. 10, 20mg*	**Gastroduod. Ulzera, Refluxösophagitis:** 1 x 20mg p.o.; Rezidiv-Pro. 1 x 10mg; **H.P.-Eradikation:** 2 x 20mg p.o. + Antibiose; **Zollinger-Ellison-Syndrom:** 1 x 60mg, ggf. bis 2 x 60mg; **DANI, DALI** nicht erforderlich

4.1.3 Kombinationen zur Helicobacter-pylori-Therapie

Wm/Wi (Bismut): genauer Wm nicht bekannt, scheint mit direkter Toxizität für die Membranfunktion, Hemmung der Protein- und Zellwandsynthese, Hemmung der Urease-Enzymaktivität, Verhinderung von Zytoadhärenz, der ATP-Synthese und einer unspez. kompetitiven Beeinträchtigung des Eisentransportes zusammenzuhängen;
UW (Pylera): metallischer Geschmack, Übelkeit, Diarrhoe, Schwarzfärbung des Stuhls, Vaginalinfektion, Anorexie, Appetit ↓, Kopfschmerzen, Schwindel, Somnolenz, Erbrechen, Bauchschmerzen, Dyspepsie, Obstipation, Mundtrockenheit, Flatulenz, Transaminasenerhöhung, Exanthem, Chromurie, Schwächezustände;
KI (Pylera): bek. Überempf.., Ki. bis 12J., Nieren- oder Leberfunktionsstrg., Grav./Lakt.

Pantoprazol + Amoxicillin + Clarithromycin Rp	
ZacPac *Packung enth. 14 Tbl. Pantozol 40mg, 14 Tbl. Amoxicillin 1g, 14 Tbl. Clarithromycin 500mg*	**H.P.-Eradikation:** 2 x 1Tbl. p.o. für 7d; **DANI** CrCl < 30: KI; **DALI** KI bei mittelschwerer bis schwerer LI

Omeprazol + Amoxicillin + Clarithromycin Rp	
Omep plus *Packung enth. 14 Tbl. Omeprazol 20mg, 14 Tbl. Amoxicillin 1g, 14 Tbl. Clarithromycin 500mg*	**H.P.-Eradikation:** Erw. u. **Ki. ab 12J:** 2 x 1Tbl. p.o. für 7d; **DANI, DALI** Anw. nicht empf.

Bismut-III-Oxid-Citrat + Metronidazol + Tetracyclin Rp	
Pylera *Kps. 140+125+125mg*	**H.P.-Eradikation, Pro. rezidivierender peptischer H.P.-induzierter Ulzera:** 4 x 3 Kps. n. d. Essen p.o. + 2 x 20mg Omeprazol für 10d; **DANI, DALI** KI

4.1.4 Antazida

Wm/Wi: Neutralisierung der Magensäure; **UW** (Hydrotalcit): weiche Stühle, Diarrhoe; bei NI: Hypermagnesiämie, Aluminiumeinlagerung v.a. in Knochen und Nervengewebe, Phosphatverarmung; **KI** (Hydrotalcit): Niereninsuffizienz (CrCl < 30) nur unter Kontrolle des Magnesium- u. Aluminiumspiegels, Hypophosphatämie, Ki. < 12J

Almasilat OTC	
Megalac Almasilat *Btl. 1g* **Simagel** *Tbl. 430mg*	**Säurebedingte Magenbeschwerden:** bis zu 6 x 430–860mg p.o.; **DANI** CrCl < 30: Al- und Mg-Spiegel-Kontrolle erforderlich
Hydrotalcit OTC	
Ancid *Kautbl. 500, 1000mg* **Hydrotalcit-ratioph., Talidat** *Kautbl. 500mg* **Talcid** *Kautbl. 500mg; Btl. 1000mg; Saft 1g/Messl.*	**Säurebedingte Magenbeschwerden:** 3–4 x 500–1000mg p.o., max. 6g/d; **DANI** CrCl < 30: Al- und Mg-Spiegel kontrollieren
Magaldrat OTC	PRC B, Lact ?
Magaldrat-ratioph. *Tbl. 800mg* **Riopan** *Tbl. 800mg; Btl. 1600mg*	**Säurebedingte Magenbeschwerden:** 3–4 x 400–1600mg p.o.; max. 6400mg/d; **DANI** CrCl < 30: Al- u. Mg-Spiegel kontroll.
Al-Na-carbonat-Dihydroxid OTC	
Kompensan *Tbl. 300mg; Btl. 300mg*	**Säurebedingte Magenbeschwerden:** 3–4 x 300–600mg p.o.; **DANI** CrCl < 30: KI
Al-Mg-Silicat OTC	
Gelusil Lac *Kautbl. 500mg*	**Säurebedingte Magenbeschwerden:** bis 3 Kautbl. mehrmals/d p.o.; **DANI** Kontrolle von Al- und Mg-Spiegel erf.; CrCl < 30: KI
Mg-hydroxid + Al-oxid OTC	PRC B, Lact ?
Maalox *Kautbl. 400+200mg* **Maaloxan** *Kautbl. 400+200mg; Btl. 400+230mg; Susp. (10ml = 400+230mg)*	**Säurebedingte Magenbeschwerden:** 3–4 x 400–800 + 200–900mg p.o.; **DANI** CrCl < 30: Al-/Mg-Spiegel kontrollieren

4.1.5 Alginat

Wm/Wi (Alginat): bildet mit Kalium/Na/Ca-Carbonat Schaum, der sich auf Mageninhalt legt u. als Säurebarriere wirkt; **UW** (Alginat): keine (sehr) häufigen UW; **KI** (Alginat): bek. Überempf.

Natriumalginat + Kaliumhydrogencarbonat OTC	
Gaviscon Advance *Lsg. (1ml enth. 100+20mg)* **Gaviscon Advance Pfefferminz** *Btl. 1000 + 200mg*	**Refluxsymptome:** Erw., **Ki. ab12J:** 10-20ml oder 1-2 Btl. p.o.; **DANI** Anw. bei NI nicht empf.
Natriumalignat + Na-Hydrogencarbonat + Ca-Carbonat OTC	
Gaviscon Dual *Btl. 500+213+325mg Kautbl. 250+106.5+187.5mg;* **Gaviscon Liquid** *Btl. 500+267+160mg*	**Refluxsymptome:** Erw., **Ki. ab12J:** 10-20ml oder 1-2 Btl. p.o. oder 2-4 Kautbl. p.o.; **DANI** Anw. bei NI nicht empf.

4.1.6 Anticholinergika, Schleimhautprotektiva

Wm/Wi (Misoprostol): prostaglandinvermittelte Hemmung der Säuresekretion, Aktivierung der Bikarbonat- und Schleimsekretion; **Wm/Wi** (Pirenzepin): Parasympathikolyse durch kompetitive Blockade der Muscarinrezeptoren ⇒ Säure- und Pepsinogensekretion ↓; **UW** (Misoprostol): Diarrhoe, Schwindel, Kopfschmerzen, Metrorrhagien, Übelkeit, Erbrechen; **UW** (Pirenzepin): Kopfschmerzen, Akkommodationsstrg., Mundtrockenheit, Diarrhoe, Obstipation, Exanthem; **UW** (Sucralfat): Obstipation, Aluminiumspiegel ↑ bei NI; **KI** (Misoprostol): entz. Darmerkr., Grav./Lakt.; **KI** (Pirenzepin): bek. Überempf., in Grav./Lakt. vermeid.; **KI** (Sucralfat): bek. Überempf.; rel. KI bei schw. Einschränkg. der Nierenfunktion, Ki. < 14 J, Grav./Lakt.

Misoprostol Rp	HWZ 0.5 h, Q0 1.0, PPB 85%, PRC X, Lact -
Cytotec *Tbl. 200µg*	**Ulkus-Pro. bei NSAR-Ther.:** 2–4 x 200µg p.o.; **Gastroduod. Ulzera:** 4 x 200µg/d
Pirenzepin Rp	HWZ 10–14h, Q0 0.6, PPB 12%
Gastrozepin *Tbl. 50mg*	**Ulcus ventrikuli/duodeni:** 2 x 50mg p.o.; max. 3 x 50mg; **DANI** nicht erforderlich
Sucralfat Rp	PRC B, Lact +
Sucrabest *Tbl. 1g; Gran. 1g*	**Gastroduodenale Ulzera, Refluxösophagitis:** 4 x 1g p.o.; Rezidiv-Pro.: 2 x 1g; **DANI** KI bei dialysepflichtiger NI

4.2 Motilitätssteigernde Mittel

Wm/Wi (Domperidon, MCP): Antagonismus an zentr. u. periph. Dopaminrezeptoren ⇒ Acetylcholinfreisetzung ↑; **Wm/Wi** (Linaclotid): Agonist am Guanylatzyklase-C-Rezeptor des Darmepithels ⇒ prokinetische Wi, Verringerung viszeraler Schmerzen, Sekretion von Chlorid und Bikarbonat ins Darmlumen; **Wm/Wi** (Methylnaltrexon): selektiver Opioid-Antagonist am µ-Rez.; **Wm/Wi** (Naldemedin, Naloxegol): peripher wirkender µ-Opioidrez.-Antagonist im GI-Trakt, wobei es die obstipierenden Wirkungen der Opioide reduziert; **Wm/Wi** (Prucaloprid): selektiver Serotonin-(5HT4)-Agonist ⇒ enterokinet. Aktivität ↑; **UW** (Domperidon): Mundtrockenheit; **UW** (Linaclotid): Diarrhoe, Bauchschmerzen, Flatulenz, abdominelle Distension, Schwindel, virale Gastroenteritis; **UW** (MCP): Durchfall, Müdigkeit, akute Dyskinesien, Dystonien, Parkinsonismus, Kopfschmerzen, Schwindel, Angst, Ruhelosigkeit, Exanthem, HRST, Prolaktin ↑; **UW** (Methylnaltrexon): abdom. Schmerzen, Übelkeit, Diarrhoe, Flatulenz, Schwindel, allg. Injektionsbeschwerden; **UW** (Naldemedin): Diarrhoe, Bauchschmerzen, Übelkeit, Erbrechen; **UW** (Naloxegol): Bauchschmerzen, Diarrhoe, Nasopharyngitis, Kopfschmerzen, Flatulenz, Übelkeit, Erbrechen, Hyperhidrose; **UW** (Prucaloprid): Kopfschmerzen, Schwindel, Übelkeit, Bauchschmerzen, Diarrhoe, Erbrechen, Dyspepsie, Rektalblutung, Flatulenz, anormale Darmgeräusche, Pollakisurie, Müdigkeit; **KI** (Domperidon): bek. Überempf., Prolaktinom, mäßige oder schwere Leberfunktionsstrg., best. Verlängerung des kard. Reizleitungsintervalls, insbes. der QTc-Zeit, signif. Elyt.Strg., kongestive HI; gleichzeitige Anw. von Disopyramid, Chinidin, Amiodaron, Dofetilid, Dronedaron, Ibutilid, Sotalol, Haloperidol, Pimozid, Sertindol, Citalopram, Escitalopram, Erythromycin, Clarithromycin, Telithromycin Levofloxacin, Moxifloxacin, Spiramycin, Pentamidin, Halofantrin, Lumefantrin, Cisaprid, Dolasetron, Prucaloprid, Mequitazin, Mizolastin, Toremifen, Vandetanib, Vincamin, Bepridil, Diphemanil, Methadon, Proteasehemmer, systemische Azol-Antimykotika;

KI (Linaclotid): bek. Überempf., bek. oder vermutete mechanische gastrointestinale Obstruktion; **KI** (MCP): bek. Überempf., Phäochromozytom, prolaktinabhängige Tumoren, mechan. Darmverschluss, Darmdurchbruch, Epilepsie, M. Parkinson, extrapyramidalmot. Störung, anamnest. neurolept. oder durch Metoclopramid verurs. Spätdyskinesie, Komb. mit Levodopa oder dopaminergen Agonisten, anamnest. Methämoglobinämie mit Metoclopramid oder NADH-Cytochrom-b5-Reduktase-Mangel, Ki. < 1J; **KI** (Methylnaltrexon): bek. Überempf., Darmverschluss, akutes chirurg. Abdomen; **KI** (Naldemedin): bek. Überempf., Pat. mit bek./vermuteter gastrointest. Obstruktion/Perforation oder Pat. mit erhöhtem Risiko für wiederkehr. Obstruktion wegen Gefahr einer gastrointest. Perforation; **KI** (Naloxegol): bek. Überempf., bek. oder vermut. gastrointest. Verschluss, Krebserkr. mit ↑ Risiko f. GI-Perforation (Malignome in GI-Trakt bzw. Peritoneum, rezidiv./fortgeschr. Ovarial-Ca, Ther. mit VGEF-Inhib.), gleichz. Anw. von starken CYP3A4-Inhibitoren (z. B. Clarithromycin, Ketoconazol, Itraconazol, Telithromycin, Ritonavir, Indinavir, Saquinavir; Grapefruitsaft in großen Mengen); **KI** (Prucaloprid): bek. Überempf., Dialysepflicht, Darmperf. od. Verstopfung infolge struktureller/funkt. Darmwanderkr., obstruktiver Ileus, schwere chron. entzündl. Darmerkrankungen, toxisches Megakolon

Domperidon Rp	HWZ 7 h, Qo 1.0, PPB 80–90%
Domperidon HEXAL *Tbl. 10mg* **Domperidon Stada** *Tbl. 10mg* **Motilium** *Tbl. 10mg; Gtt. (1ml = 10mg)*	**Übelkeit, Erbrechen: Erw., Ki. ab 12J u. > 35kg:** 1–3 x 10mg p.o.; max. 30mg/d für max. 1W; **DANI** schwere NI: 1–2 x 10mg; **DALI** mäßige bis schwere LI: KI
Linaclotid Rp	(keine Resorption)
Constella *Kps. 290mg*	**Mittelschweres/schweres Reizdarmsyndr. mit Obstip:** 1 x 290mg p.o.; **DANI, DALI** nicht erf.
Metoclopramid Rp	HWZ 2.5–5 h, Qo 0.7, PPB 40%, PRC B, Lact ?
Gastronerton *Tbl. 10 mg* **Gastrosil** *Tbl. 10mg* **MCP HEXAL** *Tbl. 10mg; Amp. 10mg/2ml* **MCP-ratioph.** *Tbl. 10mg; Kps. 30(ret.)mg; Lsg. (10ml = 10mg); Supp. 10mg; Amp. 10mg/2ml* **MCP Stada** *Tbl. 10mg; Lsg. (10ml = 10mg);* **Paspertin** *Tbl. 10mg; Amp. 10mg/2ml*	**Prävent. von verzögerter chemo-/strahlentherapieinduzierter/postop. Übelkeit u. Erbrechen, symptomat. Beh. von Übelkeit und Erbrechen:** 1–3 x 10mg p.o.; max. 2 x 15mg (ret.) p.o.; 3 x 10mg rekt.; 1–3 x 10mg i.v.; Behandlungsdauer max. 5d; **Ki./Jug. 1–18J:** 0.1–0.15mg/kg/ED, max. 0.5mg/kg/d; **Übelkeit, Erbrechen bei Chemotherapie:** 30min vor Chemother. 2mg/kg über 15min i.v., Wdh. nach 2, 4, 6 und 9h, max. 10mg/kg/d; 2h vor Chemother. 1mg/kg/h i.v., während Chemother. 0.5mg/kg/h über 24h i.v.; **DANI** CrCl < 15: 25%, CrCl 15–60: 50%; **DALI** schwere LI mit Aszites: 50%
Methylnaltrexon Rp	HWZ 8h, Q0 0.5, PPB 13%, PRC B, Lact ?
Relistor *Inj.Lsg. 12mg/0.6ml*	**Opioid-induzierte Obstipation:** Erw. 38–61kg: 1 x 8mg (0.4ml) alle 2d s.c.; 62–114kg: 1 x 12mg (0.6ml) alle 2d s.c., < 38kg, > 114kg: 0.15mg/kg alle 2d s.c.; **DANI** CrCl < 30: 62–114kg: 1 x 8mg s.c., < 62kg:1 x 0.075mg/kg s.c.; terminale NI: Anw. nicht empf.; **DALI** Child C: Anw. nicht empf.

Naldemedin Rp	HWZ 11h, PPB 93%
Rizmoic *Tbl. 200µg*	**Opiod-induzierte Obstipation:** 1 x 200µg p.o.; **DANI** nicht erf., sorgf. Anw. b. schwerer NI; **DALI** schwere LI: Anw. nicht empf.

Naloxegol Rp	HWZ 6-11h, PPB 0-20%
Moventig *Tbl. 12.5, 25mg*	**Opiod-induzierte Obstipation:** 1 x 25mg p.o.; **DANI** mittelschwere bis schwere NI: ini 1 x 12.5mg, bei guter Verträglichkeit 1 x 25mg; **DALI** schwere LI: Anw. nicht empfohlen

Prucaloprid Rp	HWZ 24h, Q0 0.4, PPB 30%
Resolor *Tbl. 1, 2mg*	**Chron. Obstipation:** 1 x 2mg p.o.; > 65J: ini 1 x 1mg, ggf. steigern auf 2mg/d; **DANI** CrCl < 30: 1mg/d; **DALI** Child C: 1mg/d

4.3 Spasmolytika

Wm/Wi: Antagonismus am Muscarinrez. (Parasympatholyse); **Wm/Wi** (Mebeverin): zusätzlich papaverinartige Wi (direkte Wi auf glatte Muskulatur); **UW** (Butylscopolamin): keine sehr häufigen bzw. häufigen UW; **UW** (Mebeverin): keine sehr häufigen bzw. häufigen UW; **KI** (Butylscopolamin): bek. Überempf., mechanische Stenosen des MD-Trakts, Megakolon, Harnverhaltung bei subvesikaler Obstruktion, Engwinkelglaukom, Tachykardie, Tachyarrhythmie, Myasthenia gravis; **KI** (Mebeverin): bek. Überempf., paralytischer Ileus

Atropin Rp	HWZ 2-3h, Qo 0.45, PPB 2-40%, PRC C, Lact
Dysurgal *Tbl. 0.5mg*	**Magendarm-/Harnwegspasmen:** 1-3x0.5-1mg p.o.; **Ki. 2-5J:** 1-3x0.25mg; **6-14J:** 1-3x0.5m

Butylscopolamin OTC/Rp	HWZ 5h, Qo 0.55, PPB 3-11%, PRC
Buscopan *Tbl. 10mg; Amp. 20mg/1ml* **Butylscopolamin Rotexmed** *Amp. 20mg/1ml*	**Magen-Darm-Spasmen:** 3-5 x 10-20mg p.o.; 20-40mg i.v./i.m./s.c., max. 100mg/d; **Ki. ab 6J, Jug.:** 0.3-0.6mg/kg i.v./i.m./s.c., max. 1.5mg/kg/

Mebeverin Rp	HWZ 2h, PPB 76%
Duspatal *Tbl. 135mg; Kps. 200(ret.)mg* **Duspatalin, Mebeverin Puren** *Tbl. 135mg*	**Reizdarmsyndrom:** 2 x 200mg (ret.) p.o.; 3 x 135mg, evtl. Dosisred. nach einigen W

4.4 Laxantien

Wm/Wi (Bisacodyl, Natriumpicosulfat): nach Resorption und Metabolisierung in der Leber biliäre Exkretion, im Darm als freies Diphenol wirksam ⇒ antiresorptiv, hydragog; **Wm/Wi** (Lactulose): osmotische Wirkung, Vergärung durch Bakterien zu Säuren ⇒ Anregung der Peristaltik; **Wm/Wi** (Macrogol) = Polyethylenglycol: nicht resobierbar, keine Metabolisierung, Wasserbindung ⇒ Auslösung von Diarrhoe; **Wm/Wi** (Plantago ovata): Stuhlvolumen ↑ ⇒ Darmpassage ↑ (Gleit- u. Füllmittel); **Wm/Wi** (Senna): Spaltung der enthaltenen Anthraglykoside durch Colibakt. zu Anthronen bzw. Anthranolen ⇒ antiresorptive und hydragoge Wi; **UW** (Laxantien): Elektrolytverlust (v.a. K^+), Melanosis coli, Albuminurie, Hämaturie; **UW** (Plantago ovata): Blähungen, Völlegefühl, allerg. Reakt.; **KI** (Laxantien): Ileus, Grav./Lakt.

Bisacodyl OTC	PRC B, Lact ?
Dulcolax *Tbl. 5mg; Supp. 10mg* **Hemolax, Tirgon** *Tbl. 5mg* **Laxans-ratioph.** *Tbl. 5mg; Supp. 10mg* **Pyrilax** *Supp. 10mg*	**Obstipation:** 5-10mg p.o.; 10mg rekt.; **Ki. > 2J:** 5mg p.o./rekt.
Lactulose OTC	PRC B, Lact ?
Bifiteral *Saft (10ml = 6.67g); Btl. 10g* **Lactuflor** *Saft (10ml = 6.5g)* **Lactulose-ratioph.** *Saft (10ml = 6.67g)*	**Obstipation:** 1-2 x 5-10g p.o.; **Ki.:** 1-2 x 3-6g p.o.; **hepatische Enzephalopathie:** ini 3-4 x 5-10g p.o., langsam steigern bis 3-4 x 20-30g bis 2-3 weiche Stühle/d entleert werden
Macrogol OTC	
Forlax, Laxbene, Laxofalk *Btl. 10g* **Kinderlax** *Btl. 6g* **Laxbene Junior** *Btl. 4g, Lsg. (1ml enth. 500mg)*	**Obstipation:** 1-2 x 10-14g p.o.; **Ki. 6M-1J:** 4g/d; **1-4J:** 4-8g/d; **4-8J:** 8-16g/d; **> 8J:** 10-20g/d
Macrogol + NaCl + $NaHCO_3$ + KCl Rp/OTC	
Macrogol ratio Balance *Btl. 13,1g+351mg+179mg+47mg* **Macrogol Stada** *Btl. 13.1g+350mg+179mg +46mg* **Movicol** *Btl. 13,1g+351mg+179mg+47mg* **Movicol Junior** *Btl. 6.56g+175mg+89mg+23mg*	**Obstipation**: 1-3 x 1Btl. p.o.; **Koprostase**: 8Btl./d p.o.; **Ki. 5-11J:** Movicol Junior: 4-12Btl./d
Natriumpicosulfat OTC	
Agiolax Pico *Tbl. 5mg* **Guttalax** *Gtt. (1ml = 7.5mg)* **Laxoberal** *Tbl. 5mg; Gtt. (14Gtt. = 7.5mg)* **Regulax picosulfat** *Würfel 10mg; Gtt. (14Gtt. = 5mg)*	**Obstipation:** 1 x 5-10mg p.o.; **Ki. > 4J:** 1 x 2.5-5mg p.o.
Paraffin OTC	
Obstinol M *Emulsion (1ml = 332mg)*	**Obstipation:** 10-45ml/d; **Ki. 2-6J:** 10-20ml/d; **6-12J:** 10-30ml
Plantago ovata (Flohsamen) OTC	
Agiocur *Gran. (5g enth. 3.25g)* **Mucofalk** *Gran. (5g enth. 3.25g)* **Flosine Balance** *Gran. (5g enth. 3g)* **Metamucil** *Pulver (10g enth. 5.3g)*	**Obstipation:** Granulat: 1-3 x 5-10g; Pulver: 1-3 x 7.5g (1TL)
Plantago ovata (Flohsamen) + Sennoside OTC	
Agiolax *Gran. (5g enth. 2.6g+15mg)*	**Obstipation:** 1-2 x 1TL Granulat

4.5 Darmlavage-Lösungen

Wm/Wi (Macrogol): Polyethylenglycol, nicht resorbierbar, keine Metabolisierung, Wasserbindung ⇒ Diarrhoe; **Wm/Wi** (Na_2SO_4 = Natriumsulfat): verhindert Resorption von Na-Ionen ⇒ osmotische Diarrhoe; **UW:** Übelkeit, Völlegfühl, Erbrechen, Magenkrämpfe, Reizung des Darmausgangs; **KI:** Ileus, V.a. Ileus, GI-Obstruktion oder Perforation, hochfloride Kolitis, tox. Megacolon, Entleerungsstrg. des Magens, Bewusstseinsstrg. mit Aspirationsneigung

Citronensäure + Magnesiumoxid + Natriumpicosulfat OTC	
Citrafleet *Btl. 12g+3.5g+10mg* **Picoprep** *Btl. 12g+3.5g+10mg*	**Koloskopie-Vorbereitung:** 1Btl. in 150ml Wasser lösen; am Vortag um 8 Uhr und 6–8h später je 1 Btl. trinken; Picoprep: **Ki. 1–2J:** 2 x 1/4 Btl.; **2–4J:** 2 x 1/2 Btl.; **4–9J:** 1Btl. morgens, 1/2Btl. nachmittags; > **9J:** s. Erw.
Kaliumsulfat + Magnesiumsulfat + Natriumsulfat OTC	
Eziclen *2 x Konzentrat 3.13+3.28+17.51g/176ml*	**Koloskopie-Vorbereitung:** Konzentrat mit Wasser auf 0.5l auffüllen; am Vortag um 18 u. 20Uhr 0.5l Lösung + jeweils 1l klare Flüssigkeit trinken; auch 2-d-Schema möglich, s. FI
Macrogol + Na_2SO_4 + $NaHCO_3$ + NaCl + KCl OTC	
Delcoprep *Lsg. (1l = 59+12.88+1.68+1.46+0.75g)* **Klean Prep** *Btl. 59+5.68+1.68+1.46+0.74g*	**Koloskopie-Vorbereitung:** 1Btl. in 1l Wasser lösen; 3–4l über 4–6h trinken
Macrogol + Na_2SO_4 + NaCl + KCl + Ascorbinsäure + Natriumascorbat OTC	
Moviprep *Lsg. (1l = 100+7.5+2.69+1.01+4.7+5.9g)* **Plenvu** *(Dosis 1: 100g Macrogol + 9g Na_2SO_4 + 2gNaCl + 1g KCl; Dosis 2: Btl. A: 40g Macrogol + 3.2g NaCl + 1.2g KCl; Btl. B: 7.54g Ascorbins. + 4.11g Na-Ascorbat)*	**Koloskopie-Vorbereitung:** Moviprep: Btl. A und B in 1l Wasser lösen; 2l über 2–4h trinken, zusätzl. 1l klare Flüssigkeit trinken; Plenvu: Dosis 1 + 2 je in 500ml Wasser lösen und innerhalb 30min trinken, dann jeweils 500ml klare Flüssigkeit innerhalb 30min trinken
Macrogol + $NaHCO_3$ + NaCl + KCl OTC	
Endofalk Classic *Btl. 52.5+0.71+1.4+0.18g*	**Koloskopie-Vorbereitung:** 2 Btl. in 1l Wasser lösen; 3–4l über 4–6h trinken

4.6 Karminativa

Wm/Wi: Oberflächenspannung ↓ ⇒ entschäumend, antimeteoristisch; **UW/KI:** keine

Simeticon OTC	
Endo-Paractol *Susp. (1ml = 5mg)* **Espumisan** *Kautbl. 40mg; Kps. 40mg; Emulsion (1ml = 40mg)* **Lefax** *Kautbl. 41, 100mg; Kps. 250mg; Granul. 250mg; Gtt. (1ml = 40mg); Susp. (5ml = 40mg)* **sab simplex** *Kautbl. 80mg; Gtt. (25Gtt. = 69mg)* **Simethicon-ratioph.** *Kautbl. 85mg*	**Meteorismus:** 3–4 x 40–240mg p.o.; **Sgl.:** 15Gtt. zu jeder Flaschennahrung; **Kleinki.:** 3–4 x 15 Gtt. p.o.; **Schulki.:** 4–6 x 20–30 Gtt; **Spülmittelintoxikation:** 5–20ml Suspension p.o.; **Ki.:** 2.5–10ml Suspension; **Vorbereitung vor Gastroskopie:** Endo-Paractol: 10ml p.o.; **DANI** nicht erf.

4.7 Antidiarrhoika

Wm/Wi (Loperamid, Morphin): Stimulation peripherer Opiatrezeptoren ⇒ Hemmung der Peristaltik; **Wm/Wi** (Carbo medicinalis): Adsorption von Bakterientoxinen; **Wm/Wi** (Racecadotril): Hemmung der Enkephalinase ⇒ Enkephalinabbau ↓ ⇒ antisekretorisch; **UW** (Loperamid): Kopfschmerzen, Müdigkeit, Schwindel, Mundtrockenheit, Nausea; **UW** (Morphin): Schläfrigkeit, Schwindel, Miosis, Bronchospasmus, abgeschwächter Husten, Obstipation, Mundtrockenheit, Übelkeit, Erbrechen, Harnretention, Asthenie; **UW** (Racecadotril): Kopfschmerzen, Übelkeit, Erbrechen, Fieber, K^+ ↓, Ileus, Bronchospasmus; **KI** (Loperamid): Ileus, Ki. < 2J, Grav./Lakt.; **KI** (Morphin): bek. Überempf., Opiatabhängigkeit, Glaukom, schwere LI/NI, Delirium tremens, schwere Kopfverletzung, Risiko eines paralyt. Ileus; **KI** (Racecadotril): Sgl. < 3M, Nieren-/Leberfkt. ↓, Laktoseintoleranz, Glukose-Galaktose-Malabsorption, Saccharase-Isomaltase-Mangel; **KI** (Saccharomyces boulardii): Überempf. gegen Hefe, lebensbedrohl. Erkr., Pat. mit geschwächter Immunabwehr, Pat. mit liegend. ZVK, Säugl./Ki. < 2J

Carbo medicinalis OTC	
Kohle-Compretten *Tbl. 250mg* **Kohle Hevert** *Tbl. 250mg* **Kohle Pulvis** *Pulver 10g* **Ultracarbon** *Granulat 50g*	**Diarrhoe:** 3–4 x 500–1000mg p.o.; **Ki.:** 3–4 x 250–500mg p.o.; **Vergiftungen:** 50g in 400ml H_2O suspendieren ⇒ p.o. oder über Magensonde
Loperamid Rp/OTC	HWZ 7–15h, Qo 1.0, PRC B, Lact +
Imodium *Lingualtbl. 2mg; Kps. 2mg; Lsg. (1ml = 0.2mg)* **Lopedium** *Tbl. 2mg; Brausetbl. 2mg; Kps. 2mg* **Loperamid-ratioph., Loperhoe** *Tbl. 2mg* **Loperamid Stada** *Kps. 2mg; Lsg. (1ml = 2mg)*	**Akute Diarrhoe:** ini 4mg p.o., nach jedem Durchfall 2mg, max. 16mg/d; **Ki. 2–8J:** 0.04mg/kg/d p.o.; > **8J:** ini 2mg p.o.; max. 8mg/d; **chronische Diarrhoe:** 4mg/d p.o.; **DANI** nicht erf.; **DALI** vorsichtige Anw.
Morphin Rp (Btm)	HWZ 2.5h, Qo 0.9(0.3) PPB 20-35%
Dropizol *Gtt. (20 Gtt. = 10mg)*	**Schwere Diarrhoe:** 2-3 x 5-10 Gtt. p.o., max. 10mg ED bzw. 60mg/d; **DANI, DALI** KI bei schwerer NI/LI
Racecadotril Rp/OTC	HWZ 3h, PPB 90%
Diaverde, Vaprino *Kps. 100mg* **Tiorfan** *Kps. 100mg; Granulat 10, 30mg*	**Akute Diarrhoe:** 3 x 100mg p.o. für max. 7d; **Ki. > 3M:** 3 x 1.5mg/kg p.o. (5–7d)
Saccharomyces boulardii OTC	
Eubiol *Kps. 375mg* **Perenterol** *Kps. 50, 250mg; Btl. 250mg* **Perocur forte, Yomogi** *Kps. 250mg*	**Akute Diarrhoe, Reisediarrhoe-Pro.:** 3 x 100–200mg p.o.; 1–2 x 250mg p.o.; 1 x 375mg p.o.; **Ki.** > **2J:** s. Erw.; **chronische Akne:** 2 x 375mg p.o.
Smektit OTC	
Colina *Btl. 3g*	**Diarrhoe, funkt. Magen-Darm-Störung:** 3 x 3–6g p.o.; **Ki. < 2J:** 1–2 x 3g; **Ki.** > **2J:** 2–3 x 3–6g

4.8 Lebertherapeutika

Wm/Wi: (Ornithinaspartat): Ammoniakentgiftung ↑ über günstige Beeinflussung der Harnstoff- und Glutaminsynthese; **UW:** (Ornithinaspartat): keine sehr häufigen bzw. häufigen UW; **KI:** (Ornithinaspartat): bek. Überempf., schwere Nierenfunktionsstörung

Ornithinaspartat OTC	HWZ 0.3-0.4h
Hepa Merz *Granulat 3000, 6000mg; Inf.Lsg. 5g/10ml* **Hepa-Vibolex** *Btl. 5000mg*	**Latente/manifeste hep. Enzephalopathie:** 3 x 3000-6000mg p.o.; 20g/d i.v., max.5g/h; bei beginn. **Bewusstseinsstrg./Koma:** 40g/d; **DANI** Krea > 3mg/dl KI; **DALI** nicht erf.

4.9 Gallensäuren, Gallensäureregulatoren

Wm/Wi (Obeticholsäure): Agonist am Farnesoid-X-Rezeptor ⇒ ↓ der de-novo-Gallensäuresynthese, Förderung der Cholerese ⇒ Verminderung des zirkulierenden Gallensäurepools; **Wm/Wi** (Ursodeoxycholsäure/UDC): Hemmung d. biliären Cholesterinsekr. u. intest. Cholesterinresorption, Hemmung der HMG-CoA-Reduktase ⇒ Cholesterinsynthese ↓, Auflösung von Cholesterinsteinen; relativer Austausch lipophiler, detergentienartig wirkender, toxischer Gallensäuren gegen die hydrophile, zytoprotektive, untoxische Ursodesoxycholsäure ⇒ Verbesserung der sekretor. Leistung der Leberzelle, Einfluss auf immunregulat. Prozesse; **UW** (Obeticholsäure): Pruritus, Bauchschmerzen, Müdigkeit, Schilddrüsenfktsstrg. Schwindel, Herzklopfen, Schmerzen im Mund- und Rachenraum, Obstipation, Ekzem, Hautausschlag, Gelenkschmerz, periph. Ödem, Fieber; **UW** (UDC): Durchfall, schw. rechtsseitige Oberbauchschmerzen, Verkalkung von Gallensteinen, Dekompensation einer Leberzirrhose, Urtikaria; **KI** (Obeticholsäure): bek. Überempf., totaler Gallengangsverschluss; **KI** (UDC): Entzünd. der Gallenblase/-wege, Choledochus- oder Zystikusverschluss, gestörte Kontraktionsfähigkeit der Gallenblase, kalzifizierte Gallensteine, bek. Überempf., Grav./Lakt.

Obeticholsäure Rp	Q0 1.0, PPB 99%
Ocaliva *Tbl. 5, 10mg*	**Primär biliäre Cholangitis: Monotherapie oder Kombination mit UDC:** ini 1 x 5mg p.o., nach 6M 1 x 10mg; **DANI** nicht erf.; **DALI** Child A: 100%; B, C: ini 1x/W 5mg für 3M, dann je nach Ansprechen 2 x 5mg/W, ggf. 2 x 10mg/W

Ursodeoxycholsäure (UDC) Rp	HWZ 3.5-5.8d
UDC AL *Tbl. 250mg* **Urso** *Tbl. 250, 400mg* **Ursochol** *Tbl. 150, 300mg* **Ursofalk** *Tbl. 500mg; Kps. 250mg; Susp. (5ml = 250mg)*	**Auflösung von Cholesteringallensteinen (bis 15mm):** 10mg/kg p.o.; **Gallenrefluxgastritis:** 1 x 250mg p.o.; **primär biliäre Cholangitis:** 10-15mg/kg p.o.; **hepatobiliäre Erkr. bei zystischer Fibrose: Ki. 6-18J:** 20mg/kg/d p.o. in 2-3 ED, ggf. 30mg/kg/d

4.10 Verdauungsenzyme

Pankreatin OTC	PRC C, Lact ?
Cotazym *Kps. 20000, 30000, 40000E** **Kreon** *Kps. 10000, 25000, 40000E** **Kreon f. Kinder** *Granulat (1 Messl. = 5000E*)* **Ozym** *Kps. 10000, 20000, 40000E** **Pangrol** *Kps. 10000, 25000, 40000E*; Tbl. 20000E** **Pankreatin Mikro-ratioph.** *Kps. 20000E** **Panzytrat** *Kps. 10000, 25000, 40000E*; Pellets (1 Messl. = 20000E*)*	**Bei exokriner Pankreasinsuffizienz:** mind. 25000–40000E zu den Hauptmahlzeiten, mind. 10000–25000E zu den Nebenmahlzeiten; Faustregel: pro Gramm Nahrungsfett ca. 2000E Lipase; **Störung der Pankreasfunktion bei Mukoviszidose: Sgl.:** 5000E zu jeder Mahlzeit, nach Bedarf steigern, max. 20.000E/kg
Pankreatin + Simeticon (Dimeticon) OTC	
Enzym Lefax *Kautbl. 2100E*+41.2mg; Kps. 10500E*+40mg*	**Verdauungsstörung, Meteorismus bei exokriner Pankreasinsuffizienz:** 3 x 1–2 Kautbl. p.o.; 2–4 Kps. zu jeder Mahlzeit
Meteozym *Tbl. 15000E* + 100mg*	Ind. s. oben: 1–2 Tbl. zu jeder Mahlzeit p.o.
** Gehalt an Triacylglycerollipase*	

4.11 Aminosalicylate

Wm/Wi (Mesalazin): Beeinflussung der Prostaglandinbiosynthese, Hemmung der Leukotrien-Bildung ⇒ lokal antiphlogistisch; **Wi** (Sulfasalazin): antiinflammatorisch, immunsuppressiv, bakteriostatisch; **UW** (Mesalazin): Flatulenz, Kopfschmerzen, Nausea; **UW** (Sulfasalazin): Folsäuremangelanämie, Leukopenie, Kopfschmerzen, Schwindel, Geschmacksstrg., Husten, Nausea, Bauchschmerzen, Appetitlosigkeit, Dyspepsie, Magenbeschwerden, Proteinurie, Arthralgie, Exantheme, Pruritus, Müdigkeit, Fieber, Schlaflosigkeit, Konzentrationsstrg., Leberenzyme ↑, reversible Oligospermie; **KI** (Mesalazin): bek. Überempf., schwere Leber-/Nierenfunktionsstörung, bestehendes Ulcus ventriculi/duodeni, hämorrhagische Diathese, Cave in Grav./Lakt. (absolute KI in letzten 2W!); **KI** (Sulfasalazin): bek. Überempf., Erkr. der blutbildenden Organe, akute intermitt. Porphyrie, schwere NI/LI, Glucose-6-Phosphat-Dehydrogenase-Mangel, Leuko-/Thrombozytopenie, Ileus, Erythema exsudativum multiforme (auch anamnest.)

Mesalazin (= 5-ASA) Rp	HWZ 0.5–2.4(6–9)h, Q_0 0.75, PPB 43%
Asacol *Tbl. 400, 800, 1600mg* **Claversal** *Tbl. 500mg; Pellets 1.5g; Supp. 250, 500mg; Klysma 4g; Rektalschaum (5g enth. 1g)* **Mesalazin Kohlpharma** *Tbl. 500mg; Supp. 500mg; Rektalschaum (5g enth. 1g)* **Mesavancol** *Tbl. 1.2g* **Mezavant** *Tbl. (ret.) 1.2g* **Pentasa** *Tbl. 500(ret.), 1000(ret)mg; Granulat 1(ret.), 2(ret.), 4(ret.)g; Supp. 1g; Klysma 1g* **Salofalk** *Tbl. 250, 500mg, 1g; Gran. 500(ret.), 1000(ret.), 1500(ret.), 3000(ret.)mg; Supp. 250, 500, 1000mg; Klysma 2, 4g; Rekt.sch. (5g enth. 1g)*	**Chron. entzündl. Darmerkr.:** akuter Schub: 3 x 400–1000mg p.o.; 1–2 x 2g p.o.; 1 x 1.5–4.8g(ret.) p.o.; 3 x 250–500mg rekt.; 1 x 1g rekt.; Klysma: 1 x 1–4g rekt. z.N.; Rektalschaum: 1 x 2g rekt.; Rezidivpro. 1500mg/d p.o.; 0.75–1g rekt.; **Ki.:** akuter Schub 30–50mg/kg/d p.o., max. 75mg/kg/d; >6J.: 1–1,5g/d rekt.; Rezidivpro. 15–30mg/kg/d p.o.; > 6J. 0.75–1g rekt.; **DANI/DALI** KI bei schwerer Nieren- bzw. Leberinsuffizienz

Olsalazin Rp	HWZ 0.9h, PRC C, Lact ?
Dipentum *Kps. 250mg; Tbl. 500mg*	**Colitis ulcerosa:** Akuttherapie: 3 x 500–1000mg p.o.; Rezidiv-Pro.: 2 x 500mg; **DANI/DALI** KI bei schwerer NI/LI

Sulfasalazin Rp	HWZ 7.6h, PPB > 95%, PRC B, Lact ?
Azulfidine *Tbl. 500mg* **Colo-Pleon** *Tbl. 500mg* **Salazopyrine** *Tbl. 500mg*	**Colitis ulcerosa, M. Crohn:** Akut: 3–4 x 1g p.o.; Rezidiv-Pro.: 2 x 1–1.5g p.o.; 2 x 500–1000mg rekt.; **Ki.:** ini 40–60mg/kg, Erh.Dos. 30–40mg/kgKG p.o. in 3–4ED; **DANI/DALI** KI bei schwerer NI/LI

4.12 Glukokortikoide

Wm/Wi (Budesonid): Induktion spezifischer Proteine ⇒ Hemmung der Phospholipase A2 ⇒ verhindert Bildung entzündungsauslösender Mediatoren ⇒ antientzündlich, antiallergisch, antiexsudativ, antiödematös; **UW** (Budesonid): cushingoid, Dyspepsie, Mukelkrämpfe, Palpitationen, Nervosität, Schlaflosigkeit, Verschwommensehen, Exantheme, Urtikaria, Menstruationsstrg., $K^+ \downarrow$; **UW** (rektal): Brennen im Enddarm, Schmerzen; **KI** (Budesonid): bek. Überempf., lokale Infekt. des Darms, Leberzirrhose, portale Hypertension

Betamethason Rp	Q_0 0.95
Betnesol *Lsg. (100ml = 5mg)*	**Colitis ulcerosa:** 1 x 5mg rekt. für 2–4W

Budesonid Rp	HWZ 2–3h, Q_0 1.0, PPB 90%, PRC C, Lact ?
Budenofalk *Kps. 3mg; Granulat 9mg; Rektalschaum 2mg/Hub* **Cortiment MMX** *Tbl. 9(ret.)mg* **Entocort Kapseln** *Kps. 3(ret.)mg* **Entocort rektal** *Klysma 2.3mg* **Intestifalk** *Kps. 3mg; Granulat 9mg; Rektalschaum 2mg/Hub* **Jorveza** *Schmelztbl. 0.5, 1mg*	**M. Crohn, mikroskopische Kolitis:** 1 x 9mg oder 3 x 3mg p.o.; **Autoimmunhepatitis:** 3 x 3mg p.o., nach Erreichen einer Remission 2 x 3mg; **Colitis ulcerosa:** Cortiment zur Remissionsinduktion, wenn Mesalazin nicht ausreicht: 1 x 9mg p.o. für max. 8W; Entokort rektal: 1 x 2.3mg rekt. für 4-8W; **eosinophile Ösophagitis:** Jorveza 2 x 1mg p.o. für 6 W, ggf. 12W; Erh.Dos. 2 x 0.5-1mg; **DANI** schwere NI: Anw. nicht empf.; **DALI** vorsicht. Anw.; KI bei Leberzirrhose

Hydrocortison Rp	HWZ 1–2h, Q_0 1.0, PRC C, Lact –
Colifoam *Schaum (1g enth. 90mg)*	**Proktosigmoiditis bei M. Crohn, Colitis ulcerosa:** 1–2 x 90mg rekt., nach 2W 1 x 90mg

4.13 Stammzellen

Wm/Wi: humane, allogene mesenchymale Stammzellen ⇒ Proliferationshemmung aktivierter Lymhpozyten, Redukt. proinflammatorischer Zytokine in Fisteln; **UW:** Analabszess, Proktalgie, Analfistel, eingriffsbed. Schmerzen; **KI:** Überempf. gegen DD. bzw. Rinderserum

Darvadstrocel Rp	
Alofisel *Lsg. 30 Mio Zellen/6ml*	**Komplexe perianale Fisteln bei M. Crohn:** lokale Anw. von 120 Mio Zellen in bis zu 3 Fistelöffnungen, s.a. FI; **DANI, DALI** nicht erf

4.14 Antikörper bei CED

Adalimumab → 229

Golimumab → 231

Infliximab → 231

Ustekinumab → 393

Vedolizumab → 232

4.15 Antiemetika, Antivertiginosa

4.15.1 H_1-Antihistaminika

Wm/Wi: kompetitive Hemmung zentraler Histaminrezeptoren ⇒ antiemetisch;
UW: Somnolenz, Benommenheit, Schwindel, Muskelschwäche, Mundtrockenheit, Tachykardie, Sehstrg., Miktionsstörungen, Glaukom, Magen-Darm-Beschwerden, Stimmungsschwankungen;
KI: bekannte Überempfindlichkeit, akuter Asthma-Anfall, Engwinkelglaukom, Phäochromozytom, Porphyrie, Prostatahyperplasie mit Restharn, Epilepsie, Eklampsie

Dimenhydrinat Rp/OTC — HWZ 5–10h, Q0 > 0.7, PPB 99%, PRC B, Lact +

Dimenhydrinat AL *Tbl. 50mg* **Reisegold, Reisetabletten-ratioph.,** **Rodavan S** *Tbl. 50mg* **Superpep** *Tbl. 50mg; Kautbl. 20mg* **Vertigo-Vomex** *Kps. 120(ret.)mg* **Vomacur** *Tbl. 50mg; Supp. 40, 70mg* **Vomex A** *Lingualtbl. 50mg, Tbl. 50, 200(ret.)mg; Kps. 150(ret.)mg; Supp. 40, 70, 150mg; Saft (10ml = 33mg);* *Amp. (i.v.) 62mg/10ml, (i.m.) 100mg/2ml*	**Reisekrankheit:** Pro.: 3 x 20–50mg p.o.; 2 x 200mg (ret.) p.o.; Ther.: 50–100mg p.o. alle 4h, max. 300mg/d; **Ki. 6–12J:** 5mg/kg p.o. in 4ED, max. 150mg/d; **Übelkeit, Erbrechen, zentrales vestibuläres Reizsyndrom:** 3–4 x 50–100mg p.o.; 2 x 120–200mg (ret.) p.o.; 3–4 x 80–150mg rekt.; 100–200mg i.m.; 62–124mg i.v.; **Ki.:** 1–2mg/kg i.v./i.m.; 6–15kg: 1–2 x 40mg rekt.; 15–25kg: 2–3 x 40mg rekt.; > 25kg: 2–4 x 40mg rekt.; 6–14J: 3 x 50mg p.o.

4.15.2 Partielle Histaminagonisten

UW: Magen-Darm-Unverträglichkeit, Übelkeit, Augenbrennen, Herzklopfen, Brustbeklemmungen, Kopfdruck, Hitzegefühl, Benommenheit, Nervosität, flüchtiger Hautausschlag;
KI: Asthma bronchiale, Phäochromozytom, Grav.

Betahistin Rp — PPB 1-5%

Betahistin AL *Tbl. 6, 12mg* **Betahistin-ratioph.** *Tbl. 6, 12mg* **Betavert** *Tbl. 6, 8, 12, 16, 24mg* **Vasomotal** *Tbl. 16, 24mg; Gtt. (1ml = 8mg)*	**Schwindelanfälle, M. Menière:** 3 x 6–16mg p.o.; 1–2 x 24mg

4.15.3 Prokinetika

Wm/Wi: Antagonismus an zentralen + peripheren Dopaminrezeptoren ⇒ stark antiemetisch und gastroprokinetisch;
UW/KI: s. motilitätssteigernde Mittel → 108

Alizaprid Rp	HWZ 3h, PPB 75%
Vergentan *Tbl. 50mg; Amp. 50mg/2ml*	**Übelkeit, Erbrechen bei Chemotherapie, Bestrahlung:** 30min vor + nach Chemother. jeweils 150mg p.o., dann 3 x 50mg; jeweils 100mg vor + 4h nach Chemother. i.v./i.m.; **DANI** CrCl < 10: 25%; < 50: 50%
Domperidon → 109	
Metoclopramid → 109	

4.15.4 Serotoninantagonisten

Wm/Wi (Granisetron, Ondansetron, Palonosetron): selektive Blockade zentraler 5-HT3-Rezeptoren ⇒ antiemetisch;
Wm/Wi (Netupitant): selektiver Antagonist an hum. Substanz P/Neurokinin 1-Rezeptoren ⇒ antiemetisch, insbes. bei verzögert einsetzender Nausea;
UW (Ondansetron): Kopfschmerzen, Wärmegefühl, Flush, Obstipation, lokale Irritation an Applikationsstelle; **UW** (Palonosetron + Netupitant): Kopfschmerzen, Obstipation, Ermüdung;
KI (Ondansetron): bek. Überempfindlichkeit, gleichzeitige Anw. v. Apomorphin;
KI (Palonosetron + Netupitant): bek. Überempfindlichkeit, Grav.

Granisetron Rp	HWZ 10–11h, Qo 0.85, PPB 65%, PRC B, Lact ?
Axigran *Amp. 1mg/1ml; Tbl. 2mg* **Granisetron HEXAL** *Tbl. 1, 2mg; Amp. 1mg/1ml, 3mg/3ml* **Granisetron-ratioph.** *Tbl. 1, 2mg; Amp. 1mg/1ml, 3mg/3ml* **Granisetron Stada** *Tbl. 2mg* **Kevatril** *Tbl. 2mg; Amp. 1mg/1ml, 3mg/3ml* **Kytril** *Amp. 3mg/3ml* **Sancuso** *TTS 3.1mg/24h*	**Übelkeit, Erbrechen bei Chemother.:** 1h vor Chemother. 2mg p.o.; vor Chemother. 1–3mg i.v., max. 3 x 3mg/d i.v.; **TTS:** 24–48h vor bis 24h nach Chemother. applizieren, max. 7d; **Ki.** > **1J:** 20µg/kg p.o. 1h vor Chemother., bis 2 x 20µg/kg p.o. für 5d; **> 2J:** 40µg/kg i.v. vor Chemother., ggf. zus. 2 x 20µg/kg i.v.; **DANI/DALI** nicht erforderlich

Ondansetron Rp	HWZ 3h, Qo > 0.8, PPB 70–76%, PRC B, Lact ?
Axisetron *Tbl. 4, 8mg; Lingualtbl. 4, 8mg; Amp. 4, 8mg* **Cellondan** *Tbl. 8mg; Amp. 4, 8mg* **Ondansetron Accord** *Amp. 4, 8mg* **Ondansetron HEXAL** *Tbl. 4, 8mg; Lingualtbl. 4, 8mg; Amp. 4, 8mg* **Ondansetron-ratioph.** *Tbl. 4, 8mg; Lingualtbl. 4, 8mg; Amp. 4, 8mg* **Zofran** *Tbl. 4, 8mg; Lingualtbl. 4, 8mg; Saft (5ml = 4mg); Amp. 4mg/2ml, 8mg/4ml*	**Übelkeit, Erbrechen bei Chemother.:** 1–2h vor Chemother. 8mg p.o., dann 2 x 8mg bis max. 5d; bei hochemetogener Chemother. ggf. bis 24mg p.o. + 12mg Dexamethason p.o.; 8mg vor Chemother. i.v., ggf. zusätzl. 2 x 8mg i.v.; bei hochemetogener Chemotherapie ggf. 16mg in 50-100ml NaCl 0.9% über 15min i.v +20mg Dexamethason i.v.; **Ki. 6M–17J:** ≤10kg: d1 bis 3 x 0.15mg/kg i.v., d2-6 2 x 2mg i.v. ; >10kg: d1 bis 3 x 0.15mg/kg i.v., d2-6 2 x 4mg i.v./p.o.; **postop. Übelkeit, Erbrechen:** 16mg p.o. 1h präop. od. 4mg i.v. bei Narkosebeginn; **Ki. 1M–17J:** 0.1mg/kgKG, max. 4mg i.v.; **DANI** nicht erf.; **DALI** max. 8mg/d p.o.

Palonosetron Rp	HWZ 40h, Qo 0.7, PPB 62%
Aloxi *Kps. 500µg; Inj.Lsg. 250µg/5ml* **Palonosetron HEXAL** *Inj.Lsg. 250µg/5ml* **Palonosetron Riboseph.** *Inj.Lsg. 250µg/5ml*	**Übelkeit, Erbrechen bei Chemother.:** einmalig 1h vor Chemother. 500µg p.o. oder 30min vor Chemother. 250µg i.v.; **DANI/DALI** nicht erf.

Netupitant + Palonosetron Rp	
Akynzeo *Kps. 300mg + 0.5mg*	**Pro. akut u. verzögert auftretender Übelkeit, Erbrechen bei mäßig/stark emetogener Chemother.:** einmalig 1h vor Chemother. 300mg+500µg p.o.; **DANI** HD: Anw. nicht empf.; **DALI** Child-Pugh ≥ 9: vorsichtige Anw.

Tropisetron Rp	HWZ 8h, Qo 0.9, PPB 71%
Navoban *Kps. 5mg; Amp. 2mg/2ml, 5mg/5ml*	**Übelkeit, Erbrechen bei Chemother.:** vor Chemother. 5mg i.v., dann 1 x 5mg p.o.; **Ki.:** 0.2mg/kg i.v.; **DANI/DALI** nicht erf.

4.15.5 Anticholinergika

Wm/Wi: Antagonist am Muscarinrezeptor ⇒ Parasympathikolyse, zentrale antiemetische Wi durch Hemmung der cholinergen Reizübertragung; **UW:** Mundtrockenheit, Mydriasis, Verschwommensehen, Glaukom; **KI:** Ki. bis 10J, Engwinkelglaukom

Scopolamin Rp	HWZ 1(4,5)h, Qo 0.9
Scopoderm TTS *TTS 1mg/72h*	**Reisekrankheit:** 1 Pflaster 5–6h oder am Abend vor Reiseantritt auf unbehaarte Haut hinter dem Ohr aufkleben; Wi-Dauer: bis 72h

4.15.6 Neuroleptika

Wm/Wi: wirkt hemmend auf dopaminerge Rez. in Area postrema, weder antihistaminerg noch anticholinerg ⇒ antiemetisch; **UW:** Benommenh., Hypotonie, Halluzinat., Epilepsie, Parkinson-S., Koma, QT ↑, Broncho-/Laryngospasmus; **KI:** Überempf. gg. Droperidol bzw. Butyrophenone, bek./vermutetes verläng. QT-Intervall, Hypokaliämie od. Hypomagnesiämie, Bradykardie (<55/min), zu Bradykardie führ. Begleitmed., Phäochromozytom, komatöse Zust., M. Parkinson, schw. Depress.

Droperidol Rp	HWZ 2h, Qo 0.99, PPB 85-90%
Droperidol Rotexmedica *Inj.Lsg. 2.5mg/1ml* **Ponveridol** *Inj.Lsg. 1.25mg/1ml* **Xomolix** *Inj.Lsg. 2.5mg/1ml*	**Postoperative Übelkeit/Erbrechen:** Pro. u. Ther.: 0.625–1.25mg i.v.; **Ki. > 2J:** 20–50µg/kg, max. 1.25mg; **DANI, DALI** max. 0.625mg; **morphininduzierte Übelkeit/Erbrechen:** Pro.: 15–50µg/mg Morphin, max. 5 mg/d

4.15.7 Neurokinin-1-Antagonisten

Wm/Wi: selektiver Antagonismus am Human-Substanz-P-Neurokinin-Rez. ⇒ antiemetisch; **UW** (Aprepitant), Fosaprepitant): Kopfschmerzen, Schluckauf, Appetitlosigkeit, Obstipation, Diarrhoe, Müdigkeit, Abgeschlagenheit Transaminasen ↑; **UW** (Rolapitant): Kopfschmerzen, Obstipation, Ermüdung: **KI** (Aprepitant), Fosaprepitant): bek. Überempf., Komb. mit Pimozid, Terfenadin, Astemizol, Cisaprid; **KI** (Rolapitant): bek. Überempf., Komb. mit Johanniskraut

Aprepitant Rp	HWZ 9-13h, Qo 1.0, PPB 97%
Aprepitant AL *Kps. 80, 125mg* **Aprepitant HEXAL** *Kps. 80, 125mg* **Aprepitant-ratioph.** *Kps. 80, 125mg* **Emend** *Kps. 80, 125mg; Btl. 125mg*	**Übelkeit, Erbrechen bei Chemotherapie:** 1h vor Chemother. 125mg p.o., d2+3 jeweils 1 x 80mg p.o.; Kombin. mit Dexamethason und 5-HT3-Antagonisten; **DANI** nicht erf.

Fosaprepitant Rp	HWZ 9-13h, Qo 1.0, PPB 97%
Fosaprepitant Hikma *Inj.Lsg. 150mg* **Fosaprepitant Stada** *nj.Lsg. 150mg* **Ivemend** *Inj.Lsg. 150mg*	**Übelkeit, Erbrechen bei Chemotherapie:** 150mg über 15min i.v. 30min vor Chemother. an d1; Kombin. mit Dexamethason u. 5-HT3-Antagonist; **DANI** nicht erf.; **DALI** vors. Anw.

Rolapitant Rp	HWZ 7d, PPB 99%
Varuby *Tbl. 90mg*	**Übelkeit, Erbrechen bei mäßig bis hoch emetogener Chemotherapie:** 180mg p.o. 2h vor Chemother. an d1; Kombination mit Dexamethason und 5-HT3-Antagonist; **DANI, DALI** vors. Anw. bei schwerer NI, LI

4.15.8 Cannabinoide

Wm/Wi: synthet. Variante von Tetrahydrocannabinol ⇒ antiemetisch; **UW:** Somnolenz, Vertigo, Euphorie, Ataxie, Sehstrg., Konzentrationsschwierigkeiten, Schlafstrg., Dysphorie, Kopfschmerzen, Hypotonie, Mundtrockenheit, Nausea; **KI:** bek. Überempf.

Nabilon Rp (Btm)	HWZ 2(5-10)h
Canemes *Kps. 1mg*	**Übelkeit, Erbrechen bei Chemotherapie:** 2 x 1-2mg p.o., max 6mg/d in 3 ED; **DANI** k.D., vors. Anw.; **DALI** schwere LI: Anw. nicht empf.

4.15.9 Kombination

Dimenhydrinat + Cinnarizin Rp	PPB (Cinnarizin) 80%
Arlevert *Tbl. 40+20mg* **Cinna/Dimen-neuraxpharm** *Tbl. 40+20mg*	**Schwindel verschiedener Genese:** 3 x 1 Tbl. p.o., max. 5 Tbl./d

4.16 Regulatorische Peptide

Wm/Wi (Lanreotid): Octapeptidanalogon des natürlichen Somatostatins, Hemmung der Wachstumshormonsekretion durch Bindung an Somatostatinrezeptoren, v.a. SSTR 2 und 5; **Wm/Wi** (Octreotid, Somatostatin): Hemmung d. Freisetzung von Wachstumshormon, Gastrin, Insulin u. Glucagon, Vasokonstr. im Splanchnikusbereich; **Wm/Wi** (Teduglutid): GLP-2-Analogon, Hemmung der Magensäuresekretion u. Darmaktivität, Darmzottenhöhe/Darmkryptentiefe ↑; **UW** (Lanreotid): Diarrhoe, Bauchschmerz, Nausea, Erbrechen, Dyspepsie, Flatulenz, Cholelithiasis, Kopfschmerzen, Müdigkeit, Sinusbradykardie, Hypo- und Hyperglykämie; **UW** (Octreotid): Übelkeit, Erbrechen, Diarrhoe, Bauchschmerzen, Hepatitis; **UW** (Somatostatin): ini Blutzucker ↓, Brechreiz, Hitzegefühl; **UW** (Teduglutid): Atemweginf., Kopf-/Bauchschmerzen, Blähungen, Übelkeit, Erbrechen, gastroint. Stomakomplik., periph. Ödem, Reakt. an Injektionsstelle, Grippe, Appetit ↓, Angstzustände, Schlafstrg., Parästhesie, kongestive Herzinsuff., Hitzegefühl, Dyspnoe, Husten, Pankreatitis, Darmverschluss, Cholestase, Cholezystitis, allerg. Dermatitis, Gelenkschmerzen, Nierenkolik, empfindl. Nierenlager, Brustschmerzen, nächtl. Schwitzen, CRP ↑;

KI (Lanreotid): bek. Überempf., Anw. in Grav./Lakt. nicht empf.; **KI** (Octreotid): Cave in Grav./Lakt.; **KI** (Somatostatin): peri- u. postnatal, Grav./Lakt.; **KI** (Teduglutid): bek. Überempf. gegen T. bzw. Tetracyclin, aktives/vermutetes Malignom, anamn. Malignom in GI-Trakt in vergang. 5J

Lanreotid Rp	HWZ 23-33d (s.c.)
Somatuline Autogel *Fertigspr. 60, 90, 120mg*	**Akromegalie, karzinoide Tumoren:** ini 60mg s.c., Wdh. alle 4W; nach 3M Dosisanp. je nach Wi bzw. GH- und IGF-1-Spiegel; **gastropankreatische neuroendokr. Tumore:** 120mg s.c., Wdh. alle 4W; **DANI, DALI** nicht erf.
Octreotid Rp	HWZ 1.5h, Qo 0.8, PPB 65%, PRC B, Lact ?
Sandostatin *Inj.Lsg. 0.05mg/1ml, 0.1mg/1ml, 0.5mg/1ml, 1mg/5ml; Pen 1500µg/3ml* **Sandostatin LAR Monatsdepot** *Inj.Lsg. 10(ret.)mg/2ml, 20(ret.)mg/2ml, 30(ret.)mg/2ml* **Octreotid HEXAL** *Inj.Lsg 0.05mg/1ml, 0.1mg/1ml, 0.5mg/1ml*	**Hormonaktive Tumoren des GI-Trakts:** ini 1-2 x 0.05mg s.c., dann ↑ bis 3 x 0.1-0.2mg, max. 3 x 0.5mg; 10-30mg (ret.) alle 4W i.m.; **Akromegalie:** ini 2-3 x 0.05-0.1mg s.c., Erh.Dos. 0.3mg/d, max. 1.5mg/d; 20-40(ret.)mg alle 4W i.m.; **Pro. postop. pankreat. Komplik.:** 3 x 0.1mg s.c. für 7d; **Hypophysenadenome mit TSH-Sekretion:** 3 x 100µg s.c.; 20mg (ret.) alle 4W i.m.; **DANI, DALI** nicht erf.
Somatostatin Rp	HWZ 1.1-3min
Somatostatin HEXAL *Inj.Lsg. 3mg* **Somatostatin Inresa** *Inj.Lsg. 3mg*	**Schwere gastrointestinale Blutung, stark sezernierende postop. Pankreasfisteln:** ini 3.5µg/kg in 1min. i.v., dann 3.5µg/kg/h i.v.
Teduglutid Rp	HWZ 2h
Revestive *Inj.Lsg. 1.25/0.5ml; 5mg/0.5ml*	**Kurzdarmsyndrom:** 1 x 0.05mg/kg s.c.; **DANI** CrCl < 50: 50%; **DALI** Child A, B: 100%; C: k. D.

4.17 Serotoninsyntheseinhibitoren

Wm/Wi (Telotristatethyl): Hemmung der Tryptophan-Hydroxylasen ⇒ Hemmung der Serotoninsynthese; **UW** (Telotristatethyl): Bauchschmerzen, gGT/aP/Transaminasen ↑, Müdigkeit, Appetit ↓, Kopfschmerzen, aufgeblähtes Abdomen, Obstipation, Flatulenz, periphere Ödeme, Pyrexie; **KI** (Telotristatethyl): bekannte Überempf.

Telotristatethyl Rp	HWZ 11h, PPB 99%
Xermelo *Tbl. 250mg*	**Karzinoid-Syndrom-bedingte Diarrhoe:** 3 x 250mg p.o.; **DANI** leichte-mäßige NI: vorsichtige Anw.; schwere NI, HD: Anw. nicht empfohlen; **DALI** Child A: evtl. 2 x 250mg; B: evtl. 1 x 250mg; C: Anw. nicht empfohlen

4.18 Hämorrhoidalmittel

Wm/Wi (Cinchocain, Lidocain): Lokalanästhetika ⇒ schmerzstillend; **Wm/Wi** (Bismut): Adstringentium ⇒ blutstillend, austrocknend, antiphlogistisch; **Wm/Wi** (Glukokortikoide): antiphlogistisch, antiinflammatorisch; **UW** (Glukokortikoide): Hautatrophie, Sekundärinfektionen; **KI** (Glukokortikoide): vorhandene lokale Infektionen

Cinchocain Rp	
Dolo Posterine N *Creme 25, 50, 100g (1g enth. 5mg); Supp. 6mg;* **Dolo Posterine Haemotamp** *Supp. mit Mulleinlage 6mg*	**Hämorrhoiden, Pruritus, Fissuren:** 2 x tgl. auftragen bzw. 2 x 1 Supp. rekt.
Hydrocortison Rp	
Postericort *Salbe (1g enth. 2.96mg); Supp. 2.96mg*	**Analekzem:** 2 x tgl. auftragen bzw. 2 x 1 Supp. rekt.; Ther.-Dauer max. 10d
Lidocain OTC	
Posterisan Akut *Salbe (1g enth. 50mg); Supp. 60mg*	**Hämorrhoiden, Fissuren, Proktitis:** 2–3 x tgl. auftragen bzw. 2 x 1 Supp. rekt.; max. 4g Salbe/Einzelanwendung
Fluocinonid + Lidocain Rp	
Jelliproct *Salbe (1g enth. 0.25+50mg); Supp. 0.25+60mg; Kombipackung (Supp. + Salbe)*	**Hämorrhoiden, Analekzem:** 2 x/d auftragen bzw. 2 x 1 Supp. rekt.; Ther.-Dauer max. 14d
Fluocortolon + Lidocain Rp	
Doloproct *Creme (1g enth. 1+20mg); Supp. 1+40mg*	**Hämorrhoiden, Proktitis:** ini bis 3 x/d auftragen bzw. 2–3 x 1 Supp. rekt., dann 1–2 x/d; Ther.-Dauer max. 14d
Bismutgallat + Titandioxid OTC	
Bismolan *Salbe*	**Hämorrhoiden mit Brennen, Juckreiz:** Salbe ein- oder mehrmals tgl. auftragen;

4.19 Glyceroltrinitrat zur topischen Anwendung

Wm/Wi (Glyceroltrinitrat): Gefäßerweiterung ⇒ Durchblutung ↑ ⇒ bessere Abheilung; **UW** (Glyceroltrinitrat): Kopfschmerzen, Schwindelgefühl, Übelkeit, anales Brennen/Jucken; **KI** (Glyceroltrinitrat): bek. Überempf.; gleichzeitige Anw. anderer Nitraten, Sildenafil, Vardenafil, Tadalafil, orthostatischer Hypotonus, unbeh. Hypovolämie, erhöhter Schädelinnendruck, zerebrale Durchblutungsstrg., Migräne, Aorten- oder Mitralstenose, HOCM, konstriktive Perikarditis, Perikardtamponade, ausgeprägte Anämie, Engwinkelglaukom

Glyceroltrinitrat Rp	
Rectogesic *Salbe (1g enth. 4mg)*	**Chronische Analfissuren:** 2 x tgl. 2,5cm langen Salbenstrang auftragen

5 Nephrologie

5.1 Phosphatbinder

Wm (Sevelamer): Ca- u. Al-freies Polymer; **Wi** (alle): Hemmung d. enteralen Phosphatresorption; **UW** (Aluminiumchlorid-OH-Komplex): Obstipation, Ileus, Al-Einlagerung in Nerven/Knochen; **UW** (Lanthancarbonat): Bauchschmerzen, Obstipation, Diarrhoe, Dyspepsie, Blähungen, Übelkeit, Erbrechen, Hypokalzämie; **UW** (Calciumacetat): Hyperkalziämie, Aufstoßen, Blähungen, Übelkeit, Erbrechen, Obstipation, Diarrhoe; **UW** (Sevelamer): Schmerz, Übelkeit, Erbrechen, Diarrhoe, Obstipation, Dyspnoe; **UW** (Sucroferric-Oxyhydroxid): Diarrhoe, Stuhlverfärbung, Obstipation, Übelkeit, Erbrechen, Dyspepsie, Bauchschmerzen, Flautulenz, Zahnverfärbung;
KI (Aluminiumchlorid-OH-Komplex): manifeste Al-Intox.,
KI (Calciumacetat): bek. Überempf., Hyperkalziämie; **KI** (Lanthancarbonat): Hypophosphatämie, bek. Überempf.; **KI** (Sevelamer): Hypophosphatämie, Ileus, Cave in Grav./Lakt.;
KI (Sucroferric-Oxyhydroxid): bek. Überempfindlichkeit, Hämochromatose

Aluminiumchloridhydroxid-Komplex OTC	
Phosphonorm *Kps. 300mg*	**Hyperphosphatämie bei NI:** 3–6 x 300mg p.o.
Calciumdiacetat OTC	
Calcet *Tbl. 475, 900mg* **Calciumacetat** *Tbl. 475, 900mg* **Calciumacetat-Nefro** *Tbl. 500, 700, 950mg* **Calciumacetat Prorenal** *Tbl. 500mg* **Renacet** *Tbl. 475, 900mg*	**Hyperphosphatämie bei NI:** 2500-7000mg/d p.o. in mehreren ED zu den Mahlzeiten
Calciumdiacetat + Mg^{2+} OTC	
OsvaRen *Tbl. 435 + 60mg* **RenaMag** *Tbl. 435 + 55mg*	**Hyperphosphatämie bei NI:** 3-10 Tbl./d p.o. in mehreren ED zu den Mahlzeiten; max. 12 Tbl./d
Lanthancarbonat Rp	PRC C, Lact ?
Fosrenol *Kautbl. 500, 750, 1000mg, Btl. 750, 1000mg*	**Hyperphosphatämie bei NI:** nach Serumphosphat (mmol/l): 1.8–2.4: 750mg/d p.o., > 2.4–2.9: 1500mg/d, > 2.9: 2250mg/d
Sevelamer Rp	PRC C, Lact ?
Renagel *Tbl. 800mg* **Renvela** *Tbl. 800mg; Btl. 2.4g* **Sevelamer HEXAL** *Tbl. 800mg*	**Hyperphosphatämie bei NI:** nach Serumphosphat (mmol/l): 1.76–2.42: 3 x 800mg p.o., > 2.42: 3 x 1600mg
Sucroferric Oxyhydroxide Rp	
Velphoro *Tbl. 500mg*	**Hyperphosphatämie bei NI:** ini 3 x 1 Tbl. p.o. zu den Mahlzeiten, je n. P-Sp. ↑, max. 6 Tbl./d

5.2 Kationenaustauscher → 428
5.3 Eisen → 158
5.4 Erythropoetin → 159
5.5 Vitamin D → 162
5.6 Vitamin-D-Analoga → 162
5.7 Azidosetherapeutika → 321

6 Endokrinologie

6.1 Antidiabetika

6.1.1 Sulfonylharnstoffe

Wm: Blockade ATP-abhängiger K^+-Kanäle; **Wi:** Insulinfreisetzung aus Pankreas-Beta-Zellen ↑;
UW (Glibenclamid): Hypoglykämie, Gewichtszunahme; **UW** (Gliclazid): ohne Häufigkeitsangabe: Hypoglykämie, GI-Störungen, Anstieg der Leberenzyme, Rash, Pruritus, Urtikaria, Erythem, makulopapulöses Exanthem, bullöse Reaktionen, Blutbildveränderungen;
UW (Glimepirid): keine sehr häufigen oder häufigen UW;
UW (Gliquidon): Hypoglykämie, Gewichtszunahme;
KI (Glibenclamid): bekannte Überempfindlichkeit gegen Glibenclamid oder andere Sulfonylharnstoffe/Sulfonamide, Typ-1-D.m., diabetisches Koma, Ketoazidose, schwere Nieren- und Leberfunktionsstörung; gleichzeitige Anw. von Bosentan; Grav./Lakt.;
KI (Gliclazid): bekannte Überempfindlichkeit gegen Gliclazid oder andere Sulfonylharnstoffe/Sulfonamide, Typ-1-D.m., diabetisches Koma, Ketoazidose, schwere Nieren- und Leberfunktionsstörung; gleichzeitige Anwendung von Miconazol, Stillzeit;
KI (Glimepirid): bek. Überempf. gegen Glimepirid oder andere Sulfonylharnstoffe/Sulfonamide, insulinpflichtiger D.m., diabetisches Koma und Präkoma, Ketoazidose, schwere Nieren- und Leberfunktionsstörung;
KI (Gliquidon): bekannte Überempf. gegen Gliquidon oder andere Sulfonylharnstoffe/Sulfonamide, komplettes Sekundärversagen einer Sulfonylharnstofftherapie bei D.m. Typ 2; Typ-1-D.m., diabetisches Koma, Ketoazidose, schwere Nieren- und Leberfunktionsstörung

Glibenclamid Rp	HWZ 2-5h, Q0 1.0, PPB 99%
Amglidia *Susp. (1ml = 0.6mg, 1ml = 6mg)* **Glib-ratioph.** *Tbl. 1.75, 3.5mg* **Gliben-CT** *Tbl. 3.5mg* **GlibenHEXAL** *Tbl. 3.5mg* **Maninil** *Tbl. 1, 1.75, 3.5, 5mg*	**D.m. Typ 2:** ini 1.75-5mg/d p.o., steigern bis max. 10.5mg/d; **neonataler DM:** Amglidia: NG, Sgl., Ki.: ini 0.2mg/kg/d in 2 ED, steigern um 0.2mg/kg/d, max. 1mg/kg/d; **DANI** CrCl < 30: KI; **DALI** KI bei schwerer LI
Gliclazid Rp	**HWZ 12h, Q0 0.8, PPB 95%**
Diamicron Uno *Tbl. 60mg* **Gliclazid Axcount** *Tbl. 30mg*	**D.m. Typ 2:** ini 1 x 30mg p.o., ggf. steigern auf 1 x 60-120mg; **DANI** CrCl < 30: KI; **DALI** KI bei schwerer LI
Glimepirid Rp	HWZ 5-8h, Q0 1.0, PPB 99%, PRC C, Lact -
Amaryl *Tbl. 1, 2, 3, 4, 6mg* **Glimepirid-CT** *Tbl. 1, 2, 3mg* **Glimepirid HEXAL** *Tbl. 1, 2, 3, 4, 6mg* **Glimepirid Stada** *1, 2, 3, 4mg*	**D.m. Typ 2:** ini 1 x 1mg p.o. morgens, ggf. schrittweise steigern bis max. 6mg/d; **DANI** CrCl < 30: KI; **DALI** KI bei schwerer Leberinsuffizienz
Gliquidon Rp	HWZ 1.5h
Glurenorm *Tbl. 30mg*	**D.m. Typ 2:** ini 1 x 15, ggf. schrittweise steigern bis max. 120mg/d p.o.; **DANI** CrCl < 30: KI; **DALI** KI

6.1.2 Glinide

Wm: Blockade ATP-abhängiger K^+-Kanäle; **Wi:** Insulinfreisetzung aus Pankreas-Beta-Zellen ↑; **UW** (Nateglinid): Hypoglykämie, Nausea, Dyspepsie, abdom. Schmerzen; **UW** (Repaglinid): Hypoglykämie, grippeähnliche Symptome, Rücken-/Kopfschmerzen, Rhinitis, Bronchitis, abdominelle Schmerzen, Diarrhoe, Arthralgien; **KI** (Nateglinid): bek. Überempf., Typ-1-D.m., Ketoazidose, Grav./Lakt., schwere Lebererkr.; **KI** (Repaglinid): bek. Überempf., Typ-1-D.m., Ketoazidose, Grav./Lakt., schwere Lebererkr., gleichzeitige Einnahme von Gemfibrozil

Nateglinid Rp	HWZ 1,5h, Q0 > 0.8, PPB 98%
Starlix *Tbl. 60, 120mg*	**D.m. Typ 2, Komb. m. Metformin:** 3 x 60-120mg vor den Hauptmahlzeiten p.o., max. 3x180mg; **DANI** nicht erf.; **DALI** KI bei schw. LI

Repaglinid Rp	HWZ < 1h, PPB 98%, PRC C, Lact ?
Enyglid *Tbl. 0.5, 1, 2mg* **Novonorm** *Tbl. 0.5, 1, 2mg* **Prandin** *Tbl. 0.5, 1, 2mg* **Repaglinid HEXAL** *Tbl. 0.5, 1, 2, 4mg* **Repaglinid Stada** *Tbl. 0.5, 1, 2mg*	**D.m. Typ 2:** ini 0.5mg vor den Hauptmahlzeiten p.o., je nach BZ-Verlauf steigern bis 4mg, max. 16mg/d; **DANI** sorgfältige Dosiseinstellung; **DALI** KI bei schwerer LI

6.1.3 Biguanide

Wm (Metformin): Glukoseaufnahme in die Zelle ↑, nichtoxidativer Glukosemetabolismus ↑; **UW** (Metformin): Nausea, Erbrechen, Diarrhoe, Bauchschmerzen, Appetit ↓, Geschmacksveränd., Laktatazidose (sehr selten); **KI** (Metformin): bek. Überempf., diabet. Ketoazidose, diabet. Präkoma, NI (CrCl < 30); akute Zustände wie Dehydration, schwere Infektionen, Schock, die Nierenfkt. beeinträchtigen können; Erkr. wie dekomp. Herzinsuff., respirat. Insuff., frischer MI, Schock, die Gewebshypoxie bewirken können; LI, akute Alkoholintoxikation, Alkoholismus

Metformin Rp	HWZ 1.5-6.2h, Q0 < 0.1, PPB 0%, PRC B, Lact ?
Diabesin *Tbl. 500, 850, 1000mg* **Glucophage** *Tbl. 500, 850, 1000mg* **Juformin** *Tbl. 500, 850, 1000mg* **Metfoliquid Geriasan** *Lsg. (5ml = 1000mg)* **Metformin-ratioph.** *Tbl. 500, 850, 1000mg* **Metformin Dura** *Tbl. 500, 850, 1000mg* **Siofor** *Tbl. 500, 850, 1000mg*	**D.m. Typ 2:** 2-3 x 500-850mg p.o., max. 3 x 1g; **Ki. ab 10J.:** ini 1 x 500-850mg p.o., max. 2g/d in 2-3ED; **DANI** CrCl 45-59: ini 2 x 500mg, max. 2g/d; 44-30: ini 1 x 500mg, max. 1g/d; < 30: KI; **DALI** KI

6.1.4 Alpha-Glukosidase-Inhibitoren

Wm/Wi: Glukosidasehemmung ⇒ intestinale Glukosefreisetzung ↓; **UW:** Meteorismus, Bauchschmerzen, Diarrhoe; **KI:** bek. Überempf., CED mit deutlichen Verdauungs- und Resorptionsstörungen, Kolon-Ulzerationen: bei teilweisem Darmverschluss oder bei Pat. mit prädisponiertem Darmverschluss: Zustände, die sich durch eine vermehrte Gasbildung im Darm verschlechtern können (z.B. Roemheldscher Symptomenkomplex, größere Hernien, Verengungen und Geschwüre des Darms); schwere NI (CrCl < 25); schwere Leberfktstrg.

Acarbose Rp	HWZ 2h, PRC B, Lact ?
Acarbose AL *Tbl. 50, 100mg* **Acarbose Stada** *Tbl. 50, 100mg* **Glucobay** *Tbl. 50, 100mg*	**Zusatzther. bei D.m.:** ini 3 x 50mg p.o. vor Hauptmahlzeiten, ggf. steigern bis 3 x 100mg p.o., max. 3 x 200mg/d; **DANI** CrCl < 25: KI

6.1.5 GLP1-Agonisten

Wm/Wi (Exenatid, Liraglutid, Semaglutid): Inkretin-Mimetikum mit verschiedenen antihyperglykämischen Wirkungen des Glucagon-like-Peptide (GLP-1);
UW (Dulaglutid): Hypoglykämie, Übelkeit, Diarrhoe, Erbrechen, Bauchschmerzen, Appetit ↓, Obstipation, Meteorismus, Dyspepsie, abdominale Distension, gastroösophageale Refluxerkr., Aufstoßen, Fatigue, Sinustachykardie, AV-Block I°; **UW** (Exenatid): Übelkeit, Erbrechen, Diarrhoe, Hypoglykämie, Appetit ↓, Kopfschmerzen, Schwindel, Bauchschmerzen, Reflux, Schwitzen ↑, innere Unruhe; **UW** (Liraglutid): Übelkeit, Erbrechen, Diarrhoe, Obstipation, Bauchschmerzen, Dyspepsie, Kopfschmerzen, Nasopharyngitis, Hypoglykämie, Schwindel, Schlaflosigkeit, Geschmacksstörung, Cholelithiasis, Refluxkrankheit, Asthenie, Erschöpfung; **UW** (Semaglutid): Hypoglykämie (bei gleichzeitig. Anw. weiterer Antidiabetika) Übelkeit, Diarrhoe, Schwindel, Komplikationen b. diabet. Retinopathie, Erbrechen, Bauchschmerzen, abdominelles Spannungsgefühl, Obstipation, Dyspepsie, Gastritis, Refluxkrankheit, Eruktation, Flatulenz, Cholelithiasis, Erschöpfung, Gewichtsverlust, Erhöhung v. Lipase/Amylase;
KI (Exenatid, Liraglutid, Semaglutid): bek. Überempfindlichkeit

Dulaglutid	HWZ 4.6d PRC C Lact ?
Trulicity *Pen 0.75, 1.5mg*	**D.m. Typ 2 als Monother. oder in Komb. mit anderen Antidiabetika inkl. Insulin:** Monoth. 1 x/W 0.75mg s.c.; Komb. Ther. 1x/W 1.75mg; **DANI** CrCl ≥ 15: nicht erf.; CrCl < 15: Anw. nicht empf.; **DALI** nicht erf.
Exenatid Rp	HWZ 2.4h PRC C Lact ?
Bydureon *Inj.Lsg. 2mg, Pen 2mg* **Byetta** *Pen 5µg/Dosis, 10µg/Dosis*	**D.m. Typ 2 in Komb. mit Metformin, Sulfonylharnstoff, Thiazolidindion od. Metformin u. Sulfonylharnstoff od. Metformin u. Thiazolidindion: Byetta:** 2 x 5µg s.c. für 1M, dann ggf. 2 x 10µg, jeweils < 1h vor Mahlzeit; **Bydureon:** 1 x 2mg/W. s.c.; **DANI** CrCl > 50: nicht erf.; CrCl 30-50: Byetta: konservative Dosiseskalation von 5 auf 10µg; Bydureon: Anw. nicht empfohlen; < 30: Anw. nicht empf.; **DALI** nicht erf.
Liraglutid Rp-L/Rp	HWZ 13h, PPB 98%
Saxenda *Pen 18mg/3ml* **Victoza** *Pen 18mg/3ml*	**D.m. Typ 2 in Komb. mit Basalinsulin oder Metformin u./o. Sulfonylharnstoff oder Thiazolidindion:** ini 1 x 0.6mg s.c., nach 1W 1.2mg, ggf. nach 2W 1.8mg; **Gewichtsregulierung bei BMI ≥ 30 oder BMI 27-29 + mindestens 1 Erkrankung (Prädiabetes, D.m., Hypertonie, Dyslipidämie, obstr. Schlafapnoe):** Saxenda: W1: 1 x 0.6mg s.c., wöchentl. um 0.6mg steigern, ab W5: 1 x 3mg; **DANI** CrCl ≥ 30: nicht erf.; < 30: Anw. nicht empf.; **DALI** schwere LI: Anw. nicht empf.

Semaglutid Rp	HWZ 7d, PPB 99%
Ozempic *Pen 0.25mg/Dosis, 0.5mg/Dosis, 1mg/Dosis*	**D.m. Typ 2 Monoth. oder Kombination mit Metformin, Sulfonylharnstoff, Thiazolidindion od. Insulin od. Metformin u. Thiazolidindion:** 0.25mg/W s.c., nach 4W 1 x 0.5mg/W, ggf. nach 8W 1 x 1mg/W; **DANI** leichte bis mittelschwere NI: 100%; schwere NI: keine Daten, bei term. NI Anw. nicht empf.; **DALI** vors. Anw. bei schwerer LI

6.1.6 DPP-4-Inhibitoren

Wm/Wi (Saxagliptin, Sitagliptin, Vildagliptin): Dipeptidylpeptidase-4-Inhibitor ⇒ Spiegel aktiver Inkretin-Hormone (GLP-1, GIP) ↑ ⇒ glukoseabhängige Insulinfreisetzung aus Pankreas-Beta-Zellen ↑, Glukagonfreisetzung aus Pankreas-Alpha-Zellen ↓;
UW (Saxagliptin): Infektion der oberen Atemwege/Harnwege, Gastroenteritis, Sinusitis, Nasopharyngitis, Hypoglykämie, Kopfschmerzen, Erbrechen, periphere Ödeme;
UW (Sitagliptin): Kopfschmerzen, Obstipation, Schwindel, Hypoglykämie;
UW (Vildagliptin): Hypoglykämie, Tremor, Kopfschmerzen, Schwindel, Übelkeit;
KI (Saxagliptin): bek. Überempf. gegen S. bzw. andere DDP-4-Inhibitoren;
KI (Sitagliptin): bek. Überempf. Grav./Lakt.; KI (Vildagliptin): bek. Überempf.

Saxagliptin Rp	HWZ 2.5-3.1h, PRC B, Lact?
Onglyza *Tbl. 2.5, 5mg*	**D.m. Typ 2** als Monother. oder in Komb. mit Metformin, Sulfonylharnstoff, Thiazolidindion od. Insulin (mit/ohne Metformin): 1 x 5mg p.o.; **DANI** CrCl ≥ 45: 100%, < 45: 1 x 2.5mg; HD: Anw. nicht empfohlen; **DALI** leichte bis mäßige LI: vorsicht. Anw.; schwere LI: Anwendung nicht empfohlen

Sitagliptin Rp	HWZ 12.4h, PPB 38% PRC B Lact ?
Januvia *Tbl. 25, 50, 100mg* **Xelevia** *Tbl. 25, 50, 100mg*	**D.m. Typ 2** als Monotherapie (bei KI/ Unverträgl. von Metformin) oder kombiniert mit Metformin, Pioglitazone (mit oder ohne Metformin), Sulfonylharnstoffen (mit/ohne Metformin) oder Insulin (mit/ohne Metform.): 1 x 100mg p.o.; **DANI** CrCl ≥ 45: 100%, 30-44: 50mg, < 30, HD: 25mg; **DALI** leichte bis mäßige LI: 100%; schwere LI: k. D.

Vildagliptin Rp	HWZ 3h, Q0 0.7, PPB 9%
Galvus *Tbl. 50mg* **Jalra** *Tbl. 50mg*	**D.m. Typ 2:** als Monotherapie (bei KI oder Unverträgl. von Metformin) oder in Komb. mit Metformin, Pioglitazon (mit/ohne Metf.), Sulfonylharnstoffen (mit/ohne Metf.) oder Insulin (mit/ohne Metf.): 2 x 50mg p.o.; **DANI** CrCl ≥ 50: 100%, < 50: 1 x 50mg; **DALI** Anw. nicht empf.

6.1.7 DPP-4-Inhibitor-Kombinationen

Saxagliptin + Metformin Rp

Komboglyze *Tbl. 2.5 + 850mg, 2.5 + 1000mg*	**D.m. Typ 2:** 2 x 2.5+850-1000mg p.o., Komb. mit Insulin oder Sulfonylharnstoff möglich; **DANI** CrCl ≥ 60: 100%; 45-59: MTD 5+2000mg; 30-44: max. 2.5+1000mg/d; < 30: KI; **DALI** KI

Sitagliptin + Metformin Rp

Janumet *Tbl. 50+850mg, 50+1000mg* **Velmetia** *Tbl. 50+850mg, 50+1000mg*	**D.m. Typ 2:** 2 x 50+850-1000mg p.o., Komb. mit Sulfonylharnstoff, Thiazolidindion oder Insulin mögl.; **DANI** CrCl ≥ 60: 100%; 45-59: max. 5+2000mg/d; 30-44: max. 2.5+1000mg/d; < 30: KI; **DALI** KI

Vildagliptin + Metformin Rp

Eureas *Tbl. 50+850mg, 50+1000mg* **Icandra** *Tbl. 50+850mg, 50+1000mg*	**D.m. Typ 2:** 2 x 50+850-1000mg p.o., Komb. mit Sulfonylharnstoff, Thiazolidindion oder Insulin mögl.; **DANI** CrCl ≥ 60: 100%; 45-59: max. 50+2000mg/d; 30-44: max. 50+1000mg/d; < 30: KI; **DALI** KI

6.1.8 Glitazone und Kombinationen

Wm/Wi (Glitazone) = Thiazolidindione = Insulinsensitizer: spezif. Bindung an Peroxisome Proliferator Activated(PPA)-Rezeptor in Insulinzielgeweben ⇒ verbesserte Insulinwirkung ⇒ zelluläre Glukoseaufnahme ↑, hepatische Glukoneogenese ↓; **UW:** Kombination mit Metformin: Anämie, Hypo-/Hyperglykämie, Kopf-/Bauchschmerzen, Durchfall, Übelkeit, Müdigkeit, Ödeme, Kombination mit Sulfonylharnstoff, Anämie, Thrombopenie, Hypo-/ Hyperglykämie, Gewicht ↑, Ödeme; **KI** (Pioglitazon): bek. Überempf., Herzinsuff. (auch i.d. Anamnese), eingeschränkte Leberfkt., diabetische Ketoazidose

Pioglitazon Rp — HWZ 3-7 h, Q0 > 0.8, PPB 99%, PRC C, Lact ?

Actos *Tbl. 15, 30, 45mg* **Pioglitazon Aurobindo** *Tbl. 15, 30, 45mg*	**D.m. Typ 2:** 1 x 15-30mg p.o., max. 45mg/d; Monother. oder Kombination mit Metformin und/oder Sulfonylharnstoff oder Insulin; **DANI** CrCl > 4: 100%; HD: KI; **DALI** KI

Pioglitazon + Metformin Rp

Competact *Tbl. 15+850mg*	**D.m. Typ 2:** 2 x 15+850mg p.o.; **DANI** CrCl ≥ 45: 100%; 30-44: max. 15+850mg/d; < 30: KI; **DALI** KI

6.1.9 SGLT-2-Inhibitoren

Wm/Wi (Dapagliflozin, Empagliflozin): sel. revers. Inhibitor des renalen Natrium-Glucose-Cotransporters 2 ⇒ renale Glucose-Reabsorption ↓ ⇒ Glucose-Ausscheidung mit Harn ↑ ⇒ Nüchtern- u. postprandialer Plasma-Glukosespiegel ↓, zusätzl. osmotisch diuret. Effekt; **UW** (Dapagliflozin): Inf. Genitalbereich, Harnwegsinfekte, Hypoglykämie, Rückenschmerzen, Dysurie, Polyurie, Dyslipidämie, Hämatokrit ↑; **UW** (Empagliflozin): Hypoglykämie (bei Komb.-Ther.), vaginale Moniliasis, Vulvovaginitis, Balanitis, genitale Infektionen, Harnwegsinfekt, Pruritus, Harnausscheidung ↑; **KI** (Dapagliflozin, Empagliflozin): bek. Überempf.

Dapagliflozin Rp	HWZ 13 h, PPB 91%
Forxiga *Tbl. 5, 10mg*	**D.m. Typ 2:** 1 x 10mg p.o. Monother. od. Komb. mit and. Antidiabetika; **D.m. Typ 1** in Ergänz. zu Insulin bei Pat. mit BMI ≥ 27 kg/m² bei unzureich. BZ-Kontr.: 5mg/d (Beh. nur v. Spezialisten) **DANI** CrCl > 60: 100%, < 60: Anw. nicht empf.; **DALI** Child-Pugh A, B: 100%; C: ini 1 x 5mg/d; **Herzinsuffizienz:** 1 x 10mg p.o.; **DANI** nicht erforderl.; **DALI** s.o.

Empagliflozin Rp	HWZ 12 h, PPB 86%
Jardiance *Tbl. 10, 25mg*	**D.m. Typ 2:** 1 x 10mg p.o. Monother. od. Komb. mit anderen Antidiabetika; ggf. steigern auf 1 x 25mg p.o.; **DANI** CrCl > 60: 100%, 45-60: 1 x 10mg; < 45: Anw. nicht empf.; **DALI** Child-Pugh A, B: 100%; C: Anw. nicht empf.; **Herzinsuffizienz:** 1 x 10mg p.o.; **DANI** CrCl ≥ 20: 100%; < 20: Anw. nicht empf.; **DALI** s.o.

6.1.10 SGLT-2-Inhibitor-Kombinationen

UW (Dapagliflozin + Metformin): Vulvovaginitis, Balanitis, Inf. in Genitalbereich, Harnweginf., Hypoglykämie, Geschmacksstrg., gastrointest. Symptome, Rückenschmerzen, Dysurie, Polyurie, Dyslipidämie, Hämatokrit ↑; **UW** (Empagliflozin + Linagliptin): Harnweginf, vag. Candidiasis, Vulvovaginitis, Balanitis, genit. Infektionen, Nasopharyngitis, Hypoglykämie, Durst, Husten, Exanthem, Pruritus, Polyurie, Lipase/Amylase ↑; **UW** (Ertugliflozin + Sitagliptin): vulvovag./genit. Pilzinf. bei Frauen, vulvovag. Pruritus; Balanitis, and. genit. Pilzinf. beim Mann; Hypoglykämie, Kopfschmerzen, Hypovolämie, Harndrang ↑, Durst, veränderte Serumlipide, Hb/BUN ↑; **KI** (Dapagliflozin+Metformin): bek. Überempf., diab. Ketoazidose, diab. Präkoma, moderate/schwere Nierenfktsstrg.; akute Erkr., die potenziell die Nierenfkt. beeinflusst (Dehydratation, schwere Inf., Schock); akute/chron. Erkr., die zur Gewebehypoxie führen kann (Herz-/Lungeninsuff., Myokardinfarkt, Schock), Leberfktsstrg., akute Alkoholvergiftung, Alkoholismus; **KI** (Empagliflozin + Linagliptin): bek. Überempf.; **KI** (Ertugliflozin + Sitagliptin): bek. Überempf.

Dapagliflozin + Metformin Rp	PRC C, Lact ?
Xigduo *Tbl. 5+850, 5+1000mg*	**D.m. Typ 2:** 2 x 5 + 850-1000mg p.o. **DANI** CrCl > 60: 100%; < 60: KI; **DALI** KI

Empagliflozin + Linagliptin Rp	
Glyxambi *Tbl. 10+5, 25+5mg*	**D.m. Typ 2**: 1 x 10-25 + 5mg p.o., Komb. mit Insulin oder Sulfonylharnstoff mögl.; **DANI** CrCl > 60: 100%; 45-60: max. 10+5mg; < 45, HD: Anw. nicht empf.; **DALI** leichte bis mäßige LI: 100%; schwere LI: Anw. nicht empf.

Ertugliflozin + Sitagliptin Rp	
Steglujan *Tbl. 5+100, 15+100mg*	**D.m. Typ 2:** 1 x 5 + 100mg p.o., ggf. steigern auf 1 x 15 + 100mg; **DANI** CrCl ≥ 60: 100%; < 60: Anw. nicht empf.; **DALI** leichte-mäßige LI: 100%; schwere LI: Anw. nicht empf.

6.1.11 Insuline – Übersicht

Wm/Wi (Insuline): Glukoseaufnahme in Muskel- und Fettzellen ↑, anaboler Stoffwechsel ↑ (Glykogen-/Lipid-/Proteinsynthese ↑), katabol. Stoffwechsel ↓ (Glykogeno-, Lipo-, Proteolyse ↓)

Insuline/Insulin-Analoga (IA)	Wirkstoff (Handelsname)	Wirk-beginn	Wirk-max.	Wirk-dauer
Sehr kurz wirksame IA	**Insulin glulisin** (Apidra®); **Insulin lispro** (Humalog®, Liprolog®, Insulin lispro Sanofi®); **Insulin aspart** (NovoRapid®, Fiasp®)	0.25h	0.5-3h	2-5h
Kurz wirksame Insuline (humane Insuline)	**Normalinsulin = Altinsulin** (Berlinsulin H Normal®, Huminsulin Normal®, Insuman Rapid®, Actrapid HM®, Humulin Normal®)	0.25-0.5h	1-4h	6-9h
Mittellang wirksame Insuline (Verzögerungs-insuline)	**NPH-Insulin,** verzögert mit Neutral Protamin Hagedorn (Berlinsulin H Basal®, Huminsulin Basal®, Insuman Basal®, Protaphane HM®, Humulin Basal®, Insulatard®)	0.75-1.5h	3-12h	11-20h
Lang wirksame IA	**Insulin detemir** (Levemir®)	3-4h	10-14h	16-20h
Sehr lang wirksame IA	**Insulin glargin U100** (Abasaglar®, Lantus®)	3-4h	10-16h	20-30h
	Insulin glargin U300 (Toujeo®)	3-4h	keines	30-40h
	Insulin degludec U100/U200 (Tresiba®)	3-5h	keines	36-48h

6.1.12 Sehr kurz wirksame Insulin-Analoga

Wm/Wi (Insulinaspart, Insulinglulisin, Insulin lispro): schnellere Resorption durch Veränderung der Aminosäuresequenz ⇒ Verkürzung des Spritz-Ess-Abstands

Insulin aspart Rp	HWZ 81min, PRC ?, Lact ?
NovoRapid, Fiasp	**D.m. Typ 1/2:** nach Bedarf
Insulin glulisin Rp	HWZ 42min, PRC C, Lact ?
Apidra	**D.m. Typ 1/2:** nach Bedarf
Insulin lispro Rp	HWZ 26-52min, PRC B, Lact ?
Humalog, Insulin Lispro Sanofi, Liprolog	**D.m. Typ 1/2:** nach Bedarf

6.1.13 Kurz wirksame Insuline (Normalinsulin)

Insulin normal (Altinsulin) human Rp	HWZ wenige min (i.v.), 2-5h (s.c.), PPB gering, PRC B
Actrapid, Berlinsulin H Normal, Huminsulin Normal, Humulin Normal, Insuman Infusat, Insuman Rapid	**D.m. Typ 1/2:** nach Bedarf

6.1.14 Mittellang wirksame Insuline (Verzögerungsinsuline)

Wm/Wi: plus Protamin als Depotstoff ⇒ Wi-Dauer ↑; NPH = *N*eutrales *P*rotamin *H*agedorn

Verzögerungsinsulin (NPH-Insulin), human Rp	
Berlinsulin H Basal, Huminsulin Basal, Humulin Basal, Protaphane, Insuman Basal, Insulatard	**D.m. Typ 1/2:** nach Bedarf

6.1.15 Insulin-Kombinationen

Insulin normal (Altinsulin) + Verzögerungsinsulin Rp	
Actraphane 30, 50 *30/70, 50/50%* **Berlinsulin H 30/70, Mixtard 30** *30/70%* **Huminsulin Profil III** *30/70%* **Insuman Comb 15, 25, 50** *15/85, 25/75, 50/50%*	**D.m. Typ 1/2:** nach Bedarf
Insulin lispro + Verzögerungsinsulin (NPL-Insulin) Rp	
Humalog Mix 25, 50 *25/75, 50/50%* **Liprolog Mix 25, 50** *25/75, 50/50%*	**D.m. Typ 1/2:** nach Bedarf
Insulinaspart + Verzögerungsinsulin (NPA-Insulin) Rp	
Novomix 30 *30/70%*	**D.m. Typ 1/2:** nach Bedarf

6.1.16 Lang und sehr lang wirksame Insulin-Analoga

Wm/Wi (Insulin degludec): gentechnisch verändertes Insulinmolekül, Bildung von subkutanen Multihexameren mit Depotwirkung; **Wm/Wi** (Insulindetemir): gentechnisch veränd. Insulinmolekül, starke Selbstassoziation an der Injektionsstelle, Bindung an Albumin ⇒ langsamere Abgabe in peripheres Zielgewebe; **Wm/Wi** (Insulin glargin): gentechnisch veränd. Insulinmolekül, im physiolog. pH-Bereich schwer löslich ⇒ langsame Resorption ⇒ Wirkdauer ↑

Insulin degludec Rp	HWZ 25h, PPB 99%
Tresiba	**D.m. Typ 1/2:** nach Bedarf
Insulin detemir Rp	HWZ 5-7h, PRC C, Lact ?
Levemir	**D.m. Typ 1/2:** nach Bedarf
Insulin glargin Rp	PRC C, Lact ?
Abasaglar, Lantus, Toujeo	**D.m. Typ 1/2:** nach Bedarf

6.1.17 Insulin-GLP1-Agonist-Kombination

Wm/Wi (Insulin glargin + Lixisenatid): Basalinsulinanalogon (wirkt insbesondere auf die Nüchternglukosewerte) kombiniert mit GLP-1-Rezeptoragonist (wirkt insbes. auf postprandiale Glukosewerte); **UW** (Insulin glargin + Lixisenatid): Hypoglykämie, Schwindel, Übelkeit, Erbrechen, Diarrhoe, Reakt. a.d. Injektionsstelle; **KI** (Insulin glargin + Lixisenatid): bek. Überempf.

Insulin glargin + Lixisenatid Rp	HWZ 25h, PPB 99%
Suliqua *Pen 100 IE +33µg/ml, 100 IE + 50µg/ml*	**D.m. Typ 2:** n. Bedarf max. 60 IE + 20µg/d; **DALI** schwere NI: Anw. nicht empf.; **DALI** nicht erforderl.

6.2 Antihypoglykämika

Wm/Wi (Diazoxid): reversible Hemmung der Insulinausschüttung an Pankreas-Beta-Zellen; **Wm/Wi** (Glucagon INj.Lsg.): cAMP-vermitt. Glykogenolyse in der Leber ⇒ Glukoneogenese ↑ ⇒ Blutglukose ↑; **UW** (Diazoxid): Übelkeit, Erbrechen, Ödeme, Kaliumverlust, Tachykardie, Hypotonie, Hautausschlag, Hypertrichose, BB-Veränd., IgG ↓; **UW** (Glucagon Inj.Lsg.): Übelkeit, Erbrechen, Bauchschmerzen, Hypotonie, Tachykardie, sekundäre Hypoglykämie; **UW** (Glucagon Nasenpulver): Kopfschmerz, Tränenfluss ↑, Reizung d. oberen Atemwege, Übelkeit, Erbrechen, Dysgeusie, Pruritus/Hyperämie d. Augen, Pruritus, Hypertonie;

KI (Diazoxid): bek. Überempf., MI, Herzinsuff., idiop. postprandiale Hypoglykämie, Lakt.;
KI (Glucagon): bek. Überempf., Phäochromozytom;
KI (Glucose 40%): Hyperglykämie, Hypokaliämie, Azidose

Diazoxid Rp	HWZ 24-36h, Q0 0.8, PPB 90%, PRC C, Lact ?
Proglicem *Kps. 25, 100mg*	**Hypoglykämie verschiedener Genese:** ini 5mg/kg p.o. in 2-3ED, ggf. steigern; **Ki.:** u.U. 15-20mg/kg; **DANI** Dosisreduktion
Glucagon Rp	HWZ 8-18min, PRC B, Lact ?
Baqsimi *Nasenpulver 3mg* **GlucaGen** *Inj.Lsg. 1mg/1ml*	**Hypoglykämie: Baqsimi:** Erw., Ki. ab 4J: 3 mg in ein Nasenloch; **GlucaGen: Erw., Ki. > 25kg** oder **> 6-8J:** 1mg s.c./i.m./i.v.; **Ki. < 25kg** oder **< 6-8J:** 0.5mg; **Relaxation Magen-Darm-Trakt:** 0.2-0.5mg i.v.; 1-2mg i.m.
Glucose 40% Rp/OTC	
Glucose 40 Braun Mini Plasco connect, Glucosteril 40% *Amp. 4g/10ml*	**Hypoglykämie:** 20-100ml i.v.

6.3 Lipidsenker

6.3.1 Therapieziele abhängig von Begleiterkrankung[1]

Diabetes mellitus	**D.m. plus makro- u./od. mikrovaskuläre Komplikationen oder weitere RF wie arterielle Hypertonie oder Albuminurie**
• Hypercholesterinämie LDL-Zielwert < 100 mg/dl • Kombinierte Hyperlipidämie LDL-Zielwert < 100 mg/dl TG-Zielwert < 150 mg/dl	• Hypercholesterinämie LDL-Zielwert < 70 mg/dl • Kombinierte Hyperlipidämie LDL-Zielwert < 70 mg/dl, TG-Zielwert < 150 mg/dl

[1] Vereinfachte schematische Darstellung nach aktuellen DDG/DEGIM-und DGK-Empfehlungen 2012; ESC/EAS Guidelines for the management of dyslipidaemias, European Society of Cardiology. European Heart Journal (2011) 32, 1769–1818.

6.3.2 Fibrate

Wm: Lipoproteinlipase-Aktivität ↑ ⇒ Triglyzeride ↓, LDL ↓, HDL ↑; **UW** (Bezafibrat): Krea/CPK/AP ↑, Appetitlosigkeit; **UW** (Fenofibrat): Bauchschmerzen, Übelkeit, Diarrhoe, Erbrechen Flatulenz, Transaminasen ↑; **UW** (Gemfibrozil): Dyspepsie, Diarrhoe, Übelkeit, Bauchschmerzen Erbrechen, Meteorismus, Obstipation, Ekzem, Exanthem, Müdigkeit; **KI** (Bezafibrat): bek. Überempf., Gallenblasen-/Lebererkr. (Ausnahme: Fettleber), bek. photoallergische/-toxische Reaktion auf Fibrate, schwere NI (Krea > 6mg/dl bzw. CrCl < 15), Dialyse, Grav./Lakt., Ki.; **KI** (Fenofibrat): bek. Überempf., LI, primär biliäre Zirrhose, unerklärbar persist. Leberfkts-abnormität, Gallenblasenerkr., schwere chronische Nierenerkr., chron. oder akute Pankreatitis mit Ausnahme einer akuten Pankreatitis aufgrund schwerer Hypertriglyzeridämie, bek. photoallerg. oder phototoxische Reaktionen unter Behandlung mit Fibraten oder Ketoprofen; **KI** (Gemfibrozil): bek. Überempf., eingeschr. Leberfkt.; schwere NI, bek. Gallenblasen- oder Gallenwegserkr. mit Cholelithiasis, auch anamnest., gleichz. Anw. v. Repaglinid oder Simvastatin; photoallerg. oder phototoxischen Reaktionen unter Behandlung mit Fibraten in Anamnese

Bezafibrat Rp	HWZ 2.5h, Q0 0.15, PPB 95%
Befibrat *Tbl. 400(ret.)mg* **Bezafibrat AL** *Tbl. 200, 400(ret.)mg* **Bezafibrat-ratioph.** *Tbl. 400(ret.)mg* **Cedur** *Tbl. 200, 400(ret.)mg*	**Schwere Hypertriglyzeridämie, gemischte Hyperlipidämie** (bei Statin-KI/-Unverträgl.): 3 x 200mg p.o.; 1 x 400mg (ret.); **DANI** CrCl: > 60: 100%; 40-60: 2 x 200mg; 15-40: 200mg alle 1-2d; < 15: KI; HD: KI; **DALI** KI

Fenofibrat Rp	HWZ 21h, Q0 0.2, PPB 99%, PRC C, Lact -
CiL *Kps. 160, 200mg* **Fenofibrat AL** *Kps. 250(ret.)mg* **Lipidil** *Kps. 200mg* **Lipidil 145 ONE** *Tbl. 145mg (Nanopartikel)* **Lipidil-Ter** *Tbl. 160mg*	**Schwere Hypertriglyzeridämie, gemischte Hyperlipidämie** (bei Statin-KI/-Unverträgl.), **gemischte Hyperlipidämie** (bei hohem kardiovask. Risiko zusätzl. zu Statin, wenn Triglyzerid- u. HDL-Cholest. nicht ausreich. kontrolliert werden können): 3 x 100mg p.o.; 1 x 160-200mg; 1 x 145mg; 1 x 250mg (ret.); **DANI** Krea (mg/dl) > 2: 1 x 100mg/d; HD: 100mg alle 2d; Krea (mg/dl) > 6: KI; **DALI** KI

Gemfibrozil Rp	HWZ 1.5h, Q0 1.0, PPB > 97%, PRC C, Lact -
Gevilon *Tbl. 600, 900mg*	**Schwere Hypertriglyzeridämie; gemischte Hyperlipidämie od. prim. Hypercholesterinämie** (bei Statin-KI/-Unverträglichkeit), **Pro. kardiovask. Morbidität** (Männer mit nicht-HDL-Hypercholest. u. Statin-KI/-Unverträglk.): 1 x 900 bis 2 x 600mg p.o.; **DANI** CrCl 50-80: ini 900mg/d; KI bei schwerer NI; **DALI** KI

6.3.3 Statine (CSE-Hemmer)

Wm: kompetitive Hemmung der HMG-CoA-Reduktase (= Cholesterol-Synthese-Enzym = CSE);
Wi: intrazelluläre Cholesterinsynthese ↓, LDL ↓, HDL ↑; **UW** (Atorvastatin): Nasopharyngitis, allerg. Reakt., Hyperglykämie, Kopfschmerzen, Epistaxis, pharyngolaryngeale Schmerzen, Obstipation, Diarrhoe, Dyspesie, Übelkeit, Meteorismus, Myalgie, Arthralgie, Extremitätenschmerzen, Muskelspasmen, Gelenkschwellungen, Rückenschmerzen, veränderte Leberfunktionstests, CK ↑;
UW (Rosuvastatin): D.m., Kopfschmerzen, Schwindel, Verstopfung Übelkeit, Bauchschmerzen, Myalgie, Asthenie; **UW** (Simvastatin): Transaminasen ↑, Myopathie, Myalgie, CK ↑, Rhabdomyolyse, Exanthem, Anämie, periph. Neuropathie, Kopfschmerzen, Hypersensitivitätssyndrom;
KI (Atorvastatin): bek. Überempf., aktive Lebererkr., Transaminasen ↑ > 3 x oberer Normwert, Grav./Lakt., Frauen im gebärfähigen Alter ohne geeignete Empfängnisverhütung;
KI (Rosuvastatin): bek. Überempf., aktive Lebererkr., unklare Transaminasen ↑, schwere Niereninsuff., Myopathie, gleichzeitige Anw. von Ciclosporin, Grav./Lakt.; 40mg-Dosis bei Pat. mit prädisponierenden Faktoren für eine Myopathie/Rhabdomyolyse wie mittelschwere Niereninsuff., Hypothyreose, erbliche Muskelerkr. in der pers. oder fam. Anamnese, Alkoholmissbrauch, asiatische Abstammung, gleichzeitige Anw. von Fibraten, muskelschädigende Wi. durch frühere Einnahme eines Fibrats oder and. Statins;
KI (Simvastatin): bek. Überempf., aktive Lebererkr., unklare Transaminasen ↑, Grav./Lakt., gleichz. Anw. potenter CYP3A4-Inhibit. (z.B. Itraconazol, Ketoconazol, Proteaseinhibitoren, Erythromycin, Clarithromycin, Telithromycin, Nefazodon)

Atorvastatin Rp	HWZ 14h, Q0 > 0.7, PPB 98%, PRC X, Lact -
Atoris *Tbl. 10, 20, 30, 40, 60, 80mg* **Atorvastatin 1A** *Tbl. 10, 20, 30, 40, 80mg* **Atorvastatin HEXAL** *Tbl. 10, 20, 30, 40, 60, 80mg* **Lipitor** *Tbl. 20mg* **Sortis** *Tbl. 10, 20, 40, 80mg*	**Hypercholesterin-, komb. Hyperlipidämie, Primärpräv. kardiovask. Erkr.:** ini 1 x 10mg p.o., je nach Wi steigern auf 1 x 20-40mg, max. 80mg/d; **DANI** nicht erforderlich; **DALI** regelmäßige Transaminasenkontr., KI bei aktiver Lebererkr.
Fluvastatin Rp	HWZ 1-3h, Q0 1.0, PPB 98%, PRC X, Lact -
Fluvastatin PUREN *Tbl. 80(ret.)mg* **Fluvastatin HEXAL** *Kps. 20, 40mg; Tbl. 80(ret.)mg* **Fluvastatin-ratioph.** *Kps. 20, 40mg; Tbl. 80(ret.)mg* **Locol** *Tbl. 80(ret.)mg*	**Hypercholesterin-, kombinierte Hyperlipidämie, KHK nach Herzkatheter:** 1 x 20-40mg p.o., max. 2 x 40mg oder 1 x 80mg (ret.); **heterozyg. familiäre Hypercholesterinämie bei Ki. ≥ 9J:** 1 x 20mg p.o., max. 2 x 40mg oder 1 x 80mg (ret.); **DANI** nicht erford.; **DALI** KI bei aktiver Lebererkrankung/unklarer Transaminasenerhöhung
Lovastatin Rp	HWZ 1.4h, Q0 1.0, PPB 95%, PRC X, Lact -
Lovabeta *Tbl. 10, 20, 40mg* **Lovastatin AL** *Tbl. 20, 40mg* **Lovastatin-ratioph.** *Tbl. 20, 40mg*	**Hypercholesterin-, komb. Hyperlipidämie:** 1 x 20-40mg p.o., max. 80mg/d; **DANI** CrCl: > 30: 100%; < 30: 20mg/d; **DALI** KI
Pravastatin Rp	HWZ 1.5-2h, Q0 0.55, PPB 45%, PRC X, Lact -
Prava Basics *Tbl. 10, 20, 40mg* **Pravalich** *Tbl. 10, 20, 40mg* **Pravastatin-CT** *Tbl. 20, 40mg* **Pravastatin HEXAL** *Tbl. 10, 20, 30, 40mg*	**Hypercholesterin-, kombin. Hyperlipidämie:** 1 x 10-40mg p.o.; **Primär-/Sekundärpräv. kardiovask. Erkr.:** 1 x 40mg/d; **Post-Transplantations-Hyperlipidämie:** ini 1 x 20mg, ggf. steigern auf 1 x 40mg; **Ki. 8-13J:** 1 x 10-20mg; **14-18J:** 10-40mg; **DANI, DALI** ini 1 x 10mg/d, Anpassung unter med. Kontrolle; KI bei aktiver Lebererkrankung/unklarer Transaminasenerhöhung
Rosuvastatin Rp	HWZ 19h, PPB 90%, PRC X, Lact -
Crestor *Tbl. 5, 10, 20mg* **RosuHEXAL** *Tbl. 5, 10, 20, 40mg* **Rosustar** *Tbl. 5, 10, 20, 40mg* **Rosuvador** *Tbl. 5, 10, 20mg* **Rosuvastatin Heumann** *Tbl. 5, 10, 20mg*	**Hypercholesterin-, kombinierte Hyperlipidämie, homozygote, familiäre Hypercholesterinämie:** ini 1 x 5-10mg/d, max. 40mg/d; > 70J: ini 1 x 5mg; **Ki. 6-9J:** 1 x 5-10mg; **10-17J:** 1 x 5-20mg; **Pro. kardiovaskulärer Ereignisse:** 1 x 20mg; **DANI** CrCl > 60: 100%, 30-60: ini 1 x 5mg, max. 20mg/d, < 30: KI; **DALI** Child-Pugh < 7 100%, 8-9: Bestimmung der Nierenfunktion, > 9: keine Daten, KI bei aktiver Lebererkr.

Simvastatin Rp	HWZ 1.9h, Q0 1.0, PPB 95%, PRC X, Lact -
Simva Aristo *Tbl. 10, 20, 30, 40, 60, 80mg* **Simvabeta** *Tbl. 5, 10, 20, 30, 40, 80mg* **SimvaHEXAL** *Tbl. 5, 10, 20, 30, 40, 60, 80mg* **Simvastatin-ratioph.** *Tbl. 5, 10, 20, 30, 40, 60, 80mg* **Zocor** *Tbl. 10, 20, 40mg*	**Hypercholesterin-, komb. Hyperlipidämie, KHK:** ini 1 x 10-20mg, je nach Wi alle 4W steigern bis max. 80mg/d; **homozygote, fam. Hypercholesterinämie:** 1 x 40mg/d oder 80mg/d in 3ED (20-20-40mg); **DANI** CrCl > 30: 100% < 30: 10mg/d; **DALI** KI bei aktiver Lebererkr./unklarer Transaminasenerhöhung

6.3.4 Statin-Kombinationen

UW (Fenofibrat + Pravastatin): abdom. Spannungsgefühl, Bauchschmerzen, Obstipation, Diarrhoe, Mundtrockenheit, Dyspepsie, Aufstoßen, Flatulenz, Übelkeit, abdom. Beschwerden, Erbrechen, Transaminasen ↑; **UW** (ASS + Atorvastatin + Ramipril): Sodbrennen, Übelkeit, Erbrechen, Magenschmerzen, Diarrhoe, Obstipation, Dyspepsie, geringfügige Blutverluste aus GI-Trakt, parox. Bronchospasmus, schwerwiegende Dyspnoe, Rhinitis, Nasophyryngitis, allerg. Reaktionen, Hyperglykämie, Kopfschmerzen, Schwindel, pharyngolaryng. Schmerzen, Epistaxis, Myalgie, Arthralgie, Schmerzen in Extremitäten, Muskelkrämpfe, Gelenkschwellungen, Rückenschmerzen, Leberenzyme ↑, CK ↑, Reizhusten, Bronchitis, Sinusitis, Exanthem, Muskelkrämpfe, Myalgie, Hyperkaliämie, Hypotonie, orthostat. RR-Abfall, Synkope, Thoraxschmerz, Erschöpfung; **UW** (Atorvastatin + Perindopril + Amlodipin): Nasopharyngitis, allerg. Reakt., Hyperglykämie, Schläfrigkeit, Schwindel, Kopfschmerzen, Geschmacksstörungen, Parästhesie, Sehstörungen, Tinnitus, Palpitationen, Hypotonie, Flush, pharyngolaryngeale Schmerzen, Nasenbluten, Husten, Dyspnoe, Übelkeit, Erbrechen, Bauchschmerzen, Diarrhoe, Obstipation, Blähungen, Exanthem, Pruritus, Gelenkschwellungen, Knöchelschwellungen, Extremitätenschmerzen, Arthralgie, Myalgie, Muskelkrämpfe, Rückenschmerzen, Asthenie, Ödeme, CK ↑, veränderte Leberfunktionstests; **KI** (Fenofibrat + Pravastatin): Überempf. gegen Pravastatin oder Fenofibrat; schwere Leberfunktionsstörung inkl. biliärer Zirrhose oder aktive Lebererkr. einschließl. nicht abgeklärter, persist. erhöhter Werte bei Leberenzymen (> 3 x ULN); Ki. (< 18J), mittelschwere bis schwere NI, bek. Lichtallergie oder phototoxische Reaktion unter Ther. mit Fibraten oder Ketoprofen, Gallenblasenerkr., chron. oder akute Pankreatitis mit Ausnahme einer akuten Pankreatitis infolge schw. Hypertriglyzeridämie, Myopathie u./od. Rhabdomyolyse unter Statinen und/oder Fibraten in der Anamnese oder gesicherte Erhöhung der Creatinphosphokinase (CK) > 5 x ULN unter einer früheren Ther. mit Statinen, Grav./Lakt.; **KI** (ASS + Atorvastatin + Ramipril): Überempf. gegen Wirkstoffe, Soja, Erdnuss, and. Salicylate, NSAR, andere ACE-Hemmer, bei anamnest. bek. Asthmaanfällen oder and. allerg. Reaktionen auf Salicylsäure oder and. NSAR, akute Magen-Darm-Ulzera, Hämophilie und andere Blutungsstörungen, stark eingeschränkte Nieren- und Leberfunktion, Hämodialyse-Patienten, schwere Herzinsuffizienz, gleichz. Beh. mit Methotrexat (≥ 15mg pro Woche); Pat. mit Nasenpolypen im Zusammenhang mit Asthma, das durch ASS ausgelöst oder verschlimmert wird; aktive Lebererkrankung oder unerklärte anhaltende Transaminasenerhöhung (> 3 x ULN), Grav./Lakt.; Frauen im gebärfähigen Alter, die keine geeigneten Empfängnisverhütungsmethoden anwenden; gleichz. Beh. mit Tipranavir, Ritonavir, Ciclosporin; Angioödem in der Vorgeschichte (hereditär, idiopathisch oder früheres Angioödem bei Einnahme von ACE-Hemmern od. AT-II-Rezeptorantagonisten); extrakorporale Beh., bei denen es zu einem Kontakt zwischen Blut und negativ geladenen Oberflächen kommt; signif. beidseitige Nierenarterienstenose oder Nierenarterienstenose bei nur einer funktionsfähigen Niere, hypotensive oder hämodynamisch instabile Zustände, Ki. < 18J., gleichz. Anw. von Aliskiren bei Pat. mit Diabetes mellitus oder eingeschränkter Nierenfkt. mit CrCl < 60;

KI (Atorvastatin + Perindopril + Amlodipin): bek. Überempf. gegen die Wirkstoffe; aktive Lebererkr. oder unklare dauerhafte ↑ der Serumtransaminasen (> 3 x ULN); Grav./Lakt.; Frauen im gebärfähigen Alter, die keine geeigneten Empfängnisverhütungsmethoden anwenden; schwere Hypotonie, Schock, Obstruktion des linksventrikulären Ausflusstrakts, hämodynamisch instabile Herzinsuff. nach einem akuten MI, Angioödem (Quincke-Ödem) in Anamnese im Zusammenhang mit vorausgegangener ACE-Hemmer-Ther., hereditäres oder idiopathisches Angioödem; gleichzeit. Anw. mit Aliskiren-haltigen Arzneimitteln bei Patienten mit D.m. oder Nierenfunktionstrg. (CrCl < 60)

ASS + Atorvastatin + Ramipril Rp	
Iltria *Kps. 100+20+2.5mg, 100+20+5mg, 100+20+10mg, 100+40+2.5mg, 100+40+5mg, 100+40+10mg*	**Sekundär-Pro. kardiovask. Ereignisse:** 1 x 100+20(–40)+2.5(–10)mg p.o.; **DANI** CrCl ≥ 60: max. 10mg Ramipril; 30-60: max. 5mg Ramipril; < 30, HD: KI; **DALI** vors. Anw. unter Transaminasenkontr., max. 2.5mg Ramipril; schwere LI: KI
Atorvastatin + Perindopril + Amlodipin Rp	
Triveram *Tbl. 10+5+5, 20+5+5, 20+10+5, 20+10+10, 40+10+10mg* **Stapressial** *Tbl. 10+5+5, 20+5+5, 20+10+5, 20+10+10, 40+10+10mg*	**Hypertonie und/oder stabile KHK + prim. Hypercholesterinämie od. gemischte Hyperlipidämie:** 1 x 10-40 + 5-10 + 5-10mg p.o.; **DANI** CrCl ≥ 60: 100%; < 60: Anw. nicht empf.; **DALI** KI bei aktiver Lebererkr.
Fenofibrat + Pravastatin Rp	
Pravafenix *Tbl. 160+40mg*	**Komb. Hyperlipidämie und hohes KHK-Risiko:** 1 x 160 + 40 mg p.o.; **DANI** CrCl < 60: KI; **DALI** mittelschwere LI: Anw. nicht empfohlen; schwere LI: KI

6.3.5 Gallensäurenkomplexbildner

Wm/Wi: Bindung von Gallensäuren im Darm ⇒ Unterbrechung des enterohepat. Kreislaufs der Gallensäuren ⇒ Gallensäureprod. aus Cholesterin ↑ ⇒ Cholesterin i.S. ↓; LDL-Rezeptoraktivität ↑ ⇒ LDL-Aufnahme der Leber ↑ ⇒ Cholesterin i.S. ↓; **UW** (Cholestyramin): Obstipation, Völlegefühl, Nausea, Diarrhoe, Resorptionsstörung (Medikamente, lipophile Vit.); **UW** (Colesevelam): Dyspepsie, Obstipation, Myalgie; **KI** (Cholestyramin): Gallengangverschluss; **KI** (Colesevelam): bek. Überempf., Darmverschluss, Gallengangsobstruktion

Colestyramin Rp	
Colestyramin-ratioph., Quantalan, Questran *Btl. 4g* **Lipocol** *Kautbl. 2g* **Vasosan** *Btl. 4g; Gran. (2 Messl. enth. 4g)*	**Hypercholesterinämie:** 3 x 4-8g p.o.; **Pruritus/Ikterus bei partiellem Gallengangverschluss:** 1-2 x 4g p.o.; **chologene Diarrhoe:** 3 x 4g p.o.; **Ki.:** kg x Erw.-Dosis/70kg
Colesevelam Rp	
Cholestagel *Tbl. 625mg*	**Hypercholesterinämie:** 4–6 Tbl./d; max. 3 x 2Tbl.

6.3.6 Cholesterinresorptionshemmstoffe, Omega-3-Fettsäuren

Wm/Wi (Ezetimib): selektive Hemmung der intestinalen Cholesterinresorption;
Wm/Wi (Icosapent-Ethyl): Ethylester einer Omega-3-Fettsäure ⇒ Reduktion triglyzeridreicher Lipoproteine, entzündungshemmend, antioxidativ, thrombozytenaggregationshemmend;
UW (Ezetimib): Kopfschmerzen, Bauchschmerzen, Diarrhoe, komb. mit CSE-Hemmer auch Transaminasen ↑, Myalgie; **UW** (Icosapent-Ethyl): Gicht, Vorhofflimmern/-flattern, Blutung, Obstip., Aufstoßen, Exanthem, Muskel-/Skelettschmerzen, periph. Ödem; **UW** (Omega-3-S.): Oberbauchschmerzen, Meteorismus, Obstip., Diarrhoe, Dyspepsie, Flatulenz, Aufstoßen, Refluxösophagitis, Übelkeit, Erbrechen; **KI** (Ezetimib): Grav./Lakt.; **KI** (Icosapent-Ethyl, Omega-3-S.): bek. Überempf.

Ezetimib Rp	HWZ 22h, PPB 99%
Ezetad *Tbl. 10mg* **Ezetimib 1A** *Tbl. 10mg* **Ezetimib Basics** *Tbl. 10mg* **Ezetrol** *Tbl. 10mg* **Zetia** *Tbl. 10mg*	**Prim. Hypercholesterinämie, homozyg. fam. Hyperchol., homozygote Sitosterinämie:** 1 x 10mg p.o. allein oder in Kombination mit CSE-Hemmer; **Ki. < 10J:** KI; **DANI** nicht erf.; **DALI** Child-Pugh 5-6: nicht erf.; > 7: KI
Ezetimib + Atorvastatin Rp	
Atozet, Tioblis, Liptruzet *Tbl. 10+10mg, 10+20mg, 10+40mg, 10+80mg*	**Prim. Hypercholesterinämie, Pro. kardiovask. Ereign.:** 1 x 10+10 bis 10+80mg p.o.; **homozyg. fam. Hypercholesterinämie:** 1 x 10+40 bis 10+80mg; **DANI** nicht erf.; **DALI** KI bei aktiver Lebererkr./unklarer Transaminasen ↑
Ezetimib + Bempedoinsäure Rp	
Nustendi *Tbl. 10+180mg*	**Primäre Hypercholesterinämie, gemischte Dyslipidämie, ggf. Komb. mit anderen Lipidsenkern:** 1 x 10 +180mg p.o.; **DANI** CrCl < 30: vorsichtige Anw.; **DALI** Child A: 100%, B, C: Anw. nicht empf.
Ezetimib + Rosuvastatin Rp	
Antilia *Tbl. 10+5mg, 10+10mg, 10+20mg* **Ezehron Duo** *Tbl. 10+5mg, 10+10mg, 10+20mg* **Rosuzet** *Tbl. 10+10, 10+20mg*	**Primäre Hypercholesterinämie, Pro. kardiovask. Ereignisse:** 1 x 10+5 bis 10+20mg p.o.; **DANI** CrCl < 60: Komb. nicht geeignet; < 30: KI; **DALI** KI bei aktiver Lebererkr./unklarer Transaminasenerhöhung; Child B, C
Ezetimib + Simvastatin Rp	
Ezetimib/Simva 1A *Tbl. 10+10mg, 10+20mg, 10+40mg, 10+80mg* **Goltor, Inegy, Simvazet** *Tbl. 10+10mg, 10+20mg, 10+40mg, 10+80mg* **Vytorin** *Tbl. 10+40mg*	**Primäre Hypercholesterinämie:** 1 x 10+10 bis 10+80mg p.o.; **homozygote fam. Hypercholesterinämie:** 1 x 10+40 bis 10+80mg; **DANI** CrCl < 30: sorgf. Dosisanp.; **DALI** Child-Pugh 5-6: nicht erf.; > 7: KI ; KI bei aktiver Lebererkr./unklarer Transaminasenerh.
Icosapent-Ethyl Rp	HWZ 89h, PPB 99%
Vazkepa *Kps. 998mg*	**Pro. kardiovask. Ereign. bei KHK od. D.m. mit weiterem RF:** 2 x 1996mg p.o.; **DANI, DALI** n. erf.

Omega-3-Säurenethylester Rp	
Omacor, Omega 3 Biomo, Omega-3-ratioph., Zodin *Kps. 1g*	**Pro. nach Herzinfarkt:** 1g/d; **Hypertriglyzeridämie:** 2g/d p.o., ggf. bis 4g/d; **DANI, DALI** k.D.

6.3.7 Sonstige Mittel, den Lipidstoffwechsel beeinflussend

Wm/Wi (Bempedoinsäure): Hemmung der Adenosintriphosphat-Citrat-Lyase, Hemmg. der Cholesterol-Biosynthese ⇒ LDL-Rez. ↑ ⇒ LDL-Chol. im Blut ↓; **Wm/Wi** (Evolocumab): Proproteinkonvertase Subtilisin/Kexin Typ 9 (PCSK9) bindet an u. zerstört LDL-Rez. an Leberzelle ⇒ LDL-Chol.-Aufnahme u. Abbau in Leberzelle ↓ ⇒ LDL-Cholesterin im Blut ↑; PCSK9-Inhib. binden PCSK9 ⇒ LDL-Cholesterin-Aufn. und -Abbau in Leberzelle ↑ ⇒ LDL-Chol. im Blut ↓; **Wm/Wi** (Inclisiran): small-interfering RNA, an N-Acetylgalactosamin konjugiert, wird dadurch gezielt in Hepatozyten aufgenommen ⇒ Hemmung der PCSK9-Synthese ⇒ Recycling und Expression von LDL-Rez. ↑ ⇒ LDL-Chol. im Blut ↓; **Wm/Wi** (Volanesorsen): Antisense-Oligonukleotid, hemmt Bildg. v. Apolipoprotein C-III ⇒ beseitigt Inhibitor der Triglyzerid-Clearance ⇒ LPL-unabh. Triglyzeridabbau; **UW** (Bempedoinsäure): Anämie, Gicht, Hyperurikämie, Transamin. ↑, Schmerzen in Extremität; **UW** (Inclisiran): Reakt. an Inj.stelle; **UW** (Evolocumab): Influenza, Nasopharyngitis, Inf. ob. Atemwege, Hautausschlag, Urtikaria, Übelkeit, Rückenschmerzen, Arthralgie, Reakt. an Inj.stelle; **UW** (Volanesorsen): s. FI; **KI** (Bempedoinsäure): bek. Überempf., Grav., Lact., gleichz. Anw. von Simvastatin > 40mg/d; **KI** (Evolucumab): bek. Überempf.; **KI** (Inclisiran): bek. Überempf.; **KI** (Volanesorsen): bek. Überempf., chron./ätiol. unklare Thrombopenie (Thr < 140/nl)

Alirocumab Rp	HWZ 17-20
Praluent *Pen 75, 150, 300mg*	**Prim. Hypercholesterinämie, gemischte Dyslipidämie, atherosklerot. kardiovask. Erkr.:** ini 75mg s.c. alle 2W; ggf. 150mg alle 2W je nach Ansprechen/Ther.-Ziel od. 300mg alle 4W **DANI** leichte-mittelschw. NI: 100%; schw. NI: vorsichtige Anw.; **DALI** leichte-mittelschw. LI: 100%; schw. LI: vorsichtige Anw.

Bempedoinsäure Rp	HWZ 19h, PPB 99%
Nilemdo *Tbl. 180mg*	**Prim. Hypercholesterinämie, gemischte Dyslipidämie als Monoth. od. Komb. mit and. Lipidsenkern:** 1 x 180mg p.o.; **DANI** CrCl < 30 vors. Anw.; **DALI** Child A, B: 100%; C: k.D.

Evolocumab Rp	HWZ 11-17
Repatha *Pen 140mg/1ml*	**Prim. Hypercholesterinämie, gem. Dyslipidämie:** 140mg alle 2W oder 420mg 1 x/M s.c.; **homozyg. fam. Hypercholesterinämie:** ini 420mg 1x/M s.c., n. 12W ggf. 420mg s.c. alle 2W **DANI** CrCl < 30: vors. Anw.; **DALI** geringe LI: 100%; mäß. LI: engm. Überw.; schw. LI.: vors. Anw

Inclisiran Rp	HWZ 9h, PPB 87%
Leqvio *Fertigspr. 284mg/1.5ml*	**Prim. Hypercholesterinämie, gem. Dyslipid als Monoth. od. Komb. mit and. Lipidsenkern** 248mg s.c., Wdh. nach 3M, dann alle 6M; **DANI** CrCl < 30: vors. Anw.; HD frühestens 72h nach Inclisiran; **DALI** Child A, B: 100%; C: vors. Anw.

Volanesorsen Rp	HWZ 2-5W, PPB 98%
Waylivra *Fertigspr. 285mg*	**Familiäres Hyperchylomikronämie-Syndrom:** 1 x/W 285mg s.c., nach 3M 285mg alle 2W; s. FI bzgl. Dosisanpassung; **DANI** vors. Anw. bei schwerer NI; **DALI** nicht erf.

6.4 Schilddrüse, Nebenschilddrüse

6.4.1 Schilddrüsenhormone

Wm/Wi: Stimulierung von Wachstum, körperlicher/geistiger Entwicklung, Proteinsynthese ↑, oxidativer Abbau von Fetten/Kohlenhydraten ↑ (Grundumsatz ↑); **UW:** Herzrhythmusstrg. (z.B. VHF u. Extrasystolen), Tachykardie, Herzklopfen, pektanginöse Zustände, Kopfschmerzen, Muskelschwäche und Krämpfe, Flush, Fieber, Erbrechen, Menstruationsstrg., Pseudotumor cerebri, Tremor, innere Unruhe, Schlaflosigkeit, Hyperhidrosis, Gewichtsabnahme, Diarrhoe; **KI:** bek. Überempf., unbehand. Nebennierenrindeninsuff., unbehandelte Hypophyseninsuff., unbehandelte Hyperthyreose; Ther.-Beginn bei akutem MI, akuter Myokarditis und akuter Pankarditis; Kombinationsther. mit T4 und Thyreostatika bei Hyperthyreose während der Grav.

Levothyroxin (T4) Rp	HWZ 7d (22h), Q0 1.0 (1.0), PPB 99%, PRC A, Lact ?
Berlthyrox *Tbl. 50, 75, 100, 125, 150µg* **Eferox** *Tbl. 25, 50, 75, 100, 125, 150, 175, 200µg* **Euthyrox** *Tbl. 25, 50, 75, 88, 100, 112, 125, 137, 150, 175, 200µg* **L-Thyrox HEXAL** *Tbl. 25, 50, 75, 88, 100, 112, 125, 150, 175, 200µg* **L-Thyroxin inject Henning** *Inj.Lsg. 500µg/5ml* **L-Thyroxin-Na ratioph.** *Tbl. 25, 50, 75, 100, 125, 150, 175, 200µg* **Thevier** *Tbl. 50, 100µg*	**Hormonsubstitution bei Hypothyreose:** ini 1 x 25-50µg p.o., alle 2-4W um 25-50µg steigern bis 100-200µg/d; **Ki.:** ini 12.5-50µg/m² KOF, dann 100-150µg/m² KOF; **euthyreote Struma, Pro. Rezidivstruma:** 75-200µg/d; **hypothyreotes Koma:** ini 0.3-0.5mg i.v.; ab d2: 100µg/d; **Suppressionstherapie bei SD-Malignom:** 150-300µg/d

Liothyronin (T3) Rp	HWZ 22h, Q0 1.0, PPB 99%, PRC A, Lact ?
Thybon *Tbl. 20, 100µg* **Thyrotardin-inject** *Inf.Lsg. 100µg*	**Hormonsubstitution bei Hypothyreose:** ini 20µg/d p.o., Erh.Dos. 50-75µg/d in 3 ED; **hypothyreotes Koma:** 0.1mg i.v.; **SD-Suppressionstest:** 60-100µg/d für 6-10d

T4 + T3 Rp	PRC A, Lact ?
Novothyral *Tbl. 75+15, 100+20µg* **Prothyrid** *Tbl. 100+10µg*	**Hormonsubst. bei Hypothyreose, euthyr. Struma, Pro. Rezidivstruma:** ini 50µg T4/d, n. 2W evtl. 75µg T4/d, Erh.Dos. 50-100µg T4/d; **SD-Malignom postop.:** 100-200µg T4/d

T4 + Kaliumiodid Rp	PRC A
Eferox-Jod, L-Thyrox Jod HEXAL *Tbl. 50+150, 75+150, 88+150, 100+100, 100+150, 112+150, 125+150, 150+150µg* **Jodthyrox** *Tbl. 100+131µg* **Thyronajod** *Tbl. 50+196, 75+196, 100+196, 125+196, 150+196µg*	**Euthyreote Struma, Pro. Rezidivstruma:** 1 x 50-150µg T4 p.o.

6.4.2 Thyreostatika

Wm/Wi (Carbimazol, Propylthiouracil, Thiamazol): Hemmung thyreoidaler Peroxidase ($J^- \rightarrow J$) und Hormonsynthese, Inkretion bereits fertiger Hormone wird nicht gehemmt, Propylthiouracil: zusätzl. part. Hemmung d. Konversion T4 → T3;
Wm/Wi (Natriumperchlorat): kompet. Hemmung thyreoidaler Iodidaufnahme;
UW: (Carbimazol, Thiamazol): Agranulozytose, Leukos ↓, allerg. Hautreaktion, Strumaentwicklung, GI-Beschwerden, Hepatitis, transiente Cholestase;
UW: (Natriumperchlorat): flüchtiges Exanthem, Übelkeit, Brechreiz, Mundtrockenheit, pharyngitische Reizungen, Lymphadenopathie, Leukopenie, Purpura, fieberhafte Arthralgie;
KI (Carbimazol, Thiamazol): bek. Überempf., Granulozytopenie, frühere Knochenmarkschädigung durch Thyreostatika, Cholestase, bei zusätzl. Therapie mit SD-Hormonen in der Grav.;
KI (Natriumperchlorat): retrosternale Struma, bek. Überempf.; zuvor unter Perchlorat-Gabe aufgetretene BB-Veränd., v.a. Agranulozytose; während Plummerung zur OP-Vorbereitung

Carbimazol Rp	HWZ 0.5(4)h, Q0 1.0 (0.9), PPB 0%, PRC C
Carbimazol Aristo *Tbl. 5, 10mg* **Carbimazol Henning** *Tbl. 5, 10mg* **Carbimazol 1A** *Tbl. 5, 10mg*	**Hyperthyreose:** ini 40-60mg p.o., Erh.Dos. 1 x 5-20mg; **Ki.:** ini 0.5-0.7 mg/kg/d, Erh.Dos. 0.3-0.5 mg/kg/d; **DALI** möglichst niedrige Dosis
Propylthiouracil Rp	HWZ 0.9-4.3h, Q0 0.9, PPB 80%, PRC D, Lact
Propycil *Tbl. 50mg*	**Hyperthyreose:** ini 3 x 75-100mg/d p.o., in schweren Fällen: 300-600mg/d in 4-6ED, Erh.Dos. 25-150mg/d; **Ki. 6-10J:** ini 50-150mg/d, Erh.Dos. 25-50mg/d **neonatal:** ini 5-10mg/d in 3ED, Erh.Dos. 3-4mg/kg/d; **DANI** milde bis mäßige NI: 75%, schwere NI: 50%; **DALI** ggf. Dosisreduktion
Thiamazol Rp	HWZ 3h, Q0 0.9, PPB 0%, PRC
Methizol *Tbl. 5, 20mg* **Thiamazol Henning** *Tbl. 5, 20mg; Amp. 40mg/1ml* **Thiamazol HEXAL** *Tbl. 5, 10, 20mg* **Thyrozol** *Tbl. 5, 10, 20mg*	**Hyperthyreose:** ini 20-40mg/d p.o. in 2-4ED Erh.Dos. 1 x 5-20mg; **Ki.:** ini 0.3-0.5mg/kg/d, Erh.Dos. 0.2-0.3mg/kg/d **thyreotoxische Krise:** ini 80mg i.v., dann Dauerinfusion 120-240mg/d; **DALI** möglichst niedrige Dosis
Natriumperchlorat Rp	
Irenat *Gtt. (15Gtt. = 300mg)*	**Hyperthyreose:** ini 4-5 x 10Gtt., nach 1-2W 4 x 5Gtt.; **Ki. 6-14J:** 3-6 x 1Gtt. oder 4-6 x 2Gtt.; **Schilddrüsenblockade vor szintigraphischer Untersuchung:** 10-20Gtt.; **Perchlorat-Discharge-Test:** 30-50 Gtt. nach Radiojodtracerdosis; **Ki.:** 300-600mg/m² KOF

6.4.3 Nebenschilddrüsenhormone und Analoga

Wm/Wi (Parathyroidhormon, Teriparatid): rekombinantes Parathormon ⇒ Knochenbildung ↑ durch Osteoblastenstimulation, intest. Kalziumresorption ↑, tubuläre Kalziumreabsorption ↑, renale Phosphatausscheidung ↑; **UW** (Parathyroidhormon): Hyperkalzämie, Hypokalzämie, Kopfschmerzen, Hypoästhesie, Parästhesie, Diarrhoe, Übelkeit, Erbrechen, Arthralgie, Muskelspasmen, Hypomagnesiämie, Tetanie, Angst, Schlaflosigkiet, Somnolenz, Palpitationen, Hypertonie, Husten, Oberbauchschmerzen, Muskelzucken, Muskel- und Skelettschmerzen, Myalgie, Nackenschmerzen, Extremitätenschmerzen, Hyperkalzurie, Pollakisurie, Asthenie, Thoraxschmerz, Ermüdung, Durst, Reaktionen an Inj.Stelle, pos. PTH-AK, Vit. D ↓; **UW** (Teriparatid): Gliederschmerzen, Kopfschmerzen, Schwindel, Nausea, Emesis, Depression, Anämie, Hypercholesterinämie, Müdigk., Thoraxschmerzen, Schwitzen; **KI** (Parathyroidhormon): bek. Überempf., maligne Skeletterkr./Knochenmetast., Risiko f. Osteosarkome ↑ (M. Paget, Erbkrankh.), laufende/Z.n. Strahlenther. des Skeletts, unklare Erhöhung der knochenspez. aP, Pseudohypoparathyreoidismus; **KI** (Teriparatid): bek. Überempf., Ca^{++} ↑, schwere NI, M. Paget, Hyperparathyreoidismus, ungeklärte aP m, Z.n. Strahlentherapie des Skeletts

Parathyroidhormon Rp	HWZ 3h
Natpar *Inj.Lsg 25, 50, 75, 100µg*	**Chron. Hypoparathyreoidismus:** ini 1 x 50µg s.c., Dosisanp. nach Serumkalzium s. FachInfo; **DANI** CrCl 30-80: 100%; < 30: keine Daten; **DALI** Child A, B: 100%; C: keine Daten

Teriparatid Rp	HWZ 1h, PRC C, Lact -
Forsteo *Injector 750µg/3ml (20µg/Dosis), 600µg/2.4ml (20µgDosis)*	**Manif. Osteoporose:** 1 x 20µg s.c. für max. 18M; **DANI** KI bei schw. NI; **DALI** keine Daten

6.4.4 Kalzimimetikum

Wm/Wi: erhöht Empfindlichkeit des kalziumsensitiven Rez. der Nebenschilddrüse auf extrazelluläres Kalzium ⇒ Parathormonspiegel ↓ ⇒ Serumkalziumspiegel ↓; **UW** (Cinacalcet): Übelkeit, Erbrechen, Anorexie, Schwindel, Parästhesien, Rash, Myalgien, Asthenie, Hypokalzämie, Testosteronspiegel ↓, allergische Reakt., Krampfanfälle, Hypotonie, Verschlechterung einer Herzinsuff., Dyspepsie, Diarrhoe; **UW** (Etelcalcetid): Hypokalzämie, Hyperkaliämie, Hypophosphatämie, Kopfschmerzen, Parästhesien, Verschlecht. d. Herzinsuff., QT-Verlängerung, Hypotonie, Übelkeit, Erbrechen, Diarrhoe, Muskelkrämpfe, Myalgie; **KI** (Cinacalcet): bek. Überempf., Galaktoseintol., Laktasemangel, Glukose-Galaktose-Malabsorption, Ki./Jug.; **KI** (Etelcalcetid): bek. Überempf., korrig. Serumkalzium unter Normbereich

Cinacalcet Rp	HWZ 30-40h, Q0 0.2, PPB 97%, PRC B, Lact ?
Mimpara *Tbl. 30, 60, 90mg; Kps 1, 2.5, 5mg*	**Sek. HPT bei dialysepflichtiger, termin. NI:** ini 1 x 30mg p.o., Dosistitration alle 2-4W nach PTH-Spiegel, max. 180mg/d; regelmäßige Ca- u. PTH-Kontr.; **Ki. ab 3J:** < 0.2mg/kg, max. 2.5mg/kg/d bzw. 180mg/d; **Hyperkalzämie bei Nebenschilddrüsen-Ca, primärer HPT:** ini 2 x 30mg p.o., alle 2-4W ED um 30mg steigern bis 2 x 90mg, max. 3-4 x 90mg; regelmäßige Ca-Kontrollen; **DALI** sorgfältige Dosiseinstellung

Etelcalcetid Rp	HWZ 3-5d
Parsabiv *Inj.Lsg. 2.5, 5, 10mg*	**Sek. HPT bei dialysepflicht. terminaler NI**: ini 5mg 3x/W i.v., dann Dosistitration nach PTH-Spiegel 2.5-15mg 3x/W i.v., max. 3 x 15mg/W; **DALI** keine Daten

6.5 Gichtmittel

6.5.1 Urikosurika

Wm/Wi (Benzbromaron, Probenecid): Hemmung der tubulären Harnsäurerückresorption;
UW (Benzbromaron): Nausea, Brechreiz, Völlegefühl, Diarrhoe, Gichtanfall, Uratsteine;
UW (Probenecid): Anorexie, Nausea, Brechreiz, Völlegefühl, Hautreakt., Zahnfleischentzündung, Haarausfall, Hautjucken, Kopfschmerzen, Benommenheit, Gichtanfall, Uratsteine;
KI (Benzbromaron): bek. Überempf., Nierensteindiathese, NI, akuter Gichtanfall, Lebererkr., Grav.;
KI (Probenecid): bek. Überempf., akuter Gichtanfall, Ki. < 2J, Nierensteindiathese, NI, Grav./Lakt.

Benzbromaron Rp	HWZ 3(17-20)h, Q0 1.0 (1.0), PPB 99%
Benzbromaron AL *Tbl. 100mg* **Narcaricin mite** *Tbl. 50mg*	**Hyperurikämie:** ini 1 x 20-25mg p.o., Erh.Dos. 1 x 100mg; **DANI, DALI** KI

Probenecid Rp	HWZ 3-17h, Q0 0.9, PPB 90%, PRC B, Lact ?
Probenecid *Tbl. 500mg*	**Hyperurikämie:** W1: 2 x 250mg p.o., dann 2 x 500mg; **Ki. > 2J:** ini 25mg/kg, dann 40mg/kg; **DANI** KI

6.5.2 Xanthin-Oxidase-Inhibitoren

Wm/Wi: Hemmung der Xanthinoxidase ⇒ Harnsäureproduktion ↓ (Urikostatikum);
UW (Allopurinol): Nausea, Erbrechen, Hautreakt., Diarrhoe, Leukopenie, reakt. Gichtanfall;
UW (Febuxostat): Leberfkt. Strg., Durchfall, Übelkeit, Hautausschlag, Kopfschmerzen;
KI (Allopurinol): bek. Überempf., Cave in Grav./Lakt.;
KI (Febuxostat): bek. Überempf.

Allopurinol Rp	HWZ 1.5(19)h, Q0 0.8 (0.1), PPB < 1%, PRC C, Lact
Allo-CT *Tbl. 100, 300mg* **Allopurinol-ratioph.** *Tbl. 100, 300mg* **Allopurinol AL** *Tbl. 100, 300mg* **Epidropal** *Tbl. 300mg* **Zyloric** *Tbl. 100, 300mg*	**Hyperurikämie, Uratnephropathie, Pro. von Ca-Oxalatsteinen, Lesch-Nyhan-Syndrom:** 1 x 100-300mg p.o., max. 800mg/d; **Ki. < 15J:** 10mg/kg/d in 3ED; max. 400mg/d; **DANI** CrCl 10-20: 100-200mg/d; < 10: 100mg/d; HD: 2-3 x/W 300-400mg; **DALI** s. DANI

Febuxostat Rp	HWZ 5-8h, PPB 99%, PRC C, Lact
Adenuric *Tbl. 80, 120mg* **Febuxostat Glenmark** *Tbl. 80, 120mg* **Febuxostat HEXAL** *Tbl. 80, 120mg* **Febuxostat Zentiva** *Tbl. 80, 120mg*	**Chron. Hyperurikämie mit Uratablagerungen:** 1 x 80mg p.o.; ggf. 1 x 120mg, wenn Harnsäurespiegel nach 2-4W > 6mg/dl; **DANI** leichte-mittelschw. NI: 100%; schwere NI: keine Daten; **DALI** leichte LI: 80mg/d; mittelschwere bis schwere LI: keine Daten

6.5.3 Allopurinol-Kombinationen

Allopurinol + Benzbromaron Rp

Allopurinol-ratioph. comp. *Tbl. 100+20mg*	**Hyperurikämie:** 1 x 100+20mg p.o., evtl. vorübergehend 300+60mg/d; **DANI** KI; **DALI** KI

6.5.4 Weitere Gichtmittel

Wm/Wi (Colchicin): verhindert Phagozytose abgelagerter Uratkristalle durch Leukozyten, die Entzündungsmediatoren freisetzen = Mitosehemmstoff; **Wm/Wi** (Rasburicase): Katalyse der enzymat. Oxidation von Harnsäure in Allantoin, das leichter über die Niere ausgeschieden wird;
UW (Colchicin): Durchfälle, Nausea, Erbrechen, Leukopenie, Alopezie;
UW (Rasburicase): Fieber, Erbrechen, Übelkeit, Diarrhoe, Kopfschmerzen, allerg. Reaktionen;
KI (Colchicin): Grav./Lakt.; **KI** (Rasburicase): G-6-PDH-Mangel, Grav./Lakt.

Colchicin Rp — HWZ 4.4h, Q0 1.0, PRC D, Lact +

Colchicin Tiopharma *Tbl. 0.5mg* **Colchicum-Dispert** *Tbl. 0.5mg* **Colchysat** *Gtt. (25Gtt. = 0.5mg)*	**Akuter Gichtanfall:** ini 1mg p.o., dann alle 1-2h 0.5-1.5mg bis Besserung, max. 8mg/d bzw. 12mg/Anfall; **DANI, DALI** KI

Rasburicase Rp — HWZ 19h, keine PPB

Fasturtec *Inj.Lsg. 1.5mg/1ml, 7.5mg/5ml*	**Akute Hyperurikämie, Tumorlyse bei Therapie hämatologischer Malignome:** 1 x 0.2mg/kg über 30min i.v. über 5-7d; **DANI, DALI** nicht erforderlich

6.6 Kalziumstoffwechselregulatoren

6.6.1 Bisphosphonate

Wm/Wi: Osteoklastentätigkeit ↓ ⇒ ossäre Kalziumfreisetzung ↓, Knochenabbau ↓;
UW (Alendronsäure): Kopfschmerzen, Bauchschmerzen, Dyspepsie, Obstipation, Diarrhoe, Flatulenz, Ösophagusulzera, Dysphagie, aufgetrieb. Abdomen, saures Aufstoßen, muskuloskelett. Schmerz; **UW** (Zolendronsäure): Anämie, Kopfschmerzen, Konjunktivitis, Übelkeit, Erbrechen, Appetit ↓, Knochenschmerzen, Myalgie, Arthralgie, generalis. Schmerzen, Nierenfktsstrg., Fieber, grippeähnl. Sympt., Hypophosphatämie, Hypokalzämie, Serum-Krea/-Harnst. ↑;
KI (Alendronsäure): bek. Überempf.; Ösophagusanomalien und and. Faktoren, die die Ösophagusentleerung verzögern wie Striktur oder Achalasie; Unfähigkeit, für mind. 30 Min zu stehen oder aufrecht zu sitzen; Hypokalzämie; **KI** (Zoledronsäure): bek. Überempf., Lakt.

Alendronsäure Rp — HWZ bis zu 10a (im Knochen), Q0 0, PPB 78%, PRC C, Lact ?

Alendron Beta *Tbl. 70mg* **Alendron HEXAL** *Tbl. 10, 70mg* **Alendronsäure Basics** *Tbl. 10, 70mg* **Alendronsäure-ratioph.** *Tbl. 70mg* **Binosto** *Brausetbl. 70mg* **Fosamax** *Tbl. 10, 70mg* **Tevanate** *Tbl. 10, 70mg*	**Postmenopausale Osteoporose, Osteoporose bei Männern, Ther./Pro. der glukokortikoid-induzierten Osteoporose:** 1 x 10mg p.o.; **postmenopausale Osteoporose:** 1 x 70mg/W; **DANI** CrCl 35-60: 100%; < 35: Anw. nicht empfohlen; **DALI** nicht erforderlich

Alendronsäure + Colecalciferol Rp	
Alendronsäure/Colecalciferol AbZ *Tbl. 70mg+5600IE* **Alendronsäure-ratioph. + Colecalciferol** *Tbl. 70mg+2800IE, 70mg+5600IE* **Fosavance** *Tbl. 70mg+2800IE, 70mg+5600IE*	**Postmenopausale Osteoporose bei Risiko für Vit.-D-Mangel:** 1 x/W 70mg + 2800IE p.o.; bei fehlender zusätzlicher Vitamin-D-Supplementierung 1 x/W 70mg+5600IE; **DANI** CrCl 35-60: 100%; < 35: Anw. nicht empf.
Alendronsäure + Colecalciferol + Calcium Rp	
Alendron HEXAL plus Calcium D *Kombipck. mit Tbl. Alendronsäure 70mg u. Brausetbl. Calcium 1000mg + Colecalciferol 880 IE* **Alendrokit Dura** *Kombipck. mit Tbl. Alendronsäure 70mg u. Tbl. Calcium 600mg + Colecalciferol 400 IE*	**Postmenopausale Osteoporose bei Risiko für Vit.-D- u. Calcium-Mangel:** 1 x/W 70mg Alendrons. p.o.+1 x tgl. 600-1000mg Ca + 400-880IE Colecalciferol p.o.; **DANI** CrCl 35-60: 100%; < 35: Anw. nicht empfohlen
Alendronsäure + Alfacalcidol Rp	
Alendronsäure-ratioph. plus *Kombipack. mit Alendrons. Tbl. 70mg u. Alfacalcidol Kps.1µg* **Tevabone** *Kombipck. mit Alendronsäure Tbl. 70mg und Alfacalcidol Kps.1µg*	**Postmenopausale Osteoporose:** 1 x/W 70mg Alendronsäure + 1 x tgl. 1µg Alfacalcidol p.o.; **DANI** CrCl 35-60: 100%; < 35: Anw. nicht empfohlen
Clodronsäure Rp	HWZ 2h, geringe PPB
Bonefos *Amp. 300mg/5ml, 1.5g/25ml* **Clodron 1A** *Tbl. 800mg* **Ostac** *Tbl. 520mg*	**Tumorinduz. Hyperkalzämie, Osteolyse:** ini 2400-3200mg/d p.o., langs. auf 1600mg/d ↓; 1500mg i.v. einmalig od. 300mg/d i.v. für 10d; **DANI** CrCl 50-80: 75% i.v. bzw. 1600mg/d p.o.; 12-50: 50-75% i.v. bzw. 1200mg/d p.o.; < 12: 50% i.v. bzw. 800mg/d p.o.
Ibandronsäure Rp	HWZ 10-16h, PRC C, Lact ?
Ascendra *Fertigspr. 3mg/3ml* **Bondronat** *Tbl. 50mg; Amp. 2mg/2ml, 6mg/6ml* **Bonviva** *Tbl. 150mg; Fertigspr. 3mg/3ml* **Ibandronsäure HEXAL** *Tbl. 150mg; Inf.Lsg. 2mg/2ml, 3mg/3ml, 4mg/4ml, 6mg/6ml* **Ibandronsäure-ratioph.** *Tbl. 50, 150mg; Fertigspr. 3mg/3ml* **Ibandronsäure Stada** *Tbl. 150mg; Inf.Lsg. 2mg/2ml, 3mg/6ml, 6mg/6ml*	**Tumorinduzierte Hyperkalzämie:** 2-4mg, max. 6mg i.v. als ED; **Pro. skelettbezogener Komplikationen bei Knochenmetastasen:** 1 x 50mg p.o.; 6mg i.v. alle 3-4W; **postmenopausale Osteoporose:** 150mg p.o. 1 x/M; 3mg i.v. alle 3M; **DANI** CrCl > 30: 100%; < 30: 2mg i.v. alle 3-4W bzw. 50mg p.o. 1 x/W; **DALI** nicht erforderlich
Pamidronsäure Rp	HWZ 1.6-27h, Q0 0.5, PPB 54%, PRC C, Lact ?
Axidronat *Inj.Lsg. 15mg/5ml, 30mg/10ml, 60mg/10ml, 90mg/10ml* **Pamidron HEXAL** *Inj.Lsg. 15mg/1ml, 30mg/2ml, 60mg/4ml, 90mg/6ml* **Pamifos** *Inj.Lsg. 15mg/5ml, 30mg/10ml, 60mg/20ml, 90mg/30ml* **Ribodronat** *Inj.Lsg. 60mg/20ml, 90mg/30ml*	**Tumorinduzierte Hyperkalzämie, osteolytische Metastasen, Multiples Myelom:** 90mg i.v. alle 4W; **M. Paget:** 1 x 30mg/W über 6W i.v.; **DANI** CrCl > 30: 100%, max. 90mg/4h; < 30: KI; **DALI** leichte bis mittlere LI: 100%, schwere LI: keine Daten

Risedronsäure Rp	HWZ 1.5(24)h, PPB 24%, PRC C, Lact ?
Acara *Tbl. 35mg* **Actonel** *Tbl. 5, 30, 35, 75mg* **Risedronat Heumann** *Tbl. 35mg* **Risedron HEXAL** *Tbl. 35, 75mg* **Risedronsäure Stada** *Tbl. 75mg*	**Osteoporose:** 1 x 5mg p.o.; 1 x/W 35mg; **postmenopausale Osteoporose mit erhöhtem Frakturrisiko:** 75mg p.o. d1+2, Wh d29; **M. Paget:** 1 x 30mg p.o. für 2M, evtl. Wdh. nach 2M; **DANI** CrCl < 30: KI

Zoledronsäure Rp	HWZ 167h, Q0 0.1, PPB 56%, PRC D, Lact ?
Aclasta *Inf.Lsg. 5mg/100ml* **Ribometa** *Inf.Lsg. 4mg/5ml* **Zoledron HEXAL** *Inf.Lsg. 4mg/5ml, 4mg/100ml* **Zoledronsäure 1A** *Inf.Lsg. 4mg/5ml* **Zoledron Medac** *Inf.Lsg. 4mg/5ml, 4mg/100ml* **Zometa** *Inf.Lsg. 4mg/5ml, 4mg/100ml*	**Tumorinduzierte Hyperkalzämie, Pro. skelettbezogener Komplikationen bei Knochenmetastasen:** Zometa: 4mg in 100ml NaCl 0.9% über 15min i.v., alle 3-4W; **DANI** CrCl 50-60: 3.5mg; 40-49: 3.3mg; 30-39: 3mg; < 30: Anw. nicht empfohlen; **M. Paget:** Aclasta: einmalig 5mg i.v.; **erhöhtes Frakturrisiko bei postmenopaus./ cortisoninduz. Osteoporose, Osteoporose bei Männern:** Aclasta: 1 x/J 5mg i.v.; **DANI** CrCl >35: 100%; <35: KI; **DALI** nicht erf.

6.6.2 Calcitonin

Wm/Wi: ossärer Kalzium- und Phosphateinbau ↑, renale Kalzium- und Phosphatausscheidung ↑; **UW:** Flush, Übelkeit, Erbrechen, Malignombildg.; **KI:** bek. Überempf., Hypokalzämie, Pat. < 18J

Calcitonin (vom Lachs) Rp	HWZ 5h, PPB 30-40%, Q0 0.95, PRC C, Lact ?
Calcitonin Rotexmedica *Amp. 50IE/1ml, 100IE/1ml*	**Pro. von akutem Knochenverlust nach plötzlicher Immobilisation:** 100IE s.c./i.m. in 1-2ED für 2-4W; **Hyperkalzämie durch Malignome:** ini 100IE i.m./s.c. alle 6-8h, Steigerung bis max. 400IE alle 6-8h; in schweren Fällen 5-10IE/kg über 6h i.v.; **M. Paget:** ini 1 x 100IE s.c./i.m., Erh.Dos. 100IE alle 2d; **DANI, DALI** nicht erforderlich

6.6.3 Antikörper

Wm/Wi (Denosumab): humaner monoklon. AK, inhibiert RANKL, hemmt Bildung, Funktion und Überleben der Osteoklasten u. Vorläuferzellen ⇒ Knochenresorption im kortikalen u. trabekulären Knochen ↓; **Wm/Wi** (Romosozumab): IgG2-Ak, bindet an Sklerostin, Aktivierung v. Saumzellen ⇒ Knochenmatrixproduktion ↑, Rekrutierung von Osteoprogenitorzellen; **UW** (Denosumab): Hypokalzämie (v.a. bei renaler Funktionsstrg.), Hypophosphatämie, Dyspnoe, Diarrhoe, Hyperhidrose, Kieferosteonekrose, Zahnextraktion, Katarakt, Harnwegsinfektion, Infekte der oberen Atemwege, Ischiassyndrom, Obstipation, Exanthem, Gliederschmerzen; **UW** (Romosozumab): Nasopharyngitis, Sinusitis, Überempf., Exanthem, Dermatitis, Kopfschmerzen, Arthralgie, Nackenschmerzen, Muskelkrämpfe, Reaktion a.d. Inj.stelle; **KI** (Denosumab): Hypokalzämie, bek. Überempf., Anw. in Grav./Lakt. nicht empf. ; **KI** (Romosozumab): bek. Überempf., Hypokalzämie, Myokardinfarkt oder Schlaganfall in Anamnese

Denosumab Rp	HWZ 26d, PRC C Lact-
Prolia *Fertigspr. 60mg/1ml*	**Postmenop. Osteoporose, O. bei Männern u. bei Z.n. Androgenentzug bei Prostata-Ca:** 60mg s.c. alle 6M; **DANI** nicht erf.; **DALI** k. Dat.
Xgeva *Inj.Lsg. 120mg*	**Pro. skelettbez. Komplik. bei Knochenmetast. solider Tumore:** 120mg alle 4W. s.c., Komb. mit mind. 500mg Kalzium und 400IE Vit. D, außer bei Hyperkalzämie; **Riesenzelltumore des Knochens:** 120mg s.c. d1, 8, 15, Wdh. d29; **DANI** nicht erf.; **DALI** k. D.
Romosozumab Rp	HWZ 13d
Evenity *Fertigspr., Pen 105mg*	**Postmenop. Osteoporose:** 210mg s.c 1x/M; **DANI** nicht erf., bei schwerer NI: HD Ca^{2+}-Spiegel überwachen; **DALI** keine Daten

6.6.4 Knochenmorphogene Proteine

Wm/Wi: osteoinduktives Protein, bindet an Oberflächenrezeptoren von Mesenchymzellen ⇒ Bildung von trabekulärem Knochen; **UW:** Amylase ↑, Kopfschmerzen, Tachykardie, Hypomagnesiämie; **KI:** bek. Überempf. gegen Dibotermin alfa bzw. Rinderkollagen Typ I, noch nicht ausgewachsener Knochenbau, akute Infektion an der Frakturstelle, Kompartment-syndrom, pathologische Frakturen, M. Paget, Malignome, Grav.

Dibotermin alfa Rp	
InductOs *Implantationskit 12mg/8ml*	**Zur anterioren Lendenwirbelfusion, Tibiafraktur:** Lsg. auf Matrix auftragen und Frakturoberfläche damit bedecken

6.7 Abmagerungsmittel

6.7.1 Zentral wirksame Mittel

Wm/Wi (Amfepramon): indirektes Sympathomimetikum durch präsynaptische Freisetzung adrenerger Amine ⇒ Appetithemmung durch Erregung der Neuronen im lat. Hypothalamus; **UW** (Amfepramon): Psychosen, Depression, Nervosität, Schwindel, Tachykardie, Herzklopfen, präkardiale Schmerzen, Mundtrockenheit, Abhängigkeit, pulmonale Hypertonie; **KI** (Amfepranon): tachyk. Arrhythmien, Phäochromozytom, Hyperthyreose, schwere AP, Engwinkelglaukom, pulm. Hypertonie, schwere art. Hypertonie, Psychosen, Anorexia nerv., Grav./Lakt

Amfepramon Rp-L!	HWZ 4-6h, PRC B, Lact ?
Regenon *Kps. 25, 60(ret.)mg* **Tenuate** *Tbl. 75(ret.)mg*	**Adipositas** (BMI > $30kg/m^2$): bis 3 x 25mg p.o.; 1 x 60-75mg (ret.); Therapiedauer max. 12W

6.7.2 Lipasehemmer

Wm: hemmt gastrische und der pankreatische Lipase; **Wi:** Triglyzeride können nicht mehr in freie Fettsäuren und Monoglyzeride hydrolysiert und somit nicht resorbiert werden; **UW:** Bauchschmerzen, Fettstuhl, Flatulenz mit Stuhlabgang, Stuhldrang, Kopfschmerzen, Abgeschlagenheit, Resorption fettl. Vit. ↓; **KI:** chron. Malabsorptionssyndrom, Cholestase, Grav./Lakt

Orlistat Rp-L!/OTC	HWZ 1-2h, PPB 99%, PRC B, Lact ?
Orlistat HEXAL *Kps. 60, 120mg* **Orlistat-ratioph.** *Kps. 60, 120mg* **Xenical** *Kps. 120mg*	**Adipositas:** BMI > 30kg/m² oder > 28kg/m² + Risikofakt.: 3 x 120mg; BMI > 28kg/m²: 3 x 60mg; jeweils zur oder bis 1h nach der Hauptmahlzeit; **DANI, DALI** nicht erf.

6.8 Orphan Drugs

Orphan Drugs: Medikamente zur Therapie seltener Erkr.; **Wm** (Agalsidase, Cerliponase alfa, Galsulfase, Imiglucerase, Laronidase, Sebelipase alfa, Velaglucerase alfa, Velmanase alfa, Vestronidase alfa): Enzymsubstitution der entspr. Mangelerkr.; **Wm/Wi** (Amifampridin): Blockade spannungsabhängiger Kaliumkanäle ⇒ Depolarisation verlängert ⇒ intrazelluläre Kalziumkonzentration ↑ ⇒ Exozytose acetylcholinhaltiger Vesikel ↑; **Wm/Wi** (Asfotase alfa): humanes rekombinantes Fusionsprotein ⇒ Förderung der Sklettmineralisierung; **Wm/Wi** (Ataluren): verhindert die durch ein Stopcodon bedingten vorzeitige Beendigung des Translationsprozess am Ribosom ⇒ Proteine können in voller Länge erzeugt werden; **Wm/Wi** (Betain): Methylgruppendonator ⇒ Remethylierung von Homocystein zu Methionin; **Wm/Wi** (Burosumab): rekomb. hum. monoklon. AK, bindet an Fibroblastenwachstumsfaktor 23 ⇒ tubuläre Rückresorption von Phosphat aus Niere ↑, Serumkonz. von 1,25-OH-Vit. D ↑; **Wm/Wi** (Canakinumab): bindet an Interleukin-1-beta ⇒ Bildung von Entzündungsmediatoren; **Wm/Wi** (Carglumsäure): Aktivierung der Carbamoylphosphatsynthetase (erstes Enzym des Harnstoffzyklus) ⇒ Normalisierung des Ammoniakspiegels; **Wm/Wi** (Cholsäure): Substitution d. vorherrschenden primären Gallensäure; **Wm/Wi** (Eliglustat): Inhibitor der Glukocerebrosid-Synthase ⇒ Hemmung der pathologischen Glucocerebrosid-Anreicherung; **Wm/Wi** (Elosulfase alfa): liefert exogenes Enzym N-Acetylgalactosamin-6-Sulfatase ⇒ wird in Lysosomen aufgenommen ⇒ steigert Katabolismus der Glukosaminglykane; **Wm/Wi** (Givosiran): kleine interferierende Ribonucleinsäure ⇒ Abbau von Aminolaevulinsäure-Synthase-1-Botenribonucleinsäure ⇒ Blutspiegel v. Aminolaevulinsäure u. Porphobilinogen ↓; **Wm/Wi** (Hemin): Ausgleich des bei Porphyrien auftretenden Häminmangels, Verhinderung einer erhöhten Delta-Amino-Laevulinsäure-Synthase-Aktivität, Reduktion der Porphyrien-synthese bzw. Bildung toxischer Zwischenprodukte; **Wm/Wi** (Inotersen): Antisense-Oligonukleotid ⇒ Hemmung der Transthyretinproduktion; **Wm/Wi** (Ivacaftor): selek. Potentiator des CFTR-Proteins, ↑ CFTR-Kanal-Gating-Aktivität u. Chloridtransport; **Wm/Wi** (Lumacaftor, Tezacaftor): CFTR-Korrektor, der die Menge an funktionellem CFTR an Zelloberfläche erhöht; **Wm/Wi** (Metreleptin): bindet an Leptin-Rezeptor ⇒ Aktivierung des JAK/STAT-Signalwegs; **Wm/Wi** (Migalastat): bindet mutierte, fehlgefaltete alpha-Gal-A-Formen ⇒ fördert Abtransport in Lysosomen; **Wm/Wi** (Lumasiran): small interfering RNA, die mRNA der Hydroxysäure-Oxidase 1 (HAO1) abbaut ⇒ Synthese der Glykolat-Oxidase ↓ ⇒ Glyoxylatbildung ↓, Oxalatspiegel ↓; **Wm** (Miglustat): Hemmung der Glucosylceramid-synthase; **Wm/Wi** (Natriumphenylbutyrat): Prodrug, Verstoffwechslung zu Phenylacetat u. Phenylacetatglutamin ⇒ alternativer Träger zur Stickstoffausscheidung; **Wm/Wi** (Patisiran) interferierende RNA, die katalytischen Abbau der TTR-mRNA bewirkt; **Wm/Wi** (Pegvaliase): pegylierte, rekombinante Form der Phenylalanin-Ammoniaklyase ⇒ Phenylalaninabbau; **Wm/Wi** (Tafamidis): Stabilisator von Transthyretin ⇒ Verlangsamung des Krankheitsverlaufs; **Wm/Wi** (Trientin): Chelatbildner ⇒ renale Ausscheidung überschüssigen Kupfers als stabiler Komplex; **Wm/Wi** (Sapropterin): synthetische Form des 6R-Tetrahydrobiopterins ⇒ Aktivität der Phenylalaninhydroxylase ↑;

UW, KI (alle): s. Packungsbeilage; **UW** (Asfotase alfa): Zellulitis an der Injektionsstelle, Hämatomneigung ↑, Kopfschmerzen, Hitzewallung, orale Hypästhesie, Übelkeit, Erythem, Lipohypertrophie, Cutis laxa, Hautverfärbung mit Hypopigmentierung, gespannte Haut, Extremitätenschmerzen, Myalgie, Fieber, Reizbarkeit, Schüttelfrost, Kontusion, Narbe; **UW** (Ataluren): Kopfschmerzen, Übelkeit, Erbrechen, Appetit ↓, Schwindel, Hypertonie, Epistaxis, Husten, Oberbauchschmerzen, Flatulenz, Diarrhoe, Magenbeschw., Bauchschmerzen, Obstipation, Regurgitation, Erythem, Schmerzen in Extremitäten, Einnässen, Nierenzyste, Pollakisurie, anomale Urinfarbe, Pyrexie, Müdigkeit, Gewicht ↓; **UW** (Burosumab): Zahnabszess, Zahnschmerzen, Kopfschmerzen, Schwindel, Exanthem, Myalgie, Extremitätenschmerz, Reaktion an der Injektionsstelle, Vit. D ↓; **UW** (Cerliponase alfa): Infekt. der oberen Atemwege, Konjunktivitis, vorrichtungsbedingte Infektionen, Überempfindlichkeitsreaktionen, Reizbarkeit, Bradykardie, Krampfanfälle, Kopfschmerzen, CSF-Pleozytose, Dropped-head-Syndrom, Erbrechen, Bauchschmerzen, Blasenbildung der Mundschleimhaut/Zunge, Urtikaria, Beschwerden am Verabreichungsort, Fieber, Nervosität, Schmerzen, CSF-Protein ↑/↓, EKG-Abweichungen; **UW** (Cholsäure): ohne Häufigkeitsangabe: Diarrhoe, Pruritus, Gallensteine, Transaminasen ↑; **UW** (Eliglustat): Kopfschmerzen, Übelkeit, Diarrhoe, Bauchschmerzen, Blähungen, Arthralgie, Ermüdung; **UW** (Elosulfase alfa): Überempf., Kopfschmerzen, Schwindel, Dyspnoe, Diarrhoe, Erbrechen, Schmerzen im Mundrachenraum, Oberbauchschmerzen, Übelkeit, Myalgie, Schüttelfrost, Pyrexie; **UW** (Givosiran): Überempf., Übelkeit, Transaminasen ↑, Exanthem, Pruritus, glomeruläre Filtrationsrate ↓, Reaktion a.d. Injektionsstelle, Erschöpfung; **UW** (Inotersen): Thrombopenie, Anämie, Kopschmerzen, Übelkeit, Erbrechen, Fieber, Reaktion an Inj.Stelle, Ödem, Eosinophilie, Appetit ↓, Orthostase, Hypotonie, Hämatom, Transaminasen ↑, Pruritus, Exanthem, Glomerulonephritis, Proteinurie, Nierenversagen, grippeartige Erkr., periphere Schwellung, Kontusion; **UW** (Ivacaftor): Nasopharyngitis, Inf. ob. Atemwege, Rhinitis, Kopfschmerzen, Schwindel, Ohrbeschwerden, Tinnitus, Trommelfellhyperämie, verstopfte Nase/NNH, oropharyngeale Schmerzen, Rachenrötung, Bauchschmerzen, Diarrhoe, Hautausschlag, Bakt. im Sputum; **UW** (Ivacaftor + Lumacaftor): Nasopharyngitis, Inf. ob. Atemwege, Rhinitis, Kopfschmerzen, Schwindel, Ohrbeschwerden, Tinnitus, Trommelfellhyperämie, vestibuläre Störung, verstopfte Nase/NNH, Dyspnoe, oropharyng. Schmerzen, Rachenrötung, Bauchschmerzen, Diarrhoe, Übelkeit, Erbrechen, Flatulenz, Transaminasen ↑, Hautausschlag, Dysmennorhoe, Metorrhagie, gutartige Knoten i.d. Brust, Bakt. im Sputum; **UW** (Lumasiran): Bauchschmerzen, Reaktion a.d. Injektionsstelle; **UW** (Metreleptin): Hypoglykämie, Gewicht ↓, Appetit ↓, Kopfschmerzen, Bauchschmerzen, Übelkeit, Alopezie, Menorrhagie, Ermüdung, Rötung/Hämatom an Injektionsstelle, neutralisierende Antikörper; **UW** (Migalastat): Kopfschmerzen, Depression, Parästhesie, Hypästhesie, Benommenheit, Schwindel, Herzklopfen, Dyspnoe, Epistaxis, Diarrhoe, Übelkeit, Bauchschmerzen, Obstipation, Mundtrockenheit, Stuhldrang, Dyspepsie, Exanthem, Juckreiz, Muskelspasmen, Myalgie, Schiefhals, Proteinurie, Müdigkeit, Gewicht ↑, CK ↑; **UW** (Natriumphenylbutyrat): Anämie, Thrombozytopenie, Leukopenie, Leukozytose, Thrombozytose, metabolische Azidose, Alkalose, Appetit ↓, Depression, Reizbarkeit, Synkope, Kopfschmerzen, Ödem, abdom. Schmerzen, Erbrechen, Übelkeit, Verstopfung, Dysgeusie, Hautausschlag, abnormaler Hautgeruch, renaltubuläre Azidose, Amenorrhoe, unregelmäßige Menstr., Hypokaliämie, Hypalbuminämie, Hypoproteinämie, Hypophosphatämie, aP/GOT/GPT/Bilirubin/Harnsäure/Chlorid/Phosphat/Natrium ↑; Gewicht ↑; **UW** (Patisiran): Bronchitis, Sinusitis, Rhinitis, infusionsbedingte Reaktion, Vertigo, Dyspnoe, Dyspepsie, Erythem, Arthralgie, Muskelspasmen, periph. Ödeme;

UW (Sebelipase alfa): Augenlidödem, Agitiertheit, Reizbarkeit, Hypotonus, Herzerkrankungen, Tachykardie, Gefäßerkrankungen, Hypertonie, Blässe, Atemnot, Giemen, Husten, Rhinitis, Nasenverstopfung, Niesen, Diarrhoe, gastroösophageale Refluxkrankheit, Brechreiz, Erbrechen, Urtikaria, Ausschlag, Ekzem, Pruritus, makulopapulöser Ausschlag, Schüttelfrost, Hyperthermie, Pyrexie, Ödem, Körpertemperatur ↑, Sauerstoffsättigung ↓, RR ↑, Herzfrequenz ↑, Atemfrequenz ↑, Harnwegsinf., anaphylaktische Reaktion, Hypercholesterinämie, Hypertriglyzeridämie, Angst, Schlaflosigkeit, Schwindelgefühl, Hyperämie, Kehlkopfödem, Abdominalschmerz, aufgetriebener Bauch, Übelkeit, Menorrhagie, thorakale Beschwerden, Ödem, Ermüdung, Induration an Infusionsstelle, Pyrexie; **UW** (Tafamidis): Harnwegsinfekte, Scheideninfektionen, Diarrhoe, Oberbauchschmerzen; **UW** (Tezacaftor + Ivacaftor): Nasopharyngitis, Infektion der ob. Atemwege, Rhinitis, Kopfschmerzen, Schwindel, Ohrenschmerzen, Tinnitus, Trommelfellhyperämie, vestibuläre Störungen, oropharyngeale Schmerzen, verstopfte NNH, Rachenrötung, Bauchschmerzen, Diarrhoe, Transaminasen ↑, Exanthem, Raumforderungen in der Brust, Bakterien im Sputum; **UW** (Trientin): Übelkeit; **UW** (Velmanase alfa): Überempf., anaphylaktoide Reaktion, Appetit ↑, psychotisches Verhalten, Einschlafstörung, Verwirrtheitszustand, Bewusstseinsverlust, Synkope, Tremor, Schwindel, Kopfschmerzen, Augenerkr., Augenreizung, okuläre Hyperämie, Bradykardie, Epistaxis, Diarrhoe, Bauchschmerzen, Übelkeit, Erbrechen, Refluxgastritis, Urtikaria, Hyperhidrosis, Arthralgie, Rückenschmerzen, Gelenksteife, Myalgie, Schmerz in Extremitäten, akutes Nierenversagen, Pyrexie, Schmerzen an Katheterstelle, Schüttelfrost, Hitzegefühl, Ermüdung, Krankheitsgefühl, Gewicht ↑, Kopfschmerzen; **UW** (Vestronidase alfa): anaphylaktoide Reaktion, Fieberkrampf, Diarrhoe, Urtikaria, Exanthem, Pruritus, Schwellung/Paravasation a.d. Injektionsstelle;
KI (Asfotase alfa): bek. Überempf.; **KI** (Ataluren): bek. Überempf., gleichzeitige i.v.-Anw. von Aminoglykosiden; **KI** (Burosumab): bek. Überempf.; gleichz. Anw. von oralen Phosphatpräp., Vit.-D-Derivaten; Nüchtern-Serumphosphatwert oberhalb des altersbezogenen Normalbereichs, schwere NI; **KI** (Cerliponase alfa): bek. lebensbedrohl. anaphyl. Reaktion auf C., ventrikuloperitonealer Shunt, Anzeichen für Defekt/Undichtigkeit/Infektion an der Zugangsvorrichtung; **KI** (Cholsäure): bek. Überempf., gleichz. Anw. v. Phenobarbital; **KI** (Eliglustat): bek. Überempf.; **KI** (Elosulfase alfa): bek. Überempf.; **KI** (Givosiran): schwere Überempf.; **KI** (Inotersen): bek. Überempf., Thrombos < 100/nl vor der Beh., Protein-Kreatinin-Quotient im Urin (UPCR) ≥ 113 mg/mmol (1 g/g) vor der Beh.; CrCl < 45ml/min; schwere Leberfunktionsstörung; **KI** (Ivacaftor, Lumacaftor, Lumasiran): bek. Überempf.; **KI** (Metreleptin): bek. Überempf.; **KI** (Migalastat): bek. Überempf.; **KI** (Natriumphenylbutyrat): bek. Überempf., Grav., Lakt.; **KI** (Patisiran): bek. Überempf.; **KI** (Sebelipase alfa): lebensbedrohl. Überempf.; **KI** (Tafamidis): bek. Überempf.; **KI** (Tezacaftor + Ivacaftor): bek. Überempf.; **KI** (Trientin): bek. Überempf.; **KI** (Velmanase alfa): bek. Überempf.; **KI** (Vestronidase alfa): bek. Überempf.

Agalsidase alfa Rp	Keine PPB zu erwarten
Replagal *Inf.Lsg. 3.5mg/3.5ml*	**M. Fabry (Alpha-Galactosidase-A-Mangel):** alle 2W 0.2mg/kg über 40min i.v.; **DANI** nicht erforderlich; **DALI** keine Daten

Agalsidase beta Rp	HWZ 45-102min, PRC B, Lact ?
Fabrazyme *Inf.Lsg. 35mg*	**M. Fabry (Alpha-Galactosidase-A-Mangel):** alle 2W 1mg/kg über 2h i.v.; **DANI** nicht erf.

Alglucosidase alfa Rp	HWZ 2-3h, PRC B, Lact ?
Myozyme *Inf.Lsg. 50mg*	**M. Pompe (Alpha-Glucosidase-Mangel):** alle 2W 20mg/kg i.v.; **DANI, DALI** keine Daten

Amifampridin Rp	HWZ 2h
Firdapse *Tbl. 10mg*	**Lambert-Eaton-Myasthenisches-Syndrom:** ini 15mg/d p.o., alle 4-5d um 5mg steigern bis max. 60mg in 3-4ED, max. 20mg/ED; **DANI, DALI** leichte NI/LI ini 10mg; mäßige bis schwere NI/LI ini 5mg
Asfotase alfa Rp	
Strensiq *Inj.Lsg. 12, 18, 28, 40, 80mg*	**Hypophosphatasie bei Ki. und Jug.:** 3x/W 2mg/kg s.c. oder 6x/W 1mg/kg; **DANI, DALI** keine Daten
Ataluren Rp	HWZ 2-6h, PPB 99%
Translarna *Granulat 125, 250, 1000mg*	**Duchenne-Muskeldystrophie mit Nonsense-Mutation im Dystrophin-Gen:** Erw., **Ki. ab 5J:** 3 x tgl. Einnahme mit 10-10-20mg/kg p.o.; **DANI, DALI** vorsichtige Anw.
Betain Rp	HWZ 14h
Cystadane *Pulver (1g enth. 1g)*	**Homocystinurie:** Erw., **Ki > 10J:** 2 x 3g p.o.; **Ki < 10J:** 100mg/kg/d in 2 ED; **DANI, DALI** nicht erforderlich
Burosumab Rp	HWZ 19d
Crysvita *Inj.Lsg. 10, 20, 30mg*	**X-chromos. Hypophosphatämie ab 1J:** ini 0.4mg/kg s.c., Erh. Dos. 0.8mg/kg alle 2W, max. 90mg; **DANI** KI bei schwerer NI; **DALI** k. Daten
Canakinumab Rp	HWZ 26d
Ilaris *Inj.Lsg. 150mg*	**Cryopyrin-assoziierte periodische Syndrome ab 4J: ≥ 15-40kg:** 2mg/kg alle 8W s.c.; **> 40kg:** 150mg alle 8W s.c.; **DANI** nicht erforderlich; **DALI** keine Daten
Carglumsäure Rp	HWZ 28h
Carbaglu *Tbl. 200mg* **Ucedane** *Tbl. 200mg*	**Hypermammonämie bei N-Acetylglutamat-synthasemangel:** ini 100-250mg/kg in 2-4 ED p.o., Erh.Dos. 10-100mg/kg; **DANI, DALI** k.D.
Cerliponase alfa Rp	
Brineura *Inf.Lsg. 150mg*	**Neuronale Ceroid-Lipofuszinose Typ 2 (Tripeptidyl-Peptidase-1-Mangel):** 300mg intrazerebroventrikulär alle 2W; **Ki. < 6M:** 100mg; **6M bis < 1J:** 150mg; **1J bis < 2J:** 200mg die ersten 4 Dosen, dann 300mg; **≥ 2J:** 300mg jeweils alle 2W.; ini 100-250mg/kg in 2-4 ED p.o., Erh.Dos. 10-100mg/kg; **DANI, DALI** keine Daten

Cholsäure Rp	
Orphacol *Kps. 50, 250mg*	**Angeb. Störung d. primären Gallensäure-synthese:** Erw., **Ki. ab 1M:** 5-15mg/kg p.o., Mindestdosis 50mg, Erw. max. 500mg, Dosiseinst. n. Gallensäurespiegel in Blut/Urin; **DANI** keine Daten, **DALI** vorsichtige Anw.
Eliglustat Rp	HWZ 4-9h PPB 76-83%
Cerdelga *Kps. 84mg*	**M. Gaucher Typ 1:** 2 x 84mg p.o. (intermed. und schnelle CYP2D6-Metabolisierer); 1 x 84mg (langsame CYP2D6-Metabolisierer); **DANI, DALI** keine Daten
Elosulfase alfa Rp	HWZ 7-36min, PRC B, Lact ?
Vimizim *Inf.Lsg. 5mg/5ml*	**Mucopolysaccharidose Typ IVa:** 1 x 2mg/kg KG/W über 4h i.v.; **DANI, DALI** keine Daten
Galsulfase Rp	PRC B, Lact ?
Naglazyme *Inj.Lsg. 5mg/5ml*	**Mukopolysacch. VI:** 1 x/W 1mg/kg über 4h i.v.
Givosiran Rp	HWZ 5h, PPB 90%
Givlaari *Inj.Lsg. 189mg/1ml*	**Akute hepatische Porphyrie:** Erw., Ki. ab 12J: 1 x/M 2.5mg/kg s.c.; **DANI** CrCl ≥15: 100%; < 15, HD: keine Daten; **DALI** leichte LI: 100%; mäßige bis schwere LI: keine Daten
Hemin Rp	HWZ 11h
Normosang *Amp. 250mg/10ml*	**Akute Schübe d. akuten intermitt. Porphyrie, Porphyria variegata, hered. Koproporphyrie:** 1 x 3mg/kg i.v. für 4-7d; **DANI, DALI** KI
Idursulfase Rp	HWZ 45min
Elaprase *Inj.Lsg. 6mg/3ml*	**Hunter-Syndrom (Mukopolysacch. II):** 1 x/W 0.5mg/kg über 3h i.v.; **DANI, DALI** keine Daten
Imiglucerase Rp	
Cerezyme *Inf.Lsg. 400U*	**M. Gaucher Typ I/III:** alle 2W 60U/kg über 3h i.v.; **DANI** nicht erforderlich
Inotersen Rp	HWZ 30d PPB 94%
Tegsedi *Fertigspr. 284mg*	**Hereditäre Transthyretin-Amyloidose mit PNP-Stadien 1-2:** 284mg 1x/W s.c.; **DANI** CrCl < 45: Anw. nicht empfohlen; **DALI** leichte-mäßige LI: 100%; schwere LI: KI
Ivacaftor Rp	HWZ 12h, PPB 99%, PRC B, Lact ?
Kalydeco *Tbl. 150mg*	**Mukoviszidose mit G551D-Mut.:** 2 x 150mg/d p.o.; **DANI** CrCl > 30: 100%, < 30: vors. Anw.; **DALI** Child-Pugh A: 100%; B: 1 x 150mg/d; C: keine Dat., ini 1 x 150mg alle 24h

Ivacaftor + Tezacaftor + Elaxacaftor Rp	
Kaftrio *Tbl. 75+50+100mg*	**Mukoviszidose mit homozygoter F508del- od. heterozygoter F508del-Mutation und Minimalfunktionsmutation:** 2 Tbl. morgens, 150mg Ivacaftor abends; 150mg/d p.o.; **DANI** CrCl > 30: 100% <30: keine Daten; **DALI** Child-P. A: 100%; B, C: Anw. nicht empf.
Laronidase Rp	HWZ 1.5-3.6h PRC B, Lact ?
Aldurazyme *Inf.Lsg. 500U/5ml*	**Mukopolysaccharidose I:** 1 x/W 100U/kg i.v.
Ivacaftor + Lumacaftor Rp	
Orkambi *Tbl. 125 + 200mg*	**Mukoviszidose mit homozyg. F508del-Mutation:** Erw., **Ki. ab 12J:** 2 x 250+400mg p.o.; **DANI** CrCl > 30: 100%, < 30: vors. Anw.; **DALI** Child-Pugh A: 100%; B: 375+600mg/d; C: keine Daten, 250+400mg/d
Lumasiran Rp	HWZ 5h, PPB 77-85%
Oxlumo *Inj.Lsg. 94.5mg/0.5ml*	**Primäre Hyperoxalurie Typ1:** Pat. <20kg s. FachInfo; ≥20kg: 3mg/kg 1x/M s.c. f. 3M, dann 3mg/kg alle 3 M; **DANI** leichte bis mittelschwere NI: 100%; schwere NI, HD: vorsichtige Anw., **DALI** vorsichtige Anw.
Metreleptin Rp	HWZ 4-5h
Myalepta *Inj.Lsg. 3, 5.8, 11,3mg*	**Lipodystrophie:** Pat. ≤ 40kg: 0.06mg/kg s.c., max 0.13mg/kg; Männer > 40kg: 2.5mg, max. 10mg; Frauen > 40kg: 5mg, max. 10mg; s.a. FachInfo; **DANI, DALI** keine Daten
Migalastat Rp	HWZ 3-5h, keine PPB
Galafold *Kps. 123mg*	**M. Fabry:** Erw., **Ki. ab 16J:** 1x123mg alle 2d p.o.; **DANI** CrCl<30: Anw. nicht empf.; **DALI** nicht erf.
Miglustat Rp	HWZ 6-7h, keine PPB
Miglustat Bluefish *Kps. 100mg* **Yargesa** *Kps. 100mg* **Zavesca** *Kps. 100mg*	**M. Gaucher Typ I:** 3 x 100mg p.o.; **DANI** CrCl 50-70: 2 x 100mg; 30-50: 1 x 100mg; < 30: KI; **DALI** keine Daten
Natriumphenylbutyrat Rp	HWZ 1.3-2.4h
Pheburane *Granulat 483mg/g* **Ammonaps** *Granulat 940mg/g;Tbl. 500mg*	**Zusatzther. bei Stoffwechselstörungen des Harnstoffzyklus:** < 20kg: 450-600mg/kg/d p.o. in mehr. ED zu den Mahlzeiten; > 20kg: 9.9-13g/m²/d, max. 20g/d; **DANI, DALI** vors. Anw.
Nitisinon Rp	
Nitisinone Dipharma *Kps. 5, 10mg* **Nitisinone Mdk, Orfadin** *Kps. 2, 5, 10mg*	**Tyrosinämie Typ I:** ini 1mg/kg/d p.o. in 2 ED, ggf. 1.5-2mg/kg/d

Patisiran Rp	
Onpattro *Inf.Lsg. 10mg*	**Hereditäre Transthyretin-Amyloidose mit PNP-Stadien 1-2:** 300µg/kg alle 3W i.v., Pat. > 100kg: max. 30mg; **DANI** CrCl ≥ 30: 100%; < 30: Anw. nicht empf.; **DALI** leichte LI: 100%; mittelschwere bis schwere LI: Anw. nicht empfohlen
Pegvaliase Rp	
Palynziq *Fertigspr. 2.5, 10, 20mg*	**Phenylketonurie:** ini 1 x 2.5/W, Dosis steigern n. Verträglichkeit u. Blut-Phenylalaninwert s. FI
Sapropterin Rp	
Kuvan *Tbl. 100mg; Btl. 100mg*	**Hyperphenylalaninämie bei Phenylketonurie:** ini 1 x 10mg/kg/d p.o. morgens, ggf. 5-20mg/kg/d; **bei Tetrahydrobiopterin-Mangel:** ini 1 x 2-5mg/kg/d p.o., ggf. bis 20mg/kg/d steigern, evtl. in 2-3 ED; **DANI, DALI** keine Daten
Sebelipase alfa Rp	HWZ 0.1h
Kanuma *Inf.Lsg 20mg/10ml*	**Lysosomale saure Lipase-Mangel: Ki. < 6M** ini 1 x/W 1mg/kg i.v., ggf. 1 x/W 3mg/kg; **Ki > 6M, Erw.** 1mg/kg alle 2W i.v.; **DANI, DALI** nicht erforderlich
Tafamidis Rp	HWZ 59h, PPB 99,9%
Vyndaqel *Kps. 20mg*	**Transthyretin-Amyloidose mit symptomatischer PNP (Stadium I):** 1 x 20mg/d p.o.; **DANI** nicht erf.; **DALI** schwere LI: vors. Anw.
Tezacaftor + Ivacaftor Rp	
Symkevi *Tbl. 100+150mg*	**Mukoviszidose:** morgens 1 x 100 + 150mg p.o., abends Ivacaftor 150mg; **DANI** vorsichtige Anw. bei schwerer NI/HD; **DALI** Child A: 100%; B: 100+150mg ohne 150mg Ivacaftor abends; C: ini 100+150mg, Dosisintervalle an Verträglichkeit anpassen, ohne 150mg Ivacaftor abends
Trientin Rp	
Cuprior *Tbl. 150mg*	**M. Wilson bei Penicillaminunverträglichkeit:** 450-975mg p.o. in 2-4 ED; **Ki. ab 5J:** 225-600mg in 2-4 ED; **DANI** nicht erf.
Velaglucerase alfa Rp	PRC B, Lact ?
Vpriv *Inf.Lsg. 400IE (100IE/1ml)*	**M. Gaucher Typ I:** 60 IE/kg i.v. alle 2 W.; **DANI, DALI** nicht erforderlich

Velmanase alfa Rp	HWZ 30h
Lamzede *Inf.Lsg. 10mg*	**Alpha-Mannosidose:** 1mg/kg 1x/W i.v.; **DANI, DALI** nicht erforderlich

Vestronidase alfa Rp	HWZ 2.6h
Mepsevii *Inf.Lsg. 10mg*	**Mukopolysaccharidose VII:** 4mg/kg alle 2W i.v.; **DANI, DALI** keine Daten

6.9 Steroidgenesehemmer

Wm/Wi (Ketoconazol): Hemmung der 17-alpha-Hydroxylase und der 11-Hydroxylierung ⇒ Hemmung der Cortison- u. Aldosteronsynthese, Hemmung kortikotroper Tumorzellen bei Cushing-Syndrom; **Wm/Wi** (Osilodrostat): Hemmung der 11-beta-Hydroxylase ⇒ Hemmung der Cortisol-Synthese;
UW (Ketoconazol): Nebennierenrindeninsuff., Übelkeit, Erbrechen, Bauchschmerzen, Diarrhoe, Leberenzyme ↓, Pruritus, Exanthem;
UW (Osilodrostat): Nebenniereninsuffizienz, Hypokaliämie, Appetit ↓, Schwindel, Kopfschmerzen, Synkope, Tachykardie, Hypotonie, Erbrechen, Übelkeit, Diarrhö, Bauchschmerzen, Ausschlag, Hirsutismus, Akne, Fatigue, Ödem, Malaise, Testosteron im Blut ↑, Kortikotropin im Blut ↑, QT-Verlängerung;
KI (Ketoconazol): bek. Überempf. gegen K. bzw. Imidazol enthaltende Antimykotika; Grav./Lakt., akute od. chron. Lebererkr. u./od. Leberenzym ↑ (> 2 x ULN), gleichz. Anw. von Simvastatin, Atorvastatin, Lovastatin, Eplerenon, Methadon, Disopyramid, Chinidin, Dronedaron, Pimozid, Sertindol, Saquinavir, Saquinavir/Ritonavir, Ranolazin, Mizolastin, Halofantrin, Dabigatran, Triazolam, orales Midazolam u. Alprazolam, Ergotalkaloide, Lurasidon, Quetiapin, Felodipin, Nisoldipin, Colchicin, Irinotecan, Everolimus, Sirolimus, Vardenafil bei Männern > 75J; bei Pat. mit eingeschr. Nierenfunktion: Telithromycin, Clarithromycin, Fesoterodin, Solifenacin; **KI** (Osilodrostat): bek. Überempf.

Ketoconazol Rp	HWZ 2h, PPB 99%
Ketoconazole HRA *Tbl. 200mg*	**Endogenes Cushing-Syndrom:** Erw., **Ki ab12J:** ini 400-600mg/d in 2-3ED, rasche Steigerung auf 800-1200mg/d mögl.; Dosisanpassung an Plasmacortisolspiegel; Erh. Dos. 400-1200mg/d; s. FachInfo; **DANI:** nicht erforderlich; **DALI:** KI

Osilodrostat Rp	HWZ 4h, PPB 40%
Isturisa *Tbl. 1, 5, 10mg*	**Endogenes Cushing-Syndrom:** ini 2 x 2mg p.o., Pat. mit asiatischer Abstammung 2 x 1mg; Dosisanpassung an Cortisolspiegel, Erh.Dos. 2 x 2-7mg, max. 2 x 30mg; **DANI** nicht erforderlich; **DALI** Child A: 100%; B: ini 2 x 1mg; C: ini 1 x 1mg

6.10 Hypothalamushormone

6.10.1 Somatostatin-Analagon

Wm/Wi (Pasireotid): Bindung an Somatostatin-Rezeptoren (Subtypen hsst 1-5) mit starker Affinität zu hsst5 der kortikotropen Zellen von ACTH-produzierenden Adenomen ⇒ Hemmung der ACTH-Sekretion; **UW** (Pasireotid): Anämie, Nebenniereninsuffizienz, Hyperglykämie, Diabetes mellitus, Appetit ↓, Kopfschmerzen, Sinusbradykardie, QT-Verlängerung, Hypotonie, Durchfall, Bauchschmerzen, Übelkeit, Erbrechen, Cholelithiasis, Haarausfall, Pruritus, Myalgie, Arthralgie, Reaktion an Injektionsstelle, Erschöpfung, glykosyliertes Hb/γGT/ALAT/BZ/Lipase/Amylase, Prothrombinzeit ↑;
KI (Pasireotid): Überempfindlichkeit gegen Wirkstoff oder Bestandteile, Child-Pugh C

Pasireotid Rp	HWZ 12h , PPB 88% PRC C , Lact -
Signifor *Inj.Lsg. 0.3, 0.6, 0.9mg/ml; 10, 20, 30, 40, 60mg*	**M. Cushing:** 2 x 0.6mg/d s.c., ggf. steigern auf 2 x 0.9mg/d s.c.; ini 10mg alle 4W i.m., ggf. alle 2-4M steigern, max. 40mg alle 4W; **DANI** nicht erf.; **DALI** Child-Pugh A: 100%; B: 2 x 0.3mg/d, max. 2 x 0.6mg/d; C: KI **Akromegalie:** 40mg i.v. alle 4W; ggf. nach 3M steigern auf max. 60mg; ggf. Dosisred. um 20mg bei UW bzw. Überreaktion; **DANI** nicht erf.; **DALI** Child-Pugh A: 100%; B: ini 20mg alle 4W, max. 40mg alle 4W; C: KI

6.11 Hypophysenhinterlappenhormone

6.11.1 Agonisten

Wm/Wi (Argipressin): = Vasopressin, renale H_2O-Rückresorption ↑; vasokonstriktiv;
Wm/Wi (Desmopressin): renale H_2O-Rückresorption ↑; vasokonstriktiv;
Wm/Wi (Oxytocin): Kontraktion der Uterusmuskulatur, Förderung der Milchejektion durch Kontraktion der glatten Muskulatur der Milchdrüse;
Wm/Wi (Terlipressin): Durchblutung im Portalgefäßgebiet ↓ + Kontraktion der glatten Ösophagusmuskulatur ⇒ Kontraktion der Ösophagusvarizen ⇒ portale Hypertension ↓;
UW (Argipressin): ohne Häufigkeitsangabe: Herzstillstand, Anaphylaxie, Bronchokonstriktion, Hautnekrose, digitale Ischämie, Arrhythmien, Myokardinfarkt, Übelkeit, Erbrechen, intestinale Ischämie; **UW** (Terlipressin): Bronchospasmus, RR-Schwankungen, Kopfschmerzen, Diarrhoe;
KI (Argipressin): bek. Überempf.; **KI** (Terlipressin): schwere Hypertonie, Arteriosklerose, AP, Epilepsie, Grav.; Anw. Beschr. bei Asthma bronchiale, Herzinsuffizienz

Argipressin Rp	HWZ 10-20min
Empressin *Inj.Lsg. 40 IE/2ml*	**Katecholaminrefraktäre Hypotonie bei septischen Schockzuständen:** ini 0.01IE/min i.v., ggf. alle 15-20min steigern bis 0.03IE/min; Perfusor 40IE/50ml (0.8IE/ml) 0.75-2.25 ml/h; **DANI, DALI** keine Daten

Desmopressin Rp	HWZ 75min i.v./90-150min p.o., Q0 1.0, PRC B, Lact ?
Desmogalen *Spray (10µg/Hub)* **Desmopressin** *Tbl. 0.1, 0.2mg* **Minirin** *Schmelztbl. 60, 120, 240µg; Tbl. 0.1, 0.2mg; Spray (10µg/Hub); Rhinyle (0.1ml = 10µg); Amp. 4µg/1ml* **Nocdurna** *Schmelztbl. 25, 50µg* **Nocturin** *Tbl. 0.1mg* **Nocutil** *Tbl. 0.1, 0.2mg; Spray (10µg/Hub)* **Octostim** *Spray (150µg/Hub)*	**Zentr. Diabetes insipidus:** 3 x 60-200µg p.o.; 1 x 10-20µg nasal; 1-2 x 0.5-2µg i.v./i.m./s.c.; **Ki.:** 2-3 x 10-40µg p.o.; 1 x 10µg nasal; 1-2 x 0.2-0.5µg i.v./i.m./s.c.; **diagnostisch:** 1 x 40µg nasal; 4µg i.m./s.c.; **Ki. < 1J:** 1 x 10µg nasal; 0.4µg i.m./s.c.; **> 1J:** 1 x 20µg nasal; 1-2µg i.m./s.c.; **Nykturie bei nächtl. Polyurie:** ini 60µg p.o. z.N., ggf. steigern auf 120-240µg; **Enuresis noct. Ki. ab 5J:** ini 120-200µg p.o. z.N., evtl. 240-400µg; **Steigerung der F-VIII-Gerinnungsaktivität, Thrombozytendysfunktion:** 0.3-0.4µg/kg über 30min i.v. präop.; 300µg nasal 1-2h präop.
Oxytocin → 31, → 444	HWZ 15min, PRC X, Lact -, Nasenspray +
Terlipressin Rp	HWZ 24min
Glycylpressin *Inj.Lsg. 0.1mg/ml* **Haemopressin** *Inj.Lsg. 1mg/5ml* **Variquel** *Inj.Lsg. 0.2mg/ml*	**Ösophagusvarizenblutung:** ini 1-2mg i.v., Erh.Dos. 1mg alle 4-6h für 2-3d; max. 6 x 20µg/kg/d

6.11.2 Vasopressinantagonisten

Wm/Wi: selektiver Vasopressin-V2-Rezeptorantagonist ⇒ Harnausscheidung ↑ ⇒ Aquaresis ↑, Osmolarität des Urins ↓, Serumnatriumkonzentration ↑;
UW: Polydipsie, Hyperkaliämie, Dehydration, Hyperglykämie, Appetit ↓, orthostatische Hypotonie, Obstipation, Mundtrockenheit, Ecchymosis, Pruritus, Polyurie, Pollakisurie, Durst, Asthenie, Pyrexie, Blukreatininwerte ↑;
KI: bek Überempf., Anurie, Volumendepletion, hypovolämische Hyponatriämie, Hypernatriämie, Patient ohne Durstgefühl, Grav./Lakt.

Tolvaptan Rp	HWZ 12h, PPB 98%, Q0 1.0, PRC C, Lact ?
Jinarc *Tbl. 15, 30mg* **Samsca** *Tbl. 15, 30mg*	**Hyponatriämie bei SIADH:** ini 1 x 15mg/d p.o., max. 60mg/d; **Verlangsamung der Progression von Zystenentwicklung und NI bei autosomal-dominanter polyzystischer Nierenerkr.:** Jinarc: ini 60mg/d, nach 1W 90mg/d, nach 2W 120mg/d; **DANI** CrCl > 10: nicht erforderlich; < 10: keine Daten; Anurie: KI; **DALI** Ch. A-B: nicht erf.; C: vors. Anw.

6.12 Wachstumshormonrezeptorantagonisten

Wm/Wi: selektive Bindung an Wachstumshormonrezeptoren ⇒ Hemmung der Wachstumshormonwirkung ⇒ IGF-1 ↓, IGF-Bindungsproteine ↓; **UW:** Diarrhoe, Übelkeit, Erbrechen, grippeähnliche Symptome, Müdigkeit, Arthralgie, Myalgie, Kopfschmerzen, Schwindel, Somnolenz, Tremor, Schwitzen, Pruritus, Exanthem; **KI:** bekannte Überempfindlichkeit

Pegvisomant Rp — 6d, PRC B, Lact ?

Somavert *Inj.Lsg. 10mg/1ml, 15mg/1ml, 20mg/1ml*	**Akromegalie**: ini 80mg s.c., dann 10-20mg/d s.c., Dosisanp. alle 4-6W in 5-mg-Schritten n. IGF-1-Serumsp., max.30mg/d; **DANI, DALI** keine Daten

6.13 Endokrinologische Diagnostik

Corticorelin (CRH) Rp

Cortirel *Inj.Lsg. 0.1mg/1ml* **CRH Ferring** *Inj.Lsg. 0.1mg/1ml*	**Test der kortikotropen Partialfunktion des HVL:** 0.1mg i.v., bei übergewichtigen Pat. 2µg/kg; ACTH- und Cortisolbestimmung zuvor und nach 15, 30, 60, 90min

Gonadorelin (LHRH) Rp — PPB < 15%

LhRh Ferring *Amp. 0.1mg/1ml* **Relefact LHRH** *Amp. 0.1mg/1ml*	**Diagnostik hypothalamischer, hypophys. u. gonadaler Funktionsstörung:** 0.1mg i.v.; **Ki.:** 60µg/m² KOF, mindestens 25µg i.v.; LH-/FSH-Bestimmung zuvor und nach 30min

Metyrapon Rp — HWZ 2h

Metopiron *Kps. 250mg*	**ACTH-Insuffizienz-Kurztest:** 30mg/kg, max. 3g um 0 Uhr p.o., nach 7.5-8h Bestimmung von 11-Desoxycortisol und/oder ACTH; **Mehrfachddosistest:** s. FachInfo; Ther. **Cushing-Syndrom:** ini 250-1000mg p.o., Erh.Dos. 500-6000mg/d in 3-4 ED

Protirelin (TRH) Rp

TRH Ferring *Amp. 0.2mg/1ml*	**Diagnostik v. Hypophysen- u. Schilddrüsenfunktionsstörung:** 0.2-0.4mg i.v.; **Ki.:** 1µg/kg oder 50-100µg i.v.; erneute Diagnostik nach 30min

Somatorelin (GHRH) Rp

GHRH Ferring *Inj.Lsg. 0.05mg/1ml*	**Test der somatotropen Partialfkt. des HVL:** 0.05mg i.v.; **Ki.:** 1µg/kg i.v.; Wachstumshormonbest. zuvor und nach 30, 60, 90, 120min

Tetracosactid (ACTH) Rp

Synacthen *Amp. 0.25mg/1ml (= 25IE)*	**Test d. Nebennierenrindenfkt:** 0.25mg i.v./i.m.; Cortisolbestimmung zuvor und nach 30min

7 Hämatologie, Onkologie

7.1 Antianämika

7.1.1 Eisen

UW (Eisen-II-Ion): Übelkeit, Erbrechen, Diarrhoe, Obstipation, epigastrische Beschwerden, Dunkelfärbung des Stuhls; **UW** (Eisen-III-Ion): Geschmacksstörung; **UW** (Eisen-III-Maltol): Bauchschmerzen, Flatulenz, Obstipation, Diarrhoe, Übelkeit, aufgetriebener Bauch; **KI** (Eisen-II-Ion): bek. Überempf., Hämochromatose, chron. Hämolysen mit Zeichen der Eisenüberladung, Bleianämie, Thalassämie, sideroachrestische Anämie; **KI** (Eisen-III-Ion): bek. Überempf.; Anämien, die nicht durch Eisenmangel verursacht sind; Hämochromatose, Hämosiderose, Thalassämie, sideroachrestische Anämie, gleichzeitige Anw. oraler Eisenpräparate; **KI** (Eisen-III-Maltol): bek. Überempf., Hämochromatose und sonstige Eisenüberladungssyndrome; Pat., die wiederholt Bluttransfusionen erhalten

Eisen-II-Ion OTC

Eisentabletten-ratioph. *Tbl. 50, 100mg* **Eryfer** *Kps. 100mg* **ferro sanol** *Tbl. 40mg; Gtt. (20Gtt. = 30mg)* **ferro sanol duodenal** *Kps. 50, 100mg* **Ferrum Hausmann** *Kps. (ret.) 100mg* **Lösferron** *Brausetbl. 80.5mg* **Tardyferon** *Tbl. (ret.) 80mg* **Vitaferro** *Brausetbl. 80.5mg*	**Eisenmangelanämie:** 1-2 x 50-100mg p.o. für mind. 8 W; nach Normalisierung des Hb-Werts Weiterbehandlung für 6-8W

Eisen-III-Ion Rp

Ferrlecit *Amp. 40mg/3.2ml, 62.5mg/5ml* **Venofer** *Amp. 100mg/5ml*	**Ausgeprägte Eisenmangelzustände:** 1 x 40-62.5mg langsam i.v.; Venofer: 2-3x/W 100-200mg i.v.; **Ki.:** 2-3x/W 0.15ml/kg i.v.

Eisen-III-Hydroxid-Dextran-Komplex Rp

CosmoFer *Amp. 625mg (= 100mg Fe^{3+})/2ml*	**Ausgeprägte Eisenmangelzustände:** 2-3x/W 100-200mg Fe^{3+} i.v., max. 20mg Fe^{3+}/kg/Inf.

Eisen-III-Hydroxid-Oxidcitrat-Isomaltooligosaccharidalkohol-Hydrat-Komplexe Rp

MonoFer *Amp. 100mg Fe^{3+}/1ml, 500mg Fe^{3+}/5ml, 1000mg Fe^{3+}/10ml*	**Eisenmangelanämie:** bis 3x/W 100-200mg Fe^{3+} i.v.; Ges. Dosis max. 20mg Fe^{3+}/kg/Inf. in 500ml NaCl über 60min i.v.; s.a. FachInfo

Eisen-III-Hydroxid-Polymaltose-Komplex Rp

Ferinject *Amp. 370mg (=100mg Fe^{3+})/2ml, 1850mg (= 500mg Fe^{3+})/10ml* **Ferrum Hausmann** *Gtt. 186mg (= 50mg Fe^{3+})/1ml; Saft 186mg (= 50mg Fe^{3+})/5ml*	**Ausgeprägte Eisenmangelzustände:** max. 2-3x/W 200mg Fe^{3+} i.v.-Inj. oder max. 15mg Fe^{3+}/kg bzw. max. 1x/W 1g Fe^{3+} als Inf. Gesamtdosis indivuell berechnen, s. FI; **Erw.:** 1 x 100-200mg Fe^{3+}/d p.o.; **Ki.:** 1 x 50-100mg Fe^{3+}/d p.o.; **< 2J:** 1 x 25-50mg Fe^{3+}/d p.o.; **FG:** 2.5-5mg Fe^{3+}/kg/d p.o. **DANI, DALI** KI b. schwerer NI, LI

Eisen-III-Maltol Rp	
Feraccru *Kps. 30mg*	**Eisenmangel:** 2 x 30mg p.o.; **DANI, DALI** keine Daten

7.1.2 Erythropoetin

Wm/Wi (Erythropoetin): spez. Interaktion mit dem Erythropoetinrezeptor auf erythroiden Vorläuferzellen im Knochenmark ⇒ Erythropoese ↑; **Wm/Wi** (Darbepoetin): s. Erythropoetin, längere HWZ durch veränderte Molekülstruktur; **UW** (Darbepoetin): Kopfschmerz, Hypertonie, Shuntthrombose, Schmerz an der Einstichstelle; **UW** (Erythropoetin): Hypertonie, Hautreaktion, Schwindel, Kopfschmerz, grippeähnliche Symptome, epileptische Anfälle; **UW** (Epoetin theta): Kopfschmerzen, Hypertonie, hypertensive Krise, Hautreaktionen, Arthralgie, grippeähnliche Erkrankung, Shuntthrombose; **UW** (Epoetin zeta): Kopfschmerzen, Benommenheit, Thrombosen, Lungenembolie, Exanthem, Gelenkschmerzen, Blutdruckanstieg, Schwächegefühl, grippeähnliche Symptome, Müdigkeit, Blutgerinnsel in künstlichen Nieren; **KI** (alle): bek. Überempf. gegen Inhaltsstoffe; **KI** (Darbepoetin): schwer kontrollierbare Hypertonie, Lakt., keine Daten bezüglich Grav.; **KI** (Erythropoetin): schwer kontrollierbare Hypertonie, Ki. < 2J; **KI** (Epoetin theta): bek. Überempf., unkontrollierte Hypertonie; **KI** (Epoetin zeta): bek. Überempf., unkontrollierte Hypertonie, bek. Erythroblastopenie nach Epoetin-Therapie, Pat. ohne adäquat durchführbare Thromboseprophylaxe; bei Ind. autologe Blutspende: MI, Schlaganfall innerhalb 1M vor Ther., instabile AP, Risiko für Thromboembolien ↑; bei Ind. vor großen orthopädischen OPs: schwere Koronar-, periphere Gefäß-, Karotiden- oder Hirngefäßkrankheit, inkl. Pat. mit kürzlichem MI oder zerebrovaskulärem Ereignis

Darbepoetin alfa Rp	HWZ 49h (s.c.); 21h (i.v.), Q0 > 0.7
Aranesp *Fertigspr. 10, 15, 20, 30, 40, 50, 60, 80, 100, 130, 150, 300, 500µg*	**Anämie bei chron. Niereninsuff., Anämie nach Chemotherapie:** ini 0.45µg/kg 1x/W i.v./s.c.; Dosisanpassung nach Hb (s. Packungsbeilage)

Epoetin alfa Rp	HWZ 16h
Abseamed/Binocrit/Epoetin Alfa HEXAL *Fertigspr. 1000IE/0.5ml, 2000IE/1ml, 3000IE/0.3ml, 4000IE/0.4ml, 5000IE/0.5ml, 6000IE/0.6ml, 8000IE/0.8ml, 10000IE/1ml* **Erypo** *Fertigspr. 1000IE/0.5ml, 2000IE/0.5ml, 3000IE/0.3ml, 4000IE/0.4ml, 5000IE/0.5ml, 6000IE/0.6ml, 8000IE/0.8ml, 10000IE/1ml, 20000IE/0.5ml, 30000IE/0.75ml, 40000 IE/1ml*	**Anämie bei chron. Niereninsuff.:** ini 50IE/kg 3x/W s.c./i.v., Dosisanpassung +/- 25IE/kg je nach Hb (Ziel: 10-12g/dl); **Tumoranämie bei Chemotherapie:** 150IE/kg 3x/W s.c., alternativ: 450IE/kg 1x/W s.c., bei Hb ↑ < 1g/dl: 300IE/kg; **autologe Blutspende:** 600IE/kg 2x/W s.c. für 3W prä-OP

Epoetin beta Rp	HWZ 4-12h, Q0 0.9
NeoRecormon *Inj.Lsg. 10000IE/1ml, 20000IE/1ml, 50000IE/10ml, 100000IE/5ml; Fertigspr. 500IE/0.3ml, 1000IE/0.3ml, 2000IE/0.3ml, 3000IE/0.3ml, 4000IE/0.3ml, 5000IE/0.3ml, 6000IE/0.3ml, 10000IE/0.6ml, 20000IE/0.6ml, 30000IE/0.6ml*	**Anämie bei chron. Niereninsuff.:** ini 20IE/kg 3x/W s.c., evtl. Dosis ↑ um 20IE/kg; Erh.Dos. 50% der Initialdosis; **Anämie bei Chemotherapie:** 150IE/kg 3x/W s.c., max. 900IE/kg/W; **Pro. der Frühgeborenenanämie:** 250IE/kg 3x/W s.c. für 6W

Epoetin theta Rp	HWZ 22-41h, Qo 0.9
Eporatio *Fertigspr. 1000IE/0,5ml, 2000IE/0,5ml, 3000IE/0,5ml, 4000IE/0,5ml, 5000IE/0,5ml, 10.000IE/1ml, 20.000IE/1ml, 30.000IE/1ml*	**Anämie bei chron. Niereninsuff.:** ini 20IE/kg 3x/W s.c., evtl. nach 4W 40IE/kg falls Hb-Anstieg < 1g/dl; ini 40IE/kg 3x/W i.v., evtl. nach 4W 80IE/kg; max 700 IE/kg/W; Erh.Dos. je nach Hb; **Anämie bei Chemother.:** ini 20.000IE 1x/W s.c., evtl. nach 4W 40.000IE falls Hb-Anstieg < 1g/dl; Ther. bis 4W nach Chemotherapie; s.a. FI
Epoetin zeta Rp	HWZ 4-12h, Qo 0.9
Retacrit *Fertigspr. 1000IE/0.3ml, 2000IE/0.6ml, 3000IE/0.9ml, 4000IE/0.4ml, 5000IE/0.5ml, 6000IE/0.6ml, 8000IE/0.8ml, 10.000IE/1.0ml, 20.000IE/0.5ml, 30.000IE/0.75ml, 40.000IE/1.0ml* **Silapo** *Fertigspr. 1000IE/0.3ml, 2000IE/0.6ml, 3000IE/0.9ml, 4000IE/0.4ml, 5000IE/0.5ml, 6000IE/0.6ml, 8000IE/0.8ml, 10.000IE/1.0ml, 20.000IE/0.5ml, 30.000IE/0.75ml, 40.000IE/1.0ml*	**Anämie bei chron. Niereninsuff.:** ini 50IE/kg 2-3 x/W s.c./i.v., evtl. nach 4W steigern um 25IE/kg je nach Hb-Verlauf; Erh. Dos. 17-300IE/kg/W; **Ki. + HD:** ini 3 x 50 IE/kg i.v., evtl. nach 4W steigern um 25IE/kg je nach Hb-Verlauf, Erh.Dos. 30-150IE/kg; **Anämie bei Chemother.:** ini 150IE/kg 3 x/W oder 450IE 1 x/W s.c., ggf. nach 4W 300IE/g 3x/W. falls Hb-Anstieg < 1g/dl; **autologe Blutspende:** 600IE/kg 2 x/W s.c. für 3W; **vor großem orthopädischem Eingriff:** 600IE/kg 1x/W s.c. 3W vor OP und am OP-Tag; s.a. FachInfo
PEG-Epoetin beta Rp	HWZ 140h
Mircera *Fertigspr. 30, 50, 75, 100, 120, 150, 200, 250, 360μg*	**Anämie bei chron. Niereninsuff.:** ini 0.6μg/kg alle 2W s.c./i.v.; Dosisanp. nach Hb, z.B. 25% steigern, wenn Hb < 1g/dl in 1M ansteigt; bei EPO-Vorbehandlung: s. FachInfo

7.2 Eisenchelatbildner

Wm/Wi (Deferasirox, Deferipron, Deferoxamin): Komplexbildung mit 3-wertigen Eisenionen und Aluminiumionen ⇒ Ausscheidung des chelatgebundenen Eisens über Urin bzw. Stuhl;
UW (Deferasirox): Diarrhoe, Obstipation, Erbrechen, Übelkeit, Bauchschmerzen, Blähungen, Dyspepsie, Transaminasenerhöhung, Exanthem, Juckreiz, Kreatininerhöhung, Proteinurie;
UW (Deferipron): Übelkeit, Erbrechen, Bauchschmerzen, Chromaturie, Neutropenie, Agranulozytose, Appetitzunahme, Kopfschmerz, Diarrhoe, Arthralgie, Mattigkeit, erhöhte Leberwerte;
UW (Deferoxamin): Kopfschmerzen, Übelkeit, Urtikaria, Arthralgie, Myalgie, Fieber; Schmerzen Rötung, Schwellung a.d. Inj.Stelle;
KI (Deferasirox): bek. Überempf., Komb. mit anderen Eisenchelattherapien, CrCl < 60ml/min;
KI (Deferipron): bek. Überempf., anamnest. belegte rezidivierende; Neutropenie-Schübe bzw. Agranulozytose, Grav./Lakt., gleichzeitige Anw. von Arzneimitteln, die zu Neutropenie oder Agranulozytose führen können;
KI (Deferoxamin): bek. Überempfindlichkeit

Deferasirox Rp	HWZ 8-16h, PPB 90%, PRC C, Lact ?
Exjade *Tbl. 90, 125, 180, 250, 500mg*	**Eisenüberladung durch Transfusionen bei Thalassaemia, Eisenüberladung bei anderen Anämien:** Erw., **Ki. ab 2J:** ini 10-30mg/kg p.o., Dosisanpassung an Ferritinspiegel, max 40mg/d; s.a. FachInfo; **DANI** CrCl < 60: KI; **DALI** Child B: Dosisreduktion; C: Anw. nicht empfohlen
Deferipron Rp	HWZ 2-3h, PRC D, Lact ?
Ferriprox *Tbl. 500, 1000mg; Lsg. (1ml enth. 100mg)*	**Eisenüberladung bei Thalassaemia major:** Erw., **Ki. ab 10J:** 3 x 25mg/kg p.o.; **DANI, DALI** vorsichtige Anw.
Deferoxamin Rp	HWZ 3-6h, PRC C, Lact ?
Desferal *Inj.Lsg. 0.5, 2g*	**Chron. Eisenüberladung:** 20-60mg/kg/d als s.c.-Infusion über 8-12h, 5-7 x/W; **DANI** vorsichtige Anw.; **DALI** keine Daten

7.3 Vitamine

7.3.1 Vitamin B

B_1 (Thiamin) OTC	PRC A, Lact +
B1 Asmedic *Tbl. 100mg* **Novirell B_1** *Amp. 50mg/1ml* **Vitamin B1 Hevert** *Amp. 200mg/2ml* **Vitamin-B_1-ratioph.** *Tbl. 200; Amp. 100mg/2ml*	**Thiaminmangelzustände:** 1-3 x 100mg p.o.; 1 x 100mg i.v.; i.m.
B_2 (Riboflavin) OTC	PRC A, Lact +
B_2-Asmedic *Tbl. 10mg* **Vitamin B_2 Jenapharm** *Tbl. 10mg*	**Riboflavinmangelzustände:** 1-2 x 10mg p.o.; **Ki.:** 1-2 x 5mg p.o.
B_6 (Pyridoxin) OTC	HWZ 15-20d, PRC A, Lact +
B6 Asmedic *Tbl. 40mg* **B_6-Vicotrat** *Tbl. 300mg* **Vitamin B6 Hevert** *Tbl. 100mg; Amp. 25mg/2ml* **Vitamin B_6-ratioph.** *Tbl. 40mg*	**Pro. Vit.-B_6-Mangel-Neuropathie:** 1 x 25-50mg p.o.; **Therapie von Vit.-B_6-Mangelzuständen:** 50-300mg/d p.o.; ini 100-250mg/d i.v./i.m.
B_{12} (Cyanocobalamin) OTC	HWZ 6d PRC A, Lact +
B_{12}-Ankermann *Tbl. 1000µg; Gtt. (1ml = 50µg); Amp. 100µg/1ml, 1000µg/1ml* **Lophakomp B_{12}** *Amp. 3mg/2ml* **Novirell B_{12}** *Amp. 1mg/1ml* **Vitamin B_{12}-ratioph.** *Tbl. 10µg; Amp. 100µg/1ml*	**Perniziöse Anämie, funikuläre Myelose:** ini 100µg tgl. oder 1000-2000µg/W i.m. für 14d, dann 1 x 100µg/M. i.m.; 1 x 300-1000µg p.o.

$B_1 + B_6$ OTC	
Neuro Medivitan *Tbl. 100+100mg* **Neuro-ratioph. 100/100 N** *Tbl. 100+100mg* **Neurotrat S forte** *Tbl. 100+100mg*	**Neurol. Systemerkrankung durch B1- und B6-Mangel:** 1 x 1Tbl. p.o., bei manifestem nachgewiesenem Mangel max. 3 x 1 Tbl. p.o.
$B_6 + B_{12}$ + Folsäure (+ Lidocain) OTC	
Medivitan IM mit Lidocain *Amp. 5+1+1.1mg*	**B_6-, B_{12}-, Folsäure-Mangelzustände:** 2 x 1 Amp./W i.m. über 4 W

7.3.2 Vitamin C

UW: z.T. osmotische Diarrhoe;
KI: Anw. Beschr. bei Oxalaturolithiasis, Thalassämie, Hämochromatose

Ascorbinsäure OTC	HWZ 3h, Qo 0.3, PRC C, Lact ?
Ascorvit *Tbl. 200, 500mg* **Cetebe** *Kps. 500(ret.)mg* **Pascorbin** *Inj.Lsg. 7.5g/50ml; Amp. 750mg/5ml* **Vitamin C Loges** *Amp. 500mg/5ml*	**Vitamin-C-Mangel:** 200-1000mg/d p.o.; 100-500mg i.v.; **Ki.:** 5-7mg/kg/d i.v.; **Methämoglobinämie:** 500-1000mg i.v.

7.3.3 Vitamin D

UW: Hyperkalzämie, Nausea, Erbrechen, Kalzifizierung verschiedener Organe, Nierensteine;
KI: Hyperkalzämie, Cave in Grav./Lakt.

Alfacalcidol Rp	HWZ (35)
Alfacalcidol HEXAL *Kps. 0.25, 0.5, 1µg* **Bondiol** *Kps. 0.25, 0.5, 1µg* **Doss** *Kps. 0.25, 0.5, 1µg* **EinsAlpha** *Kps. 0.25, 0.5, 1µg; Gtt. (20Gtt. = 2µg); Amp. 1µg/0.5ml, 2µg/1ml* **One-Alpha** *Kps. 0.25, 0.5, 1µg; Gtt. (20Gtt. = 2µg); Amp. 1µg/0.5ml, 2µg/1ml*	**Renale Osteodystrophie, postmenopausale Osteoporose, Osteomalazie:** 1 x 1µg p.o.; **Ki. < 20kg:** 0.05µg/kg/d; 1µg/Dialyse i.v., max. 12µg/W i.v.; Doss: **zur Sturzprophylaxe bei Älteren:** 1 x 1µg p.o.
Calcitriol Rp	HWZ 5-8h, PRC C, Lact
Calcitriol Kyramed *Tbl. 0.25, 0.5µg* **Decostriol** *Tbl. 0.25, 0.5µg; Amp. 1µg/1ml, 2µg/1ml* **Osteotriol** *Kps. 0.25, 0.5µg* **Renatriol** *Tbl. 0.25, 0.5µg* **Rocaltrol** *Tbl. 0.25, 0.5µg*	**Renale Osteodystrophie:** 0.25µg alle 2d p.o.; ini 0.5µg i.v. 3 x/W nach Dialyse, Erh.Dos. 0.5-3µg 3 x/W nach Dialyse; **Hypoparathyreoidismus, hypophosphatämische Rachitis:** 0.25µg/d; Dosissteigerung nach Serum-Ca
Colecalciferol OTC/Rp	HWZ 12
D 3 Vicotrat *Amp. 100.000IE/1ml* **Dekristol** *Tbl. 400, 500, 1000IE; Kps. 20000IE* **Heliodrei** *Lsg. 25.000,100.000/1ml* **Vigantol** *Gtt. (30Gtt. = 20000IE)* **Vigantoletten** *Tbl. 500, 1000IE* **Vitamin D_3-Hevert** *Tbl. 1000IE*	**Osteoporose:** 1000-3000IE/d p.o.; **Malabsorption:** 3000-5000IE/d p.o.; 50000-100000IE i.m. alle 3 M; **Vitamin-D-Mangelzustände:** ini 1x/W 100.000 IE p.o.; Erh.Dos. im Verlauf niedriger **Rachitis, Osteomalazie:** 1000-5000IE/d für 1J **Rachitis-Pro. Sgl.:** 500IE/d

Colecalciferol + Calciumcarbonat OTC

Calci Aps D$_3$ *Brausetbl. 880IE+2.5g* **Calcicare D$_3$** *Kautbl. 400IE+1.5g; Brausetbl. 880IE+2.5g* **Calcimagon D$_3$** *Kautbl. 400IE+1.25g* **Calcivit D** *Kautbl. 400IE+1.5g; Brausetbl. 400IE+1.5g; 880IE+2.5g* **IDEOS** *Kautbl. 400IE+1.25g* **Ossofortin D** *Brausetbl. 800IE+3g* **Ossofortin forte** *Brausetbl. 400IE+1.5g; Kautbl. 400IE+1.5g* **Sandocal-D** *Gran. 440/880IE+1.25/2.5g*	**Osteoporose, Vitamin-D-, Kalziummangel bei älteren Patienten:** 800-880IE/d Colecalciferol p.o. in 1-2 ED; **DANI** KI bei schwerer NI; **DALI** nicht erforderlich

Colecalciferol + Fluorid OTC

D-Fluoretten *Tbl. 500IE+0.25mg* **Fluor-Vigantoletten, Zymafluor D** *Tbl. 500IE+0.25mg, 1000IE+0.25mg*	**Rachitis- und Karies-Pro.:** **FG:** 1 x 1000IE p.o.; **Sgl., Ki. bis 2J:** 1 x 500IE p.o.

Dihydrotachysterol Rp — HWZ 16-18h PRC C, Lact ?

A.T. 10 *Kps. 0.5mg; Gtt. (26Gtt. = 1mg)* **Atiten** *Gtt. (26Gtt. = 1mg)*	**Hypoparathyreoidismus:** 0.5-1.5mg/d p.o., je nach Serum-Ca-Spiegel

Paricalcitol Rp — HWZ 15h PPB 99%

Paricalcitol HEXAL *Amp. 4µg/2ml, 5µg/1ml, 10µg/2ml* **Pasonican** *Kps. 1, 2µg* **Zemplar** *Kps. 1, 2µg; Amp. 5µg/1ml, 10µg/2ml*	**Pro. Hyperparathyreoidismus bei chron. NI:** nach PTH-Serumspiegel [pg/ml]: Dosis in µg = PTH/80, alle 2d i.v. während Dialyse; Dosisanp. nach PTH s. FI; **DALI** nicht erf.

7.3.4 Vitamin K

UW: bei i.v.-Anwendung anaphylaktische Reaktionen mit Atemstillstand

K1 (Phytomenadion) OTC — HWZ 1.5-3h, Q0 0.95

Ka Vit *Gtt. (20Gtt. = 20mg)* **Konakion** *Amp. 2mg/0.2ml, 10mg/1ml* **Neokay** *Kps. 1mg*	**Blutung bei Cumarinüberdosierung:** 5-10mg p.o.; 1-10mg langsam i.v.; **Pro. M. haemorrhagicus bei NG:** 2mg p.o. oder 2mg i.m./s.c. bei U1, U2, U3

7.3.5 Carotinoide

Wm/Wi (Betacaroten): Antioxidans, Fänger von Singulett-Sauerstoff und freien Radikalen; protektive Wi bei phototox. Prozessen; **UW** (Betacaroten): keine häufigen/sehr häufigen UW; **KI** (Betacaroten): bek. Überempfindlichkeit, Leberschäden, starke Raucher (≥ 20 Zigaretten)

Betacaroten OTC

Carotaben *Kps. 25mg*	**Erythropoetische Protoporphyrie, polymorphe Lichtdermatosen:** ini 150-200mg p.o.; Dosisanp. nach Schweregrad bzw. Stärke der Sonneneinstrahlung; **Ki., Vorschulki.:** 50-75mg; **Schulki.:** 50-125mg; **Pigmentstörungen:** ini 75-125mg, n. 3-5W 25-50mg; **DANI** vors. Anw.

7.3.6 Folsäure

UW (Folsäure): selten ZNS-Strg., GI-Strg.;
KI (Folsäure): megaloblastäre Anämie infolge Vit.-B_{12}-Mangels

Folsäure OTC	HWZ 1.5-2h PRC A, Lact +
Folarell *Tbl. 5mg; Amp. 5mg/1ml* **Folsan** *Tbl. 0.4, 5mg* **Folsäure Hevert** *Tbl. 5mg; Amp. 5mg/2ml, 20mg/2ml* **Folverlan** *Tbl. 0.4, 5mg*	**Folsäuremangel: Pro.:** 0.4-0.8mg/d; 1-5mg i.v./i.m.; **Therapie:** ini 1-20mg i.v./i.m., dann 5-20mg 1-3x/W i.v./i.m.; ini 5-15mg/d p.o., dann 1-3x/W; **Ki.:** 2.5-7.5mg p.o.
Folsäure + Fe^{2+} OTC	
Tardyferon-FOL *Tbl. 0.35+80mg*	**Eisen- u. Folsäuremangelzust.:** 1-3 x 1Tbl. p.o.

7.4 Wachstumsfaktoren

Wm/Wi (Avatrombopag): Thrombopoetin-Rezeptor-Agonist ⇒ stimuliert Differenzierung und Proliferation aus Knochenmarksvorläuferzellen ⇒ Thrombozytenbildung ↑;
Wm/Wi (Filgrastim, Lenograstim): humaner Granulozytenkolonie-stimul. Faktor (G-CSF) reguliert Entstehung und Freisetzung funktionsfähiger neutrophiler Granulozyten aus dem Knochenmark; **Wm/Wi** (Lipegfilgrastim): kovalentes Konjugat von Filgrastim mit verlängerter Verweildauer; **Wm/Wi** (Plerixafor): selektiver, reaktiver Antagonist des CXCR4-Chemokin-Rezeptors ⇒ Leukozytose u. Spiegel zirkulierender, hämatopoetischer Progenitorzellen ↑; Mobilisierung von CD34+-Zellen (funktional und transplantionsfähig);
UW (Avathrombopag): Anämie, Splenomegalie, Hyperlipidämie, Appetit ↓, Kopfschmerzen Migräne, Schwindel, Parästhesie, Hypertonie, Epistaxis, Dyspnoe, Übelkeit, Diarrhoe, Erbrechen Obb.-Schmerzen, Flatulenz, Exanthem, Akne, Ptechien, Pruritus, Arthralgie, Rückenschmerzen, Extremität-Schmerz, Skelettschmerze, Myalgie, Ermüdung, Asthenie, Erhöhung v. LDH Gastrin, Glucose, GPT, Triglceriden, Thrombozyten; Erniedrigung von Glucose, Thrombozyten; **UW** (Filgrastim): Knochenschmerzen, Miktionsbeschwerden, LDH/aP/gGT/Harnsäure ↑ Übelkeit, Erbrechen, Kopfschmerzen; **UW** (Lipefilgrastim): Thrombozytopenie, Hypokaliämie, Kopfschmerzen, Hautreaktionen, Schmerzen des Muskel- und Skelettsystems/im Brustraum; **UW** (Plerixafor): Schlaflosigkeit, Benommenheit, Kopfschmerzen, Durchfall, Übelkeit, Erbrechen, Bauchschmerzen, Obstipation, Flatulenz, Mundtrockenheit, orale Hypästhesie, Hyperhidrose, Erytheme, Arthralgie, Reaktion am Injektionsort, Müdigkeit, Unwohlsein;
KI (Avatrombopag): bek. Überempf.; **KI** (Filgrastim): Überempf. gegen Filgrastim, Kostmann Syndr. (kongen. Neutropenie); **KI** (Lipegfilgrastim): bek. Überempf.; **KI** (Plerixafor): bek. Überemp

Avatrombopag Rp	HWZ 19h, PPB 96%
Doptelet *Tbl. 20mg*	**Thrombopenie bei chron. Lebererkrankung** Thr < 40/nl: 60mg/d für 5d; Thr ≥ 40/nl bis 49/nl: 40mg/d für 5d; **Chronische Immunthrombopenie:** ini 1 x 20mg, Dosisanpassg. nach Thr s. FachInfo; **DANI** leichte bis mäßige NI: 100%; schwere NI keine Daten; **DALI** Child A, B: 100%; C: vors. Anw.

Filgrastim (G-CSF) Rp	HWZ 2-7h, PRC C, Lact ?
Accofil *Fertigspr. 300, 480μg* **Filgrastim HEXAL** *Fertigspr. 300, 480μg* **Grastofil** *Fertigspr. 300, 480μg* **Neupogen 30, 48** *Inj.Lsg. 300, 480μg; Fertigspr. 300, 480μg* **Nivestim** *Inj.Lsg. 120, 300, 480μg* **Ratiograstim** *Fertigspr. 300, 480μg* **Zarzio** *Fertigspr. 300, 480μg*	**Neutropenie nach Chemother.:** 5μg/kg/d s.c.; **Mobilisierung periph. Blutstammzellen:** 10μg/kg/d als s.c.-Dauerinf. über 24h für 5-7d; **schwere kongenitale Neutropenie:** 12μg/kg/d, max. 24μ/kg/d; **Neutropenie bei HIV:** 1μg/kg/d, max. 4μg/kg/d; **Spender von allogener Stammzellspende:** 10μg/kg/d für 4-5d
Lenograstim (G-CSF) Rp	HWZ 3-4h
Granocyte 13 *Inj.Lsg. 105μg (13.4 Mio IE)* **Granocyte 34** *Inj.Lsg. 263μg (33.6 Mio IE)*	**Neutropenie nach Chemotherapie, Mobilisierung periph. Blutstammzellen:** 150μg/m² KOF/d s.c.
Lipegfilgrastim (G-CSF) Rp	HWZ 32-62h, PRC C, Lact -
Lonquex *Fertigspr. 6mg/0.6ml (13.4 Mio IE)*	**Neutropenie nach Chemotherapie:** 1 x 6mg s.c. je Zyklus, 24h nach CTX
Pegfilgrastim (G-CSF) Rp	
Neulasta, Pelgraz, Ziextenzo *Fertigspr. 6mg/0.6ml*	**Neutropenie nach Chemotherapie:** 6mg s.c. einmalig pro Chemo-Zyklus
Plerixafor Rp	HWZ 3-5h, PPB 58%, PRC D, Lact ?
Mozobil *Inj.Lsg 24mg/1.2ml*	**Mobilisierung peripherer Blutstammzellen zur autologen Tx bei Lymphom/Multiplem Myelom:** 0.24mg/kg/d s.c. 6-11h vor Apherese nach 4-tägiger G-CSF-Vorbehandlung, Anw. für 2-7d; **DANI** CrCl > 50: 100%, 20-50: 0.16mg/kg/d, < 20: keine Daten

7.5 Benutzerhinweise für Chemotherapeutika

Die Angaben zu Indikation und Dosierung sind den aktuellen Fachinformationen der entsprechenden Handelspräparate entnommen. Hierbei ist zu beachten, dass Chemotherapeutika bei einigen angegebenen Indikationen heute kaum mehr eingesetzt werden. Andererseits erfolgt der Einsatz zahlreicher Substanzen bei hier nicht aufgeführten Indikationen nach aktuellen Therapiestandards.
Bei den Dosierungsangaben unterscheiden sich die hier abgebildeten Angaben aus den FachInfos teils erheblich von der in Klinik und Praxis etablierten Vorgehensweise. Auch kann nicht immer auf die in der Onkologie häufig durchgeführten Kombinationstherapien mit mehreren Substanzen eingegangen werden. Hier sei auf aktuelle Therapieleitlinien von Fachgesellschaften und Tumorzentren verwiesen.
Am Anfang dieses Kapitels sind die unerwünschten Wirkungen (UW) angegeben, die bei nahezu allen Zytostatika auftreten können. Weitere substanzspezifische UW sind in den Tabellen der jeweiligen Wirkstoffgruppe aufgeführt.

7.6 Allgemeine UW von Zytostatika

Sofortreaktionen

Übelkeit, Erbrechen, Fieber, allergische Reaktionen, RR ↓, HRST, Venenentzündungen

Verzögert einsetzende, reversible Nebenwirkungen

Knochenmarkdepression (Leuko- u. Thrombopenie, weniger häufig Anämie), Mukositis, Stomatitis, aregenerative Enteropathie mit Appetitlosigkeit und Diarrhoe, Haarausfall, Hautveränderungen (Pigmentierungen, Hyperkeratosen), Hautausschläge, Lungen-, Nieren-, Leberfunktionsstörung, Gerinnungsstörung, Amenorrhoe, Azoospermie, Wachstumshemmung bei Kindern

Bleibende chronische Toxizität

Kardiotoxizität, Nieren- und Leberschädigung, Neurotoxizität (Lähmungen, Sensibilitätsstörung, Polyneuropathie), Mutagenität, Teratogenität, Karzinogenität (Zweittumor)

Indirekte Wirkungen, Paravasat

Immunsuppressive Wirkung als Folge der Leukopenie, Infektanfälligkeit, Hyperurikämie, akute Nephropathie und akutes Nierenversagen; **Zytostatika-Paravasat:** initial Ödem, Rötung, Schmerzen, Überwärmung, im weiteren Verlauf Gewebsnekrose, Superinfektion möglich

7.7 Alkylierende Mittel

7.7.1 Stickstofflost-Analoga

Wm/Wi (alkylierende Mittel): Quervernetzung von DNA-Einzel und -Doppelsträngen durch Alkylierung, Strg. von Matrixfunktion und Synthese der DNA;
UW (alle) s. allgemeine UW von Zytostatika → 166; **UW** (Bendamustin): Infektion, Leukopenie, Thrombopenie, Übelkeit, Erbrechen, Mukositis, Erschöpfung, Fieber, Hb-Abfall, Krea/Harnstoff-Anstieg, Tumorlysesyndrom, Schlaflosigkeit, Palpitationen, Angina pectoris, Arrhythmie, Hypotonie, Hypertonie, Lungenfunktionsstörung, Diarrhoe, Obstipation, Stomatitis, Hautveränderungen, Alopezie, Schmerzen, Schüttelfrost, Dehydrierung, Appetitlosigkeit, Transaminasen/aP/Bili-Anstieg, Hypokaliämie; UW (Chlormethin): Dermatitis, Pruritus, Hautinfektion, Hautulzeration, Blasenbildung, Hyperpigmentierung, Überempfindlichkeit; **UW** (Cyclophosphamid) transiente Transaminasen ↑, Cholestase, hämorrhagische Zystitis, Blasenfibrose, bei Hochdosistherapie akute Myo-/Perikarditis, Herzinsuffizienz, hämorrhagische Myokardnekrosen, akute Enzephalopathie, Lungenfibrose, Pneumonitis; **UW** (Chloroambucil): Lungenfibrose v.a. bei kumulativ. Dosis > 2000mg, transiente Transaminasen ↑, Lebertoxizität, periphere/zentrale Neurotoxizität, Zystitis; **UW** (Melphalan): pulmonale Fibrose; **UW** (Ifosfamid): transiente Transaminasen ↑, Cholestase, hämorrhag. Zystitis, akute Enzephalopathie und zerebelläre Neurotoxizität, Verwirrtheit, Psychose, Ataxie, Krampfanfälle, Somnolenz, Koma; **UW** (Trofosfamid) transiente Transaminasen ↑, hämorrhagische Zystitis bei hochdosierter oder Langzeittherapi

Bendamustin Rp — HWZ 30min, PPB 95%

Bendamustin HEXAL *Inf.Lsg. 25, 100mg* **Bendamustin Ribosepharm** *Inf.Lsg. 25, 100mg* **Levact** *Inf.Lsg. 25, 100mg*	**Non-Hodgkin-Lymphome:** 120mg/m² d1-2 Wdh. d22; **Multiples Myelom:** 120-150mg/m² d1-2, Wdh. d29 + Prednison; **CLL:** 70-100mg/m² d1-2, Wdh. d29; **DANI** CrCl ≥ 10: 100%; **DALI** Serumbili 1.2-3mg/dl: 70%; > 3mg/dl: keine Daten; s.a. FI

Cyclophosphamid Rp	HWZ (4-8h), Qo 0.5, PPB 15%
Cyclophosphamid HEXAL *Inf. Lsg. 500, 2000mg* **Endoxan** *Tbl. 50mg; Inf.Lsg. 200, 500, 1000mg*	**ALL, AML, maligne Lymphome, Hoden-, Mamma-, Ovarial-Ca, Ewing-Sarkom, Neuroblastom, kleinzell. Bronchial-Ca, Rhabdomyosarkom, Autoimmunerkrankung, immunsuppressive Therapie nach Organ-Tx:** Dauertherapie 120-240mg/m² i.v. tgl. oder 1 x 50-200mg p.o.; Intervallther. 400-600mg/m² i.v. in Abständen von 2-5d; 800-1600mg/m² i.v. alle 21-28d; **DANI** CrCl < 10: 50%; **DALI** Serumbili 3.1-5mg/dl: 75%

Chlorambucil Rp	HWZ 1-1.5(2.4)h, Qo 1.0, PPB 98%
Leukeran *Tbl. 2mg*	**CLL, niedrig maligne NHL:** 1 x 0.4mg/kg p.o. d1, Wdh. d15, ggf. um 0.1mg/Zyklus steigern; bei Komb. mit Prednison 5mg/m² d1-3, Wdh. d15, ggf. um 1.3mg/m² ↑; **M. Waldenström:** 0.1mg/kg tgl. od. 0.3mg/kg für 7d, Wdh. alle 6W; **DANI** nicht erf.; **DALI** Dosisreduktion empf.

Chlormethin Rp	HWZ 1-1.5(2.4)h, Qo 1.0, PPB 98%
Ledaga *Tbl. 2mg*	**Kutanes T-Zell-Lymphom vom Typ Mycosis fungoides:** 1 x/d auftragen; s.a. FachInfo; **DANI, DALI** keine Angaben

Melphalan Rp	HWZ (1.5-2h), Qo 0.9, PPB 90%
Alkeran *Tbl. 2mg; Inf.Lsg. 50mg* **Melphalan-ratioph.** *Inf. Lsg. 50mg*	**Multiples Myelom:** 0.25mg/kg p.o. d1-4, Wdh. nach 4-6W, Kombination mit Prednison; 15mg/m² i.v. d1, Wdh. nach 4W; Hochdosisther.: 100-200mg/m²; **fortgeschrittenes Ovarial-Ca:** 0.2mg/kg p.o. d1-5, Wdh. nach 4-8W; **DANI** CrCl 30-50: 50%

Ifosfamid Rp	HWZ 6-8(4-7)h, Qo 0.5, PPB gering
Holoxan *Inf.Lsg. 1, 2, 3g* **IFO-cell** *Inf.Lsg. 1, 2, 5g*	**Hoden-, Zervix-, Mamma-, nichtkleinzell. Bronchial-Ca, kleinzelliges Bronchial-Ca, Weichteil-, Ewing-Sarkome, Non-Hodgkin-Lymphome, M. Hodgkin:** 1200-2400mg/m² i.v. d1-5 oder 5-8g/m² über 24h d1; **DANI** KI bei schwerer NI

Trofosfamid Rp	HWZ 1-1.5(4-8)h
Ixoten *Tbl. 50mg*	**Non-Hodgkin-Lymphome:** 3 x 50mg p.o.; **DANI** k.A.

7.7.2 Alkylsulfonate

Wm/Wi (alkylierende Mittel): Quervernetzung von DNA-Einzel- und -Doppelsträngen durch Alkylierung, Strg. von Matrixfunktion und Synthese der DNA;
UW (alle): s. allgemeine UW von Zytostatika → 166;
UW (Busulfan): Lungenfibrose, insbes. bei kumulativer Dosis > 300mg, bei Hochdosistherapie Lebervenenverschlusssyndrom, Katarakt, Gynäkomastie, retroperitoneale Fibrose, Endokardfibrose, hämorrhagische Zystitis; **UW** (Treosulfan): Lungenfibrose, allerg. Alveolitis, Pneumonie, Cholestase, Sklerodermie, Psoriasis, Parästhesien, hämorrhag. Zystitis

Busulfan Rp	HWZ 2.5h, Q0 1.0, PPB 32%
Busilvex *Inf.Lsg. 60mg/10ml* **Busulfan Accord** *Inf.Lsg. 60mg/10ml* **Myleran** *Tbl. 2mg*	**Konditionierung vor konventioneller Stammzell-Tx:** 0.8mg/kg i.v. alle 6h über 4d; **CML:** Remissionseinleitung 0.06mg/kg p.o., Erhaltungsther. 0.5-2mg/d; **Polycythaemia vera:** 4-6mg/d; **DANI** nicht erforderlich

Treosulfan Rp	HWZ 1.5-1.8h
Ovastat *Kps. 250mg; Inf.Lsg. 1, 5g*	**Ovarial-Ca:** 4 x 100-150mg/m^2 p.o. für 28d, Wdh. d56; 5-8g/m^2 i.v. d1, Wdh. d21-28; **DANI** k.A.

7.7.3 Nitrosoharnstoffe

Wm/Wi (alkylierende Mittel): Quervernetzung von DNA-Einzel- u. -Doppelsträngen durch Alkylierung, Strg. von Matrixfunktion und DNA-Synthese; **UW:** s. allgemeine UW von Zytostatika → 166; **UW** (Lomustin): pulmonale Infiltrate, Lungenfibrose, transiente Transaminasen ↑, periphere und zentrale Neurotoxizität; **UW** (Streptozocin): starke Übelkeit, Erbrechen, Diarrhoe, Proteinurie, Schädigung der prox. Tubuli, Phosphaturie, akute NI, Harnwegserkrankungen; **KI** (Lomustin): bek. Überempf., Grav., Lact., Pat. mit Zöliakie, schwere Thrombo- und/oder Leukopenie; stark eingeschränkte Nierenfunktion, gleichzeitige Anwendung von Gelbfieberimpfstoff oder anderen Lebendimpfstoffen; **KI** (Streptozocin): bek. Überempf., CrCl < 30, Lebendimpfstoffe, attenuierte Lebendimpfstoffe, Stillzeit

Lomustin Rp	HWZ (72h), PPB 60%
Cecenu *Kps. 40mg*	**M. Hodgkin, Hirntumoren, Hirnmetastasen, malignes Melanom, kleinzell. Bronchial-Ca:** 70-100mg/m^2 p.o. d1, Wdh. nach 6W; **DANI** Dosisred., KI bei stark eingeschränkter Nierenfunktion

Streptozocin Rp	HWZ 35min (> 24h)
Zanosar *Inf.Lsg. 1g*	**Neuroendokrine Pankreastumore:** Kombin. mit 5-FU: 500mg/m^2 i.v. d1-5, Wdh. nach 6W oder 1. Zyklus 500mg/m^2 d1-5, nach 3W 1000mg/m^2 d 1-5, Wdh. alle 3W; **DANI** CrCl > 60: 100%; 46-60: 50%; 45-31: nach Nutzen-Risiko-Verhältnis; ≤ 30: KI; **DALI** Dosisred. erwägen

7.7.4 Platinhaltige Verbindungen

Wm/Wi (alkylierende Mittel): Quervernetzung von DNA-Einzel- u. -Doppelsträngen durch Alkylierung, Störung von Matrixfunktion und Synthese der DNA;
UW: s. allg. UW von Zytostatika → 166; **UW** (Carboplatin): transiente Transamin. ↑, Nephrotoxizität, periph. Neurotoxizität, Hörstrg., Optikusneuritis; **UW** (Cisplatin): Herzinsuff., Enteritis, transiente Transaminasen ↑, Elektrolytveränd. (Ca^{2+} ↓, Mg^{2+} ↓, K^+ ↓, Na^+ ↓), kumulat. Nephrotoxizität mit Tubulusschädigung, Otoxizität, periphere Neurotoxizität, Geschmacksstrg., fokale Enzephalopathie, Sehstrg., Optikusneuritis, Schwindel; **UW** (Oxaliplatin): meist transiente periphere Neuropathie mit Dysästhesien, Parästhesien der Extremitäten (ausgelöst/verstärkt durch Kälteexposition), akute laryngeale/pharyngeale Dysästhesie mit Erstickungsgefühl

Carboplatin Rp	HWZ 2(24)h, Qo 0.25, PPB < 25%
Axicarb *Inf.Lsg. 10mg/ml* **Carboplatin-GRY** *Inf.Lsg. 10mg/ml* **CARBO-cell** *Inf.Lsg. 10mg/ml* **Carboplatin Kabi** *Inf.Lsg. 50, 150, 450, 600mg* **Ribocarbo-L** *Inf.Lsg. 50, 150, 450, 600mg*	**Ovarial-, Zervix-Ca, kleinzell. Bronchial-Ca, Plattenepithel-Ca des Kopf-/Halsbereichs:** 300-400mg/m² i.v., Wdh. nach 4W; alternativ Dosierung nach AUC; **DANI** CrCl 40-60: 250mg/m²; 20-40: 200mg/m²; < 20: KI

Cisplatin Rp	HWZ 58-90h, Qo 0.6, PPB > 90%
Cisplatin-Lsg.-Ribosepharm *Inj.Lsg. 10, 50mg* **Cisplatin Accord** *Inf.Lsg. 10, 50mg* **Cisplatin Neocorp** *Inf.Lsg. 10, 50, 100mg*	**Hoden-, Prostata-, Ovarial-Ca, kleinzell. u. nicht-kleinzell. Bronchial-Ca, Oesophagus-, Zervix-, Blasen-, Endometrium-Ca, Kopf-Hals-Ca, Osteosarkom:** 50-120mg/m² i.v. d1 oder 15-20mg/m² d1-5, Wdh. nach 3-4W; **DANI** KI bei NI

Oxaliplatin Rp	HWZ biphasisch 0.4h und 38h
Eloxatin *Inf.Lsg. 100, 200mg* **Medoxa** *Inf.Lsg. 50mg/10ml, 100mg/20ml, 150mg/30ml* **Oxaliplatin HEXAL** *Inf.Lsg. 50, 100, 200ml* **Riboxatin** *Inf. Lsg. 50mg/10ml, 100mg/20ml*	**Kolorektales Karzinom, adjuvant und metastasiert:** 85mg/m² i.v. d1, Wdh. d15, Kombination mit 5-FU; **DANI** CrCl < 30: KI

7.7.5 Weitere alkylierende Mittel

Wm/Wi (alkylierende Mittel): Quervernetzung von DNA-Einzel- und -Doppelsträngen durch Alkylierung, Strg. von Matrixfunktion und Synthese der DNA; **Wm/Wi** (Procarbazin): hemmt die Inkorporation kleiner DNA-Präkursoren sowie die RNA- und Protein-Synthese, direkte Schädigung der DNA durch Alkylierungsreaktion, schwacher MAO-Inhibitor im ZNS;
UW: s. allgemeine UW v. Zytostatika → 166; **UW** (Dacarbazin): transiente Transamin. ↑, Lebervenenverschlusssyndrom, Lebernekrose, Photosensitivität, ZNS-Strg. (Kopfschmerzen, Sehstrg., Verwirrtheit, Lethargie, Krämpfe), Parästhesien, Thrombophlebitis, ausgeprägte Nausea;
UW (Procarbazin): KM-Suppression, Anämie, Neutropenie, Leukopenie, Thrombozytopenie mit Blutungstendenz, Panzytopenie, allerg. Reakt. mit makulopapillarem Exanthem, Hypereosinophilie, Fieber, Hautrötung, Urtikaria, Neuropathien, Parästhesien der Extremitäten, Schläfrigkeit, Verwirrtheit, interstit. Pneumonie, Nausea, Erbrechen, Anorexie, Obstipation, Diarrhoen, Stomatitis, Leberfktsstrg., Azoospermie, Beendigung d. Ovarialfkt., Alopezie, inkurrente Inf., H. zoster;
UW (Temozolomid): Obstipation, Kopfschmerzen, Schwindel, Geschmacksanom., Parästhesien;
KI (Procarbazin): bek. Überempf., Myelosuppression mit Granulozyto- und Thrombozytopenie (nicht durch maligne Grunderkrankung bedingt), Lakt., schwere Nieren- und Leberschäden

Dacarbazin Rp	HWZ 0.5-3.5h, Qo 0.3, PPB 5%
Dacarbazin Lipomed *Inf.Lsg. 100, 200mg* **Detimedac** *Inf.Lsg. 100, 200, 500, 1000mg*	**Malignes Melanom:** 200-250mg/m² i.v. d1-5 oder 850mg/m² d1, Wdh. nach 3W; **Weichteilsarkom:** 250mg/m² d1-5, Wdh. n. 3W; **M. Hodgkin:** 375mg/m² d1, Wdh. d15; **DANI** leichte bis mittl. NI: 100%, schwere NI: KI; **DALI** leichte bis mittlere LI: 100%, schwere LI: K

Procarbazin Rp	PRC D, Lact -
Natulan *Kps. 50mg*	**M. Hodgkin:** 100mg/m² KOF für 7-14 d p.o. in Kombination mit anderen Zytostatika

Temozolomid Rp	HWZ 1.8h, PPB 10-20%
Temodal, Temozo Cell, Temozolomid HEXAL *Kps. 5, 20, 100, 140, 180, 250mg*	**Rezidivierende/progred. maligne Gliome:** 200mg/m² d1-5, Wdh. nach 4W; vorbeh. Pat. beim 1. Zyklus 150mg/m²; **DANI** nicht erf.

7.8 Antimetabolite

7.8.1 Folsäure-Analoga

Wm/Wi (Antimetabolite): Einbau als falsches Substrat in die DNA oder RNA, Hemmung der DNA- oder RNA-Polymerase; **UW:** s. allgemeine UW von Zytostatika → 166;
UW (Methotrexat): GI-Blutungen, Transaminasen ↑, Tubulusschädigung, reversible akute Enzephalopathie nach i.v.-/intrathekaler Applikation, Leukenzephalopathie, Konjunktivitis;
UW (Pemetrexed): Transaminasen ↑, Fieber, motorische und sensible Neuropathie, Diarrhoe Fatigue, Hautrötung, Appetitverlust, Stomatitis, Angina pectoris, kardiovaskuläre Ereigniss

Methotrexat → 223 Rp	HWZ 12-24h, Qo 0.06, PPB 50%
Methotrexat-Gry *Inf.Lsg. 5, 50, 500, 1000, 5000mg* **Methotrexat medac** *Inj.Lsg. 5, 15, 50mg; Inf.Lsg. 250, 500, 1000, 5000mg* **MTX HEXAL** *Tbl. 2.5, 5, 7.5, 10, 15mg; Inj.Lsg. 5, 7.5, 10, 15, 25, 50, 500, 1000mg; Fertigspritze 2.5mg/0.33ml, 7.5mg/1ml, 10mg/1ml, 10mg/1.33ml, 15mg/2ml, 20mg/2.67ml, 25mg/3.33ml*	**Chorionepitheliom, Mamma-Ca, Kopf-Hals-Ca, Non-Hodgkin-Lymphom, ALL, kleinzell. Bronchial-Ca, Osteosarkom, Meningeosis leucaemica + carcinomatosa maligne Lymphome im Kindesalter, ZNS-Tumoren:** ED i.v. je nach Therapie-Schema, niedrigdosierte Therapie: < 100mg/m²; mittelhochdosierte Therapie: 100-1000mg/m² hochdosierte Therapie: > 1000mg/m²; intrathekal: 8-12mg/m², max. 15mg absolut ini alle 2-3d, später alle 4W; **DANI** CrCl > 80 100%; 80: 75%; 60: 63%; < 60: KI

Pemetrexed Rp	HWZ 3.5h, PPB 81%
Alimta *Inf.Lsg. 100, 500mg* **Pemetrexed Medac** *Inf. Lsg. 100, 500, 1000mg*	**Malignes Pleuramesotheliom:** 500mg/m² i.v. d1, Kombination mit Cisplatin 75mg/m² d1 Wdh. d22; **NSCLC:** 500mg/m² d1, Wdh. d22; **DANI** CrCl ≥ 45: 100%; < 45: Anw. nicht empf

7.8.2 Purin-Analoga

Wm/Wi (Antimetabolite): Einbau als falsches Substrat in die DNA oder RNA, Hemmung der DNA- oder RNA-Polymerase; **Wm/Wi** (Cladribin): DNA-Synthese und -Reparatur werden blockiert, Einfluss auf Kaskade immunologischer Ereignisse über B- und T-Lymphozyten; **Wm/Wi** (Nelarabin): wird zu ara-G metabolisiert;
UW: s. allgemeine UW von Zytostatika → 166; **UW** (Cladribin): parenterale Anw.: schwere Neutropenien bzw. Anämien, Thrombozytopenien, Infektionen, Fieber, Müdigkeit, Übelkeit, Hautausschlag, Kopfschmerz, Appetit ↓, Schüttelfrost, Asthenie, Hyperhidrosis, Erbrechen, Obstipation, Diarrhoe, Purpura, Benommenheit, anomale Atem-/Brustkorbgeräusche, Husten, Reakt. an Injektionsstelle: Rötung, Schwellung, Schmerz, Unwohlsein, Körperschmerz, Bauchschmerzen, Flatulenz, Petechien, Schlaflosigkeit, Angstgefühl, Ödeme, Tachykardie, Herzgeräusche, Kurzatmigkeit, Juckreiz, Hautrötung, Schmerzen, Myalgie, Arthralgie, schwere Infektionen, Exitus (nicht klar von Grunderkr. abzugrenzen); orale Anw.: oraler Herpes, Herpes zoster, Lymphopenie, Neutropenie, Exanthem, Alopezie; **UW** (Clofarabin): febrile Neutropenie, Ängstlichkeit, Kopfschmerzen, Nausea, Erbrechen, Diarrhoe, Dermatitis, Pruritus, Schleimhautentz., Pyrexie, Erschöpfung; **UW** (Fludarabin): akute Kardiotoxizität mit Arrhythmien, Hypotonie, transiente Transaminasen ↑, periphere Neuropathie mit Parästhesien, ZNS-Strg., Immunsuppr. mit T-Zell-Defizienz, (CD^{4+} ↓ ↓, CD^{8+} ↓), Tumorlysesyndr., Hämolyse; **UW** (Mercaptopurin): transient Transamin. ↑, Cholestase, Lebervenenverschlusssyndrom; **UW** (Nelarabin): Infektionen, Tumorlysesyndrom, Hypoglykämie, Hypokalzämie, Hypomagnesiämie, Hypokaliämie, Verwirrtheit, Somnolenz, Kopfschmerzen, periph. neurol. Strg., Schwindel; **UW** (Tioguanin): transient Transaminasen ↑, Cholestasen, Lebervenenverschlusssyndrom, Darmperforation

Cladribin Rp — HWZ 3-22h (kontinuierl. Infusion an 7d), 11h (s.c.-Bolus an 5d), PPB 20%

Leustatin *Inf.Lsg. 10mg/10ml* **LITAK** *Inj.Lsg. 10mg/5ml* **Mavenclad** *Tbl. 10mg*	**Haarzell-Leukämie:** 0.14mg/kg s.c. d1-5 oder 0.09mg/kg i.v. über 24h d1-7; **DANI, DALI** vorsichtige Anwendung; Mavenclad: **Multiple Sklerose:** 2 Behandlungsphasen in 2J mit je 1.75mg/m² p.o. über 5d; s.a. FachInfo; Child-Pugh > 6: Anw. nicht empf.

Clofarabin Rp — HWZ 5.2h

Evoltra *Inf.Lsg. 20mg/20ml*	**ALL: Ki > 21kg:** 52mg/m² über 2h i.v. d1-5; **DANI, DALI** KI bei schwerer NI, LI

Fludarabin Rp — HWZ 10-30h, PPB nicht ausgeprägt

Bendarabin *Inf.Lsg. 50mg* **Fludara** *Inf.Lsg. 50mg* **Fludarabinphosphat-GRY** *Inj.Lsg. 50mg*	**CLL vom B-Zell-Typ:** 25mg/m² i.v. d1-5, Wdh. d29; **DANI** CrCl 30-70: 50%; < 30: KI; **DALI** vorsichtige Anwendung

Mercaptopurin Rp — HWZ 1.5h, Q0 0.8, PPB 20%

Mercaptopurin Medice *Tbl. 10mg* **Puri-Nethol** *Tbl. 50mg* **Xaluprine** *Susp. (1ml = 20mg)*	**ALL:** 2.5mg/kg/d p.o., Therapiedauer je nach Schema; **DANI, DALI** Dosisreduktion erwägen

Nelarabin Rp — HWZ 0.5(3)h, PPB 25%

Atriance *Inf.Lsg. 250mg/50ml*	**T-ALL, T-LBL:** 1.5g/m² i.v. d 1, 3, 5, Wdh. d22; **Ki., Jug. < 21J:** 650mg/m² i.v. d1-5, Wdh. d22; **DANI, DALI** keine Daten

Tioguanin Rp	HWZ (0.5-6h)
Thioguanin Aspen *Tbl. 40mg*	**AML:** Induktion: 100mg/m² alle 12h p.o.; **ALL:** 60mg/m² p.o.; Therapiedauer je nach Schema; **DANI, DALI** Dosisred. erwägen

7.8.3 Pyrimidin-Analoga

Wm/Wi (Antimetabolite): Einbau als falsches Substrat in die DNA oder RNA, Hemmung der DNA- oder RNA-Polymerase; **Wm/Wi** (Gimeracil): Dihydropyrimidindehydrogenase-(DPD)-Hemmer ⇒ verhindert Abbau von 5-FU ⇒ 5-FU-Plasmakonzentration ↑;
Wm/Wi (Oteracil): Orotatphosphoribosyltransferase-(OPRT)-Hemmer ⇒ setzt Aktivität von 5-FU in der normalen Magen-Darm-Mukosa herab;
UW: s. allgemeine UW von Zytostatika → 166; **UW** (Azacitidin): Pneumonie, Nasopharyngitis, Anorexie, Schwindel, Kopf-/Bauch-/Brustschmerzen, Diarrhoe, Obstipation, Petechien, Exanthem, Pruritus, Ekchymosen, Arthralgien, Erythem an der Injektionsstelle, Hypokaliämie, Myalgie;
UW (Capecitabin): Ödeme der unteren Extremitäten, Hand-Fuß-Syndrom, Kopfschmerzen, Parästhesien, Geschmacksstörung, Schwindel, Schlaflosigkeit, Lethargie, Dehydrierung;
UW (Cytarabin): bei hochdosierter Ther. akute Pulmotoxizität, Lungenödem, ARDS, Pankreatitis, Ulzera, Darmnekrose, Ösophagitis, transient Transaminasen ↑, Cholestase, Konjunktivitis, Keratitis, periph. u. zentrale Neurotoxizität, zerebrale u. zerebelläre Störung, bei intrathekaler Gabe akute Arachnoiditis, Leukenzephalopathie, Myalgien, Arthralgien, Knochenschmerzen;
UW (Fluorouracil): akute Kardiotoxizität mit Arrhythmien, Ischämie, MI, Konjunktivitis, hoher Tränenfluss, ZNS-Strg. (Somnolenz, Verwirrtheit), reversible zerebelläre Strg. (Ataxie, Müdigkeit, Sprachstrg.), Palmar- und Plantarveränderungen; **UW** (Gemcitabin): Fieber, Schüttelfrost, Kopf-, Rückenschmerzen, transient Transaminasen ↑, mäßiggradige Proteinurie/Hämaturie, Lungenödem, periph. Ödeme; **UW** (Tegafur + Gimeracil + Oteracil): Neutro-/Leuko-/Lymphopenie, Anämie, Thrombopenie, febrile Neutropenie, Anorexie, Dehydratation, Hypokaliämie, Hyponatriämie, Hypokalzämie, Hypomagnesiämie, Hypalbuminämie, Hyperkaliämie, Schlaflosigkeit, periphere Neuropathie, Schwindel, Kopfschmerzen, Dysgeusie, Sehstrg., Erkr. der Tränenwege, Konjunktivitis, Augenerkr., Hörschäden, Taubheit, Hypotonie, Hypertonie, tiefe Venenthrombose, Dyspnoe, Epistaxis, Singultus, Husten, Diarrhoe, Erbrechen, Obstipation, Übelkeit, gastrointest. Blutung/Entzündung, Stomatitis, Flatulenz, abdominelle Beschwerden, Dysphagie, Dyspepsie, trockener Mund, Bilirubin/GPT/GOT ↑, Hand-Fuß-Syndrom, Ausschlag, Pruritus, Hyperpigmentation der Haut, trockene Haut, Alopezie, Schmerzen des Bewegungsapparats, Nierenversagen, Kreatinin/Harnstoff ↑, CrCl ↓, Müdigkeit, Asthenie, Gewicht ↓, Pyrexie, Schleimhautentzündung, peripheres Ödem, Schüttelfrost;
UW (Trifluridin): Neutropenie, Leukopenie, Anämie, Thrombopenie, Appetit ↓, Diarrhoe, Übelkeit, Erbrechen, Ermüdung, Infektion d. unteren/oberen Atemwege, febrile Neutropenie, Lymphopenie, Monozytose, Hypoalbuminämie, Schlaflosigkeit, Geschmacksstrg., periph. Neuropathie, Schwindelgefühl, Kopfschmerzen, Flush, Dyspnoe, Husten, Abdominalschmerz, Obstipation, Stomatitis, Erkr. d. Mundraums, Hyperbilirubinämie, Hand-Fuß-Syndrom Hautausschlag, Alopezie, Pruritus, trockene Haut, Proteinurie, Fieber, Ödem, Schleimhautentzünd., Unwohlsein, Leberenzyme ↑, alkalische Phosphatase ↑, Gewicht ↓;
KI (Tegafur + Gimeracil + Oteracil): bek. Überempf., schwere UW bei Fluoropyrimidintherapie in der Vorgeschichte, bek. Mangel an DPD, Grav./Lakt., schwere Knochenmarkdepression, terminale/dialysepflichtige NI, gleichzeitige Gabe von anderen Fluoropyrimidinen, Beh. mit DPD-Hemmern innerhalb von 4W; **KI** (Trifluridin): bek. Überempf.

Azacitidin Rp	HWZ 41min
Vidaza *Inj.Lsg. 100mg*	**Myelodysplastische Syndrome, CMML, AML:** 75mg/m^2 s.c. d1-7, Wdh. d29; **DANI** s. FachInfo; **DALI** sorgf. Überwachung
Capecitabin Rp	HWZ 0.25h, Q_0 1.0, PPB 54%
Capecitabin Accord *Tbl. 150, 300, 500mg* **Capecitabin HEXAL** *Tbl. 150, 500mg* **Capecitabin Medac** *Tbl. 150, 500mg* **Ecansya** *Tbl. 150, 300, 500mg* **Xeloda** *Tbl. 150, 500mg*	**Kolorekt. Ca:** 2 x 1250mg/m^2/d p.o. d1-14, Wdh. d22; **Mamma-Ca:** 2 x 1250mg/m^2/d p.o. d1-14, Wdh. d22, Komb. mit Docetaxel; **Kombinationsther. bei Kolorektal- und Magen-Ca:** 2 x 800-1000mg/m^2 d1-14, Wdh. d22; bei fortlauf. Gabe 2 x 625mg/m^2; **DANI** CrCl 30-50: 75%; < 30: KI
Cytarabin Rp	HWZ (1-3h), Q_0 0.9, PPB 15%
ARA-cell *Inj.Lsg. 40mg/2ml, 100mg/5ml; Inf.Lsg. 1g/20ml, 4g/80ml, 5g/50ml, 10g/100ml* **Cytarabin Accord** *Inf.Lsg. 100, 1000, 2000, 4000, 5000mg*	**Akute Leukämien:** Indukt. 100-200mg/m^2 i.v. für 5-10d; Remissionserh.: 70-200mg/m^2 i.v./s.c. d1-5, Wdh. d29; **NHL:** 300mg/m^2 i.v. je n. Schema, z.B. d8; **DANI** CrCl < 10: 50-75%
Fluorouracil (5-FU) Rp	HWZ 8-40min, Q_0 1.0, PPB 0%
Fluorouracil-GRY *Inf.Lsg. 1000mg/20ml, 5000mg/100ml* **5-FU HEXAL** *Lsg. 5000mg;* **5-FU medac** *Inf.Lsg. 500, 1000, 5000, 10000mg* **Benda 5 Fu** *Inf.Lsg. 1g/20ml, 5g/200ml* **Ribofluor** *Inf.Lsg. 250mg/5ml, 500mg/10ml, 1000mg/20ml, 5000mg/100ml* **Efudix** *Salbe (1g enth. 50mg)*	**Kolorektales Karzinom:** 370-600mg/m^2 als i.v.-Bolus; 200-750mg/m^2 als Dauerinfusion; **Pankreas-Ca:** 400-500mg/m^2 als i.v.-Bolus; 1000mg/m^2 als Dauerinfusion; **Mamma-Ca, Magen-Ca:** 500-600mg/m^2; **DANI** CrCl < 10: 50-75%; **solare und solide Keratosen, M. Bowen, Basaliome:** Effudix: 1-2 x tgl. auftragen
Gemcitabin Rp	HWZ 42-94min (0.7-12h), Q_0 > 0.9
Gemci Cell *Inf.Lsg. 200, 1000, 1500, 2000mg* **Gemcitabin HEXAL** *Inf.Lsg. 200, 1000, 2000mg* **Gemedac** *Inf.Lsg. 200, 1000, 1500mg* **Gemzar** *Inf.Lsg. 200, 1000mg* **Ribozar** *Inf.Lsg. 200, 1000mg*	**Blasen-Ca:** 1g/m^2 i.v. d1, 8, 15, Wdh. d29, Komb. mit Cisplatin 70mg/m^2 d2; **nichtkleinzell. Bronchial-Ca:** 1250mg/m^2 d1, 8, Wdh. d22 oder 1000mg/m^2 d1, 8, 15, Wdh. d29; **Mamma-Ca:** 1250mg/m^2 d1, 8, Wdh. d22, Komb. mit Paclitaxel 175mg/m^2 d1; **Ovarial-Ca:** 1g/m^2 d1, 8, Wdh. d22, Komb. mit Carboplatin d1 (Ziel-AUC 4.0mg/ml × min); **Pankreas-Ca:** 1g/m^2 1 x/W für 7W, dann d1, 8, 15, Wdh. d29; **DANI** vors. Anw.
Tegafur + Gimeracil + Oteracil Rp	Lact -
Teysuno *Kps. 15+4.35+11.8mg, 20+5.8+15.8mg*	**Fortgeschr. Magen-Ca in Komb. m. Cisplatin:** 2 x 25mg Tegafur/m^2/d p.o. d1-21, Wh. d29; **DANI** CrCl > 50: 100%, 30-50: 2 x 20mg Tegafur/m^2/d, <30: Anw. nicht empf.; **DALI** nicht erf.

Trifluridin + Tipiracil Rp	
Lonsurf *Tbl. 15+6.14, 20+8.19mg*	**Metastasierendes kolorektales Ca:** 2 x 35mg/m² p.o. d1-5 und d8-12, Wdh. d29; **DANI** CrCl 30-89: 100%, <30: k. D.; **DALI** leichte LI: 100%; mäßige bis schwere LI: k. D.

7.9 Alkaloide und andere natürliche Mittel

7.9.1 Vinca-Alkaloide und -Analoga

Wm/Wi (Vinca-Alkaloide und -Analoga): Bindung an mikrotubuläre Proteine mit Depolarisation, Verhinderung der mitotischen Spindel, Strg. der Protein-, DNA- und RNA-Synthese; **UW:** s. allgem. UW von Zytostatika → 166; **UW** (Vinca-Alkaloide und -Analoga): kardiovask. Strg., RR ↑, RR ↓, akute interstit. Pneumonitis/Bronchospasmus v.a. bei Gabe mit Mitomycin C, Obstipation, Ileus, Polyurie (ADH-Sekretion ↓), Dysurie, Harnverhalten (Blasenatonie), dosisabhängige periph. Neurotoxizität, autonome Neurotoxizität, Hirnnervenausfälle und ZNS-Strg.: Hypästhesie, Parästhesien, motorische Strg., Areflexie, Paralyse, Ataxie, paralytischer Ileus, Optikusatrophie, Erblindung, Krampfanfälle, Muskelkrämpfe/Schmerzen in Unterkiefer/Hals/Rücken/Extremitäten nach Injektion, Pankreatitis, schwere Gewebsnekrose bei Paravasat; **UW** (Vinflunin): Panzytopenie, Infektionen, Anorexie, Dehydratation, Überempf., Insomnie, periph. sensor. Neuropathie, Synkope, Kopf-, Ohrenschmerzen, Neuralgie, Tachykardie, Hypo-/Hypertension, Venenthrombose, gastroint. Strg., Husten, Dyspnoe, Alopezie, Myalgie, Hautreakt., muskuloskelettale Schmerzen, Asthenie, Reaktion an Applikationsstelle, Schüttelfrost

Vinblastin Rp	HWZ 25h, Q0 0.95, PPB 44-75%
Vinblastinsulfat Teva *Inf.Lsg. 10mg*	**Hoden-Ca, Mamma-Ca, M. Hodgkin, Non-Hodgkin-Lymphom, Histiocytosis X:** ini 3.7mg/m²/W, dann steigern um 1.8-1.9mg/m²/W bis 6mg/m² i.v. 1 x/W; **Ki.:** ini 1 x/W 2.5mg/m², bis max. 7.5mg/m²/W; **DANI** nicht erf.; **DALI** Bilirubin i.S. (µmol/l) < 25: 100%; 20-50: 50%; > 50: KI
Vincristin Rp	HWZ 85h, Q0 0.95, PPB 44%
Cellcristin *Inj.Lsg. 1mg/1ml, 2mg/2ml* **Vincristinsulfat Teva** *Inj.Lsg. 1mg/1ml, 2mg/2ml, 5mg/5ml*	**ALL, M. Hodgkin, Non-Hodgkin-Lymphom, Mamma-Ca, kleinzelliges Bronchial-Ca, Sarkome, Wilms-Tumor, Neuroblastom, M. Werlhof:** 1.4mg/m² i.v. 1 x/W, max. 2mg/W; **Ki.:** < 10kg: 0.05mg/kg/W; > 10kg: 2mg/m²/W; **DANI** k.A.; **DALI** Bili > 3mg/dl: 50%
Vindesin Rp	HWZ 25
Eldisine *Inj.Lsg. 5mg*	**Akute Leukämien, Blastenschub der CML, maligne Lymphome, malignes Melanom, NSCLC und SCLC, Mamma-, Ösophagus-, Kopf-Hals-, Hoden-Ca:** 3mg/m² i.v.; **Ki.:** 4mg/m²; **DANI** k.A.; **DALI** Bili > 3mg/dl: 50%

Vinflunin Rp	HWZ 40h, PPB 67%
Javlor *Inf.Lsg. 25mg/ml*	**Fortgeschr./metast. Urothel-Übergangszell-Ca:** 320mg/m² über 20min. i.v. d1, Wdh. d22; **DANI** CrCl > 60: 100%; 40-60: 280mg/m²; 20-39: 250mg/m² alle 3W; **DALI** s. FachInfo

Vinorelbin Rp	HWZ 38-40h, Q0 > 0.7, PPB 14%
Bendarelbin *Inf.Lsg. 10mg/1ml, 50mg/5ml* **Navelbine** *Inf.Lsg. 10mg/1ml, 50mg/5ml; Kps. 20, 30, 80mg* **Navirel** *Inf.Lsg. 10mg/1ml, 50mg/5ml* **Vinorelbin Accord** *Inf.Lsg. 10mg/1ml, 50mg/5ml* **Vinorelbin Nc** *Inf.Lsg. 10mg/1ml*	**Fortgeschrittenes nichtkleinzelliges Bronchial-Ca, anthrazyklinresistentes Mamma-Ca:** 25-30mg/m² i.v. d1, Wdh. d29; 60mg/m² p.o. 1 x/W, nach 3 Gaben 80mg/m²; **DANI** nicht erforderlich; **DALI** massive Lebermetasen/schwere LI: 66%

7.9.2 Podophyllotoxin-Derivate

Wm/Wi (Podophyllotoxin-Derivate): Interaktion mit Topoisomerase II, DNA-Einzel- und -Doppelstrangbrüche; **UW:** s. allgemeine UW von Zytostatika → 166; **UW** (Etoposid): Hypotonie bei i.v.-Gabe, Ischämie, Dysphagie, Obstipation, transiente Transaminasen ↑, allerg. Reaktionen bis zur Anaphylaxie, periphere Neuropathie/ZNS-Störung; **UW** (Tenisposid): transiente Transaminasen ↑, Lebervenenverschlusssyndrom, allergische Reaktionen bis zur Anaphylaxie, periphere Neuropathie/ZNS-Störung

Etoposid Rp	HWZ 6-8h, Q0 0.65, PPB 98%
Eto Cell *Inf.Lsg. 100, 500mg* **Eto-GRY** *Inf.Lsg. 20mg/ml* **Etomedac** *Inf.Lsg. 100mg/5ml, 500mg/25ml* **Etopophos** *Inf.Lsg. 100, 1000mg* **Etoposid HEXAL** *Inf.Lsg. 50, 100, 200, 400, 1000mg* **Riboposid** *Inf.Lsg. 100mg/5ml, 200mg/10ml, 400mg/20ml* **Vepesid** *Kps. 50, 100mg*	**Kleinzelliges Bronchial-Ca, nichtkleinzelliges Bronchial-Ca, M. Hodgkin, NHL, AML, Hoden-, Chorion-, Ovarial-Ca:** 50-100mg/m² i.v. d1-5 oder 120-150mg/m² d1, 3, 5; 100-200mg/m² p.o. d1-5, Wdh. nach 3-4W; **DANI, DALI** KI bei schwerer NI/LI

7.9.3 Taxane

Wm/Wi (Taxane): pathol. Bildung und Stabilisierung von Mikrotubuli ⇒ Störung der Mitose; **UW**: s. allgemeine UW von Zytostatika → 166; **UW** (Cabazitaxel): Hyperglykämie, Hypokaliämie, Dehydratation, Angst, Verwirrtheitszustände, Geschmacksstörungen, Schwindel, Kopfschmerzen, Lethargie, Ischialgie, Konjunktivitis, Tränenfluss ↑, Tinnitus, TVT, Dyspnoe, Husten, Schmerzen im Oropharynx, Abdominalschmerz, Hämorrhoiden, Reflux, Mundtrockenheit, Rückenschmerzen, Arthralgie, Myalgie, Hämaturie, Dysurie; **UW** (Docetaxel): Ischämiesymptomatik, Obstipation, transient Transamin. ↑, Dermatoxizität, Dysästhesien, Epidermiolyse, periphere Neurotoxizität mit Parästhesien und motor. Störungen, paralytischer Ileus, ZNS-Störung, Hypersensitivitätsreaktion, Flüssigkeitsretention (Kapillarpermeabilität ↑) mit Gewichtszunahme u. Ödemen, Hypotonie, Pleuraerguss, Aszites; **UW** (Paclitaxel): Erregungsleitungsstrg. (Herz), Ischämie, Obstipation, Transaminasen transient ↑, periphere Neurotoxizität mit Parästhesien, paralytischer Illeus, ZNS-Strg., Hypersensitivitätsreaktion

Cabazitaxel Rp	HWZ 95h, Q0 > 0.95, PPB 89-92%
Jevtana *Inf.Lsg. 60mg*	**Hormonrefraktäres, metast. Prostata-Ca (nach Vorbehandlung mit Docetaxel):** 25mg/m² über 1h i.v. d1, Wdh. d22; **DANI** CrCl > 50: 100%, < 50: vors. Anw.; **DALI** KI bei schw. LI
Docetaxel Rp	HWZ 11h, Q0 > 0.9, PPB 95%
Bendadocel *Inf.Lsg. 20, 80, 140mg* **Docetaxel Nc** *Inf.Lsg. 20, 80, 160mg* **Ribodocel** *Inf.Lsg. 20, 80, 160mg* **Taxceus** *Inf.Lsg. 20, 80, 140mg* **Taxotere** *Inf.Lsg. 20, 80, 160mg*	**Mamma-Ca:** 75-100mg/m² i.v. d1, Wdh. d22; **nichtkleinzelliges Bronchial-Ca, Prostata-, Magen-Ca, Plattenepithel-Ca des Kopf-/Halsbereichs:** 75mg/m² i.v. d1, Wdh. d22; **DANI** k.A.; **DALI** KI bei schwerer LI
Paclitaxel Rp	HWZ 6.4-12.7h, Q0 > 0.8, PPB 89-98%
Abraxane *Inf.Lsg. 5mg/ml* **Celltaxel** *Inf.Lsg. 300mg* **Neotaxan** *Inf.Lsg. 30, 100, 300mg* **Paclitaxel Orca** *Inf.Lsg. 30, 100, 300mg* **Ribotax** *Inf.Lsg. 30, 100, 300mg* **Taxomedac** *Inf.Lsg. 30, 100, 300mg*	**Ovarial-Ca:** 175mg/m² über 3h i.v. d1; 135mg/m² über 24h i.v. d1, Wdh. d22; **Mamma-Ca, fortgeschrittenes NSCLC:** 175mg/m² über 3h i.v. d1, Wdh. d22; **Kaposi-Sarkom bei AIDS:** 100mg/m² über 3h i.v. d1, Wdh. d15; **DANI** k.A.; **DALI** auf verstärkte Myelosuppression achten; KI bei schwerer LI

7.10 Zytotoxische Antibiotika

7.10.1 Anthracycline

Wm/Wi (Anthracycline): Interkalation in die Doppelhelix der DNA, Hemmung der Topoisomerase I und II; **Wm/Wi** (Pixantron): schwacher Inhibitor der Topoisomerase II, alkyliert direkt DNA ⇒ bildet stabile DNA-Addukte und Doppelstrangbrüche;
UW: s. allg. UW von Zytostatika → 166; **UW** (Daunorubicin): akute Kardiotoxizität (EKG-Veränd., Arrhythmien, Ischämie, Infarkt) u. chron. Kardiotoxizität (dilatative Kardiomyopathie, LVEF ↓), Tubulusschädigung, Rezidiv früherer Strahlendermatitis;
UW (Doxorubicin): akute Kardiotoxizität (EKG-Veränd., Arrhythmien, Ischämie, Infarkt) und chronische Kardiotoxizität (dilatative Kardiomyopathie, LVEF ↓), Rezidiv früherer Strahlendermatitis; **UW** (Doxorubicin liposomal): im Vergleich zu Doxorubicin geringere chronische Kardiotoxizität; **UW** (Epirubicin): Kardiotoxizität geringer als bei Dauno-/Doxorubicin: akute Kardiotoxizität (EKG-Veränd., Arrhythmien, Ischämie, Infarkt) und chronische Kardiotoxizität (dilatative Kardiomyopathie mit LVEF ↓), Rezidiv früherer Strahlendermatitis;
UW (Idarubicin): Kardiotoxizität ist geringer als bei anderen Anthrazyklinen: akute Kardiotoxizität (EKG-Veränderungen, Arrhythmien, Ischämie, Infarkt) und chron. Kardiotoxizität (dilatative Kardiomyopathie);
UW (Mitoxantron): chron. Kardiotoxizität: Kardiomyopathie, Herzinsuff. (im Vergleich zu Doxorubicin weniger ausgeprägt), GI-Blutungen, Transaminasen ↑ (transient), Cholestase, Pruritus, bläuliche Verfärbung von Skleren/Fingernägeln/Injektionsstelle u. Urin;

UW (Pixantron): neutropenische Infektion, Inf. der Atemwege, Neutro-, Leuko-, Lymphopenie, Anämie, Thrombozytopenie, febrile Neutropenie, Bluterkr., Anorexie, Hypophosphatämie, Geschmacksstrg., Kopfschmerzen, Somnolenz, Parästhesie, Konjunktivitis, linksventr. Dysfunktion, Herzerkrankung, kongestive Herzinsuff., Tachykardie, Schenkelblock, Blässe, Venenverfärbung, Hypotonie, Dyspnoe, Husten, Übelkeit, Erbrechen, Stomatitis, Diarrhoe, Obstipation, Abdominalschmerz, Dyspepsie, Mundtrockenheit, Hautverfärbung, Haarausfall, Erythem, Pruritus, Nagelstörungen, Knochenschmerzen, Chromaturie, Proteinurie, Hämaturie, Asthenie, Müdigkeit, Entzündg. der Schleimhaut, Fieber, Schmerzen in der Brust, Ödeme, GOT/GPT/aP/Krea ↑; **KI** (Pixantron): Überempfindlichkeit, Immunisierung mit Lebendvirusimpfstoff, starke Knochenmarkdepression, schwere Leberfunktionsstörung

Daunorubicin Rp	HWZ 11-27h, Qo 0.9
Daunoblastin *Inf.Lsg. 20mg*	**AML, ALL:** 24-60mg/m²/d i.v.; Kumulativdosis max. 550mg/m²; **Ki. > 2J** max. 300mg/m²; **DANI** Krea (mg/dl) > 3: 50%; **DALI** Bili 1.2-3: 50%; 3.1-5: 25%
Daunorubicin liposomal Rp	
Daunoxome *Inf. Lsg. 50mg/25ml*	**AIDS-assoziiertes Kaposi-Sarkom:** 40mg/m² d1, Wdh. d15; **DANI, DALI** Anw. nicht empf.; **AML, ALL:** 20-120mg/m² alle 7-14d i.v.; Kumulativdosis max. 550mg/m²
Doxorubicin Rp	HWZ 30-50h, Qo 0.95, PPB 75%
Adrimedac *Inf.Lsg. 10, 20, 50, 200mg* **DOXO-cell** *Inj.Lsg. 10, 50, 150mg, 50mg+BIS* **Doxorubicin HEXAL** *Inj.Lsg. 10, 50, 100, 200mg* **Doxorubicin NC** *Inf.Lsg. 10, 50, 100mg* **Ribodoxo** *Inf.Lsg. 10, 50mg* **UROKIT Doxo-cell** *Instillationsset 50 mg*	**Kleinzell. Bronchial-Ca, Mamma-Ca, Ovarial-Ca, Harnblasen-Ca, Osteosarkom, Weichteilsarkom, Ewing-Sarkom, Hodgkin-Lymphom, Non-Hodgkin-Lymphom, ALL, AML, Multiples Myelom, Endometrium-Ca, Wilms-Tu., Schilddrüsen-Ca, Neuroblastom, Magen-Ca, AIDS-ass. Kaposi-Sarkom:** Monotherapie: 50-80mg/m² i.v. d1, Wdh. d22; Polychemotherapie: 30-60mg/m² d1; Wdh. d22/29; Kumulativdosis max. 450-550mg/m²; **Rezidiv-Pro. Harnblasen-Ca nach TUR:** 50mg 1x/W intravesikale Instillation f. 1-2h; **DANI** CrCl < 10: 75%; **DALI** Bili 1.2-3: 50%; 3.1-5: 25%; > 5: KI
Doxorubicin liposomal Rp	
Myocet *Inf.Lsg. 50mg*	**Metast. Mamma-Ca:** 60-75mg/m² i.v. d1 mit Cyclophosphamid, Wdh. d22; **DANI** nicht erf.
Doxorubicin liposomal, polyethylenglykolisiert Rp	HWZ 74h
Caelyx *Inf.Lsg. 20mg/10ml, 50mg/25ml*	**Mamma-Ca, Ovarial-Ca:** 50mg/m² i.v. d1, Wdh. d29; **AIDS-ass. Kaposi-Sarkom:** 20mg/m² i.v. d1, Wdh. nach 2-3W; **Multiples Myelom:** 30mg/m² i.v. d4 mit Bortezomib komb.; **DANI** nicht erforderlich

Epirubicin Rp	HWZ 30-40h, Qo 1.0
Axirubicin *Inj.Lsg. 50, 200mg* **Bendaepi** *Inj.Lsg. 50, 100, 200mg* **EPI-cell** *Inj.Lsg. 10, 50, 200mg* **Epirubicin HEXAL** *Inj.Lsg. 10, 50, 200mg* **Farmorubicin** *Inf.Lsg. 50mg* **Riboepi** *Inf.Lsg. 10, 50, 100, 200mg*	**Mamma-Ca, Ovarial-Ca, kleinzelliges Bronchial-Ca, Magen-Ca, Weichteilsarkom:** konventionelle Dos.: 75-90mg/m² i.v. d1, Wdh. d22; intensivierte Dos.: bis 135mg/m² d1, Wdh. d22/29; Kumulativdosis max. 1g/m²; **Harnblasen-Ca, Rezidiv-Pro.:** 50mg intravesikal 1 x/W, Wdh. s. FI; **DANI** CrCl < 10: 75%; **DALI** Bili 2.1-3: 75%, > 3: 50%
Idarubicin Rp	HWZ 11-35(41-69)h
Idarubicin Accord *Inf.Lsg. 5mg/5ml, 10mg/10ml* **Zavedos** *Inj.Lsg. 5mg/5ml, 10mg/10ml, 20mg/20ml* **Zavedos Oral** *Kps. 5, 10, 25mg*	**AML, ALL:** 15-30mg/m² p.o. d1-3; 12mg/m² i.v. d1-3 od. 8mg/m² d1-5; Kumulativdosis max. 120mg/m² i.v.; **DANI** Krea (mg/dl) > 2.5: KI; **DALI** Bili > 2: KI
Mitoxantron Rp	HWZ 5-18d, Qo 0.95, PPB 90%
Mitoxantron HEXAL *Inj.Lsg. 10mg, 20mg* **Novantron** *Inf.Lsg. 10mg/5ml, 20mg/10ml* **Onkotrone** *Inf.Lsg. 10mg /5ml, 20mg/10ml, 25mg/12.5ml, 30mg/15ml* **Ralenova** *Inf.Lsg. 10mg/5ml; 20mg/10ml*	**Mamma-Ca, Non-Hodgkin-Lymphom:** 12-14mg/m² i.v. d1, Wdh. d22; intrapleural: 20-30mg; **AML:** 10-12mg/m² d1-5; **Prostata-Ca:** 12mg/m² d1, Wdh. d22; **Multiple Sklerose:** Ralenova: 12mg/m² i.v. alle 3M; **DANI** k.A.
Pixantron Rp	HWZ 14.5-44.8h , PPB 50%, PRC C, Lact -
Pixuvri *Inj.Lsg. 29mg*	**Mehrfach rezidiv. oder therapierefrakt. Non-Hodgkin-B-Zell-Lymphom:** 50mg/m² i.v. d1, 8 und 15, Wh. d29, bis zu 6 Zyklen; **DANI** k.D./vors. Anw.; **DALI** leichte-mittelschwere LI: vors. Anw.; KI bei schwerer LI

7.10.2 Weitere zytotoxische Antibiotika

Wm/Wi (Bleomycin): Einzel- und Doppelstrangbrüche der DNA infolge einer Redoxreaktion;
Wm/Wi (Mitomycin): Alkylierung der DNA ⇒ Hemmung der DNA-Synthese, DNA-Brüche;
UW: s. allgemeine UW von Zytostatika → 166;
UW (Bleomycin): interstitielle Pneumonitis und Lungenfibrose, Nagelveränderungen, Pruritus, Striae, Ödeme, idiosynkratische Reaktionen bis zur Anaphylaxie;
UW (Mitomycin): Herzinsuffizienz, Ischämie, Pulmotoxizität (Pneumonitis, Fibrose), transiente Transamin.↑, hämolytisch-urämisches Syndrom, Photosensitivität, Neurotoxizität: Sehstörungen, Parästhesien

Bleomycin Rp	HWZ 3h, Qo 0.45
BLEO-cell *Inj.Lsg. 15mg* **Bleomedac** *Inj.Lsg. 15, 30mg*	**Hoden-Ca:** 30mg i.v. d1, 8, 15; **M. Hodgkin:** 10mg/m² i.v.; **NHL:** 5mg/m² i.v.; **maligne Pleuraergüsse:** 60mg intrapleural; **DANI** k.A.

Mitomycin Rp	HWZ 30-70min
Mitem *Inj.Lsg. 20mg* **Mito-extra** *Inj.Lsg. 40mg (zur Blaseninstillation)* **Mito-medac** *Inj.Lsg. 20mg (zur Blaseninstillation)* **Mitomycin medac** *Inj.Lsg. 2, 10, 15mg* **Mitomycin HEXAL** *Inj.Lsg. 10, 20mg*	**Blasentumoren:** 20-40mg intravesikal 1 x/W; **Magen-, Bronchial-, Pankreas-, Kolon-, Rektum-, Mamma-, Leberzell-, Zervix-, Ösophagus-Ca, CML, Osteosarkom, Ca im Kopf-Hals-Bereich:** 10-20mg/m² i.v. d1, Wdh. nach 6-8W oder 8-12mg/m², Wdh. nach 3-4W; **DANI** k.A.

7.11 Topoisomerase-I-Hemmer

Wm/Wi (Topoisomerase-I-Hemmer): Hemmung der Topoisomerase I;
UW: s. allgemeine UW von Zytostatika → 166; **UW** (Irinotecan): cholinerges Frühsyndrom (u.a. Diarrhoe, Bauchkrämpfe, Konjunktivitis, HF ↓, Miosis, Flush), verzögert einsetzende Diarrhoe, Fieber, Dyspnoe, Bauchschmerzen, Transaminasen ↑;
UW (Irinotecan liposomal): septischer Schock, Sepsis, Pneumonie, febrile Neutropenie, Gastroenteritis, orale Candidose, Neutropenie, Leukopenie, Anämie, Thrombopenie, Hypokaliämie, Hypomagnesiämie, Dehydratation, Appetitmangel, Hypoglykämie, Hyponatriämie, Hypophosphatämie, Schlaflosigkeit, Schwindel, cholinerges Syndrom, Geschmacksstörung, Hypotonie, Lungenembolie, Embolie, tiefe Beinvenenthrombose, Dyspnoe, Dysphonie, Diarrhoe, Erbrechen, Übelkeit, Abdominalschmerz, Stomatitis, Kolitis, Hämorrhoiden, Hypalbuminämie, Alopezie, akutes Nierenversagen, Fieber, peripheres Ödem, Schleimhautentzündg., Ermüdg., Asthenie, Reaktion im Zusammenhang mit Infusion, Ödem, Gewicht ↓, Transaminasen ↑, INR ↑; **UW** (Topotecan): schwere Zytopenie, Hautausschläge, Dyspnoe;
KI (Irinotecan): bek. Überempf., CED und/oder Darmverschluss, Lact., Bilirubin > 3fach ULN, schwere Knochenmarkdepression, WHO Performance Status > 2, gleichzeitige Anw. von Johanniskrautpräparaten; **KI** (Irinotecan liposomal): bek. Überempf., Lact.;
KI (Topotecan): bek. Überempfindlichkeit, Lact., schwere Knochenmarkdepression

Irinotecan Rp	HWZ 14.2h, Qo 0.8, PPB 65%
Irinotecan HEXAL *Inf.Lsg. 40mg/2ml, 100mg/5ml, 150mg/7.5ml, 300mg/15ml, 500mg/25ml* **Riboirino** *Inf.Lsg. 40mg/2ml, 100mg/5ml, 300mg/15ml, 500mg/25ml*	**Kolorektales Karzinom:** Monotherapie: 350mg/m² i.v. d1, Wdh. d22; Kombinationstherapie mit 5-FU: 180mg/m² d1, Wdh. d15; weitere Kombinationen mgl. mit Cetuximab, Bevacizumab, Capecitabin s. FachInfo; **DANI** Anw. nicht empf.; **DALI** s. FachInfo

Irinotecan liposomal Rp	Qo 0.8, PPB < 1%
Onivyde *Inf.Lsg. 50mg/10ml*	**Vorbehandeltes (Gemcitabin) metastas. Pankreas-Ca:** 80mg/m² über 90min i.v. d1, Komb. mit 5-FU, Folins. Wdh. d15; **DANI** CrCl < 30: Anw. nicht empfohlen; **DALI** Bili > 2.0mg/dl oder GOT/GPT > 2,5-fach ULN bei Leberfiliae: Anw. nicht empfohlen

Topotecan Rp	HWZ 2-3h, Qo 0.6, PPB 35%
Hycamtin *Kps. 0.25, 1mg; Inf.Lsg. 1mg, 4mg* **Potactsol** *Inf. Lsg. 1, 4mg* **Topotecan Medac** *Inf.Lsg. 1, 2, 4mg*	**Ovarial-Ca, kleinzelliges Bronchial-Ca** (sec. line)**:** 1.5mg/m² i.v. d1-5, Wdh. d22; **DANI** CrCl 20-40: 50%; <20: Anw. nicht empf.

7.12 Proteinkinase-Inhibitoren

Wm/Wi (Abemaciclib): selektiver Inhibitor der Cyclin-abhängigen Kinasen CDK 4 und 6 ⇒ Blockade des Zellzyklus von der G1 in die S-Phase, Hemmung des Tumorwachstums; **Wm/Wi** (Acalabrutinib): selektiver Inhibitor der Bruton-Tyrosinkinase ⇒ Wachstumshemmung maligner B-Zellen; **Wm/Wi** (Afatinib): selekt. irreversibler Blocker der ErbB-Familie (u.a. EGFR, HER2); **Wm/Wi** (Alectinib): ALK- und RET-Tyrosinkinaseinhibitor ⇒ Tumorzell-Apoptose; **Wm/Wi** Avapritinib): Supression des überaktiven Wachstumssignals bei D842V-Mutation im PDGFRA-Gen, auch Wi bei KIT-D816V-Mutation; **Wm/Wi** (Axitinib): selektiver Tyrosinkinase-Inhibitor der vaskulären, endothelialen Wachstumsfaktor-Rez. (VEGFR-1 bis 3) ⇒ Verzögerung des Tumorwachstums, Tumorregression, Hemmung von Metastasen; **Wm/Wi** (Binimetinib): Hemmung der BRAF-Aktivierung von MEK 1 und 2 ⇒ Wachstumshemmung von Melanomzellen; **Wm/Wi** (Bosutinib): hemmt die pathologisch veränderte BCR-ABL-Kinase und die Aktivität von Kinasen der Src-Familie, minimale Hemmung von PDGF-Rezeptoren und c-Kit; **Wm/Wi** (Brigatinib) Tyrosinkinase-Inhibitor, der gegen ALK, ROS1und IGF-1R gerichtet ist; **Wm/Wi** (Cabozantinib): Hemmung mehrerer Tyrosinkinasen, die an Tumorwachstum, Angiogenese und pathol. Knochenumbau beteiligt sind; **Wm/Wi** (Crizotinib): selekt. Inhibitor der ALK-Rezeptor-Tyrosinkinase (RTK) + Inhibitor der Hepatozyten-Wachtstumsfaktor-Rezeptor-RTK; **Wm/Wi** (Cobimetinib): Inhibitor der Kinasen MEK1 und 2 ⇒ antiproliferativ; **Wm/Wi** (Dacomitinib): Hemmung der Wachstumsfaktoren EGFR, HER; **Wm/Wi** (Dabrafenib): Inhibitor der RAF-Kinasen; **Wm/Wi** (Dasatinib): Hemmung der BCR-ABL-Kinase und anderer onkogener Kinasen; **Wm/Wi** (Encorafenib): Hemmung des RAF/MEK/ERK-Signalweges in Tumorzellen, die Mutationsformen der BRAF-Kinase exprimieren ⇒ Wachstumshemmung von Melanomzellen; **Wm/Wi** (Erlotinib): Hemmung der Tyrosinkinase und dadurch Hemmung der Aktivierung des Wachstumsfaktors HER1/EGFR; **Wm/Wi** (Entrectinib): Inhibitor der Tropomyosin-Rez.-Tyrosinkinasen, ROS-1 und ALK ⇒ Hemmung der unkontrollierten Zellproliferation; **Wm/Wi** (Fedratinib): Hemmung der JAK2 und der FMS-ähnlichen Tyrosinkinase 3 ⇒ Abnahme des Milzvolumens, antiproliferativ; **WmWi** (Fostamatinib): Hemmung einer Tyrosinkinase der Milz ⇒ Hemmung der AK-vermittelten Zerstörung von Thrombozyten; **Wm/Wi** (Geftinib): Hemmung der Tyrosinkinase des epidermalen Wachstumsfaktors (EGF); **Wm/Wi** (Gilteritinib): FLT3- und AXL-Inhibitor ⇒ Induktion einer Apoptose leukämischer Zellen; **Wm/Wi** (Ibrutinib): Bruton-Tyrosinkinase-Inhibitor ⇒ wichtiges Signalmolekül im Signalweg des B-Zell-Antigen-Rezeptors und des Zytokin-Rezeptors ⇒ effektive Hemmung der Proliferation u. des Überlebens maligner B-Zellen; **Wm/Wi** (Imatinib): Protein-Tyrosinkinase-Inhibitor, starke Hemmung der Tyrosinkinase-Aktivität von BCR-ABL, Inhibition der Proliferation und Induktion von Apoptose; **Wm/Wi** (Lapatinib): Inhibition der intrazell. Tyrosinkinase-Domänen, des EGFR- und ErbB2-Rez.; **Wm/Wi** (Larotrectinib): selektiver Tropomyosin-Rezeptor-Kinase-Inhibitor ⇒ Synthesehemmung onkogener Proteine; **Wm/Wi** (Lenvatinib): Hemmung von Kinasen, u.a. VEGFR (Vascular Endothelial Growth Factor Receptor) ⇒ antitumoral, antiangiogenet.; **Wm/Wi** (Lorlatinib): Hemmung der ALK und der c-ros-Onkogen-1-Tyrosinkinasen; **Wm/Wi** (Midostaurin): Hemmung multipler Tyrosinkinasen, einschl. der Kinasen FLT3 und KIT ⇒ Zellzyklusstillstand und Apoptose bei Leukämiezellen; **Wm/Wi** (Neratinib): Hemmung der Tyrosinkinase, bindet an HER2, HER4 und EGFR ⇒ Hemmung der Tumorzellproliferation; **Wm/Wi** (Nilotinib): Hemmung der BCR-ABL-Kinase; **Wm/Wi** (Nintedanib): Angiokinaseinhibitor ⇒ blockiert vaskulär endotheliale, von Blutplättchen abgeleitete Wachstumsfaktorrezeptoren und die Kinaseaktivität von Fibroblasten-Wachstumsfaktorrezeptoren; **Wm/Wi** (Osimertinib): irreversible Hemmung des EGF-Rezeptors;

Wm/Wi (Palbociclib): hochselektiver und reversibler Inhibitor der cyclinabhängigen Kinase 4 und 6 ⇒ Hemmung der Zellproliferation; **Wm/Wi** (Pemigatinib): Inhibitor von FGFR 1-3 ⇒ antiproliferativ durch Hemmung der FGFR-abhängigen Signalwege;
Wm/Wi (Pazopanib): Multi-Tyrosinkinase-Inhibitor ⇒ antiproliferativ, antiangiogen;
Wm/Wi (Ponatinib): starker pan-BCR-ABL-Inhibitor ⇒ Hemmung von Tyrosinkinaseaktivitäten;
Wm/Wi (Ribociclib): selektive Hemmung der der Cyclin-abhängigen Kinasen CDK 4 und 6;
Wm/Wi (Ruxolitinib): selekt. Hemmung der JAK1- und JAK2-Kinasen ⇒ Hemmung des Signalwegs und der Zellproliferation von Zytokin-abh. Zellmodellen hämatologischer Malignome;
Wm/Wi (Selpercatinib): Inhibitor der RET-Rezeptor-Tyrosinkinase ⇒ Synthesehemmung chimärer RET-Fusionsproteine, die als onkogene Treiber wirken; **Wm/Wi** (Sorafenib): Multi-Kinase-Inhibitor ⇒ antiproliferativ, antiangiogen; **Wm/Wi** (Tucatinib): Inhibitor von HER2 ⇒ Hemmung des HER2-gesteuerten Tumorwachstums; **Wm/Wi** (Tivozanib): Inhibitor von VEGFR 1, 2, 3 ⇒ antiangiogen, antiproliferativ; **Wm/Wi** (Trametinib): Inhibitor der Kinasen MEK1 und 2 ⇒ antiproliferativ; **Wm/Wi** (Vandetanib): Inhibitor von VEGFR-2, EGFR, der RET-Tyrosinkinase und der vaskulären endothelialen Rezeptor-3-Tyrosinkinase ⇒ antiangiogen, antiproliferativ; **Wm/Wi** (Vemurafenib): Inhibitor der BRAF-Serin-Threonin-Kinase;
UW (Abemaciclib): Infektionen, Neutropenie, Leukopenie, Anämie, Thrombopenie, Lymphopenie, Appetit ↓, Dysgeusie, Schwindel, Tränenfluss ↑, ven. Thromboembolie, Diarrhoe, Erbrechen, Übelkeit, Alopezie, Pruritus, Exanthem, trockene Haut Muskelschwäche, Fatigue, Pyrexie, Transaminasen ↑; **UW** (Acalabrutinib): s. FachInfo; **UW** (Afatinib): Paronychie, Zystitis, Appetit ↓, Dehydratation Hypokaliämie, Geschmacksstrg., Konjunktivitis, trockenes Auge, Epistaxis, Rhinorrhoe, Diarrhoe, Stomatitis, Dyspepsie,
Cheilitis, GPT/GOT ↑, Ausschlag, akneiforme Dermatitis, Pruritus, Hand-Fuß-Syndrom, Muskelspasmen, eingeschränkte Nierenfunktion/Nierenversagen, Fieber, Gewicht ↓;
UW (Alectinib): Anämie, Sehstrg., Bradykardie, Übelkeit, Erbrechen, Diarrhoe, Obstipation, Exanthem, Lichtempf., Myalgie, Ödeme; CK/Krea/Transaminasen/Bilirubin ↑; **UW** (Avapritinib): s. FachInfo; **UW** (Axitinib): Anämie, Thrombozytopenie, Hypothyreose, Appetit ↓, Dehydrierung, Kopfschmerzen, Dysgeusie, Schwindel, Tinnitus, Hypertonie, Hämorrhagie, arterielle/venöse thrombot./embol. Ereignisse, Dysphonie, Dyspnoe, Husten, oropharyngealer Schmerz, Diarrhoe, Erbrechen, Nausea, Stomatitis, Obstipation, (Ober-)Bauchschmerzen, Dyspepsie, Blähungen, Hämorrhoiden, Hand-Fuß-Syndrom, Ausschlag, trockene Haut, Pruritus, Erytheme, Alopezie, Myalgie, Arthralgie, Schmerz in Extremitäten, Proteinurie, Nierenversagen, Müdigkeit, Asthenie, Mukositis, Gewicht ↓, TSH/GOT/GPT/aP/Amylase/Lipase ↑;
UW (Binimetinib/Encorafenib-Kombination): Plattenepithel-Ca der Haut, Basalzellkarzinom, Papillom der Haut, Anämie, Überempf., periph. Neuropathie, Schwindel, Kopfschmerzen, Geschmackstörung, Gesichtslähmung, Sehstörung, RPED, Uveitis, LV-Dysfunktion, Blutungen, Hypertonie, venöse Thromboembolie, Bauchschmerzen, Diarrhoe, Erbrechen, Übelkeit, Obstipation, Kolitis, Pankreatitis, Hyperkeratose, Exanthem, trockene Haut, Pruritus, Alopezie, Photosensitivität, akneiforme Dermatitis, Hand-Fuß-Syndrom, Erythem, Pannikulitis, Athralgie, Myalgie, Extremitätenschmerzen, Rückenschmerzen, Rhabdomyolyse, Nierenversagen, Pyrexie, periph. Ödem, Fatigue, CK/Transaminasen/γGT/Krea/aP, Amylase/Lipase ↑;
UW (Bosutinib): Atemwegsinf., Pneumonie, Grippe, Bronchitis, Nasopharyngitis, Thrombozytopenie, (febrile) Neutropenie, Anämie, Leukopenie, Arzneimittelüberempf., Appetit ↓, Dehydratation, Hyperkaliämie, Hypophosphatämie, Kopfschmerzen, Schwindel, Geschmacksstörung, Perikarderguss, QT-Verlängerung, Husten, Dyspnoe, Pleurerguss, Diarrhoe, Erbrechen, Übelkeit, Oberbauchschmerz, Gastritis, GOT/GPT/Bilirubin/γGT/Lipase/Amylase/Kreatinin/Kreatinphosphokinase ↑, Hepatotox., anormale Leberfkt., Hautausschlag, Urtikaria, Akne, Pruritus, Arthralgie, Myalgie, Rückenschmerzen, Nierenversagen, Fieber, Ödem, Fatigue, Thoraxschmerz, Asthenie;

UW (Brigatinib): s. FachInfo; **UW** (Cabozantinib): Appetit ↓, Hypokalzämie, Hypophosphatämie, Hyperbilirubinämie, Hypokaliämie, Hypomagnesämie, Dysgeusie, Kopfschmerzen, Schwindel, Hypertonie, Dysphonie, orophar. Schmerzen, Diarrhoe, Übelkeit, Stomatitis, Obstipation, Erbrechen, abdominale Schmerzen, Dyspepsie, Dysphagie, Glossodynie, palmoplantares Erythrodysästhesiesyndrom, farbliche Veränderung der Haare; Exanthem, Erythem, trockene Haut, Alopezie, Arthralgie, Muskelkrämpfe, Erschöpfung, Schleimhautentzündung, Asthenie, Gewichts ↓, Leberenzyme/LDH/TSH ↑, Lymphopenie, Thrombopenie, Neutropenie, Abszess, Pneumonie, Follikulitis, Pilzinfektion, Hypothyreose, Dehydratation, Angst, Depression, Verwirrtheit, periph. Neuropathie, Parästhesien, Ageusie, Tremor, Verschwommensehen, Ohrschmerz, Tinnitus, Vorhofflimmern, Hypotonie, Thrombose, periph. Durchblutungsstrg., tracheale Fistelbildung, Lungenembolie, Blutung d. Atemwege, Aspirationspneumonie, GI-Perforation, GI-Blutung, Pankreatitis, Hämorrhoiden, Analfissur, Cholelithiasis, Hyperkeratose, Akne, Blasen, unnatürliches Haarwachstum, Hautabschälung, Hypopigmentierung, muskuloskelettaler Brustschmerz, Kieferosteonekrose, Proteinurie, Dysurie, Hämaturie, gestörte Wundheilung, Schüttelfrost, Gesichtsödem, Kreatinin/CPK ↑; **UW** (Cobimetinib): Anämie, seröse Retinopathie, Hypertonie, Blutungen, Übelkeit, Erbrechen, Diarrhoe, Lichtempfindlichk., Exanthem (makulopapulös, akneiform), Hyperkeratose, Pyrexie, CPK/GOT/GPT/γGT/aP/Bili ↑; Basalzell-Ca, kutanes Plattenepithel-Ca, Keratoakanthom, Dehydration, Hypophosphatämie, Hyponatriämie, Hyperglykämie, verschwommenes Sehen, Sehschwäche, Pneumonitis, Schüttelfrost, Auswurffraktion ↓; **UW** (Crizotinib): Neutro-, Leuko-, Lymphopenie, Anämie, Appetit ↓, Hypophosphatämie, Neuropathie, Schwindel, Dysgeusie, Sehstrg., Bradykardie, Pneumonitis, Übelkeit, Erbrechen, Diarrhoe, Obstipation, ösophageale Störungen, Dyspepsie, Auschlag, Müdigkeit, Ödeme, GPT/GOT/aP ↑, QT-Zeit ↑; **UW** (Dabrafenib): Papillom, Plattenepithel-Ca der Haut, seborrhoische Keratose, Akrochordon, Basalzell-Ca., Appetit ↓, Hypophosphatämie, Hyperglykämie, Kopfschmerzen, Husten, Übelkeit, Erbrechen, Durchfall, Obstipation, Hyperkeratose, Haarausfall, Hautausschlag, Hand-Fuß-Syndrom, trockene Haut, Pruritus, aktinische Keratose, Hautläsion, Erythem, Arthralgie, Myalgie, Schmerzen in Extremitäten, Pyrexie, Fatigue, Schüttelfrost, Asthenie, grippeartige Erkrankung, LVEF ↓; **UW** (Dasatinib): Flüssigkeitsretention, Diarrhoe, Hautausschlag, Kopfschmerzen, Blutungen, Erschöpfung, Übelkeit, Dyspnoe, febrile Neutropenie; **UW** (Dacomitinib): Appetit ↓, Hypokaliämie, Konjunktivitis, Diarrhoe, Stomatitis, Übelkeit, Erbrechen, Exanhem, Hand-Fuß-Syndrom, Hautfissuren, trockene Haut, Pruritus, Nagelerkr., Alopezie, Fatigue, Asthenie, Transaminasen ↑, Gewicht ↓, Dehydratation, Dysgeusie, Keratitis, interstitielle Lungenerkr., Exfoliation d. Haut, Hypertrichose; **UW** (Erlotinib): Exanthem, Pruritus, Diarrhoe, Übelkeit, Erbrechen, Husten, Konjunktivitis, Stomatitis, Bauchschmerzen, Ermüdg., Anorexie; **UW** (Geftinib): Anorexie, Konjunktivitis, Blepharitis, trockene Augen, Hämorrhagie, Epistaxis, Hämaturie, interstit. Lungenerkr., Diarrhoe, Übelkeit, Erbrechen, Stomatitis, Dehydratation, Transaminasen/Bilirubin ↑, Hautreaktionen, Alopezie, Nagelstrg., Krea ↑, Proteinurie, Asthenie, Pyrexie; **UW** (Entrectinib): s. FachInfo; **UW** (Fedratinib): s. FachInfo; **UW** (Fostamatinib): Schwindel, Hypertonie, Diarrhoe, Übelkeit, häufiger Stuhlgang, Transaminasen/Leberenzyme ↑, Blutdruck ↑, Infektion d. Atemwege, (febrile) Neutropenie, Dysgeusie, Bauchschmerzen, Thoraxschmerz, Müdigkeit, grippeartige Erkr., Exanthem;**UW** (Gilteritinib): s. FI; **UW** (Ibrutinib): Pneumonie, Inf. d. ob. Atemwege, Sinusitis, Sepsis, Harnweginf., Hautinf., Neutropenie, Thrombozytopenie, Anämie, Leukozytose, Lymphozytose, Dehydratation, Hyperurikämie, Schwindel, Kopfschmerz, Verschwommensehen, VHF, Blutung, Bluterguss, Petechien, subdur. Hämatom, Epistaxis, Diarrhoe, Erbrechen, Stomatitis, Übelkeit, Obstipation, trockener Mund, Hautausschlag, Arthralgie, muskuloskel. Schmerzen, Fieber, periph. Ödeme; **UW** (Imatinib): Hepatotoxizität mit reversibler Enzymerhöhung, Flüssigkeitsretention, Ödeme, Muskelkrämpfe, Arthralgie;

UW (Lapatinib): linksventr. Ejektionsfraktion ↓, Diarrhoe, Erbrechen, Hautausschlag, Nagelveränd., Anorexie, Müdigkeit, Hyperbilirubinämie, Hepatotoxizität, Dyspepsie, trockene Haut, Kopfschmerzen, Stomatitis, Obstipation, Hand-Fuß-Syndrom, Schmerzen in Extremitäten/Rücken, Schlaflosigkeit; **UW** (Larotrectinib): Anämie, Leukopenie, Neutropenie, Schwindel, Parästhesie, Gangstörung, Übelkeit, Obstipation, Erbrechen, Dysgeusie, Myalgie, Musklеschwäche, Fatigue, Gewicht ↑, Transaminasen/aP ↑; **UW** (Lenvatinib): (sehr) häufig: Harnwegsinfektion, Thrombozytopenie, Lymphopenie, Hypothyreose, Thyreoidea-stimulierendes Hormon im Blut ↑, Hypokalzämie, Hypokaliämie, Gewicht ↓, Appetit ↓, Dehydrierung, Hypomagnesiämie, Hypercholesterinämie, Insomnie, Schwindel, Kopfschmerz, Dysgeusie, Schlaganfall, MI, Herzinsuff., im EKG QT-Zeit ↑, Ejektionsfraktion ↓, Blutung, Hypertonie, Hypotonie, Dysphonie, Lungenembolie, Diarrhoe, gastrointest. u. abdom. Schmerzen, Erbrechen, Übelkeit, orale Entzündung, Schmerzen im Mundbereich, Verstopfung, Dyspepsie, Mundtrockenheit, Analfistel, Flatulenz, AST ↑, Hypalbuminämie, ALT ↑, aP ↑, Leberfunktionsstrg.; γGT ↑, Bili ↑; **UW** (Loratanib): Anämie, Hypercholesterinämie, Hypertriglyzeridämie, affektive Effekte, Halluzinationen, kognitive Effekte, periph. Neuropathie, Kopfschmerz, Effekt auf Sprache, Sehstörungen, Pneumonitis, Diarrhoe, Übelkeit, Verstopfung, Exanthem, Arthralgie, Myalgie, Ödem, Fatigue, Gewicht ↑, Amylase/Lipase ↑; **UW** (Midostaurin): Infektion durch med. Gerät, Infektion der Atemwege, febrile Neutropenie, Petechien, Lymphopenie, Überempf., Hyperurikämie, Schlaflosigkeit, Kopfschmerzen, Synkope, Tremor, Lidödem, Hypotonie, Sinustachykardie, Hypertonie, Perikarderguss, Epistaxis, Kehlkopfschmerzen, Dyspnoe, Pleuraerguss, Nasopharyngitis, akutes Atemnotsyndrom, Übelkeit, Erbrechen, Stomatitis, Schmerzen im Oberbauch, Hämorrhoiden, anorekt. Beschwerden, Bauchbeschwerden, Dermatitis exfoliativa, Hyperhidrose, trockene Haut, Keratitis, Rückenschmerzen, Arthralgie, Knochenschmerzen, Extremitätenschmerz, Nackenschmerzen, Pyrexie, Katheter-bedingte Thrombose, Anämie, ANC ↓, Transaminasen ↑, Hypokaliämie, Hyperglykämie, Hypernatriämie, verlängerte PTT, Hyperkalzämie, Gewicht ↑; **UW** (Nilotinib): Exanthem, Pruritus, Diarrhoe, Übelkeit, Obstipation, Ödeme, Knochenschmerzen, Arthralgien, Muskelspasmen; **UW** (Nintedanib): Neutropenie, Abszesse, Sepsis, Appetit ↓, Elektrolytverschiebung, Dehydratation, periph. Neuropathie, Blutung, venöse Thromboembolie, Hypertonie, Diarrhoe, Erbrechen, Übelkeit, Abdominalschmerz, GOT/GPT/Bilirubin ↑, Mukositis; **UW** (Osimertinib): interstit. Lungenerkr., Diarrhoe, Stomatitis, Exanthem, trockene Haut, Paronychie, Pruritus, Thrombo-, Leuko-, Neutropenie; **UW** (Neratinib): Harnwegsinfekt, Epistaxis, Dehydratation, Appetitlosigkeit, Diarrhoe, Erbrechen, Übelkeit, Bauchschmerzen, Stomatitis, Völlegefühl, trockener Mund, Dyspepsie, Transaminasen/Bilirubin/Krea ↑; Exanthem, Nagelerkr., trockene, rissige Haut, Muskelspasmen, NI, Ermüdung, Gewicht ↓; **UW** (Palbociclib): Infektionen, Neutropenie, Leukopenie, Anämie, Thrombopenie, febrile Neutropenie, Appetit ↓, Dysgeusie, verschwommenes Sehen, Tränensekretion ↑, trockenes Auge, Epistaxis, Stomatitis, Übelkeit, Erbrechen, Diarrhö, Exanthem, Alopezie, trockene Haut, Fatigue, Asthenie, Pyrexie, Transaminasen ↑; **UW** (Pazopamib): Hypothyreose, Appetit ↓, Thrombo-, Leuko-, Neutropenie, Geschmacksstrg., Kopfschmerzen, Lethargie, Parästhesie, Schwindel, Hypertonie, Hitzewallungen, Nasenbluten, Dysphonie, Diarrhoe, Übelkeit, Erbrechen, Bauchschmerzen, Dyspepsie, Flatulenz, Stomatitis, Leberfunktionsstrg., Hyperbilirubinämie, Haarausfall, Verfärbung der Haare, Hautausschlag, Hand-Fuß-Syndrom, Hypopigmentierung der Haut, Erythem, Pruritus, trockene Haut, Hyperhidrose, Myalgie, Muskelkrämpfe, Proteinurie, Fatigue, Asthenie, Mukositis, Ödeme, Brustschmerzen, GPT/GOT/Krea/Lipase/γGT ↑, Gewicht ↓, Zahnfleischinfektion, Tumorschmerzen, Hyperalbuminämie, Dehydratation, Schlaflosigkeit, periphere sensorische Neuropathie, verschwommenes Sehen, kardiale Dysfunktion, Bradykardie, venöses thromboembolisches Ereignis, Dyspnoe, Pneumothorax, Singultus, orale/anale Blutungen;

UW (Pemigatinib): Hyperphosphatämie, Hypophosphatämie, Hyponatriämie, Dysgeusie, trockenes Auge, seröse Netzhautablösung, Keratitis punctata, verschwommenes Sehen, Trichiasis, Übelkeit, Stomatitis, Diarrhoe, Obstipation, Mundtrockenheit, palmar-plantares Erythrodyästhesie-Syndrom, Nageltoxizität, Alopezie, trockene Haut, anomales Haarwachstum, Arethralgie, Ermüdung, Krea ↑; **UW** (Ponatinib): Pneumonie, Sepsis, Infekt. der oberen Atemwege, Follikulitis, Anämie, Thrombopenie, Neutropenie, Panzytopenie, Appetit ↓, Dehydratation, Flüssigkeitsretention, Hypokalzämie/-kaliämie/-phosphatämie, Hyperglykämie/-urikämie/-triglyzeridämie, Gewicht ↓, Schlaflosigkeit, Kopfschmerzen, periph. Neuropathie, Müdigkeit, Benommenheit, Migräne, Hyper-/Hypo-/Parästhesie, Verschwommensehen, trockene Augen, Herzinsuff., MI, KHK, Vorhofflimmern, Perikarderguss, Angina pectoris, LVEF ↓, Hypertonie, TVT, Hitzewallungen, Flush, Dyspnoe, Husten, Pleuraerguss, Epistaxis, Dysphonie, Bauchschmerzen, Diarrhoe, Erbrechen, Obstipation, Übelkeit, Lipase/Amylase/GOT/GPT/Bilirubin/aP/γGT ↑, Pankreatitis, GERD, Stomatitis, Dyspepsie, Meteorismus, Mundtrockenheit, Hautausschlag, Hauttrockenheit, Erythem, Alopezie, Pruritus, Hyperhidrosis, Petechien, Ekchymose, periorbitales/peripheres/Gesichts-Ödem, Knochenschmerzen, Arthralgie, Myalgie, Gliederschmerzen, Rückenschmerzen, erektile Dysfunktion, Asthenie, Pyrexie, Schüttelfrost, grippaler Infekt, nicht-kardialer Thoraxschmerz, tastbare Knoten;
UW (Ribociclib): Harnwegsinfektion, (febrile) Neutropenie, Leukopenie, Anämie, Thrombopenie, Lymphopenie, Hypokalzämie, Hypokaliämie, Hypophosphatämie, Kopfschmerzen, Schlaflosigkeit, Tränenfluss ↑, trockenes Auge, Synkope, Dyspnoe, Epitaxis, Übelkeit, Diarrhoe, Erbrechen, Obstipation, Stomatitis, Abdominalschmerzen, Dysgeusie, Dyspepsie, Hepatotoxizität, Alopezie, Exanthem, Pruritus, Erythem, Rückenschmerzen, Fatigue, periph. Ödem, Asthenie, Fieber, Leberenzyme ↑, Krea ↑, QT-Verlängerung;
UW (Ruxolitinib): Harnweginfektionen, Herpes zoster, Anämie, Thrombozytopenie, Neutropenie, Blutungen, Gewicht ↑, Hypercholesterinämie, Schwindel, Kopfschmerzen, Flatulenz, Obstipation, GOT/GPT ↑, Hypertonie; **UW** (Selpercatinib): Überempf., Appetit ↓, Kopfschmerzen, Schwindel, QT-Verlängerung, Hypertonie, Bauchschmerzen, Diarrhoe, Übelkeit, Erbrechen, Obstipation, Mundtrockenheit, Exanthem, Fieber, Fatigue, Ödeme, Transaminasen/Krea ↑, Thrombopenie, Lymphopenie, Mg^{2+} ↓, Hämorrhagie; **UW** (Sorafenib): Lymphopenie, Hypophosphatämie, Blutungen, Hypertonie, Durchfall, Übelkeit, Erbrechen, Exanthem, Hand-Fuß-Syndrom, Müdigkeit, Pruritus, Schmerzen, Leukopenie, Anämie, Thrombopenie, Depression;
UW (Sunitinib): Anämie, Kopfschmerzen, Geschmacksstrg., Verfärbung der Haut, Übelkeit, Erbrechen, Diarrhoe, Bauchschmerzen, palmoplantare Erythrodysästhesie;
UW (Tucatinib): Epistaxis, Diarrhoe, Übelkeit, Erbrechen, Stomatitis, Exanthem, Arthralgie, Gewicht ↓, Transaminasen/Bili ↑;
UW (Tivozanib): Anämie, Hypothyreose, Appetit ↓, Anorexie, Schlaflosigkeit, Kopfschmerz, periphere Neuropathie, Schwindelgefühl, Dysgeusie, Sehbehinderung, Vertigo, Tinnitus, Myokardinfarkt, Angina pectoris, Tachykardie, Hypertonie, Hämorrhagie, art. und venöse Thromboembolie, venöse thromboembolische Ereignisse, Hitzegefühl, Dyspnoe, Dysphonie, Husten, Epistaxis, Rhinorrhoe, Nasenverstopfung, Bauchschmerzen, Übelkeit, Diarrhoe, Stomatitis, Pankreatitis, Dysphagie, Erbrechen, gastroösophag. Refluxerkrankung, aufgetriebener Bauch, Glossitis, Gingivitis, Dyspepsie, Obstipation, Mundtrockenheit, Flatulenz, Hand-Fuß-Syndrom, Exfoliation der Haut, Erythem, Pruritus, Alopezie, Ausschlag, Akne, trockene Haut, Rückenschmerzen, Arthralgie, Myalgie, Brustkorbschmerzen, Proteinurie, Schmerzen, Asthenie, Ermüdung, Brustkorbschmerz, Schüttelfrost, Fieber, peripheres Ödem, Gewicht ↓; Transaminasen/gGT/AP/Amylase/Lipase/TSH/Krea ↑;

UW (Trametinib): Anämie, Überempf., Dehydratation, verschwommenes Sehen, periorbitales Ödem, Sehstörung, linksventrik. Dysfunktion, Auswurffraktion ↓, Hypertonie, Hämorrhagie, Lymphödem, Husten, Atemnot, Pneumonitis, Diarrhoe, Übelkeit, Erbrechen, Obstipation, Mundtrockenheit, Exanthem, Stomatitis, akneiforme Dermatitis, trockene Haut, Juckreiz, Haarausfall, Erythem, Hand-Fuß-Syndrom, Hautfissuren, Fatigue, periph. Ödem, Pyrexie, Gesichtsödem, Schleimhautentzündung, Asthenie, Follikulitis, Nagelbettentzündung, Zellulitis, pustulärer Hautausschlag, Transamin./gGT/aP/CK ↑, Harnwegsinf., Nasopharyngitis, kutanes Plattenepithel-Ca, Papillom, seborrh. Keratose, Akrochordon, Anämie, Leukopenie, Thrombopenie, Kopfschmerz, Schwindel, Arthralgie, Myalgie; **UW** (Vandetanib): Nasopharyngitis, Bronchitis, Inf. der oberen Atemwege, Harnweginf., Pneumonie, Sepsis, Influenza, Zystitis, Sinusitis, Laryngitis, Follikulitis, Furunkel, Pilzinf., Pyelonephritis, Hypothyreose, Appetit ↓, Hypo-/Hyperkalziämie, Hypokaliämie, Hyperglykämie, Dehydratation, Hyponatriämie, Insomnia, Depression, Angst, Kopfschmerzen, Parästhesie, Dysästhesie, Schwindel, Tremor, Lethargie, Bewusstseinsverlust, Gleichgewichtsstrg., Dysgeusie, verschwommenes Sehen, Strukturveränd. der Hornhaut, Sehstörung, Dyspepsie, Kolitis, Mundtrockenheit, Stomatitis, Halos, Photopsie, Glaukome, Konjunktivitis, Augentrockenheit, Keratopathie, QT-Zeit ↑, Hypertonie, hypertensive Krisen, ischämische zerebrovask. Störungen, Epistaxis, Hämoptyse, Pneumonitis, Abdominalschmerz, Diarrhoe, Übelkeit, Erbrechen, Dyspepsie, Kolitis, Mundtrockenheit, Stomatitis, Dysphagie, Obstipation, Gastritis, gastrointest. Hämorrhagie, Cholelithiasis, Ausschlag und and. Hautreakt., Hand-Fuß-Syndrom, Alopezie, Proteinurie, Nephrolithiasis, Dysurie, Hämaturie, Nierenversagen, Pollakisurie, Harndrang, Asthenie, Erschöpfung, Schmerzen, Ödeme, Pyrexie, GOT/GPT/Krea ↑, Gewicht ↓; **UW** (Vemurafenib): Follikulitis, Plattenepithel-Ca der Haut, seborrhoische Keratose, Hautpapillom, Basalzell-Ca, neue prim. Melanome, Kopfschmerzen, Dysgeusie, Facialislähmung, Schwindelgefühl, Uveitis, Husten, Diarrhoe, Erbrechen, Übelkeit, Obstipation, Lichtempfindlichkeitsreakt., aktin. Keratose, Ausschlag, Pruritus, Hyperkeratose, Erythem, Alopezie, trockene Haut, Sonnenbrand, Hand-Fuß-Syndrom, Pannikulitis, Keratosis pilaris, Arthralgie, Myalgie, Schmerzen in Extremität./Bewegungsapp./Rücken, Arthritis, Abgeschlagenheit, Pyrexie, periph. Ödeme, Asthenie, γGT/GPT/aP/Bilirubin ↑, Gewicht ↓, QT-Zeit ↑;
KI (Abemaciclib): bek. Überempf.; **KI** (Afatinib): bek. Überempf.; **KI** (Acalabrutinib): bek. Überempf.; **KI** (Alectinib): bek. Überempf.; **KI** (Avapritinib): bek. Überempf.; **KI** (Axitinib): bek. Überempf.; **KI** (Binimetinib): bek. Überempf.; **KI** (Bosutinib): bek. Überempf., LI; **KI** (Brigatinib): bek. Überempf.; **KI** (Cabozantinib): bek. Überempf.; **KI** (Cobimetinib): bek. Überempf.; **KI** (Crizotinib): bek. Überempf., schwere Leberfkt. Strg.; **KI** (Dabrafenib): bek. Überempf.; **KI** (Dacomitininib): bek. Überempf.; **KI** (Encorafenib): bek. Überempf.; **KI** (Entrectinib: bek. Überempf.; KI (Fedratinib): bek. Überempf., Grav.; **KI** (Fostamatinib): bek. Überempf., Grav.; **KI** (Gilteritinib): bek. Überempf.; **KI** (Ibrutinib): bek. Überempf., gleichz. Anw. mit Johanniskraut-Präparaten; **KI** (Larotrectinib): bek. Überempf.; **KI** (Levatinib): bek. Überempf.; **KI** (Lorlatanib): bek. Überempf., gleichz. Anw. starker CYP3A4/5-Induktoren; **KI** (Midostaurin): bek. Überempf.; gleichzeit. Einnahme von Rifampicin, Johanniskraut, Carbamazepin, Enzalutamid, Phenytoin; **KI** (Neratinib): bek. Überempf., gleichz. Anw. von Carbamazepin, Phenobarbital, Phenytoin, Johanniskraut, Rifampicin, Fluconazol, Diltiazem, Verapamil, Erythromycin; LI Child C; **KI** (Nintedanib): bek. Überempf., Soja-, Erdnussallergie; **KI** (Neratinib): bek. Überempf., gleichz. Anw. von Carbamazepin, Phenobarbital, Phenytoin, Johanniskraut, Rifampicin, Fluconazol, Diltiazem, Verapamil, Erythromycin; LI Child C; **KI** (Osimertinib): bek. Überempf., gleichzeitige Anw. von Johanniskraut-Präparaten;

KI (Palbociclib): bek. Überempf., gleichz. Anw. von Johanniskraut-Präparaten; **KI** (Pazopanib): bek. Überempf.; **KI** (Pemigatinib): bek. Überempf., gleichz. Anw. v. Johanniskraut; **KI** (Ponatinib): bek. Überempf.; **KI** (Ribociclib): bek. Überempf. gegen R., Erdnuss, Soja; **KI** (Ruxolitinib): bek. Überempf., Grav./Lakt.; **KI** (Selpercatinib): bek. Überempf.; **KI** (Tivozanib): bek. Überempf., gleichz. Anw. von Johanniskraut; **KI** (Trametinib): bek. Überempf.; **KI** (Tucatinib): bek. Überempf.; **KI** (Vandetanib): bek. Überempf., kongenitales Long-QT-Syndrom, QT-Intervall > 480ms, gleichzeitige Anw. von arsenhaltiger Arzneimittel, Cisaprid, Erythromycin (i.v.), Toremifen, Mizolastin, Moxifloxacin, Antiarrhythmika d. Klasse IA und III; **KI** (Vemurafenib): bek. Überempf.

Abemaciclib Rp	HWZ 25h, PPB 97%
Verzenios *Tbl. 50, 100, 150mg*	**Lokal fortgeschrittenes u./od. metastasiertes HER2-neg. Mamma-Ca:** Komb. mit Aromatase-Hemmer oder Fulvestrant: 2 x 150mg p.o. ; ggf. Dosisanpassung nach Toxizität, s. FachInfo; **DANI** schwere NI: vorsichtige Anw.; **DALI** Child A, B: 100%; C: 1 x 150mg
Acalabrutinib Rp	HWZ 2 (7)h, PPB 98%
Calquence *Kps. 100mg*	**CLL:** 2 x 100mg p.o., ggf. Komb. m. Obinutuzumab; Dosisanpassung n. Toxizität s. FachInfo; **DANI** CrCl > 30: 100%, < 30: vorsichtige Anw.; **DALI** Child-Pugh A, B: 100%; C: Anw. nicht empf.
Afatinib Rp	HWZ 37h, PPB 95%, PRC B, Lact -
Giotrif *Tbl. 20, 30, 40, 50mg*	**Lokal fortgeschrittenes u./od. metastasiertes NSCLC mit aktivierenden EGFR-Mutationen:** 1 x 40mg/d p.o., ggf. steigern auf 1 x 50mg/d; **DANI** CrCl > 30: 100%, < 30: Anw. nicht empf.; **DALI** Child-Pugh A, B: 100%; C: Anw. nicht empf.
Alectinib Rp	HWZ 32h, PPB 99%
Alecensa *Kps. 150mg*	**Fortgeschrittenes, ALK-pos. NSCLC Crizotinib-vorbehandelt:** 2 x 600mg p.o., Dosisanpassung n. Toxizität, s. FachInfo; **DANI** nicht erforderl.; **DALI** leichte LI: 100%; mittlere bis schwere LI: Anw. nicht empf.
Avapritinib Rp	HWZ 32-57h, PPB 99%
Ayvakyt *Tbl. 100, 200, 300mg*	**Inoperabler od. metast. GIST mit PDGFRA-D842V-Mutation:** 1 x 300mg p.o.; Dosisanpassung n. Toxizität, s. FachInfo; **DANI** CrCl ≥30: 100%; <30: Anw. nicht empf. **DALI** leichte bis mittler LI: 100%; schwere LI Anw. nicht empf.

Axitinib Rp	HWZ 2.5-6h, PPB 99%, PRC C, Lact -
Inlyta *Tbl. 1, 5mg*	**Fortgeschrittenes Nierenzell-Ca:** 2 x 5mg/d p.o., ggf. steigern auf max. 2 x 10mg/d; **DANI** CrCl > 15: 100%, < 15: keine Daten; **DALI** vorsichtige Dosiseinstellung
Binimetinib Rp	HWZ 9h, PPB 97%
Mektovi *Tbl. 15mg*	**Nicht-resezierbares oder metastasiertes Melanom (BRAF-V600-Mutation-positiv):** 2 x 45 mg p.o., Komb. mit Encorafenib; ggf. Dosisanpassung n. Toxizität, s. FachInfo; **DANI** nicht erforderlich; **DALI** Child B, C: Anw. nicht empfohlen
Bosutinib Rp	HWZ 34h, PPB 95%, PRC C, Lact -
Bosulif *Tbl. 100, 400, 500mg*	**Ph-positive CML in chronischer/ akzelerierter Phase und Blastenkrise mit mind. einer Vorbehandlung:** 1 x 500mg/d p.o., ggf. steigern auf max. 1 x 600mg/d; **DANI, DALI** keine Daten
Brigatinib Rp	HWZ 24h, PPB 91%
Alunbrig *Tbl. 30, 90, 180mg*	**ALK-positives, fortgeschrittenes NSCLC, Crizotinib-vorbehandelt:** d1-7 1 x 90mg p.o., dann 1 x 180mg; Dosisanp. n. Toxizität, s. FI; **DANI** CrCl ≥ 30: 100%; < 30: d1-7 1 x 60mg, dann 1 x 90mg; **DALI** Child A, B: 100%; C: d1-7 1 x 60mg, dann 1 x 120mg
Cabozantinib Rp	HWZ 120h, PPB 99%
Cabometyx *Tbl. 20, 40, 60mg* **Cometriq** *Kps. 20, 80mg*	**Nierenzell-Ca, hepatozelluläres Ca:** Cabometyx: 1 x 60mg p.o.; ggf. Dosisanp. n. Toxizität, s. FI; **Fortgeschrittenes medulläres Schilddrüsen-Ca:** Cometriq: 1 x 140mg p.o.; ggf. Dosisanp. bei Toxizität s. FI; **DANI** leichte bis mittelschwere NI: vors. Anw.; schwere NI: Anw. nicht empf.; **DALI** leichte bis mittelschwere LI: 1 x 60mg; schwere LI: Anw. nicht empfohlen
Ceritinib Rp	HWZ 31-41h, PPB 97%, PRC D, Lact ?
Zykadia *Kps. 150mg*	**ALK-posit. NSCLC, Crizotinib-vorbehandelt:** 1 x 750mg p.o.; **DANI** leichte-mäßige NI: 100%; schwere NI: vorsichtige Anw.; **DALI** mäßig-starke LI: Anw. nicht empfohlen

Cobimetinib Rp	HWZ 44h, PPB 95%, Lact -
Cotellic *Tbl. 20mg*	**Nicht-resezierbares oder metastasiertes Melanom (BRAF-V600-Mutation-positiv):** 1 x 60mg p.o. d1-21, Wdh. d29; Komb. mit Vemurafenib; **DANI** schw. NI: vorsicht. Anw.; **DALI:** mäßige bis schwere LI: vorsicht. Anw.
Crizotinib Rp	HWZ 42h, PPB 91%, PRC C, Lact -
Xalkori *Kps. 200, 250mg*	**Vorbeh. ALK-pos. NSCLC:** 2 x 250mg/d p.o.; **DANI** CrCl > 30: 100%, < 30: keine Daten; **DALI** leichte bis mäßige Funktionsstörung: vors. Anw., KI bei schwerer Funktionsstörung
Dacomitinib Rp	HWZ 54-80h, PPB 98%
Vizimpro *Tbl. 15, 30, 45mg*	**Fortgeschrittenes od. metas. NSCLC mit aktivierenden EGFR-Mutationen:** 1 x 45mg p.o., Dosisanp. bei Toxizität s. FI; **DANI** CrCl ≥ 30: 100%, < 30: keine Daten; **DALI** Child A, B: 100%; C: Anw. nicht empf.
Dabrafenib Rp	HWZ 10h, PPB 99%, PRC C, Lact ?
Tafinlar *Kps. 50, 75mg*	**Nicht-resezierbares oder metastasiertes Melanom (BRAF-V600-Mutation-positiv):** 2 x 150mg/d p.o.; Monother. oder Kombination mit Trametinib; **DANI** leichte bis mäßige Funktionsstrg.: 100%, schwere Funktionsstrg.: vors. Anw.; **DALI** mäßige bis schwere Fktsstrg.: vors. Anw.
Dasatinib Rp	HWZ 5-6h, Q0 0.99, PPB 96%
Dasatinib AL *Tbl. 20, 50, 70, 80, 100, 140mg* **Dasatinib HEXAL** *Tbl. 20, 50, 70, 80, 100, 140mg* **Sprycel** *Tbl. 20, 50, 70, 80, 100, 140mg; Lsg. (1 ml = 10mg)*	**Chron. Phase neu diagnost. Ph+CML, chron./akzelerierte Phase der CML oder Blastenkrise mit Resistenz/Intoleranz gegen vorherige Behandlung (einschl. Imatinibmesilat), Ph+ALL oder lymphat. Blastenkrise der CML:** chron. Phase: 1 x 100mg/d p.o; akzelerierte Phase, myeloische oder lymphatische Blastenkrise: 1 x 140mg/d p.o; **DANI** nicht erf.; **DALI** vors. Dosiseinstellung
Encorafinib Rp	HWZ 6h, PPB 86%
Braftovi *Kps. 50, 75mg*	**Nicht-resezierbares oder metastasiertes Melanom (BRAF-V600-Mutation-positiv):** 1 x 450 mg p.o., Komb. mit Binimetinib; ggf. Dosisanpassung n. Toxizität, s. FachInfo; **DANI** schwere NI: vorsichtige Anw.; **DALI** Child A: 300mg; B, C: keine Dosierungsempf.

Entrectinib Rp	HWZ 20 (40)h, PPB 99%
Rozlytrek *Kps. 100, 200mg*	**Solide Tumore mit NTRK-Genfusion, NSCLC ROS1-pos.:** 1 x 600mg p.o.; Ki.-Dosis, Dosisanpassg. n. Toxizität, s. FachInfo; **DANI** leichte-mäßige NI: 100%; schwere NI: keine Daten; **DALI** leichte LI: 100%; mäßige bis schwere LI: keine Daten
Erlotinib Rp	HWZ 36h, Q0 0.97
Tarceva *Tbl. 25, 100, 150mg*	**NSCLC:** 1 x 150mg p.o.; **Pankreas-Ca:** 1 x 100mg p.o., Komb. mit Gemcitabin; **DANI, DALI:** Anw. bei schwerer NI/LI nicht empf.
Fedratinib Rp	HWZ 114h, PPB 95%
Inrebic *Kps. 100mg*	**Splenomegalie oder Symptome bei myeloproliferativen Erkrankungen:** 1 x 400mg p.o.; Dosisanpassung n. Toxicität s. FachInfo; **DANI** CrCl m 30: 100%; 15-29: 200mg/d, **DALI** Child A, B: 100%; C: Anw. nicht empf.
Gefitinib Rp	HWZ 41h, Q0 0.9, PPB 90%
Iressa *Tbl. 250mg*	**NSCLC:** 1 x 250mg p.o.; **DANI** CrCl > 20: 100%; < 20: vors. Anw.; **DALI** Child B, C: engmaschige Überwachg. hinsichtl. UW
Gilteritinib Rp	HWZ 113h, PPB 90%
Xospata *Tbl. 40mg*	**Rezidivierte od. refraktäre AML mit FLT3-Mutation:** 1 x 120mg p.o.; Dosisanpassung nach Toxizität s. FI; **DANI** leichte bis mittelgradige NI: 100%; schwere NI: keine Daten; **DALI** Child A, B: 100%; C: Anw. nicht empf.;
Ibrutinib Rp	HWZ 4-13h, PPB 97% PRC D, Lact ?
Imbruvica *Kps. 140mg*	**Rezidiv. oder refrakt. Mantelzell-Lymphom:** 1 x 560mg/d p.o.; **CLL:** 1 x 420mg/d p.o.; **DANI** CrCl > 30: nicht erf.; < 30: vors. Anw.; **DALI** Child A: 1 x 280mg/d p.o.; B: 1 x 140mg/d p.o.; C: Anw. nicht empfohlen
Imatinib Rp	HWZ 18h, Q0 0.95, PPB 95%
Glivec *Tbl. 100, 400mg* **Imanivec** *Tbl. 100, 400mg* **Imatinib Accord** *Tbl. 100, 400mg* **Imatinib Heumann** *Tbl. 100, 400mg* **Imatinib Onkovis** *Kps. 100, 200, 400mg*	**Ph+CML:** chronische Phase: 1 x 400mg p.o.; akzelerierte Phase, Blastenkrise: 600mg p.o.; **Ki. > 2J:** 340mg/m^2, max. 570mg/m^2 bzw. 800mg/d; **Ph+ALL:** 1 x 600mg; **MDS:** 1 x 400mg; **hypereosinophil. Syndr., chron. eosinophile Leukämie:** 1 x 100mg, ggf. bis 400mg/d steig.; **CD117+GIST:** 1 x 400mg; **Dermatofibrosarcoma protub.:** 1 x 800mg; **DANI** vors. Anw. bei schwerer NI; **DALI** 400mg/d

Lapatinib Rp	HWZ 24h PPB 99%
Tyverb *Tbl. 250mg*	**Fortgeschritt./metastasiertes Mamma-Ca mit Her2-Überexpression:** 1 x 1250mg/d p.o. in Komb. mit Capecitabin; **DANI** CrCl > 30: 100%; < 30: keine Daten; **DALI** Child A, B: keine Daten, Child C: KI
Larotrectinib Rp	HWZ 3h PPB 70%
VITRAKVI *Lsg. (1ml enth. 20mg)*	**Fortgeschritt./metastasierte Erkrankung solider Tumore mit NTRK-Genfusion:** 2 x 100mg p.o.; Ki.: 2 x 100mg/m^2; Dosisanpassung n. Toxicität s. FachInfo; DANI nicht erforderl.; DALI Child A 100%; B, C: Anfangsdosis um 50% reduzieren
Lenvatinib Rp	HWZ 17h, Q0 0.9, PPB 98%
Kisplix *Kps. 4, 10mg* **Lenvima** *Kps. 4, 10mg*	**Fortgeschritt. Nierenzell-Ca, VGEF-vorbeh.:** Kisplyx: 1 x 18mg p.o., Dosisanp. n. Toxizität s. FI; Komb. m. Everolimus; **DANI, DALI** schwere NI/LI: ini 10mg; **Progr., lokal fortgeschrittenes od. metastas. differenziertes (papilläres/follikuläres/Hürthle-Zell-) Schilddrüsen-Ca** (DTC), das nicht auf Radiojodtherapie (RAI) angesprochen hat: Lenvima: 24mg p.o.; **DANI** nicht erf.; **DALI** nicht erf.
Lorlatinib Rp	HWZ 24h, PPB 66%
Lorviqua *Tbl. 25, 100mg*	**Fortgeschr. NSCLC, ALK-pos.:** 1 x 100mg p.o., Dosisanp. n. Toxizität s. FI; **DANI** leichte bis mäßige NI: 100%; schwere NI: Anw. nicht empf. **DALI** Child A: 100%; B, C: Anw. nicht empf.
Midostaurin Rp	HWZ 20 (482)h, PPB 98%
Rydapt *Kps. 25mg*	**AML mit FLT3-Mutation:** 2 x 50mg p.o. d8-21 der Induktions- u. Konsolidierungschemother., weit. Gaben s. FI; **aggressive system. Mastozytose, system. Mastozytose mit assoz. hämat Neoplasie, Mastzell-Leukämie:** 2 x 100mg p.o.; **DANI** leichte bis mäßige NI: 100%; schwere NI: k. A.; **DALI** Child A, B: 100%; C: k. A.
Neratinib Rp	HWZ 17h, PPB 98%
Nerlynx *Tbl. 40mg*	**Hormonrez.-pos., HER2-überexprimiertes Mamma-Ca, adjuvant n. Trastuzumab-Th.** 1 x 240mg p.o. f. 1 Jahr; Dosisanpassung n. Toxizität s. FachInfo; **DANI** leichte bis mäßige NI: 100%; schwere NI: Anw. nicht empf.; **DALI** Child A, B: 100%; C: KI

Nilotinib Rp	HWZ 17h, Q0 0.9, PPB 98%
Tasigna *Kps. 150, 200mg*	**Ph+CML:** 2 x 400mg p.o., ggf. Dosisanpass. nach Blutbild, s. FI; **DANI** nicht erforderlich
Nintedanib Rp	HWZ 10-15h, PPB 98%
Vargatef *Kps. 100, 150mg*	**Lokal fortgeschrittenes, metastasiertes oder lokal rezidiviertes NSCLC:** 2 x 200mg p.o. d2-21 in Komb. mit Docetaxel; **DANI** CrCl > 30: 100%, < 30: keine Daten; **DALI** Child A: 100%, Child B, C: Anw. nicht empf.
Osimertinib Rp	HWZ 48h
Tagrisso *Kps. 40, 80mg*	**Lokal fortgeschrittenes oder metast. NSCLC mit T790M-Mutation:** 1 x 80mg p.o.; **DANI** schwere NI, HD: vorsichtige Anw.; **DALI** mittlere bis schw. LI: Anw. nicht empf.
Palbociclib Rp	HWZ 29h, PPB 85%
Ibrance *Kps. 75, 100, 125mg*	**Lokal fortgeschrittenes oder metastasiertes Mamma-Ca, HR-pos., HER-2-neg.:** 1 x 125mg p.o. d1-21, dann 7d Pause; je nach UW Dosisreduktion auf 100-75mg.; **DANI** CrCl < 30, HD: keine Daten, vors. Anw.; **DALI** mittlere bis schw. LI: vors. Anw.
Pazopanib Rp	HWZ 31h, PPB 99%, PRC C, Lact ?
Votrient *Tbl. 200, 400mg*	**Fortgeschrittenes Nierenzell-Ca, Weichteilsarkom (WTS, STS):** 1 x 800mg/d p.o.; **DANI** CrCl > 30: 100%, < 30: keine Daten; **DALI** Child A: keine Daten, B: max. 20mg/d, C: KI
Pemigatinib Rp	HWZ 15h, PPB 91%
Pemazyre *Tbl. 4.5, 9, 13.5mg*	**Fortgeschrittenes oder metastasiertes Cholangio-Ca FGFR2-Fusion pos.:** 1 x 13.5mg d1-14, Wdh. d 22; Dosisanpassung n. Toxizität bzw. Phosphatspiegel s. FachInfo; **DANI** leichte-mittelschwere NI, HD: 100%; schwere NI: 4.5-9mg/d; **DALI** Child A, B: 100%; C: 4.5-9mg/d
Ponatinib Rp	HWZ 22h, PPB >99%, PRC C, Lact -
Iclusig *Tbl. 15, 30, 45mg*	**CML in chron. oder akzelerierter Phase oder Blastenkrise und Ph+ALL:** 1 x 45mg/d p.o.; **DANI** CrCl > 50: 100%, < 50: vorsichtige Anwendung; **DALI** vors. Anwendung

Ribociclib Rp	HWZ 30-55h, PPB 70%
Kisqali *Tbl. 200mg*	**Fortgeschr. oder metast. Mamma-Ca, HR-pos, HER2-neg.:** 1 x 600mg p.o. d1-21, Wdh. d28, Komb. mit Aromatasehemmer; **DANI** leichte bis mittelschwere NI: 100%, schwere NI: auf Toxizität achten; **DALI** Child A: 100%; B, C: ini 400mg/d
Ruxolitinib Rp	HWZ 3h, PPB 97%
Jakavi *Tbl. 5, 10, 15, 20mg*	**Myelofibrose (MF):** ini 2 x 15-20mg p.o., max. 2 x 25mg/d; **Polycythaemia vera (PV):** ini 2 x 10mg p.o., max. 2 x 25mg/d; **DANI** CrCl > 30: 100%, < 30: MF: 50%, PV: ini 2 x 5mg/d; HD: MF: 1 x 15-20mg oder 2 x 10mg am Dialysetag; PV: 1 x 10mg oder 2 x 5mg am Dialysetag; **DALI** 50%
Selpercatinib Rp	HWZ 22h, PPB 96%
Retsevmo *Kps. 40, 80mg*	**Fortgeschr. RET-Fusions-pos. NSCLC, fortgeschr. RET-Fusions-pos. Schilddrüsen-Ca, RET-mutiertes medulläres Schilddrüsen-Ca:** < 50kg: 2 x 120mg p.o.; ≥ 50kg: 2 x 160mg; Dosisanpassung n. Toxizität s. FachInfo; **DANI** nicht erf.; termin. NI, HD: keine Daten; **DALI** Child A, B: 100%, C: 2 x 80mg
Sorafenib Rp	HWZ 25-48h, Q0 > 0.9
Nexavar *Tbl. 200mg*	**Leberzell-Ca, fortgeschr. Nierenzell-Ca, Schilddrüsen-Ca:** 2 x 400mg p.o.; **DANI** CrCl > 30: 100%, < 30: k. D.; **DALI** Child A, B: 100%, C: keine Daten
Sunitinib Rp	HWZ 40-60(80-110)h, Q0 >0.7, PPB 95%
Sutent *Kps. 12.5, 25, 50mg*	**GIST, fortgeschr. Nierenzell-Ca:** 1 x 50mg p.o., ggf. Dos. in 12.5mg-Schritten anpassen; mind. 25mg/d, max. 75mg/d; über 4W, dann 2W Pause; **pankreat. neuroendokrine Tu:** 1 x 37.5mg ohne Pause; **DANI** nicht erf.; **DALI** Child A, B: 100%; C: k. A., Anw. nicht empf.
Tivozanib Rp	HWZ 4.5-5d, PPB 99%
Fotivda *Kps. 890, 1340µg*	**Fortgeschr. Nierenzell-Ca:** 1 x 1340µg p.o. d1-21, Wdh. d 29; je n. UW Dosisred. auf 890µg, s. FI; **DANI** schwere NI, HD: vorsichtige Anw.; **DALI** leichte LI: 100%; mittelschwere LI: 1340µg alle 2d; schwere LI: Anw. nicht emp[illegible]

Trametinib Rp	HWZ 5d, PPB 97%, PRC D, Lact ?
Mekinist *Tbl. 0.5, 2mg*	**BRAF-V600-Mutation-positives, nicht resezierbares oder metastasiertes Melanom:** 1 x 2mg p.o. Monotherapie oder Komb. mit Dabrafenib; **DANI** leichte bis mäßige NI: 100%; schwere NI: keine Daten; **DALI** leichte LI: 100%; mäßige bis schwere LI: vors. Anw.
Tucatinib Rp	HWZ 8-9h, PPB 97%
Tukysa *Kps.50, 150mg*	**Fortgeschr. oder metastas. Mamma-Ca, HER2-pos.:** Komb. mit Trastuzumab und Capecitabin; 2 x 300mg p.o.; Dosisanpassung n. Toxizität s. FachInfo; **DANI** nicht erf.; **DALI** Child A, B: 100%; C: 2 x 200mg
Vandetanib Rp	HWZ 19d, PPB 93%, PRC C, Lact -
Caprelsa *Tbl. 100, 300mg*	**Medull. SD-Ca mit nicht resektabler, lokal fortgeschr. oder metastas. Erkr.:** 1 x 300mg p.o.; **DANI**: CrCl 30-50: ggf. ini 200mg/d, < 30: Anw. nicht empf.; **DALI** keine Daten
Vemurafenib Rp	HWZ 51.6h, PPB > 99%, PRC B, Lact ?
Zelboraf *Tbl. 240mg*	**BRAF-V600-Mutation-positives, nicht resezierbares oder metastas. Melanom:** 2 x 960mg p.o.; **DANI, DALI** engmaschige Überwachung bei schwerer Nieren- bzw. mittlerer bis schwerer Leberfunktionsstörung

7.13 mTOR-Inhibitoren

Wm/Wi (Everolimus, Temsirolimus): Hemmung des mTOR (mammalian target of rapamycin) = Enzymkomplex, der u.a. das Zellwachstum reguliert ⇒ antitumorale und antiangiogene Wi; **UW** (Everolimus): Stomatitis, Hautausschlag, Hauttrockenheit, Nagelveränd., Hand-Fuß-Syndr., Erythem, Exfoliation, akneförmige Dermatitis, Hautläsionen, Alopezie, Erschöpfung, Asthenie, Diarrhoe, Übelkeit, Appetitlosigkeit, Mukositis, Infektionen, Erbrechen, Husten, Pruritus, Epistaxis, Pneumonitis, Dyspnoe, Anämie, Cholesterin/Triglyzeride/GOT/GPT/Krea/Blutzucker ↑, Thrombopenie, Leukopenie, Neutropenie, Lymphopenie, D.m., Hypophosphatämie, Hypokaliämie, Hypokalzämie, Dehydratation, Hyperlipidämie, Schlaflosigkeit, Dysgeusie, Kopfschmerzen, Konjunktivitis, Ödeme der Augenlider, Hypertonie, Blutungen, Lungenembolie, Bluthusten, Mundtrockenheit, Abdominalschmerzen, Schmerzen im Mund, Dysphagie, Dyspepsie, Arthralgie, Nierenversagen, Proteinurie, peripheres Ödem, Pyrexie, Brustschmerzen, Gewichtsverlust; **UW** (Temsirolimus): Kreatinin ↑, Thrombopenie, Anämie, Dysgeusie, Atemnot, Nasenbluten, Husten, Bauchschmerzen, Erbrechen, Stomatitis, Diarrhoe, Übelkeit, Exanthem, Hautjucken, Akne, Nagelveränderungen, Rückenschmerzen, Arthralgie, Hypokaliämie, bakterielle und virale Infektionen, Pharyngitis, Rhinitis, Mukositis, Schmerzen, Schmerzen im Brustkorb, Ödeme, Pyrexie, Asthenie; **KI** (Everolimus): bekannte Überempfindlichkeit

Everolimus Rp	HWZ 30h, PPB 74%, PRC D, Lact ?
Afinitor *Tbl. 2.5, 5, 10mg* **Everolimus AL** *Tbl. 2.5, 5, 10mg*	**Nierenzell-Ca, hormonrezeptorpositives Mamma-Ca, neuroendokrine Tumore pankreatischen Ursprungs:** 1 x 10mg p.o., ggf. 5mg bei intolerablen UW; **DANI** nicht erf.; **DALI** Child A: 1 x 7.5mg/d; Child B: 5mg/d; Child C: nach Nutzen-Risiko-Abwägung, max. 1 x 2.5mg/d
Temsirolimus Rp	HWZ 17(55)h, PRC D, Lact ?
Torisel *Inf.Lsg. 30mg*	**Nierenzell-Ca:** 1 x/W 25mg über 30-60min i.v., zuvor Antihistaminikum; **DANI** vorsichtige Anw. bei schwerer NI; **DALI** Anw. bei schwerer LI nicht empfohlen

7.14 Antikörper

Wm/Wi (Antikörper): Bindung an spezifisches Antigen, durch Komplementfixierung entsteht antikörperabhängige, zellvermittelte Zytotoxizität; **Wm/Wi** (Atezolizumab, Avelumab): monoklon. IgG1-AK, der an PD-L1 bindet, Wiederherst. der antitumorösen T-Zell-Antwort bzw. direkte Tumorzelllyse über natürliche Killerzellen; **Wm/Wi** (Belantamab-Mafodotin): Konjugat eines Antikörpers mit einem Zytotoxikum, bindet an B-Zell-Reifungsantigen ⇒ Aufnahme des Zytotoxikums ⇒ Apoptose; **Wm/Wi** (Bevacizumab): bindet an Gefäßwachstumsfaktor VEGF, Hemmung der Tumorvaskularisierung; **Wm/Wi** (Blinatumomab): bindet an CD19 und CD3 ⇒ Bildung zytolytischer Synapse zw. T-Zelle und Tumorzelle ⇒ Freisetzung proteolytischer Enzyme; **Wm/Wi** (Brentuximab Vedotin): AK-Wirkstoff-Konjugat ⇒ setzt Zytostatikum frei ⇒ bindet an CD30-tragende Tumorzellen ⇒ Zellzyklus unterbrochen, programmierter Zelltod; **Wm/Wi** (Cemiplimab): humaner IgG-4-AK, bindet an PD-1-Rezeptor ⇒ Verstärkung der T-Zell- u. d. Anti-Tumor-Antwort; **Wm/Wi** (Cetuximab): Blockierung von EGFR, dadurch Reduktion der Invasion von Tumorzellen ins Normalgewebe und Reduktion von Metastasenbildung; **Wm/Wi** (Crizanlizumab): bindet an P-Selektin und blockiert Interaktion mit dessen Liganden ⇒ verhindert Vasookklusion; **Wm/Wi** (Daratumumab): hum. monoklon. IgG-AK, der an CD38-Protein bindet, das in hoher Konz. auf Tumorzellen des multipl. Myeloms exprimiert wird ⇒ Apoptose; **Wm/Wi** (Durvalumab): humaner monoklon. IgG-AK, der die Interaktion von PD-L1 mit PD-1 und CD80 blockiert ⇒ Verbesserung der antitumoralen Immunantwort, T-Zellaktivierung ↑; **Wm/Wi** (Eculizumab, Ravulizumab): rekombinanter humanisierter IgG-AK, der an das Komplementprotein C5 bindet, Hemmung der komplementvermittelten intravaskulären Hämolyse; **Wm/Wi** (Elotuzumab): monoklon. IgG1-Antikörper, der an SLAMF bindet, welches stark auf Myelomzellen exprimiert wird ⇒ erleichtert die Interaktion mit natürlichen Killerzellen; **Wm/Wi** (Gemtuzumab): IgG4-Antikörper, der an CD33 exprimierende Zellen bindet ⇒ Induktion von Apoptose; **Wm/Wi** (Inotuzumab): IgG4-AK, der an CD22 exprimierende Zellen bindet ⇒ Induktion von Apoptose; **Wm/Wi** (Ipilimumab) monoklon. AK, der die vom CTLA-4-Signalweg induzierten inhib. Signale auf die T-Zellen blockiert ⇒ Anzahl der tumorreaktiven T-Effektorzellen ↑; **Wm/Wi** (Isatuximab): bindet an CD38-Rezeptor e Induktion einer Fc-abhängigen Zelllyse sowie einer komplementunabhängigen Apoptose; **Wm/Wi** (Mogamulizumab): IgG1-Immunglobulin, bindet an CCR4 ⇒ Depletion maligner T-Zellen; **Wm/Wi** (Necitumumab): humaner, monoklon. IgG1-AK, der an EGFR bindet ⇒ Hemmung der Angiogenese, Induktion von Apoptose bzw. Zelltod;

Wm/Wi (Nivolumab, Pembrolizumab): PD-1-Inhibitor (Programmed-Cell-Death-Protein-1-Inhibitor) blockiert Bindung von PD-L1 u. PD-L2 an PD-1-Rez. auf T-Zellen ⇒ T-Zell-Prolif. ↑, Zytokinbildung ↑, Immunantwort gegen Krebszellen ↑; **Wm/Wi** (Obinutuzumab): monoklon., humanisierter AK ⇒ bindet an CD-20-Transmembranantigen auf Oberfläche nicht-maligner u. maligner prä-B- u. reifer B-Lymphozyten ⇒ direkter Zelltod, antikörperabhängige zelluläre Zytotoxizität und Phagozytose; **Wm/Wi** (Ofatumumab): humaner monoklon. AK ⇒ bindet an CD20-Epitope, Lyse von Tumorzellen, Zelltodinduktion durch antikörperabhängige, zellvermittelte Zytotoxizität; **Wm/Wi** (Panitumomab): humaner monoklon. IgG2-AK gegen EGF-Rez. ⇒ Hemmung d. Zellwachstums, Induktion d. Apoptose und ↓ Prod. von Interleukin 8 u. vaskul., endothelial. Wachstumsfakt.; **Wm/Wi** (Pertuzumab): humanisierter monoklon. AK ⇒ bindet an HER2, hemmt Heterodimerisierung von HER2 mit and. Rez. der HER-Rezeptorfamilie ⇒ zellulärer Wachstumsstopp bzw. Apoptose; **Wm/Wi** (Polatuzumab): gegen CD79b gerichtetes AK-Wirkstoff-Konjugat ⇒ Abgabe eines Mitosehemmstoffs ⇒ Abtötung maligner B-Zellen; **Wm/Wi** (Ramucirumab): humaner AK ⇒ bindet spezif. an VEGF Rez.-2 ⇒ verhindert Liganden-stimulierte Aktivierung des VEGF Rez.-2 und nachfolgender Signalkaskaden ⇒ Proliferation und Migration humaner Endothelzellen wird neutralisiert; **Wm/Wi** (Rituximab): bindet spezif. an Transmembran-Antigen CD20, das auf >95% aller Zellen von NHL B-Zell-Typs exprimiert wird; **Wm/Wi** (Trastuzumab): monoklonaler AK gg. menschl. epidermalen Wachstumsfaktor 2 (HER2); **Wm/Wi** (Trastuzumab Emtansin): gegen HER2 gerichtetes Antikörper-Wirkstoff-Konjugat; Emtansin verleiht Zytostatikum Selektivität für Tumorzellen mit Überexpression von HER2;
UW: s. allgemeine UW von Zytostatika → 166;
UW (Atezolizumab): Thrombopenie, Hypersensitivität, Hypo-/Hyperthyreose, Appetit ↓, Hypokaliämie, Hyponatriämie, Hypotonie, Dyspnoe, Pneumonitis, Hypoxie, verstopfte Nase, Übelkeit, Erbrechen, Diarrhoe, Bauchschmerzen, Kolitis, Dysphagie, Transaminasenerhöhung, Exanthem, Pruritus, Arthralgie, Schmerzen d. Bewegungsapparats, Fieber, Fatigue, Asthenie, infusionsbedingte Reaktionen, grippeähnliche Erkrankung, Schüttelfrost; **UW** (Avelumab): Anämie, Lymphopenie, Hypothyreose, Appetit ↓, Kopfschmerzen, Schwindel, periphere Neuropathie, Hypertonie, Hypotonie, Husten, Dyspnoe, Pneumonitis, Übelkeit, Erbrechen, Bauchschmerzen, Diarrhoe, Obstipation, Mundtrockenheit, Ausschlag, trockene Haut, Rückenschmerzen, Arthralgie, Myalgie, Ermüdung, Fieber, per. Ödem, Asthenie, Schüttelfrost, influenzaähnl. Erkr., Gewicht ↓; γGT/aP/Amylase/Lipase/Krea ↑; infusionsbed. Reaktion; **UW** (Belantamab-Mafodotin): s. FachInfo; **UW** (Bevacizumab): Sepsis, Abszess, Infektion, (febrile) Neutropenie, Leuko-, Thrombozytopenie, Anämie, Ovarialinsuff., Dehydrierung, Anorexie, periphere sensorische Neuropathie, Schlaganfall, Synkope, Somnolenz, Kopfschmerzen, Dysgeusie, Dysarthrie, Augenerkr., Tränenfluss ↑, kongestive Herzinsuff., supraventrikuläre Tachykardie, Hypertonie, arterielle/venöse Thromboembolie, Asthenie, Fatigue, Lethargie, Schleimhautentzündung, Pyrexie, Diarrhoe, Übelkeit, Erbrechen, Obstipation, Schmerzen, Magen-Darm-Perforation, Ileus, Bauchschmerzen, Erkrankung des GI-Trakts, Blutungen, Lungenembolie, Dyspnoe, Hypoxie, Epistaxis, Rhinitis, Stomatitis, Hand-Fuß-Syndrom, exfoliative Dermatitis, trockene Haut, Hautverfärbung, Muskelschwäche, Myalgie, Arthralgie, Proteinurie, Harnwegsinfektion; **UW** (Blinatumomab): Infektionen, (febrile) Neutropenie, Anämie, Thrombopenie, Leukopenie, Zytokinfreisetzungssyndrom, Hypokaliämie, Hypomagnesiämie, Hyperglykämie, Appetit ↓, Schlaflosigkeit, Kopfschmerzen, Tremor, Schwindel, Hypotonie, Husten, Übelkeit, Verstopfung, Diarrhoe, Bauchschmerzen, Erbrechen, Exanthem, Rücken-/Gliederschmerzen, Arthralgie, Knochenschmerzen, Fieber, periph. Ödeme, Schüttelfrost, Fatigue, Brustschmerzen, Transaminasen/γGT ↑, Infusionsreaktionen, Sepsis, Pneumonie, Leukozytose, Lymphopenie, Überempf., Hypophosphatämie, Hypalbuminämie, Tumorlysesyndrom, Verwirrtheit, Desorientiertheit, Enzephalopathie, Aphasie, Parästhesie, Krämpfe, kognitive Störg., Gedächtnisstörungen, Tachykardie, Ödem, Immunglobuline ↓, Bilirubin ↑;

UW (Brentuximab Vedotin): Infektion, Infektion d. oberen Atemwege, Herpes zoster, Pneumonie, Neutropenie, Anämie, Thrombozytopenie, Hyperglykämie, periphere sensorische/motorische Neuropathie, Schwindel, demyelinisierende Polyneuropathie, Husten, Dyspnoe, Diarrhoe, Übelkeit, Erbrechen, Obstipation, Haarausfall, Juckreiz, Hautausschlag, Myalgie, Arthralgie, Rückenschmerzen, Fatigue, Fieber, infusionsbed. Reaktionen, Schüttelfrost; **UW** (Cemiplimab): infusionsbed. Reaktion, Hypothyreose, Hyperthyreose, Pneumonitis, Diarrhoe, Stomatitis, Hepatitis, Exanthem, Pruritus, Arthralgie, Muskel/Skelettschmerzen, Arthritis, Fatigue, Transaminasen/aP/Krea ↑; **UW** (Cetuximab): Atemnot, Paronychie, Konjunktivitis, akneartiges Exanthem; **UW** (Crizanlizumab): Schmerzen im Oropharynx, Übelkeit, Bauchschmerzen, Diarrhoe, Erbrechen, Pruritus, Arthralgie, Rückenschmerzen, Myalgie, musk. Brustschmerzen, Fieber, Reaktion a.d. Infusionsstelle, infusionsbed. Reaktion; **UW** (Daratumumab): Pneumonie, Nasopharyngitis, Infektion der ob. Atemwege, Anämie, Thrombopenie, Leukopenie, Lymphopenie, Appetit ↓, Kopfschmerzen, Hypertonie, Husten, verstopfte Nase, Dyspnoe, Übelkeit, Diarrhoe, Obstipation, Erbrechen, Rückenschmerzen, Arthralgie, Gliederschmerzen, muskuloskelettale Brustschmerzen, Fatigue, Pyrexie, Schüttelfrost, infusionsbed. Reaktion; **UW** (Durvalumab): Infektionen d. oberen Atemwege, Pneumonie, Infektionen der dentalen/oralen Weichgewebe, orale Candidose, Influenza, Hypo-/Hyperthyreose, Husten, Pneumonitis, Dysphonie, Diarrhoe, Bauchschmerzen, Transaminasen ↑, Exanthem, Pruritus, Dermatitis, Nachtschweiß, Myalgie, Krea ↑, Dysurie, Pyrexie, periph. Ödem, infusionsbed. Reaktion; **UW** (Eculizumab): Schwindel, Dysgeusie, Parästhesie, Vertigo, progressive Hypertonie, Husten, verstopfte Nase, Pharynx-/Larynxschmerzen, Bauchschmerzen, Obstipation, Diarrhoe, Dyspepsie, Übelkeit, Erbrechen, Alopezie, trockene Haut, Pruritus, Exanthem, Arthralgie, Rückenschmerzen, Myalgie, Nackenschmerzen, Extremitätenschmerzen, Dysurie, Spontanerektion, Thoraxbeschwerden, Schüttelfrost, Fatigue, Asthenie, infusionsbed. Reaktion, Ödeme, Fieber, pos. Coombs-Test; **UW** (Elotuzumab): Herpes zoster, Nasopharyngitis, Pneumonie, Infekt d. ob. Atemwege, Lymphopenie, Hypersensitivität, Stimmungsschwankungen, Kopfschmerzen, Hypästhesie, Husten, tiefe Venenthrombose, oropharyng. Schmerzen, Diarrhoe, Nachtschweiß, Brustschmerzen, Fatigue, Fieber, Gewicht ↓, infusionsbed. Reakt.; **UW** (Gemtuzumab): Infektionen, febrile Neutropenie, Thrombopenie, Leukopenie, Lymphopenie, Anämie, Panzytopenie, infusionsbed. Reaktion, Tumorlyse, Kopfschmerzen, Tachykardie, Blutung, Hypotonie, Hypertonie, Dyspnoe, Erbrechen, Übelkeit, Diarrhoe, Obstipation, Stomatitis, Bauchschmerzen, Aszites, Dyspepsie, Transaminasen/Bili/AP/γGT/LDH ↑, Hepatomegalie, Ikterus, venookklusive Lebererkr., Exanthem, Pruritus, Erythem, Fatigue, Pyrexie, Schüttelfrost, Multiorganversagen; **UW** (Inotuzumab): Infektionen, febrile Neutropenie, Thrombopenie, Leukopenie, Lymphopenie, Anämie, Panzytopenie, Appetit ↓, Kopfschmerzen, Blutungen (ZNS, GI-Trakt), Epistaxis, Bauchschmerzen, Erbrechen, Übelkeit, Diarrhoe, Stomatitis, Obstip., Bilirubin/Transaminasen/γGT/aP ↑, Pyrexie, Schüttelfrost, Fatigue, infusionsbed. Reakt., Überempf. Tumorlysesyndrom, Hyperurikämie, Aszites, Bauchdeckenspannung, venookklusive Lebererkr., QT-Verlängerung; **UW** (Ipilimumab): Tumorschmerzen, Anämie, Lymphopenie, Hypopituitarismus, Hypothyreose, Appetit ↓, Dehydratation, Hypokaliämie, Verwirrtheit, periphere sensorische Neuropathie, Schwindel, Kopfschmerzen, Lethargie, verschwommenes Sehen, Augenschmerzen, Hypotonie, Hautrötungen, Hitzewallungen, Dyspnoe, Husten, Übelkeit, Erbrechen, Diarrhoe, GI-Hämorrhagie, Kolitis, Obstipation, Refluxkrankheit, Bauchschmerzen, Schleimhautentzündungen, Leberfktsstörung, Exanthem, Pruritus, Dermatitis, Urtikaria, Vitiligo, Ekzem, Alopezie, Nachtschweiß, trockene Haut, Arthralgie, Myalgie, Skelettschmerzen, Muskelspasmus, Müdigkeit, Pyrexie, Reaktion a. Injektionsstelle, Schüttelfrost, Asthenie, Ödeme, grippeähnl. Erkr.; Transaminasen/aP/Bilirubin ↑; Gewicht ↓; **UW** (Isatuximab): s. FachInfo;

UW (Mogamulizumab): Anämie, Leukopenie, Neutropenie, Thrombopenie, Hypothyreose, Obstipation, Diarrhoe, Übelkeit, Stomatitis, Erbrechen, Ermüdung, Ödem, Fieber, Hepatitis, Infektion, Infusionsreaktion, Lymphozytose, Transaminasen/aP ↑, Tumorlysesyndrom, Kopfschmerz, Medikamentenausschlag; **UW** (Necitumumab): Harnwegsinfekt, Kopfschmerzen, Dysgeusie, Konjunktivitis, venöse/art. thromboembol. Ereignisse; Phlebitis, Hämoptysen, Epistaxis, oropharyngeale Schmerzen, Erbrechen, Stomatitis, Dysphagie, Mundulzerationen, Hautreakt., Überempfindlichkeitsreakt., Muskelkrämpfe, Dysurie, Pyrexie, Hypomagnesiämie, Hypokalzämie, Hypophosphatämie, Hypokaliämie, Gewicht ↓; **UW** (Obinutuzumab): Harnwegsinf., Nasopharyngitis, Lippenherpes, Rhinitis, Pharyngitis, Plattenepithel-Ca Haut, Neutropenie, Thrombozytopenie, Anämie, Leukopenie, Tumorlysesyndr., Hyperurikämie, Vorhofflimmern, Hypertonie, Husten, Diarrhoe, Obstipation, Alopezie, Arthralgie, Rückenschmerzen, muskuloskelettale Thoraxschmerzen, Fieber, Gewicht ↑, infusionsbed. Reakt.; **UW** (Ofatumumab): Infektionen, Sepsis, Neutropenie, Anämie, Thombopenie, allerg. Reaktion, Tachykardie, Hypo-/Hypertonie, Bronchospasmus, Husten, Hypoxie, Dyspnoe, Brustbeschwerden, Exanthem, Fatigue, Hyperhidrose, Dünndarmobstruktion, Diarrhoe, Übelkeit, Pruritus, Rückenschmerzen, Fieber, Schüttelfrost; **UW** (Panitumomab): Exanthem, akneiforme Dermatitis, Exfoliation, Paronychie, Pruritus, Fissuren, Diarrhoe, Fatigue, Infusionsreaktionen, Elektrolytverschiebungen, Nausea, Emesis, Dyspnoe, Husten, Kopfschmerzen, Konjunktivitis, Wimpernwachstum, Stomatitis, Onycholyse, Hypertrichose, Alopezie, trockene Haut/Nase/Mund, Lungenembolie; **UW** (Pembrolizumab): häufig: Anämie, Thrombozytopenie, Hypophysitis, Hyper-/Hypothyreose, Appetit ↓, Dehydrierung, Kopfschmerzen, Dysgeusie, periphere Neuropathie, Schwindel, Parästhesie, trockene Haut, Vertigo, Hitzewallungen, Pneumonitis, Dyspnoe, Husten, Diarrhö, Übelkeit, Komitees, Erbrechen, Abdominalschmerzen, Obstipation, Mundtrockenheit, aufgeblähtes Abdomen, Hautausschlag, Pruritus, schwere Hautreaktionen, Vitiligo, Hauttrockenheit, Erythem, Ekzem, Hyperhidrose, Hypopigmentierung der Haut, Alopezie, Athralgie, Myalgie, Muskelschwäche, muskuloskelettale Schmerzen, Schmerzen in den Extremitäten, Rückenschmerzen, Arthritis, Muskelkrämpfe, muskuloskelettale Steifheit, Müdigkeit, Erschöpfung, Asthenie, Fieber, Schleimhautentzündungen, periphere Ödeme, grippeähnl. Erkr., Schüttelfrost, Aspartataminotransferase (AST) ↑, Alaninaminotransferase (ALT) ↑, Gewicht ↓, alkalischer Phosphatase im Blut ↑, infusionsbed. Reaktionen; **UW** (Pertuzumab): Infektion der oberen Atemwege, Nasopharyngitis, (febrile) Neutropenie, Leukopenie, Anämie, Überempfindlichkeit, anaphylakt. Reaktion, infusionsbedingte Reaktion/Zytokin-Freisetzungs-Syndrom, Appetit ↓, Schlaflosigkeit, periphere (sensorische) Neuropathie, Kopfschmerzen, Schwindel, Dysgeusie, Tränensekretion ↑, linksventrikuläre Dysfunktion, Dyspnoe, Husten, Pleuraerguss, Diarrhoe, Erbrechen, Stomatitis, Übelkeit, Obstipation, Dyspepsie, Alopezie, Exanthem, Nagelveränderungen, Pruritus, trockene Haut, Myalgie, Arthralgie, Mukositis, Ödem, Schmerzen, Pyrexie, Fatigue, Asthenie, Schüttelfrost; **UW** (Polatuzumab): Penumonie, Herpesvirusinf., Inf. d. oberen Atemwege, Sepsis, CMV-Infektion, (febrile) Neutropenie, Lymphopenie, Anämie, Thrombopenie, Panzytopenie, Hypokaliämie, Hypokalzämie, Hypaluminämie, Appetit ↓, periph. Neuropathie, Schwindel, Gangstörung, Parästhesie, Hypästhesie, Verschwommensehen, Husten, Pneumonitis, Diarrhoe, Übelkeit, Verstopfung, Erbrechen, Bauchschmerzen, Juckreiz, Arthralgie, Fatigue, Fieber, Asthenie, Schüttelfrost, Gewicht ↓, Transaminasen/Lipase ↑, Hypophosphatämie, infusionsbedingte Reaktionen; **UW** (Ramucirumab): Neutro-/Leukopenie, Thrombozytopenie, Hypoalbuminämie, Hypertonie, Epistaxis, gastroint. Blutungsereignisse, Stomatitis, Diarrhoe, Proteinurie, Fatigue/Asthenie, periph. Ödeme, Hypokaliämie, Hyponatriämie, Kopfschmerzen, abdom. Schmerzen;

UW (Ravulizumab): Infekt d. oberen Atemwege, Nasophyaryngitis, Kopfschmerzen, Meningokokkeninfektion, Schwindel, Erbrechen, Übelkeit, Diarrhoe, Bauchschmerzen, Dyspepsie, Rückenschmerzen, Arthralgie, Myalgie, Muskelspasmen, Fieber, grippeähnl. Symptome, Fatigue, Schüttelfrost, Asthenie, Exanthrm, Pruritus;
UW (Rituximab): Hypertonie, Angina pectoris od. Herzinsuff. bei bek. Herzerkr., Husten, Sinusitis, Bronchitis (obliterans), Dyspepsie, Transaminasen ↑, Kopfschmerz, Tumorschmerz, Parästhesien, Schwindel, Angstgefühl, allerg. Reaktionen (u.a. Dyspnoe, Bronchospasmus, Angioödem), Nachtschweiß, periphere Ödeme, Arthralgien, Myalgien, Knochenschmerz, Konjunktivitis, Hyperkalzämie, LDH ↑, Lymphadenopathie, Geschmacksveränderungen;
UW (Trastuzumab): Vasodilatation, Tachykardie, Herzinsuff., Kardiomyopathie, Ischämie, Perikarderguss, Herzstillstand, Kopfschmerzen, Schwindel, Parästhesien, Neuropathie, Tremor, Depression, allerg. Reaktionen (u.a. Dyspnoe, Bronchospasmus, Urtikaria, Angioödem, Anaphylaxie), Arthralgie, Myalgie, Mastitis, transienter Tumorschmerz, Ödeme, AK-Bildung;
UW (Trastuzumab Emtansin): Harnweginf., Neutro-, Leukozytopenie, Arzneimittelüberempf., Hypokaliämie, Insomnie, periph. Neuropathie, Kopfschmerzen, Schwindel, Dysgeusie, Gedächtnisstrg., trockenes Auge, Konjunktivitis, verschwomm. Sehen, Tränensekr. ↑, LV-Dysfkt., Blutung, Hypertonie, Epistaxis, Husten, Dyspnoe, Stomatitis, Diarrhoe, Erbrechen, Übelkeit, Obstipation, Mundtrockenheit, Bauchschmerz, Dyspepsie, Zahnfleischbluten, Ausschlag, Pruritus, Alopezie, Nagelstrg., Hand-Fuß-Syndrom, Urtikaria, Myalgie, Arthralgie, Fatigue, Fieber, Asthenie, Schüttelfrost, peripheres Ödem, Transaminasen/aP ↑, infusionsbed. Reaktionen;
KI (Atezolizumab, Avelumab): bek. Überempf.; **KI** (Belantamab-Mafodotin): bek. Überempf.; **KI** (Bevacizumab): Überempf. gegen Wirkstoff, CHO-Zellprodukte o.a. rekombinante humane, humanisierte AK, Grav.; **KI** (Blinatomomab): bek. Überempf., Lakt.; **KI** (Brentuximab Vedotin): bek. Überempf., kombin. Anw. mit Bleomycin; **KI** (Cemiplimab, Daratumumab, Durvalumab, Elotuzumab, Gemtuzumab): bek. Überempf.; **KI** (Crizanlizumab): Überempf. gegen C. bzw. CHO-Bestandteile; **KI** (Inotuzumab): bek. Überempf., vorbest. venookklusive Lebererkrankung, schwere Lebererkr.; **KI** (Ipilimumab): bek. Überempf.; **KI** (Isatuximab): bek. Überempf.; **KI** (Necitumumab): bek. schwere oder lebensbedrohl. Überempf.; **KI** (Nivolumab): siehe FI; **KI** (Obinutuzumab): bek. Überempf.; **KI** (Pembrolizumab): s. FachInfo; **KI** (Pertuzumab): bek. Überempf.; **KI** (Polatuzumab): bek. Überempf., aktive schwere Infektionen; **KI** (Ramucirumab): bek. Überempf.; **KI** (Ravulizumab): bek. Überempf., nicht ausgeheilte Infektion mit N. meningitidis, Pat. ohne ausreichenden Impfschutz gg. N. menigitidis; **KI** (Rituximab): bek. Überempf., aktive/schwere Infektionen, stark geschwächte Immunabwehr; **KI** (Trastuzumab Emtansin): bek. Überempf.

Atezolizumab Rp	HWZ 27(
Tecentriq *Inf.Lsg. 1200mg/20ml*	**Fortgeschr. oder metas. Urothel-Ca, fortgeschr. oder metast. NSCLC:** 1200mg i.v. d1, Wdh. d22; **DANI** leichte bis mäßige NI: 100%; schwere NI: keine Daten; **DALI** leichte LI: 100%; mäßige bis schwere LI: keine Daten

Avelumab Rp	HWZ 6
Bavencio *Inf.Lsg. 200mg/10ml*	**Merkelzellkarz.:** 10mg/kg i.v. d1, Wdh. d15; **DANI** leichte bis mäßige NI: 100%; schwere NI: keine Daten; **DALI** leichte LI: 100%; mäßige bis schwere LI: keine Daten

Belantamab-Mafodotin Rp	HWZ 12d
Blenrep Inf.Lsg. 100mg	**Therapierefraktäres multiples Myelom:** 2.5mg/kg i.v. d1, Wdh. d22; Dosisanpassung nach Toxizität s. FachInfo; **DANI** leichte bis mäßige NI: 100%; schwere NI: keine Daten; **DALI** leichte LI: 100%; mäßige bis schwere LI: keine Daten
Bevacizumab Rp	HWZ 20d, Lact ?
Avastin *Inf.Lsg. 100mg/4ml, 400mg/16ml*	**Kolorektales Ca:** 5-10mg/kg i.v. d1, Wdh. d15 oder 7.5-15mg/kg d1, Wdh. d22; mit 5-FU/Folinsäure/Irinotecan kombin.; **Mamma-Ca:** 10mg/kg i.v. d1, Wdh. d15 oder 15mg/kg d1, Wdh. d22; **NSCLC:** 7.5 bzw. 15mg/kg d1, Wdh. d22, mit platinhaltiger Chemother. kombininieren; **Nierenzell-Ca:** 10mg/kg d1, Wdh. d15, mit Interferon komb.; **epitheliales Ovarial-Ca, Eileiter-Ca, prim. Peritoneal-Ca:** Primärbeh.: 15mg/kg i.v. d1, Wdh. d22, mit Carboplatin u. Paclitaxel kombinieren; Rezid.: 15mg/kg d1, Wdh. d22, mit Carboplatin u. Gemcitabin kombinieren; **DANI, DALI** keine Daten
Blinatumomab Rp	HWZ 2h, PRC C, Lact ?
Blincyto *Inf.Lsg. 38.5μg*	**Philadelphia-Chrom.-neg., rezid. od. refrakt. B-Vorläufer ALL:** 9μg/d Dauerinf. i.v. d1-7, 28μg/d d8-28, dann 2W Pause, danach 28μg/d d1-28; **DANI** leichte-mäßige NI: 100%; schwere NI: keine Daten; **DALI** keine Daten
Brentuximab Vedotin Rp	HWZ 4-6d, PPB 68-82% PRC C, Lact ?
Adcetris *Inf.Lsg. 50mg/10ml*	**Rezidiviertes/refraktäres CD30+Hodgkin-Lymphom, rezidiv. refraktäres großzelliges anaplast. Lymphom:** 1.8mg/kg i.v. über 30min alle 21d, 8-16 Zyklen; **DANI, DALI** k.A.
Cemiplimab Rp	HWZ 19d
Libtayo *Inf.Lsg. 350mg/7ml*	**Metastiertes oder fortgeschr. kutanes Plattenepithel-Ca:** 350mg i.v. d1, Wdh. d22; **DANI** CrCl 30: 100%; < 30: keine Daten; **DALI** leichte LI: 100%; mittelschwere bis schwere LI: keine Daten
Cetuximab Rp	HWZ 70-100h
Erbitux *Inf.Lsg. 100mg/20ml, 500mg/100ml*	**Kolorektales Karzinom, fortgeschrittenes Plattenepithel-Ca im Kopf-/Halsbereich:** ini 400mg/m² i.v. d1, dann 1 x/W 250mg/m²; **DANI, DALI** k.A.

Crizanlizumab Rp	HWZ 8c
Adakveo *Inf.Lsg. 100mg/10ml*	**PRO vasookklusiver Krisen bei Sichelzellkrankheit:** Erw., Ki ab 16J: 5mg/kg i.v. d1 u.15, dann alle 4W; **DANI** leichte bis mäßige NI: 100%; schwere NI: keine Daten; **DALI** nicht erforderl.
Daratumumab Rp	HWZ 18c
Darzalex *Inf.Lsg. 100mg/5ml, 400mg/20ml*	**Rezidiviertes und refraktäres multiples Myelom:** 16mg/kg i.v. W1-8: 1x/W; W9-24: alle 2W; W25 bis Progress: alle 4W; Begleit-Medikation beachten, s. FachInfo; **DANI** nicht erforderl.; **DALI** leichte LI: 100%; mäßige bis schwere LI: keine Daten
Durvalumab Rp	
Imfinzi *Inf.Lsg. 100mg/5ml*	**NSCLC, fortgeschr. mit PD-L1-Expression ≥ 1%:** 10mg/kg i.v. alle 2W; W25 bis Progress: alle 4W; ggf. Dosisanpassung nach Toxizität, s. FI; **DANI** leichte bis mäßige Ni: 100%; schwere NI: keine Daten; **DALI** nicht erforderlich
Eculizumab Rp	HWZ 11
Soliris *Inf.Lsg. 300mg/30ml*	**Paroxysmale nächtl. Hämoglobinurie:** ini 600mg i.v. 1x/W für 4W, dann 900mg alle 14d; **atyp. hämolytisch-urämisches Syndrom:** ini 900mg i.v. 1 x/W für 4W, dann 1200mg alle 14d; **DANI** nicht erforderlich; **DALI** keine Daten
Elotuzumab Rp	
Empliciti *Inf.Lsg. 300, 400mg*	**Multiples Myelom mit mind. einer Vorbeh.:** 10mg/kg i.v. d1, 8, 15, 22 Wdh. d29, nach 2 Zyklen: d1,15, Wdh. d29; mit Lenalidomid kombinieren; **DANI** nicht erf..; **DALI** leichte LI: 100%; mäßige bis schwere Li: keine Daten
Gemtuzumab Ozogamicin Rp	HWZ 160
Mylotarg *Inf.Lsg. 5mg*	**AML, CD33-pos. ohne Vorbeh.; Erw., Ki. ab 15J.:** Induktion mit 3mg/m^2 i.v. d1, 4, 7; Kombination mit Daunorubicin und AraC; **DANI** leichte bis mittelschwere NI: 100%; schwere NI: keine Daten; **DALI** s. FachInfo

Inotuzumab Ozogamicin Rp	HWZ 12d
Besponsa *Inf.Lsg. 1mg*	**Rezidiv. od. refrakt. CD22-pos. Vorläufer-ALL:** Zykl. 1: 0.8mg/m² i.v. d1; 0.5 mg/m² d8, 15; weitere Zyklen je n. Ther.-Ansprechen s. FI; **DANI** leichte bis mittelschwere NI: 100%; schwere NI: keine Daten; **DALI** schwere LI: KI
Ipilimumab Rp	HWZ 15d
Yervoy *Inf.Lsg. 50, 200mg*	**Fortgeschrittenes oder metast. Melanom: Erw., Ki. ab 12J:** 3mg/kg über 90 min i.v. alle 3W, Induktion mit 4 Zyklen; s.a. FachInfo; **DANI** leichte bis mittelschwere NI: 100%; schwere NI: keine Daten; **DALI** leichte LI: 100%; mittelschwere bis schwere LI: s. FachInfo
Isatuximab Rp	HWZ 28d
Sarclisa *Inf.Lsg. 100mg/5ml, 500mg/25ml*	**Rezid. multiples Myelom:** Komb. mit Pomalidomid oder Carfilzomib und Dexamethason, 10mg/kg i.v. d 1, 8, 15, 22, ab Zyklus 2 d1, 15; s.a. FachInfo; **DANI, DALI** nicht erf.
Mogamulizumab Rp	HWZ 17d
Poteligeo *Inf.Lsg. 20mg/5ml*	**Mycosis fungoides, Sézary-Syndrom:** 1mg/kg i.v. d1, 8, 15, 22, ab 2. Zyklus d1,15; **DANI** nicht erforderl.; **DALI** leichte bis mäßige LI: 100%; schwere LI: k. D.
Necitumumab Rp	HWZ 14d
Portrazza *Inf.Lsg. 800mg/50ml*	**Fortgeschr. EGFR-exprimierendes NSCLC:** 800mg i.v. d1, 8, Wdh. d22, mit Gemcitabin, Cisplatin kombin.; **DANI** (leicht-mod.) nicht erf.; schwer: k. D.; **DALI** (mod.-schwer) k. D.
Nivolumab Rp	HWZ 11d
Opdivo *Inf.Lsg. 40mg/4ml, 100mg/10ml*	**Fortgeschr. (nicht-resezierbares od. metastasierendes) Melanom:** 3mg/kg alle 2W über 60min i.v.; bei Komb. mit Ipilimumab: 1mg/kg alle 3W f. 4 Gaben, dann 3mg/kg alle 2W; **NSCLC, Nierenzell-Ca, Hodgkin-Lymphom, Kopf-Hals-Plattenepithel-Ca, Urothel-Ca:** 3mg/kg alle 2W über 60min i.v.; **DANI** (leicht, moderat) nicht erf., (schwer) k. D.; **DALI** (leicht, mäßig) nicht erf., (schwer) k. D.
Obinutuzumab Rp	HWZ 30d, PRC C, Lact ?
Gazyvaro *Inf.Lsg. 1000mg/40ml*	**CLL Komb. mit Chlorambucil: Zyklus 1:** 100mg i.v. d1, 900mg d2, 1000mg d8 und 15, Wh. d29, **Zyklus 2-6:** 1000mg an d1; **DANI** CrCl > 30: nicht erf., < 30: k.A.; **DALI** k.A.

Ofatumumab Rp	HWZ 1.3d (1.), 11.5d (4.), 15.8d (8.Inf.), PRC C, Lact ?
Arzerra *Inf.Lsg. 100mg/5ml, 1000mg/50ml*	**CLL** (refraktär auf Fludarabin u. Alemtuzumab): ini 300mg i.v. (12ml/h, steigern bis max. 200ml/h), dann 2000mg (25ml/h, steigern bis max. 400ml/h) 1 x/W für 8W, dann 2000mg 1 x alle 4W; **DANI** CrCl > 30: 100%, < 30: k.D.; **DALI** k.D.
Panitumumab Rp	HWZ 7.5d
Vectibix *Inf.Lsg. 100mg/5ml, 400mg/20ml*	**Metastas. EGFR-exprim. kolorekt. Karzinom:** 6mg/kg alle 14d über 60min. i.v., mit NaCl verdünnt auf < 10mg/ml; **DANI, DALI** k.A.
Pembrolizumab Rp	HWZ 26d
Keytruda *Inf.Lsg. 50mg/2ml, 100mg/4ml*	**Fortgeschritt. (nicht-resezierbar od. metas.) Melanom:** 2mg/kg alle 3W ü. 30min i.v.; **DANI** (leicht, moderat) nicht erf., (schwer) keine Daten; **DALI** (leicht) nicht erf., (moderat, schwer) keine t; Grav.: keine Daten
Pertuzumab Rp	HWZ 18d, PRC C, Lact ?
Perjeta *Inf.Lsg. 420mg/14ml (30mg/ml)*	**HER2-pos. metast. od. lokal rezid., inoperabl. Mamma-Ca:** ini 840mg über 60 min. i.v., Erh.dos. 420mg alle 3W über 30-60 min. i.v.; **DANI** CrCl > 30: 100%, < 30: k.A.; **DALI** k.A.
Pertuzumab + Trastuzumab Rp	
Phesgo *Inf.Lsg. 600+600, 1200+600mg*	**Mamma-Ca (HER2-pos.), Frühstadium oder metast., Komb. mit Chemother.:** ini 1200+600mg d1 s.c., dann 600+600mg d22, Wdh. d22; s.a. FachInfo; **DANI** leichte bis mäßige NI: 100%; schwere NI: keine Daten; **DALI** keine Daten
Polatuzumab Rp	HWZ 4d, PPB 77%
Polivy *Inf.Lsg. 140mg*	**Rezidivierendes oder refraktäres diffus-großzell. B-Zell-Lymphom:** d1 1.8mg/kg, Wdh. d22, Komb. m. Bendamustin u. Rituximab, Dosisanpassung n. Toxizität s. FI; **DANI** CrCl ≥ 30: 100%, < 30: k.A.; **DALI** leichte LI: 100%; mäßige-schwere LI: Anw. nicht empf.
Ramucirumab Rp	HWZ 15d, PRC C, Lact
Cyramza *Inf.Lsg. 100mg/10ml, 500mg/50ml*	**Fortgeschritt. Adeno-Ca des Magens/ gastroösoph. Übergangs mit Tumorprogress nach Platin- u. Fluoropyrimidin-haltiger Chemother.:** Monother.: 8mg/kg über 60min i.v. alle 2W; Komb. mit Paclitaxel: 8mg/kg KG i.v. d1, 15, Wdh. d29; **DANI/DALI** keine Daten

Ravulizumab Rp	HWZ 50d
Ultomiris *Inf.Lsg. 300mg/30ml*	**Paroxysm. nächtl. Hämoglobinurie :** 40-59kg: ini 2.4g i.v., n 2W 3g, dann 3g alle 8W; 60-99kg: ini 2.7g i.v., nach 2W 3.3g, dann 3.3g alle 8W; ≥ 100kg: ini 3g i.v., nach 2W 3.6g, dann 3.6g alle 8W; **DANI/DALI** nicht erf.

Rituximab Rp	HWZ 76-206h
MabThera *Inf.Lsg. 100, 500mg* **MabThera SC** *Inj.Lsg. 1400mg/11.7ml* **Truxima** *Inf.Lsg. 500mg*	**Follikuläres Lymphom:** Monother.: 375mg/m^2 i.v. d1, Wdh. d8, 15, 22; Komb. mit CVP-Schema: 375mg/m^2 d1; Induktionsther.: 1 x 1400mg s.c. pro Zyklus; Erhaltungsther.: 1 x 1400mg s.c. alle 2M bzw. alle 3M beim rezid./refrakt. follik. Lymphom; **CD20+ großz. diff. B-Zell-Lymphom:** 375mg/m^2 i.v. d1 bzw. 1 x 1400mg s.c. pro Zyklus, Kombination mit CHOP-Schema; **CLL:** 375mg/m^2 d1 + Chemotherapie, ab 2. Zyklus 500mg/m^2, insgesamt 6 Zyklen; **rheumatoide Arthritis:** 1g i.v. d1, Wdh. d15; **DANI, DALI** k.A.

Siltuximab Rp	HWZ 12-18d
Sylvant *Inf.Lsg. 100, 400mg*	**Multizentrische Castlemann-Krankheit, HIV- u. HHV-8 neg.:** 11mg/kg über 1h i.v. d1, Wdh. d22 bis zu Therapieversagen; **DANI, DALI** k. D.

Trastuzumab Rp	HWZ 28.5d
Herceptin *Inf.Lsg. 150mg* **Herceptin s.c.** *Inj.Lsg. 600mg/5ml* **Herzuma** *Inf.Lsg. 150, 420mg* **Kajinti** *Inf.Lsg. 150, 420mg* **Ogivri** *Inf.Lsg. 150mg* **Ontruzant** *Inf.Lsg. 150mg* **Trazimera** *Inf.Lsg. 150mg*	**Mamma-Ca mit HER2-Überexpression:** metastasiert: ini 4mg/kg i.v. d1, dann 2mg/kg 1 x/W; Frühstadium: ini 8mg/kg i.v., dann 6mg/kg alle 3W; 600mg s.c. alle 3W; **metastas. Magen-Ca mit HER2-Überexpress.:** ini 8mg/kg i.v. d1, dann 6mg/kg alle 3W; 600mg s.c. alle 3W, Kombin. mit Capecitabin oder 5-FU und Cisplatin; **DANI** k.A.

Trastuzumab Emtansin Rp	HWZ 4d
Kadcyla *Inf.Lsg. 100, 160mg*	**Inoperables oder metastasiertes Mamma-Ca (HER2-positiv):** 3.6mg/kg i.v. d1, Wdh. d22; **DANI** leicht bis mäßig eingeschränkte Fkt.: nicht erf.; schwere Funktionseinschränkung: engmaschige Überwachung; **DALI** keine Daten

7.15 Weitere antineoplastische Mittel

Wm/Wi (Aflibercept): agiert als löslicher Rezeptor und bindet an VEGF-A, -B und PIGF ⇒ blockiert rezeptorvermittelte Signalübertragung ⇒ hemmt Wachstum von neuen Gefäßen; **Wm/Wi** (Aldesleukin): vergleichbar mit nativem humanen IL-2 ⇒ vielfältige immunologische Effekte ⇒ inhibiert Wachstum und Ausbreitung von Tumoren; **Wm/Wi** (Alitretinoin): Vitamin A verwandtes Hormon, steuert Prozess der Zelldifferenzierung und -proliferation; **Wm/Wi** (Alpesilib): Hemmung der Phosphatidyl-Inositol-3-Kinase alpha ⇒ antiproliferativ durch Hemmung des AKT-Signalwegs; **Wm/Wi** (Amsacrin): Interkalation in die DNA, dadurch Hemmg. der DNA-Synthese, DNA-Brüche, Chromosomenaberrationen u.falsche Chromosomenteilungen; **Wm/Wi** (Anagrelid): Hemmung der zyklischen AMP-Phosphodiesterase III, Verzögerung der Megakaryozytenreifung; **Wm/Wi** (Asparaginase): Asparaginspiegel ↓ ⇒ Stillstand der Proteinsynthese; **Wm/Wi** (Axicabtagen-Ciloleucel, Brexucabtagen autoleucel): Entnahme v. T-Zellen ⇒ ex vivo genetische Modifikation durch retrovirale Transduktion ⇒ Expression eines chimären Antigenrez. ⇒ Reinfusion ⇒ Elimination CD19-exprim. Zielzellen; **Wm/Wi** (Beta-Globin-Stammzellen): Einfügen eines modifiz. Beta-Globin-Gens mittels lentiviralen Vektors ex vivo in autologe hämatopoetische $CD34^+$-Stammzellen ⇒ Reinfusion ⇒ Bildung v. Beta-Globinketten; **Wm/Wi** (Bexaroten): selekt. Bindung u. Aktivierung der drei RXR; **Wm/Wi** (Bortezomib, Carfilzomib): Proteasom-Inhibitor; **Wm/Wi** (Eribulin): hemmt die Wachstumsphase der Mikrotubuli und kapselt Tubulin in nicht produktive Aggregate ab ⇒ Mitoseblockade und apoptotischer Zelltod; **Wm/Wi** (Estramustin): antimitotische u. antimikrotubuläre Effekte durch Interaktion mit mikrotubuliassoziierten u. Tau-Proteinen; estragene Komponente ⇒ LH ↓, FSH ↓ ⇒ Androgenproduktion ↓; **Wm/Wi** (Folinsäure): Blockade der Thymidilatsynthase, Hemmung der DNA-Synthese; **Wm/Wi** (Glasdegib): Hemmung des Hedgehog-Signalwegs ⇒ antiproliferativ durch Hemmg. der Signalübertragung; **Wm/Wi** (Hydroxycarbamid): Blockade d. Ribonukleotidreduktase-Systems ⇒ Hemmg. der DNA-Synthese; **Wm/Wi** (Idelalisib): Hemmg. der Phosphatidylinositol-3-Kinase p110δ ⇒ induziert Apoptose u. hemmt Proliferation in Zelllinien aus malignen B-Lymphozyten u. Primärtumorzellen; **Wm/Wi** (Ixazomib): Proteasom-Inhibitor ⇒ bindet u. hemmt die Chymotrypsin-ähnl. Aktivität der Beta-5-Untereinheit des 20S-Proteasoms ⇒ Apoptose-Induktion; **Wm/Wi** (Lenalidomid): Proliferationshemmung bestehender hämatopoetischer Tumorzellen, Hemmung d. Angiogenese, Produktionshemmung von TNF-alpha u. IL-6; **Wm/Wi** (Luspatercept): Fusionsprotein, bindet an Liganden der TGF-beta-Familie ⇒ Hemmung des Smad2/3-Signalwegs ⇒ Aktivierung der Erythrozytenreifung; **Wm/Wi** (mesenchymale Stromazellen): immunmodulierend bei GvHD durch Hemmung der T-Zellen des Spenders, Freisetzung inflammatorischer Zytokine ↓; **Wm/Wi** (Mifamurtid): Analogon von Muramyldipeptid (Bestandteil der Zellwand von Mycobacterium sp.) ⇒ bindet an NOD2, ein starker Monozyten-/Makrophagenaktivator; **Wm/Wi** (Miltefosin): Hemmung membranständiger Enzymsysteme; **Wm/Wi** (Mitotan): bindet kovalent an Makromoleküle der Mitochondrien ⇒ Zerstörung der Mitochondrien, Zelltod u. Nekrose, wirkt selektiv zytotoxisch auf Zonae fasciculata u. retikularis hemmt Produktion von Kortikosteroiden u. beeinflusst extraadrenalen Metabolismus endogener u. exogener Steroide; **Wm/Wi** (Niraparib, Olaparib, Rucaparib): Inhibitor der humanen Poly(ADP ribose)-Polymerase-Enzyme (PARP), die zur effizienten Reparatur von DNA-Einzelstrangbrüchen benötigt werden ⇒ genomische Instabilität ⇒ Absterben d. Tumorzelle; **Wm/Wi** (Panobinostat) Hemmung der Histon-Deacetylase ⇒ Akkumulation acetylierter Histone ⇒ Stillstand des Zellzyklus u./od. Apoptose transformierter Zellen; **Wm/Wi** (Pentostatin): Hemmung der Adenosin-Deaminase, direkte Hemmung der RNA-Synthese und erhöhte Schädigung der DNA;

Wm/Wi (Pomalidomid): direkt gegen das Myelom gerichtete, tumorizide Wi., immunmodulierende Wirkungen, hemmt Tumorzellwachstum beim multiplen Myelom, hemmt Proliferation u. induziert Apoptose hämatopoet. Tumorzellen, hemmt Proliferation Lenalidomid-resistenter Zelllinien, hemmt Angiogenese, verstärkt die durch T- und Killerzellen vermittelte Immunität, hemmt Bildung proinflammatorischer Zytokine; **Wm/Wi** (Sonidegib): Hemmg. des Hedgehog-Signalwegs ⇒ antiproliferativ durch Hemmung d. Signalübertragung; **Wm/Wi** (Talazoparib): Hemmg. d. PARP-Enzyme ⇒ zytotoxisch auf Tumorzellen durch Modulation zellulärer Signalwege; **Wm/Wi** (Talimogen laherparepvec): modifiz. HSV-Virus, das sich in Melanomzellen vermehrt ⇒ Produktion von GM-CSF ⇒ system. Anti-Tumor-Immunantwort; **Wm/Wi** (Thalidomid): Suppression der TNF-alpha-Produktion, Hemmung bestimmter Adhäsionsmoleküle und antiangiogenetischer Aktivität ⇒ immunmodulatorisch, antiinflammatorisch, antineoplastisch; **Wm/Wi** (Tisagenlecleucel): genet. veränderte autologe T-Zellen, die für einen chimären Antigenrez. kodieren ⇒ Erkennung u. Eliminierung CD-19 exprimierender Zellen; **Wm/Wi** (T-Zellen, genet. modifiz.): genet. veränderte T-Lymphozyten zur Expression eines Suizid-Gens ⇒ Apoptose von T-Lymphozyten, die die GvHD-Reaktion initiieren; **Wm/Wi** (Venetoclax): selektiver Inhibitor des antiapoptotischen B-Zell-Lymphom(BCL)-2-Proteins ⇒ Einleitung des programmierten Zelltods;
UW (Aflibercept): (neutropenische) Infektion, Sepsis, HWI, Nasopharyngitis, Leuko-, Neutro-, Thrombopenie, Überempf., Appetit ↓, Gewicht ↓, Dehydratation, Kopfschmerzen, Hypertonie, Blutung, arterielle/venöse Thromboembolie, Dyspnoe, Epistaxis, Dysphonie, Schmerzen im Oropharynx, Rhinorrhoe, Diarrhoe, Stomatitis aphtosa, Abdominalschmerz, Rektalblutung, Fistel, Hämorrhoiden, Zahnschmerzen, Proktalgie, GOT/GPT ↑, palmoplantares Erythrodysästhesiesyndrom, Hauthyperpigmentierung, Proteinurie, Kreatinin ↑, Schwächezustände; **UW** (Aldesleukin): Infektion im Respirationstrakt, Sepsis, Anämie, Thrombozytopenie, Leukopenie, Koagulopathie (u.a. DIC), Eosinophilie, Hypothyreose, Hyperthyreose, Anorexie, Azidose, Hyperglykämie, Hypo-/Hyperkalziämie ⇒, Hyperkaliämie, Dehydratation, Angstgefühl, Verwirrtheit, Depression, Schlaflosigkeit, Reizbarkeit, Agitiertheit, Halluzinationen, Schwindel, Kopfschmerzen, Parästhesie, Somnolenz, Neuropathie, Synkopen, Sprachstrg., Verlust des Geschmacksinns, Lethargie, Konjunktivitis, Tachykardie, Arrhythmie, Brustschmerzen, Zyanose, vorübergeh. EKG-Veränd., Myokardischämie, Palpitationen, kardiovask. Erkr. (u.a. Herzversagen), Hypotonie, Hypertonie, Phlebitis, Dyspnoe, Husten, Lungenödem, Pleuraergüsse, Hypoxie, Hämoptyse, Epistaxis, nasale Kongestion, Rhinitis, Übelkeit, Erbrechen, Diarrhoe, Stomatitis, Dysphagie, Dyspepsie, Obstipation, gastrointest. Blutungen, Hämatemesis, Aszites, Cheilitis, Gastritis, GOT/GPT/aP/LDH/Bilirubin/Harnstoff/Kreatinin ↑, Hepatomegalie, Hepatosplenomegalie, Erythem, Ausschlag, exfoliative Dermatitis, Pruritus, Schwitzen, Alopezie, Urtikaria, Myalgie, Arthralgie, Oligurie, Hämaturie, Nierenversagen, Anurie, Reaktion/Schmerzen/Entzündg./Knötchen a.d. Injektionsstelle, Fieber, Schüttelfrost, Unwohlsein, Asthenie, Müdigkeit, Schmerzen, Ödeme, Gewicht ↑/↓, Hypothermie; **UW** (Alitretinoin, lokal): Erythem, Ödem, Pruritus, Krustenbildung, Nässen, exfoliative Dermatitis, Schmerzen; **UW** (Alpelisib): s. FachInfo; **UW** (Amsacrin): Herzinsuff., Herzstillstand, transient. Transaminasen ↑, Gelbfärbung, periph. und zentr. Neurotoxizität mit Kopfschmerzen, Verwirrtheit, Krampfanfällen; **UW** (Anagrelid): Anämie, Flüssigkeitsretention, Kopfschmerzen, Schwindel, Palpitationen, Tachykardie, Müdigkeit, Exanthem, Übelkeit, Erbrechen, Diarrhoe, Bauchschmerzen; **UW** (Asparaginase): Transaminasen ↑, Hepatitis, Pankreatitis, Hyperglykämie, Strg. der Gerinnungsfaktorsynthese, thromboembol. Ereignisse, Blutungen, akutes Nierenversagen, reversible Enzephalopathie: Antriebslosigkeit, Somnolenz, Verwirrtheit, hirnorgan. Psychosyndrom (chronisch), allerg. Reaktionen bis zum anaphylaktischen Schock; **UW** (Axicabtagen-Ciloleucel): s. FI;

UW (Bexaroten): Hyperlipämie, Hyperthyroidismus, Hypercholesterinämie, Kopfschmerzen, Schmerzen; **UW** (Betaglobin-Stammzellen): s. FachInfo; **UW** (Bortezomib): Dehydrat., periph. Neuropathie, Kopfschmerzen, orthostat. Hypotonie, Dyspnoe, Myalgie, Anorexie, Obstip.; **UW** (Brexucabtagen autoleucel): s. FI; **UW** (Carfilzomib): s. FI; **UW** (Eribulin): HWI, orale Candidiasis, Inf. d. ob. Atemwege, Nasopharyngitis, Rhinitis, Neutro-/Leukopenie, Anämie, Thrombozyto-/Lymphopenie, Appetit ↓, Hypokaliämie, Hypomagnesiämie, Dehydratation, Hyperglykämie, Hypophosphatämie, Insomnie, Depression, periph. Neuropathie, Kopfschmerzen, Dysgeusie, Schwindel, Hypoästhesie, Lethargie, Neurotoxizität, Tränenfluss ↑, Konjunktivitis, Vertigo, Tachykardie, Hitzewallungen, Dyspnoe, Husten, oropharyng. Schmerzen, Epistaxis, Rhinorrhoe, Übelkeit, Obstipation, Diarrhoe, Erbrechen, Bauchschmerzen, Stomatitis, Mundtrockenheit, Dyspepsie, gastroösophageale Refluxkrankheit, Mundschleimhautgeschwüre, aufgetriebenes Abdomen, GOT/GPT ↑, Alopezie, Hautausschlag, Pruritus, Nagelerkr., nächtl. Schweißausbrüche, Hand-Fuß-Syndrom, trockene Haut, Erythem, Hyperhidrose, Arthralgie, Myalgie, Schmerzen in Extremitäten, Muskelspasmen, muskuloskelettale Schmerzen, Muskelschwäche, Knochen-/Rückenschmerzen, Müdigkeit, Asthenie, Pyrexie, periph. Ödem, Schüttelfrost, grippeähnl. Zustand, Gewicht ↓; **UW** (Estramustin): Ischämie, Herzinsuff., Ödeme, transient Transaminasen ↑, Gynäkomastie, Missempfindungen im Perineum bzw. Prostatabereich; **UW** (Folinsäure): hochdosiert GI-Strg.; **UW** (Glasdegib): Pneumonie, Sepsis, Harnwegsinfekt., Anämie, febrile Neutro-/Thrombo-/Neutropenie, Appetit ↓, Dysgeusie, QT-Verlängerung, Vorhofflimmern, Blutungen, Dyspnoe, Übelkeit, Diarrhoe, Obstipation, Bauchschmerzen, Erbrechen, Stomatitis, Alopezie, Muskelspasmen, Arthralgie, Fatigue, Gewicht ↓, Pyrexie, peripheres Ödem; **UW** (Hydroxycarbamid): akute Pulmotoxizität mit diff. pulmonaler Infiltration/Lungenödem, Obstipation, transient Transaminasen ↑, Proteinurie, Hyperurikämie, periph./zentr. Neurotoxizität; **UW** (Idelalisib): Infektionen, Neutropenie, Pneumonitis, Diarrhoe, Kolitis, Transaminasen/Triglyzeride ↑, Exanthem, Pyrexie; **UW** (Ixazomib): Infekt. d. oberen Atemwege, Herpes zoster, Thrombopenie, Neutropenie, periph. Neuropathie, Übelkeit, Erbrechen, Diarrhoe, Obstipation, Exanthem, Rückenschmerzen, periphere Ödem; **UW** (Lenalidomid): Neutropenie, Müdigkeit, Asthenie, Obstipation, Muskelkrämpfe, Thrombopenie, Anämie, Diarrhoe, Exanthem, venöse Thromboembolie; **UW** (Luspatercept): Bronchitis, Infektion d. ob. Luftwege, Influenza, Hyperurikämie, Schwindel, Kopfschmerzen, Synkope, Hypertonie, Thromboembolie, Dyspnoe, Diarrhoe, Übelkeit, Rückenschmerzen, Arthralgie, Knochenschmerzen, Ermüdung, Asthenie, Reaktion a.d. Injektionsstelle; **UW** (mesenchymale Stromazellen): s. FachInfo; **UW** (Mifamurtid): Infektionen und parasitäre Erkr., Tumorschmerzen, Anämie, Leukopenie, Thrombopenie, Anorexie, Dehydratation, Verwirrtheit, Depression, Angstzustände, Verschwommensehen, Hörstörungen, Tachykardie, Hypo-/Hypertonie, Dyspnoe, Pleuraerguss, Husten, Diarrhoe, Emesis, Hyperhidrosis, Exanthem, Arthralgien, Myalgien, Dysurie, Dysmenorrhoe, Fieber, Schüttelfrost, Schmerzen, Ödeme; **UW** (Mitotan): subjektive und objektive Symptome einer Hypervitaminose A, Retinoic-Acid-Syndrome, Lethargie, Ataxie, Schwäche, Schwindel, Anorexie, Hypertonie, Hämaturie, hämorrhagische Zystitis, Albuminurie, Leberveränderungen, bei hoher Dosierung M. Addison; **UW** (Niraparib): Harnwegsinfektion, Bronchitis, Konjunktivitis, Thrombozytopenie, Anämie, Neutropenie, Leukopenie, Panzytopenie, Appetit ↓, Hypokaliämie, Schlaflosigkeit, Angst, Depression, Kopfschmerz, Schwindelgefühl, Geschmacksstörung, Palpitationen, Tachykardie, Hypertonie, Dyspnoe, Husten, Nasopharyngitis, Epistaxis, Übelkeit, Obstipation, Erbrechen, Abdominalschmerz, Diarrhoe, Dyspepsie, Mundtrockenheit, Aufblähung des Abdomens, Schleimhautentz., Stomatitis, Photosensitivität, Exanthem, Rückenschmerzen, Arthralgie, Myalgie, Ermüdung, Asthenie, periphere Ödeme, γGT/Transaminasen/Krea/aP ↑, Gewicht ↓;

UW (Olaparib): Appetit ↓, Kopfschmerzen, Schwindel, Dysgeusie, Übelkeit, Erbrechen, Diarrhoe, Dyspepsie, Oberbauchschmerzen, Stomatitis, Erschöpfung, Anämie, Neutro-/Lympho-/Thrombozytopenie, Krea/MCV ↑; **UW** (Olaparib): Appetit ↓, Kopfschmerzen, Schwindel, Dysgeusie, Übelkeit, Erbrechen, Diarrhoe, Dyspepsie, Oberbauchschmerzen, Stomatitis, Erschöpfg., Anämie, Neutropenie, Lymphopenie, Thrombozytopenie, Kreatinin-Wert/MCV ↑; **UW** (Panobinostat): Inf. d. ob. u. unt. Atemwege, Pneumonie, sept. Schock, Harnwegsinf., Virusinf., orale Herpesinf., Clostridium-difficile-Kolitis, Otitis media, Zellulitis, Sepsis, Gastroenteritis, Candidiasis, Panzytopenie, Thrombopenie, Anämie, Leuko-/Neutropenie, Lymphopenie, Hypothyreose, Appetit ↓, Hypophosphatämie, Hyponatriämie, Hypokaliämie, Hyperglykämie, Dehydration, Hypalbuminämie, Flüssigkeitsretention, Hyperurikämie, Hypokalzämie, Hypomagnesiämie, Schlaflosigkeit, Schwindel, Kopfschmerz, intrakran. Blutung, Synkope, Tremor, Geschmacksstrg., Bindehautblutung, Bradykardie, VHF, Sinustachykardie, Tachykardie, Palpitation, QT-Veräng., Hypotonie, Hypertonie, Hämatom, orthostatische Hypotonie, Husten, Dyspnoe, respiratorische Insuff., Lungenrasseln, Giemen, Epistaxis, Diarrhoe, Übelkeit, Erbrechen, Abdominalschmerz, Dyspepsie, GI-Blutung, Hämatochezie, Gastritis, Cheilitis, aufgeblähter Bauch, Mundtrockenheit, Flatulenz, anomale Leberfkt., Bilirubin/Transaminasen/aP/Kreatinin/Harnstoff ↑; GFR ↓, Hautläsionen, Ausschlag, Erythem, Gelenkschwellung, Nierenversagen, Hämaturie, Harninkontinenz, Fatigue, periph. Ödem, Fieber, Asthenie, Schüttelfrost, Unwohlsein, Gewicht ↓;
UW (Pentostatin): EKG-Veränderungen, Herzinsuffizienz, transiente Transaminasen ↑, Photosensibilität, Pruritus, Keratokonjunktivitis, periorbitales Ödem;
UW (Pomalidomid): (Broncho-)Pneumonie, neutropenische Sepsis, Bronchitis, Atemweginfektionen, Nasopharyngitis, (febrile) Neutropenie, Thrombozytopenie, Anämie, Leukopenie, Appetit ↓, Hyperkaliämie, Hyponatriämie, Verwirrtheit, Bewusst-seinstrübung, periph. sensorische Neuropathie, Schwindel, Tremor, Vertigo, tiefe Venenthrombose, Dyspnoe, Husten, Lungenembolie, Diarrhoe, Nausea, Obstipation, Erbrechen, Hautausschlag, Pruritus, Knochenschmerzen, Muskelkrämpfe, Nierenversagen, Harnverhalt, Unterleibsschmerzen, Fatigue, Pyrexie, periph. Ödeme; GPT/Bilirubin/aP/γGT/Transaminasen ↑;
UW (Rucaparib): s. FachInfo; **UW** (Sonidegib): Appetit ↓, Dehydratation, Dysgeusie, Kopfschmerzen, Übelkeit, Diarrhoe, Bauchschmerzen, Erbrechen, Dyspepsie, Obstipation, gastroösoph. Refluxkrankheit, Alopezie, Pruritus, Hautausschlag, unnormales Haarwachstum, Skelettmuskulatur-, Bindegewebs- und Knochenerkr., Muskelkrämpfe, muskuloskelettale Schmerzen, Myalgie, Myopathie, Amenorrhoe, Fatigue, Schmerzen, Gewicht ↓, Anämie, Lymphopenie, Krea/CK/Amylase/Lipase/Blutzucker/Transaminasen ↑;
UW (Talazoparib): Thromobopenie, Anämie, Neutro-, Leuko,- Lymphopenie, Appetit ↓, Schwindel, Kopfschmerzen, Dysgeusie, Erbrechen, Diarrhoe, Übelkeit, Bauchschmerzen, Stomatitis, Dyspepsie, Alopezie, Fatigue;
UW (Talimogen laherparepvec): Zellulitis, oraler Herpes, Tumorschmerzen, infizierte Neoplasien, periphere Ödem, Anämie, immunvermittelte Ereignisse, Dehydratation, Kopfschmerzen, Verwirrtheit, Angst, Depression, Schwindel, Schlaflosigkeit, Ohrenschmerzen, Tachykardie, tiefe Venenthrombose, Hypertonie, Erröten, Husten, Belastungsdyspnoe, oropharyngeale Schmerzen, Infektion der oberen Atemwege, Erbrechen Diarrhoe, Obstipation, Übelkeit, Bauchschmerzen, abdom. Unwohlsein, Vitiligo, Exanthem, Dermatitis, Myalgie, Arthralgie, Schmerzen in Extremitäten, Rückenschmerzen, Schmerzen in d. Leiste, grippeähnl. Erkr., Pyrexie, Schüttelfrost, Fatigue, Schmerzen, Reaktion a.d. Inj.Stelle, Unwohlsein, Schmerzen in Achselhöhle, Gewicht ↓, Wundkomplik., Wundsekretion, Quetschung, Schmerzen durch Eingriff;

UW (Thalidomid): Neutro-, Leuko-, Thrombozytopenie, Anämie, periphere Neuropathie, Tremor, Schwindel, Somnolenz, Obstipation, periphere Ödeme, Herzinsuffizienz, Bradykardie, Koordinationsstrg., thromboembol. Ereignisse, Bronchopneumopathie, Erbrechen, toxische Hautausschläge, Fieber, Verwirrtheit, Teratogenität; **UW** (Trabectedin): CK ↑, Obstipation, Anorexie, Asthenie, Abgeschlagenheit; **UW** (Tretinoin): Cheilitis, Konjunktivitis, Kopfschmerzen, intrakran. Druck ↑, Pseudotumor-cerebri-Syndrom, Schwindelgefühl, Verwirrtheit, Depression, Parästhesien, Seh-/Hörstrg., Pankreatitis, Kreatinin/Transaminasen/Triglyceride/Cholesterol/VLDL/LDL ↑, Hyperkalzämie, Dyspnoe, Ateminsuff., Knochen-, Brust-, Muskelschmerzen; **UW** (Tisagenlecleucel): s. FachInfo; **UW** (T-Zellen, genetisch modifiziert): akute GvHD, chron. GvHD, lympyhoprolif. Erkr. nach Tx., intest. Blutg., LI, febrile Neutrop., Hb ↓, Thrombozyten ↓, Bronchitis, Pyrexie; **UW** (Venetoclax): Infektionen der oberen Atemwege, Harnwegsinfekt, Pneumonie, febrile Neutropenie, Lymphopenie, Hyperphosphatämie, Tumorlysesyndrom, Hyperkaliämie, Hyperurikämie, Hypokalzämie, Diarrhoe, Übelkeit, Erbrechen, Obstipation, Fatigue, Krea ↑; **UW** (Vismodegib): Leberenzyme ↑, Appetit ↓, Dehydratation, Hyponatriämie, Dys-/Hypo-/Ageusie, Übelkeit, Diarrhoe, Obstipation, Erbrechen, Dyspepsie, Oberbauchschmerzen, Alopezie, Pruritus, Ausschlag, Madarosis, unnormales Haarwachstum, Muskelspasmen, Myalgie, Arthralgie, Glieder-/Rücken-/Brustmuskel-/Leistenschmerzen, Amenorrhoe, Gewicht ↓, Müdigkeit, Asthenie;
KI (Aflibercept): bek. Überempf., Anw. am Auge/intravitreale Anw.; Autoimmunkrankheit;
KI (Aldesleukin): bek. Überempf., ECOG ≥ 2, ECOG ≥ 1 plus metastatischer Befall in > 1 Organ plus Intervall < 24 M zwischen Erstdiagnose und Indikationsstellung zur Aldesleukin-Therapie, bek. schwere Herzerkr., akute schwere Infektion mit Indikation zur Antibiose, PaO_2 < 60mmHg in Ruhe, bestehende schwere organische Erkrankung, ZNS-Metastasierung, Anfallsleiden, Leukozyten < 4.000/mm^3, Thrombozyten < 100.000/mm^3, Hkt <30%, Serumbilirubin-/Kreatininwerte außerhalb der Norm, Pat. mit allogener Organ-TX, potenzielle Notwendigk. zur Kortikosteroidgabe, bestehende Autoimmunkrankheit;
KI (Alpelisib): bek. Überempf.; **KI** (Axicabtagen-Ciloleucel, Brexucabtagen autoleucel): bek. Überempf., KI d. Chemoth. zur Lymphozytendepletion beachten;
KI (Betaglobin-Stammzellen): bek. Überempf., Grav., Lakt., vorherige Behandlg. mit Stammzell-Gentherapie; KI für Mobilisierungswirkstoffe und für myeloablative Konditionierung beachten;
KI (Carfilzomib): bek. Überempf., Lakt.; **KI** (Eribulin): bek. Überempf., Lakt.;
KI (Glasdegib): bek. Überempf.; **KI** (Idelalisib): bek. Überempf.; **KI** (Ixazomib): bek. Überempf.;
KI (Luspatercept): bek. Überempf., Grav.; **KI** (mesenchymale Stromazellen): bek. Überempf.;
KI (Niraparib, Olaparib): bek. Überempf., Lakt. (während u. 1M nach letzter Dosis);
KI (Pomalidomid): bek. Überempf., Grav., gebärfähige Frauen (ohne Grav.-Verhütungsprogr.), männl. Pat. ohne Einhaltg. der erford. Verhütungsmaßn.; **KI** (Rucaparib): bek. Überempf., Lakt.;
KI (Sonidegib): bek. Überempf., Grav., Lakt.; gebärfäh. Frauen ohne Odomzo-Schwangerschaftsverhütungsprogramm; **KI** (Talazoparib) bek. Überempf., Lakt.; **KI** (Talimogen laherparepvec): bek. Überempf., schwere Immunschwäche; **KI** (Thalidomid): bek. Überempf., Grav., gebärfähiges Alter; **KI** (Tisagenlecleucel): bek. Überempf.; **KI** (T-Zellen, genet. modif.): bek. Überempf., Immunrekonstitution, def. als ≥ 100/µl zirkulierende T-Lymphozyten am Tag der geplanten Inf. nach haploidentischer HSCT, GvHD, die eine systemische immunsuppressive Therapie erfordert; **KI** (Venetoclax): bek. Überempf., gleichz. Anw. von Johanniskraut, Ketoconazol, Ritonavir, Clarithromycin, Itraconazol, Voriconazol, Posaconazol;
KI (Vismodegib): bek. Überempf., Grav./Lakt., gebährfähiges Alter, gleichzeitige Anwendung von Johanniskraut

Aflibercept Rp	HWZ 6d, PRC D, Lact ?
Zaltrap *Inf.Lsg. 100mg/4ml, 200mg/8ml*	**Metastasiertes kolorektales Ca in Kombination mit FOLFIRI:** 4mg/kg i.v. über 1h, gefolgt von FOLFIRI, Wdh. nach 14d
Aldesleukin Rp	PRC C, Lact ?
Proleukin S *Inj./Inf.Lsg 1.1mg/ml (18 x 10^6 IE/ml)*	**Metastasiertes Nierenzellkarzinom:** 18 x 106 IE/m^2 KÖ i.v. d1-5, nach 2-6d weitere 5d Therapie, Wdh. nach weiteren 3W Pause; Erhaltungstherapie: bis zu 4 Zyklen (18 x 106 IE/m^2 d1-5) alle 4W; 18 x 10^6 IE s.c. d1-5, Pause an d6+7, dann 18 x 10^6 IE s.c. an d1+2 und 9 x 10^6 IE s.c. an d3-5 der folg. 3W, Zyklus an d8 wdh.; **DANI, DALI** k. D.
Alitretinoin Rp	
Panretin *Gel 0.1% (1g enth. 1mg)*	**Kaposi-Sarkom bei AIDS:** ini 2 x tgl. auf die Hautläsionen auftragen, nach 14d je nach Wi und Verträglichkeit ggf. auf 3-4 x tgl. steigern
Alpelisib Rp	HWZ 9h, PPB 90%
Piqray *Tbl. 50, 150, 200mg*	**Mamma-Ca, HR-pos., HER2-neg. mit PIK3CA-Mutation:** 1 x 300mg p.o., Kombination mit Fulvestrant; Dosisanpassung nach Toxizität s. FachInfo; **DANI** leichte-mittelschwere NI: 100%; schwere NI: vorsichtige Anw.; **DALI** nicht erf.
Amsacrin Rp	HWZ 6.3h, PPB 95%
Amsidyl *Inf.Lsg. 75mg*	**AML, ALL:** Induktion, Monotherapie: 90mg/m^2 i.v. d1-5; Erhaltungsther.: 50mg/m^2 d1-3, Wdh. nach 3-4W; **DANI, DALI** 60-75mg/m^2 i.v. d1-5; bei NI/LI Nieren-/Leberwerte kontr.
Anagrelid Rp	HWZ 1.3h
Anagrelid beta *Kps. 0.5mg* **Anagrelid Mylan** *Kps. 0.5mg* **Anagrelid HEXAL** *Kps. 0.5mg* **Xagrid** *Kps. 0.5mg*	**Essentielle Thrombozythämie:** ini 2 x 0.5mg p.o., nach 1W je nach Thrombo-Zahl (Ziel: 150-400/nl) steigern um max. 0.5mg/W; Erh.Dos. 1-3mg/d; **DANI** CrCl < 30: KI; **DALI** Child-Pugh C: KI
Asparaginase Rp	HWZ 14-22h
Oncaspar *Inf.Lsg. 3750IE*	**ALL:** 2500IE/m^2 alle 14d; **Ki.** mit KOF < 0.6m^2: 82.5 IE/kg; **DANI** k.A.

Axicabtagen-Ciloleucel Rp	
Yescarta *Inf.Lsg. 0.4-2 x 10^8 Zellen*	**Rezidiviertes od. refrakt. diffus-großzelliges B-Zell-Lymphom, großzell. mediastinales B-Zell-Lymphom:** Einzeldosis mit 2 x 10^6 lebensfähigen T-Zellen/kg; Pat. ≥100kg: 2 x 10^8; Vorbeh., Notfallausrüstung s. FI; **DANI, DALI** keine Daten
Betaglobinstammzellen Rp	
Zynteglo *Inf.Lsg. 1.-20 x 10^8 Zellen/ml*	**Beta-Thalassämie, transfusionsabhängig, nicht $beta^0$/$beta^0$-Genotyp, Erw., Ki. ab 12J:** Einzeldosis mit 5 x 10^6 Zellen/kg i.v.; s.a. FI; **DANI, DALI** nicht erforderl.
Bexaroten Rp	HWZ 1-3h, PPB 99%
Targretin *Kps. 75mg*	**Kutanes T-Zell-Lymphom:** 300mg/m²/d p.o.; **DANI** sorgfältige Überwachung; **DALI** KI
Bortezomib Rp	HWZ 5-15h PPB 83%
Velcade *Inf.Lsg. 3.5mg*	**Multiples Myelom:** 1.3mg/m² i.v. d1, 4, 8, 11, Wdh. d22; **DANI, DALI** sorgfältige Überwachung, evtl. Dosisreduktion
Brexucaptagen autoleucel Rp	
Tecartus *Inf.Lsg. 0.4-2 x 10^8 Zellen*	**Rezidiviertes od. refraktäres Mantelzell-Lymphom:** Einzeldosis mit 2 x 106 lebensfähigen T-Zellen/kg; Pat. ≥100kg: 2 x 10^8; Vorbeh., Notfallausrüstung s. FachInfo; **DANI, DALI** keine Daten
Carfilzomib Rp	HWZ 1h PPB 97%
Kyprolis *Inf.Lsg. 60mg*	**Multiples Myelom:** 20mg/m², max. 44mg i.v. d1, 2, 8, 9, 15, 16, Wdh. d29; bei guter Verträglichkeit im 1. Zyklus ab d8 27mg/m², max. 60mg; Kombination mit Lenalidomid und Dexamethason; **DANI** nicht erforderlich; **DALI** sorgf. Überwachung
Eribulin Rp	HWZ 40h, PPB 49-65% , PRC C, Lact
Halaven *Inj.Lsg. 0.44mg/ml*	**Lokal fortgeschrittenes oder metastasiertes Mamma-Ca:** 1.23mg/m² über 2-5min i.v. d1, 8, Wdh. d22 **DANI** CrCl < 40: ggf. Dosisreduktion; **DALI** Child A: 0.97mg/m² d1, 8, Wdh. d22; Child B: 0.62mg/m²; Child C: keine Daten;

Estramustin Rp	HWZ 20-24h, Q0 1.0, PPB 99%
Estracyt *Kps. 140mg*	**Prostata-Ca:** 300-450mg i.v. für 5-10d; ini 3 x 280mg p.o., nach 4W 2 x 280mg; **DANI** k.A.
Folinsäure Rp	HWZ 0.5-2(2.25-6)h
Calciumfolinat HEXAL *Kps. 15mg; Amp. 30mg; Inf.Lsg. 100, 200, 300, 400, 500, 800, 1000mg* **Foli Cell** *Inf.Lsg. 200, 500, 1000mg* **Leukovorin** *Tbl. 15mg; Amp. 10, 30, 50mg* **Oncofolic** *Inf.Lsg. 100, 200, 300, 400, 500, 900mg*	**Kolorektales Karzinom:** 20-500mg/m² i.v. + 5-FU; **Pro. von Intoxikationserscheinungen bei Methotrexat-Therapie:** nach MTX-Serumspiegel, s. FachInfo; **DANI** k.A.
Glasdegib Rp	HWZ 17h, PPB 91%
Daurismo *Tbl. 25, 100mg*	**AML de novo oder sekundär:** 1 x 100mg p.o., Kombination mit Cytarabin; Dosisanpassung nach Toxizität/QT-Zeit s. FachInfo; **DANI** nicht erforderlich; HD: keine Daten; **DALI** nicht erforderlich
Hydroxycarbamid Rp	HWZ 2-4.5h, Q0 0.5
Hydrea *Kps. 500mg* **Hydroxycarbamid 1A** *Kps. 500mg* **Litalir** *Kps. 500mg* **Syrea** *Kps. 500mg* **Siklos** *Tbl. 100, 1000mg*	**CML:** ini 40mg/kg p.o., wenn Leukozyten < 20/nl 20mg/kg, Leukozytenziel: 5-10/nl; **essentielle Thrombozythämie:** ini 15mg/kg p.o., Dosisanpassung nach Thrombozytenzahl (Ziel < 600/nl); **Polycythaemia vera:** ini 15-20mg/kg p.o., Dosisanpassung je nach Hkt, Leukozyten; **DANI** k.A.
Idelalisib Rp	HWZ 8.2h, PPB 93-94%, Lact ?
Zydelig *Tbl. 100, 150mg* **Zydlig** *Tbl. 100, 150mg*	**CLL in Kombination mit Rituximab** (als Zweitlinienther. oder bei Vorliegen einer 17p-Deletion oder TP53-Mutation); **Follikuläres Lymphom** (Drittlinientherapie): 2 x 150mg p.o.; **DANI** nicht erf.; **DALI** schwere LI: vors. Anw.
Ixazomib Rp	HWZ 9.5d, PPB 99%
Ninlaro *Kps. 2.3, 3, 4mg*	**Multiples Myelom:** 4mg p.o. d1, 8, 15, Wdh. d29; mit Lenalidomid u. Dexamethason kombin.; Dosisanpassung nach Toxizität; **DANI** CrCl < 30: 3mg; **DALI** mäßige bis schwere LI: 3mg

Lenalidomid Rp	HWZ 3h, PPB 22-29%, PRC X, Lact -
Revlimid *Kps. 2.5, 5, 7.5, 10, 15, 20, 25mg*	**Multiples Myelom:** ini 1 x 25mg p.o. d1-2, Wdh. d29, Komb. mit Dexamethason, ggf. Dosisanp. nach Blutbild, s. FI; **myelodysplast. Syndrome:** ini 1 x 10mg p.o. d1-21, Wdh. d29; Dosisanp. n. BB, s. FI; **DANI** CrCl 30-50: 1 x 10mg; < 30: 15mg alle 2d; HD: 15mg 3 x/W
Luspatercept Rp	HWZ 11-13d
Reblozyl *Inj.Lsg. 25, 75mg*	**Anämie bei myelodysplast. Syndromen, Beta-Thalassämie:** 1mg/kg s.c. d1, Wdh. d 21; Dosisanpasung s. FachInfo; **DANI** CrCl ≥ 30: 100%; <30: keine Daten; **DALI** s. FachInfo
Mesenchymale Stromazellen Rp	
Obtinix *Inf.Lsg. 30, 60, 90 Mio Zellen*	**Akute, steroidrefrakt. GvHD nach allogener Stammzell-TX:** 1-2 x 10^6 Zellen/kg d1, 8, 15, 22; s. a. FI; **DANI, DALI** keine Daten
Mifamurtid Rp	HWZ 18h
Mepact *Inf.Lsg. (4mg/50ml)*	**High-grade Osteosarkom:** 2-30J als postop. Kombinationstherapie: W1-12: 2mg/m² i.v. 2 x/W, W13-24: 2mg/m² 1 x/W, jeweils als Inf. über 60min; **DANI, DALI** keine Daten
Miltefosin Rp	HWZ 150-200h
Impavido *Kps. 10, 50mg*	**Viszerale Leishmaniasis:** 1.5-2.5mg/kg/d p.o. in 2-3ED für 28d; **kutane Leishmaniasis:** 30-45kg: 2 x 50mg; > 45kg: 3 x 50mg für 28d; **DANI, DALI** KI bei schwerer NI, LI
Mitotan Rp	HWZ 0.14h
Lysodren *Tbl. 500mg*	**Nebennierenrinden-Ca:** ini 2-3g/d p.o., nach 8W 1-2g/d; **< 18J:** ini 1.5-3.5g/m²/d; **DANI, DALI** bei schwerer NI/LI nicht empf.
Niraparib Rp	HWZ 48-51h, PPB 83%
Zejula *Kps. 100mg*	**Platinsensit. Rezid. eines serösen Ovarial-Ca oder Eileiter-Ca, prim. Peritonealkarzinose:** 1 x 300mg/d p.o.; **DANI, DALI** leichte-mäßige NI/LI: 100%; schwere NI/LI: vorsichtige Anw.
Olaparib Rp	HWZ 11.9h, PPB 82%, PRC D, Lact
Lynparza *Kps. 50, 100, 150mg*	**Platin-sensitives Rezidiv eines epithelialen Ovarial-Ca, Eileiter-Ca, primären Peritoneal-Ca:** 2 x 400mg/d p.o.; **DANI** CrCl ≥ 50: 100%; < 50: Anw. nicht empfohlen; **DALI** Anw. nicht empfohlen

Panobinostat Rp	HWZ 37h, PPB 90%
Farydak *Kps. 10, 15, 20mg*	**Multiples Myelom, rezidiviert u./od. refrakt.:** 1 x 20mg p.o. d 1, 3, 5, 8, 10, 12 eines 21-täg. Zyklus, mit Bortezomib, Dexamethason komb.; **DANI** leichte-schwere NI: 100%; HD: k. D.; **DALI** leichte LI: ini 15mg, bei guter Verträglichk. 20mg; mittelschw. LI: ini 10mg, bei guter Verträglichk.15mg; schwere LI: Anw. nicht empf.
Pentostatin Rp	HWZ 5.7h, PPB 4%
Nipent *Inf.Lsg. 10mg*	**Haarzell-Leukämie:** 4mg/m² i.v. d1, Wdh. d15; **DANI** CrCl < 60: KI; **DALI** vorsichtige Anw.
Pomalidomid Rp	HWZ 7.5h, PPB 12-44%, PRC X, Lact ?
Imnovid *Kps. 1, 2, 3, 4mg*	**Rezid. oder refraktäres Multiples Myelom:** 1 x 4mg p.o. d1-21, Wdh. d29 in Kombin. mit Dexamethason; **DANI, DALI** vors. Dosiseinst.
Rucaparib Rp	HWZ 17-19h, PPB 70%
Rubraca *Tbl. 200, 250, 300mg*	**Platin-sensitives Rezidiv eines epithelialen Ovarial-Ca, Eileiter-Ca, prim. Peritoneal-Ca:** 2 x 600mg/d p.o.; **DANI** CrCl ≥ 30: 100%; < 50: Anw. nicht empf.; **DALI** leichte LI: 100%; mittelschwere bis schwere LI: Anw. nicht empf.
Sonidegib Rp	HWZ 28d, PPB 97%
Odomzo *Kps. 200mg*	**Lokal fortgeschr. Basalzell-Ca:** 1 x 200mg p.o.; **DANI** leichte bis mittelschwere NI: 100%, schwere NI: keine Daten; **DALI** nicht erf.
Talazoparib Rp	HWZ 32-148h, PPB 74%
Talzenna *Kps. 0.25, 1mg*	**Fortgeschritt. oder metastas. Mamma-Ca, HER2-neg. mit BRCA 1/2-Mutationen:** 1 x 1mg/d p.o.; Dosisanp. nach Toxizität s. FI; **DANI** CrCl 60-89: 100%; 30-59: 0.75mg/d.; <30, HD: Anw. nicht empf.; **DALI** leichte LI: 100%; mittelschwere bis schwere LI: k. D.
Talimogen laherparepvec Rp	
Imlygic *Inj.Lsg. 10⁶, 10⁸ Plaque-bildende Eineiten (PFU)/ml*	**Mal. Melanom, lokal od. entfernt metastas. (Stadien IIIB, IIIC, IVM1a):** je nach Läsionsgröße bis zu 4ml intraläsional, Wdh. nach 3 und 5W; s. FachInfo; **DANI, DALI** nicht erf.
Thalidomid Rp HWZ s **Myelom bei Pat. > 65J oder bei KI für ho**	5.5-7.3h, PPB 55-65%, PRC X, Lact -
Thalidomide Celgene *Kps. 50mg*	**Multiplechdosierte Chemother.:** 1 x 200mg abends, max. 12 x 6W; in Kombin. mit Melphalan u. Prednison; **DANI, DALI** vors. Dosiseinst.

Tisagenlecleucel Rp	
Kymriah *Inj.Lsg. 1.2 x 10^6–6 x 10^8 Zellen*	**B-Zell-ALL:** < 50kg: 0.2–5 x 10^6 Zellen/kg i.v.; > 50kg: 0.1-2.5 x 10^8 Zellen/kg; **diffus großzelliges B-Zell-Lymphom (DLBCL):** 0.6-6 x10^8 Zellen/kg; s.a. FachInfo; **DANI, DALI** keine Angaben

Trabectedin Rp	HWZ 180h, PPB 96%
Yondelis *Inf.Lsg. 0.25, 1mg*	**Fortgeschrittene Weichteilsarkome:** 1.5mg/m² i.v. (ZVK) d1, Wdh. d22; **DANI** CrCl < 30: KI; **DALI** KI bei ↑ Bilirubin

Tretinoin Rp	HWZ 0.7h
Vesanoid *Kps. 10mg*	**Akute Promyelozytenleukämie:** 45mg/m² p.o. in 2ED bis Vollremission erreicht, max. 90d; **DANI, DALI** 25mg/m²

T-Zellen, genetisch modifiziert Rp	
Zalmoxis *Infusionsdispersion 5–20 x 10^6 Zellen/ml*	**Begleittherapie bei haploidentischer hämatopoetischer Stammzell-Tx:** 1 ± 0.2 x 10^7 Zellen/kg i.v.; s.a. FachInfo; **DANI, DALI** keine Angaben

Venetoclax Rp	HWZ 26h PPB99%
Venclyxto *Tbl. 10, 50, 100mg*	**CLL nach Ther.-Versagen bzw. bei 17p-Deletion oder TP53-Mutation:** W1 20mg/d, W2 50mg/d, W3 100mg/d, W4 200mg/d; W5 u. danach 400mg/d p.o.; **DANI** CrCl 30-90: 100%; < 30, HD: k. D.; **DALI** leichte bis mittelschwere LI: vorsichtige Anw.; schwere LI: Anw. nicht empf.

Vismodegib Rp	HWZ 12d, PPB > 99%, PRC X, Lact -
Erivedge *Kps. 150mg*	**Symptomatisches metast. od. lokal fortgeschr. Basalzellkarzinom:** 1 x 150mg/d p.o.; **DANI, DALI** keine Daten

7.16 Entgiftungsmittel bei Zytostatikatherapie

Wm/Wi (Mesna): Stabilisierung urotoxischer Hydroxymetaboliten, Bildung atoxischer Additionsverbindungen mit Acrolein; **UW** (Mesna): Überempfindlichkeitsreaktionen, Übelkeit, Erbrechen, Juckreiz, Exantheme, Enantheme, Fieber; **KI** (Mesna): bek. Überempf., Ki. < 3J

Mesna Rp	
Mesna Cell *Inj.Lsg. 400, 1000, 5000mg* **Uromitexan** *Tbl. 400, 600mg; Inj.Lsg. 400, 1000, 5000mg*	**Verhütung d.Harnwegstoxizität v. Oxazaphosphorinen (Ifosfamid, Cyclophosphamid, Trofosfamid):** ini 20% der Oxazaphosphorindosis i.v., nach 2 und 6h 40% p.o.

8 Rheumatologie

8.1 Non-steroidale Antirheumatika (NSAR)

8.1.1 Salicylsäurederivate (Salizylate)

Wm: Hemmung der Cyclooxygenase ⇒ Prostaglandinsynthese ↓; **Wi:** analgetisch, antiphlogistisch, antipyretisch, (ASS): thrombozytenaggregationshemmend; **UW** (NSAR-Säuren): allergische Hautreaktion, Schwindel, Nausea, Tinnitus, Magen-Darm-Ulzera, Bronchospasmus, Blutbildungsstörung, Nierenfunktionsstörung, Abszesse bei i.m.-Anwendung; **UW** (ASS): zusätzlich Panzytopenie, Störung des Säure-Basen-Haushalts, Blutungszeit ↑; **KI** (NSAR-Säuren): Magen-Darm-Ulzera, Blutbildungsstörung, Grav./Lakt. (nicht alle Wirkstoffe); **KI** (ASS): Grav. (nach 36. SSW, vorher strenge Ind.Stell.); Anw.Beschr. bei Ki. und Jugendlichen mit fieberhaften Erkrankungen (Cave: Reye-Syndrom)

Acetylsalicylsäure (ASS) OTC/Rp	HWZ (2-4)h, Qo 1.0, PPB 70-90%, PRC D, Lact ?
Alka Seltzer Classic *Brausetbl. 324mg* **Aspirin** *Tbl. 100, 300, 500mg; Kautbl. 500mg; Brausetbl. 500mg; Gran. 500mg* **Aspirin i.v.** *Inj.Lsg. 500mg/5ml* **ASS 500 Elac** *Tbl. 500mg* **ASS-ratioph.** *Tbl. 100, 300, 500mg* **Delgesic** *Pulver 100, 500, 1000mg*	**Leichte, mäßig starke Schmerzen, Fieber:** 1-3 x 324-1000mg p.o., max. 3g/d; 1-2 x 0.5-1g i.v., max. 5g/d; **Thrombozytenaggregationshemmung:** **Ki. 6-14J:** 1-3 x 250-500mg p.o.; max. 13mg/kg/ED; 10-25mg/kg/d i.v.; **DANI, DALI** Dosisreduktion

8.1.2 Propionsäurederivate

Wm/Wi (Ibuprofen): Hemmung der Cyclooxygenase ⇒ Prostaglandinsynthese ↓⇒ analgetisch, antiphlogistisch, antipyretisch, gering thrombozytenaggregationshemmend; **Wm/Wi** (Naproxen): Hemmung der Cyclooxygenase ⇒ Prostaglandinsynthese ↓⇒ analgetisch, antiphlogistisch, antipyretisch; **UW** (Ibuprofen): Sodbrennen, Bauchschmerzen, Obstipation, Übelkeit, Erbrechen, GI-Blutg./Ulzera, Diarrhoe, Stomatitis, Verschlechterg. v. Colitis ulcerosa bzw. M. Crohn, Kopfschmerzen, Schwindel, Schlaflosigkeit, Erregung, Reizbarkeit, Müdigkeit; **UW** (Naproxen): Kopfschmerzen, Schwindel, Schlaflosigkeit, Erregung, Reizbarkeit, Müdigkeit, Sehstrg., Hörststrg., Tinnitus, Übelkeit, Erbrechen, Sodbrennen, Magenschmerzen, Völlegefühl, Obstipation, Diarrhoe; geringfügige Blutverluste im MD-Trakt, die in Ausnahmefällen eine Anämie verursachen können; GI-Ulzera, GI-Blutung, periph. Ödeme, Exanthem, Pruritus, Purpura, Ekchymosen; **KI** (Ibuprofen): bek. Überempf., bek. bronchospastische Reaktion, Asthma, Rhinitis oder Urtikaria nach ASS-/NSAR-Einnahme in der Anamnese, ungeklärte Blutbildungsstrg., akute oder in der Anamnese wiederholt aufgetretene peptische Ulzera oder Blutungen, zerebrovaskuläre oder andere aktive Blutungen, schwere Leber- oder Nierenfktsstrg., schwere Herzinsuffizienz, Grav. (3. Trimenon); **KI** (Naproxen): bek. Überempf., bek. Reaktionen von Bronchospasmus, Asthma, Rhinitis, Urtikaria nach Einnahme von ASS oder anderen NSAR; ungeklärte Blutbildungsstrg., bestehende oder Z.n. peptischen Ulzera oder Hämorraghien (mind. 2 unterschiedliche Episoden nachgewiesener Ulzeration od. Blutung), NSAR-induzierte GI-Blutungen oder Perforation i.d. Vorgeschichte, zerebrovaskuläre oder andere aktive Blutungen, schwere Leber- oder Nierenfktsstrg.; schwere Herzinsuffizienz, Grav. (3. Trimenon), Ki. < 5J.

Dexibuprofen Rp	HWZ 1.8-3.5h, Q0 1.0, PPB 99%
Deltaran *Tbl. 200, 300, 400mg* **Dolomagon** *Tbl. 400mg*	**Schmerzen bei degen. Gelenkerkrankung, Dysmenorrhoe:** 2-3 x 200-300mg p.o., max. 1200mg/d; **DANI** CrCl < 30: KI; **DALI** KI bei schwerer Leberfktsstrg.
Dexketoprofen Rp	HWZ 0.35-1.65h, PPB 99%
Sympal *Tbl. 12.5, 25mg; Granulat 25mg; Inj.Lsg. 50mg/2ml* **Dexketoprofen Ethypharm** *Inj.Lsg. 50mg/2ml*	**Leichte, mäßig starke Schmerzen:** 4-6 x 12.5mg p.o.; 3 x 25mg p.o., max. 75mg/d; **DANI** CrCl 50-80: max. 50mg/d; < 50: KI; **DALI** Child A-B: max. 50mg/d, C: KI
Ibuprofen OTC/Rp	HWZ 1.8-3.5h, Q0 1.0, PPB 99%, PRC D, Lact +
Aktren *Tbl. 200, 400mg; Kps. 400mg* **Dolgit** *Tbl. 200, 400, 600, 800mg; Gel (1g enth. 50mg)* **Dolormin** *Tbl. 200, 400mg; Saft (5ml = 100, 200mg); Gran. 200mg; Gel (1g enth. 50mg)* **IbuHEXAL** *Tbl. 200, 400, 600, 800mg; Gel (1g enth. 50mg)* **Ibu-ratioph.** *Tbl. 200, 400, 600, 800, 800(ret.)mg; Saft (5ml = 100, 200mg)* **ib-u-ron** *Supp. 75, 150mg* **Imbun IBU-Lysinat** *Tbl. 500, 1000mg; Supp. 500mg* **Nurofen** *Schmelztbl. 200mg; Supp. 60, 125mg; Saft (1ml = 100, 200mg)* **Pedea** *Inj.Lsg. 10mg/2ml*	**Leichte, mäßig starke Schmerzen, Dysmenorrhoe, Fieber, rheumatische Erkrankungen:** 2-3 x 200-600mg p.o.; 1-2 x 800mg (ret.) p.o.; 2-3 x 500mg rekt.; max. 2400mg/d; **Ki. ≥ 6M:** 7-10mg/kg p.o./rekt. Einzeldosis, max. 30mg/kg/d; **Schwellung, Entzündung gelenknaher Weichteile, Prellungen, Verstauchungen, Zerrungen:** Gel mit 4-10 cm langem Strang 3 x tgl. auftragen, max. 15g Gel (=750mg)/d; **Offener Ductus arteriosus Botalli, Frühgeborene vor 34. SSW:** Pedea: ini 10mg/kg i.v., nach 6 und 12h jeweils 5mg/kg **DANI, DALI** leichte-mäßige NI, LI: 100%; schwere NI, LI: KI
Ketoprofen Rp	HWZ 1.5-2.5h, Q0 0.9, PPB 99%, PRC B, Lact ?
Alrheumun *Kps. 50, 100mg* **Gabrilen N** *Kps. 50, 100mg; Amp. 100mg/2ml* **Phardol Ketoprofen** *Gel (1g enth. 25mg)*	**Arthritiden, rheumat. Erkr., schmerzhafte Schwellung, Dysmenorrhoe:** 1-2 x 50-150mg p.o.; 1 x100mg i.m.; **Zerrungen, Prellungen:** 3-4 x 2-4g Gel lokal, max. 16g Gel/d; **DANI** sorgfältige Dosiseinstellung
Naproxen OTC/Rp	HWZ 12-15h, Q0 0.9, PPB 100%
Aleve *Tbl. 200mg* **Naproxen AL** *Tbl. 250, 500mg* **Naproxen HEXAL** *250, 500mg* **Naproxen Infectoph.** *Susp. (1=50mg)* **Naproxen Stada** *Tbl. 250, 500, 750mg*	**Arthritiden, rheumat. Erkr., schmerzhafte Schwellung, Dysmenorrhoe:** 500-1250mg/d p.o. in 2-3ED, max. 1000mg ED; **leichte bis mäßig starke Schmerzen, Fieber:** ini 200-500mg p.o., max. 750mg/d; **akuter Gichtanfall:** ini 750mg p.o., dann 250mg alle 8h bis Anfall vorüber ist; **Juvenile rheumatoide Arthritis, Ki. ab 2J:** 10mg/kg/d p.o. in 2ED; **DANI** CrCl < 30: KI; **DALI** KI bei schwerer LI

Tiaprofensäure Rp	HWZ 1.5-3h, Q0 0.55, PPB 98-99%
Surgam *Tbl. 300mg*	**Arthritiden, rheumat. Erkrankung, schmerzhafte Schwellung:** 2 x 300mg p.o., max. 600mg/d; **DANI, DALI** KI bei schwerer NI, LI

8.1.3 Essigsäurederivate

Wm/Wi (Diclofenac, Indometacin): Hemmung der Cyclooxygenase ⇒ Prostaglandinsynthese ↓ ⇒ analgetisch, antiphlogistisch, antipyretisch, gering thrombozytenaggregationshemmend;
UW (Diclofenac): Erbrechen, Diarrhoe, Nausea, GI-Blutung, Überempfindlichkeit, anaphylaktische Reaktionen, Gesichtsödem, Zungenschwellung, Kehlkopfschwellung mit Einengung der Luftwege, Luftnot, Asthmaanfall, Herzjagen, RR ↓, Schock, Reizbarkeit, Schlaflosigkeit, Kopfschmerzen, Erregung, Müdigkeit, Schwindel, Benommenheit, Dyspepsie, Bauchschmerzen, Blähungen, Anorexie, GI-Ulzera, Transaminasen ↑, Exanthem, Juckreiz, Verschlechterung chronisch entzündlicher Darmerkrankungen;
UW (Indometacin): Exanthem, Juckreiz, Depression, Kopfschmerzen, Benommenheit, Schwindel, Schläfrigkeit, leichte Ermüdbarkeit, Erschöpfung, Tinnitus, Übelkeit, Erbrechen Diarrhoe, geringfügige Magen-Darm-Blutverluste (evtl. mit Anämie), Dyspepsie, Flatulenz, Bauchkrämpfe, Bauchschmerzen, Inappetenz, GI-Ulzera, Transaminasenerhöhung;
KI (Diclofenac): bek. Überempfindlichkeit, bek. Reaktionen von Bronchospasmus, Asthma, Rhinitis oder Urtikaria nach der Einnahme von ASS oder anderen NSAR in der Vergangenheit, ungeklärte Blutbildungsstrg., bestehende oder in der Vergangenheit wiederholt aufgetretene peptische Ulzera od. Hämorrhagien, GI-Blutungen od. Perforationen in der Anamnese im Zusammenhang mit einer vorherigen Therapie mit NSAR; zerebrovaskuläre oder andere aktive Blutungen, schwere Leber-/Nierenfunktionsstrg., Herzinsuff. (NYHA II-IV), ischämische Herzkrankheit, pAVK, zerebrovask. Erkrankung, Grav. (3. Trim.), Ki. <15J;
KI (Indometacin): bek. Überempfindlichkeit, bek. Reaktionen von Bronchospasmus, Asthma, Rhinitis od. Urtikaria nach Einnahme von ASS oder anderen NSAR i. d. Vorgeschichte; bestehende oder Z.n. peptischen Ulzera oder Hämorraghien (mindestens 2 unterschiedliche Episoden nachgewiesener Ulzeration oder Blutung); NSAR-induzierte GI-Blutungen oder Perforation i.d. Vorgeschichte; ungeklärte Blutbildungs- und Blutgerinnungsstörungen, zerebrovaskuläre oder andere aktive Blutungen, schw. Herzinsuffizienz, Grav. (3. Trimenon), Ki. und Jug.

Aceclofenac Rp	HWZ 4-4.3h, PPB 99%
Beofenac *Tbl. 100mg*	**Aktivierte Arthrose, rheumatoide Arthritis, M. Bechterew:** 1-2 x 100mg p.o.; **DANI** KI bei schwerer Nierenfunktionsstrg.; **DALI** ini 100mg/d, KI bei schw. Leberfktsstrg.

Acemetacin Rp	HWZ 4.5(6)h, Q0 0.6 (0.85), hohe PPB
Acemetacin Stada *Kps. 30, 60mg* **Rantudil** *Kps. 60, 90(ret.)mg* **Ziloxicum** *Kps. 60mg*	**Arthrose, rheumatoide Arthritis, M. Bechterew:** 1-3 x 30-60mg p.o.; 1-2 x 90mg (ret.) p.o.; **DANI, DALI** vorsichtige Anw.

Diclofenac OTC/Rp	HWZ 1-2 (1-3)h, Qo 1.0, PPB 99%, PRC B, Lact ?
Arthrex Schmerzgel *Gel (1g enth. 9.3mg)* **Diclac Dolo** *Tbl. 25mg* **Diclac** *Tbl. 25, 50, 75(ret.), 100(ret.), 150(ret.)mg; Supp. 50, 100mg; Amp. 75mg/3ml* **Diclofenac-ratioph.** *Tbl. 25, 50mg; Supp. 50, 100mg; Pflaster 130mg; Amp. 75mg/2ml; Gel (1g enth. 10mg); Gtt. (20Gtt. = 50mg)* **Effekton** *Tbl. 50mg; Amp. 75mg/3ml* **Voltaren** *Tbl. 12.5, 25, 50, 100(ret.)mg; Kps. 75mg; Supp. 25, 50, 100mg; Pflaster 130mg; Gel (1g enth. 9.3mg)*	**Arthritiden, rheumat. Erkr., schmerzh. Schwellungen:** 1-3 x 25-50mg p.o./rekt.; 2 x 75mg p.o.; 1 x 100mg rekt.; 2 x 1 Pfl.; 1 x 100mg (ret.) p.o.; 1 x 75mg (ret.) i.m.; max. 150mg/d (ret.) p.o./rekt./i.m.; **Ki. >16J.:** 1-3 x 25mg p.o.; **DANI, DALI** leichte bis mäßige NI, LI: 100%; schwere NI, LI: KI; **äußerl. Therapie von Schmerzen, Entzündungen, Schwellungen bei rheumat. und degenerativen Erkr., Sportverletzungen:** 3-4 x tgl. auftragen
Indometacin Rp	HWZ 4-11 h, Qo 0.85, PPB > 90%, PRC D
Indometacin AL *Tbl. 50mg*	**Arthritiden, rheumat. Erkr., schmerzhafte Schwellungen:** 1-3 x 50mg; max. 200mg/d; **DANI, DALI** vors. Anw.

8.1.4 Oxicame

Wm/Wi (Meloxicam): Hemmung d. Cyclooxygenase ⇒ Prostaglandinsynthese ↓ ⇒ analgetisch, antiphlogistisch, antipyretisch; **Wm/Wi** (Piroxicam): Hemmung der Cyclooxygenase ⇒ Prostaglandinsynthese ↓ ⇒ analgetisch, antiphlogistisch, thrombozytenaggregationshemmend;
UW (Meloxicam): Dyspepsie, Übelkeit, Erbrechen, Bauchschmerzen, Diarrhoe, Obstipation, Blähungen, Kopfschmerzen; **UW** (Piroxicam): Kopfschmerzen, Schwindel, Übelkeit, Tinnitus, Sodbrennen, Bauchschmerzen, Übelkeit, Erbrechen, Blähungen, Diarrhoe, Obstipation, GI-Ulzera/-Blutung, GI-Perforation, ulzerative Stomatitis, Verstärkung Colitis/M. Crohn, Harnstoff ↑, Transaminasen ↑, aP ↑; Exanthem;
KI (Meloxicam): bek. Überempf. gegen Meloxicam/andere NSAR, Ki. und Jug. < 16J, NSAR-induzierte GI-Blutungen oder Perforation in der Anamnese, peptische Ulzera/Hämorrhagien (mind. 2 unterschiedliche Episoden), schwere LI, schweres nichtdialysiertes Nierenversagen, GI-Blutung, zerebrovaskuläre Blutung/andere erhöhte Blutungsneigung in der Anamnese, Grav. (letztes Trim.); **KI** (Piroxicam): bek. Überempf. gegen Piroxicam/andere NSAR, GI-Ulzera/-Blutungen oder -Perforationen aktuell oder anamnestisch, andere gastrointestinale Erkrankungen, die für Blutungen prädisponieren, z.B. Colitis ulcerosa, M. Crohn, gastroint. Malignome, Divertikulitis, entzündliche GI-Erkrankungen, Komb. mit anderen NSAR inkl. COX-2-selektiven NSAR und ASS in analgetisch wirksamen Dosen, Komb. mit Antikoagulanzien, schwere (allergische) Arzneimittelreaktionen in der Anamnese, v.a. Hautreaktionen (z.B. Erythema multiforme, Stevens-Johnson-Syndrom, toxische epidermale Nekrolyse), ungeklärte Blutbildungs-/Blutgerinnungsstörung, zerebrovask./andere aktive Blutungen, schwere Leber-/Nierenfktsstrg., mäßige/schwere Herzinsuffizienz, Grav. (letztes Trim.)

Meloxicam Rp	HWZ 15-20h, Qo 1.0, PPB 99%, PRC N, Lact '
Meloxicam AL *Tbl. 7.5, 15mg* **Meloxicam-ratioph.** *Tbl. 15mg* **Meloxicam Stada** *Tbl. 7.5, 15mg* **Mobec** *Tbl. 7.5, 15 mg*	**Arthrose, rheumatoide Arthritis, M. Bechterew:** 1 x 7.5-15mg p.o., max. 15mg/d; **DANI** CrCl > 25: 100%; Dialyse max. 7.5mg/d

Piroxicam OTC/Rp	HWZ 50h, Qo 0.9, PPB 98%, PRC C, Lact +
Piroxicam AL *Tbl. 10, 20mg; Gel (1g enth. 5mg)* **Piroxicam HEXAL** *Tbl. 10, 20mg; Amp. 20mg/1ml* **Piroxicam-ratioph.** *Amp. 20mg/1ml* **Piroxicam Stada** *Amp. 20mg/1ml*	**Arthritiden, rheumat. Erkr., schmerzhafte Schwellungen:** 10-20mg p.o./i.m., max. 20mg/d; **Entzündungen von Sehnen/Sehnenscheiden, schmerzhafte Schultersteife, Prellung, Zerrung, Verstauchung:** Creme, Gel: 3-4 x lokal; **DANI, DALI** leichte/mittlere Fktsstrg.: 100%, schwere Fktsstrg.: KI

8.1.5 Coxibe

Wm: selekt. Hemmung d. Cyclooxygenase-2 ⇒ Prostaglandinsynth. ↓; **Wi:** analget., antiphlogist.; **UW** (Celecoxib): Sinusitis, Infektionen der oberen Atemwege, Harnwegsinfektionen, Verschlechterung einer Allergie, Schlaflosigkeit, Schwindel, Muskeltonus ↑, Herzinfarkt, Hypertonie, Pharyngitis, Rhinitis, Husten, Dyspnoe, Bauchschmerzen, Diarrhoe, Dyspepsie, Flatulenz, Erbrechen, Dysphagie, Exanthem, Pruritus, grippeähnliche Symptome, periphere Ödeme, Flüssigkeitsretention; **UW** (Etoricoxib): alveoläre Osteitis, Ödeme, Schwindel, Kopfschmerzen, Palpitationen, Hypertonie, Bauchschmerzen, Dyspepsie, Meteorismus, Sodbrennen, Übelkeit, Diarrhoe, Transaminasen ↑, Ekchymose, Asthenie, Müdigkeit, grippeartige Erkrankung;
KI (Celecoxib): bek. Überempf. gegen C. bzw. Sulfonamide; aktive peptische Ulzera oder GI-Blutungen, allergische Reaktionen auf ASS, NSAR, COX-2-Hemmer i. d. Vorgeschichte, Grav., Lakt., gebärfähige Frauen (Ausnahme: sichere Methode zur Schwangerschaftsverhütung); schwere Leberfunktionsstrg. (Serumalbumin <25 g/l oder Child-Pugh >10), Niereninsuff. CrCl < 30; entzündliche Darmerkrankungen, Herzinsuff. (NYHA II–IV), klinisch gesicherte KHK, pAVK, zerebrovaskuläre Erkrankungen;
KI (Etoricoxib): bek. Überempf., aktives peptisches Ulkus, aktive GI-Blutung; allergische Reaktion auf ASS, NSAR, COX-2-Hemmer in der Anamnese, Grav., Lakt.; schw. Leberfunktionsstörungen (Serum-Albumin < 25 g/l oder Child-Pugh-Score > 10), Niereninsuffizienz mit CrCl < 30 ml/min., Ki. < 16J.; entzündliche Darmerkrankungen, Herzinsuff. (NYHA II–IV), Hypertonie mit RR > 140/90 mmHg; gesicherte KHK, AVK, zerebrovaskuäre Erkrankungen

Celecoxib Rp	HWZ 8-12h, Qo > 0.7, PPB 97%, PRC C, Lact ?
Celebrex *Tbl. 100, 200mg* **Celecox HEXAL** *Tbl. 100, 200mg* **Celecoxib Actavis** *Tbl. 100, 200mg* **Celecoxib-ratioph** *Tbl. 100, 200mg* **Celecoxib Stada** *Tbl. 100, 200mg*	**Aktivierte Arthrose, rheumatoide Arthritis, M. Bechterew:** 1-2 x 100-200mg p.o., max. 400mg/d **DANI** vorsichtige Dosiseinstellung, CrCl < 30: KI; **DALI** Child-Pugh A, B: 50%, C: KI

Etoricoxib Rp	HWZ 22h, PPB 92%
Algix *Tbl. 90mg* **Arcoxia** *Tbl. 30, 60, 90, 120mg* **Etoriax** *Tbl. 30, 60, 90, 120mg* **Etoricoxib Libra** *Tbl. 30, 60, 90, 120mg* **Etoricoxib Puren** *Tbl. 30, 60, 90, 120mg* **Tauxib** *Tbl. 90mg*	**Arthrose:** 1 x 30mg p.o., ggf. steig. auf 1 x 60mg; **rheumatoide Arthritis, M. Bechterew:** 1 x 60mg p.o., ggf. steigern auf 1 x 90mg; **akute Gichtarthritis:** 1 x 120mg; **postop. Schmerzen nach Zahn-OP:** 1 x 90mg für 3d; **DANI** CrCl > 30: 100%; < 30: KI; **DALI** Child-Pugh A: max. 60mg/d; B: max. 30mg/d; C: KI

Parecoxib Rp	HWZ (8h) Q0 0.95 (> 0.7), PRC C, Lact ?
Dynastat *Inj.Lsg. 40mg/2ml*	**Postop. Schmerzen, Kurzzeittherapie:** 40mg i.v./i.m., nach 6-12h evtl. 20-40mg für 2d, max. 80mg/d, < 50kg: max. 40mg/d; **DANI** nicht erforderlich; **DALI** Child-Pugh A: 100%; B: 50%, max. 40mg/d; C: KI

8.2 Pyrazolonderivate

Wm/Wi: Hemmung der Cyclooxygenase ⇒ Prostaglandine ↓; analgetisch, antipyretisch;
Wi (Phenylbutazon): zusätzlich antiphlogistisch;
UW (Metamizol): allerg. Reaktionen, Bronchospasmus, RR ↓, Stevens-Johnson-/Lyell-Syndrom, Leukopenie, Agranulozytose, Nierenfunktion ↓, akute interstitielle Nephritis;
KI (Metamizol): bek. Allergie gegen Metamizol oder Pyrazolone/Pyrazolidine, bek. Analgetika-Asthma-Syndrom, bek. Analgetika-Intoleranz (Urtikaria-Angioödem-Typ), akute intermittierende hepatische Porphyrie, G-6-PDH-Mangel, Knochenmarksinsuff., Sgl. < 3M oder < 5 kg; letztes Grav.-Trimenon, keine i.v.-Gabe bei Hypotonie und instabilem Kreislauf oder bei Sgl. (3–11M)

Metamizol Rp	HWZ 2.5(4)h, Q0 > 0.8 (0.6), PRC D
Analgin *Tbl. 500mg; Amp. 1g/2ml* **Berlosin** *Tbl. 500mg; Supp. 1000mg; Amp. 1g/2ml* **Metamizol HEXAL** *Tbl. 500mg; Gtt. (20Gtt. = 500mg); Supp. 1000mg; Amp. 2.5g/5ml* **Novalgin** *Tbl. 500mg; Gtt. (20Gtt. = 500mg); Supp. 300, 1000mg; Amp. 1g/2ml, 2.5g/5ml* **Novaminsulfon-ratioph.** *Tbl. 500mg; Gtt. (20Gtt. = 500mg); Amp. 1g/2ml, 2.5g/2ml*	**Starke Schmerzen, Tumorschmerzen, Koliken, Fieber:** 1-4 x 8-16mg/kg p.o./rekt./i.v.; Erw., **Ki. ab 15J:** max. 4 x 1g/d p.o./rekt.; max 2.5g ED bzw. 5g/d i.v.; **Sgl. > 3M bzw. > 5kg:** 1-4 x 8-16mg/kg p.o./i.m.; **Ki.:** s. Erw.; **DANI, DALI** mehrfache höhere Dosen vermeiden

Phenazon OTC	HWZ 11-12h, Q0 0.95, geringe PPB
Eu-Med *Tbl. 500mg* **Migräne-Kranit** *Tbl. 500mg; Supp. 500mg*	**Leichte, mäßig starke Schmerzen, Fieber, Migräneanfall:** 1-4 x 0.5-1g p.o./rekt., max. 4g/d; **Ki. 7-15J:** 3-4 x 250mg p.o., max. 1250mg/d; **DANI** max. 500mg/ED, max. 2g/d

Propyphenazon OTC	HWZ 1.5h, Q0 0.9
Demex *Tbl. 500mg*	**Leichte bis mäßig starke Schmerzen, Fieber:** 1-4 x 0.5-1g p.o., max. 4g/d; **Ki. 7-15J:** 1-4 x 250mg p.o.; max. 1200mg/d

8.3 Analgetika-Kombinationen

ASS + Codein Rp	
Dolviran N *Tbl. 500+30mg*	**Mäßig starke/starke Schmerzen:** 1-3 x 500-1000+30-60mg p.o.; **DANI, DALI** Dosisreduktion

ASS + Paracetamol + Coffein OTC	
Dolopyrin AL, Neuralgin, Neuranidal N, Temagin Pac, Thomapyrin Classic Schmerz, Thomapyrin Intensiv, Titralgan *Tbl. 250+200+50mg*	**Leichte, mäßig starke Schmerzen:** 1-3 x 250-500+200-400+50-100mg p.o.; **DANI** KI bei schwerer Nierenfunktionsstrg.
ASS + Paracetamol + Codein/Coffein Rp	
Dolomo TN *Kombipackung Tbl.-T: 250+250+50mg Coffein; Tbl.-N: 250+250+50mg Codein*	**Mäßig starke Schmerzen:** tagsüber: 1-3 x 1-2Tbl.-T p.o.; nachts: 1 x 1-2Tbl.-N p.o.; **DANI** CrCl < 10: Dosisinterv. mindestens 8h; **DALI** Dosisreduktion, Child-Pugh > 9: KI
Diclofenac + Codein Rp	
Voltaren plus *Tbl. 50+50mg*	**Starke/sehr starke Schmerzen:** 1-3 x 50+50mg p.o.; **DANI** sorgf. Dosiseinstell.
Paracetamol + Codein Rp	PRC C, Lact ?
Gelonida Schmerztbl. *Tbl. 500+30mg* **Paracetamol comp. Stada** *Tbl. 500+30mg* **Talvosilen** *Tbl. 500+20, 500+30mg; Kps. 500+30mg; Supp. 1000+60mg* **Titretta** *Supp. 1g+60mg*	**Mäßig starke und starke Schmerzen:** Erw., **Ki. ab 12j:** 1-4 x 500-1000+20-60mg p.o./rekt.; **DANI** Dosisreduktion; **DALI** Dosisreduktion, Child-Pugh > 9: KI
Paracetamol + Coffein + Codein Rp	
Azur compositum *Tbl. 350+50+30mg; Supp. 600+50+40mg*	**Starke Schmerzen:** 1-4 x 350-700+50-100 +30-60mg p.o.; 1-4 x 600+50+40mg rekt.; **DANI** Dosisred.; **DALI** Dosisred., Child-P. > 9: KI
Paracetamol + Metoclopramid Rp	
Migraeflux Mcp *Tbl. 500+5mg* **Migränerton** *Kps. 500+5mg*	**Migräneanfall:** ini 1000+10mg p.o., ggf. alle 4h 500+5mg, max. 3000+30mg/d; **DANI** Dosisred.; **DALI** LI mit Aszites: 50%
Paracetamol + N-Butylscopolamin OTC	
Buscopan plus *Tbl. 500+10mg; Supp. 800+10mg*	**Krampfartige Magen-Darm-Schmerzen, Dysmenorrhoe:** 3 x 500-1000+10-20mg p.o.; 3-4 x 800+10mg rekt.; **DALI** KI bei schwerer LI
Paracetamol + Tramadol Rp	
Zaldiar *Tbl. 325+37.5mg*	**Mäßig starke u. starke Schmerzen:** Erw. u. **Ki. > 12J:** ini 2Tbl., dann n. Bed. bis max. 4 x 2Tbl.; **DANI** CrCl 10-30: Dosisinterv. 12h; < 10: Anw. nicht empf.; **DALI** schw. LI Anw. nicht empf.

S. auch Migränemittel → 339

8.4 Analgetika + Schleimhautprotektiva

Diclofenac + Misoprostol Rp	
Arthotec forte *Tbl. 75+0.2mg*	**Aktivierte Arthrose:** 2 x 75+0.2mg p.o.; **DANI, DALI** sorgfältige Dosiseinstellung

8.5 Analgetika + PPI

Naproxen + Esomeprazol Rp	
Vimovo *Tbl. 500+20mg*	**Arthrose, rheumatoide Arthritis, ankylosierende Spondylitis mit Risiko für NSAR-Ulzera:** 2 x 500 + 20mg p.o.; **DANI** CrCl ≥ 30: vorsichtige Anw.; < 30: KI, **DALI** leichte-mäßige LI: vors. Anw.; schwere LI: KI

8.6 Rheuma-Basistherapeutika DMARD (disease modifying antirheumatic drugs)

Wm (Chloroquin): Stabilisierung der Lysosomenmembran, Beeinflussung des Bindegewebsstoffwechsels; **Wm** (Cyclophosphamid): Alkylans ⇒ Strangbrüche und Vernetzungen der DNS; **Wm** (Leflunomid): Hemmung der Dihydroorotatdehydrogenase ⇒ ↓ Pyrimidinsynthese ⇒ Lymphozytenproliferation ↓; **Wm** (Methotrexat): immunsuppressiv, Zytokinsynthese ↓; **Wm** (Penicillamin): Spaltung von Rheumafaktoren, mesenchymsuppressiv; **Wm** (Sulfasalazin): beeinflusst Prostaglandinsynthese; **Wi:** beeinflusst rheumat. Grundprozess; **UW** (Chloroquin): Hornhauttrübg., Retinopathia pigmentosa, Exantheme; **UW** (Cyclophosphamid): Myelosuppression, Übelkeit, Erbrechen, hämorrhag. Zystitis, Haarausfall, Leberfktsstrg., Mukositis, venoocclusive disease; **UW** (Penicillamin): Nierenschäden, BB-Veränderungen, Geschmackstrg., Muskellähmungen; **UW** (Leflunomid): Leukopenie, allerg. Reaktionen, CK ↑, Parästhesie, Kopfschmerzen, Schwindel, RR ↑, Durchfall, Übelkeit, Erbrechen, Erkr. der Mundschleimhaut, Bauchschmerzen, Leberenzyme ↑, Haarausfall, Ekzem, Exanthem, Pruritus, trockene Haut, Sehnenscheidenentz., Appetitlosigkeit, Gewicht ↓, Asthenie; **UW** (Methotrexat): Leukopenie, Anämie, Thrombopenie, Kopfschmerzen, Müdigkeit, Benommenheit, Pneumonie, interstit. Alveolitis/Pneumonitis (oft mit Eosinophilie), Stomatitis, Dyspepsie, Übelkeit, Appetitlosigkeit, Ulzerationen der Mundschleimhaut, Diarrhoe, Transaminasen ↑, Exanthem, Erythem, Pruritus; **KI** (Chloroquin): Retinopathie, G-6-PDH-Mangel, Grav./Lakt.; **KI** (Cyclophosphamid): floride Infektionen, schwere Knochenmarksuppression, Harnabflussstrg.; **KI** (Penicillamin): NI, Blutbildungsstrg., Leberschäden, Grav./Lakt.; **KI** (Leflunomid): bek. Überempf., schw. Immundefekte, eingeschränkte Knochenmarkfunktion, schw. Infektion, eingeschränkte Leberfunktion, mittlere bis schwere NI., schwere Hypoproteinämie, Grav./Lakt., Ki. und Jugendliche < 18J; **KI** (Methotrexat): bek. Überempf., stark eingeschr. Leberfkt., Alkoholabusus, stark eingeschr. Nierenfkt., vorbesteh. BB-Veränd. wie Knochenmarkhypoplasie, Leukopenie, Thrombozytopenie od. signif. Anämie, schwere akute od. chron. Infekt. wie Tbc, HIV od. andere Immundefizienzsyndrome, Ulzera in Mundhöhle/GI-Trakt, Grav./Lakt., gleichz. Impfung mit Lebendimpfstoffen

Chloroquinphosphat Rp	HWZ 30-60d, Qo 0.3, PPB 50-60%, PRC C, Lact -
Resochin *Tbl. 155mg*	**Rheumatoide Arthritis, Lupus erythematodes: Erw. + Ki.:** 2.5mg/kg/d; max. Kumulativdos. 100g

Cyclophosphamid → 167 Rp	HWZ 7(9)h, Qo 0.5, PPB 13%
Cyclophosphamid HEXAL *Inf.Lsg. 500, 2000mg* **Endoxan** *Tbl. 50mg; Inf.Lsg. 200, 500, 1000, 2000mg*	**Schwere Formen von Lupus-Nephritis, Wegener-Granulomat.:** ini 500-1000mg/m i.v./p.o., dann 1-2mg/kg p.o.; **DANI** CrCl < 10 50%; **DALI** Bilirubin 3.1-5mg/dl: 75%

Hydroxychloroquinsulfat Rp	HWZ 30-60d, PRC C, Lact ?
Hydroxychloroquin Aristo *Tbl. 200mg* **Plaquenil** *Tbl. 200mg* **Quensyl** *Tbl. 200mg*	**Rheumatoide Arthritis, juvenile idiopathische Arthritis, Lupus erythematodes:** ini 2-3 x 200mg p.o., Erh.Dos. 1-2 x 200mg; **Ki.:** 5-6.5mg/kg/d; **DANI, DALI** Dosis anpassen

Leflunomid Rp	HWZ 4-28d, PPB 99%, PRC X, Lact -
Arava *Tbl. 10, 20, 100mg* **Leflunomid HEXAL** *Tbl. 10, 20mg* **Leflunomid medac** *Tbl. 10, 15, 20mg* **Leflunomid Stada** *Tbl. 10, 20, 100mg* **Leflunomid Winthrop** *Tbl. 10, 20, 100mg*	**Rheumatoide Arthritis, Psoriasisarthritis:** d1-3: 1 x 100mg p.o., dann: 1 x 10-20mg p.o.; **DANI** KI bei mittlerer bis schwerer NI; **DALI** KI bei eingeschränkter Fkt.

Methotrexat → 170 Rp	HWZ 5.1-9.3h, Q0 0.06, PPB 60%, PRC X, Lact -
Lantarel *Tbl. 2.5, 7.5, 10mg; Fertigspr. 7.5mg/1ml, 10mg/1.34ml, 15mg/2ml, 20mg/2.67ml, 25mg/1ml* **Metex** *Tbl.2.5, 7.5, 10mg; Inj.Lsg., Fertigspr. 7.5mg/0.15ml, 10mg/0.20ml, 12.5mg/0.25ml, 15mg/0.30ml, 17.5mg/0.35ml, 20mg/0.40ml, 22.5mg/0.45 ml; 25mg/0.50ml, 27.5mg/0.55ml, 30mg/0.60ml* **MTX HEXAL** *Tbl. 2.5, 5, 7.5 10, 15mg; Inj.Lsg. 5mg/2ml, 7.5mg/1ml, 10mg/4ml, 15mg/2ml, 25mg/1ml, 50mg/2ml, 500mg/20ml, 1g/40ml* **Trexject** *Fertigspr. 7.5mg/0.75ml, 10mg/1ml, 15mg/1.5ml, 20mg/2ml, 25mg/2.5ml*	**Rheumatoide Arthritis, Psoriasisarthritis:** ini 1 x/W 7.5mg p.o./i.v., bei guter Verträglichkeit evtl. 1 x/W 10-15mg, max. 20mg/W p.o./i.v.; **Juvenile idiopathische Arthritis: Ki. <16J:** 10-15mg/m²/W s.c./i.m.; bei therapierefraktären Fällen bis 20mg/m²/W; **M. Crohn:** ini 25mg/W s.c./iv./i.m., Wirkungseintritt nach 8-12 W, Erh.Dos. 15mg/W s.c./iv./i.m.; **DANI** CrCl > 50: 100%; 20-50: 50%, < 20: KI; **DALI** Anw. nur mit großer Vorsicht; Bili > 5 mg/dl: KI

Penicillamin Rp	HWZ 1-7.5h, Q0 0.85, PPB 90%, PRC D, Lact -
Metalcaptase *Tbl. 150, 300mg*	**Rheumatoide Arthritis:** W1-2 150mg/d p.o., dann alle 2W um 150mg steigern, max. 1200mg, nach Wi-Eintritt reduzieren auf Erh.Dos. 300-600mg/d; **Ki.:** ini 3-5mg/kg, max. 15-20mg/kg, nach Wi-Eintritt auf Erh.Dos. 5-10mg/kg/d reduzieren; **M. Wilson:** 1 x 10-20mg/kg p.o.; **DANI, DALI** KI

Sulfasalazin Rp	HWZ 7.6h, PPB > 95%, PRC B, Lact ?
Azulfidine RA *Tbl. 500mg* **Pleon RA** *Tbl. 500mg* **Salazopyrine RA** *Tbl. 500mg* **Sulfasalazin HEXAL** *Tbl. 500mg* **Sulfasalazin Medac** *Tbl. 500mg*	**Rheumatoide Arthritis:** W1: 1 x 500mg/d p.o.; W2: 2 x 500mg/d; W3: 1500mg/d; W4: 2 x 1g/d; **DANI, DALI** KI bei schwerer NI, LI

8.7 Glukokortikoide

Wi: Gluconeogenese ↑, Proteinkatabolismus ↑, Lipolyse, Hemmung mesenchymaler Reaktionen (Entzündung, Exsudation, Proliferation), immunsuppressiv, antiallergisch (Lympho-/Eosinopenie, lymphatisches Gewebe ↓, B-/T-Zellaktivität ↓);
UW diabetogen: Glukose ↑, Glukosurie, Steroiddiabetes;
katabol: negative Stickstoffbilanz, Wachstum ↓, Osteoporose;
Fettstoffwechsel: Stammfettsucht, Vollmondgesicht, Fettsäurespiegel ↑;
BB: Thrombos ↑, Erys ↑, Neutrophile ↑, Eosinophile ↓, Basophile ↓, Lymphos ↓;
ulzerogen: Produktion von Magensäure ↑, Magenschleim ↓;
Augen: Hornhautulkus, Glaukom, Katarakt;
Haut: Atrophie, Striae rubrae, Akne;
Kapillarbrüchigkeit ↑: Petechien, Ekchymosen, Purpura;
mineralokortikoide Wi: H_2O-, Na-Retention, K^+ ↓, RR ↑, Alkalose;
Immunschwäche: Infektgefährdung, Tbc-Aktivierung;
endokrines Psychosyndrom: Euphorie, Depression, Verwirrung, Halluzination;
Muskeln: Schwäche, Atrophie;
NNR-Atrophie: Kortison-Entzugssyndrom (Schwäche, Schwindel, Schock);
KI (bei chronischer Anwendung): GI-Ulzera, schwere Osteoporose, akute virale/bakterielle Infektionen, Systemmykosen, Glaukom, psychiatrische Anamnese;
Glu: relative glukokortikoide Potenz; **Min:** relative mineralokortikoide Potenz

Die Dosierung richtet sich nach der Schwere der jeweiligen Erkrankung.

		Glu	Min
Betamethason Rp	HWZ 6h, Qo 0.95, PPB 58-70%, PRC C, Lact -		
Celestamine N *Tbl. 0.5mg; Gtt. (1ml = 0.5mg)* **Celestan Depot** *Amp. 5.7mg* **Celestan solubile** *Amp. 4mg/1ml* **Celestone** *Tbl. 0.5mg; Gtt. (1ml = 0.5mg); Amp. 4mg/1ml*	**Entzündliche/degenerative Gelenkerkr.:** 1.4-11.4mg (je nach Gelenkgröße) intraartikulär; **entzündl./degen. Bindegewebserkr.:** 1.4-5.7mg intraläsional; **Hauterkr.** (s. FachInfo): max. 1.1mg/cm², max. 5.7mg/Behandlung intradermal; **akuter Asthmaanfall:** 11.4mg i.m.; 8-20mg p.o.; **Induktion der Lungenreife bei drohender Frühgeburt:** 2 x 5.7mg im Abstand von 24h, ggf. Wdh. nach 7d; **Panarteriitis nodosa, aktive Phasen rheumat. Systemerkr., SLE, aktive rheumat. Arthritis:** 6-15mg/d p.o.; **juvenile idiopath. Arthritis (Still-Syndrom), rheum. Fieber mit Karditis:** 12-15mg/d p.o.; **interstit. Aspirationspneumonie:** ini 2-4mg/d, dann 0.25-1mg/d p.o.	25	0
Cloprednol Rp	HWZ 2h, Qo 1.0, PPB 67-84%	8	[illegible]
Syntestan *Tbl. 2.5, 5mg*	**Asthma bronchiale, rheumatoide Arthritis:** 1 x 1.25-12.5mg/d p.o., langsame Dosisreduktion anstreben		

		Glu	Min
Deflazacort Rp	HWZ 1.5h, Q_0 0.8	**Glu**	**Min**
Calcort *Tbl. 6mg*	**Rheumatoide Arthritis:** 1 x 6-18mg p.o., Reduktion bis zur niedrigsten noch wirksamen Dosis	3	3
Dexamethason Rp	HWZ 2-5h, Q_0 0.9, PPB gering, PRC C, Lact -	30	0
Dexa-Allvoran *Amp. 4mg/1ml* **Dexaflam Inject** *Amp. 4mg/1ml* **DexaHEXAL** *Amp. 4mg/1ml, 8mg/2ml* **Dexamethason-ratioph.** *Tbl. 4, 8mg* **Fortecortin** *Tbl. 0.5, 2, 4, 8mg; Amp. 4mg/1ml, 8mg/2ml, 40mg/5ml, 100mg/10ml* **InfectoDexaKrupp** *Saft (5ml = 2mg)* **Lipotalon** *Amp. 4mg/1ml*	**Hirnödem:** ini 8-80mg i.v., dann 16-48mg/d p.o. in 3-6 ED; **Hirnödem bei bakt. Meningitis:** 0.15mg/kg alle 6h für 4d p.o./i.v.; **Ki:** 0.4mg/kg alle 12h für 2d; **schwerer, akuter Asthmaanfall:** 8-20mg p.o./i.v., bei Bedarf 8mg alle 4h; **Ki:** 0.15-0.4mg/kg p.o.; **akute Laryngotracheitis:** Ki. ab 1M: 0.15mg/kg p.o. als ED; **akute Hauterkr.:** 8-40mg p.o./i.v.; **aktive Phasen rheumat. Systemerkr. rheumatische Arthritis:** 6-16mg/d p.o./i.v.; **schwere Infektionserkrankung:** 4-20mg/d p.o./i.v.; **Palliativtherapie maligner Tumore:** 8-16mg/d p.o./i.v.; **kongenitales AGS:** 1 x 0.25-0.75mg/d p.o.; **Pro./Therapie postop./Chemotherapie-induziertes Erbrechen:** 8-20mg vor Chemo/OP p.o./i.v., dann s. FachInfo; **posttraumatischer/anaphylakt. Schock:** 40-100mg i.v.; **lokale Infiltrations-/Injektionstherapie:** 2-8mg lokal		
Fludrocortison Rp	HWZ 3.5-4.8h, PRC C, Lact ?	10	125
Astonin H *Tbl. 0.1mg*	**Substitution bei M. Addison, Salzverlustsyndrom:** 0.05-0.2mg/d p.o.; **hypoadrenerge orthostatische Hypotension:** ini 0.1-0.2mg/d p.o., ggf. steigern, Therapie für max. 2M		
Hydrocortison (=Cortisol) Rp	HWZ 1-2h, Q_0 1.0, PPB 75-95%, PRC C, Lact -	1	2
Alkindi *Granulat 0.5, 1, 2, 5mg* **Hydrocortison Acis** *Tbl. 10mg* **Hydrocortison Hoechst** *Tbl. 10mg* **Hydrocortison** *Amp. 100mg/2ml, 250mg/2ml, 500mg/4ml, 1g/8ml*	**Substitution bei primärer/sekundärer NNR-Insuff.:** 10-20mg/d, max. 30mg/d; **Ki:** 10-15mg/m^2/d in 2-3 ED p.o.; **Hemmtherapie bei AGS:** 15-20mg/m^2/d in 3 ED p.o.; **Schwere akute Schockzustände, akute NNR-Insuff.:** 10-50mg/h i.v., Wdh. nach Bedarf		

		Glu	Mir
Methylprednisolon Rp	HWZ 2-3h, Qo 0.9, PPB 77%, PRC C, Lact ?	5	(
Methylprednisolon Acis *Tbl. 4, 8, 16, 32mg* **Metypred** *Tbl. 4, 8, 16, 40mg; Amp. 125mg/2ml, 250mg/4ml, 1g/16ml* **M PredniHEXAL** *Tbl. 4, 8, 16mg* **Urbason** *Tbl. 4, 8, 16, 40mg; Amp. 16mg/1ml, 32mg/1ml, 250mg/5ml, 1g/10ml*	Zahlreiche Ind (s. FachInfo); **Anfangsdosen:** 12-160mg/d p.o.; **Erhaltungsdosen:** 4-12mg/d p.o.; **Ki: Anfangsdosen:** 0.8-1.5mg/kg/d, max. 80mg/d; **Erhaltungsdosen:** 2-4mg/d; **Akut lebensbedrohliche Zustände** (s. FachInfo): 250-1000mg i.v.; **Ki:** 4-20mg/kg i.v.		
Prednisolon Rp	HWZ 2.6-3h, Qo 0.75, PPB 95%, PRC C, Lact -	4	1
Decortin H *Tbl. 1, 5, 10, 20, 50mg* **Infectocortikrupp** *Supp. 100mg* **Klismacort** *Rektalkps. 100mg* **PredniHEXAL** *Tbl. 5, 10, 20, 50mg* **Prednisolon Jenaph.** *Tbl. 1, 5, 10, 20, 50mg* **Prednisolon-ratioph.** *Tbl. 5, 50mg* **Prednisolut** *Amp. 10mg/2ml, 25mg/5ml, 50mg/2ml, 100mg/5ml, 250mg/5ml, 500mg/5ml, 1g/10ml* **Solu-Decortin H** *Amp. 10mg/1ml, 25mg/1ml, 50mg/1ml, 100mg/1ml, 250mg/5ml, 500mg/5ml, 1g/10ml*	Zahlreiche Ind (s. FachInfo); **hohe Dosis:** 80-100(250)mg/d; **mittl. Dosis:** 40-80mg/d; **niedrige Dosis:** 10-40mg/d; **sehr niedrige Dosis:** 1.5-7.5 (10) mg/d; **Ki: hohe Dosis:** 2-3mg/kg/d; **mittlere Dosis:** 1-2mg/kg/d; **Erhaltungsdosis:** 0.25mg/kg/d; **Anaphyl. Schock:** 1g i.v; **toxisches Lungenödem:** 1g i.v., **Ki. 10-15mg/kgKG,** evtl. nach 6, 12 u. 24h wiederholen; **Status asthmaticus:** 100-500mg i.v., **Ki. 2mg/kgKG**; Weiterbehandl. alle 6h mit gleicher oder niedrigerer Dosis, dann Dosisred.; **Pseudokrupp:** 100mg rekt., bei Bedarf nach 1h erneut 100mg; 3-5mg/kgKG i.v., evtl. nach 2-3h wdh.; **Addison-Krise:** 25-50mg i.v., dann orale Weiterbehandlung + Mineralokortikoid		
Prednison Rp	HWZ 1.7-3h, Qo 1.0, PPB 75%, PRC C, Lact +	3.5	
Decortin *Tbl. 5, 20, 50mg* **Lodotra** *Tbl. (ret.) 1, 2, 5mg* **Prednison HEXAL** *Tbl. 5, 20, 50mg* **Rectodelt** *Supp. 100mg*	Zahlreiche Ind. (s.FachInfo); **hohe Dosis:** 80-100 (250) mg/d; **mittlere Dosis:** 40-80mg/d; **niedrige Dosis:** 10-40mg/d; **sehr niedrige Dosis:** 1.5-7.5 (10) mg/d; **Ki: hohe Dosis:** 2-3mg/kg/d; **mittlere Dosis:** 1-2mg/kg/d; **Erhaltungsdosis:** 0.25mg/kg/d; **(Pseudo-)Krupp, spastische Bronchitis bei Ki.:** 1 x 100mg rekt., max. 200mg/d		
Triamcinolon Rp	HWZ 2-3h, Qo 1.0, PPB 80%, PRC C, Lact ?	5	
TriamHEXAL *10/40(KS)mg/1ml* **Volon** *Tbl. 4, 8, 16mg* **Volon A** *Amp. 10(KS)mg/1ml, 40(KS)mg/1ml; Inj.Lsg. 50mg/5ml, 200mg/5ml; Fertigspr. 40(KS)mg/1ml*	**Anw. in Rheumatologie, Dermatologie, Nephrologie, Pulmologie:** 1-100mg/d p.o.; **intraartikuläre, intrafokale, intramuskuläre, subläsionale Anwendung:** 10-80mg		

8.8 Selektive Immunsuppressiva

Wm/Wi (Abatacept): Inhibierung der Aktivierung von T-Lymphozyten; **Wm/Wi** (Adalimumab): spezifische Bindung an Tumornekrosefaktor-alpha (TNF-alpha); **Wm/Wi** (Anakinra): kompetitiver Antagonist an Interleukin-1-Typ-I-Rez. ⇒ Neutralisierung der proinflammatorischen Interleukin-1-Aktivität; Wm/Wi (Apremilast): Phosphodiesterase-4-Inhibitor ⇒ Modulation eines Netzwerks pro- und antiinflammatorischer Mediatoren ⇒ Downregulation der Entzündungsreaktion; **Wm/Wi** (Baricitinib): selektiver und reversibler Inhibitor der JAK 1 u. 2 ⇒ Modulation der immunologischen und inflammatorischen Antwort; **Wm/Wi** (Belimumab): humaner monoklonaler IgG1Kappa-AK ⇒ Bindung an B-Lymphozyten-Stimulator-Protein ⇒ hemmt Überleben von B-Zellen und reduziert deren Ausdifferenzierung; **Wm/Wi** (Canakinumab): humaner monoklonaler IL-1-beta-Antikörper ⇒ hemmt Bildung von Entzündungsmediatoren; Wm/Wi (Certolizumab): Fab-Fragment eines humanisierten AK ⇒ neutralisierende Wi auf TNF-Alpha ⇒ Hemmg. der Entzündungsaktivität; **Wm/Wi** (Etanercept): rekombin., dimeres Protein: bindet TNF und hemmt kompetitiv; **Wm/Wi** (Filgotinib): JAK-Inhibitor bevorzugt der JAK 1 ⇒ Hemmung der IL-6-induzierten STAT1-Phosphorylierung ⇒ Modulation der immunologischen und inflammatorischen Antwort; **Wm/Wi** (Golimumab): humaner, monoklonaler AK ⇒ Komplexbildung mit TNF-Alpha ⇒ Hemmung der Entzündungsaktivität; Wm/Wi (Infliximab): chimärer, monoklon., human-muriner AK von TNF-alpha ⇒ hemmt Entzündungsaktivität bei M. Crohn und rheumatoider Arthritis; **Wm/Wi** (Sarilumab): humaner, monoklon. AK, der an IL-6 bindet ⇒ hemmt proinflammat. IL-6-Wi; Wm/Wi (Tocilizumab): bindet an IL-6-Rez. ⇒ hemmt proinflammat. IL-6-Wi; **Wm/Wi** (Tofacitinib, Upadacitinib): selekt. Inhibitor der JAK 1 u. 3 ⇒ ↓ Signalübertragung von Interleukinen ⇒ Modulation d. immunologischen u. inflammatorischen Antwort; **Wm/Wi** (Vedolizumab): humanisierter monoklonaler Antikörper, der an das α4-β7-Integrin von T-Helfer-Lymphozyten bindet ⇒ Hemmung der Migration in den GI-Trakt; **UW** (Abatacept): Kopfschmerzen, Übelkeit, Leberwerte ↑, Benommenheit, Husten, Bauchschmerzen, Übelkeit, Exanthem, Atemwegsinfekte, Hypertonie, Flush, Fatigue; **UW** (Adalimumab): BB-Veränd., Kopfschmerzen, Atemwegs- und Harnwegsinf., Übelkeit, Diarrhoe, Hautausschlag, Herpes simplex, Grippesyndrom; **UW** (Anakinra): Kopfschmerzen, Reaktion an Einstichstelle, Infekte, Neutrophile ↓; **UW** (Apremilast): Bronchitis, Infekt. der oberen Atemwege, Nasopharyngitis, Appetit ↓, Schlaflosigkeit, Migräne, (Spannungs-)Kopfschmerz, Husten, Diarrhoe, Übelkeit, Erbrechen, Dyspepsie, häufiger Stuhlgang, Oberbauchschmerzen, gastroösoph. Refluxkrankheit, Rückenschmerzen, Fatigue; **UW** (Baricitinib): Infektion d. oberen Atemwege, Hypercholesterinämie, Herpes zoster, Herpes simplex, Gastroenteritis, Harnwegsinfektionen, Übelkeit, Thrombozytose, Übelkeit, ALT-Erhöhung; **UW** (Belimumab): Bronchitis, virale Gastroenteritis, (Naso-)Pharyngitis, Zystitis, Leukopenie, Überempfindlichkeitsreakt., Depression, Schlaflosigk., Migräne, Diarrhoe, Übelkeit, Schmerzen an den Extremitäten, Infusionsreaktionen, Fieber; **UW** (Canakinumab): Nasopharyngitis, Harnwegsinf., Inf. der oberen Atemwege, Virusinfektion, Influenza, Pneumonie, Gastroenteritis, Sinusitis, Tonsillitis, Otitis media, Nasopharyngitis, Schwindel, Vertigo, Reaktion a.d. Inj.Stelle, Oberbauchbeschwerden, Gelenkschmerzen, Schmerzen der Skelettmuskulatur, Rückenschmerzen, renale CrCl ↓, Proteinurie, Leukopenie, Neutropenie, Erschöpfung, Asthenie; **UW** (Certolizumab): Infektionen der Harnwege/oberen Atemwege, Kopfschmerzen, Schwindel, Erbrechen, Hautausschlag, Pruritus, Erschöpfung, Reaktion an der Einstichstelle; **UW** (Etanercept): Kopfschmerzen, Reaktion an der Einstichstelle, Infektionen, Rhinitis; **UW** (Filgotinib): Harnwegsinfektion, Infektion d. oberen Atemwege, Herpes zoster, Pneumonie, Neutropenie, Hypercholesterinämie, Schwindel, Übelkeit, CK-Erhöhung;

UW (Golimumab): Infekt. d. oberen Atemwege, virale Inf., oberfl. Pilzinfektionen, Anämie, allerg. Reaktionen, Depression, Schlaflosigkeit, Schwindel, Parästhesien, Kopfschmerzen, Hypertonie, GI-Strg., Alopezie, Dermatitis, Juckreiz, Hautausschlag, Transamninasen ↑, verzögerte Wundheilung, Fieber, Asthenie, Reaktion an der Einstichstelle; **UW** (Infliximab): virale Inf., Bronchitis, Pneumonie, Sinusitis, Kopfschmerz, Schwindel, Benommenheit, RR ↑, Nausea, Diarrhoe, Hautausschlag, Harnwegsinf., Brustschmerz, Ermüdung; **UW** (Sarilumab): Infektionen des ob. Respirationstrakts, Harnwegsinf., Nasopharyngitis, oraler Herpes, Neutro-, Thrombopenie, Hypercholesterinämie, Hypertriglyzeridämie, Transaminasen ↑, Rötung/Juckreiz an Inj.Stelle; **UW** (Tocilizumab): Infekt. des ob. Respirationstrakts, Leukopenie, Hypertonie, Kopfschmerzen, Konjunktivitis, Hypercholesterinämie, Schwindel, Transaminasen ↑, Exanthem, Pruritus, Mundulzera, Gastritis, Pneumonie, Herpes zoster/simplex; **UW** (Tofacitinib): Nasopharyngitis, Pneumonie, Influenza, Herpes Zoster, Harnwegsinf., Sinusitis, Bronchitis, Leukopenie, Anämie, Dyslipidämie, Hyperlipidämie, Insomnie, Kopfschmerzen, Hypertonie, Dyspnoe, Husten, Bauchschmerzen, Erbrechen, Diarrhoe, Übelkeit, Gastritis, Dyspepsie, Exanthem, Muskelschmerzen, Arthralgie, per. Ödem, Pyrexie, Fatigue, Leberenzyme ↑, Gewicht ↑, Transamin./ Cholesterin/CK ↑; **UW** (Upadacitinib): Infekt. d. oberen Atemwege, Neutropenie, Hypercholesterinämie, Husten Übelkeit, Fieber, Gewicht ↑, Transaminasen/CK ↑; **UW** (Vedolizumab): Nasopharyngitis, Bronchitis, Gastroenteritis, Infektionen d. oberen Atemwege, Grippe, Sinusitis, Pharyngitis, Kopfschmerzen, Parästhesie, Hypertonie, oropharyngeale Schmerzen, verstopfte Nase, Husten, anale Abszesse, Analfissur, Übelkeit, Verdauungsstrg., Verstopfung, Meteorismus, Hämorrhoiden, Exanthem, Juckreiz, Erythem, Ekzem, Nachtschweiß, Akne, Arthralgie, Muskelkrämpfe, Rückenschmerzen, Muskelschwäche, Müdigk., Fieber; **KI** (Abatacept): bek. Überempf., schwere/opportun. Infekte; **KI** (Adalimumab): aktive Tbc, schwere/opportun. Infekte, Herzinsuff. NYHA III–IV; **KI** (Anakinra): bek. Überempf., schwere Nierenfktsstrg.; **KI** (Apremilast): bek. Überempf., Grav.; **KI** (Baricitinib): bek. Überempf., Grav.; **KI** (Belimumab): bek. Überempf.; **KI** (Canakinumab): bek. Überempf., aktive schwere Infekt.; **KI** (Certolizumab, Golimumab): bek. Überempf., aktive Tbc, schwere/opportunist. Infekte, Herzinsuff., NYHA III–IV; **KI** (Etanercept): bek. Überempf., akute Infektionen; **KI** (Filgotinib): bek. Überempf., aktive Tuberkulose, aktive schwere Infekt., Grav.; **KI** (Infliximab): Sepsis, manifeste Infektionen, Abszesse, Tbc, Grav./ Lakt., Ki. < 17J, wiederh. Verabreichung nach arzneimittelfreiem Intervall von 15W bis 2J; **KI** (Sarilumab): bek. Überempf., aktive schw. Infektionen; **KI** (Tofacitinib): bek. Überempf., aktive Tuberkulose, schw. Infektionen, opportun. Infektionen, schwere Leberfunktionsstörung Grav./Lakt.; **KI** (Upadacitinib): bek. Überempf., aktive Tuberkulose, aktive schwere Infektionen, schwere Leberinsuff, Grav.; **KI** (Vedolizumab): bek. Überempf., aktive schw. Inf. wie Tuberkulose, Sepsis, CMV-Infektion, Listeriose, opportunistische Infektionen, wie z.B. PML

Siehe auch Immunsuppressiva → 289

Abatacept Rp	HWZ 13d, PRC C, Lact
Orencia *Inj.Lsg. 125; Inf.Lsg. 250mg*	**Rheumatoide Arthritis, Psoriasisarthritis:** Komb. mit MTX, W 0, 2, 4, dann alle 4W: < 60kg: 500mg i.v.; 60–100kg: 750mg i.v; > 100kg: 1g i.v.; 1 x 125mg s.c. wöchentlich ggf. mit Aufsättigungsdosis i.v. an d0; **Juvenile idiopath. Arthritis: Ki. 6–17J:** 10mg/kg i.v., max. 1g W 0, 2, 4, dann alle 4W **DANI, DALI** keine Daten

Adalimumab Rp	HWZ 10-20d, PRC B, Lact ?
Amgevita *Fertigspr./Pen 20, 40mg* **Hulio** *Fertigspr./Pen 20, 40mg* **Humira** *Fertigspr./Pen/Inj.Lsg. 20, 40, 80mg* **Hyrimoz** *Fertigspr./Pen 40mg* **Idacio** *Fertigspr./Pen 40mg* **Imraldi** *Fertigspr./Pen 40mg*	**Rheumatoide Arthritis:** 40mg alle 2W s.c. bei Kombination mit MTX; bei Monotherapie bis 40mg 1x/W; **Ankylosierende Spondylitis, axiale Spondylarthritis, Psoriasisarthritis:** 40mg s.c. alle 2W; **Hidradenitis suppurativa**: W0 160mg, W2 80mg, ab W4 40mg 1x/W; **juvenile idiopathische Arthritis: Ki. 2-12J:** 24mg/m^2 s.c. alle 2W; **13-17J:** 40mg s.c. alle 2W; **Enthesitis-assoziierte Arthritis:** 24mg/m^2 s.c. alle 2 W, max. ED 40mg; **M. Crohn:** W0: 80 (ggf. 160)mg; W2: 40 (ggf. 80)mg; dann 40mg s.c. alle 2W (ggf. 1x/W); **Ki. < 40kg:** W0: 40 (ggf. 80)mg; W2: 20 (ggf. 40)mg, dann 20mg s.c. alle 2W (ggf. 1x/W); **> 40kg:** W0 80 (ggf. 160)mg; W2: 40 (ggf. 80)mg, dann 40mg s.c. alle 2W (ggf. 1x/W); **Colitis ulcerosa:** W0: 160mg s.c.; W2: 80mg, dann 40mg alle 2W; **Psoriasis:** ini 80mg s.c., dann 40mg alle 2W; **Plaque-Psoriasis: Ki. ≥ 4J:** 0.8mg/kg, max. 40mg W0 u. 1, dann 0.8mg/kg alle 2W; **Uveitis:** W0: 80mg s.c., W1: 40mg, dann 40mg alle 2W; **Ki. < 30kg:** 20mg alle 2W, Kombin. m. MTX; **≥ 30kg:** 40mg alle 2W, Komb. m. MTX; **DANI, DALI** keine Daten
Anakinra Rp	HWZ 4-6h, PRC B, Lact ?
Kineret *Fertigspr. 100mg/0.67ml*	**Rheumatoide Arthritis:** 1 x 100mg s.c.; Kombination mit Methotrexat → 223; **Cryopyrin-assoz. periodische Syndrome: Ki. ab 8M, 10kg:** ini 1-2mg/kg tgl. s.c., bei schwerem Verlauf ggf. auf 3-4mg/kg steigern, max. 8mg/kg; **Still-Syndrom:** 1 x 100mg s.c.; < 50kg: 1-2mg/kg/d; **DANI** CrCl < 30: KI; **DALI** nicht erf.
Apremilast Rp	HWZ 9h, PPB 68%, PRC C, Lact ?
Otezla *Tbl. 10, 20, 30mg*	**Aktive Psoriasisarthritis, chron. Plaque-Psoriasis, Behçet-Syndr.:** d1: 1 x 10mg p.o.; d2: 2 x 10mg; d3: 10mg morgens, 20mg abends; d4: 2 x 20mg; d5: 20mg morgens, 30mg abends; ab d6: 2 x 30mg p.o.; **DANI** CrCl ≥ 30: 100%; < 30: 1 x 30mg; **DALI** nicht erf.

Baricitinib Rp	HWZ 12.5h, PPB 50%
Olumiant *Tbl. 2, 4mg*	**Rheumatoide Arthritis:** 1 x 4mg p.o.; Komb. mit Methotrexat → 223; **mittelschwere bis schwere atopische Dermatitis:** 1 x 4mg/d p.o. (>18 J); **DANI** CrCl 30-60: 1 x 2mg; < 30: Anw. nicht empfohlen; **DALI** leichte bis mittelschwere LI: 100%; schwere LI: Anw. nicht empfohlen;
Belimumab Rp	HWZ 19.4d, PRC C, Lact ?
Benlysta *Inf.Lsg. 120, 400mg; Fertigspr., Pen 200mg*	**Zusatzther. bei aktivem system. Lupus eryth.:** 10mg/kg i.v. an d0, 14, 28, dann alle 4W; 200mg s.c. 1x/W; **DANI, DALI** nicht erf.
Canakinumab Rp	HWZ 26d
Ilaris *Inj.Lsg. 150mg*	**Cryopyrin-assoziierte period. Syndrome: Ki 2- < 4J, ≥ 7.5kg:** 4mg/kg alle 8W s.c.; **Erw., Ki ≥ 4J, 7.5- < 15kg:** 4mg/kg; **≥15- ≤40kg:** 2mg/kg; **> 40kg:** 150mg jew. alle 8W s.c.; ggf. bis 8mg/kg od. 600mg alle 8W.; **Still-Syndrom, adultes Still-Syndrom, systemische juvenile idiopath. Arthritis: ≥ 7.5kg:** 4mg/kg, max. 300mg alle 4W s.c.; **Gichtarthritis:** 150mg s.c. als ED; **DANI** nicht erf.; **DALI** keine Daten
Certolizumab Pegol Rp	HWZ 14d, PRC B, Lact ?
Cimzia *Fertigspr. 200mg/ml*	**Alle Ind:** ini 400mg s.c. in W 0, 2 und 4; **Erh.Dos.: rheumatoide Arthritis, Psoriasis-arthritis:** Komb. mit MTX, 200mg s.c. alle 2W od. 400mg alle 4W; **axiale Spondylarthritis:** 200mg alle 2W oder 400mg alle 4W; **Plaque-Psoriasis:** 200mg alle 2W, ggf. 400mg alle 2W; **DANI, DALI** keine Daten
Etanercept	Rp HWZ 90-300h, PRC B, Lact
Benepali *Fertigspr., Pen 25, 50mg* **Enbrel** *Fertigspr. 25, 50mg; Inj.Lsg. 10mg/1ml, 25mg/1ml, 50mg/1ml* **Erelzi** *Fertigspr., Pen 25, 50mg*	**Rheumatoide Arthritis:** 2 x 25mg/W oder 1 x 50mg/W s.c.; **juvenile idiop. Arthritis: Ki. > 2J:** 2 x 0.4mg/kg/W s.c.; max. 25mg oder 1 x 0.8mg/kg/W, max. 50mg s.c.; **Psoriasisarthritis, M. Bechterew:** 2 x 25mg/W oder 1 x 50mg/W s.c.; **Plaque-Psoriasis:** 2 x 25mg/W od. 1 x 50mg/W, ggf. 2 x 50mg/W bis zu 12W, dann 2 x 25mg/W, max. für 24W; **Ki. > 6J.:** 1 x 0.8mg/kg/W s.c. max. 50mg für max. 24W; **DANI, DALI** nicht erforderlich

Filgotinib Rp	HWZ 7 (19)h, PPB 57%
Jyseleca *Tbl. 100, 200mg*	**Rheumatoide Arthritis: Monoth. oder Komb. m. MTX:** 1 x 200mg p.o.; Pat > 75J ini 1 x 75mg; **DANI** CrCl m60: 100%; 15-59: 1 x 100mg; <15: Anw. nicht empf.; **DALI** Child A, B: 100%; C: Anw. nicht empf.
Golimumab Rp	HWZ 9-15d, PRC B, Lact ?
Simponi *Fertigspr. 50mg/0.5ml, 100mg/1ml; Inj.Lsg. 50mg/0.5ml*	**Rheumatoide Arthritis , Psoriasisarthritis, M. Bechterew:** 1 x 50mg/M s.c.; > 100kg: bei fehlendem Ansprechen evtl. auf 1 x 100mg/M steigern; **juv. idiop. Arthritis:** Ki. ≥ 40kg: 1 x 50mg/M; **Colitis ulcerosa:** < 80kg: ini 200mg s.c., nach 2W 100mg, dann 50mg alle 4W; ≥ 80kg: ini 200mg s.c., nach 2W 100mg, dann 100mg alle 4W; **DANI, DALI** keine Daten
Infliximab Rp	HWZ 9.5d, PRC C, Lact ?
Flixabi *Inf. Lsg. 100mg* **Inflectra** *Inf. Lsg. 100mg* **Remicade** *Inf.Lsg. 100mg* **Remsima** *Inf.Lsg. 100mg; Fertigspr./Pen 120mg* **Zessly** *Inf. Lsg. 100mg*	**Rheumatoide Arthritis:** 3mg/kg über 2h i.v., Wdh. nach 2 u. 6W, dann alle 8W; ggf. steigern bis max. 7.5mg/kg alle 8W oder 3mg/kg alle 4W; Kombination mit MTX → 223; **M. Crohn, Colitis ulcerosa:** **Erw., Ki 6-17J:** 5mg/kg über 2h i.v., Wdh. nach 2 und 6W, dann alle 8W; **M. Bechterew, Psoriasis, Psoriasisarthritis:** 5mg/kg über 2h i.v., in W2 und 6 wdh., bei gutem Ansprechen alle 6-8W wdh. (s. FI); s.c.-Applikation (alle Ind.): ini 3 bzw. 5mg/kg (s.o.) i.v. W0 und 2, ab W6 120mg s.c. alle 2W; **DANI, DALI** keine Daten
Rituximab Rp	HWZ 76-206h
MabThera *Inf.Lsg. 100, 500mg; Inj.Lsg. 1400mg/11.7ml (120mg/ml)* **Rixathon** *Inf.Lsg. 100mg/10ml; 500mg/50ml* **Ruxience** *Inf.Lsg. 100mg/10ml; 500mg/50ml* **Truxima** *Inf.Lsg. 500mg*	**Rheumatoide Arthritis**: 1g i.v. d1, Wdh. d15; **Non-Hodgkin-Lymph., CLL; Granulomatose mit Polyangiitis/mikroskop. Polyangiitis:** 1 x 375mg/m^2/W i.v. f. 4W; **DANI, DALI** keine Angaben
Sarilumab Rp	HWZ 21d
Kevzara *Fertigspr., Pen 150, 200mg*	**Rheumatoide Arthritis:** 200mg alle 2W s.c., Kombination mit MTX oder Monotherapie; bei Neutropenie, Leukopenie, erhöhte Leberenzyme: 150mg alle 2W s.c.; **DANI** leichte bis mittelschwere NI: 100%, schwere NI: keine Daten; **DALI** keine Daten

Tocilizumab Rp	HWZ 8-14d
RoActemra *Inf.Lsg. 80mg/4ml, 200mg/10ml, 400mg/20ml; Inj.Lsg. 162mg/0.9ml*	**Rheumatoide Arthritis:** alle 4W 8mg/kg über 1h i.v., max. 800mg/Inf.; 1 x 162mg s.c. alle 7d; Monotherapie und/oder Kombination mit MTX → 223; **system. juvenile idiop. Arthritis:** ≥ 30kg: 8mg/kg alle 2W i.v.; < 30kg: 12mg/kg alle 2W i.v.; **polyartikuläre juvenile idiopath. Arthritis:** ≥ 30kg: 8mg/kg alle 4W i.v.; < 30kg: 10mg/kg alle 4W i.v.; **Cytokine-release-Syndrom:** ≥ 30kg: 8mg/kg i.v.; < 30kg: 12mg/kg; **DANI** nicht erf.; **DALI** keine Daten
Tofacitinib Rp	HWZ 3h, Qo 0.7, PPB 40%
Xeljanz *Tbl. 5mg*	**Rheumatoide Arthritis, Psoriasisarthritis:** 2 x 5mg p.o., Kombination mit MTX → 223; Dosisanpassung nach Toxizizität s. FI; **Colitis ulcerosa:** 2 x 10mg p.o. für 8W (ggf. 16W), dann 2 x 5mg; **DANI** CrCl ≥ 30: 100%, < 30: 1-2 x 5mg; **DALI** Child A: 100%, B: 1-2 x 5mg, C: KI
Upadacitinib Rp	HWZ 9-14h, PPB 52%
Rinvoq *Tbl. 15 (ret.)mg*	**Rheumatoide Arhritis:** 1 x 15mg p.o.; **DANI** leichte bis mittelschwere NI: 100%; schwere NI: vors. Anw.; **DALI** Child A, B: 100%; C: KI
Vedolizumab Rp	HWZ 25d
Entyvio *Inf.Lsg. 300mg/5ml; Fertigspr., Pen 108mg*	**Colitis ulcerosa, M. Crohn:** 300mg über 30min i.v. W0, 2 und 6, dann alle 8W 300mg i.v. oder 300mg i.v. W0 und 2 dann ab W6 108mg s.c. alle 2W; **DANI** keine Daten; **DALI** keine Daten

9 Infektiologie

9.1 Keimempfindlichkeit: Keime – Antibiotika

Keim	Penicillin G	Penicillin V	Flucloxacillin	Ampicillin	Ampic. + Sulbact.	Piperac.+Tazobact.	Cefadroxil	Cefotaxim	Imipenem	Doxycyclin	Clarithromycin	Gentamicin	Levofloxacin	Ciprofloxacin	Cotrimoxazol	Metronidazol	Vancomycin	Linezolid
Streptokokken A, B, C, G	1	1	+	++	++	++	A	++	++	+	A	–	A	+	+	–	++	A
Streptococcus viridans	1	++	+	++	++	++	A	++	++	+	A	–	A	+	+	–	++	A
Pneumokokken[1]	1	++	++	++	1	++	A	A	++	++	A	–	1	+	+	–	A	A
Enterococcus faecalis	–	–	–	1	++	++	–	–	+	+	–	–	++	+	+	–	1	1
VRE[2]	–	–	–	+	+	+	–	–	–	++	–	–	–	–	+	–	–	1
Staph. aureus (MSSA[3])	+	+	1	+	+	++	A	++	++	++	A	A	A	+	++	–	A	A
Staph. aureus (MRSA[4])	–	–	–	–	–	–	–	–	–	–	–	–	–	–	A	–	1	1
Corynebact. diphtheriae	1	++	+	++	++	++	+	–	+	+	1	+	++	–	+	–	++	A
Neisseria meningitidis	1	+	+	++	++	++	+	A	++	–	–	++	A	A	–	–	–	–
Haemophilus influenzae	–	–	–	1	++	++	++	A	A	+	++	++	1	A	A	–	–	–
Escherichia coli	–	–	–	++	++	A	++	1	A	++	–	++	A	A	++	–	–	–
Klebsiella spp.	–	–	–	–	+	+	++	1	1	++	–	++	A	A	A	–	–	–
Proteus mirabilis	–	–	–	1	A	A	++	1	1	–	–	++	A	A	++	–	–	–
Proteus vulgaris	–	–	–	–	++	++	–	1	1	–	–	++	1	1	A	–	–	–
Enterobacter spp.	–	–	–	–	–	++	+	A	1	++	–	++	A	A	+	–	–	–
Serratia spp.	–	–	–	–	+	++	–	A	1	++	–	++	A	1	+	–	–	–
Salmonella enterica	–	–	–	+	++	++	+	A	A	+	–	++	A	1	++	–	–	–
Pseudomonas aeruginosa	–	–	–	–	–	A	–	+	1	+	–	A	A	A	–	–	–	–
Stenotrophomonas	–	–	–	–	–	++	–	+	–	++	–	+	A	A	1	–	–	–
Borrelia (systemisch)	A	A	+	+	+	+	+	A	+	A	+	+	+	+	+	–	–	–
Treponema	1	++	+	++	++	++	–	A	–	++	+	–	–	–	–	–	–	–
Legionella pneumophila	–	–	–	–	–	–	–	+	+	++	1	–	1	1	++	–	–	–
Actinomyces spp.	A	A	+	A	A	A	–	+	++	A	++	–	++	++	+	A	++	++
Clostridien (ohne Cl. difficile)	1	++	+	++	++	++	–	+	1	++	++	–	++	–	–	1	A	A
Bacteroides fragilis	–	–	–	+	++	++	–	+	1	++	–	–	A	+	–	1	–	–
Chlamydien	–	–	–	–	–	–	–	–	–	1	A	–	A	A	–	–	–	–
Mykoplasmen	–	–	–	–	–	–	–	–	–	A	1	–	A	+	–	–	–	–
Rickettsien	–	–	–	–	–	–	–	–	–	1	+	–	A	A	–	–	–	–

		1. Spalte
1	Therapie 1. Wahl	gramneg.
A	Alternativtherapie	grampos.
++	Gut wirksam	ohne Zellwand
+	Mäßig wirksam	
–	Nicht anzuraten	

Quelle: Antibiotika pc Set 2020–2021; Hof, Börm Bruckmeier Verlag; [1] Streptococcus pneumoniae; [2] Vancomycinresistente Enterokokken; [3] Methicillinsensitiver Staph. aureus; [4] Methicillinresistenter Staph. aureus

9.2 Penicilline

9.2.1 Beta-Lactamase-sensitive Penicilline

Empf.: Pneumo-, Strepto-, Meningo-, Staphylokokken (nur noch wenige Stämme), Aktinomyceten, Leptospiren, C. diphtheriae, Treponemen, Borrelien, Pasteurella multocida, Fusobakterien, Peptokokken, Clostridien;
resist.: Enterobakterien, Pseudomonas, B. fragilis, E. faecium, Nocardia, Mykoplasmen, Chlamydien, Beta-Lactamase-Bildner;
UW (Penicillin G, Benzylpenicillin-Benzathin): dosisabhängige Neutropenie, allergische Hautreaktionen, angioneurotisches Ödem, Larynxödem, allergische Vaskulitis, Erythema nodosum, allergische Purpura, arterielle Gefäßverschlüsse, eosinophile pulmonale Infiltrate, Arzneimittelfieber, Bronchospasmen, Serumkrankheit, anaphylaktische Reaktionen, Benommenheit, Halluzinationen, Hyperreflexie, Myoklonien (Übergang in fokale, später generalisierte Krampfanfälle und komatöse Zustände möglich);
UW (Phenoxymethylpenicillin): Übelkeit, Erbrechen, Appetitlosigkeit, Magendrücken, Bauchschmerzen, Flatulenz, weiche Stühle, Diarrhoe, Exanthem, Urtikaria, Juckreiz, Schleimhautentzündungen (besonders Glossitis, Stomatitis);
KI: bekannte Überempfindlichkeit gegen Penicilline und Betalactam-Antibiotika

Benzylpenicillin-Benzathin Rp — HWZ Tage bis Wochen

Gewebegängigkeit	ZNS	entzünd.	Lunge	ELF	Galle	Leber	Prostata	Niere	Knochen
	+	++	++	k.A.	++	++	++	++	+

Pendysin *Inj.Lsg. 1.2 Mio IE* **Tardocillin** *Inj.Lsg. 1.2 Mio IE*	**Rezidiv-Pro. rheumatisches Fieber:** 1-2 x/M 1.2 Mio IE i.m.; **Lues I/II:** 2.4 Mio IE i.m. (verteilt auf 2 Injektionsstellen); **Ki. > 1M:** 50000 IE/kg/W, max. 2.4 Mio. IE, für 3 W

Penicillin G (Benzylpenicillin) Rp — HWZ 20-50min, Q0 0.4, PPB 45-65%, PRC B, Lact +

Gewebegängigkeit	ZNS	entzünd.	Lunge	ELF	Galle	Leber	Prostata	Niere	Knochen
	+	++	++	++	++	++	++	++	+

Penicillin G infectoph. *Inf. Lsg. 1, 5, 10 Mio IE*	**Normal empfindliche Keime:** 1-5 Mio IE/d i.v./i.m. in 4-6ED; **Meningitis, Endokarditis:** 20-60 Mio IE/d i.v.; **NG:** 0.05-0.1 Mio IE/kg/d i.v. in 2ED; **Ki. 1-12M:** 0.05-1 Mio IE/kg/d i.v. in 3-4ED; **1-12J:** 0.05-0.5 Mio IE/kg/d i.v. in 4-6ED; **DANI** CrCl 46-120: 5 Mio IE in 3ED; 19-45: 4 Mio IE in 3ED; 9-18: 5 Mio IE in 2ED; 3-8: 3 Mio IE in 2ED; < 2: 2 Mio IE in 2ED

Penicillin V (Phenoxymethylpenicillin) Rp					HWZ 35 min Q0 0.6 PPB 71-89% PRC B Lact+				
Gewebe-gängigkeit	ZNS	entzünd.	Lunge	ELF	Galle	Leber	Prostata	Niere	Knochen
	-	-	++	++	++	++	++	++	k.A.

Infectocillin *Trockensaft (5ml = 0.25, 0.3, 0.4, 0.5 Mio IE)* **Isocillin** *Tbl. 1.2 Mio IE; Trockensaft (5ml = 0.3 Mio IE)* **Pen Mega** *Tbl. 0.4, 1, 1.5 Mio IE* **PenHEXAL** *Tbl. 1, 1.5 Mio IE; Trockensaft (4ml = 0.32 Mio IE)* **Penicillin V-ratioph.** *Tbl. 1, 1.5 Mio IE*	**HNO-, Atemweg-, Haut-, Mund-Kiefer-Zahn-Infektionen, Endokarditispro., Rezidiv-Pro. rheumatisches Fieber, Scharlach, Erysipel, Lymphadenitis:** 3 x 0.6-1.5 Mio IE p.o.; **Ki. < 1M:** 45000-60000IE/kg/d; **2.-3.M:** 40000-64000IE/kg/d; **4.M-1J:** 400000-600000IE/d p.o. in 3-4ED; **1-2J:** 600000-900000IE/d; **2-4J:** 900000-1.4 Mio IE/d; **4-8J:** 1.2-1.8 Mio IE/d; **8-12J:** 1.2-2.4 Mio IE/d; **DANI** CrCl > 15: 100%; < 15: 2 x 0.6-1.5 Mio IE

9.2.2 Beta-Lactamase-resistente Penicilline (Isoxazolylpenicilline)

Empf. und resist.: gute Aktivität gegen Beta-Lactamase-bildende Staphylokokken; bei den übrigen grampositiven Bakterien jedoch schwächere Aktivität als Penicillin G; **UW** (Flucloxacillin): Übelkeit, Erbrechen, Diarrhoe, Thrombophlebitis (bei i.v.-Gabe); **KI** (Flucloxacillin): bekannte Überempfindlichkeit gegen Penicilline und Betalactam-Antibiotika, Ikterus/Leberenzymanstieg unter Flucloxacillin-Therapie in der Vorgeschichte; intraarterielle, intrathekale oder subkonjunktivale Anwendung

Flucloxacillin Rp					HWZ 0.7-1 h, Q0 0.3, PPB 92-96%				
Gewebe-gängigkeit	ZNS	entzünd.	Lunge	ELF	Galle	Leber	Prostata	Niere	Knochen
	-	-	k.A.	++	k.A.	k.A.	k.A.	k.A.	++

Fluclox *Inf.Lsg. 1, 2g* **Flucloxacillin Altamedics** *Kps. 500mg* **Staphylex** *Kps. 250, 500mg; Inf.Lsg. 0.25, 0.5, 1, 2g*	**Staphylokokken-Infektion:** 3 x 1g p.o.; 3 x 1-2g i.v./i.m., max. 12g/d p.o./i.v., max. i.m.-ED: 2g; **Ki. < 6J:** 40-50mg/kg/d p.o./i.v. in 3ED; **6-10J:** 3 x 250-500mg p.o./i.v.; **10-14J:** 3-4 x 500mg p.o./i.v.; **DANI** CrCl 18: 1.5g in 4ED; 8: 1.5g in 3ED; 2: 1g in 3ED; 0.5: 2g 1x/d; **DALI** nicht erforderlich

Methicillin Wegen Toxizität nicht mehr im Handel

Verwendung nur noch zur Resistenzprüfung bei Staphylokokken;
MRSA = Methicillin-resistant Staphylococcus-aureus;
MSSA = Methicillin-sensitive Staphylococcus-aureus

9.2.3 Penicilline mit erweitertem Spektrum

Empf. (Amoxicillin, Ampicillin): im Vergleich zu Penicillin G zusätzlich Enterokokken, H. influenzae, E. coli, Listerien, Proteus mirabilis, Salmonellen, Shigellen;
resist. (Amoxicillin, Ampicillin): Bacteroides fragilis, Pseudomonas, E. faecium, Nocardia, Mykoplasmen, Chlamydien, Beta-Lactamase-Bildner, Klebsiellen, Yersinien;
empf. (Pivmecillinam): Enterobacter spp., E. coli, Klebsiellaspp., Proteus mirabilis;
resist. (Pivmecillinam): Ent. faecalis, E. faecium, Pseudomonas spp.;
empf. (Temocillin): die meisten aeroben gramneg. Bakt.;
resist. (Temocillin): P. aeruginosa, Acinetobacter spp., anaerobe Bakt., grampos. Bakt.
UW (Amoxicillin): dosisabhängig Magenschmerzen, Übelkeit, Erbrechen, Meteorismus, weiche Stühle, Diarrhoe, Exanthem, Juckreiz, Enanthem; **UW** (Ampicillin): Magenschmerzen, Übelkeit, Erbrechen, Meteorismus, weiche Stühle, Diarrhoe, Pruritus, Rash, Exanthem (masernartig); **UW** (Pivmecillinam): Diarrhoe, Übelkeit, vulvovaginale Pilzinfektion;
UW (Temocillin): allerg. Reaktionen, Thrombophlebitis;
KI (Amoxicillin): bek. Überempfindlichkeit gegen Penicilline und Betalactam-Antibiotika;
KI (Ampicillin): bek. Überempfindlichkeit gegen Ampicillin bzw. Penicilline;
KI (Pivmecillinam): bek. Überempf. gg. P., Penicilline und Cephalosporine; alle Bedingungen, die den Durchgang durch die Speiseröhre beeinträchtigen; genetische Stoffwechselstörungen, die zu schwerem Carnitinmangel führen, z.B. CarnitinTransporter-Defekte, Methylmalonazidurie und Propionazidämie; **KI** (Temocillin): bek. Überempf. gg. Penicilline und Betalactam-AB

Amoxicillin Rp — HWZ 1-2h, Qo 0.12, PPB 17-20%, PRC B, Lact +

Gewebe-gängigkeit	ZNS	entzünd.	Lunge	ELF	Galle	Leber	Prostata	Niere	Knochen
	-	+	-	++	++	++	k.A.	k.A.	k.A.

Amoxicillin-ratioph. *Tbl. 500, 750, 1000mg Trockensaft (1 Messl. = 250, 500mg)* **AmoxiHEXAL** *Tbl. 500, 750, 1000mg; Saft (1 Messl. = 250, 500mg)* **Amoxi-Saar** *Tbl. 500, 100mg* **Infectomox** *Trockensaft (1 Messl. = 250, 500, 750mg)*	**HNO-, Atemweg-, Harnweg-, MD-Trakt-, Haut-, Weichteilinf., Listeriose:** 3 x 750-1000mg p.o.; **Ki.** < **6J:** 50mg/kg/d in 3-4ED; **6-12J:** 900-2000mg/d in 3-4ED; **Endokarditis-Pro.:** 3g p.o. 3h vor Eingriff; **Ki.:** 50mg/kg; **H.P.-Eradikation:** 2 x 1g p.o. + 2 x 500mg Clarithromycin + 2 x 20mg Omeprazol; **DANI** CrCl: 20-30: 66%; < 20: 33%

Ampicillin Rp — HWZ 0.9h, Qo 0.06, PPB 20%, PRC B, Lact +

Gewebe-gängigkeit	ZNS	entzünd.	Lunge	ELF	Galle	Leber	Prostata	Niere	Knochen
	-	+	k.A.	++	++	k.A.	k.A.	k.A.	k.A.

Ampicillin-ratioph. *Inf.Lsg. 0.5, 1, 2, 5g*	**HNO-, Atemweg-, Harnweg-, MD-Trakt-, Haut-, Weichteilinf., Listeriose, Osteomyelitis, Typhus, Meningitis, Endokarditis:** 2-6g/d p.o. in 3-4ED; 1.5-6g/d i.v. in 2-4ED, max. 15g/d; **Ki.** < **6J:** 100(-150-200)mg/kg/d p.o./i.v. in 3-4ED; > **6J:** s. Erw.; **Meningitis** < **6J:** 200-400mg/kg/d i.v.; **DANI** CrCl: 20-30: 66%; < 20: 33%

Pivmecillinam Rp									HWZ 1h
Gewebe-gängigkeit	ZNS	entzünd.	Lunge	ELF	Galle	Leber	Prostata	Niere	Knochen
	k.A.	k.A.	k.A.	k.A.	+	k.A	k.A.	++	k.A.

Pivmelam Tbl. 400mg **X-Systo** *Tbl. 400mg*	**Akute, unkomplizierte Zystitis:** 3 x 400mg p.o. für 3d; Ki. ≥ 6J, < 40kg: 20-40mg/kg/d in 3-4 ED, max. 1200mg/d; **DANI, DALI:** nicht erf.

Temocillin Rp									HWZ 1h, PPB 85%
Gewebe-gängigkeit	ZNS	entzünd.	Lunge	ELF	Galle	Leber	Prostata	Niere	Knochen
	-	+	++	k.A.	k.A.	k.A.	++	k.A.	k.A.

Temopen *Inf.Lsg. 1, 2g*	**Komplizierte Harnwegs-, Wund-, untere Atemwegsinf., Bakteriämie:** 2 x 2g i.v., ggf. 6g/d in 3 ED oder Dauerinf.; Ki.: 25-50mg/kg/d in 2 ED, max. 4g/d; **DANI** CrCl: > 60: 2 x 2g; 30-60: 2 x 1g; 10-29, HD: 1 x 1g; **DALI**: nicht erf.

9.2.4 Penicilline mit Pseudomonaswirkung (Acylaminopenicilline)

Empf. und resist.: weitgehend identisch mit Breitbandpenicillinen; Piperacillin: zusätzlich gute Aktivität bei Pseudomonas aeruginosa; **UW** (Piperacillin): allergische Hautreaktionen, Juckreiz, Exanthem, Kopfschmerzen, Purpura, zentralnervöse Erregungszustände, Muskelzuckungen (Myoklonien), tonisch/klonische Krämpfe, Tremor, Schwindel, Schleimhautentzüdungen, Schleimhautblutungen, Anstieg von Serumkreatinin und Harnstoff; **KI** (Piperacillin): bek. Überempfindlichkeit gegen Penicilline und Betalactam-Antibiotika

Piperacillin Rp									HWZ 1h, Q0 0.3, PPB 16-21%, PRC B, Lact +
Gewebe-gängigkeit	ZNS	entzünd.	Lunge	ELF	Galle	Leber	Prostata	Niere	Knochen
	0	+	++	++	++	k.A	k.A.	k.A.	+

Piperacillin Eberth *Inf.Lsg. 1, 2, 4g* **Piperacillin Fresenius** *Inf.Lsg. 1, 2, 4g* **Piperacillin Ibisqus** *Inf.Lsg. 1, 2, 3, 4g* **Piperacillin Hikma** *Inf.Lsg. 2, 4g*	**Sepsis, Endokarditis, Meningitis, Peritonitis, Pneumonie, abdominelle, gynäkologische, Knochen-, Weichteilinfektionen:** 6-12g/d i.v. in 2-4ED max. 24g/d; **Ki. < 2kg:** 150mg/kg/d i.v. in 3ED; **> 2kg:** 300mg/kg/d in 3-4ED; **1M-12J:** 100-200mg/kg/d in 2-4ED; **DANI** CrCl 40-80: max. 4 x 4g; 20-40: 3 x 4g; < 20: 2 x 4g; HD: 3 x 2g

9.3 Beta-Lactamase-Inhibitoren

Empf.: Erweiterung des Spektrums von Penicillinen um Beta-Lactamase-bildende Stämme von Staphylokokken, Moraxella catarrhalis, E. coli, Haemophilus influenzae, Klebsiellen, Proteus, Gonokokken, Bact. fragilis; nur zusammen mit Beta-Lactam-Antibiotika wirksam!

Avibactam Nur in Kombination → 244

Clavulansäure Nur in Kombination → 238 — HWZ 60-75min

Sulbactam Rp							HWZ 1-2h, Qo 0.13, PPB 38%		
Gewebe-gängigkeit	ZNS	entzünd.	Lunge	ELF	Galle	Leber	Prostata	Niere	Knochen
	k.A.	k.A.	k.A.	k.A.	k.A.	k.A.	k.A.	k.A.	k.A.

Sulbactam Eberth *Inf.Lsg. 1g*	**Kombination mit Beta-Lactam-Antibiotika:** 3-4 x 0.5-1g i.v.; **Sgl., Ki.:** 50mg/kg/d in 3-4ED, max. 80mg/kg/d; **DANI** CrCl 15-30: max. 2g/d; < 15: max. 1g/d; HD: 1g alle 48h

Tazobactam Nur in Kombination → 239

9.3.1 Penicilline + Beta-Lactamase-Inhibitoren

Empf. (Amoxicillin + Clavulansäure): Enterococcus faecalis, Gardnerella vaginalis, Staph. aureus (Methicillin-empfindlich), Staph. agalactiae, Strept. pneumoniae, Strept. pyogenes und andere betahämolysierende Streptokokken, Strept.-viridans-Gruppe, Capnocytophaga spp., Eikenella corrodens, Haemophilus influenzae, Moraxella catarrhalis, Pasteurella multocida, Bacteroides fragilis, Fusobacterium nucleatum, Prevotella spp.;
resist. (Amoxicillin + Clavulansäure): Acinetobacter sp., Citrobacter freundii, Enterobacter sp., Legionella pneumophila, Morganella morganii, Providencia spp., Pseudomonas sp., Serratia sp., Stenotrophomonas maltophilia, Chlamydophila pneumoniae, Chlamydophila psittaci, Coxiella burnetti, Mycoplasma pneumoniae;
UW (Amoxicillin + Clavulansäure): Diarrhoe, mukocutane Candidose, Übelkeit, Erbrechen;
KI (Amoxicillin + Clavulansäure): bekannte Überempfindlichkeit gegen Amoxicillin + Clavulansäure, gegen Penicilline, schwere allergische Sofortreaktion gegen ein anderes Betalaktam-Antibiotikum in der Vorgeschichte, Gelbsucht/Leberfunktionsstrg. in der Vorgeschichte, die durch Amoxicillin/Clavulansäure hervorgerufen wurde; Trockensaft: Überempfindlichkeit gegen Schwefeldioxid

Amoxicillin + Clavulansäure Rp								PRC B, Lact +	
Gewebe-gängigkeit	ZNS	entzünd.	Lunge	ELF	Galle	Leber	Prostata	Niere	Knochen
	-	+	k.A.	++	++	k.A.	k.A.	k.A.	++

Amoclav plus *Tbl. 500+125, 875+125mg; Trockensaft (5ml = 125+31.25, 250+62.5, 400+57mg)* **Amoxiclav Basics** *Tbl. 500+125, 875+125mg* **Amoxiclav Hikma** *Inf.Lsg. 1000+200, 2000+200mg* **Augmentan** *Tbl. 500+125, 875+125mg; Trockensaft (10ml = 500+125, 800+114mg)* **Infectosupramox** *Trockensaft (5ml = 400+57mg)*	**Atemweg-, Harnweg-, Haut-, Weichteil-, abdominelle Infektionen, amb. erworbene Pneumonie, Knochen- u. Gelenkinfektionen:** 3 x 500+125mg p.o.; 2 x 875+125mg p.o.; 3 x 1000-2000+200mg i.v.; **Ki. < 2J:** max. 40+10mg/kg/d p.o. in 3ED; **2-12J:** max. 60+15mg/kg/d p.o. in 3ED; **DANI** CrCl 10-30: 2 x 500+125mg p.o.; ini 1000+200mg, dann 2 x 500+100mg i.v.; < 10: 1 x 500+125mg p.o.; ini 1000+200mg, dann 1 x 500+100mg; **DALI** vorsichtige Anwendung

Ampicillin + Sulbactam Rp									PRC B, Lact +
Gewebe-gängigkeit	ZNS	entzünd.	Lunge	ELF	Galle	Leber	Prostata	Niere	Knochen
	k.A.	+	k.A.	++	++	k.A.	k.A.	k.A.	++

Ampicillin/Sul Kabi *Inf.Lsg. 1+0.5g, 2+1g* **Ampicillin + Sulbactam Eberth** *Inf.Lsg. 1+0.5g, 2+1g* **Unacid** *Inf.Lsg. 500+250mg, 1+0.5g, 2+1g*	**Atemweg-, Harnweg-, Haut-, Weichteil-, abdominelle Infektionen, Gonorrhoe:** 3-4 x 1.5-3g i.v.; **Ki. < 1W:** 75mg/kg/d i.v. in 2ED; **> 1W:** 150mg/kg/d in 3-4ED; **DANI** > 30: 100%; 15-30: Dosierungsintervall 12h; 5-14: 24h; < 5: 48h

Piperacillin + Tazobactam Rp									PRC B, Lact +
Gewebe-gängigkeit	ZNS	entzünd.	Lunge	ELF	Galle	Leber	Prostata	Niere	Knochen
	-	+	++	++	++	k.A.	k.A.	k.A.	++

Piperacillin/Tazobactam Fresenius *Inf.Lsg. 2+0.5g, 4+0.5g* **Piperacillin/Tazobactam HEXAL** *Inf.Lsg. 4+0.5g* **Piperacillin/Tazobactam Puren** *Inf.Lsg. 2 + 0.25g; 4+0.5g*	**Schwere (inkl. nosokomiale) Pneumonien:** 4 x 4+0.5g i.v.; **kompliz. Harnweg-, Haut-, Weichteil-infektionen inkl. diabet. Fuß:** 3 x 4+0.5g i.v.; **Ki. 2-12J:** 3 x 100+12.5mg/kg i.v.; **abdominelle Inf.:** 3 x 100+12.5mg/kg i.v.; **DANI** CrCl 40: 100%; 20-40: max 3 x 4+0.5g; < 20: max. 2 x 4+0.5g; nach HD Zusatzdosis mit 2+0.25g; **DALI** nicht erforderl.

Sultamicillin (Ampicillin + Sulbactam) Rp									
Gewebe-gängigkeit	ZNS	entzünd.	Lunge	ELF	Galle	Leber	Prostata	Niere	Knochen
	-	+	k.A.	++	++	k.A.	k.A.	k.A.	++

Sultamicillin-ratioph. *Tbl. 375mg* **Unacid PD** *Tbl. 375mg; Trockensaft (1 Messl. = 375mg)* **Unasyn PD oral** *Tbl. 375mg*	**Atemweg-, Harnweg-, Haut-, Weichteil-infektionen:** 2 x 375-750mg p.o.; **Ki.:** 50mg/kg/d p.o. in 2ED; **DANI** CrCl 5-14: 1 x 375-750mg; < 5: 375-750mg alle 2d

9.4 Cephalosporine

9.4.1 Parenterale Cephalosporine Gruppe 1 (Cefazolin-Gruppe)

Empf.: Staphylo-, Strepto-, Meningo-, Pneumokokken, Escherichia coli, Klebsiella, Proteus mirabilis, Haemophilus influenzae;
resist.: Enterokokken, Pseudomonas, Acinetobacter, Listerien, Chlamydien, Mykoplasmen, gramnegative Beta-Lactamase-Bildner;
UW (Cefazolin): Diarrhoe, Übelkeit, Erbrechen, Appetitmangel, Meteorismus, Bauchschmerzen, Exanthem, Urtikaria, Pruritus;
KI (Cefazolin): bek. Überempf. gegen Cephalosporine, Frühgeborene/Säuglinge im 1. Lebensmonat

Cefazolin Rp					HWZ 2h, Qo 0.06, PPB 65-92%, PRC B, Lact +				
Gewebe-gängigkeit	ZNS	entzünd.	Lunge	ELF	Galle	Leber	Prostata	Niere	Knochen
	-	-	++	++	++	++	k.A.	++	++

Cefazolin HEXAL *Inf.Lsg. 2g* **Cefazolin Hikma** *Inf.Lsg. 1, 2g* **Cefazolin Saar** *Inf.Lsg. 2g* **Cephazolin Fresenius** *Inf.Lsg. 1, 2g*	**Atem-, Harn-, Gallenweg-, Haut-, Knochen-, Weichteilinfektionen, Sepsis, Endokarditis:** grampos. Erreger: 1.5-2g/d; gramneg. Erreger: 3-4g/d i.v. in 2-3ED, max. 12g/d; **Ki. > 2M:** 25-50mg/kg in 3-4ED, max. 100mg/kg/d; **Ki. < 2M:** KI; **DANI** CrCl > 35: 100%; 10-34: 50% alle 12h; < 10: 50% alle 18-24h

9.4.2 Parenterale Cephalosporine Gruppe 2 (Cefuroxim-Gruppe)

Empf.: vgl. Cefazolin-Gruppe → 239; deutlich besser bei E. coli, Klebsiella, P. mirabilis, H. infl., Beta-Lactamase-Bildnern; **resist.:** Enterokokken, Pseudomonas, Acinetobacter, Listerien, Chlamydien, Mykoplasmen; **UW:** Krea- u. Harnstoffkonz. ↑, v.a. bei Pat. mit bestehender Nierenfktstrg.; Bilirubin/GOT/GPT/aP vorübergehend leicht ↑; Exanthem, Juckreiz, Urtikaria, Schwellungen, Thrombophlebitis; **KI:** bek. Überempf. gg. Cephalosporine, intraart. Anw.

Cefuroxim Rp					HWZ 80min, Qo 0.1, PPB 30%, PRC B, Lact +				
Gewebe-gängigkeit	ZNS	entzünd.	Lunge	ELF	Galle	Leber	Prostata	Niere	Knochen
	-	+	++	++	++	++	+	k.A.	++

Cefuroxim Fresenius *Inf.Lsg. 0.25, 0.75, 1.5g* **Cefuroxim-ratioph.** *Inf.Lsg. 0.25, 0.75, 1.5g*	**Atemweg-, Harnweg-, Haut-, HNO-, Knochen-, abdominelle Infektionen, Sepsis:** unkompliziert: 1.5-2.25g/d i.v.; schwer: 3-4.5g/d i.v. in 2-3ED, max. 6g/d; **Ki. 1M-12J:** 30-100mg/kg/d in 3ED; **DANI** CrCl > 20: 100%; 10-20: 2 x 750mg; < 10: 1 x 750mg; nach HD Zusatzdosis von 750mg; **DALI** nicht erforderl.

Orales Cefuroxim s. Oralcephalosporine Gruppe 2 → 245

9.4.3 Parenterale Cephalosporine Gruppe 3a (Cefotaxim-Gruppe)

Empf.: Staphylokokken, H. influenzae, P. mirabilis, Streptokokken, E. coli, K. pneumoniae, Gonokokken, Meningokokken, Salmonellen, Shigellen, Anaerobier, Morganella, Serratia; gegenüber der Cefuroximgruppe bessere Aktivität im gramneg. Bereich; **resist.:** Enterokokken, Listerien, Pseudomonas, Clostridien, Legionellen, Mykoplasmen, Chlamydien, Treponema, MRSA, Bacteroides fragilis; **UW** (Ceftriaxon): Dermatitis, Exanthem, Urtikaria, Pruritus, Ödeme, Transamin./aP ↑, Arzneimittelfieber, Schüttelfrost, Herxheimer-art. Reakt., Thrombophlebitis; **KI** (Ceftriaxon): bek. Überempf. gegen Cephalosporine, schwere Überempfindlichkeitsreaktionen auf Penicilline oder and. Betalactam-Arzneimittel in d. Vorgeschichte, FG bis korrig. Alter von 41W (SSW + Lebenswoche), Hyperbilirubinämie, Ikterus, Hypoalbuminämie oder Azidose bei reifen NG (bis 28d) bzw. die eine intravenöse Kalziumbehandlung oder Kalzium-haltige Infusionen erhalten haben oder erhalten werden (wegen des Risikos von Ceftriaxon-Kalzium-Präzipitationen)

Cefotaxim Rp					HWZ 1h, Q0 0.35, PPB 25-40%, PRC B, Lact +				
Gewebe-gängigkeit	ZNS	entzünd.	Lunge	ELF	Galle	Leber	Prostata	Niere	Knochen
	+	++	++	++	++	++	k.A.	k.A.	++
Cefotaxim Eberth *Inf.Lsg. 0.5, 1, 2g* **Cefotaxim Fresenius** *Inf.Lsg. 0.5, 1, 2g* **Cefotaxim Saar** *Inf.Lsg. 1g* **Claforan** *Inf.Lsg. 2g*					**Atemweg-, Harnweg-, Haut-, Weichteil-, Knochen-, abdomin. Infektionen, Sepsis, Endokarditis, Meningitis:** 2 x 1-2g i.v.; schwere Infektion: 3-4 x 2-3g; **Gonorrhoe:** 1 x 0.5g i.v.; **Borreliose:** 6g/d i.v. in 2-3ED f. 14-21d; **Ki. bis 12J:** 50-100mg/kg/d i.v. in 2ED; **FG:** max. 50mg/kg/d; **DANI** CrCl < 10: 50%; < 5: 1g in 2ED; nach HD Zusatzdosis erforderlich				

Ceftriaxon Rp					HWZ 8h, Q0 0.5, PPB 85-95%, PRC B, Lact +				
Gewebe-gängigkeit	ZNS	entzünd.	Lunge	ELF	Galle	Leber	Prostata	Niere	Knochen
	++	++	+	+	++	++	k.A.	k.A.	++
Cefotrix *Inf.Lsg. 1, 2g* **Ceftriaxon HEXAL** *Inf.Lsg. 0.5, 1, 2g* **Ceftriaxon Kabi** *Inf.Lsg. 0.5, 1, 2g* **Ceftriaxon-ratioph.** *Inf.Lsg. 1, 2g* **Rocephin** *Inf.Lsg. 2g*					**Atemweg-, Harnweg-, Haut-, Weichteil-, Knochen-, abdominelle Infektionen, Meningitis, Borreliose II-III:** 1 x 1-2g i.v.; schwere Infektion: 1 x 4g; **Gonorrhoe:** 1 x 250mg i.m.; **Ki. < 2W:** 1 x 20-50mg/kg; **2W-12J:** 1 x 20-80mg/kg; **Meningitis:** 1 x 100mg/kg i.v., max. 4g/d; **DANI** CrCl: < 10: max. 2g/d; **DALI** nicht erforderl. bei normaler Nierenfunktion				

9.4.4 Parenterale Cephalosporine Gruppe 3b (Ceftazidim-Gruppe)

Empf. und resist.: weitgehend identisch mit Cefotaxim-Gruppe → 240, jedoch erheblich stärkere Pseudomonas-Aktivität; **UW**: Diarrhoe, Thrombophlebitis, vorübergehende Erhöhung v. GOT, GPT, LDH, GGT, aP; makulopapulöse oder urtikarielle Ausschläge, pos. Coombs-Test; **KI**: bekannte Überempfindlichkeit gegen Cephalosporine

Ceftazidim Rp					HWZ 1.7h, Q0 0.05, PPB 10%, PRC B, Lact +				
Gewebe-gängigkeit	ZNS	entzünd.	Lunge	ELF	Galle	Leber	Prostata	Niere	Knochen
	-	++	+	++	++	k.A.	k.A.	k.A.	++
Ceftazidim Eberth *Inf.Lsg. 0.5, 1, 2g* **Ceftazidim Hikma** *Inf.Lsg. 0.5, 1, 2g* **Ceftazidim Kabi** *Inf.Lsg. 0.5, 1, 2g*					**Atemweg-, Harnweg-, Haut-, Weichteil-, Knochen-, abdominelle Infektionen, Sepsis, Meningitis:** 2-3 x 1-2g i.v.; **Ki. 0-8W:** 2 x 12.5-30mg/kg i.v.; **2M-1J:** 2 x 25-50mg/kg; **1-14J:** 2 x 15-50mg/kg od. 3 x 10-33mg/kg; max. 3 x 50mg/kg bzw. 6g/d; **DANI** CrCl 31-50: 2 x 1g; 16-30: 1 x 1g; 6-15: 1 x 0.5g; < 5: 0.5g alle 48h				

9.4.5 Parenterale Cephalosporine Gruppe 4 (Cefepim-Gruppe)

Empf. und resist.: weitgehend identisch mit Cefotaxim-Gruppe → 240, jedoch erheblich stärkere Pseudomonas-Aktivität; **UW:** Verlängerung von Prothrombin- u. partieller Thromboplastinzeit, pos. Coombs-Test, Anämie, Eosinophilie, Gefäßwandentzündung, Reaktionen/Schmerzen an d. Inf.Stelle, Exanthem, Diarrhoe, ↑ GOT, GPT, aP, Bilrubin

Cefepim Rp — HWZ 2h, Qo 0.07, PPB < 19%, PRC B, Lact ?

Gewebe-gängigkeit	ZNS	entzünd.	Lunge	ELF	Galle	Leber	Prostata	Niere	Knochen
	-	+	++	++	++	k.A.	k.A.	k.A.	++

Cefepim Rotexmedica *Inf.Lsg. 1, 2g* **Cefepim Stragen** *Inf.Lsg. 1, 2g*	**Sepsis, schwere Pneumonie, Harnweg-, Gallenweginfektionen:** 2-3 x 2g i.v.; **Ki. 1-2M:** 2-3 x 30mg/kg/d; **2M bis 40kg:** 2-3 x 50mg/kg/d; **DANI** CrCl > 50: 100%; 30-50: 1-2 x 2g; 11-30: 1 x 1-2g; < 10: 1 x 0.5-1g; HD 1g an d1, dann 0.5g/d, bei febriler Neutropenie 1g/d; **DALI** nicht erforderl.

9.4.6 Parenterale Cephalosporine Gruppe 5 (Ceftarolin-Gruppe)

Empf. (Ceftarolin): Staph. aureus (inkl. MRSA), Streptococcus pyogenes/agalactiae/ anginosus-Gruppe/dysgalactiae/pneumoniae, E. coli, Klebsiella pneumoniae/oxytoca, Morganella morganii, Haemophilus influenzae/parainfluenzae;
empf. (Ceftobiprol): Staph. aureus (inkl. MRSA), Streptococcus pneumoniae (inkl. MDRSP), E. coli, Klebsiella pneumoniae, Acinetobacter spp., Citrobacter spp., Enterobacter spp., Haemophilus influenzae, Klebsiella oxytoc, Moraxella catarrhalis, Morganella morganii, Proteus mirabilis, Providencia spp., Pseudomonas spp., Serratia spp.;
resist. (Ceftobiprol): Chlamydia pneumoniae, Burkholderia cepacia complex, Mycoplasma pneumoniae, Mykobakterien, Nocardia spp., Stenotrophomonas maltophilia;
Wm/Wi (Ceftarolin): bakterizid und Hemmung der Bakterienzellwand-Synthese;
Wm/Wi Ceftobiprol): bakterizid durch Bindung an wichtige penicillinbindende Proteine;
UW (Ceftarolin): Ausschlag, Pruritus, Kopfschmerzen, Schwindel, Phlebitis, Diarrhoe, Übelkeit, Erbrechen, Abdominalschmerzen, ↑ Transaminasen, Pyrexie, Reaktion an Einstichstelle, positiver direkter Coombs-Test; **UW** (Ceftobiprol): Pilzinfektionen, Überempf., Hyponatriämie, Geschmacksstörung, Kopfschmerzen, Schwindel, Schläfrigkeit, Übelkeit, Erbrechen, Diarrhoe, Bauchschmerzen, Dyspepsie, Anstieg der Leberenzyme, Hautausschlag, Pruritus, Reaktionen am Infusionsort; **KI** (Ceftarolin): bekannte Überempf., schwere Überempf. gegen Betalactam-Antibiotika; **KI** (Ceftobiprol): bek. Überempf. gegen C. oder Antibiotika der Cephalosporin-Gruppe oder gegen Betalaktam-Antibiotika (z.B. Penicilline, Carbapeneme)

Ceftarolinfosamil Rp — HWZ 2.5h, PPB 20%, PRC B, Lact

Gewebe-gängigkeit	ZNS	entzünd.	Lunge	ELF	Galle	Leber	Prostata	Niere	Knochen
	k.A.	k.A.	k.A.	++	k.A.	k.A.	k.A.	k.A.	++

Zinforo *Inf.Lsg. 600mg*	**Komplizierte Haut-/Weichteilinfektionen, ambulant erworbene Pneumonie:** 2 x 600mg über 60min i.v.; **DANI** CrCl > 50: 100%, 31-50: 2 x 400mg, < 30: keine Daten; **DALI** nicht erforderlich

Ceftobiprol Rp								HWZ 3h, PPB 16%, PRC B, Lact ?
Gewebe-gängigkeit	ZNS	entzünd.	Lunge	ELF	Galle	Leber	Prostata	Niere	Knochen
	-	+	++	++	k.A.	k.A.	k.A.	++	++

Zevtera *Inf.Lsg. 500mg*	**Nosokomiale Pneumonie** (nicht beatmungs-assoziiert), **ambulant erworbene Pneumonie:** 3 x 500mg über 2h i.v.; **DANI** CrCl > 50: 100%; 30–50: 2 x 500mg; < 30: 2 x 250mg i.v.; HD: 1 x 250mg/d i.v.; **DALI** nicht erf.

9.4.7 Sonstige parenterale Cephalosporine

Empf. (Cefiderocol): aerobe gramneg. Erreger: Achromobacter spp., Acinetobacter baumannii, Burkholderia cepacia, Citrobacter freundii, Citrobacter koseri, E. coli, Enterobacter cloacae, Klebsiella (Enterobacter) aerogenes, Klebsiella pneumoniae, Klebsiella oxytoca, Morganella morganii, Proteus mirabilis, Proteus vulgaris, Providencia rettgeri, Serratia spp., P. aeruginosa, Serratia marcescens, Stenotrophomonas maltophilia; **resist.** (Cefiderocol): Anaerobier, aerobe grampos. Erreger; **Wm/Wi** (Cefiderocol): Siderophor-Cephalosporin, bindet an Eisen und wird über das Siderophor-Aufnahmesystem aktiv in den periplasmatischen Raum von Bakterien aufgenommen Hemmung der Peptidoglycansynthese in der Zellwand;
UW (Cefiderocol): Candidose, Cl. difficile-Colitis, Husten, Diarrhoe, Übelkeit, Erbrechen, Exanthem, Reaktion an der Infusionsstelle, Transaminasen-, γGT-Erhöhung;
KI (Cefiderocol): bek. Überempf. gegen C. oder Antibiotika der Cephalosporin-Gruppe oder gegen Betalaktam-Antibiotika (z.B. Penicilline, Carbapeneme)

Cefiderocol Rp								HWZ 2-3h, Q0 0.1, PPB 40-60%
Gewebe-gängigkeit	ZNS	entzünd.	Lunge	ELF	Galle	Leber	Prostata	Niere	Knochen
	k.A.	k.A.	k.A.	++	k.A.	k.A.	k.A.	++	k.A.

Fetcroja *Inf.Lsg. 1g*	**Infekt. durch aerobe gramneg. Erreger:** CrCl ≥ 120: 2g alle 6h i.v.; 60-119: 2g alle 8h; 30-59: 1.5g alle 8h; 15-29: 1g alle 8h; <15, HD: 0.75g alle12h; **DALI** nicht erf.

9.4.8 Parenterale Cephalosporine + Beta-Lactamase-Inhibitoren

Empf. (Ceftazidim/Avib.): Citrobact. freundii, Ent. cloacae, E. coli, Klebsiella oxytoca, Klebsiella pneumoniae, P. aeruginosa, Proteus mirabilis; **resist.** (Ceftazidim/Avib.): S. aureus, Anaerobier, Enterococcus spp., Stenotrophomonas maltophilia, Acinetobacter spp.; **empf.** (Ceftolozan/Tazob.): Ent. cloacae, E. coli, Klebsiella oxytoca, Klebsiella pneumoniae, Proteus mirabilis, P. aeruginosa, Streptococcus anginosus, Streptococcus constellatus, Streptococcus salivarius; **resist.**: S. aureus, Ent. faecalis, Ent. faecium;
UW (Ceftazidim/Avib.): pos. dir. Coombs Test, Candidose, Eosinophilie, Thrombozytose, Kopfschmerzen, Schwindel, Diarrhoe, Abdominalschmerz, Übelkeit, Erbrechen, Erhöhung v. GOT, GPT, gGT, aP, LDH, makulopapulöses Exanthem, Urtikaria, Phlebitis/Thrombose am Infusionsort, Pyrexie; **UW** (Ceftolozan/Tazob.): Thrombozytose, Hypokaliämie, Schlaflosigkeit, Angst, Kopfschmerzen, Schwindel, Hypotonie, Übelkeit, Erbrechen, Bauchschmerzen, Diarrhoe, Obstipation, Exanthem, ↑ Transaminasen; **KI** (Ceftazidim/Avib.; Ceftolozan/Tazob.): bek. Überempf. gegen Cephalosporine, schwerwiegende Überempfindlichkeitsreaktionen auf Penicilline oder anderes Betalactam-Arzneimittel in der Vorgeschichte

Ceftazidim + Avibactam Rp									
Gewebe-gängigkeit	ZNS	entzünd.	Lunge	ELF	Galle	Leber	Prostata	Niere	Knochen
	-	+	k.A.	++	k.A.	k.A.	k.A.	++	k.A.

Zavicefta *Inf.Lsg. 2+0.5g*	**Komplizierte intraabdominelle Infektionen, komplizierte Harnwegsinfektionen, nosokomiale Pneumonie, beatmungsassoziierte Pneumonie:** 3 x 2 + 0.5g über 2h i.v.; **DANI** CrCl ≥ 51: 100%; 31-50: 3 x 1+0.25g; 16-30: 2 x 0.75+0.1875g; 6-15: 1 x 0.75+0.1875g; terminale NI, HD: 1 x 0.75+0.1875g alle 48h; **DALI** nicht erforderl.

Ceftolozan + Tazobactam Rp								PRC B, Lact ?	
Gewebe-gängigkeit	ZNS	entzünd.	Lunge	ELF	Galle	Leber	Prostata	Niere	Knochen
	k.A.	k.A.	k.A.	k.A.	k.A.	k.A.	k.A.	++	k.A.

Zerbaxa *Inf.Lsg. 1+0.5g*	**Komplizierte intraabdominelle Infektionen, akute Pyelonephritis, komplizierte Harnwegsinfektionen:** 3 x 1 + 0.5g über 1h i.v.; **DANI** CrCl 30-50: 3 x 500 + 250mg; 15-29: 3 x 250 + 125mg; HD: ini 500 + 250mg, dann 3 x 100 + 50mg; **DALI** nicht erforderl.

9.4.9 Oralcephalosporine Gruppe 1

Empf.: ähnliches Spektrum wie Cefazolin-Gruppe → 239; gute Aktivität gegen grampositive, geringe gegen gramnegative Keime; **resist.:** Pseudomonas, Enterokokken, Proteus vulgaris, Morganella, Citrobacter, Serratia, Enterobacter, Acinetobacter, Bacteroides fragilis, Listerien, Mykoplasmen, Chlamydien;
UW (Cefaclor): Übelkeit, Erbrechen, Appetitlosigkeit, Bauchschmerzen, weiche Stühle, Diarrhoe, Juckreiz, urtikarielles Exanthem, makulopapulöse u. morbilliforme Exantheme;
KI (Cefaclor): bek. Überempf. gegen Cephalosporine, schwerwiegende Überempfindlichkeitsreaktionen auf Penicilline oder anderes Betalactam-Arzneimittel in der Vorgeschichte

Cefaclor Rp				HWZ 30-60min, Q0 0.25, PPB 25%, PRC B, Lact -					
Gewebe-gängigkeit	ZNS	entzünd.	Lunge	ELF	Galle	Leber	Prostata	Niere	Knochen
	k.A.	k.A.	+	++	++	k.A.	+	k.A.	+

CEC *Tbl. 250, 500mg; Brausetbl. 250, 500, 1000mg; Trockensaft (5ml = 125, 250mg)* **Cefaclor Basics** *Saft/Trockensaft (5ml = 125, 250mg)* **Infectocef** *Trockens. (5ml = 125, 250, 500mg)* **Panoral** *Kps. 500mg; Trockensaft (5ml = 125, 250mg)*	**Atemweg-, HNO-, Harnweg-, Haut-, Weichteilinfekt.:** 3 x 500mg p.o., max. 4g/d unkomplizierte Infektion: 3 x 250mg; **Gonorrhoe:** 1 x 3g + 1g Probenecid p.o.; **Ki. < 6J:** 3 x 10mg/kg p.o., max. 1g/d; **6-10J:** 3 x 250mg p.o.; > **10J:** s. Erw.; **DANI** nicht erforderlich

Cefadroxil Rp				HWZ 1.2-1.7h, Q0 0.1, PPB 20%, PRC B, Lact +					
Gewebe-gängigkeit	ZNS	entzünd.	Lunge	ELF	Galle	Leber	Prostata	Niere	Knochen
	k.A.	k.A.	++	++	++	++	++	++	++

Cefadroxil 1A *Tbl. 1000mg* **Cefadroxil HEXAL** *Tbl. 1000mg* **Grüncef** *Tbl. 1g; Trockensaft (5ml = 500mg)*	**Atemweg-, HNO-, Harnweg-, Haut-, Weichteil-, Knochen-, gynäkologische Infektionen:** 2 x 1g p.o., max. 4g/d; **Ki. bis 40kg:** 25-100mg/kg/d p.o. in 2-4ED; **Streptokokken-Tonsillophyaryngitis:** Erw., **Ki. > 40kg:** 1 x 1g p.o. für 10d; **Ki. bis 40kg:** 1 x 30mg/kg; **DANI** CrCl 25-50: ini 1g, dann 2 x 500mg; 10-24: ini 1g, dann 1 x 500mg; < 10: ini 1g, dann 500mg alle 36h; nach HD Zusatzdosis 500-100mg erforderl.; **DALI** nicht erforderl.

Cefalexin Rp				HWZ 1h, Q0 0.04, PPB 6-15%, PRC B, Lact +					
Gewebe-gängigkeit	ZNS	entzünd.	Lunge	ELF	Galle	Leber	Prostata	Niere	Knochen
	-	-	+	++	+	+	k.A.	+	+

Cephalex-CT *Tbl. 500, 1000mg* **Cephalexin-ratioph.** *Tbl. 500, 1000mg*	**Atemweg-, HNO-, Harnweg-, Haut-, Weichteil-, Knocheninfektionen:** 3-4 x 0.5-1g p.o.; unkomplizierte Infektion: 2 x 500mg; **Ki. bis 12J:** 25-100mg/kg/d in 2-4ED; **DANI** CrCl 15-30: Dosisintervall 8-12h; 5-14: 24h; < 5: 48h; CrCl 20-50: max. 3g/d; 5-19: max. 1.5g/d; < 5: max. 0.5g/d

9.4.10 Oralcephalosporine Gruppe 2

Empf. u. resist.: weitgehend identisch mit Cefuroxim-Gruppe → 240;
UW: Candidose, Anstieg der Leberenzyme, Eosinophilie, Kopfschmerzen, Schwindel, Diarrhoe, Übelkeit, Bauchschmerzen; **KI:** bek. Überempf. gegen Cephalosporine, schwerwiegende Überempf.Reaktionen auf P. oder anderes Betalactam-Arzneimittel in der Vorgeschichte

Cefuroxim-Axetil Rp				HWZ 1.1-1.3h, Q0 0.1, PPB 20-50%, PRC B, Lact +					
Gewebe-gängigkeit	ZNS	entzünd.	Lunge	ELF	Galle	Leber	Prostata	Niere	Knochen
	-	+	++	++	++	++	k.A.	k.A.	++

Cefurax *Tbl. 250, 500mg; Trockensaft (5ml = 125mg)* **CefuHEXAL** *Tbl. 250, 500mg* **Cefuroxim-ratioph.** *Tbl. 250, 500mg* **Elobact** *Tbl. 125, 250, 500mg; Trockensaft (5ml = 125mg)*	**Atemweg-, HNO-, Haut-, Weichteil-infektionen:** 2 x 250-500mg p.o.; **Harnweginfektion:** 2 x 125-250mg; **Erythema migrans:** 2 x 500mg p.o. für 20d; **Ki. 3M-5J:** 2 x 10mg/kg p.o.; **> 5J:** 2 x 125-250mg; **DANI** CrCl ≥ 30: 100%; 10-29: Standard-ED 1 x tgl; < 10: Standard-ED alle 2d; nach HD zusätzl. Standard-ED erforderl.

9.4.11 Oralcephalosporine Gruppe 3

Empf. u. resist.: höhere Aktivität und breiteres Spektrum als Gruppe 2 gegen gramnegative Keime; etwas geringere Aktivität gegen grampositive Keime;
UW (Cefpodoxim): Magendrücken, Übelkeit, Erbrechen, Appetitlosigkeit, Blähungen, Diarrhoe, Erythem, Exanthem, Urtikaria, Purpura;
KI (Cefpodoxim): bek. Überempf. gegen Cephalosporine, schwerwiegende Überempfindlichkeitsreakionen auf Penicilline oder anderes Betalactam-Arzneimittel in der Vorgeschichte

Cefixim Rp — HWZ 3-4h, Qo 0.5, PPB 65%, PRC B, Lact ?

Gewebegängigkeit	ZNS	entzünd.	Lunge	ELF	Galle	Leber	Prostata	Niere	Knochen
	k.A.	k.A.	++	++	++	k.A.	k.A.	k.A.	k.A.

Cefixim AL *Tbl. 200, 400mg; Trockensaft (5ml = 100mg)* **Infectoopticef** *Trockensaft (5ml = 100mg)*	**Atemweg-, HNO-, Harnweg-, Gallenweginfektionen:** 2 x 200mg p.o.; 1 x 400mg p.o.; **Ki. bis 12J:** 8mg/kg/d p.o.; **DANI** CrCl < 20: 50%

Cefpodoxim-Proxetil Rp — HWZ 2.4h, Qo 0.2, PPB 40%

Gewebegängigkeit	ZNS	entzünd.	Lunge	ELF	Galle	Leber	Prostata	Niere	Knochen
	k.A.	k.A.	++	++	k.A.	k.A.	++	++	k.A.

Cefpo Basics *Tbl. 100, 200mg* **Cefpodoxim-ratioph.** *Tbl. 100, 200mg; Trockensaft (5ml = 40mg)* **Orelox** *Tbl. 100, 200mg; Trockensaft (5ml = 40mg)* **Podomexef** *Tbl. 100, 200mg; Trockensaft (5ml = 40mg)*	**Atemweg-, HNO-, Harnweg-, Haut-, Weichteilinfektionen:** 2 x 200mg p.o.; **Gonorrhoe:** 1 x 200mg p.o.; **Ki. 4W-12J:** 5-12mg/kg/d in 2ED; **DANI** CrCl > 40: 100%; 10-40: Dosisintervall 24h; < 10: 48h; HD: 40-200mg nach Dialyse **DALI** nicht erforderl.

9.5 Monobactame

Empf.: gramnegative aerobe Bakterien; **resist.:** grampositive und anaerobe Bakterien;
UW: Husten, verstopfte Nase, pfeifendes Atemgeräusch, pharyngolaryngeale Schmerzen, Dyspnoe, Bronchospasmus, Brustbeschwerden, Rhinorrhoe, Hämoptysen, Exanthem, Arthralgie, Fieber, verminderte Werte bei Lungenfunktionstests;
KI: bekannte Überempfindlichkeit

Aztreonam Rp — HWZ 1.6h, Qo 0.2, PPB 56%, PRC B, Lact -

Gewebegängigkeit	ZNS	entzünd.	Lunge	ELF	Galle	Leber	Prostata	Niere	Knochen
	-	-	++	-	-	-	-	-	-

Cayston *Inh.Lsg. 75mg*	**Chronische Pseudomonas-aeruginosa-Lungeninfektion bei Mukoviszidose:** 3 x 75mg über 28d inhalieren; **Ki. ab 6J:** s. Erw.; **DANI, DALI** nicht erforderlich

9.6 Cycline

9.6.1 Tetracycline

Empf.: zahlreiche grampositive u. gramnegative Bakterien, u.a. Chlamydien, Mykoplasmen, Rickettsien, Yersinien, Borrelien, Leptospiren, Treponemen, Aktinomyceten;
resist.: Pseudomonas aeruginosa, Providencia, Serratia, Proteus, Morganella;
UW: allergische Hautreaktionen, phototoxische Reaktionen, reversible Knochenwachstumsverzögerung (Ki. < 8J), irreversible Zahnverfärbung und Zahnschmelzschädigung (Ki. < 8J), intrakranieller Druck ↑, BB-Veränderungen, Superinfektion durch Bakterien bzw. Sprosspilze;
KI: bekannte Überempfindlichkeit, schwere Leberfktsstrg., Niereninsuff., Ki. < 8J, Grav./Lakt.

Doxycyclin Rp — HWZ 12-24h, Q0 0.7, PPB 80-90%, PRC D, Lact ?

Gewebegängigkeit	ZNS	entzünd.	Lunge	ELF	Galle	Leber	Prostata	Niere	Knochen
	-	-	++	+	++	++	++	++	++

Doxycyclin Heumann *Tbl. 100, 200mg*
Doxycyclin-ratioph. *Kps. 100mg; Amp. 100mg/5ml*
Doxy-M-ratioph. *Tbl. 100, 200mg*
DoxyHEXAL *Tbl. 100, 200mg; Amp. 100mg/5ml*

HNO-, Atemweg-, Harnweginfektionen, diverse Infektionen mit o.g. Erregern: d1: 1 x 200mg p.o./i.v.; dann 1 x 100mg p.o./i.v.;
Ki. > 8J: d1: 1 x 4mg/kg, dann 1 x 2mg/kg;
Borreliose: 1 x 200mg für 14-21d;
Lues bei Penicillinallergie: 1 x 300mg f. 15d;
Akne vulgaris, Rosacea: ini 100mg/d für 7-21d, dann 50mg/d;
DANI nicht erforderlich;
DALI KI bei schwerer Leberfunktionsstörung

Minocyclin Rp — HWZ 11-22h, Q0 0.85, PPB 70-75%, PRC D, Lact +

Gewebegängigkeit	ZNS	entzünd.	Lunge	ELF	Galle	Leber	Prostata	Niere	Knochen
	-	+	++	+	++	++	++	++	++

Minocyclin-ratioph. *Kps. 50, 100mg*
Skid *Tbl. 50, 100mg*

HNO-, Atemweg-, Harnweginfektionen, diverse Infektionen mit o.g. Erregern: ini 200mg, dann 2 x 100mg p.o.;
Akne vulgaris: 100mg/d in 2ED;
Ki. > 8J: ini 4mg/kg, dann 2 x 2mg/kg;
DANI nicht erforderlich;
DALI KI bei schwerer Leberfunktionsstörung

Tetracyclin Rp — HWZ 8-10h, Q0 0.12, PPB 36-64%, PRC D, Lact +

Gewebegängigkeit	ZNS	entzünd.	Lunge	ELF	Galle	Leber	Prostata	Niere	Knochen
	-	-	+	+	++	++	++	++	++

Tetracyclin Wolff *Kps. 250, 500mg*

HNO-, Atemweg-, Urogenitaltrakt-, gastrointestinale Infektionen, diverse Infektionen mit o.g. Erregern: 4 x 250-500mg p.o., max. 2g/d;
Ki. > 8J: 25-35mg/kg/d p.o. in 2-4ED;
DANI, DALI KI

9.6.2 Glycylcycline

Empf.: gegen zahlreiche grampositive und gramnegative Bakterien inkl. Anaerobier und speziell gegen problematische Keime wie MRSA, VRE (E. faecalis und E. faecium), ESBL, Chinolon-resistente Escherichia coli, multiresistente Enterobacter und Acinetobacter; **resist.:** Pseudomonas aeruginosa; **UW:** Übelkeit, Erbrechen, Diarrhoe, Abszess, Infektionen, verlängerte aPTT u. Prothrombinzeit, Schwindel, Phlebitis, Bauchschmerzen, Dyspepsie, Anorexie, Transaminasen ↑, Bilirubinämie, Pruritus, Exanthem, Kopfschmerzen, Amylase und Harnstoff ↑; **KI:** bek. Überempf. gegen Tigecyclin bzw. gegen Tetracycline, Grav.

Tigecyclin Rp — HWZ 42h, Q0 0.78, PPB 71-89%, PRC D, Lact ?

Gewebe-gängigkeit	ZNS	entzünd.	Lunge	ELF	Galle	Leber	Prostata	Niere	Knochen
	++	++	k.A.	+	++	++	k.A.	++	k.A.

Tygecyclin-ratioph. *Inf.Lsg. 50mg* **Tygacil** *Inf.Lsg. 50mg*	**Komplizierte Haut-, Weichteilinfektionen (außer diabetische Fußinfektion) und abdominelle Infektionen:** ini 100mg i.v., dann 2 x 50mg i.v. für 5-14d; **DALI** Child-Pugh C: ini 100mg, dann 2 x 25mg; **DANI** nicht erf.

9.7 Makrolide, Ketolide

Empf.: Strepto-, Pneumokokken, Chlamydien, Legionellen, Mycoplasma pneumoniae, Listerien, Aktinomyceten, Campylobacter, Helicobacter, Mycobacterium avium intracellulare (MAC); **resist.:** Brucellen, Enterobakterien, Nocardia, Mycoplasma hominis, Bacteroides fragilis, Fusobakterien, Pseudomonas; **UW** (Azithromycin): Diarrhoe, Übelkeit, Blähungen, Erbrechen, Dyspepsie, Arthralgie, Pruritus, Exanthem, Taubheit, Sehstrg., Benommenheit, Kopfschmerzen Parästhesien, Strg. d. Geruchs-/Geschmackssinnes, Lymphopenie, Eosinophilie, Bicarbonat ↓; **UW** (Clarithromycin): Übelkeit, Erbrechen, epigastrisches Druckgefühl, Bauchschmerzen, Diarrhoe, Beeinträchtigung des Geruchssinnes, Dyspepsie, Stomatitis, Glossitis, Zahn- und Zungenverfärbungen, orale Candidose, Kopfschmerzen, erhöhte Blut-Harnstickstoffwerte; **KI** (Azithromycin): bekannte Überempfindlichkeit gegen Makrolide bzw. Ketolide; **KI** (Clarithromycin): bek. Überempf. gegen Makrolide; gleichzeitige Anwendung von Cisaprid, Pimozid, Terfenadin, Astemizol, Dihydroergotamin, Ergotamin

Azithromycin Rp — HWZ 40h, Qo 0.8, PPB 12-52%, PRC B, Lact

Gewebe-gängigkeit	ZNS	entzünd.	Lunge	ELF	Galle	Leber	Prostata	Niere	Knochen
	-	-	++	+	++	++	++	k.A.	k.A.

Azi Teva *Tbl. 250, 500mg; Trockensaft (5ml = 200mg)* **Azithromycin HEXAL** *Tbl. 250, 500mg; Trockensaft (5ml = 200mg)* **Azithromycin Stada** *Tbl. 250, 500mg* **Ultreon** *Tbl. 600mg* **Zithromax** *Tbl. 250, 500mg; Trockensaft (5ml = 200mg)*	**HNO-, Atemweg-, Haut-, Weichteilinfekt., atyp. Pneumonie:** 1 x 500mg für 3d p.o. oder 500mg an d1, dann 250mg d2-4; **Ki.:** 1 x 10mg/kg für 3d oder 10mg/kg an d1 dann 5mg/kg d2-4; **Gonorrhoe, Genitalinf. mit Chlamydia trachomatis:** 1 x 1g p.o.; **MAC-Pro. bei HIV-Inf.:** 1 x/W 1200mg p.o. **DANI** CrCl > 40: 100%

Clarithromycin Rp					HWZ 3-7h, Qo 0.6, PPB 72%, PRC C, Lact ?				
Gewebe-gängigkeit	ZNS	entzünd.	Lunge	ELF	Galle	Leber	Prostata	Niere	Knochen
	-	-	++	+	++	++	++	k.A.	k.A.

Clarilind *Tbl. 250, 500mg* **Clarithromycin 1A** *Tbl. 250, 500mg; Trockensaft (5ml = 125, 250mg)* **Clarithromycin Accord** *Tbl. 250, 500mg* **Clarithromycin Eberth** *Inf.Lsg. 500mg* **Clarithromycin-ratioph.** *Tbl. 250, 500mg* **Klacid** *Tbl. 250, 500(ret.)mg; Trockensaft (5ml = 125, 250mg); Inf.Lsg. 500mg*	**HNO-, Atemweg-, Haut-, Weichteil-infektionen, atypische Pneumonie:** 2 x 250-500mg p.o.; 2 x 500mg i.v.; **Ki. 6M-12J:** 15mg/kg/d p.o. in 2ED; **H.P.-Eradikation:** 2 x 500mg p.o. + 2 x 1g Amoxycillin + 2 x 20mg Omeprazol; **DANI** CrCl < 30: p.o.: 50%; i.v. d1: 100%, ab d2: 50%

Erythromycin Rp					HWZ 2-3h, Qo > 0.8, PPB 60-70%, PRC B, Lact +				
Gewebe-gängigkeit	ZNS	entzünd.	Lunge	ELF	Galle	Leber	Prostata	Niere	Knochen
	-	-	++	k.A.	++	++	++	++	k.A.

Erythrocin *Tbl. 500mg; Inf.Lsg. 500, 1000mg* **Erythromycin Stragen** *Inf.Lsg. 1000mg* **Infectomycin** *Trockensaft (5ml = 100, 200, 400, 600mg)*	**HNO-, Haut-, Atemweginf., atypische Pneumonie:** 3-4 x 500mg p.o., 4 x 0.5-1g i.v., max. 4g/d; **Ki. < 8J:** 30-50mg/kg/d p.o. in 3-4ED; **8-14J:** 1-2g/d p.o. in 3-4ED; **Gonorrhoe:** 3 x 1g p.o. für 7d; **Lues Primärstadium:** 3 x 1g p.o. für 15d; **Urethritis durch Chlamydia trachomatis, Ureaplasma urealyticum:** 3 x 1g p.o. für 7d; **DANI** Krea (mg/dl) > 2: max. 2g/d

Roxithromycin Rp						HWZ 12h, Qo 0.7, PPB 95%			
Gewebe-gängigkeit	ZNS	entzünd.	Lunge	ELF	Galle	Leber	Prostata	Niere	Knochen
	-	-	++	k.A.	+	k.A.	++	k.A.	k.A.

Roxi Aristo *Tbl. 150, 300mg* **RoxiHEXAL** *Tbl. 50, 150, 300mg* **Roxithromycin Heumann** *Tbl. 150, 300mg* **Rulid** *Tbl.150, 300mg*	**HNO-, Atemweg-, Haut-, Urogenitaltrakt-infektionen:** 2 x 150mg, 1 x 300mg p.o.; **Ki. bis 40kg:** 5-7.5mg/kg/d p.o. in 2ED; **> 40kg:** s. Erw.; **DANI** nicht erf.; **DALI** 50%

9.8 Lincosamide

Empf.: Pneumo-, Staphylo-, Streptokokken, Corynebacterium diphtheriae, Anaerobier, Bacteroides fragilis, Clostridium perfringens;
resist.: Enterobakterien, Pseudom. aeruginosa, Entero-, Gono-, Meningokokken, Haemophilus influenzae, Mykoplasmen, Listerien;
UW: Übelkeit, Erbrechen, Diarrhoe, pseudomembranöse Kolitis, allergische Hautreaktionen, Erythema exsudativum, Thrombophlebitis (i.v.-Anwendung);
KI: Grav./Lakt.; Anw.Beschr. bei Myasthenia gravis

Clindamycin Rp					HWZ 1.5-5h, Q0 > 0.8, PPB 90%, PRC B, Lact ?				
Gewebe-gängigkeit	ZNS	entzünd.	Lunge	ELF	Galle	Leber	Prostata	Niere	Knochen
	-	-	+	+	++	++	-	k.A.	++

ClindaHEXAL *Kps. 150, 300mg; Tbl. 450, 600mg* **Clindamycin-ratioph.** *Kps. 150, 300mg; Tbl. 600mg; Amp. 300mg/2ml, 600mg/4ml* **Clindasol** *Tbl. 150, 300, 600mg; Amp. 300mg/2ml, 600mg/4ml, 900mg/6ml;* **Clindastad** *Kps. 300mg* **Sobelin** *Kps. 300mg; Gran. (5ml = 75mg); Amp. 300/2ml, 600mg/4ml; Vaginalcreme (5g enth. 100mg); Vaginalsupp. 100mg*	**HNO-, Zahn-, Kiefer-, Atemweg-, abdomin., Haut-, Knochen-, Weichteilinf.:** 4 x 150-450mg p.o.; 2-4 x 200-600mg i.v./i.m., max. 4.8g/d i.v.; **Ki. 4W-14J:** 8-25mg/kg/d p.o. in 3-4ED; 20-40mg/kg/d i.v./i.m. in 3-4ED; **bakt. Vaginose:** 1 x 5g Creme vaginal f. 3-7d; Vaginalsupp. 100mg 1 x f. 3d; **DANI** leichte bis mäßige NI: 100%; schwere NI: Plasmaspiegel-Kontrolle, ggf. Dosisanpassg.; **DALI** schwere LI: Plasmaspiegel-Kontrolle, ggf. Dosisanpassung

9.9 Aminoglykoside

Empf.: Enterobakterien, Pseudomonas, Staphylokokken, Serratia, Yersinien, Pasteurellen, Brucellen; **resist.:** Streptokokken, Pneumokokken, Enterokokken, Anaerobier;
UW: Schädigung des N. vestibulocochlearis, neuromusk. Blockade, Parästhesien, Nierenschäden, BB-Veränd., allerg. Reakt.; **KI:** Vorschädigung des N. vestibulocochlearis, terminale NI, Grav./Lakt.

Amikacin Rp	HWZ 2.3h, Q0 0.02, PPB 10%, ther. Serumspiegel (mg/l): min. < 10, max. 25								
Gewebe-gängigkeit	ZNS	entzünd.	Lunge	ELF	Galle	Leber	Prostata	Niere	Knochen
	-	+	++	++	++	k.A.	-	++	+

Amikacin B. Braun *Inf.Lsg. 250mg/100ml, 500mg/100ml* **Amikacin Fresenius** *Inf.Lsg. 250mg/50ml, 500mg/100ml*	**Atemweg-, abdom., Urogenitalinf., Sepsis, Endokarditis, Meningitis, Verbrennungen:** 10-15mg/kg i.v./i.m.; max. 1.5g/d, max. Gesamtdosis: 15g; **Ki. < 6J:** ini 10mg/kg, dann 2 x 7.5mg/kg i.v./i.m.; > **6J:** s. Erw.; **DANI** CrCl < 70: ini 7.5mg/kg, dann Krea (mg/dl) x 9 = Dosisintervall (h); Kontrolle Serumspiegel!

Gentamicin Rp	HWZ 2h, Q0 0.02, PPB < 10%, ther. Serumspiegel (mg/l): min. < 2, max. 10-12								
Gewebe-gängigkeit	ZNS	entzünd.	Lunge	ELF	Galle	Leber	Prostata	Niere	Knochen
	-	-	++	++	+	+	-	++	-

Gentamicin HEXAL *Amp. 40mg/1ml, 80mg/2ml, 160mg/2ml* **Gentamicin-ratioph.** *Amp. 40mg/1ml, 80mg/2ml, 160mg/2ml* **Refobacin** *Amp. 10mg/2ml, 40mg/1ml, 80mg/2ml, 120mg/2ml*	**Abdominelle, Urogenital-, Knocheninfektionen, nosokomiale Pneumonie, Sepsis, Endokarditis, gramneg. Meningitis:** ini 1.5-2mg/kg, Erhaltungsdosis 1 x 3-6mg/kg i.v./i.m. (als Kurzinfusion über 60min); **Ki. bis 3W:** 4-7mg/kg/d i.v./i.m. in 1-2 ED; > **4W:** 3 x 1.5-2.5mg/kg; **DANI** s. FI

Tobramycin Rp	HWZ 2h, Qo 0.02, keine PPB, ther. Serumspiegel (mg/l): min. < 2, max. 12								
Gewebe-gängigkeit	ZNS	entzünd.	Lunge	ELF	Galle	Leber	Prostata	Niere	Knochen
	-	-	+	++	+	+	-	++	-

Bramitob *Inh.Amp. 300mg/4ml* **Gernebcin** *Inj.Lsg. 40mg/1ml, 80mg/2ml, 160mg/2ml* **Tobi** *Inh.Amp. 300mg/5ml* **Tobi Podhaler** *Inh.Kps. 28mg* **Tobramycin B. Braun** *Inj. Lsg. 80, 240, 360mg* **Tobrazid** *Inj.Lsg. 40mg/1ml, 80mg/2ml* **Vantobra** *Inh.Amp. 170mg/1.7ml*	**Atemweg-, Harnweg-, abdom., Knochen-, Haut-, Weichteilinf., Sepsis, Endokarditis, gramneg. Meningitis:** i ni 1.5-2mg/kg/d über 30-60min i.v., dann 3 x 1-2mg/kg i.v./ i.m.; **NG:** 2 x 2.5mg/kg i.v./i.m.; **Sgl.:** 3 x 1.5-2.5mg/kg i.v./i.m.; **Ki.:** 3 x 2-2.5mg/kg i.v./i.m.; **chron. Lungeninfektion mit Pseudomonas aeruginosa bei Mukoviszidose: Ki. > 6J:** 2 x 300mg (Amp.) bzw. 2 x 112mg (Kps.) inhalieren für 28d, dann 28d Pause; **DANI** s. Fachinfo

9.10 Chinolone (Gyrasehemmer)

9.10.1 Fluorierte Chinolone Gruppe I

Empf.: Enterobakterien, Salmonellen, Shigellen, Gonokokken;
resist.: Anaerobier, Chlamydien, Mykoplasmen, E. faecium, Ureaplasmen;
UW: Leukopenie, Neutropenie, Eosinophilie, Erhöhung von GOT, GPT, aP; Kopfschmerzen, Benommenheit, Schwindel, Magenbeschwerden, Bauchschmerzen, Übelkeit, Exanthem;
KI: bekannte Überempfindlichkeit gegen Chinolone; Tendinitis oder Sehnenruptur durch Chinolone in der Vorgeschichte

Norfloxacin Rp	HWZ 2-4h, Qo 0.7, PPB < 15%, PRC C, Lact ?								
Gewebe-gängigkeit	ZNS	entzünd.	Lunge	ELF	Galle	Leber	Prostata	Niere	Knochen
	-	-	k.A.	++	++	++	++	++	k.A.

Barazan *Tbl. 400mg* **NorfloHEXAL** *Tbl. 400mg* **Norflosal** *Tbl. 400mg* **Norfloxacin Stada** *Tbl. 400mg*	**Harnweginf., Prostatitis, bakt. Enteritis:** 2 x 400mg p.o.; **Gonorrhoe:** 1 x 800mg p.o.; **Pro. gramnegative Infektion bei Neutropenie:** 2-3 x 400mg; **DANI** CrCl < 30: 1 x 400mg

9.10.2 Fluorierte Chinolone Gruppe II

Empf.: hohe Aktivität gegen Enterobakterien, Haemophilus influenzae, Legionella, unterschiedliche Aktivität gegen Pseudomonas aeruginosa, schwache Aktivität gegen Staphylo-, Pneumo-, Enterokokken, Mykoplasmen, Chlamydien;
UW (Ciprofloxacin): Übelkeit, Diarrhoe;
KI (Ciprofloxacin): bekannte Überempfindlichkeit gegen Chinolone; gleichzeitige Anwendung von Tizanidin

Ciprofloxacin Rp					HWZ 3-6h, Qo 0.5, PPB 20-30%, PRC C, Lact -				
Gewebe-gängigkeit	ZNS	entzünd.	Lunge	ELF	Galle	Leber	Prostata	Niere	Knochen
	+	+	++	++	++	++	++	++	++

Ciprobay *Tbl. 250, 500, 750mg; Trockensaft (5ml = 250, 500mg); Inf.Lsg. 200mg/100ml, 400mg/200ml*
Ciprobeta *Tbl. 250, 500mg*
Cipro HEXAL *Tbl. 100, 250, 500, 750mg; Inf.Lsg. 200mg/100ml, 400mg/200ml*
Ciprofloxacin-ratioph. *Tbl. 100, 250, 500, 750mg*

HNO-, Atemweg-, Urogenital-, abdom., Haut-, Weichteil-, Knocheninfektionen, Sepsis, Neutropenie: 2 x 250-750mg p.o.; 2 x 200-400mg i.v.; **unkomplizierte Harnwegsinfektion:** 2 x 100mg p.o./i.v.; **DANI** CrCl > 60: 100%; 30-60: 2 x 200-400mg i.v., 2 x 250-500mg p.o.; < 30, HD: 1 x 200-400mg i.v., 1 x 250-500mg p.o., nach HD geben; **DALI** nicht erforderl.

Ofloxacin Rp					HWZ 5-7.5h, Qo 0.1, PPB 25%, PRC C, Lact -				
Gewebe-gängigkeit	ZNS	entzünd.	Lunge	ELF	Galle	Leber	Prostata	Niere	Knochen
	k.A.	k.A.	++	++	k.A.	k.A.	++	++	k.A.

Oflox Basics *Tbl. 100, 200, 400mg*
Ofloxacin-ratioph. *Tbl. 100, 200, 400mg*
Ofloxacin Stada *Tbl. 200, 400mg*

HNO-, Atemweg-, Urogenital-, abdom., Weichteil-, Haut-, Knocheninfektionen, Enteritis, Neutropenie: 2 x 200mg p.o./i.v.; **unkomplizierte Harnweginfektionen:** 2 x 100mg p.o./i.v. für 3d; **Gonorrhoe:** 1 x 400mg p.o. als Einmalgabe; **DANI** CrCl 20-50: 100-200mg/d; < 20, HD: 100mg/d; **DALI** max. 400mg/d

9.10.3 Fluorierte Chinolone Gruppe III

Empf.: zusätzl. Aktivität gegen Staphylokokken, Pneumokokken, Streptokokken, Chlamydien, Mykoplasmen; **UW:** Schlaflosigkeit, Diarrhoe, Erbrechen, Übelkeit, Kopfschmerz, Benommenheit, Phlebitis (bei i.v.-Gabe); **KI:** bek. Überempf. gg. Chinolone, Epilepsie, anamn. bek. Sehnenbeschwerden nach früherer Anw. von Fluorchinolonen, Ki./Jug. im Wachstum, Grav./Lakt.

Levofloxacin Rp					HWZ 7h, Qo 0.23, PPB 30-40%, PRC C, Lact -				
Gewebe-gängigkeit	ZNS	entzünd.	Lunge	ELF	Galle	Leber	Prostata	Niere	Knochen
	+	k.A.	++	++	++	++	++	++	++

Levofloxacin AL *Tbl. 250, 500mg*
Levofloxacin HEXAL *Tbl. 250, 500mg*
Levofloxacin Kabi *Inf.Lsg. 250mg/50ml, 500mg/100ml*
Quinsair *Lsg. f. Vernebler 240mg*
Tavanic *Tbl. 250, 500mg; Inf.Lsg. 250mg/50ml, 500mg/100ml*

Exazerbierte chron. Bronchitis, Sinusitis, kompl. Harnwegsinfektion, Prostatitis, Lungenmilzbrand: 1 x 500mg p.o./i.v.; **amb. erw. Pneumonie, komplizierte Haut-/Weichteilinfektionen:** 1-2 x 500mg p.o./i.v. **unkompl. Zystitis:** 1 x 250mg p.o. für 3d; **chron. Lungeninfektion mit P. aeruginosa bei Mukoviszidose, Erw.:** 2 x 240mg inhalieren für 28d, dann 28d Pause; **DANI** CrCl 20-50: max. 2 x 250mg; 10-19: max. 2 x 125mg; < 10, HD: max. 1 x 125mg; **DALI** nicht erforderlich

9.10.4 Fluorierte Chinolone Gruppe IV

Empf.: zusätzlich verbesserte Aktivität gegen Anaerobier;
UW: Superinfektionen durch resistente Bakterien oder Pilze; Übelkeit, Benommenheit, QT-Verlängerung bei Hypokaliämie, Übelkeit, Erbrechen, Bauchschmerzen, Diarrhoe;
KI: bekannte Überempfindlichkeit gegen Chinolone; anamnestisch bekannte Sehnenbeschwerden nach früherer Anwendung von Fluorchinolonen, Pat. < 18J; angeborene oder dokumentierte erworbene QT-Verlängerungen, unkorrigierte Hypokaliämie, klinisch relevante Bradykardie, klinisch relevante Herzinsuffizienz mit reduzierter LV-Auswurffraktion, symptomatische Herzrhythmusstrg. in der Vorgeschichte; gleichzeitige Anwendung von Arzneimitteln, die das QT-Intervall verlängern; eingeschränkte Leberfunktion (Child C bzw. Transaminasen > 5 x oberer Normwert), Grav./Lakt.

Moxifloxacin Rp — HWZ 12h, Qo 0.8, PPB 41%, PRC C

Gewebegängigkeit	ZNS	entzünd.	Lunge	ELF	Galle	Leber	Prostata	Niere	Knochen
	+	k.A.	++	+	++	++	++	++	++

Avalox *Tbl. 400mg; Inf.Lsg. 400mg/250ml* **Avelox** *Tbl. 400mg* **Moxifloxacin AL** *Tbl. 400mg* **Moxifloxacin HEXAL** *Tbl. 400mg* **Moxifloxacin Kabi** *Inf.Lsg. 400mg*	**Exazerbierte chronische Bronchitis, ambulant erworbene Pneumonie, Sinusitis, komplizierte Haut- u. Weichteilinfektionen, Infektionen der weiblichen Beckenorgane:** 1 x 400mg p.o./i.v.; **DANI** nicht erforderlich; **DALI** Child-Pugh C: KI

9.11 Folsäureantagonisten

9.11.1 Sulfonamide

Empf.: Toxoplasmen in Kombination mit Pyrimethamin;
UW: Übelkeit, Erbrechen, allergische Reaktionen, Erythema exsudativum multiforme, Photosensibilisierung, Nierenschädigung, Blutbildveränderungen;
KI: Sulfonamidüberempfindlichkeit, Erythema exsudativum in der Anamnese, schwere Leber- und Nierenfktsstrg., Grav. (1. + 3. Trim.), strenge Ind.Stell. in der Lakt.

Sulfadiazin Rp — HWZ 7-16h, Qo 0.45, PPB 55%, PRC C, Lact -

Gewebegängigkeit	ZNS	entzünd.	Lunge	ELF	Galle	Leber	Prostata	Niere	Knochen
	++	k.A.	k.A.	++	k.A.	k.A.	k.A.	k.A.	k.A.

Sulfadiazin-Heyl *Tbl. 500mg*	**Toxoplasmose:** 2-4g/d p.o. in 3-6ED; **Ki. > 2M:** 65-150mg/kg/d in 3-6ED; max. 1.5g/d; Komb. mit Pyrimethamin → 261; **DANI** CrCl < 25: KI; **DALI** KI bei schwerer Funktionsstörg

9.11.2 Trimethoprim und Sulfonamid-Kombinationen

Empf. (Cotrimoxazol): fast alle aeroben Bakterien; Pneumocystis jirovecii (carinii); **resist.** (Cotrimoxazol): Pseudomonas aeruginosa, Treponema, Clostridien, Leptospiren, Rickettsien, Chlamydia psittaci, Mykoplasmen; **UW** (Cotrimoxazol): allerg. Reaktionen (z.B. Exantheme), Pruritus, Purpura, Photodermatose, Erythema nod., Glossitis, Gingivitis, Stomatitis, abnormer Geschmack, epigastr. Schmerzen, Appetit ↓, Übelkeit, Erbrechen, Diarrhoe; **KI** (Cotrimoxazol): bek. Überempf., Erythema exsudativum multiforme (auch in Anamnese), Thrombozytopenie, Granulozytopenie, megaloblastische Anämie, angeborener Glukose-6-Phosphat-Dehydrogenase-Mangel der Erys, Hämoglobinanomalien wie Hb Köln u. Hb Zürich, Nierenschäden oder hochgradige NI (CrCl < 15 ml/min), schwere Leberschäden oder Leber-fktsstrg., akute Hepatitis, akute Porphyrie, FG, NG mit Hyperbilirubinämie, Osteomyelitis

Trimethoprim Rp — HWZ 5-17 h, Q0 0.5, PRC C, Lact +

Gewebegängigkeit	ZNS	entzünd.	Lunge	ELF	Galle	Leber	Prostata	Niere	Knochen
	+	k.A.	k.A.	++	k.A.	k.A.	k.A.	k.A.	k.A.

Infectotrimet *Tbl. 50, 100, 150, 200mg; Saft (5ml = 50, 100mg)*

Unkomplizierte Harnweginfektion: 2 x 150-200mg p.o.; **Ki. < 12J:** 2 x 3mg/kg;
Pro. rezidivierende Harnweginfektion: 1 x 100mg; **Ki. < 12J:** 1 x 2mg/kg
DANI CrCl: 15-25: 2 x 200mg für 3d, dann 1 x 100mg; 10-15: 2 x 100mg; < 10: KI

Trimethoprim + Sulfamethoxazol Rp **(Cotrimoxazol)** — Q0 (T/S) 0.5/0.8, PPB 65%/40%, PRC C, Lact ?

Gewebegängigkeit	ZNS	entzünd.	Lunge	ELF	Galle	Leber	Prostata	Niere	Knochen
	++	++	++	++	++	++	++	++	++

CotrimHEXAL *Tbl. 160+800mg*
Cotrim-ratioph. *Tbl. 80+400, 160+800mg; Saft (5ml = 40+200, 80+400mg); Amp. 80+400mg/5ml*
Cotrim 960 1A Pharma *Tbl. 160+800mg*
Eusaprim *Tbl. 160+800mg; Saft (5ml = 40+200, 80+400mg)*

Atemweg-, HNO-, Harnweg-, Genitaltraktinfektionen, bakterielle Enteritis, Salmonellose, Shigellose, Nocardiose: 2 x 160+800mg p.o./i.v.; **Ki. 6W-5M:** 2 x 20+100mg; **6M-5J:** 2 x 40+200mg; **6-12J:** 2 x 80+400mg;
Pneumocystis-jirovecii-Pneumonie:
Ther.: 20+100mg/kg/d p.o./i.v. in 4ED für 21d
Pro.: 160+800mg p.o. 3x/W;
DANI CrCl > 30: 100%; 15-30: 50%; < 15: KI
DALI KI bei schwerer Funktionsstörung

9.12 Nitroimidazole

Empf.: obligat anaerobe Bakterien (u.a. Bacteroides, Clostridium), Campylobacter, Helicobacter, Gardnerella vaginalis; Protozoen: Trichomonas vaginalis, Giardia lamblia, Entamoeba histolytica; **resist.:** alle aeroben u. fakultativ anaeroben Bakt., Aktinomyceten, Propionibakt.; **UW:** metallischer Geschmack, bitteres Aufstoßen, Zungenbelag, Glossitis, Stomatitis, Magendrücken, Übelkeit, Erbrechen, Appetitlos., Diarrhoe, Dunkelfärbung des Urins, allerg. Hautreaktionen, Photodermatose, Erythema nod.; **KI:** bek. Überempf. gg. M. bzw. and. 5-Nitroimidazol

Metronidazol Rp				HWZ 7 (10) h, Qo 0.85 (0.3), PPB < 20%, PRC B, Lact ?				
Gewebe- gängigkeit	ZNS	entzünd.	Lunge	ELF	Galle	Leber	Prostata	Niere	Knochen
	++	++	k.A.	++	++	++	k.A.	k.A.	k.A.

Arilin *Tbl. 250, 500mg; Vaginalsupp. 100, 1000mg* **Metronidazol Fresenius** *Inf.Lsg. 500mg* **Metronidazol Heumann** *Tbl. 400mg* **Metronidazol-ratioph.** *Tbl. 400mg* **Metronidazol Noridem** *Inf.Lsg. 500mg*	**Abdominelle, Genital-, Atemweg-, Knochen-, Zahn-Mund-Kieferinfektionen, Sepsis, Endokarditis, Hirnabszess, Amöbiasis, Lambliasis:** 0.8-1g/d p.o., max. 2g/d in 2-3ED; 2-3 x 500mg i.v., Ther.dauer max. 10d; **Ki.:** 20-30mg/kg/d p.o./i.v.; **Trichomoniasis:** 1 x 100mg vaginal für 6d, 1 x 1g für 1-2d; Partner mitbehandeln: 1 x 2g p.o.; **DANI** CrCl < 10: max. 1g/d

9.13 Nitrofurane/Harnwegantibiotika

Empf. (Nitrofurantoin): Enterococcus faecalis, Staph. saprophyticus, E. coli; **resist.** (Nitrofurantoin): Proteus mirabilis, Proteus vulgaris, Pseudomonas aeruginosa; **Empf.** (Nitroxolin): Staph. aureus, Staph. epidermidis, ß-hämol. Streptokokken, Citrobacter, Enterobacter, E. coli, Klebsiella oxytoca, Morganella morganii, Proteus mirabilis/vulgaris, Providencia, Mycoplasma hominis, Ureaplasma urealyticum, Candida; **resist.** (Nitroxolin): Burkholderia cepacia, Pseudomonas, Stenotrophomonas maltophilia, evtl. Enterococcus, koagulaseneg. Staphylokokken, Acinetobacter, Klebs. pneumoniae, Serratia; **UW** (Nitrofurantoin): Schwindel, Ataxie, Nystagmus, Arzneimittelfieber, Pruritus, Urtikaria, angioneur. Ödem, Kopfschmerzen, allerg. Lungenödem, interstit. Pneumonie, Pleurirtis, Atemnot, Husten, Thoraxschmerz, Appetit ↓, Übelkeit, Erbrechen; **UW** (Nitroxolin): Übelkeit, Erbrechen, Diarrhoe; **KI** (Nitrofurantoin): bek. Überempf., NI jeden Grades, Oligurie, Anurie, pathol. Leberenzymwerte, Glukose-6-Phosphat-Dehydrogenase-Mangel, Polyneuropathien, Grav. im letzten Trimenon, FG u. Sgl. < 3M; **KI** (Nitroxolin): bek. Überempf., schwere NI u./od. LI

Nitrofurantoin Rp				HWZ 20min-1h, Qo 0.7, PPB 50-60%, PRC B, Lact ✗				
Gewebe- gängigkeit	ZNS	entzünd.	Lunge	ELF	Galle	Leber	Prostata	Niere	Knochen
	-	-	-	++	-	-	-	-	-

Furadantin *Kps. 50, 100(ret.)mg* **Nifurantin** *Tbl. 50, 100mg* **Nifuretten** *Tbl. 20mg* **Nitrofurantoin-ratioph.** *Kps. 100(ret.)mg* **Uro-Tablinen** *Tbl. 50mg*	**Harnweginfektion**: 3-4 x 100mg p.o.; 2-3 x 100mg ret.; **Ki.:** 5mg/kg/d; **Langzeittherapie:** 2-3 x 50mg; 1-2 x 100mg ret.; **Ki.:** 2-3mg/kg/d; **DANI** KI

Nitroxolin Rp						HWZ 2.6h, Qo 0.99, PPB 10%		
Gewebe- gängigkeit	ZNS	entzünd.	Lunge	ELF	Galle	Leber	Prostata	Niere	Knochen
	-	-	-	+	-	-	+	+	-

Nilox midi *Kps. 150mg* **Nitroxolin forte** *Kps. 250mg*	**Akute Harnweginf.:** 3 x 150-250mg p.o.; **Ki. ab 3J:** 5mg/kg/d; 10-20mg/kg/d in 3 ED; Chron. Harnweginfekte: 150-500mg/d; **DANI, DALI** KI bei schwerer NI/LI

9.14 Carbapeneme

Empf.: fast alle grampositiven u. gramnegativen Bakterien; **resist.** (Ertapenem, Imipenem, Meropenem): MRSA, Burkholderia cepacia, Xanthomonas maltophilia, E. faecium; **UW** (Ertapenem, Imipenem, Meropenem): Erbrechen, Diarrhoe, Transaminasen ↑, allerg. Reakt., BB-Veränd., ZNS-Strg.; **KI** (Ertapenem, Imipenem, Meropenem): Grav./Lakt., Ki. < 3M

Ertapenem Rp — HWZ 4h, Q0 0.6, PPB 92-95%, PRC B, Lact ?

Gewebegängigkeit	ZNS	entzünd.	Lunge	ELF	Galle	Leber	Prostata	Niere	Knochen
	k.A.	k.A.	++	++	k.A.	k.A.	k.A.	++	k.A.

Invanz *Inf.Lsg. 1g*

Abdominelle, akute gynäk. Infektionen, ambulant erworbene Pneumonie, Haut- und Weichteilinfektionen bei diabet. Fuß; Pro. abdomineller Infektionen bei elektiven kolorektalen Eingriffen: 1 x 1g i.v.; **Ki. 3M-12J:** 2 x 15mg/kg/d i.v.; **DANI** CrCl > 30: 100%; < 30, HD: KI; **DALI** nicht erforderlich

Imipenem + Cilastatin Rp — HWZ 0.9/1h, Q0 0.3/0.1, PPB 20/35%, PRC C, Lact ?

Gewebegängigkeit	ZNS	entzünd.	Lunge	ELF	Galle	Leber	Prostata	Niere	Knochen
	-	+	++	++	++	++	k.A.	k.A.	++

Imipenem/Cilastatin Kabi *Inf.Lsg. 500+500mg/100ml*
Imipenem/Cilastatin Basics *Inf.Lsg. 500+500mg/100ml*
Imipenem/Cilastatin Rotexmedica *Inf.Lsg. 500+500mg/100ml*
Zienam *Inf.Lsg. 500+500mg/100ml*

Atemweg-, Harnweg-, abdominelle, Genital-, Haut-, Knochen-, Weichteilinfektionen, Sepsis, neutropenisches Fieber: 3-4 x 500+500-1000+1000mg i.v., max. 50+50mg/kg/d bzw. max. 4+4g/d; **Ki. < 3M:** 50+50mg/kg/d in 2-3ED; **> 3M:** 60+60mg/kg/d i.v. in 4ED, max. 2+2g/d; **DANI** CrCl 41-70: max. 3 x 750+750mg; 21-40: max. 4 x 500+500mg; 6-20: max. 2 x 500+500mg; **DALI** nicht erforderl.

Meropenem Rp — HWZ 1h, Q0 0.12, PPB 2%, PRC B, Lact

Gewebegängigkeit	ZNS	entzünd.	Lunge	ELF	Galle	Leber	Prostata	Niere	Knochen
	+	+	++	++	++	++	k.A.	k.A.	++

Meronem *Inf.Lsg. 500, 1000mg*
Meropenem HEXAL *Inf.Lsg. 500, 1000mg*
Meropenem Kabi *Inf.Lsg. 500, 1000mg*
Meropenem Puren *Inf.Lsg. 500, 1000mg*

Atemweg-, Harnweg-, abdominelle, intra- und postpartale Infektionen, Haut- und Weichteilinfektionen, Sepsis, neutropenisches Fieber: 3 x 0.5-1g i.v.; **Ki. > 3M:** 3 x 10-20mg/kg i.v. **Meningitis:** 3 x 2g i.v.; **Ki.:** 3 x 40mg/kg i.v. **DANI** CrCl > 50: 100%; 26-50: 2 x 0.5-1g; 10-25: 2 x 250-500mg; < 10: 1 x 250-500mg **DALI** nicht erforderl.

9.15 Glykopeptide

Empf.: an-/aerobe grampositive Bakterien, MRSA; Telavancin: MRSA, MSSA; Dalbavancin: Staph. aureus, Strept. pyogenes, Strept. agalactiae, Strept. dysgalactiae, Strept. anginosus, Strept. intermedius und Strept. constellatus;
resist.: alle gramnegativen Bakterien, Mykoplasmen, Chlamydien, Enterobakterien;
UW (Dalbavancin): Kopfschmerzen, Übelkeit, Diarrhoe;
UW (Teicoplanin): Exanthem, Erythem, Juckreiz, Schmerzen, Fieber;
UW (Telavancin): Pilzinfektion, Schlaflosigkeit, Geschmacksstörung, Kopfschmerzen, Schwindel, Übelkeit, Obstipation, Diarrhoe, Erbrechen, Transaminasen ↑, Juckreiz, Exanthem, akutes Nierenversagen, Kreatininerhöhung, schaumiger Urin, Müdigkeit, Schüttelfrost;
UW (Vancomycin i.v.): Venenentzündung, Rötung von Körper/Gesicht, Blutdruck ↓, Dyspnoe, Stridor, Exanthem, Schleimhautentzündung, Juckreiz, Nesselfieber, Nierenschädigung;
UW (Vancomycin oral): keine;
KI (Dalbavancin, Teicoplanin): bek. Überempf.; **KI** (Telavancin): bek. Überempf., schwere NI, akutes Nierenversagen, Grav.; **KI** (Vancomycin i.v./oral): bek. Überempf.

Dalbavancin Rp — HWZ 333-405h, PPB 93%

Gewebe-gängigkeit	ZNS	entzünd.	Lunge	ELF	Galle	Leber	Prostata	Niere	Knochen
	-	-	+	+	k.A.	k.A.	k.A.	k.A.	+

Xydalba *Inf.Lsg. 500mg*	**Haut- u. Weichteilinfektionen** einmalig 1500mg i.v. oder 1000mg d1 und 500mg d8; **DANI** CrCl 30-79, HD: 100%; < 30 ohne HD: einmalig 1g oder 750mg d1 und 375mg d8; **DALI** Child A: 100%; B, C: vorsichtige Anw.

Teicoplanin Rp — HWZ 70-100h, Qo 0.3, PPB 90%

Gewebe-gängigkeit	ZNS	entzünd.	Lunge	ELF	Galle	Leber	Prostata	Niere	Knochen
	-	+	++	++	++	++	k.A.	k.A.	++

Targocid *Amp. 100/1.8ml, 200mg/3.2ml, 400mg/3.2ml* **Teicoplanin HEXAL** *Inf.Lsg. 100, 200, 400mg*	**Kompliz. Haut- u. Weichteilinf., Knochen- u. Gelenkinf., nosokomiale Pneumonien, amb. erw. Pneumonien, komplizierte Harnweginf., infektiöse Endokarditis, Peritonitis, assoziiert mit kontin. amb. Peritonealdialyse (CAPD):** d1: 1 x 400mg, max. 800mg, dann 1 x 200-400mg i.v./i.m.; **Ki. < 2M:** d1: 16mg/kg i.v./i.m., dann 1 x 8mg/kg; **2M-12J:** d1: 10mg/kg alle 12h, dann 1 x 6-10mg/kg i.v./i.m.; **Cl. difficile Enterokolitis:** 2 x 100-200mg p.o. f. 7-14d; **DANI** CrCl 40-60: ab d4 50%; < 40: CrCl/100 x norm. Dos.; HD: ini 800mg, dann 1 x 400mg/W

Telavancin Rp									HWZ 8h, PPB 90%
Gewebe-gängigkeit	ZNS	entzünd.	Lunge	ELF	Galle	Leber	Prostata	Niere	Knochen
	k.A.	k.A.	k.A.	k.A.	k.A.	k.A.	k.A.	k.A.	k.A.

Vibativ *Inf.Lsg. 250, 750mg*	**Nosokomiale inkl. beatmungsassoziierte Pneumonie mit gesicherter od. vermuteter MRSA-Genese:** 1 x 10mg/kg i.v. f. 7-10d; **DANI** CrCl > 50: 100%; 30-50: 7.5mg/kg; < 30, HD: KI; **DALI** Child A, B: 100%; C: keine Daten, vorsichtige Anw.

Vancomycin Rp HWZ 4-6(15)h, Q0 0.05, PPB 55%, ther. Serumsp. (mg/l) min. 5-10, max. 30-40									
Gewebe-gängigkeit	ZNS	entzünd.	Lunge	ELF	Galle	Leber	Prostata	Niere	Knochen
	-	+	+	++	+	+	k.A.	k.A.	+

Vanco Saar *Inf.Lsg. 0.5, 1g* **Vancomycin Eberth** *Kps. 125, 250mg; Inf.Lsg. 0.5, 1g* **Vancomycin Enterocaps** *Kps. 250mg* **Vancomycin Hikma** *Inf.Lsg. 0.5, 1g* **Vancomycin-ratioph.** *Inf.Lsg. 0.5, 1g* **Vancosan** *Lsg. (oral) 500mg; Inf.Lsg. 0.5, 1g*	**Knochen-, Weichteilinf., Pneumonie, Sepsis, Endokarditis:** 4 x 500mg oder 2 x 1g i.v.; **NG/Sgl.:** ini 15mg/kg/d, Erhaltungsdosis: 2-3 x 10mg/kg/d; **Ki. < 12J:** 4 x 10mg/kg i.v.; Spiegelkontr. bei längerer Anw., v.a. bei NI, gleichz. Anw. oto-/nephrotox. Substanzen; **DANI** CrCl: 100: 100%; 70: 70%; 30: 30%; 10: 10%; HD: ini 1g, dann 1g alle 7-10d; **DALI** nicht erforderl.; **C.-difficile- oder Staph.-Enterokolitis:** 0.5-2g/d p.o. in 3-4ED; **Ki.:** 40mg/kg/d

9.16 Lipopeptide

Empf.: Staph. aureus, alle anderen grampositiven Keime inkl. multiresistente Keime; **resist.:** alle gramnegativen Keime; **UW:** Pilzinfektionen, Kopfschmerzen, Übelkeit, Erbrechen, Durchfall, Exanthem, Reaktion an Infusionsstelle, Leberenzyme↑ (GOT, GPT, aP), CK↑, Geschmacksstrg., supraventr. Tachykardie, Extrasystolie, Flush, RR↑/RR↓, Obstipation, Bauchschmerzen, Dyspepsie, Glossitis, Ikterus, Pruritis, Urtikaria, Myositis, Muskelschwäche, Muskelschmerzen, Arthralgie, Vaginitis, Pyrexie, Schwäche, Erschöpfung, Schmerzen, Elektrolytstrg., Kreatinin ↑, Myoglobin ↑, LDH ↑; **KI:** bek. Überempf., Grav./Lakt.

Daptomycin Rp									HWZ 8-9h, Q0 0.5, PPB 90% PRC B, Lact
Gewebe-gängigkeit	ZNS	entzünd.	Lunge	ELF	Galle	Leber	Prostata	Niere	Knochen
	k.A.	k.A.	k.A.	++	k.A.	k.A.	k.A.	k.A.	++

Cubicin *Inf.Lsg. 350, 500mg* **Daptomycin Accord** *Inf.Lsg. 350, 500mg* **Daptomycin-ratioph.** *Inf.Lsg. 350, 500mg*	**Komplizierte Haut-/Weichteilinfektionen:** 1 x 4mg/kg i.v. für 10-14d; **Staph.-aureus-Bakteriämie, rechtsseitige Endokarditis mit Staph. aureus:** 1 x 6mg/kg i.v.; **DANI** CrCl > 30: 100%; < 30, HD: 4mg/kg alle 48h; **DALI** Child-P. A, B: 100%; C: keine Date

9.17 Oxazolidinone

Empf. (Linezolid): alle grampositiven Keime; **resist.** (Linezolid): alle gramnegativen Keime; **empf.** (Tedizolid): St. aureus, S. pyogenes, S. agalactiae, S. anginosus-Gruppe; **resist.** (Tedizolid): St. lugdunensis; gramneg. Keime; **UW** (Linezolid): Kopfschmerzen, Juckreiz, Übelkeit, Erbrechen, Diarrhoe, Candidiasis, Mykosen, metallischer Geschmack, Blutbildveränderungen, Transaminasen ↑, aP ↑, LDH ↑, Harnstoff ↑, Lipase ↑, Amylase ↑, CK ↑, Glukose ↑, Gesamteiweiß ↓, Albumin ↓, Na ↓, Ca ↓, Kalium ↑ ↓, Bicarbonat ↑ ↓; **UW** (Tedizolid): Kopfschmerzen, Schwindel, Übelkeit, Erbrechen, Diarrhoe, Pruritus, Ermüdung; **KI** (Linezolid): bek. Überempf., unkontrollierbare Hypertonie, Phäochromozytom, Karzinoid, Thyreotoxikose, bipolare Depression, schizoaffektive Psychose, akute Verwirrtheitszustände, gleichzeitige Anw. von Serotonin-Wiederaufnahmehemmer, trizyklische Antidepressiva, Serotonin-5HT1-Rezeptor-Agonisten (Triptane), direkt oder indirekt wirkende Sympathomimetika inkl. adrenerger Bronchodilatatoren, Pseudoephedrin, Phenylpropanolamin, Adrenalin, Noradrenalin, Dopamin, Dobutamin; **KI** (Tedizolid): bek. Überempf.

Linezolid Rp — HWZ 5h, Q0 0.65, PPB 31%, PRC C, Lact ?

Gewebegängigkeit	ZNS	entzünd.	Lunge	ELF	Galle	Leber	Prostata	Niere	Knochen
	++	++	++	+	k.A.	k.A.	k.A.	k.A.	++

Linezolid 1A *Tbl. 600mg* **Linezolid HEXAL** *Tbl. 600mg; Inf.Lsg. 600mg/300ml* **Zyvoxid** *Tbl. 600mg; Gran. (5ml = 100mg); Inf.Lsg. 600mg/300ml*	**Nosokomiale, ambulant erw. Pneumonie, schw. Haut-, Weichteilinfektionen:** 2 x 600mg p.o./i.v. für 10–14d, max. 28d, nach 14d Blutbildkontrolle; **DANI, DALI** nicht erforderlich

Tedizolid Rp — HWZ 12h, Q0 0.9 PPB 70–90%, PRC C, Lact ?

Gewebegängigkeit	ZNS	entzünd.	Lunge	ELF	Galle	Leber	Prostata	Niere	Knochen
	+	k.A.	++	++	k.A.	++	k.A.	++	+

Sivextro *Tbl. 200mg; Inf.Lsg. 200mg*	**Haut- und Weichteilinfektionen:** 1 x 200mg p.o./i.v. für 6d; **DANI, DALI** nicht erforderlich

9.18 Polymyxine

Wm/Wi (Colistimethatnatrium): zyklischer antibakterieller Polypeptid-Wirkstoff ⇒ Schädigung der Zellmembran von gramnegativen Bakterien; **empf.** (Colistimethatnatrium): gramnegative Bakterien (außer Proteus spp.) inkl. Pseudomonas; **UW** (Colistinsulfat): Übelkeit, Erbrechen, Magenschmerzen, Diarrhoe; **UW** (Colistimethatnatrium inhalativ): Gleichgewichtsstrg., Kopfschmerzen, Tinnitus, Dyspnoe, Husten, Dysphonie, Rachenreizung, Hämoptysen, Bronchospasmus, Asthma, Keuchen, thorakale Beschwerden, Infektion der unteren Atemwege, produktiver Husten, Lungenknistern, Dysgeusie, Übelkeit, Erbrechen, Arthralgie, Pyrexie, Asthenie, Müdigkeit, FEV ↓; **UW** (Colistimethatnatrium i.v.): Parästhesien in Gesicht, Mund und perioral; Kopfschmerzen, Muskelschwäche, Pruritus, Nierenfunktionsstörung; **KI** (Colistinsulfat): bek. Überempf., geschädigte Darmmukosa, FG- und NG; **KI** (Colistimethatnatrium, inhalativ/i.v.): bekannte Überempfindlichkeit

Colistinsulfat Rp									
Gewebe-gängigkeit	ZNS	entzünd.	Lunge	ELF	Galle	Leber	Prostata	Niere	Knochen
	-	-	-	-	-	-	-	-	-

Diaroent Mono *Tbl. 95mg; Trockensaft (1ml = 5.95mg)*

Selektive Darmdekontamination: 3-4 x 95mg p.o.; **Ki 6-11J:** 3-4 x 47,5mg; **>12J:** 3-4 x 47,5-95mg

Colistimethatnatrium Rp									PRC C, Lact ?
Gewebe-gängigkeit	ZNS	entzünd.	Lunge	ELF	Galle	Leber	Prostata	Niere	Knochen
	-	+	++	k.A.	k.A.	k.A.	k.A.	k.A.	k.A.

Colist *Inf.Lsg. 1Mio, 2Mio IE*
Colistiflex *Inf.Lsg. 1Mio, 2Mio IE*
Colistin CF *Inh.Lsg. 80mg = 1Mio IE*
Colobreathe *Inh.Kps. 125mg*
Promixin *Inh.Lsg. 80mg = 1Mio IE; Inf.Lsg. 1Mio IE*

Mukoviszidose, chron. pulmonale Infekte durch Pseudomonas aeruginosa: **Erw., Ki ab 6J:** 2 x 1 Kps. bzw. 2 x 1 Mio IE p.i., bei Erregerpersistenz bis 3 x 2 Mio IE; **DANI, DALI** nicht erforderlich;
Schwere aerobe gramneg. Infektionen: ini 9-12Mio IE i.v., dann 9-12Mio IE/d in 2-3 ED; **DANI** CrCl 49-30: 5.5-7.5Mio IE/d; 10-29: 4.5-5.5 Mio IE/d; <10: 3.5Mio IE/d; HD s. FachInfo; **DALI** keine Daten, vors. Anw.

9.19 Antiprotozoenmittel

Empf. (Atovaquon): Pneumocystis jirovecii; **empf.** (Pentamidin): Pneumocystis jirovecii, Leishmania, Trypanosoma; **empf.** (Pyrimethamin): Malariaplasmodien, Toxoplasma gondii; **UW** (Atovaquon): Übelkeit, Exanthem, Juckreiz, Durchfall, Erbrechen, Kopfschmerzen, Schlaflosigkeit, erhöhte Leberenzyme, Anämie, Neutropenie, Hyponatriämie, Überempfindlichkeitsreaktionen inkl. Angioödem, Bronchospasmus, Enge im Rachen, Urtikaria, Fieber; **UW** (Pentamidin): i.v: Azotämie, akutes Nierenversagen, Hämaturie, lokale Reaktionen am Injektionsort wie Schwellung, Entzündung, Schmerz, Induration, Abszeß, Muskelnekrose, Anämie, Leukopenie, Thrombopenie, Hypoglykämie, Hyperglykämie, Diabetes mell., Hypermagnesiämie, Hyperkaliämie, Hypokalzämie, Hypertonie, Hypotonie, Kollaps, Hitzegefühl, Nausea, Erbrechen, Geschmacksstrg., Leberenzymem, Exanthem; inhalativ: Husten, Dyspnoe Bronchospasmus, Giemen, Geschmacksstrg., Übelkeit; **UW** (Pyrimethamin): Übelkeit, Erbrechen Diarrhoe, Exanthem, Kopfschmerzen, Schwindel, Anämie, Leukopenie, Thrombopenie; **KI** (Atovaquon, Pentamidin): bek. Überempf.; **KI** (Pyrimethamin): bek. Überempf., Lakt.

Atovaquon Rp						HWZ 50-84h, PPB 99%, PRC C, Lact			
Gewebe-gängigkeit	ZNS	entzünd.	Lunge	ELF	Galle	Leber	Prostata	Niere	Knoche
	k.A.	k.A.	++	k.A.	k.A.	k.A.	k.A.	k.A.	k.A.

Wellvone *Susp. (5ml = 750mg)*

P.-jirovecii-Pneumonie: 2 x 750mg p.o.

Pentamidin Rp					HWZ 6-9h, Q0 0.95, PPB 70%, PRC C, Lact -				
Gewebe-gängigkeit	ZNS	entzünd.	Lunge	ELF	Galle	Leber	Prostata	Niere	Knochen
	k.A.	k.A.	++	k.A.	k.A.	k.A.	k.A.	k.A.	k.A.
Pentacarinat *Inf.Lsg. 300mg*					**Pneumocystis-jirovecii-Pneumonie: Ther.:** für 14d 4mg/kg i.v. oder 300-600mg/d inhalieren; **Pro.:** 200mg für 4d, dann 300mg alle 4W inhalieren; **Leishmaniasis:** 3-4mg/kg alle 2d i.m., 10 x; **Trypanosomiasis:** 4mg/kg alle 2d i.v./i.m., 7-10 x; **DANI** s. FachInfo; **DALI** nicht erf.				

Pyrimethamin Rp					HWZ 80-96h, Q0 1.0, PPB 80%, PRC C, Lact +				
Gewebe-gängigkeit	ZNS	entzünd.	Lunge	ELF	Galle	Leber	Prostata	Niere	Knochen
	+	+	k.A.	k.A.	k.A.	k.A.	k.A.	k.A.	k.A.
Daraprim *Tbl. 25mg*					**Toxoplasmose:** d1 100mg p.o., dann 1 x 25-50mg; **Ki. < 3M:** 6.25mg alle 2d; **3-9M:** 1 x 6.25mg; **10M-2J:** 1 x 1mg/kg/d, max. 25mg; **3-6J:** d1 2mg/kg, dann 1mg/kg; Kombination mit Sulfadiazin! → 253				

9.20 Weitere Antibiotika

Wm/Wi (Fidaxomicin): lokal wirksames Antibiotikum aus der Klasse der Makrozykline, bakterizid und Hemmung der RNA-Polymerase; **Wm/Wi** (Paromomycin): Aminoglykosid ohne relevante Resorption aus dem GI-Trakt; **empf.** (Fidaxomicin): Clostridium difficile; **empf.** (Fosfomycin): Staphylokokken, Streptokokken, Escherichia coli, Enterobacter, Proteus, P. aeruginosa, Neisseria, H. influenzae, Citrobacter, Serratia; **resist.** (Fosfomycin): Morganella, Bacteroides; **empf.** (Rifaximin): E. coli (ETEC, EAEC), Salmo-nella spp., Shigella spp., Non-V Vibrio cholerae, Plesiomonas spp., Aeromonas spp., Campylobacter spp.; **UW** (Fidaxomicin): Erbrechen, Übelkeit, Obstipation; **UW** (Fosfomycin i.v.): Brechreiz, Magendrücken, Phlebitis; **UW** (Fosfomycin, oral): Kopfschmerzen, Schwindel, Asthenie; **UW** (Paromomycin): Diarrhoe, Appetitlosigkeit, Übelkeit, Erbrechen, Bauchschmerzen; **UW** (Rifaximin): Benommenheit, Kopfschmerz, Blähungen, Bauchschmerzen, Stuhldrang, Übelkeit, Erbrechen, Tenesmus ani, Erschöpfung, Pyrexie; **KI** (Fidaxomicin): bek. Überempf.; **KI** (Fosfomycin i.v.): bek. Überempf. gegen F. bzw. gegen Bernsteinsäure; **KI** (Fosfonycin oral): bek. Überempf. gegen F.; schwere NI; **KI** (Paromomycin): bek. Überempf., Myasthenia gravis, Obstipation, Ileus, Vorschädigung des Vestibular- oder Cochleaorgans, Grav.; **KI** (Rifaximin): Überempf. gegen R. bzw. andere Rifamycinderivate, intestinale Obstruktion

Fidaxomicin Rp					HWZ 8-10h, PRC B, Lact ?				
Gewebe-gängigkeit	ZNS	entzünd.	Lunge	ELF	Galle	Leber	Prostata	Niere	Knochen
	-	-	-	-	-	-	-	-	-
Dificlir *Tbl. 200mg*					**Clostridium-difficile-Infektion:** 2 x 200mg p.o. für 10d; **DANI, DALI** nicht erforderl.				

Fosfomycin Rp						HWZ 2h, Qo 0.1, keine PPB, PRC B, Lact ?			
Gewebe-gängigkeit	ZNS	entzünd.	Lunge	ELF	Galle	Leber	Prostata	Niere	Knochen
	++	++	+	++	++	++	k.A.	k.A.	++

Fosfouro *Granulat 3g*
Fosfomycin Aristo *Granulat 3g*
Infectofos *Inf.Lsg. 2, 3, 5, 8g*
Monuril *Granulat 3g*

Unkompl. Harnweginf. bei Frauen: Erw., **Ki. ab 12J:** 1 x 3g p.o.; **DANI** CrCl < 20: KI; **Atemweg-, HNO-, Harn-/Gallenweg-, Haut-, Weichteil-, Knocheninf., Meningitis, Sepsis, Endokarditis:** 2-3 x 3-5g i.v., max. 20g/d; **Ki < 4W:** 100mg/kg/d in 2ED i.v.; **5W-1J:** 200-250mg/kg/d in 3ED; **1-12J:** 100-200mg/kg/d in 3ED, max. 300mg/kg/d; **DANI** s. FachInfo

Paromomycin Rp									
Gewebe-gängigkeit	ZNS	entzünd.	Lunge	ELF	Galle	Leber	Prostata	Niere	Knochen
	-	-	-	-	-	-	-	-	-

Humatin *Kps. 250mg; Pulver (1Fl. = 1g)*

Präcoma/Coma hepat.: 35-75mg/kg/d p.o.; **Pro. portosystem. Enzephalopathie:** 1-2g/d; **Darmdekontam. präop.:** 4g/d p.o. für 2d; **nichtinvas. Amöbenenteritis:** 15-100mg/kg/d p.o. für 5d; **DANI** vorsichtig dosieren

Rifaximin Rp									
Gewebe-gängigkeit	ZNS	entzünd.	Lunge	ELF	Galle	Leber	Prostata	Niere	Knochen
	-	-	-	-	-	-	-	-	-

Tixteller *Tbl. 550mg*
Rifaxan *Tbl. 200mg*
Xifaxan *Tbl. 200, 550mg*

Reisediarrhoe: 3 x 200mg p.o. für 3d, max. 2 x 400mg/d; **hepatische Enzephalopathie:** 2 x 550mg p.o.; **DANI** 550mg: vors. Anw.; **DALI** nicht erford.

9.21 Antimikrobielle Spüllösung

Wm/Wi (Taurolidin): Methylolgruppen-Übertragung, Denaturierung von Oligosaccharid-Peptid-Komplexen der Bakterien, Entgiftung von Lipopolysacchariden;
UW (Taurolidin): keine häufigen bzw. sehr häufigen UW;
KI (Taurolidin): bek. Überempf., terminale NI, Ki. < 6J

Taurolidin Rp — HWZ (3-6h), PPB 40%

Taurolodin Nova 2%
Instillationslsg. 2g/100ml, 5g/250ml

Lokale oder diffuse Peritonitis: 300-500ml 0.5% oder 100-250ml 2%; **Ki. 6-15J.:** bis max. 300ml 0.5% oder 50-100ml 2%; **DANI** KI bei terminaler NI

9.22 Tuberkulostatika

9.22.1 Monopräparate

Empf. (Bedaquilin): M. tuberculosis; **empf.** (Delamanid): M. tuberculosis; **empf.** (EMB): M. tuberculosis, M. kansasii, M. avium-intracellulare; **empf.** (INH): M. tuberculosis, M. kansasii; **empf.** (PTH): M. tuberculosis, M. kansasii, M. leprae; **empf.** (PZA): M. tuberculosis; **empf.** (RMP): M. tuberculosis, grampositive Kokken, Legionellen, Chlamydien, M. leprae, Meningokokken, Gonokokken, Haemophilus influenzae, Bacteroides; **empf.** (SM): M. tuberculosis, Brucellen, Yersinia pestis, Francisella tularensis; **Wm/Wi** (Bedaquilin): spezif. Hemmung der mykobakteriellen ATP-Synthase ⇒ bakterizide Wi in sich teilenden und sich nicht teilenden Tuberkulosebakterien; **Wm/Wi** (Delamanid): Hemmung der Synthese der Zellwandkomponenten Methoxy- und Keto-Mykolsäure;**UW** (Bedaquilin): Kopfschmerzen, Schwindel, verlängerte QT-Zeit, Nausea, Erbrechen, Diarrhoe, Transaminasen ↑, Arthralgie, Myalgie; **UW** (Delamanid): Anämie, Eosinophilie, Retikulozytose, Hypertriglyceridämie, Hypokaliämie, Hyperurikämie, Appetitlosigkeit, Schlaflosigkeit, Psychose, Erregung, Angststörung, Unruhe, Depression, Schwindel, Kopfschmerzen, Parästhesie, Tremor, Tinnitus, Herzklopfen, periphere Neuropathie, Somnolenz, Hypästhesie, trockenes Auge, Photophobie, Ohrenschmerzen, Hypertonie, Hypotonie, Hämatome, Hitzewallungen, Dyspnoe, Husten, Oropharyngeale Schmerzen, Rachenreizung, trockener Rachen, Rhinorrhoe, Hämoptyse, Erbrechen, Diarrhoe, Dyspepsie, Gastritis, Obstipation, Bauchschmerzen, Dermatitis, Urtikaria, juckender Hautausschlag, Juckreiz, Exanthem, Akne, Hyperhidrose, Osteochondrose, Muskelschwäche, Muskel- und Skelettschmerzen, Flankenschmerz, Gliederschmerzen, Arthralgie, Myalgie, Hämaturie, Asthenie, Pyrexie, Brustschmerzen, Unwohlsein, thorakale Beschwerden, periph. Ödeme, Asthenie, QT-Verlängerung, Kortisolspiegel ↑; **UW** (EMB): N.-opticus-Schädigung, Transaminasen ↑, allerg. Reaktionen; **UW** (INH): periphere Neuropathie, Transaminasen ↑, Akne, Leukopenie, Mikrohämaturie; **UW** (PTH): gastrointestinale Störung, Transaminasen ↑, allergische Reaktionen; **UW** (PZA): Hyperurikämie, Transaminasen ↑, Erbrechen, Strg. der Hämatopoese; **UW** (RMP): Transamin. ↑, Cholestase, Rotfärbung des Urins, Neutro- und Thrombopenie, Nierenversagen; **UW** (SM): Schädigung des N. vestibularis, Nephrotoxizität; **KI** (Bedaquilin): bek. Überempf.; **KI** (EMB): Vorschädigung des N. opticus; **KI** (INH): akute Lebererkr., periphere Neuropathien; **KI** (PTH): schwere Leberfktsstrg., Grav.; **KI** (PZA): schwere Leberfunktionsstrg.; **KI** (RMP): schwere Leberfktsstrg., Lakt.; Cave in Grav.; **KI** (SM): schwere Niereninsuffizienz, Innenohrschädigung, Grav./Lakt.

Bedaquilin Rp — HWZ 5.5 Monate, PPB >99%, PRC B, Lact ?

Gewebe-	ZNS	entzünd.	Lunge	ELF	Galle	Leber	Prostata	Niere	Knochen
gängigkeit	k.A.	k.A.	k.A.	k.A.	k.A.	k.A.	k.A.	k.A.	k.A.

Sirturo *Tbl. 100mg*	**Multiresistente pulmonale TBC:** W 1–2: 1 x 400mg/d p.o.; W 3–24: 200mg 3 x/W; Komb. mit anderen Tuberkulostatika; **DANI** CrCl > 30: nicht erforderlich; <30, HD: vorsichtige Anwendung; **DALI** Child A, B: nicht erforderlich; C: Anw. nicht empfohlen

Delamanid Rp — HWZ 30-38h PPB >99%

Gewebe-gängigkeit	ZNS	entzünd.	Lunge	ELF	Galle	Leber	Prostata	Niere	Knochen
	k.A.	k.A.	k.A.	k.A.	k.A.	k.A.	k.A.	k.A.	k.A.

Deltyba *Tbl. 50mg*	**Multiresistente pulm. TBC:** 2 x 100mg p.o. für 24W, Komb. mit anderen Tuberkulostatika; **DANI** leichte-mäßige NI: 100%; schwere NI: Anw. nicht empfohlen; **DALI** mäßige bis schwere LI: Anw. nicht empf.

Ethambutol (EMB) Rp — HWZ 2.5-4h, Q0 0.8, PPB 10-20%, PRC B, Lact +

Gewebe-gängigkeit	ZNS	entzünd.	Lunge	ELF	Galle	Leber	Prostata	Niere	Knochen
	-	+	++	++	k.A.	k.A.	k.A.	k.A.	k.A.

EMB-Fatol *Tbl. 100, 400, 500mg; Inf.Lsg. 1000mg/10ml*	**TBC:** 1 x 25mg/kg p.o./i.v./i.m., nach 2-3M 1 x 20mg/kg; **DANI** CrCl 40-75: 1 x 15mg/kg; 30-39: 15mg/kg alle 2d; < 30: nach Serumspiegel

Isoniazid (INH) Rp — HWZ 0.7-4h, Q0 0.6, PPB 30%, PRC C, Lact +

Gewebe-gängigkeit	ZNS	entzünd.	Lunge	ELF	Galle	Leber	Prostata	Niere	Knochen
	+	++	++	k.A.	k.A.	k.A.	k.A.	k.A.	k.A.

Isozid *Tbl. 50, 100, 200mg; Inf.Lsg. 0.5g*	**TBC: Therapie:** 1 x 5mg/kg p.o./i.v.; 15mg 2-3 x/W; **Ki.:** 1 x 200mg/m² KOF; **Pro.:** 500mg p.o./i.v. für mindestens 6-9M; **Ki.:** 15mg/kg 3 x/W p.o., 5mg/kg/d i.v.; **DANI** nicht erforderlich, evtl. 1-2d/W Pause; **DALI** max. 100-200mg/d

Protionamid (PTH) Rp — HWZ 1-2h, keine PP

Gewebe-gängigkeit	ZNS	entzünd.	Lunge	ELF	Galle	Leber	Prostata	Niere	Knochen
	++	++	++	++	k.A.	k.A.	k.A.	k.A.	k.A.

Peteha *Tbl. 250mg*	**TBC:** 10-15mg/kg p.o. in 1-3ED; **Ki. < 4J:** 25mg/kg p.o.; **5-8J:** 20mg/kg; **> 9J:** 15mg/kg; **DANI** 2-3 x/W 1g p.o.; **DALI** KI

Pyrazinamid (PZA) Rp — HWZ 9-23h, Q0 1.0, PPB 50%, PRC C, Lact

Gewebe-gängigkeit	ZNS	entzünd.	Lunge	ELF	Galle	Leber	Prostata	Niere	Knochen
	++	++	++	++	k.A.	++	k.A.	++	k.A.

Pyrafat *Tbl. 500mg* **Pyrazinamid** *Tbl. 500mg*	**TBC:** 1 x 20-30mg/kg p.o., max. 2.5g/d für 2-3M; **Ki.** 1 x 30mg/kg p.o., max. 1.5g/d; **DANI** 2 x/W 3g; **DALI** KI bei schwerer Fkt.Str

Rifampicin (RMP) Rp — HWZ 2-3h; Qo 0.85, PPB 90%, PRC C, Lact -

Gewebe-gängigkeit	ZNS	entzünd.	Lunge	ELF	Galle	Leber	Prostata	Niere	Knochen
	++	++	++	-	k.A.	++	k.A.	++	+

Eremfat *Tbl. 150, 300, 450, 600mg; Saft (5ml = 100mg); Inf.Lsg. 300, 600mg*	**TBC:** 1 x 10mg/kg p.o./i.v., max. 600mg/d; minimal 450mg/d; **Ki. < 2M:** 10mg/kg; **2M-6J:** 15mg/kg; **> 6J:** 10-20mg/kg, max. 450mg/d; **andere Infektionen:** 600-1200mg/d p.o./i.v. in 2-3ED; **Meningokokken-Pro.:** 2 x 600mg p.o. für 2d; **Ki. 3-11M:** 2 x 5mg/kg für 2d; **1-12J:** 2 x 10mg/kg für 2d; **DANI** nicht erf.; **DALI** KI bei schwerer Fktsstrg.

Streptomycin (SM) Rp — HWZ 2.5h, Qo 0.04, PPB 32-35%, PRC D, Lact +

Gewebe-gängigkeit	ZNS	entzünd.	Lunge	ELF	Galle	Leber	Prostata	Niere	Knochen
	-	-	++	++	k.A.	k.A.	k.A.	k.A.	k.A.

Strepto-Fatol *Inj.Lsg. 1g*	**TBC, Brucellose, Tularämie:** 1 x 15mg/kg i.m.; **> 50J:** 1 x 0.5g/d; **Ki. < 3M:** 1 x 10mg/kg, max. 50mg/d; **3-6 M:** 1 x 15-25mg/kg; **0.5-12J:** 1 x 20-30mg/kg, max. 1g/d; **Enterokokkenendokarditis:** 1 x 2g für 10-14d; **DANI** CrCl 50-60: 1g alle 40h; 40-50: 1g alle 60h; 30-40: 1g alle 72h; < 30: KI; HD: zusätzlich 3.5-5mg

9.22.2 Kombinationspräparate

Isoniazid + Pyridoxin Rp

Isozid compositum *Tbl. 100+20mg, 200+40mg, 300+60mg*	**TBC:** 1 x 5mg/kg INH p.o.

9.22.3 Tuberkulostatika – Reservemittel

Empf. (Capreomycin): M. tuberculosis, auch streptomycinresistente Stämme; **empf.** (Dapson): M. tuberculosis, M. leprae, Pneumocystis jirovecii (carinii); **empf.** (Rifabutin): M. tuberculosis, M. marinum, M. kansasii, M. leprae, M. avium intracell., gram. Kokken, Legionellen, Chlamydien; **UW** (Rifabutin): rotorange Urinfärbung, Übelkeit, Erbrechen, Leberenzyme ↑, Gelbsucht, Leukopenie, Eosinophilie, Thrombopenie, Anämie, Fieber, Hautrötung, Bronchospasmen, Schock, reversible Uveitis, Wirkung hormoneller Kontrazeptiva u.a. ↓; **KI** (Rifabutin): Überempf. gegen andere Rifamycine, Verschlussikterus, Leberzirrhose, akute Hepatitis, Cave in Grav./Lakt.

Capreomycin

Gewebe-gängigkeit	ZNS	entzünd.	Lunge	ELF	Galle	Leber	Prostata	Niere	Knochen
	k.A.	k.A.	k.A.	k.A.	k.A.	k.A.	k.A.	k.A.	k.A.

Ogostal *(Int. Apotheke) Inj.Lsg. 1g*	**TBC:** 1 x 1g i.m. für 1-2M, dann: 1g 2-3 x/W

Dapson Rp					HWZ 10-50h, PPB 70-90%, PRC C, Lact -				
Gewebe-gängigkeit	ZNS	entzünd.	Lunge	ELF	Galle	Leber	Prostata	Niere	Knochen
	k.A.	k.A.	++	+	k.A.	k.A.	k.A.	k.A.	k.A.
Dapson-Fatol *Tbl. 50mg* **Dapson Tillomed** *Tbl. 50mg*					**TBC:** 50-200mg p.o.; **Lepra:** 1 x 50-100mg p.o				

4-Aminosalicylsäure Rp					HWZ 26min, PPB 50-70%				
Gewebe-gängigkeit	ZNS	entzünd.	Lunge	ELF	Galle	Leber	Prostata	Niere	Knochen
	-	+	+	+	k.A.	k.A.	k.A.	k.A.	k.A.
Granupas *Granulat 4g* **PAS-Fatol N** *Inf.Lsg. 13.5g*					**TBC:** 3 x 4g p.o.; **Ki. > 1M:** 150mg/kg/d in 2 ED p.o.; 1 x 10-15g i.v., max. 40g/d; **Ki. < 6J:** 200-300mg/kg/d; **> 6J:** 200mg/kg/d; **Jug. > 14J:** s. Erw.				

Rifabutin Rp					HWZ 45h, Q0 0.9, PPB 91-94%, PRC B, Lact				
Gewebe-gängigkeit	ZNS	entzünd.	Lunge	ELF	Galle	Leber	Prostata	Niere	Knochen
	+	+	++	++	k.A.	k.A.	k.A.	k.A.	k.A.
Mycobutin *Kps. 150mg*					**TBC:** 1 x 150mg für 6-9M; vorbehand. u. immunsuppr. Patienten: 1 x 300-450mg p.o.; **Mycobacterium-avium-Infektion: Ther.:** 1 x 450-600mg p.o.; **Pro.:** 1 x 300mg; **DANI** CrCl < 30: 50%; **DALI** Dosisreduktion, KI bei schwerer Leberfktsstrg.				

9.23 Virustatika

9.23.1 Herpes-Präparate

Wm (Aciclovir): Hemmung der viralen DNA-Polymerase; **Wm** (Brivudin): Nukleosidanalogon, Replikationshemmung des Varizella-Zoster-Virus; **Wm** (Famciclovir): Hemmung der viralen DNA-Polymerase; **Wm** (Valaciclovir): bessere Resorption als Aciclovir; **UW** (Aciclovir): Nierenfktsstrg., Exanthem, Blutbildveränderungen; **UW** (Brivudin): Übelkeit, Kopfschmerzen, Erbrechen, Diarrhoe, Schwindel, Pruritus; **KI** (Aciclovir): Grav./Lakt.; **KI** (Brivudin): bereits voll ausgeprägte Hautmanifestation, Immundefizienz, Kinder, Grav./Lakt., Einnahme von 5-FU oder anderen 5-Fluoropyrimidinen (Abstand zur Brivudineinnahme muss > 4W sein)

Aciclovir Rp	HWZ 3h, Q0 0.25, PPB 9-33%, PRC B, Lact
Acic *Tbl. 200, 400, 800mg; Inf.Lsg. 250, 500mg* **Aciclostad** *Tbl. 200, 400, 800mg* **Aciclovir-ratioph.** *Tbl. 200, 400, 800mg; Inf.Lsg. 250, 500mg* **Zovirax** *Susp. (5ml = 200mg)*	**Herpes zoster:** 5 x 800mg p.o.; 3 x 5mg/kg i.v. (5-7d); immunsuppr. Pat.: 3 x 10mg/kg i.v. **Herpes genitalis:** 5 x 200mg p.o.; 3 x 5mg/kg i.v. (5d); **Herpes-Enzephalitis:** 3 x 10mg/kg i.v. für 10d **Ki. < 3M > 12J:** s. Erw. (mg/kg); **3M-12J:** 3 x 250-500mg/m^2 KOF i.v.; **DANI** CrCl: > 50: 100%; 25-50: Dosisintervall 2 x i.v.; 10-25: Dosisintervall 1 x i.v.; < 10, HD: 50% 1 x i.v., nach Dialyse

Brivudin Rp	HWZ 16h, PPB > 95%
Brivudin Aristo, Zoster Galen, Zostex *Tbl. 125mg*	**Herpes zoster** (immunkompetente Pat.): 1 x 125mg p.o. für 7d; **DANI, DALI** nicht erf.

Famciclovir Rp	HWZ 2.2h, Q0 0.14, PPB < 20%, PRC B, Lact ?
Famvir *Tbl. 125, 250, 500mg*	**Herpes genitalis:** Ersterkrankung: 3 x 250mg p.o. für 5d, immunsupprimierte Pat.: 2 x 500mg; Frührezidiv: 2 x 125mg; **Herpes zoster:** 3 x 250mg für 7-10d; bei immunsupprimierten Patienten oder **Zoster ophthalmicus:** 3 x 500mg; **DANI** CrCl > 40: 100%; 30-39: 2 x 250mg; 10-29: 1 x 250mg; **DALI** nicht erforderlich

Valaciclovir Rp	HWZ 3h, Q0 0.25
Valaciclovir 1A Pharma *Tbl. 500, 1000mg* **Valaciclovir HEXAL** *Tbl. 500, 1000mg* **Valtrex** *Tbl. 500mg*	**Herpes zoster:** 3 x 1g p.o. für 7d; **DANI** CrCl 15-30: max. 2 x 1g; < 15, HD: max. 1 x 1g nach Dialyse; **Herpes genitalis:** 2 x 500mg p.o. für 10d; **DANI** CrCl < 15: 1 x 500mg

9.23.2 CMV-Präparate

Wm (Foscarnet): Hemmung viraler Polymerasen; **Wm** (Ganciclovir): Nukleosidanalogon, Hemmung der DNA-Synthese; **Wm** (Letermovir): hemmt den CMV-DNA-Terminase-Komplex, der für die Spaltung und Verpackung viraler Nachkommen-DNA erforderlich ist; **Wm** (Valganciclovir): Prodrug von Ganciclovir;
UW (Ganciclovir): Neutropenie, Thrombopenie, Fieber, Kopfschmerzen, Nausea;
UW (Letermovir): Übelkeit, Diarrhoe, Erbrechen;
KI (Ganciclovir): schwere Leuko- bzw. Thrombopenie, Grav./Lakt., Kinder < 18J;
KI (Letermovir): bek. Überempf.; Kombination mit Pimozid, Mutterkornalkaloiden; bei Kombination von L. mit Ciclosporin: die Kombination mit Dabigatran, Atorvastatin, Simvastatin, Rosuvastatin oder Pitavastatin ist kontraindiziert

Foscarnet Rp	HWZ 3-6h, Q0 0.1, PPB < 20%, PRC C, Lact ?
Foscavir *Inf.Lsg. 6g*	**CMV-Infektion:** W1-3: 3 x 60mg/kg i.v., dann: 1 x 90-120mg/kg; **Herpesinfektion (Aciclovir-resistent):** 3 x 40mg/kg i.v.; **DANI** s. FachInfo

Ganciclovir Rp	HWZ 2.5-5h, Q0 0.05, PPB 2%, PRC C, Lact ?
Cymeven *Inf.Lsg. 500mg* **Ganciclovir Accord** *Inf.Lsg. 500mg* **Ganciclovir HEXAL** *Inf.Lsg. 500mg*	**CMV-Retinitis:** W1-2: 2 x 5mg/kg i.v., dann 1 x 5mg/kg i.v.; **DANI** CrCl 50-69: 2 x 2.5mg/kg i.v.; 25-49: 1 x 2.5mg/kg; 10-24: 1 x 1.25mg/kg; < 10: 1.25mg 3 x/W

Letermovir Rp	HWZ 12h, Q0 1.0, PPB 98%
Prevymis *Inf.Lsg. 240, 480mg; Tbl. 240, 480mg*	**Pro. CMV-Reaktivierung bei hämatopoetischer Stammzell-Tx:** 1 x 480mg p.o./i.v. für 100d; Kombination mit Ciclosporin A: 1 x 240mg p.o./i.v.; **DANI** nicht erf.; **DALI** Child A, B: 100%; C: Anw. nicht empf.; bei gleichz. mäßiger-schwerer NI und mäßiger LI: Anw. nicht empfohlen

Valganciclovir Rp	HWZ 3h
Valcyte *Tbl. 450mg, Trockensaft (1ml = 50mg)* **Valganciclovir HEXAL** *Tbl. 450mg* **Valganciclovir Mylan** *Tbl. 450mg*	**CMV-Retinitis:** 2 x 900mg p.o. für 21d, dann 1 x 900mg/d; **DANI** CrCl > 60: 100%; 40-59: ini 2 x 450mg, dann 1 x 450mg; 25-39: ini 1 x 450mg, dann 450mg alle 2d; 10-24: ini 450mg alle 2d, dann 450mg 2 x/W; < 10, HD: KI

9.23.3 Influenza-Präparate

Wm (Amantadin): verhindert Uncoating und Reifung von Influenza-Viren; **Wm** (Baloxavir): Hemmung der CAP-abhängigen Endonuclease e Hemmung der Virus-Replikation; **Wm** (Oseltamivir, Zanamivir): Hemmung der viralen Neuraminidase, Hemmung der Freisetzung neu gebildeter Influenza-A-/-B-Viren; **UW** (Amantadin): Schlafstrg., motorische u. psych. Unruhe, Ataxie, Angstzustände, Livedo reticularis, Gedächtnis-/Konzentrationsstrg.; **UW** (Baloxavir): keine häufigen bzw. sehr häufigen UW; **UW** (Oseltamivir): Kopfschmerzen, Übelkeit, Erbrechen, Bronchitis, Herpes simplex, Nasopharyngitis, Infektionen der oberen Atemwege, Sinusitis, Schlaflosigkeit, Husten, Halsentzündg., Rhinorrhoe, Schmerzen, Bauchschmerzen, Dyspepsie, Benommenheit, Abgeschlagenheit, Fieber, Gliederschmerzen, Otitis media, Konjunktivitis, Ohrenschmerzen; **KI** (Amantadin): HF ↓, Hypokaliämie, Hypomagnesiämie, Long-QT-Syndrom; **KI** (Baloxavir): bek. Überempf.; **KI** (Oseltamivir): bek. Überempf.

Amantadin Rp	HWZ 10-14h, Q0 0.1, keine PPB, PRC C, Lact -
Amantadin HEXAL *Tbl. 100, 200mg* **Amantadin-ratioph.** *Tbl. 100mg*	**Influenza-A-Virusgrippe:** 2 x 100mg p.o. für 10d, > 65J: 1 x 100mg; **Ki. 5-9J:** 1 x 100mg; **> 10J:** 2 x 100mg; **DANI** CrCl 50-60: 1 x 150mg; 30-49: 1 x 100mg; 20-29: 200mg 2 x/W; 10-19: 100mg 3 x/W; < 10, HD: 100mg 1 x/W

Baloxavir Rp	HWZ 79h, PPB 94%
Xofluza *Tbl. 20, 40mg*	**Unkomplizierte Influenza:** Therapie und Postexpositions-PRO, Erw., **Ki. ab12J:** < 80kg: einmalig 2 x 20mg p.o.; ≥ 80kg: einmalig 2 x 40mg; **DANI** nicht erf.; **DALI** Child A, B: 100%; C: keine Daten

Oseltamivir Rp	HWZ 6-10h, Q0 0.01, PPB 3%
Tamiflu *Trockensaft (1ml = 6mg); Kps. 30, 45, 75mg*	**Influenza: Ther.:** 2 x 75mg p.o. (5d); **Pro.:** 1 x 75mg (7d); **Ki. > 1J: Ther.:** < 15kg: 2 x 30mg; 15-23kg: 2 x 45mg; 23-40kg: 2 x 60mg; > 40kg: 2 x 75mg; **DANI** CrCl > 30: Ther./Pro.: 2 x 75mg/1 x 75mg; 10-30: 1 x 75mg/75mg alle 2d oder tgl. 30mg; < 10, HD: nicht empf.; **DALI** nicht erforderl.
Zanamivir Rp	HWZ 1.6-5.1h, PRC B, Lact ?
Dectova *Inf.Lsg. 200mg/10ml* **Relenza** *Diskhaler (ED = 5mg)*	**Influenza A, B: Erw. u. Ki ab 5J:** 2 x 10mg inhalieren für 5d; **Postexpositions-Pro.:** 1 x 10mg inhal. f. 10d; **saisonale Pro.:** 1 x 10mg inhal. f. bis zu 28d; **DANI, DALI** (inhal./i.v.) nicht erf.; **Komplizierte u. potentiell lebensbedrohl. Influenza A, B:** 2 x 600mg i.v. für 5-10d; **Ki. 6M-< 6J:** 2 x 14 mg/kg i.v.; **6J-< 18J:** 2 x 12mg/kg i.v., max. 2 x 600mg; **DANI** (inhal.) nicht erf.; **DANI** (i.v.) CrCl 50-< 80: ini 600mg, nach 12h 2 x 400mg; 30-< 50: ini 600mg, n. 12h 2 x 250mg; 15-< 30: ini 600mg, nach 24h 2 x 150mg; < 15: ini 600mg, nach 48h 2 x 60mg; **DANI** (i.v.) Ki.: s. Fl;

A 9.23.4 Nukleosidische und nukleotidische Reverse-Transkriptase-Inhibitoren (NRTI)

Wm/Ind: Blockade der Umwandlung von RNA in DNA durch ein chemisch verändertes Nukleosid;
UW (Abacavir): Übelkeit, Müdigkeit, Fieber, Kopfschmerzen, Diarrhoe, Anorexie;
UW (Adefovir): Asthenie, Bauchschmerzen, Kopfschmerzen, Übelkeit, Diarrhoe, Krea ↑;
UW (Didanosin): Polyneuropathie, Pankreatitis, Diarrhoe, Exanthem;
UW (Emtricitabin): Kopfschmerzen, Übelkeit, Diarrhoe, CK ↑, Exanthem;
UW (Lamivudin): Kopfschmerzen, Übelkeit, Pankreatitis;
UW (Tenofovir-Alafenamid): Diarrhoe, Übelkeit, Erbrechen, Bauchschmerzen, Völlegefühl, Flatulenz, Erschöpfung, Kopfschmerzen, Schwindel, Exanthem, Pruritus, ALT ↑, Arthralgie;
UW (Tenofovir-Disoproxil): Diarrhoe, Übelkeit, Erbrechen, Hypophosphatämie, Flatulenz;
UW (Zidovudin): Anämie, Leuko ↓, Myopathie, Übelkeit, Kopfschmerzen;
KI (Abacavir): schwere Leberfunktionsstrg., Grav./Lakt.; **KI** (Adefovir): bek. Überempf.;
KI (Didanosin): akute Pankreatitis, Grav./Lakt.; **KI** (Emtricitabin): bek. Überempf.;
KI (Lamivudin): Grav./Lakt.; **KI** (Tenofovir-Alafenamid/Disoproxil): bek. Überempf.;
KI (Zidovudin): Leukozytenabnahme < 750/µl, Hb < 7.5g/dl, Grav./Lakt.

Abacavir (ABC) Rp	HWZ 1-2h, Q0 0.95, PPB 50%, PRC C, Lact -
Abacavir HEXAL *Tbl. 300mg* **Ziagen** *Tbl. 300mg; Saft (1ml = 20mg)*	**HIV-Infektion:** 2 x 300mg p.o.; **Ki. 3M-12J:** 2 x 8mg/kg, max. 600mg/d; **DANI** nicht erforderl.; **DALI** Anw. nicht empf
Abacavir + Lamivudin Rp	PRC C, Lact -
Abacavir/Lamivudin beta *Tbl. 300+600mg* **Abacavir/Lamivudin HEXAL** *Tbl. 300+600mg* **Kivexa** *Tbl. 600+300mg*	**HIV-Infektion: Erw., Ki. ab 25kg:** 1 x 600+300mg p.o.; **DANI** CrCl < 50: Anw. nicht empfohlen; **DALI** Anwendung nicht empfohlen
Adefovir Rp	HWZ 1-2h, PPB < 4%, PRC C, Lact -
Hepsera *Tbl. 10mg*	**Chron. Hepatitis B:** 1 x 10mg p.o.; **DANI** CrCl > 50: 100%; 20-49: 10mg alle 48h; 10-19: 10mg alle 72h; HD: 10mg alle 7d
Bictegravir + Emtricitabin + Tenofovir Rp	
Biktarvy *Tbl. 200+25+50mg*	**HIV-Infektion:** 1 x 200 + 25 + 50mg p.o.; **DANI** CrCl ≥ 30: 100%; < 30: Anw. nicht empf.; **DALI** Child A, B: 100%; C: Anw. nicht empf.
Didanosin (DDI) Rp	HWZ 1.3-1.5h, Q0 0.5, PPB < 5%, PRC B, Lact -
Videx *Kps. 250mg*	**HIV-Infektion:** < 60kg: 250mg/d p.o.; > 60kg: 400mg/d in 1-2ED; **Ki. > 3M:** 240mg/m² KOF p.o. in 1-2ED, 180mg/m² bei Kombination mit Zidovudin; **DANI** CrCl > 60: 100%; 30-59: ≥ 60kg: 200mg/d, < 60kg: 150mg/d; 10-29: ≥ 60kg: 150mg/d, < 60kg: 100mg/d; < 10: ≥ 60kg: 100mg/d, < 60kg: 75mg/d; **DALI** nicht erf.
Emtricitabin (FTC) Rp	HWZ 10h, PPB < 4%, PRC B, Lact -
Emtriva *Kps. 200mg; Saft (1ml = 10mg)*	**HIV-Infektion:** 1 x 200-240mg p.o.; **Ki. < 33kg:** 6mg/kg/d, max. 240mg/d; **Ki. > 33kg:** s. Erw.; **DANI** CrCl > 50: 100%; 30-49: 200mg alle 48h 15-29: 200mg alle 72h; < 15, HD: 200mg alle 96h (gilt für Tbl., Saft s. FachInfo)
Emtricitabin + Tenofovir Rp	PRC B, Lact -
Descovy *Tbl. 200+10, 200+25mg* **Emtenovo** *Tbl. 200+245mg* **Emtricitabin/Tenofovirdisoproxil AL** *Tbl. 200+245mg* **Truvada** *Kps. 200+245mg*	**HIV-Infektion:** Descovy: Erw., **Ki. ab 12J, ≥ 35kg:** je n. Komb. mit anderen Virustatika (s. FachInfo) 1 x 200+10-25mg p.o.; **DANI** CrCl ≥30: 100%; < 30: Anw. nicht empf. **DALI** Child A, B: 100%; C: Anw. nicht empf.; Truvada: Erw. ≥18J: 1 x 200+245mg p.o.; **DANI** CrCl > 50: 100%; 30-49: 1Kps. alle 48h < 30, HD: Anw. nicht empf.; **DALI:** nicht erf.

Emtricitabin + Rilpivirin → 273 **+ Tenofovir-Alafenamid** Rp	PRC B, Lact -
Eviplera *Tbl. 200+25+245mg* **Odefsey** *Tbl. 200+25+245mg*	**HIV-Infektion:** Eviplera: Erw.: 1 x 200+25+245mg p.o. mit einer Mahlzeit; Odefsey: Erw., **Ki. ab 12J.:** 1 200+25+25mg; **DANI** Eviplera: CrCl < 50, Odefsey: < 30: Anwendung nicht empf.; **DALI** Child A, B: 100%; C: Anw. nicht empf.
Entecavir Rp	HWZ 128-149h, PPB 13%, PRC C, Lact-
Baraclude *Tbl. 0.5, 1mg; Saft (1ml = 0.05mg)* **Entecavir Accord** *Tbl. 0.5, 1mg* **Entecavir Aristo** *Tbl. 0.5, 1mg* **Entecavir Heumann** *Tbl. 0.5, 1mg* **Entecavir HEXAL** *Tbl. 0.5, 1mg* **Entecavir Mylan** *Tbl. 0.5, 1mg*	**Chron. Hepatitis B:** nukleosid-naive Pat., kompensierte Lebererkr.: 1 x 0.5mg p.o.; Lamivudin-refraktäre Pat. und/oder dekompensierte Lebererkrankung: 1 x 1mg p.o.; **Ki. 2-18J:** ab 10kg s. FachInfo; **DANI** CrCl 30-49: 0.25/0.5mg/d; 10-29: 0.15-0.3mg/d; < 10, HD: 0.05-0.1mg/d; **DALI** nicht erforderlich
Lamivudin (3TC) Rp	HWZ 3-7h, Q_0 0.03, PPB 16-36%, PRC C, Lact ?
Epivir *Tbl. 150, 300mg; Saft (1ml = 10mg)* **Zeffix** *Tbl. 100mg; Saft (1ml = 5mg)* **Lamivudin HEXAL** *Tbl. 100, 150, 300mg* **Lamivudin Teva** *Tbl. 100, 150, 300mg*	**HIV-Infektion:** 300mg/d p.o. in 1-2ED; **Ki. > 3M:** 2 x 4mg/kg; **DANI** CrCl > 50: 100%; 30-50: 1 x 150mg; 15-29: 1 x 100mg; 5-14: 1 x 50mg; < 5: 1 x 25mg; **chron. Hepatitis B:** 1 x 100mg p.o.; **DANI** CrCl 30-49: ini 100mg, dann 50mg/d; 15-29: ini 100mg, dann 25mg/d; 5-14: ini 35mg, dann 15mg/d; < 5: ini 35mg, dann 10mg/d
Lamivudin + Dolutegravir Rp	
Dovato *Tbl. 300+50mg*	**HIV-Infektion:** **Erw., Ki. ≥ 12J, ≥40kg:** 1 x 1 Tbl. p.o.; **DANI** CrCl ≥50: 100%; < 50: Anw. nicht empf.; **DALI** Child A, B: 100%; C: vors. Anw.
Lamivudin + Tenofovir-Disoproxil + Doravirin Rp	
Delstrigo *Tbl. 300+245+100mg*	**HIV-Infektion:** 1 x 1 Tbl. p.o.; **DANI** CrCl < 50: Monopräp. empf.; **DALI** Child A, B: 100%; C: vorsichtige Anw.
Lamivudin + Zidovudin (CBV) Rp	PRC C, Lact ?
Combivir *Tbl. 150+300mg* **Lamivudin/Zidovudin HEXAL** *Tbl. 150+300mg* **Lamizido** *Tbl. 150+300mg*	**HIV-Infektion:** 2 x 1Tbl. p.o.; **Ki. 14-21kg:** 2 x 1/2Tbl.; **21-30kg:** 1 x 1/2Tbl. morgens + 1 x 1Tbl. abends; **DANI** CrCl < 50: Monopräparate empfohlen
Lamivudin + Zidovudin + Abacavir Rp	PRC C, Lact -
Trizivir *Tbl. 150+300+300mg*	**HIV-Infektion:** 2 x 1Tbl. p.o.; **DANI** CrCl < 50: Monopräp. empf.; **DALI** KI

Tenofovir-Alafenamid Rp	HWZ 0.5h, PPB 80%
Vemlidy *Tbl. 25mg*	**Chron. Hepatitis B:** Erw., **Ki. ab 12J,** > 35kg: 1 x 25mg p.o.; **DANI** CrCl ≥ 15: 100%; HD: 100% (Gabe n. HD); < 15 ohne HD: keine Daten; **DALI** nicht erf.
Tenofovir-Disoproxil (TDF) Rp	HWZ 12-18h, PPB < 0,7%
Tenofovir Aristo *Tbl. 245mg* **Tenofovir Cipla** *Tbl. 245mg* **Tenofovir HEXAL** *Tbl. 245mg* **Viread** *Tbl. 123, 163, 204, 245mg, Granulat (1g enth. 33mg)*	**HIV-Infektion:** 1 x 245mg p.o.; **Ki. 6-12J,** 17-21kg: 1 x 123mg; 22-27kg: 1 x 163mg; 28-34kg: 1 x 204mg; **chronische Hepatitis B:** Erw., **Ki. ab 12J,** > 35kg: 1 x 245mg p.o.; **DANI** CrCl 30-49: 245mg alle 48h; 10-29: 245mg alle 72-96h; HD: 1 x 245mg/W; **DALI** nicht erf.
Zidovudin (AZT) Rp	HWZ 1 h, Q0 0.85, PPB 35%, PRC C, Lact ?
Retrovir *Kps. 100, 250mg; Saft (5ml = 50mg); Inf.Lsg. 200mg* **Zidovudin Aurobindo** *Kps. 100, 250mg*	**HIV-Infektion:** 500-600mg/d p.o. in 2-3ED; 6 x 1-2mg/kg i.v.; **Ki. 3M-12J:** 360-480mg/m² KOF p.o. in 3-4ED; 4 x 80-160mg/m² KOF i.v.; **DANI** CrCl < 10: 300-400mg/d p.o.; 3-4 x 1mg/kg i.v.

9.23.5 Non-nukleosidische Reverse-Transkriptase-Inhibitoren (NNRTI)

Wm/Ind: Blockade der reversen Transkriptase von HIV-1;
UW (Doravirin): abnorme Träume, Alpträume, Schlaflosigkeit, Depression, Kopfschmerzen, Schwindel, Schläfrigkeit, Übelkeit, Erbrechen, Diarrhoe, Bauchschmerzen, Exanthem, Fatigue;
UW (Efavirenz): Schwindel, Benommenheit, Konzentrationsstörung, Schlaflosigkeit, Exanthem, Leberenzyme ↑; **UW** (Etravirin): Hautausschlag, Diarrhoe, Übelkeit;
UW (Nevirapin): Hautausschlag, Übelkeit, Fieber, Kopfschmerzen, Leberwerte ↑;
UW (Rilpivirin): Leukopenie, Anämie, Thrombopenie, erhöhtes Gesamt-/LDL-Cholesterin, erhöhte Triglyzeride, verminderter Appetit, Schlafstrg., abnorme Träume, Depression, Kopfschmerzen, Schwindel, Übelkeit, Somnolenz, Amylase ↑, Lipase ↑, Bauchschmerzen, Erbrechen, Mundtrockenheit, Transaminasen ↑, Bilirubin ↑, Exanthem, Fatigue;
KI (Doravirin): bek. Überempf.; gleichz. Anw. von Carbamazepin, Oxcarbazepin, Phenobarbital, Phenytoin, Rifampicin, Rifapentin, Johanniskraut, Mitotan, Enzalutamid, Lumcaftor;
KI (Efavirenz): Grav./Lakt., Ki. < 3J, bek. Überempf., schw. Leberschädigung, gleichz. Anw. von Johanniskrautpräparaten und verschiedenen anderen Präparaten (s. FachInfo);
KI (Etravirin): bek. Überempf., Lakt., strenge Ind.Stell. in der Grav.;
KI (Nevirapin): bek. Überempf., schw. Leberfunktionsstrg., gleichzeitige Anw. von Johanniskrautpräparaten, Lakt., strenge Ind.Stell. in der Grav.;
KI (Rilpivirin): bek. Überempf., gleichzeitige Anw. von Carbamazepin, Oxcarbazin, Phenobarbital, Phenytoin, Rifabutin, Rifampicin, Rifapentin, Omeprazol, Esomeprazol, Pantoprazol, Rabeprazol, Lansoprazol, Dexamethason (außer Einzeldosis), Johanniskraut

Doravirin Rp	HWZ 15h, PPB 76%
Pifeltro *Tbl. 100mg*	**HIV-Inf.:** 1 x 100mg p.o.; Komb. mit anderen antiretrovir. Substanzen; **DANI** leichte bis schwere NI: 100%; ESRD, HD: keine Daten; **DALI** Child A, B: 100%; C: vorsichtige Anw.
Efavirenz (EFV) Rp	HWZ 40-55h, Q0 > 0.9, PPB 99%, PRC C, Lact -
Efavirenz Accord *Tbl. 600mg* **Efavirenz Aurobindo** *Tbl. 600mg* **Efavirenz Teva** *Tbl. 600mg* **Stocrin** *Tbl. 600mg* **Sustiva** *Kps. 50, 100, 200mg; Tbl. 600mg*	**HIV-Infektion:** 1 x 600mg p.o.; 1 x 720mg p.o.; **Ki. 3-17J:** < 15kg: 200mg; 15-19kg: 250mg; 20-24kg: 300mg; 25-32kg: 350mg; 32.5-39kg: 400mg; > 40kg: 600mg; **DANI** nicht erforderlich; **DALI** Child C: KI
Efavirenz + Emtricitabin → 270 **+ Tenofovir-Disoproxil** → 272	
Atripla *Tbl. 600+200+245mg* **Efavemten** *Tbl. 600+200+245mg* **Padviram** *Tbl. 600+200+245mg*	**HIV-1-Inf.:** 1 x 1Tbl. p.o.; **DANI** CrCl < 50: Anw. nicht empf.; **DALI** Child C: KI
Etravirin Rp	HWZ 30-40h, PPB 99.9%, PRC B, Lact -
Intelence *Tbl. 25, 100, 200mg*	**HIV-Inf.:** 2 x 200mg p.o.; **Ki. 16 bis < 20kg:** 2 x 100mg; **20 bis < 25kg:** 2 x 125mg; **25–30kg:** 2 x 150mg; **≥ 30kg:** 2 x 200mg; nur kombiniert mit geboosterten PI/antiretrovir. Substanzen; **DANI** nicht erf.; **DALI** Child C: Anw. nicht empf.
Nevirapin (NVP) Rp	HWZ 22-84h, Q0 0.95, PPB 60%, PRC C, Lact ?
Nevirapin Accord *Tbl. 200, 400(ret.)mg* **Nevirapin Aurobindo** *Tbl. 200mg* **Nevirapin HEXAL** *Tbl. 200, 400(ret.)mg* **Nevirapin-ratioph.** *Tbl. 200, 400(ret.)mg* **Viramune** *Tbl. 100(ret.), 200, 400(ret.)mg; Saft (5ml = 50mg)*	**HIV-Infektion:** 1 x 200mg p.o., nach 14d 2 x 200mg oder 1 x 400mg (ret.); **Ki. 2M-8J:** 1 x 4mg/kg p.o., nach 14d 2 x 7mg/kg; **8-16J:** 1 x 4mg/kg, nach 14d 2 x 4mg/kg; **DANI** HD: weitere 200mg nach jeder Dialyse; **DALI** Child C: KI
Rilpivirin Rp	HWZ 45h, PPB 99%, PRC B, Lact -
Edurant *Tbl. 25mg*	**HIV-Infektion:** 1 x 25mg p.o. mit einer Mahlzeit; **DANI** leichte bis mäßige NI: 100%; schwere NI: vorsichtige Anw.; **DALI** Child A, B: 100%; Child C: Anw. nicht empf.

9.23.6 Protease-Inhibitoren (PI)

Wm/Ind: spezifische Hemmung der viralen Protease ⇒ Produktion wichtiger Virusproteine ↓ (z.B. rev. Transkriptase);
UW (Atazanavir): Ikterus, Lipodystrophie, Kopfschmerzen, Schlaflosigk., Sklerenikterus, Bauchschmerzen, Diarrhoe, Dyspepsie, Übelkeit, Erbrechen, Ausschlag, Asthenie;
UW (Fosamprenavir): Diarrhoe, Triglyzeride ↑, Kopfschmerzen, Schwindel, weiche Stühle, Übelkeit, Erbrechen, Unterleibschmerzen, Müdigkeit, erythematöse/makulopapuläre Hauteruptionen, Transaminasen ↑, Lipase ↑; **UW** (Ritonavir): Übelkeit, Diarrhoe, Kopfschmerzen, Müdigkeit, Exanthem; **UW** (Saquinavir): Diarrhoe, Übelkeit, Exanthem; **UW** (Tipranavir): Hautausschlag, Pruritus, Photosensibilität, Lebertox., Hypertriglyzeridämie, Anorexie, Kopfschmerzen, Diarrhoe, Übelkeit, Erbrechen, Flatulenz, Bauchschmerzen, Dyspepsie, Erschöpfung;
KI (Atazanavir): bek. Überempf., mäßige/schwere LI; **KI** (Fosamprenavir): bek. Überempf., schwere LI; **KI** (Ritonavir): schwere LI, Cave in Grav./Lakt.; **KI** (Saquinavir): Grav./Lakt.;
KI (Tipranavir): bek. Überempf., LI (Child B-C)

Atazanavir (AZV) Rp	HWZ 8.6 h, PPB 86%, RCB, Lact -
Atazam *Kps. 300mg* **Atazanavir AL, Beta, HEXAL** *Kps. 150, 200, 300mg* **Reyataz** *Kps. 150, 200, 300mg*	**HIV-Infektion:** 1 x 300mg p.o., Kombination mit 1 x 100mg Ritonavir; **DANI** nicht erforderlich; **DALI** Child B, C: KI
Darunavir Rp	HWZ 15h, PPB 95%, PRC B, Lact -
Darunasta *Tbl. 600, 800mg* **Darunavir AL** *Tbl. 400, 600, 800mg* **Darunavir Mylan** *Tbl. 600, 800mg* **Prezista** *Tbl. 75, 150, 400, 600, 800mg; Susp. (1ml = 100mg)*	**HIV-Infektion:** Behandlungsnaive 1 x 800mg p.o. mit 1 x 100mg Ritonavir, Vorbehandelte 2 x 600mg p.o. mit 2 x 100mg Ritonavir; **Ki. 3-17J, vorbehandelt: 15 bis < 30kg:** 2 x 375mg mit 2 x 50mg Ritonavir; **30 bis < 40kg:** 2 x 450mg mit 2 x 60mg Ritonavir; **≥ 40kg:** 2 x 600mg mit 2 x 100mg Ritonavir; **DANI** nicht erforderlich; **DALI** Child C: KI
Fosamprenavir (FPV) Rp	HWZ 15-23h, PPB 90%, PRC C, Lact -
Telzir *Tbl. 700mg; Susp. (5ml = 250mg)*	**HIV-Infektion:** 2 x 700mg p.o., Kombination mit 2 x 100mg Ritonavir; **Ki. 25-39kg:** 2 x 18mg/kg + 2 x 3mg/kg Ritonavir; **DANI** nicht erf.; **DALI** Child-Pugh < 7: 100%; 7-9: 2 x 450mg + 2 x 100mg Ritonavir; > 9: KI
Lopinavir + Ritonavir Rp	
Kaletra *Tbl. 100+25, 200+50mg; Saft (5ml = 400+100mg)* **Lopinavir/Ritonavir Accord** *Tbl. 200+50mg*	**HIV-Inf.:** 2 x 400+100mg p.o.; 2 x 5ml p.o.; **Ki. > 2J:** 2 x 230 (max. 400) +57.5 (max. 100)mg/m²; s. auch FachInfo; **DANI** nicht erford.; **DALI** KI bei schwerer LI
Paritaprevir Rp nur in Kombation mit anderen Virustatika → 277	

Ritonavir (RTV) Rp	HWZ 3-3.5h, Q0 0.7, PPB 99%, PRC B, Lact ?
Norvir *Tbl. 100mg; Susp. (1Btl. = 100mg)* **Ritonavir HEXAL** *Tbl. 100mg* **Ritonavir Mylan** *Tbl. 100mg*	**Verbesserung der Pharmakokinetik von Proteaseinhibitoren:** 1-2 x 100-200mg p.o.; s. a. FachInfo d. jeweiligen Proteaseinhibitors; **HIV-Inf.:** ini 2 x 300mg p.o., steigern bis 2 x 600mg; **Ki. > 2J:** ini 2 x 250mg/m², alle 2-3d um 50mg/m² steigern bis 2 x 350mg/m²; **DANI** nicht erforderl.; **DALI** KI bei schw. LI

Saquinavir (SQV) Rp	HWZ 13h, Q0 > 0.95, PPB 97%, PRC B Lact ?
Invirase *Tbl. 500mg*	**HIV-Infektion:** 2 x 1g p.o., Kombination mit 2 x 100mg Ritonavir; **DANI** nicht erf; **DALI** KI bei schw. LI

Tipranavir (TPV) Rp	HWZ 5-6h, PPB 99%, PRC C Lact -
Aptivus *Kps. 250mg; Saft (1ml = 100mg)*	**HIV-Infektion:** 2 x 500mg p.o., Kombination mit Ritonavir 2 x 200mg; **Ki. 2-12J:** 2 x 375mg/m² mit Ritonavir 2 x 150mg/m²; **DANI** nicht erforderlich; **DALI** Child B, C: KI

Voxilaprevir Rp nur in Kombation mit anderen Virustatika → 278

9.23.7 Attachement-Inhibitoren

Wm/Wi (Fostemsavir): bindet direkt an die gp120-Untereinheit des glykosylierten HIV-1-Hüllproteins gp160 ⇒ Hemmung der Interaktion zwischen dem Virus und dem zellulären CD4+-Rezeptor ⇒ verhindert Eindringen des Virus in Wirtszellen; **UW** (Fostemsavir): inflammatorisches Immunrekonstitutionssyndrom, Schlaflosigkeit, Kopfschmerz, Schwindel, Somnolenz, Dysgeusie, QT-Verläng., Übelkeit, Erbrechen, Diarrhoe, Oberbauchschmerzen, Dyspepsie, Flatulenz, Transaminasen ↑, Exanthem, Pruritus, Myalgie, Fatigue, Krea, CK ↑; **KI** (Fostemsavir): bek. Überempf.; gleichzeitige Anwendung von starken CYP3A-Induktoren, z.B. Carbamazepin, Phenytoin, Mitotan, Enzalutamid, Rifampicin, Johanniskraut

Fostemsavir Rp	HWZ 11 h, PPB 88%
Rukobia *Tbl. 600(ret.)mg*	**Multiresistente HIV-Infektion:** 2 x 600mg p.o., **DANI, DALI** nicht erf.

9.23.8 NS5A-Inhibitoren

Wm/Wi (Daclatasvir): Inhibitor des Nichtstrukturproteins 5A ⇒ Hemmung der RNA-Replikation und der Virus-Assembly;
UW (Daclatasvir, Komb. mit Sofosbuvir + Ribavirin): Anämie, Appetit ↓, Depression, Angst, Schlaflosigkeit, Kopfschmerz, Schwindel, Migräne, Hitzewallung, Husten, Dyspnoe, Belastungsdyspnoe, Nasenverstopfung, Übelkeit, Diarrhoe, Oberbauchschmerzen, Obstipation, Flatulenz, gastroösophag. Refluxerkr., trockener Mund, Erbrechen, Pruritus, trockene Haut, Alopezie, Ausschlag, Arthralgie, Myalgie, Ermüdung, Reizbarkeit;
KI (Daclatasvir): bek. Überempf.; Komb. mit Phenytoin, Carbamazepin, Oxcarbazepin, Phenobarbital, Rifampicin, Rifabutin, Rifapentin, system. angew. Dexamethason, Johanniskraut

Daclatasvir (DCV) Rp	HWZ 12-15h, PPB 99%
Daklinza *Tbl. 60mg*	**Chronische Hepatitis C, Genotyp 1-4:** 1 x 60mg p.o., Komb. m. anderen Virustatika; s. FachInfo bei gleichzeitiger Anw. von CYP3A4-Inhibitoren/Induktoren; **DANI, DALI** nicht erforderlich

Ledipasvir (LDV) Rp nur in Komb. mit anderen Virustatika → 277

Ombitasvir (OMV) Rp nur in Komb. mit anderen Virustatika → 277

Pibrentasvir Rp nur in Komb. mit anderen Virustatika → 277

9.23.9 NS5B-Inhibitoren, nukleos(t)idisch

Wm/Wi (Sofosbuvir): Hemmung der NS5B-RNA-Polymerase ⇒ Hemmung der Virusreplikation; **UW** (Sofosbuvir, Komb. mit Ribavirin und PEG-IFN): Anämie, Lymphopenie, Thrombopenie, Neuropenie, ↓ Appetit, Gewichtsabnahme, Schlaflosigkeit, Depresseion, Angst, Unruhe, Schwindel, Kopfschmerzen, Migräne, Gedächtnisstrg., Aufmerksamkeitsstrg., Sehstrg., Dyspnoe, Husten, Belastungsdyspnoe, Diarrhoe, Übelkeit, Erbrechen, Obstipation, Mundtrockenheit, Reflux, Bilirubinanstieg, Exanthem, Pruritus, Alopezie, trockene Haut, Arthralgie, Myalgie, Rückenschmerzen, Muskelkrämpfe, Schüttelfrost, Erschöpfung, grippeähnliche Symptome, Reizbarkeit, Schmerzen, Fieber, Brustschmerzen, Asthenie; **KI** (Sofosbuvir): bek. Überempf.

Sofosbuvir Rp	HWZ 0.4 (27)h, PPB 85%
Sovaldi *Tbl. 400mg*	**Chronische Hepatitis C:** 1 x 400mg p.o., Komb. mit Ribavirin bzw. PEG-IFN-alfa für 12-24W je nach Genotyp, s. FachInfo; **DANI** CrCl > 30: 100%; ≤ 30: keine Daten; **DALI** nicht erforderlich

9.23.10 Hepatitis-C-Virustatika-Kombinationen

UW (Elbasvir + Grazoprevir): Appetit ↓, Schlaflosigkeit, Kopfschmerzen, Angst, Depression, Schwindel, Übelkeit, Diarrhoe, Bauchschmerzen, Erbrechen, Mundtrockenheit, Pruritus, Alopezie, Arthralgie, Myalgie, Ermüdung, Asthenie, Reizbarkeit; **UW** (Glecaprevir + Pibrentasvir): Kopfschmerzen, Diarrhoe, Übelkeit, Fatigue, Asthenie; **UW** (Ledipasvir + Sofosbuvir): Kopfschmerzen, Erschöpfung; **UW** (Ombitasvir + Paritaprevir + Ritonavir + Dasabuvir + Riavirin): Anämie, Schlaflosigkeit, Übelkeit, Pruritus, Asthenie, Erschöpfgung; **UW** (Sofosbuvir + Velpatasvir): Kopfschmerzen, Erschöpfung, Übelkeit; **UW** (Sofosbuvir + Velpatasvir + Voxilaprevir): Kopfschmerzen, Diarrhoe, Übelkeit, Erbrechen, Bauchschmerzen, Appetit ↓, Myalgie, Bilirubinerhöhung; **KI** (Elbasvir + Grazoprevir): bek. Überempf., LI Child B, C; gleichz. Anw. von Rifampicin, Atazanavir, Darunavir, Lopinavir, Saquinavir, Tipranavir, Cobicistat, Ciclosporin, Efavirenz, Phenytoin, Carbamazepin, Bosentan, Etravirin, Modafinil, Johanniskraut; **KI** (Glecaprevir + Pibrentasvir): bek. Überempf., schwere Leberfunktionsstörung Child C, gleichzeitige Anw. von Atazanavir, Atorvastatin, Simvastatin, Dabigatranetexilat, ethinylestradiolhaltigen Arzneimitteln, Rifampicin, Carbamazepin, Johanniskraut, Phenobarbital, Phenytoin, Primidon; **KI** (Ledipasvir + Sofosbuvir): bek. Überempf.; gleichzeitige Anw. von Johanniskraut, Rosuvastatin;

KI (Ombitasvir + Paritaprevir + Ritonavir): bek. Überempf., schwere Leberfktsstrg. Child C, gleichz. Anw. von ethinylestradiolhaltigen Arzneimitteln, Alfuzosinhydrochlorid, Amiodaron, Astemizol, Terfenadin, Chinidin, Cisaprid, Colchicin bei Patienten mit Nieren- oder, Leberfunktionsstörung, Ergotamin, Dihydroergotamin, Ergometrin, Methylergometrin, Fusidinsäure, Lovastatin, Simvastatin, Atorvastatin, oral angew. Midazolam, Triazolam, Pimozid, Quetiapin, Salmeterol, Sildenafil (bei Behandlung einer pulmonalen arteriellen Hypertonie), Ticagrelor, Carbamazepin, Phenytoin, Phenobarbital, Efavirenz, Nevirapin, Etravirin, Enzalutamid, Johanniskraut, Mitotan, Rifampicin, Clarithromycin, Telithromycin, Cobicistat, Conivaptan, Indinavir, Lopinavir/Ritonavir, Saquinavir, Tipranavir, Itraconazol, Ketoconazol, Posaconazol, Voriconazol;
KI (Sofosbuvir + Velpatasvir): bek. Überempf., Komb. mit Rifampicin, Rifabutin, Johanniskraut, Carbamazepin, Phenobarbital, Phenytoin;
KI (Sofosbuvir + Velpatasvir + Voxilaprevir): bek. Überempf., gleichzeitige Anw. von Rosuvastatin, Dabigatranetexilat, ethinylestradiolhaltigen Arzneimitteln, Rifampicin, Carbamazepin, Johanniskraut, Phenobarbital, Phenytoin

Elbasvir + Grazoprevir	
Zepatier *Tbl. 50+100mg*	**Chronische Hepatitis C, Genotyp 1b:** 1 x 50 + 100mg p.o. f. 12W; **Genotyp 1a, 4:** 1 x 50 + 100mg p.o. f. 12W; bei initialer Viruslast > 800.000 IE/ml Ther.-Dauer 16W u. Komb. mit Ribavirin zu erwägen; **DANI** nicht erforderlich; **DALI** Child B, C: KI
Glecaprevir + Pibrentasvir	
Maviret *Tbl. 100+40mg*	**Chronische Hepatitis C, Genotyp 1-6:** therapienaiv, ohne Zirrhose: 1 x 300 + 120mg für 8W; mit Zirrhose für 12W; mit Vorbehandlung: s. FachInfo; **DANI** nicht erforderlich; **DALI** Child A: 100%; B: Anwendung nicht empfohlen; C: KI
Ledipasvir + Sofosbuvir	
Harvoni *Tbl. 90+400mg*	**Chronische Hepatitis C, Genotyp 1, 3, 4:** 1 x 90 + 400mg, Ther.-Dauer, Kombination mit Ribavirin s. FachInfo; **DANI** CrCl ≥ 30: 100%; < 30: keine Daten; **DALI** nicht erforderlich
Ombitasvir + Paritaprevir + Ritonavir	
Viekirax *Tbl. 12.5+75+50mg*	**Chronische Hepatitis C, Genotyp 1, 4:** 1 x 25 + 150 +100mg, Ther.-Dauer, Komb. mit Ribavirin und/oder Dasabuvir s. FachInfo; **DANI** nicht erforderlich; **DALI** Child A: 100%; B: keine Daten; C: KI

Sofosbuvir + Velpatasvir	
Epclusa *Tbl. 400+100mg*	**Chronische Hepatitis C, alle Genotypen:** ohne Zirrhose 1 x 400+100mg p.o. f. 12W, bei Genotyp 3 u. komp. Zirrhose Komb. mit Ribavirin zu erwägen; bei dekomp. Zirrhose Komb. mit Ribavirin; s.a. FachInfo; **DANI** CrCl ≥ 30: 100%; < 30: keine Daten; **DALI** nicht erforderlich
Sofosbuvir + Velpatasvir + Voxilaprevir	
Vosevi *Tbl. 400+100+100mg*	**Chronische Hepatitis C, Genotyp 1-6:** ther.-naiv, ohne Zirrhose: 1 x 400 + 100 + 100mg f. 8W; mit Zirrhose f. 12W (evtl. 8W bei Genotyp 3); mit Vorbehandlung, ohne Zirrhose oder komp. Zirrhose: f. 12W **DANI** leichte-mittelgradige NI: 100%; schwere NI: keine Daten; **DALI** Child A: 100%; B, C: Anw. nicht empfohlen

9.23.11 Weitere antivirale Mittel und Kombinationen

Wm/Wi (Bulevirtid): Entry-Inhibitor, bindet an den NTCP-Gallensalztransporter in Hepatozyten ⇒ Blockade der Bindestelle für HDV; **Wm/Wi** (Cobicistat): selektiver Inhibitor der CYP3A-Unterfamilie der Cytochrome P450 ⇒ Steigerung der systemischen Exposition von CYP3A-Substraten wie Elvitegravir; **Wm/Wi** (Dolutegravir): HIV-Integrase-Strangtransfer-Inhibitor (INSTI) ⇒ verhindert Einbau der HIV-1-DNA in genomische Wirts-DNA; **Wm/Wi** (Elvitegravir): HIV-Integrase-Strangtransfer-Inhibitor (INSTI) ⇒ verhindert Einbau der HIV-1-DNA in genomische Wirts-DNA; **Wm/Wi** (Enfuvirtid): hemmt virale und zelluläre Membranenfusion ⇒ Hemmung des Eintritts von HIV-1 in menschl. Zellen; **Wm/Wi** (Maraviroc): bindet selektiv an den Chemokin-Rez. CCR5 beim Menschen ⇒ Hemmung des HIV-Eindringens in die Zielzellen; **Wm/Wi** (Raltegravir): hemmt virale Integrase ⇒ Hemmung der Integration des HIV-Genoms in das Wirtszellgenom; **Wm** (Ribavirin): Guanosinanalogon, Hemmung der RNA-Polymerase; **UW** (Bulevirtid): Gesamtgallensalze ↑, Anämie, Eosinophilie, Leukopenie, Lymphopenie, Neutropenie, Retikulozytopenie, Thrombozytopenie, Schwindel, Kopfschmerzen, Somnolenz, Tachykardie, aufgetriebener Bauch, Übelkeit, Erythem, Hyperhidrosis, Pruritus, Ausschlag, Arthralgie, Muskelspasmen, Hämaturie, Ermüdung, grippeähnliche Erkrankung, Reaktion a.d. Injektionsstelle, Transaminasen ↑, gGT, Amylase, Bili, Krea, Hb, INR, Lipase; **UW** (Cobicistat + Elvitegravir + Emtricitabin + Tenofovir): Neutropenie, allerg. Reaktion, Hypophosphatämie, Hyperglykämie, Hypertriglyceridämie, Appetit ↓, Schlaflosigk., abnorme Träume, Kopfschmerzen, Schwindelgefühl, Diarrhoe, Erbrechen, Übelkeit, Amylase/Lipase/Transaminasen/Bilirubin/CK/Kreatinin ↑, Abdominalschmerzen, Dyspepsie, Obstipation, Völlegefühl, Flatulenz, Hautausschlag, Pruritus, Urtikaria, Verfärbung der Haut, Asthenie, Schmerzen, Müdigkeit; **UW** (Cobicistat + Darunavir + Emtricitabin + Tenofovir): Arzneimittelüberempf., Anorexie, Diabetes mell., Hypercholesterinämie, Hypertriglyceridämie, Hyperlipidämie, anormale Träume, Kopfschmerzen, Schwindel, Diarrhoe, Übelkeit, Erbrechen, Bauchschmerzen, Meteorismus, Dyspepsie, Flatulenz, Pankreatitis, Pankreasenzyme ↑, Hepatitis, Leberenzyme ↑, Exanthem, Angioödem, Pruritus, Urticaria, Arthralgie, Myalgie, Ermüdung, Asthenie, Kreatinin ↑;

UW (Dolutegravir): Kopfschmerzen, Übelkeit, Diarrhoe, Schlafstrg., anormale Träume, Schwindel, Erbrechen, Meteorismus, Bauchschmerzen, Exanthem, Pruritus, Abgeschlagenheit, Transam./CK ↑; **UW** (Dolutegravir + Abacavir + Lamivudin): Überempfindlichkeitsreaktion, Anorexie, Schlaflosigkeit, anormale Träume, Depression, Albträume, Schlafstrg., Kopfschmerzen, Schwindel, Schläfrigkeit, Lethargie, Husten, nasale Symptome, Übelkeit, Diarrhoe, Erbrechen, Blähungen, abdominale Schmerzen, gastroösophageale Refluxkrankheit, Dyspepsie, Hautausschlag, Pruritus, Haarausfall, Arthralgie, Muskelbeschwerden, Fatigue, Asthenie, Fieber, allgemeines Unwohlsein, ↑ CK/GOT/GPT; **UW** (Dolutegravir + Rilpivirin): s. FachInfo; **UW** (Enfuvirtid): Diarrhoe, Übelkeit, Müdigkeit, Pneumonie, Pankreatitis, Hautreaktion an der Einstichstelle; **UW** (Maraviroc): Leberenzyme ↑, Gewicht ↓, Schwindel, Parästhesien, Geschmacksstrg., Schläfrigkeit, Übelkeit, Husten, Erbrechen, Bauch-schmerzen, Dyspepsie, Exanthem, Juckreiz, Muskelkrämpfe, Rückenschmerzen, Myokard-ischämie, Panzytopenie; **UW** (Raltegravir): Schwindel, Bauchschmerzen, Obstipation, Flatulenz, Pruritus, Lipodystrophie, Hyperhidrose, Arthralgie, Müdigkeit, Schwächegefühl; **UW** (Ribavirin oral; Komb. mit Peg-Interferon alfa-2a): Anämie, Anorexie, Depression, Schlaflosigkeit, Kopfschmerzen, Benommenheit, Konzentrationsschwäche, Dyspnoe, Husten, Diarrhoe, Übelkeit, Abdominalschmerzen, Haarausfall, Dermatitis, Pruritus, trockene Haut, Myalgie, Arthralgie, Fieber, Rigor, Schmerzen, Schwäche, Müdigkeit, Reakt. an Applikationsstelle, Reizbarkeit, Inf. der oberen Atemwege, Bronchitis, orale Candidamykose, Herpes simplex, Thrombopenie, Lymphadenopathie, Hypo-/Hyperthyreose, Stimmungsschwankungen, emotionale Verstimmung, Angstgefühl, Aggressivität, Nervosität, Libido ↑, Gedächtnisstrg., Synkopen, Schwäche, Migräne, Hypo-/Hyperästhesie, Parästhesie, Tremor, Geschmacksstrg., Albträume, Somnolenz, Verschwommensehen, Augenschmerzen, Augenentzündung, Xerophthalmie, Vertigo, Ohrenschmerzen, Tachykardie, Palpitationen, periphere Ödeme, Erröten, Belastungsdyspnoe, Epistaxis, Nasopharyngitis, Sinus-/Nasen-Sekretstauungen, Rhinitis, rauer Hals, Erbrechen, Dyspepsie, Dysphagie, Mundgeschwüre, Zahnfleischbluten, Glossitis, Stomatitis, Flatulenz, Verstopfung, Mundtrockenheit, Exanthem, Schwitzen ↑, Psoriasis, Urtikaria, Ekzem, Hauterkr., Lichtempfindlichkeitsreaktionen, Nachtschweiß, Rückenschmerzen, Arthritis, Muskelschwäche, Knochenschmerzen, Nackenschmerzen, Schmerzen der Skelettmuskulatur, Muskelkrämpfe, Impotenz, Schmerzen im Brustkorb, grippeähnliche Erkr., Unwohlsein, Lethargie, Hitzewallungen, Durst, Gewicht ↓; **KI** (Bulevirtid): bek. Überempf.; **KI** (Cobicistat + Elvitegravir + Emtricitabin + Tenofovir): bek. Überempf., abgebrochene Vorbehandlung mit Tenofovir wegen Nierentoxizität, gleichz. Anw. mit zahlreichen anderen Med. (s. Fachinfo); **KI** (Cobicistat + Darunavir + Emtricitabin + Tenofovir): bek. Überempf., gleichz. Anw. mit zahlreichen anderen Med. (s. Fachinfo); **KI** (Dolutegravir): bek. Überempf., gleichz. Anw. von Dofetilid; **KI** (Dolutegravir + Abacavir + Lamivudin): bek. Überempf., gleichz. Anw. von Dofetilid; **KI** (Dolutegravir + Rilpivirin): bek. Überempf., gleichzeitige Anw. von Dofetilid, Carbamazepin, Oxcarbazepin, Phenobarbital, Phenytoin, Rifampicin, Rifapentin, Protonenpumpeninhibitoren, Dexamethason systemisch, Johanniskraut; **KI** (Enfuvirtid, Maraviroc, Raltegravir): bek. Überempf.; **KI** (Ribavirin oral): bek. Überempf., schwere Herzkrankheit, schwere Leberfktsstrg. oder dekomp. Leberzirrhose, Hämoglobinopathien (z.B. Thalassämie, Sichelzellanämie), Grav./Lakt.

Bulevirtid Rp — HWZ 4-7h, PPB 99%

Hepcludex *Inj.Lsg. 2mg*	**Chronische HDV-Inf.:** 1 x 2mg s.c.; **DANI** vorsichtige Anw.; **DALI** Child A: 100%; B, C: Anw. nicht empf.

Cobicistat + Darunavir + Emtricitabin + Tenofovir-Disoproxil Rp	
Symtuza *Tbl. 150+800+200+10mg*	**HIV-1-Inf.:** Erw., Ki. ab12J und ≥ 40kg: 1 x 1 Tbl. p.o.; **DANI** CrCl ≥ 30: 100%; < 30: Anw. nicht empf.; **DALI** Child A, B: 100%; C: Anw. nicht empf.
Cobicistat + Elvitegravir + Emtricitabin + Tenofovir Rp	PRC C, Lact -
Genvoya *Tbl. 150+150+200+10mg* **Stribild** *Tbl. 150+150+200+136mg*	**HIV-1-Inf.:** Stribild: Erw. ab 18J: 1 x 1Tbl. p.o.; **DANI** vor Therapiebeginn: CrCl < 70: KI, 70-90: Anw. nicht empf., nur falls keine Alternat. verfügbar; während Ther.: CrCl < 70: Therapieabbruch empfohlen, < 50: KI; **DALI** Child-Pugh A, B: 100%; C: keine Daten; Genvoya: Erw., Ki. > 12J ≥ 35kg: 1 x 1Tbl. p.o.; **DANI** CrCl ≥ 30: 100%; < 30: Anwendung nicht empfohlen; **DALI** Child-P. A, B: 100%; C: Anwendung nicht empfohlen
Dolutegravir Rp	HWZ 14h, PPB 99%, PRC B, Lact -
Tivicay *Tbl. 10, 25, 50mg*	**HIV-1-Infektion:** 1 x 50mg p.o., 2 x 50mg b. Komb. mit Efavirenz, Nevirapin, Tipranavir, Ritonavir, Rifampicin bzw. bei Integrase-Inhibitor-Resistenz; **Ki. 12-17J:** 1 x 50mg; **DANI** nicht erf.; **DALI** Child C vorsicht. Anw.
Dolutegravir + Abacavir + Lamivudin Rp	PRC C, Lact -
Triumeq *Tbl. 50+600+300mg*	**HIV-1-Infektion:** 1 x 1 Tbl. p.o.; **DANI** CrCl < 50: Anw. nicht empf.; **DALI** Child A: ggf. Dosisred.; B, C: Anw. nicht empf.
Dolutegravir + Rilpivirin Rp	
Juluca *Tbl. 50+25mg*	**HIV-1-Infektion:** 1 x 1Tbl. p.o.; **DANI** CrCl ≥ 30: 100%; < 30: Risiko-Nutzen-Abwäg. bei Komb. m. starkem CYP3A-Inhib.; **DALI** Child B: vors. Anw.; C: Anw. nicht empf
Enfuvirtid (T20) Rp	HWZ 3.8h, PPB 92%, PRC B, Lact -
Fuzeon *Inj.Lsg. 90mg/1ml*	**HIV-1-Infektion:** 2 x 90mg s.c.; **Ki. 6-16J:** 2 x 2mg/kg s.c., max. 2 x 90mg; **DANI** nicht erforderlich
Maraviroc (MVC) Rp	HWZ 13h, PPB 76%, PRC B, Lact -
Celsentri *Tbl. 25, 75, 150, 300mg; Saft (5ml = 100mg)*	**HIV-1-Infektion:** 2 x 150-600mg p.o.; Dosis u. **DANI** abhängig von Komedikation (CYP3A4-Hemmer/-Induktor) s. FachInfo; **Ki. ≥ 2J** u. **≥ 10kg:** s. FachInfo; **DALI** vorsichtige Anwendung

Raltegravir Rp	HWZ 9h; PPB 83%; PRC C Lact -
Isentress *Kautbl. 25, 100mg; Tbl. 400, 600mg; Granulat 100 mg*	**HIV-1-Inf.:** 2 x 400mg p.o.; **Ki. 2-11J:** 12 bis < 14kg: 2 x 75mg; 14 bis < 20kg: 2 x 100mg; 20 bis < 28kg: 2 x 150mg; 28 bis < 40kg: 2 x 200mg; ≥ 40kg: 2 x 300mg; **DANI** nicht erf.; **DALI** schwere LI: vors. Anw.

Ribavirin Rp	HWZ 9.5h (Inhal.), 79h (p.o.), Q0 0.6, PRC X, Lact ?
Copegus *Tbl. 200, 400mg* **Rebetol** *Kps. 200mg; Saft (5ml = 200mg)* **Ribavirin HEXAL** *Tbl. 200, 400mg* **Ribavirin-ratioph.** *Tbl 200, 400mg*	**Chronische Hepatitis C** (in Komb. mit Interferon → 292): 800-1200mg/d je nach Gewicht bzw. Virus-Genotyp, s. Fach-Info; **DANI** CrCl < 50: KI; **DALI** KI bei schwerer LI bzw. dekompensierter Zirrhose

9.24 Systemische Antimykotika

9.24.1 Azole

Empf. (Fluconazol): Candida-Arten (außer C. krusei, C. glabrata), Cryptococcus, Histoplasma, Blastomyces, Trichosporon, Dermatophyten, keine Aktivität gegen Schimmelpilze; **empf.** (Isavuconazol): Aspergillus, Mucorales; **empf.** (Itraconazol): Candida, Cryptococcus, Coccidioides, Histoplasma, Aspergillus, Dermatophyten; **empf.** (Posaconazol): Candida-Arten, Cryptococcus, Coccidioides, Histoplasma, alle Aspergillus-Spezies, Cladosporium, Zygomyceten, Fusarium-Spezies; **empf.** (Voriconazol): Candida-Arten, Trichosporon, Cryptococcus, Coccidioides, Histoplasma, einige Aspergillus-Spezies, eingeschränkt bei Scedosporium, Fusarium; **UW** (Fluconazol): Nausea, Kopf-/Bauchschmerzen, Diarrhoe, Exantheme, periphere Neuropathie, Veränderung von Leberfunktionswerten; **UW** (Isavuconazol): Hypokaliämie, Appetit ↓, Delirium, Kopfschmerzen, Somnolenz, Thrombophlebitis, Dyspnoe, akute resp. Insuffizienz, Übelkeit, Erbrechen, Diarrhoe, Bauchschmerzen, Leberwerte ↑, Exanthem, Pruritus, NI, thorakale Schmerzen, Müdigkeit; **UW** (Itraconazol): Bauchschmerzen, Übelkeit, Dyspepsie, schlechter Geschmack; **UW** (Posaconazol): Neutropenie, Anorexie, Schlaflosigkeit, Schwindel, Kopfschmerzen, Parästhesien, Somnolenz, Hitzewallungen, Bauchschmerzen, Diarrhoe, Übelkeit, Erbrechen, Exanthem, Pruritus, Rückenschmerzen, Asthenie, Müdigkeit, Fieber, Störung des Elektrolythaushalts, Geschmacksstörg., Hypertonie, Leberenzyme ↑, Müdigkeit, anorektale Beschwerden; **UW** (Voriconazol): Fieber, Kopf-/Bauchschmerzen, Übelkeit, Erbrechen, Durchfall, Panzytopenie, Ödeme, Exanthem, Sehstrg., akutes Nierenversagen, Halluzinationen, Depressionen, Ängstlichkeit, Benommenheit, Verwirrtheit, Tremor, Unruhe, Paraesthesie, Leberwerte ↑, Ikterus, Kreatinin ↑, Gastroenteritis, Grippesymptome, Sinusitis, Hypoglykämie, Hypokaliämie, Phlebitis, Hypotonie, Rückenschmerzen; **KI** (Fluconazol): schwere Leberfktsstrg., Grav./Lakt.; Anw.Beschr. bei Ki.; **KI** (Isavuconalzol): bek. Überempf., gleichzeitige Anw. von Ketoconazol, gleichz. Anw. von hochdos. Ritonavir (> 400mg/d), gleichz. Anw. von CYP3A4/5-Induktoren (z.B. Rifampicin, Rifabutin, Carbamazepin, Phenobarbital, Phenytoin, Johanniskraut, Efavirenz, Nafcillin, Etravirin); familiäres Short-QT-Syndrom; **KI** (Itraconazol): NI CrCl < 30, Grav./Lakt.; **KI** (Posaconazol): bek. Überempf.; gleichzeitige Anw. von Mutterkorn-Alkaloiden, Terfenadin, Astemizol, Pimozid, Halofantrin, Chinidin, Simvastatin, Lovastatin, Atorvastatin; **KI** (Voriconazol): bek. Überempf., gleichz. Anw. von Terfenadin, Astemizol, Pimozid, Chinidin, Rifampicin, Carbamazepin, Phenobarbital, hochdosiertes Ritonavir, Mutterkorn-Alkaloide, Sirolimus, Johanniskraut

Fluconazol Rp	HWZ 30h, Q0 0.2, PPB 11%, PRC C, Lact -
Diflucan *Kps. 50, 100, 200mg; Susp. (1ml = 40mg); Trockensaft (5ml = 50mg)* **Fluconazol Accord** *Kps. 50, 100, 150, 200mg* **Fluconazol HEXAL** *Kps. 50, 100, 150, 200mg; Inf.Lsg. 100mg/50ml, 200mg/100ml, 400mg/200ml* **Fluconazol Kabi** *Inf.Lsg. 100mg/50ml, 200mg/100ml, 400mg/200ml* **Flucoderm** *Kps. 100, 150, 200mg* **Fluconazol-ratioph.** *Kps. 50, 150mg* **Flunazul** *Kps. 50, 100, 150, 200mg* **Fungata** *Kps. 150mg*	**Oropharyngeale, ösophageale Candidose:** 200-400mg an d1, dann 1 x 100-200mg p.o.; **Candidurie:** 200-400mg/d; **akute Vaginalcandidose, Candida-Balanitis:** einmalig 150mg p.o.; **Systemcandidosen, Kryptokokken-meningitis:** d1: 1 x 400mg, dann 1 x 200-400mg p.o/i.v., max. 800mg/d; **Ki. > 1M:** 1 x 6-12mg/kg p.o./i.v.; weitere Ind. s. FachInfo; **DANI** CrCl: > 50: 100%; 11-50: 50%; HD: 100% nach jeder Dialyse; **DALI** vors. Anw.
Isavuconazol Rp	HWZ 110h, Q0 1.0, PPB > 99%, PRC C, Lact -
Cresemba *Kps. 100mg; Inf.Lsg. 200mg*	**Invasive Aspergillose, Mukormykose, bei der Ampho B nicht angemessen ist:** d1-2 3 x 200mg i.v., dann 1 x 200mg i.v./p.o.; **DANI** nicht erforderl.; **DALI** Child A, B: 100%; C: Anw. nicht empfohlen
Itraconazol Rp	HWZ 24-36h, Q0 1.0, PPB > 95%, PRC C, Lact ?
Itraconazol-ratioph. *Kps. 100mg* **Itraisdin** *Kps. 50mg* **Sempera** *Kps. 100mg; Saft (1ml = 10mg); Inf.Lsg. 250mg* **Siros** *Kps. 100mg*	**Hautmykosen** 1-2 x 50-100mg p.o.; **Systemmyk., Aspergillose:** 1-2 x 100-200mg p.o. (Saft wird deutlich besser resorbiert); **vulvovag. Candidose:** 2 x 200mg p.o. für 1d; **invasive Mykose:** 2 x 200mg p.o. (für 2-5M); **Histoplasmose, Systemmykosen:** d1 + 2: 2 x 200mg über 1h i.v., dann 1 x 200mg; max. 14d; **DANI** CrCl < 30: KI; **DALI** Dosisanpassung
Posaconazol Rp	HWZ 35h, PPB 98%
Noxafil *Inf.Lsg. 300mg; Tbl. 100mg; Susp. (5ml = 200mg)* **Posaconazol Accord** *Tbl. 100mg; Susp. (5ml = 200mg)* **Posaconazol Heumann** *Tbl. 100mg* **Posaconazol HEXAL** *Tbl. 100mg; Susp. (5ml = 200mg)* **Posaconazol Zentiva** *Tbl. 100mg*	**Systemcandidosen , Aspergillose, Fusariose, Myzetom, Chromoblasto-, Kokzidioido-mykose:** d1 2 x 300mg i.v. oder Tbl.: 2 x 300mg p.o.; Susp. 4 x 200mg p.o.; ab d2: 1 x 300mg i.v. oder Tbl.: 1 x 300mg p.o.; Susp. 4 x 200mg oder 2 x 400mg p.o. ; **Pro. invasiver Mykosen:** d1 2 x 300mg i.v. oder Tbl.: 2 x 300mg; ab d2: 1 x 300mg i.v. oder Tbl.: 1 x 300mg; Susp.: 3 x 200mg p.o.; **Oropharyngeale Candidose:** Susp.: d1: 1 x 200mg p.o., dann 1 x 200mg f. 13d; **DANI** CrCl < 50: orale Anw. empfohlen; **DALI** Child C: vorsichtige Anwendung

Voriconazol Rp	HWZ 6h, Qo 0.98, PPB ca. 58%, PRC D, Lact -
VFEND *Tbl. 50, 200mg; Trockensaft (1ml = 40mg); Inf.Lsg. 200mg* **Voriconazol Accord** *Tbl. 50, 200mg; Inf.Lsg. 200mg* **Voriconazol Aristo** *Tbl. 50, 100, 200mg* **Voriconazol HEXAL** *Tbl. 50, 200mg* **Voriconazol Mylan** *Tbl. 200mg; Inf.Lsg. 200mg* **Voriconazol Stada** *Tbl. 200mg; Inf.Lsg. 200mg*	**Invas. Aspergillose, Candidämie, schwere Candida-Infektion** (Fluconazol-resistent), **Pilzinfektion** (Scedosporium, Fusarium spp.): d1: 2 x 6mg/kg i.v.; 2 x 400mg p.o.; ab d2: 2 x 4mg/kg i.v.; 2 x 200mg p.o.; Pat. < 40kg: d1: 2 x 200mg p.o., ab d2: 2 x 100mg; **Ki. 2-12J:** 2 x 7mg/kg i.v., 2 x 200mg p.o.; **DANI** möglichst orale Anwendung; **DALI** Child A, B: d1: 100%, ab d2: 50%; Child C: nicht empfohlen

9.24.2 Polyene

Empf.: Candida-Arten, Aspergillus, Histoplasma, Sporothrix, Blastomyces, Cryptococcus, Coccidioides; **UW:** Fieber, Schüttelfrost, Nausea, Erbrechen, Diarrhoe, generalisierte Schmerzzustände, Anämie, Nierenfunktionsstörung, Hypokaliämie;
KI: schwere Leber-, Nierenfunktionsstörung; Cave in Grav./Lakt.

Amphotericin B Rp	HWZ 24h (15d), Qo 0.95, PPB 90-95%, PRC B Lact ?
Amphotericin B *Inf.Lsg. 50mg* **Fungizone** *Inf.Lsg. 50mg*	**Generalisierte Mykosen:** ini 0.1mg/kg i.v., dann: 1 x 0.5-0.7mg/kg i.v., max. 1mg/kg; **Ki.** 1-2mg/d, max. 0.25mg/kg/d i.v.; **DANI, DALI** KI bei schwerer NI/LI

Amphotericin B liposomal Rp	HWZ 7-153h, Qo 0.95, PRC B, Lact ?
AmBisome *Inf.Lsg. 50mg*	**Schwere systemische Mykosen:** ini 1 x 1mg/kg i.v., steigern bis 3-5mg/kg; **Ki.:** s. Erw.; **DANI, DALI** KI bei schwerer NI/LI

9.24.3 Echinocandine

Empf.: Candida albicans und Candida spp.: fungizid, Schimmelpilze: fungistatisch;
UW (Anidulafungin): Hautrötung, Hitzewallungen, Pruritus, Exanthem, Hypokaliämie, Übelkeit, Erbrechen, Diarrhoe, Transaminasen/aP/GGT/Bili/Kreatinin ↑, Koagulopathie, Konvulsionen, Kopfschmerzen; **UW** (Caspofungin): Fieber, Schüttelfrost, Kopfschmerzen, Hypokaliämie, lokale Phlebitis, Übelkeit, Erbrechen, Diarrhoe, Flush, Exanthem, Anämie, Thrombopenie, Leukopenie, Eosinophilie, Tachykardie, Leberenzyme ↑, Arthralgie;
UW (Micafungin): Leukopenie, Thrombopenie, Hämolyse, Anämie, Hypokaliämie, Hypokalzämie, Hypomagnesiämie, Kopfschmerzen, Phlebitis, Übelkeit, Erbrechen, Diarrhoe, Bauchschmerzen, Bilirubin/Transaminasen ↑, Exanthem, Fieber, Rigor;
KI (Anidulafungin): bek. Überempf. gegen Echinocandine;
KI (Caspofungin): bek. Überempf. gegen Caspofungin;
KI (Micafungin): bek. Überempf. gegen Echinocandine

Anidulafungin Rp	HWZ 40-50h, PPB 99%, PRC C, Lact ?
Anidulafungin-ratioph. *Inf.Lsg. 100mg* **Anidulafungin Stada** *Inf.Lsg. 100mg* **Ecalta** *Inf.Lsg. 100mg*	**Invas. Candidose bei nichtneutropen. Pat.:** d1: 1 x 200mg i.v., dann 1 x 100mg für 14d; **DANI, DALI** nicht erforderlich

Caspofungin Rp	HWZ 9-11h, PPB 93-96%, PRC C, Lact ?
Cancidas *Inf.Lsg. 50, 70mg* **Caspofungin-ratioph.** *Inf.Lsg. 50, 70mg* **Caspofungin Zentiva** *Inf.Lsg. 50, 70mg*	**Invasive Aspergillose/Candidose, neutropenisches Fieber mit V.a. Pilzinfektion:** d1: 1 x 70mg i.v., dann 1 x 50mg, > 80kg: 1 x 70mg; **Ki. 12M-17J:** d1: 70mg/m², max. 70mg, dann 50mg/m², ggf. 70mg/m² bei inadäquatem Ansprechen; **DANI** nicht erforderlich; **DALI** Child 7-9: d1: 70mg, dann 1 x 35mg/d

Micafungin Rp	HWZ 13-17h, PPB 99%, PRC C, Lact ?
Micafungin Inresa *Inf.Lsg. 50, 100mg* **Micafungin Pharmore** *Inf.Lsg. 50, 100mg* **Micafungin Mylan** *Inf.Lsg. 50, 100mg* **Mycamine** *Inf.Lsg. 50, 100mg*	**Invasive Candidose:** 1 x 100mg i.v.; < 40kg: 2mg/kg/d; bei fehl. Ansprechen Dosis verdoppeln; **Ki.:** s. Erw.; **ösophageale Candidose:** 1 x 150mg i.v.; < 40kg: 3mg/kg/d; **Pro. Cand.:** 1 x 50mg/d; < 40kg: 1mg/kg/d; **Ki.:** s. Erw.; **DANI** nicht erforderlich; **DALI** leichte bis mittelschwere LI nicht erforderlich

9.24.4 Weitere Antimykotika

Empf. (Flucytosin): Candida, Cryptococcus, Aspergillus (nur fungistatisch);
UW (Flucytosin): Anämie, Leukopenie, Neutropenie, Granulozytopenie, Thrombozytopenie, Diarrhoe, Übelkeit, Erbrechen, Leberfunktionsstörungen, Transaminasenerhöhung;
UW (Terbinafin): Appetitlosigkeit, Depression, Kopfschmerzen, Geschmackstörung, gastrointestinale Beschwerden, allergische Hautreaktionen, Myalgien, Arthralgien, Müdigkeit;
KI (Flucytosin): bek. Überempfindlichkeit, gleichzeitige Anw. von Ganciclovir und Valganciclovir, Brivudin, Sorivudin und Analoga; Grav.;
KI (Terbinafin): bek. Überempfindlichkeit, chronische oder akute Lebererkrankungen; Nagelmykosen infolge einer primär bakteriellen Infektion

Flucytosin Rp	HWZ 3-8h, Q0 0.03, PPB 5%, PRC C, Lact ?
Ancotil *Inf.Lsg. 2.5g/250ml*	**Schwere Systemcandidose:** 100-150mg/kg i.v. in 4ED in Kombination mit Amphotericin B (0.5mg/kg/d); **FG/NG:** 50-100mg/kg/d in 2ED; **Kryptokokkenmeningitis:** 100mg/kg/d + 0.7-1mg/kg/d Amphotericin B; **Chromoblastomykose:** 70-100mg/kg/d i.v. in 4ED + 50mg Amphotericin B; **DANI** CrCl 20-40: Dosisintervall 12h; 10-19: Dosisintervall 24h; HD: 50mg/kg n. jed. Dialyse

Terbinafin Rp	HWZ 17h, Q0 1.0, PPB 99%, PRC B, Lact -
Dermatin, Lamisil *Tbl. 250mg* **Terbinafin HEXAL** *Tbl. 125, 250mg* **Terbinafin AL** *Tbl. 125, 250mg*	**Schwere Dermatophyteninfektion der Haut:** 1 x 250mg p.o.; **DANI** CrCl < 50: 50%; **DALI** Anw. bei schwerer LI nicht empfohlen

9.25 Topische Antimykotika

Empf. (Amphotericin B): Candida, Aspergillus fumigatus; **empf.** (Natamycin): Candida; **empf.** (Nystatin): Candida, Blastomyces, Coccidioides, Histoplasma, Aspergillus; **UW** (Amphotericin B): allergische Hautreaktionen, Glossitis, Übelkeit, Erbrechen, Diarrhoe; **UW** (Nystatin): bei hoher Dosis Brechreiz; **KI** (Amphotericin B): bek. Überempf.

Amphotericin B Rp	
Ampho-Moronal *Tbl. 100mg; Lutschtbl. 10mg; Susp. (1ml = 100mg)*	**Mundsoor:** 4 x 1Tbl. bzw. 4 x 1ml p.o., bis 2-3d nach Verschwinden der sichtbaren Sympt.; **Pro.** einer gastrointest. Hefepilzüberwucherung: 4 x 1 ml p.o.; **DANI** nicht erf.
Nystatin OTC	PRC C, Lact ?
Adiclair, Biofanal *Tbl. 500000IE; Susp. (1ml = 100.000IE); Mundgel (1g = 100000IE)* **Moronal, Mykundex** *Tbl. 500000IE; Susp. (1ml = 100.000IE)* **Nystatin Stada** *Tbl. 500000IE*	**Candida-Infektion:** Mundhöhle: 4-6 x 100000IE p.o.; Magen-Darm-Trakt: 3 x 1-2Tbl.; **Ki.** s. Erw.; **DANI** nicht erforderlich

9.26 Anthelminthika

Wm/Wi (Ivermectin): bindet an glutamatgesteuerte Chloridkanäle in den Nerven- und Muskelzellen ⇒ Membranpermeabilität für Chloridionen ↑⇒ neuromuskuläre Paralyse der Parasiten durch Hyperpolarisation;
UW (Albendazol): Kopfschmerzen, Schwindel, Bauchschmerzen, Diarrhoe, Übelkeit, Erbrechen, reversibler Haarausfall, Fieber; **UW** (Ivermectin): je n. Ind unterschiedliche UW, s. FachInfo; **UW** (Praziquantel): Kopfschmerzen, Benommenheit, Schwindel, Somnolenz, Unwohlsein, Bauchschmerzen, Übelkeit, Erbrechen, Diarrhoe, Urtikaria, Fieber, Anorexie, Myalgie;
KI (Albendazol): bek. Überempf., Grav./Lakt.; **KI** (Ivermectin): bek. Überempfindlichkeit;
KI (Praziquantel): bek. Überempf., intraokuläre Zystizerkose, gleichz. Anw. von Rifampicin

Albendazol Rp	HWZ 8h, PRC C, Lact ?
Eskazole *Tbl. 400mg*	**Echinokokkose:** 2 x 400mg p.o. für 28d, dann 14d Pause, 2-3 Zyklen; **Trichinose:** 2 x 400mg für 6d; **Strongyloidiasis:** 400-800mg/d für 3d; Pat. < 60kg: 15mg/kg/d in 2ED; **DANI** nicht erforderl.; **DALI** vorsichtige Anw., Transaminasen-Kontr.
Ivermectin Rp	HWZ 12h, Q0 1.0
Driponin *Tbl. 3mg*	**Strongyloidiasis:** einmalig 200µg/kg p.o.; **Mikrofilarämie durch Wuchereria bancrofti:** einmalig 150-200µg/kg p.o. alle 6M oder 300-400µg/kg alle 12M; **Skabies:** einmalig 200µg/kg p.o., ggf. 2. Dosis nach 8-15d bei schweren Formen; **DANI, DALI:** keine Daten

Mebendazol Rp	HWZ 2-8h, Qo 0.95, PRC C, Lact ?
Vermox *Tbl. 100, 500mg*	**Enterobiasis:** 1 x 100mg p.o. für 3d, Wdh. nach 2 und 4W; **Ascariasis, Ancylostomiasis:** 2 x 100mg f. 3d; **Trichuriasis:** 2 x 100mg für 4d; **Taeniasis, Strongyloidiasis:** 2 x 300mg für 3d; **Ki.:** s. Erw., max. 2 x 100mg; **Trichinose:** d1: 3 x 250mg, d2: 4 x 250mg, d3-14: 3 x 500mg; **Echinokokkose:** d1-3: 2 x 500mg, d4-6: 3 x 500mg, dann 3 x 500-1500mg; **DANI** nicht erforderlich; **DALI** vorsichtige Anwendung; bei schwerer Hepatopathie und hoher Dosis Anwendung nicht empfohlen
Niclosamid OTC	
Yomesan *Tbl. 500mg*	**Taeniasis, Fischbandwurm:** 1 x 2g p.o.; **Ki. 2-6J:** 1 x 1g; **< 2J:** 1 x 0.5g; **Zwergbandwurm:** d1: 1 x 2g, d2-7: 1 x 1g; **Ki. 2-6J:** d1: 1 x 1g, d2-7: 1 x 0.5g; **< 2J:** d1: 1 x 0.5g, d2-7: 1 x 250mg; **DANI** nicht erforderlich
Praziquantel Rp	HWZ 1-2.5(4)h, Qo 0.8, PPB 85%, PRC B
Biltricide *Tbl. 600mg* **Cysticide** *Tbl. 500mg*	**Schistosomiasis:** 40-60mg/kg p.o. in 2-3ED für 1d; **Leber- u. Lungenegel:** 75mg/kg in 3ED für 2-3d; **Neurozystizerkose:** 50mg/kg in 3ED für 15d; **Taeniasis:** 1 x 5-10mg/kg; **Fischbandwurm:** 1 x 10mg/kg; **Zwergbandwurm:** 15-25mg/kg, evtl. Wdh. nach 10d; **DALI** vorsichtige Anw. bei schwerer LI
Pyrantel Rp	HWZ 26h PRC C, Lact
Helmex *Kautbl. 250mg; Saft (5ml = 250mg)*	**Enterobiasis, Ascariasis, Ankylostomiasis:** 1 x 10mg/kg p.o., max. 1g; **Hakenwurm:** 20mg/kg für 2d; **DALI** KI bei vorbestehender Leberschädigung
Pyrvinium OTC	PRC
Molevac *Tbl. 50mg; Saft (5ml = 50mg)* **Pyrcon** *Saft (5ml = 50mg)*	**Enterobiasis:** 1 x 5mg/kg p.o., max. 400mg; **DANI, DALI** KI

9.27 Antimalariamittel

Wm/Wi (Piperaquintetraphosphat): Wm nicht genau bekannt, evtl. ähnlich wie Chloroquin; **Wm/Wi** (Dihydroartemisinin): Schädigung in den parasitären Membransystemen durch freie Radikale;
UW (Artemether + Lumefantrin): Bauch-/Kopfschmerzen, Anorexie, Diarrhoe, Übelkeit, Schwindel, Pruritus, Exanthem, Husten, Palpitationen, Arthralgie, Myalgie, Asthenie, Müdigkeit; **UW** (Chloroquin): Hornhauttrübung, Retinopathia pigmentosa, Exanthem;
UW (Mefloquin): GI-Strg., ZNS-Strg., Rhythmusstrg., Psychose, Leuko-/ Thrombopenie;
UW (Piperaquintetraphosphat + Dihydroartemisinin): Anämie, Kopfschmerzen, QT-Verlängerung, Tachykardie, Asthenie, Fieber, Grippe, Plasmodium-falciparum-Infektion, Atemweg-/Ohrinfektion, Leukozytose, Leuko-, Thrombo-, Neutropenie, Anorexie, Konjunktivitis, unregelmäßige Herzfrequenz, Husten, Bauchschmerzen, Erbrechen, Durchfall, Dermatitis, Rash;
UW (Proguanil + Atovaquon): Kopfschmerzen, Übelkeit, Erbrechen, Diarrhoe, Bauchschmerzen, Anämie, Neutropenie, allergische Reakt., Hyponatriämie, Appetitlosigkeit, ungewöhnl. Träume, Depression, Schlaflosigkeit, Schwindel, Leberenzyme ↑, Pruritus, Exanthem, Fieber, Husten;
KI (Artemether + Lumefantrin): komplizierte Malaria, Herzerkrankung, QT ↑, Lakt.;
KI (Chloroquin): Retinopathie, G-6-PDH-Mangel, Grav./Lakt.;
KI (Mefloquin): bek. Überempf. gegen M., Chinin, Chinidin; aktive Depression, Depression in Anamnese, generalisierte Angsterkrankung, Psychose, Suizidversuche, suizidale Gedanken und selbstgefährdendes Verhalten, Schizophrenie, andere psychiatrische Störungen, Epilepsie, Komb. mit Halofantrin bzw. Ketoconazol gleichzeit bzw. bis 15 Wochen nach letzter Mefloquin-Einnhame, Schwarzwasserfieber i.d. Anamnese, schwere Leberfunktionsstrg.;
KI (Piperaquintetraphosphat + Dihydroartemisinin): bek. Überempf., schwere Malaria (nach WHO), plötzliche Todesfälle/angeborene QT-Verlängerung in Familienanamnese, bekannte QT-Verlängerung, symptomatische HRST, schwere Bradykardie, schwere Hypertonie, linksventrikuläre Hypertrophie, dekompensierte Herzinsuffizienz, Elektrolytstrg., Einnahme von Medikamenten, die QT-Intervall verlängern (unter Berücksichtigung der HWZ);
KI (Proguanil + Atovaquon): bekannte Überempfindlichkeit, schwere Nierenfunktionsstrg.

Artemether + Lumefantrin Rp	HWZ (A/L) 2h/2-6d
Riamet *Tbl. 20+120mg*	**Unkomplizierte Malaria-tropica-Therapie:** ini 4Tbl., Wdh. nach 8, 24, 36, 48, 60h; **Ki.:** 5-15kg: s. Erw. mit je 1Tbl.; 15-25kg: je 2Tbl.; 25-35kg: je 3Tbl.

Chloroquinphosphat Rp	HWZ 30-60d, Qo 0.3, PPB 50-60%, PRC C, Lact +
Resochin *Tbl. 250mg*	**Malaria-Pro.:** 1 x/W 8mg/kg p.o., 1W vor bis 4W nach Exposition; **Malaria-Ther.:** ini 16mg/kg p.o., nach 6h 8mg/kg, dann 1 x 8mg/kg für 2-3d; **Ki.:** s. Erw.

Mefloquin Rp	HWZ 13-30d, Qo 0.9, PPB 98%, PRC C, Lact ?
Lariam *Tbl. 250mg*	**Malaria-tropica-Pro.:** 1 x/W 250mg p.o., 1W vor bis 4W nach Exposition; **Ki. > 5kg:** 1 x/W 5mg/kg; **Malaria-Ther.:** ini 750mg p.o., nach 6h 500mg, nach 12h 250mg; **Ki. > 5kg:** 20-25mg/kg, Gesamtdosis in 2-3ED; **DANI** nicht erforderlich; **DALI** KI bei schwerer LI
Piperaquintetraphosphat + Dihydroartemisinin Rp	HWZ 22d bzw. 1h, PPB > 99% bzw. 44-93%, PRC C, Lact ?
Eurartesim *Tbl. 320+40mg*	**Unkomplizierte Plasmodium-falciparum-Malaria:** 5-6kg: 1 x 80+10mg p.o. für 3d, 7-12kg: 1 x 160+20mg, 13-23kg: 1 x 320+40mg, 24-35kg: 1 x 640+80mg, 36-74kg: 1 x 960+120mg, 75-100kg: 1 x 1280+160mg, > 100kg: keine Daten; **DANI, DALI** vorsichtige Anwendung bei mäßiger/schwerer Nieren-/Leberfunktionsstrg.
Primaquin Int. Apotheke	HWZ 4-7h, PRC C, Lact ?
Primaquine *Tbl. 15mg*	**Malaria-tertiana-Nachbehandlung:** 1 x 15mg p.o. für 14d
Proguanil + Atovaquon Rp	
Atovaquon Proguanil AL *Tbl. 100 + 250mg* **Atovaquon Proguanil Stada** *Tbl. 100 + 250mg* **Malarex** *Tbl. 100+250mg* **Malarone** *Tbl. 100+250mg* **Malarone junior** *Tbl. 25+62.5mg*	**Malaria-Pro.:** 1-2d vor bis 7d nach Exposition: 1 x 100+250mg p.o.; **Ki. 11-20kg:** 1 x 25+62.5mg p.o.; **21-30kg:** 1 x 50+125mg; **31-40kg:** 1 x 75+187.5mg; **unkomplizierte Malaria-tropica-Therapie:** 1 x 400+1000mg p.o. für 3d; **Ki. 11-20kg:** 1 x 100+250mg für 3d; **21-30kg:** 1 x 200+500mg für 3d; **31-40kg:** 1 x 300+750mg für 3d; **DANI** CrCl > 30: 100%; < 30: KI; **DALI** nicht erforderlich

10 Immunologie

10.1 Immunsuppressiva

Wm/Wi (Azathioprin): Umwandlung in 6-Mercaptopurin = Purinantimetabolit; **Wm/Wi** (Belatacept): selektiver Kostimulationsblocker ⇒ blockiert CD28-vermittelte Kostimulation von T-Zellen ⇒ Hemmung der Immunantwort gegen transplantierte Niere; **Wm/Wi** (Ciclosporin): Blockade ruhender Lymphozyten in der G0- oder G1-Phase, Hemmung der Produktion und Freisetzung von Lymphokinen und T-Zell-Wachstumsfaktor; Wm/Wi (Imlifidase): Cysteinprotease, spaltet schwere Ketten aller IgG-Unterklassen, aber keine anderen Immunglobuline; Eliminierung der Fc-abhängigen Effektorfunktionen wie der komplementabhängigen und zellvermittelten Zytotoxizität; pos. Kreuzprobe wird negativ durch Abbau donorspezifischer AK; **Wm/Wi** (Mycophenolat): Hemmung der Inosinmonophosphatdehydrogenase ⇒ Hemmg. der Synthese v. Guanosin-Nukleotiden ⇒ zytostatischer Effekt auf Lymphozyten; **Wm/Wi** (Tacrolimus): hemmt Bildung zytotoxischer T-Zellen; hemmt Lymphokin-Bildung u. Expression des Interleukin-2-Rezeptors; **UW** (Azathioprin): Nausea, Erbrechen, Diarrhoe, Panzytopenie, Fieber, Infektionsrisiko ↑, Cholestase, Pankreatitis, Alopezie; **UW** (Belatacept): Infektionen (Harnweg-, Atemweg-, CMV-, Herpes-, Pilzinfektionen, lokale und Wundinfektionen, BK-Virus-Infektion, Sepsis, Influenza, Gastroenteritis), Zellulitis, Plattenepithelkarzinom der Haut, Basaliom, Hautpapillome, Anämie, Leukopenie, Leukozytose, Thrombo-, Lymphopenie, Polyzythämie, IgG/M ↓, Cushingoid, Hypophosphatämie, -kaliämie, -kalzämie, -proteinämie, Dyslipidämie, Hyperglykämie, -kaliämie, Gewicht ↓ ↑, Diabetes mell., Dehydratation, Azidose, Flüssigkeitsretention, Schlaflosigkeit, Angst, Depression, Kopfschmerzen, Tremor, Schwindel, apoplektischer Insult, Parästhesie, Synkope, Lethargie, periph. Neuropathie, Katarakt, okuläre Hyperämie, Verschwommensehen, Vertigo, Tinnutus, Ohrschmerz, Herzfrequ. ↓ ↑, VHF, Herzinsuff., Angina pectoris, Linksherzhypertrophie, RR ↓ ↑, Schock, Infarkt, Hämatom, Angiopathie, Lymphozele, Arterienfibrosierung, Husten, Dyspnoe, Pulmonarödeme, Keuchen, Hypokapnie, Orthopnoe, Epistaxis, oropharyngeale Schmerzen, Diarrhoe, Konstipation, Übelkeit, Erbrechen, Bauchschmerzen, Dyspepsie, Stomatitis aphtosa, Abdominalhernie, zytolyt. Hepatitis, gestörte Leberfkt., Akne, Pruritus, Alopezie, Hautläsionen, Ausschlag, Nachtschweiß, Hyperhidrose, Arthralgie, Myalgie, Rücken-, Glieder-, Knochenschmerzen, Gelenkschwellg., Muskelschwäche, Muskelspasmus, Bandscheibenerkr., Osteoarthrose, Gelenksperre, Protein-, Dys-, Hämaturie, Krea ↑, Nierentubulusnekrose, -arterienstenose, -venenthrombose, Glykosurie, Hydronephrose, vesikoureteraler Reflux, Nykturie, Harninkontinenz, Harnretention, Hydrozele, periph. Ödeme, Pyrexie, Brustschmerz, Müdigkeit, Unwohlsein, verzög. Heilung, CRP ↑, Parathormon ↑, Dysfunktion des Transplantats, chron. Allotransplantatnephropathie, Narbenhernie; **UW** (Ciclosporin): Nierenschädigung, Störg. der Leberfkt., Kardiotoxizität, Tremor, Hirsutismus, Gingivahypertrophie, Ödeme; **UW** (Everolimus): Infektionen, Knochemarkdepression, Hyperlipidämie, Hypertonie, Thromboembolie, Bauchschmerzen, Diarrhoe, Erbrechen, Nausea, Akne, Ödeme, Schmerzen; **UW** (Imlifidase): s. FachInfo; **KI** (Azathioprin): Überempf. gegen 6-Mercaptopurin, schwere Leber-, Nieren- u. Knochenmarksschäden, schwere Infektionen; **KI** (Belatacept): EBV-Serostatus negativ/unbekannt, bek. Überempf.; **KI** (Ciclosporin): Nierenfunktionstörung, unkontr. arterielle Hypertonie, unkontroll. Infektionen, Tumoren, schwere Lebererkr., Lakt.; Cave in Grav.; **KI** (Everolimus): Überempf. gegenüber Everolimus oder Sirolimus; **KI** (Imlifidase): bek. Überempf., anhaltende schwere Infektion, thrombotisch-thrombozytopenische Purpura

Azathioprin Rp	HWZ 4.5h, Q0 1.0, PPB 30%, PRC D, Lact
Azafalk *Tbl. 50, 75, 100mg* **Azamedac** *Tbl. 50mg* **Aza Q** *Tbl. 50mg* **Azaimun** *Tbl. 50mg* **Azathioprin HEXAL** *Tbl. 25, 50, 75, 100mg* **Azathioprin-ratioph.** *Tbl. 25, 50mg* **Imurek** *Tbl. 25, 50mg; Inj.Lsg. 50mg* **Imurel** *Tbl. 50mg* **Zytrim** *Tbl. 50mg*	**Nach Organtransplantation (Organ-Tx):** d1: 5mg/kg p.o./i.v., dann 1–4mg/kg/d; **Multiple Sklerose, Myasthenia gravis:** 2–3mg/kg/d; **Autoimmunhepatitis:** ini 1–1.5mg/kg, Erh.Dos. bis 2mg/kg; **chronische Polyarthritis, M. Crohn, Colitis ulcerosa, system. Lupus erythematodes, Dermatomyositis, Panarteriitis nodosa, Pemphigus vulgaris, bullöses Pemphigoid, M. Behçet, refraktäre autoimmune hämolytische Anämie durch IgG-Wärmeantikörper chron. refraktäre idiopath. thrombozytopenische Purpura:** 1–3mg/kg/d; **Ki.:** s. Erw.; **DANI, DALI** sorgf. Dosiseinstellung
Basiliximab Rp	HWZ 173h, PRC B, Lact
Simulect *Amp. 10, 20mg*	**Pro. der akuten Transplantatabstoßung:** 20mg i.v. 2h vor Tx, 20mg 4d nach Tx; **Ki. < 35kg:** 10mg i.v. 2h vor Tx, 10mg 4d nach Tx; Kombination mit Ciclosporin u. Steroiden
Belatacept Rp	HWZ 8.2-9.8d, PRC C, Lact
Nulojix *Inf.Lsg. 250mg*	**Nach Nieren-Tx:** d1, 5, 14, 28 nach Tx: je 10mg/kg i.v.; Ende W8 und 12 nach Tx: je 10mg/kg i.v.; Erhaltungsphase ab Ende W16 nach Tx: 5mg/kg alle 4 W; **DANI** nicht erforderlich; **DALI** keine Daten
Ciclosporin Rp	HWZ 7-8 (16-19)h, Q0 1.0, PPB 90%, ther. Serumspiegel (µg/l): 100-30
Cicloral *Kps. 25, 50, 100mg* **Ciclosporin 1A** *Kps. 25, 50, 100mg* **Deximune** *Kps. 25, 50, 100mg* **Immunosporin** *Kps. 25, 50, 100mg* **Sandimmun** *Kps. 10, 25, 50, 100mg; Susp. (1ml = 100mg); Amp. 50mg/1ml, 250mg/5ml*	**Nach Organ-Tx:** ini 10-14mg/kg p.o. (3-5mg/kg i.v.) 4-12h vor Tx, dann 1 x 10-14mg/kg/d für 1-2W, dann 2-6mg/kg/d p.o. in 1-2ED; **nach KM-Tx:** 12.5-15mg/kg p.o. 1d vor Tx, dann 12.5-15mg/kg für 5d, dann 12.5mg/kg für 3-6M; **nephrotisches Syndr.:** 5mg/kg p.o. **Ki.:** 6mg/kg p.o.; **schwere Psoriasis:** 2.5mg/kg p.o. in 2ED, max. 5mg/kg; **DANI** KI außer nephrotisches Syndrom
Everolimus Rp	HWZ 21-35h, PPB ca. 74%, ther. Serumspiegel (ng/ml): 3-
Certican *Tbl. 0.25, 0.5, 0.75, 1mg; Susp. 0.1, 0.25mg*	**Pro. Transplantatabstoßung bei Nieren- und Herz-Tx:** 2 x 0.75mg p.o., Dosisanpass. nach Serumspiegel; Komb. mit Ciclosporin; **Pro. Transplantatabst. bei Leber-Tx:** 2 x 1mg p.o., Komb. m. Tacrolimus; **DANI** nicht erf.; **DALI** Child A, B: ini 50%; C: keine Daten

Imlifidase Rp	HWZ 89h
Idefirix *Inf. Lsg. 11mg*	**Geplante Nieren-Tx mit pos. Kreuzprobe gegen verfügbaren Spender:** 0.25mg/kg ED i.v. 24h vor Tx; ggf. 2. Dosis innerhalb 24h; **DALI** Child B, C: keine Daten
Mycophenolatmofetil Rp	HWZ 6h, Q0 > 0.7, PPB 97%, PRC D, Lact -
CellCept *Kps. 250mg; Tbl. 500mg; Trockensaft (5ml = 1g); Susp. (5mg = 1ml); Inj.Lsg. 500mg* **Mowel** *Tbl. 250, 500mg* **Mycophenolatmofetil AL, Myfenax** *Kps. 250mg; Tbl. 500mg*	**Nach Nieren-Tx:** 2 x 1g p.o./i.v.; **nach Herz-Tx:** 2 x 1.5g p.o.; **nach Leber-Tx:** d1-4: 2 x 1g i.v., dann 2 x 1.5g p.o.; Pat. > 65J: 2 x 1g p.o./i.v.; **Ki. 2-18J:** 2 x 600mg/m² p.o., max. 2g/d; **DANI** CrCl < 25: max. 2 x 1g
Mycophenolatnatrium Rp	HWZ 12h, Q0 > 0.7
Mycophenolsäure HEXAL *Tbl. 180, 360mg* **Myfortic** *Tbl. 180, 360mg*	**Nach Nieren-Tx:** 2 x 720mg p.o.; **DANI** CrCl < 25: sorgfältige Überwachung, max. 1440mg/d; **DALI** nicht erforderlich
Sirolimus Rp	HWZ 57-63h, Q0 1.0, ther. Serumspiegel (ng/ml): 4-12 (12-20 nach Absetzen v. Ciclosporin)
Rapamune *Tbl. 0.5, 1, 2mg; Lsg. (1mg/ml)*	**Nach Nieren-Tx:** ini 6mg, dann 1 x 2mg p.o., bzw. nach Serumspiegel; Kombination in den ersten 2-3M mit Ciclosporin und Steroiden; **Sporadische Lymphangioleiomyomatose:** ini 2mg/d, n. 10-20d Dosisanpass. n. Serumsp.; **DANI** nicht erf.; **DALI** schwere LI: 50% Erh.Dos. bzw. nach Serumspiegel
Tacrolimus Rp	HWZ 11-15h, Q0 1.0, PPB 99%, PRC C, Lact -
Advagraf *Kps. (ret.) 0.5, 1, 3, 5mg* **Crilomus** *Kps. 0.5, 0.75, 1, 2, 5mg* **Envarsus** *Kps. (ret.) 0.75, 1, 4mg* **Modigraf** *Gran. 0.2, 1mg* **Prograf** *Kps. 0.5, 1, 5mg; Amp. 5mg/1ml* **Tacni** *Kps. 0.5, 1, 5mg* **Tacpan** *Kps. 0.5, 1, 5mg* **Tacrolimus HEXAL** *Kps. 0.5, 1, 5mg*	**Nach Nieren-Tx:** 0.2-0.3mg/kg/d p.o. in 2ED; 0.05-0.1mg/kg/d i.v. als 24h-Dauerinf.; **Ki.:** 0.3mg/kg/d p.o. in 2ED; 0.075-0.1mg/kg/d i.v. als 24h-Dauerinfusion; **nach Leber-Tx:** 0.1-0.2mg/kg/d p.o. in 2ED; 0.01-0.05mg/kg/d i.v. als 24h-Dauerinfusion; **Ki.:** 0.3mg/kg/d p.o. in 2ED; 0.05mg/kg/d i.v. als 24h-Dauerinfusion; **nach Herz-Tx:** 0.075mg/kg/d p.o. in 2ED; 0.01-0.02mg/kg/d i.v. als 24h-Dauerinf.; **Ki.:** 0.1-0.3mg/kg/d p.o. in 2ED; 0.03-0.05mg/kg/d i.v. als 24-h-Dauerinf.; Dosisred. bei allen Ind. im Verlauf; ret. Kps. Gabe in 1 ED; **Ther. Tx-Abstoßung:** s. FachInfo; **DANI** nicht erforderlich; **DALI** individuelle Dosisreduktion in 20- bis 25-%-Schritten

S. auch Selektive Immunsuppressiva → 227

10.2 Interferone

Wm/Wi (Interferone): antiviral, wachstumshemmend und immunregulatorisch; **UW:** Fieber, Schwitzen, Schüttelfrost, Müdigkeit, Gelenk- und Weichteilschmerzen, BB-Veränderungen, HRST, Depression, Tremor, Krampfanfälle, Parästhesien, GI-Störung, Haarausfall, Exantheme, Pruritus; **KI:** Herz-, ZNS-Erkrankung, schwere Leberfktsstörung, Niereninsuffizienz, schwere KM-Schäden, Cave in Grav./Lakt.

Interferon alfa-2a Rp	HWZ 3.7-8.5h, Q0 1.0
Roferon A *Fertigspr. 3, 4.5, 6, 9 Mio IE*	**Haarzell-Leukämie, CML, kutanes T-Zell-Lymphom, chronische Hepatitis B, follikuläres Lymphom, fortgeschrittenes Nierenzell-Ca., malignes Melanom:** s. FachInfo; **DANI, DALI** KI bei schwerer NI, L
Interferon alfa-2b Rp	HWZ 2-3h, Q0 1.(
Intron A *Inj.Lsg. 18, 25 Mio IE; Pen 18, 25, 30 Mio IE*	**Haarzell-Leukämie, CML, chron. Hep. B, follikuläres Lymphom, Karzinoid, Multiples Myelom, malignes Melanom:** s. FachInfo; **DANI, DALI** KI bei schwerer NI, L
Interferon beta-1a → 352	
Interferon beta-1b → 352	
Interferon gamma-1b Rp	HWZ 7h, Q0 1.(
Imukin *Inj.Lsg. 2 Mio IE*	**Septische Granulomatose, maligne Osteopetrose:** Pat. < 0.5m² KOF: 3 x/W 1.5µg/kg s.c.; Pat. > 0.5m² KOF: 3 x/W 50µg/m² KOF s.c.
Peginterferon alfa-2a Rp	HWZ 50-130
Pegasys *Fertigspr. 90µg, 135µg, 180µg*	**Chronische Hepatitis B:** 180µg s.c. 1 x/W für 48W; **DANI** ini 135µg 1 x/W; **DALI** Child A: 100%; B, C: keine Daten
Ropeginterferon alfa-2b Rp	HWZ 50-130
Besremi *Fertigspr. 90µg, 135µg, 180µg*	**Chron. Hepatitis B:** 180µg s.c. 1 x/W für 48W; **chron. Hepatitis C:** 180µg s.c. 1 x/W; **Ki. ≥ 5J:** s. FI; Komb. mit Ribavirin → 281; **DANI** ini 135µg 1 x/W; **DALI** s. FachInfo

10.3 Immunglobuline

Wm/Wi (Immunglobuline): antiviral, wachstumshemmend und immunregulatorisch; **UW:** Schüttelfrost, Kopfschmerzen, Fieber, Übelkeit, Erbrechen, allergische Reaktionen, Hypotonie, Anaphylaxie, Gelenkschmerzen, Rückenschmerzen; **KI:** bek. Überempf.

Immunglobuline Rp	HWZ ca. 20-40d
Flebogamma 5% *Inf.Lsg. 0.5g/10ml, 2.5g/50ml, 5g/100ml, 10g/200ml (97% IgG; max. 0.05mg/l IgA)* **Gammagard S/D** *Inf.Lsg. 0.5g/10ml, 2.5g/50ml, 5g/100ml, 10g/200ml (92% IgG; max. 0.003mg/l IgA)* **Gamunex 10%** *Inf.Lsg. 1g/10ml, 5g/50ml, 10g/100ml, 20g/200ml (98% IgG; max. 0.084mg/l IgA)* **Kiovig** *Inf.Lsg. 1g/10ml, 2.5g/25ml, 5g/50ml, 10g/100ml, 20g/200ml, 30g/300ml (98% IgG; max. 140µg/ml IgA)* **Octagam** *Inf.Lsg. 1g/20ml, 2.5g/50ml, 5g/100ml, 10g/200ml (95% IgG; max. 0.2mg/l IgA)* **Privigen** *Inf.Lsg. 2.5g/25ml, 5g/50ml, 10g/100ml, 20g/200ml (98% IgG)*	**Primäre Immunmangelsyndrome:** ini 0.4-0.8g/kg i.v. alle 2-4W bis IgG-Spiegel 4-6g/l, dann 0.2-0.8g/kg; **sekundäre Immunmangelsyndrome (CLL, Myelom):** 0.2-0.4g/dl alle 3-4W; **idiopathische thrombozytopenische Purpura (ITP):** 0.8-1g/kg an d1, ggf. Wdh. innerhalb von 3d oder 0.4g/kg über 2-5d; **Guillain-Barré-Syndrom:** 0.4g/kg d1-5; **Kawasaki-Syndrom:** 1.6-2g/kg über 2-5d; **allogene KM-Tx:** 0.5g/kg/W, s. auch FachInfo; **chronisch inflammatorische demyelinisierende Polyneuropathie (CIDP):** Gamunex: ini 2g/kg, Erh.Dos. 1g/kg alle 3W alle Ind: s. FachInfo der einzelnen Präparate

10.4 Spezifische Immunglobuline

Wm/Wi (Bezlotuxumab): humaner, monoklonaler Antitoxin-Antikörper, bindet an Clostr. Toxin B und neutralisiert dessen Aktivität; **Wm/Wi** (Ibalizumab): humanisierter IgG4-AK, bindet an CD4, verhindert Eindringen von HIV-1 in CD4-Zellen; **UW** (Bezlotuxumab): Kopfschmerzen, Fieber, Übelkeit, Diarrhoe, infusionsbed. Reaktionen; **UW** (Ibalizumab): Schwindel, Kopfschmerz, Parästhesie, Diarrhoe, Übelkeit, Erbrechen, Exanthem, Dermatitis, trockene Haut, Ermüdung; **KI** (Bezlotuxumab, Ibalizumab): bek. Überempfindlichkeit

Bezlotoxumab Rp	HWZ 19d
Zinplava *Inf.Lsg. 1000mg/40ml*	**Pro. Rekurrenz einer Cl.-difficile-Infektion bei hohem Risiko:** 10mg/kg über 60min einmalig i.v.; **DANI, DALI** nicht erf.

Ibalizumab Rp	HWZ 38-64h
Trogarzo *Inf.Lsg. 200mg*	**Multiresist. HIV-Infektion:** ini 2000mg i.v., dann 800mg alle 2W; **DANI, DALI** keine Daten

10.5 Immunstimulanzien

Wm/Wi ($CD34^+$ Zellen): wandern ins Knochenmark ein, Wiederbesiedelung des hämatopoetischen Systems mit Zellen, die pharmakol. wirksame Spiegel des ADA-Enzyms exprimieren; **UW:** Anämie, Neutropenie, Hypothyreose, Hypertonie, Asthma, allergische Rhinitis, atopische Dermatitis, Ekzem, Fieber, pos. ANA, erhöhte Leberenzyme, autoimmun-hämolyt. Anämie, autoimmunbedingte aplastische Anämie, Autoimmunthrombozytopenie, Autoimmunthyreoiditis, Guillain-Barré-Syndrom, Autoimmunhepatitis, ANCA pos., SMA pos.; **KI:** bek. Überempf., bestehende oder frühere Anamnese von Leukämie oder Myelodysplasie; pos. Test auf das hum. Immundefizienz-Virus (HIV) oder jegliches andere Agens, das in der aktuellen Zell- und Geweberichtlinie der EU gelistet ist; Gentherapie in der Vorgeschichte

CD34+ Zellsuspension Rp	
Strimvelis *Inf.Lsg. 1-10Mio Zellen/ml*	**Schwerer kombin. Immundefekt durch Adenosin-Desaminase-Mangel:** einmalig 2-20Mio Zellen/kg i.v.; **DANI, DALI** vermutl. nicht erf., keine Daten

10.6 Impfstoffe

10.6.1 Bakterielle Impfstoffe

Wm/Wi: Bildung von Antikörpern durch das Immunsystem nach Applikation von attenuierten, abgetöteten oder fragmentierten Krankheitserregern oder deren Toxinen; **UW** (TD-Impfstoff): Rötung, Schwellung, Schmerzen an der Injektionsstelle, Abszess, Granulombildung, Kopfschmerzen, Übelkeit, Fieber, Schweißausbruch, allergische Reaktionen; **UW** (Typhusimpfstoff): Asthma-Anfall, Übelkeit, Erbrechen, Diarrhoe, Bauchschmerzen, Arthralgien, Myalgien, Serumkrankheit; **KI** (TD-Impfstoff): bek. Überempf./Allergie, Infektion, fieberhafte Erkrankung; **KI** (Typhusimpfstoff.): akute Erkrankung, Immundefekte, bek. Überempf.

Meningokokken-C-Oligosaccharid Rp	PRC C, Lact +
Meningitec *Fertigspr. 10µg/0.5ml* **Menjugate** *Amp. 10µg/0.5ml* **Neisvac C** *Amp. 10µg/0.5ml*	**Meningokokken-Immunisierung: Sgl. bis 12M:** 2 x 0.5ml im Abstand von 8W; **Ki. > 1J, Erw.:** 1 x 0.5ml

Meningokokken-A-,-C-,-W135-,-Y-Oligosaccharid Rp	PRC C Lact+
Menveo *Inj.Lsg. 25µg/0.5ml*	**Meningokokken-Immunisierung: Erw., Ki. ab 11J:** 0.5ml als ED i.m.

Meningokokken-B-Adsorbat Rp	PRC C Lact+
Bexsero *Inj.Lsg. 175µg/0.5ml* **Trumenba** *Inj.Lsg. 120µg/0.5ml*	**Meningokokken-B-Immunisierung:** Bexsero: **Ki. 2-5M:** 3 x 0.5ml im 4-W-Abstand **Ki. 6M-10J:** 2 x 0.5ml im Abstand von 8W; **Ki. 11J, Erw.:** 2 x 0.5ml im Abstand von 4W; Trumemba: **Ki. 10J, Erw.:** 2 x 0.5ml im Abstand von 6M oder 3 x 0.5ml M0, 1, 4

Pneumokokkenpolysaccharid Rp	PRC C, Lact +
Prevenar-13 *Fertigspr. 0.5ml* **Pneumovax 23** *Amp. 0.5ml* **Synflorix** *Fertigspr. 0.5ml*	**Pneumokokken-Immunisierung:** Prevenar, Synflorix: 0.5ml i.m. 2., 3. u. 4. Lebensmonat u. 1 x 0.5ml im 2.Lj.; **Impfung bei erhöhtem Risiko:** Pneumovax: ab 2.Lj.: 0.5ml i.m.

Salmonella-typhi-Polysaccharid Rp	
Typhim Vi *Fertigspr. 25µg/0.5ml*	**Typhus-Immun.:** ab 2.Lj.: 25µg i.m., Wdh. n. 3J

Tetanus- + Diphtherie-Toxoid Rp	PRC C, Lact +
Td-Impfstoff Mérieux *Amp. 20IE+2IE/0.5ml* **Td-pur** *Fertigspr. 20IE+2IE/0.5ml*	**Tetanus-/Diphtherie-Grundimmunisierung:** ab 6J: 0.5ml i.m., Wdh. nach 4-8W und nach 6-12M; **Auffrischimpfung:** routinemäßig 0.5ml ab Beginn 6.Lj.; 0.5ml 11.-15.Lj., dann alle 10J 0.5ml; **Immunisierung bei Verletzung:** 0.5ml, wenn letzte Impfung 5-10J zurückliegt

Tetanus- + Diphtherie- + Pertussis-Toxoid Rp	PRC C, Lact +
Boostrix *Fertigspr. 20IE + 2IE + 8µg/0.5ml* **Covaxis** *Amp. 20IE + 2IE + 8µg/0.5ml* **Infanrix** *Fertigspr. 40IE + 30IE + 25µg/0.5ml*	**Tetanus/Diphtherie/Pertussis-Grundimmun.:** Infanrix: je 0.5ml i.m. 2., 3. und 4. Lebensmon. u. 1 x 0.5ml im 2. Lj.; **Auffrischimpfung:** Boostrix, Covaxis: ab 4. Lj.: 0.5ml

10.6.2 Virale Impfstoffe

Wm/Wi: Bildung von Antikörpern durch das Immunsystem nach Applikation von attenuierten, abgetöteten oder fragmentierten Krankheitserregern oder deren Toxinen; **UW** (FSME-Impfstoff): Reakt. an Injektionsstelle, Kopfschmerzen, Übelkeit, Myalgie, Arthralgie, Müdigkeit, Krankheitsgefühl; **UW** (Gelbfieberimpfstoff): Kopfschmerzen, Übelkeit, Erbrechen, Diarrhoe, Myalgien, Lokalreaktionen an Injektionsstelle, Fieber, Abgeschlagenheit; **UW** (Hepatitis-A-Impfstoff): Kopfschmerzen, Unwohlsein, Fieber, Appetitverlust; **UW** (Hepatitis-B-Impfstoff): Rötung, Schwellung, Schmerzen an der Injektionsstelle, Kopfschmerzen, Übelkeit, Erbrechen, Bauchschmerzen, Fieber, Schweißausbruch, allerg. Reaktionen, Leberfunktionsstrg., Arthralgie, Myalgie; **UW** (MMR-Impfstoff): Fieber, Schweißausbruch, Schüttelfrost, Abgeschlagenheit, Kreislaufreaktionen, Kopfschmerzen, Katarrh, GI-Störung; **UW** (Pandemrix): Lymphadenopathie, Kopfschmerzen, Hautblutungen/Verhärtung/Schwellung/Schmerzen an Injektionsstelle, verstärktes Schwitzen, Arthralgie, Myalgie, Schüttelfrost, Fieber; **UW** (Rotavirusimpfstoff): Fieber, Durchfall, Erbrechen, Reizbarkeit, Bauchschmerzen; **UW** (Tollwutimpfstoff): Schmerzen/Rötung an Einstichstelle, Unwohlsein, Fieber, grippeähnl. Symptome, Lymphadenopathie, Kopfschmerzen, Myalgie, Exanthem; **UW** (Zoster-Impfstoff): Kopfschmerzen, Erythem/Schwellung/Schmerz/Hämatom/Pruritus/Überwärmg. an Inj.stelle; **KI** (FSME-Impfstoff): bek. Überempf., schwere Überempf. gegen Eiprotein, Hühnereiweiß, moderate oder schwere akute Erkr.; **KI** (Gelbfieberimpfstoff): bek. Überempf. gegen G. bzw. Eier, Hühnereiweiße; Immunsuppression, kongenital od. idiopathisch od. nach Behandlung mit syst. Steroiden, nach Bestrahlg. od. nach Th. mit Zytostatika, Dysfunktion des Thymus i. d. Anamnese (einschließlich Thymom u. Thymektomie); symptom. HIV-Inf., asymptom. HIV-Inf. bei nachgewiesener verminderter Immunfunktion, Ki. < 6M, akute, schwere, fieberhafte Erkrankung; **KI** (Hepatitis-B-Impfstoff): bek. Überempf./Allergie, Infektion, fieberhafte Erkrankung; **KI** (MMR-Impfstoff): bek. Überempf./Allergie, akute Erkrankung; angeborene, erworbene oder therapiebedürftige Immundefizienz, Schwangerschaft; **KI** (Pandemrix): bek. Überempf.; **KI** (Rotavirusimpfstoff): bek. Überempf., angeb. Fehlbildungen im GI-Trakt, HIV-Infektion; **KI** (Tollwutimpfstoff): bek. Überempf.; **KI** (Zosterimpfstoff): bek. Überempf., angeborene/erworbene Immundefizienz, immunsuppressive Therapie, aktive/unbehandelte Tbc, Grav.

FSME-Impfstoff, Stamm K23 Rp	
Encepur Kinder *Fertigspr. 0.75µg* **Encepur Erwachsene** *Fertigspr. 1.5µg*	**FSME-Immunisierung:** 3 x M 0, 1-3 und 9-12; **Ki. 1-11J:** 0.75µg; **Ki. ab 12J**, Erw. jeweils 1.5µg i.m.; 1. Auffrischung nach 3J, danach alle 5J, Erw. > 49J. alle 3J

FSME-Impfstoff (Stamm Neudörfl) Rp	
FSME Immun Junior *Fertigspr. 1.2µg* **FSME Immun** *Fertigspr. 2.4µg*	**FSME-Immunisierung:** 3 x M 0, 1-3 u. 5-12; **Ki. 1-15J** 1.2µg; **Ki. ab 16J**, Erw. jeweils 2.4µg i.m.; 1. Auffrischung nach 3J, danach alle 5J, Erw. > 60J. alle 3J

Gelbfieber-Impfstoff Rp	PRC C, Lact ?
Stamaril *Inj.Lsg. 1000 IE/0.5ml*	**Gelbfieber-Immunisierung: Erw., Ki. ab 9M:** 1 x 1000 IE s.c./i.m.
Hepatitis-A-Impfstoff Rp	PRC C, Lact ?
Havrix *Fertigspr. 720E/0.5ml, 1440E/1ml* **Vaqta** *Fertigspr. 25E/0.5ml, 50E/1ml*	**Hep.-A-Immun.: Erw.:** 50 bzw. 1440E i.m. M 0, Wdh. nach 6-12M; **Ki.:** 25 bzw. 720E i.m. M 0, Wdh. nach 6-12M; Auffrischung alle 10J
Hepatitis-B-Impfstoff Rp	PRC C, Lact ?
Engerix B Erwachsene *Fertigspr. 20µg/1ml* **Engerix B Kinder** *Fertigspr. 10µg/1ml* **Hbvaxpro** *Amp. 5µg/0.5ml, 10µg/1ml, 40µg/1ml; Fertigspr. 5µg/0.5ml, 10µg/1ml*	**Hepatitis-B-Immunisierung: Erw.:** 20µg i.m. M 0, 1 und 6; **NG, Ki. bis 16J:** 10µg i.m. M 0, 1, 2 und 12, alternativ M 0, 1, 6
Hepatitis-A- + -B-Impfstoff Rp	PRC C, Lact ?
Twinrix Erwachsene *Fertigspr. 720E+20µg/1ml* **Twinrix Kinder** *Fertigspr. 720E+10µg/0.5ml*	**Hepatitis-A- +-B-Immunisierung: Erw.:** 720E + 20µg i.m. M 0, 1 und 6; **Ki. 1-16J:** 720E + 10µg i.m. M 0, 1 und 6
Influenza-Impfstoff (epidemische Influenza) Rp	PRC C Lact +
Afluria tetra, Fluad tetra, Flusplit tetra, Influvac tetra, Vaxigrip tetra, Xanaflu tetra, Flucelvax tetra *Fertigspr. 0.5ml* **Efluelda** *Fertigspr. 0.7ml*	**Pro. epidem. Influenza:** Erw.: 0.5ml i.m./s.c.; Ki. ab 6M: Impfung möglich, s. jeweilige FachInfo; Efluelda: Erw. ab 60J: 0.7 ml i.m./s.c.
Japanische-Enzephalitis-Virus-Impfstoff Rp	
Ixiaro *Fertigspr. 0.5ml*	**Jap.-B-Enzephalitis-Immun.:** 0.5ml i.m. M0 u. 1
Masern-Mumps-Röteln-Impfstoff Rp	PRC C, Lact +
MMR Triplovax *Fertigspr. 0.5ml* **MMR Vaxpro** *Fertigspr. 0.5ml* **Priorix MMR** *Fertigspr. 0.5ml*	**Masern-Mumps-Röteln-Immunisierung: Ki. ab 12. Lebensmonat:** 0.5ml i.m. M 0 und 4 (möglichst bis Ende 2.Lj.)
Masern-Mumps-Röteln-Varizellen-Impfstoff Rp	PRC C, Lact +
Priorix Tetra *Fertigspr. 0.5ml* **ProQuad** *Fertigspr. 0.5ml*	**Masern-Mumps-Röteln-Varizellen-Immun.: Ki. ab 9. M-12. Lj.:** 0.5ml s.c. W0 und 6
Papillomvirusimpfstoff Rp	
Cervarix *Fertigspr. 0.5ml* **Gardasil** *Fertigspr. 0.5ml* **Silgard** *Fertigspr. 0.5ml*	**Pro. HPV-assoziiertes Zervix-Ca, Anal-Ca Dysplasien von Zervix/Vulva, Condylomata acuminata: 9-13J:** 0.5ml i.m. M 0 und 6; **ab 14J:** 0.5ml i.m. M 0, 2 und 6
Poliomyelitis-Impfstoff (Typ I, II, III) Rp	PRC C, Lact +
IPV Merieux *Fertigspr. 40+8+32E/0.5ml* **Imovax Polio** *Fertigspr. 40+8+32E/0.5ml*	**Rotaviren-Immunisierung:** 1 bzw. 2ml p.o., 1. Dosis Lebenswoche 6-12, Wdh. nach 4 u. 8W
Rotavirusimpfstoff Rp	
Rotarix *Susp. 1ml* **RotaTeq** *Dosiertube 2ml*	**Rotaviren-Immunisierung:** 1 bzw. 2ml p.o., 1. Dosis Lebenswoche 6-12, Wdh. nach 4 u. 8W

Tollwutimpfstoff Rp	
Rabipur *Inj.Lsg. 2.5IE/1ml* **Tollwutimpfstoff (HDC) inaktiviert** *Inj.Lsg. 2.5IE/1ml*	**Tollwut-Immunisierung:** 2.5IE i.m. d 0, 7, 21 od. 28; Auffrischung nach Titer oder alle 2-5J; **Impfung n. Exposition:** 2.5IE d 0, 3, 7, 14, 28

Varizellen-Impfstoff Rp	PRC C, Lact ?
Varilrix *Fertigspr. 2000E/0.5ml* **Varivax** *Fertigspr. 1350E/0.5ml*	**Varizellen-Immunisierung:** **Erw., Ki. > 12M:** 0.5ml i.m./s.c. W 0 und 6

Varicella-Zoster-Impfstoff Rp	PRC C Lact ?
Shingrix *Inj.Lsg. 50µg/0.5ml* **Zostavax** *Fertigspr. 19.400PBE/0.65ml*	**Pro. Herpes zoster und postherpetische Neuralgie:** Patienten > 50J: Shingrix: 50µg i.m. M0 und 2; Zostavax: 1 x 0.65ml s.c.

A 10.6.3 Covid-19-Impfstoffe

UW (Comirnaty): Reakt. a.d. Inj.stelle, Müdigkeit, Schüttelfrost, Fieber, Arthralgie, Myalgie, Diarrhoe, Kopfschmerzen, Übelkeit, Erbrechen; **UW** (Covid-19 Vaccine Moderna): Reakt. a.d. Inj.stelle, Müdigkeit, Schüttelfrost, Fieber, Arthralgie, Myalgie, Diarrhoe, Kopfschm., Übelkeit, Erbrechen, Exanthem, Lymphadenopathie; **UW** (Vaxzevria): Thrombopenie, Kopfschm., Übelkeit, Erbrechen, Diarrhoe, Reakt. a.d. Inj.stelle, Müdigkeit, Schüttelfrost, Fieber, Arthralgie, Myalgie, Unwohlsein; **UW** (Covid-19 Vaccine Janssen): Kopfschm., Übelkeit, Myalgie, Ermüdg., Reakt. a. d. Inj.stelle, Husten, Arthralgie, Fieber, Schüttelfrost; **KI** (Covid-19-Impfstoffe): bek. Überempf.

Covid-19-mRNA-Impfstoff Rp	
Comirnaty *Inj.Lsg. 2.25ml (nach Verdünnen)* **Covid-19 Vaccine Moderna** *Inj.Lsg. 5ml*	**Covid-19-Immunisierung:** Comirnaty: Erw., Ki. ab 16J: 0.3ml i.m. W0 u. 3; Covid-19 Vaccine Moderna: Erw. ab 18J: 0.5ml i.m. W0 und 4;

Covid-19-Vektorimpfstoff Rp	
Vaxzevria *Inj.Lsg. 8, 10ml* **Covid-19 Vaccine Janssen** *Inj.Lsg. 2.5ml*	**Covid-19-Immunisierung:** Vaxzevria: Erw. ab 18J: 0.5ml i.m. W0 u. 4-12; Covid-19 Vaccine Janssen: Erw. ab 18J: 0.5ml einmalig i.m.

10.6.4 Bakterielle und virale Impfstoffe kombiniert

UW (Infanrix Hexa): Reaktionen an der Injektionsstelle, ungewöhnliches Schreien, Ruhelosigkeit, virale Infekte, Infekte der oberen Atemwege, Bronchitis, Konjunktivitis, Husten, Schnupfen, Diarrhoe, Erbrech., Dermatitis, Bauchschmerzen, Otitis media, Ekzem, Schläfrigkeit; **KI** (Infanrix Hexa): bek. Überempfindlichkeit gegen die enthaltenen Impfstoffe bzw. gegen Neomycin, Polymyxin; fühere Enzephalopathie innerhalb von 7d nach Pertussis-Impfung

Diphtherie-Tetanus-Pertussis-Poliomyelitis-Haemophilus-influenzae-Hepatitis-B-Impfstoff Rp	
Infanrix Hexa *Fertigspr. 0.5ml*	**Immunisierung o.g. Erreger:** 0.5ml i.m. z.B. 2. 3. 4. und 12. Lebensmonat

Diphtherie-Tetanus-Pertussis-Poliomyelitis-Impfstoff Rp	
Repevax *Fertigspr. 0.5ml*	**Auffrischung nach Grundimmunisierung o.g. Erreger: Erw., Ki. ab 3J:** 0.5ml i.m.

10.7 Impfkalender

Impfung	W	Monate									Jahre							
	6	2	3	4	5-10	11*	12	13-14	15	16-23	2-4	5-6	7-8	9-14	15-16	17	> 18	≥ 60
				U4	U5	U6				U7	U7a/U8	U9		U11/J1		J2		
Rotaviren	G1[a]		G2	(G3)														
Tetanus[b]		G1	N	G2	N	G3[c]						A1	N	A2		N	A[e]	
Diphtherie[b]		G1	N	G2	N	G3[c]			N			A1	N	A2		N	A[e]	
Pertussis[b]		G1	N	G2	N	G3[c]			N			A1	N	A2		N	A3[e]	N
Hib[b]		G1	N	G2	N	G3[c]			N									
Poliomyelitis		G1	N	G2	N	G3[c]				N				A1			N	
Hepatitis B[b]		G1	N	G2	N	G3[c]					N							
Pneumokokken[b]		G1	N	G2	N	G3[c]			N									S[g]
Meningokokken C							G1					N						
Masern						G1		N	G2				N				S[f]	
Mumps, Röteln						G1		N	G2				N					
Varizellen						G1		N	G2				N					
HPV														G1[d] G2[d]	N			
Herpes zoster																		G1[h] G2[h]
Influenza																		S[jährl.]

G Grundimmunisierung zum empfohl. Zeitpunkt in bis zu 3 Teilimpfungen G1–G3; **A** Auffrischimpfung; **S** Standardimpfung; **N** Nachholimpfzeitraum für Grund- bzw. Erstimmunisierung aller noch nicht Geimpften bzw. für Komplettierung einer unvollständigen Impfserie; **a** Erste Impfstoffdosis bereits ab dem Alter von 6 W, je nach verwendetem Impfstoff 2 bzw. 3 Impfstoffdosen im Abstand von mind. 4 W; **b** FG: zusätzl. Impfstoffdosis im Alter von 3 M, d. h. insges. 4 Dosen; **c** 6 M Mindestabstand zur vorangeg. Dosis; **d** Zwei Impfstoffdosen im Abstand von mind. 5 M, bei Nachholimpfung beginnend im Alter > 14 J oder bei Impfabstand von < 5 M zw. 1. u. 2. Dosis ist eine 3. Dosis erf.; **e** Td-A alle 10 J, nächste fällige Td-Impfung 1 x als Tdap- bzw. als Tdap-IPV-Kombinationsimpfung; **f** Einmalige Impfung mit MMR-Impfstoff für alle nach 1970 Geborenen ≥ 18 J mit unklarem Impfstatus, mit nur einer oder ohne Impfung in der Kindheit; **g** Impfung mit 23-valenten Polysaccharid-Impfstoff; **h** Zweimalige Impfung mit adjuvantiertem Herpes-zoster-Totimpfstoff mit 2–6 M Abstand; * Impfungen evtl. auf mehrere Termine verteilen; MMR und V am selben Termin oder mit 4 W Abstand geben
Impftabelle nach STIKO (Ständige Impfkommission am Robert Koch-Institut, Berlin), Stand 2021

11 Anästhesie

11.1 Opioid-Analgetika

11.1.1 Äquianalgetische Dosierungen

Opioid	Par-ent. (mg)	Oral (mg)	Wi-dauer (h)	Btm
Alfentanil	0.5	-	0.2	X
Buprenorphin	0.3	-	6-8	X
Buprenorphin s.l.	0.4	-	6-8	X
Codein	-	120	3-5	-
Dihydrocodein	-	90	3-4	-
Fentanyl	0.1	-	0.4	X
Hydrocodon	7	-	4-8	-
Hydromorphon	2	4	4	X
Hydromorphon Oros	-	6	24	X
Levomethadon	4	7.5	6	X
Meptazinol	100	-	1-3	-
Methadon	8	15	6	X
Morphin	10	30	2-4	X
Nabulphin	10	-	3-6	-
Oxycodon	7.5	15	4	X
Pethidin	75	-	2-4	X
Piritramid	15	-	4-6	X
Remifentanil	0.05	-	0.2	X
Sufentanil	0.02	-	0.5	X
Tilidin/Naloxon	-	300	3-4	-
Tramadol	100	300	3-4	-
Opioidähnliche Analgetika (MOR-NRI)				
Tapentadol	-	~75		X

11.1.2 Opioid-Umstellung auf Pflaster

Morphin → Fentanyl

Morphin mg/24h		Fentanyl µg/h
p.o.	Parent.	TTS
0-45	-	12
46-90	0-22	25
91-150	23-37	50
151-210	38-52	75
211-270	53-67	100
271-330	68-82	125
331-390	83-97	150
391-450	98-112	175

Dosisbereiche gelten als Orientierung, die Dosisstärke des Pflasters muss individuell auf den Patienten abgestimmt werden.

Morphin → Buprenorphin

Morphin mg/24h		Buprenorphin mg/24h		µg/h
p.o.	Parent.	s.l.	Parent.	TTS
0-90	0-30	Bis 1.1	Bis 0.8	35
91-130	31-43	Bis 1.6	Bis 1.2	52.5
131-170	44-57	Bis 2.1	Bis 1.5	70
171-340	58-113	Bis 4.3	Bis 3.1	87.5–140

Maximale Pflastergröße: Fentanyl 100µg/h, Buprenorphin 70µg/h; bei höherer Dosierung verschiedene Pflastergrößen für die korrekte Dosis kombinieren

11.1.3 Opioid-Umstellung, allgemein

1. Errechnung der Tagesdosis des bisherigen Opioids
2. Errechung der äquianalgetischen Tagesdosis des neuen Opioids (bezogen auf Applikationsart)
3. **50-%-Regel:** ini 30-50% d. rechnerisch ermittelten Äquivalenzdosis; Ausnahmen: bei L-Methadon individuelle Titration; bei Umstellung auf MOR-NRI i.d.R. keine Reduktion, da 2 Wirkmechanismen
4. Aufteilung der Tages- in Einzeldosen entsprechend der Wirkdauer der Substanz
5. Titration gegen den Schmerz mittels schnell freisetzender Bedarfsmedikation
6. Festlegen der neuen Basis- ggf. auch Bedarfsmedikation

11.1.4 Opioidagonisten

Wm: Stimulation zentraler Opioid-Rezeptoren; **Wi:** analgetisch, sedativ, atemdepressiv, antitussiv, emetisch und antiemetisch; vgl. auch UW;
UW (Fentanyl): Übelkeit, Erbrechen, Muskelrigidität, Dyskinesie, Sedierung, Schwindel, Sehstörung, Bradykardie, Tachykardie, Arrhythmie, Hypotonie, Hypertonie, Venenschmerz, Laryngospasmus, Bronchospasmus, Apnoe, allergische Dermatitis, postoperative Verwirrtheit, neurologische, anästhesiologische Komplikationen; **UW** (Fentanyl TTS): Somnolenz, Schwindel, Kopfschmerzen, Übelkeit, Erbrechen, Obstipation, immunologische Überempf., Appetitlosigkeit, Schlaflosigkeit, Depression, Angstgefühl, Verwirrtheitszustand, Halluzinationen, Tremor, Parästhesie, Konjunktivitis, Drehschwindel, Palpitationen, Tachykardie, Hypertonie, Dyspnoe, Diarrhoe, Mundtrockenheit, abdominale Schmerzen, Oberbauchschmerzen, Dyspepsie, Schwitzen, Pruritus, Hautausschlag, Erythem, Muskelkrämpfe, Harnverhalt, Fatigue, periphere Ödeme, Asthenie, Unpässlichkeit, Malaise, Kältegefühl;
UW (Morphin): Stimmungsänderungen, Veränderungen der Aktiviertheit, Schlaflosigkeit, Denkstrg., Wahrnehmungsstrg. wie Halluzinationen, Verwirrtheitszustände, Kopfschmerzen, Schwindel, Geschmacksstörung, Obstipation, Erbrechen, Dyspepsie, Schwitzen, Urtikaria, Pruritus, Harnretention; **UW** (Pethidin): Verwirrtheit, Stimmungsveränd., Veränderungen der kognitiven u. sensorischen Leistungsfähigkeit, Erregungszustände, Wahnvorstellungen, Halluzinationen, Sedierung, Schwindel, Atemdepression; **UW** (Piritramid): Tachykardie, Hypotonie, Stupor, Schwindel, Somnolenz, Übelkeit, Erbrechen, Würgereiz, Blässe;
UW (Oxycodon): Appetit ↓, Stimmungs- und Persönlichkeitsänderung, Aktivität ↓, Unruhe, psychomotorische Hyperaktivität, Agitiertheit, Nervosität, Schlaflosigkeit, Denkstörung, Verwirrtheitszustände, Sedierung, Schwindel, Kopfchmerz, Synkope, Parästhesien, Hypotonie, Dyspnoe, Obstipation, Erbrechen, Übelkeit, Abdominalschmerz, Diarrhoe, Mundtrockenheit, Schluckauf, Dyspepsie, Pruritus, Harnretention, Dysurie, Harndrang, Hyperhidrosis, Schüttelfrost, Asthenie; **UW** (Sufentanyl): Sedierung, Pruritus, Fieber, neonataler Tremor, Schwindel, Kopfschmerzen, Tachykardie, Hypertonie, Hypotonie, Blässe, neonatale Zyanose, Hautverfärbung, Muskelzuckungen, Harnverhalt, Harninkontinenz;
KI (Fentanyl): bek. Überempfindlichkeit.; Patienten mit Epilepsie, bei denen eine intraoperative Herdlokalisation vorgenommen werden soll;
KI (Fentanyl TTS): akute oder postoperative Schmerzzustände, da bei einer kurzzeitigen Anwendung keine Dosistitration möglich ist; schwer beeinträchtigte ZNS-Funktion, schwere Atemdepression;
KI (Morphin): bek. Überempf., Ileus, Atemdepression, schwere COPD, akutes Abdomen, Gerinnungsstrg. u. Infektionen im Injektionsgebiet bei intrathekaler oder epiduraler Anw.;
KI (Oxycodon): bek. Überempf., schwere Atemdepression mit Hypoxie und/oder Hyperkapnie, schwere chronisch obstruktive Lungenerkrankung, Cor pulmonale, schweres Bronchialasthma, paralytischer Ileus, Stillzeit; **KI** (Jurnista): Ki./Jug. < 18J;
KI (Pethidin): bek. Überempf., gleichz. Anw. von MAO-Hemmern oder binnen 14d nach der letzten Einnahme, schwere respiratorische Insuffizienz, Ki. < 1J;
KI (Piritramid): bek. Überempfindlichkeit, Atemdepression, komatöse Zustände;
KI (Sufentanyl): bekannte Überempfindlichkeit, während der Lakt. (24h nach der Anästhesie kann wieder mit dem Stillen begonnen werden); unter der Geburt oder während des Kaiserschnitts vor Abnabelung des Kindes; akute hepatische Porphyrien; Krankheitszustände, bei denen eine Dämpfung des Atemzentrums vermieden werden soll

Alfentanil Rp (Btm)	HWZ 1.5h, Q0 1.0, PPB 92%, PRC C, Lact?
Alfentanil-Hameln *Amp. 1mg/2ml, 5mg/10ml* **Rapifen** *Amp. 1mg/2ml, 5mg/10ml*	**Anästhesie:** Erw. und Ki. nach OP-Dauer als Bolus: bis 10min: 15-20µg/kg i.v.; 10-30min: 20-40µg/kg; 0.5-1h: 40-80µg/kg; > 1h: 80-150µg/kg; Dauerinfusion: 0.5-3µg/kg/min

Fentanyl Rp (Btm)	HWZ 3-12h, Q0 0.9, PPB 80-85%, PRC C, Lact ?
Fentanyl Hameln *Amp. 0.1mg/2ml, 0.5mg/10ml, 2.5mg/50ml* **Fentanyl HEXAL** *Amp. 0.1mg/2ml, 0.5mg/10ml* **Fentanyl-Janssen** *Amp. 0.1mg/2ml, 0.5mg/10ml*	**Prämedikation:** 50-100µg i.m. 30-60min. präOP; **analgetische Komponente bei Allgemeinanästhesie:** mittlere Dosis 2-20µg/kg i.v.; hohe Dosis 20-50µg/kg i.v.; Ki. 12-17J. s. Erw.; 2-11J.: ini 1-3µg/kg, ergänzend 1-1.25µg/kg; **analgetische Komponente bei Regionalanästhesie:** 50-100µg i.m. oder langsam i.v.; **Monoanästhetikum bei Allgemein-anästhsie:** 50-100µg/kg i.v., in Einzelfällen bis 150µg/kg; **DANI, DALI** verlängerte postOP Überwachung

Fentanyl oral/nasal Rp (Btm)	HWZ 4-22h, Q0 0.9, PPB 85%, PRC C, Lact ?
Abstral *Lingualtbl. 100, 200, 300, 400, 600, 800µg* **Actiq** *Lutschtbl. 200, 400, 600, 800, 1200, 1600µg* **Breakyl** *Buccalfilm 200, 400, 600, 800, 1200µg* **Effentora** *Buccaltbl. 100, 200, 400, 600, 800µg* **Fentanyl HEXAL** *Lingualtbl. 67, 133, 267, 400, 533, 800µg* **Instanyl** *Nasenspray 50, 100, 200 µg/Stoß* **PecFent** *Nasenspray 100, 400µg/Stoß*	**Durchbruchschmerz bei chronischen Tumorschmerzen:** **Actiq:** ini 200µg, ggf. Wdh nach 15min; weitere Dosistitration je nach Wi bis 1600µg; **Abstral, Effentora:** ini 100µg, ggf. Wdh nach 30min, weitere Dosistitration je nach Wi bis max. 800µg; **Breakyl:** ini 200µg, ggf. nach 30min höhere Dosis, weitere Dosistitration je nach Wi bis max. 1200µg; **Instanyl:** ini 50µg, ggf. Wdh. nach 10min, weitere Dosistitration je nach Wi; **Pecfent:** ini 100µg, ggf. nächste Dosis nach 4h, weitere Dosistitration je nach Wi bis 800µg; s.a. FachInfo der einzelnen Präparate; **DANI, DALI** sorgfältige Dosiseinstellung

Fentanyl transdermal Rp (Btm)	HWZ 13-22h, Q0 0.9, PPB 85%, PRC C, Lact ?
Durogesic SMAT *TTS 12, 25, 50, 75, 100µg/h* **Fentamat** *TTS 12, 25, 37.5, 50, 75, 100µg/h* **Fentanyl HEXAL, Fentanyl Sandoz** *TTS 12, 25, 37.5, 50, 75, 100, 150µg/h* **Fentavera** *TTS 12, 25, 50, 75, 100µg/h* **Matrifen** *TTS 12, 25, 50, 75, 100µg/h*	**Chronische Schmerzen:** alle 3d 1 Pflaster, Dosis je nach Vortherapie → 299; **DANI, DALI** sorgfältige Dosiseinstellung
Hydromorphon Rp (Btm)	HWZ 2.5h, Q0 1.0, PPB 8%, PRC C, Lact ?
Hydromorphon HEXAL *Kps. 1.3, 2.6mg; Tbl. 4(ret.), 8(ret.); 16(ret.), 24(ret.)mg; Kps. 2(ret.), 4(ret.), 8(ret.), 16(ret.), 24(ret.)mg; Amp. 2mg/1ml, 10mg/1ml, 100mg/10ml* **Hydromorphon Stada** *Tbl. 4(ret.), 8(ret.), 16(ret.), 24(ret.)mg* **Palladon** *Kps. 1.3, 2.6mg; Kps. 4(ret.), 8(ret.), 16(ret.), 24(ret.)mg; Amp. 2mg/1ml, 10mg/1ml, 100mg/10ml*	**(Sehr) starke Schmerzen:** ini 1.3-2.6mg alle 4h p.o.; 2 x 4-24mg (ret.) p.o.; 1-2mg i.m./s.c.; 1-1.5mg i.v.; **Ki. < 6J:** 0.015mg/kg i.m./s.c.; **6-12J:** 0.5-1mg i.m/s.c.; **DANI, DALI** sorgfältige Dosiseinstellung
Hydromorphon Oros Rp (Btm)	HWZ 12.5-14.7h, Q0 1.0, PPB < 30%, PRC C, Lact ?
Jurnista *Tbl. 4(ret.), 8(ret.), 16(ret.), 32(ret.), 64(ret.)mg*	**Starke chron. Schmerzen:** 1 x 4-64mg p.o.; **DANI, DALI** sorgfältige Dosiseinstellung
Levomethadon Rp (Btm)	HWZ 15-60h, Q0 0.25, PPB 85%
L-Poladdict *Tbl. 5, 20, 30mg* **L-Polaflux** *Lsg. (1ml=5mg)* **L-Polamidon** *Tbl. 5, 20mg; Amp. 2.5mg/1ml, 5mg/2ml; Gtt. (1ml = 20Gtt. = 5mg)* **L-Polamidon Lsg. zur Substitution** *Lsg. (1ml = 5mg)* **Levomethadon Aristo** *Tbl. 2.5, 5, 20, 30mg; Gtt. (1ml =5mg)*	**(Sehr) starke Schmerzen:** 2.5mg i.v.; bis 7.5mg i.m./s.c., evtl. Wdh. alle 4-6h; 4-6 x 2.5-7.5mg p.o., bei Tumorschmerz ggf. weitere Dosissteigerung; **Ki. 2-5J:** 0.25-0.5mg/d; **> 5J:** 0.5-1.3mg; **Substitutionstherapie bei Opiatabhängigkeit:** ini morgens 15-20mg p.o., abends 10-25mg, nach 1-6d Tagesdosis 1 x/d; **DANI, DALI** Dosisreduktion

Morphin Rp (Btm)	HWZ 2.5h, Q0 0.9 (0.3), PPB 20-35%, PRC C, Lact ?
Capros *Kps. 5, 10, 10(ret.), 20, 20(ret.), 30, 30(ret.), 60(ret.), 100(ret.)mg* **Morphanton** *Brausetbl. 20mg; Tbl. (ret.) 10, 20, 30, 60, 100mg* **Morphin Merck** *Gtt. (1ml = 5, 20mg); Amp.10mg/1ml, 20mg/1ml, 100mg/10ml* **MSI** *Amp. 10mg/1ml, 20mg/1ml, 100mg/5ml, 200mg/10ml* **MSR** *Supp. 10, 20, 30mg* **MST** *Tbl. 10(ret.), 30(ret.), 60(ret.), 100(ret.), 200(ret.)mg; Gran. 20(ret.), 30(ret.), 60(ret.), 100(ret.), 200(ret.)mg* **Oramorph** *Lsg. 10mg/5ml, 20mg/1ml, 30mg/5ml, 100mg/5ml* **Sevredol** *Tbl. 10, 20mg* **Substitol** *Kps. 30(ret.), 60(ret.), 100(ret.), 200(ret.)mg*	**(Sehr) starke Schmerzen:** 2-6 x 10-60mg p.o.; 1-2 x 30-200mg (ret.) p.o.; 4-6 x 5-10mg i.v./s.c./i.m.; **Ki. 0-1J:** 4-6 x 0.2mg/kg p.o.; **2-5J:** 4-6 x 2.5-5mg p.o.; **6-12J:** 4-6 x 5-10mg p.o.; **13-16J:** 4-6 x 10-20mg; **Ki. bis 6M:** 0.01mg/kg/h i.v. Dauerinfusion; **> 6M:** 4-6 x 0.05-0.1mg i.v.; **DANI, DALI** sorgfältige Dosiseinstellung; **Substitutionsbehandlung bei Opiodabhängigkeit (Substitol):** ohne Vorbehandlung: ini 100-200mg p.o., ggf. nach 6h zusätzl. 200mg, Erh.Dos. individuell 500-800mg/d; Umstellung von Methadon im Verhältnis 1:6-1:8 (Metahdonhydrochlorid : Morphin)
Oxycodon Rp (Btm)	HWZ 3.2-8h, PPB 38-45%, PRC C, Lact ?
Oxycodon Beta *Tbl. 5(ret.), 10(ret.), 20(ret.), 30(ret.), 40(ret.), 60(ret.), 80(ret.)mg* **Oxycodon HEXAL** *Tbl. 5(ret.), 10(ret.), 20(ret.), 40(ret.), 60(ret.), 80(ret.)mg* **Oxycodon Stada** *Tbl. 10(ret.), 20(ret.), 40(ret.), 80(ret.)mg* **Oxycodon-ratioph.** *Tbl. 5 (ret.), 10(ret.), 20(ret.), 30(ret.), 40(ret.), 60(ret.), 80(ret.)mg* **Oxygesic** *Tbl. 5(ret.), 10(ret.), 20(ret.), 40(ret.), 80(ret.), 120(ret.)mg; Kps. 5, 10, 20mg; Lingualtbl. 5, 10, 20mg; Inj.Lsg. 10mg/1ml, 20mg/2ml, 50mg/1ml*	**(Sehr) starke Schmerzen:** ini 2 x 10mg p.o. (nicht opioidgewöhnte Pat.), nach Bedarf steigern; 1-10mg über 1-2min i.v. bzw. 5mg s.c. als Bolus, max. 6x/d; Infusion 2mg/h i.v.; **Nichttumorschmerz:** bis 40mg/d; **Tumorschmerz:** 80-120mg/d, max. 400mg/d; **DANI, DALI** ini 50%
Oxycodon + Naloxon Rp (Btm)	
Oxycodon Comp 1A, Targin *Tbl. 5+2.5(ret.),10+5(ret.), 20+10(ret.), 40+20(ret.)mg*	**(Sehr) starke Schmerzen:** ini 2 x 10+5mg p.o., max. 80+40mg/d; **DANI, DALI** vorsichtige Dosiseinstellung
Pethidin Rp (Btm)	HWZ 3.5-4h, Q0 0.9, PPB 60%
Dolantin *Gtt. (21 Gtt. = 50mg); Amp. 50mg/1ml, 100mg/2ml* **Dolcontral** *Supp. 100mg* **Pethidin Hameln** *Amp. 50mg/1ml, 100mg/2ml*	**Starke Schmerzen:** 1-5 x 100mg rekt.; 25-150mg p.o./s.c./i.m.; 50mg i.v. Wdh. nach Bedarf, max. 500mg/d p.o./rekt./i.v.; **Ki.:** 0.6-1.2mg/kg/ED p.o.; **DANI** Dosisintervall verlängern; **DALI** sorgfältige Dosiseinstellung

Piritramid Rp (Btm)	HWZ 4-10h, Q0 1.0, PRC C
Dipidolor *Amp. 15mg/2ml* **Piritramid Hameln** *Amp. 7.5mg/1ml, 15mg/2ml, 45mg/6ml*	**(Sehr) starke Schmerzen:** bis 4 x 7.5-22.5mg i.v.; bis 4 x 15-30mg i.m./s.c.; **Ki.:** bis 4 x 0.05-0.2mg/kg i.m./s.c.; bis 4 x 0.05-0.1mg/kg i.v.; **DANI** nicht erf.; **DALI** Dosisreduktion
Remifentanil Rp (Btm)	HWZ 3-10min, Q0 > 0.9, PPB 70%, PRC C, Lact ?
Remifentanyl B. Braun *Inj.Lsg. 1, 2, 5mg* **Remifentanyl Hameln** *Inj.Lsg. 1, 2, 5mg* **Remifentanyl Kabi** *Inj.Lsg. 1, 2, 5mg* **Ultiva** *Inj.Lsg. 1mg/3ml, 2mg/5ml, 5mg/10ml*	**Anästhesie bei Spontanatmung:** ini 0.04µg/kg/min i.v., dann nach Bedarf 0.02-0.1µg/kg/min; **Anästhesie mit Beatmung:** ini 0.5-1µg/kg/min i.v., dann je nach Narkoseverfahren; **Ki. 1-12J:** ini 0.25µg/kg/min i.v., dann je nach Narkoseverfahren 0.05-1.3µg/kg/min; **DANI** nicht erforderlich
Sufentanil Rp (Btm)	HWZ 158-164min, Q0 1.0, PPB 92%, PRC C, Lact ?
Sufentanil Hameln *Amp. 0.01mg/2ml, 0.05mg/10ml, 0.25mg/5ml, 1mg/20ml*	**Anästhesie bei Kombinationsnarkose:** ini 0.5-2µg/kg i.v., dann 0.15-0.7µg/kg; **Monoanästhesie:** ini 15-20µg/kg i.v., dann 25-50µg nach Bedarf; **epidural:** intraop. 10-15ml Bupivacain 0.25% + 1µg Sufentanil/ml; postoperativ kontinuierlich Bupivacain 0.175% + 1µg Sufentanil/ml; 4-14ml/h; **DANI, DALI** ggf. Dosisreduktion

11.1.5 Opioide mit gemischt-agonistischer-antagonistischer Aktivität

Wm/Wi (Buprenorphin): kappa-Antagonist und µ-Agonist ⇒ analgetisch;
Wm/Wi (Nalbuphin): kappa-Agonist und µ-Antagonist ⇒ analgetisch;
UW (Buprenorphin): Übelkeit, Erbrechen, Erythem, Juckreiz, Schwindel, Kopfschmerzen, Dyspnoe, Schwitzen, Exanthem, Obstipation, Ödeme, Müdigkeit;
UW (Nalbuphin): Sedierung, Schweißausbrüche, Schläfrigkeit, Vertigo, Mundtrockenheit, Kopfschmerzen, Dysphorie, Übelkeit, Erbrechen;
KI (Buprenorphin TTS): bek. Überempf., opioidabhängige Pat. bzw. zur Drogensubstitution, Strg. des Atemzentrums bzw. der Atemfunktion, Myasthenia gravis, Kombination mit MAO-Hemmern, Delirium tremens, Grav.;
KI (Nalbuphin): bek. Überempf., schwere NI, Leberschäden, gleichzeitige Therapie mit µ-agonistischen Opioiden

Buprenorphin Rp (Btm)	HWZ 5h, TTS 30h, Q_0 1.0, PPB 96%, PRC C, Lact ?
Bupensan *Lingualtbl. 2, 4, 8mg* **Buprenaddict** *Lingualtbl. 0.4, 2, 8mg* **Buprenorphin AWD** *TTS 35, 52.5, 70µg/h* **Buprenorphin-ratioph. Matrixpflaster** *TTS 35, 52.5, 70µg/h* **Buvidal** *Fertigspr. (Dep.) 8, 16, 24, 32, 64, 96, 128mg* **Norspan** *TTS 5, 10, 20, 30, 40µg/h* **Subutex** *Lingualtbl. 0.4, 2, 8mg* **Temgesic** *Lingualtbl. 0.2, 0.4mg; Amp. 0.3mg/1ml* **Transtec PRO** *TTS 35, 52.5, 70µg/h*	**(Sehr) starke Schmerzen:** 3-4 x 0.2-0.4mg s.l., 3-4 x 0.15-0.3mg i.v./i.m.; max. 1.2mg/d; TTS: 35-70µg/h, Wechsel alle 4d (alle 3d bei Buprenorphin AWD und Buprenorphin-ratioph.); TTS (Norspan): 5-20µg/h, Wechsel alle 7d; **Ki.:** 3-4 x 3-6µg/kg i.v./i.m.; > 35kg: 3-4 x 0.2mg p.o.; > 45kg: 3-4 x 0.4mg p.o.; **Substitutionsther. bei Opiatabhängigkeit:** ini 1 x 2-4mg p.o., dann langsame Dosisred.; Buvidal: s. FachInfo; **DANI** nicht erforderlich; **DALI** Dosisreduktion, KI bei schwerer LI

Buprenorphin + Naloxon Rp (Btm)	
Bunalict *Lingualtbl. 2+0.5mg, 8+2mg* **Suboxone** *Lingualtbl. 2+0.5mg, 8+2mg, 16+4mg*	**Substitutionsther. bei Opiatabhängigkeit:** ini 2-4+0.5-1mg p.o., an d1 ggf. erneut 1-2 x 2+0.5mg, Dosisanp. nach klinischer Wi, max. 24mg Buprenorphin/d, s. a. FachInfo; **DANI** nicht erforderl., CrCl < 30: vors. Anw.; **DALI** Dosisreduktion, KI bei schwerer LI

Meptazinol Rp	HWZ 3h, Q_0 0.95
Meptid *Amp. 100mg/1ml*	**Mittelstarke bis starke Schmerzen:** 50-100mg i.v., 75-100mg i.m., ggf. Wdh alle 2-4h

Nalbuphin Rp	HWZ 2-3h
Nalpain *Inj.Lsg. 10mg/1ml*	**Mittelstarke bis starke Schmerzen:** 0.1-0.3mg/kg i.v./i.m./s.c., dann je nach Wi nach 3-6h wdh., max. 20mg/d; **Ki.:** 0.1-0.2mg/kg i.v./i.m./s.c.; **Ki. < 1.5J:** k. D.; **DANI** KI bei schweren Nierenschäden; **DALI** KI bei schweren Leberschäden

11.1.6 Opioidantagonisten

Wm: kompetitiver Antagonismus am Opioidrezeptor;
UW (Naloxon): Schwindel, Kopfschmerzen, Tachykardie, Hypotonie, Hypertonie, Übelkeit, Erbrechen, postoperative Schmerzen; **UW** (Naltrexon): Bauchschmerzen, Übelkeit, Erbrechen, Diarrhoe, Obstipation, Appetit ↓, Schlafstörungen, Angstzustände, Nervosität, Affektstörungen, Reizbarkeit, Kopfschmerzen, Unruhe, Schwindel, Tränenfluss ↑, Tachykardie, Palpitationen, EKG-Änd., Thoraxschmerzen, Exanthem, Gelenk- und Muskelschmerzen, verzög. Ejakulation, erektile Dysfunktion, Asthenie, Durst, Energie ↑, Schüttelfrost, Hyperhidrose; **KI** (Naloxon): bek. Überempf.; **KI** (Naltrexon): bek. Überempf., schwere LI, akute Hepatitis, schwere Nierenfktsstrg.; Pat., die Opioid-Analgetika erhalten; opioidabhängige Pat. ohne erfolgreichen Entzug oder Pat., die Opiat-Agonisten erhalten (z. B. Methadon); akute Opiat-Entzugssymptome, Pat. mit pos. Opioid-Nachweis im Urin oder neg. Ergebnis im Naloxon-Provokationstest

Naloxon Rp	HWZ 3-4h, Q0 1.0, PPB 32-45%, PRC B, Lact ?
Naloxon Hameln *Amp. 0.4mg/1ml* **Naloxon-ratioph.** *Amp. 0.4mg/1ml* **Naloxon Inresa** *Amp. 0.4mg/1ml* **Nyxoid** *Spray 1.8mg/Einzeldosisbehältnis*	**Opioidintox.:** ini 0.4-2mg i.v./i.m./s.c., dann je nach Wi alle 2min 0.4-2mg; **Ki.:** 0.01mg/kg i.v., je n. Wi Wdh. nach 3-5min Nyxoid: **Erw., Ki. ab 14J:** 1.8mg nasal, ggf. Wdh. nach 2-3min; **postop. Atemdepression:** 0.1-0.2mg i.v., Wdh. alle 2-3min, bis Spontanatmung einsetzt; **Ki.:** 0.005-0.01mg/kg; **NG, deren Mutter Opiode erhalten hat:** 0.01mg/kg i.v./i.m., je nach Wirkung Wdh. nach 2-3min

Naltrexon Rp	HWZ 2.7(9)h, Q0 1.0, PPB 21%, PRC C, Lact ?
Nalorex *Tbl. 50mg* **Naltrexon-HCL neuraxpharm** *Tbl. 50mg*	**Unterstützung einer Entwöhnungs-therapie nach erfolgter Opiatentgiftung:** nach neg. Naloxon-Test d1 25mg, dann 1 x 50mg p.o.; oder Montag, Mittwoch, Freitag 100, 100, 150mg; Adepend → 384 **DANI, DALI** KI bei schwerer NI, LI

11.1.7 Weitere Opioid-Analgetika

Wm/Wi (Tilidin+Naloxon): Kombination Opiodagonist und -Antagonist ⇒ analgetisch, gleichzeitig Verminderung des Missbrauchspotentials durch Opiatabhängige;
Wm/Wi (Tramadol) zentral wirksamer Opioidrezeptor-Agonist, Hemmung der neuronalen Wiederaufnahme von Noradrenalin ⇒ analgetisch, antitussiv, nur gering artemdepressiv;
UW (Tilidin+Naloxon): Übelkeit, Erbrechen, Diarrhoe, Bauchschmerzen, Schwindel, Benommenheit, Müdigkeit, Kopfschmerzen, Nervosität, Schwitzen ↑;
UW (Tramadol): Schwindel, Kopfschmerzen, Benommenheit, Übelkeit, Erbrechen, Obstipation Mundtrockenheit, Schwitzen, Erschöpfung;
KI (Tilidin+Naloxon): bek. Überempf., Opiatabhängigkeit, andere Abhängigkeitserkrankungen, Porphyrie;
KI (Tramadol): bek. Überempf., akute Alkohol-, Schlafmittel-, Analgetika-, Opioid- oder Psychopharmakaintox.; Pat., die MAO-Hemmer erhalten oder innerhalb der letzten 14d angewendet haben; nicht ausreichend kontrollierte Epilepsie; Anwendung zur Drogen-substitution

Tilidin + Naloxon Rp (Btm unretardierte Formen)	HWZ 3h, Q0 0.9
Tilicomp Beta *Tbl. 50+4(ret.), 100+8(ret.), 150+12(ret.)mg;* **Tilidin HEXAL comp.** *Kps. 50+4mg; Tbl. 50+4(ret.), 100+8(ret.), 150+12(ret.), 200+16(ret.)mg;* **Valoron N** *Tbl. 50+4(ret.), 100+8(ret.), 150+12(ret.), 200+16(ret.)mg; Gtt. (20 Gtt. = 50+4mg)*	**(Sehr) starke Schmerzen:** bis 4 x 50-100+4-8mg p.o., max. 600+48mg/d; 2 x 50-200+4-16mg (ret.) p.o.; **Ki. 2-13J:** bis 4 x 1Gtt./Lj., minimal 3Gtt./ED; **DANI** nicht erforderlich

Tramadol Rp	HWZ 6(5-10)h, Q0 0.6, PPB 20%, PRC C, Lact -
Tramadolor *Kps. 50, 50(ret.), 100(ret.), 150(ret.), 200(ret.)mg; Tbl. 50, 50(ret.), 100(ret.), 150(ret.), 200(ret.), 300(ret.)mg; Brausetbl. 100mg; Gtt. (20Gtt. = 50mg); Pumplsg. 100mg/1ml; Amp. 50mg/1ml, 100mg/2ml* **Tramadol-ratioph.** *Tbl. 50, 100(ret.)mg; Kps. 50, 50(ret.), 150(ret.), 200(ret.)mg; Brausetbl. 50mg; Gtt. (20Gtt. = 50mg); Pumplsg. 100mg/1ml; Amp. 50mg/1ml, 100mg/2ml* **Tramal** *Kps. 50mg; Supp. 100mg; Gtt. (20 Gtt. = 50mg); Amp. 50mg/1ml, 100mg/2ml* **Tramal long** *Tbl. 50(ret.), 100(ret.), 150(ret.), 200(ret.)mg* **Travex One** *Tbl. 150(ret.), 200(ret.), 300(ret.), 400(ret.)mg*	**Mäßige, starke Schmerzen:** bis 4 x 50-100mg p.o./i.v./i.m./s.c./rekt.; 1-2 x 50-200mg ret. p.o.; max. 400mg/d; **Ki. 1-11J:** 1-2mg/kg p.o./i.v.; max. 400mg/d bzw. 8mg/kgKG/d; **DANI** bei kurzfristiger Gabe keine Dosisanpassung erforderlich; bei schwerer NI Dauertherapie nicht empfohlen; CrCl < 10: KI; **DALI** KI bei schwerer LI

11.2 Opioidrezeptor-Agonist mit Noradrenalin-Reuptake-Hemmung (MOR-NRI)

Wm/Wi: µ-Opioidrezeptor-Agonist mit Noradrenalin-Wiederaufnahmehemmung ⇒ starke analgetische Wi bei chronischen nozizeptiven, neuropathischen u. gemischten Schmerzen;
UW: Schwindel, Somnolenz, Kopfschmerz, Übelkeit, Obstipation, Appetit↓, Angst, depressive Stimmung, Schlafstörung, Nervosität, Ruhelosigkeit, Aufmerksamkeitsstörung, Tremor, unwillkürliche Muskelkontraktionen, Erröten, Dyspnoe, Erbrechen, Diarrhoe, Dyspepsie, Pruritus, Hyperhidrose, Hautausschlag, Asthenie, Müdigkeit, Gefühl der Körpertemperaturveränderungen, trockene Schleimhäute, Ödeme;
KI: bek. Überempf., starke Atemdepression, akutes/starkes Bronchialasthma, Hyperkapnie, paralytischer Ileus, akute Intoxikation mit Alkohol, Hypnotika, zentrale Analgetika, psycho-tropen Substanzen

Tapentadol Rp (Btm)	HWZ 4h, PPB 20%
Palexia *Tbl. 50, 50(ret.), 100(ret.), 150(ret.), 200(ret.), 250(ret.)mg; Lsg. (1ml = 20mg)* **Umdosierung:** < 80mg Morphin/d d 2 x 50mg/d Tapentadol ≥ 80- < 120mg Morph./d → 2 x 100mg/d Tapentadol ≥ 120- < 160mg Morph./d → 2 x 150mg/d Tapentadol ≥ 160- < 200mg Morph./d → 2 x 200mg/d Tapentadol	**Starke chronische Schmerzen:** Opioid-Vorbehandlung ini 2 x 50mg/d p.o., mit Opioid-Vorbehandlung ini ggf. höhere Dosis; nach Bedarf steigern; max. 2 x 250mg/d; **DANI** leichte bis mäßige NI: 100%, schwere NI: Anwendung nicht empfohlen; **DALI** leichte LI: 100%; mäßige LI: ini 1 x 50mg/d, nach Verträglichkeit steigern; schwere LI: Anwendung nicht empfohlen

11.3 Weitere zentral wirksame Analgetika

Wm/Wi (Ziconotid): inhibiert spannungsabhängigen Kalziumeinstrom in die primären nozizeptiven afferenten Nerven, die im Rückenmarkshinterhorn enden; **UW** (Ziconotid): Schwindel, Übelkeit, Nystagmus, Verwirrung, Gangabnormalitäten, Gedächtnisstrg., Verschwommensehen, Kopfschmerz, Asthenie, Erbrechen, Somnolenz; **KI** (Ziconotid): bek. Überempfindlichkeit, Kombination mit intrathekaler Chemotherapie

Ziconotid Rp	HWZ 4.5h, (intrathekal)
Prialt *Inf.Lsg. 100µg/1ml, 500µg/5ml*	**Starke chron. Schmerzen:** ini 2.4µg/d intrathekal, nach Bedarf um max. 2.4µg/d steigern, max. 21.6µg/d; **DANI, DALI** k. Dater

11.4 Anilinderivate

Wm: Hemmung der zerebralen Prostaglandinsynthese, Hemmung des Effekts endogener Pyrogene auf hypothal. Temperaturregul.; **Wi:** antipyretisch, analgetisch, nur sehr gering antiphlogistisch; **UW** (Paracetamol): keine sehr häufigen/häufigen UW; **KI** (Paracetamol): bek. Überempf., schwere LI

Paracetamol (Acetaminophen) OTC/Rp*	HWZ 1-4h, Q0 > 0.9, PPB 10%, PRC B, Lact-
Ben-u-ron *Tbl. 500, 1000mg; Kps. 500mg; Gran. 250, 500mg; Supp. 75, 125, 250, 500, 1000mg; Saft (5ml = 200mg)* **Enelfa** *Tbl. 500mg; Supp. 125, 250, 500mg;* **Paracetamol HEXAL** *Tbl. 500mg; Saft (5ml = 200mg); Inf.Lsg. 1000mg/100ml* **Paracetamol-ratioph.** *Brausetbl.* 500mg; *Tbl. 500, 1000mg; Supp. 75, 125, 250, 500, 1000mg; Saft (5ml = 200mg)* **Perfalgan** *Inf.Lsg. 500/50, 1000mg/100ml* **Rubiemol** *Supp. 125, 250, 500mg*	**Leichte bis mäßig starke Schmerzen, Fieber:** 3-4 x10-15mg/kg, max. 60mg/kg/d p.o./rekt.; 1g i.v., ggf. Wdh. nach 4h, max. 4g/d i.v.; **Ki.:** p.o./rekt.: s. Erw.; i.v.: <10kg: 7.5mg/kg i.v., ggf. Wdh. nach 4h, max. 30mg/kg/d; 10-33kg: 15mg/kg i.v., max. 60mg/kg/d bzw. max. 2g/d; > 33kgKG: 15mg/kg i.v., ggf. Wdh. nach 4h, max. 60mg/kg/d bzw. max. 3g/d i.v.; **DANI** CrCl < 30: (i.v.) Dosisintervall 6h; **DALI** Dosisinterv. verlängern, Child-Pugh > 9: K * Verschreibungspflichtig, wenn eine Packung > 10g enthält!

11.5 Narkotika

11.5.1 Injektionsnarkotika: Barbiturate

Wm/Wi (Methohexital): kurz wirksames Barbiturat, Hypnotikum, keine Analgesie; **Wm/Wi** (Thiopental): Barbiturat, hypnotisch, antikonvulsiv, hirndrucksenkend; **UW** (Methohexital): RR ↓, Atemdepression, Bronchospasmus; **UW** (Thiopental): Atemdepression, euphorische Stimmung, Traumerlebnisse z. T. unangenehmer Art, Übelkeit, Erbrechen, Singultus, Husten, Niesen, allerg. und pseudoallerg. Reaktionen, Broncho- u. Laryngospasmus, Hautrötung; **KI** (Methohexital): Cave in Grav./Lakt.; **KI** (Thiopental): bek. Überempf. gegen Barbiturate; akute Vergiftungen mit Alkohol, Schlafmitteln, Schmerzmitteln und Psychopharmaka; akute hepat. Porphyrie, maligne Hypertonie, Schock, Status asthmaticus, Lakt.; Cave in Grav.

Methohexital Rp	HWZ 70-125min, Q0 1.0, PPB 73%, PRC B, Lact ?
Brevimytal *Inj.Lsg. 500mg*	**Narkoseeinleitung:** 50-120mg od. 1-1.5mg/kg i.v.; **DANI** nicht erf.; **DALI** vorsichtige Anw.

Thiopental Rp	HWZ 3-18h, Q0 1.0, PPB 50-80%
Thiopental Rotexmedica, Thiopental Inresa *Inj.Lsg. 0.5g/20ml, 1g/20ml*	**Narkoseeinleitung:** 5mg/kg i.v.; **DANI, DALI** Dosisreduktion

11.5.2 Injektionsnarkotika: Benzodiazepine

S. Psychiatrie → 375

11.5.3 Injektionsnarkotika: Nichtbarbiturate

Wm/Wi (Etomidat): Hypnotikum zur Narkoseeinleitung, keine Analgesie;
Wm/Wi (4-Hydroxybuttersäure): hypnotisch, keine Analgesie;
Wm/Wi (Ketamin): analgetisch, hypnotisch ohne wesentliche Atemdepression;
Wm/Wi (Propofol): Hypnotikum zur Narkoseeinleitung/-aufrechterhaltung, keine Analgesie;
UW (4-Hydroxybuttersäure): Myoklonien;
UW (Ketamin): Aufwachreaktionen wie lebhafte Träume, Albträume, motorische Unruhe, Schwindel; verschwommenes Sehen, Anstieg von Blutdruck u. Herzfrequenz, Tachykardie, pulmon. Hypertonie, pulmonale Mucussekretion ↑, Sauerstoffverbrauch ↑, Laryngospasmus, Atemdepression, Übelkeit, Erbrechen, Salivation ↑, Hyperreflexie, Muskeltonus ↑, Hirndruck und intraokulärer Druck ↑;
UW (Propofol): RR ↓, Apnoe, Exzitationssymptome, Husten, Übelkeit, Erbrechen, Kopfschmerzen, Euphorie, Hypertonie, Flush, Singultus, Brady-/Tachykardie, Arrhythmien, Kältegefühl, Hyperventilation, Überempfindlichkeitsreaktionen, Fieber, sexuelle Hemmschwelle ↓;
KI (Etomidat): Ki. < 6J; Lakt.; Cave in Grav.;
KI (4-Hydroxybuttersäure): Nephropathie, Hypertonie, Epilepsie, Alkoholismus;
KI (Ketamin): bek. Überempf., Pat., bei denen erhöhter RR oder gesteigerter Hirndruck ein ernsthaftes Risiko darstellt; Hypertonie (> 180/100 mmHg); Präeklampsie, Eklampsie, Hyperthyreose; Situationen, die einen muskelentspannten Uterus erfordern, z.B. drohende Uterusruptur, Nabelschnurvorfall; wenn es als einziges Anästhetikum bei Pat. mit manifesten ischämischen Herzerkrankungen angewendet wird;
KI (Propofol): bek. Überempfindlichkeit, Überempf. gegen Soja und Erdnuss, Kinder < 1M zur Narkose, Kinder < 16J zur Sedierung; Propofol 2%: Kinder < 3J

Esketamin Rp	HWZ 2-4h, PPB 47%
Ketanest S *Amp. 25mg/5ml, 50mg/2ml, 250mg/10ml; Inj.Lsg. 100mg/20ml*	**Narkose:** ini 0.5-1mg/kg i.v.; 2-4mg/kg i.m., dann 50% der Initialdosis alle 10-15min oder 0.5-3mg/kg/h; **Analgesie Notfallmedizin:** 0.125-0.25mg/kg i.v.; 0.25-0.5mg/kg i.m.; **Analgesie bei Beatmung:** ini 0.25mg/kg i.v., dann 0.2-0.5mg/kg/h; **Status asthmaticus:** 0.5-1mg/kg i.v., max. 2.5mg/kg

Etomidat Rp	HWZ 3-5h, Q0 1.0, PPB 76%, PRC C, Lact ?
Etomidat lipuro *Amp. 20mg/10ml* **Hypnomidate** *Amp. 20mg/10ml*	**Narkoseeinleitg.:** 0.15-0.3mg/kg i.v, max. 60mg Gesamtdosis; **Ki. bis 15J:** 0.15-0.2mg/kg i.v.

4-Hydroxybuttersäure Rp	
Somsanit *Amp. 2g/10ml*	**Narkose:** 60-90mg/kg i.v.; **DANI** KI bei schwerer NI

Ketamin Rp	HWZ 2-3h, Q0 1.0, PPB 47%, PRC D, Lact -
Ketamin Hameln *Amp. 500mg/10ml* **Ketamin Inresa** *Amp. 100mg/2ml, 500mg/10ml* **Ketamin Rotexmedica** *Amp. 50mg/5ml, 100mg/2ml, 500mg/10ml*	**Narkose:** ini 1-2mg/kg i.v.; 4-8mg/kg i.m., dann 50% der Initialdosis alle 10-15min; **Analgesie Notfallmedizin:** 0.25-0.5mg/kg i.v.; 0.5-1mg/kg i.m.; **Analgesie bei Beatmung:** ini 0.5mg/kg i.v., dann 0.4-1mg/kg/h; **Status asthmaticus:** 1-2mg/kg i.v., bei Bedarf bis 5mg/kg

Propofol Rp	HWZ 40-200min, Q0 1.0, PPB 98%, PRC B, Lact ?
Disoprivan *Amp. 200mg/20ml; Inj.Lsg. 500mg/50ml, 1g/50ml* **Propofol lipuro** *Amp. 200mg/20ml; Inj.Lsg. 500mg/50ml, 1g/50ml, 1g/100ml* **Propofol-ratioph.** *Amp. 200mg/20ml, 500mg/50ml, 1g/50ml*	**Narkoseeinleitung:** 1.5-2.5mg/kg langsam i.v.; Pat. > 55J oder Risikopatienten 1mg/kg; **Narkoseaufrechterhaltung:** 4-12mg/kg/h i.v.; **Sedierung bei chirurgischen oder diagnostischen Eingriffen:** ini 0.5-1mg/kg über 1-5min i.v., dann 1.5-4.5mg/kg/h; **Sedierung bei Intensivbehandlung:** 0.3-4mg/kg/h i.v.

11.5.4 Injektionsnarkotika: Alpha-2-Agonisten

Wm/Wi: selektiver Alpha-2-Agonist ⇒ Noradrenalinfreisetzung ↓ sympatholytisch, sedierend, analgetisch, kardiovaskuläre Wi (HF↓, RR↓ bzw. bei höheren Dosen HF ↓, RR ↑);
UW: Hyper-/Hypoglykämie, Unruhe, Bradykardie, myokard. Ischämie/Infarkt, Tachykardie, RR ↑, RR ↓, Übelkeit, Erbrechen, Mundtrockenheit, Entzugssyndrom, Hyperthermie;
KI: bekannte Überempfindlichkeit AV-Block II-III°, unkontrollierte Hypotonie, akute zerebrovaskuläre Ereignisse

Dexmedetomidin Rp	HWZ 1.9-2.5h, PPB 94%, PRC C, Lact
Dexdor *Inf.Lsg. 200µg/2ml, 400µg/4ml, 1000µg/10ml* **Dexmedetomidin** *Inf.Lsg. 200µg/2ml, 400µg/4ml, 1000µg/10ml*	**Sedierung von intensivmedizinischen Patienten:** ini 0.7µg/kg/h i.v., je nach Bedarf 0.2-1.4µg/kg/h; **DANI** nicht erforderlich, **DALI** vorsichtige Anwendung

11.5.5 Inhalationsnarkotika

Wm: unbek., u.a. Hemmung spannungsabhängiger Ionenkanäle; **Wi:** narkotisch, analgetisch; **UW** (Desfluran): Hypotonie, Atemdepression, Herzrhythmusstrg., Myokardischämie, Speichelfluss ↑, Laryngo- und Bronchospasmus, Husten, Übelkeit, Erbrechen; **UW** (Isofluran): Hypotonie, negativ inotrope Effekte, Arrhythmien, Atemdepression, Husten, Laryngospasmus, Leberenzyme ↑, Frösteln, Übelkeit, Erbrechen, Ileus, passagere Leukozytose, maligne Hyperthermie; **UW** (Sevofluran): Hypotonie, Hypertonie, Übelkeit, Erbrechen, Husten, Fieber, Frösteln, Bradykardie, Tachykardie, Laryngospasmus, Bronchospasmus, Speichelfluss ↑, Agitiertheit, Schwindel; **KI:** bekannte Überempfindlichkeit, maligne Hyperthermie (Vorgeschichte bzw. genetische Disposition), Pat. mit Leberfktsstrg., Leukozytose, unklares Fieber nach Inhalationsnarkose in der Anamnese; **KI** (Isofluran): Komb. mit nichtselektivem MAO-Hemmer

Desfluran Rp	Blut-Gas-Verteilungskoeffizient 0.42
Suprane *Inh.Lsg.*	**Narkoseeinleitung:** 4-11 Vol.% (nicht bei Kindern!); **Narkoseaufrechterhaltung:** 2-6 Vol.% bei Kombination mit Lachgas; 2.5-8.5% bei alleiniger Anwendung + O_2; **DANI, DALI** nicht erforderlich

Isofluran Rp	Blut-Gas-Verteilungskoeffizient 1.4
Isofluran Baxter *Inh.Lsg.* **Isofluran Piramal** *Inh.Lsg.*	**Narkoseeinleitung:** 1.5-3.0 Vol.%; **Narkoseaufrechterhaltung:** 1.0-2.5 Vol.%, bei Kombination mit Opioiden 0.5-1.5 Vol.%; **DANI, DALI** nicht erforderlich

Sevofluran Rp	Blut-Gas-Verteilungskoeffizient 0.65
Sevofluran Baxter *Inh.Lsg.* **Sevofluran Piramal** *Inh.Lsg.* **Sevorane** *Inh.Lsg.*	**Narkoseeinleitung:** bis zu 8 Vol.%; **Narkoseaufrechterhaltung:** 0.5-3 Vol.%; **DANI, DALI** nicht erforderlich

11.6 Muskelrelaxantien

11.6.1 Stabilisierende Muskelrelaxantien

Wm/Wi: kompetitive Verdrängung von Acetylcholin an Nikotinrezeptoren der motorischen Endplatte ⇒ Verhinderung der Depolarisation; **UW:** Bronchospasmus, Tachykardie, Urtikaria, RR ↓; **KI:** Unmöglichkeit der künstlichen Beatmung; Anw.Beschr. bei Myasthenia gravis und Eaton-Lambert-Syndrom

Atracurium Rp	HWZ 20-30min, Wi 25min, Q0 1.0, PPB 82%
Atracurium Hikma, Atracurium Hameln *Amp. 25mg/2.5ml, 50mg/5ml*	**Muskelrelaxierung im Rahmen einer Narkose:** ini 0.3-0.6mg/kg i.v., dann 0.1-0.2mg/kg alle 15-20min oder 0.3-0.6mg/kg/h Dauerinf.; **DANI, DALI** nicht erforderlich

Cisatracurium Rp	HWZ 22-29min, Wi 35min, Q0 0.85, PRC B, Lact ?
Cisatracurium Accord, Cisatracurium Hameln, Nimbex *Amp. 5mg/2.5ml, 10mg/5ml*	**Muskelrelaxierung im Rahmen einer Narkose:** ini 0.15mg/kg i.v., dann 0.03mg/kg alle 20min; **DANI, DALI** nicht erforderlich
Mivacurium Rp	HWZ 1.8-2min, Wi 15min, PRC C, Lact ?
Mivacron *Amp. 10mg/5ml, 20mg/10ml*	**Muskelrelaxierung im Rahmen einer Narkose:** ini 0.2mg/kg i.v., dann 0.1mg/kg alle 15min oder 0.5-0.6mg/kg/h; **DANI, DALI** ini 0.15mg/kg i.v.
Pancuronium Rp	HWZ 110-160min, Wi 50min, Q0 0.33, PPB 30%, PRC C, Lact ?
Pancuronium Inresa *Amp. 4mg/2ml* **Pancuronium Rotexmedica** *Amp. 4mg/2ml*	**Muskelrelaxierung im Rahmen einer Narkose:** ini 0.08-0.1mg/kg i.v., dann 0.01-0.02mg/kg
Rocuronium Rp	HWZ 84-131min, Wi 35min, Q0 0.8, PRC B, Lact ?
Esmeron *50mg/5ml, 100mg/10ml* **Rocuroniumbromid Inresa** *50mg/5ml, 100mg/10ml* **Rocuroniumbromid Kabi** *50mg/5ml, 100mg/10ml*	**Muskelrelaxierung im Rahmen einer Narkose:** ini 0.6mg/kg i.v., dann 0.15mg/kg; **DANI, DALI** vorsichtige Anwendung
Vecuronium Rp	HWZ 65-80min, Wi 25min, Q0 0.8, PPB 30%, PRC C, Lact ?
Vecuronium Inresa *Inj.Lsg. 10mg* **Vecuronium Hikma** *Inj.Lsg. 10mg*	**Muskelrelaxierung im Rahmen einer Narkose:** ini 0.08-0.1mg/kg i.v., dann 0.02-0.03mg/kg oder 0.8-1.4µg/kg/min

11.6.2 Depolarisierende Muskelrelaxantien

Wm/Wi: Dauerdepolarisation der mot. Endplatte, Verhinderung der sofortigen Repolarisation; **UW:** allergische Hautreaktionen, Faszikulationen, Muskelschmerzen, HRST, maligne Hyperthermie;
KI: bekannte Überempfindlichkeit, Unmöglichkeit der künstlichen Beatmung, maligne Hyperthermie in der Anamnese, Pat. mit schwerwiegenden Verbrennungen/Verletzungen, schwerwiegende langandauernde Sepsis; subakute schwerwiegende Denervierung der Skelettmuskulatur oder nach Verletzungen der oberen Nervenbahnen; schwerwiegende Hyperkaliämie

Suxamethonium (Succinylcholin) Rp	HWZ 2-10min, Q0 1.0, PPB 30%
Lysthenon *100mg/2ml, 100mg/5ml* **Succinylcholin Inresa** *Inj.Lsg. 100mg/5ml*	**Muskelrelaxierung im Rahmen einer Narkose:** 1-1.5mg/kg i.v.; **Ki.:** 1-1.5mg i.v.; 2-3mg/kg i.m.

11.6.3 Relaxans-Antagonisten

Wm/Wi: Komplexbildung mit Rocuronium bzw. Vecuronium; **UW:** metallischer/bitterer Geschmack, Narkosekomplikationen; **KI:** bekannte Überempfindlichkeit

Sugammadex Rp	HWZ 1.8h, PPB 0%
Bridion *Inj.Lsg. 200mg/2ml, 500mg/5ml*	**Aufhebung einer durch Rocuronium bzw. Vecuronium induzierten neuromuskulären Blockade:** 2-4mg/kg i.v.; 16mg/kg für sofortige Aufhebung d. Blockade; **DANI** CrCl < 30: Anw. nicht empf.; **DALI** vors. Anw. bei schwerer LI

11.7 Xanthinderivate

Wm/Wi (Coffeincitrat): ZNS-Stimulans durch Antagonisierung der Adenosinrezeptoren ⇒ Stimulation des Atemzentrums, Erhöhung der Minutenventilation, Absenkung der Hyperkapnieschwelle, vermehrtes Ansprechen auf eine Hyperkapnie, Erhöhung des Skelettmuskeltonus, Verminderung der Zwerchfellerschöpfung, Erhöhung der Stoffwechselrate; **UW** (Coffeincitrat): Phlebitis/Entzündg. an Infusionsstelle; **KI** (Coffeincitrat): bek. Überempf.

Coffeincitrat Rp	HWZ 3-4d, PPB keine Daten
Peyona *Inj.Lsg. 20mg/1ml; Lösung (oral) 20mg/1ml*	**Primäre Apnoe bei FG:** ini 20mg/kg über 30min i.v., nach 24h Erh.Dos. von 1 x 5mg/kg über 10min i.v. oder 1 x 5mg/kg über nasogastrale Sonde; **DANI, DALI** vors. Anw.

11.8 Lokalanästhetika

11.8.1 Säureamide und Esther

Wm: Membranpermeabilität für Kationen ↓, v.a. Na^+;
Wi: Erregbarkeit von Nervenfasern ↓ bis aufgehoben;
UW: Schwindel, Erbrechen, Benommenheit, Krämpfe, HF ↓, HRST, Schock; **KI:** schwere Überleitungsstrg., akut dekomp. Herzinsuff., Schock, Infekt. im Injektionsbereich, bek. Allergie;
UW (Chloroprocain): Hypotonie, Übelkeit, Erbrechen, Angst, Unruhe, Parästhesien, Schwindel;
KI (Chloroprocain): bek. Überempf., dekomp. Herzinsuff., hypovolämischer Schock, i.v. Regionalanästhesie, schwere kardiale Erregungsleitungsstrg., schwere Anämie

Bupivacain Rp	HWZ 3.5h, Q0 > 0.9, PPB 92-96%, PRC B
Bucain *0.25%, 0.5%, 0.5% (hyperbar), 0.75%; Amp. 2, 4, 5, 10, 20, 50ml* **Carbostesin** *0.25%, 0.5%, 0.5% (hyperbar), 0.75%; Amp. 4, 5, 20ml* **Dolanaest** *0.25%; Amp. 5ml*	**Leitungsanästhesie:** z.B. N.-ischiadicus-Blockade: 10-20ml 0.25-0.5%; max. 2mg/kg; **Spinalanästhesie:** 0.5-4ml 0.5% hyperbar subarachnoidal

Chloroprocain Rp	HWZ 19-26sec
Ampres *Amp. 50mg/5ml*	**Spinalanästhesie:** 40-50mg intrathekal, max. 50mg

Lidocain Rp	HWZ 1.5-2(3.5)h, Q0 0.9, PPB 60%, PRC B, Lact +
Heweneural *Amp. 1%: 2ml* **Licain** *Amp. 1%: 2, 5, 10, 50, 100ml* **Xylocain** *Amp. 1%: 50ml; Amp. 2%: 5, 50ml; Gel, Lösung (viskös) 2% (1g enth. 20mg); Spray (1 Sprühstoß = 10mg)* **Xylocitin Loc** *Amp. 0.5%: 10ml; Amp. 1%: 10ml; Amp. 2%: 2, 5, 10ml*	**Infiltrationsanästhesie:** max. 300mg 0.5-2%; **Periduralanästh.:** lumbal: 1-1.5ml/Segment 0.5-1%; **Schleimhautanästhesie bei Intubation:** 100mg (5g Gel) auf unteres Tubusdrittel, max. 320mg (16g Gel); **Haut-, Schleimhautanästhesie:** 1-5 Sprühstöße, max. 20 Sprühst. bzw. 3mg/kg; bis 6 x 5-15ml visköse Lsg. im Mund verteilen; **DANI, DALI** Dosisreduktion

Mepivacain Rp	HWZ 1.9-3.2h, Q0 0.95, PPB 65-78%, PRC C, Lact ?
Meaverin *Amp. 0.5%, 1%, 2%: 2, 5, 50ml* **MepiHEXAL** *Amp. 1%: 5, 50ml* **Scandicain** *Amp. 1%, 2%: 5, 50ml*	**Infiltrationsanästhesie:** bis max. 300mg (30ml 1%), max. 200mg im HNO-Bereich; **Leitungsänasth.:** z.B. Interkostalblockade: 2-4ml 1%; **DANI, DALI** Dosisreduktion empf.

Prilocain Rp	HWZ 1.5h, PPB 55%
Takipril *Amp. 2% (hyperbar) 5ml* **Xylonest** *Amp. 0.5%, 1%, 2%: 10, 50ml*	**Spinalanästhesie:** Takipril: 40-60mg (2-3ml 2%) intrathekal; **Infiltrationsan.:** bis max. 400mg (40ml 1%); **Oberst-Leitungsanästhesie:** 2ml 2%

Procain OTC/Rp	HWZ 0.5-1
Pasconeural Injectopas *Amp. 1%, 2%: 2, 5ml* **Procain Steigerwald** *Amp. 0.5%, 1%, 2%: 2, 5, 50ml*	**Schmerzen:** 4mg/kg als 1promillige Lsg. über 20min i.v.; **Neuralgie, Neuritis:** 5-30ml 1-2% perineural

Ropivacain Rp	HWZ 1.8h, Q0 1.0, PPB 94%
Naropin *Amp. 20mg/10ml, 40mg/20ml, 75mg/10ml, 100mg/10ml, 150mg/20ml, 200mg/20ml; Inf.Lsg. 200mg/100ml, 400mg/200ml* **Ropivacain Kabi** *Amp. 20mg/10ml, 40mg/20ml, 75mg/10ml, 100mg/10ml, 200mg/20ml, 200mg/100ml, 400mg/200ml*	**Postop. Analgesie:** 12-28mg/h epidural = Lsg. 2mg/ml: 6-14ml/h **Plexusblockade:** 225-300mg = Lsg. 7.5mg/ml: 30-40ml

11.8.2 TRPV1-Rezeptoragonisten

Wm/Wi: TRPV1-Agonist ⇒ Aktivierung kutaner Nozizeptoren ⇒ im Verlauf dann Schmerzlinderung durch Desensibilisierung; **UW:** Schmerzen, Erythem, Pruritus, Papeln, Bläschen, Schwellung an der Anwendungsstelle; **KI:** bek. Überempfindlichkeit

Capsaicin Rp	
Qutenza *Pflaster 179mg/280cm²*	**Periphere neuropathische Schmerzen:** Pflaster auf schmerzhafteste Areale für 60min aufkleben, an Füßen nur 30min; Wdh. n. 90d möglich; s.a. FachInfo; **DANI, DALI** nicht erf.

11.9 Synthetische Anticholinergika

Wm/Wi: synthet. Anticholinergikum ⇒ Speichelfluss ↓, Bronchialsekretion ↓, Vagushemmung; **UW:** Mundtrockenheit, Transpiration ↓, verzögerte Miktion, Akkomodationsstörung, Augendruck ↑, Tachykardie, Übelkeit, Erbrechen, Obstipation, Kopfschmerzen, Schwindel, Verwirrtheit, allerg. Reaktionen;
KI: bek. Überempf., Stenosen der Harnwege bzw. des GI-Trakts, paralyt. Ileus, schwere C. ulcerosa, tox. Megakolon, Myasthenia gravis, kardiovask. Labilität bei akuten Blutungen

Glycopyrroniumbromid Rp

Robinul *Inj.Lsg. 0.2mg/1ml*	**Perioperative Sekretionshemmung** (Speichel, Bronchialsekret): 0.2-0.4mg i.m. 30-60min präop.; **Ki.:** 0.004-0.008mg i.m., max. 0.2mg; **Bradykardie bei Narkoseeinleitung:** 0.1mg i.v.; **Schutz vor cholinergen Nebenwirkungen:** 0.2mg pro 1.0mg Neostigmin oder pro 5.0mg Pyridostigmin i.v.; **DANI, DALI** keine Angaben

11.10 Mineralstoffe

11.10.1 Kaliumpräparate

UW (Kalium oral): Nausea, Erbrechen, Aufstoßen, Sodbrennen, Blähungen, Leibschmerzen, Durchfälle; (ret.): Schleimhautulzera, GI-Blutungen;
KI: Hyperkaliämie, Hyperchlorämie, Niereninsuffizienz, M. Addison

Kalium OTC

Kalinor *Brausetbl. 40mmol K^+* **Kalinor ret. P** *Kps. 8mmol K^+* **Kalium Verla** *Gran. 20mmol K^+* **Rekawan** *Tbl. 13.4mmol K^+; Kps. (ret.) 8.05mmol K^+*	**Kaliumsubstitution:** 40-100mmol/d p.o., max. 150mmol/d

Kaliumchlorid OTC — PRC C, Lact ?

Kaliumchlorid 7.45% *Amp. 20mmol K^+/20ml, 50mmol K^+/50ml, 100mmol K^+/100ml*	**Kaliumsubstitution:** max. 20mmol K^+/h bzw. max. 2-3mmol K^+/kg/d i.v.; als Zusatz zu Inf.Lsg. max. 40mmol/l

11.10.2 Kalziumpräparate

UW (Kalzium i.v.): starkes Wärmegefühl, Schweißausbruch, RR ↓, Übelkeit, Erbrechen, HRST;
KI (Kalzium i.v.): Hyperkalzämie, Nephrokalzinose, Digitalisintoxikation, schwere Niereninsuffizienz;
KI (Calciumglukonat): bek. Überempf., Hyperkalziämie, Hyperkalziurie, Therapie bzw. Vergiftung mit herzwirksamen Glykosiden; gleichzeitige Gabe von Ceftriaxon und intravenösen kalziumhaltigen Produkten bei unreifen Neugeb. und Neugeb. (< 28d alt)

Calcium-Ion OTC	
Calcitrat *Tbl. 200mg* **Calcium HEXAL** *Brausetbl. 500, 1000mg* **Calcium-Sandoz** *Brausetbl. 500, 1000mg, Amp. (10ml = 2.25mml)* **Frubiase Calcium T** *Trinkamp. 109mg/10ml*	**Kalziumsubstitution:** 1-3 x 500mg p.o.; **Ki.:** 500-1000mg/d; **Osteoporose:** 500-1500mg/d; **Hyperphosphatämie:** 2-8g/d in 2-4 ED

Calciumgluconat Rp	PRC C, Lact ?
Calciumgluconat Braun 10% *Amp. 2.26mmol/10ml*	**Flusssäureverätzungen der peripheren Extremitäten:** 10–20ml i.a. bis Schmerz nachlässt; an anderen Stellen Unterspritzung mit 10ml oder mehr bei großen Flächen; **akute symptomat. Hypokalzämie:** Erw. 10ml 10% Lsg. i.v.; **Ki.<4J:** 0.4-1ml/kg i.v.; **Ki. 4-12J:** 0.2-0.5ml/kg; **>12J:** s. Erw.

11.10.3 Magnesiumpräparate

UW: Müdigkeit, Diarrhoe, ZNS-Störungen, HRST, Muskelschwäche, Atemdepression;
KI: Anwendungsbeschränkung bei eingeschränkter Nierenfunktion; i.v.: AV-Block, Myasthenia gravis

Magnesium OTC	
Magnetrans *Kps. 6.2, 10mmol* **Magnesium Diasporal** *Kps. 6.2mmol; Lutschtbl. 4mmol; Gran. 12mmol; Amp. 2mmol/5ml, 4mmol/2ml* **Magnesium-ratioph.** *Kautbl. 5mmol* **Magnesium Verla** *Tbl. 1.65mmol; Kautbl. 5mmol; Brause 5mmol; Gran. 5mmol; Amp. 3.15mmol; Inf.Lsg. 20.3mmol* **Magnesiocard** *Tbl. 2.5mmol; Brausetbl. 7.5mmol; Gran. 5, 10mmol; Amp. 2.5mmol/5ml, 3mmol/10ml* **Mg 5-Longoral** *Kautbl. 5mmol* **Mg 5 Sulfat** *10% Amp. 4.05mmol/10ml, 50% Amp. 20.25mmol/10ml*	**Magnesiummangel:** ini 0.37mmol/kg/d p.o., Erh.Dos. 0.185mmol/kg/d; alle 1-2d 2.5-4mmol i.v./i.m.; **Torsade-de-pointes-Tachykardie:** ini 8mmol über 15min i.v., dann 3mmol/h für 10h; **Muskelrelaxierung bei Abortneigung, vorzeitige Wehen:** ini 8-16mmol über 15-30min i.v., dann 4-8mmol/h

11.10.4 Magnesium-Kombinationen

Kalium + Magnesium OTC	
Tromcardin duo *Tbl. 117.3 + 36.5mg*	**Nahrungsergänzung mit K, Mg:** 2-4 Tbl. p.o.

11.10.5 Spurenelemente

Selen (Natriumselenit) OTC/Rp	
Cefasel *Tbl. 50, 100, 300µg; Amp. 300µg/1ml* **Selenase** *Tbl. 50, 300µg; Lsg. 50µg/1ml, 100µg/2ml; Amp. 100µg/2ml*	**Selenmangel:** 1 x 50-300µg p.o.; 1 x 100-300µg i.v.

Zink OTC	
Cefazink *Tbl. 10, 20mg* **Curazink** *Kps. 15mg* **Unizink** *Tbl. 10mg; Amp. 5.95mg/10ml* **Zinkit** *Brausetbl. 10mg; Tbl. 10, 20mg*	**Zinkmangel:** 1 x 10-20mg p.o.; 1 x 5-20mg i.v.; Kleinkinder: 1 x 1-2mg/kg i.v.

11.11 Parenterale Ernährung

11.11.1 Tagesbedarf bei parenteraler Ernährung

Substrat	Einheit	Bedarf	Substrat	Einheit	Bedarf
Wasser	[ml/kg]	30-50	K^+	[mmol/kg]	0.5-2
Energie	[kcal/kg]	25-35	Ca^{2+}	[mmol/kg]	0.1
Kohlenhydrate	[g/kg]	3-4	Cl^-	[mmol/kg]	2-4
Aminosäuren	[g/kg]	1	Mg^{2+}	[mmol/kg]	0.1
Fett	[g/kg]	1	PO_4^{3-}	[mmol/kg]	0.2
Na^+	[mmol/kg]	1-2			

11.11.2 Stufenschema zur parenteralen Ernährung

		Infusionslösungen	Beispiel
Stufe 1	**Tag 1** nach kleinen Eingriffen, guter EZ, Nahrungskarenz < 2d	30 ml/kg als Vollelektrolytlsg., evtl. mit 5%igem Glucosezusatz	2000 ml Sterofundin, 500 ml Glucose 5%, evtl. 500ml NaCl 0.9%
Stufe 2	**Tag 2–3** bei mittelfristiger Nahrungskarenz und geringgradiger Katabolie	2.5–3.5%ige Aminosäurelsg., 5–10%ige Kohlenhydratlsg., 2/3-Elektrolytlsg.	1000ml Periamin G, 1000ml Glucose 10%, 500–1000ml Thomaejonin OP
Stufe 3	Ab **Tag 4** bei längerfristiger, vollständiger parenteraler Ernährung, ZVK erforderlich	10–15%ige Aminosäurelsg., 20–50%ige Kohlenhydratlsg., 10–20%ige Fettlsg., Vitamine, Spurenelemente	1.0l Aminomel 10, 0.5l Glucose 50%, 1.25l Normofundin OP, 0.25l Lipofundin 20% + 1A Multibionta + 1A Vitintra + 1A Addel

11.11.3 Vollelektrolytlösungen (Na^+ 121–160 mmol/l)

Ind.: plasmaisotoner Flüssigkeitsersatz bei isotoner und hypotoner Dehydratation

	Na^+ mmol/l	Ca^{2+} mmol/l	Cl^- mmol/l	K^+ mmol/l	Mg^{2+} mmol/l	Acet. mmol/l	Lact. mmol/l	Gluc. g/l
Ringer-Lösung	147	2.3	155	4.0	-	-	-	-
Ringer-Lactat	130	2.0	112	5.0	-	-	27	-
Jonosteril	137	1.65	110	4.0	1.25	36.8	-	-
Sterofundin	140	2.5	106	4.0	1.0	-	45	-
Tutofusin	140	2.5	153	5.0	1.5	-	-	-

11.11.4 Zweidrittelelektrolytlösungen (Na^+ 91-120 mmol/l)

Ind.: Flüssigkeitsersatz bei hypertoner und isotoner Deydratation, partielle Deckung des Energiebedarfs durch Kohlenhydratzusatz

	Na^+ mmol/l	Ca^{2+} mmol/l	Cl^- mmol/l	K^+ mmol/l	Mg^{2+} mmol/l	Acet. mmol/l	Gluc. g/l	Xylit g/l	Kcal/l
Normofundin G5	100	2.0	90	18	3.0	38	50	-	200
Jonosteril Na 100	100	2.5	100	20	2.5	20	-	-	0

11.11.5 Halbelektrolytlösungen (Na^+ 61-90 mmol/l)

Ind.: Flüssigkeitsersatz bei hypertoner Dehydratation, partielle Deckung des Energiebedarfs durch Kohlenhydratzusatz

	Na^+ mmol/l	Ca^{2+} mmol/l	Cl^- mmol/l	K^+ mmol/l	Mg^{2+} mmol/l	Acet. mmol/l	Gluc. g/l	Xylit g/l	Kcal/l
Jonosteril HD 5	68.5	0.82	73.4	2.0	0.62	-	55	-	200
Normofundin OP	80	2	76	18	3	32	-	-	0

11.11.6 Kaliumfreie Lösungen

Ind.: kaliumfreier Flüssigkeitsersatz bei gestörter bzw. unbekannter Nierenfunktion

	Na^+ mmol/l	Ca^{2+} mmol/l	Cl^- mmol/l	K^+ mmol/l	Mg^{2+} mmol/l	Acet. mmol/l	Gluc. g/l	Xylit mmol/l	Kcal/l
NaCl 0.9%	154	-	154	-	-	-	-	-	-

11.11.7 Kohlenhydratlösungen

Ind.: Glucose 5%, 10%: Zufuhr freien Wassers bei hypertoner Dehydratation, partielle Deckung des Kohlenhydratbedarfs, Glucose 20-70%: partielle bis komplette Kohlenhydratzufuhr

	Na^+ mmol/l	Ca^{2+} mmol/l	Cl^- mmol/l	K^+ mmol/l	Mg^{2+} mmol/l	Gluc. g/l	Osmo mosm/l	Kcal/l
Glucose 5%	-	-	-	-	-	50	277	200
Glucose 10%	-	-	-	-	-	100	555	400
Glucose 20%	-	-	-	-	-	200	1110	800
Glucose 40%	-	-	-	-	-	400	2200	1600
Glucose 50%	-	-	-	-	-	500	2775	2000
Glucose 70%	-	-	-	-	-	700	3885	2870

11.11.8 Aminosäurelösungen

Ind.: Zufuhr von essentiellen und nichtessentiellen Aminosäuren zur parenteralen Ernährung; z.T. mit Kohlenhydraten und Elektrolyten kombiniert

	Na^+ mmol/l	Ca^{2+} mmol/l	Cl^- mmol/l	K^+ mmol/l	AS g/l	Gluc. g/l	Xylit g/l	Osmo mosm/l	Kcal/l
Aminomix 3 Novum	-	-	-	-	50	120	-	1164	680
Aminoven 15%	-	-	-	-	150	-	-	1505	600

11.11.9 Aminosäurelösungen bei Niereninsuffizienz

Ind.: Zufuhr v.a. von essentiellen Aminosäuren ⇒ angestauter Harnstoff wird zur Synthese nicht essentieller Aminosäuren verwendet

	Na^+ mmol/l	Ca^{2+} mmol/l	Cl^- mmol/l	K^+ mmol/l	AS g/l	Osmo mosm/l	Kcal/l
Aminomel nephro	-	-	-	-	K.A.	510	222
Nephrotect	-	-	-	-	100	935	400

11.11.10 Aminosäurelösungen bei Leberinsuffizienz

Ind.: Zufuhr v.a. verzweigtkettiger AS ⇒ günstige Beeinflussung einer hep. Enzephalopathie

	Na^+ mmol/	Ca^{2+} mmol/l	Cl^- mmol/	K^+ mmol/l	AS g/l	Osmo mosm/l	Kcal/l
Aminoplasmal Hepa 10%	-	-	10	-	100	K.A.	400
Aminosteril N Hepa 8%	-	-	-	-	80	770	320

11.11.11 Fettlösungen

Ind.: Zufuhr von Lipiden in Form von langkettigen Triglyzeriden (LCT), mittelkettigen Triglyzeriden (MCT), Phospholipiden (Pholip) und Glyzerol (Glyc) zur parenteralen Ernährung

	LCT g/l	MCT g/l	Pholip g/l	Glyc. g/l	Osmo mosm/l	Kcal/l
Deltalipid 20%	200	-	12	25	350	2030
Lipofundin 20%	200	-	12	25		2000
Lipovenös MCT 20	100	100	12	25	273	1950

11.12 Plasmaersatzmittel

11.12.1 Stärkederivate

Wm/Wi: (Hydroxyethylstärke = HAES/HES) mit Wasserbindungsvermögen und i.v.-Verweildauer ⇒ intravasales Volumen ↑;
Ind: Hypovolämie aufgrund akuten Blutverlustes, wenn kristalloide Infusionslösungen allein nicht ausreichend sind;
UW: allergische Reaktionen, Hyperamylasämie;
KI: bek. Überempfindlichkeit, Sepsis, Verbrennungen, Nierenfunktionsstörung oder Nierenersatztherapie, intrakranielle oder cerebrale Blutung, kritisch kranke Pat. (in der Regel Pat., die auf die Intensivstation aufgenommen werden müssen), Hyperhydratation, Lungenödem, Dehydratation, schwere Hypernatriämie oder schwere Hyperchlorämie, schwere Leberfunktionsstörungen, dekompensierte Herzinsuffizienz, schwere Gerinnungsstörung, organtransplantierte Patienten

	HWZ	MW	HES g/l	Na^+ mmol/l	Ca^{2+} mmol/l	Cl^- mmol/l	K^+ mmol/l	Lact. mmol/l	Gluc. g/l
Venofundin 6% **Voluven 6%**	2–4 h	130000	60	154	-	154	-	-	-
Voluven 10%	2-4h	130000	100	154	-	154	-	-	-

11.12.2 Gelatinederivate

Wm/Wi: kolloidale Substanzen mit Wasserbindungsvermögen und intravenöser Verweildauer ⇒ intravasales Volumen ↑;
UW: selten allergische Reaktionen;
KI: bek. Überempfindlichkeit, Hypervolämie, Hyperhydratation, schwere Herzinsuffizienz, schwere Blutgerinnungsstörungen, Hypernatriämie, Hyperchlorämie

	HWZ	MW	Gela g/l	Na^+ mmol/l	Ca^{2+} mmol/l	Cl^- mmol/l	K^+ mmol/l	Azet. mmol/l	Gluc. g/l
Gelafusal	3–4h	30000	40	130	0.9	85	5.4	27	-
Gelafundin		30000	40	154	-	120	-	-	-

11.13 Azidose, Alkalose

11.13.1 Azidosetherapeutika

Wm/Wi (Na-Hydrogencabonat): $H^+ + HCO_3^- \Rightarrow H_2CO_3 \Rightarrow H_2O + CO_2$; H^+-Elimination v.a. aus dem Extrazellulärraum;
Wm/Wi (Trometamol): Ausscheidung von Tris-H über den Urin; H^+-Elimination im Intra- und Extrazellulärraum;
UW (Na-Hydrogencabonat): Alkalose, Hypernatriämie, Nekrose bei Paravasat, hypokalzämische Tetanie, CO_2-Retention bei respiratorischer Insuffizienz;
UW (Trometamol): Alkalose, Nekrose bei Paravasat, Atemdepression;
KI (Na-Hydrogencabonat): Alkalose, Hypernatriämie;
KI (Trometamol): Alkalose, Niereninsuffizienz

Natriumhydrogencabonat OTC

bicaNorm Tbl. 1g *(11.9mmol HCO_3^-)* **Natriumhydrogencabonat 4.2%** *Inf.Lsg. 250ml (100ml = 50mmol HCO_3^-)* **Natriumhydrogencabonat 8.4%** *Inf.Lsg. 20, 100, 250ml (100ml = 100mmol HCO_3^-)*	**Metabolische Azidose:** Base excess (-) x 0.3 x kg = mmol; max. 1.5mmol/kg/h i.v., 3-5g/d p.o.

Trometamol OTC — HWZ 5-6h, Qo 0.1

Tham Koehler 3M *Amp. 20ml = 60mmol*	**Metabolische Azidose:** Base excess (-) x 0.3 x kg = mmol; max. 1mmol/kg/h i.v., max. 5mmol/kg/d; Verdünnung auf 0.3mmol/ml; **DALI** KI

11.13.2 Alkalosetherapeutika

Wm/Wi (Argininhydrochlorid): Bikarbonat-Neutralisation durch HCl;
UW (Salzsäure): Nekrosen bei paravenöser oder intraarterieller Infusion;
KI (Argininhydrochlorid): Azidosen

Argininhydrochlorid OTC

L-Arginin-Hydrochlorid 21% *Amp. 20ml = 20mmol H^+*	**Metabolische Alkalose:** Base excess x 0.3 x kg = mmol; max. 1mmol/kg/h i.v., max. 1mmol/kg/d; Verdünnung erforderlich!

Salzsäure OTC

Salzsäure 7.25% *Amp. 10ml = 20mmol H^+*	**Metabolische Alkalose:** Base excess x 0.3 x kg = mmol; max. 0.25mmol/kg/h i.v.; Verdünnung erforderlich

12 Neurologie

12.1 Antiepileptika

12.1.1 Natrium-Blocker

Wm/Wi (Carbamazepin): hemmt die synaptische Übertragung ⇒ reduziert Fortleitung von konvulsiver Entladungen; **Wm/Wi** (Eslicarbazepinacetat): Hemmung wiederholter neuronaler Entladungen vermutl. durch Stabilisierung des inaktiven Zustands spannungsabhängiger Na^+-Kanäle; **Wm/Wi** (Lacosamid): Stabilisierung hypererregbarer Neuronalmembranen; **Wm/Wi** (Lamotrigin): exakter Wm unbekannt, Hemmung spannungsabh. Na^+-Kanäle, Glutamatfreisetzung ↓; **Wm/Wi** (Oxcarbazepin): Membranstabilisierung durch Blockade von Na^+-Kanälen, Durchlässigkeit der Zellmembran für K^+ ↑, Modulation spannungsaktivierter Kalziumkanäle; **Wm/Wi** (Phenytoin): Ionenpermeabilität ↓, Membranstabilisierung; **Wm/Wi** (Rufinamid): Modulation der Aktivität von Na^+-Kanälen; **Wm/Wi** (Zonisamid): Hemmung spannungsabhängiger Na^+- und Ca^{2+}-Kanäle, Modulation der GABA-Inhibition; **UW** (Carbamazepin): Somnolenz, Sedierung, Schläfrigkeit, Schwindel, Ataxie, cholestatische Hepatitis, Hämatopoesestrg., allergische Hautreaktionen, Appetitlosigk., Mundtrockenheit, Übelkeit, Erbrechen, Hyponatriämie; **UW** (Eslicarbazepinacetat): Schwindel, Schläfrigkeit, Kopfschmerzen, Koordinations-/Aufmerksamkeitsstrg., Tremor, Doppeltsehen, verschwommenes Sehen, Übelkeit, Erbrechen, Durchfall, Hautausschlag, Müdigkeit, Gangstörungen; **UW** (Lacosamid): Schwindel, Kopfschmerzen, Diplopie, Nausea, Depression, Verwirrtheit, Schlaflosigkeit, Gedächtnis-, Gleichgewichts-, Konzentrations-, Aufmerksamkeits-, kognitive Störungen, Somnolenz, Tremor, Nystagmus, Hypästhesie, Dysarthrie, Verschwommensehen, Vertigo, Tinnitus, Erbrechen, Obstipation, Flatulenz, Dyspepsie, Mundtrockenheit, Pruritus, Rash, Muskelspasmen, Asthenie, Gehstörung, Müdigkeit, Reizbarkeit, Stürze, Hautwunden; **UW** (Lamotrigin): Aggressivität, Reizbarkeit, Agitiertheit, Kopfschmerzen, Schläfrigkeit, Insomnie, Tremor, Ataxie, Nystagmus, Diplopie, Verschwommensehen, Müdigkeit, Schwindel, Übelkeit, Erbrechen, Diarrhoe, Hautausschlag, Arthralgie, Rückenschmerzen; **UW** (Oxcarbazepin): Hyponatriämie, Verwirrtheitszustände, Depression, Apathie, Unruhe, Affektlab., Müdigkeit, Schwächegefühl, Schläfrigkeit, Schwindel, Kopfschmerz, Ataxie, Tremor, Nystagmus, Konzentrationsschwäche, Amnesie, Übelkeit, Erbrechen, Obstipation, abdom. Schmerzen, Diarrhoe, Doppelbilder, Verschwommensehen, Sehstrg., Akne, Alopezie, Exanthem; **UW** (Phenytoin): zahlreiche UW ohne Häufigkeitsangabe, s. FachInfo; **UW** (Rufinamid): Schläfrigkeit, Kopfschmerzen, Schwindel, Übelkeit, Erbrechen, Oberbauchschmerzen, Obstipation, Diarrhoe, Dyspepsie, Ausschlag, Akne, Rückenschmerzen, Oligomenorrhoe, Müdigkeit, Pneumonie, Influenza, Infekte der oberen Atemwege/des Ohrs, Anorexie, Appetitminderung, Essstörung, Gewicht ↓, Angst, Schlaflosigkeit, Status epilepticus, Koordinationsstörung, Nystagmus, psychomotorische Hyperaktivität, Tremor, Diplopie, Verschwommensehen, Epistaxis, Gangstrg., Kopfverletzung, Kontusion; **UW** (Zonisamid): kleinflächige Hautblutungen, Überempfindlichkeit, Schläfrigkeit, Schwindel, Anorexie, Diplopie, Verwirrtheit, Depression, Agitiertheit, Reizbarkeit, Affektlabilität, Angst, Schlaflosigkeit, psychotische Störung, Ataxie, Gedächtnisstörung, abdominelle Schmerzen, Fieber, Obstipation, Dyspepsie, Diarrhoe, Übelkeit, Bradyphrenie, Aufmerksamkeitsstörung, Nystagmus, Parästhesie, Sprachstörung, Tremor, Hautausschlag, Pruritus, Alopezie, Nephrolithiasis, Müdigkeit, grippeähnliche Erkrankung, periphere Ödeme, Gewichtsabnahme, erniedrigter Bikarbonatspiegel;

KI (Carbamazepin): bek. Überempf., KM-Schädigung, KM-Depression in der Vorgeschichte, AV-Block, akute intermittierende Porphyrie, gleichzeitige Anw. mit MAO-Hemmern oder Voriconazol, schwere Leberfunktionsstörungen, Grav. (1. Trim.);
KI (Eslicarbazepinacetat): bek. Überempfindlichkeit, AV-Block II°-III°;
KI (Lacosamid): Überempfindlichkeit gegen Lacosamid/Soja/Erdnuss, AV-Block II°-III°;
KI (Lamotrigin): bek. Überempfindlichkeit; **KI** (Oxcarbazepin): bek. Überempf., Lakt.;
KI (Phenytoin): bek. Überempf., schwere Schädigungen der Blutzellen/des Knochenmarks, AV-Block II°-III°, Sick Sinus, in ersten 3M nach MI, HI (EF < 35%), Cave in Grav./Lakt.;
KI (Rufinamid): bek. Überempfindlichkeit gegen Rufinamid und Triazolderivate, Lakt.;
KI (Zonisamid): bek. Überempfindlichkeit

Carbamazepin Rp	HWZ 15h (mult. Dosis), 36h (1 x Dosis), Q0 1.0, PPB 70-80%, ther. Serumspiegel: 3-8mg/l
Carbadura *Tbl. 300(ret.), 400(ret.), 600(ret.)mg* **Carbamazepin-ratioph.** *Tbl. 200(ret.), 400(ret.)mg* **Carbamazepin HEXAL** *Tbl. 200, 400mg* **Tegretal** *Tbl. 200, 200(ret.), 400(ret.)mg; Saft (5ml = 100mg)* **Timonil** *Tbl. 150(ret.), 200, 200(ret.), 300(ret.), 400(ret.) 600(ret.)mg; Saft (5ml = 100mg)*	**Alle Ind:** ini 200-400mg/d p.o., in 2-4 (unret.) bzw. 1-2ED (ret.), langsam steigern bis Erh.Dos.; **Epilepsien:** Erh.Dos. 600-1200mg p.o.; **Ki.:** Erh.Dos. 10-20mg/kg/d; **Trigeminusneuralgie:** Erh.Dos. 400-800mg/d; **diabetische PNP:** Erh.Dos. 600mg/d, max. 1200mg/d; **Pro. manisch-depressive Phasen:** Erh.Dos. 200-400mg/d, max. 800mg/d; **Anfalls-Pro. bei C2-Entzug:** 600mg/d, in schweren Fällen 1200mg/d in den ersten d; **DANI** nicht erforderlich

Eslicarbazepinacetat Rp	HWZ 20-24h, PPB < 40%, PRC B, Lact ?
Zebinix *Tbl. 200, 800mg; Saft (1ml = 50mg)*	**Begleittherapie bei partiell epileptischen Anfällen:** ini 1 x 400mg, nach 1-2W 1 x 800mg, max. 1 x 1200mg/d; nur in Kombination mit bestehender Therapie; **Ki. ab 6J:** ini 1 x 10mg/kg, Dosissteigerung um 10mg/kg alle 1-2W auf max. 30mg/kg/d, max. 1200mg/d; **DANI** CrCl > 60: 100%; 30-60: ini 400mg alle 2d, nach 2W 1 x 400mg/d; < 30: Anw. nicht empfohlen; **DALI** Anw. bei schwerer LI nicht empfohlen

Lacosamid Rp	HWZ 13h, PPB < 15%
Vimpat *Tbl. 50, 100, 150, 200mg; Saft (1ml = 10mg); Inf.Lsg. 200mg/20ml*	**Fokale Anfälle: Erw., Ki. ≥ 50kg:** Monother.: ini 2 x 50mg p.o./i.v., nach 1W: 2 x 100mg p.o./i.v., Dosissteigerung um 2 x 50mg/d/W; max. 2 x 300mg/d p.o./i.v.; Zusatzther.: max. 400mg/d; **DANI** CrCl > 30: 100%; < 30: max. 250mg/d; **DALI** leichte bis mäßige LI: nicht erf.

Lamotrigin Rp (s.a. → 364)	HWZ 29h, Q0 0.9, PPB 55%, PRC C, Lact ?
Lamictal *Tbl. 2, 5, 25, 50, 100, 200mg* **Lamotrigin Acis** *Tbl. 25, 50, 100, 200mg* **Lamotrigin HEXAL** *Tbl. 25, 50, 100, 200mg* **Lamotrigin-ratioph.** *Tbl. 50, 100, 200mg*	**Epilepsien: Erw., Ki. ≥ 13J:** d1-14: 1 x 25mg p.o., d15-29: 1 x 50mg, dann alle 1-2W um 50-100mg steigern, Erh.Dos. 100-200mg/d in 1-2ED; **Ki. 2-12J:** d1-14: 0.3mg/kg, d15-29: 0.6mg/kg, dann alle 1-2W um 0.6mg/kg steigern, Erh.Dos. 1-15mg/kg/d, bei Kombinationstherapie s. FachInfo; **DANI** vorsichtige Anwendung; **DALI** Child B: 50%, Child C: 25%

Oxcarbazepin Rp	HWZ 1-2.5(9)h, Q0 1.0(0.7), PPB 40%, PRC C, Lact ?
Apydan Extent *Tbl. 150, 300, 600mg* **Oxcarbazepin Dura** *Tbl. 150, 300, 600mg* **Timox extent, Trileptal** *Tbl. 150, 300, 600mg; Saft (5ml = 300mg)*	**Epilepsien:** ini 2 x 300mg p.o., um 600mg/W steigern, Erh.Dos. 600-2400mg/d; **Ki. > 6J:** ini 8-10mg/kg/d, max. 10mg/kg/W steigern, Erh.Dos. 30mg/kg/d, max. 46mg/kg/d; **DANI** CrCl < 30: ini 1 x 300mg

Phenytoin Rp	HWZ 22h, Q0 1.0, PPB 83-94%, ther. Serumspiegel 10-20mg/l
Phenhydan *Tbl. 100mg; Amp. 250mg/5ml; Inf.Lsg. 750mg/50ml* **Phenytoin AWD** *Tbl. 100mg*	**Epilepsien:** ini 3 x 100mg p.o., dann nach Wi bzw. Serumspiegel; **Ki. < 12J:** ini 2mg/kg/d, dann alle 3d um 1mg/kg steigern, dann nach Serumspiegel; **Status epilept.:** 250mg über 10min i.v., ggf. Wdh. nach 20min, dann Wdh. alle 1.5-6h; 750mg über 20-30min i.v., max. 17mg/kg/d; **Ki. < 12J:** d1: 30mg/kg i.v.; d2: 20mg/kg; d3: 10mg/kg, max. 1mg/kg/min i.v.; **DANI** nicht erforderlich

Rufinamid Rp	HWZ 6-10h, Q0 0.95, PPB 34%
Inovelon *Tbl. 200, 400mg, Saft (10ml = 400mg)*	**Lennox-Gastaut-Syndrom: Erw., Ki. ab 4J:** ini 400mg/d, ggf. alle 2d um 400mg/d steigern, 30-50kg: max. 1800mg/d; 51-70kg: max. 2400mg/d; > 70kg: max. 3200mg/d; **Ki. 1-4J:** ini 10mg/kg/d in 2 ED, ggf. alle 3d um 10mg/kg/d steigern bis 45mg/kg/d; **Ki. ab 4J:** < 30kg: ini 200mg p.o., ggf. alle 2d um 200mg/d bis 1g steigern, bei Komb. mit Valproat max. 400mg; **DANI** nicht erf.; **DALI** Anw. bei schwerer LI nicht empfohlen

Zonisamid Rp	HWZ 60h, PPB 40-50%
Zonegran *Kps. 25, 50, 100mg* **Zonisamid 1A** *Kps. 25, 50, 100mg* **Zonisamid-ratioph.** *Kps. 25, 50, 100mg* **Zonisol** *Saft (5ml = 100mg)*	**Epilepsie:** Monoth.: W1+2: 1 x 100mg; W3+4: 1 x 200mg; W5+6: 1 x 300mg, Erh.Dos. 300mg/d, max. 500mg/d; Zusatzth., Ki. ab 6J: s. FI; **DANI** sorgf. Dosiseinstellung; **DALI** KI bei schwerer Leberfunktionsstrg.

12.1.2 Kalzium-Blocker

Wm/Wi: Verringerung der Ströme spannungsabhängiger Kalzium-Kanäle vom T-Typ; **UW:** Übelkeit, Erbrechen, Singultus, Leibschmerzen, Lethargie, Kopfschmerzen, Zurückgezogenheit, Ängstlichkeit, Schlaf-/Appetitstörung, Gewicht ↓, Diarrhoe, Obstipation, Ataxie; **KI:** bekannte Überempfindlichkeit, Lakt.

Ethosuximid Rp — HWZ 33-55h, Qo 0.8, keine PPB, Serumspiegel: 40-100mg/l

Ethosuximid-neuraxpharm *Kps. 250mg; Gtt. (1ml = 500mg); Saft (5ml=250mg)* **Petnidan** *Kps. 250mg; Saft (5ml = 250mg)* **Suxilep** *Kps. 250mg*	**Absencen, myoklonische Anfälle:** ini 5-10mg/kg p.o., alle 4-7d um 5mg/kg steigern; Erh.Dos. 15mg/kg, max. 30mg/kg; **Ki.:** Erh.Dos. 20mg/kg, max. 40mg/kg in 1-3ED; **DANI** nicht erforderlich

12.1.3 GABA-erge Substanzen

Wm/Wi (Phenobarbital): Verstärkung der GABA-ergen Hemmwirkung im ZNS ⇒ sedierend, schlafinduzierend, anxiolytisch, antiaggressiv, antikonvulsiv, muskelrelaxierend; **Wm/Wi** (Vigabatrin): irrev. Hemmung des enzymat. Abbaus von GABA (GABA-Transaminase); **UW** (Phenobarbital): starke Beruhigung, Müdigkeit, Schwindel, Kopfschmerzen, Benommenheit, Ataxie, kognitive Störung, Verwirrtheit, Störung der Sexualfunktion, Überhangeffekte, paradoxe Erregungszustände; **UW** (Vigabatrin): Gewicht ↑, Somnolenz, Sprachstörungen, Kopfschmerzen, Schwindel, Parästhesien, Aufmerksamkeits- und Gedächtnisstörungen, psychische Beeinträchtigungen, Tremor, Gesichtsfelddefekte, Verschwommensehen, Diplopie, Nystagmus, Übelkeit, abdominale Schmerzen, Erregbarkeit, Ödeme, Müdigkeit, Agitation, Aggression, Nervosität, Depression, paranoide Reaktionen, Kinder: Erregung, Agitiertheit; **KI** (Phenobarbital): bek. Überempf., akute Alkohol-, Schlafmittel-, Schmerzmittelvergiftg., Vergiftg. durch Anregungsmittel od. dämpfende Psychopharmaka; **KI** (Vigabatrin): bek. Überempf.

Phenobarbital Rp — HWZ 60-150h, Qo 0.7, PPB 40-60%, PRC D, Lact -

Luminal *Tbl. 100mg; Amp. 200mg/1ml* **Luminaletten** *Tbl. 15mg* **Phenobarbital-neuraxpharm** *Tbl. 15, 100mg*	**Epilepsien:** 1-3mg/kg/d p.o. in 2ED; 200-400mg i.v., max. 800mg/d i.v.; **Ki.:** 3-4mg/kg p.o. in 2ED; 2-3 x 20-75mg i.v.; **DANI** CrCl < 10: Dosisreduktion

Vigabatrin Rp — HWZ 5-8h, Qo 0.01, keine PPB

Sabril *Tbl. 500mg; Granulat 500mg*	**Fokale Anfälle:** ini 1g p.o., steigern um 0.5g/W, Erh.Dos. 2-3g/d; **Ki.:** ini 40mg/kg/d, Erh.Dos. 50-100mg/kg/d; **infantile Spasmen:** ini 50mg/kg/d p.o., Erh.Dos. bis 150mg/kg/d; **DANI** CrCl < 60: sorgfältige Dosiseinstellung

12.1.4 Benzodiazepine

Wm/Wi: Verstärkung natürlicher GABA-beteiligter Hemm-Mechanismen im ZNS ⇒ vorwiegend antikonvulsive aber auch beruhigende, schlafanstoßende, anxiolytische, muskelrelaxierende Eigenschaften; **UW**: Somnolenz, verlängerte Reaktionszeit, verminderter Muskeltonus, Muskelschwäche, Schwindel, Ataxie, Müdigkeit, Mattigkeit; **KI**: bek. Überempf. gegen C. oder andere Benzodiazepine; Medikamenten-, Drogen-, Alkoholabhängigkeit; Myasthenia gravis, schwere Ateminsuff., schwere Leberinsuff.

Clonazepam Rp	HWZ 30-40h, Q0 1.0, PPB 83-87%
Antelepsin *Tbl. 0.5, 2mg* **Clonazepam-neuraxpharm** *Gtt. (1ml = 2.5mg)* **Rivotril** *Tbl. 0.5, 2mg; Gtt. (25Gtt. = 2.5mg); Amp. 1mg/2ml*	**Epilepsien:** ini 2 x 0.5mg p.o., über 2-4W steigern bis Erh.Dos. 4-8mg/d in 3-4ED; **Sgl.:** ini 2 x 0.1mg/d, Erh.Dos. 0.5-1mg/d; **Kleinki.:** ini 3 x 0.2mg/d, Erh.Dos. 1.5-3mg/d; **Schulki.:** ini 2 x 0.25mg/d, Erh.Dos. 3-6mg/d; **Status epilepticus:** 1mg langsam i.v., Wdh. nach Bedarf, max. 13mg/d; **Sgl., Ki.:** 0.5mg i.v.; **DANI** nicht erforderlich; **DALI** leichte bis mäßige LI: vors. Anw.; schwere LI: KI

Diazepam → 377, **Dikaliumclorazepat** → 377, **Lorazepam** → 378

12.1.5 Natrium-Blocker und GABA-erge Substanzen

Wm/Wi (Topiramat): Membranstabilisierung durch Blockade von Na^+-Kanälen, Antagonisierung der exzitatorischen Glutamatwirkung, GABA-erge Hemmwirkung ↑;
Wm/Wi (Valproinsäure): exakter Wm unklar, Blockade von Na^+-Kanälen, enzymatischer Abbau von GABA ↓; **UW** (Topiramat): Nasopharyngitis, Anämie, Hypersensitivität, Anorexie, Appetit ↓, Depression, Sprachstrg., Bradyphrenie, Insomnie, Angst, Verwirrtheit, Desorientierung, Aggression, Stimmungsschwank., Parästhesie, Schwindel, Somnolenz; Gedächtnis-, kognitive, Aufmerksamkeits-, Koordinations-, Gleichgewichts-, Gangstörung; Tremor, Nystagmus, Dysarthrie, Dysgeusie, Sedierung, Sehstörung, Verschwommensehen, Diplopie, Tinnitus, Ohrschmerzen, Dyspnoe, Epistaxis, verstopfte Nase, Rhinorrhoe, Übelkeit, Erbrechen, Obstipation, Diarrhoe, abdom. Schmerzen, Mundtrockenheit, Parästhesien, Alopezie, Hautausschlag, Pruritus, Arthralgie, Myalgie, Nephrolithiasis, Pollakisurie, Dysurie, Fieber, Fatigue, Gewicht ↑/↓; **UW** (Valproinsäure): Anämie, Thrombopenie, Leukopenie, Hyperammonämie, Gewicht ↑/↓, Appetitlosigkeit, Appetit ↑, Hyponatriämie, Verwirrtheitszustände, Aggression, Agitiertheit, Aufmerksamkeitsstrg., Tremor, extrapyramidale Strg., Stupor, Schläfrigkeit, Parästhesien, Konvulsionen, eingeschränktes Erinnerungsvermögen, Kopfschmerzen, Nystagmus, Taubheit, Blutg., Übelkeit, Diarrhoe, Oberbauchschmerzen, Haarausfall, Leberschäden, Dysmenorrhoe; **KI** (Topiramat): bek. Überempf., Pro. von Migräne-Kopfschmerz in Grav. oder bei Frauen ohne Verhütung; **KI** (Valproinsäure): bek. Überempf., anamnestisch/fam. Lebererkr., schwerwiegende Leber- und Pankreasfunktionsstrg., Leberfunktionsstrg. mit tödl. Ausgang während Valproinsäurether. bei Geschwistern, hepatische Porphyrie, Blut-gerinnungsstrg., mitochondriale Erkr., die durch Mutationen durch das mitochondriale Enzym POLG kodierende Kerngen verursacht sind (z.B. Alpers-Huttenlocher-Syndrom); Ki. < 2J, bei denen der V. a. eine POLG-verwandte Erkr. besteht; bek. Strg. des Harnstoff-zyklus; s. FachInfo bei Anw. in Grav.

Topiramat Rp	HWZ 18-24h, Q0 < 0.5, PPB 13-17%, PRC C, Lact ?
Topamax *Tbl. 25, 50, 100, 200mg; Kps. 25, 50mg* **Topiramat Heumann** *Tbl. 25, 50, 100, 200mg* **Topiramat-neuraxpharm** *Tbl. 25, 50, 100, 200mg*	**Epilepsie:** Monother.: ini 1 x 25mg abends p.o., alle 1-2W um 25-50mg steigern, Erh.Dos. 100mg/d, max. 500mg/d; **Ki. > 6J:** ini 0.5-1mg/kg/d abends p.o., alle 1-2W um 0.5-1mg/kg steigern, initiale Zieldosis 2mg/kg/d; Komb.Therapie s. FachInfo; **Migräne:** → 339; **DANI** CrCl < 60: sorgfältige Dosiseinstellung, HD Erh.Dos. 50%

Valproinsäure Rp	HWZ 6-16h, Qo 0.95, PPB 90-95%, ther. Serumspiegel: 50-100mg/l
Convulex *Kps. 300, 500mg* **Depakine** *Gtt. (1ml = 300mg)* **Ergenyl** *Tbl. 150, 300, 300(ret.), 500, 500(ret.)mg; Gtt. (1ml = 300mg); Amp. 400mg/4ml* **Orfiril** *Tbl. 150, 300, 500(ret.), 600, 1000(ret.)mg; Kps. 150(ret.), 300(ret.)mg; Saft (5ml = 300mg); Amp. 300mg/3ml, 1g/10ml* **Valproat HEXAL** *Lsg. (1ml = 300mg)* **Valproat-neuraxph.** *Tbl. 150, 300, 600mg; Lsg. (1ml = 300mg)*	**Epilepsien:** ini 5-10mg/kg/d p.o., alle 4-7d um 5mg/kg steigern, Erh.Dos. 20mg/kg/d; 5-10mg/kg i.v., dann 1mg/kg/h; max. 2.5g/d i.v.; **Jugendl.:** 25mg/kg/d; **Ki.:** 30mg/kg/d; **akute Manie:** ini 20mg/kg/d; Erh.Dos.1-2g/d; **DANI** nicht erforderlich; **DALI** KI bei Lebererkrankung

12.1.6 Antiepileptika mit anderen Wirkmechanismen

Wm/Wi (Fenfluramin): Freisetzung von Serotonin ⇒ Stimulation verschiedener 5-HT-Rezeptor-Subtypen sowie des Sigma-1-Rezeptors ⇒ antiepileptisch; **Wm/Wi** (Gabapentin): GABA-Analogon, bindet an Bindungsstellen, die mit alpha$_2$delta-Untereinheiten von spannungsabhängigen Ca-Kanälen assoziiert sind ⇒ Freisetzung verschiedener Monoamin-Neurotransmitter ↓; **Wm/Wi** (Pitolisant): Histamin-H3-Antagonist/inverser Agonist ⇒ Verstärkung der Aktivität histaminerger Neuronen; Modulation verschied. Neurotransmitter ⇒ erhöhte Ausschüttung von Acetylcholin, Noradreanlin, Dopamin; **Wm/Wi** (Pregabalin): GABA-Analogon, bindet an Bindungsstellen, die mit alpha$_2$delta-Untereinheiten von spannungsabhängigen Ca-Kanälen assoziiert sind ⇒ Veränderung der Calcium-Ströme, Modulation der Freisetzung verschiedener Monoamin-Neurotransmitter (u.a. Glutamat, Noradrenalin, Substanz P); **Wm/Wi** (Stiripentol): GABA-Konzentration ↑; **Wm** (Sultiam): Hemmung der Carboanhydrase;
UW (Fenfluramin): Bronchitis, Infektion d. ob. Atemwege, Ohrinfektion, Appetit ↓, Lethargie, Somnolenz, Status epilepticus, Tremor, Obstipation, Diarrhoe, Erbrechen, Fieber, Ermüdung, Blutglukose ↓, anomales EKG, verringertes Gewicht, Sturz, anomales Verhalten, Reizbarkeit; **UW** (Gabapentin): Virusinfektionen, Infektionen der Atemwege/Harnwege, sonstige Infekte, Otitis media, Pneumonie, Leukopenie, Anorexie, gesteigerter Appetit, Feindseligkeit, Verwirrtheitszustände, Affektlabilität, Depressionen, Angst, Nervosität, Denkstörungen, Somnolenz, Schwindel, Ataxie, Krämpfe, Hyperkinesie, Dysarthrie, Amnesie, Tremor, Schlaflosigkeit, Kopfschmerzen, Missempfindg., Koordinationsstrg., Nystagmus, verstärkte/abgeschwächte/fehlende Reflexe, Sehstrg., Palpitationen, Hypertonie, Vasodilatation, Dyspnoe, Bronchitis, Pharyngitis, Husten, Rhinitis, Erbrechen, Übelkeit, Zahnanomalien, Gingivitis, Diarrhoe, Bauchschmerzen, Dyspepsie, Obstipation, Mundtrockenheit, Flatulenz, Gesichtsödem, Purpura, Akne, Pruritus, Hautausschlag, Arthralgie, Myalgie, Rückenschmerzen, Muskelzucken, Inkontinenz, Impotenz, Ermüdg., Fieber, periph. od. generalis. Ödeme, anormaler Gang, Asthenie, Schmerzen, Unwohlsein, Grippesymptome, Gewicht ↑, unfallbed. Verletzungen, Frakturen, Abschürfungen; **UW** (Pitolisant): Schlaflosigkeit, Angst, Reizbarkeit, Depression, Schlafstrg., Kopfschmerzen, Schwindel, Tremor, Übelkeit, Erbrechen, Dyspepsie, Ermüdung; **UW** (Pregabalin): Appetit ↑, Benommenheit, Schläfrigkeit, Euphorie, Verwirrung, Libido ↓, Reizbarkeit, Desorientierung, Schlaflosigkeit, Ataxie; Aufmerksamkeits-, Koordinations-, Gedächtnis- Gleichgewichtsstrg.; Tremor, Dysarthrie, Parästhesie, Sedierung, Lethargie, Kopfschmerzen, Verschwommensehen, Diplopie, Schwindel, Mundtrockenheit, Obstipation, Erbrechen, Flatulenz, erektile Dysfkt., periphere Ödeme, Trunkenheitsgefühl, Ödeme, Gangstrg., Abgeschlagenheit, Gewicht ↑;

UW (Stiripentol): Neutropenie, Anorexie, Gewichts-, Appetitverlust, Schlaflosigkeit, Aggressivität, Reizbarkeit, Verhaltensstörungen, ablehnendes Verhalten, Übererregbarkeit, Schlafstörungen, Benommenheit, Ataxie, Hypotonie, Dystonie, Übelkeit, Erbrechen, Hyperkinesie, γGT ↑; **UW** (Sultiam): Magenbeschwerden, Parästhesien in den Extremitäten und im Gesicht, Tachypnoe, Hyperpnoe, Dyspnoe, Schwindel, Kopfschmerzen, Stenokardien, Tachykardien, Doppelbilder, Singultus, Gewicht ↓, Appetitlosigkeit; **KI** (Fenfluramin): bek. Überempf., Aorten- oder Mitralklappenvitium, pulmonalarterielle Hypertonie, Einnahme < 14d nach Anw. von MAO-Hemmern; **KI** (Gabapentin, Pregabalin, Retigabin): bek. Überempf.; **KI** (Pitolisant): bek. Überempf., schwere Leberfunktionsstrg., Lakt.; **KI** (Stiripentol): bek. Überempf., Vorgeschichte mit Psychosen in Form deliranter Anfälle; **KI** (Sultiam): bek. Überempf., akute Porphyrie, Hyperthyreose, arterielle Hypertonie, Grav./Lakt.	
Fenfluramin Rp	HWZ 20(30)h, PPB 50%
Fintepla *Lsg. (1ml = 2.2mg)*	**Dravet-Syndrom: Ki. ab 2J, Erw.:** ini 2 x 0.1mg/kg p.o., Steigerung je n. Wi. bzw. Komedikation s. FachInfo; DANI keine Daten; DALI mäßige-schwere LI: Anw. nicht empf.
Gabapentin Rp	HWZ 5-7h, Qo 0.08, PPB < 3%, PRC C, Lact ?
Gabaliquid Geriasan *Lsg. (1ml = 50mg)* **Gabapentin HEXAL** *Kps. 100, 300, 400mg; Tbl. 600, 800mg* **Gabapentin-ratioph.** *Kps. 100, 300, 400mg; Tbl. 600, 800mg* **Gabapentin Stada** *Kps. 100, 300, 400mg; Tbl. 600, 800mg* **Neurontin** *Kps. 100, 300, 400mg; Tbl. 600, 800mg*	**Epilepsien, neuropath. Schmerzen:** d1: 300mg/d, d2: 600mg/d, d3: 900mg/d in 1-3ED p.o., dann 1800-3600mg/d in 3ED, max. 3600mg/d; **Ki. 6-12J:** d1: ini 10-15mg/kg/d, Erh.Dos. 25-35mg/kg/d, max 50mg/kg/d; **DANI** CrCl > 80: 900-3600mg/d; 50-79: 600-1800mg/d; 30-49: 300-900mg/d; 15-29: 150-600mg/d; < 15: 150-300mg/d; HD: ini 300-400mg, nach 4-stünd. HD jew. 200-300mg
Pitolisant Rp	HWZ 10-12h, PPB 90%
Wakix *Tbl. 4.5, 18mg*	**Narkolepsie mit oder ohne Kataplexie:** W1 1 x 9mg p.o., W2 4.5-18mg, W3 bis max. 36mg/d; **DANI** max. 18mg/d; **DALI** Child A: 100%; B: max 18mg/d; C: KI
Pregabalin Rp	HWZ 6.3h, keine PPB, PRC C, Lact ?
Algecia *Kps. 25, 50, 75, 100, 150, 200, 225, 300mg* **Lyrica** *Kps. 25, 50, 75, 100, 150, 200, 225, 300mg; Lsg. (1ml = 20mg)* **Pregabador** *Kps. 25, 50, 75, 100, 150, 200, 225, 300mg* **Pregaba HEXAL** *Kps. 25, 50, 75, 100, 150, 200, 225, 300mg* **Pregabalin Glenmark** *Kps. 25, 50, 75, 100, 150, 200, 225, 300mg*	**Neuropath. Schmerzen, Epilepsie:** ini 150mg p.o. in 2-3ED, nach Bedarf nach 3-7d steigern auf 300mg/d, max. 600mg/d; **generalisierte Angststrg.:** ini 150mg/d, nach Bedarf nach 1W steigern auf 300mg/d, nach 2W ggf. 450mg/d, max.600mg/d; **DANI** CrCl 30-60: ini 75mg/d, max. 300mg/d; 15-29: ini 25-50mg/d, max. 150mg/d; < 15: ini 25mg/d, max. 75mg/d; **DALI** nicht erford.

Stiripentol Rp	HWZ 4.5-13h, PPB 99%
Diacomit *Kps. 250, 500mg; Pulver 250, 500mg/Beutel*	**Schwere myoklonische Epilepsie (Dravet-Syndr.):** Komb. mit Valproat und Clobazam; in 3d langsam steigern auf 50mg/kg/d p.o.; **DANI, DALI** Anwendung nicht empfohlen

Sultiam Rp	HWZ 3-30h, PPB 29%
Ospolot *Tbl. 50, 200mg* **Sultiam-neuraxph.** *Tbl. 50, 100, 200mg*	**Rolando-Epil.:** Erh.Dos. 5-10mg/kg p.o.

12.1.7 Antiepileptika mit unbekannten Wirkmechanismen

Wm/Wi (Brivaracetam): antikonvulsive Wi durch Bindung an synapt. Vesikelprotein 2A (SV2A); **Wm/Wi** (Felbamat, Levetiracetam): genauer Wm unbek.; **Wm/Wi** (Mesuximid): genauer Wm unklar, Krampfschwelle ↑; **Wm/Wi** (Primidon): Hyperpolarisation von Membranen, gen. Wm unklar ⇒ sedierend, schlafinduzierend, anxiolytisch, antiaggressiv, antikonvulsiv, muskelrelax.; **Wm/Wi** (4-Hydroxybuttersäure): exakter Wm unbek., dämpfend auf ZNS, antikataplektisch; **UW** (Brivaracetam): Schwindel, Somnolenz, Konvulsion, Vertigo, Infektionen d. oberen Atemwege, Husten, Influenza, Übelkeit, Erbrechen, Obstipation, Fatigue, Depression, Angst, Insomnie, Reizbarkeit, Appetit ↓; **UW** (Felbamat): Gewicht ↓, Anorexie, Schlaflosigkeit, Somnolenz, Ataxie, Schwindel, Kopfschmerzen, Sehstrg., Diplopie, Übelkeit, Erbrechen, Dyspepsie, Abdominalschmerzen, Müdigkeit; **UW** (Levetiracetam): Nasopharyngitis, Anorexie, Depression, Feindseligkeit/Aggression, Angst, Insomnie, Nervosität/Reizbarkeit, Somnolenz, Kopfschmerzen, Konvulsion, Gleichgewichtsstrg., Schwindel, Lethargie, Tremor, Drehschwindel, Husten, Bauchschmerzen, Diarrhoe, Dyspepsie, Erbrechen, Nausea, Rash, Asthenie, Müdigkeit; **UW** (Mesuximid): Kopfschmerzen, Schwindel, Sedierung, Schlaflosigkeit, Gangstrg., Sehstrg., Magenbeschwerden, Singultus, Übelkeit, Erbrechen, Diarrhoe, Appetit ↓, Gewicht ↓, Euphorie, Reizbarkeit, Bewegungsdrang;
UW (Primidon): megaloblastäre Anämie, T4/fT4 ↓, Hypokalzämie, aP/γGT ↑, Teilnahmslosigkeit, Reizbarkeit, Verstimmung, Schwindel, Ataxie, Somnolenz, Akkommodationsstrg., Übelkeit, Erbrechen, makulopap. Exanthem, Müdigkeit, Gleichgewichtsstrg.;
UW (4-Hydroxybuttersäure): Anorexie, Appetit ↓, Gewicht ↓, Depression, Kataplexie, Angst, abnorme Träume, Verwirrtheitszustand, Desorientiertheit, Alpträume, Schlafwandeln, Schlafstrg., Nervosität, Schwindel, Kopfschmerzen, Schlaflähmung, Somnolenz, Tremor, Gleichgewichtsstrg., Aufmerksamkeitsstrg., Hypästhesie, Parästhesie, Sedierung, Dysgeusie, Schwindel, Palpitationen, Hypertonie, verschwomm. Sehen, Dyspnoe, Schnarchen, verstopfte Nase, Nausea, Erbrechen, Diarrhoe, Oberbauchschmerzen, Hyperhidrosis, Hautausschlag, Arthralgie, Muskelspasmen, Rückenschmerzen, Enuresis noct,, Harninkontinenz, Nasopharnygitis, Sinusitis, Asthenie, Müdigkeit, Gefühl des Betrunkenseins, periphere Ödeme, Stürze;
KI (Brivaracetam): bek. Überempf. gegen B. oder andere Pyrrolidon-Derivate; **KI** (Felbamat): Bluterkr., Leberfktstrg. (auch in Anamnese), bek. Überempf., Grav./Lakt.; **KI** (Levetiracetam): bek. Überempf.; **KI** (Mesuximid): bek. Überempf., hepatische Porphyrie, hämatol. Erkr., Lakt.;
KI (Primidon): akute hepatische Porphyrie, schwere Leber- u. Nierenfktstrg., schwere Myokardschäden, akute Vergiftung mit zentral dämpfenden Pharmaka oder Alkohol;
KI (4-Hydroxybuttersäure): bek. Überempf., schwere Depression, Succinatsemialdehyddehydrogenase-Mangel, gleichzeitige Beh. mit Opioiden/Barbituraten

Brivaracetam Rp	HWZ 9h, PPB 20%, PRC C, Lact ?
Briviact *Tbl. 10, 25, 50, 75, 100mg; Lsg. (10mg/ml)*	**Zusatztherapie fokaler Anfälle mit/ohne sekund. Generalisierung:** Erw., **Ki. ab 16J**: ini 2 x 25-50mg p.o./i.v., Erh.Dos. 50-200mg/d; **Ki. ab 4J:** < 50kg: ini 1-2mg/kg/d in 2 ED, Erh.Dos. 2mg/kg/d, max. 4mg/kg/d; ≥ 50kg: ini 50-100mg/d in 2 ED, Erh.Dos. 100mg/d, max. 200mg/d; **DANI** nicht erf.; HD: Anw. nicht empf.; **DALI** ini 50mg, max. 2 x 75mg

Felbamat Rp	HWZ 15–23h, Q_0 0.5, PPB 22–25%
Taloxa *Tbl. 600mg; Lsg. 600mg/5ml*	**Lennox-Gastaut-Syndr.:** ini 600–1200mg p.o. in 2–3ED, wöchentlich steigern bis 3600mg/d in 3–4ED; **Ki., Jug. 4–14J:** ini 7.5–15mg/kg/d p.o. in 2–3ED, wöchentlich ↑ bis 45mg/kg/d (nicht > 3600mg/d) in 3–4ED; Dosisanpassung antiepileptischer Begleitmedikation (s. Fachinfo); **DANI** CrCl: > 50: Anfangsdosis 50%, vorsichtige Dosistitration

Levetiracetam Rp	HWZ 6-8h, PPB < 10%, PRC C, Lact ?
Keppra *Tbl. 250, 500, 750, 1000mg; Lsg. (1ml = 100mg); Inf.Lsg. 500mg/5ml* **Levetiracetam UCB** *Tbl. 250, 500, 750, 1000mg; Lsg. (1ml = 100mg); Inf.Lsg. 500mg/5ml* **Levetiracetam Winthrop** *Tbl. 250, 500, 750, 1000mg*	**Epilepsien:** Monoth.: ini 2 x 250mg p.o./i.v., nach 2W 2 x 500mg p.o., nach Bed. alle 2W um 2 x 250mg/d steigern bis max. 2 x 1500mg; Zusatzth.: ini 2 x 500mg, ggf. ↑ um 2 x 500mg alle 2-4W bis max. 2 x 1500mg; **Ki (< 50kg):** ini 2 x 10mg/kg, dann max. 2 x 30mg/kg; **DANI** CrCl: > 80: 100%; 50-79: max. 2 x 1g; 30-49: max. 2 x 750mg; < 30: max. 2 x 500mg; HD: 1 x 0.5-1g, nach HD zusätzl. 250-500mg

Mesuximid Rp	HWZ 2.5(40)h, Q_0 1.0, PPB unerheblich
Petinutin *Kps. 150, 300mg*	**Epilepsien, Absencen:** d1-7 1 x 150mg p.o., dann über 7W um 150mg/W steigern, Erh.Dos. 9.5-11mg/kg/d, max. 15mg/kg/d; **DALI** KI b. hepat. Porphyrie

Primidon Rp	HWZ 8(80)h, Q_0 0.6(0.2), geringe PPB, ther. Serumspiegel 5-10mg/l
Liskantin *Tbl. 250mg; Saft (5ml =125mg)* **Mylepsinum** *Tbl. 250mg* **Primidon Holsten** *Tbl. 250mg*	**Epilepsien, Absencen:** ini 60-125mg/d p.o., alle 3d um 125mg m, Erh.Dos. 15mg/kg/d in 2-3 ED; **Ki.:** Erh.Dos. 20mg/kg/d in 2-3 ED; **DANI** Krea (mg/dl) > 8: max. 250mg/d; schwere NI: KI; **DALI** schwere LI: KI

4-Hydroxybuttersäure (Natriumoxybat) Rp (Btm)	HWZ 0.5-1h, PPB < 1%
Xyrem *Saft (1ml = 500mg)*	**Kataplexie mit Narkolepsie:** ini 2 x 2.25g p.o., ggf. um 1.5g/d steigern bzw. red.; max. 9g/d **DANI** nicht erf.; **DALI** ini 50% Reduktion

12.2 Antiparkinsonmittel

12.2.1 L-Dopa (Dopaminergikum)

Wm/Wi (Levodopa): Levodopa passiert Blut-Hirn-Schranke, gelangt in dopaminerge Zellen, Decarboxylierung zu Dopamin, beeinflusst aller Parkinsonsymptome, v.a. Akinesie und psychische Störungen;
Wm/Wi (Decarboxylase-Hemmstoffe: Benserazid, Carbidopa; DDI = Dopamin-Decarboxylase-Inhibitoren): passieren Blut-Hirn-Schranke nicht, verhindern Decarboxylierung von L-Dopa in der Peripherie; **Wm/Wi** (Entacapon): spezifischer und v.a. peripher wirksamer COMT-Hemmer ⇒ klinisches Ansprechen auf L-Dopa wird verstärkt und verlängert;
UW (L-Dopa + Benserazid): fieberhafte Infektionen, Bronchitis, Schnupfen, Anorexie, Schlafstörungen, Depression, Halluzination, Ängstlichkeit, Dyskinesien, Fluktuationen im therapeutischen Ansprechen, Kopfschmerzen, Mundtrockenheit, Dysgeusie, Arrhythmie, Hypotonie, orthostatische Dysregulation, Übelkeit, Erbrechen, Diarrhoe, Erhöhung von aP/Harnstoff;
UW (L-Dopa + Carbidopa): Anorexie, Verwirrtheit, depressive Verstimmung, Alpträume, Halluzinationen, On-Off-Phänomene, Schwindel, Parästhesien, Schläfrigkeit, orthostatische Regulationsstörungen, Atemnot, Durchfall, Erbrechen, Brustschmerzen;
UW (L-Dopa + Carbidopa + Entacapon): Anämie, Gewichtsabnahme, Appetitverlust, Depression, Halluzinationen, Verwirrtheit, ungewöhnliche Träume, Angst, Schlaflosigkeit, Dyskinesie, Verstärkung der Parkinson-Symptome, On-Off-Phänomene, Tremor, Dystonie, mentale Beeinträchtigung, Somnolenz, Kopfschmerzen, Benommenheit, Verschwommensehen, Symptome der KHK, Arrhythmie, Hypertonie, orthostatische Hypotonie, Dyspnoe, Diarrhoe, Übelkeit, Erbrechen, Dyspepsie, Abdominalschmerzen, Mundtrockenheit, Hautausschlag, Hyperhidrosis, Myalgie, Arthralgie, Muskelkrämpfe, Urinverfärbung, Harnweginfektionen, Brustschmerzen, Ödeme, Stürze, Gangstörungen, Asthenie, Fatigue;
UW (L-Dopa + Carbidopa + Pramipexol): Appetitverlust, Gewichtsabnahme, Unruhe, Angst, Schlafstörungen, Halluzinationen, Wahnvorstellungen, Aggressivität, depressive Dysphorie mit oder ohne Suizidtendenzen, hypomanische Episoden, Verwirrtheit, Albträume, Hyperkinesie choreiformer oder dystonischer Art, Myoklonie der Gesichtsmuskeln, plötzliches Off-Phänomen, Schwindel, Benommenheit, metallischer Geschmack, Parästhesie, übermäßige Tagesschläfrigkeit und Schlafattacken, Verschwommensehen, Herzrhythmusstrg., Palpitationen, Kreislaufstörungen, Hitzewallungen, Hypertonie, Übelkeit, Erbrechen, Diarrhoe, Müdigkeit, Thoraxschmerz, Schwindel, Dyskinesien, Somnolenz, Amnesie, Kopfschmerzen, Sehstrg., Obstipation, Erbrechen, Müdigkeit, periphere Ödeme, Gewichtsverlust;
KI (L-Dopa + Benserazid): bek. Überempf., Pat. < 25J., schwere Schilddrüsenüberfunktion, Tachykardien, Phäochromozytom, schw. Stoffwechsel-, Herz-, Leber-, Nieren- und Knochenmarkserkr., endogene und exogene Psychosen, Behandlung mit Reserpin oder nicht selektiven MAO-Hemmern, Engwinkelglaukom, Grav.; **KI** (L-Dopa + Carbidopa): bek. Überempf., gleichzeitige Gabe von nichtselektiven MAO-Hemmern, verdächtige nicht diagnostizierte Hautveränderungen oder anamnestisch bek. Melanom, Engwinkelglaukom, Pat. < 18J.;
KI (L-Dopa + Carbidopa + Entacapon): bek. Überempf., schwere Leberinsuff., Engwinkelglaukom, Phäochromozytom, gleichzeitige Anw. mit nicht-selektiven oder selektiven MAO-Hemmern, malignes neuroleptisches Syndrom u./od. atraumatische Rhabdomyolyse in der Anamnese;
KI (L-Dopa + Carbidopa + Pramipexol): bek. Überempf., arzneimittel-induzierte Parkinson-Syndrome, Engwinkelglaukom, schw. Psychose, Ki. <18J, gleichzeitige Anw. von nicht-selektiven MAO-Hemmern und selektiven MAO-A-Hemmern

L-Dopa + Benserazid Rp	HWZ (L-D) 1.5 h, Q0 (L-D/B) 1.0/1.0
Levopar *Kps. 50+12.5, 100+25, 200+50mg* **Madopar** *Kps. 50+12.5, 100+25, 100(ret.)+25mg; Tbl. 100+25, 200+50mg* **Restex** *Tbl. 100+25mg; Kps.100(ret.)+25mg*	**M. Parkinson, Parkinson-Syndrome:** ini 100-200+25-50mg/d p.o. in 3ED, je nach Wi alle 3-7d um 50-100+12.5-25mg steigern, max. 800+200mg/d; **Restless-Legs-Syndrom:** 100+25mg p.o. z.N., evtl. zusätzlich 100(ret.)+25mg

L-Dopa + Carbidopa Rp	HWZ L/C 1.5/10h Q0 L/C 1.0/> 0.7, PRC C, Lact ?
Duodopa *Gel (1ml enth. 20+5mg)* **Isicom** *Tbl. 100+25, 250+25mg; Tbl. 100(ret.)+25, 200(ret.)+50mg* **Levodopa/Carb-ratioph.** *Tbl. 100+25, 100(ret.)+25mg, 200+50mg, 200(ret.)+50mg* **Nacom** *Tbl. 100+25, 100(ret.)+25, 200(ret.)+50, 250+25mg* **Sinemet** *Tbl. 100(ret.)+25, 200(ret.)+50mg* **Suades** *Dosierspender Tbl. 5+1.25mg*	**M. Parkinson, Parkinson-Syndrome:** ini 50-150+12.5-37.5mg/d p.o., je nach Wi alle 3-7d um 50-125+12.5-25mg steigern, max. 2000+500mg/d in 3-4ED; (Duodopa): Gabe über intest. Sonde u. Pumpe: Morgendosis als Bolus 5-10ml, max. 15ml, Erh.Dos. individuell 1-10ml/h über 16h; s.a. FachInfo; **DANI, DALI** nicht erforderlich

L-Dopa + Carbidopa + Entacapon Rp	
LCE 1A-Pharma *Tbl. 50+12.5+200mg, 75+18.75+200mg, 100+25+200mg, 125+31.25+200mg, 150+37.5+200mg, 200+50+200mg* **Stalevo** *Tbl. 50+12.5+200mg, 75+18.75+200mg, 100+25+200mg, 125+31.25+200mg, 150+37.5+200mg, 200+50+200mg*	**M. Parkinson:** Einstellung entsprechend L-Dopa-Vormedikation; s. Pck.Beil.

12.2.2 Dopaminagonisten (Dopaminergika)

Wm/Wi: direkter dopaminerger Agonismus, Beeinflussung aller Parkinsonsymptome, v.a. Akinesie und psychische Störung;
UW (Bromocriptin): Übelkeit, Erbrechen, Magen-Darm-Beschwerden, Appetitlosigkeit, Obstipation, Kopfschmerzen, Schwindel, Müdigkeit, depressive Verstimmung, psychomotorische Unruhe, Schlafstrg., Sehstrg., visuelle Halluzinationen, Psychosen, Verwirrtheit, Benommenheit, Angst, Nervosität, Dyskinesie, Ataxien, Synkope, Miktionsbeschwerden, allergische Hautreaktionen, Ödeme, Erythromelalgie, Muskelkrämpfe, Mundtrockenheit, Haarausfall, Gefühl der verstopften Nase; **UW** (Cabergolin): Halluzinationen, Schlafstrg., Benommenheit, Schläfrigkeit, Dyskinesien, orthostatische Hypotonie, Übelkeit, Verstopfung, Dyspepsie, Gastritis, Erbrechen, periphere Ödeme, Verwirrtheit, Herzklappenveränderungen, Schwindel, Müdigkeit, Libido ↑, Kopfschmerzen, Ermüdung, Dyspnoe, Asthenie, abnormer Leberfunktionstest; bei Zusatztherapie zu Levodopa: Angina pectoris, Verringerung des Hämoglobinwerts, des Hämatokrits und/oder des roten Blutbilds; **UW** (Pergolid): Schmerzen, Herzklappenveränderungen u.a. kardiale Erkrankungen, Übelkeit, Erbrechen, Dyspepsie, Dyskinesie, Halluzinationen, Schläfrigkeit, Rhinitis, Dyspnoe, Diplopie; **UW** (Piribedil): Übelkeit, Erbrechen, Blähungen, Halluzinationen, Erregung, Schwindel, Zerstreutheit, Schläfrigkeit;

UW (Pramipexol): abnorme Träume, Impulskontrollstörungen, zwanghaftes Verhalten, Verwirrtheit, Halluzinationen, Schlaflosigkeit, Schwindel, Dyskinesie, Somnolenz, Kopfschmerzen, Sehstörungen, Hypotonie, Übelkeit, Obstipation, Erbrechen, Müdigkeit, periphere Ödeme, Gewichtsabnahme, Appetit ↓; **UW** (Ropinirol): Monotherapie: Halluzinationen, Somnolenz, Schwindel, Übelkeit, Erbrechen, Obstipation, peripheres Ödem, Synkope, Sodbrennen; Kombinationstherapie: Dyskinesie, (orthostatische) Hypotonie, Verwirrtheit, Übelkeit; **UW** (Rotigotin): Überempfindlichkeit, Schlafattacken, ungewöhnliche Träume, Störung des sexuellen Verlangens, Schlaflosigkeit, Kopfschmerzen, Somnolenz, Hypertonie, Übelkeit, Erbrechen, Dyspepsie, Juckreiz, Reaktionen an Applikationsstelle, Reizbarkeit, Schwächezustände, Gewichtsabnahme, Sturzneigung, Singultus, Obstipation, Schwindel, Mundtrockenheit, Dyskinesie, Lethargie, orthostatische Hypotonie, Palpitationen, peripheres Ödem, Halluzinationen, Bewusstseinsstörungen, Hyperhidrosis, Erythem; **KI** (Bromocriptin): bek. Überempf., Schwangerschaftstoxikose, unkontrollierte Hypertonie, KHK, arterielle Verschlusskrankheiten, schwere psychische Störung, echokardiographischer Nachweis einer Herzklappenerkrankung; **KI** (Cabergolin): bek. Überempf.; fibrotische Veränderungen an Lunge, Herzbeutel oder im Retroperitonealraum; Präeklampsie, Eklampsie, unkontrollierte Hypertonie, echokardiographischer Nachweis einer Herzklappenerkrankung; **KI** (Pergolid): bek. Überempf., fibrotische Erkrankungen, echokardiographischer Nachweis von Herzklappenerkrankungen; **KI** (Piribedil): bek. Überempf., kardiovaskulärer Schock, akuter Herzinfarkt, Komb. mit Neuroleptika außer Clozapin; **KI** (Pramipexol): bek. Überempf.; **KI** (Ropinirol): bek. Überempf., schwere NI (CrCl < 30) ohne regelmäßige Hämodialyse, LI; **KI** (Rotigotin): bek. Überempf., MRT, elektrische Kardioversion

Bromocriptin Rp	HWZ 1(38)h, Q0 1.0, PPB 95%, PRC B, Lact -
Bromocriptin Abz *Tbl. 2.5mg* **Bromocriptin-ratioph.** *Tbl. 2.5mg; Kps. 5, 10mg* **Pravidel** *Tbl. 2.5mg; Kps. 5mg*	**M. Parkinson:** ini 1 x 1.25mg p.o. z.N., um 1.25mg/W steigern bis 3 x 2.5mg, max. 30mg/d; **DANI** nicht erforderlich
Cabergolin Rp	HWZ 63-68h, PPB 41-42%, PRC B, Lact ?
Cabaseril *Tbl. 1, 2mg* **Cabergolin-ratioph.** *Tbl. 0.5, 1, 2mg* **Cabergolin Teva** *Tbl. 0.5, 1, 2mg*	**M. Parkinson:** bei Komb. mit L-Dopa: ini 1 x 1mg p.o., alle 1-2W um 0.5-1mg steigern, Erh.Dos. 1 x 2-3mg; Monotherapie: ini 0.5mg, langsam steigern bis 2mg/d, max. 3mg/d; **DANI** nicht erforderlich; **DALI** Child C: vorsichtige Anwendung
Pergolid Rp	HWZ 7-16h, PPB 90%, PRC B, Lact ?
Pergolid-neuraxpharm *Tbl. 0.25, 1mg*	**M. Parkinson:** d1-2: 1 x 0.05mg p.o., dann alle 3d um 0.1-0.15mg steigern, ab d17 alle 3d um 0.25mg steigern, Erh.Dos.: 3 x 1mg p.o.
Piribedil Rp	HWZ 12h, PPB 70-80%
Clarium *Tbl. 50(ret.)mg* **Pronoran** *Tbl. 50(ret.)mg* **Trivastal** *Tbl. 50(ret.)mg*	**M. Parkinson:** Monotherapie: 150-250mg/d p.o. in 3ED; Kombination mit L-Dopa: 3 x 50mg

Pramipexol Rp	HWZ 8-12h, Q0 0.1, PPB < 20%, PRC C, Lact ?
Glepark *Tbl. 0.088, 0.18, 0.35, 0.7mg* **Mirapexin** *Tbl. 0.088, 0.18, 0.7mg; Tbl. ret. 0.26, 0.52, 1.05, 2.1, 3.15mg* **Oprymea** *Tbl. 0.088, 0.18, 0.35, 0.7mg; Tbl. ret. 0.26, 0.52, 1.05, 1.57, 2.1, 2.62, 3.15mg* **Pramipexol-Neurax** *Tbl. 0.088, 0.18, 0.35, 0.7, 1.1 mg; Tbl. ret. 0.26, 0.52, 1.05, 1.57, 2.1, 2.62, 3.15mg* **Sifrol** *Tbl. 0.088, 0.18, 0.35, 0.7mg; Tbl. ret. 0.26, 0.52, 1.05, 1.57, 2.1, 2.62, 3.15mg*	**M. Parkinson:** W1: 3 x 0.088mg p.o., W2: 3 x 0.18mg, W3: 3 x 0.36mg, n. Bedarf weiter um 0.54mg/W steigern, max. 3.3mg/d; **Restless-Legs-Syndrom:** ini 1x 0.088mg, ggf. alle 4-7d steigern: 0.18, 0.35, 0.54mg, max. 0.54mg; **DANI** CrCl > 50: 100%; 20-49: 100% in 2ED; < 20: 100% in 1ED; **DALI:** keine Daten, vermutlich nicht erford.
Ropinirol Rp	HWZ 6h, Q0 0.9, PPB 10-40%, PRC C, Lact ?
Adartrel *Tbl. 0.25, 0.5, 2mg* **Ralnea** *Tbl. 2(ret.), 4(ret.), 8(ret.)mg* **ReQuip** *Tbl. 0.25, 0.5, 1, 2, 2(ret.), 4(ret.), 5, 8(ret.) mg* **Ropinirol dura** *Tbl. 0.25, 0.5, 1, 2, 5mg* **Ropinirol HEXAL** *Tbl. 0.25, 1, 2, 2(ret.), 3, 4, 4(ret.), 8(ret.)mg*	**M. Parkinson:** W1: 3 x 0.25mg p.o., W2: 3 x 0.5mg, W3: 3 x 0.75mg, W4: 3 x 1mg, dann um 0.5-1mg/W steigern, Erh.Dos. 3-9mg/d, max. 24mg/d; W1: 1 x 2mg (ret.), W2: 1 x 4mg (ret.), ggf. um 2mg/W weiter steigern, max. 24mg/d; **Restless-Legs-Syndrom:** d1+2: 1 x 0.25mg p.o., d3-7: 1 x 0.5mg p.o., d8-14: bis 1mg/d, dann nach Bedarf um 0.5mg/W bis 1 x 2mg steigern, max. 4mg/d; **DANI** CrCl > 30: 100%; < 30: KI
Rotigotin Rp	HWZ 5-7h, PPB 92%
Leganto, Neupro *TTS 1mg/24h, 2mg/24h, 3mg/24h, 4mg/24h, 6mg/24h, 8mg/24h*	**M. Parkinson:** ini 1 x 2mg/24h, dann wöchentlich um 2mg/24h erhöhen auf 4-8mg/24h, max. 8mg/24h; **DANI** nicht erforderlich

12.2.3 MAO-B-Hemmer (Dopaminergika)

Wm: irreversible Hemmung der dopaminabbauenden Monoaminoxidase B (MAO-B) ⇒ Dopamingehalt im Striatum ↑, Verstärkung der Wi und UW von L-Dopa;
Wi: Beeinflussung aller Parkinsonsymptome, v.a. Akinesie und psychische Störungen;
UW (Rasagilin): Grippe, Leukopenie, Melanom, allerg. Reaktion, Depression, Halluzinationen, Kopfschmerzen, Konjunktivitis, Schwindel, Angina pectoris, Rhinitis, Flatulenz, Dermatitis, Myalgien, Arthritis, Harndrang, Unwohlsein, Nackenschmerzen, Fieber, Appetit ↓, Dyskinesie, Dystonie, Karpaltunnelsyndrom, Gleichgewichtsstörung, Dyspepsie, Bauchschmerzen, Obstipation, Übelkeit, Erbrechen, Mundtrockenheit, Hautausschlag, Gewichtsverlust, Stürze, Hypotonie; **UW** (Safinamid): Schlaflosigkeit, Dyskinesie, Somnolenz, Schwindel, Kopfschmerzen, Parkinson-Krankheit, Katarakt, orthostat. Hypotonie, Übelkeit, Stürze; **UW** (Selegilin): Schwindel, Bewegungsstrg., Kopfschmerzen, Bradykardie, Übelkeit, Erbrechen, Leberenzyme ↑, Blutdruckabfall, Psychosen, Schlaflosigkeit, Mundtrockenheit; **KI** (Rasagilin): bek. Überempf., gleichzeit. Anw. von anderen MAO-Hemmern oder Pethidin, stark eingeschränkte Leberfunktion; **KI** (Safinamid): bek. Überempf., gleichzeitige Behandlung mit and. MAO-Hemmern, gleichzeitige Behandlung mit Pethidin, schw. Leberinsuff., Albinismus, Netzhautdegeneration, Uveitis, erblich bedingte Retinopathie oder schwere progressive diabetische Retinopathie;
KI (Selegilin): bek. Überempf., aktive Magen-Darm-Geschwüre, Komb. mit SSRI, SNRI, trizykl. Antidepressiva, Sympathomimetika, MAO-Hemmer, Opioiden, Serotonin-Agonisten, Grav./Lakt.

Rasagilin Rp	HWZ 0.6-2h, PPB 60-70%
Azilect *Tbl. 1mg* **Rasagilin-ratioph.** *Tbl. 1mg*	**M. Parkinson:** 1 x 1mg p.o.; **DANI** nicht erforderl.; **DALI** KI bei schwerer LI

Safinamid Rp	HWZ 20-30h, PPB 88-90%
Xadago *Tbl. 50, 100mg*	**M. Parkinson:** ini 1 x 50mg p.o., ggf. steigern auf 1 x 100mg; **DANI** nicht erforderl.; **DALI** mittelschw. LI: max 50mg/d; schw. LI: KI

Selegilin Rp	HWZ 1.5h, Q0 1.0, PPB 94%
Selegilin-neuraxpharm *Tbl. 5, 10mg* **Selegilin Stada** *Tbl. 5mg*	**M. Parkinson:** 5-10mg/d p.o. in 1-2ED (morgens und mittags); max. 10mg/d; Lingualtbl.: 1 x 1.25mg; **DANI** KI; **DALI** KI

12.2.4 COMT-Hemmer (Dopaminergika)

Wm: Hemmung der Catechol-O-Methyltransferase ⇒ L-Dopa-Plasmaspiegel ↑ (Anw. nur komb. mit L-Dopa); **Wi:** beeinflusst alle Parkinsonsymptome, v.a Akinesie, psychische Strg.; **UW:** (Entacapon): Schlaflosigkeit, Halluzinationen, Verwirrtheit, unangenehme Träume, Dyskinesien, Parkinsonsymptome ↑, Benommenheit, Dystonie, Hyperkinesie, KHK-Symptome, Übelkeit, Diarrhoe, Abdominalschmerzen, Mundtrockenheit, Urinverfärbung, Müdigkeit, Hyperhidrosis, Stürze, Obstipation, Erbrechen; **UW** (Opicapon): Dyskinesie, Halluzinationen, abnorme Träume, Schlaflosigkeit, Schwindel, Somnolenz, Kopfschmerzen, orthostatische Hypotonie, Obstipation, Mundtrockenheit, Erbrechen, Muskelspasmen, CK-Erhöhung; **UW** (Tolcapon): Infekte der oberen Atemwege, Schlafstörungen, exzessives Träumen, Schläfrigkeit, Verwirrtheit, Halluzinationen, Dyskinesie, Dystonie, Kopfschmerzen, Schwindel, Hypokinesie, orthostatische Strg., Synkopen, Influenza, Übelkeit, Anorexie, Diarrhoe, Erbrechen, Verstopfung, Xerostomie, Bauchschmerzen, Dyspepsie, verstärktes Schwitzen, Urinverfärbung, Brustschmerzen;
KI (Entacapon): bek. Überempf., LI, Phäochromozytom, malignes neuroleptisches Syndrom bzw. atraumatische Rhabdomyolyse in der Anamnese, Behandlung mit nicht-selektiven MAO-Hemmern, Behandlung mit selektiven MAO-A und MAO-B-Hemmern zusammen, Grav./Lakt.; **KI** (Opicapon): bek. Überempf., Phäochromozytom, Paragangliom oder andere Katecholamin-sezernierende Neubildungen, malignes neuroleptisches Syndrom und/oder atraumatische Rhabdomyolyse i.d. Anamnese; gleichzeitige Anw. von MAO-Hemmern (z.B. Phenelzin, Tranylcypromin, Moclobemid) mit Ausnahme der bei M. Parkinson angewendeten; **KI** (Tolcapon): bek. Überempf., Lebererkr., erhöhte Leberenzyme, schwere Dyskinesie, Phäochromozytom, malignes neurolept. Syndrom bzw. atraumatische Rhabdomyolyse oder Hyperthermie in der Anamnese, Behandlung mit nichtselektiven MAO-Hemmern

Entacapon Rp	HWZ 2.4h, Q0 1.0, PPB 98%, PRC C, Lact ?
Comtess *Tbl. 200mg* **Entacapon-neuraxpharm** *Tbl. 200mg*	**M. Parkinson:** 200mg p.o. zu jeder L-Dopa-Dosis, max. 2g/d; **DANI** nicht erforderlich; **DALI** KI

Opicapon Rp	HWZ 0.7-3.2h, Q0 1.0, PPB 99%
Ongentys *Kps. 50mg*	**M. Parkinson:** 1 x 50mg p.o. beim Zubettgehen; mind. 1 h vor oder nach L-Dopa-Einnahme; **DANI** nicht erforderlich; **DALI** Child A: 100%; B: vorsichtige Anw.; C: Anw. nicht empfohlen

Tolcapon Rp	HWZ 2h, Q0 1.0, PPB 99%, PRC C, Lact ?
Tasmar *Tbl. 100mg* **Tolcapon-neuraxpharm** *Tbl. 100mg*	**M. Parkinson:** 100mg p.o. zu jeder L-Dopa-Dosis, in Ausnahmefällen 3 x 200mg; **DANI** CrCl < 30: vorsichtige Anw.; **DALI** KI

12.2.5 Zentral wirksame Anticholinergika

Wm: Hemmung zentraler cholinerger Neuronen;
Wi: Reduktion v.a. der Plus-Symptome Rigor und Tremor;
UW (Biperiden): Müdigkeit, Schwindelgefühl, Benommenheit; in höheren Dosen Unruhe, Angst, Erregung, Euphorie, Verwirrtheit; bei Hirnleistungsstrg. zentrale Erregung, Mundtrockenheit, Akkomodationsstrg., Mydriasis mit Photophobie, Schweißminderg., Obstipation, Tachykardie, Magenbeschwerden, Übelkeit, Miktionsstrg; **UW** (Bornaprin): zahlreiche UW ohne Häufigkeitsangabe (s. Fachinfo); **UW** (Procyclidin): Mundtrockenheit, Obstipation, Harnverhalt, verschwomm. Sehen; **UW** (Trihexyphenidyl): Akkommodationsstrg., Benommenheit, Nervosität, Übelkeit, Erbrechen, Mundtrockenheit;
KI (Biperiden): bek. Überempf., unbeh. Engwinkelglaukom, mechan. Stenosen im Magen-Darm-Trakt, Megakolon, Ileus;
KI (Bornaprin): bek. Überempf., Engwinkelglaukom, mechan. Stenosen im Magen-Darm-Trakt, Megakolon, Ileus, Gedächtnisstrg.;
KI (Procyclidin): bek. Überempf., Demenz, unbehandeltes Engwinkelglaukom, Darmatonie, mechanische Stenosen im Magen-Darm-Trakt, Megakolon; Intox. mit Alkohol, Schlafmitteln, trizyklischen Antidepressiva, Antikonvulsiva, Antihistaminika und Tranquilizern;
KI (Trihexyphenidyl): bek. Überempf., akute Intoxikation mit zentral dämpfenden Pharmaka oder Alkohol, Prostatahypertrophie mit Restharnbildung, akute Delirien und Manien, unbehandeltes Engwinkelglaukom, Pylorusstenose, paralytischer Ileus, akutes Harnverhalten Megakolon, Tachyarrhythmie, Ki., Jug., Grav., Lakt.

Biperiden Rp	HWZ 24h, Q0 1.0, PPB 94%, PRC C, Lact
Akineton *Tbl. 2, 4 (ret.)mg; Amp. 5mg/1ml* **Biperiden-neuraxpharm** *Tbl. 2, 4mg; Amp. 5mg/1ml*	**Parkinson-Syndrom:** ini 2 x 1mg p.o., um 2mg/d steigern, Erh.Dos. 3-4 x 1-2mg, max. 16mg/d; 10-20mg i.m./langsam i.v.; **medikamentös bedingte extrapyramidale Symptomatik:** 1-4 x 1-2mg p.o.; 2.5-5mg i.m./langsam i.v., ggf. Wdh. nach 30min, max. 10-20mg/d; **Ki. 3-15J:** 1-3 x 1-2mg p.o.; < **1J:** 1mg i.v.; **1-6J:** 2mg i.v.; < **10J:** 3mg i.v.; **Nikotinvergiftung:** 5-10mg i.m.

Bornaprin Rp	HWZ 5.2h, PPB 72%
Sormodren *Tbl. 4mg*	**Parkinson-Syndrom, medikamentös bedingte extrapyramidale Symptomatik:** ini 1 x 2mg p.o., Erh.Dos. 6-12mg/d in 2-3ED; **Hyperhidrosis:** ini 2mg/d, Erh.Dos. 4-8mg/d
Procyclidin Rp	HWZ 12h
Osnervan *Tbl. 5mg*	**Parkinson-Syndrom, medikamentös bedingte extrapyramidale Symptomatik:** ini 3 x 2.5mg p.o., alle 2-3d um 2.5-5mg steigern, Erh.Dos. 3 x 5-10mg
Trihexyphenidyl Rp	HWZ 8.6h
Artane *Tbl. 2, 5mg* **Parkopan** *Tbl. 2, 5mg*	**Parkinson-Syndrom:** ini 1mg/d p.o., dann tgl. um 1mg ↑, Erh.Dos. 6-16mg/d p.o. in 3-4ED, max. 16mg/d; **medik. bed. extrapyramidale Symptomatik:** 2-16mg/d p.o. in 1-4ED; Pat. > 60J: 50%

12.2.6 Glutamatrezeptorantagonisten

Wm: indirekt agonistische Wi am striatalen Dopaminrezeptor; Hemmung der NMDA-Rezeptor-vermittelten Freisetzung von Acetylcholin;
Wi: Beeinflussung v.a. von Akinesie und Rigor (s. auch Virustatika → 268);
UW: Schwindel, Schlafstörungen, motorische und psychische Unruhe, Harnretention bei BPH, Livedo reticularis, Übelkeit, Mundtrockenheit, orthostat. Dysregulation;
KI: bek. Überempf., schwere Herzinsuff. (NYHA IV), Kardiomyopathien, Myokarditis, AV-Block II-III°, Bradykardie (< 55/min), Long-QT-Syndrom oder erkennbare U-Welle oder QT-Syndrom in Familienanamnese, anamnestisch schwerwiegende ventrikuläre Arrhythmien (inkl. Torsade de pointes), Hypokaliämie, Hypomagnesiämie, gleichzeitige Therapie mit Budipin oder anderen QT-verlängernden Medikamenten

Amantadin Rp	HWZ 10-30h, Q0 0.1, PPB 67%, PRC C, Lact -
Amantadin HEXAL *Tbl. 100, 200mg* **Amantadin-neuraxpharm** *Tbl. 100, 200mg* **PK-Merz** *Tbl. 100, 150mg;* *Inf.Lsg. 200mg/500ml* **Tregor** *Tbl. 100, 200mg*	**M. Parkinson, medikamentös bedingte extrapyramidale Symptomatik:** ini 1 x 100mg p.o., um 100mg/W steigern, Erh.Dos. 200-600mg/d in 2-3ED; 1-3 x 200mg über 3h i.v.; **DANI** CrCl 60-80: 2 x 100mg p.o.; 50-59: 100/200mg im Wechsel; 30-49: 1 x 100mg; 20-29: 200mg 2 x/W; 10-19: 100mg 3 x/W; < 10, HD: 100mg 1 x/W

12.2.7 Weitere Antiparkinsonmittel

Wm/Wi (Apomorphin): direkte Stimulation von Dopaminrezeptoren;
Wm/Wi (Dihydroergocriptin): stimuliert D2-Rez. und partiell D1-Rezeptoren;
UW (Apomorphin): Verwirrtheit, optische Halluzinationen, Sedierung, Somnolenz, Schwindel, Benommenheit, Gähnen, Übelkeit, Erbrechen, Reaktionen an Injektionsstelle;
UW (Dihydroergocriptin): Übelkeit, Magenschmerzen, Schwächegefühl, Kopfschmerzen, Schwindel, Erbrechen, Sodbrennen, Magenkrämpfe, Blutdruck ↓, orthostatische Kreislaufbeschwerden, Tachykardie, Unruhe, Ödeme, depressive Verstimmung, Schlaflosigkeit, Exantheme, Gewichtsveränd., trockener Mund;
KI (Apomorphin): bek. Überempf., Atemdepression, Demenz, Psychosen, LI, Ki. <18J;
KI (Dihydroergocriptin): bek. Überempf. gegen D. bzw. andere Mutterkornalkaloide, Kinder, Grav., Lact.; gleichzeitige Einnahme anderer Mutterkornalkaloide; Herzklappenerkrankung (bei Langzeit-Anwendung)

Apomorphin Rp	HWZ 33min
Apomorphinhydrochlorid *Inf.Lsg. 100mg/20ml* **Apomorphin-Archimedes** *Amp. 50mg/5ml* **APO-go** *Amp. 50mg/5ml; Fertigspr. 50mg/10ml, Pen 30mg/3ml* **Dacepton** *Inf.Lsg. 30mg/3ml, 100mg/20ml*	**M. Parkinson mit on-off-Phänomen:** ini 1mg s.c., ggf. alle 40min steigern bis Wi einsetzt, weiter n. Bedarf mit ermittelter Schwellendosis; Komb. mit Domperidon: 3 x 20mg, i.v.-Gabe s. FachInfo; **Abstinenzsyndrome bei Opiatabhängigen:** 3-4 x 10mg s.c., Komb. m. Etilefrin; **akute Alkoholintoxikation:** 10mg s.c./i.m., Komb. mit Etilefrin; **Auslösen von Erbrechen:** 10mg i.m., Komb. mit Etilefrin; **Schulkinder:** 0.1mg/kg s.c. + 7-10mg Etilefrin; **DANI** nicht erforderl.; **DALI:** KI

Dihydroergocriptin Rp	HWZ 10-15h, PPB 45-64%
Almirid Cripar *Tbl. 20mg*	**M. Parkinson:** Monoth.: ini 2 x 5mg p.o., nach 2W 2 x 10mg, nach 4W 2 x 20mg, ggf. weiter erhöhen um 20mg alle 2W, Erh.Dos. 30-120mg/d; Komb. mit L-Dopa: ini 2 x 5mg p.o., nach 2W 2 x 10mg, nach 4W 2 x 15mg oder 3 x 10mg, ggf. weiter erhöhen um 10mg alle 2W, Erh. Dos. 60mg/d, max. 120mg/d; **DANI** keine Angaben; **DALI** KI

12.3 Migränemittel

12.3.1 Secale-Alkaloide (Ergotamine)

Wm/Wi (Ergotamin): Vasokonstriktion v.a. durch alpha-adrenergen Agonismus, serotoninerge Wirkung; **UW** (Ergotamin): Übelkeit, Erbrechen, Diarrhoe;
KI (Ergotamin): bek. Überempf., Sepsis, zentrale Durchblutungsstörungen, periph. art. Gefäßerkrankungen, Erkrankungen an Herzkranzgefäßen, arterielle Hypertonie, schwere Leber- und Nierenfunktionsstrg., Basilaris-Migräne, familiäre hemiplegische Migräne, Phäochromozytom, Thyreotoxikose, anamnestisch medikamenteninduzierte Fibrose, Komb. mit Betablockern/Makroliden/Tetracyclinen/Vasokonstriktoren, Grav./Lakt., < 16J., > 65J.

Ergotamin Rp — HWZ 20-34h, Q0 0.5, PPB > 90%

Ergo-Kranit Migräne *Tbl. 2mg*	**Migräneanfall, vask. Kopfschmerzen:** 1 x 2mg p.o., ggf. erneut 2mg nach 4-6h; max. 4mg/d bzw. 6mg/W; **DANI, DALI** KI bei schwerer NI/LI

12.3.2 Triptane

Wm/Wi: selektive 5-HT1-Rez.-Agonisten ⇒ Vasokonstriktion; **UW** (Almotriptan): Schwindel, Somnolenz, Übelkeit, Erbrechen, Müdigkeit; **UW** (Eletriptan): Pharyngitis, Rhinitis, Schläfrigkeit, Kopfschmerz, Benommenheit, abnorme Empfindungen, Muskeltonus ↑, Hypästhesie, Myasthenie, Schwindel, Palpitationen, Tachykardie, Flush, Engegefühl im Hals, abdominelle Schmerzen, Übelkeit, Mundtrockenheit, Dyspepsie, Schwitzen, Rückenschmerzen, Myalgie, Schwächegefühl, Brustschmerzen, Frösteln; **UW** (Frovatriptan): Schwindel, Parästhesien, Kopfschmerzen, Somnolenz, Dysästhesie, Hypoästhesie, Sehstörungen, Flush, Engegefühl des Halses, Übelkeit, Mundtrockenheit, Dyspepsie, Abdominalschmerzen, Hyperhidrosis, Ermüdung, Thoraxbeschwerden; **UW** (Naratriptan): Kribbeln, Schwindel, Schläfrigkeit, Übelkeit, Erbrechen, Hitzegefühl, Unwohlsein; **UW** (Rizatriptan): Schwindel, Schläfrigkeit, Parästhesien, Kopfschmerzen, Hypästhesie, Aufmerksamkeitsstrg., Tremor, Palpitationen, Tachykardie, Hitzewallungen, Rachenbeschwerden, Atemnot, Übelkeit, Mundtrockenheit, Erbrechen, Diarrhoe, Flush, Schwitzen, Hautausschlag, Schweregefühl, Schwäche, Müdigkeit, Bauch-/Brustschmerzen; **UW** (Sumatriptan): Schwindel, Schläfrigkeit, Sensibilitätsstrg., RR ↑, Flush, Dyspnoe, Übelkeit, Erbrechen, Schweregefühl, Myalgie, Schmerzen, Hitze-/Kälte-/Druck-/Engegefühl, Schwäche, Müdigkeit; **UW** (Zolmitriptan): Sensibilitätsstrg., Schwindel, Kopfschmerzen, Schläfrigkeit, Palpitationen, abdominale Schmerzen, Übelkeit, Erbrechen, Mundtrockenheit, Muskelschwäche, Myalgien, Asthenie, Schwere-/Enge-/Druckgefühl;
KI (Almotriptan): bek. Überempfindlichkeit, ischämische Herzerkrankung, arterielle Hypertonie, anamnestisch Apoplex/TIA, periphere Gefäßkrankheit, Kombination mit Ergotamin(-derivaten)/5-HT1B1D-Agonisten, schwere Leberfunktionsstörung;
KI (Eletriptan): bek. Überempfindlichkeit, schwere Leber-/Nierenfunktionseinschränkung, arterielle Hypertonie, KHK, ischämische Herzerkrankungen (od. entsprechende Symptome), Prinzmetal-Angina, signifikante Arrhythmien oder Herzinsuffizienz, periphere Gefäßerkr., anamnestisch zerebrovaskuläre Ereignisse/TIA, Kombination mit Ergotamin(-derivaten)/ anderen 5-HT1-Rezeptor-Agonisten; **KI** (Frovatriptan): bek. Überempf., anamnestisch Myokardinfarkt, ischäm. Herzerkrankung, koronarer Vasospasmus, periphere Gefäßerkr., arterielle Hypertonie, anamnestisch zerebrovask. Ereignisse/TIA, schwere Leberinsuffizienz, Kombination mit Ergotamin(-derivaten)/anderen 5-HT1-Rezeptor-Agonisten;

KI (Naratriptan): bek. Überempfindlichkeit, zur Migräne-Prophylaxe, arterielle Hypertonie, anamnestisch Myokardinfarkt, ischäm. Herzerkrankung, koronarer Vasospasmus, periphere Gefäßerkrankung, anamnestisch zerebrovaskuläre Ereignisse/TIA, Leber-/Nierenfunktionsstörungen, Kombination mit Ergotamin(-derivaten)/anderen 5-HT1-Rezeptor-Agonisten, hemiplegische/ophtalmoplegische/Basilaris-Migräne;
KI (Rizatriptan): bek. Überempf., Kombination mit MAO-Hemmern/Ergotamin(-derivaten)/anderen 5-HT1-Rezeptor-Agonisten, schwere Leber-/Nierenfunktionseinschränkung, anamnestisch zerebrovaskuläre Ereignisse/TIA, arterielle Hypertonie, anamnestisch Myokardinfarkt, ischäm. Herzerkrankung, koronarer Vasospasmus, periphere Gefäßerkrankung;
KI (Sumatriptan): bek. Überempf., Kombination mit MAO-Hemmern/Ergotamin(-derivaten)/anderen 5-HT1-Rezeptor-Agonisten, anamnestisch Myokardinfarkt, ischäm. Herzerkrankung, koronarer Vasospasmus, periphere Gefäßerkrankung, anamnestisch zerebrovaskuläre Ereignisse/TIA, schwere Leberfunktionsstrg., arterielle Hypertonie;
KI (Zolmitriptan): bek. Überempfindlichkeit, arterielle Hypertonie, anamnestisch Myokardinfarkt, ischäm. Herzerkrankung, koronarer Vasospasmus, periph. Gefäßerkrankung, anamnestisch zerebrovaskuläre Ereignisse/TIA, schwere Nierenfunktionseinschränkung (CrCl < 15), Kombination mit Ergotamin(-derivaten)/anderen 5-HT1-Rezeptor-Agonisten

Almotriptan Rp/OTC	HWZ 3.5h
Almogran *Tbl. 12.5mg* **Almotriptan Heumann b. Migräne** *Tbl. 12.5mg* **Dolortriptan** *Tbl. 12.5mg*	**Migräneanfall:** 12.5mg p.o., ggf. Wdh. nach 2h; **DANI** bei schwerer NI max. 12.5mg/d
Eletriptan Rp	HWZ 4h, PPB 85%
Eletriptan Bluefish *Tbl. 20, 40mg* **Relpax** *Tbl. 20, 40mg*	**Migräneanfall:** 1 x 40mg p.o., ggf. Wdh. n. 2h, max. 80mg/d; **DANI** 20mg, max. 40mg/d; KI bei schwerer NI; **DALI** KI bei schwerer LI
Frovatriptan Rp	HWZ 26h, PPB ca. 15%
Allegro *Tbl. 2.5mg* **Tigreat** *Tbl. 2.5mg*	**Migräneanfall:** 2.5mg p.o., ggf. Wdh. nach 2h, max. 5mg/d; **DANI** nicht erf.; **DALI** Child C KI
Naratriptan Rp/OTC	HWZ 6h, Q0 0.5, PPB 30%, PRC C, Lact ?
Formigran *Tbl. 2.5mg* **Naratriptan A1** *Tbl. 2.5mg* **Naramig** *Tbl. 2.5mg* **Naratriptan-neuraxpharm** *Tbl. 2.5mg*	**Migräneanfall:** 1 x 2.5mg p.o., ggf. Wdh. nach 4h, max. 5mg/d; **DANI** CrCl < 15: KI; **DALI** Child C KI
Rizatriptan Rp	HWZ 2-3h, Q0 > 0.8, PPB 14%, PRC C, Lact ?
Maxalt *Tbl. 5, 10mg; Lingualtbl. 5, 10mg* **Rizatriptan-neuraxpharm** *Tbl. 5, 10mg; Lingualtbl. 5,10mg* **Rizatriptan HEXAL** *Lingualtbl. 5, 10mg*	**Migräneanfall:** 1 x 10mg p.o., ggf. Wdh. n. 2h, max. 20mg/d; Komb. mit Propranolol; **DANI** 5mg, KI bei schwerer NI; **DALI** 5mg, KI bei schwerer LI

Sumatriptan Rp	HWZ 2h, Qo 0.8, PPB 14-21%, PRC C, Lact -
Imigran *Tbl. 50, 100mg; Pen 6mg/0.5ml; Nasenspray (1 Hub = 10, 20mg)* **Sumatriptan 1A** *Tbl. 50, 100mg* **Sumatriptan beta** *Tbl. 50, 100mg* **Sumatriptan HEXAL** *Tbl. 50, 100mg* **Sumatriptan Hormosan** *Tbl. 50, 100mg; Pen 6mg/0.5ml* **Sumatriptan-ratioph.** *Tbl. 50, 100mg*	**Migräneanfall, Horton-Syndrom:** 1 x 50–100mg p.o., ggf. Wdh. nach 2h, max. 300mg/d; 6mg s.c., ggf. Wdh. nach 2h, max. 12mg/d; 20mg nasal, ggf. Wdh. nach 2h, max. 40mg/d; **12–17J:** 10mg nasal, max. 20mg/d; s.c. Anw. nicht empf.; **DANI** nicht erf.; **DALI** 25-50mg/d, KI bei schwerer LI

Zolmitriptan Rp	HWZ 2.5-3h, Qo 0.7, PPB 25%, PRC C, Lact ?
AscoTop *Tbl. 2.5, 5mg; Lingualtbl. 2.5, 5mg; Nasenspray (5mg/ED)* **Zolmitriptan HEXAL, Zolmitriptan Stada** *Tbl. 2.5, 5mg; Lingualtbl. 2.5, 5mg* **Zomig** *Tbl. 2.5mg; Lingualtbl. 2.5mg; Nasenspray (5mg/0.1ml)*	**Migräneanfall:** 1 x 2.5mg p.o., 1 x 2.5mg nasal, bei erneutem Anfall 2.5-5mg p.o./nasal, max. 10mg/d; **DANI** CrCl < 15: KI; **DALI** max. 5mg/d

S. auch Analgetika → 215–220

12.3.3 Weitere Migränemittel

Wm/Wi (Galcanezumab, Erenumab, Fremanezumab): humaner monoklonaler Antikörper, bindet an den Rez. des Calcitonin-Gene-Related-Peptide ⇒ Hemmung der Vasodilatation; **Wm/Wi** (Topiramat): genauer Wm unbekannt; antiepileptisch, Migräne-prophylaktisch; **UW** (Erenumab): Obstipation, Pruritus, Muskelspasmen, Reaktionen a.d. Injektionsstelle; **UW** (Fremanezumab): Schmerzen, Erythem, Juckreiz, Verhärtung, Exanthem a.d. Inj.-Stelle; **UW** (Galcanezumab): Obstipation, Pruritus, Schwindel, Reaktionen a.d. Injektionsstelle; **UW** (Topiramat): Gewicht ↓/↑, Anämie, Parästhesie, Somnolenz, Schwindel, Aufmerksamkeits-/Gedächtnis-/Koordinations-/Gleichgewichts-/Gangstörung, Amnesie, kognitive Störung, Konvulsion, Tremor, Lethargie, Hypästhesie, Nystagmus, Dysgeusie, Dysarthrie, Sedierung, Sehstörungen, Schwindel, Tinnitus, Ohrenschmerzen, Dyspnoe, Epistaxis, Rhinorrhoe, verstopfte Nase, Übelkeit, Erbrechen, Diarrhoe, Obstipation, Reflux, abdom. Schmerzen, Mundtrockenheit, orale Parästhesie, Nephrolithiasis, Pollakisurie, Dysurie, Alopezie, Hautausschlag, Pruritus, Arthralgie, Myalgie, Muskelspasmen, Brustschmerz, Anorexie, Appetit ↓, Nasopharyngitis, Fatigue, Fieber, Asthenie, Hypersensitivität, Depression, Angst, psychische Störungen; **KI** (Erenumab, Fremanezumab, Galcanezumab): bek. Überempf.; **KI** (Topiramat): bek. Überempf., Grav., Frauen ohne wirksame Verhütung

Galcanezumab Rp	HWZ 27d
Emgality *Pen 120mg*	**Migräne-Pro. bei mind. 4 Migräne-d/M:** ini 240mg s.c., dann 120mg alle 4W s.c.; **DANI, DALI:** leichte bis mittelschw. NI/LI 100%

Erenumab Rp	HWZ 28d
Aimovig *Pen 70, 140mg*	**Migräne-Pro. bei mind. 4 Migräne-d/M:** 70mg alle 4W s.c.; ggf. 140mg alle 4W; **DANI, DALI:** leichte bis mittelschw. NI/LI 100%

Fremanezumab Rp	HWZ 30d
Ajovy *Fertigspr. 225mg*	**Migräne-Pro. bei mind. 4 Migräne-d/M:** 225mg alle 4 W oder 675mg alle 3M s.c.; **DANI, DALI:** leichte bis mittelschw. NI/LI 100%

Topiramat Rp	HWZ 18-24h, Q0 < 0.5, PPB 13-17%, PRC C, Lact ?
Topamax *Tbl. 25, 50, 100, 200mg; Kps. 25, 50mg* **Topiramat Migräne Stada** *Tbl. 25, 50, 100mg*	**Migräne-Pro.:** ini 1 x 25mg p.o., alle 1-2W um 25mg steigern, Erh.Dos. 50-100mg/d
S. auch Antiepileptika → 322	

12.4 Muskelrelaxantien

12.4.1 Peripher wirksame Muskelrelaxantien

Wm/Wi (Chininsulfat): Refraktärzeit ↑, Erregbarkeit an mot. Endplatte ↓, Beeinflussung der Verteilung von Kalzium in Muskelfaser ⇒ Häufigkeit und Intensität von Muskelkrämpfen ↓; **Wm/Wi** (Clostridium-Toxine): spezif. Bindung an präsynapt. Akzeptor cholinerger Nervenenden, Blockierung der Acetylcholinfreisetzung; **Wm/Wi** (Dantrolen): Interferenz mit Kalziumfreisetzung aus sarkoplasmatischem Retikulum ⇒ entkoppelt Nervenreiz und Kontraktion des Skelettmuskels; **Wm/Wi** (Mexiletin): Blockade von Natriumkanälen, wirkt relaxierend auf Muskelfasern, die wiederholten Entladungen ausgesetzt sind;
UW (Chininsulfat): keine häufigen/sehr häufigen UW;
UW (Clostridium-Toxin A): Oberlidptosis, Keratitis punctata, Lagopthalmus, trockenes Auge, Photophobie, Augenreizung, Zunahme Lakrimation, Ekchymose, Irritationen, Gesichtsödem, Rhinitis, Infektion der oberen Atemwege, Schwindel, Muskelhypertrophie, Hypoästhesie, Somnolenz, Kopfschmerzen, Dysphagie, Mundtrockenheit, Übelkeit, Rigor, Schmerz, Asthenie, grippeähnliche Symptome, Virusinfektion, Ohrinfektion, Somnolenz, Gangstrg., Parästhesie, Myalgie, Harninkontinenz, Stürze, Hitzewallungen, Hyperhidrosis, Pruritus, Alopezie, Harnweginfekt, Dysurie, Harnverhalt, Pollakisurie, Insomnie, Obstipation;
UW (Clostridium-Toxin B): Mundtrockenheit, Kopfschmerzen, Dysphagie, Torticollis, Geschmacksveränderungen, Veschwommensehen, Dysphonie, Dysphagie, Verdauungsstrg, Myasthenie, Schmerzen an Injektionsstelle, Nackenschmerzen, grippeähnl. Symptome;
UW (Dantrolen): Kopfschmerz, Sprachstörungen, Krampfanfälle, Appetitlosigkeit, Bauchkrämpfe, Übelkeit, Erbrechen, Leberwerte ↑, Hautausschlag, Akne, Muskelschwäche, Schüttelfrost, Fieber; **UW** (Mexiletin): Schlaflosigkeit, Somnolenz, Müdigkeit, Kopfschmerz, Parästhesie, verschwommenes Sehen, Schwindel, Tachykardie, Hautrötung, Hypotonie, Bauchschmerzen, Akne, Gliederschmerzen, Asthenie, Brustbeschwerden, Unwohlsein;
KI (Chininsulfat): bek. Überempf., Grav., Glucose-6-Phosphat-Dehydrogenase-Mangel, Myasthenia gravis, bek. Ohrgeräusche, Sehnervschädigungen, Hypokaliämie, Bradykardie, klinisch relevante HRST, Herzinsuff. NYHA IV, Long-QT-Syndrom (oder familienanamnest.), erworbene QT-Zeit-Verlängerung; Kombin. mit Medikamenten, die Torsades de pointes hervorrufen oder QT-Intervall verlängern; **KI** (Clostridium-Toxin A): bek. Überempf., Inf. an Injektionsstelle; bei Behandlung v. Blasenfunktionsstörung: Harnweginfekt, akuter Harnverhalt; **KI** (Clostridium-Toxin B): bek. Überempf., neuromuskuläre Erkr.;
KI (Dantrolen): bek. Überempf., Lebererkr., Lungenfkt. ↓, schwere Herzmuskelschäden, Grav./Lakt.;

KI (Mexiletin): bek. Überempf., Überempf. gegen Lokalanästhetika, ventrik. Tachyarrhythmie, AV-Block, Schenkelblock, bi- und trifaszikulärer Block, Myokardinfarkt (akut oder in der Vorgeschichte) oder anormale Q-Zacken, symptomatische KHK, Herzinsuffizienz mit EF < 50%; atriale Tachyarrhythmie, Vorhofflimmern oder -flattern, Sinusknoten-Dysfunktion (inkl. Sinusfrequenz < 50/min); gleichzeitige Anw. von Arzneimitteln, die Torsades de Pointes induzieren; gleichzeitige Anw. von Arzneimitteln mit geringer therapeutischer Breite

Chininsulfat Rp	
Limptar N *Tbl. 200mg*	**Nächtliche Wadenkrämpfe:** 1-2 x 200mg p.o.; **DANI** nicht erf.
Clostridium-botulinum-Toxin Typ A Rp/Rp-L	
Azzalure *Inj.Lsg. 10 E* **Bocouture** *Inj.Lsg. 50 E* **Botox** *Inj.Lsg. 50, 100, 200E* **Dysport** *Inj.Lsg. 500E* **Vistabel** *Inj.Lsg. 50E* **Xeomin** *Inj.Lsg. 100E*	**Blepharospasmus:** ini 1.25-2.5E i.m., max. 5E/Inj.Stelle bzw. max. 25E/Auge, Wdh. nach 12W, max. Gesamtdosis 100E/12W; **zervikale Dystonie:** max. 50E/Inj.Stelle bzw. max. 100E in den M. sternocleidomastoideus bzw. max. 300E/Behandlung, Wdh. nach 12W; s. auch FachInfo; **Faltenbehandlung der Glabella:** Erw. < 65J: 50E Gesamtdosis; **fokale Spastizität bei infantiler Zerebralparese bzw. n. Schlaganfall, prim. Hyperhidrosis axillaris, idiopathische überaktive Blase, Harninkontinenz bei neurogener Detrusorhyperaktivität, chronische Migräne:** s. FachInfo
Clostridium-botulinum-Toxin Typ B Rp	Wirkdauer: 4-16W
NeuroBloc *Inj.Lsg. 2500E/0.5ml, 5000E/1ml, 10000E/2ml*	**Zervikale Dystonie:** 10000E i.m.
Dantrolen Rp	HWZ 8.7h, Q0 0.95, PPB 90%, PRC C, Lact ?
Dantamacrin *Kps. 25, 50mg* **Dantrolen IV** *Inj.Lsg. 20mg/60ml*	**Spastik der Skelettmuskulatur:** W1: 2 x 25mg p.o., W2: 4 x 25mg, W3: 3 x 50mg, W4: 4 x 50mg; **Ki. > 5J:** ini 1mg/kg/d, W1: 1 x 25mg p.o., W2: 2 x 25mg, W3: 3 x 25mg; **maligne Hyperthermie:** 2.5mg/kg i.v., Infusion fortsetzen, so lange Hyperthermie anhält; Gesamtdosis ca. 10mg/kg/d
Mexiletin Rp	HWZ 10h, PPB 50%
Namuscla *Kps. 167mg*	**Nicht-dystrophe myotonische Erkr.:** ini 1 x 167mg p.o., ggf. nach 1W 2 x 167mg, nach 2W 3 x 167mg; **DANI** leichte bis mittel schwere NI: 100%; schwere NI: Anw. nicht empf.; **DALI** leichte bis mittelschwere LI: vorsicht. Anw.; schwere LI: Anw. nicht empf.

12.4.2 Zentral wirksame Muskelrelaxantien (Myotonolytika)

Wm/Wi (Baclofen): Verstärkung der präsynaptischen Hemmung ⇒ Dämpfung der Erregungsübertragung ⇒ spastischer Muskeltonus und pathologische Massenreflexe ↓;
Wm (Methocarbamol): Hemmung der polysynaptischen Reflexleitung im Rückenmark und subkortikalen Zentren; **Wm/Wi** (Orphenadrin): spezifische Blockade des Förderzentrums in Formatio reticularis ⇒ Entspannung des pathologisch erhöhten Muskeltonus;
Wm/Wi (Pridinol): Hemmung der Rezeptor-vermittelten Reizleitung in spinalen Motoneuronen ⇒ Muskeltonus im Ruhezustand ↓; **Wm/Wi** (Tizanidin): Stimulation präsynaptischer Alpha-2-Rezeptoren ⇒ Hemmung der polysynaptischen Signalübertragung ⇒ Reduktion des Muskeltonus; **Wm/Wi** (Tolperison): genauer Wm unbekannt; membranstabilisierend, Reduktion des Einstroms von Natrium durch isolierte Nervenmembranen, inhibitorisch auf spannungsabhängige Kalziumkanäle;
UW (Baclofen): Depression, Euphorie, Halluzinationen, Verwirrtheit, Alpträume, Schläfrigkeit, Sedation, Müdigkeit, Benommenheit, Tremor, Ataxie, Kopfschmerzen, Schwindel, Schlafstörungen, Atemdepression, Nystagmus, Akkommodationsstrg., Sehstrg., Palpitationen, abnehmende Herzleistung, Hypotonie, Übelkeit, Erbrechen, Mundtrockenheit, Diarrhoe, Obstipation, Magen-Darm-Störungen, Blasenentleerungsstörungen, Exantheme, Hyperhidrosis, Muskelschmerzen;
UW (Methocarbamol): keine häufigen/sehr häufigen UWs; **UW** (Orphenadrin): Müdigkeit, Schwindel, Übelkeit, Brechreiz, Sehstörungen; **UW** (Pridinol): keine häufigen/sehr häufigen UWs;
UW (Tizanidin): Benommenheit, Müdigkeit, Schwindel, Brady-/Tachykardie, Blutdruckabfall, Rebound-Hypertonie, Mundtrockenheit, Übelkeit, gastrointestinale Störungen;
UW (Tolperison): keine häufigen/sehr häufigen UWs;
KI (Baclofen): bekannte Überempf. gegen Wirkstoff oder Weizenstärke, zerebrale Anfallsleiden, terminale Niereninsuff., Behandlung von Spastizität bei Erkrankungen des rheumathischen Formenkreises, Parkinsonismus oder aufgrund peripherer Verletzungen;
KI (Methocarbamol): bek. Überempf., Grav./Lakt., (prä-)komatöse Zustände, ZNS-Erkrankungen, Myasthenia gravis, Ki. < 12J.; **KI** (Orphenadrin): bek. Überempf., Myasthenia gravis, < 16J.;
KI (Pridinol): bek. Überempf., Glaukom, Prostatahypertrophie, Harnverhalt, Obstruktionen im Magen-Darm-Trakt, Herzrhythmusstrg., Grav. (1.Trim.);
KI (Tizanidin): bek. Überempf., stark eingeschränkte Leberfkt., Komb. mit starken CYP1A2-Hemmern (z.B. Fluvoxamin, Ciprofloxacin);
KI (Tolperison): bek. Überempf., Myasthenia gravis, Lakt.

Baclofen Rp	HWZ 3.5h, Qo 0.3, PPB 20-41%, PRC C, Lact +
Baclofen-neuraxpharm *Tbl. 10, 25mg* **Baclofen-ratioph.** *Tbl. 10, 25mg* **Lioresal** *Tbl. 5, 10, 25mg; Amp. 10mg/5ml, 10mg/20ml*	**Spastische Syndrome:** ini 3 x 5mg p.o., um 5mg/ED steigern je nach Wi, Erh.Dos. 30-75mg/d, max. 120mg/d; **Ki.:** ini 4 x 2.5mg p.o., langsam steigern, **< 10J:** max. 0.75-2mg/kg/p.o.; **> 10J:** 2.5mg/kg/d; intrathekal: Erh.Dos. 300-800µg/d; **DANI** KI bei terminaler NI

Methocarbamol Rp	HWZ 0.9-2h, PRC C, Lact +
Dolovisano Methocarbamol *Tbl. 750mg* **Methocarbamol-neuraxph.** *Tbl.750mg* **Ortoton** *Tbl. 750, 1500mg; Amp. 1g/10ml*	**Verspannung und Spasmen der Skelettmuskulatur:** ini 4 x 1.5g p.o., dann 3 x 1.5g; 1-3g langsam i.v.

Orphenadrin Rp	HWZ 14h, Q0 0.9, PPB 90%
Norflex *Tbl. 100(ret.)mg; Amp. 60mg/2ml*	**Skelettmuskelspasmen untersch. Genese:** 2 x100mg (ret.) p.o., max. 400mg/d p.o.; 60mg langsam i.v./i.m, ggf. Wdh. nach 8-12h

Pridinol Rp	HWZ 4h
Myditin *Tbl. 3mg* **Myopridin** *Inj.Lsg. 1.5mg/1ml; Tbl. 3mg*	**Zentrale und periphere Muskelspasmen, Lumbalgie, Torticollis, allgemeine Muskelschmerzen:** 1-3 x 1.5mg i.m.; 3 x 1.5-3mg p.o.; **DANI, DALI** vorsichtige Anw. bei schw. NI, LI

Tizanidin Rp	HWZ 2.5h, Q0 1.0, PPB 30%, PRC C, Lact ?
Sirdalud *Tbl. 2, 4, 6mg* **Tizanidin Teva** *Tbl. 2, 4, 6mg*	**Spasmen, schmerzhafte Muskelverspannungen:** ini 3 x 2mg p.o., alle 4-7d um 2-4mg/d steigern, Erh.Dos. 12-24mg/d in 3-4ED, max. 36mg/d; **DANI** CrCl < 25: ini 2mg/d, dann langsame Dosissteigerung; **DALI** KI bei schwerer LI

Tolperison Rp	HWZ 2.5h, Q0 1.0
Mydocalm *Tbl. 50mg* **Tolperison HEXAL** *Tbl. 50mg* **Tolperison Stada** *Tbl. 50, 150mg*	**Spastizität n. Schlaganfall:** 3 x 50-150mg p.o.; **Ki <15J:** nur in Ausnahmefällen, strenge Indikationsstellung; **DANI/DALI** schwere NI/LI Anw. nicht empf.

12.5 Cholinergika

Wm/Wi: Hemmung der Cholinesterase ⇒ Acetylcholinkonzentration ↑ im synaptischen Spalt ⇒ Parasympathikotonus ↑, Tonus der quergestreiften Muskulatur ↑;
UW (Bethanecholchlorid): verstärkte Speichel- u. Schweißbildung, Hypothermie, Bradykardie, Blutdruckabfall, Diarrhoe, verstärkter Harndrang, Hautrötung, Miliaria cristallina;
UW (Distigmin): Diarrhoe, Nausea, Erbrechen, verstärkte Salivation, Bradykardie, Schweißausbrüche, Miosis, Tränenfluss; **UW** (Neostigmin): Bradykardie;
UW (Pyridostigmin): zahlreiche UW ohne Häufigkeitsangabe;
KI (Bethanecholchlorid): bek. Überempf., Asthma bronchiale, Hypotonie, Hypertonie, Bradykardie, KHK, AV-Überleitungsstörungen, Epilepsie, Parkinsonismus; externe Detrusor-Sphinkter-Dyssynergie, wenn nicht zugleich eine effektive Relaxation des Sphinkter externus vorhanden ist; kürzlich erfolgte gastrointestinale Operationen, mechanischer Ileus oder andere Obstruktionen im Harn- bzw. Gastrointestinaltrakt, Hyperthyreose, ausgeprägter Vagotonus, Peritonitis, Ulkuskrankheit; **KI** (Distigmin): bek. Überempf., Obstruktionsileus, Stenosen/Spasmen des Darmtrakts, der Gallen- oder Harnwege, Myotonie, Asthma bronchiale, Iritis, Parkinsonismus, Thyreotoxikose, postoperative Schock- und Kreislaufkrisen, Lakt.; **KI** (Neostigmin): bek. Überempf., Obstruktionsileus, Stenosen oder Spasmen des Darmtraktes, der Gallen- oder Harnwege, Myotonie, Parkinsonismus, Kombination mit depolarisierenden Muskelrelaxantien, Iritis, Asthma bronchiale, Hyperthyreose, postoperative Schock- und Kreislaufkrisen; **KI** (Pyridostigmin): bek. Überempf., mechanische Verschlüsse der Verdauungs-/Harnwege, Asthma bronchiale, Iritis, Lakt.

Bethanecholchlorid Rp	
Myocholine-Glenwood *Tbl. 10, 25mg*	**Postop. Blasenatonie:** bis 4 x 25-50mg p.o.
Distigmin Rp	HWZ 65-69h
Ubretid *Tbl. 5mg; Amp. 0.5mg/1ml*	**Postoperative Darm-/Blasenatonie:** 0.5mg i.m., ggf. steigern auf 0.01mg/kg; **neurogene Blasenstrg.:** 1 x 5mg p.o., 0.5mg i.m. alle 3-4d; Erh.Dos. 5mg p.o. alle 2-3d; **Myasthenia gravis:** W1: 1 x 5mg p.o., W2: 1 x 7.5mg, ab W3: 1 x 10mg; 0.5-0.75mg i.m. alle 2d
Neostigmin Rp	HWZ 24-80min, Q0 0.45, PRC C, Lact +
Neostig Carino *Amp. 0.5mg* **Neostigmin Rotexmedica** *Amp. 0.5mg/1ml*	**Antagonisierung nichtdepolarisierender Muskelrelaxantien:** 0.5-2mg i.v., ggf. bis 5mg **Ki. < 20kg:** 50µg/kg i.v.; **Myasth. gravis:** mehrmals tgl. 0.5mg s.c./i.m
Pyridostigmin Rp	HWZ 1.7h, Q0 0.2, PRC C, Lact +
Kalymin *Tbl. 10, 60, 180(ret.)mg; Amp. 5mg/1ml* **Mestinon** *Tbl. 10, 60, 180(ret.)mg; Amp. 25mg/5ml*	**Darm-/Blasenatonie:** 60mg p.o. alle 4h; 1-2mg alle 4-6h i.m. für 2d; **paralytischer Ileus: Sgl.:** 10mg p.o. alle 4h für 2d; 0.5mg/4h i.m. für 2d; **Klein-/Schulki.:** 20-30mg p.o. alle 4h für 2d; 1mg/4h i.m. für 2d; **Myasthenia gravis:** 2-4 x 60-180mg p.o.; 2 x 180-540mg (ret.) p.o.; 1-5mg/d i.m./s.c.; **Antagonisierung nichtdepolarisierender Muskelrelaxantien:** 5mg i.v., bei Überdosierung des Relaxans bis zu 10-20mg langsam i.v.

12.6 Antidementiva

Wm/Wi (Donepezil, Galantamin, Rivastigmin): spezifische und reversible Hemmung der zerebralen Cholinesterase ⇒ Verbesserung der kognitiven Fähigkeiten; **Wm/Wi** (Memantin): spannungsabhängiger NMDA-Rezeptorantagonist ⇒ Regulierung toxisch erhöhter Glutamatkonzentrationen; **Wm/Wi** (Nicergolin): Alpha-Rezeptor-Blockade ⇒ antagonistisch auf endogene und exogene Katecholamine; **Wm/Wi** (Nimodipin): Kalziumantagonist mit guter Passage der Blut-Hirn-Schranke ⇒ Stabilität und Funktionsfähigkeit von Nervenzellen ↑; **Wm/Wi** (Piracetam): zerebrale Durchblutung ↑, der Sauerstoffumsatzrate und der Glukoseumsatzrate in primär ischämisch geschädigten Hirnarealen; **UW** (Donepezil): Übelkeit, Diarrhoe, Appetitlosigkeit, Muskelkrämpfe, Müdigkeit, Erbrechen, Schlaflosigkeit, Kopfschmerzen, Schmerzen, Unfälle, Erkältungen, Magen-Darm-Beschwerden, Schwindel, Halluzinationen, Erregungszustände, aggressives Verhalten, abnormale Träume, Synkope, Juckreiz, Exanthem, Harninkontinenz; **UW** (Galantamin): Appetit ↓, Anorexie, Halluzination, Depression, Schwindel, Somnolenz, Synkope, Tremor, Kopfschmerz, Lethargie, Bradykardie, Hypertonie, Erbrechen, Übelkeit, Abdominalschmerz, Diarrhoe, Dyspepsie, Hyperhidrosis, Muskelkrämpfe, Müdigkeit, Asthenie, Malaise, Gewicht ↓, Stürze;

UW (Memantin): Schwindel, Gleichgewichtsstrg., Kopfschmerzen, Verstopfung, Dyspnoe, Schläfrigkeit, Hypertonus, Arzneimittelüberempfindlichkeitsreaktionen, Leberwerte ↑; **UW** (Nicergolin): Schlaflosigkeit, Müdigkeit, Kopfdruck, Rötungen, Hitzegefühl; **UW** (Nimodipin): Blutdrucksenkung, Übelkeit; **UW** (Piracetam): Nervosität, Aggressivität, Schlafstrg., Hyperkinesie, Gewicht ↑, psychomotor. Aktivität ↑, depressive Verstimmung, Angst, GI-Beschwerden; **UW** (Rivastigmin): Appetitlosigkeit, Agitiertheit, Verwirrtheit, Angst, Schwindel, Kopfschmerzen, Somnolenz, Tremor, Übelkeit, Erbrechen, Diarrhoe, abdominale Schmerzen, Dyspepsie, Hyperhidrosis, Müdigkeit, Asthenie, Unwohlsein, Gewicht ↓, Appetit ↓, Dehydratation, Schlaflosigkeit, visuelle Halluzinationen, Depression, Aggression, Dyskinesie, Hypokinesie, Verschlechterung einer Parkinson-Erkrankung, Bradykardie, Hypertonie, Hypersalivation, Stürze, Gangstrg.;
KI (Donepezil, Memantin, Nimodipin): bek. Überempf.; **KI** (Galantamin): bek. Überempf., schwere Leber-/Nierenfktsstrg.; **KI** (Nicergolin): bek. Überempf. gegen Mutterkornalkaloide, frischer MI, akute Blutungen, Bradykardie (< 50/min), Kollapsneigung, orthostat. Dysregulation, Kombin. mit Alpha-/Beta-Rezeptor-stimul. Sympathomimetika, Grav./Lakt.; **KI** (Piracetam): bek. Überempf., zerebrale Blutungen, Chorea Huntington, terminale NI; **KI** (Rivastigmin): bek. Überempf., allerg. Kontaktdermatitis mit Rivastigmin-Pflastern

Donepezil Rp	HWZ 70h, Q0 0.95, PPB 95%, PRC C, Lact ?
Aricept *Tbl. 5, 10mg* **Donepezil HEXAL** *Tbl. 5, 10mg; Lingualtbl. 5, 10mg* **Yasnal** *Lingualtbl. 5, 10mg*	**Alzheimer-Demenz:** 1 x 5mg p.o. z.N., nach 4W evtl. 1 x 10mg; **DANI** nicht erforderlich

Galantamin Rp	HWZ 7-8h, PPB 18%
Galantamin HEXAL *Kps. 8(ret.), 16(ret.), 24(ret.)mg; Lsg. (1ml = 4mg)* **Galnora** *Kps. 8(ret.), 16(ret.), 24(ret.)mg* **Reminyl** *Kps. 8(ret.), 16(ret.), 24(ret.)mg; Lsg. (1ml = 4mg)*	**Alzheimer-Demenz:** Kps. (ret.): ini morgens 1 x 8mg, nach 4W 1 x 16mg, evtl. nach 8W 1 x 24mg; Lsg.: 2 x 4mg p.o., nach 4W 2 x 8mg, evtl. nach 8W 2 x 12mg; **DANI** CrCl > 9: 100%; < 9: KI; **DALI** KI bei Child-Pugh > 9

Memantin Rp	HWZ (60-100)h, PPB 45%
Axura *Tbl. 10, 20mg; Lsg. (5mg/Pumpenhub)* **Ebixa** *Tbl. 10, 20mg; Lsg. (5mg/Pumpenhub)* **Memando** *Tbl. 10, 20mg* **Memantin-neuraxpharm** *Tbl. 5, 10, 15, 20mg; Lingualtbl. 10, 20mg; Gtt. (20Gtt. = 10mg)* **Memantin Hennig** *Tbl. 10, 20mg*	**Alzheimer-Demenz:** W1: 1 x 5mg p.o., W2: 1 x 10mg p.o., W3: 1 x 15mg p.o., ab W4: 1 x 20mg p.o.; **DANI** CrCl 40-60: 10mg/d; **DALI** Child A, B: 100%; C: Anw. nicht empf.

Nicergolin Rp	HWZ 7.3h, PPB 82-87%
Ergobel *Tbl. 30mg* **Nicergolin-neuraxpharm** *Tbl. 10, 30mg*	**Hirnleistungsstrg. im Alter:** 20-30mg/d, max. 60mg/d

Nimodipin Rp	HWZ 8-9h, Q0 1.0, PPB 98%, PRC C, Lact ?
Nimodipin Carino *Inf.Lsg. 10mg/50ml* **Nimodipin HEXAL** *Tbl. 30mg* **Nimotop** *Tbl. 30mg; Inf.Lsg. 10mg/50ml*	**Hirnleistungsstrg. im Alter:** 3 x 30mg p.o.; **Vasospasmen nach Subarachnoidalblutung:** ini 15µg/kg/h i.v., nach 2h 30µg/kg/h

Piracetam Rp	HWZ 4.5-5.5h, Qo 0.02, PPB 15%
Cebrotonin *Tbl. 800mg* **Nootrop** *Tbl. 800mg; 1200 mg; Amp. 3g/15ml; Inf.Lsg. 12g/60ml* **Piracetam-neuraxpharm** *Tbl. 800mg; 1200 mg; Lsg. (800mg/2.4ml); Btl. 2.4g; Inf.Lsg. 12g/60ml* **Piracetam-ratioph.** *Tbl. 800, 1200mg* **Piracetam Stada** *Tbl. 800, 1200mg*	**Dementielles Syndrom:** 2-3 x 2.4g/d, max. 3 x 4.8g/d; 3-12g i.v.; **postkommotionelles Syndrom:** 2-3 x 2.4g/d, bei Bedarf 3 x 4.8g/d; **postanoxisches Myoklonus-Syndrom:** ini 2 x 3.2g, dann alle 3d um 4.8g steigern, max. 24g/d p.o.; ini bis 12g/d i.v., nach 1-2W Dosisreduktion u. auf orale Ther. umstellen; **DANI** Krea (mg/dl) bis 3: 50%; 3-8: 12.5-25%; HD: 100%

Rivastigmin Rp	HWZ 1h, Qo 1.0, PPB 40%, PRC B, Lact
Exelon *Kps. 1.5, 3, 4.5, 6mg; TTS 4.6, 9.5, 13.3mg/24h; Lsg. (1ml = 2mg)* **Nimvastid** *Kps. 1.5, 3, 4.5, 6mg* **Rivastigmin HEXAL** *Kps. 1.5, 3, 4.5, 6mg; TTS 4.6, 9.5, 13.3mg/24h; Lsg. (1ml = 2mg)* **Rivastigmin-neuraxph.** *Kps. 1.5, 3, 4.5, 6mg; TTS 4.6, 9.5,13.3mg/24h* **Rivendo** *TTS 4.6, 9.5mg/24h*	**Alzheimer-Demenz:** ini 2 x 1.5mg/d p.o., nach 2W 2 x 3mg, je nach Verträglichkeit alle 2W um 2 x 1.5mg steigern bis 2 x 6mg; TTS: ini 4.6mg/24h, Pflaster tgl. wechseln, bei guter Verträglichkeit nach 4W steigern auf 9.5mg/24h; ggf. nach weiteren 6W steigern auf 13.3mg/24h; **DANI** nicht erf.

12.7 Kaliumkanalblocker

Wm/Wi: Blockierung der Kaliumkanäle ⇒ verlängerte Repolarisation und verstärkte Aktionspotenzialbildung in demyelinisierten Axonen; **UW:** Harnweginfekt, Schlaflosigkeit, Angst, Schwindel, Kopfschmerzen, Gleichgewichtsstrg., Parästhesie, Tremor, Dyspnoe, pharyngolaryngeale Schmerzen, Übelkeit, Erbrechen, Obstipation, Dyspepsie, Rückenschmerzen, Asthenie; **KI:** bek. Überempf., gleichz. Beh. mit Fampridin-haltigen Arzneimitteln, Krampfanfälle, Krampfanfälle in der Anamnese, NI (CrCl < 80), gleichzeitige Anwendung von Cimetidin

Fampridin Rp	HWZ 6h, PPB 7%
Fampyra *Tbl. 10(ret.)mg*	**MS mit Gehbehinderung:** 2x10mg (ret.) p.o. **DANI** CrCl < 80: KI; **DALI** nicht erf.

12.8 Cannabinoide

Wm/Wi: Agonismus an Cannabinoidrezeptoren ⇒ Verbesserung der Motorik durch Linderung der Steifigkeit in Extremitäten; **UW:** Schwindel, Müdigkeit, Anorexie, reduzierter oder erhöhter Appetit, Depression, Desorientierung, Dissoziation, euphorische Stimmung, Amnesie, Gleichgewichtsstrg., Aufmerksamkeitsstrg., Dysarthrie, Dysgeusie, Lethargie, Gedächtnisstrg., Schläfrigkeit, verschwommenes Sehen, Obstipation, Diarrhoe, Mundtrockenheit, Glossodynie, Mundschleimhautaphten, Nausea, Erbrechen, Unbehagen/Schmerzen in der Mundhöhle, Trunkenheitsgefühl, Indisposition, Sturz; **KI:** bek. Überempf., Lakt., bek./vermutete Anamnese/Familienanamnese von Schizophrenie oder einer anderen psychotischen Krankheit, Anamnese einer schweren Persönlichkeitsstrg. oder einer anderen erheblichen psychiatrischen Störung mit Ausnahme einer Depression, bedingt durch die zugrunde liegende Erkrankung

Tetrahydrocannabinol + Cannabidiol Rp	HWZ 2-9h, PPB 97%
Sativex *Spray 2.7+2.5mg/Hub*	**Multiple Sklerose mit mittelschwerer bis schwerer Spastik:** ini 1 Hub in die Mundhöhle, bei Bedarf um 1 Hub/d steigern bis max. 12 Hub/d, aufgeteilt in 2ED; **DANI, DALI** keine Daten

12.9 Selektive Immunsuppressiva

Wm/Wi (Alemtuzumab): monoklonaler AK ⇒ bindet an CD52 von T- und B-Lymphozyten ⇒ antikörperabhängige, zellvermittelte Zytolyse und komplementvermittelte Lyse; **Wm/Wi** (Dimethylfumarat): genauer Wm nicht vollständig bekannt; Aktivierung des Nuclear factor (erythroid-derived 2)-like 2-Transkriptionswegs ⇒ Hochregulierung antioxidativer Gene ⇒ immunmodulatorisch, entzündungshemmend; **Wm/Wi** (Fingolimod): funktioneller Antagonist an Sphingosin-1-Phosphat-Rezeptoren ⇒ blockiert Migration von Lymphozyten ⇒ Infiltration pathogener Lymphozyten im ZNS ↓ ⇒ neuronale Entzündung ↓, Zerstörung von Nervengewebe ↓; **Wm/Wi** (Glatirameracetat): Polymer aus 4 AS mit spezifischen immunmodulatorischen Eigenschaften ⇒ Erhöhung der Zahl spezifischer Supressorzellen, die antiinflammatorische Zytokine sezernieren; **Wm/Wi** (Natalizumab): bindet spezifisch an ein Integrin auf Leukozytenoberfläche ⇒ Hemmung der transendothelialen Migration von Leukozyten in entzündliches Gewebe; **Wm/Wi** (Ocrelizumab): monoklonaler AK, der an CD-20-B-Zellen bindet; Immunmodulation durch Depletion CD-20-exprimierender Zellen; **Wm/Wi** (Ozanimod, Siponimod): funktioneller Antagonist am Sphingosin-1-Phosphat-Rez. der Lymphozyten ⇒ Rezirkulation von T-Zellen in das ZNS ↓ ⇒ Entzündungshemmung; **Wm/Wi** (Teriflunomid): selekt. und reversible Hemmung der Dihydroorotat-Dehydrogenase ⇒ blockiert die Prolif. sich teilender Zellen ⇒ immunmodulatorisch, entzündungshemmend; **UW** (Alemtuzumab): Infektion der oberen/unteren Atemwege, Harnweginfektion, Herpes zoster, Gastroenteritis, oraler Herpes, orale Candidose, vulvovaginale Candidose, Grippe, Ohreninfektion, Lymphopenie, Leukopenie, Lymphadenopathie, Zytokin-Freisetzungs-Syndrom, Basedow-Krankheit, Hyperthyreose, Immunthyreoiditis, Hypothyreose, Struma, pos. Schilddrüsen-Antikörpertest, Schlaflosigkeit, Ängstlichkeit, Kopfschmerz, MS-Schub, Schwindel, Hypoästhesie, Parästhesie, Tremor, Geschmacksstörung, verschwommenes Sehen, Vertigo, Tachykardie, Bradykardie, Palpitationen, Hitzegefühl, Hypotonie, Hypertonie, Dyspnoe, Husten, Epistaxis, Schmerzen im Oropharynx, Übelkeit, Abdominalschmerz, Erbrechen, Diarrhoe, Dyspepsie, Stomatitis, Urtikaria, Ausschlag, Pruritus, Erythem, Ekchymose, Alopezie, Hyperhidrose, Akne, Myalgie, Muskelschwäche, Arthralgie, Rückenschmerzen, Schmerz in der unteren Extremität, Muskelspasmen, Nackenschmerzen, Proteinurie, Hämaturie, Pyrexie, Ermüdung, Beklemmungsgefühl in der Brust, Schüttelfrost, periphere Ödeme, Asthenie, Unwohlsein, Schmerzen an der Infusionsstelle, Prellung; **UW** (Dimethylfumarat): Gastroenteritis, Lymphopenie, Leukopenie, brennende Schmerzen, Hitzegefühl, Hitzewallung, Diarrhoe, Übelkeit, Abdominalschmerz, Erbrechen, Dyspepsie, Gastritis, Gastrointestinale Erkrankung, Pruritus, Ausschlag, Erythem, Proteinurie, Ketonurie, Albuminurie, Erhöhung von GOT/GPT; **UW** (Fingolimod): Influenza, Herpesinfektion, Bronchitis, Sinusitis, Gastroenteritis, Tineainfektion, Lympho-/Leukopenie, Depression, Kopfschmerzen, Schwindel, Migräne, Parästhesie, Verschwommensehen, Augenschmerzen, Bradykardie, AV-Block, Hypertonie, Dyspnoe, Husten, Diarrhoe, Ekzem, Pruritus, Alopezie, Rückenschmerzen, Asthenie, Leberwerte ↑, Gewicht ↓;

UW (Glatirameracetat): Infektionen, grippeähnl. Symptome, Neoplasma, Lymphadenopathie, Überempfindlichkeitsreaktionen, Anorexie, Gewicht ↑, Angst, Depression, Nervosität, Kopfschmerzen, Dysgeusie, Rigor, Sprachstrg., Synkope, Tremor, Diplopie, Funktionsstrg. der Augen/Ohren, Palpitationen, Tachykardie, Vasodilatation, Dyspnoe, Husten, Übelkeit, Obstipation, Karies, Dyspepsie, Dysphagie, Erbrechen, Darminkontinenz, Leberwerte ↑, Rash, Pruritus, Urtikaria, Arthralgie, Rückenschmerzen, Harndrang, Pollakisurie, Harnretention, Reaktionen an der Inj.Stelle, Schmerzen, Ödeme, Fieber; **UW** (Natalizumab): Harnweginfekte, Nasopharyngitis, Urtikaria, Kopfschmerzen, Schwindel, Übelkeit, Erbrechen, Arthralgien, Rigor, Fieber, Abgeschlagenheit, Überempfindlichkeitsreaktionen; **UW** (Ocrelizumab): Infektion d. oberen Atemwege, Nasopharyngitis, Sinusitis, Bronchitis, oraler Herpes, Gastroenteritis, Konjunktivitis, Zellulitis, virale Infektion, Husten, Katarrh, IgG/IgM ↓, Neutropenie, infusionsbedingte Reaktion; **UW** (Ozanimod): Nasopharyngitis, Virusinfektion d. Atemwege, Harnwegsinfekt, Lymphopenie, Bradykardie, Hypertonie, Orthostasesyndrom, Transaminasen/Bili ↑; anormale Lungenfunktion; **UW** (Siponimod): Herpes zoster, melanozytärer Naevus, Lymphopenie, Kopfschmerzen, Schwindel, Krampfanfälle, Tremor, Makulaödem, Bradykardie, AV-Block I u. II; Hypertonie, Übelkeit, Diarrhoe, Extremitätenschmerzen, periph. Ödem, Asthenie, Leberenzyme ↑, Lungenfunktionseinschränkung; **UW** (Teriflunomid): Grippe, Infektion der ob. Atemwege, Harnweginfektion, Bronchitis, Sinusitis, Pharyngitis, Zystitis, virale Gastroenteritis, Herpes simplex labialis, Zahninfektion, Laryngitis, Tinea pedis, Neutropenie, Leukopenie, allerg. Reaktionen, Angst, Parästhesie, Ischialgie, Karpaltunnelsyndrom, Hyperästhesie, Neuralgie, periph. Neuropathie, Hypertonie, Diarrhoe, Übelkeit, Erbrechen, Zahnschmerzen, Alopezie, Exanthem, Akne, Schmerzen im Muskel-/Skelettsystem, Pollakisurie, Menorrhagie, GOT/GPT/γGT ↑, posttraumat. Schmerzen;
KI (Alemtuzumab): bek. Überempf. HIV-Inf., schwere aktive Infektion;
KI (Dimethylfumarat): bek. Überempf.; **KI** (Fingolimod): Immundefizienzsyndrom, geschwächtes Immunsystem, schwere aktive Inf., aktive chron. Inf., aktive maligne Erkr., Überempf., Child C;
KI (Glatirameracetat): bek. Überempf., Grav.; **KI** (Natalizumab): bek. Überempf., progressive multifok. Leukenzephalopathie, Immunschwäche, laufende immunsuppressive Ther., Komb. mit Interferon beta oder Glatirameracetat, aktive Malignome (Ausnahme: Basaliom), Ki./Jug. < 18J.;
KI (Ocrelizumab): bek. Überempf., aktive Infektion, schwer immunsupprimierter Zustand, aktive Malignome; **KI** (Ozanimod): bek. Überempf., Immundefizienzsyndrom; Pat., die i.d. letzten 6 M MI, instabile AP, Schlaganfall, TIA, dekompensierte Herzinsuff. mit stat. Behandl. hatten oder NYHA III/IV; Pat. mit anamnest. bek. AV-Block II Mobitz Typ II, AV-Block III, SA-Block, Sick-Sinus-Syndrom ohne Herzschrittmacher, Grav.; schwere aktive Infektionen, aktive chron. Infektionen, aktive maligne Erkrankungen, Frauen im gebärfähigen Alter ohne zuverlässige Verhütung;
KI (Siponimod): bek. Überempf., Immundefizienzsyndrom, anamnestisch bek. progressive multifokale Leukenzephalopathie oder Kryptokokkenmeningitis; aktive maligne Erkr., schwere Leberfunktionsstörung (Child C); Pat., die i.d. letzten 6 M MI, instabile AP, Schlaganfall, TIA, dekompensierte Herzinsuff. mit stat. Behandl. hatten oder NYHA III/IV; Pat. mit anamnest. bek. AV-Block II Mobitz Typ II, AV-Block III, SA-Block, Sick-Sinus-Syndrom ohne Herzschrittmacher; Pat., die homozygot für CYP2C9*3-Allel sind (CYP2C9*3*3-Genotyp; langsame Metabolisierer); Grav.; Frauen im gebärfähigen Alter ohne zuverlässige Verhütung;
KI (Teriflunomid): bek. Überempf., Child-C-Leberzirrhose, Grav., Frauen ohne zuverlässige Verhütung, Lakt., Immunschwäche, signif. beeinträchtigte KM-Funktion, signif. Anämie/Neutropenie/Thrombopenie, schw. aktive Infektion, Dialyse, schwere Hypoproteinämie

Alemtuzumab Rp	PRC C, Lact ?
Lemtrada *Inf.Lsg. 12mg/1.2ml*	**Schubförmig remittierende MS mit aktiver Erkrankung:** 1. Behandlungsjahr: 12mg/d i.v. über 4h an 5 aufeinanderfolg. Tagen; 2. Beh.-Jahr: 12mg/d an 3 aufeinanderfolg. Tagen; weitere Gaben s. FachInfo; **DANI, DALI** keine Daten
Dimethylfumarat Rp	HWZ 1h, PPB 27-40%, PRC C, Lact ?
Tecfidera *Kps. 120, 240mg*	**Schübförmig remitt. verlaufende Multiple Sklerose:** ini 2 x 120mg/d p.o., nach 7d 2 x 240mg; **DANI, DALI** vors. Anw. bei schwerer NI, LI
Fingolimod Rp	HWZ 6-9d, PPB >99%, PRC D, Lact -
Gilenya *Kps. 0.25, 0.5mg*	**Hochaktive, schubförmig remittierende Multiple Sklerose:** 1 x 0.5mg/d p.o.; **Ki. ab 10J:** ≥ 40kg: 1 x 0.25mg; > 40kg: 1 x 0.5mg; **DANI** nicht erforderl.; **DALI** Child C: KI
Glatirameracetat Rp	
Clift *Fertigspr. 20mg/1ml* **Copaxone** *Fertigspr. 20mg/1ml, 40mg/1ml*	**Schubförmig remitt. Multiple Sklerose:** 1 x 20mg s.c.; 3x/W 40mg s.c.; **DANI** vorsicht. Anw.; **DALI** keine Daten
Natalizumab Rp	HWZ 16d, PRC C, Lact ?
Tysabri *Inf.Lsg. 300mg/15ml*	**Hochaktive, remittierende Multiple Sklerose:** 300mg über 1h i.v. alle 4W; **DANI, DALI** keine Daten, vermutl. nicht erf.
Ocrelizumab Rp	HWZ 26d
Ocrevus *Inf.Lsg. 300mg/10ml*	**Schubförmig remitt. Multiple Sklerose:** 300mg i.v. W0 und W2, dann 600mg alle 6M; **DANI, DALI** keine Daten, vermutl. nicht erf.
Ozanimod Rp	HWZ 21h, PPB 98%
Zeposia *Kps. 0.23, 0.46, 0.92mg*	**Schubförmig remitt. Multiple Sklerose:** d1-4: 1 x 0.23mg p.o.; d5-7: 1 x 0.46mg; ab d8 1 x 0.92mg; **DANI** nicht erf. **DALI** Child A, B: 100%; C: KI
Siponimod Rp	HWZ 30h, PPB 99%
Mayzent *Tbl. 0.25, 2mg*	**Sekundär progrediente Multiple Sklerose:** CYP2C9-Status bestimmen; Titration u. Erh.Dos. s. FachInfo; **DANI** nicht erforderl.; **DALI** Child A, B: vorsichtige Anw.; C: KI

Teriflunomid Rp	HWZ 19d, PPB > 99%, PRC X, Lact -
Aubagio *Tbl. 14mg*	**Schubförmig remitt. Multiple Sklerose:** 1 x 14mg/d p.o.; **DANI** nicht erforderlich, KI bei Dialyse; **DALI** Child A/B: nicht erforderl., Child C: KI

12.10 Interferone

Wm/Wi: antiviral, wachstumshemmend und immunregulatorisch; **UW:** Fieber, Schwitzen, Schüttelfrost, Müdigkeit, Gelenk- und Weichteilschmerzen, BB-Veränd., HRST, Depression, Tremor, Krampfanfälle, Parästhesien, GI-Störung, Haarausfall, Exantheme, Pruritus; **KI:** Herz-, ZNS-Erkr., schwere Leberfunktionsstrg., NI, schwere KM-Schäden, Cave in Grav./Lakt

Interferon beta-1a Rp	HWZ 10h, Q0 1.(
Avonex *Inj.Lsg. 30µg; Fertigspr. 30µg* **Rebif** *Fertigspr. 8.8, 22, 44µg* **Plegridy** *Fertigspr. 63, 94, 125µg; Pen 63, 94,125µg*	**Multiple Sklerose:** Avonex: W1 7.5µg i.m.; W2 15µg, W3 22.5µg, ab W4 1 x/W30µg; Rebif: W1-2: 3 x/W 8.8µg s.c.; W3-4: 3x/W 22µg; ab W5 3x/W 44µg; Plegridy: d1 63µg s.c., W2 94µg, W4 125µg, dann 125mg alle 2W

Interferon beta-1b Rp	HWZ 5h, Q0 1.
Betaferon *Inj.Lsg. 250µg/ml* **Extavia** *Inj.Lsg. 250µg/ml*	**Multiple Sklerose:** ini 62.5µg s.c. alle 2d, Dosis wöchentl. um 62.5µg steigern, Erh.Dosis alle 2d 250µg; **DALI** KI bei dekompensierter LI

12.11 Kalziumantagonisten

Wm: Kalziumantagonist ⇒ Vasodilatation, genauer Wm unklar; **UW:** Gewicht ↑, Benommenheit, Müdigkeit; **KI:** bek. Überempf., M. Parkinson, extrapyramidale Störungen, Depression

Flunarizin Rp	HWZ 18d, Qo 1.0, PPB > 90%
Flunarizin CT *Kps. 5, 10mg* **Flunavert** *Kps. 5, 10mg*	**Vestibulärer Schwindel, Migräne-Intervall-Therapie:** ini 10mg z.N.; Pat. > 65J: 5mg; Erh.Dos. 5-10mg alle 2d

12.12 Neuropathiepräparate

Wm: Koenzymfkt. bei der oxidat. Decarboxylierung von alpha-Ketosäuren ⇒ es werden weniger sog. „advanced glycosylation end products" gebildet, Verbesserung des endoneuraler Blutflusses, physiologische Antioxidantienspiegel ↑; **UW:** Übelkeit, Schwindel; bei i.v.-Gabe Kopfdruck, Atembeklemmung; **KI:** bekannte Überempfindlichkeit

Alpha-Liponsäure OTC	HWZ 1
Alpha-Lipogamma *Tbl. 600mg; Inf.Lsg. 600mg/50ml, 600mg/24ml* **Thioctacid** *Tbl. 200, 600mg; Amp. 600mg/24ml; Inf.Lsg. 600mg/50ml*	**Diabetische Polyneuropathie:** 600mg/d p.o. in 1-3ED; 300-600mg/d i.v.

12.13 VMAT2-Inhibitoren

Wm: reversible Hemmung des vesikulären Monoamintransporters 2 (VMAT2) ⇒ Entleerung der Speicher von Dopamin und anderen Monoaminen im ZNS;
UW: Depression, Erregung, Verwirrung, Angstgefühl, Schlaflosigkeit, Benommenheit, Parkinson-Symptome (Gleichgewichtsstörungen, Tremor, vermehrter Speichelfluss);
KI: bek. Überempf., prolaktinabh. Tumore, Phäochromozytom, Depression, gleichz. Gabe von Reserpin bzw. MAO-Hemmern, Parkinson-Syndrom, hyperkinetisch-rigides Syndrom, Lakt.

Tetrabenazin Rp — HWZ 5h, PPB 0%

Dystardis *Tbl. 25mg* **Nitoman** *Tbl. 25mg* **Tetmodis** *Tbl. 25mg* **Tetrabenazin neuraxph.** *Tbl. 12.5, 25mg* **Xenazine** *Tbl. 25mg*	**Hyperkinetische Bewegungsstörungen bei Chorea Huntington:** ini 3 x 25mg p.o., nach Bedarf alle 3-4d um 25mg/d steigern, max. 200mg/d; **Spätdyskinesien:** ini 12.5mg, ggf. steigern; **DANI, DALI** sorgfältige Dosiseinstellung

12.14 Dopaminantagonisten

Wm: Blockade von Dop.-2-Rezeptoren in Nucleus caudatus, Putamen und Corpus striatum;
UW: Agitation, Apathie, Schlaflosigkeit, Benommenheit, Schwindel, Kopfschmerzen, extrapyramidale Symptome, orthostatische Hypotonie, Schwäche, Müdigkeit, Gleichgültigkeit, erhöhter Prolaktinspiegel; **KI:** bek. Überempfindlichkeit, Prolaktinom, Mammakarzinom, Phäochromozytom, Kombination mit Levodopa, malignes neuroleptisches Syndrom

Tiaprid Rp — HWZ 3h, Q_0 0.25, PPB 0%

Tiaprid AL *Tbl. 100, 200mg* **Tiaprid HEXAL** *Tbl. 100, 200mg* **Tiapridal** *Tbl. 100mg; Gtt. (1ml = 137.9mg)*	**Dyskinesien:** 3 x 100-200mg p.o./i.m./i.v.; **Chorea:** 300-1000mg/d in 3-5ED; **DANI** CrCl 50-80: 75%; 10-49: 50%; < 10: 25%

12.15 Gentherapeutika

Wm (Nusinersen): Antisense-Oligonukleotid, Modulation der SMN-Gen-Expression;
Wm (Onasemnogen-Abeparvovec): nicht replizierender rekombin. AAV-Vektor, der ein menschl. SMNTransgen bereitstellt und ersetzt; **UW** (Nusinersen): Kopfschmerzen, Erbrechen, Rückenschmerzen; **UW** (Onasemnogen-Abeparvovec): Thrombopenie, Erbrechen, Fieber, Transamin. ↑, Troponin-I ↑; KI (Nusinersen): bek. Überempf.; **KI** (Onasemnogen-Abep.): bek. Überempf.

Nusinersen Rp — HWZ 135-177d

Spinraza *nj.Lsg 12mg/5ml*	**5q-assoziierte spinale Muskelatrophie:** 12mg intrathekal d0, 14, 28, 63, dann alle 4M; **DANI** keine Daten, vorsichtige Anw.; **DALI** vermutlich nicht erforderl., keine Daten

Onasemnogen-Abeparvovec Rp

Zolgensma *Inf.Lsg 2 x 1013 Vektorgenome/ml*	**5q-assoziierte spinale Muskelatrophie:** 1.1 x 10^{14} Vektorgenome/kg i.v.; s.,a. FI; **DANI, DALI** keine Daten, vors. Anw.

13 Psychiatrie

13.1 Antidepressiva

13.1.1 Nichtselektive Monoamin-Reuptake-Inhibitoren (NSMRI), trizyklische Antidepressiva

Wm: Wiederaufnahmehemmung der Monoamine Noradrenalin u. Serotonin in die präsynaptischen Vesikel ⇒ Stimmungsaufhellung durch Verstärkung der noradrenergen und serotoninergen Übertragung im ZNS; antagonistische Eigenschaften an M-Cholinozeptoren, Histaminrezeptoren, Alpha-Adrenozeptoren und Serotoninrezeptoren;
Wi (Amitriptylin): ausgeprägte sedierende Komponente, antinozizeptiv;
Wi (Clomipramin): gering sedierend, antinozizeptiv, leicht antriebsfördernd;
Wi (Nortriptylin): gering sedierend;
Wi (Trimipramin): stark sedierend, anxiolytisch;
UW (Amitryptilin): Gewichtszunahme, Aggression, innere Unruhe, Libidoverlust, Impotenz, delirante Syndrome, Benommenheit, Schwindel, Sprachstrg., Tremor, Akkommodationsstrg., Tachykardie, Herzrhythmusstrg., Hypotonie, orthostatische Dysregulation, verstopfte Nase, Mundtrockenheit, Obstipation, Anstieg der Leberenzyme (passager), Schwitzen, Hautausschläge, Miktionsstörung, Müdigkeit, Durstgefühl, Hyponatriämie;
UW (Amitryptilinoxid): s. Amitryptilin + Übelkeit, Erbrechen;
UW (Clomipramin): Benommenheit, Müdigkeit, Schläfrigkeit, innere Unruhe, Appetit ↑, Verwirrtheitszustände, Angstzustände, Erregung, Schlafstörung, Persönlichkeitsstörung, Depressionsverstärkung, Alpträume, Tremor, Schwindel, Kopfschmerzen, Myoklonien, Parästhesien, Sprachstörung, Delir, Muskelschwäche, -hypertrophie, Mundtrockenheit, verstopfte Nase, Akkommodationsstrg., verschwommenes Sehen, Schwitzen, Obstipation, Miktionssörung, Hitzewallungen, Mydriasis, Hypotonie, orthostatische Dysregulation, Tachykardie, EKG-Veränderungen, Übelkeit, Erbrechen, abdominale Schmerzen, Diarrhoe, Anorexie, Geschmacksstörung, Durstgefühl, Anstieg der Leberenzyme (passager), allergische Hautreaktionen, Pruritus, Photosensibilität, Gewichtszunahme, sexuelle Funktionsstörung, Galaktorrhoe, Gynäkomastie, Tinnitus;
UW (Doxepin): Mundtrockenheit, verstopfte Nase, Müdigkeit, Benommenheit, Schwitzen, Schwindel, Hypotonie, orthostatische Dysregulation, Tachykardie, Herzrhythmusstörung, Tremor, Akkommodationsstörung, Obstipation, Gewicht ↑, Leberenzyme ↑ (passager), Miktionsstörung, innere Unruhe, Durstgefühl, allergische Hautreaktionen, Pruritus, Libidoverlust, Ejakulationsstörung, Impotenz, Verwirrtheitszustände, delirante Syndrome;
UW (Imipramin): Benommenheit, Tremor, Schwindel, Mundtrockenheit, verstopfte Nase, Schwitzen, Akkommodationsstrg., verschwommenes Sehen, Hitzewallungen, Obstipation, Hypotonie, orthostatische Dysregulation, Tachykardie, EKG-Veränderungen, Obstipation, Anstieg der Leberenzyme (passager), Gewicht ↑;
UW (Nortryptilin): Gewicht ↑, EKG-Veränderungen, Verlängerung von QT-Zeit/QRS-Komplex, Palpitationen, Tachykardie, kardiale Erregungsleitungsstrg. (AV-Block, RSB, LSB), Tremor, Schwindel, Aufmerksamkeitsstörung, innere Unruhe, Dysgeusie, Parästhesie, Ataxie, Akkommodationsstrg., Mydriasis, verstopfte Nase, Mundtrockenheit, Obstipation, Übelkeit, Miktionsstrg., Schwitzen, Hautausschläge, Hypotonie, orthostatische Dysregulation, Müdigkeit, Durstgefühl, sexuelle Funktionsstörung, Verwirrtheitszustände, Libidoverlust;

UW (Trimipramin): Tachykardie, Müdigkeit, Benommenheit, Kopfschmerzen, Schwindel, Tremor, Mundtrockenheit, Akkommodationsstrg., Obstipation, Verdauungsstörung, Übelkeit, Miktionsstrg., Schwitzen, Hautausschläge, Hypotonie, orthostatische Dysregulation, Gewichtszunahme, Durstgefühl, Anstieg der Leberenzyme (passager), sexuelle Funktionsstörung, innere Unruhe, Schlafstörungen;
KI (Amitryptilin, -oxid): bek. Überempfindlichkeit, akute Alkohol-/Schlafmittel-/Schmerzmittel-/Psychopharmakavergiftungen, Harnretention, Delirien, unbehandeltes Engwinkelglaukom, Prostatahyperplasie mit Restharn, Pylorusstenose, paralytischer Ileus, Hypokaliämie, Bradykardie, Long-QT-Syndrom, klinisch relevante kardiale Störung, gleichzeitige Therapie mit MAO-Hemmern/QT-verlängernder Medikation;
KI (Clomipramin): bek. Überempfindlichkeit, akute Alkohol-/Schlafmittel-/Schmerzmittel-/Psychopharmakavergiftungen, akuter Harnverhalt, akute Delirien, unbehandeltes Engwinkelglaukom, Prostatahyperplasie mit Restharn, Pylorusstenose, paralytischer Ileus, gleichzeitige Therapie mit MAO-Hemmern, akuter Myokardinfarkt;
KI (Doxepin): bek. Überempfindlichkeit, akute Alkohol-/Schlafmittel-/Schmerzmittel-/Psychopharmakavergiftungen, akuter Harnverhalt, Prostatahyperplasie mit Restharn, paralytischer Ileus, Lakt., Ki. < 12J.;
KI (Imipramin): bek. Überempfindlichkeit, akute Alkohol-/Schlafmittel-/Schmerzmittel-/Psychopharmakavergiftungen, akuter Harnverhalt, akute Delirien, unbehandeltes Engwinkelglaukom, Prostatahyperplasie mit Restharn, Pylorusstenose, paralytischer Ileus, gleichzeitige Therapie mit MAO-Hemmern, Remissionsphase nach Myokardinfarkt;
KI (Nortryptilin): bek. Überempfindlichkeit, akute Alkohol-/Schlafmittel-/Schmerzmittel-/Psychopharmakavergiftung, akuter Harnverhalt, akutes Delir, unbehandeltes Engwinkelglaukom, Prostatahypertrophie mit Restharn, Pylorusstenose, paralytischer Ileus, gleichzeitige Therapie mit MAO-Hemmern;
KI (Trimipramin): bek. Überempfindlichkeit, akute Alkohol-/Schlafmittel-/Schmerzmittel-/Psychopharmakavergiftung, akuter Harnverhalt, akutes Delir, unbehandeltes Engwinkelglaukom, Prostatahypertrophie mit Restharn, Pylorusstenose, paralytischer Ileus, Grav./Lakt.

Amitriptylin Rp	HWZ 15h, Qo 1.0, PPB 95%, PRC D/C, Lact ?
Amineurin *Tbl. 10, 25, 50, 100 (ret.)mg* **Amitriptylin-neuraxpharm** *Tbl. 10, 25, 50, 75, 100mg; Lsg. (1ml = 40mg)* **Syneudon** *Tbl. 50mg*	**Depression:** ini 3 x 20-25mg p.o., je nach Wi steig. bis 3 x 50 oder 2 x 75mg, ältere Pat. 50%; bis 300mg/d bei stationärer Behandlung; ini 25mg i.v./i.m. über 3-7d auf 150mg/d steigern; **Ki./Jugendl. < 18J:** 25-150mg/d, max. 4-5mg/kg/d; **chronische Schmerzen:** 50-150mg/d; **DANI** nicht erf., **DALI** vorsichtige Anw.

Amitriptylinoxid Rp	HWZ 10-20(31)h, PPB 95%
Amioxid-neuraxpharm *Tbl. 30, 60, 90, 120mg*	**Depression:** ini 60mg/d p.o., nach Bedarf steigern auf 90-120mg, max. 150mg/d p.o. bzw. 300mg/d bei stationärer Behandlung

Clomipramin Rp	HWZ 21 (36)h, Q0 1.0, PPB 98%, PRC C, Lact +
Anafranil *Tbl. 10, 25, 75(ret.)mg;* **Clomipramin-neuraxpharm** *Tbl. 25, 75(ret.)mg* **Clomipramin 1A** *Tbl. 75(ret.)mg*	**Depression, Zwangsstörung, Phobien:** ini 50-75mg/d p.o., über 7d steigern auf 100-150mg/d, bis 300mg/d bei stationärer Behandlung; **Ki. 5-7J:** ini 10mg/d, über 10d steigern auf 20mg/d; **8-14J:** steigern auf 20-50mg/d; **> 14J:** steigern auf 50mg/d; **Narkolepsie:** 25-75mg/d; **chronische Schmerzen:** 25-150mg/d; **funktionelle Enuresis nocturna: Ki. ab 5J:** 10-25mg/d, s. FachInfo; **DANI** nicht erforderlich
Doxepin Rp	HWZ 17(51)h, Q0 1.0, PPB 80%, PRC C, Lact -
Aponal *Tbl. 5, 10, 25, 50, 100mg; Gtt. (20Gtt. = 10mg); Amp. 25mg/2ml* **Doneurin** *Tbl. 10, 25, 50, 75, 100mg; Kps. 25, 50mg* **Doxepin-ratioph.** *Tbl. 25, 50, 100mg* **Mareen** *Tbl. 50, 100mg*	**Depression, Angstsyndrome:** ini 1 x 50mg p.o. z.N., nach 3-4d 75mg, nach 7-8d 100-150mg/d; bis 300mg/d bei stationärer Behandlung; 25-75mg i.m./i.v.; **Entzugssyndrome:** ini 3 x 50mg p.o., nach 4d langsame Dosisreduktion; **DANI** nicht erf.; **DALI** schwere LI: vors. Anw.
Imipramin Rp	HWZ 12(15)h, Q0 1.0 (1.0), PPB 90%, PRC D, Lact ?
Imipramin-neuraxpharm *Tbl. 10, 25, 100mg*	**Depression, Panik- und Angststörung, chron. Schmerzen:** ini 2-3 x 25mg p.o., nach 3d 3 x 50-75mg, max. 300mg/d; **Enuresis: Ki. 5-7J:** ini 10mg p.o., dann 20mg; **8-14J:** ini 10mg, dann 50mg; **DANI, DALI** schwere NI, LI: vorsichtige Anw.
Nortriptylin Rp	HWZ 18-56h, Q0 1.0, PPB 94%, PRC D, Lact ?
Nortriptilen Glenmark *Tbl. 10, 25mg*	**Depression:** 2-3 x 10-50mg p.o.; max. 3 x 75mg bei stat. Therapie; **DANI/DALI** Dosisreduktion
Trimipramin Rp	HWZ 24h, Q0 0.9, PPB 95%, PRC C, Lact ?
Stangyl *Tbl. 25, 100mg; Gtt. (40Gtt. = 40mg)* **Trimineurin** *Tbl. 25, 50, 100mg; Gtt. (40Gtt. = 40mg)* **Trimipramin-neuraxpharm** *Tbl. 25, 50, 75, 100mg; Gtt. (40Gtt. = 40mg)*	**Depression, chron. Schmerzen:** ini 25-50mg p.o., langsam steigern, Erh.Dos. 100-150mg/d, max. 400mg/d bei stationärer Behandlung; **DANI, DALI** sorgfältige Dosiseinstellung

13.1.2 Alpha-2-Rezeptor-Antagonisten, tetrazyklische Antidepressiva

Wm (Maprotilin): v.a. Hemmung des Noradrenalin-Reuptakes, daneben antihistaminerge, Alpha-1-antagonistische und geringe anticholinerge Wirkung;
Wi (Maprotilin): stimmungsaufhellend, sedierend;
Wm (Mianserin): starke antiserotonerge und antihistaminerge Wirkung;
Wi (Mianserin): stimmungsaufhellend, sedierend, anxiolytisch;
Wm/Wi (Mirtazapin): Blockade von zentralen Alpha-2-Rezeptoren ⇒ zentrale noradrenerge/serotonerge Transmission ↑ ⇒ antidepressiv; Histamin-antagonistische Wirkung ⇒ sedierend;
UW (Maprotilin): Müdigkeit, Schläfrigkeit, Benommenheit, Mundtrockenheit, Verstopfung, Akkommodationsstrg., Miktionsstrg., Schwindel, Myoklonien, Unruhe, Erregungszustände, Kopfschmerzen, Übelkeit, Erbrechen, Schlafstörungen, Angst, Delir, Halluzinationen, Hypomanie, Manie;
UW (Mianserin): keine sehr häufigen bzw. häufigen UW;
UW (Mirtazapin): Appetit ↑, Gewicht ↑, anormale Träume, Schlaflosigkeit, Verwirrtheit, Angst, Schläfrigkeit, Sedierung, Kopfschmerzen, Lethargie, Tremor, Schwindel, orthostatische Hypotonie, Mundtrockenheit, Übelkeit, Erbrechen, Diarrhoe, Exanthem, Arthralgie, Myalgie, Rückenschmerzen, Ödeme, Erschöpfung, Agranulozytose, Neutropenie, Müdigkeit, Benommenheit, Ikterus, Hypotonie, Tremor, HRST, epileptische Anfälle, Gewichtszunahme, erhöhte Transaminasen, Parästhesien, Verschlechterung psychotischer Symptome;
KI (Maprotilin): bek. Überempfindlichkeit, akute Alkohol-/Schlafmittel-/Opioid-/Psychopharmakavergiftung, akuter Harnverhalt, akute Delirien und Manien, unbehandeltes Engwinkelglaukom, Prostatahypertrophie mit Restharn, Pylorusstenose, paralytischer Ileus, relevante Störung der Blutdruckregulation, akuter Herzinfarkt, Erregungsleitungsstörung des Herzens, Ther. mit MAO-Hemmern in letzten 14d, Lakt.;
KI (Mianserin): bek. Überempfindlichkeit, akute Alkohol-/Schlafmittel-/Schmerzmittel-/Psychopharmakavergiftung, gleichz. Therapie mit MAO-Hemmern;
KI (Mirtazapin): bek. Überempfindlichkeit, gleichzeitige Anwendung von MAO-Hemmern

Maprotilin Rp	HWZ 27-58(43)h, Qo 1.0, PPB 88%, PRC B, Lact ?
Maprotilin-neuraxpharm *Tbl. 25, 50, 75mg* **Maprotilin-ratioph.** *Tbl. 50mg* **Maprotilin-CT** *Tbl. 75mg*	**Depression:** ini 25-75mg p.o./i.v., nach 2W um 25mg/d steigern bis 150mg/d, max. 225mg/d bei stationärer Behandlung; **DANI** nicht erforderlich

Mianserin Rp	HWZ 21-61h, Qo 0.95, PPB 90%
Mianserin-neuraxpharm *Tbl. 10, 30, 60mg* **Mianserin Holsten** *Tbl. 10, 30mg*	**Depression:** ini 30mg p.o., Erh.Dos. 30-90mg/d; **DANI/DALI** ggf. Dosisanpassung

Mirtazapin Rp	HWZ 20-40h, PPB 85%, PRC C, Lact ?
Mirtazapin Stada *Tbl. 15, 30, 45mg; Lingualtbl. 15, 30, 45mg* **Mirtazelon** *Tbl. 30, 45mg* **Remergil** *Lingualtbl. 15, 30, 45mg* **Remeron** *Lingualtbl. 15, 30, 45mg*	**Depression:** ini 15-30mg p.o. abends, Erh.Dos. 1 x 15-45mg; **DANI** CrCl < 40: vorsichtige Dosiseinstellung; **DALI** vorsichtige Dosiseinstellung

13.1.3 MOI (MAO-Hemmer)

Wm/Wi (Moclobemid): selektive reversible Hemmung der MAO-A ⇒ Abbau von Noradrenalin, Dopamin, Serotonin ↓ ⇒ stimmungsaufhellend und antriebssteigernd;
Wm/Wi (Tranylcypromin): irreversible Hemmung der MAO-A und der MAO-B ⇒ Hemmung des oxidativen Abbaus, dadurch Konzentration ↑ von Adrenalin, Noradrenalin, Serotonin an der Synapse; zunächst stark antriebssteigernd und psychomotorisch aktivierend, nach ca. 3-5W stimmungsaufhellend und antidepressiv; **UW** (Moclobemid): Schlafstörungen, Schwindel, Kopfschmerzen, Mundtrockenheit, Übelkeit; **UW** (Tranylcypromin): Schlafstörungen, Hypotonie, Orthostase-Reaktionen, Hypertonie, Angstzustände, Agitiertheit, Unruhe, Schwindelgefühl, Mundtrockenheit, Müdigkeit, Herzklopfen, Gewicht ↑ / ↓, Schwäche; **KI** (Moclobemid): bek. Überempf., akute Verwirrtheitszust., Phäochromozytom, Alter < 18J., Komb. m. Selegilin/SSRI/ and. Antidepressiva/Dextromethorphan/Pethidin/Tramadol/Triptanen; **KI** (Tranylcypromin): bek. Überempf., Phäochromozytom, Karzinoid, vaskuläre Erkr. des Gehirns, Gefäßfehlbildungen, schwere Formen von Hypertonie bzw. von Herz-Kreislauf-Erkr., Leberfunktionsstörungen bzw. Lebererkr., schwere Nierenfktstrg. bzw. Nierenerkr., Porphyrie, Diabetes insipidus, maligne Hyperthermie (auch anamnest.), akutes Delir, akute Vergiftung mit zentral dämpf. Pharmaka, Ki. u. Jug., Kombination mit SSRI, Clomipramin, Venlafaxin, Duloxetin, Sibutramin, Milnacipran, L-Tryptophan, Serotonin-Agonisten wie Triptane, Buspiron, Imipramin, indirekte Sympathomimetika; Amphetamine, Pethidin, Tramadol, Dextrometorphan, Disulfiram, Levodopa ohne Decarboxylase-Hemmstoffe

Moclobemid Rp	HWZ 2-4h, Qo 1.0, PPB 50%
Aurorix *Tbl. 150, 300mg* **Moclobemid HEXAL** *Tbl. 150, 300mg* **Moclobemid Stada** *Tbl. 150, 300mg*	**Depression:** ini 300mg p.o., Erh.Dos. 300-600mg/d; **soziale Phobie:** ini 2 x 150mg, nach 4d 2 x 300mg; **DANI** nicht erf.; **DALI** schwere LI: 50-33%

Tranylcypromin Rp	HWZ 2h, Qo 0.95, PRC C, Lact ?
Jatrosom *Tbl. 10, 20, 40mg* **Tranylcypromin Aristo** *Tbl. 10, 20mg* **Tranylcypromin-neuraxpharm** *Tbl. 10, 20mg*	**Depression:** ini 1 x 10mg morgens p.o., je nach Wi um 10mg/W steigern, Erh.Dos. 20-40mg/d in 1-3 ED, max. 60mg/d; **DANI** b. schw. NI Anw. nicht empf.; **DALI** KI

13.1.4 Selektive Serotonin-Reuptake-Inhibitoren (SSRI)

Wm: selektive Hemmung der Serotoninwiederaufnahme ⇒ Serotoninanreicherung im synaptischen Spalt; **Wi:** antidepressiv, psychomotorisch aktivierend;
UW (Citalopram): Asthenie, Apathie, Appetit ↓, Gewicht ↓, Agitiertheit, Libido ↓, Ängstlichkeit, Nervosität, Verwirrtheit, anormale Träume, Konzentrationsstrg., Amnesie, Anorexie, Orgasmusstrg. (Frauen), Schläfrigkeit, Schlaflosigkeit, Kopfschmerzen, Schlafstrg., Tremor, Geschmacksstrg., Parästhesie, Migräne, Schwindel, Aufmerksamkeitsstrg., Akkommodationsstrg. Tinnitus, Herzklopfen, Hypotonie, Hypertonie, Gähnen, Rhinitis, Sinusitis, Mundtrockenheit, Übelkeit, Obstipation, Diarrhoe, Erbrechen, Flatulenz, Speichelfluss ↑, Abdominalschmerzen, Dyspepsie, Schwitzen ↑, Juckreiz, Myalgie, Arthralgie, Polyurie, Impotenz, Ejakulationsstrg., Erschöpfungszustände; **UW** (Escitalopram): Appetit ↓ / ↑, Gewicht ↑, Ängstlichkeit, Ruhelosigkeit, anormale Träume, Libido ↓, Anorgasmie (Frauen), Schlaflosigk., Schläfrigkeit, Schwindel Parästhesie, Tremor, Sinusitis, Gähnen, Übelkeit, Diarrhö, Obstipation, Erbrechen, Mundtrockenheit, Schwitzen ↑, Arthralgie, Myalgie, Ejakulationsstörungen, Impotenz, Müdigkeit, Fieber

UW (Fluoxetin): Appetit ↓, Angst, Nervosität, Ruhelosigkeit, Angespanntheit, Libido ↓, Schlafstörung, anormale Träume, Kopfschmerzen, Aufmerksamkeitsstörung, Schwindel, Geschmacksstörung, Lethargie, Somnolenz, Tremor, verschwommenes Sehen, Palpitation, Flush, Gähnen, Diarrhoe, Übelkeit, Erbrechen, Dyspepsie, Mundtrockenheit, Ausschlag, Nesselsucht, Hyperhidrose, Pruritus, Arthralgie, häufiges Wasserlassen, gynäkol. Blutung, erektile Dysfunktion, Ejakulationsstörung, Müdigkeit, Nervosität, Schüttelfrost, Gewicht ↓; **UW** (Fluvoxamin): Palpitationen, Tachykardie, Kopfschmerzen, Schwindel, Somnolenz, Tremor, Bauchschmerzen, Obstipation, Diarrhö, Mundtrockenheit, Dyspepsie, Schwitzen, Anorexie, Asthenie, Malaise, Agitiertheit, Angst, Schlafstörungen, Nervosität; **UW** (Paroxetin): Cholesterinwerte ↑, Appetit ↓, Schläfrigkeit, Schlaflosigkeit, Agitiertheit, ungewöhnliche Träume, Schwindelgefühl, Tremor, Kopfschmerzen, Konzentrationsschwierigkeiten, verschwommenes Sehen, Gähnen, Übelkeit, Obstipation, Diarrhö, Erbrechen, Mundtrockenheit, Schwitzen, sexuelle Dysfunktion, Schwächezustände, Gewicht ↑, Schwindel, sensor. Störungen, Schlafstörungen, Angst, Kopfschmerzen; **UW** (Sertralin): Schlaflosigkeit, Schläfrigk., Appetitlosigkeit, Gähnen, Agitiertheit, Angst, Tremor, Schwindel, Mundtrockenheit, Kopfschmerzen, Bewegungsstrg., Parästhesie, Hypästhesie, Schwitzen ↑, Sehstörung, Tinnitus, Palpitaion, Brustschmerz, Übelkeit, Diarrhoe, Dyspepsie, Verstopfung, Abdominalschmerz, Erbrechen, Hautausschlag, Menstruationsstrg., Sexualstrg., Asthenie, Müdigkeit, Hitzewallungen; **KI** (Citalopram, Escitalopram): bek. Überempf., veläng. QT-Intervall, angeb. Long-QT-Syndrom, gleichz. Anw. von MAO-Hemmern, Linezolid, Pimozid, Arzneimittel mit bek. QT-Intervall-Veläng.; **KI** (Fluoxetin, Fluvoxamin): bek. Überempf., gleichz. Anw. von MAO-Hemmern; **KI** (Paroxetin): bek. Überempf., gleichz. Anw. von MAO-Hemmern, Thioridazin, Pimozid; **KI** (Sertralin): bek. Überempf., gleichzeitige Anwendung von MAO-Hemmern, Pimozid

Citalopram Rp	HWZ 33-37h, Q_0 > 0.7, PPB 80%, PRC C, Lact ?
Cipramil *Tbl. 20, 40mg; Inf.Lsg. 20mg/0.5ml* **Citalon** *Tbl. 20, 40mg* **Citalopram HEXAL** *Tbl. 10, 20, 30, 40mg* **Citalopram-ratioph.** *Tbl. 10, 20, 30, 40mg* **Citalopram Stada** *Tbl. 10, 20, 30, 40mg*	**Depression:** 1 x 20mg p.o., max. 40mg/d; > 65J.: max. 20mg/d; 20mg/d i.v., max. 40mg/d i.v.; **Panikstörung:** ini 1 x 10mg p.o., nach 1W 1 x 20mg, je nach Ansprechen bis max. 40mg/d steigern; **DALI** leichte-mittelschwere LI: ini 10mg/d für 14d, dann max. 20mg/d; **DANI** CrCl > 30: 100%; < 30: Anw. nicht empf.

Escitalopram Rp	HWZ 30h, PPB 80%
Cipralex *Tbl. 10, 20mg; Gtt. (20Gtt. = 20mg)* **Escitalex** *Tbl. 5, 10, 15, 20mg* **Escitalopram HEXAL** *Tbl. 5, 10, 15, 20mg; Lingualtbl. 10, 20mg; Gtt. (1ml = 20mg)* **Escitalopram-neuraxpharm** *Tbl. 5, 10, 15, 20mg; Lingualtbl. 10, 20mg* **Seroplex** *Tbl. 20mg*	**Depression, Zwangsstörung, generalisierte Angststörung:** 1 x 10mg p.o., ggf. 1 x 20mg; **Panikstörung:** ini 1 x 5mg, nach 7d 1 x 10mg, ggf. 1 x 20mg; **soziale Angststörung:** ini 1 x 10mg, nach 2-4W Dosisanpassung 5-20mg; Pat. > 65J.: ini 1 x 5mg, ggf. 1 x 10mg; **DANI** CrCl < 30: sorgfältige Dosisanpassung; **DALI** W1+2: 5mg/d, dann max.10mg/d

Fluoxetin Rp	HWZ 4 (7)d, Q_0 0.85, PPB 95%, PRC C, Lact -
Fluoxetin 1A *Tbl. 10, 20, 40mg* **Fluoxetin HEXAL** *Tbl. 10, 20, 40mg; Kps. 10, 20mg;* **Fluoxetin-ratioph.** *Tbl. 20mg; Kps. 20mg*	**Depression:** 1 x 20mg p.o.; **Zwangsstörung:** 1 x 20mg, ggf. 60mg/d; **Bulimie:** 60mg/d; **Ki. > 8J:** ini 10mg/d, nach 1-2W max. 20mg/d; **DANI** nicht erforderlich; **DALI** 20mg alle 2d

Fluvoxamin Rp	HWZ 17-22h, Qo 1.0, PPB 80%, PRC C, Lact ?
Fevarin *Tbl. 50, 100mg* **Fluvoxamin-neuraxpharm** *Tbl. 50, 100mg*	**Depression:** ini 50mg p.o., Erh.Dos. 1 x 100-200mg, max. 300mg/d; **Zwangsstörung:** ini 50mg/d, Erh.Dos. 200-300mg/d; **Ki. > 8J:** ini 25-50mg p.o., um 25-50mg/W steigern, max. 200mg/d; **DANI/DALI** Dosisreduktion
Paroxetin Rp	HWZ 17-24h, Qo 0.95, PPB 95%, PRC C, Lact ?
Paroxat *Tbl. 10, 20, 30, 40mg* **Paroxetin-ratioph.** *Tbl. 20mg* **Paroxetin Stada** *Tbl. 20mg* **Seroxat** *Tbl. 20mg; Saft (1ml = 2mg)*	**Depression, Angststrg., soziale Phobie, posttraumat. Belastungsstörung:** 1 x 20mg p.o., ggf. steigern, max. 50mg/d; **Panik-, Zwangsstrg.:** ini 10mg, um 10mg/W steigern, Erh.Dos. 40mg, max. 60mg/d; **DANI** CrCl < 30: red. Dosis; **DALI** red. Dosis
Sertralin Rp	HWZ 24h, Qo 1.0, PPB 98%, PRC C, Lact ?
Sertralin Aristo *Tbl. 50, 100mg* **Sertralin HEXAL** *Tbl. 50, 100mg* **Sertralin-neuraxpharm** *Tbl. 50, 100mg* **Zoloft** *Tbl. 50, 100mg; Lsg. (1ml = 20mg)*	**Depression; Zwangsstrg.:** 1 x 50mg p.o., je nach Wi steig. auf 1 x 100mg, max. 200mg/d; **Panikstörung, posttraumat. Belastungsstörgung, soziale Angststörung:** ini 1 x 25mg, nach 1W 1x 50mg, ggf. um 50mg/W steigern bis 200mg/d; **Zwangsstörung: Ki. 6-12J.:** ini 1 x 25mg, nach 1W 1 x 50mg; **13-17J.:** ini 1 x 50mg; ggf. um 50mg/W steigern bis 200mg/d; **DANI** nicht erforderlich; **DALI** reduzierte Dosis

13.1.5 Serotonin-Noradrenalin-Reuptake-Inhibitoren (SNRI)

Wm/Wi (Duloxetin, Milnacipran, Venlafaxin): Hemmung der Serotonin- u. Noradrenalin-Wiederaufnahme ⇒ extrazell. Konzentration von Serotonin u. Noradrenalin in verschiedenen Gehirnarealen ↑ ⇒ schmerzhemmend und antidepressiv; **UW** (Duloxetin): Appetit ↓, Schlaflosigkeit, Agitiertheit, trockener Mund, Übelkeit, Erbrechen, Obstipation, Diarrhoe, Dyspepsie, Abdominalschmerz, Flatulenz, Müdigkeit, Angst, Libido ↓, Anorgasmie, anomale Träume, Kopfschmerzen, Schläfrigkeit, Schwindel, Tremor, Verschwommensehen, Herzklopfen, Tinnitus, Blutdruck ↑, Gähnen, Erröten, Schwitzen ↑, Lethargie, Parästhesie, Hautausschlag, muskuloskelettale Schmerzen, Muskelkrämpfe, Dysurie, erektile Dysfunktion, Ejakulationsstörungen, Gewicht ↓; **UW** (Milnacipran): Kopfschmerzen, Übelkeit, Agitiertheit, Ängstlichkeit, Depression, Essstörg., Schlafstrg., suizid. Verhalten, Migräne, Tremor, Schwindel, Empfindungsstrg., Schläfrigkeit, Tachykardie, Palpitationen, Hitzewallungen, Hypertonie, Verstopfung, Diarrhoe, Bauchschmerzen, Dyspepsie, Erbrechen, Mundtrockenheit, Pruritus, Hautausschlag, Hyperhidrose, Muskelschmerzen, Dysurie, Pollakisurie, Ejakulationsstrg., Erektionsstrg., Hodenschmerzen, Müdigkeit; **UW** (Venlafaxin): Cholesterinwerte ↑, Gewicht ↓, Mundtrockenheit, Obstipation, Übelkeit, Erbrechen, Nervosität, Schlaflosigkeit, Parästhesien, Sedierung, Tremor, Verwirrtheit, Depersonalisation, Schwitzen ↑, sexuelle Strg., Miktionsstrg, Menstruationsstrg., Libido ↓, Muskeltonus ↑, Kopfschmerzen, Asthenie, anomale Träume, Schwindel, Akkommodationsstörung, Mydriasis, Sehstörungen, Blutdruck ↑, Vasodilatation, Palpitation, Gähnen, Appetit ↓, Schüttelfrost;

KI (Duloxetin): bek. Überempf., Leberfunktionsstörung, schwere NI, unkontrollierte Hypertonie, Kombination mit MAO-Hemmern, Fluvoxamin, Ciprofloxacin, Enoxacin;
KI (Milnacipran): bek. Überempfindlichkeit, Komb. mit MAO-Hemmern, unkontrollierte Hypertonie, schwere oder instabile KHK, Lakt.;
KI (Venlafaxin): bekannte Überempfindlichkeit, Kombination mit MAO-Hemmern

Duloxetin Rp	HWZ 8-17h, PPB 96%
Cymbalta *Kps. 30, 60mg* **Duloxetin-neuraxpharm** *Kps. 30, 60mg* **Duloxetin Puren** *Kps. 20, 30, 40, 60mg* **Xeristar** *Kps. 30, 60mg*	**Depression, Schmerzen bei diabetischer PNP:** 1 x 60mg p.o.; max. 2 x 60mg; **generalisierte Angststörung:** ini 1 x 30mg p.o., ggf. steigern auf 1 x 60mg; **DANI:** CrCl 30-80: 100%; < 30: KI; **DALI:** KI

Milnacipran Rp	HWZ 8h, PPB 13%
Milnaneurax *Kps. 25, 50mg*	**Depression:** 2 x 50mg p.o.; **DANI:** CrCl ≥ 60: 100%; 30-59: 2 x 25mg; < 30: 1 x 25mg; **DALI:** keine Daten

Venlafaxin Rp	HWZ 5(12)h, Q0 0.45 (0.5), PPB 27%, PRC C, Lact ?
Trevilor *Kps. 37.5(ret.), 75(ret.), 150(ret.)mg* **Venlafaxin-CT** *Tbl. 75(ret.), 150(ret.)mg; Kps. 37.5(ret.), 75(ret.), 150(ret.)mg* **Venlafaxin-ratioph.** *Tbl. 75(ret.), 150(ret.), 225(ret.)mg; Kps. 37.5(ret.), 75(ret.), 150(ret.)mg*	**Depression:** ini 1 x 75mg p.o., ggf. alle 2W steigern bis max. 375mg/d; **generalisierte Angsstörung, soziale Angssstörung:** ini 1 x 75mg, ggf. steigern bis 225mg/d; **Panikstörung:** d1-7: 37.5mg/d, dann 75mg/d; ggf. steigern bis max. 225mg/d; **DANI** CrCl 30-70: vorsichtige Anwendung; < 30, HD: 50%; **DALI** 50%

13.1.6 Noradrenalin-Reuptake-Inhibitoren (NARI)

Wm/Wi (Reboxetin): Hemmung der Noradrenalin-Wiederaufnahme ⇒ Erhöhung der extrazellulären Konzentration von Noradrenalin in verschiedenen Gehirnarealen und Modifikation der noradrenergen Transmission;
UW (Reboxetin): Appetit ↓, Schlaflosigkeit, Agitiertheit, Angst, Kopfschmerzen, Parästhesie, Akathisie, Geschmacksstörung, Mundtrockenheit, Übelkeit, Erbrechen, Verstopfung, Hyperhidrosis, Schwindel, Tachykardie, Palpitationen, Vasodilatation, Hypotonie, Hypertonie, Akkommodationsstörungen, Exanthem, Miktionsbeschwerden, Harnwegsinfektionen, Dysurie, Harnverhalt, Erektions-/Ejakulationsstörungen, Schüttelfrost;
KI (Reboxetin): bekannte Überempfindlichkeit

Reboxetin Rp	HWZ 13h, Q0 > 0.8, PPB 92-97%, PRC B, Lact ?
Edronax *Tbl. 4mg*	**Depression:** 2 x 4mg p.o., max. 12mg/d; **DANI/DALI** ini 2 x 2mg, dann nach Wirkung steigern

13.1.7 Melatonin-Rezeptoragonisten

Wm/Wi (Agomelatin): Agonist an melatonergen MT_1- u. MT_2-Rez., Antagonist an postsynaptischen 5-HT2C-Rez. ⇒ antidepressiv, Resynchronisierung der zirkadianen Rhythmik, Wiederherstellung des Schlaf-Wach-Rhythmus; speziell im frontalen Kortex Freisetzung von Dopamin und Noradrenalin ↑, kein Einfluss auf den extrazellulären Serotoninspiegel; **Wm/Wi** (Melatonin): Epiphysenhormon, Agonist an melatonergen MT1-, MT2- und MT3-Rez. ⇒ schlaffördernd, beeinflusst zirkadianen Rhythmus; **Wm/Wi** (Tasimelteon): Agonist an melatonergen MT1- u. MT2-Rezeptoren ⇒ Regulierung des zirkadianen Rhythmus;
UW (Agomelatin): Kopfschmerzen, Schwindel, Schläfrigkeit, Schlaflosigkeit, Müdigkeit, Migräne, Übelkeit, Erbrechen, Diarrhoe, Obstipation, Bauch-, Rückenschmerzen, Schwitzen, Transaminasen (GOT und/oder GPT) ↑, Angst; **UW** (Melatonin): keine sehr häufigen bzw. häufigen UW; **UW** (Tasimelteon): Kopfschmerzen, Schlafstörungen, Schlaflosigkeit, ungewöhnliche Träume, Schläfrigkeit, Schwindel, Dyspepsie, Übelkeit, Mundtrockenheit, GPT-Erhöhung;
KI (Agomelatin): bek. Überempf., eingeschränkte Leberfunktion, Transaminasen ↑ > 3 ULN, gleichzeitige Anw. von starken CYP1A2-Inhibitoren (z.B. Fluvoxamin, Ciprofloxacin);
KI (Melatonin): bek. Überempf.; **KI** (Tasimelteon): bek. Überempf.

Agomelatin Rp	HWZ 1-2h, PPB 95%
Agomelatin AL *Tbl. 25mg* **Agomelatin Mylan** *Tbl. 25mg* **Valdoxan** *Tbl. 25mg*	**Depression:** 1 x 25mg p.o. z.N., ggf. steigern auf 1 x 50mg; **DANI** vorsichtige Anwendung; **DALI** KI
Melatonin Rp	HWZ 3.5-4h, PPB 60%
Circadin *Tbl. 2(ret.)mg* **Slentyo** *Tbl. 2(ret.), 5(ret.)mg*	**Insomnie ab 55J:** 1 x 2mg p.o. z.N.; **Schlafstörung bei Autismus-Spektrum-Störung oder Smith-Magenis-Syndrom:** Ki. 2-18J: Slentyo: ini 2mg p.o. z.N., ggf. steigern auf 5mg, max. 10mg; **DANI** vors. Anw.; **DALI** Anw. nicht empfohlen
Tasimelteon Rp	HWZ 1.3h, PPB 90%
Hetlioz *Tbl. 20mg*	**Nicht-24h-Schlaf-Wach-Syndrom bei Blinden:** 1 x 20mg p.o. 1h vor Schlafengehen; **DANI** nicht erf.; **DALI** Child C: vorsichtige Anw.

13.1.8 Weitere Antidepressiva

Wm/Wi (Bupropion): neuronale Hemmung der Dopamin- und Noradrenalin-Wiederaufnahme ⇒ antidepressiv; **Wm/Wi** (Esketamin): Antagonist am NMDA-Rez. ⇒ erhöhte Glutamatfreisetzung ⇒ Stimulation von AMPA-Rezeptoren ⇒ erhöhte Neurotrophin-induzierte Signalweiterleitung ⇒ Wiederherstellung synaptischer Funktionen; **Wm/Wi** (Tianeptin): erhöhte elektrische Aktivität der Pyramidenzellen im Hippocampus, erhöhte Wiederaufnahme von Serotonin im Kortex und hippocampalen Neuronen, steigert den Dopamin-Stoffwechsel des Gehirns und verringert die Freisetzung von Acetylcholin ⇒ stimulierend und anxiolytisch, Auswirkungen auf somatische Störungen; **Wm/Wi** (Trazodon): präsynaptische Hemmung des Serotonin-Reuptakes, postsynaptische Blockade von 5-HT1-Rezeptoren, Blockade von Alpha-1-Rezeptoren ⇒ sedierend, antidepressiv, anxiolytisch, prosexuell;

UW (Bupropion): Urtikaria, Appetitlosigkeit, Schlaflosigk., Agitiertheit, Angst, Kopfschmerzen, Tremor, Schwindel, Geschmacks-/Sehstörungen, Tinnitus, Gesichtsröte, Mundtrockenheit, Übelkeit, Erbrechen, Bauch-/Brustschmerzen, Obstipation, Exanthem, Pruritus, Schwitzen, Hypertonie, Fieber, Asthenie; **UW** (Esketamin): Dissoziation, Schwindel, Kopfschmerzen, Somnolenz, Dysgeusie, Hypästhesie, Vertigo, Übelkeit, Erbrechen, RR ↑, Angst, Euphorie, Verwirrtheitszustand, Derealisation, Reizbarkeit, Halluzinationen, Agitiertheit, Illusionen, Panikattacke, veränd. Zeitwahrnehmung, Parästhesie, Sedierung, Tremor, geistige Beeinträchtigung, Lethargie, Dysarthrie, Aufmerksamkeitstrg., verschwommenes Sehen, Tinnitus, Hyperakusis, Hypertonie, Nasenbeschwerden, Rachenreizg., Oropharynxschmerzen, trockene Nasenschleimhaut, nasaler Pruritus, orale Hypoästhesie, Mundtrockenheit, Hyperhidrose, Pollakisurie, Dysurie, Harndrang, abnormales Gefühl, Trunkenheitsgefühl, Asthenie, Weinen, Gefühl d. Körpertemperaturänderung; **UW** (Tianeptin): Anorexie, Alpträume, Schlaflosigkeit, Schläfrigkeit, Schwindel, Kopfschmerz, Zusammenbruch, Tremor, beeinträchtigtes Sehvermögen, Herzrasen, Herzklopfen, Extrasystolen, präkordiale Schmerzen, Hitzewallungen, Dyspnoe, trockener Mund, Darmträgheit, Bauchschmerzen, Übelkeit, Erbrechen, Dyspepsie, Diarrhö, Blähungen, Sodbrennen, Rückenschmerzen, Myalgie, Globusgefühl, Asthenie; **UW** (Trazodon): Hypotonie, HRST, Schwindel, Kopfschmerz, Unruhe, GI-Beschwerden, Mundtrockenheit, Schlafstrg., Müdigkeit; **KI** (Bupropion): bek. Überempf., Epilepsie, ZNS-Tumor, Alkoholentzug, schwere Leberzirrhose, Anorexia nervosa, Bulimie, gleichz. Anw. mit MAO-Hemmern; **KI** (Esketamin): bek. Überempf.; Pat., für die ein Anstieg des Blutdrucks oder des intrakran. Drucks ein schwerwiegendes Risiko darstellt; Gefäßaneurysma (einschl. intrakranieller Gefäße, Brust- oder Bauchaorta oder periphere Arterien); Pat. mit intrazerebraler Blutung in der Anamnese; kürzlich (innerhalb der letzten 6 W) erfolgtes kardiovaskuläres Ereignis einschl. Myokardinfarkt; **KI** (Tianeptin): bek. Überempf., Komb. mit nichtselektiven MAO-Hemmern; **KI** (Trazodon): bek. Überempf., akute Intox. mit zentral dämpfenden Pharmaka bzw. Alkohol, Karzinoid-Syndrom

Bupropion Rp	HWZ 20h, Q0 > 0.8, PPB 84%, PRC B, Lact ?
Bupropion-neuraxpharm *Tbl. 150, 300mg* **Elontril** *Tbl. 150, 300mg*	**Depression:** ini 1 x 150mg p.o., ggf. nach 4W auf 1 x 300mg steigern; **DANI** max. 150mg/d; **DALI** max. 150mg/d; KI bei schw. Leberzirrhose
Esketamin	HWZ 7-12h, PPB 45%
Spravato *Nasenspray 28mg/Applikator*	**Therapieresist. Major Depression:** Komb. m. SSRI oder SNRI, < 65J: ini 56mg nasal, dann W1-4: 56 oder 84mg 2x/W; W5-8: 56 oder 84mg 1x/W; ab W9: 56 oder 84mg 1x/W oder alle 2W; **akute Kurzzeitbehandlung psychiatr. Notfall im Rahmen einer Major Depression:** < 65J: 84mg 2x/W für 4W, ggf. Reduktion auf 56mg; Pat. ≥ 65J oder japan. Abstammung s. FachInfo; **DANI** leichte-mittelschwere NI: 100%; schwere NI, HD: keine Daten; **DALI** Child A, B: vors. Anw.; C: Anw. nicht empfohlen
Tianeptin	HWZ 2.5-3(7-8)h, PPB 95%
Tianeurax *Tbl. 12.5mg*	**Depression:** 3 x 12.5mg p.o., **DANI** 2 x 12.5mg; **DALI** nicht erforderlich

Trazodon Rp	HWZ 7(10-12)h, Qo 1.0 (0.7), PPB 89-95%, PRC C, Lact ?
Trazodon HEXAL *Tbl. 100mg* **Trazodon-neuraxpharm** *Tbl. 100mg*	**Depression:** W1: 100mg/d, W2: 200mg/d, ab W3: 200-400mg/d; **DANI** nicht erf.

13.2 Stimmungsstabilisierer/Antimanika

Wm/Wi (Lamotrigin): blockiert spannungsgesteuerte Na^+-Kanälen ⇒ repetitive Entladungen der Neurone und Glutamat-Freisetzung ↓ ⇒ antikonvulsiv, Prävention von Stimmungsepisoden; **Wm/Wi** (Lithiumcarbonat, -sulfat): beeinflusst viele neurochem. Systeme (Ionenkanäle, Neurotransmitter, Second-messenger-Systeme) ⇒ Phasenverschiebung biologischer Rhythmen; **UW** (Lamotrigin): Aggressivität, Reizbarkeit, Kopfschmerzen, Somnolenz, Schwindel, Tremor, Insomnie, Ataxie, Nystagmus, Diplopie, Verschwommensehen, Übelkeit, Erbrechen, Diarrhoe, Hautausschlag, Müdigkeit, Agitiertheit, Mundtrockenheit, Arthralgie, Rückenschmerzen, Schmerzen; **UW** (Lithiumcarbonat): Durst, Polyurie, GI-Strg., Tremor, Struma, Hypothyreose, Nierenschäden; **KI** (Lamotrigin): bek. Überempf.; **KI** (Lithiumcarbonat): bek. Überempf., akutes Nierenversagen/schwere NI, akuter MI/HI, schwere Hyponatriämie, Brugada-Syndr., Grav.

Lamotrigin Rp	HWZ 29h, Qo 0.9, PPB 55%, PRC C, Lact ?
Lamictal *Tbl, 2, 5, 25, 50, 100, 200mg* **Lamotrigin-neuraxpharm** *Tbl. 25, 50, 100, 200mg* **Lamotrigin-ratioph.** *Tbl. 5, 25, 50, 100, 200mg*	**Pro. depressiver Episoden bei bipolarer Störung:** W1-2: 1 x 25mg p.o.; W3-4: 50mg in 1-2ED, ab W5: 100mg/d in 1-2ED, Zieldosis 200mg/d, max. 400mg/d; bei Kombinationstherapie s. FachInfo; **DANI** vors. Anw.; **DALI** Child B: 50%; C: 25%

Lithiumcarbonat Rp	HWZ 14-24h, Qo 0.02, keine PPB, ther. Serumspiegel 0.6-1.2mmol/l
Hypnorex ret. *Tbl. 400(ret.)mg (= 10.8mmol Li^+)* **Quilonum ret.** *Tbl. 450(ret.)mg (= 12.2mmol Li^+)*	**Ther./Pro. manisch-depressiver Erkr.:** d1-3: 12mmol/d p.o., d4-7: 24mmol/d, weitere Dosisanp. n. Serumsp.; **DANI** KI bei schwerer NI

13.3 Anxiolytika

Wm/Wi (Opipramol): Antagonismus an H1-, D2-, 5-HT2A-, Alpha-1-Rezeptoren, hohe Affinität für Sigmarezeptoren ⇒ Beeinflussung von NMDA-Rezeptoren sowie Transmission/Stoffwechsel von Dopamin im ZNS ⇒ sedierend, anxiolytisch, stimmungsaufhellend; **UW** (Opipramol): Hypotonie, orthostatische Dysregulation, Müdigkeit, Mundtrockenheit, verstopfte Nase; **KI** (Opipramol): bek. Überempf., gleichzeitige Anw. mit MAO-Hemmern, akute Alkohol-, Schlafmittel-, Analgetika- und Psychopharmaka-Intox., akuter Harnverhalt, akute Delirien, unbehandeltes Engwinkelglaukom, Prostatahypertrophie mit Restharn, paralytischer Ileus, höhergrad. AV-Block, diffuse (supra-)ventrikuläre Reizleitungsstörungen

Opipramol Rp	HWZ 6-9h, PPB 91%
Insidon *Tbl. 50, 100mg; Gtt. (24Gtt. = 100mg)* **Opipram** *Tbl. 50, 100mg* **Opipramol-neuraxpharm** *Tbl. 50, 100, 150mg* **Opipramol Stada** *Tbl. 50, 100mg*	**Generalisierte Angststörung, somatoforme Störg.:** 50-50-100mg p.o., ggf. Dosisanp. auf 150mg/d, max. 300mg/d; **Ki. > 6J:** 3mg/kg/d; **DANI** sorgf. Dosiseinst., evtl. Dosisred. erf.

13.4 Antipsychotika

13.4.1 Niederpotente Antipsychotika

Wm/Wi (Chlorprothixen): Antagonismus an D1- weniger an D2- und D3-Rezeptoren, stark antagonistisch an 5HT2-, H1-, alpha1- u. mACh-Rezeptoren; schwach antipsychotisch, stark sedierend; **Wm/Wi** (Levomepromazin): schwacher Antagonismus an D2- und D3-Rez., stark antagonistisch an 5HT2-, H1-, alpha1- u. mACh-Rezeptoren; ausgeprägt psychomotorisch dämpfend und sedierend, analgetisch, antiemetisch, antiallergisch, depressionslösend, lokalanästhetisch, schwach antipsychotisch; **Wm/Wi** (Melperon): schwacher Antagonismus an D2- und D3- alpha1/2 u. 5HT2-Rezeptoren, fast fehlender Antagonismus an H1- und mACh-Rezeptoren; affektive Entspannung, sedierend, muskelrelaxierend, antiarrhythmisch, in höherer Dosis antipsychotisch; **Wm/Wi** (Pipamperon): Antagonismus an 5HT2-Rezeptoren, schwächer an D4- u. alpha1-Rezeptoren, keine H1- und mACh-Rezeptorblockade; sedativ-hypnotisch, erregungsdämpfend; **Wm/Wi** (Promethazin): starker Antagonismus am H1-Rez., gering antagonistisch an 5HT2-, alpha1-, mACh-Rezeptoren, nahezu fehlende Dopaminrezeptorblockade; stark sedierend, antiemetisch, hypnotisch, keine antipsychotische Wi.; **Wm/Wi** (Sulpirid): starker Antagonismus am D2-Rezeptor; antidepressiv, Beeinflussung der schizophrenen Symptomatik, antivertiginös; **Wm/Wi** (Thioridazin): Antagonismus vorwiegend am D2-Rez., auch an 5HT2-, H1-, alpha1- und mACh-Rezeptoren; ausgeprägt antipsychotisch, günstige Beeinflussung katatoner Erregung, affektiv entspannend, stark sedierend;
UW (Chlorprothixen): Frühdyskinesien, Dystonien, malignes neurolept. Syndrom, Müdigkeit, Reaktionszeit ↑, Benommenheit, Schwindel, Verwirrtheit, Asthenie, Abgeschlagenheit, Nervosität, Agitiertheit, Kopfschmerzen, Libido ↓, Hypotonie, orthostat. Dysregulation, Tachykardie, Palpitationen, Strg. der Erregungsausbreitung/-rückbildung am Herzen, Obstipation, Verdauungsstrg., Übelkeit, Miktionsstörungen, Leberenzyme ↑, Strg. d. Speichelsekretion, Speichelfluss ↑, Schwitzen ↑ oder ↓, Sprech-, Seh-, Akkommodationsstrg., Mundtrockenheit, Dermatitis, Myalgie, Gewicht ↑, Appetit ↑; **UW** (Levomepromazin): Müdigkeit, extrapyramidalmot. Strg. (wie Frühdyskinesien, Parkinson-Syndrom, Akathisie), Blickkrämpfe, Akkommodationsstrg., Augeninnendruck ↑, orthostat. Dysregulation, Hypotonie, Tachykardie, EKG-Veränd., verstopfte Nase, Obstipation, Übelkeit, Erbrechen, Diarrhoe, Appetit ↓, Mundtrockenheit, Miktionsstrg.; **UW** (Melperon): Müdigkeit, orthostat. Dysregulation, Hypotonie, Tachykardie, extrapyramidale Strg., Parkinson-Syndrom, Akathisie; **UW** (Pipamperon): Depression, Somnolenz, Zahnradphänomen, Hypertonie, Akathisie, okulogyrische Krise, Opisthotonus, Dyskinesie, Tachykardie, orthostat. Hypotonie, Erbrechen, Urtikaria, muskuläre Spastik, Amenorrhoe, Gangstrg., Asthenie; **UW** (Promethazin): Sedierung, Mundtrockenheit, Strg. d. Speichelsekret.; **UW** (Prothipendyl): orthostat. Kreislaufstrg.; **UW** (Sulpirid): Übelkeit, Mundtrockenheit, Speichelsekretion ↑, Transpiration, Kopfschmerzen, Schwindel, Müdigkeit, Hypokinesie, Tachykardie, Hypotonie, Hypertonie, Strg. des Hormonhaushalts, Obstipation, gastroint. Strg. mit Übelkeit und Erbrechen; **UW** (Thioridazin): Sedierung, Schläfrigkeit, Schwindel, Mundtrockenheit, Sehstörung, Akkommodationsstörung, Nasenverstopfung, orthostatische Hypotonie, Galaktorrhö;
KI (Chlorprothixen): bek. Überempf. Kreislaufkollaps, Bewusstseinstrübungen verschiedener Ursache, komatöse Zustände, klinisch signif. Herz-Kreislauf-Störungen, ventrik. Arrhythmien, Torsades de Pointes (anamn.), Hypokaliämie, Hypomagnesiämie, angeb. Long-QT-Syndrom, sek. QT-Intervall-Verlängerung, gleichz. Anw. von QT-Zeit-verlängernden Med., Ki. < 3J;
KI (Levomepromazin): bek. Überempf., akute Alkohol-, Schlafmittel-, Analgetika- und Psychopharmaka-Intox., Kreislaufschock, Koma, BB-Strg., Ki. < 16J.;

KI (Promethazin): bek. Überempf., schwere Blutzell- und Knochenmarkschädigung, akute Intox. mit zentral dämpfenden Medik. oder Alkohol, Kreislaufschock, Koma, anamnestisch malignes neuroleptisches Syndrom, Ki. < 2J.; **KI** (Prothipendyl): bek. Überempf., akute Intoxikation mit zentraldämpfenden Medikamenten oder Alkohol, komatöse Zustände; **KI** (Sulpirid): bek. Überempf., akute Intox. mit zentraldämpfenden Medikamenten od. Alkohol, maniforme Psychosen, organ. Psychosyndrom, M. Parkinson, Hyperprolaktinämie, Krampfanfälle, prolaktinabhängige Tumore, Mammatumore, Tumore der Nebennieren, Grav./Lakt.; **KI** (Thioridazin): bek. Überempf., schw. Herzkrankheiten, Kombination mit QT-Zeit-verlängernden Med., Cytochrom P450 2D6-Isoenzym hemmenden Med. (SSRI, trizyklische Antidepressiva, Betablocker), den Metabolismus von Thioridazon verlangsamenden (Fluvoxamin, Pindolol, Propranolol) Medikamenten, angeb. oder erw. Cytochrom-P450-2D6-Isoenzym-Mangel, komatöse Zustände, schwere ZNS-Dämpfung, hämatol. Störungen in der Anamnese, Lakt.

Chlorprothixen Rp	HWZ 8-12h, Qo 1.0, PPB 99%
Chlorprothixen-neuraxpharm *Tbl. 15, 50, 100mg* **Chlorprotixen Holsten** *Tbl. 15, 50mg*	**Unruhe-, Erregungszustände, Schizophrenie, Psychose:** 2-4 x 15-100mg p.o.; **Ki. > 3J:** 0.5-1mg/kg/d p.o. in 2ED; **DANI** sorgfältige Dosiseinst.
Levomepromazin Rp	HWZ 17h, Qo 1.0, PPB 98%
Levomepromazin-neuraxpharm *Tbl. 10, 25, 50, 100mg; Gtt. (20Gtt. = 40mg); Amp. 25mg/1ml* **Neurocil** *Tbl. 25, 100mg; Gtt. (20Gtt. = 20mg); Amp. 25mg/1ml*	**Unruhe-, Erregungszustände, Psychose:** ini 15-30mg p.o., Erh.Dos. 75-150mg p.o.; bei stat. Behandl. ini 75-100mg/d p.o., auf 150-300mg/d steigern, max. 600mg/d; 25-50mg i.m., ggf. Wdh., bis 150mg/d i.m.; **Ki.:** 1mg/kg/d; **chron. Schmerzen:** ini 25-75mg/d p.o., langs. steigern bis 300mg/d; **DANI/DALI** sorgfältige Dosiseinstellung
Melperon Rp	HWZ 4-8h, Q0 0.9, PPB 50%
Melneurin *Tbl. 10, 25, 50mg; Saft (1ml = 5mg)* **Melperon-ratioph.** *Tbl. 25, 50, 100mg; Saft (1ml = 5mg)*	**Schlafstörung, Unruhe-, Erregungs-, Verwirrtheitszustände, Psychosen:** 3 x 25-100mg p.o., höhere Dosis abends, max. 400mg/d; **DANI/DALI** sorgf. Dosiseinst.
Pipamperon Rp	HWZ 4h
Dipiperon *Tbl. 40mg; Saft (5ml = 20mg)* **Pipamperon-neuraxpharm** *Tbl. 40, 120mg; Saft (5ml = 20mg)* **Pipamperon HEXAL** *Tbl. 40mg; Saft (5ml = 20mg)*	**Schlafstörung:** 40mg/d; **Dysphorie, Verwirrtheit, psychomotorische Erregung:** ini 3 x 40mg p.o., ggf. steigern bis 3 x 120mg; **Ki. < 14J:** ini 1mg/kg/d p.o., je nach Wi um 1mg/kg/d steigern, Erh.Dos. 2-6mg/kg/d in 3ED
Promethazin Rp	HWZ 7-15h, Qo 1.0, PPB > 90%, PRC C, Lact ?
Atosil *Tbl. 25mg; Gtt. (20Gtt. = 20mg); Amp. 50mg/2ml* **Promethazin-neuraxph.** *Tbl. 10, 25, 50, 75, 100mg; Gtt. (20Gtt. = 20, 100mg); Amp. 50mg/2ml* **Proneurin, Prothazin** *Tbl. 25mg*	**Unruhe-, Erregungszustände, allergische Reaktion, Schlafstörung:** ini 1 x 25mg p.o. z.N., ggf. steigern auf 1 x 50mg, bis 4 x 25mg, max. 200mg/d; 25-50mg i.v./i.m. **Ki. 2-18J:** 12.5-25mg i.v., max. 0.5mg/kgKG/d **DANI/DALI** 50%

Prothipendyl Rp	HWZ 2.5h
Dominal *Tbl. 40, 80mg; Gtt. (10Gtt. = 25mg)*	**Unruhe-, Erregungszustände, Psychosen:** 2-4 x 40-80mg p.o.; **Ki. >6J:** 2-3 x 40mg p.o.; **DANI/DALI** nicht erf.
Sulpirid Rp	HWZ 8h, Qo 0.3, kaum PPB
Dogmatil *Kps. 50; Tbl. 200mg; Saft (1ml = 5mg); Amp. 100mg/2ml* **Meresasul** *Kps. 50mg* **Sulpirid 1A** *Tbl. 100, 200mg; Kps. 50mg* **Sulpirid Stada** *Tbl. 50, 200mg* **Sulpivert** *Kps. 50; Tbl. 100, 200mg* **Vertigo Meresa** *Kps. 50mg* **Vertigo Neogama** *Tbl. 200mg*	**Akute/chron. Psychose:** ini 3 x 100mg p.o., Erh.Dos. 400-800mg/d in 2-4ED, max. 1600mg/d; 200-1000mg/d i.m. in 2-4ED; **Ki. > 6J:** ini 1-2mg/kg/d p.o., Erh.Dos. 5mg/kg/d in 2-3ED; **Depression, Schwindel:** ini 1-3 x 50mg p.o., Erh.Dos. 150-300mg/d; **DANI** CrCl 30-60: 50%; 10-29: 30%; < 10: 20%; **DALI** Dosisreduktion
Thioridazin Rp	HWZ 10h, Qo 1.0, PPB > 95%, PRC C, Lact ?
Melleril *Tbl. 30(ret.), 200(ret.)mg* **Thioridazin-neuraxpharm** *Tbl. 25, 50, 100, 200mg*	**Chron. Psychose, Unruhe-/Erregungszustände:** ini 25-50mg/d, Erh.Dos. 200-300mg/d, bei stationärer Behandlung bis 600mg/d; **Ki.:** 1-2mg/kg/d p.o.; **DANI/DALI** Dosisredukt.

13.4.2 Mittelpotente Antipsychotika

Wm/Wi (Perazin): Antagonismus an D1-, D2, H1-Rezeptoren sowie an alpha1-, 5HT2- u. mACh-Rezeptoren; antipsychotisch, anxiolytisch, affektiv entspannend, psychomotorisch dämpfend, schlafanstoßend, sedierend; **Wm/Wi** (Zuclopenthixol): starker Antagonismus an D1-, D2-, 5HT2-, H1- u. alpha1-Rezeptoren, etwas schwächer an mACh- u. alpha2-Rez.; ausgeprägte antipsychotische Wi, stark wirksam bei manischer Symptomatik;
UW (Perazin): Hypotonie bzw. orthostat. Dysregulation, Tachykardie, EKG-Veränd., Sedierung, Leberenzyme ↑, Hyperglykämie; **UW** (Zuclopenthixol): extrapyramidalmot. Strg. (z.B. Frühdyskinesien, Parkinson-Syndrom), Tremor, Akathisie, Müdigkeit, Unruhe, Hypokinese, Schwindel, Erregung, Depression, Kopfschmerzen, Dystonie, Parästhesie, Aufmerksamkeitsstrg., Amnesie, Gangstrg., Insomnie, Angst, anormale Träume, Akkommodationsstrg., Augeninnendruck ↑, Sehstrg., orthostatische Dysregulation, Tachykardie, EKG-Veränd., Palpitationen, Dyspnoe, verstopfte Nase, Obstipation, Übelkeit, Erbrechen, Diarrhoe, Dyspepsie, Miktionsstrg., Harnretention, Polyurie, Hautreaktionen, Photosensibilität, Myalgie, Hyperhidrosis, Hypotonie, Asthenie, Schmerzen, Gewicht/Appetit ↑, Anorexie, Unwohlsein, Menstruationsstrg., sexuelle Fktsstrg.;
KI (Perazin): bek. Überempf., schwere Blutzell-/Knochenmarkschäd.; **KI** (Zuclopenthixol): bek. Überempf., akute Alkohol-, Schlaf-/Schmerzmittel- und Psychopharmakaintox., Kreislaufschock, Koma, Phäochromozytom, BB-Veränd., Leistung des hämatopoetischen Systems ↓

Perazin Rp	HWZ 8-16h, Q0 > 0.7, PPB 94-97%
Perazin-neuraxpharm *Tbl. 25, 100, 200mg*	**Akute psychotische Syndrome, psychomot. Erregungszustände:** ini 50-150mg p.o., Erh.Dos. 300mg/d, bei stat. Beh. 200-600mg/d, max. 1g/d; **chron. Psychose:** 75-600mg/d p.o.; **DANI** nicht erforderl.; **DALI** Dosisreduktion

Zuclopenthixol Rp	HWZ 15-25h, PPB 98%
Ciatyl-Z *Tbl. 2, 10, 25mg; Gtt. (20Gtt. = 20mg)* **Ciatyl-Z Acuphase** *Amp. 50mg/1ml* **Ciatyl-Z-Depot** *Amp. 200mg(Dep.)/1ml* **Clopixol** *Tbl. 2, 25mg; Amp. 200mg(Dep.)/1ml*	**Unruhe-, Verwirrtheitszustände bei Demenz:** 2-6mg/d p.o. in 2-3ED; **akute, chron. Psychosen:** ini 25-50mg/d p.o. in 2-3ED, ggf. nach 2-3d steigern auf 75mg/d bis 150mg/d bei stationärer Behandlung; ini 50-150mg i.m., evtl. Wdh. nach 2-3d; 200-400mg Depot i.m. alle 2-4W

13.4.3 Hochpotente Antipsychotika

Wm/Wi (Benperidol): starker Antagonismus am D2-Rezeptor, schwächer am D3-, 5HT2- u. alpha1-Rez.; antipsychotisch, sedierend; **Wm/Wi** (Bromperidol): starker Antagonismus am D2-Rez., schwächer am D3-, 5HT2- u. alpha1-Rez.; antipsychotisch, sedierend, antiemetisch; **Wm/Wi** (Flupentixol): Bindung an D1- und D2-Rez. ⇒ antipsychotisch, antidepressiv; **Wm/Wi** (Fluphenazin): starker Antagonismus am D2-Rezeptor, schwächer am 5HT2-, alpha1- u. H1-Rezeptor; antipsychotisch, Dämpfung psychomot. Erregung und affektiver Gespanntheit; **Wm/Wi** (Fluspirilen): starker Antagonismus am D2- u. D3-Rez., schwächer am 5HT2-Rezeptor; antipsychotisch, schwach sedierend; **Wm/Wi** (Haloperidol): starker Antagonismus am D2-Rez., schwächer am alpha1-Rez., keine Wi. am H1- u. mACh-Rez.; antipsychotisch, psychomotorisch dämpfend; **Wm/Wi** (Perphenazin): starker Antagonismus am D2-Rez., schwächer am 5HT2-, alpha1- u. H1-Rezeptor; antipsychotisch, antiemetisch; **Wm/Wi** (Pimozid): starker Antagonismus am D2- u. D3-Rez.; antipsychotisch, aktivierend; **UW** (Benperidol): Frühdyskinesien, Parkinson-Syndrom, Akathisie, malignes Neuroleptika-Syndrom, Hypotonie, orthostatische Dysregulation, Tachykardie, Müdigkeit; **UW** (Bromperidol): Agitiertheit, Insomnie, Depression, Schlafstrg., Somnolenz, Schwindel, Akathisie, extrapyram. Strg., Tremor, Dystonie, Parkinsonismus, Akinesie, Hypokinesie, Dyskinesie, Sedierung, Ataxie, verschwommenes Sehen, okulogyre Krise, Tachy-/Bradykardie, Mundtrockenheit, Obstipation, Hypersalivation, Übelkeit, Erbrechen, Muskelsteifheit, Sekretion aus Brustdrüse, Asthenie, Erschöpfung, EKG-Veränd., Gewicht ↑; **UW** (Flupentixol): Frühdyskinesien, Parkinson-Syndrom, Akathisie, Hyper-/Hypokinesie, Dystonie, Schwindel, Kopfschmerzen, orthostat. Dysregulation, Hypotonie, Tachykardie, Dyspnoe, verstopfte Nase, Mundtrockenheit, Dyspepsie, Übelkeit, Erbrechen, Diarrhoe, Obstipation, Miktionsstrg., Harnverhalt, Pruritus, Hyperhidrose, Myalgie, Appetit ↑/↓, Gewicht ↑, Libidoverlust, abnormales Sehen, Akkommodationsstrg., Tränenfluss ↑, Augeninnendruck ↑, Müdigkeit, Asthenie; **UW** (Fluphenazin): Frühdyskinesien, Parkinson-Syndr., Akathisie, malignes Neuroleptika-Syndrom, Müdigkeit, Sedierung, Unruhe, Erregung, Benommenheit, Depression, Lethargie, Schwindelgefühl, Kopfschmerzen, verworrene Träume, delirante Symptome, zerebrale Krampfanfälle, Hypo-/Hyperthermie, Hypotonie, orthostat. Dysregulation, Tachykardie, ventrikuläre Arrhythmien; **UW** (Fluspirilen): Depression, Insomnie, Schlafstrg., Hypokinesie, extrapyramidale Strg., Akathisie, Parkinson-Syndrom, Tremor, Somnolenz, Dyskinesie, Schwindel, Sedierung, psychomot. Hyperaktivität, Frühdyskinesie, Dystonie, Bradykinesie, Übelkeit, muskuloskelettale Steifheit, Müdigkeit, Reaktion an Inj.Stelle; **UW** (Haloperidol): Agitation, Insomnie, psychotische Strg., Depression, extrapyramidale Strg., Hyperkinesie, Kopfschmerz, Tremor, Maskengesicht, Hypertonie, Dystonie, Somnolenz, Bradykinesie, Schwindel, Akathisie, Dyskinesie, Hypokinesie, tardive Dyskinesie, Sehstrg., okulogyrische Krise, orthostat. Hypotonie, Hypotonie, Obstipation, Mundtrockenheit, Hypersalivation, Erbrechen, Übelkeit, anomaler Leberfunktionstest, Exanthem, Harnretention, erektile Dysfunktion, Gewicht ↑/↓; **UW** (Perphenazin): zahlreiche UW ohne Häufigkeitsangabe, s. FI;

UW (Pimozid): Anorexie, Schlaflosigkeit, Depression, Agitation, Ruhelosigkeit, Schwindel, Somnolenz, Kopfschmerzen, Tremor, Lethargie, extrapyramidalmotorische Strg., Akathisie, verschwommenes Sehen, Obstipation, Mundtrockenheit, Erbrechen, Speichelfluss ↑, Hyperhidrose, Überfunktion der Talgdrüsen, Muskelsteifigkeit, Nykturie, Pollakisurie, erektile Dysfunktion, Erschöpfung, Gewicht ↑;
KI (Benperidol): bek. Überempf., Parkinson-Syndrom, malignes neurolept. Syndrom nach Benperidol in der Anamnese; **KI** (Bromperidol): bek. Überempf., zentralnervöse Dämpfung, komatöse Zustände, depressive Erkr.; **KI** (Flupentixol): bek. Überempf. (auch gg. Neuroleptika vom Phenothiazin- u. Thioxanthentyp), akute Alkohol-, Opiat-, Hypnotika- oder Psychopharmakaintoxikation, Kreislaufschock, Koma; **KI** (Fluphenazin): bek. Überempf., akute Intox. mit zentral dämpfenden Medikamenten oder Alkohol, schwere Blutzell- oder Knochenmarkschädigung, prolaktinabhängige Tumore, Leukopenie u.a. Erkr. des hämatopoet. Systems, Parkinson-Syndrom, malignes neuroleptisches Syndrom nach Fluphenazin, schwere Lebererkr., schwere Depression, Koma, Ki. < 12J; **KI** (Fluspirilen): bek. Überempf., akute Intoxikation mit zentral dämpfenden Medikamenten oder Alkohol, Parkinson-Syndrom, Ki < 18J., in Geweben mit vermind. Durchblutung; **KI** (Haloperidol): bek. Überempf., komatöser Zustand, Depression des ZNS infolge von Alkohol oder and. sedierenden Arzneimitteln, Läsion der Basalganglien, Parkinson-Krankh., anamn. bek. malignes neurolept. Syndrom nach Haloperidol, Ki. < 3J; Ki. und Jug. (parenterale Applikationsformen);
KI (Perphenazin): bek. Überempf., akute Intox. mit zentral dämpfenden Medikamenten oder Alkohol, schwere Blutzell- oder Knochenmarkschädigung, schwere Depression, schwere Lebererkrankung, komatöse Zustände; **KI** (Pimozid): bek. Überempf., akute Intox. mit zentral dämpf. Medikamenten od. Alkohol, M. Parkinson, Depression, angeb./erw. Long-QT-Syndrom (auch familienanamn.), anamn. HRST/Torsades de pointes, Hypokaliämie, -magnesiämie, klin. relevante Bradykardie, gleichzeitige Anwendung von Cytochrom-P450-3A4/-2D6-inhibierenden Arzneimitteln oder Serotonin-Reuptake-Hemmern anamn. HRST/Torsades de pointes, Hypokaliämie, Hypomagnesiämie, klinisch relevante Bradykardie, gleichz. Anw. von Cytochrom-P450-3A4/-2D6-inhibierenden Arzneimitteln od. Serotonin-Reuptake-Hemmern

Benperidol Rp	HWZ 7-8h
Benperidol-neuraxpharm *Tbl. 2, 4, 10mg; Gtt. (20Gtt. = 2mg)* **Glianimon** *Gtt. (20Gtt. = 2mg); Amp. 2mg/2ml*	**Akute, chron. Psychose:** ini 2-6mg/d p.o./i.m./i.v. in 1-3ED, max. 40mg/d, Erh.Dos. 1-6mg/d; **psychomot. Erregungszustände:** ini 1-3mg/d p.o./i.m./i.v.

Bromperidol Rp	HWZ 36h, PPB > 90%
Impromen *Tbl. 5mg; Gtt. (20Gtt. = 2mg)*	**Akute Psychosen:** 1 x 10-50mg p.o.; **subakute, chronische Psychosen:** 1 x 5mg

Flupentixol Rp	HWZ 22-36h, 70-190h (Dep.), PPB 99%
Fluanxol *Tbl. 0.5, 5mg; Gtt. (1ml = 50mg); Amp. (Dep.) 20mg/1ml, 100mg/1ml* **Flupentixol-neuraxpharm** *Amp. (Dep.) 20mg/1ml, 100mg/1ml, 40mg/1ml, 200mg/10ml*	**Akute, chronische Schizophrenie:** 5-60mg/d p.o. in 2-3ED; 20-100mg i.m. alle 2-4W

Fluphenazin Rp	HWZ 20h, Q0 1.0, PPB > 95%, PRC C, Lact ?
Fluphenazin-neuraxpharm *Amp. (Dep.) 12.5mg/0.5ml, 25mg/1ml, 50mg/0.5ml, 100mg/1ml, 250mg/10ml*	**Schizophrene Psychosen, LZ-Therapie und Rezidiv-Pro.:** 12.5-100mg alle 2-4W i.m.; **DANI, DALI** Anw. nicht empf., schwere LI: KI

Fluspirilen Rp	HWZ 7-14d, PPB 81-95%
Imap *Amp. 1.5mg/0.75ml, 12mg/6ml*	**Akute, chronische Psychose:** ini 2-10mg i.m. alle 7d, Erh.Dos. 4-8mg alle 7d; **DANI, DALI** vorsichtige Anwendung
Haloperidol Rp	HWZ 24h, i.m.: ~3W; Q0 1.0, PPB 92%, PRC C, Lact ?
Haldol Janssen *Tbl. 1, 5, 10mg; Gtt. (20Gtt. = 2mg); Amp. 5mg/1ml; Amp. (Dep.) 50mg/1ml, 150mg/3ml* **Haloperidol-neuraxpharm** *Tbl. 1, 4, 5, 12, 20mg; Gtt. (20Gtt. = 2, 10mg); Amp. 5mg/1ml; Amp. (Dep.) 50mg/1ml, 100mg/1ml* **Haloperidol-ratioph.** *Tbl. 5, 10mg; Gtt. (20Gtt. = 2mg); Amp. 5mg/1ml*	**Schizophrenie, schizoaffekt. Störung:** 2-10mg/d p.o. in 1-2 ED, max. 20mg/d; nach Stabilisierung Umstellg. mgl. auf H.-Decanoat: 25-200mg, max. 300mg alle 4W i.m.; Ki. 13-17J: 0.5-3mg/d p.o. in 2-3 ED, max. 5mg/d; **Delirium:** 1-10mg/d p.o. in 2-3 ED; 1-10mg i.m.; **manische Episoden mit bipol. Störung I:** 2-10mg/d p.o. in 2 ED, max. 15mg/d; **akute psychomot. Erregungszustände:** 5-10mg p.o., ggf. Wdh. n. 12h, max. 20mg/d; 5mg i.m., ggf. stdl. Wdh., max. 20mg/d; **Chorea Huntington:** 2-10mg/d p.o. in 1-2 ED; 2-5mg i.m., ggf. stdl. wdh., max. 10mg/d; **Aggression und psychotische Symptome bei Demenz:** 0.5-5mg/d p.o. in 1-2 ED; **Tics, Tourette-Syndrom:** 0.5-5mg/d p.o. in 1-2 ED; Ki. 10-17J: 0.5-3mg/d p.o. in 2-3 ED; **schwere Aggression bei Autismus oder Entwicklungsstörungen:** Ki. 6-11J: 0.5-3mg/d p.o.; 12-17J: 0.5-5mg/d in 2-3 ED; **organisch bedingte Psychosen:** ini 1-5mg p.o., max. 20mg/d, Erh.Dos. 3-15mg/d; **Pro. u. Ther. von postoperativer Übelkeit/Erbrechen:** 1-2mg i.m. **DANI** sorgfältige Dosiseinstellung; **DALI** ini 50%, dann sorgf. Dosiseinstellung
Perphenazin Rp	HWZ 8-12h, Q0 1.0, PPB 90%, PRC C, Lact -
Perphenazin-neuraxpharm *Tbl. 8mg*	**Psychosen, katatone, delirante Syndrome, psychomot. Erregungszustände:** 3 x 4-8mg p.o.; **DANI/DALI** sorgfältige Dosiseinstellung
Pimozid Rp	HWZ 5h, Q0 1.0, PPB 99%, PRC C, Lact ?
Orap *Tbl. 1, 4mg*	**Chronische Psychosen:** ini 1 x 2-4mg p.o., je nach Wi um 2-4mg/W steigern, Erh.Dos. 2-12mg/d, max. 16mg/d

13.4.4 Atypische Antipsychotika

Wm/Wi (Amisulprid): hohe Affinität zu D2- und D3-Rez. ⇒ klin. Wirksamkeit auf Positiv- und Negativsymptomatik schizophrener psychotischer Strg.; **Wm/Wi** (Aripiprazol): partiell agonistisch auf D2- und Serotonin-5HT1a-Rez. und antagonistische Wi auf 5HT2a-Rez.; **Wm** (Asenapin): u.a. Antagonismus an D2- und 5-HT2a-Rez.; **Wm** (Cariprazin): partial-agonistisch am D3-, D2- und 5HT1a-Rez., antagonistisch am 5HT2b-, 5HT2a und H1-Rez. ⇒ antipsychotisch; **Wm** (Clozapin): hohe Affinität zu D4-Rez., starke anti-Alpha-adrenerge, anticholinerge und antihistaminerge Aktivität ⇒ stark sedierend, antipsychotisch; **Wm/Wi** (Loxapin) Antagonismus an D2- und 5HT2a-Rez. ⇒ Beruhigung, Unterdrückung aggressiven Verhaltens; **Wm/Wi** (Olanzapin): Antagonismus an D2- und 5HT2a-Rez. ⇒ antimanisch, stimmungsstabilisierend; **Wm/Wi** (Paliperidon): Hemmung von 5-HT2-, D2- und gering Alpha-2-Rez.; **Wm/Wi** (Quetiapin): Blockade von D1-/D2-Rez., antiserotoninerg, antihistaminerg und anti-alpha-1-adrenergen ⇒ antipsychotisch; **Wm/Wi** (Risperidon): selekt. Hemmung serotonerger 5-HT2-Rez., D2-Rez. u. Alpha-1-Rez.; **Wm/Wi** (Sertindol): selekt. Hemmung mesolimbischer und dopaminerger Neuronen; inhib. Effekte auf zentr. Dopamin-D2-, Serotonin-5HT2- und Alpha-1-Rez.; **Wm** (Ziprasidon): hohe Affinität zu D2- u. 5HT2a/5HT2C/5HT1D u. 5HT1A-Rez.; **UW** (Amisulprid): extrapyramidale Störungen, akute Dystonien, Schläfrigkeit, Schwindel, Prolaktinkonzentration ↑ (mit z.B. Gynäkomastie, Galaktorrhö, Zyklusstörungen, erektiler Dysfunktion), Hypotension, Gewicht ↑; **UW** (Aripiprazol): Schläfrigkeit, Schwindel, Kopfschmerzen, Akathisie, Übelkeit, Erbrechen, Ruhelosigkeit, Schlaflosigkeit, Angstgefühl, extrapyramidale Störungen, Tremor, Sedierung, verschwommenes Sehen, Dyspepsie, Übelkeit, Erbrechen, Obstipation, Hypersalivation, Abgeschlagenheit; **UW** (Asenapin): Angst, Appetit ↑, Gewicht ↑, Somnolenz, Dystonie, Schwindel, Parkinsonismus, Sedierung, Schwindel, Akathisie, Geschmacksstörung, orale Hypästhesie, Muskelrigidität, GPT ↑, Ermüdung; **UW** (Cariprazin): Akathisie, Parkinsonismus, Appetit ↓/↑, Gewicht ↑, Dylipidämie, Schlafstörungen, Angst, Sedierung, Schwindel, Dystonie, Bewegungsstörungen, extrapyramidale Erkrankungen, verschwommenes Sehen, Tachyarryhthmie, Hypertonie, Übelkeit, Obstipation, Erbrechen; Leberenzyme, CK ↑; Ermüdung; **UW** (Clozapin): Leukopenie, Neutropenie, Leukozytose, Eosinophilie, Gewicht ↑, Schläfrigkeit, Sedierung, verschwommenes Sehen, Kopfschmerzen, Tremor, Rigor, Akathisie, extrapyramidale Symptome, Krampfanfälle/Konvulsionen, myoklonische Zuckungen, Tachykardie, EKG-Veränderungen, Hypertonie, orthostatische Hypotonie, Synkope, Obstipation, Hypersalivation, Übelkeit, Erbrechen, Appetitlosigkeit, trockener Mund, Leberwerte ↑, Harninkontinenz, -verhalt, Müdigkeit, Fieber, benigne Hyperthermie, Strg. der Schweiß- und Temperaturregulation; **UW** (Loxapin): Sedierung, Somnolenz, Schwindel, Rachenreizung, Geschmacksstrg., Mundtrockenheit, Müdigkeit; **UW** (Olanzapin): Eosinophilie, Cholesterin/Glukose/Triglyzeride/Transaminasen ↑, Gewicht ↑, Glukosurie, Appetit ↑, Schläfrigkeit, Schwindel, Akathisie, Parkinsonismus, Dyskinesie, orthostatische Hypotonie, Obstipation, Mundtrockenheit, Ausschlag, erektile Dysfunktion, Libido ↓, Asthenie, Müdigkeit, Ödeme; **UW** (Paliperidon): Kopf-, Bauchschmerzen, Akathisie, Schwindel, Dystonie, extrapyramidale Störung, Hypertonie, Parkinsonismus, Sedierung, Somnolenz, Tremor, AV-Block I°, Bradykardie, Schenkelblock, Sinustachykardie, orthostatische Hypotonie, Mundtrockenheit, Speichelfluss ↑, Erbrechen, Asthenie, Erschöpfung, Gewicht ↑; **UW** (Paliperidon): Kopf-, Bauchschmerzen, Akathisie, Schwindel, Dystonie, extrapyramidale Störung, Hypertonie, Parkinsonismus, Sedierung, Somnolenz, Tremor, AV-Block I°, Bradykardie, Schenkelblock, Sinustachykardie, orthostatische Hypotonie, Mundtrockenheit, Speichelfluss ↑, Erbrechen, Asthenie, Erschöpfung, Gewicht ↑;

UW (Quetiapin): Blutbildveränd. (z.B. Hb ↓, Leukopenie), Hyperprolaktinämie, T3/T4 ↓, TSH/Triglyzeride/Glucose/Gesamtcholesterin/Transaminasen/γGT ↑, Gewicht ↑, Appetit ↑, abnormale Träume, suizidale Gedanken/Verhalten, Schwindel, Somnolenz, Kopfschmerzen, Synkope, extrapyramidale Stör., Dysarthrie, Tachykardie, Palpitationen, verschwommenes Sehen, orthostatische Hypotonie, Rhinitis, Dyspnoe, Mundtrockenheit, Dyspepsie, Obstipation, Erbrechen, Asthenie, periph. Ödeme, Gereiztheit, Pyrexie; **UW** (Risperidon): Kopfschmerzen, Angstzust., Schlaflosigkeit, Agitation, Sedierung; **UW** (Sertindol): Rhinitis, Ejakulationsstrg., Schwindel, Mundtrockenheit, orthostatischer Hypotonus, Gewicht ↑, Ödeme, Dyspnoe, Parästhesien, QT-Verlängerung; **UW** (Ziprasidon): Unruhe, Dystonie, Akathisie, extrapyramidale Störungen, Parkinsonismus, Tremor, Schwindel, Sedierung, Somnolenz, Kopfschmerzen, verschwommenes Sehen, Übelkeit, Erbrechen, Verstopfung, Dyspepsie, Mundtrockenheit, Speichelfluss, muskulo-skelettale Rigidität, Asthenie, Müdigkeit; **KI** (Amisulprid): bek. Überempf., prolaktinabhängige Tumore, Phäochromozytom, stark eingeschränkte Nierenfkt.; Komb. mit Levodopa o. Med., die schwerwiegende HRST auslösen können; Ki < 3J., Lakt.; **KI** (Aripiprazol): bek. Überempf.; **KI** (Asenapin): bek. Überempf.; **KI** (Cariprazin): bek. Überempf.; gleichz. Anw. starker oder moderater CYP3A4-Induktoren u. -Inhibitoren (s. FachInfo); **KI** (Clozapin): bek. Überempf., anamnestisch toxische oder allerg. Granulozytopenie/Agranulozytose, wenn keine regelmäßigen Blutuntersuchungen durchgeführt werden können, Schädigung der Knochenmarkfkt., ungenügend kontrollierte Epilepsie, alkoholische o.a. vergiftungsbedingte Psychosen, Arzneimittelintox. und Bewusstseinstrübungen, Kreislaufkollaps u./od. ZNS-Depression jeglicher Genese, schw. Erkr. der Niere/des Herzens, aktive Lebererkr., paralytischer Ileus; **KI** (Loxapin): bek. Überempf. gg. L. bzw. Amoxapin; akute respirat. Symptome, COPD, Asthma; **KI** (Olanzapin): bek. Überempf., unbehand. Engwinkelglaukom; **KI** (Paliperidon): bek. Überempf.; **KI** (Quetiapin): bek. Überempf., gleichzeitige Anw. von Cytochrom-P 450-3A4-Hemmern (z.B. Erythromycin, Antimykotika vom Azoltyp, HIV-Protease-Hemmer); **KI** (Risperidon): bek. Überempf., nichtmedikam. bed. Hyperprolaktinämie; **KI** (Sertindol): bek. Überempf. angeb. oder erworb. Long-QT-Syndrom, unbeh. Hypokaliämie bzw. Hypomagnesiämie, dekomp. HF, Arrhythmien, Bradykardie, schwere Leberinsuff.; **KI** (Ziprasidon): bek. Überempf., bek. QT-Intervall-Verlängerung, angeborenes QT-Syndrom, akuter MI, nichtkompensierte Herzinsuff., HRST (mit Antiarrhythmika der Klassen IA und III behandelt), gleichzeitige Anwendung QT-Zeit-verlängernder Medikamente

Amisulprid Rp	HWZ 12h, Q0 0.5, PPB 16%
Amisulprid HEXAL *Tbl. 50, 100, 200, 400mg* **AmisulpridLich** *Tbl. 50, 100, 200, 400mg* **Solian** *Tbl.100, 200, 400mg;* *Lsg. (1ml = 100mg)*	**Schizophrene Psychosen:** produktive Zustände: 400-800mg/d p.o., max. 1200mg/d; prim. neg. Zust.: 50-300mg/d; ED bis 300mg; **DANI** CrCl 30-60: 50%; 10-29: 33%; < 10: KI; **DALI** nicht erf

Aripiprazol Rp	HWZ 75h, PPB > 99%, PRC C, Lact -
Abilify *Tbl. 5, 10, 15, 30mg;* *Lingualtbl. 10mg, 15mg; Saft (1ml=1mg);* *Inj.Lsg. 7.5mg/1ml* **Abilify Maintena** *Inj.Lsg. 300, 400mg* **Aripipan** *Tbl. 5, 10, 15, 30mg* **Aripiprazol-ratioph.** *Tbl, 5, 10, 15, 20, 30mg* **Arpoya** *Tbl. 5, 10, 15, 30mg*	**Schizophrenie:** 1 x 15mg p.o.; ini 1 x 9.75mg i.m., dann 1 x 5.25-15mg i.m.; max. 30mg/d p.o./i.m.; **Erhaltungsther.:** 1 x 400mg/M i.m., ini für 14d gleichz. 10-20mg p.o.; bei Auftreten von UW 300mg/M; **Ki ab 15J.:** d1+2: 1 x 2mg p.o., d3+4 1 x 5mg, dann 1 x 10mg, ggf. steigern bis max. 30mg/d; **Man. Episoden:** 1 x 15mg p.o., max. 30mg/d; **Prävention d. Wiederauftretens manischer Episoden bei Bipolar-I-Störg.:** Weiterbeh. mit gleicher Dosis; **DANI** nicht erf.; **DALI** schwere LI: vors. Dosiseinst

Asenapin Rp	HWZ 24h , PPB 95% , PRC C, Lact ?
Sycrest *Lingualtbl. 5, 10mg*	**Manische Episode einer bipolaren Strg.:** 2 x 5-10mg p.o.; **DANI** CrCl > 15: 100%, < 15: keine Daten; **DALI** Child A: 100%, B: vorsichtige Anw., C: Anw. nicht empfohlen
Cariprazin Rp	HWZ 2(8)d , Q0 0.8, PPB 97%
Reagila *Kps. 1.5, 3, 4.5, 6mg*	**Schizophrenie:** ini 1 x 1.5mg p.o., ggf. langs. in 1.5mg-Schritten steigern bis max. 6mg/d; **DANI** CrCl ≥ 30: 100%, < 30: Anw. nicht empf.; **DALI** Child A, B: 100%; C: Anw. nicht empf.
Clozapin Rp	HWZ 8-12h, Q0 1.0, PPB 95%, PRC B, Lact -
Clozapin-neuraxpharm *Tbl. 25, 50, 100, 200mg* **Clozapin-ratioph.** *Tbl. 25, 50, 100, 200mg* **Leponex** *Tbl. 25, 50, 100mg*	**Akute, chron. schizophr. Psychose:** d1: 1-2 x 12.5mg p.o., dann um 25-50mg/d p.o. steigern, Erh.Dos. 200-450mg/d p.o., max. 900mg/d p.o.; Pck.Beil. beachten!
Loxapin Rp	HWZ 6-8h, PPB 97%, PRC C, Lact ?
Adasuve *Einzeldosisinhalator 9.1mg*	**Leichte-mittelschwere Agitiertheit bei Schizophrenie oder bipolarer Störung:** 9.1mg inhalieren, ggf. Wdh. nach 2h; ggf. 4.5mg bei schlechter Verträglichkeit; **DANI, DALI** keine Daten
Olanzapin Rp	HWZ 34-52h, Q0 > 0.7, PPB 93%, PRC C, Lact ?
Olanzapin HEXAL *Tbl. 2.5, 5, 7.5, 10, 15, 20mg; Lingualtbl. 5, 10, 15, 20mg;* **Zalasta** *Tbl. 2.5, 5, 7.5, 10, 15, 20mg; Lingualtbl. 5, 7.5, 10, 15, 20mg* **Zypadhera** *Inj. Lsg. 210, 300, 405mg* **Zyprexa** *Tbl. 2.5, 5, 7.5, 10, 15, 20mg; Lingualtbl. 5, 10, 15mg*	**Schizophrenie, Phasenpro. bei bipolaren Störungen:** ini 1 x 10mg p.o.; **manische Episoden:** ini 15mg/d bei Monotherapie, 10mg bei Kombinationsther.; Erh.Dos. 5-20mg; **DANI** ggf. ini 5mg/d; **DALI** ini 5mg/d, dann vorsichtig steigern; Zypadhera: zur Erh.ther. nach Stabilisierung mit Olanzapin p.o.: z.B. bei 15mg/d ini 300mg i.m./2W, nach 2M 210mg/2W oder 405mg/4W; s.a. FachInfo
Paliperidon Rp	HWZ 7h, PPB 83%, PRC C, Lact ?
Invega *Tbl. (ret.) 3, 6, 9mg* **Trevicta** *Inj. Susp. (Dep.) 175, 263, 350, 525mg* **Xeplion** *Inj. Susp. (Dep.) 25, 50, 75, 100, 150mg*	**Schizophrenie, Erw., Ki. ab15J:** 1 x 6mg p.o., ggf. Dosisanpass. auf 3-12mg; Depot: 150 mg d1 i.m. deltoidal, 100mg d8 i.m. deltoidal, 75mg alle 4W i.m. deltoidal/gluteal, ggf. 25-150mg alle 4W; je nach Vor-Therapie (s. FachInfo) 175-525mg alle 3M i.m.; **DANI:** CrCl 50-80: 1 x 3mg, Dosissteig. mögl.; 30-50: 1 x 3mg; 10-30: 3mg alle 2d, ggf. auf 1 x 3mg/d steigern; < 10: Anw. nicht empf.; Trevicta, Xeplion: < 50: Anw. nicht empf.; **DALI:** vorsichtige Anw. bei schwerer LI

Quetiapin Rp	HWZ 7h, PPB 83%, PRC C, Lact
Quetiapin HEXAL *Tbl. 25, 50, 100, 200, 300, 400mg; Tbl. 50(ret.), 200(ret.), 300(ret.), 400(ret.)mg* **Quetiapin-neuraxpharm** *Tbl. 25, 50, 100, 150, 200, 300, 400mg; Tbl. 50(ret.), 200(ret.), 300(ret.), 400(ret.)mg* **Seroquel** *Tbl. 25, 100, 200, 300mg; Tbl. 50(ret.), 150(ret.), 200(ret.), 300(ret.), 400(ret.)mg*	**Schizophrenie:** d1: 2 x 25mg, d2: 2 x 50mg, d3: 2 x 100mg, d4: 2 x 150mg; Erh.Dos. 150-750mg; **manische Episoden bei bipol. Strg.:** d1: 2 x 50mg, d2: 2 x 100mg, d3: 2 x 150mg, d4: 2 x 200mg, ggf. steigern um max. 200mg/d, Erh.Dos. 400-800mg/d; **depressive Episoden bei bipol. Strg.:** d1: 1 x 50mg, d2: 1 x 100mg, d3: 1 x 200mg, d4: 1 x 300mg; Erh.Dos. 300mg; Erh.Dos. 150-750mg; **DANI** nicht erforderlich; **DALI** ini 25mg, um 25-50mg/d steigern
Risperidon Rp	HWZ 3 (24)h, Q0 0.95 (0.1), PPB 88%, PRC C, Lact
Risperdal *Tbl. 0.5, 1, 2, 3, 4mg; Gtt. (1ml = 1mg)* **Risperdal Consta** *Inj.Susp. (ret.) 25mg/2ml, 37.5mg/2ml, 50mg/2ml* **Risperidon AL** *Tbl. 0.5, 1, 2, 3, 4, 6mg; Lsg. 1mg/1ml* **Rispolept Consta** *Inj.Susp. (ret.) 25mg/2ml, 37.5mg/2ml, 50mg/2ml* **Risperidon-ratioph.** *Tbl. 0.25, 0.5, 1, 2, 3, 4mg; Lingualtbl. 0.5mg; Gtt. (1ml = 1mg)*	**Chronische Schizophrenie:** d1: 2mg, d2: 4mg, dann 4-6mg p.o. in 1-2ED; 25mg alle 2W i.m., ggf. 37.5-50mg alle 2W; **Kurzzeitther. (≤ 6W) anhaltender Aggression bei mäßiger bis schwerer Alzheimer-Demenz mit Risiko für Eigen- u. Fremdgefährdung:** ini 2 x 0.25mg p.o., je nach Wi alle 2d um 2 x 0.25mg steigern, Erh.Dos. 2 x 0.5-1mg; **Verhaltensstörung: Ki. 5-18J.,** **< 50kg:** ini 1 x 0.25mg p.o., nach Bedarf steigern auf 0.5-0.75mg; **≥ 50kg:** ini 1 x 0.5mg p.o., nach Bedarf steigern auf 1-1.5mg; **DANI, DALI** 50%
Sertindol Rp	HWZ 3d, PPB > 99%
Serdolect *Tbl. 4, 12, 16, 20mg*	**Schizophrenie:** ini 1 x 4mg p.o., alle 4-5d um 4mg steigern, Erh.Dos. 12-20mg, max. 24mg/d **DANI** nicht erforderlich; **DALI** langsame Dosistitration, niedrigere Erhaltungsdosis; KI bei schwerer LI
Ziprasidon Rp	HWZ 6.6h, PPB > 99%
Zeldox *Kps. 20, 40, 60, 80mg; Susp. (2ml = 20mg); Inj.Lsg. 20mg/1ml* **Ziprasidon AL** *Kps. 20, 40, 60, 80mg* **Ziprasidon HEXAL** *Kps. 20, 40, 60, 80mg*	**Schizophrenie, bipol. Störung:** **Erw.** ini 2 x 40mg p.o., max. 2 x 80mg, Erh.Dos. 2 x 20mg; 10-20mg i.m., ggf. nach 2-4h erneut 10mg, max. 40mg/d; **bipol. Störungen: Ki. 10-17J.:** d1 1 x 20mg p.o., dann über 1-2W steigern, **> 45kg:** 120-160mg/d; **< 45kg:** 60-80mg/d **DANI** nicht erforderlich; **DALI** sorgfältige Dosiseinst.

13.5 Sedativa, Hypnotika

13.5.1 Benzodiazepine

Wm: Öffnung von Chloridkanälen ⇒ Verstärkung der hemmenden Funktion GABA-erger Neuronen v.a. am limbischen System;
Wi: sedierend, schlafinduzierend, anxiolytisch, antiaggressiv, antikonvulsiv, muskelrelaxierend;
UW (Alprazolam): Verwirrtheit, Depression, Appetit ↓, Sedierung, Verschlafenheit, Ataxie, Koordinationsstrg., Erinnerungsvermögen ↓, schleppende Sprache, Konzentrationsstrg., Schwindel, Kopfschmerz, verschwommenes Sehen, Obstipation, Übelkeit, Asthenie, Reizbarkeit; **UW** (Bromazepam): Müdigkeit, Schläfrigkeit, Mattigkeit, Benommenheit, Reaktionszeit ↑, Konzentrationsstrg., Kopfschmerzen, Niedergeschlagenheit, anterograde Amnesie, Überhangeffekte, Tagessedierung; **UW** (Brotizolam): Benommenheit, Kopfschmerzen, Magen-Darm-Strg.; **UW** (Chlordiazepoxid): Müdigkeit, Schläfrigkeit, Mattigkeit, Schwindel, Benommenheit, Ataxie, Tagessedierung, Kopfschmerzen, Reaktionszeit ↑, Verwirrtheit, anterograde Amnesie; **UW** (Clobazam): zahlreiche UW ohne Häufigkeitsangabe, s. FachInfo; **UW** (Diazepam): Tagessedierung, Müdigkeit, Schwindel, Kopfschmerzen, Ataxie, Verwirrtheit, anterograde Amnesie, Reaktionsfähigkeit ↓, Sturzgefahr (bei älteren Pat.);
UW (Dikaliumclorazepat): zahlreiche UW ohne Häufigk., s. FI **UW** (Flunitrazepam): zahlreiche UW ohne Häufigkeiten, s. FI; **UW** (Flurazepam): Somnolenz, Aufmerksamkeit ↓, Müdigkeit, Emotionen ↓, Verwirrtheit, Muskelschwäche, Ataxie, Bewegungsunsicherheit, Kopfschmerzen, Schwindel, Sehstrg., Überhangeffekte; **UW** (Lorazepam): Muskelschwäche, Mattigkeit, Sedierung, Müdigkeit, Benommenheit, Ataxie, Verwirrtheit, Depression, Demaskierung einer Depression, Schwindel; **UW** (Lormetazepam): Angioödem, Angstzustände, Libido ↓, Kopfschmerzen, Schwindel, Benommenheit, Sedierung, Schläfrigkeit, Aufmerksamkeitsstrg., Amnesie, Sehvermögen ↓, Sprachstrg., Dysgeusie, Bradyphrenie, Tachykardie, Erbrechen, Übelkeit, Oberbauchschmerzen, Konstipation, Mundtrockenheit, Pruritus, Miktionsstrg., Asthenie, Hyperhidrosis; **UW** (Medazepam): Schwindel, Kopfschmerzen, Ataxie, Tagessedierung, Müdigkeit, Verwirrtheit, anterograde Amnesie, Überhangeffekte; **UW** (Midazolam): i.v.: dosisabhängige Fluktuationen lebenswichtige Funktionen, v.a.: Atemzugvolumen und Atemfrequenz ↓; Apnoe, Blutdruckschwankungen, Änderungen der Herzfrequenz; **UW** (Nitrazepam): zahlreiche UW ohne Häufigkeiten, s. FachInfo; **UW** (Oxazepam): Kopfschmerzen, Schwindel, Somnolenz, Sedierung, Übelkeit, Mundtrockenheit; **UW** (Prazepam): Verwirrtheit, lebhafte Träume, Tagesmüdigkeit, Reaktionszeit ↑, Benommenheit, Schläfrigkeit, Ausgelassenheit, Ataxie, Kopfschmerzen, Tremor, verlangsamtes oder undeutliches Sprechen, Stimulation, Schwindel, Hyperaktivität, Sehstrg., Palpitationen, Mundtrockenheit, Magen-Darm-Beschwerden, Diaphorese, transienter Hautausschlag, muskuläre Hypotonie, Gelenkschmerzen, Erschöpfung, Schwächegefühl;
UW (Temazepam): zahlreiche UW ohne Häufigkeitsangabe, s. FachInfo;
UW (Triazolam): Schläfrigkeit, Schwindel, Ataxie, Kopfschmerzen;
KI (Alprazolam): bek. Überempf., Myasthenia gravis, schwere Ateminsuff., schwere Leberfktstrg., Schlafapnoe-Syndrom, akute Intoxikation durch Alkohol oder andere ZNS-aktive Substanzen;
KI (Bromazepam): bek. Überempf., Drogen-, Alkohol- und Medikamentenabhängigkeit, akute Intox. mit Alkohol, Schlaf-/Schmerzmitteln oder Psychopharmaka, Myasthenia gravis;
KI (Brotizolam): bek./angeb. Überempf., Abhängigkeitsanamnese; akute Vergiftung mit Alkohol, Schlaf- oder Schmerzmitteln sowie Psychopharmaka, Myasthenia gravis, schwere respirat. Insuff., Schlafapnoe-Syndrom, schwere Leberinsuff., Grav./Lakt., Ki. < 18J.;
KI (Chlordiazepoxid): bek. Überempf., Abhängigkeitsanamnese, Ki/Jug.;
KI (Clobazam): bek. Überempf., Abhängigkeitsanamnese, akute Intox mit Alkohol, Schlaf-/ Schmerzmitteln oder Psychopharmaka, Myasthenia gravis, schw. respirat. Insuff., Schlafapnoe-Syndrom, schw. LI, Grav. im 1. Trim., Lakt.;

KI (Diazepam): bek. Überempf., Abhängigkeitsanamnese, Myasthenia gravis, akute Alkohol-, Schlafmittel-, Schmerzmittel- oder Psychopharmakaintoxikation (Neuroleptika, Antidepressiva, Lithium); schwere Ateminsuff., schw. LI, Schlafapnoes; **KI** (Dikaliumclorazepat, Flurazepam): bek. Überempf., Abhängigkeitsanamnese, akute Vergiftung mit Alkohol, Schlaf-/Schmerzmitteln oder Psychopharmaka, Myasthenia gravis schwere respiratorische Insuff., Schlafapnoe-Syndrom, schwere Leberschädigung, spinale/ zerebelläre Ataxie; **KI** (Flunitrazepam): bek. Überempf., Abhängigkeitsanamnese, Myasthenia gravis, schwere Ateminsuff., Schlafapnoe-Syndrom, schwere Leberinsuffizienz **KI** (Lorazepam): bek. Überempfindlichkeit; p.o.: Abhängigkeitsanamnese, Ki < 6J.; i.v.: Kollapszustände, Schock, gleichzeitige Anw. mit Scopolamin, Früh-/Neugeborene; **KI** (Lormetazepam): bek. Überempf., Abhängigkeitsanamnese, Myasthenia gravis, akute Intox. mit Alkohol, Schlaf- oder Schmerzmitteln sowie Psychopharmaka, i.v.-Gabe: zusätzl FG und NG; **KI** (Medazepam): bek. Überempf., Abhängigkeitsanamnese, Myasthenia gravis **KI** (Midazolam): bek. Überempf., schwere Ateminsuff.; p.o.: Myasthenia gravis, schwere LI, Schlafapnoe-Syndrom, Abhängigkeitsanamnese, akute Intox. mit Alkohol, Schlaf-/ Schmerzmitteln sowie Psychopharmaka, Kinder, gleichz. Behandlung mit Ketoconazol, Itraconazol, Voriconazol und HIV-Proteaseinhibitoren; i.v.: akute Atemdepression; **KI** (Nitrazepam): bek. Überempf., Myasthenia gravis, Abhängigkeitsanamnese, schwere Ateminsuffizienz, Schlafapnoe-Syndrom, schwere LI, spinale/zerebrale Ataxien; akute Vergiftung mit Alkohol, Sedativa, Hypnotika, Analgetika oder Psychopharmaka; **KI** (Oxazepam): bek./angeb. Überempf., Abhängigkeitsanamnese, akute Alkohol-, Schlafmittel-, Schmerzmittel- (Opiattyp) sowie Psychopharmakavergiftung; **KI** (Prazepam): bek. Überempf., Abhängigkeitsanamnese, akute Intox. mit Alkohol, Schlaf- Schmerzmitteln oder Psycho-pharmka, Myasthenia gravis, schw. Ateminsuff., Schlafapnoe Syndrom, schwere LI, Engwinkelglaukom, Ki./Jug. < 18J.; **KI** (Temazepam): bek. Überempf., Myasthenia gravis, schw. Ateminsuff., Schlafapnoe-Syndrom, schwere LI, Ki < 14J., spinale zerebellare Ataxien, akute Intox. mit Alkohol, Sedativa, Hypnotika, Analgetika oder Psychopharmaka; **KI** (Triazolam): bek. Überempf., Myasthenia gravis, schw. Ateminsuff., Schlafapnoe-Syndrom, schw. LI, Ki./Jug. < 18J., gleichz. Anw. von Ketoconazol, Itraconazol Nefazodon oder Efavirenz, Grav., Lakt., spinale/zerebelläre Ataxien, akute Vergiftung mit zentraldämpfenden Mitteln, Abhängigkeitsanamnese

Alprazolam Rp	HWZ 13h, Qo > 0.7, PPB 80%, PRC D, Lact ?
Alprazolam 1A *Tbl. 0.5, 1mg* **Alprazolam-ratioph.** *Tbl. 0.25, 0.5, 1mg* **Tafil** *Tbl. 0.5, 1mg*	**Spannungs-/Erregungs-, Angstzustände:** 3 x 0.25-0.5mg p.o., max. 4mg/d, für max. 8-12W; **Panikstrg.:** ini 0.5-1mg z.N., bei Bed. alle 3-4d um max. 1mg steigern, max. 10mg/d; **DANI, DALI** Dosisreduktion

Bromazepam Rp	HWZ 16h, Qo 1.0, PPB 70%
Bromazanil *Tbl. 3, 6mg* **Bromazepam-ratioph.** *Tbl. 6mg* **Lexostad** *Tbl. 6mg* **Normoc** *Tbl. 6mg*	**Spannungs-, Erregungs-, Angstzustände** ini 1 x 1.5-3mg p.o. z.N., ggf. steigern bis 1 x 6mg; bis 3 x 6mg bei stat. Behandlung; **DANI, DALI** 50%, ini 1.5mg z.N., max. 6mg/

Brotizolam Rp	HWZ 5h, Qo 1.0, PPB 89-95%
Lendormin *Tbl. 0.25mg* **Lendorm** *Tbl. 0.25mg*	**Ein-, Durchschlafstörung:** 0.125-0.25mg p.o. z.N., max. 0.25mg/d, für max. 2W; **DALI** Dosisreduktion, KI bei schwerer LI

Chlordiazepoxid Rp	HWZ 15(10-80)h, Q0 1.0 (1.0), PPB 94-97%, PRC D, Lact ?
Librium *Tbl. 25mg*	**Spannungs-, Erregungs-, Angstzustände:** 2-3 x 5-10mg p.o., max. 60mg/d, max. 30mg ED; **DANI, DALI** 50%
Clobazam Rp	HWZ 18(50)h, Q0 1.0, PPB 85-91%
Epaclob *Lsg. (1ml = 2mg)* **Frisium** *Tbl. 10, 20mg*	**Spannungs-, Erregungs-, Angstzustände:** 20-30mg/d p.o. in 1-2ED; **Ki. 3-15J:** 5-10mg/d; **Epilepsie:** ini 5-15mg/d, langs. Dosis steig., max. 80mg/d; **Ki. 3-15J:** ini 5mg, Erh.Dos. 0.3-1mg/kg; **DANI, DALI** Dosisreduktion
Diazepam Rp	HWZ 24-48(100)h, Q0 1.0 (1.0), PPB 95-99%, PRC D, Lact ?
Diazepam Desitin rectal tube *Rektallsg. 5, 10mg* **Diazepam-ratioph.** *Tbl. 2, 5, 10mg; Supp. 10mg; Gtt. (20Gtt. = 10mg); Amp. 10mg/2ml* **Stesolid** *Rect. Tube 5, 10mg; Amp. 10mg/2ml* **Valocordin Diazepam** *Gtt. (28Gtt. = 10mg)*	**Spannungs-, Erregungs-, Angstzustände:** 5-20mg/d p.o./rekt. in 1-2ED, 30-60mg/d bei stat. Behandlung; 0.1-0.2mg/kg i.v., ggf. wdh. n. 3-8h; **Ki.:** 1-2mg i.v/i.m., ggf. wdh. nach 3-4h; **erhöhter Muskeltonus:** ini 10-20mg/d p.o./rekt. in 2-4ED, Erh.Dos. 1-2 x 5mg; ini 1-2 x 5-10mg i.m., max. 1-2 x 10-20mg/d; **Ki.:** 2-10mg i.m.; **Prämed. vor OP:** 10-50mg p.o./rekt./i.m. am Vorabend; **Status epilepticus:** 5-10mg i.v./i.m., Wdh. bei Bed. alle 10min bis 30mg; **Ki. bis 3J:** 2-5mg i.v., 5-10mg i.m.; > **3J:** 5-10mg i.v.; **DANI, DALI** 50%
Dikaliumclorazepat Rp	HWZ 2-2.5(25-82)h, Q0 1.0 (1.0), PPB 95%
Tranxilium *Kps. 5, 10, 20mg; Tbl. 20, 50mg*	**Spannungs-, Erregungs-, Angstzustände:** 10-20mg p.o. in 1-3ED; max. 150mg/d, bei stationärer Behandl. max. 300mg/d; **Prämed. vor OP:** 20-50mg p.o.; **Ki.:** 0.3-1.25mg/kg; **DANI, DALI** 50%
Flunitrazepam Rp (Btm)	HWZ 16-35(28)h, Q0 1.0, PPB 78%)
Rohypnol *Tbl. 1mg*	**Schlafstörung:** 0.5-1mg, max. 2mg p.o. z.N.; **Ki. > 6J:** 0.015-0.03mg/kg i.m./i.v.; **DANI, DALI** sorgfältige Dosiseinstellung, KI bei schwerer LI
Flurazepam Rp	HWZ 2(10-100)h, Q0 1.0 (0.7), PPB 95%, PRC X, Lact ?
Dalmadorm *Tbl. 30mg* **Flurazepam Real** *Tbl. 30mg* **Staurodorm Neu** *Tbl. 30mg*	**Schlafstörung:** 15-30mg p.o. z.N.; **DANI, DALI** Dosisreduktion, KI bei schwerer Leberinsuffizienz

Lorazepam Rp	HWZ 12-16h, Q0 1.0, PPB 80-93%, PRC D, Lact ?
Lorazepam-neuraxpharm *Tbl. 1, 2.5mg* **Tavor** *Tbl. 0.5, 1, 2, 2.5mg; Lingualtbl. 1, 2.5mg; Amp. 2mg/1ml* **Tolid** *Tbl. 1, 2.5mg*	**Spannungs-, Erregungs-, Angstzustände:** 0.5-2.5mg/d p.o. in 2-3ED, bis 7.5mg/d bei stationärer Behandlung; **akute Angstzustände:** 0.05mg/kg i.v., evtl. Wdh. nach 2h; **Schlafstörung:** 0.5-2.5mg p.o. z.N.; **Prämed. vor OP:** 1-2.5mg p.o. am Vorabend und/oder 2-4mg p.o. 1-2h präop.; **Status epilepticus:** 4mg langsam i.v., ggf. Wdh. nach 10-15min, max. 8mg in 12h; **Ki.:** 0.05mg/kg i.v., ggf. Wdh. nach 10-15min; **DALI** Dosisreduktion
Lormetazepam Rp	HWZ 10(15)h, Q0 0.85 (1.0), PPB 88%
Ergocalm *Tbl. 1, 2mg* **Loretam** *Kps. 1, 2mg* **Lormetazepam-ratioph.** *Tbl. 0.5, 1, 2mg* **Noctamid** *Tbl. 1, 2mg* **Sedalam** *Amp. 2mg/10ml*	**Ein- u. Durchschlafstörung:** 1-2mg p.o. z.N.; **Prämed. vor OP:** 2mg p.o. am Vorabend und/oder 2mg bis 1h präoperativ; 0.4-1mg i.v.; **Sedierung bei chir. Eingriffen in Allgemeinnarkose:** 0.4-2mg i.v.; **Sedierung bei diagnostischen Eingriffen:** 1-2mg i.v.; **akute Spannungs-, Erregungs- und Angstzustände:** 0.4-1mg, max. 2mg i.v.
Medazepam Rp	HWZ 2(100)h, Q0 1.0
Rudotel *Tbl. 10mg*	**Spannungs-, Erregungs-, Angstzustände:** 10-30mg/d p.o. in 2-3ED, max. 60mg/d
Midazolam Rp (Btm: Amp > 50mg)	HWZ 1.5-2.2h, Q0 1.0, PPB 95%, PRC D, Lact
Buccolam *Lsg. zur Anw. i.d. Mundhöhle 2.5mg/0.5ml, 5mg/1ml, 7.5mg/1.5ml, 10mg/2ml* **Dormicum** *Tbl. 7.5mg; Amp. 5mg/1ml, 5mg/5ml, 15mg/3ml* **Midazolam HEXAL** *Amp. 5mg/1ml, 5mg/5ml, 15mg/3ml* **Midazolam-ratioph.** *Saft (1ml = 2mg); Amp. 5mg/1ml, 5mg/5ml, 15mg/3ml, 50mg/50ml, 100mg/50ml*	**Prämed. vor OP:** 7.5-15mg p.o. 30-60min präop., 3.5-7mg i.m. 20-30min präop.; **Sedierung:** ini 2-2.5mg i.v., je nach Wi in 1-mg-Schritten, max. 7.5mg; Pat. > 60J: 50%; **Ki. 6M-5J:** 0.05-0.1mg/kg i.v., max. 6mg; **6-12J:** 0.025-0.05mg/kg i.v., max. 10mg; **Narkoseeinleitung:** 0.1-0.2mg/kg i.v.; **Sedierung Intensivtherapie:** ini 0.03-0.3mg/kg i.v., dann 0.03-0.2mg/kg/h; **länger anhaltende akute Krampfanfälle: Ki. 3M – < 1J:** 2.5mg buccal; **1– < 5J:** 5mg; **5 – < 10J:** 7.5mg; **10 – < 18J:** 10mg **DALI** Dosisreduktion, KI bei schwerer LI.
Nitrazepam Rp	HWZ 25-30h, Q0 1.0, PPB 87%
Eatan N *Tbl. 10mg* **Mogadan** *Tbl. 5mg* **Nitrazepam AL** *Tbl. 5, 10mg* **Nitrazepam-neuraxpharm** *Tbl. 5, 10mg*	**Schlafstörung:** 2.5-5mg, max. 10mg p.o. z.N.; **BNS-Krämpfe: Sgl., Kleinki.:** 2.5-5mg p.o.; **DANI, DALI** Dosisreduktion; KI bei schwerer Leberinsuffizienz

Oxazepam Rp	HWZ 6-25h, Qo 1.0, PPB 97%, PRC D, Lact ?
Adumbran *Tbl. 10mg* **Durazepam** *Tbl. 50mg* **Oxazepam-ratioph.** *Tbl. 10, 50mg* **Praxiten** *Tbl. 10, 15, 50mg*	**Spannungs-, Erregungs-, Angstzustände:** 1-2 x 10-20mg p.o., max. 3 x 20mg; bei stat. Beh. 50-150mg/d in 2-4ED; **Ki.:** 0.5-1mg/kg/d in 3-4ED; **Durchschlafstörung:** 10-20mg, max. 30mg p.o. z.N.
Prazepam Rp	HWZ 1-3h, Qo 1.0, PPB 88%
Demetrin *Tbl. 10mg* **Mono Demetrin** *Tbl. 20mg*	**Spannungs-, Erregungs-, Angstzustände:** 20mg p.o. z.N.; max. 60mg/d; **DANI, DALI** ini 10-15mg/d, vorsichtig steigern
Temazepam Rp	HWZ 3.5-18.4h, Qo 1.0, PPB 96%, PRC X, Lact ?
Planum *Kps. 20mg* **Remestan** *Kps. 10, 20mg* **Temazep-CT** *Kps. 10, 20mg*	**Schlafstrg.:** 10-20mg p.o. z.N., max. 40mg/d; **Jugendl. 14-18J:** 10mg/d; **DANI, DALI** 10mg/d, max. 20mg/d
Triazolam Rp	HWZ 1.4-4.6h, Qo 1.0, PPB 75-90%, PRC X, Lact ?
Halcion *Tbl. 0.25mg*	**Schlafstörung:** 0.125-0.25mg p.o. z.N.; **DALI** Dosisreduktion, KI bei schwerer LI

13.5.2 Weitere Sedativa und Hypnotika

Wm/Wi (Buspiron): Agonist an 5-HT1A-Rez., alpha-2-antagon.; anxiolytisch, antidepressiv; **Wm/Wi** (Chloralhydrat): verstärkt die elektrophysiol. Reaktion auf die inhibit. Neurotransmitter GABA und Glycin ⇒ sedativ, hypnotisch und antikonvulsiv; **Wm/Wi** (Clomethiazol): hypnotisch, sedativ, antikonvulsiv; **Wm/Wi** (Diphenhydramin, Doxylamin): kompet. Blockade von H1-Rez. ⇒ sedierend, antiemet., lokalanästhet.; **Wm/Wi** (L-Tryptophan): Synthese v. Serotonin ↑ durch Subst. der physiol. Vorstufe; **Wm/Wi** (Zolpidem, Zopiclon): benzodiazepinähnl. Wi; **UW** (Buspiron): nichtspez. Brustschmerzen, Alpträume, Zorn, Feindseligkeit, Verwirrtheit, Schläfrigkeit, Tinnitus, Halsentzündg, verstopfte Nase, Verschwommensehen, Muskelschmerzen, Taubheitsgefühl, Missempfind., Koordinationsstrg., Tremor, Ekzeme, Schwitzen, feuchte Hände; **UW** (Chloralhydrat): zahlreiche UW ohne Häufigkeitsangabe, s. FachInfo; **UW** (Clomethiazol): starke Speichelsekr., Bronchialsekretion ↑; **UW** (Diphenhydramin): Somnolenz, Benommenheit, Konzentrationsstrg., Schwindel, Kopfschmerzen, Sehstrg., Magen-Darm-Beschwerden, Mundtrockenheit, Obstipation, Reflux, Miktionsstrg., Muskelschwäche; **UW** (Doxylamin): zahlreiche UW ohne Häufigkeitsangabe, s. FachInfo; **UW** (L-Tryptophan): keine (sehr) häufigen NW; **UW** (Zolpidem): Halluzinationen, Agitiertheit, Alpträume, gedämpfte Emotionen, Verwirrtheit, Somnolenz, Kopfschmerzen, Schwindelgefühl, verstärkte Schlafstrg., anterograde Amnesie, Schläfrigkeit am Folgetag, Aufmerksamkeit ↓, Doppelbilder, Schwindel, Muskelschwäche, Ataxie; **UW** (Zopiclon): Geschmacksstörung, Benommenheit am Folgetag, Mundtrockenheit; **KI** (Buspiron): bek. Überempf., akutes Engwinkelglaukom, Myasthenia gravis, schwere Leber-/Nierenfktsstörung; **KI** (Chloralhydrat): bek. Überempf., schwere Leber-/Nierenschäden, schwere Herz-Kreislauf-Schwäche, Grav./Lakt., Beh. mit Antikoagulantien vom Cumarin-Typ, Ki/Jug. < 18 J.; **KI** (Clomethiazol): bek. Überempf., Schlafapnoe-Syndrom, zentr. Atemstrg., akute Intox. durch Alkohol o.a. zentraldämpfende Mittel, Abhängigkeitsanamnese (Ausnahme: akute Beh. des Prädelirs, Delirium tremens u. akuter Entzugssymptomatik), Asthma bronchiale;

KI (Diphenhydramin): bek. Überempf., akutes Asthma bronchiale, Engwinkelglaukom, Phäochromozytom, Prostatahypertrophie mit Restharn, Epilepsie, Hypokaliämie, Hypomagnesiämie, Bradykardie, angeb. Long-QT-Syndrom oder andere klinisch signif. kard. Strg.; gleichz. Anw. von Arzneimitteln, die das QT-Intervall verlängern/zu Hypokaliämie führen/Alkohol/MAO-Hemmern, Grav./Lakt., Ki < 8kg.; **KI** (Doxylamin): bek. Überempf., Engwinkelglaukom, Prostatahypertrophie mit Restharn, akuter Asthmaanfall, Phäochromozytom, gleichz. Anw. mit MAO-Hemmern, Epilepsie; akute Vergiftung durch Alkohol, Schlaf- oder Schmerzmittel sowie Psychopharmaka; **KI** (L-Tryptophan): bek. Überempf., schwere Leberinsuffizienz, hepatische Enzephalopathie, schwere Nierenerkrankungen und Niereninsuffizienz, Karzinoide, gleichzeitige Anwendung mit MAO-Hemmern/SSRI; **KI** (Zolpidem): bek. Überempf., schw. LI, Schlafapnoe-Syndrom, Myasthenia gravis, akute und/oder schw. Ateminsuff., Ki. u. Jug. < 18J; **KI** (Zopiclon): bek. Überempf., schw. LI, schw. Schlafapnoe-Syndrom, Myasthenia gravis, schwere Ateminsuff., Ki. und Jug. < 18J, Lakt.

Buspiron Rp	HWZ 4h, Qo 1.0, PPB > 95%, PRC B, Lact ?
Anxut *Tbl. 5, 10mg* **Busp** *Tbl. 5, 10mg*	**Angstzustände:** ini 3 x 5-10mg p.o., max. 60mg/d; **DANI/DALI** KI bei schwerer NI/LI

Chloralhydrat Rp	HWZ 4min (7h), Qo 1.0, PPB 40%, PRC C, Lact ?
Chloraldurat *Kps. 250, 500mg*	**Schlafstörung, Erregungszustände:** 250-1000mg p.o. z.N., max. 1.5g/d

Clomethiazol Rp	HWZ 2.3-5h, Qo 0.95, PPB 60-70%
Distraneurin *Kps. 192mg; Lsg. (1ml = 31.5mg)*	**Akute Entzugssymptomatik, Delirium tremens (stat. Behandlung!):** ini 384-768mg p.o., max. 1152-1536mg in den ersten 2h, dann max. 384mg alle 2h; **Verwirrtheit, Unruhe älterer Patienten:** 3 x 192-384mg p.o.; **Schlafstörung älterer Patienten:** 384mg z.N., evtl. Wdh. nach 30-60min

Diphenhydramin OTC	HWZ 4-8h, Qo 0.9, PPB 85-99%, PRC B, Lact -
Betadorm D *Tbl. 50mg* **Dolestan** *Tbl. 25, 50mg* **Dormutil N** *Tbl. 50mg* **Emesan** *Tbl. 50mg; RektalKps. 20, 50mg* **Halbmond** *Tbl. 50mg* **Nervo Opt N** *Tbl. 50mg* **Schlaftabletten Elac** *Tbl. 50mg* **Sodormwell** *Kps. 50mg* **Vivinox Sleep** *Tbl. 25, 50mg*	**Schlafstörung:** 25-50mg p.o. z.N.; **vestibulärer Schwindel, Übelkeit, Erbrechen, Kinetose:** 1-3 x 50mg p.o./rekt.; **Ki. 6-12J.:** 1-2 x 25mg p.o.; **> 12J:** 1-2 x 50mg p.o.; **Ki. 8-10kg:** 1 x 20mg rekt.; **10-20kg:** 1-2 x 20mg rekt.; **20-39kg:** 1-3 x 20mg rekt.; **>12J:** 1-2 x 50mg rekt.; **DANI, DALI** Dosisanpassung

Doxylamin OTC	HWZ 10h
Gittalun *Brausetbl. 25mg* **Hoggar Night** *Tbl. 25mg* **Schlafsterne** *Tbl. 30mg* **SchlafTabs-ratioph.** *Tbl. 25mg* **Sedaplus** *Saft/Lsg. 12.5ml/5mg*	**Schlafstörung:** 25-50mg p.o. z.N.; **> 6M:** 6.25mg; **> 1J:** 6.25-12.5mg; **5-12J:** 12.5-25mg

L-Tryptophan OTC	HWZ 2.5h, Qo 1.0, PPB 85%
Ardeydorm, Ardeytropin, Kalma, L-Tryptophan-ratioph. *Tbl. 500mg*	**Schlafstörung:** 1-2g p.o. z.N.; **DANI/DALI** KI
Zolpidem Rp	HWZ 2-2.6h, Qo 1.0, PPB 92%, PRC B, Lact ?
Bikalm, Stilnox *Tbl. 10mg* **Zolpidem-ratioph.** *Tbl. 5, 10mg* **Zolpidem Stada** *Tbl. 5, 10mg*	**Schlafstörung:** 10mg p.o. z.N.; **Pat. > 65J, geschwächte Pat.:** 5mg; **DANI** nicht erf.; **DALI** max. 5mg/d, KI bei schwerer LI
Zopiclon Rp	HWZ 5h, Qo 0.95, PPB 45%
Optidorm, Somnosan, Ximovan, Zopiclon HEXAL *Tbl. 7.5mg* **Zopiclon-ratioph.** *Tbl. 3,75, 7.5mg*	**Schlafstörung:** 7.5mg p.o. z.N., ältere Pat. 3.75mg; **DANI, DALI** max. 3.75mg/d, KI bei schw. LI

13.6 Psychoanaleptika

Wm/Wi (Atomoxetin): selektive Hemmung des präsynaptischen Noradrenalintransporters; **Wm/Wi** (Dexamfetamin): zentral stimulierendes Sympathomimemtikum; **Wm/Wi** (Lisdexamfetamin): Prodrug von Dexamfetamin, zentral wirk. Sympathomimetikum; **Wm/Wi** (Methylphenidat): Amphetaminderivat, zentral erregend durch Katecholaminfreisetzung; **Wm/Wi** (Modafinil): Potenzierg. d. zerebr. Alpha-1-adrenergen Aktivität ⇒ Vigilanz ↑, Zahl plötzl. Schlafepisoden ↓; **Wm/Wi** (Solriamfetol): Dopamin- u. Noradrenalinwiederaufnahmehemmg.; **UW** (Atomoxetin): Appetit ↓, Gewicht ↓, Anorexie, Reizbarkeit, Stimmungsschw., Schlaflosigkeit, Kopfschmerzen, Schläfrigkeit, Schwindel, abdom. Schmerzen, Erbrechen, Übelkeit, Obstipat., Dyspepsie, Dermatitis, Hautausschlag, Müdigkeit, Lethargie, Tachykardie, Hypertonie; **UW** (Dexamfetamin): Arrhythmien, Tachykardie, Palpitationen, Abdominalschmerzen, Übelkeit, Erbrechen, Mundtrockenheit, Veränderung des Blutdrucks/Herzfrequenz, Appetit ↓, verringerte Gewichts- und Größenzunahme bei längerer Anw. bei Kindern, Arthralgie, Schwindel, Dyskinesie, Kopfschmerzen, Hyperaktivität, Schlaflosigkeit, Nervosität, abnormes Verhalten, Aggressivität, Erregungs- und Angstzustände, Depression, Reizbarkeit; **UW** (Lisdexamfetamin): Appetit ↓, Anorexie, Schlafstörungen, Agitiertheit, Angst, Libido ↓, Tic, Affektlabilität, psychomotorische Hyperaktivität, Aggression, Kopfschmerzen, Schwindel, Unruhe, Tremor, Somnolenz, Mydriasis, Tachykardie, Palpitationen, Dyspnoe, Mundtrockenheit, Diarrhoe, Oberbauchschmerzen, Übelkeit, Erbrechen, Hyperhidrose, Hautausschlag, erektile Dysfunktion, Reizbarkeit, Müdigkeit, Zerfahrenheit, Fieber, Blutdruck ↑, Gewicht ↓; **UW** (Methylphenidat): Anorexie, Appetitverlust, bei Kindern mäßige Vermind. der Gewichtszunahme u. des Längenwachstums bei längerer Anw., Schlaflosigkeit, Nervosität, abnormes Verhalten, Aggression, Affektlabilität, Erregung, Anorexia, Ängstlichk., Depression, Reizbarkeit, Konzentrationsmangel und Geräuschempfindlk. (bei Erw. mit Narkolepsie), Kopfschmerzen, Somnolenz, Schwindelgefühl, Dyskinesie, psychomotor. Hyperaktivität, Tachykardie, Palpitationen, Arrhythmien, Hypertonie, Bauchschmerzen, Magenbeschwerden, Übelk., Erbrechen, Mundtrockenh., Diarrhoe, Schwitzen, Alopezie, Pruritus, Rash, Urtikaria, Arthralgien, Husten, Rachen-/Kehlkopfschmerzen, Nasopharyngitis, Fieber, Änderung v. RR/Herzfrequ., Gewichts ↓; **UW** (Modafinil): Appetit ↓, Nervosität, Insomnie, Angst, Depression, Denkstrg., Verwirrtheit, Kopfschmerzen, Schwindelgefühl, Somnolenz, Parästhesien, verschwomm. Sehen, Tachykardie, Palpitationen, Vasodilat, Bauchschmerzen, Übelkeit, Mundtrockenheit, Diarrhoe, Dyspepsie, Verstopfg., Asthenie, Brustschmerzen, dosisabhängig γGT/aP ↑, path. Leberfktstests;

UW (Solriamfetol): Kopfschmerzen, Übelkeit, Appetit ↓, Angstzustände, Schlaflosigkeit, Reizbarkeit, Zähneknirschen, Schwindel, Palpitationen, Husten, Diarrhoe, Mundtrockenheit, Obstipation, Erbrechen, Hyperhidrosis, Gefühl der Fahrigkeit, Thoraxbeschwerden, Hypertonie; **KI** (Atomoxetin): bek. Überempf., Engwinkelglaukom, gleichz. Anw. von MAO-Hemmern, schwere kardio-/zerebrovaskuläre Erkr., Phäochromozytom; **KI** (Dexamfetamin): bek. Überempf. oder Idiosynkrasie ggü. sympathomimetischen Aminen, Glaukom, Phäochromozytom, Hyperthyreose oder Thyreotoxikose, Diagnose oder Anamnese schwerer Depression, Anorexia nervosa/anorekt. Störungen, Suizidneigung, psychot. Symptome, schwere affektive Störungen, Manie, Schizophrenie, psychopathischen/Borderline-Persönlichkeitsstörungen, Gilles-de-la-Tourette-Syndrom oder ähnliche Dystonien, Diagnose/Anamnese schwerer und episodischer (Typ I) bipolarer affektiver Störungen, vorbestehende Herz-Kreislauf-Erkr. einschließlich mittelschwerer und schwerer Hypertonie, HI, arterieller Verschlusskrankheit, Angina pectoris, hämodynamisch signifikanter angeborener Herzfehler, Kardiomyopathien, Myokardinfarkt, potenziell lebensbedrohender Arrhythmien und Kanalopathien, zerebrale Aneurysmen; Gefäßabnormalitäten inkl. Vaskulitis oder Schlaganfall, Porphyrie, anamnest. Drogenabhängigkeit oder Alkoholismus, gleichzeitige Anwendung von MAO-Hemmern, Grav./Lakt.; **KI** (Lisdexamfetamin): bek. Überempf., gleichzeitige Anw. von MAO-Hemmern, Hyperthyreose/Thyreotoxikose, Erregungszustände, symptomatische Herz-Kreislauf-Erkr., fortgeschrittene Arteriosklerose, mittelschw. bis schw. Hypertonie, Glaukom; **KI** (Methylphenidat): bek. Überempf., Hyperthyreose oder Thyreotoxikose, Glaukom, Phäochromozytom, vorbestehende Herz-Kreislauf-/zerebrovaskuläre Erkr., gleichzeitige Anw. von MAO-Hemmern; Diagnose oder Anamnese von: schwerer Depression, Anorexia nervosa/anorektischen Störungen, Suizidneigung, psychotischen Symptomen, schweren affektiven Strg., Manie, Schizophrenie, psychopathischen/Borderline-Persönlichkeitsstrg., Gilles-de-la-Tourette-Syndrom oder ähnlichen Dystonien, schweren und episodischen (Typ I) bipolaren affektiven Störungen; **KI** (Modafinil): bek. Überempf., nicht kontrollierte mittelschwere–schwere Hypertonie, HRST, Grav.; **KI** (Solriamfetol): bek. Überempf., Myokardinfarkt in vergangenen Jahr, instabile AP, unkontroll. Hypertonie, schwere Arrhythmien, schwere Herzprobleme, gleichzeitige oder bis 14d zurückliegende Anw. von MAO-Hemmern

Atomoxetin Rp	HWZ 3.6h, PPB 98%
Strattera *Kps. 10, 18, 25, 40, 60, 80, 100mg; Lsg. 4mg/ml*	**ADHS: Ki. > 6J:** ini 0.5mg/kg/d p.o., nach 7d je nach Wi steigern auf 1.2mg/kg/d; >70kg: ini 1 x 40mg, dann 80mg, max. 100mg/d; **DANI** nicht erf.; **DALI** Child B: 50%, Child C: 25%
Dexamfetamin Rp (Btm)	HWZ 10h
Attentin *Tbl. 5, 10, 20mg*	**Aufmerksamkeitsdefizit-Hyperaktivitätsstörung mit fehlendem Ansprechen auf Atomoxetin bzw. Methylphenidat: Ki. > 6J:** ini 5-10mg p.o., ggf. um 5mg/W steigern, max. 20-40mg/d; **DANI, DALI** keine Daten
Lisdexamfetamin Rp (Btm)	HWZ 1(11)h, PRC B, Lact -
Elvanse *Kps. 20, 30, 40, 50, 60, 70mg*	**ADHS ohne Ansprechen auf Methylphenidat: Ki. > 6J:** ini 1 x 20-30mg p.o., ggf. um 20mg/W ↑, max. 70mg/d; **DANI, DALI** k. D.

Methylphenidat Rp (Btm)	HWZ 2-4h, Q0 0.95, PPB 10-33%, PRC C, Lact ?
Concerta *Tbl. 18(ret.), 27 (ret.), 36(ret.), 54(ret.)mg* **Equasym** *Kps. 10(ret.), 20(ret.), 30(ret.)mg* **Medikinet** *Tbl. 5, 10, 20mg; Kps. 5(ret.), 10(ret.), 20(ret.), 30(ret.), 40(ret.), 50(ret.), 60(ret.)mg* **Methylphenidat HEXAL** *Tbl. 10mg* **Ritalin** *Tbl. 10mg; Kps. (ret.) 20, 30, 40mg* **Ritalin Adult** *Kps. (ret.) 10, 20, 30, 40mg*	**ADHS: Ki. ab 6J:** ini 5mg p.o., um 5-10mg/W steigern, max. 60mg/d in 2-3ED; 1 x 18-36mg (ret.), max. 54mg/d (ret.); **Erw.:** ini 1 x 10-20mg (ret.), ggf. steigern um 10-20mg/W., max. 80mg/d; **Narkolepsie:** 10-60mg/d in 2-3ED; **> 6J:** ini 1-2 x 5mg/d, um 5-10mg/W steigern, max. 60mg/d; **DANI, DALI** keine Daten, vorsichtige Anw.

Modafinil Rp)	HWZ 10-12h, PPB 62%, PRC C, Lact ?
Modafinil-neuraxpharm *Tbl. 100, 200mg* **Modafinil Heumann** *Tbl. 100mg* **Vigil** *Tbl. 100, 200mg*	**Narkolepsie:** 200-400mg/d p.o. in 2ED (morgens, mittags); **DANI** keine Daten; **DALI** schwere LI: 50%

Solriamfetol Rp	HWZ 7h, PPB 19%
Sunosi *Tbl. 75, 150mg*	**Narkolepsie mit oder ohne Kataplexie:** ini 1 x 75mg morgens, ggf. 1 x 150mg; **obstruktive Schlafapnoe:** ini 1 x 37.5mg, ggf. Dosis alle 3d verdoppeln, max. 150mg/d; **DANI** CrCL ≥60: 100%; 30-59: ini 37.5mg, max. 1 x 75mg; 15-29: 1 x 37.5mg; <15: Anw. nicht empf.; **DALI** keine Daten

13.7 Zentral wirksame Alpha-Sympathomimetika

Wm/Wi (Clonidin): zentr. Stimul. Alpha-2-adrenerger Rez. ⇒ Sympathikusaktivität ↓ ⇒ dämpft Überaktivität noradren. Neurone (die Alkoholentzug bewirken); **Wm/Wi** (Guanfacin): zentr. Stimul. Alpha-2-adrenerger Rez. ⇒ veränderte Signalübertragung in präfrontalem Kortex u. Basalganglien; **UW** (Clonidin): Depression, Schlafstrg., Schwindel, Sedierung, Kopfschmerzen, orthostat. Hypotonie, Mundtrockenheit, Obstipation, Übelkeit, Erbrechen, Schmerzen in Speicheldrüsen, erektile Dysfkt., Müdigkeit; **UW** (Guanfacin): Depression, Angst, Affektlabilität, Insomnie, Durchschlafstrg., Alpträume, Somnolenz, Kopfschmerz, Sedierung, Schwindel, Lethargie, Bradykardie, Hypotonie, orthostat. Hypotonie, Bauchschmerzen, Erbrechen, Übelkeit, Diarrhoe, Obstipation, Mundtrockenheit, Exanthem, Enuresis, Ermüdung, Reizbarkeit, Gewicht ↑; **KI** (Clonidin): bek. Überempf., ausgeprägte Hypotonie, Major Depression, Erregungsbildungs- und -leitungsstrg. des Herzens, Bradykardie, Grav./Lakt.; **KI** (Guanfacin): bek. Überempf.

Clonidin Rp	HWZ 12-16h, Q0 0.4, PPB 30-40%, PRC C, Lact ?
Paracefan *Amp. 0.15mg/1ml, 0.75mg/5ml*	**Alkoholentzugssyndrom:** ini 0.15-0.6mg, max 0.9mg i.v. dann 0.3-4mg/d, max. 10mg/d; Perf. (0.75mg) = 15µg/ml ⇒ 2-8ml/h

Guanfacin Rp	HWZ 18h, PPB 70%, PRC B, Lact ?
Intuniv *Tbl. 1(ret.), 2(ret.), 3(ret.), 4(ret.)mg*	**Aufmerksamkeitsdefizit-Hyperaktivitätsstörung: Ki. 6-17J:** ini 1 x 1mg p.o., je nach Wi/Verträglichkeit steigern um max. 1mg/W, Erh.Dos. 0.05-0.12mg/kg/d; **DANI** CrCl < 30: Dosisred.; **DALI:** vors. Anw.

13.8 Alkoholentwöhnungsmittel

Wm/Wi (Acamprosat): Stimulierung der inhibitorischen GABAergen Neurotransmission sowie antagonistischer Effekt auf die erregenden Aminosäuren, insbesondere Glutamat; **Wm/Wi** (Nalmefen): Agonist am Kappa-Rezeptor, Antagonist am μ- und Δ-Rezeptor ⇒ Modulierung kortiko-mesolimbischer Funktionen ⇒ Verringerung des Alkoholkonsums; **Wm/Wi** (Naltrexon): kompetitiver Antagonismus am Opioidrezeptor;
UW (Acamprosat): Libido ↓, Durchfall, Übelkeit, Erbrechen, Bauchschmerzen, Blähungen, Pruritus, makulopap. Ausschlag, Frigidität, Impotenz;
UW (Nalmefen): Appetit ↓, Schlaflosigkeit/-störungen, Verwirrtheit, Ruhelosigkeit, Libido ↓, Halluzinationen, Dissoziation, Schwindel, Kopfschmerz, Somnolenz, Tremor, Aufmerksamkeitsstör., Parästhesie, Hypästhesie, Tachykardie, Palpitationen, Übelkeit, Erbrechen, trockener Mund, Hyperhidrose, Muskelspasmen, Ermüdung, Asthenie, Unwohlsein, Gefühl anomal; Gewicht ↓;
UW (Naltrexon): Bauchschmerzen, Übelkeit, Erbrechen, Diarrhoe, Obstipation, Appetit ↓, Schlafstrg., Angstzustände, Nervosität, Affektstrg., Reizbarkeit, Kopfschmerzen, Unruhe, Schwindel, Tränenfluss ↑, Tachykardie, Palpitationen, EKG-Änd., Thoraxschmerzen, Exanthem, Gelenk-/Muskelschmerzen, verzög. Ejakulation, erektile Dysfunktion, Asthenie, Durst, Energie ↑, Schüttelfrost, Hyperhidrose;
KI (Acamprosat): bek. Überempf., Lakt., NI; **KI** (Nalmefen): bek. Überempf., gleichz. Anw. von Opioid-/Partialagonisten, Pat. mit besteh./kurz zurücklieg. Opioidabhängigkeit, mit akuten Opioidentzugssymp.„ Pat. mit vermuteter kürzlicher Opioidanw.; schwere LI, NI; Pat. mit jüngst aufgetret. akuten Alkoholentzugsersch. (inkl. Halluzin., Krampfanfälle, Delirium tremens);
KI (Naltrexon): bek. Überempf. schwere LI, akute Hepatitis, schwere Nierenfktsstrg., Pat. unter Opioid-Analgetika, opioidabhängige Pat. ohne erfolgreichen Entzug oder Pat., die Opiat-Agonisten erhalten (z.B. Methadon); akute Opiat-Entzugssymptome, Pat. mit positiven Opioid-Nachweis im Urin oder negativen Ergebnis im Naloxon-Provokationstest

Acamprosat Rp	HWZ 20.7h, keine PPB
Campral *Tbl. 333mg*	**Aufrechterhaltung der Abstinenz bei Alkoholabhängigkeit:** 3 x 666mg p.o.; Pat. < 60kg: 2-1-1Tbl.; **DANI** Krea > 120μmol/l: KI; **DALI** Child C: KI
Nalmefen Rp	HWZ 12.5h, PPB 30%
Selincro *Tbl. 18mg*	**Zur Reduktion des Alkoholkonsums bei Alkoholabhängigkeit mit hohem Risikoniveau:** n. Bed. 18mg p.o., max. 18mg/d; **DANI, DALI** leichte bis mittelschwere NI/LI: 100%; KI bei schwerer NI/LI
Naltrexon → 306 Rp	HWZ 2.7(9)h, Q0 1.0, PPB 21%, PRC C, Lact
Adepend *Tbl. 50mg*	**Minderung des Rückfallrisikos nach Alkoholabhängigkeit:** 1 x 50mg p.o.; **DANI, DALI** vorsichtige Anw. bei leichter bis mäßiger NI/LI; KI bei schwerer NI/LI

13.9 Rauchentwöhnungsmittel

Wm/Wi (Bupropion): Hemmung des Katecholamin-Reuptakes im Gehirn ⇒ Noradrenalin ↑, Dopamin ↑ in bestimmten Hirnregionen ⇒ Milderung von Nikotinentzugssymptomen, Rauchdrang ↓; **Wm/Wi (Cytisin):** partieller Agonist amalpha4-beta2 Subtyp des nikotinergen Acetylcholinrezeptors e Verdrängung von Nikotin von den Rezeptoren;
Wm/Wi (Vareniclin): bindet an neuronale nikotinerge Acetylcholinrezeptoren ⇒ lindert Symptome des Rauchverlangens und des Rauchentzugs;
UW (Bupropion): Urtikaria, Fieber, Mundtrockenheit, Übelkeit, Erbrechen, Bauchschmerzen, Obstipation, Schlaflosigkeit, Agitiertheit, Zittern, Konzentrationsstörung, Kopfschmerzen, Schwindel, Geschmacksstörungen, Depression, Angst, Hautausschlag, Pruritus, Schwitzen;
UW (Cytisin): Veränderungen des Appetits und Gewichtszunahme, Benommenheit, Reizbarkeit, Stimmungsschwankungen, Angstzustände, Schlafstörungen, Kopfschmerzen, Tachykardie, Hypertonie, Mundtrockenheit, Diarrhö, Übelkeit, Veränd. des Geschmacksempfindens, Sodbrennen, Obstipation, Erbrechen, Bauchschmerzen, Hautausschlag, Myalgien u. Fatigue;
UW (Vareniclin): Übelkeit, Erbrechen, Obstipation, Diarrhoe, Magenbeschwerden, Dyspepsie, Flatulenz, Mundtrockenheit, gesteigerter Appetit, abnorme Träume, Schlaflosigkeit, Kopfschmerzen, Somnolenz, Schwindel, Dysgeusie, Müdigkeit;
KI (Bupropion): bek. Überempf., Epilepsie, ZNS-Tumore; abrupter Entzug von Alkohol/Medikamenten kann zu Entzugskrämpfen führen, Bulimie, Anorexie, bipolare Erkr., gleichzeitige Anw. von MAO-Hemmern, schwere Leberzirrhose, Grav.;
KI (Cytisin): bek. Überempf., instabile AP, kürzlich aufgetretenem Herzinfarkt oder Schlaganfall, klinisch relevante Arrhythmien, Grav., Lakt.
KI (Vareniclin): bek. Überempf.

Bupropion (Amfebutamon) Rp-L!	HWZ 20h, Qo > 0.8, PPB 84%, PRC C Lact-
Zyban *Tbl. 150(ret.)mg*	**Raucherentwöhnung:** d1-6: 1 x 150mg p.o., dann 2 x 150mg; **DANI** 150mg/d; **DALI** 150mg/d, KI bei schwerer LI

Cytisin Rp-L!	HWZ 5h
Asmoken *Tbl. 1.5mg*	**Raucherentwöhnung:** d1-3: 1.5mg p.o., alle 2h, max. 6Tbl./d; d4-12: 1.5mg alle 2h, max. 5Tbl./d; d13-15: 4Tbl./d alle 3h; d17-20: 3 Tbl./d alle 5h; d21-25: max. 2Tbl./d; **DANI, DALI** Anw. nicht empfohlen

Vareniclin Rp-L!	HWZ 24h, PPB < 20%
Champix *Tbl. 0.5, 1mg*	**Raucherentwöhnung:** d1-3: 1 x 0.5mg p.o.; d4-7: 2 x 0.5mg; ab d8: 2 x 1mg, Dauer 12W; **DANI** CrCl > 30: 100%; < 30: max. 1mg/d; bei terminaler NI Anw. nicht empf.; **DALI** nicht erf.

14 Dermatologie

14.1 Antipruriginosa, Antiphlogistika

Ammoniumbituminosulfonat OTC

Ichtholan 10, 20, 50% *Salbe (100g enth. 10, 20, 50g)* **Ichtholan spezial** *Salbe (100g enth. 85g)* **Schwarze Salbe Lichtenstein** *Salbe (100g enth. 20, 50g)* **Thiobitum 20%** *Salbe (100 g enth. 20g)* **Zugsalbe Effect 20, 50%** *Salbe (100g enth. 20, 50g)*	**Unspezifisch entzündliche Hauterkrankungen (Furunkel, Schweißdrüsenabszess):** Salbe dick auftragen und mit Verband abdecken, Verbandswechsel alle 2d

Phenolsulfonsäure (Gerbstoff) OTC

Tannolact *Creme (100g enth. 400, 1000mg); Pulver (100g enth. 40g); Lotio (100g enth. 1g)* **Tannosynt** *Creme, Lotio (100g enth. 1g); Konzentrat (100g enth. 40g)*	**Hauterkrankungen mit Entzündung, Juckreiz oder Nässen:** Creme: 3 x/d dünn auftragen; Lotio: 1-2 x/d dünn auftragen; Pulver: in warmem Wasser auflösen für Bäder und Umschläge

14.2 Glukokortikoide

14.2.1 Schwach wirksame topische Glukokortikoide

Hydrocortison OTC/Rp

Ebenol *Creme (100g enth. 250, 500, 1000mg); Lsg. (100g enth. 500mg)* **Hydrocortison 1A** *Salbe (100g enth. 250, 500, 1000mg)* **Hydrocutan** *Creme (100g enth. 250mg); Salbe (100g enth. 100, 1000mg)* **Linolacort Hydro** *Creme (100g enth. 500, 1000mg)*	**Entzündliche, allergische, pruriginöse Hauterkrankungen, chemisch und physikalisch induzierte Dermatitiden:** 1-3 x/d auftragen

Prednisolon Rp

Linola-H N, Linola-H-Fett N *Creme (100g enth. 400mg)* **Prednisolon LAW** *Creme (100g enth. 250mg)*	**Akute Ekzeme, Dermatitiden:** 1-3 x/d auftragen

14.2.2 Mittelstark wirksame topische Glukokortikoide

Clobetason Rp

Emovate *Creme (100g enth. 50mg)*	**Leichtere Formen von Ekzemen, seborrhoische Dermatitis und steroidempfindliche Dermatosen:** 2 x/d auftragen

Dexamethason Rp	
Dexamethason LAW *Creme (100g enth. 50mg)* **Solutio Cordes Dexa N** *Lsg. (100g enth. 20mg)*	**Ekzeme, Psoriasis capitis, auf Kortikoide ansprechende akute Dermatitiden:** 1-3 x/d auftragen
Flumetason Rp	
Cerson *Creme, Fettcreme, Lsg. (100g enth. 20mg)* **Locacorten** *Creme (100g enth. 20mg)*	**Ekzeme, Neurodermitis, Psoriasis, Intertrigo, Lichen ruber, Lichen sclerosus, kutaner Lupus erythematodes:** 1 x/d auftragen
Flupredniden Rp	
Decoderm *Creme (100g enth. 100mg); Salbe (100g enth. 50mg)*	**Ekzeme, auf Kortikoide ansprechende Dermatitiden:** 1-3 x/d auftragen
Hydrocortisonbutyrat Rp	PRC C, Lact ?
Alfason *Creme, Salbe, Emulsion, Lsg. (Crinale) (100g enth. 100mg)* **Laticort** *Creme (100g enth. 10mg)*	**Ekzeme, auf Kortikoide ansprechende Dermatitiden:** 2 x/d auftragen
Prednicarbat Rp	PRC C, Lact ?
Dermatop *Creme, Salbe, Fettsalbe* **Prednicarbat Acis** *Creme, Salbe, Fettsalbe, Lsg. (100g enth. 250mg)* **Prednitop** *Creme, Salbe, Fettsalbe, Lsg. (Crinale) (100g enth. 250mg)*	**Ekzeme, auf Kortikoide ansprechende Dermatitiden:** 1-2 x/d auftragen
Triamcinolonacetonid Rp	PRC C, PPB 80% (bei syst. Anwendung), Lact ?
Kortikoid-ratioph. *Creme, (100g enth. 100mg)* **Triamgalen** *Creme, Salbe, Lotion (100g enth. 100mg); Lsg. (100g enth. 200mg)* **Volon A** *Creme, Salbe, Haftsalbe, Lotio (100g enth. 100mg)* **Volonimat** *Creme, Salbe (100g enth. 25mg)*	**Ekzeme, auf Kortikoide ansprechende Dermatitiden:** 1-2 x/d auftragen

14.2.3 Stark wirksame topische Glukokortikoide

Amcinonid Rp	PRC C, Lact ?
Amciderm *Creme (100g enth. 100mg)*	**Ekzeme, Lichen ruber, steroidempfindliche Dermatosen:** 1-2 x/d auftragen
Betamethason Rp	PRC C, Lact -
Bemon *Creme (100g enth. 122mg)* **Betnesol V** *Creme, Salbe, Lotio, Lsg. (Crinale) (100g enth. 100mg)* **Diprosis** *Salbe (100g enth. 50mg)* **Diprosone** *Creme, Salbe, Lsg. (100g enth. 50mg)*	**Ekzeme, steroidempfindliche Dermatosen:** 1-2 x/d auftragen

Desoximetason Rp	PRC C, Lact ?
Topisolon *Salbe (100g enth. 250mg)*	**Ekzeme, steroidempfindliche Dermatosen:** 1-2 x/d auftragen
Diflucortolon Rp	
Nerisona *Creme, Salbe, Fettsalbe (100g enth. 100mg)*	**Ekzeme, steroidempfindliche Dermatosen:** 1-2 x/d auftragen
Fluocinolon Rp	
Flucinar *Creme, Salbe (100g enth. 25mg)* **Jellin** *Creme, Salbe (100g enth. 25mg)*	**Entzündliche, entzündlich-juckende und allerg. Dermatosen:** 1-2 x/d auftragen
Fluocinonid Rp	PRC C, Lact ?
Topsym *Creme, Salbe, Lsg. (100g enth. 50mg)*	**Entzündliche, entzündlich-juckende und allerg. Dermatosen:** 1-2 x/d auftragen
Methylprednisolon Rp	HWZ 2-3h, PRC C, Lact ?
Advantan *Creme, Salbe, Fettsalbe, Lsg., Milch (100g enth. 100mg)*	**Endogene und exogene Ekzeme, Neurodermitis:** 1 x/d auftragen
Mometason Rp	PRC C, Lact ?
Ecural *Fettcreme, Salbe, Lsg. (100g enth. 100mg)* **Elocon** *Fettcreme (100g enth. 100mg)* **Momegalen** *Creme, Fettcreme, Salbe, Lsg. (Crinale) (100g enth. 100mg)*	**Entzündliche und juckende steroidempfindliche Dermatosen:** 1 x/d auftragen

14.2.4 Sehr stark wirksame topische Glukokortikoide

Clobetasol Rp	
Butavate *Creme, Salbe, Lsg. (100g enth. 50mg)* **Clobegalen** *Creme, Salbe, Lsg., Lotion (100g enth. 50mg)* **Clobetasol Acis** *Creme, Salbe, Fettsalbe, Lsg. (Crinale) (100g enth. 50mg)* **Dermoxin** *Creme, Salbe (100g enth. 50mg)* **Dermoxinale** *Lsg. (Crinale) (100g enth. 50mg)* **Karison** *Creme, Salbe, Fettsalbe, Lsg. (Crinale) (100g enth. 50mg)*	**Psoriasis, akutes und chronisches Ekzem, Lichen ruber planus, Lichen sclerosus et atrophicans, Pustulosis palmaris et plantaris:** 1 x/d auftragen, max. 20% der KOF, max. 50g Salbe/Creme pro W

14.2.5 Glukokortikoid + Triclosan

Flumetason + Triclosan Rp	
Duogalen *Creme (100g enth. 17mg+3g)*	**Infiz. Ekzeme, Dermatomykosen mit Begleit-entzündg., Impetigo, ekzematisierte Follikulitis:** 2 x/d dünn auftragen, Dauer ca. 7d
Halometason + Triclosan Rp	
Infectocortisept *Creme (100g enth. 50mg+1g)*	**Infiz. Ekzeme, Dermatomykosen mit Begleit-entzündg., Impetigo, bakterielle Intertrigo** 1-2 x/d dünn auftragen, Ther.-Dauer ca. 7d

14.3 Dermatitistherapeutika

Wm/Wi (Alitretinoin): immunmodulatorisch, antiinflammatorisch;
Wm/Wi (Pimecrolimus, Tacrolimus): Calciumneurininhibitoren; immunsuppressiv, Hemmung von Produktion und Freisetzung proinflammatorischer Zytokine;
UW (Alitretinoin): Kopfschmerzen, Hypertriglyzeridämie, Hypercholesterinämie, Anämie, Fe-Bindungskapazität ↑, Thrombozyten ↓, TSH/FT4 ↓, Konjunktivitis, trockene Haut und Augen, Gesichtsröte, Transaminasen ↑, Myalgie, Arthralgie;
UW (Tacrolimus): Brennen, Pruritus, Schmerzen, Exanthem, Wärmegefühl, Reizung, Parästhesie an der Applikationsstelle; Alkoholunverträglichkeit mit Hautrötung, Eczema herpeticum, Follikulitis, Herpes simplex, Herpesvirus-Infektion, Kaposis varicelliforme Eruption;
KI (Alitretinoin): bek. Überempf. gegen Retinoide, Frauen im gebärfähigen Alter (es sei denn, es werden alle Bedingungen des Grav.-Verhütungsprogramms eingehalten), Leberinsuff., schwere Niereninsuffizienz, nicht ausreichend eingestellte Hypercholesterinämie/ Hypertriglyzeridämie, nicht ausreichend eingestellter Hypothyroidismus, Hypervitaminose A, Allergie gegen Erdnüsse/Soja, gleichzeitige Anw. von Tetrazyklinen, Vitamin A oder anderen Retinoiden, Grav./Lakt.; **KI** (Tacrolimus): bek. Überempf.

Alitretinoin Rp	HWZ 2-10h
Alitrederm *Kps. 10, 30mg* **Toctino** *Kps. 10, 30mg*	**Schweres chronisches Handekzem:** ini 1 x 30mg p.o., dann 10-30mg/d; Behandlungszyklus 12-24W; **DANI** KI bei schwerer NI; **DALI** KI bei LI

Baricitinib → 230

Dupilumab → 99

Pimecrolimus Rp	
Elidel 1% *Creme (1g enth. 10mg)*	**Leichtes bis mittelschweres atopisches Ekzem:** 2 x/d auftragen bis Abheilung; **Ki.:** s. Erw.

Tacrolimus Rp	
Protopic 0.03%, 0.1% *Salbe (1g enth. 0.3, 1mg)* **Takrozem** *Salbe (1g enth. 1mg)*	**Mittelschweres bis schweres atopisches Ekzem:** ini 0.1% 2 x/d auftragen, nach 2-3W 0.03% bis zur Abheilung; **Ki. > 2J:** 0.03% 2 x/d auftragen, nach 2-3W 1 x/d bis zur Abheilung

14.4 Antipsoriatika

14.4.1 Externa

Calcipotriol Rp	
Calcipotriol HEXAL *Salbe, Lsg. (100g enth. 5mg)* **Daivonex** *Creme, Salbe, Lsg. (100g enth. 5mg)*	**Leichte bis mittelschwere Psoriasis:** 2 x/d auftragen

Calcipotriol + Betamethason Rp	
Daivobet *Salbe, Gel (100g enth. 5+50mg)* **Enstilar** *Schaum (100g enth. 5+50mg)* **Xamiol** *Gel (100g enth. 5+50mg)*	**Leichte bis mittelschwere Psoriasis:** 1 x tgl. auftragen: Kopfhaut (nur Gel) 1-4g, max. 15g/d für 4W; übrige Hautpartien (Gel, Salbe, Schaum) max. 15g/d für 4-8W, max. 30% der Körperoberfläche
Steinkohlenteer Rp	
Tarmed *Shampoo (100g enth. 4g)*	**Psoriasis der Kopfhaut, Ekzem, seborrhoische Dermatitis, juckende und fettende Kopfhaut, Schuppen:** 1-2 x/W auftragen/anwenden

14.4.2 Interna

Wm/Wi (Acitretin): Vitamin-A-Derivat, normalisiert Wachstum/Differenzierung von Haut- und Schleimhautzellen; **Wm/Wi** (Brodalumab): humaner monoklon. IgG2-AK, der an IL 17RA bindet ⇒ Hemmung proinflammatorischer Zytokine; **Wm/Wi** (Ciclosporin, Methotrexat): Hemmung aktivierter T-Zellen, deren Zytokine zur Hyperproliferation der Keratinozyten beitragen; **Wm/Wi** (Dimethylfumarat): vorübergehender Anstieg der intrazell. $Ca2^{+}$-Konz. ⇒ Proliferationshemmung der Keratinozyten, intraepidermale Infiltration mit Granulozyten und T-Helferzellen ↓; **Wm/Wi** (Guselkumab): monoklonaler IgG1-AK, der an IL-23 bindet ⇒ Hemmung proinflammatorischer Zytokine; **Wm/Wi** (Ixekizumab): monoklonaler IgG4-AK, der an IL-17A bindet ⇒ Hemmung von Proliferation u. Aktivierung der Keratinozyten; **Wm/Wi** (Risankizumab, Tildrakizumab): humaner monoklonaler AK, bindet an IL-23 ⇒ Hemmung proinflammatorischer Zytokine, Chemokine; **Wm/Wi** (Secukinumab): humaner monoklon. AK, bindet an IL 17A ⇒ Hemmung proinflammatorischer Zytokine, Chemokine und Mediatoren der Gewebsschädigung; **Wm/Wi** (Ustekinumab): monoklon. AK, bindet an IL-12 u. IL-23 ⇒ Unterdrückung der gesteigerten Immunzellaktivierung;
UW (Acitretin): Trockenheit von Haut und Schleimhäuten, Lippenentzündung, Haarausfall, Transaminasen ↑, BB-Veränderungen, Lipide ↑; **UW** (Brodalumab): Grippe, Tinea-Infektionen, Neutropenie, Kopfschmerz, Schmerzen im Oropharynx, Diarrhoe, Übelkeit, Arthralgie, Myalgie, Ermüdung, Schmerzen an. Inj-Stelle; **UW** (Ciclosporin): Nierenschädigung, Leberfktsstrg., Kardiotoxizität, Tremor, Hirsutismus, Gingivahypertrophie, Ödeme;
UW (Dimethylfumarat): Gesichtsrötung, Hitzegefühl, Diarrhoe, Völlegefühl, Oberbauchkrämpfe, Blähungen, Leukopenie, Lymphopenie, Eosinophilie; **UW** (Guselkumab): Infektion der oberen Atemwege, Gastroenteritis, Herpes-simplex-Infektionen, Tinea, Kopfschmerzen, Diarrhoe, Urtikaria, Arthralgie, Erythem an der Injektionsstelle; **UW** (Ixekizumab): Infektion der oberen Atemwege, Tinea-Infektion, oropharyngeale Schmerzen, Übelkeit, Reaktion a.d. Injektionsstelle; **UW** (Methotrexat): Exanthem, Haarausfall, GI-Ulzera, Übelkeit, Hämatopoesestörung; **UW** (Risankizumab): Infektion der ob. Atemwege, Tinea-Infektion, Follikulitis, Kopfschmerz, Pruritus, Fatigue, Reaktion a.d. Injektionsstelle; **UW** (Secukinumab): Infekt. der ob. Atemwege oraler Herpes, Rhinorrhoe, Diarrhoe, Urtikaria; **UW** (Tildrakizumab): Infektionen der ob. Atemwege, Kopfschmerzen, Gastroenteritis, Diarrhoe, Übelkeit, Schmerzen an der Injektionsstelle, Rückenschmerzen; **UW** (Ustekinumab): Infektionen Hals/Atemwege, Kopfschmerzen, Schwindel, verstopfte Nase, oropharyngeale Schmerzen, Diarrhoe, Übelkeit, Erbrechen, Juckreiz Rücken-, Muskelschmerzen, Müdigkeit; Erythem/Schmerzen a.d. Injektionsstelle;

KI (Acitretin): bek. Überempf. gegen Retinoide, LI, NI, D. m., schwere Hyperlipidämie; gleichzeitige Einnahme von Vit. A oder anderen Retinoiden, Methotrexat, Tetrazykline; Grav./Lakt., Frauen im gebärfähigen Alter ohne sichere Kontrazeption; **KI** (Brodalumab): bek. Überempfindlichkeit, aktiver M. Crohn, relevante aktive Infektionen; **KI** (Ciclosporin): Nierenfktsstrg., unkontrollierte art. Hypertonie, unkontrollierte Infektionen, Tumoren, schwere Lebererkr., Lakt., Cave in Grav.; **KI** (Dimethylfumarat): bek. Überempf., gastroduodenale Ulzera, schwere Leber- und Nierenerkrankungen, leichte Formen der Psoriasis (zu hohes Behandlungsrisiko), Psoriasis pustulosa (fehlende Erfahrung), Pat. <18J, Grav., Lakt.; **KI** (Guselkumab, Ixekizumab, Risankizumab): bek. Überempf., klin. relev. aktive Infektionen; **KI** (Methotrexat): akute Infektionen, schwere Knochenmarksdepression, Leberfunktionsstrg., GI-Ulzera, Niereninsuff., Grav./Lakt.; **KI** (Secukinumab): bek. Überempf., klinisch relevante Infektionen; **KI** (Tildrakizumab): bek. Überempf., klinisch relevante aktive Infektionen; **KI** (Ustekinumab): bek. Überempf., klinisch relevante aktive Infektionen

Acitretin Rp	HWZ 50(60)h, Q0 1.0, PPB 99%, PRC X, Lact ?
Acicutan *Kps. 10, 25mg* **Neotigason** *Kps. 10, 25mg*	**Psoriasis, Hyperkeratosis palmoplant., M. Darier, Pust. palmoplant., Ichthyosis, Pityriasis rubra pil., Lichen ruber planus:** ini 30mg/d p.o. für 2-4 W, dann ggf. bis max. 75mg/d; **Ki.:** ini 0.5mg/kg/d, ggf. bis 1mg/kg/d, MTD 35mg, Erh.Dos. 0.1mg/kg/d, max. 0.2mg/kg/d; **DANI, DALI** KI
Apremilast → 229	
Brodalumab Rp	HWZ 11d
Kyntheum *Fertigspr. 210mg*	**Mittelschwere bis schwere Psoriasis:** W0, 1, 2: 210mg s.c., dann 210mg alle 2W; **DANI, DALI** keine Daten
Ciclosporin Rp	HWZ 7-8(16-19)h, Q0 1.0, PPB 90%, ther. Serumspiegel (µg/l): 100-300
Cicloral *Kps. 25, 50, 100mg* **Ciclosporin Pro** *Kps. 25, 50, 100mg* **Immunosporin** *Kps. 25, 50, 100mg* **Sandimmun** *Kps. 10, 25, 50, 100mg; Susp. (1ml = 100mg); Amp. 50mg/1ml, 250mg/5ml*	**Schwerste Formen der Psoriasis:** 2.5mg/kg/d p.o., max. 5mg/kg/d; Kreatininkontrolle! **DANI** KI → 290; **DALI** 50-75%
Dimethylfumarat + Ethylhydrogenfumarat Rp	HWZ 80min
Fumaderm initial *Tbl. 30 +75mg* **Fumaderm** *Tbl. 120 +95mg*	**Mittelschwere bis schwere Psoriasis:** W1 1 x 30+75mg; W2 2 x 30+75mg; W3 3 x 30+75mg; W4 1 x 120+95mg, dann nach Wi um 120+95mg/W bis max. 3 x 240+190mg steigern; **DANI, DALI** KI bei schwerer NI, LI

Guselkumab Rp	HWZ 17d
Tremfya *Fertigspr. 100mg/1ml*	**Mittelschwere bis schwere Psoriasis:** W0, 4 100mg s.c.; dann 100mg alle 8W; **DANI, DALI** keine Daten
Ixekizumab Rp	HWZ 13d
Taltz *Fertigspr. 80mg; Pen 80mg*	**Mittelschwere bis schwere Psoriasis:** W0 160mg s.c.; W 2, 4, 6, 8, 10, 12 jeweils 80mg, dann 80mg alle 4W; **DANI, DALI** keine Daten
Methotrexat → 223 Rp	HWZ 5-9h, Q0 0.06, PPB 50%, PRC X, Lact -
Lantarel *Tbl. 2.5, 7.5, 10mg; Fertigspr. 7.5mg/1ml, 10mg/1.34ml, 15mg/2ml, 20mg/2.67ml, 25mg/1ml* **Metex** *Tbl. 2.5, 7.5, 10mg; Inj.Lsg. 7.5, 10, 15, 20, 25mg; Fertigspr. 7.5mg/0.15ml, 10mg/0.20ml, 15mg/0.30ml, 20mg/0.40ml, 25mg/0.50ml, 30mg/0.60ml* **MTX HEXAL** *Tbl. 2.5, 5, 7.5, 10mg; Inj.Lsg. 5mg/2ml, 10mg/4ml, 25mg/1ml, 50mg/2ml, 500mg/20ml, 1g/40ml, 5g/200ml; Fertigspr. 2.5mg/0.33ml, 7.5mg/1ml, 10mg/1.33ml, 15mg/2ml, 20mg/2.67ml, 25mg/3.33ml*	**Schwerste Formen der Psoriasis:** ini 1 x 2.5-5mg zur Toxizitätsabschätzung; dann 7.5-25mg 1 x/W p.o./s.c./i.m./i.v., max. 30mg/W; **DANI** CrCl > 80: 100%, 80: 75%, 60: 63%, < 60: KI
Risankizumab Rp	HWZ 28d
Skyrizi *Fertigspr. 75mg*	**Mittelschwere bis schwere Psoriasis:** W0, 4 jeweils 150mg s.c.; dann 150mg alle12W; **DANI, DALI** keine Daten
Secukinumab Rp	HWZ 18-46d PRC B, Lact ?
Cosentyx *Fertigspr., Pen 150, 300mg*	**Mittelschwere bis schw. Plaque-Psoriasis, Psoriasis-Arthritis:** ini 300mg s.c. 1x/W, nach 4W 300mg alle 4W; **M. Bechterew:** ini150mg s.c. 1x/W, nach 4W 150mg alle 4W; **DANI, DALI** keine Daten
Tildrakizumab Rp	HWZ 23d
Ilumetri *Fertigspr. 100mg*	**Mittelschwere bis schwere Plaque-Psoriasis:** 100mg s.c. W0 und 4, dann 100mg alle 12W; ggf. 200mg bei hoher Krankheitslast, ≥ 90kg; **DANI, DALI** keine Daten

Ustekinumab Rp	HWZ 15-32d
Stelara *Inj.Lsg. 45, 90mg; Fertigspr. 45, 90mg; Inf.lsg. 130mg*	**Mittelschwere bis schwere Plaque-Psoriasis:** W0 und 4, dann alle 12W: 45mg s.c.; >100kg: jeweils 90mg s.c.; **Ki. ab12J:** W0 und 4, dann alle 12W: < 60kg: 0.75mg/kg s.c.; 60-100kg: 45mg s.c.; > 100kg: 90mg s.c.; **Psoriasisarthritis:** W0 und 4, dann alle 12W: 45mg s.c.; > 100kg: jeweils 90mg s.c. mögl.; **M. Crohn, Colitis ulcerosa:** ini i.v.-Gabe ≤ 55kg: 260mg; 55-85kg: 390mg; > 85kg: 520mg; n. 8W 90mg s.c., dann 90mg alle 12W; **DANI, DALI** keine Daten
Adalimumab, Etanercept, Infliximab → 227	

14.5 Mittel gegen Akne und Rosazea

14.5.1 Antibiotikahaltige Externa

Chlortetrazyklin Rp	
Aureomycin *Salbe (100g enth. 3g)*	**Acne vulgaris:** 1-2 x/d auftragen
Clindamycin Rp	
Zindaclin *Gel (100g enth. 1g)*	**Acne vulgaris:** 1-2 x/d auftragen
Erythromycin Rp	
Aknemycin *Salbe, Lsg. (100g enth. 2g)* **Inderm** *Lsg. (100g enth. 1g)*	**Acne vulgaris:** 2 x/d auftragen
Metronidazol Rp	
Metrocreme, Metrolotion, Metrogel *Creme, Lotion, Gel (1g enth. 10mg)*	**Acne vulgaris:** 2 x/d auftragen
Nadifloxacin Rp	
Nadixa *Creme (1g enth. 7.5mg)*	**Acne vulgaris:** 2 x/d auftragen für 8W, max. für 12W

14.5.2 Peroxide

Benzoylperoxid OTC	PRC C, Lact ?
Aknefug Oxid, Cordes BPO *Gel (100g enth. 3, 5, 10g); Susp. (100g enth. 4g)* **Akneroxid** *Gel (100g enth. 5, 10g); Susp. (100g enth. 4g)* **Benzaknen** *Gel (100g enth. 5, 10g); Susp. (100ml = 5g)*	**Acne vulgaris:** 1-2 x/d auftragen

14.5.3 Retinoide zur topischen Anwendung, Kombinationen

Adapalen Rp	PRC C, Lact ?
Differin *Creme, Gel (100g enth. 100mg)* **Dipalen** *Creme, Gel (100g enth. 100mg)*	**Acne vulgaris:** 1 x/d auftragen
Adapalen + Benzoylperoxid Rp	
Epiduo *Gel (100g enth. 100+2500mg, 300+2500mg)*	**Acne vulgaris:** 1 x/d auftragen
Tretinoin Rp	PRC C (top)/D (syst.), Lact ? (top)/-(syst.)
Cordes VAS *Creme (100g enth. 50mg)*	**Acne vulgaris, Halogenakne, Acne medicamentosa:** 1-2 x/d auftragen
Tretinoin + Clindamycin Rp	PRC C (top)/D (syst.), Lact ? (top)/-(syst.)
Acnatac *Gel (100g enth. 25mg + 1g)*	**Acne vulgaris mit Komedonen, Papeln und Pusteln:** 1 x/d auftragen f. max. 12W
Trifaroten Rp	
Selgamis *Creme (100g enth. 5mg)*	**Acne vulgaris:** 1x tgl. abends auftragen

14.5.4 Weitere Externa

Wm/Wi (Ivermectin): antientzündlich durch Hemmung der Lipopolysaccharid-induzierten Produktion entzündlicher Zytokine; antiparasitär Abtötung von Demodex-Milben

Azelainsäure Rp	PPB 43%
Skinoren *Creme (100g enth. 20g); Gel (100g enth. 15g)*	**Acne vulgaris, papulopustulöse Rosazea:** 2 x/d auftragen
Ivermectin Rp	
Soolantra *Creme (1g enth. 10mg)*	**Papulopustulöse Rosazea:** 1 x/d auftragen, Ther.-Dauer bis 4M; **DANI** nicht erf.; **DALI** schwere LI: vors. Anw.

14.5.5 Interna

Wm/Wi (Isotretinoin): Mitoserate von Epidermiszellen ↑, Auflockerung der Hornschicht, Talgproduktion ↓;
Wm/Wi (Minocyclin): Tetracyclin-Antibiotikum, hemmt Lipase der Propionibakterien;
UW (Isotretinoin): trockene Haut und Schleimhäute, Lippenentzündung, Haarausfall, Transaminasen ↑, BB-Veränderung, Lipide ↑; **UW** (Minocyclin): Schwindel, Kopfschmerz, Übelkeit, allergische Hautreakt., phototoxische Reaktionen, reversible Knochenwachstumsverzögerung (Ki. < 8J), irreversible Zahnverfärbung u. Zahnschmelzschädigung (Ki. < 8J), ICP ↑, BB-Veränderungen, Superinfektion durch Bakterien/Sprosspilze;
KI (Isotretinoin): bek. Überempf., Frauen im gebärfähigen Alter (es sei denn, es werden alle Bedingungen des Grav.-Verhütungsprogramms eingehalten), präpubertäre Akne, LI, übermäßig erhöhte Blutfette, Hypervitaminose A, gleichzeitige Behandlung mit Tetrazyklinen, Grav./Lakt.;
KI (Minocyclin): Tetracyclinüberempf., schw. Leberfktsstrg., Niereninsuff., Ki. < 8J, Grav./Lakt.

Doxycyclin → 247 Rp	HWZ 12-24h, Q_0 0.7, PPB 80-90%, PRC D, Lact ?
Doxakne *Tbl. 50mg* **Doxyderma** *Tbl. 50mg* **Oraycea** *Tbl. 40mg* *(veränderte Wirkstofffreisetzung)*	**Acne vulgaris, Rosazea:** 1 x 100mg p.o. für 7-21d, dann 1 x 50mg für 2-12W; Oraycea: **Rosazea:** 1 x 40mg p.o. **DANI** nicht erforderlich; **DALI** KI
Isotretinoin Rp	HWZ 10-20h, Q_0 1.0, PPB 99%, PRC X, Lact -
Aknenormin *Kps. 10, 20mg* **IsoGalen** *Kps. 10, 20mg* **Isotret HEXAL** *Kps. 10, 20mg* **Isotretinoin-ratioph.** *Kps. 10, 20mg*	**Schwere therapieresistente Akne:** ini 0.5mg/kg/d p.o., Erh.Dos. 0.5-1mg/kg/d, in schweren Fällen bis 2mg/kg/d; Gesamtdosis pro Behandlung 120mg/kg; **DANI** ini 10mg/d, dann langsam steigern auf 1mg/kg/d; **DALI** KI
Minocyclin → 247 Rp	HWZ 11-22h, Q_0 0.85, PPB 70-75%, PRC D, Lact +
Minocyclin 1A *Kps. 50, 100mg* **Minocyclin-ratioph.** *Kps. 50, 100mg* **Skid** *Tbl. 50, 100mg*	**Acne vulgaris:** 2 x 50mg p.o.; **DALI** KI

14.6 Antiinfektiva

14.6.1 Antibiotika

Framycetin Rp	
Leukase N *Salbe (100g enth. 2g);* *Puder (100g enth. 2g);* *Wundkegel 10mg (+ Lidocain 2mg)*	**Pyodermien, Ulcus cruris, Dekubitus, infiz. Wunden, Impetigo, Verbrennungen, bakt. bedingte Ekzeme:** 1 x/d auftragen; 1-2 Wundkegel einmalig einlegen; **DANI** KI
Fusidinsäure Rp	
Fucidine *Creme, Salbe (100g enth. 2g);* *Wundgaze* **Fusicutan** *Creme, Salbe (100g enth. 2g)*	**Infizierte Hauterkrankungen:** 2-3 x/d auftragen; Gaze: 2-3d belassen
Gentamicin Rp	PRC C, Lact ?
Infectogenta *Creme, Salbe (100g enth. 100mg)* **Refobacin** *Creme (100g enth. 100mg)*	**Ulcus cruris, Dekubitus:** 2-3 x/d auftragen
Mupirocin → 417	

14.6.2 Virustatika

Aciclovir OTC/Rp	PRC B, Lact ?
Acic, Aciclovir-ratioph., Aciclostad, Zovirax *Creme (100g enth. 5g)*	**Herpes labialis, Herpes genitalis:** 5 x/d auftragen
Docosanol OTC	
Docosanol Engelhard *Creme (1g enth. 100mg)* **Muxan** *Creme (1g enth. 100mg)*	**Herpes labialis:** 5 x/d auftragen

Foscarnet Rp	
Triapten *Creme (100g enth. 2g)*	**Herpes labialis, H. genitalis, Herpes integumentalis:** 6 x/d auftragen
Penciclovir OTC	PRC B, Lact -
Pencivir *Creme (100g enth. 1g)*	**Rezid. Herpes labialis:** 6-8 x/d auftragen
14.6.3 Antimykotika	
Amorolfin OTC	
Amofin 5%, Amorolfin-ratioph. 5% *Nagellack (1ml = 50mg)* **Loceryl** *Creme (100g enth. 250mg); Nagellack (1ml = 50mg)*	**Hautmykosen durch Dermatophyten, kutane Candidose:** 1 x/d auftragen; **Nagelmykose:** Nagellack 1-2 x/W auftragen
Bifonazol OTC	
Bifon *Creme, Gel (100g enth. 1g); Lsg. (1ml = 10mg); Spray (1 Hub = 1.4mg)* **Canesten Extra** *Creme, Spray (100g enth. 1g)*	**Hautmykosen durch Dermatophyten, Hefen, Schimmelpilze, Mallassezia furfur, Infektion durch Corynebacterium minutissimum:** 1 x/d auftragen bzw. 1 x 3 Gtt. bzw. 1 x 2 Hübe
Ciclopirox OTC/Rp	
Batrafen *Creme, Vaginalcreme, Lsg., Shampoo (100g enth. 1g)* **Ciclopirox-ratioph.** *Creme, Lsg. (100g enth. 1g)* **Ciclopirox Winthrop** *Nagellsg. (100g enth. 8g)* **Inimur Myko** *Vaginalcreme (100g enth. 1g); Vaginalsupp. 100mg* **Nagel Batrafen** *Nagellsg. (100g enth. 8g)* **Sebiprox** *Lsg. (100g enth. 1.5g)* **Selergo** *Creme, Lsg. (100g enth. 1g)* **Stieprox** *Shampoo (100ml enth. 1.5g)*	**Alle Dermatomykosen:** 2 x/d auftragen; **Nagelmykosen:** Nagellösung W1-4: alle 2d auftragen, W5-8: 2 x/W, ab W9: 1 x/W; **vaginale Candidose:** 1 x/d 100mg vaginal; **seborrhoische Dermatitis der Kopfhaut:** 1-3 x/W auf die Kopfhaut auftragen, einmassieren und ausspülen
Clotrimazol OTC/Rp	HWZ 3.5-5h, PRC B, Lact ?
Antifungol *Creme, Lsg., Spray, Vaginalcreme (100g enth. 1, 2g); Vaginaltbl. 200, 500mg* **Canifug** *Creme, Lsg. (100g enth. 1g); Vaginalcreme (100g enth. 1, 2g); Vaginalsupp. 100, 200mg* **Canesten** *Creme, Lsg., Spray (100g enth. 1g)* **Canesten Gyn** *Vaginalcreme (100g enth. 1, 2, 10g); Vaginaltbl. 100, 200, 500mg* **Fungizid-ratioph.** *Creme, Vaginalcreme, Spray (100g enth. 1g); Vaginaltbl. 200mg*	**Hautmykosen durch Dermatophyten, Hefen, Schimmelpilze, Mallassezia furfur, Infektion durch Corynebacterium minutissimum:** 2-3 x/d auftragen; **vaginale Mykosen:** einmalig 1 Applikatorfüllung Creme 10% oder 1Tbl. 500mg vaginal; 1 x 1 Applikatorfüllung Creme 2% oder 1Tbl./Supp. 200mg vaginal für 3d; 1 x 1 Applikatorfüllung Creme 1% oder 1Tbl./Supp. 100mg vaginal für 6d
Econazol OTC/Rp	PRC C, Lact ?
Epi-Pevaryl *Creme, Lsg., Lotio (100g enth. 1g)*	**Alle Dermatomykosen:** 2-3 x/d auftragen

Ketoconazol OTC	PRC C, Lact ?
Fungoral *Creme, Lsg. (100g enth. 2g)* **Nizoral** *Creme (100g enth. 2g)* **Terzolin** *Creme, Lsg. (100g enth. 2g)* **Ketozolin** *Shampoo (100g enth. 2g)*	**Seborrhoische Dermatitis:** 2 x/d auftragen; Shampoo: 2x/W f. 2-4W; **Pityriasis versicolor:** 1 x/d auftragen; Shampoo: 1x/d für 5d
Miconazol OTC/Rp	PRC C, Lact ?
Daktarin *Creme, Mundgel (100g enth. 2g)* **Gyno-Mykotral** *Vaginalcreme (100g enth. 2g)* **Micotar** *Creme, Lsg., Mundgel (100g enth. 2g)* **Mykotin** *Mundgel(100g enth. 2g)*	**Dermatomykosen, Miconazol-empfindliche grampositive Hautinfekte:** 2 x/d auftragen; **Mundsoor: Erw., Ki.:** 4 x 1/2 Messl. p.o.; **Sgl.:** 4 x 1/4 Messl.; **vaginale Candidose:** 1 x 1 Applikatorfüllung vaginal; 1 x 1 Ovulum 100mg vaginal
Naftifin OTC	PRC B, Lact ?
Exoderil *Creme, Gel (100g enth. 1g)*	**Dermatomykosen durch Dermatophyten, Hefen, Schimmelpilze:** 1 x/d auftragen
Nystatin OTC	PRC C, Lact ?
Adiclair *Creme, Salbe, Mundgel (100g enth. 10 Mio IE)* **Candio-Hermal** *Creme, Salbe (100g enth. 10 Mio IE); Mundgel (100g enth. 25 Mio IE)* **Lederlind** *Paste, Mundgel (100g enth. 10 Mio IE)* **Nystaderm** *Creme, Paste, Mundgel (100g enth. 10 Mio IE)*	**Hautinfektionen durch Nystatin-empf. Hefepilze:** 2-3 x/d auftragen; **Mundsoor: Erw. u. Ki.:** 4 x 1g Gel p.o.; **Sgl.:** 4 x 0.5-1g
Sertaconazol OTC	
Mykosert *Creme, Lsg., Spray (100g enth. 2g)* **Zalain** *Creme (100g enth. 2g)*	**Dermatomykosen durch Dermatophyten, Hefen:** 2 x/d auftragen
Terbinafin OTC	
Fungizid-ratioph. Extra *Creme (100g enth. 1g)* **Lamisil** *Creme, Gel, Lsg., Spray (100g enth. 1g)* **Terbinafin HCL Acis, Terbinafinhydrochlorid AL/Stada** *Creme (100g enth. 1g)*	**Dermatomykosen durch Dermatophyten und Hefepilze, Pityriasis versicolor:** 1 x/d auftragen
Tolnaftat OTC	
Tinatox *Creme, Lösung (100g enth. 1g)*	**Dermatomykosen durch Dermatophyten, Pityriasis versicolor:** 1-2 x/d auftragen

14.6.4 Antimykotika-Glukokortikoid-Kombinationen

Clotrimazol + Betamethason Rp	
Flotiran, Lotricomb, Lotriderm *Creme, Salbe (100g enth. 1g+50mg)*	**Dermatomykosen mit Entzündung/Ekzem:** 1 x/d auftragen f. 3-5d

Clotrimazol + Hydrocortison Rp	
Baycuten HC *Creme (100g enth. 1+1g)*	**Dermatomykosen mit Entzündung/Ekzem:** 1-2 x/d auftragen, nach 7d Weiterbehandlung ohne Kortikoid
Econazol + Triamcinolonacetonid Rp	
Epipevisone *Creme (100g enth. 1+0.1g)*	**Dermatomykosen mit Entzündung, Ekzeme mit Pilzinfektion:** 2 x/d auftragen, nach 7d Weiterbehandlung ohne Kortikoid
Miconazol + Flupredniden Rp	
Decoderm Tri *Creme (100g enth. 2+0.1g)* **Vobaderm** *Creme (100g enth. 2+0.1g)*	**Dermatomykosen mit Entzündung, Ekzeme mit Pilzinfektion:** 2 x/d auftragen, nach 7d Weiterbehandlung ohne Kortikoid

14.6.5 Antiparasitäre Mittel

Wm/Wi (Malathion): Metabolit wird irreversibel an Acetylcholinesterase gebunden und inaktiviert sie ⇒ Kumulation von ACh ⇒ Überstimulation und Tod der Insekten (ovizide Wi); **UW** (Benzylbenzoat): Kontaktdermatitis, Urtikaria; **UW** (Dimeticon): keine sehr häufigen oder häufigen UW; **UW** (Permethrin): Hautirritation, Brennen, Pruritus; **KI** (Allethrin/Piperonylbutoxid): Grav. (1. Trim.), Lakt., Sgl.; **KI** (Dimeticon): bek. Überempf.; **KI** (Permethrin): bek. Überempf., Ki. < 2M

Benzylbenzoat OTC	PRC B
Antiscabiosum 10%, 25% *Emuls. (100g enth. 10, 25g)*	**Scabies:** an 3d gesamten Körper (ohne Kopf) einreiben; **Ki.:** 10% Emulsion verwenden
Dimeticon OTC	
Nyda *Lsg. 50ml* **Nyda Express** *Lsg. 50ml* **Jacutin Pedicul Fluid** *Lsg. 100, 200ml*	**Befall mit Kopfläusen:** Nyda: Haare u. Kopfhaut benetzen, nach 45min auskämmen, nach 8h mit Shampoo waschen; Wdh. nach 8-10d; Nyda express, Jacutin Pedicul fluid: Haare und Kopfhaut benetzen, mind. 10min einwirken lassen, dann auskämmen, dann mit Shampoo 2 x waschen; Wdh. nach 8-10d
Ivermectin (systemisch) → 285	
Permethrin OTC	PRC B
Gepescab 5% *Creme (1g enth. 50mg)* **Infectopedicul** *Lsg. (100g enth. 430mg)* **Infectoscab 5%** *Creme (1g enth. 50mg)* **Permethrin Biomo** *Lsg. (1ml enth. 4.3mg), Creme (1g enth. 50mg)*	**Befall mit Kopfläusen:** 30-45min einwirken lassen, dann ausspülen; **Ki. 2M-3J:** max. 25ml; **Scabies:** dünn auftragen, bis 30g; **Ki. > 12J:** s. Erw.; **Ki. 6-12J:** bis 15g; **Ki. 2M-5J:** bis 7g
Pyrethrine OTC	PRC B
Goldgeist Forte *Lsg. (100g enth. 75mg)*	**Befall mit Kopf-, Filz-, Kleiderläusen:** 30-45min einwirken lassen, dann ausspülen

14.7 Keratolytika

Harnstoff OTC	
Basodexan *Creme, Fettcreme, Salbe (100g enth. 10g)* **Elacutan** *Creme, Fettcreme (100g enth. 10g)* **Linola Urea** *Creme (100g enth. 12g)* **Nubral** *Creme (100g enth. 10g)* **Ureotop** *Creme, Salbe (100g enth. 12g)*	**Trockene, rauhe Haut, Ichthyosis, Intervall- und Nachbehandlung abgeklungener Dermatosen bei Kortikoid- und Phototherapie:** 1-2 x/d auftragen
Salicylsäure OTC	
Guttaplast *Pflaster enth. 1.39g* **Salicylvaseline** *Salbe (100g enth. 2, 5, 10g)* **Verrucid** *Lsg. (100g enth. 10g)*	**Hyperkeratosen:** Pflaster: 2d belassen, Lsg.: 2 x/d auftragen
Salicylsäure + Fluorouracil + Dimethylsulfoxid Rp	
Verrumal *Lsg. (100g enth. 10+0.5+8g)*	**Vulgäre Warzen, plane juvenile Warzen, Dornwarzen:** 2-3 x/d auftragen
Salicylsäure + Milchsäure OTC	
Duofilm *Lsg. (100g enth. 16.7+16.7g)*	**Warzen:** 3-4 x/d auftragen

14.8 Haarwuchsmittel

Wm/Wi (Alfatradiol): Estradiol-Isomer, Antagonisierung der hemmenden Testosteronwirkung am Haarfollikel; **Wm/Wi** (Finasterid): Hemmung der 5-Alpha-Reduktase ⇒ Umwandlungshemmung von Testosteron in Dihydrotestosteron ⇒ Haardichte ↑ ;
Wm/Wi (Minoxidil): unbekannt;
UW (Alfatradiol): Brennen, Rötung, Juckreiz der Haut; **UW** (Finasterid): Libido-/Erektionsstrg., Gynäkomastie, Lippenschwellung, Hautausschlag, Cave: Schwangere dürfen Tablettenbruch nicht berühren; **UW** (Minoxidil): Pruritus, Hautabschuppung, Dermatitis, Salz-/ Wasserretention, Tachykardie, Schwindel, Angina pectoris, Otitis externa, Hypertrichose, Haarausfall;
KI (Alfatradiol): bek. Überempf.; **KI** (Finasterid): Frauen; **KI** (Minoxidil): Frauen, Männer < 18J o. > 49J, Glatzenbildung im Schläfenbereich, Anw. anderer topischer Arzneimittel an der Kopfhaut, plötzlich auftretender/unregelmäßiger Haarausfall

Alfatradiol OTC-L!	
Ell Cranell, Pantostin *Lsg. (1ml = 0.25mg)*	**Androgen. Alopezie:** 1 x 3ml auftragen
Finasterid Rp-L!	HWZ 6h, Q0 1.0, PPB 93%, PRC X, Lact -
Finahair, Finasterid 1A, Propecia *Tbl. 1mg*	**Androgenetische Alopezie:** 1 x 1mg p.o.
Minoxidil Rp-L!	PRC C, keine PPB, Lact ?
Alopexy *Lsg. (1ml = 50mg)* **Minoxicutan Frauen** *Lsg. (1ml = 20mg)* **Minoxicutan Männer** *Lsg. (1ml = 50mg)* **Regaine Frauen** *Lsg. (1ml = 20mg)* **Regaine Männer** *Lsg., Schaum (1ml = 50mg)*	**Androgenetische Alopezie:** 2 x/d 1ml auf die Kopfhaut im Tonsurbereich auftragen

14.9 Photosensitizer

Wm/Wi: Metabolisation zu Protoporphyrin IX ⇒ intrazelluläre Kumulation in aktinischer Keratoseläsion ⇒ Aktivierung durch Rotlicht ⇒ Zerstörung der Zielzelle;
UW (5-Aminolävulinsäure): Kopfschmerzen, Reaktion an Applikationsstelle (Hautstraffung, Brennen, Erythem, Schmerzen, Pruritus, Ödem, Exfoliation, Induration, Schorfbildung, Vesikel, Parästhesie, Hyperalgesie, Wärmeempf., Erosion);
UW (5-Amino-4-oxopentansäure): lok. Reakt. (Pruritus, Brennen, Erythem, Schmerzen, Krustenbildung, Hautabschälung, Irritationen, Blutung, Abschuppung, Sekretion, störendes Hautgefühl, Hypo-/Hyperpigmentierung, Erosion, Ödem, Schwellung, Blasen, Pusteln), Kopfschmerzen;
UW (Methyl-5-amino-4-oxopentanoat): Schmerz, Brennen, Krustenbildung, Erytheme, Parästhesie, Kopfschmerz, Infektion, Geschwürbildung, Ödem, Schwellung, Blasen, Bluten der Haut, Pruritus, Hautabschälung, Hauterwärmung, Reakt. an der Behandlungsstelle, Wärmeempfindung;
KI (5-Aminolävulinsäure): bek. Überempf., Porphyrie, bek. Photodermatosen;
KI (5-Amino-4-oxopentansäure): bek. Überempf., kein Ansprechen, Porphyrie;
KI (Methyl-5-amino-4-oxopent.): bek. Überempf., Porphyrie, morphaeaformes Basaliom

5-Aminolävulinsäure Rp	PRC B, Lact ?
Ameluz *Gel (1g enth. 78mg)*	**Aktinische Keratose im Gesicht/Kopfhaut (Grad I-II nach Olsen):** 1mm auf betroffene Areale + 5mm Randsaum, in Komb. mit PDT
5-Amino-4-oxopentansäure Rp	Lact ?
Alacare *Pflaster 8mg*	**Leichte aktinische Keratose im Gesicht/ auf Kopfhaut:** Pflaster (max. 6 Stück) für 4h auf betroffene Läsionen, dann PDT
Methyl-5-amino-4-oxopentanoat Rp	
Luxerm *Creme (1g enth. 160mg)* **Metvix** *Creme (1g enth. 160mg)*	**Aktinische Keratose:** Luxerm: erst Sonnenschutz auf alle lichtexponierten Körperteile, nach Eintrocknen Creme dünn auf Läsionen auftragen, für 2h ins Freie gehen, danach Creme abwaschen; s.a. FachInfo; **aktinische Keratose, oberflächliches Basaliom:** Metvix: 1mm dick auf Läsion und 5-10mm auf umgebende Haut okklusiv auftragen, nach 3h PDT

14.10 Protektiva gegen UV-Strahlen

Wm/Wi (Afamelanotid): Analogon des alpha-Melanozyten-stimulierenden Hormons, bindet an Melanocortin-1-Rezeptor ⇒ Bildung des schwarz-braunen Pigments Eumelanin ⇒ verstärkte Hautpigmentierung, antioxidative Wi.;
UW (Afamelanotid): Infektionen d. oberen Atemwege, Appetit ↓, Kopfschmerzen, Migräne, Lethargie, Schläfrigkeit, Schwindel, Hitzegefühl, Hitzewallung, Übelkeit, Bauchschmerzen, Diarrhoe, Erbrechen, Erythem, melanozytärer Nävus, Pigmentstörung, Verfärbung der Haut, Hyperpigmentierung der Haut, Sommersprossen, Pruritus, Rückenschmerzen, Reakt. an der Implantatstelle, CK ↑; **KI** (Afamelanotid): bek. Überempf.; schwere Lebererkr., LI, NI

Afamelanotid Rp

Scenesse *Implantat 16mg*	**Pro. von Phototoxizität bei erythropoet. Protoporphyrie:** 1 Implantat s.c./2M von Frühjahr bis Frühherbst; 3 Implantate/Jahr, max. 4/Jahr; **DANI** KI; **DALI** KI

14.11 Topische Antihistaminika

Wm/Wi: lokal wirksame Antihistaminika

Bamipin OTC

Soventol *Gel (1g enth. 20mg)*	**Juckreiz, Insektenstiche, Sonnenbrand, Quallenerytheme, Kälteschäden, leichte Verbrennungen:** mehrmals tgl. auftragen

Dimetinden OTC

Fenistil *Gel (1g enth. 1mg)*	**Juckende/allerg. Hauterkr., Sonnenbrand, Insektenstiche:** mehrmals tgl. auftragen

Tripelennamin OTC

Azaron *Stick (5.75g enth. 115mg)*	**Insektenstiche, nach Kontakt mit Quallen, Brennnesseln:** 1 x/d auftragen

14.12 Weitere Externa

Wm/Wi (Brimonidin): selekt. alpha-2-Rezeptoragonist ⇒ direkte kutane Vasokonstriktion; **Wm/Wi** (Diclofenac): Wm bei aktinischer Keratose nicht bekannt, evtl. assoziiert mit COX-Hemmung ⇒ Synthese von Prostaglandin E2 ↓; **Wm/Wi** (Eflornithin): Hemmung der Ornithin-Decarboxylase ⇒ Putrescinsynthese ↓⇒ Zellwachstum im Haarfollikel ↓; **Wm/Wi** (Grünteeblätterextrakt): Wachstumshemmung aktivierter Keratinozyten; antioxidative Effekte am Applikationsort; **Wm/Wi** (Imiquimod): Immunmodul. durch Induktion von Zytokinen; **Wm/Wi** (Podophyllotoxin): antimitotisch durch Wi am Tubulin ⇒ Blockade der Zellteilung, Nekrose des Warzengewebes;

UW (Brimonidin): Hitzewallungen, Erythem, Juckreiz, Brennen der Haut; **UW** (Diclofenac): lokale Reaktion, systemische Wirkung, Hyper-/Parästhesie, Muskelhypertonie, Konjunktivitis; **KI** (Brimonidin): bek. Überempf. Ki. < 2J, gleichzeitige Anw. von MAO-Hemmern (Selegilin, Moclobemid) bzw. trizyklische oder tetrazyklische Antidepressiva (Maprotilin, Mianserin, Mirtazapin), die die noradregenerge Übertragung beeinflussen; **KI** (Ingenolmebutat): bek. Überempf.

Brimonidin Rp	
Mirvaso *Gel (1g enth. 3mg)*	**Gesichtserythem bei Rosazea:** 1 x/d auftragen, max. 1g Gel/d
Clostridium-histolyticum-Kollagenase + Proteasen Rp	
Iruxol N *Salbe (1g = 1.2E+0.24E)*	**Enzymatische Reinigung kutaner Ulzera von nekrotischem Gewebe:** 1-2 x/d auftragen
Diclofenac Rp	
Solacutan *Gel (1g enth. 30mg)* **Solaraze 3%** *Gel (1g enth. 30mg)*	**Aktinische Keratose:** 2 x/d auf betroffene Hautstellen für 60-90d; max. 8g/d
Eflornithin Rp	
Vaniqa *Creme (1g enth. 115mg)*	**Hirsutismus im Gesicht bei Frauen:** 2 x/d auftragen
Fluorouracil → 173	
Grünteeblätterextrakt (Catechine) Rp	
Veregen *Salbe (1g enth. 100mg)*	**Condylomata acuminata:** 3 x/d auftragen bis zur kompletten Abheilung, max. für 16W
Imiquimod Rp	PRC B, Lact ?
Aldara *Creme (100g enth. 5g)* **Zyclara** *Creme (1g enth. 37.5mg)*	**Condylomata acuminata:** Aldara: 3 x/W auftragen; **Aktinische Keratose:** Zyclara: 2 Zyklen: 1 x/d 250-500mg Creme für 14d abends auftragen, zwischenzeitlich 2W Pause
Natrium-Pentosanpolysulfat (Na-PPS) OTC	HWZ 24h, Q0 0.7, PRC B, Lact -
Thrombocid *Gel (100g enth. 1.5g); Salbe (100g enth. 0.1g)*	**Adjuvante topische Therapie der Thrombophlebitis superficialis:** mehrmals tgl. auftragen
Podophyllotoxin Rp	
Condylox *Lsg. (1ml enth. 5mg)* **Wartec** *Creme (1g enth. 1.5mg)*	**Condylomata acuminata:** 2 x/d an 3 aufeinanderfolgenden Tagen auf max. 10 Condylome einer Größe von 1-10mm und insgesamt etwa 1,5 cm^2 Fläche auftragen, max. ED 0.25ml; Anw. bis zur Abheilung wöchentlich wdh., max. für 4W

15 Ophthalmologie

15.1 Oberflächenanästhetika

UW: allergische Reaktionen, Hornhautschäden bei längerer Anwendung

Oxybuprocain Rp	
Conjuncain-EDO *AT (1ml = 4mg)* **Novesine 0.4%** *AT (1ml = 4mg)*	**Tonometrie:** 1-2Gtt. 30s vorher; **Anästhesie bei kleinen chirurg. Eingriffen:** 3-6 x 1Gtt. im Abstand von 30-60s
Proxymetacain Rp	
Proparakain-POS 0.5% *AT (1ml = 5mg)*	**Tonometrie:** 1-2Gtt. 30s vorher; **Anästhesie bei kleinen chirurg. Eingriffen:** 3-6 x 1Gtt. im Abstand von 30-60s

15.2 Antiinfektiva

15.2.1 Aminoglykoside

Gentamicin Rp	PRC C, Lact ?
Refobacin *AT (1ml = 3mg)* **Gentamicin-POS** *AT, AS (1ml = 3mg)* **Gent-Ophtal** *AS (1g enth. 3mg)* **Infectogenta** *AT (1ml=3mg); AS (1g enth. 3mg)*	**Bakterielle Infektion/Infektionspro. bei Verletzung des vorderen Augenabschnitts, intraokuläre Eingriffe:** 4-6 x 1Gtt. bzw. 2-3 x 0.5cm Salbenstrang
Kanamycin Rp	
Kanamycin-POS *AT (1ml = 5mg); AS (1g enth. 5mg)*	**Bakt. Infektion/Verletzung des äußeren Auges, nach op. Eingriffen:** 3-6 x/d 1Gtt. alle 2-3h bzw. 1cm Salbenstrang alle 3-4h
Tobramycin Rp	PRC B, Lact -
Tobramaxin *AS (1g enth. 3mg)*	**Bakt. Infektion des äußeren Auges/vorderen Augenabschnitts:** leichte bis mittelschwere Infektion: 2-3 x 1.5cm Salbenstrang; schwere Infekt.: 1.5cm Salbenstrang alle 3-4h

15.2.2 Breitspektrumantibiotika

Azithromycin Rp	PRC C, Lact -
Azyter *AT (1g enth. 15mg)* **Infectoazit** *AT (1g enth. 15mg)*	**Bakterielle Konjunktivitis, trachomatöse Konjunktivitis:** 2 x 1Gtt. für 3d
Chloramphenicol Rp	PRC C, Lact -
Posifenicol C *AS (1g enth. 10mg)*	**Bakterielle Infektion des vorderen Augenabschnitts/der Konjunktiven/des Tränenkanals:** 0.5cm Salbenstrang alle 2h; Rezidivpro.: 3-4 x 0.5cm Salbenstrang für 2-3d

Ciprofloxacin Rp	PRC C, Lact -
Ciloxan *AT (1ml = 3mg)*	**Hornhautulzera:** d1: h0-6 1Gtt./15min, h7-24 1Gtt./30min, d2: 1Gtt./h, d3-14: 1Gtt./4h; **bakterielle Konjunktivitis, Blepharitis:** 4 x 1Gtt. für 7d
Fusidinsäure Rp	
Fucithalmic *AT (1g enth. 10mg)*	**Bakterielle Konjunktivitis:** 2 x 1Gtt.
Levofloxacin Rp	
Oftaquix *AT (1ml = 5mg)*	**Bakterielle Infektion des vorderen Augenabschnitts:** d1+2: bis 8 x 1-2Gtt., d3-5: 4 x 1-2Gtt.
Ofloxacin Rp	PRC C, Lact -
Floxal *AT (1ml = 3mg); AS (1g enth. 3mg)* **Ofloxacin-Ophtal** *AT (1ml = 3mg)* **Oflaxacin-ratioph.** *AT (1ml = 3mg)* **Ofloxacin Stulln** *AT (1ml = 3mg)*	**Bakterielle Infektion des vorderen Augenabschnitts:** 4 x 1Gtt. bzw. 3-5 x 1cm Salbenstrang
Oxytetracyclin Rp	
Oxytetracyclin *AS (1g = 10mg)*	**Bakterielle Infektion des vorderen Augenabschnitts:** 3-6 x 1cm Salbenstrang
Polymyxin B + Neomycin + Gramicidin Rp	PRC C, Lact ?
Polyspectran *AT (1ml = 7.500+3.500I.E.+0.02mg)*	**Bakterielle Infektion des äußeren Auges und seiner Adnexe, Infektionspro. vor und nach Augen-OP:** 3-5 x 1Gtt.; in akuten Fällen alle 2h

15.2.3 Virustatika

Aciclovir Rp	PRC B, Lact ?
Acic-Ophtal, Acivision, Virupos, Xoros, Zovirax *AS (1g enth. 30mg)*	**Keratitis durch Herpes-simplex-Virus:** 5 x 1cm Salbenstrang
Ganciclovir Rp	
Virgan *Augengel (1g enth. 1.5mg)*	**Keratitis durch H.-simplex-Virus:** 5 x 1Gtt. bis zur vollständigen Reepithelisierung der Cornea, dann 3 x 1Gtt. f. 7d, Behandlungsdauer max 21d

15.2.4 Antiseptika

Bibrocathol OTC	
Posiformin *AS (1g enth. 20mg)*	**Reizzustände des äußeren Auges, Blepharitis, Hordeolum, nichtinfizierte frische Hornhautwunden:** **Ki. > 12J/Erw.:** 3-5 x 0.5cm Salbenstrang

15.3 Antiphlogistika

15.3.1 Kortikoide

UW: Glaukom, Katarakt, Hornhautulcus, Sekundärinfektion;
KI: bakterielle, virale und pilzbedingte Augenerkrankungen, Verletzungen, Hornhautulzera

Dexamethason Rp	PRC C, Lact -
Dexapos, Dexa-sine, Spersadex *AT (1ml = 1mg)* **Dexamethason Augensalbe, Isopto-Dex** *AS (1g enth. 1mg)* **Ozurdex** *Implantat 700µg*	**Nichtinfizierte akute u. chron. entzündl. Erkrankungen des vord. Augenabschnitts, Verätzungen, Verbrennungen, postop.:** 2-3 x 1-2Gtt., in akuten Fällen bis 6 x 1-2Gtt. an d1 bzw. 3-4 x 1cm Salbenstrang; **Makulaödem als Folge eines retinalen Venenast-/Zentralvenenverschlusses:** 1 Impl. intravitreal; **DANI/DALI** nicht erforderlich
Fluocinolonacetonid Rp	
Iluvien *Implantat 190µg*	**Chronisches diabetisches Makulaödem mit unzureichendem Ansprechen auf andere Therapien:** Implantat im betroffenen Auge applizieren, ggf. weiteres Implantat nach 12M
Fluorometholon Rp	PRC C, Lact ?
Efflumidex *AT (1ml = 1mg)* **Fluoropos** *AT (1ml = 1mg)*	**Nichtbakterielle oder allergische Entzündung des vorderen Augenabschnitts, postoperativ:** 2-4 x 1-2Gtt.
Hydrocortison Rp	PRC C (top), Lact ?
Ficortril *AS (1g enth. 5mg)* **Hydrocortison POS** *AS (1g enth. 10, 25mg)* **Softacort** *AT (1ml = 1mg)*	**Allerg. Veränderungen an Lid/Konjunktiven, nichtinfektiöse Konjunktivitis, Keratitis, Skleritis, nichtbakt. Uveitis (Iritis, Zyklitis, Chorioiditis), Retinitis:** 2-3 x 1cm Salbentrang; **Leichte, nicht infektiöse allerg. oder entzündliche Konjunktivitis:** 2-4 x 2 Gtt.
Loteprednol Rp	
Lotemax *AT (1ml = 5mg)*	**Postop. Entzündung am Auge:** 4 x 1-2Gtt.
Prednisolon Rp	PRC C, Lact -
Inflanefran forte *AT (1ml = 10mg)* **Predni POS** *AT (1ml = 5, 10mg)* **Ultracortenol** *AT (1ml = 5mg); AS (1g enth. 5mg)*	**Nichtinfektiöse entzündliche Erkrankung des Auges, postoperative Entzündung:** 2-4 x 1Gtt. bzw. 2-4 x 0.5cm Salbenstrang

15.3.2 Antibiotika-Kortikoid-Kombinationen

Gentamicin + Dexamethason Rp	
Dexa-Gentamicin, Dexamytrex *AT (1ml = 3+1mg); AS (1g enth. 3+0.3mg)*	**Infektion des vorderen Augenabschnitts/ Lidrands, allergische, superinfizierte Entzündung der Konjunktiven/des Lidrands:** 4-6 x 1Gtt. bzw. 2-3 x 0.5cm Salbenstrang
Neomycin + Polymyxin B + Dexamethason Rp	PRC C, Lact
Isopto-Max *AT (1ml = 3500IE+6000IE+1mg), AS (1g = 3500IE+6000IE+1mg)* **Maxitrol** *AT (1ml = 3500IE+6000IE+1mg)*	**Entzündung des vorderen Augenabschnitts, Infektionspro., periphere Keratitis, Blepharitis, Verätzungen:** 3-6 x 1-2Gtt. bzw. W1-2: 3-4 x 1cm Salbenstrang, dann Dosisreduktion

15.3.3 Nichtsteroidale Antiphlogistika

Wm/Wi (Nepafenac): antiphlogistisch und analgetisch wirkendes Prodrug ⇒ Umwandlung in Amfenac ⇒ Inhibition der Prostaglandin-H-Synthase;
UW (Nepafenac): Keratitis punctata;
KI (Nepafenac): bek. Überempfindlichkeit gegen bzw. NSAR, Reaktion auf ASS oder NSAR mit Asthma, Urtikaria oder akuter Rhinitis

Diclofenac Rp	PRC B, Lact
Diclo Vision *AT (1ml = 1mg)* **Voltaren ophtha** *AT (1ml = 1mg)* **Difen Stulln Ud** *AT (1ml = 1mg)*	**Postoperative Entzündung, chronische/ nichtinfektiöse Entzündung, Aufrechterhaltung der Mydriasis präop.:** 3-5 x 1Gtt.
Flurbiprofen Rp	PRC B, Lact
Ocuflur O.K. *AT (1ml = 0.3mg)*	**Postop. Entzündung des vorderen Augenabschnitts, Entzündung nach Lasertrabekuloplastik:** 4 x 1Gtt.; **Vermeidung einer Miosis intraoperativ:** 2h vor OP alle 30min 1Gtt.
Ketorolac Rp	PRC C, Lact
Acular *AT (1ml = 5mg)* **Ketovision** *AT (1ml = 5mg)*	**Pro./Ther. postop. Entzündung nach Kataraktextraktion:** 3 x 1Gtt. für 3-4W, erstmalig 24h präop.
Nepafenac Rp	PRC C, Lact -
Nevanac *AT (1ml = 1, 3mg)*	**Pro./Therapie postop. Entzündung nach Kataraktoperationen, Pro. postoperativer Makulaödeme nach Katarakt-OP bei Diabetikern:** 1 x 1Gtt. 30-120 min. präop., dann 3 x 1Gtt. für 21d bzw. 60d, erstmalig 24h präop.

15.3.4 Immunsuppressiva

Wm/Wi (Ciclosporin): Hemmung von Produktion bzw. Freisetzung proinflammatorischer Zytokine einschließlich IL-2 und T-Zell-Wachstumsfaktor;
UW (Ciclosporin): Erythem des Augenlids, verstärkte Produktion von Tränenflüssigkeit, okulare Hyperämie, verschwommenes Sehen, Augenlidödem, konjunktivale Hyperämie, Augenreizung, Augenschmerzen, Schmerzen an der Verabreichungsstelle;
KI (Ciclosporin): bek. Überempf.; akute oder vermutete okulare oder periokulare Infektion

Ciclosporin Rp	
Ikervis *AT (1ml = 1mg)*	**Schwere Keratitis bei trockenem Auge ohne Erfolg einer Tränenersatzmittel-Ther.:** 1 x 1Gtt.

15.4 Glaukommittel

15.4.1 Betablocker

UW: Auge: Bindehautreizung, trockenes Auge, Verschlechterung der Papillenperfusion; systemisch: Bronchospasmus, HF ↓, Hypotonie, Verstärkung einer Herzinsuffizienz;
KI: Herzinsuffizienz (NYHA III und IV), HF ↓, Asthma bronchiale

Betaxolol Rp	PRC C, Lact ?
Betoptima *AT (1ml = 5.6mg)*	**Chronisches Weitwinkelglaukom, okuläre Hypertension, Sekundärglaukom:** 2 x 1Gtt.

Levobunolol Rp	PRC C, Lact -
Vistagan Liquifilm *AT (1ml = 5mg)*	**Okuläre Hypertension, chronisches Weitwinkelglaukom:** 2 x 1Gtt.

Timolol Rp	PRC C, Lact -
Arutimol, Chibro-Timoptol, Dispatim, Timo-Comod, Timo-Stulln, TimoHEXAL, Timolol 1A Pharma, Tim-Ophtal, Timo Vision *AT (1ml = 1, 2.5, 5mg)*	**Okuläre Hypertension, chronisches Offenwinkelglaukom, Aphakieglaukom, kindliches Glaukom:** 2 x 1Gtt.

15.4.2 Parasympathomimetika

UW (Pilocarpin): Linsenflattern, permanente vordere und hintere Synechien, Pupillarblock (bei engem Kammerwinkel und bestehender Linsentrübung), verminderte Sehschärfe bei Linsentrübung, gestörte Akkommodation mit vorübergehender Kurzsichtigkeit, Akkommodationsspasmen die bis zu 2–3h anhalten können, Pupillenverengung mit Störung des Sehens bei Dämmerung und Dunkelheit besonders bei Patienten < 40J, Muskelkrämpfe des Lids;
KI (Pilocarpin): bek. Überempfindlichkeit, Iritis acuta und andere Erkrankungen, bei denen eine Pupillenverengung kontraindiziert ist

Pilocarpin Rp	PRC C, Lact
Pilomann *AT (1ml = 5, 10, 20mg)* **Spersacarpin** *AT (1ml = 5, 20mg)*	**Chron. Offenwinkelglaukom, chron. Engwinkelglaukom, Miosis nach Mydriatikagabe:** 2-4 x 1Gtt.; ölige Substanzen bzw. Gel z.N.; **akuter Glaukomanfall:** in den ersten 30min alle 5min 1Gtt. (0.5-1%) dann alle 15min 1Gtt. bis zum Erreichen des erforderlichen Druckniveaus
15.4.3 Sympathomimetika	
Apraclonidin Rp	PRC C, Lact
Iopidine *AT (1 ml = 5mg)*	**Zusatzther.bei chron. Glaukom:** 3 x 1Gtt.
Brimonidintartrat Rp	PRC B, Lact
Alphagan, Brimogen, Brimo Ophtal, Brimonidin HEXAL *AT (1ml = 2mg)*	**Okuläre Hypertension, Offenwinkelglaukom:** 2 x 1Gtt.
Clonidin Rp	PRC C, Lact
Clonid-Ophtal *AT (1ml = 0.625, 1.25mg)*	**Alle Formen des Glaukoms:** 2-3 x 1Gtt.
15.4.4 Carboanhydrasehemmer	
Brinzolamid Rp	PRC C, Lact
Azopt *AT (1ml = 10mg)* **Brinzolamid AL** *AT (1ml = 10mg)* **Brinzolamid-ratioph.** *AT (1ml = 10mg)*	**Okuläre Hypertension, Offenwinkelglaukom:** 2 x 1Gtt.
Dorzolamid Rp	PRC C, Lact
Dorlazept *AT (1ml = 20mg)* **Dorzo Vision** *AT 1ml = 20mg* **Dorzolamid 1A** *AT (1ml = 20mg)* **Trusopt** *AT (1ml = 20mg)*	**Okuläre Hypertension, Offenwinkelglaukom, Pseudoexfoliationsglaukom:** 2-3 x 1Gtt.
15.4.5 Prostaglandin-Derivate	
Bimatoprost Rp	PRC C, Lact
Bimato Vision *AT (1ml = 0.3mg)* **Bimatoprost HEXAL** *AT (1ml = 0.3mg)* **Lumigan** *AT (1ml = 0.1, 0.3mg)*	**Okuläre Hypertension, chronisches Offenwinkelglaukom:** 1 x 1Gtt.
Latanoprost Rp	PRC C, Lact
Arulatan, Latanelb, Latanoprost HEXAL, Monoprost, Xalatan *AT (1ml = 50µg)*	**Okuläre Hypertension, chronisches Offenwinkelglaukom:** 1 x 1Gtt.
Tafluprost Rp	
Taflotan *AT (1ml = 15µg)*	**Okuläre Hypertension, chronisches Offenwinkelglaukom:** 1 x 1Gtt.

Travoprost Rp	PRC C, Lact ?
Travatan *AT (1ml = 40µg)* **Travo Vision** *AT (1ml = 40µg)* **Travoprost 1A** *AT (1ml = 40µg)* **Travoprost AL** *AT (1ml = 40µg)*	**Okuläre Hypertension, chron. Offenwinkelglaukom: Erw., Ki. ab 2M:** 1 x 1Gtt.

15.4.6 Kombinationen

Bimatoprost + Timolol Rp	
Ganfort *AT (1ml = 0.3+5mg)*	**Okuläre Hypertension, Offenwinkelglaukom:** 1 x 1Gtt.
Brimonidin + Timolol Rp	
Combigan *AT (1ml = 2+5mg)*	**Okuläre Hypertension, chronisches Weitwinkelglaukom:** 2 x 1Gtt.
Brinzolamid + Timolol Rp	
Azarga *AT (1ml = 10+5mg)*	**Okuläre Hypertension, Offenwinkelglaukom:** 2 x 1Gtt.
Brinzolamid + Brimonidin Rp	
Simbrinza *AT (1ml = 10+2mg)*	**Okuläre Hypertension, Offenwinkelglaukom:** 2 x 1Gtt.
Dorzolamid + Timolol Rp	
Arutidor *AT (1ml = 20+5mg)* **Cosopt** *AT (1ml = 20+5mg)* **Dorzocomp Vision** *AT (1ml = 20+5mg)* **Dorzolamid HEXAL comp.** *AT (1ml = 20+5mg)* **Duokopt** *AT (1ml = 20+5mg)*	**Offenwinkelglaukom, Pseudoexfoliationsglaukom:** 2 x 1Gtt.
Latanoprost + Timolol Rp	
Arucom *AT (1ml = 0.05+5mg)* **Fixaprost** *AT (1ml = 0.05+5mg)* **Latanoprost HEXAL comp.** *AT (1ml = 0.05+5mg)* **Latanotim Vision** *AT (1ml = 0.05+5mg)* **Xalacom** *AT (1ml = 0.05+5mg)*	**Okuläre Hypertension, Offenwinkelglaukom:** 1 x 1Gtt.
Pilocarpin + Timolol Rp	
Fotil *AT (1ml = 20+5mg)* **TP-Ophtal** *AT (1ml = 10+5mg)*	**Okuläre Hypertension, Kapselhäutchen-, primäres Weitwinkelglaukom:** 2 x 1Gtt.
Travoprost + Timolol Rp	
Duotrav *AT (1ml = 0.04+5mg)* **Travotimvision** *AT (1ml = 0.04+5mg)* **Travo/Timol AL** *AT (1ml = 0.04+5mg)*	**Offenwinkelglaukom, okuläre Hypertension:** 1 x 1Gtt.

15.4.7 Interna

Acetazolamid Rp	HWZ 4-8h, Q0 0.2, PPB 90%, PRC C, Lact -
Acemit *Tbl. 250mg* **Glaupax** *Tbl. 250mg*	**Primäres/sekundäres Glaukom, nach Katarakt-, Glaukom-OP:** 125-500mg p.o.; **akutes Winkelblockglaukom:** ini 1 x 500mg p.o., dann 125-500mg p.o. alle 4h
Mannitol OTC	HWZ 71-100min, PRC C, Lact ?
Mannitol 10%, 15%, 20% *Inf.Lsg. 25g/250ml, 50g/500ml, 37.5g/250ml, 50g/250ml*	**Glaukom:** 1.5-2g/kg über 30min i.v.

15.5 Mydriatika und Zykloplegika

Atropin Rp	PRC C, Lact ?
Atropin-POS *AT (1ml = 5mg)*	**Ausschaltung der Akkommodation, Refraktionsbestimmung:** 3 x 1Gtt.; **akute/chron. intraokuläre Entzündung:** 1-2 x 1Gtt.; **Penalisation:** 1 x 1Gtt.; **Sprengung von Synechien:** 3 x 1Gtt.
Cyclopentolat Rp	PRC C, Lact ?
Cyclopentolat *AT (1ml = 5, 10mg)* **Zyklolat** *AT (1ml = 5mg)*	**Mydriasis zur Fundoskopie, Zykloplegie zur Refraktionsbestimmung:** 1 x 1Gtt., nach 5-10min wdh.; **Iritis, Iridozyklitis:** 1 x 1Gtt. alle 5-6h
Phenylephrin Rp	PRC C, Lact +
Neosynephrin-POS *AT (1ml = 50, 100mg)*	**Mydriasis zur Fundoskopie, Pro./Therapie hinterer Synechien:** 1-4 x 1Gtt.
Scopolamin Rp	PRC C, Lact +
Boro-Scopol® N *AT (1ml = 3mg)*	**Mydriasitikum, Zykloplegikum, zur Skiaskopie, akute und chron. Entzündungen:** 2 x/d 1Gtt.
Tropicamid Rp	PRC C, Lact ?
Mydriaticum *AT (1ml = 5mg)* **Mydrum** *AT (1ml = 5mg)*	**Diagnostische Mydriasis:** 1 x 1Gtt.
Tropicamid + Phenylephrin Rp	PRC C, Lact -
Mydriasert *Insert 0,28/5,4mg*	**Präoperative/diagnostische Mydriasis:** 1 Insert pro Auge, max. 2h vor Eingriff

15.6 Antiallergika

Azelastin OTC	
Allergodil akut, Azela Vision, Vividrin akut Azela *AT (1ml = 0.5mg)*	**Saisonale/perenniale allergische Konjunktivitis:** 2-4 x 1Gtt.
Cromoglicinsäure OTC	PRC B
Allergo Comod, Allergocrom, CromoHEXAL, Cromo-ratioph., Dispacromil, Vividrin *AT (1ml = 20mg)*	**Allergisch bedingte akute/chronische Konjunktivitis:** 4-8 x 1Gtt.
Emedastin Rp	
Emadine *AT (1ml = 0.5mg)*	**Saisonale, allerg. Konjunktivitis:** 2-4 x 1Gtt.
Epinastin Rp	
Relestat *AT (1ml = 0.5mg)*	**Saisonale, allerg. Konjunktivitis:** 2-4 x 1Gtt.
Ketotifen Rp	
Allergo Vision, Ketotifen Stulln, Zaditen ophtha, Zalerg ophtha *AT (1ml = 0.25mg)*	**Saisonale, allergische Konjunktivitis:** 2 x 1Gtt.
Levocabastin OTC	PRC C, Lact ?
Livocab *AT (1ml = 0.5mg)*	**Allergische Konjunktivitis, Conjunctivitis vernalis:** 2-4 x 1Gtt.
Olopatadin Rp	
Opatanol *AT (1ml = 1mg)*	**Saisonale, allerg. Konjunktivitis:** 2 x 1Gtt.

15.7 Vasokonstriktiva

UW: Bindehautreizung, Bindehautverdickung, Glaukomanfall, Mydriasis, Akkommodationsstrg., Tachykardie, RR ↑, AP; **KI:** Engwinkelglaukom, Kinder < 2J

Naphazolin OTC	PRC C, Lact ?
Proculin *AT (1ml = 0.3mg)* **Televis Stulln** *AT (1ml = 0.1mg)*	**Nichtinfektiöse/allerg. Konjunkt.:** **Erw., Ki. > 6J:** 3-4 x 1Gtt.; **2-6J:** 2 x 1Gtt.
Tetryzolin OTC	
Berberil N, Ophtalmin N, Visine Yxin *AT (1ml = 0.5mg)*	**Augenreizungen, allergische Entzündungen des Auges:** 2-3 x 1Gtt.

15.8 Hornhautpflegemittel

Filmbildner (Povidon Polyvinylalkohol, Hyaluronsäure, Hypromellose, Carbomer) OTC	
Artelac, Celluvisc, Dispatenol, Lacrimal, Lac-Ophtalsystem, Liquifilm, Liquigel, Protagent, Siccaprotect, Systane, Thilo-Tears	**Keratokonjunktivitis sicca, Nachbenetzung bei Tragen von Kontaktlinsen:** 4-6 x 1Gtt.
Dexpanthenol OTC	
Bepanthen *AS (1g enth. 50mg)* **Corneregel** *AT, AS (1ml = 50mg)* **Pan Ophtal** *AT (1ml = 50mg); AS (1g enth. 50mg)*	**Läsionen der Schleimhautoberfläche des Auges:** 2-4 x 1Gtt. bzw. 1cm Salbenstrang
Hyaluronsäure OTC	
Artelac Splash *AT (1ml = 2.4mg)* **Hylan** *AT (0.0975mg/0.65ml)* **Hylo Gel** *AT (1ml = 2mg)*	**Keratokonjunktivitis sicca, Nachbenetzung bei Tragen von Kontaktlinsen:** 4-8 x 1Gtt.
Perfluorohexyloctan Rp	
Evotears *AT*	**Keratokonjunktivitis sicca, Nachbenetzung bei Tragen von Kontaktlinsen:** nach Bedarf mehrmals tgl. 1-2Gtt.
Trehalose + Hyaluronsäure OTC	
Thealoz Duo *AT, Gel (1ml = 30 + 1.5mg)*	**Keratokonjunktivitis sicca, Nachbenetzung bei Tragen von Kontaktlinsen:** nach Bedarf mehrmals tgl. 1-2Gtt.

15.9 Antineovaskuläre Mittel, Enzyme, Gentherapie

Wm/Wi (Aflibercept): löslicher Köderrezeptor, der den vaskulären endothelialen Wachstumsfaktor A (VEGF-A) und den Plazenta-Wachstumsfaktor (PIGF) mit hoher Affinität bindet ⇒ hemmt die Bindung und Aktivierung der artverwandten VEGF-Rezeptoren;
Wm/Wi (Brolucizumab, Ranibizumab): Antikörper, der an den hum. endothelialen Wachstumsfaktor (VEGF) bindet;
Wm/Wi (Idebenon): Antioxidans ⇒ Wiederherstellung der zellulären ATP-Gewinnung ⇒ Reaktivierung retinaler Ganglienzellen;
Wm/Wi (Ocriplasmin): proteolytisch auf Protein-bestandteile des Glaskörpers und der vitreoretinalen Grenzschicht ⇒ Auflösung der Proteinmatrix, die für abnorme vitreomakulare Adhäsion verantwortlich ist;
Wm/Wi (Ranibizumab): Antikörper, der an den hum. endothelialen Wachstumsfaktor (VEGF) bindet;
Wm/Wi (Verteporfin): Photosensibilisator, nach Lichtapplikation entsteht Singulett-Sauerstoff, der zu Zellschäden und vaskulären Verschlüssen führt;
Wm/Wi (Voretigen Neparvovec): Gentransfervektor, Transduktion von retinalen Pigmentepithelzellen mit cDNA, die für das normale humane RPE65Protein kodiert ⇒ Wiederherstellung des Sehzyklus;

UW (Aflibercept): Bindehautentzündung, Augenschmerzen, Netzhautablösung, Einriss/ Abhebung des retinalen Pigmentepithels, Netzhautdegeneration, Katarakt, Hornhautabrasion, Augeninnendruck ↑, verschwommenes Sehen, Glaskörperschlieren/-abhebung, Hornhautödem, Schmerzen/Blutungen an Inj.Stelle, Fremdkörpergefühl, Tränensekretion ↑, Augenlidödem, Bindehauthyperämie, okuläre Hyperämie; **UW** (Brolucizumab): Überempf., Sehschärfe ↓, Retinaeinblutung, Uveitis, Iritis, Glaskörperabhebung, Netzhauteinriss, Katarkt, Bindehautblutung, mouches volantes, Augenschmerzen, Augeninnendruck ↑, Konjunktivitis, Einriss des retinalen Pigmentepithels, Verschwommensehen, korneale Abrasion, Keratitis punctata; **UW** (Idebenon): Nasopharyngitis, Diarrhoe, Husten, Rückenschmerzen; **UW** (Ocriplasmin): Mouches volantes, Augenschmerzen, Bindehautblutung, Sehstörungen, Netzhaut-/Glaskörperblutung, Netzhautabriss/-ablösung/-degeneration, Augeninnendruck ↑, Makulaloch/-degeneration/-ödem, Ödem der Retina, Pigmentepithelerkr., Metamorphopsie, Glaskörperadhäsionen/-ablösung, Bindehautödem, Augenlidödem, Viritis, Iritis, Vorderkammerflackern, Photopsie, Bindehauthyperämie, okulare Hyperämie, Augenbeschwerden, Photophobie, Chromatopsie; **UW** (Ranibizumab): Übelkeit, Kopfschmerzen, Bindehautblutung, Augenschmerzen, Mouches volantes, retinale Einblutungen, Augeninnendruck ↑, Glaskörperabhebung, intraokulare Entzünd., Augenirritation, Katarakt, Fremdkörpergefühl, Blepharitis, subretinale Fibrose, okulare Hyperämie, Visusverschlechterung, trockenes Auge, Vitritis, Konjunktivitis, retinale Exsudation, lokale Reaktionen an der Injektionsstelle, Tränenfluss ↑, Pruritus des Auges, Konjunktivitis, Makulopathie, Abhebung des retinalen Pigmentepithels; **UW** (Verteporfin): Übelkeit, Photosensibilitätsreaktionen, Rückenschmerzen, Pruritus, Asthenie, Schmerzen an der Injektionsstelle, Sehstörung, Visusverschlechterung, subretinale Hämorrhagie, Störung der Tränenbildung; **UW** (Voretigen Neparvovec): retinale Ablagerungen, Angstzustände, Kopfschmerzen, Schwindel, Hyperämie der Konjunctiva, Katarakt, Netzhauteinriss, Hornhautdellen, Makulaforamen, Augenentzündung, Augenreizung, Augenschmerz, Makulopathie, chorioidale Blutungen, konjunktivale Zyste, Augenbeschwerden, Augenschwellung, Fremdkörpergefühl, Makuladegeneration, Endophthalmitis, Netzhautablösung, Netzhauterkr., retinale Blutung, Übelkeit, Erbrechen, Bauchschmerzen, Lippenschmerzen, Exanthem, Gesichtsschwellung, Anstieg des Augeninnendrucks, T-Inversion im EKG, Komplikationen infolge endotrachealer Intubation, Wunddehiszenz;
KI (Aflibercept): Überempf., bestehende oder vermutete (peri-)okulare Infektion, schwere intraokulare Entzündung; **KI** (Brolucizumab): bek. Überempf., bestehende oder Verdacht auf (peri-)okulare Infektionen, intraokuläre Entzündung; **KI** (Idebenon): bek. Überempf.; **KI** (Ocriplasmin): bek. Überempf., (peri-)okulare Infektion; **KI** (Ranibizumab): bek. Überempf., (peri-)okulare Infektionen, schwere intraokuläre Entzündung, Grav.; **KI** (Verteporfin): Porphyrie, bek. Überempf., schwere Leberfktsstörung, Grav.; **KI** (Voretigen Neparvovec): bek. Überempf., okulare und periokulare Infektion, aktive intraokulare Entzündung

Aflibercept Rp — PRC C, Lact ?

Eylea *Inj.Lsg. 4mg/100µl*	**Neovaskuläre altersabhäng. Makuladegen.:** 2mg intravitreal alle 4W für 12W, dann 2mg alle 8W; **Makulaödem infolge retinalen Venenverschlusses:** 2mg intravitreal alle 4W; **diabet Makulaödem:** 2mg intravitreal alle 4W für 20W, dann 2mg alle 8W; **myope choroidale Neovaskularisation:** einmalig 2mg intravitreal; **DANI, DALI** nicht erforderlich

Brolucizumab Rp	
Beovu *Inj.Lsg. 120mg/ml*	**Neovaskuläre altersabhängige Makula-degeneration:** 6mg intravitreal alle 4W für 12W, danach individuelle Intervalle; **DANI, DALI** nicht erf.
Idebenon Rp	PPB 96%
Raxone *Tbl. 150mg*	**Lebersche hereditäre Opitkusneuropathie:** 3 x 300mg p.o.; **DANI, DALI** vorsichtige Anw., keine Daten
Ocriplasmin Rp	
Jetrea *Inj.Lsg. 0.5mg/0.2ml*	**Vitreomakuläre Traktion:** 0.125mg intravitreal, einmalige Anw.; **DANI, DALI** nicht erforderlich
Ranibizumab Rp	
Lucentis *Inj.Lsg. 3mg/0.3ml*	**Neovaskuläre altersabhängige Makula-degeneration: 0.5mg intravitreal alle 4W; DANI, DALI nicht erforderlich**
Verteporfin Rp	PPB 90%
Visudyne *Inf.Lsg. 15mg*	**Neovaskuläre altersabhängige Makula-degeneration:** 6mg/m^2 über 10min i.v., dann Lichtaktivierung durch Laser auf die neovaskulären Läsionen; 1-4 x/J; **DALI** KI bei schwerer Leberfunktionsstrg.
Voretigen Neparvovec Rp	
Luxturna *Inj.Lsg. 5 x 10^{12} Vektorgenome/ml*	**Erbliche Netzhautdystrophie mit biallelischen RPE65-Mutationen:** 1.5 x 10^{11} VG in den subretinalen Raum injizieren; Komb. m. Prednison, s. FachInfo; **DANI, DALI** nicht erforderlich

15.10 Neutralisierungslösungen bei Verätzungen

Natriumdihydrogenphosphat OTC	
Isogutt MP *Lsg. 250ml*	**Verätzungen am Auge:** Bindehautsack sofort kräftig spülen, bis schädigender Stoff ausgespült ist

16 HNO

16.1 Rhinologika

16.1.1 Sympathomimetika

Wm/Wi: alpha-adrenerg wirkende Sympathomimetika ⇒ Vasokonstriktion ⇒ Schleimhautabschwellung; **UW** (Naphazolin): Herzklopfen, Pulsbeschleunigung, Blutdruckanstieg, Brennen und Trockenheit der Nasenschleimhaut, nach Abklingen der Wirkung stärkeres Gefühl einer „verstopften Nase" durch reaktive Hyperämie; **UW** (Xylometazolin): reaktive Hyperämie; **KI** (Naphazolin): bek. Überempf., Rhinitis sicca, Grav. (1. Trimenon), Engwinkelglaukom, Z.n. transsphenoidaler Hypophysektomie oder anderen operativen Eingriffen, die die Dura Mater beschädigen; **KI** (Xylometazolin): bek. Überempf., Rhintis sicca, Ki. < 6J

Naphazolin OTC	PRC C, Lact ?
Rhinex Nasenspray *Spray (1g enth. 0.5mg)*	**Entzündl. Schleimhautschwellung der Nase/ NNH:** 1-3 x 1 Sprühstoß in jede Nasenöffnung
Oxymetazolin OTC	HWZ 5-8h, PRC C, Lact ?
Nasivin *NT (1ml = 0.1, 0.25, 0.5mg); Spray (1ml = 0.25, 0.5mg)* **Wick Sinex** *Spray (1ml = 0.5mg)*	**Entzündliche Schleimhautschwellung der Nase/NNH:** 1-3 x 1-2Gtt. bzw. Sprühstöße
Tramazolin OTC	
Rhinospray *Spray (1ml = 1mg)*	**Entzündliche Schleimhautschwellung der Nase/NNH:** 1-3 x 1-2Gtt. bzw. Sprühstöße
Xylometazolin OTC	
Nasengel/-spray-ratioph. *Gel (1g enth. 1mg); Spray (1Hub = 0.045, 0.09mg)* **Nasentropfen-ratioph.** *NT (1ml = 0.5, 1mg)* **Olynth** *NT (1ml = 0.25, 0.5, 1mg); Gel (1g enth. 0.5mg)* **Otriven** *NT (1ml = 0.25, 0.5mg); Spray (1ml = 0.5, 1mg); Gel (1g enth. 1mg)* **Snup** *Spray (1ml = 0.5, 1mg)*	**Entzündliche Schleimhautschwellung der Nase/NNH:** 1-3 x 1-2Gtt. bzw. Sprühstöße

16.1.2 Antihistaminika

Siehe auch Pneumologie - Antihistaminika → 97

Azelastin Rp	
Allergodil, Azedil, Pollival *Spray (1ml = 1mg)*	**Allergische Rhinitis:** 2 x 1 Sprühstoß
Cromoglicinsäure OTC	
Cromo Nasenspray, Cromo-ratioph. *Spray (1ml = 20mg)*	**Allergische Rhinitis:** 4 x 1 Sprühstoß
Levocabastin OTC	
Levocamed *Spray (1ml = 0.5mg)* **Livocab** *Spray (1ml = 0.5mg)*	**Allergische Rhinitis:** 2-4 x 2 Sprühstöße

16.1.3 Kortikoide

Beclometason Rp	PPB 87%
Beclomet Nasal *Spray (1 Hub = 0.1mg)* **Beclometason-ratioph.** *Spray (1 Hub = 0.05, 0.1mg)* **Beclorhinol** *Spray (1 Hub = 0.05mg)* **Rhinivict** *Spray (1 Hub = 0.05, 0.1mg)*	**Allergische Rhinitis, Nasenpolypen:** 2-4 x 0.1mg
Budesonid Rp	HWZ 2-3h, PPB 86-90%, PRC C, Lact ?
Aquacort, Budapp, Budes *Spray (1 Hub = 0.05mg)* **Pulmicort Nasalaqua** *Spray (1 Hub=64µg)*	**Allergische Rhinitis, Nasenpolypen:** 2 x 1 Sprühstoß
Dexamethason Rp	
Dexa Rhinospray N sine, Solupen sine *Spray (1 Hub = 10.26µg)*	**Allergische Rhinitis: Erw., Ki. ab 6J:** 3 x 1-2 Sprühstöße
Flunisolid Rp	HWZ 1-2h, PRC C, Lact ?
Syntaris *Spray (1ml = 0.25mg)*	**Allergische Rhinitis:** 2-3 x 2 Sprühstöße
Fluticasonfuroat Rp	PPB > 99%, PRC C, Lact ?
Avamys *Spray (1 Hub = 22.7µg)*	**Allergische Rhinitis:** 1-2 x 2 Sprühstöße
Fluticasonpropionat Rp	HWZ 3h, PPB 81-95%, PRC C, Lact ?
Flutide Nasal, Otri Allergie Fluticason *Spray (1 Hub = 0.05mg)*	**Allergische Rhinitis:** 1-2 x 2 Sprühstöße; **Nasenpolypen:** 1-2 x 0.2ml in jedes Nasenloch
Mometason Rp	HWZ 6h, PRC C, Lact ?
Momeallerg *Spray (1 Hub = 0.05mg)* **Mometa HEXAL** *Spray (1 Hub = 0.05mg)* **Mometason Abz** *Spray (1 Hub = 0.05mg)* **Mometason-ratioph.** *Spray (1 Hub = 0.05mg)* **Nasonex** *Spray (1 Hub = 0.05mg)*	**Allergische Rhinitis: Erw., Ki. ab 12J:** 1 x 2 Sprühstöße in jedes Nasenloch; **Ki. 3-11J:** 1 x 1 Sprühstoß; **Nasenpolypen: Erw.:** 1 x 2 Sprühstöße
Triamcinolon Rp	HWZ 3h, PRC C, Lact ?
Nasacort *Spray (1 Hub = 0.05mg)* **Rhinisan** *Spray (1 Hub = 0.05mg)*	**Allergische Rhinitis: Erw., Ki. ab 12J:** 1 x 2 Sprühstöße in jedes Nasenloch; **Ki. 6-11J:** 1 x 1 Sprühstoß

16.1.4 Antihistaminika + Kortikoide

Wm/Wi (Azelastin + Fluticason): synergistischer Effekt durch H_1-Rezeptorblockade und entzündungshemmende Wirkung;
UW (Azelastin + Fluticason): Kopfschmerzen, unangenehmer Geschmack/Geruch;
KI (Azelastin + Fluticason): bekannte Überempfindlichkeit

Azelastin + Fluticasonpropionat Rp	
Dymista *Spray (1 Hub = 130 + 50µg)*	**Allergische Rhinitis: Erw., Ki ab 12J:** 2 x 1 Sprühstoß in jedes Nasenloch

16.1.5 Topische Antibiotika

Wm/Wi: Kompetitive Hemmung der bakteriellen Isoleucyl-Transfer-RNA-Synthetase; **UW:** Reaktionen an der Nasenschleimhaut; **KI:** bek. Überempfindlichkeit, Anw. bei Sgl.

Mupirocin Rp

Bactroban *Salbe (1g enth. 20mg)* **Infectopyoderm** *Salbe (1g enth. 20mg)* **Turixin** *Salbe (1g enth. 20mg)*	**Elimination von Staphylokokken einschließl. Methicillin-resistenter Stämme aus der Nasenschleimhaut: Erw. und Ki.:** ca. 2mm Salbenstrang 2-3 x/d in die Nase; **infiz. Hauterkr.:** 2-3x/d auftragen, max. 10d

16.2 Nasale Dekongestiva + Antihistaminikum

Wm/Wi (Pseudoephedrin): Alpha-sympathomimetisch ⇒ Vasokonstriktion ⇒ Abschwellen der Nasenschleimhaut; **UW** (Pseudoephedrin + Cetirizin): Nervosität, Schlaflosigkeit, Schwindel, Kopfschmerzen, Somnolenz, Gleichgewichtsstrg., Tachykardie, Mundtrockenheit, Übelkeit, Asthenie; **UW** (Pseudoephedrin + Triprolidin): Müdigkeit, Hypertonie; **KI** (Pseudoephedrin + Cetirizin/Triprolidin): bek. Überempfindlichkeit, Glaukom, Komb. mit MAO-Hemmern, schwere Nierenenerkr., Harnverhalt, schwere Hypertonie, Tachyarrhythmien, ischämische Herzkrankheiten, Hyperthyreose, hämorrhag. Schlaganfall, Grav.

Pseudoephedrin + Cetirizin OTC

Reactine Duo *Tbl. 120 + 5(ret.)mg*	**Allerg. Rhinitis mit nasaler Kongestion: Erw. bis 60J, Ki. > 12J:** 2 x 120 + 5mg p.o., für max. 14d; **DANI, DALI** KI

Pseudoephedrin + Triprolidin OTC

Rhinopront Kombi *Tbl. 60 + 2.5mg*	**Allergische oder vasomotorische Rhinitis mit nasaler Kongestion: Erw. bis 60J, Ki. > 12J:** 3 x 60 + 2.5mg p.o. für max. 10d; **DANI, DALI** KI bei schwerer NI, LI

16.3 Otologika

Phenazon + Procain OTC

Otalgan *OT (1g enth. 50+10mg)*	**Otitis externa, Otitis media: Erw., Ki. > 15J:** 3-4 x 5Gtt.; **Ki. bis 14J:** 3-4 x 2-3Gtt.

Docusat + Ethanol OTC

Otitex *OT (1ml enth. 50+150mg)* **Otowaxol** *OT (1ml enth. 50+150mg)*	**Entfernung überschüssigen Cerumens:** 10Gtt. in den äußeren Gehörgang, nach 5-10min ausspülen

Dexamethason + Cinchocain Rp

Otobacid N *OT (1ml = 0.22+5.6mg)*	**Entzündl. Erkr. von Ohrmuschel/Gehörgang, Gehörgangsekzem:** 3-4 x 2-4Gtt.

Ciprofloxacin Rp	
Ciloxan *OT (1ml = 3mg)* **Infectocipro** *OT (1ml = 2mg)* **Panotile Cipro** *OT (0.5ml = 1mg)*	**Otitis externa, chronisch eitrige Otitis media:** Ciloxan: 2 x 4Gtt.; **Ki. ab 1J:** 2 x 3Gtt.; Infectocipro: **Erw. u. Ki. ab 1J:** 2 x 0.5mg; Panotile: **Erw. u. Ki. ab 2J:** 2 x 1 Pipette
Ciprofloxacin + Dexamethason Rp	
Cilodex *OT (1ml = 3+1mg)*	**Otitis media mit Paukenröhrchen, Otitis ext.: Erw., Ki. ≥ 6M:** 2 x 4 Gtt. f. 7d
Ciprofloxacin + Fluocinolonacetonid Rp	
Infectociprocort *OT (1ml = 3+0.25mg)*	**Otitis ext.: Erw., Ki. ≥ 7J:** 3 x 4-6 Gtt. f. 8d
Polymyxin-B-Sulfat + Neomycin + Gramicidin Rp	
Polyspectran *OT (1ml = 7500IE+3500IE+0.02mg)*	**Otitis externa:** 3-5 x 2-3 Gtt.
Polymyxin-B-Sulfat + Bacitracin + Hydrocortison Rp	
Infectospetran *OT (1ml = 7500IE+3500IE+0.02mg)*	**Otitis externa:** 2 x tgl. in den äußeren Gehörgang einbringen

16.4 Weitere Hals-Rachen-Therapeutika

16.4.1 Antiseptika

Wm/Wi (Chlorhexidin, Hexamidin): lokal antiseptisch;
UW (Chlorhexidin): keine sehr häufigen bzw. häufigen UW;
UW (Hexamidin): allerg. Schleimhautreaktionen;
KI (Chlorhexidin): bek. Überempf., Asthma bronchiale, Wunden, Ulzerationen, erosiv-desquamative Veränderungen der Mundschleimhaut; Grav., Lakt.;
KI (Hexamidin): bek. Überempf.

Chlorhexidindiglukonat OTC	
Chlorhexamed *Lsg. (1ml enth. 1, 2mg)*	**Zur vorübergehenden Keimzahlminderung d. Mundhöhle, Gingivitis, eingeschränkte Mundhygienefähigkeit:** 2 x tgl. Mundspülung mit je 15ml
Hexamidin OTC	
Laryngomedin N *Spray (1g enth. 1mg)*	**Bakterielle Entzündungen der Mund-/Rachenschleimhaut:** mehrmals/d 1-2 Hübe

16.4.2 Lokalanästhetika

Benzocain OTC

Anästhesin *Lutschtbl. 8mg* **Benzocain Lutschdragees** *Lutschtbl. 8mg*	**Schmerzhafte Beschwerden in Mund- und Rachenraum:** Erw., **Ki. >16J:** nach Bedarf 1 Lutschtbl./2h, max. 6 Lutschtbl./d

Lidocain OTC

Dynexan Mundgel *Gel (1g enth. 20mg)*	**Schmerzen an Mundschleimhaut, Zahnfleich und Lippen:** 4-8 x/d erbsengroßes Stück Gel auftragen und leicht einmassieren

16.4.3 Antiseptika-Kombinationen

Wm/Wi (Benzalkonium, Cetrimonium): quartäre Ammoniumverbindungen mit hoher Oberflächenaktivität, die sowohl grampositive als auch gramnegative Keime erfassen; **Wm/Wi** (Tyrothricin): Polypeptidantibiotikum mit bakterizider Wi gegen grampos. Keime; **UW:** Überempfindlichkeitsreaktionen; **KI:** bekannte Überempfindlichkeit

Benzalkonium + Benzocain + Tyrothricin OTC

Dorithricin *Lutschtbl. 1+1.5+0.5mg*	**Halsentzündung mit Schluckbeschwerden:** alle 2-3h 1Tbl. lutschen

Cetrimonium + Lidocain + Tyrothricin OTC

Lemocin *Lutschtbl. 2+1+4mg*	**Halsentzündung mit Schluckbeschwerden:** alle 1-3h 1Tbl. lutschen, max. 8Tbl./d

16.4.4 Antiphlogistika

Wm/Wi (Benzydamin): Indazolderivat mit antiphlogistischen, lokalanästhetischen, bakteriziden und fungiziden Eigenschaften;
UW (Benzydamin): keine sehr häufigen bzw. häufigen UW;
KI (Benzydamin): bekannte Überempfindlichkeit

Benzydamin OTC

Difflam *Spray (1ml enth. 1.5mg)* **Tantum Verde** *Lutschtbl. 3mg; Spray, Lsg. (1ml enth. 1.5mg)*	**Schmerzen und Reizungen in Mund- und Rachenraum:** Erw., **Ki. > 6J:** 1 Lutschtbl. 3 x/d; 2-5 x/d mit 15ml Lsg. spülen bzw. gurgeln; bis 5 x 6 Sprühstöße in den Rachen

17 Urologie

17.1 Urospasmolytika

Wm: Parasympatholytisch durch Blockade des Muscarinrezeptors, v.a. direkte Einwirkung auf die glatte Muskulatur (papaverinartig);
Wi: Tonussenkung der glatten Muskulatur von Magen-Darm- und Urogenitaltrakt;
UW: Schweißdrüsensekretion ↓, Mundtrockenheit, Tachykardie, Akkommodationsstrg., Glaukomanfall, abdominelle Schmerzen, Diarrhoe, Obstipation, Dysurie, Schlaflosigkeit;
KI: Glaukom, Blasenentleerungsstrg. mit Restharn, Tachyarrhythmie, Stenosen im GI-Trakt, toxisches Megacolon, Myasthenia gravis, Grav./Lakt., gleichz. Anw. von CYP3A4 -Hemmern bei mäßiger/schwerer LI/NI, schwere Colitis ulcerosa, Child-C;

Darifenacin Rp	PPB 98%
Darifencin Aristo *Tbl. 7.5(ret.), 15(ret.)mg* **Emselex** *Tbl. 7.5(ret.), 15(ret.)mg*	**Dranginkontinenz, Pollakisurie, imperativer Harndrang:** 1 x 7.5mg p.o., ggf. nach 2W steigern auf 1 x 15mg; **DANI** nicht erforderlich; **DALI** Child B-C: max. 7.5mg/d
Desfesoterodin Rp	HWZ 7 h, PPB 50%
Tovedeso *Tbl. 3.5(ret.), 7(ret.)mg*	**Dranginkontinenz, Pollakisurie, imperativer Harndrang:** 1 x 3.5mg p.o., max. 1 x 7mg/d; **DANI** CrCl < 30: max. 3.5mg/d; **DALI** Child B: max. 3.5mg/d, Child C: KI; s. FachInfo b. Komb. mit CYP3A4-Hemmern
Fesoterodin Rp	HWZ 7h, PPB 50%
Toviaz *Tbl. 4(ret.), 8(ret.)mg*	**Dranginkontinenz, Pollakisurie, imperativer Harndrang:** 1 x 4mg p.o., max. 1 x 8mg/d p.o.; **DANI** CrCl > 30: 100%, < 30: max. 4mg/d p.o.; **DALI** Child B: max. 4mg/d, Child C: KI
Flavoxat OTC	HWZ 3h PRC B, Lact ?
Spasuret *Tbl. 200mg*	**Dranginkontinenz, Pollakisurie, imperativer Harndrang:** 3-4 x 200mg p.o.
Oxybutynin Rp	HWZ 1.1-2.3h, Q0 1.0, PRC B, Lact ?
Dridase *Tbl. 5mg* **Kentera** *TTS 3.9mg/24h* **Oxybugamma** *Tbl. 2.5, 5mg* **Oxybutynin-ratioph.** *Tbl. 2.5, 5mg* **Spasyt** *Tbl. 5mg* **Vesoxx** *Fertigspr. 10mg/10ml*	**Dranginkontinenz, Pollakisurie, imperativer Harndrang:** 3 x 2.5-5mg p.o.; ini 1 x 5mg (ret.), ggf. steigern um 5mg/W, max. 20mg/d; **Ki. > 5J:** ini 2 x 2.5mg p.o., max. 0.3-0.4mg/kg/d; TTS: alle 3-4d wechseln; **DANI** nicht erf. **Detrusorüberaktivität bei Rückenmarksverletzung oder Meningomyelozele:** **Ki. 6-12J:** 2-30mg/d intravesikal; **Ki. ab 12J,** Erw.: 10-40mg/d; s.a. FachInfo

Propiverin Rp	HWZ 20h, Q_0 0.9, PPB 90%
Mictonetten *Tbl. 5, 10mg* **Mictonorm** *Tbl. 15mg; Kps. 30(ret.), 45(ret.)mg* **Propiges** *Tbl. 5, 15mg* **Propiverin AL** *Tbl. 5, 15mg* **Propiverin HEXAL** *Tbl. 15mg*	**Dranginkontinenz, Pollakisurie, imperativer Harndrang:** 2-3 x 15mg p.o.; 1 x 30-45mg (ret.); **Ki. ab 5J:** 0.8mg/kg/d in 2-3- Einzelgaben; **DANI** CrCl >30: 100%, vorsichtige Anw.; < 30: max. 30mg/d; **DALI** mittelschwere bis schwere LI: Anw. nicht empfohlen

Solifenacin Rp	HWZ 45-68h
Belmacina *Tbl. 5, 10mg* **Solifemin** *Tbl. 5, 10mg* **Solifenacin 1A** *Tbl. 5, 10mg* **Solifenacin Accord** *Tbl. 5, 10mg* **Vesikur** *Tbl. 5, 10mg*	**Dranginkontinenz, Pollakisurie, imperativer Harndrang:** 1 x 5mg p.o., ggf. 1 x 10mg; **DANI** CrCl > 30: 100%; < 30: max. 5mg/d; **DALI** Child-Pugh 7-9: max. 5mg/d

Tolterodin Rp	HWZ 1.9-3.7h, PPB 96%, PRC C, Lact -
Detrusitol *Tbl. 1, 2mg; Kps. 4(ret.)mg* **Tolterodin Puren** *Tbl. 1, 2mg; Kps. 4(ret.)mg* **Tolterodin HEXAL** *Tbl. 1, 2mg; Kps. 4(ret.)mg*	**Dranginkontinenz, Pollakisurie, imperativer Harndrang:** 2 x 2mg p.o.; 1 x 4mg (ret.) p.o.; **DANI** CrCl < 30: max. 2mg/d; **DALI** max. 2mg/d

Trospiumchlorid Rp	HWZ 5-21h
Spasmex *Tbl. 5, 15, 30, 45mg* **Spasmolyt** *Tbl. 5, 10, 20, 30, 45mg* **Spasmo-Urgenin TC** *Tbl. 5mg* **Trospi** *Tbl. 30mg* **Urivesc** *Kps. 60(ret.)mg*	**Dranginkontinenz, Pollakisurie, imperativer Harndrang, Spasmen der glatten Muskulatur:** 3 x 15mg, 2 x 20mg p.o. oder 30-0-15mg; 1 x 60mg (ret.) p.o; **DANI:** CrCl 10-30: max. 20mg/d

17.2 Prostatamittel

Wm/Wi (Alfuzosin, Silodosin, Tamsulosin, Terazosin): selektive Blockade von Alpha-1-Rezeptoren in der glatten Muskulatur von Prostata und Blasenhals ⇒ Urinflussrate↑;
Wm/Wi (Dutasterid, Finasterid): Hemmung der 5-Alpha-Reduktase ⇒ Umwandlungshemmung von Testosteron in Dihydrotestosteron ⇒ Rückbildung der Hyperplasie;
Wm/Wi (Silodosin): Antagonismus am Alpha-1A-Rezeptor ⇒ Entspannung der glatten Muskulatur ⇒ Verminderung des Blasenauslasswiderstandes;
UW (Alfuzosin, Tamsulosin, Terazosin): Schwindel, orthostatische Hypotension, Kopfschmerzen, Herzklopfen, retrograde Ejakulation;
UW (Dutasterid): Potenzstörung, Libidoverlust, Gynäkomastie, Ejakulationsstörung;
UW (Finasterid): Potenzstörung, Libidoverlust, Gynäkomastie, Ejakulationsstörung, Cave: Tablettenbruch darf von schwangeren Frauen nicht berührt werden!
UW (Silodosin): retrograde Ejakulation, Anejakulation, Schwindel, orthostatische Hypotonie, Nasenverstopfung, Diarrhoe;
KI (Alfuzosin, Tamsulosin, Terazosin): orthostatische Dysregulation, schwere Leberinsuffizienz;
KI (Dutasterid, Finasterid): schwere Leberinsuffzienz, Anwendung bei Frauen;
KI (Silodosin): bekannte Überempfindlichkeit

Alfuzosin Rp	HWZ 4-6h, Qo 0.9, PPB 90%
Alfuzosin HEXAL *Tbl. 10(ret.)mg* **Alfuzosin Stada** *Tbl. 5(ret.), 10(ret.)mg* **Alfuzosin Winthrop** *Tbl. 2.5, 5(ret.), 10(ret.)mg* **Uroxatral** *Tbl. 2.5, 10(ret.)mg*	**Benigne Prostatahyperplasie:** 2-3 x 2.5mg p.o.; 1-2 x 5mg (ret.); 1 x 10mg (ret.)
Finasterid Rp	HWZ 6-8h, Qo 1.0, PPB 93%
Finamed, Finasterid HEXAL, Finasterid-ratioph., Finasterid Sandoz, Finural, Proscar, Prosmin *Tbl. 5mg*	**Benigne Prostatahyperplasie:** 1 x 5mg p.o.; **DANI** nicht erforderlich; **DALI** keine Daten
Dutasterid Rp	HWZ 3-5W, PPB > 99,5%
Avodart *Kps. 0.5mg* **Dutascar** *Kps. 0.5mg* **Dutasterid Axiromed** *Kps. 0.5mg*	**Benigne Prostatahyperplasie:** 1 x 0.5mg p.o.; **DANI** nicht erforderlich; **DALI** leichte bis mittelschwere LI: vorsichtige Anw.; schwere LI: KI
Dutasterid + Tamsulosin Rp	
Duodart *Kps. 0.5 + 0.4mg* **Dutasterid/Tamsulosin Accord** *Kps. 0.5 0.4mg* **Tamsublock Duo** *Kps. 0.5 0.4mg*	**Benigne Prostatahyperplasie:** 1 x 0.5+0.4mg p.o.; **DANI** nicht erf.; **DALI** leichte bis mittelschwere LI: vorsichtige Anw.; schwere LI: KI
Silodosin Rp	HWZ 40-52h, PPB 95%
Silbesan *Kps. 4, 8mg* **Silodosin AL** *Kps. 4, 8mg* **Urorec** *Kps. 4, 8mg*	**Benigne Prostatahyperplasie:** 1 x 8mg p.o.; **DANI** CrCl 30-50: ini 4mg, ggf. nach 1W 1 x 8mg; < 30: Anwendung nicht empfohlen; **DALI** leichte bis mittelschwere LI: 100%; schwere LI: Anwendung nicht empfohlen
Sitosterin (Phytosterol) OTC	
Azuprostat Sandoz *Kps. 65mg* **Harzol** *Kps. 10mg*	**Benigne Prostatahyperplasie:** 3 x 20mg p.o.; 2 x 65mg
Tamsulosin Rp	HWZ 9-13h, Qo 0.9, PPB 99%, PRC B, Lact -
Alna Ocas, Omnic Ocas, Omsula, Prostadil, Tadin, Tamsu-Astellas, Tamsulosin Beta, Tamsulosin HEXAL, Tamsunar *Kps. 0.4(ret.)mg*	**Benigne Prostatahyperplasie:** 1 x 0.4mg (ret.) p.o.; **DANI** nicht erforderlich; **DALI** KI bei schwerer LI
Terazosin Rp	HWZ 9-12h, Qo 0.95, PPB 92%, PRC C, Lact ?
Flotrin *Tbl. 2, 5, 10mg* **Terablock** *Tbl. 2, 5mg* **Tera Tad** *Tbl. 2, 5, 10mg* **Terazosin HEXAL** *Tbl. 2, 5mg*	**Benigne Prostatahyperplasie:** ini 1 x 1mg p.o., nach 7d 1 x 2mg, Erh.Dos. 2-5mg/d; max. 10mg/d; **DANI** nicht erforderlich; **DALI** vorsichtige Anw.; schwere LI: Anw. nicht empfohlen

17.3 Erektile Dysfunktion

Wm (Alprostadil): Prostaglandinvermittelte Vasodilatation des Corpus cavernosum; **Wm/Wi** (Avanafil, Sildenafil, Tadalafil, Vardenafil): selektive Hemmung der cGMP-spezifischen Phosphodiesterase (PDE5) ⇒ cGMP im Corpus cavernosumm bei sexueller Erregung ⇒ Relaxierung der glatten Muskulatur ⇒ Bluteinstrom ↑ ⇒ Erektion; **Wm/Wi** (Yohimbin): Blockade zentraler Alpha-2-Rez. ⇒ erektionsfördernde Efferenzen ↑; **UW** (Avanafil, Sildenafil, Tadalafil, Vardenafil): Kopfschmerz, Flush, Schwindel, Hitzegefühl, Nasenverstopfung, Dyspepsie, Muskelschmerzen, Rückenschmerzen; **UW** (Yohimbin): Tremor, Erregungszustände; **KI** (Avanafil): Herzinfarkt, Schlaganfall oder eine lebensbedrohliche Arrhythmie in den vergangenen 6 M; anhaltender Hypotonie < 90/50 mmHg oder Hypertonie > 170/100mmHg; instabile Angina pectoris, Angina pectoris während des Geschlechtsverkehrs, Herzinsuffiz. (≥ NYHA II); schwere Leberfunktionsstörung (Child C), schwere Nierenfunktionsstörung (Krea-Clearance < 30 ml/min); nicht arteriitische anteriore ischämische Optikusneuropathie (NAION); bekannte erbliche degenerative Netzhauterkrankungen, gleichzeitige Einnhame von starken CYP3A4-Inhibitoren anwenden (u. a. Ketoconazol, Ritonavir, Atazanavir, Clarithromycin, Indinavir, Itraconazol, Nefazodon, Nelfinavir, Saquinavir und Telithromycin); **KI** (Sildenafil, Tadalafil, Vardenafil): bek. Überempf., instabile Angina pectoris, schwere Herz- oder Leberinsuffizienz, Z.n. Schlaganfall/Herzinfarkt, Retinitis pigmentosa; gleichzeitige Anw. v. Nitraten; **KI** (Yohimbin): Hypotonie

Alprostadil Rp-L!	HWZ 5-10(0.5)min, PRC X, Lact -
Caverject *Inj.Lsg. 10, 20µg* **Muse** *Stäbch. 250, 500, 1000µg* **Viridal** *Inj.Lsg. 10, 20, 40µg* **Vitaros** *Creme 300µg/100mg*	**Erektile Dysfunktion:** ini 1.25-2.5µg intrakavernös, je nach Wi steigern: 2.5-5-7.5-10µg, max. 40µg; Muse: ini 250µg intraurethral, je nach Wi steigern auf 500-1000µg; Vitaros: 300µg intraurethral
Avanafil Rp-L!	HWZ 6-17h PPB 99%, PRC X, Lact -
Spedra *Tbl. 50, 100, 200mg*	**Erektile Dysfunktion:** ini 100mg p.o. 0.5h vor Koitus, je nach Wi Dosisanpassung auf 50 bzw. 200mg, max. 200mg; max. 1 x/d; **DANI** CrCl ≥ 30: 100%; < 30: KI; **DALI** Child A, B: mit niedrigst wirksamer Dosis beginnen; C: KI
Sildenafil Rp-L!	HWZ 4h, Q_0 > 0.85, PPB 96%, PRC B, Lact -
Arifil *Tbl. 100mg* **Duraviril, Viagra** *Tbl. 25, 50, 100mg* **Ereq** *Tbl. 50, 100mg* **Sildegra** *Tbl. 25, 50, 100mg; Lingualtbl. 25, 50, 100mg* **SildeHEXAL** *Tbl. 25, 50, 100mg* **Sildenafil-ratioph.** *Tbl. 25, 50, 75, 100mg*	**Erektile Dysfunktion:** ini 50mg p.o. 1h vor Koitus, je nach Wi Dosisanpassung auf 25 bzw. 100mg, max. 100mg; max. 1 x/d; **DALI, DANI** CrCl < 30: ini 25mg

Tadalafil Rp-L!	HWZ 17.5h, PPB 94%
Cialis *Tbl. 5, 10, 20mg* **Tadagis** *Tbl. 10, 20mg* **Tadalafil Mylan** *Tbl. 5, 10, 20mg* **Tadalafil Stada** *Tbl. 5, 10, 20mg* **Tarektin** *Tbl. 10, 20mg*	**Erektile Dysfunktion:** ini 10mg p.o. 0.5-12h vor Koitus, je nach Wi Dosisanpassung auf 20mg; bei tgl. Anwendung 1 x 2.5-5mg; **DANI** schwere NI: max. 10mg; **DALI** max. 10mg

Vardenafil Rp-L!	HWZ 4h, PPB 95%
Levitra *Tbl. 5, 10, 20mg; Lingualtbl. 10mg* **Vardegin** *Tbl. 5, 10, 20mg* **Vardenafil Stada** *Tbl. 5, 10, 20mg* **Vardenaristo** *Tbl. 5, 10, 20mg*	**Erektile Dysfunktion:** ini 10mg p.o. 25-60 min vor Koitus, je nach Wi Dosisanpassung auf 5 bzw. 20mg, max. 20mg; max. 1 x/d; **DANI** CrCl < 30: ini 5mg; **DALI** Child A-B max. 10mg

Yohimbin Rp-L!	HWZ 0.6(6)h, PRC N, Lact -
Yocon-Glenwood *Tbl. 5mg*	**Erektile Dysfunktion:** 3 x 5-10mg p.o.

17.4 Sexualhormone

17.4.1 Androgene

Wm/Wi: Entwicklungsförderung der sekundären männlichen Geschlechtsmerkmale, Regulation der Spermienproduktion, Libido ↑, Potentia coeundi ↑, Muskelaufbau ↑, Knochendichte ↑, Talgproduktion ↑;
UW: Cholestase, Spermatogenesehemmung, Priapismus, beschleunigte Knochenreifung, Virilisierung bei Frauen, Ödeme, Gewicht ↑, Gynäkomastie, Alopezie, Libido ↑, Prostataschmerzen, Kopfschmerzen, Nausea, Polyzythämie;
KI: Prostatakarzinom, Mammakarzinom, Grav.

Testosteron Rp	HWZ 10-100min (i.m.), PRC X, Lact ?
Andriol *Kps. 40mg* **Androtop** *Gel-Btl. 25, 50mg* **Testim** *Gel 10mg/1g* **Testogel** *Gel-Btl. 25, 50mg; Dosiergel 20.25g/Pumpenhub* **Testopatch** *TTS 1.2, 1.8, 2.4mg/24h* **Testosteron-Depot** *Amp. 250mg/1ml* **Testoviron-Depot** *Amp. 250mg/1ml* **Tostran 2%** *Gel 20mg/1g*	**Hodenunterfunktion, Hypogonadismus:** ini 120-160mg/d p.o., nach 2-3W 40-120mg/d; 50-100mg alle 1-3W i.m.; 250mg alle 2-4W i.m.; Testopatch: ini 2 Pflaster mit 2.4mg alle 48h; Dosisanpassung nach Testosteronspiegel; Gel: 1 x 40.5-50mg auftragen, max. 100mg/d; **Pubertas tarda:** 1 x/M 250mg i.m. für 3M, evtl. Wdh. nach 3-6M; **Unterdrückung übermäßigen Längenwachstums bei Knaben:** 500mg i.m. alle 2W für 1-2J; **Aplast., renale Anämie beim Mann:** 250mg 2-3 x/W i.m., max. 1000mg/W

Testosteronundecanoat Rp	HWZ 10-100min (i.m.), PRC X, Lact ?
Nebido *Inj.Lsg. 1g/4ml*	**Hodenunterfunktion, Hypogonadismus:** 1g alle 10-14W i.m.

17.4.2 Antiandrogene

Wm/Wi (Abirateronacetat): Inhibition der 17-Alpha-Hydroxylase (CYP17) → Hemmung der Androgenbiosynthese in Hoden, Nebennieren und im Prostatatumorgewebe; Mineralkortikoidsynthese in Nebennieren ↑; **Wm/Wi** (Bicalutamid, Flutamid): reines Antiandrogen ohne gestagene Wi; **Wm/Wi** (Cyproteronacetat): kompetitiver Antagonismus am Androgenrezeptor, starke gestagene Wi ⇒ LHo ⇒ Testosteron ↓; **Wm/Wi** (Apalutamid, Enzalutamid): starker Inhibitor des Androgenrezeptor-Signalwegs; keine agonist. Wirkung am Androgenrez. ⇒ Wachstum der Prostatakarzinomzellen ↓, Zelltod der Krebszellen, Tumorregression; **UW** (Abirateronacetat): periphere Ödeme, Hypokaliämie, Hypertonie, Harnweginfektion, Herzinsuffienz, HRST, Angina pectoris, Hypertriglyzeridämie, Hepatotoxizität, Nebenniereninsuffizienz; **UW** (Apalutamid): Hypothyreose, Hypercholesterinämie, Hypertriglyzeridämie, Krampfanfall, QT-Verlängerung, Exanthem, Pruritus, Fraktur, Arthralgie, Ermüdung, Gewichtsverlust, Sturz; **UW** (Cyproteronacetat): Übelkeit, Erbrechen, Gynäkomastie, Libido- und Potenzverlust, Leberfktsstrg.;
UW (Enzalutamid): Neutropenie, visuelle Halluzinationen, Angst, Kopfschmerzen, kognitive Störung, Gedächtnisstörung, Hitzewallungen, Hypertonie, trockene Haut, Pruritus, Frakturen, Stürze;
KI (Abirateronacetat): bek. Überempf., Grav.;
KI (Apalutamid): bek. Überempf., Grav.; Frauen, die schwanger werden könnten;
KI (Cyproteronacetat): Lebererkr., idiopath. Schwangerschaftsikterus, Schwangerschaftspruritus/Herpes gestationis in der Anamnese, konsumierende Erkr. (außer Prostata-Ca), schwere Depressionen, Thromboembolien, Sichelzellenanämie, Diabetes mellitus mit Gefäßveränderungen, Jug. vor Abschluss der Pubertät, Kinder, Grav./Lakt.;
KI (Enzalutamid): bek. Überempf., Grav./Lakt.

Abirateronacetat Rp	HWZ 15h, Q0 0.95, PPB 99%, PRC C, Lact ?
Zytiga *Tbl. 250, 500mg*	**Metastasiertes, kastrationsresistentes, trotz docetaxelhaltiger Chemotherapie progredientes Prostata-Ca:** Männer > 18J: 1 x 1g in Komb. mit 10mg/d Prednison oder Prednisolon (> 2h nach oder 1h vor Mahlzeiten)*; **DANI:** nicht erf.; **DALI:** Child B-C: Anw. nicht empf.

* In klinischen Studien Anwendung nur bei Gabe eines LHRH-Agonisten oder nach Orchiektomie

Apalutamid Rp	HWZ 3d, PPB 96%
Erleada *Tbl. 60mg*	**Nicht-metastasierendes, kastrationsresistentes Prostata-Ca:** 1 x 240mg p.o., Komb. mit medikam. od. chir. Kastration; **DANI** leichte bis mäßige NI: 100%; schwere NI: vorsichtige Anw.; **DALI** Child A, B: 100%; C: Anw. nicht empf.

Bicalutamid Rp	HWZ 5.8d, PPB 96%, PRC X, Lact ?
Androcal *Tbl. 50, 150mg* **Bicalutamid beta, Bicalutamid Axcount,** **Bicalutamid Medac** *Tbl. 50, 150mg* **Bicalutin** *Tbl. 50mg, 150mg* **Casodex** *Tbl. 50, 150mg*	**Fortgeschrittenes Prostata-Ca:** 1 x 50mg p.o., Komb. mit medikamentöser oder chirurgischer Kastration; 1 x 150mg als Monotherapie oder adjuvant nach Prostatektomie/Bestrahlung; **DANI** nicht erf.; **DALI** leichte LI: 100%, mittlere bis schwere LI: vorsichtige Anw.
Cyproteronacetat Rp	HWZ 38-58h, Q0 1.0, PRC X, Lact -
Androcur *Tbl. 10, 50mg; Amp. 300mg/3ml* **Cyproteronacetat beta** *Tbl. 50, 100mg* **Cyproteronacetat-GRY** *Tbl. 50mg*	**Prostata-Ca:** nach Orchiektomie 1-2 x 100mg p.o.; 300mg i.m. alle 14d; ohne Orchiektomie 2-3 x 100mg p.o.; 300mg i.m. alle 7d; **Triebdämpfung bei Sexualdeviation:** ini 2 x 50mg p.o., evtl. nach 4W 2-3 x 100mg, bei Therapieerfolg langsame Dosisreduktion je nach Wi bis 2 x 25mg; 300mg i.m. alle 10-14d; **Androgenisierungserscheinungen bei Frauen:** Zyklustag 1-10: 100mg p.o., Komb. mit Östrogen, s. FachInfo; **DALI** KI bei LI
Darolutamid Rp	HWZ 20h , PPB 92%,
Nubeqa *Kps. 300mg*	**Nicht-metastasierendes, kastrationsresistentes Prostata-Ca:** 2 x 600mg p.o.; **DANI** CrCl > 30: 100%, < 30: ini 2 x 300mg; **DALI** Child-Pugh A: 100%; B, C: ini 2 x 300mg
Enzalutamid Rp	HWZ 5.8d, PPB 97%,
Xtandi Kps. 40mg	**Metastasiertes Prostata-Ca nach Versagen einer Androgenentzugsther. oder während/ nach CTX mit Docetaxel:** 1 x 160mg p.o.; **DANI** CrCl > 30: 100%, < 30: vorsicht. Anw.; **DALI** Child-Pugh A: 100%; B: vorsichtige Anw.; C: Anw. nicht empfohlen
Flutamid Rp	HWZ 9.6(5-6)h, Q0 1.0, PRC D, Lact ?
Fluta Cell *Tbl. 250mg* **Flutamid AL** *Tbl. 250mg* **Flutamid biosyn** *Tbl. 250mg*	**Prostata-Ca:** 3 x 250mg p.o.; **DANI, DALI** vorsichtige Anwendung

17.4.3 Gn-RH-Antagonisten

Wm/Wi: Antagonismus am Gonadotropin-Releasing-Hormon-Rezeptor ⇒ LH↓, FSH↓ ⇒ hormonelle Kastration ohne initialen Testosteronanstieg;
UW: Hitzewallungen, Reaktionen an der Injektionsstelle, Schlaflosigkeit, Schwindel, Kopfschmerzen, Übelkeit, Hyperhidrosis, Transaminasen↑, Schüttelfrost, Pyrexie, Asthenie, Müdigkeit, grippeähnliche Symptome, Gewicht↑; **KI:** bek.Überempf., Frauen, Kinder

Degarelix Rp	HWZ 28d, PPB 90%, PRC X, Lact -
Firmagon *Inj.Lsg. 80, 120mg*	**Fortgeschrittenes Prostata-Ca:** ini 2 x 120mg s.c., dann 1 x 80mg alle 4W; **DANI, DALI** leichte bis mittelschwere NI/LI: nicht erf.; schwere NI/LI: keine Daten

17.4.4 Gn-RH-Agonisten

Wm/Wi (Triptorelin): LHRH-Analogon ⇒ Inhibition der LH-Sekretion ⇒ Testosteron ↓, initial Testosteronanstieg mögl.;
UW (Triptorelin): Hitzewallungen, Größe der Genitalien ↓, Skelettschmerzen, Schmerzen an der Injektionsstelle, Rücken- und Beinschmerzen, Müdigkeit, Brustkorbschmerzen, Asthenie, periphere Ödeme, Hypertonie, Gynäkomastie, Obstipation, Diarrhoe, Übelkeit, Bauchschmerzen, Dyspepsie, abnorme Leberfunktion, aP ↑, Gicht, Arthralgie, Aufflammen des Tumors, Kopfschmerzen, Schwindel, Beinkrämpfe, Schlaflosigkeit, Impotenz, Anorexie, Libido ↓, Husten, Dyspnoe, Pharyngitis, Exanthem, Augenschmerzen, Konjunktivitis, Dysurie, Harnverhalt;
KI (Triptorelin): bekannte Überempfindlichkeit

Buserelin Rp	HWZ 50-80min, PRC X, Lact -
Profact Depot 2 *Implantat 6.3mg* **Profact Depot 3** *Implantat 9.45mg* **Profact nasal** *Spray (1Hub = 0.1mg)* **Profact pro injectione** *Inj.Lsg. 5.5mg/5.5ml* **Suprefact Depot** *Implantat 6.3mg, 9.45mg*	**Fortgeschrittenes Prostata-Ca:** 6.3mg alle 2M s.c.; 9.45mg alle 3M s.c.; 6 x 0.2mg/d nasal; 3 x 0.5mg s.c.; 5d vor Ther. Gabe von Antiandrogen, dann für 3-4W Komb. mit Antiandrogen

Goserelin Rp	HWZ 2.3-4.2h, Q0 0.4, PRC X, Lact -
Zoladex *Implantat 3.6, 10.8mg*	**Fortgeschr. Prostata-Ca:** 3.6mg 1 x/M s.c.; 10.8mg alle 3M s.c.; **DANI** nicht erforderl:

Leuprorelin Rp	HWZ 2.9h
Eligard *Inj.Lsg. 7.5, 22.5, 45mg* **Enantone-Monatsdepot** *Fertigspr. 3.75mg/1ml* **Leuprone HEXAL** *Implantat 3.78mg/1ml, 5.25mg/1ml* **Trenantone** *Fertigspr. 11.25mg/1ml* **Sixantone** *Fertigspr. 28.58mg/1ml*	**Fortgeschrittenes Prostata-Ca:** 3.75mg s.c. alle 4W; 11.25mg s.c. alle 3M; 28.58mg s.c. alle 6M; Eligard: 7.5mg s.c alle 4W; 22.5mg s.c. alle 3M; **DANI** nicht erforderlich

Triptorelin Rp	HWZ 2.8h, PPB 0%, PRC X, Lact ?
Pamorelin LA *Inj.Lsg. 3.75, 11.25, 22.5mg* **Salvacyl** *Inj.Lsg 11.25mg*	**Fortgeschrittenes Prostata-Ca:** 3.75mg alle 4W, 11.25mg alle 3M, 22.5mg alle 6M i.m.; **schw. sexuelle Abnormität bei Männern:** Salvacyl: 11.25mg alle 12W i.m.; **DANI, DALI** nicht erforderlich

17.5 Urolithiasismittel

Wm/Wi (Citrat): Urinalkalisierung; **Wm/Wi** (Methionin): Urinansäuerung

Citronensäure + Natriumcitrat OTC	
Blemaren N *Brausetbl. 1197+835.5mg*	**Harnalkalisierung, Harnsäure-/-oxalatsteine, Zystinsteine:** 3 x 1-2Tbl. p.o.
Kalium-Natrium-Hydrogencitrat OTC	
Uralyt-U *Gran. (1 Messl. = 2.5g)*	**Harnalkalisierung bei Zytostatikatherapie, Harnsäure-, Harnsäureoxalat-/Kalziumsteine, Zystinsteine:** 1-1-2 Messl. p.o.
Methionin OTC	HWZ 1-2h
Acimethin, Acimol, Methionin HEXAL, *Tbl. 500mg*	**Harnansäuerung, Zusatztherapie bei Harnweginfektionen, Infektsteine, Phosphatsteine:** 3 x 500-1000mg p.o.

17.6 Phosphatbinder → 123

17.7 Kationenaustauscher

Wm/Wi (Partiromer): nicht resorbierbares Kationenaustauschpolymer ⇒ bindet Kalium im GI-Trakt ⇒ fäkale Kaliumausscheidung ↑;
Wm/Wi (Polysulfonsäure): enterale Zufuhr eines unlöslichen Kunststoffs mit Sulfonsäure als Grundgerüst, Austausch von Kationen zur Neutralisierung der Säure entspr. dem Konzentrationsverhältnis im Darmlumen ⇒ Bindung von Kalium;
UW (Partiromer): Hypomagnesiämie, Obstipation, Diarrhoe, Bauchschmerzen, Flatulenz;
UW (Polysulfonsäure): Übelkeit, Erbrechen, Obstipation, Hyperkalzämie;
KI (Partiromer): Hypokaliämie, Hyperkalzämie, stenosierende Darmerkrankungen;
KI (Partiromer): bek. Überempf.

Patiromer Rp	
Veltassa *Btl. 8.4, 16.8g*	**Hyperkaliämie:** 1 x 8.4g p.o., ggf. steigern, max. 25.2g/d
Polysulfonsäure Rp	
Anti-Kalium Na *Btl. 15g* **CPS Pulver** *Btl. 15g* **Resonium A** *Dose 500g*	**Hyperkaliämie:** 2-4 x 15g p.o.; 1-2 x 30g in 150-200 ml Wasser rektal als Einlauf; **NG, Ki.:** 0.5-1g/kg in mehreren ED

17.8 Phosphatbinder → 123

17.9 Weitere Urologika

Wm/Wi (Dapoxetin): Serotonin-Reuptake-Hemmung ⇒ Neurotransmitterwirkung auf prä-/postsynaptische Rezeptoren ↑;
Wm/Wi (Duloxetin): kombinierte Serotonin- und Noradrenalin-Reuptake-Hemmung ⇒ Neurotransmitter-Konzentration im sakralen Rückenmark ↑ ⇒ N.-pudendus-Stimulation ↑ ⇒ Tonus des Harnröhrenschließmuskels ↑;
Wm/Wi (Pentosanpolysulfat): Ausscheidung als Glykosaminoglykane in den Urin ⇒ Bindung an die geschädigte Blasenschleimhaut;
UW (Dapoxetin): Schwindel, Kopfschmerzen, Übelkeit, Insomnie, Angstzustände, Agitation, Libido ↓, Ruhelosigkeit, Somnolenz, Aufmerksamkeitsstrg., Tremor, Parästhesien, Tinnitus, Erröten, Nasennebenhöhlenverstopfung, Verschwommensehen, Durchfall, Erbrechen, Obstipation, Abdominalschmerz, Hyperhidrose, erektile Dysfunktion, Müdigkeit, Hypotonie;
UW (Duloxetin): Schlaflosigkeit, trockener Mund, Durst, Übelkeit, Erbrechen, Obstipation, Diarrhoe, Müdigkeit, Angst, Libido ↓, Anorgasmie, Kopfschmerzen, Schwindel, Tremor, Verschwommensehen, Nervosität, Schwitzen ↑, Lethargie, Pruritus, Schwäche;
UW (Pentosanpolysulfat): Infektionen, Influenza, Kopfschmerzen, Schwindel, Übelkeit, Diarrhoe, Dyspepsie, Unterleibschmerzen, Abdomenvergrößerung, rektale Blutungen, periph. Ödem, Haarausfall, Rückenschmerzen, häufiger Harndrang, Asthenie, Beckenschmerzen;
KI (Dapoxetin): bekannte Überempfindlichkeit, bekannte kardiale Vorerkrankung, gleichzeitige Behandlung mit MAO-Hemmern, Thioridazin, SSRI, CYP3A4-Hemmern, Leberfunktionsstrg. (Child B, C), < 18J;
KI (Duloxetin): Leberfunktionsstörung, Grav./Lakt.;
KI (Pentosanpolysulfat): bek. Überempfindlichkeit, aktive Blutungen

Dapoxetin Rp-L!	HWZ 19h
Priligy *Tbl. 30, 60mg*	**Ejaculatio praecox:** 18-64J: 1 x 30-60mg p.o. 1-3h vor sexueller Aktivität; **DANI** leichte bis mittelschwere NI: vorsichtige Anwendung, schwere NI: nicht empfohlen; **DALI** Child B, C: KI
Duloxetin Rp	HWZ 8-17h
Dulovesic *Kps. 20, 40mg* **Duloxetin-ratioph. Uro** *Kps. 20, 40mg* **Yentreve** *Kps. 20, 40mg*	**Belastungsinkontinenz bei Frauen:** 2 x 40mg p.o., ggf. Dosisreduktion nach 4W auf 2 x 20mg, je nach UW; **DANI** CrCl 30-80: 100%; < 30: KI; **DALI** KI
Pentosanpolysulfat-Natrium Rp	HWZ 24-34h
Elmiron *Kps. 100mg*	**Chronische Blasenschmerzen durch Glomerulationen oder Hunner-Läsionen:** 3 x 100mg p.o.; **DANI, DALI** keine Daten, vorsichtige Anw.

18 Gynäkologie

18.1 Hormonpräparate

18.1.1 Östrogene

Wi (Estradiol/Estradiolvalerat): synthetisches 17b-Estradiol, das mit dem körpereigenen humanen Estradiol chemisch und biologisch identisch ist, substituiert den Verlust der Östrogenproduktion bei menopausalen Frauen und mindert die damit verbundenen Beschwerden; beugt dem Verlust an Knochenmasse nach der Menopause/Ovarektomie vor;
Wi (konjugierte Östrogene): substituieren den Verlust der Östrogenproduktion bei menopausalen Frauen und mindern die damit verbundenen Beschwerden; sie beugen dem Verlust an Knochenmasse nach der Menopause/Ovarektomie vor;
Hinweis: Die alleinige Anwendung von Östrogenen (ohne regelmäßigen Zusatz von Gestagenen) darf nur bei hysterektomierten Frauen erfolgen;
UW: Mammakarzinom, Endometriumhyperplasie, Endometriumkarzinom, Ovarialkarzinom, venöse Thromboembolien, KHK, Schlaganfall, Erkrankung der Gallenblase, Chloasma, Erythema multiforme, Erythema nodosum, vaskuläre Purpura, wahrscheinliche Demenz bei Frauen $\geq$ 65 J.;
KI: bek. Überempf., bestehender oder früherer Brustkrebs bzw. ein entsprechender Verdacht, östrogenabhängiger maligner Tumor bzw. ein entspr. Verdacht (v.a. Endometriumkarzinom), nicht abgeklärte Blutung im Genitalbereich, unbehandelte Endometriumhyperplasie, frühere/bestehende venöse thromboembolische Erkr. (v.a. tiefe Venenthrombose, Lungenembolie), bekannte thrombophile Erkrankungen (z. B. Protein-C-, Protein-S- oder Antithrombin-Mangel), bestehende oder erst kurze Zeit zurückliegende arterielle thrombo-embolische Erkrankungen (v.a. Angina pectoris, Myokardinfarkt), akute Lebererkrankung oder zurückliegende Lebererkrankungen (solange sich die relevanten Leberenzymwerte nicht normalisiert haben), Porphyrie

Estradiol (oral) Rp — HWZ 1 h, PRC X, Lact -

Femoston mono *Tbl. 2mg*	**Postmenopausale Hormonsubstitution bei Östrogenmangelsymptomen, Osteoporose-Pro. bei postmenopausalen Frauen mit hohem Frakturrisiko und Unverträglichkeit oder KI gg. andere zur Osteoporoseprävention zugelassene Arzneimittel:** 1 x 2mg p.o.; **DANI:** auf Flüssigkeitsretention achten; **DALI:** KI bei akuter Lebererkr. oder erhöhten Leberenzymen
Estradiol Jenapharm *Tbl. 2mg* **Estrifam** *Tbl. 1, 2mg* **Gynokadin** *Tbl. 2mg* **Progynova 21 (mite)** *Tbl. 1, 2mg*	**Postmenopausale Hormonsubstitution bei Östrogenmangelsymptomen:** 1 x 1-2 Tbl. p.o.; **DANI:** auf Flüssigkeitsretention achten; **DALI:** KI bei akuter Lebererkr. oder erhöhten Leberenzymen

Estradiol (transdermal) Rp	HWZ 1 h, PRC X, Lact -
Estradot *TTS 25, 37.5, 50, 75, 100µg/24h* **Fem7** *TTS 50µg/24h*	**Postmenopausale Hormonsubstitution bei Östrogenmangelsympt., Osteoporose-Pro. bei postmenopausalen Frauen mit hohem Frakturrisiko und Unverträgl./KI gg. and. zur Osteoporosepräv. zugel. Arzneimittel:** Estradot: 2 x/W 25-100µg/24h; Fem7: 1x/W 50µg/24h; **DANI:** auf Flüssigkeitsretention achten; **DALI:** KI bei akuter Lebererkr. oder ↑ Leberenzymen
Dermestril *TTS 25, 50µg/24h* **Dermestril-Septem** *TTS 25, 50, 75µg/24h* **Estreva** *Gel 0.1%* **Gynokadin** *Gel 0.06%* **Lenzetto** *Dosierspray (1.53mg/Sprühstoß)*	**Postmenopausale Hormonsubstitution bei Östrogenmangelsymptomen:** TTS: 1-2 x/W 25-100µg/24h; Gel: 1 x tgl. 0.5-3mg auf die Haut auftragen; Dosierspray: ini 1 x 1.53mg auf Unterarmhaut, je nach Ansprechen steigern, max. 4.59mg/d; **DANI:** auf Flüssigkeitsretention achten; **DALI:** KI bei akuter Lebererkr. oder ↑ Leberenzymen
Estriol Rp	HWZ 0.5-1 h
Estriol Jenapharm *Tbl. 2mg* **OeKolp** *Tbl. 2mg* **Ovestin** *Tbl. 1mg*	**Postmenopausale Hormonsubstitution bei Östrogenmangelsymptomen:** ini 1 x 2-4mg p.o., nach einigen W 1 x 1-2mg; **DANI:** auf Flüssigkeitsretention achten; **DALI:** KI bei akuter Lebererkr. oder ↑ Leberenzymen
Konj. Östrogene Rp	HWZ 4-18.5h, PRC X, Lact -
Presomen 28 *Tbl. 0.3, 0.6*	**Postmenop. Hormonsubst. bei Östrogenmangelsymptomen, Osteoporose-Pro. bei postmenopausalen Frauen mit hohem Frakturrisiko und Unverträgl./KI gg. andere zur Osteoporoseprävention zugel. Arzneimittel:** 1 x 0.3-1.25mg p.o.; **DANI:** auf Flüssigkeitsretention achten; **DALI:** KI bei akuter Lebererkr. oder ↑ Leberenzymen

18.1.2 Gestagene

Wi (Chlormadinon): ausgeprägte antiöstrogene Wirkung, hemmt Uteruswachstum und Proliferation des Endometriums, sekretorische Transformation des Endometriums, hemmt Hyperplasie des Endometriums, Tubenmotilität ↓, Zervikalsekret: Menge ↓ u. Viskosität ↑, in hoher Dosierung Gonadotropinsekretion ↓, antiandrogene Partialwirkung durch Verdrängung der Antiandrogene von Androgenrezeptoren an den Erfolgsorganen (Haarfollikel, Talgdrüsen), geringe glukokortikoide Wirkung in hoher Dosierung, keine androgene Partialwirkung, dosisabhängige Verschlechterung der Insulinsensibilität;
Wi (Dienogest): antiandrogene und starke gestagene Wirkung, keine signif. androgenen/mineralokortikoiden/glukokortikoiden Eigenschaften, verringert bei Endometriose die endogene Estradiolproduktion, führt bei kontinuierlicher Gabe zu einem hypoöstrogenen und hypergestagenen endokrinen Zustand mit folgernder Atrophie endometrischer Läsionen;

Wi (Dydrogesteron): bewirkt volle sekretorische Transformation des unter Östrogeneinfluss aufgebauten Endometriums; in additiver Gabe Verringerung des östrogenbedingten Risikos einer Endometriumhyperplasie und/oder -karzinoms; keine östrogene, androgene, thermogene, anabole oder kortikoide Aktivität;
Wi (Medroxyprogesteronacetat): blockiert die Proteinsynthese im Zellkern, dadurch Bildung von Östrogenrezeptoren ↓ u. Verringerung des wachstumsfördernden Östrogeneffekts, in hoher Dosierung direkte zytotoxische Wi auf den Tumor durch Störung der DNA- u. RNA-Synthese und Blockade des E2-Rezeptors, FSH- u. LH-Sekretion der Hypophyse ↓; ACTH-Sekretion ↓ ⇒ Kortisol- u. Androgenspiegel ↓; Hemmung der Hormonsynthese in der Nebennierenrinde; Östrogenaktivität ↓ durch Erhöhung der Aktivität von 17-ß-Steroid-Dehydrogenase (Umbau Estradiol in Estron), Förderung der Bildung von 5-Alpha-Reduktase in Leber (Abbau zirkulierenden Androgens u. Vermind. der Umwandlung von Androgen in Estrogen);
Wi (Megestrolacetat): hemmt RNA-Synthese u. Proteinsynthese ⇒ Abnahme zytoplasmatischer Östrogenrezeptoren; direkter östrogenunabh. wachstumshemmender Effekt; hohe Affinität zu Progesteronrezeptoren, deutliche Affinität zu Androgen- u. Glukokortikoidrez.; FSH-Ausschüttung ↓ ⇒ Östrogen- und Androgensynthese ↓; Aufhebung des wachstumsstimulierenden Effekts von Östrogenen; Reduktion des hypophysären LH-Gehalts u. der LH-Sekretion;
Wi (Progesteron): entspricht in seiner Struktur der physiol. Form des im Verlauf des weibl. Ovarialzyklus sezernierten Gelbkörperhormons, bewirkt sekret. Transformation des Endometriums, reduziert östrogeninduziertes Risiko einer Endometriumhyperplasie;
UW: s. jeweilige Fach-Info;
KI (Chlormadinon): Brustkrebs, nicht abgeklärte Vaginalblutungen, vorausgegangene/besteh. Lungenembolie/venöse Thrombose, kürzlich vorangegangene/bestehende arterielle Thrombose, schwere Lebererkrankungen (noch pathol. Leberwerte), cholestatischer Ikterus, vorausgegangene/bestehende Lebertumoren, Porphyrie, bek. Überempf., Grav./Lakt.;
KI (Dienogest): bestehende venöse thromboembolische Erkrankungen, vorausgegangene/best. arterielle u. kardiovaskuläre Erkrankungen, Diabetes mellitus mit Gefäßbeteiligung, bestehende/vorausgegangene schwere Lebererkr. (noch pathol. Leberwerte), bestehende/vorausgegangene benigne/maligne Lebertumoren, bek. od. vermutete sexualhormonabhängige maligne Tumoren, nicht abgeklärte Vaginalblutungen, bek. Überempf., Grav./Lakt.;
KI (Dydrogesteron): schwere akute/chron. Lebererkr., Strg. im Stoffwechsel d. Gallenfarbstoffe (z.B. Dubin-Johnson-, Rotor-Syndr.), idiopathischer Grav.-Ikterus in der Vorgeschichte, Lebertumoren, Hypertonie, nicht abgegeklärte Vaginalblutungen, Thrombophlebitis, thromboembolische Erkrankungen, Hypercholesterinämie, bekannter oder V.a. gestagenabhängigen Tumor, bek. Überempf. Grav./Lakt.;
KI (Medroxyprogesteronacetat): Thromboembolien, Thrombophlebitis, apoplektischer Insult (auch Z.n.), Hyperkalzämie bei Pat. mit Knochen-metastasen, schwere Leberfktstrg., schwerer Diabetes mellitus, schwere arterielle Hypertonie, verhaltener Abort, bekannte Überempfindlichkeit, Grav., erste 6W d. Lakt.;
KI (Megestrolacetat): schwere Leberfktstrg., Thrombophlebitis, thromboembolische Erkrankungen, bek. Überempf., Grav./Lakt.;
KI (Progesteron): schwere akute/chron. Lebererkrankung, Strg. im Stoffwechsel der Gallenfarbstoffe (z.B. Dubin-Johnson-, Rotor-Syndr.), Leberzell-tumoren, maligne Tumoren der Brust/Genitalorgane, nicht abgeklärte Vaginalblutungen, Thrombophlebitis, thromboembolische Erkrankungen, Z.n. Herpes gestationis, Hirnblutung, Porphyrie, bek. Überempf. (auch gegen Soja, Erdnuss), Grav./Lakt.

Chlormadinon Rp	HWZ 39h
Chlormadinon Jenapharm *Tbl. 2mg*	**Oligo-, Poly- u. Hypermenorrhoe:** 1 x 2-4mg p.o. vom 16.-25. Zyklustag; **funktionelle Dysmenorrhoe:** 1 x 2mg für 10-14d bis zum 25. Zyklustag; **Endometriose:** 1 x 4mg, max. 10mg für 4-6M; **sek. Amenorrhoe:** 1 x 2mg vom 16.-25. Zyklustag + Östrogen; **DALI** KI bei akuten/chronischen Lebererkr.
Dienogest Rp	HWZ 9h
Visanne *Tbl. 2mg*	**Endometriose:** 1 x 2mg p.o. möglichst zur selben Zeit einnehmen; **DANI** nicht erf.; **DALI** KI bei schw. Lebererkr.
Dydrogesteron Rp	HWZ 7h
Duphaston *Tbl. 10mg*	**Zyklusstrg. bei Corpus-luteum-Insuffizienz:** 1 x 10-20mg p.o. v. 12.-26. Zyklustag; **klimakterische Beschwerden:** 1 x 10-20mg vom 15.-28. Zyklustag + Östrogen; **DALI** KI bei schwerer Leberfunktionsstörung
Medroxyprogesteronacetat Rp	HWZ 24-50h; HWZ i.m.: 30-40d, Q_0 0.55
MPA HEXAL *Tbl. 250, 500mg*	**Metastasiertes Mamma-Ca:** 300-1000mg/d p.o. in 1-3ED; **Endometriumkarzinom:** 300-600mg/d; **DALI** KI bei schwerer Leberfunktionsstörung
Megestrolacetat Rp	HWZ 15-20h
Megestat *Tbl. 160mg*	**Mamma-Ca:** 1 x 160mg p.o.; **Endometriumkarzinom:** 1 x 80-320mg; **DALI** KI bei schwerer Leberfunktionsstörung
Progesteron Rp	
Famenita *Kps. 100, 200mg* **Progestan** *Kps. 100mg* **Utrogest** *Kps. 100, 200mg* **Utrogestan** *Kps. 100mg*	**Endometriumprotektion bei Östrogenbeh. wg. peri-/postmenopausaler Östrogenmangelbeschwerden oder nach chirurgisch induzierter Menopause:** 200-300mg/d: 2 Kps. abends vor dem Schlafengehen, ggf. zusätzl. 1 Kps. morgens vor dem Frühstück; **zur sequenziellen Progesteronsubst. und komb. Ther. mit Östrogenen peri-/postmenopausal:** Einnahme über gewöhnlich 12d pro 28-tägigem Anwendungszyklus, beginnend mit 10. Tag der Östrogenbehandlung; **DALI** KI bei schwerer Leberfunktionsstörung
Diverse andere Gestagene in Kombination mit Östrogenen, s. hormonelle Kontrazeptiva → 439	

18.1.3 Kombinationspräparate (Östrogene + Gestagene), synthetische Steroide

Wi, UW, KI: s. Östrogene → 430 und Gestagene → 431;
Östrogene fördern das Endometriumwachstum und erhöhen bei ungehinderter Gabe das Risiko von Endometriumhyperplasie und -karzinom. Die Kombination mit einem Gestagen reduziert das östrogenbedingte Riskio einer Endometriumhyperplasie deutlich.

Estradiol + Cyproteronacetat Rp	
Climen *Tbl. 2+1mg*	**Postmenopausale Hormonsubstitution bei Östrogenmangelsympt., Osteoporose-Pro. bei postmenopausalen Frauen mit hohem Frakturrisiko und Unverträgl./KI gg. and. zur Osteoporosepräv. zugel. Arzneimittel:** 1 x 1 Tbl. (zyklisch); **DANI:** auf Flüssigkeitsretention achten; **DALI:** KI bei akuter Lebererkr. oder ↑ Leberenzymen
Estradiol + Dienogest	
Lafamme *Tbl. 1+2mg, 2+2mg*	**Postmenopa.usale Hormonsubstitution bei Östrogenmangelsymptomen:** 1 x 1 Tbl. (kontinuierlich kombiniert); **DANI:** auf Flüssigkeitsretention achten; **DALI:** KI bei akuter Lebererkr. oder ↑ Leberenzymen
Estradiol + Drospirenon	
Angeliq *Tbl. 1+2mg*	**Postmenopausale Hormonsubstitution bei Östrogenmangelsympt., Osteoporose-Pro. bei postmenopausalen Frauen mit hohem Frakturrisiko und Unverträgl./KI gg. and. zur Osteoporosepräv. zugel. Arzneimittel:** 1 x 1 Tbl. (kontinuierlich kombiniert); **DANI:** auf Flüssigkeitsretention achten; **DALI:** KI bei akuter Lebererkr. oder ↑ Leberenzymen
Estradiol + Dydrogesteron Rp	
Femoston *Tbl. 1+5mg, 1+10mg, 2+10mg* **Femoston conti** *Tbl. 1+5mg* **Femoston mini** *Tbl. 0.5+2.5mg*	**Postmenopausale Hormonsubstitution bei Östrogenmangelsympt., Osteoporose-Pro. bei postmenopausalen Frauen mit hohem Frakturrisiko und Unverträgl./KI gg. and. zur Osteoporosepräv. zugel. Arzneimittel:** 1 x 1 Tbl. (Femoston: kontinuierlich sequenziell, Femoston conti, mini: kontin. kombin.); **DANI:** auf Flüssigkeitsretention achten; **DALI:** KI bei akuter Lebererkr. oder ↑ Leberenzymen

Estradiol + Levonorgestrel Rp	
Östronara *Drg. 2+0,075mg*	**Postmenopausale Hormonsubstitution bei Östrogenmangelsympt., Osteoporose-Pro. bei postmenopausalen Frauen mit hohem Frakturrisiko und Unverträgl./KI gg. and. zur Osteoporosepräv. zugel. Arzneimittel:** 1 x 1 Tbl. (kontinuierlich sequenziell); **DANI:** auf Flüssigkeitsretention achten; **DALI:** KI bei akuter Lebererkr. oder ↑ Leberenzymen
Cyclo-Progynova *Tbl. 2+0.15mg* **Fem 7 Combi** *ölTTS 50µg+10µg/24h* **Fem 7 Conti** *TTS 50µg+7µg/24h* **Wellnara** *Tbl. 1+0,04mg*	**Postmenopausale Hormonsubstitution bei Östrogenmangelsymptomen:** 1 x 1 Tbl. (Cyclo-Progynova, Klimonorm: zyklisch, Wellnara: kontinuierlich sequenziell); TTS: 1 x/W (Fem7 Combi kontin. sequenziell, Fem7 Conti kontinuierlich kombiniert); **DANI:** auf Flüssigkeitsretention achten; **DALI:** KI bei akuter Lebererkr. oder ↑ Leberenzymen
Estradiol + Medroxyprogesteron Rp	
Indivina *1+2.5, 1+5, 2+5mg*	**Postmenopausale Hormonsubstitution bei Östrogenmangelsympt., Osteoporose-Pro. bei postmenopausalen Frauen mit hohem Frakturrisiko und Unverträgl./KI gg. and. zur Osteoporosepräv. zugel. Arzneimittel:** 1 x 1 Tbl. (zyklisch); **DANI:** auf Flüssigkeitsretention achten; **DALI:** KI bei akuter Lebererkr. oder ↑ Leberenzymen
Estradiol + Norethisteron Rp	
Activelle *Tbl. 1+0.5mg* **Clionara** *Tbl. 2+1mg* **Cliovelle** *Tbl. 1+0.5mg* **Kliogest N** *Tbl. 2+1mg* **Novofem** *Tbl. 1+1* **Sequidot** *TTS 0.51+4.8mg* **Trisequens** *Tbl. 2+0/2+1/1+0mg*	**Postmenopausale Hormonsubstitution bei Östrogenmangelsympt., Osteoporose-Pro. bei postmenopausalen Frauen mit hohem Frakturrisiko und Unverträgl./KI gg. and. zur Osteoporosepräv. zugel. Arzneimittel:** 1 x 1 Tbl. (kontin. kombin., nur Trisequens: kontinuierlich sequenziell); TTS: 2 x/W 1 Pflaster (kontin. sequenziell); **DANI:** auf Flüssigkeitsretention achten; **DALI:** KI bei akuter Lebererkr. oder ↑ Leberenzymen
Ethinylestradiol + Cyproteronacetat Rp	
Attempta-ratioph. *Tbl. 2+0.035mg* **Cyproderm** *Tbl. 2+0.035mg* **Diane 35** *Tbl. 2+0.035mg* **Morea sanol** *Tbl. 2+0.035mg*	**Androgenisierungserschein. der Frau (Akne, Hirsutismus, androgen. Alopezie):** 1 x 1Tbl. f. 21d, dann 7d Pause (wirkt auch kontrazeptiv); **DANI:** auf Flüssigkeitsretention achten; **DALI:** KI bei akuter Lebererkr. oder ↑ Leberenzymen

Konj. Östrogene + Medrogeston Rp	
Presomen 28 compositum *Tbl. 0.3+5mg, 0.6+5mg* **Presomen conti** *Tbl. 0.6+2mg*	**Postmenopausale Hormonsubstitution bei Östrogenmangelsympt., Osteoporose-Pro. bei postmenopausalen Frauen mit hohem Frakturrisiko und Unverträgl./KI gg. and. zur Osteoporosepräv. zugel. Arzneimittel:** 1 x 1 Tbl. (Presomen conti: kontinuierl. kombiniert, Presomen 28 compositum: kontinuierlich sequenziell); **DANI:** auf Flüssigkeitsretention achten; **DALI:** KI bei akuter Lebererkr. oder ↑ Leberenzymen
Tibolon Rp	HWZ (6h)
Livial *Tbl. 2.5mg* **Liviella** *Tbl. 2.5mg* **Shyla** *Tbl. 2.5mg* **Tibolon Aristo** *Tbl. 2.5mg*	**Klimakterische Beschwerden:** 1 x 1 Tbl. abends; **DANI:** auf Flüssigkeitsretention achten; **DALI:** KI bei akuter Lebererkr. oder ↑ Leberenzymen

18.1.4 Selektive Östrogenrezeptor-Modulatoren

Wm/Wi (Raloxifen): Bindung an Östrogenrezeptoren ⇒ selektive Expression östrogenregulierter Gene ⇒ Knochendichte ↑, Gesamt- + LDL-Cholesterin ↓;
UW (Raloxifen): Wadenkrämpfe, erhöhtes Risiko thromboembolischer Erkrankungen, Ödeme, Hitzewallungen, Schläfrigkeit, Urtikaria, Mundtrockenheit;
KI (Raloxifen): thromboemb.Erkrankung in der Anamnese, Frauen im gebärfähigen Alter, schw. Leber- und Niereninsuff., Endometrium-/Mammakarzinom, nicht abgeklärte Uterusblutung

Raloxifen Rp	HWZ 27.7h, Qo 0.9, PRC X, Lact ?
Evista *Tbl. 60mg* **Optruma** *Tbl. 60mg* **Raloxifen HEXAL** *Tbl. 60mg* **Raloxifen Stada** *Tbl. 60mg*	**Therapie der Osteoporose bei postmenopausalen Frauen:** 1 x 60mg p.o; **DANI** KI bei schwerer NI; **DALI** KI

18.1.5 Antiöstrogene

Wm (Anastrozol, Exemestan, Letrozol): Hemmung der Aromatase ⇒ Östrogensynthese ↓;
Wm (Fulvestrant): vollst. kompet. Blockade von Östrogenrez. ohne partiellen Agonismus;
Wm (Tamoxifen): Blockade peripherer Östrogenrez. mit partiellem Agonismus;
UW (Exemestan): Appetitlosigkeit, Schlaflosigkeit, Depression, Kopfschmerzen, Benommenheit, Karpaltunnelsyndrom, Hitzewallungen, Übelkeit, Bauchschmerzen, Obstipation, Diarrhoe, Dyspepsie, Erbrechen, vermehrtes Schwitzen, Exanthem, Haarausfall, Gelenkschmerzen, Muskelschmerzen, Osteoporose, Frakturen;
UW (Fulvestrant): Hitzewallungen, Übelkeit, Erbrechen, Durchfall, Anorexie, Hautausschlag, venöse Thromboembolien, Kopfschmerzen, Asthenie, Rückenschmerzen;
UW (Tamoxifen): Alopezie, Knochenschmerzen, Hitzewallungen, Vaginalblutungen, Zyklusstrg., Endometriumhyperplasie, Nausea, Erbrechen, Hyperkalzämie;
KI (Exemestan): bekannte Überempfindlichkeit, prämenopausale Frauen, Grav./Lakt.;
KI (Fulvestrant): bek. Überempf., schwere Leberfunktionsstörung, Grav./Lakt.;
KI (Tamoxifen): schwere Leuko-/Thrombopenie, schwere Hyperkalzämie, Grav./Lakt.

Anastrozol Rp	HWZ 40-50 h
Anablock *Tbl. 1mg* **Anastrozol Heumann** *Tbl. 1mg* **Anastrozol HEXAL** *Tbl. 1mg* **Arimidex** *Tbl. 1mg*	**Adjuv. Ther. des Hormonrez.-pos. frühen Mamma-Ca postmenopausal** (mit und ohne 2-3-jähriger Tamoxifen-Vorther.); **metastasiertes Hormonrez.-pos. Mamma-Ca postmenopausal:** 1 x 1mg p.o.; **DANI** CrCl < 30: vorsichtige Anwendung; **DALI** mäßige-schwere LI: vorsichtige Anw.

Exemestan Rp	HWZ 24h, Q0 0.5
Aromasin *Tbl. 25mg* **Exemestan Accord** *Tbl. 25mg* **Exemestan HEXAL** *Tbl. 25mg* **Exemestan-ratioph.** *Tbl. 25mg* **Exestan** *Tbl. 25mg*	**Adjuvante Therapie des Östrogenrez.-pos. frühen Mamma-Ca postmenopausal** (nach 2-3J initialer Tamoxifen-Therapie); **metast. Mamma-Ca postmenopausal nach Progress unter Antiöstrogen-Ther.:** 1 x 25mg p.o.; **DANI, DALI** nicht erforderl.

Fulvestrant Rp	
Faslodex *Fertigspr. 250mg/5ml* **Fulvestrant HEXAL** *Inj.Lsg. 250mg/5ml*	**Mamma-Ca postmenopausal, Östrogenrez.-pos.** (lokal fortgeschr. od. metast.); **bei Rezidiv währ./nach adjuv. Antiöstrogen-ther. od. bei Progression der Erkr. unter Ther. mit Antiöstrogen:** 1 x/M 250mg i.m.; **DANI** CrCl > 30: 100%, < 30: vorsichtig dosieren; **DALI** KI bei schwerer LI

Letrozol Rp	HWZ 48h, Q0 0.95
Femara *Tbl. 2.5mg* **Letroblock** *Tbl. 2.5mg* **LetroHEXAL** *Tbl. 2.5mg* **Letrozol Winthrop** *Tbl. 2.5mg*	**Mamma-Ca postmenopausal adjuvant und fortgeschritten:** 1 x 2.5mg p.o.; **DANI** CrCl > 30: 100%; < 30: keine Daten; **DALI** Child C: sorgfältige Dosiseinstellung

Tamoxifen Rp	HWZ 7 d, Q0 1.0, PRC D, Lact ?
Nolvadex *Tbl. 20mg* **Tamox 1A** *Tbl. 10, 20, 30mg* **Tamoxifen HEXAL** *Tbl. 10, 20, 30, 40mg* **Tamoxifen-ratioph.** *Tbl. 20mg*	**Mamma-Ca adjuvant:** 1 x 20-40mg p.o. für 5J; **metastasiertes Mamma-Ca:** 1 x 20-40mg

18.1.6 LH-RH-Agonisten

Wi/Wm: hochdosierte Gabe von Gonadotropin-Releasing-Hormonen ⇒ vollständige Down-Reg. der hypophysären Rez. ⇒ Bildung von Sexualhormonen sinkt auf Kastrationsniveau

Buserelin Rp	HWZ 50-80min, PRC X, Lact -
Metrelef *Spray (1Hub = 0.15mg)*	**Endometriose:** 3 x 0.3mg nasal, max. 1.8mg/d; **Vorbereitung der Ovulationsinduktion:** 4 x 0.15mg nasal, ggf. 4 x 0.3mg

Goserelin Rp	HWZ 2.3-4.2h, Q_0 0.4, PRC X, Lact -
Zoladex *Implantat 3.6, 10.8mg*	**Mamma-Ca prä- u. perimenopausal, Endometriose, Uterus myomatosus:** 3.6mg s.c. alle 28d; **DANI** nicht erforderlich

Leuprorelin Rp	HWZ 2.9h
Enantone-Monatsdepot *Fertigspr. 3.75mg/1ml* **Trenantone** *Fertigspr. 11.25mg/1ml*	**Mamma-Ca prä- und perimenopausal, Endometriose, Uterus myomatosus:** 3.75mg s.c. alle 4W; 11.25mg alle 3M; **DANI** nicht erforderlich

18.1.7 FSH-Agonisten

Wi/Wm (Corifollitropin): Follikelstimulans mit deutlich längerer Wirkung als FSH; **Wi/Wm** (Follitropin): rekombinantes FSH ⇒ Entwicklung reifer Graafscher Follikel; **UW** (Corifollitropin, Follitropin): Kopfschmerzen, Übelkeit, Schmerzen im Becken, Brustbeschwerden, Erschöpfung, ovarielles Hyperstimulationssyndrom; **KI** (Corifollitropin, Follitropin): bek. Überempf., Tumoren der Ovarien, der Brust, des Uterus, der Hypophyse oder des Hypothalamus, abnormale vaginale Blutungen ohne bek. Ursache, primäre Ovarialinsuff., Ovarialzysten oder vergrößerte Ovarien, ovarielles Überstimulationssyndrom in der Anamnese, vorangegangener COS-Behandlungszyklus, der laut Ultraschalluntersuchung zu mehr als 30 Follikel > 11mm führte, Ausgangszahl antraler Follikel > 20, Uterusmyome, die eine Grav. nicht zulassen, Missbildungen von Geschlechtsorganen

Corifollitropin alfa Rp	HWZ 69
Elonva *Fertigspr. 100µg/0.5ml, 150µg/0.5ml*	**Kontrollierte ovarielle Stimulation:** < 60kg: 100µg als ED, > 60kg 150µg s.c.; Komb. mit GnRH-Antag. d5 oder d6, s.a. FI; **DANI** Anw. nicht empf.; **DALI** keine Daten

Follitropin alfa Rp	HWZ 24
Bemfola *Pen 75, 150, 225, 300, 450 IE* **Gonal F** *Inj.Lsg. 75, 450, 1050 IE; Fertigspr. 300, 450, 900 IE* **Ovaleap** *Inj.Lsg. 300, 450, 900 IE*	**Anovulation, kontrollierte ovarielle Stimulation, Follikelstimulation bei LH/FSH-Mangel, Stimulation der Spermatogenese bei Männern mit hypogonadotropem Hypogonadismus:** s. FachInfo

Follitropin beta Rp	HWZ 40
Puregon *Inj.Lsg.; Pen 50, 300, 600, 900IE*	**Anovulation, kontrollierte ovarielle Überstim., Stim. der Spermatogenese bei Männern mit hypogonadotropem Hypogonadismus:** s. FachInfo

Follitropin delta Rp	HWZ 28-40
Rekovelle *Inj.Lsg. 12µg/0.36ml, 36µg/1.08ml, 72µg/2.16ml*	**Kontrollierte ovarielle Stimulation:** Dos. nach AMH-Spiegel, s. FachInfo

18.2 Hormonelle Kontrazeptiva

18.2.1 Depotpräparate

Wm/Wi: Ovulationshemmung durch reine Gestagengabe als Depotapplikation;
UW (Depotpräparate), s. UW Gestagene → 431

Etonogestrel Rp	HWZ 25h
Implanon *Implantat 68mg* **Nexplanon** *Implantat 68mg*	**Kontrazeption:** s.c.-Implantation für 3J
Medroxyprogesteronacetat Rp	HWZ 30-40d (i.m.), Qo 0.55
Depo-Clinovir *Fertigspr. 150mg/1ml* **Depo-Provera** *Fertigspr. 150mg/1ml*	**Kontrazeption:** 150mg alle 3M i.m.; **DALI** KI bei schwerer Leberfunktionsstörung
Norethisteronenantat Rp	HWZ 7-9h
Noristerat *Amp. 200mg/1ml*	**Kontrazeption:** 200mg i.m.; die nächsten 3 Injektionen alle 8W, danach alle 12W; **DALI** KI bei PBC

18.2.2 Einphasenpräparate

Wi/Wm: Verabreichung einer fixen Östrogen-Gestagen-Kombination über 21d ⇒ Unterdrückung der Ovulation durch antigonadotropen Effekt;
UW/KI (Einphasenpräparate), s. UW Dreiphasenpräparate → 441;
UW (Estradiol + Nomgestrol): Akne, abnormale Abbruchblutung, Libido ↓, Depression, Stimmungsschwankungen, Kopfschmerzen, Migräne Übelkeit, Metrorrhagie, Menorrhagie, Brustschmerz, Unterbauchschmerz, Gewicht ↑; **KI** (Estradiol + Nomgestrol): bek. Überempf., bestehende oder vorausgegangene venöse Thrombosen, Lungenembolie, arterielle Thrombosen (z. B. Myokardinfarkt) oder Prodrome einer Thrombose (z. B. TIA, AP), bestehender oder vorausgegangener Schlaganfall, Migräne mit fokalen neurologischen Symptomen in der Anamnese, Vorliegen eines schwerwiegenden Risikofaktors oder mehrerer Risikofaktoren für eine venöse oder eine arterielle Thrombose wie Diabetes mellitus mit Gefäßveränderungen, schw. Hypertonie, schw. Dyslipoproteinämie; erbliche oder erworbene Prädisposition für venöse oder arterielle Thrombosen, wie aktivierte Protein-C-(APC)-Resistenz, Antithrombin-III-Mangel, Protein-C-Mangel, Protein-S-Mangel, Hyperhomozysteinämie, Antiphospholipid-Antikörper; bestehende oder vorausgegangene Pankreatitis in Verbindung mit schwerer Hypertriglyzeridämie, bestehende oder vorausgegangene schwere Lebererkr., solange sich die Leberfunktionswerte nicht normalisiert haben, bestehende oder vorausgegangene Lebertumoren (benigne oder maligne); bek. oder vermutete sexualhormonabhängige maligne Tumoren (z. B. der Genitalorgane oder der Brust); nicht abgeklärte vaginale Blutungen

Estradiol + Nomegestrolacetat Rp	
Zoely *Tbl. 1.5+2.5mg*	**Kontrazeption:** 1 x 1Tbl. p.o.
Ethinylestradiol + Chlormadinon Rp	
Angiletta, Belara, Bellissima, Chariva, Chloee, Enriqa, Lisette, Minette, Mona, Pink Luna *Tbl. 0.03+2mg*	**Kontrazeption:** 1 x 1Tbl. p.o.

Ethinylestradiol + Desogestrel Rp	
Belinda *Tbl. 0.02+0.15mg; 0.03+0.15mg* **Desmin** *Tbl. 0.02+0.15mg; 0.03+0.15mg* **Gracial** *Tbl. 0.03+0.125mg* **Lamuna** *Tbl. 0.02+0.15mg; 0.03+0.15mg* **Marvelon** *Tbl. 0.03+0.15mg* **Mercilon** *Tbl. 0.02+0.15mg*	**Kontrazeption:** 1 x 1Tbl. p.o.
Ethinylestradiol + Dienogest Rp	
Aristelle, Bonadea, Finic, Maxim Mayra, Sibilla, Starletta, Stella, Valette, Velafee, Violette *Tbl. 0.03+2mg*	**Kontrazeption:** 1 x 1Tbl. p.o.
Ethinylestradiol + Drospirenon Rp	
Aida *Tbl. 0.02+3mg* **Eliza** *Tbl. 0.02+3mg* **Petibelle** *Tbl. 0.03+3mg* **Yasmin** *Tbl. 0.03+3mg* **Yasminelle** *Tbl. 0.02+3mg* **Yaz** *Tbl. 0.02+3mg*	**Kontrazeption:** 1 x 1Tbl. p.o.
Ethinylestradiol + Gestoden Rp	
Aidulan *Tbl. 0.03+0.075mg* **Alessia** *Tbl. 0.06+0.015mg* **Femodene** *Tbl. 0.03+0.075mg* **Femovan** *Tbl. 0.03+0.075mg* **Minulet** *Tbl. 0.03+0.075mg* **Yaluvea** *Tbl. 0.06+0.015mg*	**Kontrazeption:** 1 x 1Tbl. p.o.;
Ethinylestradiol + Levonorgestrel Rp	PRC X, Lact -
Estelle *Tbl. 0.02+0.1mg* **Femigoa** *Tbl. 0.03+0.15mg* **Femigyne-ratioph.** *Tbl. 0.03+0.15mg* **Femranette** *Tbl. 0.03+0.15mg* **Gravistat 125** *Tbl. 0.05+0.125mg* **Illina** *Tbl. 0.02+0.1mg* **Leios** *Tbl. 0.02+0.1mg* **Leona HEXAL** *Tbl. 0.02+0.1mg* **Lotta HEXAL** *Tbl. 0.03+0.125mg* **Luisa HEXAL** *Tbl. 0.03+0.15mg* **Microgynon 21** *Tbl. 0.03+0.15mg* **Minisiston** *Tbl. 0.02+0.1mg, 0.03+0.125mg* **Miranova** *Tbl. 0.02+0.1mg* **MonoStep** *Tbl. 0.03+0.125mg* **Stediril 30** *Tbl. 0.03+0.15mg*	**Kontrazeption:** 1 x 1Tbl. p.o.
Ethinylestradiol + Norethisteron Rp	
Conceplan M *Tbl. 0.03+0.5mg* **Eve 20** *Tbl. 0.02+0.5mg*	**Kontrazeption:** 1 x 1Tbl. p.o.

Ethinylestradiol + Norgestimat Rp	PRC X, Lact -
Amicette *Tbl. 0.035+0.25mg* **Lysandra** *Tbl. 0.035+0.25mg*	**Kontrazeption:** 1 x 1Tbl. p.o.

18.2.3 Zweiphasenpräparate

Wi/Wm: erste Zyklusphase: nur Östrogene oder kombiniert mit niedrig dosierten Gestagenen, zweite Zyklusphase: übliche Östrogen-Gestagen-Kombination ⇒ Ovulationshemmung; **UW/KI** (Zweiphasenpräparate), s.u. UW Dreiphasenpräparate

Ethinylestradiol + Chlormadinon Rp	
Neo-Eunomin *Tbl. 0.05+1mg, 0.05+2mg*	**Kontrazeption:** 1 x 1Tbl. p.o.

Ethinylestradiol + Desogestrel Rp	PRC X, Lact -
Biviol *Tbl. 0.04+0.025mg, 0.03+0.125mg*	**Kontrazeption:** 1 x 1Tbl. p.o.

18.2.4 Dreiphasenpräparate

Wi/Wm: d1-6: niedrige Östrogen- u. Gestagendosis; d7-11: erhöhte Östrogen- und Gestagendosis; d12-21: niedrige Östrogen- und deutlich höhere Gestagendosis ⇒ Ovulationshemmung; **UW** (Östrogen-Gestagen-Kombinationen): Seborrhoe, Akne, Schwindel, Kopfschmerzen, Übelkeit, Erbrechen, Brustspannungen, Depression, Vaginalcandidose, Thrombosen; **KI** (Östrogen-Gestagen-Kombinationen): Leberfunktionsstrg., Cholestase, Lebertumoren, hormonabhängige maligne Tumoren, Thrombosen, Grav./Lakt.

Estradiol + Dienogest Rp	PRC X, Lact -
Qlaira *Tbl. 3+0mg, 2+2mg, 2+3mg, 1+0mg*	**Kontrazeption:** 1 x 1Tbl. p.o.

Ethinylestradiol + Desogestrel Rp	PRC X, Lact -
Novial *Tbl. 0.035+0.05mg, 0.03+0.1mg, 0.03+0.15mg*	**Kontrazeption:** 1 x 1Tbl. p.o.

Ethinylestradiol + Levonorgestrel Rp	PRC X, Lact -
Novastep, Trigoa, Trinordiol, Triquilar *Tbl. 0.03+0.05mg, 0.04+0.075mg, 0.03+0.125mg*	**Kontrazeption:** 1 x 1Tbl. p.o.

Ethinylestradiol + Norethisteron Rp	
Synphase *Tbl. 0.035+0.5mg, 0.035+1mg, 0.035+0.5mg*	**Kontrazeption:** 1 x 1Tbl. p.o.

18.2.5 Minipille

Wi/Wm: niedrig dosierte reine Gestagengabe über 28d ⇒ Viskosität des Zervixschleims ↑, keine Ovulationshemmung; Desogestrel: zusätzlich Ovulationshemmung; **UW** (Desogestrel): veränd. Stimmungslage, depressive Verstimmung, Libido ↑, Kopfschmerzen, Übelkeit, Akne, Brustschmerzen, unregelmäßige Blutungen, Amenorrhoe, Gewicht ↑; **KI** (Desogestrel): bekannte Überempfindlichkeit, aktive venöse thromboembolische Erkrankungen, vorausgegangene oder bestehende schwere Lebererkr. bis zur Normalisierung der Leberfunktionswerte, bestehende/vermutete geschlechtshormonabhängige bösartige Tumore, nicht abgeklärte vaginale Blutungen

Desogestrel Rp	HWZ 30h
Cerazette, Chalant, Damara, Desirett, Desofemono, Desogestrel Aristo, Diamilla, Evakadin, Feanolla, Jubrele, Melinagyn, Midesia, Simonette, Yvette-ratioph. *Tbl. 0.075mg*	**Kontrazeption:** 1 x 1Tbl. p.o.
Levonorgestrel Rp	HWZ 11-45h, PRC X, Lact ?
28-mini, Microlut *Tbl. 0.03mg*	**Kontrazeption:** 1 x 1Tbl. p.o.

18.2.6 Postkoitalpille

Wm/Wi (Levonorgestrel): Hemmung der Ovulation; nach bereits erfolgter Ovulation Hemmung der Implantation; **Wm/Wi** (Ulipristalacetat): Progesteronrezeptormodulator ⇒ Hemmung/Verzögerung der Ovulation, Beeinflussung des Endometriums;
UW (Levonorgestrel): Spannungsgefühl in den Brüsten, Übelkeit, Erbrechen, Durchfall, Kopf-, Unterbauchschmerzen;
UW (Ulipristalacetat): Kopf-, Bauchschmerzen, Menstruationsunregelmäßigkeiten, Schwindel, Infektionen, affektive Störungen, Übelkeit, Erbrechen, Muskelkrämpfe;
KI (Levonorgestrel): bek. Überempf.; **KI** (Ulipristalacetat): bek. Überempf., Grav.

Levonorgestrel OTC	
Levonoraristo, Pidana, Postinor, Unofem *Tbl. 1.5mg*	**Notfallkontrazeption:** bis max. 72h postkoital 1.5mg p.o.
Ulipristalacetat OTC	HWZ 32h, PPB 98%
Ellaone, Femke, Lencya, Ulipristal Aristo *Tbl. 30mg*	**Notfallkontrazeption:** bis max. 120h (5d) postkoital 30mg p.o.

18.2.7 Intrauterine und sonstige Kontrazeptiva

Wm/Wi (Vaginalring/TTS): Resorption der enthaltenen Hormone über die Vaginalschleimhaut/Haut ⇒ Ovulationshemmung; **Wm/Wi** (IUP + Cu): kontinuierliche Kupferfreisetzung ⇒ morphologische und biochemische Veränderung des Endometriums ⇒ Verhinderung der Nidation; **Wm/Wi** (IUP + Gestagen): kontinuierliche Gestagenfreisetzung ⇒ Verhinderung der Endometriumproliferation, Viskosität des Zervixschleims ↑;
UW (IUP): Unterleibs-/Kreuzschmerzen, stärkere/länger anhaltende Menstruationen, Schmierblutungen, Unterleibsinfektionen, Hautreaktionen; **UW** (Vaginalring): Kopfschmerzen, Vaginitis, Leukorrhoe, Bauchschmerzen, Übelkeit, Akne, Thromboembolie;
KI (Vaginalring): Thromboembolie in der Vorgeschichte, diabetische Angiopathie, schwere Lebererkrankung, benigne/maligne Lebertumoren, sexualhormonabhängige Tumoren, nicht abgeklärte Vaginalblutungen; **KI** (IUP): Grav., Malignome im Genitalbereich, chronische Unterleibsinfektionen, Endometriose, Extrauterin-Grav., Gerinnungsstörungen;
KI (IUP + Cu): M. Wilson; **KI** (IUP + Gestagen): akute Lebererkrankungen, Lebertumoren

Ethinylestradiol + Etonogestrel Rp	
Circlet, Ginoring, Nuvaring, Setlona, Veri-Aristo *Vaginalring 0.015+0.12mg/d*	**Kontrazeption:** vag. Einlage für 3W

Ethinylestradiol + Norelgestromin Rp	
EVRA *TTS 33.9+203µg/24h*	**Kontrazeption:** 1. Pfl. an d1 des Zyklus, 2./3.Pfl. an d8/15; d22-28 pflasterfrei
Intrauterinpessar mit Kupfer Rp	
Ancora mini *IUP* **Cu-Safe T 300** *IUP* **Gynefix 10a, 200, 330** *IUP* **Multisafe Cu 375** *IUP* **Novaplus T** *IUP* **Primedifem-T Cu 380** *IUP*	**Kontrazeption:** intrauterine Einlage für 3-5 J
Intrauterinpessar mit Levonorgestrel Rp	
Jaydess *IUP 13.5mg (14µg/24h)* **Kyleena** *IUP 19.5mg (17.5µg/24h)* **Mirena** *IUP 52mg (11-20µg/24h)*	**Kontrazeption, Hypermenorrhoe:** Mirena: intrauterine Einlage für 5J; **Kontrazept.:** Jaydess: intrauterine Einlage f. 3J

18.3 Weheninduktion, Geburtseinleitung

Wm/Wi (Oxytocin): Stimulation von Kontraktionsfrequenz und kontraktiler Kraft der Uterusmuskulatur, Förderung der Milchejektion durch Kontraktion der glatten Muskulatur der Milchdrüse; **Wm/Wi** (Dinoproston): synthetisches Prostaglandin E2 ⇒ bewirkt Erweichung und Dilatation der Cervix uteri, löst Kontraktionen im schwangeren Uterus aus, erhöht die Durchblutung der Zervix, bewirkt Aufsplittung der Kollagenfasern und Vermehrung der Grundsubstanz der Zervix; **Wm/Wi** (Sulproston): synthetisches Prostaglandin E2, Kontraktion der Uterusmuskulatur, Konstriktion uteriner Gefäße, Plazentaablösung;
UW (Dinoproston): Kopfschmerzen, Übelkeit, Erbrechen, Krämpfe, Diarrhoe, Rückenschmerzen, Fieber, uterine Überstimulation, Wärmegefühl in der Vagina, abnormale den Fetus beeinflussende Wehen; beim Kind: Alteration der kindlichen Herzfrequenz und deren Oszillationsmuster, Fetal-distress-Syndrom; **UW** (Oxytocin): zu starke Wehentätigkeit, Tetanus uteri, Übelkeit, Erbrechen, HRST, allergische Reaktionen, Hypertonie, ausgeprägte Hypotonie mit Reflextachykardie, Wasserretention, Hyponatriämie; **UW** (Sulproston): Übelkeit, Erbrechen, Hypotonie, Bauchkrämpfe, Diarrhoe, Fieber, erhöhte Körpertemperatur;
KI (Dinoproston): bek. Überempf. vorausgegangene Uterus-OP; bei Myomenukleation, Mehrlings-Grav., Multiparität, fehlendem Kopfeintritt in das Becken, fetopelvine Disproportion; fetale Herzfrequenzmuster, die Gefährdung des KIndes vermuten lassen; bei geburtshilflichen Situationen, die für operative Geburtsbeendigung sprechen; ungeklärter vaginaler Ausfluss, anormale Uterusblutungen, vorliegende Infektionen (z.B. Kolpitis, Zervizitis), regelwidrige Kindslage oder Poleinstellung, Zervixläsion, vorzeitige Plazentalösung, Placenta praevia, bei Einsetzen der Wehen, Komb. mit wehenfördernden Arzneimitteln;
KI (Oxytocin): bek. Überempf., EPH-Gestose, Neigung zu Tetanus uteri, drohende Uterusruptur, vorz. Plazentalösung, Placenta praevia, unreife Cervix, drohende Asphyxia fetalis, Lageanomalien des Kindes, z.B. Beckenendlage, mechanisches Geburtshindernis;
KI (Sulproston): bek. Überempf. Bronchialasthma, spastische Bronchitis, vorgeschädigtes Herz, Gefäßerkrankungen, KHK, schwere Hypertonie, schwere Leber- oder Nierenfunktionsstrg., dekomp. D.m., zerebrale Krampfleiden, Glaukom, Thyreotoxikose, akute gynäkologische Infektionen, Colitis ulcerosa, akutes Ulcus ventriculi, Sichelzellenanämie, Thalassämie, Krankheiten des rheumatischen Formenkreises, allgem. schw. Krankheiten, vorausgegangene Uterusoperationen, Geburtseinleitung bei lebensfähigem Kind

Dinoproston Rp	HWZ 1-3min, PPB 73%
Minprostin E2 *Vaginaltbl. 3mg; Vaginalgel 1, 2mg* **Prepidil** *Gel 0.5mg/2.5ml* **Propess** *Vaginalinsert 10mg*	**Geburtseinleitung bei unreifer Zervix:** Minprostin: Gel: ini 1mg intravaginal, ggf. nach 6h 2. Gabe mit 1-2mg, max. 3mg/d; Tbl.: 3mg intravaginal, ggf. nach 6-8h 2. Gabe, max. 6mg/d; Prepidil: 0.5mg intrazervikal, ggf. nach 8-12 h wdh., max. 1.5mg in 24h; Propess: intravaginal einführen, Freisetzung des Wirkstoffs über 24h

Oxytocin Rp	HWZ 1-12min, PRC X, Lact -, Nasenspray +
Oxytocin HEXAL *Amp. 3IE/1ml, 5IE/1ml, 10IE/1ml* **Oxytocin Rotexmedica** *Amp. 3IE/1ml, 10IE/1ml*	**Geburtseinleitung:** ini 1-2milli-IE/min Dauerinfusion i.v., je nach Wehentätigkeit alle 15min steigern um 1-2milli-IE/min, max. 20-30 milli-IE/min i.v.; **postpartale Blutung:** 5-6IE langsam i.v.;5-10IE i.m; **Laktationsstörung, Mastitis-Pro.:** 4IE nasal 2-3min vor Stillen

Sulproston Rp	HWZ 2h, PPB 20-30%
Nalador *Amp. 500µg*	**Abortinduktion und Geburtseinleitung bei intrauterinem Fruchttod:** ini 1.7µg/min als Infusion i.v., ggf. steigern bis max. 8.3µg/min., für max. 10h bzw. max. 1500µg/24h; **Postpartale atonische Blutung:** ini 1.7µg/min als Infusion i.v., ggf. steigern bis max. 8.3µg/min., nach therapeutischer Wirkung Erh.Dos. 1.7µg/min; max. 1500µg/24h; **DANI, DALI** KI bei schwerer NI, LI

18.4 Prolaktinhemmer

Wm/Wi: Stimulation hypophysärer Dopaminrezeptoren ⇒ Hemmung der Prolaktinfreisetzung; **UW:** Übelkeit, Erbrechen, GI-Störungen, psychomot. und extrapyramidalmot. Störungen, RR↓, Bradykardie, periphere Durchblutungsstrg.; **KI:** Anwendungsbeschr. bei psychischen Störungen, gastroduodenalen Ulzera, schweren Herz-Kreislauf-Erkrankungen

Bromocriptin Rp	HWZ 50h, Qo 1.0, PRC B, Lact -
Bromocriptin-CT *Tbl. 2.5mg* **Bromocriptin-ratioph.** *Tbl. 2.5mg* **Pravidel** *Tbl. 2.5mg*	**Primäres, sekundäres Abstillen:** d1: 2 x 1.25mg p.o., dann 2 x 2.5mg für 14d; **postpartaler Milchstau:** 2.5mg p.o., evtl. Wdh. nach 6-12h; **puerperale Mastitis:** d1-3: 3 x 2.5mg p.o.; d4-14: 2 x 2.5mg; **Galaktorrhoe, Amenorrhoe:** d1: 1.25mg p.o., ab d2: 3 x 1.25mg p.o., evtl. ↑ bis 2-3 x 2.5mg; **Akromegalie:** ini 2.5mg p.o., über 1-2W steigern bis 10-20mg/d in 4ED; **M. Parkinson** → 333

Cabergolin Rp	HWZ 63-69h, PRC B, Lact ?
Cabergolin Dura *Tbl. 0.5mg* **Cabergolin Teva** *Tbl. 0.5mg* **Dostinex** *Tbl. 0.5mg*	**Primäres Abstillen:** 1 x 1mg in den ersten 24h nach Geburt; **hyperprolaktinämische Störung:** ini 2 x/W 0.25mg p.o., monatlich steigern um 0.5mg/W bis 1-2mg/W, max. 4.5mg/W; **M. Parkinson** → 333; **DALI** KI b. schwerer LI

Quinagolid Rp	HWZ 11.5h
Norprolac *Tbl. 75, 150μg*	**Hyperprolaktinämie:** d1-3: 1 x 25μg p.o.; d4-6: 1 x 50μg, dann 1 x 75-150μg; **DANI, DALI** KI

18.5 Wehenhemmer

Wm/Wi (Atosiban): kompetitiver Antagonist am Oxytocinrezeptor ⇒ Senkung von Tonus und Kontraktionsfrequenz der Uterusmuskulatur ⇒ Wehenhemmung;
Wm/Wi (Fenoterol): Stimulation von Beta-2-Rezeptoren ⇒ Erschlaffung d. Myometriums;
UW (Atosiban): Übelkeit, Kopfschmerzen, Schwindel, Hitzewallungen, Tachykardie, Hyperglykämie, Schlaflosigkeit, Juckreiz, Fieber;
UW (Fenoterol): Hypokaliämie, Tachykardie, Tremor, Schwindel, Unruhe- und Angstzustände, Hypotonie, Übelkeit, Erbrechen, Hyperhidrosis;
KI (Atosiban): Dauer der Grav. < 24 bzw. > 33 W, vorzeitiger Blasensprung, intrauterine Wachstumsretardierung u. gestörte HF des Fetus, Eklampsie, intrauter. Fruchttod/Infektion, Placenta praevia;
KI (Fenoterol): Erkr. in Gestationsalter < 22W, vorbestehende ischämische Herzerkr. oder Patientinnen mit signif. RF für eine ischämische Herzerkr., drohender Abort während des 1. u. 2. Trimesters; Erkr. der Mutter/des Fötus, bei der die Verlängerung der Schwangerschaft ein Risiko darstellt (z. B. schwere Toxämie, Intrauterininfektion, Vaginalblutung infolge einer Placenta praevia, Eklampsie oder schwere Präeklampsie, Ablösung der Placenta oder Nabelschnurkompression); intrauteriner Fruchttod; bek. letale erbliche oder letale chromos. Fehlbildung; bek. Überempf. gegen Beta-Sympathomimetika, Vena-cava-Kompressionssyndr., schwere Hyperthyreose, Phäochromozytom, Amnioninfektionssyndrom, Psychosen, Hypokaliämie, schwere Leber- und Nierenerkr., kardiale Erkrankung (bes. Tachyarrhythmie, Myokarditis, Mitralklappenvitrium); bei vorbestehenden Erkrankungen, bei denen ein Beta-Mimetikum eine UW hätte (z. B. bei pulmonaler Hypertonie und Herzerkrankungen, wie hypertropher obstruktiver Kardiomyopathie oder jeglicher Art einer Obstruktion des linksventrikulären Ausflusstraktes, z. B. Aortenstenose); Blutgerinnung ↓, unkontrollierter Diabetes mellitus

Atosiban Rp	HWZ 2h
Atosiban Ibisqus, Atosiban Sun *Inf.Lsg. 6.75mg/0.9ml;* *Inf.Konz. 37.5mg/5ml*	**Tokolyse:** ini 6.75mg i.v., dann 18mg/h für 3h, dann 6mg/h für insgesamt max. 48h

Fenoterol Rp	HWZ 3.2h, Qo > 0.85, PPB 40-55%
Partusisten intrapartal *Amp. Konzentrat 25µg/1ml*	**Dystokien in Eröffnungs-/Austreibungsperiode, intrauterine Asphyxie, geburtshilfliche Notfälle, zur Uterusrelaxation z. B. bei Sectio:** ini 20-30µg über 2-3min i.v., ggf. Wdh., dann Dauerinf. mit bis zu 4µg/min (1ml Konzentrat + 4ml NaCl ⇒ 1ml enth. 5µg)
Partusisten *Amp. Konzentrat 0.5mg/10ml*	**Tokolyse 22.-37. Grav. W:** 0.5-3µg/min i.v.; Perf. 0.5mg/50ml ⇒ 3-18ml/h; Anw. max. 48h

18.6 Schwangerschaft, Stillzeit

18.6.1 Beratungsstelle für Arzneimittel

Pharmakovigilanz- und Beratungszentrum für Embryonaltoxikologie, Charité-Universitätsmedizin Berlin, Campus Virchow-Klinikum, Augustenburger Platz 1, 13353 Berlin, Tel. 030/450-525700, Fax 030/450-525902, http://www.embryotox.de

18.6.2 Schwangerschaftsrisikoklassen (nach Food and Drug Administration)[a] Pregnancy Risk Categories (PRC)

PRC A	Geeignete Studien bei schwangeren Frauen zeigten kein Risiko für den Fetus.
PRC B	Tierversuche zeigten kein Risiko für den Fetus, aber Studien an schwangeren Frauen fehlen **oder** Tierversuche zeigten Risiko, aber geeignete Studien an schwangeren Frauen zeigten kein Risiko für den Fetus.
PRC C	Tierversuche zeigten Risiko für den Fetus, Studien an schwangeren Frauen fehlen. Die therapeutischen Vorteile sind u.U. dennoch höher zu bewerten.
PRC D	Risiko für den Fetus ist nachgewiesen, aber therapeutische Vorteile sind u.U. im Grenzfall (z.B. keine med. Alternative) dennoch höher zu bewerten.
PRC X	Risiko für den Fetus ist eindeutig nachgewiesen. Das Risiko übersteigt den erwarteten therapeutischen Nutzen.
PRC ED	Einzeldosis (wahrscheinlich) unbedenklich.

18.6.3 Laktation (Stillperiode)[a]

Lact +	Zur Anwendung auch während der Stillperiode geeignet
Lact ?	Risiko für Säugling während Stillperiode nicht bekannt oder kontrovers diskutiert
Lact –	Anwendung während Schwangerschaft wird nicht empfohlen (Risiko für Säugling)

[a] Spezifische Angaben zu den Arzneimitteln in den Tabellen rechts neben dem Wirkstoff!

18.6.4 Arzneimittel in Schwangerschaft und Stillzeit

Allergien
- Loratadin
- Bewährte ältere H_1-Blocker wie Dimetinden

Asthma
- Beta-2-Sympathomimetika zur Inhalation
  - Kurz wirksame: z. B. Reproterol, Salbutamol
  - Lang wirksame: z. B. Formoterol, Salmeterol
- Glukokortikoide
- Theophyllin

Bakterielle Infektionen
- Penicilline
- Cephalosporine (Reserve: Makrolide)

Chronisch-entzündliche Darmerkrankungen
- Mesalazin, Olsalazin
- Sulfasalazin
- Glukokortikoide (Reserve: Azathioprin)

Depression
- Trizyklische Antidepressiva, z. B. Amitriptylin
- Selektive SSRI, z. B. Sertralin

Diabetes mellitus
- Humaninsulin

Gastritis
- Antazida, z. B. Magaldrat
- Bewährte H_2-Blocker, z. B. Ranitidin
- Protonenpumpenblocker, z. B. Omeprazol

Glaukom
- Beta-Rezeptorenblocker
- Carboanhydrasehemmstoffe
- Cholinergika

Hustendämpfung
- Dextromethorphan
- Codein

Hypertonus
- Alpha-Methyldopa
- Metoprolol
- Dihydralazin
- Nach dem 1. Trimenon auch Urapidil u.a.

Krätze (Skabies)
- Benzylbenzoat
- Crotamiton

Läuse
- Dimeticon

Migräne
- Siehe Schmerzen; ggf. auch Sumatriptan

Mukolytika
- Acetylcystein

Refluxösophagitis
- Omeprazol

Schlafstörungen
- Diphenhydramin
- Diazepam, Lorazepam

Schmerzen
- Paracetamol, ggf. mit Codein
- Ibuprofen, Diclofenac (nur bis SSW 28)
- Ggf. Tramadol

Übelkeit/Hyperemesis
- Dimenhydrinat
- Metoclopramid

Wurmerkrankung
- Pyrviniumembonat
- Mebendazol
- Niclosamid

19 Toxikologie

19.1 Allgemeines

1. Erstanamnese

Welches Gift? Stoff? Produktname? Bestandteile? Hersteller? Verpackung? **Giftaufnahme?** Oral? Inhalation? Haut? **Wann?** Einnahme? Erste Symptome? **Warum?** Suizid? Sucht? Irrtümlich? **Wieviel?** Menge? Konzentration? **Klinik?** Ansprechbar? Bewusstlos? Alter? Geschlecht? Gewicht? AZ?

2. Vergiftungszentrale verständigen

3. Soforthilfe durch den Laien

- **Lagerung:** bewusstloser Patient → stabile Seitenlage/Bauchlage mit seitlicher Kopflagerung; bei mechanischer Atemwegsverlegung: Kopf in Seitenlage und Mundhöhle säubern
- **Ersthilfe bei oraler Giftaufnahme** → Auslösen von Erbrechen durch Laien unbedingt vermeiden
  Hautkontamination: Reinigung mit Wasser und Seife
  Augenkontamination: Augenspülung unter laufendem Wasser

19.2 Ärztliche Behandlung (5-Finger-Regel)

1. Elementarhilfe (Stabilisierung der Vitalparameter)

Entsprechend dem Schweregrad der Vergiftung (= Ausmaß der Vigilanzminderung): Grad 0 = keine Vigilanzminderung; G1 = Somnolenz; G2 = Sopor; G3 = motorisch reaktives Koma; G4 = areaktives Koma mit respiratorischer Insuffizienz; G5 = Grad 4 mit instabilem Kreislauf

	Überwachung	Lagerung	Ven. Zugang	Atemweg sichern	Beatmung	Katecholamine
Bei Grad	Immer	≥ 1	≥ 2	≥ 3	≥ 4	5

2. Giftelimination

Primär (Giftentfernung vor Resorption)

- **Orale Giftaufnahme:**
  - **Aktivkohle** (Carbo medicinalis): **Cave:** Aspirationsrisiko ↑ bei bewusstlosen, nicht intubierten Pat. bei Applikation über Magensonde; **Dos.:** ca. 10-facher Überschuss an Kohle gegenüber Gift, bei unbekannter Menge i. d. R. 1g/kg; **Komb. von Kohle u. Laxans** blockiert freie Bindungsstellen und sollte vermieden werden; **KI:** fehlende Stabilisierung der Vitalparameter, Perforationsgefahr
  - **Induziertes Erbrechen:** sehr strenge Indikationsstellung; meist erst in Klinik, möglichst innerhalb 1h: Ipecacuanha-Sirup: 1.Lj. (10ml), 2.Lj. (20ml), ab 3.Lj/Erw. (30ml); **KI:** Vigilanzminderung, Verätzung, Vergiftung mit organischen Lsg.-Mitteln, Tenside, Antiemetika
  - **Magenspülung** (Anm.: bei Medikamentenintoxikation besteht meist keine Indikation):
    1. Pro. eines reflektorischen Laryngospasmus: 1mg Atropin i.m.
    2. Lagerung: bei wachen/vigilanzgeminderten Pat. mit erhaltenem Schluckreflex: keine Intubation → stabile Seiten-, Bauchlage; bei bewusstlosen Pat.: Intubation → Rückenlage
    3. Spülung: weicher Magenschlauch (Erw. ø 18mm; Kleinkind ø 11mm) → Lagekontrolle → Spülung: 10-20l lauwarmes H_2O (mit je 10ml x kg) → dann 50g Carbo med. in Wasser auflösen und in Magenspülschlauch instillieren → Schlauch abklemmen, entfernen
- **Inhalative Giftaufnahme:** Pat. aus Gefahrenbereich (Eigenschutz beachten!), O_2, Frischluft
- **Kutane Giftaufnahme:** Kleidung entfernen, Haut abwaschen → Giftentfernung
- **Augenkontamination:** Augenspülung (10min unter fließendem Wasser) → Augenarzt

Sekundär (Giftentfernung nach Resorption)

Zuerst Giftnotrufzentrale konsultieren; dann ggf. alkalische Diurese, Hämodialyse, Hämoperfusion, Plasmapherese, Albumindialyse

19.3 Antidota

Wm/Wi (ACC): Verstoffwechslung in Hepatozyten zu Glutathion, das zur Entgiftung toxischer Paracetamolmetabolite benötigt wird;
Wm/Wi (Atropin): parasympatholytisch durch kompetitiven Antagonismus an muscarinartigen Cholinozeptoren;
Wm/Wi (Digitalisantitoxin): von Schafen gewonnene Immunglobulinfragmente, die freies und zellmembrangebundenes Digitalisglykosid binden;
Wm/Wi (4-DMAP): Bildung von Methämoglobin ⇒ Komplexbildung mit Cyanid ⇒ Entblockung der Cytochromoxidase;
Wm/Wi (DMPS): Chelatbildner, bildet mit Schwermetallen stabile Komplexe, die renal ausgeschieden werden;
Wm/Wi (Ethanol): hat höhere Bindungskonstante an die Alkoholdehydrogenase (ADH) als Methanol, durch Sättigung der ADH mit Ethanol wird die Methanoloxidation gehemmt, es entstehen weniger toxische Metabolite wie Formaldehyd und Ameisensäure;
UW (ACC): Abfall des Prothrombinwerts, anaphylaktische Reaktionen;
UW (Atropin): Schweißdrüsensekretion ↓, Tachykardie, Miktionstrg., Mundtrockenheit, Glaukomanfall, Akkommodationsstrg., Unruhe, Halluzinationen, Krämpfe, Delirien;
UW (Digitalisantitoxin): allergische Reaktionen, Anaphylaxie, Hypokaliämie;
UW (4-DMAP): Methämoglobinämie, Brechreiz, Durchfall, Asthmaanfall, Vigilanzminderung, Schock;
UW (DMPS): Fieber, Schüttelfrost, Übelkeit, allergische Hautreaktionen, Erythema exsudativum multiforme, Stevens-Johnson-Syndrom, Transaminasenanstieg, Leukopenie, Angina pectoris, Geschmacksveränderungen, abdominelle Beschwerden, Appetitverlust, Zink- und Kupfermangel;
KI (ACC): keine;
KI (Atropin): Engwinkelglaukom, Tachykardie bei Herzinsuffizienz und Thyreotoxikose, tachykarde Herzrhythmusstrg., Koronarstenose, mechanische Verschlüsse des Magen-Darm-Trakts, paralytischer Ileus, Megacolon, obstruktive Harnwegserkrankungen, Prostatahypertrophie mit Restharnbildung, Myasthenia gravis, akutes Lungenödem, Schwangerschaftstoxikose, bekannte Überempfindlichkeit gegenüber Atropin und anderen Anticholinergika;
KI (Digitalisantitoxin): bekannte Überempfindlichkeit, Schafeiweißallergie;
KI (4-DMAP): Glukose-6-Phosphat-Dehydrogenasemangel;
KI (DMPS): bekannte Überempfindlichkeit

Acetylcystein (ACC) Rp — HWZ 30-40min, Qo 0.7, PRC B, Lact ?

Fluimucil Antidot 20% *Amp. 5g/25ml*	**Paracetamolintoxikation:** ini 150mg/kg in 200ml Glucose 5% über 15min i.v., dann 50mg/kg in 500ml Glucose 5% über 4h i.v., dann 100mg/kg in 1l Glucose 5% über 16h i.v.; **DANI** nicht erforderlich

Atropin Rp	HWZ 2-3h, Qo 0.45, PPB 2-40%, PRC C, Lact ?
Atropinsulfat *Amp. 0.5mg/1ml; Inj.Lsg. 100mg/10ml* **Atropinum sulfuricum** *Amp. 0.25mg/1ml, 0.5mg/1ml, 1mg/1ml*	**Alkylphosphatvergiftung:** 2-5mg alle 10-15min i.v. bis zum Rückgang der Bronchialsekretion, bis zu 50mg in Einzelfällen, Erh.Dos. 0.5-1mg alle 1-4h; **Ki.:** 0.5-2mg i.v., Erh.Dos. nach Klinik; **Neostigmin- und Pyridostigmin-überdosierung:** 1-2mg i.v.
Digitalisantitoxin Rp	
DigiFab *Inj.Lsg. 40mg (Int. Apotheke)*	**Digitalisintoxikation:** Allergietestung durch Intrakutan- bzw. Konjunktivaltest: 160mg als Infusion über 20min i.v., dann Dauerinfusion mit 30mg/h über 7-8h; nach Bolusgabe kann auf die Digitalisbestimmung gewartet werden, um dann die notwendige Menge für die kontinuierliche Infusion zu errechnen; **bei bekanntem Serumspiegel: Errechnung des Körperbestands:** Digoxin: Serumkonzentration in ng/ml x 5.6 x kg: 1000; Digitoxin: Serumkonzentration in ng/ml x 0.56 x kg: 1000; Antikörperdosis (mg) = Körperbestand (mg) x 80; Cave: falsch hoher Digitalisspiegel nach Antidotgabe!
Dimethylaminophenol (4-DMAP) Rp	
4-DMAP *Amp. 250mg/5ml*	**Cyanidintoxikation:** 3-4 mg/kg langsam i.v., **Ki.:** 3 mg/kg langsam i.v.; nach 4-DMAP Natriumthiosulfat geben!
Dimercaptopropansulfonat (DMPS) Rp	PPB 90%
Dimaval *Amp. 250mg/5ml; Kps.100mg*	**Akute Quecksilbervergiftung:** an d1 250mg i.v. alle 3-4h, d2 250mg alle 4-6h, d3 250mg alle 6-8h, d4 250mg alle 8-12h, dann 250mg 1-3 x/d; 12 x 100-200mg p.o.; **chronische Quecksilber-, Bleivergiftung:** 300-400mg/d p.o.; **DANI** Anwendung nur bei gleichzeitiger Dialyse möglich
Ethanol OTC	
Alkohol 95% *Amp. 15g/20ml*	**Methanolintoxikation:** 0.5-0.75g/kg über 30min i.v. in Glucose 5%, dann 0.1-0.2g/kg; Serumalkoholspiegel von 0.5-1‰ anstreben

Wm/Wi (Flumazenil): Antagonismus an Benzodiazepinrezeptoren;
Wm/Wi (Fomepizol): Hemmung der Alkoholdehydrogenase ⇒ verhindert Bildung toxischer Metaboliten in der Leber;
Wm/Wi (Hydroxycobalamin): bindet Cyanid im Plasma, indem der Hydroxoligand durch einen Cyanoliganden ersetzt wird, das dabei entstandene Cyanocobalamin wird rasch mit dem Urin ausgeschieden; **Wm/Wi** (Kohle): durch die große Absorptionsfläche der Kohle (1000-2000m^2/g) können Giftstoffe gebunden werden, da Kohle vom Magen-Darm-Trakt nicht resorbiert wird, werden die gebundenen Giftstoffe mit dem Stuhl ausgeschieden;
Wm/Wi (Natriumthiosulfat): Schwefeldonator ⇒ Sulfatierung der Cyanide, dadurch schnellere Bildung des weniger giftigen Rhodanids;
Wm/Wi (Obidoxim): Reaktivierung der blockierten Acetylcholinesterase, Verhinderung der Phosphorylierung und Inaktivierung des Enzyms;
Wm/Wi (Physostigmin): reversible Hemmung der Cholinesterase ⇒ Anstieg von Acetylcholin im synaptischen Spalt ⇒ indirekte parasympathomimetische Wirkung;
Wm/Wi (Simeticon): = Silikon, setzt Oberflächenspannung herab, Verhinderung der Schaumbildung, keine Resorption; **Wm/Wi** (Tiopronin): Chelatbildner, Schwermetallbindung;
Wm/Wi (Toloniumchlorid): Reduktion von Methämoglobin zu Hämoglobin;
UW (Flumazenil): Übelkeit, Erbrechen, Blutdruckschwankungen, Herzklopfen, Gefühl von Bedrohung, Auslösung von Benzodiazepinentzugssymptomen;
UW (Fomepizol): Bradykardie, Tachykardie, RR-Anstieg, Vertigo, Anfälle, Sehstörungen, Nystagmus, Sprachstörungen, Angst- und Unruhezustände, Transaminasenanstieg, Übelkeit, Erbrechen, Diarrhoe, Dyspepsie, Schluckauf, Schmerzen an der Injektionsstelle, Phlebitis, Juckreiz, Hautausschlag, Hypereonsinophilie, Anaemie, CK-Erhöhung;
UW (Hydroxycobalamin): allergische Reaktionen, dunkelrote Verfärbung des Urins;
UW (Kohle): Obstipation, mechanischer Ileus bei sehr hohen Dosen;
UW (Natriumthiosulfat): Überempfindlichkeitsreaktionen wie z.B. Brechreiz, Durchfall, Asthmaanfall, Bewusstseinsstrg., Schock; **UW** (Obidoxim): Hitzegefühl, Kälteempfinden, Mentholgeschmack, Taubheitsgefühl, Muskelschwäche, Mundtrockenheit, Tachykardie, Hypertonie, EKG-Veränderungen, Herzrhythmusstrg., Leberfunktionsstrg.; nach Gabe von 3-10g innerhalb von 1-3d cholestatischer Ikterus möglich;
UW (Physostigmin): Erbrechen, Übelkeit, Speichelfluss, Harn- und Stuhlinkontinenz, Krampfanfälle, Bradykardie, Durchfall, Asthmaanfall, Bewusstseinsstrg.;
UW (Simeticon): keine; **UW** (Tiopronin): Diarrhoe, Geschmacksstrg., Pruritus, Hautreaktionen, Stomatitis, Blutbildveränderungen, Hepatitis, Temperaturerhöhung;
UW (Toloniumchlorid): Blaufärbung von Haut und Urin;
KI (Fomepizol): bek. Überempf. gegen F. oder andere Pyrazole;
KI (Hydroxycobalamin): nach Anw. von Natriumthiosulfat; **KI** (Kohle): Vergiftung mit ätzenden Stoffen, diagn.-endoskopische Maßnahmen erschwert;
KI (Natriumthiosulfat): Sulfitüberempfindlichkeit;
KI (Obidoxim): Carbamatintoxikation (z.B. Aldicarb = Temik 5G);
KI (Physostigmin): bek. Überempf., Asthma bronchiale, Gangrän, koronare Herzerkrankungen, mechanische Obstipation, mechanische Harnsperre, Dystrophia myotonica, Depolarisationsblock nach depolarisierenden Muskelrelaxantien, Intoxikationen durch "irreversibel wirkende" Cholinesterasehemmer, geschlossene Schädel-Hirn-Traumen, Obstruktionen im Magen-Darm-Trakt oder in den ableitenden Harnwegen, Vergiftung mit depolarisierenden Muskelrelaxantien vom Suxamethonium-Typ;

KI (Flumazenil): bek. Überempf.; bei Pat. mit Epilepsie, die Benzodiazepine als Zusatzmed. erhielten; mit Angstzuständen und Selbstmordneigung, die deshalb vorher mit Benzodiazepinen behandelt wurden; die eine niedrige Dosis eines kurz wirkenden Benzodiazepin-Derivates erhielten; denen Benzodiazepine zur Beherrschung eines potenziell lebensbedrohlichen Zustands verabreicht wurden (z. B. intrakranielle Druckregulierung oder Status epilepticus); in der postoperativen Periode bei anhaltendem, atemdepressivem Effekt der Opiate und bereits bestehender Bewusstseinsklarheit; **KI** (Simeticon): bekannte Überempf.; **KI** (Tiopronin): Albuminurie, Glomerulonephritis, Myasthenie, Polymyositis, Pemphigus, arzneimittelbedingte Zytopenien, Grav.; **KI** (Toloniumchlorid): keine bei korrekter Indikation

Fomepizol Rp	
Fomepizole Serb *Inf.Lsg. 100mg/20ml*	**Ethylenglykolintoxikation:** ini 15mg/kg über 30-45min i.v., n. 12h 10mg/kg, weiter je nach Ethylenglykol-Serumspiegel, s. FachInfo **DANI** Krea > 3mg/dl: HD erforderl., ini 15mg/kg ber 3-45min i.v., dann 1mg/kg/h während der gesamten HD
Flumazenil Rp	HWZ 1h, Q0 1.0, PPB 50%
Anexate *Amp. 0.5mg/5ml, 1mg/10ml* **Flumazenil Hameln/Kabi** *Amp. 0.5mg/5ml, 1mg/10ml*	**Aufhebung der Benzodiazepinwirkung:** ini 0.2mg i.v., ggf. minütliche Nachinjektion von 0.1mg bis max. 1mg Gesamtdosis; **Ki. > 1J:** 0.01mg/kg über 15s i.v., ggf. minütliche Nachinjektionen bis max. 0.05mg/kg bzw. 1mg Gesamtdosis
Hydroxocobalamin	
Cyanokit *Inj.Lsg. 5g*	**Cyanidintoxikation:** ini 5g in 200ml NaCl 0.9% über 30min i.v., je nach Klinik weitere 5g über 0.5-2h; **Ki.:** 70mg/kg über 20-30min i.v.
Kohle, medizinische (Carbo medicinalis) OTC	
Kohle Hevert *Tbl. 250mg* **Kohle Pulvis** *Pulver 10g* **Ultracarbon** *Granulat 50g*	**Intoxikationen durch Nahrungsmittel, Schwermetalle, Arzneimittel:** 1g/kg p.o. oder über Magenschlauch applizieren; 10g Kohle werden in 70-80ml Wasser aufgeschüttelt; **Ki.:** 0.5g/kg; **wirkt nicht bei:** Lithium, Thallium, Eisensalzen, Blausäure, Borsäure, DDT, Tolbutamid, Methanol, Ethanol, Ethylenglykol
Natriumthiosulfat OTC	HWZ 2h
Natriumthiosulfat 10%, 25% *Amp. 1g/10ml; Inf.Lsg. 10g/100ml, 25g/100ml, 50g/500ml*	**Cyanidintoxikation:** 50-100mg/kg i.v.; **Sgl.:** bis zu 1g i.v., **Kleinki.:** bis zu 2g, **Schulki.:** bis zu 5g; **Intoxik. mit Alkylantien:** bis zu 500mg/kg i.v.; **Intoxik. mit Bromat und Jod:** 100mg/kg i.v.; Magenspülung mit 1% Lsg.

Obidoximchlorid OTC	HWZ 2h Q0 0.85
Toxogonin *Amp. 250mg/1ml*	**Intoxikationen mit Organophosphaten:** 250mg i.v., dann Dauerinfusion mit 750mg/d; **Ki.:** 4-8mg/kg i.v., dann Dauerinfusion mit 10mg/kg/d; zuerst Atropin-Gabe!
Physostigmin Rp	
Anticholium *Amp. 2mg/5ml*	**Anticholinerges Syndrom bei Vergiftungen** (Atropin, trizyklische Antidepressiva, Antihistaminika): ini 2mg oder 0.04mg/kg langsam i.v. oder i.m., 1-4mg alle 20min i.v. bzw. Wdh. der Vollwirkdosis, wenn Vergiftungssymptome wieder auftreten; **Ki.:** 0.5mg i.v. oder i.m., Wdh. alle 5min bis Gesamtdosis von 2mg, so lange die anticholinergen Symptome weiterbestehen und keine cholinergen Symptome auftreten
Simeticon OTC	
Espumisan *Emulsion (1ml = 40mg)* **sab simplex** *Emulsion (1ml = 69mg)*	**Spülmittelintoxikation:** 10ml p.o.; **Ki.:** 5ml p.o.
Tiopronin Rp	
Captimer *Tbl. 100, 250mg*	**Quecksilber-, Eisen-, Kupfer-, Zink-, Polonium-, Cadmiumintoxikation, M. Wilson, Hämosiderose:** 7-10mg/kg p.o.
Toloniumchlorid Rp	
Toluidinblau *Amp. 30mg/1ml, 300mg/10ml*	**Intoxikationen mit Methämoglobinbildnern** (z.B. Anilin, Nitrobenzol, Nitrit, aromatische Amine, oxidierende, organische Lösungsmittel, Dapsone, manche Lokalanästhetika), **DMAP-Überdosierung:** 2-4mg/kg langsam i.v.; **Ki.:** s. Erw.

19.4 Transport

Durch Notarzt bzw. Rettungsassistenten/Notfallsanitäter ins nächste Krankenhaus; dort ggf. Sekundärverlegung, bei schweren/unklaren Vergiftungen Kontakt mit Giftnotrufzentrale durch Arzt

19.5 Asservierung

Immer: Urin, Blut in EDTA-Röhrchen, Blut nativ, u.U. bei Lebensmittel- oder Pilzvergiftungen Stuhl, bei Gasvergiftung Ausatemluft in Atemballon; Beschriftung der Probe (Entnahmezeit, Material, Patientendaten); **sachgemäße Lagerung** (bei 4°C im Kühlschrank), vor jeder Antidotgabe Asservierung von Blut und Urin

19.6 Giftinformationszentralen (D, A, CH)

Berlin
Tel. 030 19 24 0
Fax 030 30 686-799

Bonn
Tel. 0228 19 240
Fax 0228 287-33314

Erfurt
Tel. 0361 73 07 30
Fax 0361 73 073 17

Freiburg
Tel. 0761 19 240
Fax 0761 27 04 4570

Göttingen
Tel. 0551 19 240
Fax 0551 38 31 881

Mainz
Tel. 06131 19 240
Fax 06131-17 66 05

München
Tel. 089 19 240
Fax 089 4140-24 67

Wien
Tel. 0043 140 643 43

Zürich
Tel. 0041 44 251-51 51 (Notruf)
Tel. 0041 44 251-66 66 (Allg. Anfragen)

Mobile Gegengift-Depots (24-Stunden-Bereitschaft)

Bayern-Süd
Klinikum rechts der Isar
Abteilung für klinische Toxikologie
Tel. 089 19240

Bayern-Nord
Klinikum Nürnberg
Tel. 0911 398-0
Tel. 0911 398-2451

Allgemeine Informationen:
www.klinitox.de
(Homepage der Gesellschaft für klinische Toxikologie, Zusammenschluss aller deutschsprachigen Giftinformationszentralen)

20 Geriatrie (Michael Drey)

20.1 Potenziell inadäquate Medikation (PIM)[1]

PIM (Wirkstoffe)	Bedenken	Alternative
Analgetika		
NSAR → 215	Hohes Risiko für GI-Blutung	**Metamizol** → 220, **Paracetamol** → 308
Pethidin → 303	Hohes Risiko für Delir und Stürze	**Tilidin + Naloxon** → 306, **Oxycodon** → 303
Antiarrhythmika		
Digoxin → 64	Geringe therapeutische Breite bei häufig gleichzeitig bestehender Niereninsuffizienz	Vorhofflimmern: zunächst **Betablocker** → 39; Herzinsuffizienz: zunächst **ACE-Hemmer** → 33 + **Betablocker** → 39 alternativ: **Digitoxin** → 64
Flecainid → 61 **Sotalol** → 41	Proarrhythmierisiko bei häufig gleichzeitig bestehender KHK	**Betablocker** → 39, **Amiodaron** → 62
Antibiotika		
Nitrofurantoin → 255	Ungünstiges Nutzen-Risiko-Verhältnis	**Cephalosporine** → 239, **Cotrimoxazol** → 254, **Trimethoprim** → 254
Antidementiva		
Naftidrofuryl → 81, **Nicergolin** → 347, **Pentoxifyllin** → 81, **Piracetam** → 348	Kein sicherer Wirksamkeitsnachweis, ungünstiges Nutzen-Risiko-Verhältnis	**Donepezil** → 347 **Galantamin** → 347 **Rivastigmin** → 348 **Memantin** → 347
Antidepressiva		
Antidepressiva, trizyklische: Amitriptylin → 355, **Imipramin** → 356, **Trimipramin** → 356	Anticholinerge Wirkung (Obstipation, Mundtrockenheit, Verwirrtheit, kognitive Defizite)	**Citalopram** (max. 20mg) → 359 **Mirtazapin** → 357
MAO-Hemmer: Tranylcypromin → 358	Blutdruckkrisen, maligne Hyperthermie	**Citalopram** (max. 20mg) → 359, **Mirtazapin** → 357
SSRI: Fluoxetin → 359	Zentralnervöse UW (Übelkeit, Schlafstörung, Schwindel, Verwirrtheit)	**Citalopram** (max. 20mg) → 359, **Mirtazapin** → 357

PIM (Wirkstoffe)	Bedenken	Alternative
Antiemetika		
Dimenhydrinat → 117	Anticholinerge Wirkung	**Metoclopramid** (nicht bei Parkinsonpatienten) → 109, **Domperidon** → 109
Antiepileptika		
Phenobarbital → 325	Sedierung, paradoxe Erregungszustände	**Levetiracetam** → 330, **Lamotrigin** → 324, **Valproinsäure** → 327, **Gabapentin** → 328
Antihistaminika		
Dimetinden → 97, **Hydroxyzin** → 98, **Triprolidin** → 417	Anticholinerge Wirkung	**Cetirizin** → 97, **Loratadin** → 98
Antihypertensiva		
Alphablocker → 45: **Clonidin** → 44, **Doxazosin** → 45, **Terazosin** → 45, **Methyldopa** → 44	Hypotension, Benommenheit, Mundtrockenheit	**ACE-Hemmer** → 33, **Alphablocker** → 45, **lang wirksame Ca-Antagonisten (Dihydropyridintyp)** → 43, **(Thiazid-)Diuretika** → 53, **Betablocker** → 39
Nifedipin (nicht retardiert) → 43	Erhöhtes Myokardinfarktrisiko, erhöhte Sterblichkeit	**ACE-Hemmer** → 33, **Alphablocker** → 45, **lang wirksame Ca-Antagonisten (Dihydropyridintyp)** → 43, **(Thiazid-)Diuretika** → 53, **Betablocker** → 39
Reserpin	Hypotension, Sedierung, Depression	**ACE-Hemmer** → 33, **Alphablocker** → 45, **lang wirksame Ca-Antagonisten (Dihydropyridintyp)** → 43, **(Thiazid-)Diuretika** → 53, **Betablocker** → 39
Verapamil → 42	Negativ inotrop bei häufig gleichzeitig bestehender Herzinsuffizienz	**ACE-Hemmer** → 33, **Alphablocker** → 45, **lang wirksame Ca-Antagonisten (Dihydropyridintyp)** → 43, **(Thiazid-)Diuretika** → 53, **Betablocker** → 39

PIM (Wirkstoffe)	Bedenken	Alternative
Antikoagulantien		
Prasugrel → 79	Erhöhtes Blutungsrisiko für Patienten über 75 Jahre	**ASS** → 215, **Clopidogrel** → 79
Ticlopidin → 80	Blutbildveränderungen	**ASS** → 215, **Clopidogrel** → 79
Ergotamin und -Derivate		
Ergotamin → 339	Ungünstiges Nutzen-Risiko-Verhältnis	**Andere Parkinson-medikamente** → 331 Ergotamin bei Migräne: **Sumatriptan** → 341;
Muskelrelaxantien		
Baclofen → 344	Amnesie, Verwirrtheit, Sturz	**Physiotherapie, Tolperison** → 345
Neuroleptika		
Fluphenazin → 369, **Levomepromazin** → 366, **Perphenazin** → 370, **Thioridazin** → 367	Anticholinerge und extra-pyramidale Wirkung, Parkinsonismus, Hypotonie, Sedierung, erhöhte Sterblichkeit bei Demenzpatienten	**Risperidon** → 374, **Quetiapin** → 374, **Melperon** → 366, **Pipamperon** → 366
Sedativa		
Benzodiazepine, lang wirksame: **Bromazepam** → 376, **Chlordiazepoxid** → 377, **Clobazam** → 377, **Diazepam** → 377, **Dikaliumclorazepat** → 377, **Flunitrazepam** → 377, **Flurazepam** → 377, **Medazepam** → 378, **Nitrazepam** → 378	Muskelrelaxierende Wirkung mit Sturzgefahr, verzögertes Reaktionsvermögen, kognitive Funktionseinschränkungen, paradoxe Reaktion (Unruhe, Reizbarkeit, Halluzinationen)	**kurz wirksame Benzodiazepine in geringer Dosis (Zolpidem** → 381, **Zopiclon** → 381), **Mirtazapin** → 357, **Melperon** → 366, **Pipamperon** → 366

PIM (Wirkstoffe)	Bedenken	Alternative
Sedativa (Fortsetzung)		
Benzodiazepine, mittellang wirksame: Alprazolam → 376, **Brotizolam** (> 0.125mg/d) → 376, **Lorazepam** (> 2mg/d) → 378, **Lormetazepam** (> 0.5mg/d) → 378, **Oxazepam** (> 60mg/d) → 379, **Temazepam** → 379, **Triazolam** → 379	Muskelrelaxierende Wirkung mit Sturzgefahr, verzögertes Reaktionsvermögen, kognitive Funktionseinschränkungen, paradoxe Reaktion (Unruhe, Reizbarkeit, Halluzinationen)	**Schlafhygiene, Baldrian, Melperon** → 366, **Pipamperon** → 366, **Mirtazapin** → 357, **Zolpidem** (< 5mg/d) → 381
Benzodiazepine, kurz wirksame: Zopiclon (> 3.75mg/d) → 381, **Zolpidem** (> 5mg/d) → 381	Muskelrelaxierende Wirkung mit Sturzgefahr, verzögertes Reaktionsvermögen, kognitive Funktionseinschränkungen, paradoxe Reaktion (Unruhe, Reizbarkeit, Halluzinationen)	**Schlafhygiene, Baldrian, Melperon** → 366, **Pipamperon** → 366, **Mirtazapin** → 357
Weitere Sedativa: Chloralhydrat → 380, **Diphenhydramin** → 380, **Doxylamin** → 380	Anticholinerge Wirkung, Schwindel, EKG-Veränderungen	**Schlafhygiene, Baldrian, Melperon** → 366, **Pipamperon** → 366, **Mirtazapin** → 357, **Zolpidem** (< 5mg/d) → 381
Urospasmolytika		
Oxybutynin → 420, **Tolterodin** → 421	Anticholinerge Wirkung (Obstipation, Mundtrockenheit, Verwirrtheit, kognitive Defizite), QT-Verlängerung	**Trospiumchlorid** → 421, **Darifenacin** → 420

[1] Holt S., Schmiedl S, Türmann PA: Priscus-Liste potenziell inadäquater Medikamente für ältere Menschen, Lehrstuhl für Klinische Pharmakologie, Private Universität Witten/Herdecke gGmbH, Witten; Philipp Klee-Institut für Klinische Pharmakologie, HELIOS Klinikum Wuppertal, Wuppertal, Stand 01.02.2011

21 Zusatzinfos

21.1 Pharmakologische Grundbegriffe

21.1.1 Resorption

Nach oraler Zufuhr wird ein Wirkstoff im Wesentlichen durch das Epithel des Dünndarms in die Blutbahn aufgenommen. Daneben existieren andere Wege, über die ein Pharmakon in den Organismus gelangen kann:

- Rektal: Resorption über die Rektumschleimhaut
- Nasal: Resorption über die Nasenschleimhaut
- Pulmonal: Diffusion über die Alveolen oder Resorption über die Bronchialschleimhaut
- Dermal: Resorption über die Haut
- Parenteral: durch intravenöse, intraarterielle oder subkutane Applikation

Die **Bioverfügbarkeit** bezeichnet den Prozentsatz einer verabreichten Dosis, der im Organismus zur Wirkung kommen kann.

21.1.2 Verteilung

Nachdem ein Arzneimittel in die Blutbahn gelangt ist, wird es infolge eines Konzentrationsgefälles in verschiedene Kompartimente des Organismus verteilt. Man unterscheidet hier:

- Intrazellulärraum (intrazelluläre Flüssigkeit und feste Zellbestandteile)
- Extrazellulärraum (Plasmawasser, interstitieller Raum, transzelluläre Flüssigkeit)

In welche Verteilungsräume eine Substanz eintritt, ist abhängig von physikalisch-chemischen Eigenschaften, wie Lipophilie und Molekülgröße, sowie von bestimmten Eigenschaften der begrenzenden biologischen Membranen.
Zahlreiche Arzneimittel sind im Blut reversibel an Plasmaproteine gebunden, neben der Plasmaproteinbindung (PPB) existiert ein nicht gebundener freier Anteil. Für die pharmakologische Wirkung ist fast ausschließlich der freie Anteil verantwortlich. Da der eiweißgebundene Anteil keiner Metabolisierung unterliegt, hat er eine Art Reservoirfunktion. Pharmaka können sich gegenseitig aus ihrer Proteinbindung verdrängen, darüber hinaus gibt es zahlreiche andere Faktoren, die das Ausmaß der PPB verändern können.
Erhöht sich durch eine Änderung der PPB die freie Konzentration eines Pharmakons, so ist dies meist klinisch wenig relevant, da sich die Eliminationsgeschwindigkeit proportional zur der freien Konzentration verhält.

21.1.3 Wirkung

Die meisten Wirkungen von Arzneimitteln lassen sich auf folgende Wirkmechanismen zurückführen:

- Interaktionen mit spezifischen Rezeptoren
- Öffnen oder Blockieren von spannungsabhängigen Ionenkanälen
- Beeinflussung von Transportsystemen
- Hemmung oder Aktivierung von Enzymen
- Störung von Biosynthesen in Mikroorganismen

21.1.4 Dosis-Wirkungs-Beziehung

Zur Durchführung einer sinnvollen Pharmakotherapie ist es erforderlich, durch eine bestimmte Dosierung einen gewünschten Effekt ohne vermeidbare Nebenwirkungen zu erzielen. Da der ausgelöste Effekt von der Konzentration am Wirkort abhängig ist, sollte eine Dosisangabe möglichst genau erfolgen, d.h. in Abhängigkeit vom Körpergewicht (z.B. mg/kg) oder von der Körperoberfläche (mg/m^2). Bei Erwachsenen wird jedoch häufig ein Durchschnittsgewicht von 70kg für absolute Dosierungsangaben zugrunde gelegt.
Die therapeutische Breite gilt als Maß für die Sicherheit zwischen therapeutischer und toxischer Wirkung, d.h., ein Medikament ist umso ungefährlicher, je größer seine therapeutische Breite ist. Für Medikamente mit geringer therapeutischer Breite eignet sich das sog. Drug Monitoring, d.h., die Dosis eines Pharmakons wird durch Messungen seiner Konzentration im Blut (therapeutischer Serumspiegel) modifiziert.

21.1.5 Elimination

Im Organismus existieren verschiedene Mechanismen, durch die ein Arzneistoff wieder aus dem Körper verschwindet: Bei der **Biotransformation** handelt es sich um biochemische Abbaureaktionen, z.B. Hydrolyse, Reduktion, Oxidation und Konjugation, die zum größten Teil im endoplasmatischen Retikulum der Leber über das Cytochrom P450 erfolgen.
Nach Resorption oral verabreichter Pharmaka sind diese bereits in der Darmwand bzw. bei der ersten Leberpassage über den Pfortaderkreislauf einer Metabolisierung ausgesetzt. Dieses Phänomen ist je nach Wirkstoff unterschiedlich stark ausgeprägt und wird als **First-pass-Metabolismus** bezeichnet.
Ein weiterer Eliminationsweg ist die **Exkretion**. Bei der **biliären Exkretion** werden Arzneistoffe oder deren Metabolite über die Gallenflüssigkeit via Darm ausgeschieden.
Die Ausscheidung über die Niere wird als **renale Exkretion** bezeichnet, sie ist abhängig vom Ausmaß der glomerulären Filtration, der tubulären Sekretion und der tubulären Reabsorption.
Die **Clearance** ist ein Maß für die Eliminationsleistung, mit der die Eliminationsgeschwindigkeit eines Pharmakons gemessen werden kann.
Bei der **Elimination nullter Ordnung** ist die pro Zeiteinheit ausgeschiedene Menge immer konstant und damit unabhängig von der jeweiligen Plasmakonzentration.
Die **Elimination erster Ordnung** bedeutet, dass die pro Zeiteinheit ausgeschiedene Menge proportional zur jeweiligen Plasmakonzentration ist, der zeitliche Verlauf der Plasmakonzentration lässt sich als Exponentialfunktion beschreiben.
Als **Halbwertszeit** (HWZ) bezeichnet man die Zeitspanne, in der die Wirkstoffkonzentration im Plasma um die Hälfte abgenommen hat. Eine konstante Halbwertszeit gibt es nur für Substanzen, die durch eine Kinetik erster Ordnung eliminiert werden. Häufig entstehen von verabreichten Wirkstoffen durch die o.g. Mechanismen pharmakologisch wirksame Metaboliten, deren Halbwertszeit sich oft von der Ausgangssubstanz unterscheidet.
Der **Qo-Wert** gibt den Anteil eines Pharmakons an, der bei normaler Nierenfunktion extrarenal eliminiert wird (**extrarenale Eliminationsfraktion**). Als Maß für die exkretorische Nierenfunktion gilt die glomeruläre Filtrationsrate (GFR), die eng mit der Kreatininclearance korreliert.
Die Kreatininclearance kann für jeden Menschen auf verschiedene Arten ermittelt werden, mittlerweile hat sich zur Abschätzung der **individuellen exkretorischen Nierenfunktion** (eGFR) die **Formel nach Levey** durchgesetzt, in die Alter, Serumkreatinin, Geschlecht und Rasse eingehen:

$$\text{eGFR} = 186 \times \text{Cr}^{-1{,}154} \times \text{Alter}^{-0{,}203} \times (0{,}742 \text{ falls weiblich}) \times (1{,}210 \text{ falls Afroamerikaner})$$

Dies hat Bedeutung für die Stadieneinteilung der chronischen Niereninsuffizienz. Außerdem kann mit der eGFR und dem Qo-Wert die individuelle Eliminationskapaziät (Q) eines Patienten bezüglich eines bestimmten Arzneimittels errechnet werden (Formel nach Dettli):

$$Q = Qo + (1 - Qo) \times \text{eGFR}/100\text{ml/min}$$

Mithilfe des Q-Werts kann eine **Dosisanpassung bei Niereninsuffizienz (DANI)** errechnet werden. Entsprechend der folgenden Formel kann eine Dosisanpassung entweder durch eine **Erniedrigung der Erhaltungsdosis** oder durch eine **Verlängerung des Dosierungsintervalls** erfolgen:

$Erhaltungsdosis_{NI}$ / $Dosierungsintervall_{NI}$ = Q x ($Erhaltungsdosis_{N}$ / $Dosierungsintervall_{N}$)
NI: für Patient mit Niereninsuffizienz; N für Nierengesunde; die Formel darf für einige Antibiotika mit kleinem Qo-Wert nicht angewandt werden (Amikacin, Amoxycillin, Ampicillin, Bacampicillin, Benzylpenicillin, Cefadroxil, Cefamandol, Ceftazidim, Ceftizoxim, Cefuroxim, Cephalexin, Cephazolin, Fosfomycin, Gentamicin, Latamoxef, Netilmicin, Spectinomycin, Streptomycin, Tobramycin).

21.1.6 Wechselwirkungen

Wechselwirkungen, auch Interaktionen genannt, bezeichnen die gegenseitige Beeinflussung von Wirkstoffen. Durch vielfältige Mechanismen kann die Wirkung eines Pharmakons durch ein zweites verstärkt, abgeschwächt, verlängert oder verkürzt werden. Interaktionen entstehen z.B. durch Hemmung oder Induktion des Metabolismus, wobei häufig das Monooxygenasesystem Cytochrom P450 (CYP) mit seinen Isoenzymen betroffen ist. Hierbei ist relevant, ob ein Pharmakon Substrat, Induktor oder Hemmer eines bestimmten CYP-Isoenzyms ist.

21.1.7 Unerwünschte Wirkungen

Unerwünschte Wirkungen (UW), auch Nebenwirkungen genannt, sind Wirkungen, die neben der Hauptwirkung eines Arzneimittels beobachtet werden. Sie können bedeutungslos oder gravierend sein, sie können dosisabhängig oder nicht dosisabhängig sein.
Bei der Pharmakotherapie ist die Kenntnis von Art und Häufigkeit unerwünschter Wirkungen essentiell zur Beurteilung einer Nutzen-Risiko-Relation. Die Arzneimittelhersteller sind verpflichtet, unerwünschte Wirkungen vorzugsweise mit Häufigkeitsangaben zu nennen.
Hier hat sich folgende Einteilung etabliert: sehr häufig (≥ 1/10), häufig (≥ 1/100, < 1/10), gelegentlich (≥ 1/1.000, < 1/100), selten (≥ 1/10.000, < 1/1.000), sehr selten (< 1/10.000), nicht bekannt (Häufigkeit auf Grundlage der verfügbaren Daten nicht abschätzbar). Im Arzneimittel pocket werden unter der Rubrik UW vorwiegend sehr häufige und häufige unerwünschte Wirkungen genannt.

21.1.8 Indikation

Indikation im pharmakologischen Sinn bedeutet, wenn für eine bestimmte Erkrankung eine medikamentöse Therapie angezeigt ist. Darf ein Medikament hingegen bei bestimmten Erkrankungen nicht eingesetzt werden, spricht man von Kontraindikation.

21.1.9 Schwangerschaft und Stillzeit

Schwangerschaft und Stillzeit gelten als besondere Situationen in der Pharmakotherapie.
Da eine Vielzahl von Arzneistoffen die Plazenta passieren bzw. in die Muttermilch übergehen, soll eine Pharmakotherapie nur bei strenger Indikationsstellung unter Abwägung des Risikos für Mutter und Kind erfolgen. Entsprechende Angaben zum Risiko sind in den Fachinformationen bzw. in den Beipackzetteln der Handelspräparate enthalten, des Weiteren sind in der Roten Liste Angaben zum embryotoxischen und teratogenen Risiko angegeben.
In den USA hatte sich eine Einteilung durchgesetzt, bei der 6 sog. Pregnancy Risk Categories (PRC) bzw. 3 Kategorien zum Risiko in der Stillzeit (Lact) unterschieden wurden (*s. Umschlaginnenseite*).
Diese Einteilung soll jetzt durch eine neue "Pregnancy and Lactation Labeling Rule" (PLLR) ersetzt werden, bei der auf eine Kategorisierung verzichtet wird zu Gunsten einer möglichst ausführlichen Aufzählung relevanter Risiken für Mutter und Embryo.

21.1.10 Verschreibungspflicht

In Deutschland regelt das Arzneimittelgesetz (AMG), ob ein Medikament **verschreibungspflichtig** (Rp) ist, d.h., es ist ein ärztliches Rezept für den Einsatz erforderlich. Arzneimittel, die nicht verschreibungspflichtig sind, aber nur über Apotheken verkauft werden dürfen, werden als **apothekenpflichtig** bezeichnet, hierfür wurde aus dem angloamerikanischen Sprachgebrauch die Abkürzung OTC ("over the counter") übernommen.
Während für nahezu alle verschreibungspflichtigen Medikamente die Kosten von der gesetzlichen Krankenkasse (GKV) in Deutschland übernommen werden, müssen apothekenpflichtige Medikamente größtenteils vom Patienten selbst bezahlt werden.

Diesbezüglich existieren folgende Ausnahmeregelungen: Apothekenpflichtige nichtverschreibungspflichtige Arzneimittel sind ausnahmsweise erstattungsfähig, wenn die Arzneimittel bei der Behandlung schwerwiegender Erkrankungen als Therapiestandard gelten **(OTC-Ausnahmeliste)**. Ausgeschlossen von der Erstattung durch die GKV sind andererseits verschreibungspflichtige Medikamente, deren Anwendung zur Erhöhung der Lebensqualität dient, sog. **Lifestyle-Arzneimittel** (Rp-L!).

21.2 Dosisanpassung bei Niereninsuffizienz

21.2.1 Chronische Niereninsuffizienz

Eine chronische Niereninsuffizienz ist eine über längere Zeit (Jahre) bestehende, meist irreversible Einschränkung der exkretorischen Nierenfunktion.

21.2.2 Glomeruläre Filtrationsrate

Die GFR ist die Produktionsrate von Primärharn, also das pro Zeiteinheit in den Nierenglomeruli filtrierte Flüssigkeitsvolumen. Die GFR ist ein **Maß für die exkretorische Nierenfunktion**.

Die GFR ist geschlechtsabhängig: **Mann: ~125 ml/min; Frau: ~110 ml/min**

Bei den folgenden Überlegungen und Berechnungen wird eine durchschnittliche normale GFR, GFR_N von 100 ml/min zugrunde gelegt.

21.2.3 Estimated GFR

Da die individuelle GFR nicht direkt gemessen werden kann, **muss** die GFR geschätzt werden (estimated GFR = eGFR). Die Bestimmung der eGFR erfolgt mithilfe von Substanzen, die ausschließlich glomerulär filtriert, also nicht tubulär resorbiert, sezerniert oder metabolisiert werden, z.B. Inulin, Kreatinin.

Die **Kreatininclearance** wurde früher als Schätzmaß für die GFR herangezogen, entweder ermittelt mit der Sammelurinmethode oder berechnet anhand der Cockcroft-Gault-Formel.
Die **renale Clearance** (Klärfähigkeit) bezeichnet das Plasmavolumen, das renal pro Zeiteinheit von einer bestimmten Substanzmenge vollständig befreit wird.

Inzwischen erfolgt die Abschätzung der GFR und damit die Abschätzung der exkretorischen Nierenfunktion mit der genaueren sog. verkürzten **MDRD-Formel** (nach Levey), und zwar nur noch unter Zuhilfenahme des Serumkreatininwerts und Berücksichtigung von Alter, Geschlecht und Ethnizität des Patienten:

$eGFR = 186 \times Cr^{-1,154} \times Alter^{-0,203} \times (0{,}742 \text{ falls weiblich}) \times (1{,}210 \text{ falls Afroamerikaner})$

(Simplified 4-variable MDRD study formula, Cr = Serumkreatininwert [mg/100ml], Alter in Jahren.)

21.2.4 Stadien der chronischen Niereninsuffizienz

Die chronische Niereninsuffizienz kann anhand der eGFR (geschätzte glomeruläre Filtrationsrate) in Stadien eingeteilt werden.

Stadium I	GFR > 90 ml/min
Stadium II	GFR 60–89 ml/min
Stadium III	GFR 30–59 ml/min
Stadium IV	GFR 15–29 ml/min
Stadium V	GFR < 15 ml/min

21.2.5 Elimination von Arzneimitteln

Arzneimittel werden eliminiert durch Metabolisierung (v.a. in der Leber), unveränderte extrarenale Ausscheidung und unveränderte renale Ausscheidung.
Die sog. totale Arzneimittelclearance entspricht der Summe der extrarenalen (v.a. hepatischen) und der renalen Clearance.

Qo ist dabei die extrarenale Elliminationsfraktion, also der extrarenal ausgeschiedene bioverfügbare Dosisanteil bei normaler Nierenfunktion.

1 - Qo ist die renale Eliminationsfraktion, also der bioverfügbare Dosisanteil bei normaler Nierenfunktion, der in aktiver Form renal eliminiert wird.
Der Anteil der Niere an der Gesamtclearance eines Arzneimittels (renale Eliminationsfraktion 1 - Qo) ist substanzspezifisch.

21.2.6 Individuelle Eliminationskapazität (in %)

Bei Niereninsuffizienz kann nun bei Kenntnis der eGFR anhand der extrarenalen Eliminationsfraktion Qo die **individuelle Eliminationskapazität Q** (nach Dettli) für ein bestimmtes Arzneimittel errechnet werden (Dettli-Formel):

$Q = Qo + (eGFR / 100\ ml/min) \times (1 - Qo)$

Q beim jungen, nierengesunden Patienten ist also 1.0.

Qo = extrarenale Eliminationsfraktion bei normaler Nierenfunktion
eGFR in ml/min
100 ml/min ist die GFR_N, also die GFR für den Normalfall.

21.2.7 Dosisanpassung bei Niereninsuffizienz

Bei Kenntnis der individuellen Eliminationskapazität Q eines Patienten bezüglich eines bestimmten Arzneimittels kann dann eine Dosisanpassung bei Niereninsuffizienz (DANI) erfolgen.
Die Loading Dose bleibt dabei unverändert. Es wird gemäß folgender Formel entweder die Erhaltungsdosis und/oder das Dosierungsintervall verändert.

$Erhaltungsdosis_{NI} / Dosierungsintervall_{NI} = Q \times (Erhaltungsdosis_N / Dosierungsintervall_N)$
NI für Patient mit Niereninsuffizienz, N für Nierengesunde

Dettli-Regel 1: Erniedrigung der Erhaltungsdosis des Arzneimittels um den Faktor der individuellen Ausscheidungskapazität Q **oder**
Dettli-Regel 2: Verlängerung des Dosierungsintervalls um den Faktor 1/individuelle Ausscheidungskapazität Q **oder**
Kombination von Dettli-Regel 1 und Dettli-Regel 2

21.3 Arzneistoffe und andere Xenobiotika, die über Enzyme des Zytochrom-P450-Systems verstoffwechselt werden oder sie beeinflussen[a]

CYP1A2	
Ind	Carbamazepin, Omeprazol, Phenobarbital, Phenytoin, Rifampin, Ritonavir; Rauchen, über Holzkohle gegrilltes Fleisch[b], Kreuzblütengewächse
Inh	Amiodaron, Azithromycin, Cimetidin, Clarithromycin, Erythromycin, Fluoxetin, Fluvoxamin, Gyrasehemmstoffe[c], Interferon (?), Isoniazid, Methoxsalen, Mibefradil, Nefazodon; Grapefruitsaft (Naringenin), Ticlopidin, Troleandomycin
Sub	Aminophyllin, Amitriptylin, Betaxolol, Chlorpromazin, Clomipramin, Clopidogrel (Nebenweg), Clozapin, Coffein, Fluvoxamin, Haloperidol, Imipramin, Methadon, Metoclopramid, Olanzapin, Ondansetron, Paracetamol (Acetaminophen), Phenacetin, Phenazon (Antipyrin), Propranolol, Ropivacain, R-Warfarin, Tacrin, Tamoxifen, Theophyllin, Thioridazin, Trifluoperazin, Verapamil
CYP3A	
Ind	Carbamazepin, Dexamethason, Phenobarbital, Phenytoin, Prednison, Rifampicin, Rifapentin, Somatotropin, Troglitazon
Inh	Antidepressiva[d], Azolantimykotika[e], Cimetidin[f], Ciprofloxacin, Clarithromycin, Diltiazem, Erythro-mycin, Fluoxetin, Fluvoxamin, Isoniazid, Metronidazol, Nefazodon, Omeprazol, Propoxyphen, Proteaseinhibitoren[g], Quinupristin/Dalfopristin, Troleandomycin, Verapamil; Grapefruitsaft, Sevilla-Orangen
CYP3B	
Sub	Alfentanil, Amiodaron, Amitriptylin, Astemizol, Benzodiazepine[h], Budesonid, Bupropion, Buspiron, Carbamazepine, Cerivastatin, Chinidin, Cisaprid, Clarithromycin, Clomipramin, Clopidogrel, Cocain, Codein, Coffein, Cortisol, Cyclosporin, Dapson, Delavirdin, Dexamethason, Dextromethorphan, Diazepam, Dihydroepiandrosteron, Dihydroergotamin, Dihydropyridine[i], Diltiazem, Disopyramid, Donepezil, Doxycyclin, Efavirenz, Erythromycin, Estradiol, Ethinylestradiol, Fluoxetin, Fluvastatin, Gestoden, Glyburid, Imipramin, Ketoconazol, Lansoprazol, Lidocain, Loratadin, Losartan, Lovastatin, Methadon, Miconazol, Nefazodon, Nevirapin, Norethindron, Omeprazol, Ondansetron, Orphenadrin, Paclitaxel, Paracetamol (Acetaminophen), Paroxetin, Progesteron, Propafenon, Proteaseinhibitoren, Quetiapin, Rapamycin, Repaglinid, Rifampin, Ropivacain, R-Warfarin, Sertralin, Sibutramin, Sildenafil, Simvastatin, Sirolimus, Sufentanil, Sulfamethoxazol, Tacrolimus, Tamoxifen, Terfenadin, Testosteron, Theophyllin, Toremifen, Trazodon, Troleandomycin, Venlafaxin, Verapamil, Vinblastin, Zaleplon, Zolpidem, Zopiclon
CYP2C9	
Ind	Carbamazepin, Ethanol, Phenytoin, Rifampin
Inh	Amiodaron, Azolantimykotika, Clopidogrel, Fluoxetin, Fluvastatin, Fluvoxamin, Isoniazid, Leflunomid[j], Lovastatin, Metronidazol, Paroxetin, Phenylbutazon, Probenecid (?), Ritonavir, Sertralin, Sulfamethoxazol, Sulfaphenazol, Teniposid, Trimethoprim, Zafirlukast
Sub	Amitriptylin, Cerivastatin, D9-Tetrahydrocannabinol, Diclofenac, Fluoxetin, Fluvastatin, Hexobarbital, Ibuprofen, Irbesartan, Losartan, Naproxen, Phenprocoumon, Phenytoin, Piroxicam, S-Warfarin, Tamoxifen, Tolbutamid, Torasemid, Trimethadion

CYP2C19	
Ind	Piroxicam, Rifampin
Inh	Cimetidin, Felbamat, Fluoxetin, Fluvoxamin, Indometacin, Isoniazid, Ketoconazol, Lansoprazol, Modafinil, Omeprazol, Paroxetin, Probenecid (?), Ritonavir, Sertralin, Telmisartan, Ticlopidin, Topiramat
Sub	Amitriptylin, Citalopram, Clomipramin, Diazepam, Flunitrazepam, Imipramin, Lansoprazol, Naproxen, Omeprazol, Propranolol, S-Mephenytoin
CYP2D6	
Ind	Schwangerschaft
Inh	Amiodarone, Amitriptylin, Chinidin, Cimetidin, Clomipramin, Diphenhydramin, Fluoxetin, Fluphenazin, Fluvoxamin, Haloperidol, Nefazodon, Paroxetin, Perphenazin, Ritonavir, Sertralin, Thioridazin, Ticlopidin, Venlafaxin
Sub	4-Methoxy-Amphetamin, Amitriptylin, Betaxolol, Carvedilol, Clomipramin, Clozapin, Codein, Debrisoquin, Desipramin, Dextromethorphan, Donepezil, Doxepin, Encainid, Flecainid, Fluoxetin, Guanoxan, Haloperidol, Hydrocodon, Imipramin, Methadon, Metoprolol, Mexiletin, Nebivolol, Nortriptylin, Olanzapin, Ondansetron, Orphenadrin, Oxycodon, Paroxetin, Penbutolol, Perphenazin, Phenformin, Pindolol, Propafenon, Propoxyphen, Propranolol, Risperidon, Selegilin, Sertralin, Spartein, Thioridazin, Timolol, Tramadol, Trazodon, Venlafaxin
CYP2E1	
Ind	Ethanol, Isoniazid[k], Ritonavir
Inh	Cimetidin, Disulfiram, Isoniazid[k]; Brunnenkresse
Sub	Chlorzoxazon, Coffein, Dapson (N-Oxidation), Dextromethorphan, Enfluran, Ethanol (Nebenweg), Halothan, Paracetamol (Acetaminophen), Theophyllin, Venlafaxin

Sub = Substrat; Ind = Induktor; Inh = Inhibitor

[a] Haupt- und/oder Nebenwege des Stoffwechsels des jeweiligen Substrats
[b] Neben CYP1A2 weitere Enzyme beteiligt
[c] Ciprofloxacin, Enoxacin, Grepafloxacin, Norfloxacin, Ofloxacin, Lomefloxacin, Pipemidsäure
[d] Nefazodon, Fluvoxamin, Fluoxetin, Sertralin, Paroxetin, Venlafaxin
[e] Ketoconazol, Itraconazol, Fluconazol
[f] Hemmt nicht alle CYP3A-Substrate, keine Hemmung des Stoffwechsels von Terfenadin
[g] Ritonavir, Saquinavir, Indinavir, Nelfinavir
[h] Alprazolam, Clonazepam, Diazepam, Midazolam, Triazolam
[i] Nifedipin, Felodipin, Nicardipin, Nisoldipin
[j] Der aktive Metabolit von Leflunomid hemmt CYP2C9
[k] INH hat eine biphasische Wirkung auf CYP2E1 (Hemmung-Induktion), was einige Interaktionen von INH erklärt

21.4 Bestimmung der Körperoberfläche (KOF)

Nomogramm zur Bestimmung der Körperoberfläche in m²

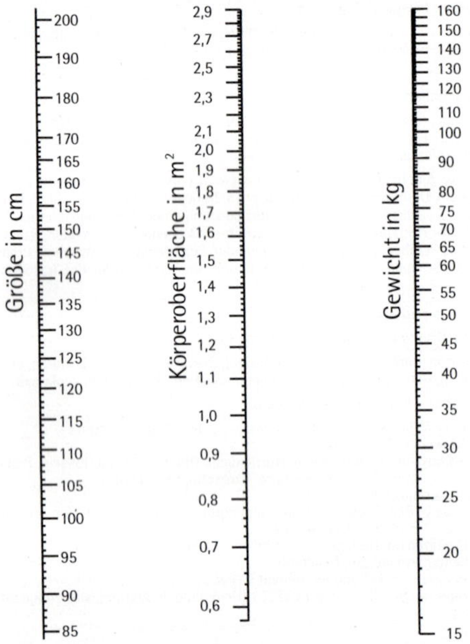

Formel: KOF (m²) = (Gewicht in kg)^{0,425} x (Körpergröße in cm)^{0,725} x 0,007184
Quelle: DuBois D, DuBois EF: A formula to estimate the approximate surface area if height and weight be known. Arch Intern Med 1916;17:863
Modifizierte Formel: KOF = Wurzel (Größe [cm] x Gewicht [kg]/3600)
Quelle: Mosteller RD: Simplified calculation of body-surface area. NEJM 1987;317:1098-9

Tabelle zur Bestimmung der Körperoberfläche in m^2 (nach der Formel von DuBois u. DuBois)								
Gewicht kg	KG 60cm	70cm	80cm	90cm	100cm	110cm	120cm	130cm
15	0,44	0,49	0,54	0,59	0,64	0,69	0,73	0,77
17,5	0,47	0,53	0,58	0,63	0,68	0,73	0,78	0,83
20	0,50	0,56	0,62	0,67	0,72	0,78	0,83	0,87
22,5	0,53	0,59	0,65	0,70	0,76	0,81	0,87	0,92
25	0,55	0,61	0,68	0,74	0,80	0,85	0,91	0,96
27,5	0,57	0,64	0,70	0,77	0,83	0,89	0,95	1,00
30	0,59	0,66	0,73	0,80	0,86	0,92	0,98	1,04
32,5	0,61	0,69	0,76	0,82	0,89	0,95	1,01	1,08
35	0,63	0,71	0,78	0,85	0,92	0,98	1,05	1,11
37,5	0,65	0,73	0,80	0,88	0,94	1,01	1,08	1,14
40	0,67	0,75	0,83	0,90	0,97	1,04	1,11	1,17
42,5	0,69	0,77	0,85	0,92	1,00	1,07	1,14	1,21
45	0,70	0,79	0,87	0,95	1,02	1,09	1,17	1,23
47,5	0,72	0,81	0,89	0,97	1,04	1,12	1,19	1,26
50	0,74	0,82	0,91	0,99	1,07	1,14	1,22	1,29
52,5	0,75	0,84	0,93	1,01	1,09	1,17	1,24	1,32
55	0,77	0,86	0,95	1,03	1,11	1,19	1,27	1,34
57,5	0,78	0,87	0,96	1,05	1,13	1,21	1,29	1,37
60	0,80	0,89	0,98	1,07	1,15	1,24	1,32	1,40
62,5	0,81	0,91	1,00	1,09	1,17	1,26	1,34	1,42
65	0,82	0,92	1,02	1,11	1,19	1,28	1,36	1,44
67,5	0,84	0,94	1,03	1,12	1,21	1,30	1,38	1,47
70	0,85	0,95	1,05	1,14	1,23	1,32	1,41	1,49
75	0,88	0,98	1,08	1,18	1,27	1,36	1,45	1,53
80	0,90	1,01	1,11	1,21	1,30	1,40	1,49	1,58
85	0,92	1,03	1,14	1,24	1,34	1,43	1,53	1,62
90	0,95	1,06	1,17	1,27	1,37	1,47	1,56	1,66
95	0,97	1,08	1,19	1,30	1,40	1,50	1,60	1,70
100	0,99	1,11	1,22	1,33	1,43	1,54	1,64	1,73
105	1,01	1,13	1,24	1,36	1,46	1,57	1,67	1,77
110	1,03	1,15	1,27	1,38	1,49	1,60	1,70	1,81
115	1,05	1,17	1,29	1,41	1,52	1,63	1,74	1,84
120	1,07	1,20	1,32	1,43	1,55	1,66	1,77	1,87
125	1,09	1,22	1,34	1,46	1,58	1,69	1,80	1,91
130	1,11	1,24	1,36	1,48	1,60	1,72	1,83	1,94
135	1,12	1,26	1,39	1,51	1,63	1,74	1,86	1,97
140	1,14	1,28	1,41	1,53	1,65	1,77	1,89	2,00
145	1,16	1,30	1,43	1,56	1,68	1,80	1,92	2,03
150	1,18	1,31	1,45	1,58	1,70	1,82	1,94	2,06

Gewicht kg	KG 140cm	150cm	160cm	170cm	180cm	190cm	200cm	210cm
15	0,82	0,86	0,90	0,94	0,98	1,02	1,06	1,10
17,5	0,87	0,92	0,96	1,00	1,05	1,09	1,13	1,17
20	0,92	0,97	1,02	1,06	1,11	1,15	1,20	1,24
22,5	0,97	1,02	1,07	1,12	1,16	1,21	1,26	1,30
25	1,01	1,07	1,12	1,17	1,22	1,27	1,31	1,36
27,5	1,06	1,11	1,16	1,22	1,27	1,32	1,37	1,42
30	1,10	1,15	1,21	1,26	1,32	1,37	1,42	1,47
32,5	1,13	1,19	1,25	1,31	1,36	1,42	1,47	1,52
35	1,17	1,23	1,29	1,35	1,40	1,46	1,52	1,57
37,5	1,21	1,27	1,33	1,39	1,45	1,50	1,56	1,62
40	1,24	1,30	1,37	1,43	1,49	1,55	1,61	1,66
42,5	1,27	1,34	1,40	1,46	1,53	1,59	1,65	1,71
45	1,30	1,37	1,44	1,50	1,56	1,63	1,69	1,75
47,5	1,33	1,40	1,47	1,53	1,60	1,66	1,73	1,79
50	1,36	1,43	1,50	1,57	1,63	1,70	1,76	1,83
52,5	1,39	1,46	1,53	1,60	1,67	1,74	1,80	1,87
55	1,42	1,49	1,56	1,63	1,70	1,77	1,84	1,90
57,5	1,45	1,52	1,59	1,66	1,73	1,80	1,87	1,94
60	1,47	1,55	1,62	1,69	1,77	1,84	1,91	1,98
62,5	1,50	1,58	1,65	1,72	1,80	1,87	1,94	2,01
65	1,52	1,60	1,68	1,75	1,83	1,90	1,97	2,04
67,5	1,55	1,63	1,71	1,78	1,86	1,93	2,00	2,08
70	1,57	1,65	1,73	1,81	1,89	1,96	2,04	2,11
75	1,62	1,70	1,78	1,86	1,94	2,02	2,10	2,17
80	1,66	1,75	1,83	1,92	2,00	2,08	2,15	2,23
85	1,71	1,79	1,88	1,97	2,05	2,13	2,21	2,29
90	1,75	1,84	1,93	2,01	2,10	2,18	2,27	2,35
95	1,79	1,88	1,97	2,06	2,15	2,23	2,32	2,40
100	1,83	1,92	2,02	2,11	2,20	2,28	2,37	2,45
105	1,87	1,96	2,06	2,15	2,24	2,33	2,42	2,51
110	1,91	2,00	2,10	2,19	2,29	2,38	2,47	2,56
115	1,94	2,04	2,14	2,23	2,33	2,42	2,51	2,60
120	1,98	2,08	2,18	2,28	2,37	2,47	2,56	2,65
125	2,01	2,11	2,22	2,32	2,41	2,51	2,60	2,70
130	2,05	2,15	2,25	2,35	2,45	2,55	2,65	2,74
135	2,08	2,18	2,29	2,39	2,49	2,59	2,69	2,79
140	2,11	2,22	2,33	2,43	2,53	2,63	2,73	2,83
145	2,14	2,25	2,36	2,47	2,57	2,67	2,77	2,87
150	2,17	2,28	2,39	2,50	2,61	2,71	2,81	2,92

21.5 Doping

21.5.1 Verbotene Arzneimittel im Sport

Die Einnahme verbotener Medikamente im Sport wird als Doping bezeichnet. Die World Anti-Doping Agency (WADA) definiert Doping als den Nachweis eines Verstoßes gegen die Anti-Doping-Regeln. Dazu gehören u.a. das Vorhandensein eines verbotenen Stoffs, seiner Metaboliten oder Marker in der Probe eines Sportlers. Aber auch die Anwendung, der Versuch der Anwendung sowie der Besitz eines verbotenen Wirkstoffs oder einer verbotenen Methode und der Verstoß gegen das Meldesystem (Whereabouts) werden bestraft. Die Regelstrafe beträgt seit dem 01.01.2015 vier Jahre, die Verjährungszeit zehn Jahre.
Die Einhaltung der Verbote wird durch Kontrollen nach Wettkämpfen und außerhalb von Wettkämpfen (sog. Trainingskontrollen) überprüft. In Deutschland ist die Nationale Anti-Doping Agentur (NADA) für diese Aktivitäten zuständig.
Im Arzneimittelgesetz wird Doping seit dem 11.09.1998 als Straftatbestand genannt. In § 6a „Verbot von Arzneimitteln zu Dopingzwecken im Sport" heißt es: Es ist verboten, Arzneimittel zu Dopingzwecken im Sport in den Verkehr zu bringen, zu verschreiben, bei anderen anzuwenden oder in nicht geringen Mengen zu besitzen.
Zur Aufnahme in die WADA-Liste der verbotenen Wirkstoffe und Methoden müssen zwei der drei folgenden Kriterien erfüllt sein:

(1)Die sportliche Leistung kann gesteigert werden,
(2)Es besteht ein gesundheitliches Risiko für den Sportler und/oder
(3)Es liegt ein Verstoß gegen den Geist des Sports vor.

Die aktuelle Liste der WADA (gültig ab 01.01.2021) umfasst:
Anabole Wirkstoffe, Stimulanzien, Narkotika, Peptidhormone, Wachstumsfaktoren, Beta-2-Agonisten, Hormonantagonisten und -Modulatoren, Diuretika, Maskierungsmittel, Cannabinoide (THC) und Glukokortikoide. Betablocker und Alkohol (Bogenschießen, Luft- und Motorsport) sind sportartspezifisch verboten. Zu den verbotenen Methoden zählen Maßnahmen zur Erhöhung des Sauerstofftransfers, chemische und physikalische Manipulationen an Blut oder Urin und Gendoping. Verbotene Wirkstoffe können in Nahrungsergänzungsmitteln verborgen sein.

Eine neue Begriffsbestimmung im Nationalen Anti-Doping Code 2021 (NADC21) stellen die sogenannten „Suchtmittel" dar. Im Jahr 2021 gelten die Substanzen Cocain, Diamorphin (Heroin), Methylendioxymethamfetamin (MDMA/"Ecstasy") und Tetrahydrocannabinol (THC) als Suchtmittel und sind als solche in den jeweiligen Klassen der Verbotsliste, denen sie angehören, gekennzeichnet.

Kritische Wirkstoffe im Arzneimittelteil sind mit einer Hand ✋ gekennzeichnet.

Die WADA hat im International Standard for Therapeutic Use Exemptions (TUE) festgeschrieben, unter welchen Bedingungen der Einsatz von verbotenen Wirkstoffen zur ärztlichen Behandlung erfolgen kann (www.wada-ama.org). Der internationale Standard für TUE enthält Kriterien für die Beurteilung, die Weitergabe der Informationen, die Zusammensetzung der Ärztegruppe (TUEC = Therapeutic Use Exemption Committee) und den Anerkennungsprozess.

Formulare und weitere Informationen unter **www.nada-bonn.de**

21.5.2 Liste verbotener Wirkstoffe nach WADA

Anabole Wirkstoffe

Wirkstoff	Einsatzgebiet	Verweis
Danazol	Endometriose	
Clenbuterol	Asthmamittel	→ 87
DHEA	M. Addison	
Testosteron	Androgene	→ 424

Exogene androgene anabole Steroide (Auswahl von Bsp.) → 424

1-Androstendiol, 1-Androstendion, 1-Testosteron, 4-Hydroxytestosteron, 19-Norandrostenedion, Bolandiol, Bolasteron, Boldenon, Boldion, Calusteron, Clostebol, Dehydrochloromethyltestosteron, Desoxymethyltestosteron, Drostanolon, Ethylestrenol, Fluoxymesteron, Formebolon, Furazabol, Gestrinon, Mestanolon, Mesterolon, Metenolon, Methandienon, Methandriol, Methasteron, Methyl-1-Testosteron, Methyldienolon, Methylnortestosteron, Methyltestosteron, Methyltrienolon, Miboleron, Nandrolon, Norboleton, Norclostebol, Norethandrolon, Oxabolon, Oxandrolon, Oxymesteron, Oxymetholon, Prostanozol, Quinbolon, Stanozolol, Stenbolon, Tetrahydrogestrinon, Trenbolon und andere Wirkstoffe mit ähnlicher chemischer Struktur oder ähnlichen biologischen Wirkungen.

Endogene androgene anabole Steroide → 424

Androstenediol, Androstenedion, Dihydrotestosteron, Epitestosteron, Prasteron, Testosteron sowie Metaboliten und Isomere

TUE: Der Einsatz verbotener Wirkstoffe, um erniedrigte Spiegel von endogenen Hormonen anzuheben, ist nicht als akzeptable therapeutische Maßnahme anzusehen.

In Deutschland nicht mehr im Handel: Dianabol® (Metandionon), Megagrisivit® (Clostebol), Oral-Turinabol® (Dehydromethyltestosteron), Primobolan® (Metenolon), Proviron® (Mesterolon)

Andere anabole Wirkstoffe

Clenbuterol, selektive Androgenrezeptor-Modulatoren (SARMs), Tibolon, Zeranol, Zilpaterol

Stimulanzien

Wirkstoff	Einsatzgebiet	Verweis
Amfepramon	Gewichtsreduktion	→ 146
Amphetamin		
Amfetaminil	Psychostimulanz	
Cocain		
Ephedrin		
Etilefrin	Hypotonie	→ 66
Methylpenidat	ADHS	
Modafinil	Narkolepsie	→ 383
Norfenefrin	Hypotonie	
Pemolin	ADHS	
Pholedrin		
Selegilin		→ 335

Weitere Wirkstoffe dieser Gruppe (Auswahl von Beispielen)
4-Phenylpiracetam (Carphedon), Adrafinil, Adrenalin, Amiphenazol, Benzphetamin, Bromantan, Cathin, Clobenzorex, Cropropamid, Crotetamid, Cyclazodon, Dimethylamphetamin, Etamivan, Etilamphetamin, Famprofazon, Fenbutrazat, Fencamfamin, Fencamin, Fenetyllin, Fenfluramin, Fenproporex, Furfenorex, Heptaminol, Isomethepten, Levmethamfetamin, Meclofenoxat, Mefenorex, Mephentermin, Mesocarb, Methamphetamin (D-), Methylendioxyamphetamin, Methylendioxymethamphetamin, Methylephedrin, Nikethamid, Norfenfluramin, Octopamin, Ortetamin, Oxilofrin, Parahydroxyamphetamin, Pentetrazol, Phendimetrazin, Phenmetrazin, Phenpromethamine, Phentermin, p-Methylamphetamin, Prolintan, Propylhexedrin, Sibutramin, Strychnin, Tuaminoheptan und andere Wirkstoffe mit ähnlicher chemischer Struktur oder ähnlichen biologischen Wirkungen. **TUE:** Behandlung von ADHS mit Methylphenidat In Deutschland nicht mehr im Handel: Captagon® (Fenetyllin), Micoren® (Cropropamid, Crotetamid), Katovit® (Prolintan), Pervitin® (Methamphetamin), Preludin® (Phentermin)

Peptidhormone, Wachstumsfaktoren und verwandte Wirkstoffe

Wirkstoff	Verweis
Erythropoetin (EPO)	→ 159
Wachstumshormon (hGH)	
Somatomedin C (IGF-1)	
Gonadotropine (LH, HCG), (verboten nur bei Männern)	
Kortikotropine (ACTH)	→ 157
Hormonantagonisten und Modulatoren	
Aromatasehemmer: Anastrozol, Letrozol, Aminogluthetimid, Exemestan, Formestan, Testolacton	→ 436
Selektive Östrogenrezeptorenmodulatoren (SERMs): Raloxifen, Tamoxifen, Toremifen	→ 436
Andere antiöstrogene Wirkstoffe: Fulvestrant, Clomifen, Cyclofenil, Myostatinhemmer	→ 437
Insulin	→ 130
Meldonium (in D nicht zugelassen)	

Beta-2-Agonisten (→ 85)

Die inhalative Anwendung des Beta-2-Agonisten Vilanterol ist bis zu einer Dosis von 25 µg (Mikrogramm) über 24 Stunden gestattet. Die Beta-2-Agonisten Formoterol, Salbutamol und Salmeterol sind bereits seit vielen Jahren bei inhalativer Anwendung bis zu bestimmten festgelegten Dosierungen vom Verbot ausgenommen.
Clenbuterol ist wegen seiner möglichen anabolen Wirkung grundsätzlich von einer Freistellung ausgeschlossen.

Verbotene Methoden: Manipulation von Blut und Blutprodukten

Bluttransfusion
Erythrozytenkonzentration
Entnahme und Reinjektion von Blut

Betablocker (→ 39)

Bei Sportarten, deren Leistung vorwiegend durch koordinative, konzentrative und psychische Faktoren begrenzt sind, können Betablocker die überschießenden Herz-Kreislauf-Reaktionen und die allgemeinen Symptome wie Schwitzen und Tremor dämpfen. Betablocker → 39 dürfen bei Wettkampfkontrollen nicht nachgewiesen werden.
Zu ihnen gehören u.a. Acebutolol, Alprenolol, Atenolol, Betaxolol, Bisoprolol, Bunolol, Carteolol, Carvedilol, Celiprolol, Esmolol, Labetalol, Levobunolol, Metipranolol, Metoprolol, Nadolol, Nebivolol, Oxprenolol, Pindolol, Propranolol, Sotalol, Timolol.
Alle Betablocker sind in ausgewählten Sportarten verboten. Einige Beispiele: Billard, Bogenschießen, Darts, Golf, Motorsport, Schießen, Skifahren/Snowboarding, Skispringen, Unterwassersport.
Cave: Bei Patienten unter Betablockern kommt es v.a. im Ausdauerbereich zu einer metabolisch bedingten Leistungseinschränkung.

Narkotika (→ 308)

Narkotika dürfen bei Wettkampfkontrollen nicht nachgewiesen werden.
Die Liste ist geschlossen.
Buprenorphin, Dextromoramid, Diamorphin (Heroin), Fentanyl (auch Alfentanil, Sufentanil), Hydromorphon, Methadon, Morphin, Oxycodon, Oxymorphon, Pentazocin, Pethidin.
Der Einsatz von Lokalanästhetika unterliegt keinem Verbot.

Glukokortikoide (→ 224)

Die systemische Anwendung von Glukokortikoiden durch orale, rektale, intravenöse oder intramuskuläre Gabe ist nur im Wettkampf verboten, d.h., der verbotene Wirkstoff darf bei einer Wettkampfkontrolle nicht nachgewiesen werden. Es ist zu bedenken, dass die Nachweisbarkeit der unterschiedlichen Wirkstoffe und Zubereitungen Tage bis Wochen anhalten kann. Nach einer erforderlichen Notfallbehandlung ist eine entsprechende ärztliche Bescheinigung auszustellen und bei der NADA zu hinterlegen. Eine durchgehend erforderliche systemische Behandlung bedarf einer TUE wie z.B. bei Morbus Crohn. Die nichtsystemische Anwendung von Glukokortikoiden als Inhalation oder Injektionen unter sportorthopäd. Gesichtspunkten in die großen Gelenke, Sehnen- und Muskelansätze bedarf einer Anzeige. Der topische Einsatz an Auge, Haut, Mundhöhle, Nase, Ohren ist zulässig.

Diuretika und weitere Maskierungsmittel

Diuretika → 53

Mit dem Verbot der Diuretika soll eine mögliche Manipulation bei der Urinabgabe verhindert werden. Über einen gezielten Einsatz von Diuretika und ausreichendes Trinken nach Wettkämpfen könnte ein geringer konzentrierter Urin produziert werden. Die analytischen Nachweismöglichkeiten wären dadurch möglicherweise erschwert.
Acetazolamid, Amilorid, Bumetanid, Cancrenon, Chlortalidon, Etacrynsäure, Furosemid, Indapamid, Metolazon, Spironolacton, Thiazide (z.B. Bendroflumethiazid, Chlorothiazid, Hydrochlorothiazide), Triamteren und andere Wirkstoffe mit ähnlicher chem. Struktur oder ähnlichen biol. Wirkungen.

Weitere Maskierungsmittel

Desmopressin	
Probenecid (Urikosurika)	
Plasmaexpander	Albumin, Dextran, HES, Mannitol, Glycerol
Infusion	Ohne ärztliche Indikation (bei ärztlicher Indikation nachträgliche Anzeige erforderlich)

21.6 Betäubungsmittelverordnung

Wichtige Angaben auf Btm-Rezepten

Die stark wirksamen Opioide unterliegen der Betäubungsmittel-Verschreibungsverordnung (BtMVV) und müssen auf besonderen Rezepten verordnet werden.
Die Anschrift der Bundesopiumstelle lautet:

Bundesinstitut für Arzneimittel und Medizinprodukte - Bundesopiumstelle
Kurt-Georg-Kiesinger-Allee 3
53175 Bonn

Bei Verschreibung für einen **Patienten (Substituenten)** oder den **Praxisbedarf** sind auf dem BtM-Rezept anzugeben:

- Der Name, der Vorname und die Anschrift (Straße, Hausnummer, Ortschaft) des Patienten, ggf. der Vermerk „Praxisbedarf" und das Ausstellungsdatum
- Die Arzneimittelbezeichnung, sofern dadurch das (die) verordnete(n) BtM nicht zweifelsfrei bestimmt ist (sind), zusätzlich die Gewichtsmenge(n) des (der) BtM je Packungseinheit(en), bei abgeteilten Zubereitungen je abgeteilte Form sowie die Darreichungsform(en), ggf. den Verdünnungsgrad
- Die Menge des Arzneimittels in g oder ml – Nominalgehalt –, die Stückzahl(en) der abgeteilten Form(en) – bei Ampullen, Suppositorien, Tabletten u.a. – z.B. Dolantin Inj.Lsg. 50mg Nr. 20 etc.
- Die Gebrauchsanweisung mit Einzel- und Tagesgabe; falls dem Patienten eine schriftliche Gebrauchsanweisung übergeben wurde, der Vermerk „gemäß schriftlicher Anordnung"
- Im Fall einer Verschreibung über einen Bedarf im Rahmen einer Substitution zusätzlich die Zahl der Anwendungstage
- Die zusätzliche Kennzeichnung bei einer Verschreibung für einen besonderen Einzelfall durch den Buchstaben A , im Zuge einer Substitution durch den Buchstaben S , für ein Kauffahrteischiff durch den Buchstaben K , in einem Notfall durch den Buchstaben N; (in den beiden zuletzt genannten Fällen sind diese Kennzeichnungen nur auf den nachträglich auszustellenden BtM-Rezepten vorzunehmen).
- Der Name des Verschreibenden, seine Berufsbezeichnung und Anschrift (Straße, Hausnummer, Ortschaft) sowie seine Telefonnummer
- Die Unterschrift des Verschreibenden, im Vertretungsfall darüber hinaus der Vermerk „i.V."
- In einem **Notfall** (d.h., wenn kein BtM-Rezept zur Verfügung steht) dürfen für einen Patienten - ausgenommen im Fall einer Substitution – oder einen Praxisbedarf BtM in einem zur Behebung des Notfalls erforderlichen Umfang auf einem **Normalrezept** verschrieben werden.

Bei Verschreibungen für einen **Stationsbedarf** oder eine Einrichtung des **Rettungsdienstes** sind auf dem (den) BtM-Anforderungsschein(en) anzugeben:

- Der Name oder die Bezeichnung und die Anschrift (Straße, Hausnummer, Ortschaft) der Einrichtung - ggf. ferner der Teileinheit bei einer gegliederten Einrichtung -, für die das (die) BtM bestimmt ist (sind)
- Das Ausstellungsdatum, die Bezeichnung des (der) BtM und dessen (deren) Menge(n)
- Name und Telefonnummer des Verschreibenden, Unterschrift des Verschreibenden

Betäubungsmittel-Rezept

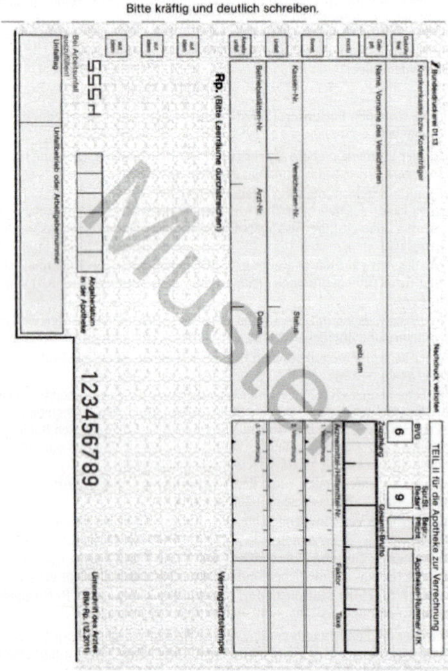
Bitte kräftig und deutlich schreiben.

Krankenkasse bzw. Kostenträger

Name, Vorname des Versicherten

geb. am

Kassen-Nr.

Versicherten-Nr.

Status

Betriebsstätten-Nr.

Arzt-Nr.

Datum

Rp. (Bitte Leerräume durchstreichen)

Bundesdruckerei 01.13

Nachdruck verboten

TEIL II für die Apotheke zur Verrechnung

BVG

6

Spr.-St. Bedarf

9

Begr.-Pflicht

Apotheken-Nummer / IK

Zuzahlung

Gesamt-Brutto

Arzneimittel-/Hilfsmittel-Nr.

Faktor

Taxe

1. Verordnung

2. Verordnung

3. Verordnung

Vertragsarztstempel

Abgabedatum in der Apotheke

Unterschrift des Arztes

BtM-Rp. (12.2011)

Bei Arbeitsunfall auszufüllen!

Unfalltag

Unfallbetrieb oder Arbeitgebernummer

555H

123456789

Muster

Die Abbildung zeigt eine Musterdarstellung eines Btm-Rezepts.

21.7 Unerwünschte Arzneimittelwirkungen

Bitte melden Sie unbekannte, insbesondere schwerwiegende unerwünschte Arzneimittelwirkungen an das **Bundesinstitut für Arzneimittel und Medizinprodukte** (www.bfarm.de).

BERICHT ÜBER UNERWÜNSCHTE ARZNEIMITTELWIRKUNGEN (auch Verdachtsfälle)
Bundesinstitut für Arzneimittel und Medizinprodukte, Kurt-Georg-Kiesinger-Allee 3, 53175 Bonn, Tel.: 0228/207-30, FAX: 0228/207-5207

BfArM

Firmen Code Nr.	Pat. Init.	Geburtsdatum	Geschlecht	Größe	Gewicht	Schwangerschafts-woche:
	N-name ☐ V-name ☐	☐☐☐	m ☐ w ☐	☐☐☐	☐☐☐	

Beobachtete unerwünschte Wirkungen aufgetreten am Dauer

Arzneimittel / Darreichungsform	Tages-dosis	Appli-kation	gegeben von / bis	wegen (Indikation)
1. Chrg.-Nr:				
2. Chrg.-Nr:				
3. Chrg.-Nr:				
4. Chrg.-Nr:				

Vermuteter Zusammenhang mit Arzneimittel Nr. 1 2 3 4	dieses früher gegeben ja ☐ nein ☐	vertragen ja ☐ nein ☐	ggf. Reexposition neg. ☐ pos. ☐

Grunderkrankung: Begleiterkrankungen:

Anamn. Besonderheiten: Nikotin ☐ Alkohol ☐ Kontrazeptiva ☐ Schrittmacher ☐
Implantate ☐ Strahlentherapie ☐ physikal. Therapie ☐ Diät ☐ Allergien* ☐
Stoffwechseldefekte ☐ Arzneimittelabusus* ☐ Sonstige: ☐
weitere Erläuterungen

Veränderung von Laborparametern in Zusammenhang mit der unerwünschten Arzneimittelwirkung: (ggf. Befund beifügen)

Verlauf der Therapie der unerwünschten Arzneimittelwirkung: lebensbedrohend ja ☐ nein ☐

Ausgang der unerwünschten Arzneimittelwirkung:
wiederhergestellt ☐ bleibender Schaden ☐ noch nicht wiederhergestellt ☐ unbekannt ☐
Exitus ☐ Sektion ja ☐ nein ☐ (ggf. Befund beifügen)
Todesursache:

a) beh. Arzt
b) Hersteller
c) Arznei. Komm.

Beurteilung des Kausalzusammenhanges: gesichert ☐ wahrscheinlich ☐ möglich ☐ unwahrscheinlich ☐ unbeurteilt ☐ nicht zu beurteilen ☐

Weitere Bemerkungen:
(ggf. Anlage verwenden)

Wer wurde informiert: BfArM ☐ Hersteller ☐ Arznm.-Komm.-Ärzte ☐ Sonstige:

Name des Arztes: Fachrichtung: PLZ: Klinik: ja ☐ nein ☐ (ggf. Stempel)	Hersteller:	Datum: Unterschrift:

BfArM 643 / I (10.99)

21.8 Internetlinks zur Arzneimitteltherapie

Arzneimittelkomission, Arzneimittelsicherheit	
www.akdae.de	Arzneimittelkomission der deutschen Ärzteschaft: Meldung aktueller UW; Verzeichnis von Rote-Hand-Briefen etc.
www.bfarm.de	Bundesinstitut für Arzneimittel und Medizinprodukte
www.arzneitelegramm.de	Volltextregister d. Arzneitelegramms; UW-Datenbank (Abonnenten); Arzneimitteldatenbank (kostenpfl.)
Arzneimittelinteraktionen	
https://drug-interactions.medicine.iu.edu/	Tabellen über Arzneimittelinteraktionen
www.hiv-druginteractions.org	Arzneimittelinteraktionen bei HIV-Therapie
Datenbanken, Arzneimittelverzeichnisse, Literaturrecherche, neue Arzneimittel	
www.fachinfo.de	Zugang zu allen verfügbaren FachInfos (DocCheck)
www.rote-liste.de	Die Rote Liste online (DocCheck)
www.ifap.de	Onlinedatenbank Wirkstoffe, Handelsnamen, Preise (DocCheck)
https://www.dimdi.de/dynamic/de/arzneimittel/arzneimittel-recherchieren/amis/	DIMDI PharmSearch: umfangreiche Datenbank aller deutschen Arzneimittel (DocCheck)
www.infomed.org	Homepage der Schweizer pharma-kritik
https://www.ebm-netzwerk.de/pharmaziebibliothek/literatursuche/db-medizinische-literatur	Onlinerecherche medizinischer Publikationen
www.centerwatch.com/drug-information/	Neue, von der Food and Drug Administration zugelassene Medikamente
www.edruginfo.com	Informationen über neue Medikamente (zugangsgeschützt)
Pharmakotherapie	
http://leitlinien.net	AWMF-Leitlinien für Diagnostik und Therapie
www.dosing.de	Angaben zur Dosisreduktion bei Niereninsuffizienz
www.aerzteblatt.de	Volltextregister des Deutschen Ärzteblatts

Numerics

A

Handelsnamen = fett *Wirkstoffe = kursiv*

B

C

E

Handelsnamen = fett *Wirkstoffe = kursiv*

F

G

H

I

J

K

Handelsnamen = fett *Wirkstoffe = kursiv*

N

O

Handelsnamen = fett *Wirkstoffe = kursiv*

Q

R

Handelsnamen = fett *Wirkstoffe = kursiv*

Handelsnamen = fett *Wirkstoffe = kursiv*

T

5-HT	5 Hydroxytryptamin = Serotonin
ACS	akutes Koronarsyndrom
ACT	activated clotting time
ADHS	Aufmerksamkeitsdefizit-/ Hyperaktivitätsstörung
AGS	adrenogenitales Syndrom
akt.	aktualisiert
Amp.	Ampulle
Anw.	Anwendung
Anw.Beschr.	Anwendungsbeschränkung
aP	Alkalische Phosphatase
AP	Aktionspotential
Appl.	Applikation
AS	Augensalbe
AT	Augentropfen
BE	Base excess/Broteinheit
Bed.	Bedarf
bek.	bekannt
Btl.	Beutel
Btm	Betäubungsmittelrezept
BZ	Blutzucker
Ca	Karzinom
CED	chronisch entzündliche Darmerkrankung
CPR	Kardiopulmonale Reanimation
CSE	Cholesterol-Synthese-Enzym
d	Tag(e)
DA	Dosieraerosol
DALI	Dosisanpassung bei Leber-insuffizienz
DANI	Dosisanpassung bei Nieren-insuffizienz
Dep.	Depot-Lösung
D.m.	Diabetes mellitus
DTI	Dauertropfinfusion
ED	Einzeldosis
ELF	epithelial lining fluid
empf.	empfohlen/empfindlich
Emul.	Emulsion
enth.	enthalten/enthält
Erh. Dos.	Erhaltungsdosis
Erw.	Erwachsene
FG	Frühgeborene
FI	Fachinformation
G-6-PDH	Glukose-6-Phosphat-Dehydrogenase
G-CSF	Granulozyten-Kolonien stimulierender Faktor
GFR	glomeruläre Filtrationsrate
GI	gastrointestinal
Glu	Glukose
glu-Pot	glukokortikoide Potenz
Glyc.	Glycerol
GM-CSF	Granulozyten-Makrophagen-Kolonienstimulierender Faktor
Gran.	Granulat
Gtt.	Tropfen
HD	Hämodialyse
HES	Hydroxyethylstärke
HF	Herzfrequenz
Hkt	Hämatokrit
HWI	Hinterwandinfarkt
HWZ	Halbwertszeit
HZV	Herzzeitvolumen
ICS	inhalatives Kortikosteroid
IE	internationale Einheit(en)
Impl.	Implantat
Ind. Stell.	Indikationsstellung
Inf.Lsg.	Infusionslösung
ICS	inhalatives Kortikosteroid
Inh.Kps.	Inhalationskapseln
Inh.Lsg.	Inhalationslösung
ini	initial
Inj.Lsg.	Injektionslösung
INR	international normalized ratio
i.o.	intraossär
ISA	intrinsische sympatho-mimetische Aktivität
J	Jahr(e)
Jug.	Jugendliche(r)
KG	Körpergewicht
KHK	koronare Herzerkrankung
KI	Kontraindikation
Ki.	Kinder
KM	Knochenmark
KOF	Körperoberfläche
Kps.	Kapseln
Krea	Kreatinin
KS	Kristallsuspension

Ktr.	Kontrolle
LABA	long-acting beta-agonist
Lact	Laktation, Stillzeit
LAMA	long-acting muscarinic antagonist
LI	Leberinsuffizienz
Ling.Tbl.	Lingualtablette
LL	Leitlinie
Lsg.	Lösung
LTRA	Leukotrien-Rezeptor-Agonist
M	Monat(e)
MAC	Mycobacterium avium intracellulare
MAO	Monoaminoxidase
MCT	mittelkettige Triglyzeride
MDS	myelodysplastisches Syndrom
mgl.	möglich
MI	Myokard-/Herzinfarkt
min-Pot	mineralokortikoide Potenz
MRSI	Methicillin-resistente Staphylokokkeninfektion
MTD	maximale Tagesdosis
MTX	Methotrexat
MW	Molekulargewicht
NG	Neugeborene
NI	Niereninsuffizienz
NOAK	neue orale Antikoagulanzien
NPA	Neutral Protamin Aspart
NPL	Neutral Protamin Lispro
NSCLC	nichtkleinzelliges Bronchial-Ca
NT	Nasentropfen
NYHA	New York Heart Association
OAK	orale Antikoagulation
OCS	orales Kortikosteroid
OP	Operation
Osmo	Osmolarität
OT	Ohrentropfen
OTC	„over the counter", apothekenpflichtig
PAH	pulmonal arterielle Hypertonie
Pat.	Patienten
Pck.Beil.	Packungsbeilage
Ph	Philadelphia-Chromosom
p.i.	per inhalationem
PIM	für ältere Patienten potenziell inadäquate Medikamente
PCR	Polymerase chain reaction
PDT	Photodynamische Therapie
Perf.	Perfusor (50 ml)
Pfl.	Pflaster
PPB	Plasmaproteinbindung
PRC	pregnancy risk category
Pro.	Prophylaxe
PTT	partielle Thromboplastinzeit
RAA	Renin-Angiotensin-Aldosteron
ret.	retard
RF	Risikofaktor(en)
Rp	rezeptpflichtig
Rp-L	Lifestylepräparat
rt-PA	recombinant tissuetype plasminogen activator
SABA	short-acting beta-agonist
SAMA	short-acting muscarinic antagonist
SCLC	kleinzelliges Bronchial-CA
s.l.	sublingual
Sgl.	Säuglinge
SR	Sinusrhythmus
SS(W)	Schwangerschaft(-swoche)
Strg.	Störung
Supp.	Suppositorium
Susp.	Suspension
SZ	Stillzeit
Ther.	Therapie
Trim.	Trimenon
TTS	transdermales therap. System
Tx	Transplantation
ULN	upper limit of normal
UW	unerwünschte Wirkungen
VHF	Vorhofflimmern
W	Woche(n)
Wdh.	Wiederholung, wiederholen
Wi	Wirkung
Wm	Wirkmechanismus
WW	Wechselwirkungen
z.N.	zur Nacht
Zul.	Zulassung
↑	Zunahme/steigern/erhöht
↓	Abnahme/reduzieren/erniedrigt
	Doping-relevant
	für ältere Patienten potenziell inadäquates Medikament